下水道管路の
維持・管理と保全

Instandhaltung von Kanalisationen (3.Auflage)

ディートリッヒ・シュタイン　著
Dietrich Stein

下水道管路研究会　　訳
工博　田中　和博　監訳
　　　日本大学理工学部土木工学科

技報堂出版

Dietrich Stein

Instandhaltung von Kanalisationen

3. Auflage

Ernst & Sohn
A Wiley Company

Verfasser:	Titelbild:
Univ.-Prof. Dr.-Ing. habil. Dietrich Stein Ruhr-Universität Bochum (RUB) Fakultät für Bauingenieurwesen Postfach 10 21 48 D-44721 Bochum Institutsdirektor Institut für Kanalisationstechnik (IKT) an der RUB in Gelsenkirchen Postfach 10 09 43 D-45886 Gelsenkirchen	Verbindungsbauwerk Bismarckstraße in der Mischwasserkanalisation der Stadt Köln, Baujahr 1903. (Der Abdruck der Abbildung erfolgte mit freundlicher Genehmigung des Amts für Stadtentwässerung der Stadt Köln, D-50667 Köln)

Dieses Buch enthält 900 Abbildungen und 179 Tabellen

Die Deutsche Bibliothek – CIP-Einheitsaufnahme

Stein, Dietrich:
Instandhaltung von Kanalisationen / Dietrich Stein. – 3. Aufl. –
Berlin : Ernst, 1998

ISBN 3-433-01315-2

© 1999 Ernst & Sohn Verlag für Architektur und technische Wissenschaften GmbH, Berlin

Alle Rechte, insbesondere die der Übersetzung in andere Sprachen, vorbehalten. Kein Teil dieses Buches darf ohne schriftliche Genehmigung des Verlages in irgendeiner Form – durch Fotokopie, Mikrofilm oder irgendein anderes Verfahren – reproduziert oder in eine von Maschinen, insbesondere von Datenverarbeitungsmaschinen, verwendbare Sprache übertragen oder übersetzt werden.

All rights reserved (including those of translation into other languages). No part of this book may be reproduced in any form – by photoprint, microfilm, or any other means – nor transmitted or translated into a machine language without written permission from the publisher.

Die Wiedergabe von Warenbezeichnungen, Handelsnamen oder sonstigen Kennzeichen in diesem Buch berechtigt nicht zu der Annahme, daß diese von jedermann frei benutzt werden dürfen. Vielmehr kann es sich auch dann um eingetragene Warenzeichen oder sonstige gesetzlich geschützte Kennzeichen handeln, wenn sie als solche nicht eigens markiert sind.

Satz: Fotosatz K.-D. Voigt, Berlin
Druck: betz-druck GmbH, Darmstadt
Bindung: Großbuchbinderei J. Schäffer, Grünstadt
Printed in Germany

**Japanese translation rights arranged
directly with the author
through Tuttle-Mori Agency, Inc., Tokyo**

監訳にあたって

　阪神淡路大震災の直後，ヨーロッパの下水道管渠事情を視察する機会を得た．ドイツ，スウェーデン，ノルウェーなどの各地を訪問したが，その中にドイツのボッフム・ルール大学のディートリッヒ・シュタイン教授が所長を務める管路技術研究所があった．ここでは下水管渠のみならず，あらゆる公共サービスに供される管路に関する技術的研究を行っていた．シュタイン教授は管路技術に関する研究の必要性を熱っぽく語り，特に下水道管渠についてはドイツの各大学の研究者もほとんど関心がないことを嘆いていた．その際，記念にと頂いたのが「Instandhaltung von Kanalisationen」と題するシュタイン教授の著書であった．この本は約800頁にも及ぶ下水道管渠の維持管理，補修，更正に関する網羅的な大著である．翻って考えてみると，我が国にはこの種の技術書は皆無であり，下水管渠に関する関心の薄さを改めて感じさせられた．帰国後，この本はしばらく私の書架に眠っていたが，下水道普及率が60％を超えた我が国の下水道界にこの本を紹介することはきわめて時宜を得たものであると考えられた．そこで下水道管渠維持管理の我が国の先達である長谷川清氏に相談を持ちかけ，この本の勉強会（下水道管路研究会）を行うことになった．この勉強会には，当初，長谷川清氏，長谷川健司氏，西口勇氏，鎌田修氏，中村克巳氏，富沢健二氏などが参加された．毎月の休日に朝から夕方まで有楽町のビルの一室にこもってこの本の解読に当たること3年に及んだ．その後，さらに翻訳原稿の見直し，校正などの監修作業に約2年を費やした．監訳の段階で渡邉春樹氏，江森裕祥氏も加わった．忙しい日常業務の傍らの作業であり，遅々として作業は捗らなかったが，幸いにも技報堂出版の小巻慎部長が快く出版を引き受けて頂いたことが作業の大きな原動力となった．

　作業の途中でこの本の縮小英訳版として「Rehabilitation and Maintenance of Drains and Sewers」(2001)が出版され，この英語版も必要に応じて参照して翻訳の正確さを期したが，十分とはいえない．彼我の技術用語の定義の相違など，必ずしも我が国で用いられている用語への翻訳が十分であったとはいえないし，この分野での技術進歩も著しいものがある．訳に適切でない点があるとすれば，それは監訳者でもある私

の責任である．

　最後に本書の刊行に多大な熱意を示し，予定より遅れた作業を辛抱強く待ってくださった㈳日本下水道管路管理業協会の会員各社にお詫びとお礼を申し上げる次第である．

　　平成18年3月

　　　　　　　　　　　　　　　　　　　　　　　　　　　　田中　和博

日本語版の刊行にあたって

　現代文明は，下水を収集し処理を行う近代下水道なしにはもはや想像することすらできない．

　環境保護，特に水域の保全という観点から，ヨーロッパ，ことにドイツ連邦共和国では，過去数十年間にわたり，下水を処理し処分する下水処理場の建設とその改良に絶えることのない力が注がれてきた．この努力の成果は，今日稼動している第4世代の下水処理場に見事に象徴されている．

　これとは対象的に，下水を収集し放流する機能を有する下水管渠には必ずしも必要な関心が寄せられてこなかった．その結果，多くの地方公共団体では，もはや現在の要件には合致し得ない第1世代の旧い排水路や下水管がいまだ使われており，しかもこれらの少なからぬ割合の管渠が欠陥や損傷，その他の不適切さを残している．このことは場合によっては下水管渠の機能を阻害するのみならず，極端な場合には地下水の浸入による下水流量の増加や下水の流出による地下水や土壌汚染を生じたり，道路陥没による交通阻害，建物への被害などを引き起こしている．

　したがって，環境保護への政治的思考の高揚と国民経済の競争力の回復への関心の高まりの中で，安全な下水収集システム，すなわち下水道管渠システムの更新と維持管理，管渠の初期状態を保持し，管渠の状態を把握することはきわめてより重要なこととなってきている．この分野の仕事は巨大な市場でもあり，ドイツ連邦共和国だけとってもおよそ100兆ユーロの経済規模に相当する．

　これらの事実は，管渠の供用，維持管理，点検，更新などのすべてにわたる重要な側面が計画，設計，経済的，環境保護的観点から考慮された総合的な技術情報が必要とされていることを示している．したがって，この点での情報不足を補うことが本書の目的である．

　本書の日本語版は「Instandhaltung von Kanalisationen」（1988）に基づくもので，縮小英語版の「Rehabilitation and Mainttenance of Drains and Sewer」（2001）も翻訳にあたって参考にされている．ドイツ語版の改訂では個々の章の選択と見直しには

1. 下水道の構造，背景条件

ドイツ連邦共和国の基準や指針をできるだけ少なくし，DWA（German Association for Water, Wastewater and Waste）（かっては ATV-DVWK と呼ばれた）の英語による技術資料と最近のヨーロッパ基準をできるだけ取り入れるように努めた．

日本語版でも完全とは言い切れないかもしれないが，地方公共団体，コンサルタント，関連する業界の専門家，さらに下水管渠の更正と維持管理に関心のある学生にとって数多くの理論的かつ実際的な問題を解くことに役立つことを意図している．

本書に述べられた方法や技術の適用は，読者自身の判断に任されており，特別な条件下での適切な技術の適用もまた読者の責任においてなされるべきであることはいうまでもない．

私の友人である日本大学理工学部土木工学科の田中和博教授を中心とするグループによってこの本が日本語に翻訳されることは，私の望外の喜びであり，かつ快く本書の出版を引き受けていただいた技報堂出版株式会社に深謝する次第である．

最後にこの本をよりよくするための忠告やアイデアを寄せられることを強く期待する．

ボッフム，2006年　冬

ディートリッヒ・シュタイン

緒　言

　現代文明は，下水を収集，移送，処理または処分する下水道施設を抜きにしてはもはや考えることすらできない．

　最近数十年間における下水道施設の建設およびそれら施設の不断の改良に際しての主たる対策の力点は，環境保護，特に河川や湖沼の水質保全に置かれてきた．これらの対策の成果は，現在稼動している下水処理施設に象徴的に集約することができる．

　これに対し，下水を収集し移送する施設，すなわち下水管渠には，これまでのところ必要とされる注意がまったく払われてこなかった．その結果，現代の要求条件に合致しない旧式の下水管渠が今日なお数多くの自治体において使用されており，しかもそれらの施設のかなりの部分が欠陥，損壊またはその他の不備を示すに至っている．これらの瑕疵は，時として施設の機能を著しく損なうと同時に，極端な場合には地下水や土壌の汚染あるいは管渠の崩壊をもたらし，道路の陥没や交通の危険を招くとともに，建物ならびに植被をも危険にさらすことになろう．

　したがって，環境政策的志向の高まりと関連して，下水管渠の保全，すなわち本来の状態の保持と回復のための対策および下水管渠の現状の把握と評価のための対策がますます重要性を増しつつある．

　こうしたことから，前記の諸対策を記述するにあたっては，保守，点検および修繕等を含め，一切の重要な部分的側面をも適正に考慮した総合的な記述が必要となっている．

　1986年に刊行された本書の初版は，この点に関連した情報不足を補うことを目的としており，同版は多方面からの求めによって幾度も増刷されなければならなかった．既に1992年には改訂，増補された第2版が刊行されるに至ったが，この第2版もまた再び版元で品切れとなるに至った．こうした事情と，さらにまた下水管渠の保全分野における1992年以降に生じたかなりの技術的，法的変化，その後の技術開発・改良および規格の制定が出版社と著者をしてすべての章に手を加え，増補を行ったこの第3版を刊行する契機となった．本版では労働安全性の章が新たに加えられるとともに補

1. 下水道の構造，背景条件

修の章に各種工法の選択と記述ならびにコストと経済性を論じた節が加えられた．

改訂作業は 2 年間で行われたことから，必ずしもすべての場合に最新の欧州規格を考慮することはできなかった．ただし，1998 年現在における下水技術分野の欧州規格 CEN/TC 163 および CEN/TC 165，ならびに隣接諸分野の規格，例えば CEN/TC 155，CEN/TC 203，CEN/TC 208，CEN/TC 230 および CEN/TC 308 の概観は付録中に述べたドイツ工業規格協会（DIN）の規格一覧から知ることができよう．

本版はもとより一切の点で完璧であることを期するものではないが，下水管渠の保全に関わる官庁，設計事務所および企業の専門家および学生のために多様な理論的・実践的諸問題を解決するための基礎ならびに手引きとして役立つことを意図している．

ただし何人も本書に述べられた方法の適用によって自己の行為の責任もしくは具体的な事例における正しい選択の責任を免れるものではない．広範囲に及ぶ参考文献リストを利用すれば特殊な個別的問題を深く追求することも可能であろう．

数多くの示唆，助言ならびに図版資料の提供を通じ本書の上梓を援助してくださったすべての同僚諸氏，研究所および企業に謝辞を表明することは私にとって嬉しい義務である．とりわけ，ボッフム-ルール大学，ボッフム-ルール大学付属ゲルゼンキルヒェン下水道工学研究所およびボッフムの Prof.Dr.-Ing.D.Stein & Partner 設計事務所の各スタッフであり同時に私の協力者を務めてくださった Dipl.-Ing.Ricardo Boksteen 氏，Dipl.-Ing.Andreas Bornmann 氏，Dr.-Ing.Bert Bosseler 氏，Dr.Sabine Cremer 氏，Dr.-Ing.Christian Falk 氏，Dip.-Ing.Dieter Homann 氏，Dipl.-Ing.Susanne Kentgens 氏，Dipl.-Ing.Karsten Körkemeyer 氏，Dipl.-Ing.Angelika Peper 氏ならびに Dipl.-Ing.Robert Stein 氏に感謝申し上げる次第である．

4.3.1.2，5.2.2，5.6.3 および 5.7 の記述をともにご検討くだされた Dr.R.Schpers（ボッフム市），Dr.Bodo Lehmann（ボッフム市），Dr.Wolfgang Cornely（エッセン市），Dipl.-Ing.B.Fischer（ボン市），Dr.-Ing.Georg Grunwald（ブレーメン市）の各氏ならびに第 7 章および第 8 章の記述をご検討くだされた Dipl.-Biol.Stefan Janzen（ヴィッテン市）および Dipl.-Ing.Udo Schulz（ブリュッゲン市）の各氏に感謝申し上げる次第である．

Ernst & Sohn 出版社が本書の企画と出版を促すべくお寄せくださった支援は賛嘆すべきものであった．

さらに読者の方々から本書をさらに改善するための提案および示唆をいただけるならば喜ばしい限りある．

ボッフム，1998 年 夏

ディートリッヒ・シュタイン

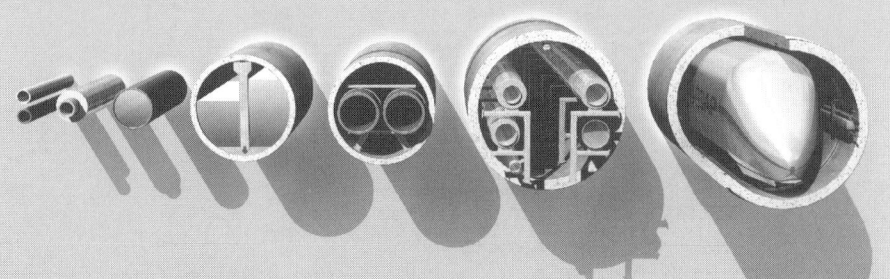

目　次

1. 下水道の構造，背景条件　1

- 1.1　総　　論　1
- 1.2　概　　念　3
- 1.3　断面形状および断面形状　8
- 1.4　土被り　16
- 1.5　勾　　配　17
- 1.6　工　　法　20
  - 1.6.1　開削工法　20
    - 1.6.1.1　掘削幅　21
    - 1.6.1.2　管外周部　22
    - 1.6.1.3　埋戻し材　28
  - 1.6.2　非開削工法　31
- 1.7　管材料，管継手　35
  - 1.7.1　材料，管継手の概観　35
  - 1.7.2　切り石，石材，管渠レンガ　38
  - 1.7.3　陶　　管　40
  - 1.7.4　プラスチック　48
    - 1.7.4.1　一体管システム　49
    - 1.7.4.2　多層システム　49
    - 1.7.4.3　断面壁システム　50
  - 1.7.5　鋼　51
  - 1.7.6　鋳　　鉄　52
  - 1.7.7　コンクリート，鉄筋コンクリート，プレストレストコンクリート　55
    - 1.7.7.1　コンクリート管　57
    - 1.7.7.2　鉄筋コンクリート，プレストレストコンクリート製の管　62
    - 1.7.7.3　腐食防止組込み式コンクリート管，鉄筋コンクリート管　74
    - 1.7.7.4　現場打ちコンクリート　76
  - 1.7.8　ポリマーコンクリート　78
  - 1.7.9　アスベストセメント，ファイバセメント　80
  - 1.7.10　グラスファイバ強化プラスチック（GFK）　84

1.8 マンホール　*88*

1.9 構造物下の宅内排水管，取付管　*98*

1.10 換気・通気用支管，ランプ孔　*104*

1.11 公用地内の管渠，その他の管　*106*

1.12 樹木，植被　*114*

2. 損傷，その原因と結果　*127*

2.1 総　　論　*127*

2.2 漏　れ　*130*

 2.2.1 損　　傷　*130*

 2.2.2 損傷原因　*130*

  2.2.2.1 規格，規程および準則集の不遵守　*131*

  2.2.2.2 その他の損傷による漏れ　*134*

 2.2.3 発生した損傷の影響　*135*

  2.2.3.1 下水の流出　*135*

  2.2.3.2 地下水浸入，土壌の流入　*136*

2.3 排水障害　*141*

 2.3.1 損　　傷　*141*

 2.3.2 損傷原因　*142*

  2.3.2.1 堆　積　物　*142*

  2.3.2.2 突き出た排水障害　*143*

  2.3.2.3 樹根の侵入　*144*

 2.3.3 損傷の影響　*145*

2.4 位置ずれ　*146*

 2.4.1 損　　傷　*146*

 2.4.2 損傷原因　*147*

 2.4.3 損傷結果　*147*

2.5 物理的摩耗　*148*

 2.5.1 損　　傷　*148*

 2.5.2 損傷原因　*149*

  2.5.2.1 洗流し摩耗（侵食摩耗）　*150*

  2.5.2.2 液滴衝撃侵食　*150*

  2.5.2.3 キャビテーション浸食　*151*

  2.5.2.4 液体浸食　*152*

 2.5.3 損傷結果　*152*

2.6 腐　　食　*152*
2.6.1　損　　傷　*152*
2.6.2　材料不適合性による腐食　*155*
2.6.3　セメント結合された建設材料の腐食　*156*
2.6.3.1　外部腐食　*156*
2.6.3.2　内部腐食　*160*
2.6.4　損傷結果　*170*

2.7 変　　形　*173*
2.7.1　損　　傷　*173*
2.7.2　損傷原因　*176*
2.7.3　損傷結果　*176*
2.7.4　幾何的断面解析　*177*
2.7.5　構造力学的分類　*181*
2.7.6　変形経過の解釈　*182*
2.7.7　縦方向曲げによる断面変形　*183*
2.7.8　経験的解決手法　*185*

2.8 亀裂，管の破損，崩壊　*187*
2.8.1　縦方向亀裂　*189*
2.8.1.1　損　　傷　*189*
2.8.1.2　損傷原因　*190*
2.8.2　横方向亀裂　*191*
2.8.2.1　損　　傷　*191*
2.8.2.2　損傷原因　*191*
2.8.3　一点から発する亀裂，亀甲形成　*192*
2.8.3.1　損　　傷　*192*
2.8.3.2　損傷原因　*192*
2.8.4　管の破損　*193*
2.8.4.1　損　　傷　*193*
2.8.4.2　損傷原因　*193*
2.8.5　崩　　壊　*193*
2.8.5.1　損　　傷　*193*
2.8.5.2　損傷原因　*194*
2.8.6　損傷結果　*194*

2.9 損傷分析　*196*

3. 保守，清掃 *207*

3.1 保　　守 *207*
3.2 清　　掃 *209*
3.2.1 概　　論 *209*
3.2.2 洗浄方式 *212*
3.2.2.1 吐出し洗浄 *213*
3.2.2.2 ダム式洗浄 *214*
3.2.3 高圧洗浄方式(HD 洗浄方式) *216*
3.2.3.1 高圧洗浄方式による損傷 *222*
3.2.4 機械的方式 *226*
3.2.4.1 補助手段を用いた人力清掃 *226*
3.2.4.2 清掃器具による清掃 *227*
3.2.4.3 特殊器具による清掃 *230*
3.2.4.4 その他の方式 *236*

4. 点　　検 *241*

4.1 定義，法令等による規定 *241*
4.2 点検，調査計画の作成 *243*
4.3 構造関連の点検，調査 *253*
4.3.1 外部点検 *254*
4.3.1.1 巡　　視 *254*
4.3.1.2 物理探査による地盤調査 *255*
4.3.1.3 試掘やボーリング等による構造物，地盤の調査 *263*
4.3.2 内部点検 *266*
4.3.2.1 定性的状態把握 *266*
4.3.2.2 定量的状態把握 *279*
4.3.2.3 マルチセンサによる管渠点検 *292*
4.4 流量測定 *295*
4.4.1 排水量測定の計画 *296*
4.4.1.1 排水量測定の目的 *297*
4.4.1.2 測定箇所 *297*
4.4.1.3 測定時点 *298*
4.4.1.4 測定時間 *299*
4.4.1.5 測定手法 *299*
4.4.2 測定値検知器，測定器 *309*
4.4.2.1 水位測定 *309*

   4.4.2.2 流速測定 *310*
   4.4.2.3 水深と流速を測定する検知器が組み合わされた測定器 *313*

4.5 環境関連検査 *315*

 4.5.1 水　密　性 *316*
   4.5.1.1 漏れ検査の理論的基礎 *319*
   4.5.1.2 スパン間の漏れ検査 *324*
   4.5.1.3 スパンの部分的漏れ検査 *334*
   4.5.1.4 ソケット検査 *335*
   4.5.1.5 局所損傷域の検査 *339*
   4.5.1.6 マンホール検査 *340*
   4.5.1.7 記録作成 *341*
   4.5.1.8 ドイツ規格，国際規格の比較 *342*
   4.5.1.9 浸入量検査 *344*
   4.5.1.10 煙　検　査 *345*
 4.5.2 漏れ位置探知 *347*
   4.5.2.1 音響的手法 *347*
   4.5.2.2 電気的手法 *348*
   4.5.2.3 赤外線温度記録法 *350*

4.6 記　　　録 *350*

 4.6.1 検査レポート *351*
 4.6.2 管渠データバンク *353*
   4.6.2.1 要　　件 *355*
   4.6.2.2 構成，内容 *356*
   4.6.2.3 データの調査，登録，増補 *358*
   4.6.2.4 アプリケーションの可能性 *359*

4.7 状態分類，状態評価 *363*

 4.7.1 状態評価モデルの目標，課題 *363*
 4.7.2 ATV-M 149 に基づく状態分類と状態評価に求められる要件 *364*
   4.7.2.1 状態分類 *365*
   4.7.2.2 状態評価 *366*
   4.7.2.3 優先性リスト *366*
 4.7.3 ATV-M 143 Teil 2 に基づく状態記述 *367*
 4.7.4 状態分類モデルと状態評価モデル *376*
   4.7.4.1 ATV-M 149（案） *376*
   4.7.4.2 状態評価システム KAPRI *385*
   4.7.4.3 評価システム KAIN *388*
   4.7.4.4 ISYBAU 状態評価・分類 *393*
   4.7.4.5 プフォルツハイマーモデル *395*

4.7.4.6　オランダー Stichting RIONED　*400*
4.7.4.7　評価モデルの比較　*406*

5. 補　　修　*411*

5.1　一般的な要求条件　*414*
5.2　修　　理　*419*
5.2.1　修繕方式　*420*
5.2.1.1　マンホールの修繕　*420*
5.2.1.2　開削工法による個々の管の交換　*428*
5.2.1.3　コンクリート製管渠，鉄筋コンクリート製管渠，プレストレストコンクリート製管渠の修繕　*429*
5.2.1.4　レンガ積管渠の修繕　*438*
5.2.1.5　伸縮リングによる歩行可能管渠の安定化　*441*
5.2.1.6　ロボットによる歩行不能管渠の修繕　*441*

5.2.2　注入方式　*447*
5.2.2.1　注 入 材　*448*
5.2.2.2　外側からの注入　*467*
5.2.2.3　歩行可能断面管の内側からの注入　*470*
5.2.2.4　歩行不能断面管の内側からの注入　*483*
　5.2.2.4.1　管継手の注入　*483*
　5.2.2.4.2　管体部分，スパン部分の注入　*492*
　5.2.2.4.3　取付管と取付管接続部の注入　*494*
　5.2.2.4.4　塞止め方式　*497*
5.2.2.5　ジェットグラウチング方式，ソイルフラクチャリング方式　*500*

5.2.3　止水方式　*504*
5.2.3.1　外側からの止水　*505*
5.2.3.2　内側からの止水　*507*
　5.2.3.2.1　表面処理によるコンクリート面の止水　*507*
　5.2.3.2.2　シール材による継目および管継手の止水　*509*
　5.2.3.2.3　インナースリーブ　*517*

5.3　更　　生　*532*
5.3.1　コーティング方式　*533*
5.3.1.1　基　　礎　*534*
5.3.1.2　接着論の基礎　*542*
5.3.1.3　モルタルコーティング材　*547*
5.3.1.4　表面準備　*565*
5.3.1.5　コーティングの試験　*572*
5.3.1.6　加圧グラウチング方式　*577*
5.3.1.7　ディスプレーサ方式　*583*

5.3.1.8　吹付け方式　*585*
            5.3.1.9　遠心射出方式　*597*
        5.3.2　ライニング方式　*610*
            5.3.2.1　要件，試験　*612*
            5.3.2.2　プレハブ管によるライニング　*619*
                5.3.2.2.1　鞘管方式　*620*
                5.3.2.2.2　長管方式と短管方式　*661*
            5.3.2.3　現場製作管によるライニング　*680*
                5.3.2.3.1　環状空隙のある現場製作管によるライニング　*680*
                5.3.2.3.2　環状空隙のない現場製作管によるライニング　*688*
            5.3.2.4　現場製作・硬化管によるライニング　*689*
                5.3.2.4.1　ホース方式　*690*
                5.3.2.4.2　ネップホース方式　*711*
            5.3.2.5　組付け個別要素によるライニング(組付け方式)　*720*
                5.3.2.5.1　底部ライニング　*724*
                5.3.2.5.2　気相部のライニング　*736*
                5.3.2.5.3　スパンライニング　*747*
            5.3.2.6　ライニングの構造力学計算　*756*
                5.3.2.6.1　管の形の自立式ライニングの構造計算　*757*
                5.3.2.6.2　管路方式で挿入されるライニングの構造力学計算　*778*
                5.3.2.6.3　使用中の管の応力　*785*
        5.3.3　昇降マンホール，地域排水構造物の更生　*789*
            5.3.3.1　プレハブ短管によるライニング　*790*
            5.3.3.2　現場製作管によるライニング　*791*
            5.3.3.3　現場製作・硬化管によるライニング　*792*
            5.3.3.4　組付け個別要素によるライニング　*793*
            5.3.3.5　現場製作ラミネートによるライニング　*795*
5.4　更　　新　*797*
    5.4.1　開削工法による更新　*799*
    5.4.2　半開削工法による更新　*802*
    5.4.3　非開削工法による更新　*804*
        5.4.3.1　鉱山坑道掘進方式　*804*
        5.4.3.2　ダビングによるシールド掘進方式　*807*
        5.4.3.3　有人式推進工法　*811*
        5.4.3.4　無人式推進工法(轢き潰し)　*814*
        5.4.3.5　バースト方式　*820*
        5.4.3.6　管引込み方式　*836*
    5.4.4　トンネル管路　*839*
5.5　工事中の下水排水路の確保　*848*
5.6　補修工法の選定と発注　*853*

5.6.1　工法の選定　*853*

5.6.2　工法選定のための指針　*867*

5.6.3　入札，発注に関わる注意事項　*872*

　　5.6.3.1　エンジニアリング役務　*872*

　　5.6.3.2　建設工事　*872*

5.7　費用と経済性　*881*

5.7.1　管路の維持管理費　*882*

　　5.7.1.1　投　資　*884*

　　5.7.1.2　補修計画　*884*

　　5.7.1.3　補修プロジェクトの経済性チェック　*885*

　　5.7.1.4　選択肢比較のための費用算定　*886*

　　5.7.1.5　投資決定における経済性チェック　*893*

　　5.7.1.6　現在価値計算と年賦金計算の方法論　*895*

　　5.7.1.7　パラメータ変化が経済性チェックの結果に及ぼす影響　*899*

5.7.2　管渠の補修における間接費用　*900*

　　5.7.2.1　小売業に対する影響　*902*

　　5.7.2.2　交通関係者の損失　*903*

　　5.7.2.3　騒音による間接費用　*903*

　　5.7.2.4　有害物質排出による間接費用　*905*

　　5.7.2.5　道路舗装残存耐用期間に対する影響　*905*

　　5.7.2.6　街路樹の被害に対する間接費用　*906*

　　5.7.2.7　予測される間接費用　*906*

6.　水源保護区域の管渠：保全に求められる特別な要件　*909*

6.1　総　論　*909*

6.2　水源保護区域の定義　*909*

6.3　水源保護区Ⅰ：水源区域　*911*

6.4　水源保護区Ⅱ：狭域保護区　*911*

6.4.1　下水道布設に関する要件　*911*

6.4.2　新規布設，保全に関する技術的要件　*911*

　　6.4.2.1　計画策定　*912*

　　6.4.2.2　施　工　*916*

　　6.4.2.3　点　検　*917*

6.5　水源保護区Ⅲ：広域保護区　*918*

6.5.1　下水道布設に関する要件　*918*

6.5.2　新規布設，保全に関する技術的要件　*919*

                6.5.2.1　計画策定，施工　*919*
                6.5.2.2　点　　検　*920*
6.6　水源保護区Ⅱ，Ⅲの管渠の修繕　*921*

7.　下水による土壌，地下水の汚染とその除染方法　*923*

7.1　総　　論　*923*
7.2　下水の発生源，特徴　*925*
    7.2.1　家庭汚水　*925*
    7.2.2　事業所排水　*926*
    7.2.3　道路表面排水　*927*
    7.2.4　故障，事故　*929*
    7.2.5　下水の特徴付け　*929*
7.3　有害物質の移動挙動　*931*
    7.3.1　下水の流出　*931*
    7.3.2　移動挙動　*936*
    7.3.3　土壌中の関連重要物質の挙動　*939*
7.4　汚染発生例　*943*
7.5　土壌除染方法　*948*
    7.5.1　インサイチュー方式　*953*
        7.5.1.1　土壌空気吸引(土壌ガス抽出)　*954*
        7.5.1.2　ハイドロショック方式とジオショック方式　*956*
        7.5.1.3　生物学的方式　*957*
        7.5.1.4　インサイチュー抽出方式　*964*
        7.5.1.5　固　　化　*965*
    7.5.2　オンサイト方式　*966*
        7.5.2.1　熱的土壌処理　*966*
        7.5.2.2　生物学的方式　*971*
        7.5.2.3　抽出方式（土壌洗浄方式）　*972*
        7.5.2.4　固　　化　*979*
    7.5.3　水理方式　*981*
        7.5.3.1　地下水処理方法　*983*
        7.5.3.2　事　　例　*984*
        7.5.3.3　透過反応壁，ファネル・アンド・ゲートシステム　*986*
    7.5.4　オフサイト方式：置換え処分　*988*
7.6　対策に要する費用，期間　*989*

8. 労働安全性，健康保護 *991*

- 8.1 総　論 *991*
- 8.2 責任，刑法上の効果 *992*
- 8.3 保護対策 *992*
  - 8.3.1 個人の適正，研修，組織に関する原則 *993*
  - 8.3.2 作業時の保護対策 *995*
    - 8.3.2.1 予備措置 *995*
    - 8.3.2.2 危険，物質の調査・確認 *996*
    - 8.3.2.3 設備の調査・確認 *998*
    - 8.3.2.4 転落，物質による危険に対する保護対策 *998*
    - 8.3.2.5 電流による危険に対する保護対策 *1002*
    - 8.3.2.6 装置による危険に対する保護対策 *1002*
    - 8.3.2.7 下水道設備・施設の閉鎖された空間への出入り，作業に対する保護対策 *1004*
    - 8.3.2.8 救助装備 *1005*
    - 8.3.2.9 救助対策，応急処置 *1006*
- 8.4 労働保護，健康保護に関わる法律，命令，災害防止規定，安全規則等 *1006*

文　献 *1013*

索　引 *1091*

資料編 *1105*

1. 下水道の構造，背景条件

1.1 総論

19世紀初頭に始まった工業の発展とともにドイツの大都市においては下水道の建設，すなわち下水を収集し移送するための設備・施設の必要性が認識されてきた[1-1]．これらの設備・施設は，それ以来絶えず拡充されてきており，現在は大都市や市町村の最大規模の公共施設となっている．

ヴィースバーデンの連邦統計庁のデータによれば，1991年にはドイツ国内の合流式公共下水道管渠，雨水管渠および汚水管渠の総延長距離は357 094 kmに達していた[1-2]．新旧連邦州別に見たその分布は**図1-1**に，各連邦州別に見た分布は**図1-2**にそれぞれ示している．その他に約800 000 kmに及ぶ私設の排水管が存在する．これらの排水管は，自治体の下水道条例に従って私有地内に設けられ，公共の下水管渠（道路埋設管渠）との合流点にまで及ぶものである．

住民の公共下水道接続率は同年において90.2％であった．この接続率は**図1-3**から判明するように，旧連邦州においては94％であり，接続率が75％でしかない新連邦州に比較してはるかに高い水準である．

ドイツにおける下水管渠の建設年齢分布を**図1-4**に示す．下水道の建設には，適切

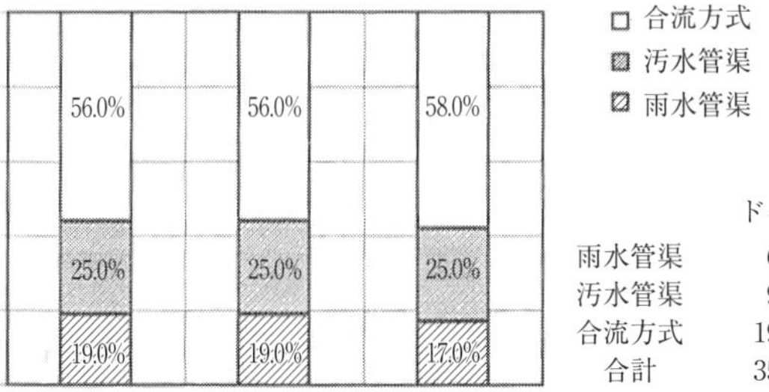

	ドイツ全体	旧連邦州	新連邦州
雨水管渠	67 045	60 723	6 322
汚水管渠	90 143	80 428	9 715
合流方式	199 906	177 962	21 924
合計	357 094	319 113	37 961

図1-1：ドイツにおける下水管渠の延長距離[km]（1991年現在）[1-2]

1. 下水道の構造，背景条件

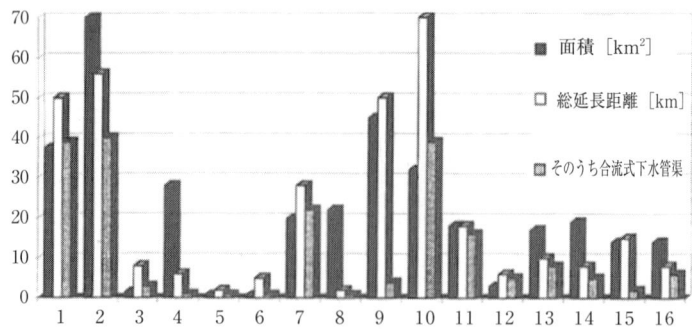

1 バーデン・ヴュルテンベルク州　2 バイエルン州　3 ベルリン州　4 ブランデンブルク州　5 ブレーメン州　6 ハンブルク州　7 ヘッセン州　8 メクレンブルク・フォアポンメルン州　9 ニーダーザクセン州　10 ノルトライン・ヴェストファーレン州　11 ラインラント・プファルツ州　12 ザールラント州　13 ザクセン州　14 ザクセン・アンハルト州　15 シュレスヴィッヒ・ホルシュタイン州　16 チューリンゲン

図1-2：ドイツにおける下水道の分布（1991年現在）[1-2]

な品質の材料や部材のみを使用し，その時点での技術基準に従って建設することが常に努力されてきたとはいえ，当初から施工欠陥，材料欠陥が付随していたことも事実である．

前記の努力は，1923年以来，様々な規格および技術基準の策定，さらにまた新たな材料，部材および工法の不断の開発によって支えられてきた．現在，ドイツ連邦共和国に存在する下水道は，その建

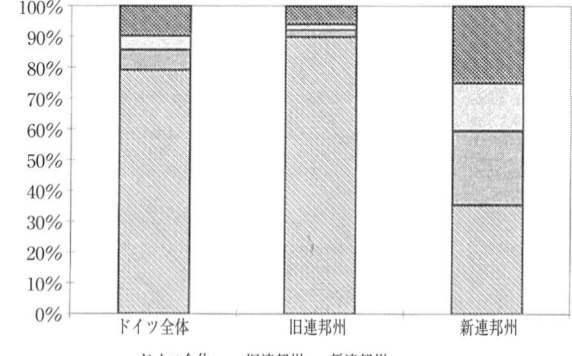

	ドイツ全体	旧連邦州	新連邦州
生物処理施設	79.2%	89.9%	35.4%
浄化施設	85.7%	92.0%	59.6%
下水道	90.2%	94.0%	75.0%
下水管渠接続なし	9.8%	6.0%	25.0%

図1-3：ドイツにおける住民の下水道接続率（1991年現在）[1-2]

設年齢からしてこれらのあらゆる発展段階を反映しており，断面形状および断面寸法，管材料，管継手，埋設方法，設計原理，構造物，管種別，排水方式等の点で非常に多様な不均質な下水道網が現在している．

以下に前記の背景に関する条件，道路断面から見たその他の配管システム，樹木や植生等の下水管渠にとって間接的な環境条件等について歴史的な推移を考慮しつつ詳

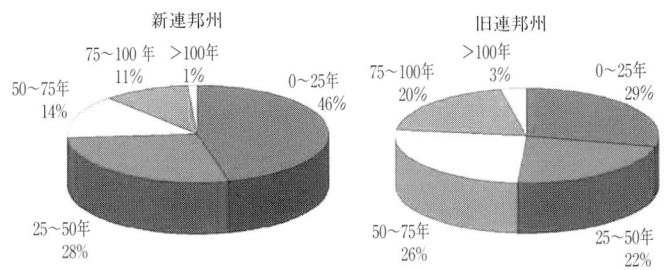

図1-4：ドイツにおける下水管渠の建設年齢分布（1990年現在）［1-3］

しく論ずることとする．下水道の保全にあたって，これらの条件を知り，かつ考慮することが不可欠だからである．

1.2　概　　念

DIN 4045［1-1］および DIN 1986 Teil 1［1-4］ならびに欧州規格 DIN EN 752-1［1-5］に依拠して，以下に重要な概念を定義する（**図1-5**）．欧州規格とドイツ規格との間にかなりの相違が存在する場合には，理解を容易とするために双方の概念について述べる．

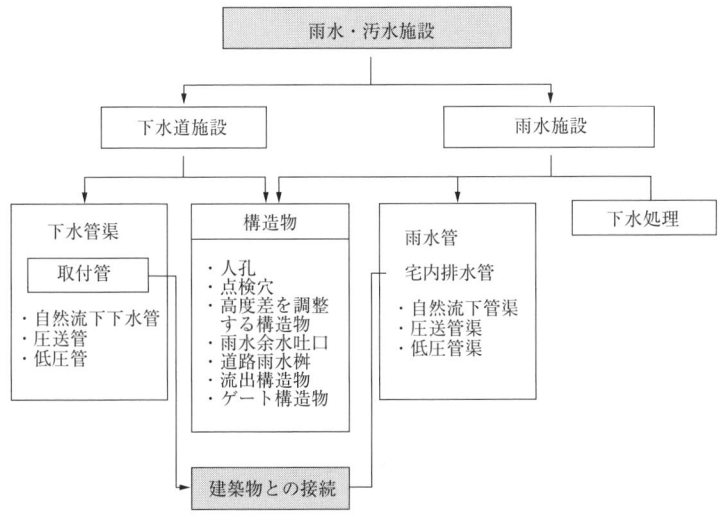

図1-5：使用概念の相互関連

1. 下水道の構造，背景条件

この点に関連して触れておかなければならないのは，DIN EN 752-1 の概念定義は，"法律的な定義としては考えられていない"ということである．
- 維持管理と保全：下水道の本来の状態の保持と回復のための対策，ならびに下水道の現状の把握と評価のための対策．これは保守，点検，損傷除去の各対策を内容としている[1-6]．
- 下水道，DIN 4045 に準拠：下水を収集し，移送するための設備・施設．下水管渠網と私設下水道とで構成される．
- 下水管渠：DIN EN 752-1[1-5]は別な区分を定めている．

　"主として自然流下式の水路で使用される"建物外の管渠で，この管渠は下水が建物ないし屋根排水設備から道路排水溝に合流し，下水が処理施設または排水水域に放流される地点までの領域を包括する．この場合，建物下部の下水管渠はそれらが建物排水設備の構成要素でない限りでこれに含まれる．
- 下水管渠，DIN 4045 に準拠：通常，下水が自然勾配によって移送される自然流下渠または暗渠．例えば，雨水管渠，汚水管渠，合流式管渠の区別が行われる．

本書の対象は，暗渠式管渠であり，その際，管渠なる概念は，DIN に基づくあらゆる管タイプの総称としても用いられる(DIN EN 752-1[1-5])．

下水道における管渠の配置(**図 1-6**)は，集落の平面配置形態・地勢および規模，排水水域，下水処理施設または中継ポンプ施設の位置ならびに下水処理方式に依存しており，直角式，遮集式，平行式，分枝式，放射式がある．

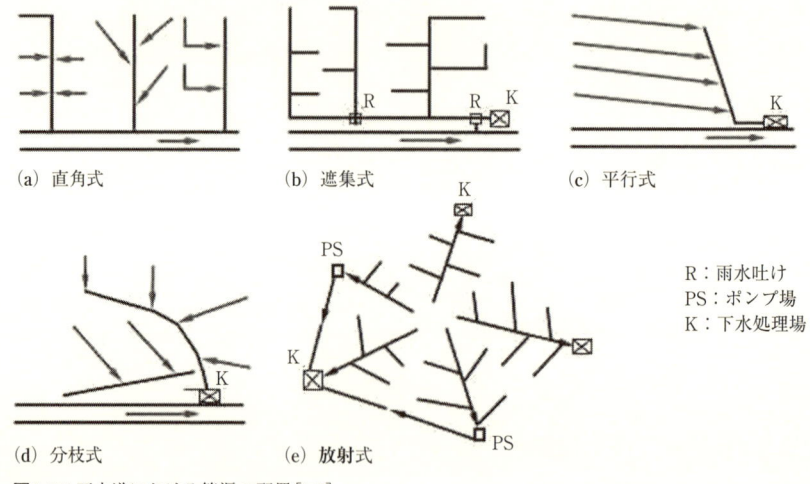

(a) 直角式　　(b) 遮集式　　(c) 平行式

(d) 分枝式　　(e) 放射式

R：雨水吐け
PS：ポンプ場
K：下水処理場

図1-6：下水道における管渠の配置[1-7]

直角式［図 1-6(a)］は，各部分区域の集水渠が等高線ないし排水水域に対して主として垂直に延びている場合にそう呼ばれる．下水が排水水域に放流される前に処理されなければならない場合には，直角式の集水渠は排水水域に放流される前にいったん遮集されなければならない（遮集式）［図 1-6(b)］．平行式［図 1-6(c)］の場合には，各集水渠は相互に，また排水水域ないし等高線に対してほぼ平行に延びている．他方，分枝式［図 1-6(d)］の場合には，支配的な集水方向といえるものはもはや存在していない．各部分区域の集水渠が外側に向かって放射状に移送される場合には，放射式［図 1-6(e)］と呼ばれる［1-7］．

ドイツ規格集では，以下も公共下水道に属している．
・取付管，DIN 4045 に準拠：公共下水管渠と不動産境界ないし当該土地内の最初の枡（例えば，排出マンホール）との間の管渠（図 1-7，1-8）．管轄領域の決定は，排水条例　によって行われる．
・私設下水道：私設下水道の下水管は，以下のように称される．
  ・下水管，DIN 4045 に準拠：排水対象と不動産境界ないし当該土地内の最後の枡（例えば，排出マンホール）との間の管．
  ・下水管，DIN EN 752-1 に準拠：汚水，雨水を発生箇所から下水管渠に移送するための，大半の場合に地中埋設された管．

さらに DIN 1986 Teil 1 は，その他に例えば以下のような管種の区別を行っている．
・構造物下の宅内排水管：通常，下水を取付管に流すための，地中または構造物の基礎中に埋設された管（**1.9 参照**）．

私設取付管なる概念は，規格中には定義されていない．この概念は，本書では"建物内の枡から下水管渠に達するまでの管"を表すものとして使用される．

管渠は，主として自然流下式システム，圧送式システムおよび低圧式

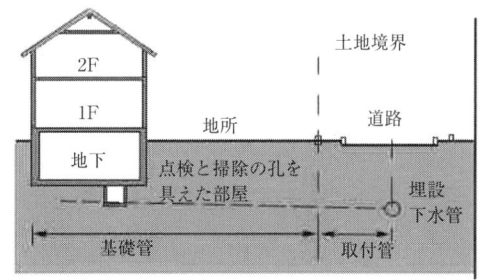

図1-7：基礎管および建物内に浄化孔を有した取付管渠を介した建物排水［1-8, 1-9］

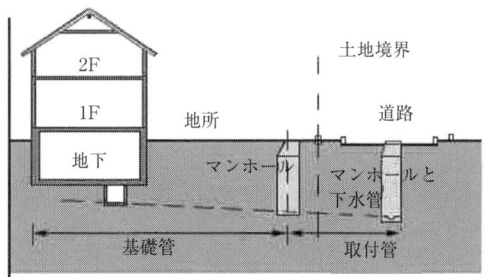

図1-8：基礎管および建物内に点検および清掃の孔を有した取付管渠および地所内の昇降マンホールを介した建物排水［1-8, 1-9］

1. 下水道の構造，背景条件

システムとして使用される．本書の対象は，以下のとおりである．
- 自然流下管：排水が重力によって行われ，管内の流れが自由水面状態で使用される管渠．
- 圧送管：下水を加圧下で輸送する管．
- 低圧管：下水を低圧で輸送する管．
- スパン，DIN 4045 に準拠：2つのマンホール，特殊構造物の間の下水管渠区間．
- 起点スパン，DIN 4045 に準拠：流下方向から見た最初のスパン．
- 最終スパン，DIN 4045 に準拠：例えば下水処理施設または排水水域への放流前の，流下方向から見た最後のスパン．
- 昇降マンホール，DIN 4045 に準拠：地下管渠またはその他の地中にある設備・施設に立ち入るための坑筒構造物（DIN 19549 ではマンホールと称される）．
- マンホール，DIN EN 752-1 に準拠：人の出入りを可能とするために下水管または下水管渠に設けられた取外し式の蓋のある昇降坑筒．
- 点検孔，DIN EN 752-1 に準拠：地表から点検のために下水管渠に設けられた取外し式の蓋のある穴で人の出入りはできない．
- 排水水域：例えば海洋，河川，湖沼または地下水脈等の管渠からの下水が放流されるあらゆる種類の水域[1-5]．

下水の排除方式[1-1]については，以下の区別が行われる．
- 分流方式，DIN 4045 に準拠：汚水と雨水とを別々に移送する方式．
- 合流方式，DIN 4045 に準拠：一つの管渠で汚水と雨水を一緒に移送する方式．

これらの方式およびその他の方式で使用される管渠は，以下のように称される．
- 分流式システム，DIN EN 752-1 に準拠：通常，汚水と雨水を別々に移送するための2系統の管渠システムから構成される管渠（図 **1-9**）．
- 合流式システム，DIN EN 752-1 に準拠：汚水と雨水を一緒に移送するための単一の管渠システムから構成される管渠（図 **1-10**）．
- 改良式合流システム，DIN EN 752-1 に準拠：通常，2系統の管渠システムから構成

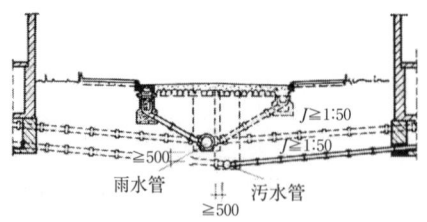

図 **1-9**：分流式システム[1-10]

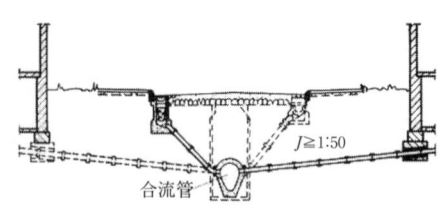

図 **1-10**：合流式システム[1-10]

1.2 概　念

される管渠であって，一方のシステムで汚水が定められた量の雨水と一緒に移送され，もう一方のシステムで残余の雨水が移送される方式の管渠．

合流式システムの場合には，下水管渠の断面寸法にとって決定的に重要なのは雨水の排水である．雨水排水量にはかなりの増減があり，汚水排水量の 100 倍以上に達することもある[1-11]．これらシステム使用中に満管流でない場合，所要排水断面積が比較的急速に増大することがある．他方，分流式システムにあっては，汚水を移送する下水管渠の断面積は，1 本の集水渠に 50 000 人の住民が接続している場合ですら 0.2 m^2，すなわち呼び径 500 の規模で十分である[1-12]．

下水は，DIN 4045 に準拠し，使用されることにより変化した排水および下水道に達するあらゆる種類の水である(7.参照)．

例えば，以下が区別される．

- 下水，DIN EN 752-1 に準拠：下水管渠で導かれる汚水および雨水．
- 汚水，DIN EN 752-1 に準拠：使用されることにより変化した管渠に放流される水．
- 汚水，DIN 4045 に準拠：使用されることにより汚染された水．
- 家庭汚水，DIN EN 752-1 に準拠：台所，洗面所，洗面台，浴室，トイレおよび類似の設備から生ずる汚水．
- 事業所汚水，DIN EN 752-1 に準拠：工場や事業所から生ずる汚水．
- 雨水，DIN 4045 に準拠：流下する雨．
- 雨水，DIN EN 752-1 に準拠：土壌に浸透せず，地表または建物外面から管渠に流入する雨水．
- 不明水，DIN 4045 に準拠：下水道に侵入する地下水(漏れ)，誤接合により不当に入り込む水(例えば排水，雨水)ならびに汚水管渠(例えばマンホール蓋を経て)に流れ込む地表水．
- 不明水，DIN 752-1 に準拠：管渠中の望ましくない排水．
- 合流水，DIN 4045 に準拠：一緒に流送される汚水および雨水，および場合により不明水．
- 冷却排水，DIN 4045 に準拠：一般に汚染されていないが，使用によって暖熱された冷却プロセス排水．
- 伏越し，DIN EN 752-1 に準拠：自然流下渠または開放管渠の一部であって，障害物の下を通り抜けられるように上流部および下流部よりも低く配置された部分で，したがって加圧下で使用される部分．

下水管渠，取付管，下水管，構造物下の宅内排水管の概念は，以下，各個別概念が明示的に使い分けられる必要がない場合には，一括して管渠と称される．

1. 下水道の構造，背景条件

1.3 断面形状および断面寸法

　近代的な下水道技術が始まって以来，きわめて様々な断面形状と断面寸法を持った管渠が使用されてきたが，それらの一部は今日なお変わることなく利用されている．最も重要な断面形状—これは DIN 4045[1-1]によれば管渠断面とも称される—は，円形，標準卵形および標準馬蹄形である．これらは正規形状とも称されるが，その理由はこれらだけが DIN 4263[1-13]に基づいて規格化されているからである（図**1-11**）．

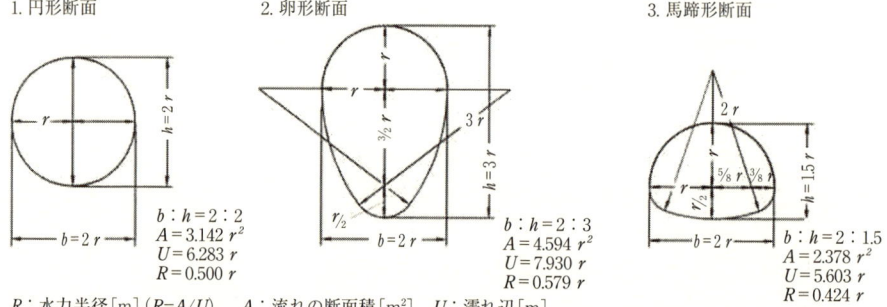

R：水力半径[m]（$R=A/U$）　　A：流れの断面積[m²]　　U：濡れ辺[m]

図 1-11：DIN 4263（91年4月版）に基づく規格化された管渠断面形状および満管状態時の幾何的寸法値[1-13]

　円形は，その構造上ならびに水理学上のメリットから DIN 500 までの呼び径のものが好んで過去も現在も使用されている．鉄筋コンクリート工法およびプレストレストコンクリート工法が開発され，管製造方法ならびに配管工事が格段の進歩を示すようになって以来，管径 4 000 までのプレハブ式円形管も幹線集水渠に使用されてきている．管径は呼び径の略称である．これは mm 単位で表された円形の一特性値であるが，単位記号 mm は表記されていない．これはほぼ内径に相当する．

　標準卵形は，1846年に初めてロンドンで使用され，1870年頃からドイツでも使用され始めた[1-14]．これは比較的大量で，増減の激しい排水を移送する場合，例えば晴天時排水量の少ない合流式管渠の場合に水理学的に見て特に有利である．断面寸法として，軸寸法，幅(b)/高さ(h)の mm 単位で表される．ただし，円形と同様に単位記号 mm を表示しない．卵形は，水位レベルを下げ，静的支持力を向上させ，あるいは通行を容易とするために，上下逆の形状においても過去ならびに現在も使用されている．

　この管渠断面は，水理学的ならびに使用上のメリットから，また特に掃流力の増大

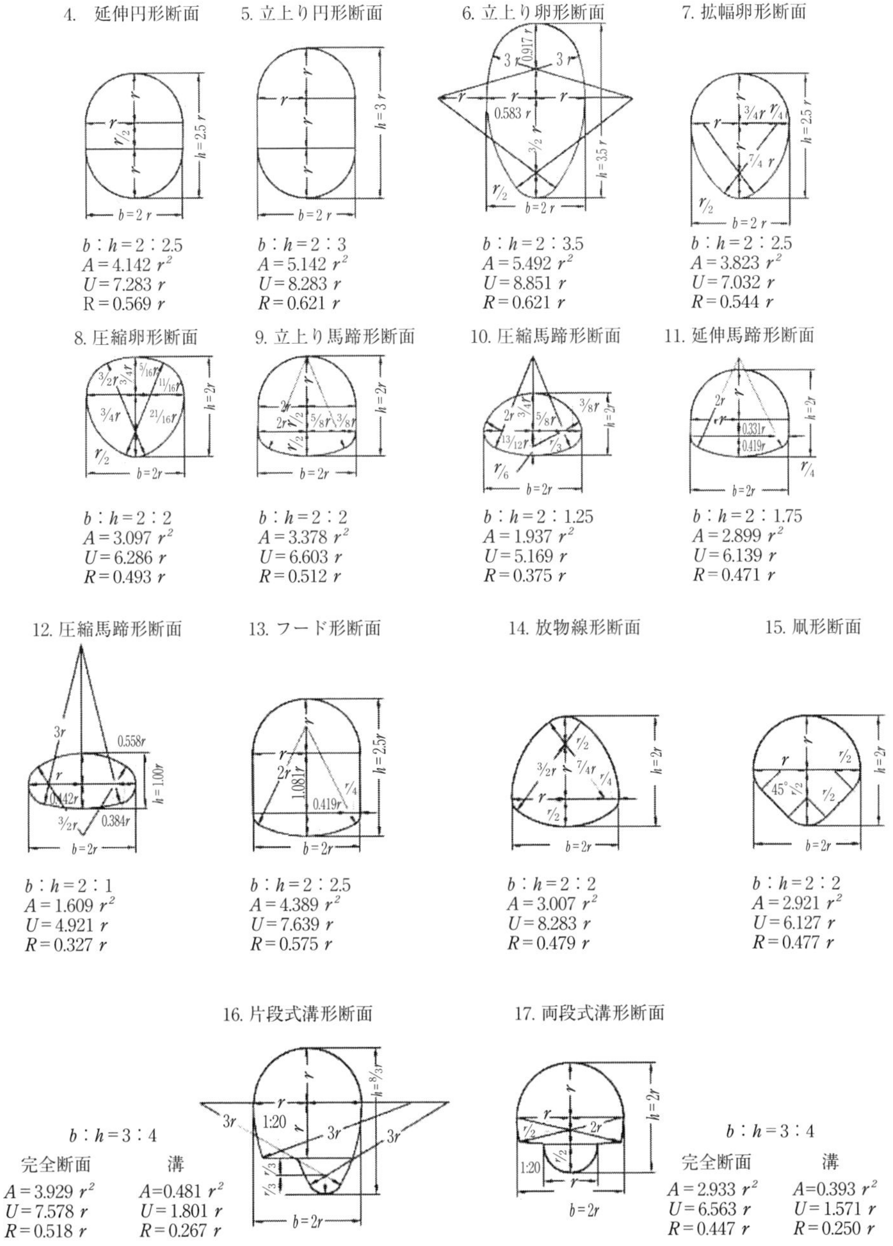

1.3 断面形状および断面寸法

4. 延伸円形断面

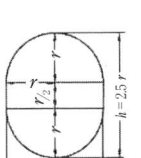

$b : h = 2 : 2.5$
$A = 4.142\ r^2$
$U = 7.283\ r$
$R = 0.569\ r$

5. 立上り円形断面

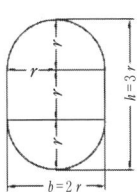

$b : h = 2 : 3$
$A = 5.142\ r^2$
$U = 8.283\ r$
$R = 0.621\ r$

6. 立上り卵形断面

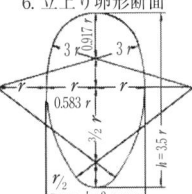

$b : h = 2 : 3.5$
$A = 5.492\ r^2$
$U = 8.851\ r$
$R = 0.621\ r$

7. 拡幅卵形断面

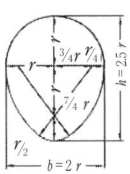

$b : h = 2 : 2.5$
$A = 3.823\ r^2$
$U = 7.032\ r$
$R = 0.544\ r$

8. 圧縮卵形断面

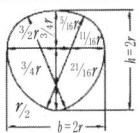

$b : h = 2 : 2$
$A = 3.097\ r^2$
$U = 6.286\ r$
$R = 0.493\ r$

9. 立上り馬蹄形断面

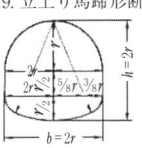

$b : h = 2 : 2$
$A = 3.378\ r^2$
$U = 6.603\ r$
$R = 0.512\ r$

10. 圧縮馬蹄形断面

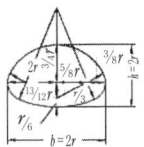

$b : h = 2 : 1.25$
$A = 1.937\ r^2$
$U = 5.169\ r$
$R = 0.375\ r$

11. 延伸馬蹄形断面

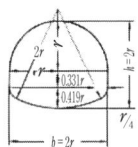

$b : h = 2 : 1.75$
$A = 2.899\ r^2$
$U = 6.139\ r$
$R = 0.471\ r$

12. 圧縮馬蹄形断面

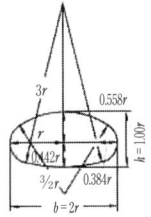

$b : h = 2 : 1$
$A = 1.609\ r^2$
$U = 4.921\ r$
$R = 0.327\ r$

13. フード形断面

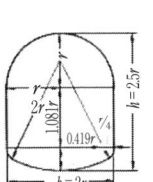

$b : h = 2 : 2.5$
$A = 4.389\ r^2$
$U = 7.639\ r$
$R = 0.575\ r$

14. 放物線形断面

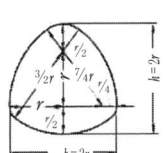

$b : h = 2 : 2$
$A = 3.007\ r^2$
$U = 8.283\ r$
$R = 0.479\ r$

15. 凧形断面

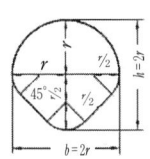

$b : h = 2 : 2$
$A = 2.921\ r^2$
$U = 6.127\ r$
$R = 0.477\ r$

16. 片段式溝形断面

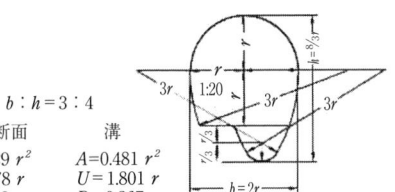

$b : h = 3 : 4$

完全断面
$A = 3.929\ r^2$
$U = 7.578\ r$
$R = 0.518\ r$

溝
$A = 0.481\ r^2$
$U = 1.801\ r$
$R = 0.267\ r$

17. 両段式溝形断面

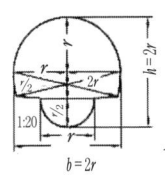

$b : h = 3 : 4$

完全断面
$A = 2.933\ r^2$
$U = 6.563\ r$
$R = 0.447\ r$

溝
$A = 0.393\ r^2$
$U = 1.571\ r$
$R = 0.250\ r$

図1-12:非規格化管渠断面形状および幾何的寸法[1-11]

1. 下水道の構造，背景条件

断面		システム概略図		呼び径ないしb/h，下記に準拠		
				DIN 4263 (07.47)	DIN 19540 (12.52あるいは09.64)	DIN 4263 (07.77)
円形		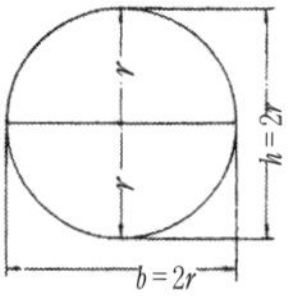 軸比 $b:h=2:2$		100 125 150 200 250 300 350 400 450 500 600 700 800 900 1 000 1 200 1 400 1 600 1 800 2 000 2 200 2 400 2 600 2 800 3 000	150 200 250 300 350 400 450 500 600 700 800 900 1 000 1 200 1 400 1 600 1 800 2 000 2 200 2 400	100 125 150 200 250 300 350 400 500 600 700 800 900 1 000 1 200 1 400 1 600 1 800 2 000 2 200 2 400 2 600 2 800 3 000 3 200 3 400 3 600 3 800 4 000
卵形	立上り			600～1 050 700～1 225 800～1 400 900～1 575 1 000～1 750		
	標準	軸方向関係 $b:h=2:3$	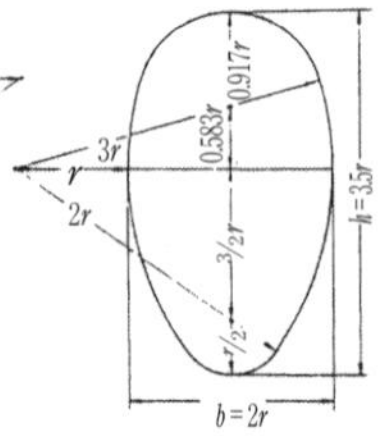 軸方向関係 $b:h=2:3.5$	500～750 600～900 700～1 050 800～1 200 900～1 350 1 000～1 500 1 200～1 800 1 400～2 100 1 600～2 400	500～750 600～900 700～1 050 800～1 200 900～1 350 1 000～1 500 1 200～1 800 1 400～2 100 1 600～2 400	500～750 600～900 700～1 050 800～1 200 900～1 350 1 000～1 500 1 200～1 800 1 400～2 100
	拡幅			1 000～1 250 1 200～1 500 1 400～1 750 1 600～2 000 1 800～2 250 2 000～2 500 2 400～3 000		
	圧縮	軸方向関係 $b:h=2:2.5$	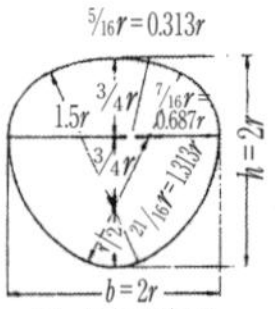 軸方向関係 $b:h=2:2$	1 200～1 200 1 400～1 400 1 600～1 600 1 800～1 800 2 000～2 000 2 400～2 400 2 800～2 800 3 200～3 200		

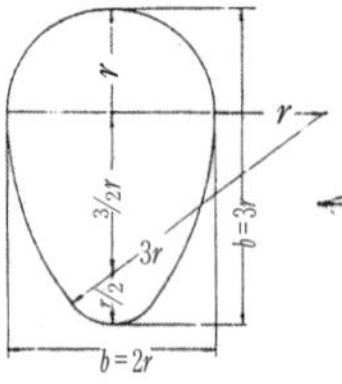

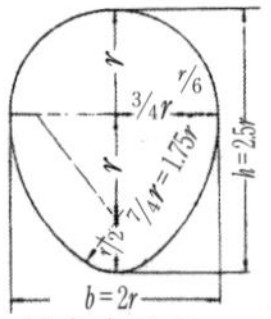

図 **1-13**：DIN 4263（47年7月版/77年7月版）、DIN 4263（91年4月版）［1-13］およびDIN 19540（52年12月版/

1.3 断面形状および断面寸法

断面		システム概略図		呼び径ないしb/h、下記に準拠		
				DIN 4263 (07.47)	DIN 19540 (12.52あるいは09.64)	DIN 4263 (07.77)
馬蹄形	立上り		軸方向関係 $b:h=2:2$	1 200〜1 200 1 400〜1 400 1 600〜1 600 1 800〜1 800 2 000〜2 000 2 400〜2 400 2 800〜2 800 3 200〜3 200		
	標準		軸方向関係 $b:h=2:1.5$	1 600〜1 200 1 800〜1 350 2 000〜1 500 2 400〜1 800 2 800〜2 100 3 200〜2 400 3 600〜2 700 4 000〜3 000	1 600〜1 200 1 800〜1 350 2 000〜1 500 2 400〜1 800 1 800〜2 100 3 200〜2 400	1 600〜1 200 1 800〜1 350 2 000〜1 500 2 400〜1 800 2 800〜2 100 3 200〜2 400 3 600〜2 700 4 000〜3 000
	圧縮		軸方向関係 $b:h=2:1.25$	2 000〜1 250 2 400〜1 500 2 800〜1 750 3 200〜2 000 4 000〜2 500		
溝形	片段式		軸方向関係 $b:h=2:8/3$ $=3:4$	1 650〜2 200 1 800〜2 400 2 100〜2 800 2 400〜3 200		
	両段式		軸方向関係 $b:h=2:2$	2 600〜2 600 2 800〜2 800 3 200〜3 200 3 600〜3 600		

64年9月版)[1-17]に基づく管渠の断面および寸法

1. 下水道の構造，背景条件

によって汚濁物堆積の危険が大幅に減少することから最近再び脚光を浴びている．これは雨天時の汚水排出の減少および晴天時における下水処理施設の汚水処理能力の向上と結び付いている[1-15, 1-16]．

馬蹄形は，排水量が大量で，構造高さが制限されている場合にメリットを供する．満管流でない状態での水理学的性能は劣るとはいえ，この形状は，それが圧力線にほぼ従っていることから静力学的に特に有利である．

特別な場合，例えば貯留管渠や雨水貯留槽を建設する場合は，方形も過去ならびに現在も使用されている．最小内法軸寸法として DIN 4263[1-13]は約 800 mm を推奨している．底部には勾配がつけられている（**1.7.7** 参照）．

以上の正規断面形状以外になおその他の一連の断面形状，断面寸法（**図1-14，1-15**）があり，これらも過去において一部が同様に規格されていたものであり，個別的には現在なお使用されている（**1.7.7** 参照）．

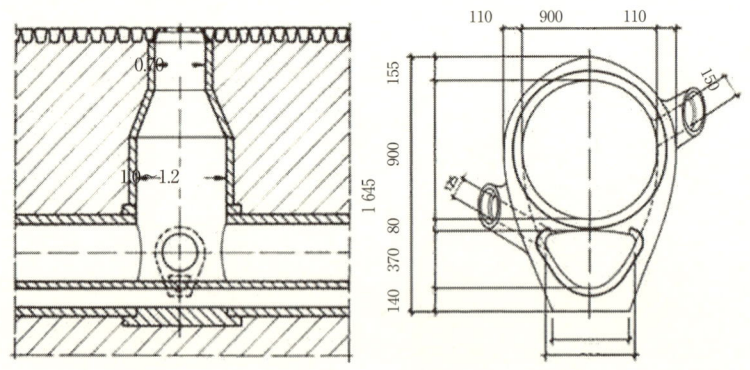

図1-14：1910年頃のブロムベルク市下水道分流式システムの特殊断面および付属マンホール[1-18, 1-19]

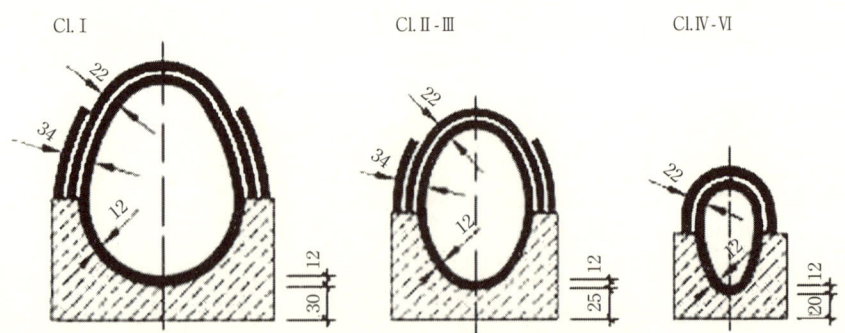

図1-15：ハンブルクの種別Ⅰ〜Ⅵ（下水管渠種別）のレンガ式管渠断面[1-20]

図 1-14 は上部で雨水が移送，下部で汚水が移送されるブロムベルク市（現在のBydgoszczy市）の分流式システムの特殊断面ならびに特別なマンホール部分の構造を示している．

ハンブルク市のレンガ組積管渠の断面はⅠ～Ⅵに分類されており[1-20]，それらの断面形状および断面寸法を図 1-15，表 1-1 に示している．

表1-1：ハンブルク市組積管渠（下水管渠種別）断面寸法

断面	内法幅 [m]	内法高さ [m]	断面積 [m²]
CL Ⅵ	0.55	1.00	0.43
CL Ⅴ	0.70	1.20	0.64
CL Ⅳ	0.85	1.40	0.92
CL Ⅲ	1.05	1.55	1.26
CL Ⅱ	1.25	1.80	1.76
CL Ⅰ	1.55	2.00	2.41

どのような形状の管であれ，下水管渠に重要な決定事項は最小呼び径であり，その際の基準として考慮されるのは粗大な物質も搬送し得ることと，場合により歩行が可能であることである．

Frühling[1-14]によれば，最初にあげた基準に関しては，1910年には，例えば以下の最小寸法が通常であった．

 ベルリン：円形 270 mm（それ以前は 210 mm）
 ハノーバー：ベルリンに同じ
 ライプツィッヒ：円形 350
 シュツットガルト：円形 300
 フランクフルト・アム・マイン：円形 300 または卵形 670/1 000
 カールスルーエ：卵形 400/600
 ミュンヘン：円形 300 または卵形 400/600

現在では以下の最小呼び径が適用されている[1-21]．

 私設下水道：150（独立家屋の場合には，125 も可）
 道路排水管への取付管：150
 汚水管渠：200
 雨水管渠：250
 合流水管渠：250

使用上の理由から ATV-A 118[1-22]は，計算上の総排水量とは関わりなく以下の最小呼び径

 汚水管渠：250
 雨水管渠および合流水管渠：300

を下回らないこと，ならびに最小直径を特別な理由がある場合に限定することを薦めている．

1. 下水道の構造，背景条件

　最小寸法を定めるにあたっての一つの重要な論拠—これは少なくとも文献[1-14]によれば，フランスあるいはウィーンでは，1910年まではドイツに比較して考慮されていた点である—は，"管渠の内部と管渠に合流する取付管を点検し得るようにするための"歩行の可能性の要求であった．

　ウィーンで使用されていた最低断面 800/1 100 を Frühling[1-14]は，前記の目的には狭小にすぎるとみなしていたため，少なくとも高さ 1 200 mm 以上の管渠のみを歩行可能とみなすことを推奨した．この点に関して"下水技術設備・施設の包囲された空間内における作業に関する安全規則"[1-23]は，以下を定めている(8.参照)．

　"高さ 100 cm 以下の卵形管および内径 90 cm 以下の円形管には立ち入ってはならない．例外は特別な指示がある場合に特別な安全対策を遵守してのみ認められる"．

　この安全規則の趣旨の作業とは，例えば以下のものである．
・点検作業：例えば，検査，定期巡検および測定．
・保守作業：例えば，清掃，潤滑，補修，交換および調整．
・修復作業：例えば，修理および交換．
・改変作業．
・布設作業．

　ドイツの各自治体は，これらの作業を呼び径 1 200 以上の下水管の場合に初めて許可している．

　非開削工法(1.6.2 参照)と関連した歩行可能な下水管の定義は，地下工事に関するTBG の安全規則に依拠して行うことができるが，同規則によれば，トンネル，坑道内の作業場所は，少なくとも以下の最小内法寸法を有していなければならない[1-24]．

長さ 50 m 以下の場合：
　・円形：直径 800 mm．
　・方形：高さ 800 mm，幅 600 mm．
長さ 50 m 以上 100 m 以下の場合：
　・円形：直径 1 000 mm．
　・方形：高さ 1 000 mm，幅 600 mm．
長さ 100 m 以上の場合
　・円形：直径 1 200 mm．
　・方形：高さ 1 200 mm，幅 600 mm．

　推進工法の場合，ATV-A 125[1-25]は，通常，少なくとも 1 200 mm の内径を要求している．ただし例外的なケースにあっては，
・推進区間が 80 m を超えず，

1.3 断面形状および断面寸法

・少なくとも長さ2 000 mmの前置された作業管(内径1 200 mm)が存在する場合には，推進管の内径を1 000 mmに縮小することが認められる．

下水道においては，段階的な断面寸法を具えた管渠が施工される．**図1-16**，**1-17**にドレスデン市およびベルリン市のこれに関する例を示している．

この点でドイツの諸都市の中できわめて模範的だったベルリン市下水道の場合は，1910年時点において陶製円形管渠の呼び径は，210から480（当初は680）まで30 mmずつ引き上げられ，卵形管渠の内法高さは，900～2 000 mmまで10 mmずつ引き上げられていた．その後，1910年以降は，円形を呼び径100，125，150，175，200，250，300，350等に段階化することが大勢となった[1-14]．

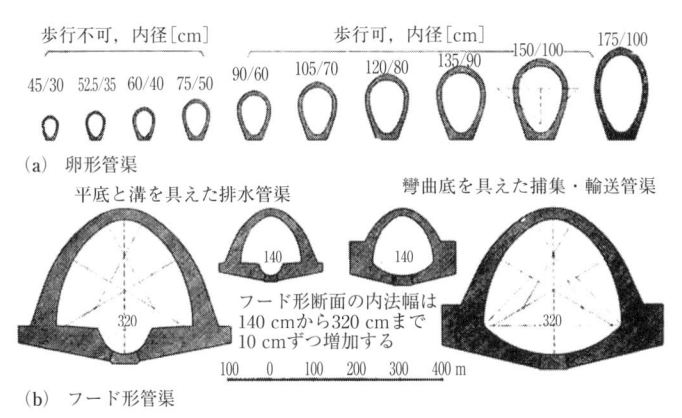

図1-16：1912年前後におけるドレスデン市下水道の管渠断面形状および寸法[1-19]

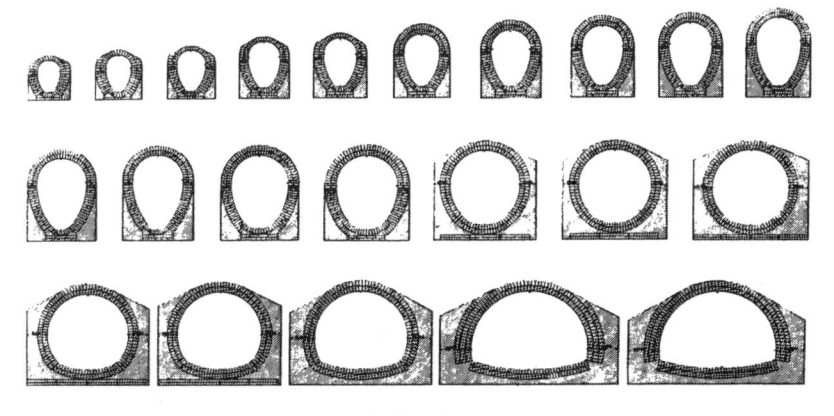

図1-17：1890年前後のベルリン市下水道の管渠断面[1-26]

1. 下水道の構造，背景条件

ケルン市では 1910 年には，等級 200/300，280/375，300/450，350/525，400/600，500/750 の卵形管，600/1 000，700/1 200，800/1 400，1 000/1 500，1 000/1 600，1 200/1 800 の卵形レンガ積管渠ならびに 250 から 600 まで 50 mm ずつ段階化された円形レンガ積管渠が使用されていた．

1.4 土被り

DIN に基づき"管胴の上端から地表までの垂直距離"が土被り(以前は深度)と称される(DIN EN 1610[1-27])．

合流水管渠および汚水管渠の最小土被りは，一般に排水さるべき地下室底部の深度によって決定される．歩道に埋設されたあらゆる公共供給管の下に布設される取付管の所要最低勾配 1.0 〜 2.0 ％ならびに防臭トラップを含む地下室排水口の取付深度を考慮して，文献[1-7]に基づき表 1-2 に記載された管渠の土被りに関する基準値が各建設種別ごとに適用される．

都市排水区域における管渠の平均土被りは，通常 3.0 〜 4.0 m である[1-21]．図 1-18 は前記の土被りが地形・地勢に応じて相対的に大きく変化し得ることを示している．同図は 1974 年から 1983 年までにデュッセルドルフ市に布設された管渠の呼び径に対する最小土被り，最大土被りならびに計算による平均値を示している．比較的大きな高度差が存在する区域では，土被りが相対的に低い範囲に分布していることが見込まれる．例えばチューリッヒでは，標準土被りは，その他の公共供給管運営者との話合いに基づき 2.70 m となっている．地形・地勢がこの値を遵守することを一般に可能としており，

表1-2：管渠の土被り[1-7]

下水管渠の場所	標準深度 [m]	最小深度 [m]
大都市，繁華街	3.0	2.5
住宅街，小規模自治体	2.5	2.0
郊外住宅団地	2.0	1.75

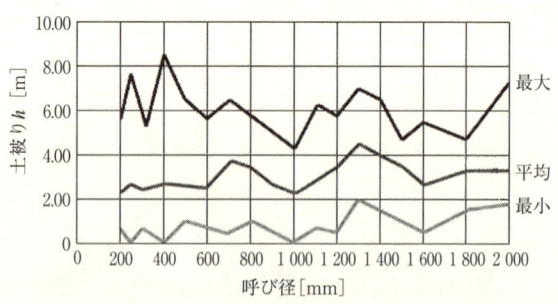

図1-18：1974年から1983年までにデュッセルドルフ市に布設された管渠の土被り[1-28]

したがってこの値を超えるか，もしくは下回るかする偏倚は，わずかに存在するにすぎない[1-28].

分流式システムの雨水管渠の最小土被りは，管が凍結限度以下の深度にある必要からすれば1.5 m であり，公道下の下水管渠に接続するためにガス管と給水管の下を通す必要からすれば 1.5〜1.7 m である．したがって分流式システムにあっては，汚水管渠は雨水管渠よりも低い位置にある．これらの管渠を同時に布設する場合には，現在までのところ，経済的な理由から底部に段を設けた1本の共同埋設溝を設けるのが通常であった(図 1-19)が，その際，それぞれの段の幅は，溝全体の幅よりも当然のことながら狭く形成されている．下水管を互いに直接上下に重ねて配置する方法が採用されたのは，ごく稀な場合のみであった(図 1-32, 1-33 参照).

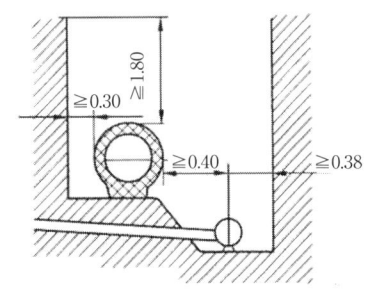

図 1-19：雨水管渠および汚水管渠を共同埋設するための共同埋設溝(段形溝)[1-7]

1.5 勾　　配

下水は，水ときわめて種々の固形物とが混合したものであり，それら固形物の多くは，沈殿性ものである．下水道におけるこれらの固形物の沈殿は，下水の流下速度が一定の速度を下回ることことがなければ回避することが可能である．Frühling(1910)[1-14]と Braubach(1925)[1-18]は，この値は，大きな集水渠では平均で 0.6〜0.75 m/s 以下であってはならず，時として空となることもある小さな管では，そのおよそ 1.5 倍の値が必要であると述べている．現在では，文献[1-21]によれば"沈殿を回避するための流下速度は晴天時排水量ピーク時に 0.80 m/s 以下であってはならず，水深は常に 5 cm 以上である"としている．

新しい知見を基礎とし，管の粗さ k_b = 1.0 mm ならびに沈殿性固形物の容積濃度 c_T = 0.05 ‰ を想定すれば，文献[1-29, 1-30]に基づき表 1-3 にあげた呼び径に対する流下速度の限界値 v_{max} が得られる．記載された v_{max} の値は，水深が管径の2分の1 (h/D=0.5) の場合の流下速度である．これは，ATV によると，通常の精度範囲で $h/D > 0.3$ の満管流でない状態に関する検証にも適用することが可能である(ATV-A 110[1-31])．速度が大きい場合には，流送される砂による管渠内壁の摩耗作用が生ず

1. 下水道の構造，背景条件

表1-3：汚水管渠，雨水管渠および合流水管渠の固形物の沈積防止に関する限界値（ATV-A 110，88年8月版文言，参照）[1-31]

呼び径 [mm]	限界速度 [m/s]	限界勾配 [‰]	呼び径 [mm]	限界速度 [m/s]	限界勾配 [‰]
150	0.48	2.72	1 100	1.18	1.25
200	0.50	2.04	1 200	1.24	1.24
250	0.52	1.63	1 300	1.28	1.22
300	0.56	1.51	1 400	1.34	1.20
350	0.62	1.48	1 500	1.39	1.19
400	0.67	1.45	1 600	1.44	1.18
450	0.72	1.42	1 800	1.54	1.16
500	0.76	1.40	2 000	1.62	1.14
600	0.84	1.37	2 200	1.72	1.12
700	0.91	1.33	2 400	1.79	1.10
800	0.98	1.31	2 600	1.87	1.10
900	1.05	1.29	2 800	1.96	1.09
1 000	1.12	1.26	3 000	2.03	1.08

ることから流下速度の上限値も必要である．例えば1965年には，次の値が許容最大速度とされていた[1-7]．

・分流式システムの汚水管渠

　　　$v_{max} = 2.5 \sim 3 \, m/s$

・合流管渠および雨水管渠（ピーク負荷の頻度が相対的に少ないため）

　　　$v_{max} = 3 \sim 4 \, m/s$（コンクリート管）

　　　$v_{max} = 4 \sim 5 \, m/s$（遠心力鉄筋コンクリートおよび陶管）

現在では，排水区域内に大きな高低差がある場合には管の材料とは無関係に6〜8 m/sの流下速度が許容されるが，これはこれまで懸念されていたインバーとや管壁の摩損現象がごく稀にしか生じないからである[1-21]．

前記の流下速度を遵守するため相応した勾配ないし管底勾配を有した管渠が布設される．これらの概念は，以下のように定義される．

・勾配，DIN EN 752-1に準拠：一つの管区間の垂直投影と水平投影との比．
・管底勾配，DIN 4045に準拠：下水管渠または下水管の管底線の傾き（例えば‰）．

表1-4，**1-5**にこれに関する基準値を示している．いずれの表においても元来の名称が使用された．**表1-4**と**表1-5**では決められた年代に相当な隔たりがあるにも関わらず，勾配基準値はわずかな相違しかない．

幹線集水渠，下水処理場または中継ポンプ施設に至るまでの下水管渠ルート全体の勾配は，中下流区間では不断に比較的大量の下水が流下し流下速度も大きくなること

1.5 勾配

表1-4：1910年時点における各種管渠呼び径に対する許容勾配[1-14]

	勾配		
	最小	最大	最適
私設取付管　呼び径100および125	－	1：10	1：15 〜 1：30
私設取付管　呼び径150	－	1：15	1：20 〜 1：50
道路埋設管渠　呼び径300まで	1：250	1：20	1：30 〜 1：150
道路埋設管渠　呼び径300 〜 600	1：400	1：20	1：50 〜 1：200
支線集水渠（卵形）	1：1 000		1：100 〜 1：300
集水渠および幹線管渠	1：2 000 〜 1：3 000	1：30 〜 1：100	1：1 000

表1-5：1955年時点における各種管渠呼び径に対する許容勾配（円形）[1-32]

呼び径[mm]	勾配		
	最小	最大	最適
私設取付管	1：100	1：15	1：50
初期管路　200 〜 300	1：300	1：15	1：50 〜 1：150
300 〜 600	1：500	1：25	1：100 〜 1：200
集水管　600 〜 1 000	1：1 000	1：50	1：200 〜 1：500
大型集水管　1 000 〜 2 000	1：3 000	1：75	1：300 〜 1：750

から，勾配は小さくとられ，呼び径が小さく，かつ水量の少ない上流区間では中流および下流スパンよりも大きな勾配で布設されるのが通常である．

文献[1-21]によれば，下水管渠の起点スパンの管底勾配は3 〜 10 ‰であり，中流区間のそれは2 〜 3 ‰が通常である．断面積が比較的大きな下水管渠末端区間（支線集水渠，幹線集水渠等）では地形・地勢条件に応じて1 〜 2 ‰の管底勾配が選択され，場合によってははさらにそれ以下の管底勾配が選択されることもある．

1スパン内の，すなわちマンホール間の管渠は同一断面積で直線的に布設されるのが通常である．断面積を増大させる必要がある場合はマンホール部で行われ，その際，断面内側の管頂線は一般に段差を持たずに一直線に延ばされ（管頂接合），管底部に段差が設けられる[図1-20(a)]．

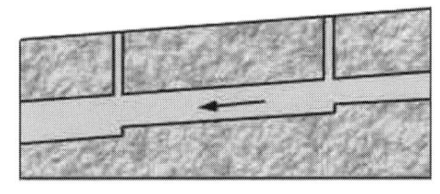

(a) 管頂線が連続している場合　　(b) 管底線が連続している場合

図1-20：管渠スパンの縦断面[1-17]

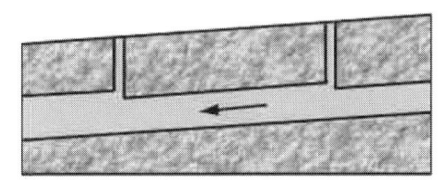

例外的な場合，例えば―勾配がわずかな場合，あるいは道路が逆勾配を有している場合―には，管軸または管底を一致させ(管中心接合，管底接合)，管頂部の高さを加減する［図1-20(b)］．

道路勾配と最大管渠勾配との間の差が大きい場合には，段差構造物を設けて，大きい勾配差の調整が行われる(1.8参照)．

1.6 工　法

管渠の布設は，開削工法でも非開削工法でも行うことができる．

施工方法によって，また特に管渠を直接包囲する地盤中に異なった条件が生じているような場合，それら管渠の損傷の種類(2.参照)に決定的な影響を及ぼすとともに修繕方式の選択にも影響を与えることがある．このことは，例えば注入方式(5.2.2参照)および地盤条件が直接的または間接的に影響するような管更新方式(5.4参照)では特に顕著である．地盤因子の影響については後で詳細に述べるが，次の項目が重要である．

・土質，
・地層密度，
・地層境界および地層厚さ．

1.6.1　開削工法

ごく最近までドイツにおける管渠の施工にはもっぱら開削工法が採用されてきた．すなわち，管埋設溝の掘削，築堤または矢板土留めによる保護下での管の布設，それに続く埋戻しによって行われてきた(トレンチ管)(図1-21)．

開削工法による管渠工事に関する最も重要な規定は，DIN 4033[1-33]とATV-A 139[1-34]であるが，これらは，1997年10月以降はDIN EN 1610"下水管および下水管渠の施工に関する技術準則"[1-27]によって代替されている．施工に関するそ

図1-21：開削工法による下水管渠の布設[1-35]

の他の規定および基準は各都市によって定められてきた．例えば，ハンブルクの下水管渠工事規定[1-20]では，必要に応じて傾斜壁面トレンチから垂直壁面トレンチまでに及ぶ種々異なった管埋設溝断面が使用可能である[1-36]．その他，例えば段形断面トレンチで壁面を垂直，斜面または一部を斜面としたコンビネーション式トレンチも用いられている（**図1-22**）．

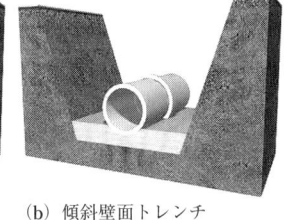

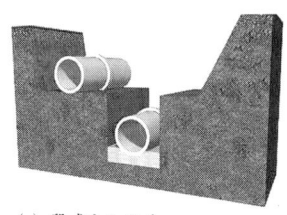

(a) 垂直壁面トレンチ　(b) 傾斜壁面トレンチ　(c) 段式トレンチ

図1-22：開削工法による管渠布設用のトレンチ断面[1-37]

管埋設溝の掘削により，溝断面ないし築堤に異なった地盤—表層地盤（DIN EN 1610 [1-27]の表層土）ならびに乱された施工地盤—が生ずる．施工地盤域の寸法は，管埋設溝掘削の深さと幅によって決定される．この場合，総掘削幅は，最小掘削幅に土留めの厚さを加えたものとなるが，この土留めの厚さは，例えばパネル材と切梁を用いた垂直標準土留めの場合には 0.4 m に達し得る．

1.6.1.1　掘削幅

過去においてもそうであったし，現在においても依然として掘削幅は論議の的であるが，それはこの寸法によって経済性のみならず，管の適正な布設にも影響するからである．

ベルリン市の下水道管渠の布設に関しては，1884 年に**表1-6**にあるような"陶管"直径に応じた最小掘削幅が定められた[1-26]．1902 年に刊行された"都市下水道の布設および施工"に関するハンドブック[1-65]では，"内径 100 mm までの下水管用の管掘削の幅は底部において少なくとも 0.60 m，内径 500 mm までの下水管用のそれは 0.60 ～ 0.80 m であるべき"旨が要求されていた．

表1-6：ベルリン市において1884年に定められた最小溝幅[1-26]

管直径[cm]	最小溝幅[m]
21 ～ 33	1.0 ～ 1.3m
36 ～ 51	

DIN 4033，1941 年 5 月版［1-33］によれば，掘削幅は，次のように定められていた．"浸水による妨げのない標準的な施工時には，管の側方に少なくとも 20 cm の自由な空

1. 下水道の構造，背景条件

間が存在すること．ただしたとえ管径が小さくても，最小掘削幅として80 cmが選択されなければならない"．1981年以降の標準最小掘削幅は，現在なお有効なDIN 4124[1-39]に定められているとおりである．それによれば，管の布設および検査のために立入り可能な作業空間を有した管埋設溝では，**表1-7**にあげた最小内法掘削幅が推奨されている．

表1-7：DIN 4124に基づく内法最小溝幅[1-39]

管外径 d [m]	矢板土留施工溝の最小溝幅 b [m]	非矢板土留溝	
		$\beta \leq 60°$	$\beta > 60°$
0.40まで	$d + 0.40$	$d + 0.40$	
> 0.40 ~ 0.80	$d + 0.70$		
> 0.80 ~ 1.40	$d + 0.85$	$d + 0.40$	$d + 0.70$
> 1.40	$d + 1.00$		

欧州規格の一環として策定されたDINは，歩行可能な作業空間を有した管埋設溝の最小幅を呼び径，掘削の深さに応じて定めている（**表1-8，1-9**）（DIN EN 1610[1-27]）．ただし**表1-8**によれば，呼び径の小さな管では，特に壁面が垂直で深い管埋設溝の場合に不当に狭い作業空間幅が生ずると考えられることから，それぞれより大きな値を採用すべきである．

表1-8：呼び径に応じた最小溝幅[1-27]

呼び径[mm]	最小溝幅[m] ($d_a + x$)		
	矢板土留溝	非矢板土留溝	
		$\beta > 60°$	$\beta \leq 60°$
≤ 225	$d_a + 0.40$	$d_a + 0.40$	
> 225 ~ ≤ 350	$d_a + 0.50$	$d_a + 0.50$	$d_a + 0.40$
> 350 ~ ≤ 700	$d_a + 0.70$	$d_a + 0.70$	$d_a + 0.40$
> 700 ~ ≤ 1 200	d_a 0.85	$d_a + 0.85$	$d_a + 0.40$
> 1 200	$d_a + 1.00$	$d_a + 1.00$	$d_a + 0.40$

表1-9：溝の深さに応じた最小溝幅[1-27]

溝の深さ[m]	最小溝幅[m]
< 1.0	最小溝幅の指定なし
≥ 1.0 ≤ 1.75	0.8
≥ 1.75 ≤ 4.0	0.9
> 4.0	1.0

$d_a + x$ の記載において $x/2$ が管と溝壁ないし土留（板囲い）との間の最小作業空間に相当する．
凡例　d_a：管外径[m]，β：非矢板土留溝の斜面角度，水平面に対して測定

1.6.1.2　管外周部

管埋設溝内の領域は，DINによると，管外周部と主埋戻しゾーンとに区分される（**図1-23**）（DIN EN 1610[1-27]）．管外周部は，床層，側面間詰め層および保護層を含み，各層の幅はトレンチ管にあっては管埋設溝の幅であり，管埋設溝が非常に幅広の場合には管外径 d_a の3倍の幅である．この値は，ATVでは，幅は $4 d_a$ とされている

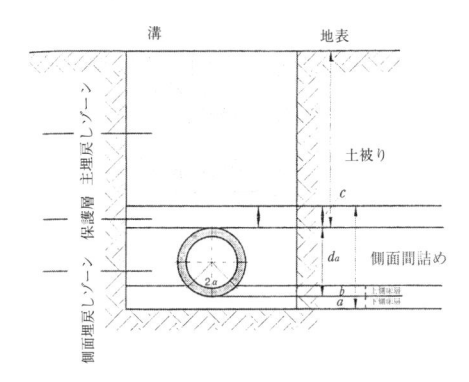

1.6 工法

```
b : k d,  k ≧ 0
k : b/d
dₐ : 管外径
b : 上側床層厚さ，DIN 4124のように
    最小溝幅を表すものではない
c : 保護層の厚さ
```

図1-23：DIN EN 1610に基づく開削工法による管布設時の地盤ゾーン[1-27]

(ATV-A 127[1-37])．傾斜壁面を有した管埋設溝についても同一の値がとられる．
　DINには，これら各層は，以下のように定義されている(DIN EN 1610[1-27])．
- 床層：掘削底と側面間詰め材層または保護層との間で管を支える構造物部分．床層は上側床層と下側床層で構成される．自然のままの土壌で直接支える場合にはそれが下側床層を形成する．
- 側面間詰め：床層と保護層との間の材料．
- 保護層(管頂の直上充填材料層)については，管胴から上方に少なくとも 150 mm の厚さ，管継手から上方に少なくとも 100 mm の厚さが求められる(DIN 4033[1-33]によれば保護層の厚さは管頂から上方 30 cm に達していなければならなかった)．充填材料は，それらの適性が適切に検査され，かつ計画基準に一致している限り，水硬性材料またはその他の天然または人工の材料を使用することができる．

　これらの新しい概念と現在なお通常の DIN，ATV に使用されている概念との関係を**表1-10**に示す(DIN 4033[1-33]，ATV-A 139[1-34]，ATV-A 127[1-37])．以前は管の肉厚が製造条件を考慮して決定されていたことから，その耐荷力は，呼び径が増大してもわずかに増加するにすぎず，場合によっては全く変化が見られない場合もあった．このため，所与の耐荷力に布設条件を合わせる必要が生じた．これには，例えば管壁と掘削壁との間を埋め立てるにあたり砂または砂質土の投入するか，またはこの空間を貧配合コンクリート(セメント 1 ：砂および砂利 12 〜 18)で充填・散水するか，あるいは管をコンクリートで全面被覆するなどの特別な配慮がなされていた(**図1-24**)．

　1910 年には，例えばミュンヘン市は，下水管渠として使用されるすべての陶管に厚さ 10 cm のコンクリート被覆を定め，他方，ハノーバー市は，その処置を管径 450 〜 500 mm 以上の管に指定していた[1-14]．1925 年には，文献[1-18]によれば，"管径

1. 下水道の構造，背景条件

表1-10：管ゾーンの各概念の相互関係

DIN EN 1 610	DIN 4033, ATV-A 139, ATV-A 127
主埋戻しゾーン	バラスト層
保護層	埋込み層
側面間詰め材層	
上側床層	基礎層
下側床層	
表層土	天然土

(a) 砂の充填・散水　(b) 貧配合コンクリートによる全面被覆

図1-24：1910年頃の管の埋込み[1-14]

700 mm 以上のコンクリート管は，管底基礎に必要な強度を付与し，かつ亀裂形成を防止するため，常に管理設溝内において管底支持部までコンクリートで周囲を固めること"との規則が適用されていた．

1940 年 4 月版および 1941 年 5 月版—後者は 1963 年まで施行されていた—の DIN 4033 ですら，なお"比較的大きな直径(例えば，管径 800 mm 以上)の管については部分的なコンクリート被覆[**図1-25**(a)]，および地盤の支持力が弱いかまたは埋込み深度が浅い場合には全面被覆[**図1-25**(b)，**1-26**]が合理的であろう"との勧告を含んでいた．

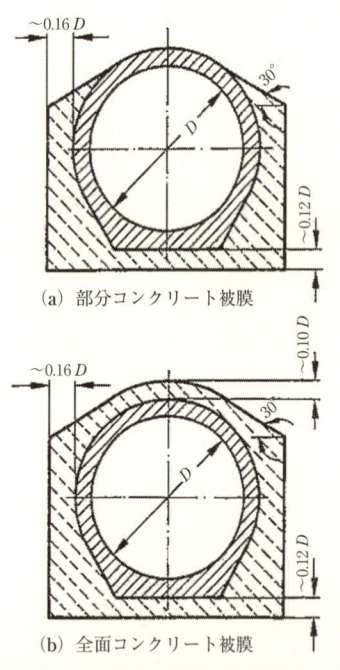

(a) 部分コンクリート被膜

(b) 全面コンクリート被膜

図1-25：DIN 4033(40年4月版)[1-33]に基づくコンクリート被覆

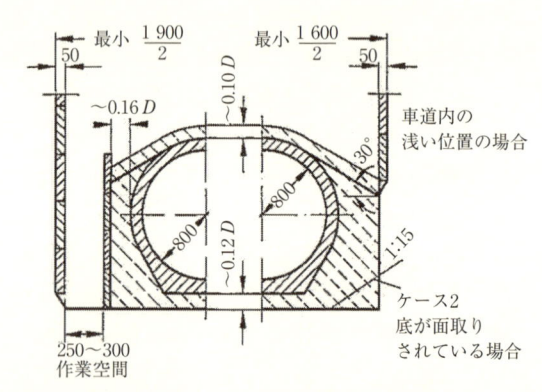

(a) 砂質土の場合　(b) 安定的な土壌の場合

図1-26：DIN 4033(40年4月版)[1-33]に基づく表層地盤に応じた部分コンクリート被覆ないし全面コンクリート被覆

1.6 工法

　これらの規定は，1963年5月版および1979年11月版[1-33]以降のDIN 4033規格にはもはや採用されなくなったとはいえ，管埋設溝底部の性状または管の耐荷力と関わりなく一般に下水管渠の全面コンクリート被覆(BVU)もしくは部分コンクリート被覆(BTU)を個別に定めている自治体や工場が今も少なからず存在している．したがってこれらの自治体や工場は，この間に開発されたシールシステムならびに耐荷力の向上した管の長所を生かすことを放棄して，地中に必要以上に強固な構造物を建設している．

　床層は，本来の管基礎領域内の均等な圧力分布を保障し，それによって線的もしくは点的な支持を防止することを意図している．これは脚無し下水管にあっては支承角の範囲内にある管壁全体で行われ，脚付きコンクリート管にあっては脚面全体で行われる(図1-27)．

60°支承角　　　可変支承角

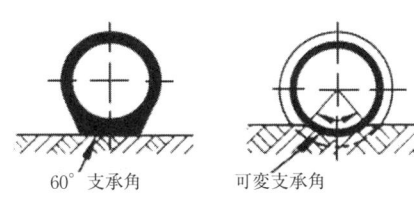

図1-27：脚付き管の60°支承角および脚無し管の可変支承角

　DIN 4033(79年11月版)[1-33]によれば，基礎の構成には，地盤，土被りおよび管耐荷力に応じて以下のような方法がある．
・自然のままの土壌による基礎(**図1-28**)．
・砂，砂礫またはコンクリートを流し入れた人工的な土壌による基礎(**図1-29**)．
・コンクリート被覆(部分コンクリート被覆，全面コンクリート被覆)(**図1-30**)．

　図1-30に示した基礎工は，DIN 4033(79年11月版)[1-33]に明確には含まれていないが，部分的には既に用いられている．

　これに対してDINに基づく床層の施工には，以下のタイプに区別される(DIN EN

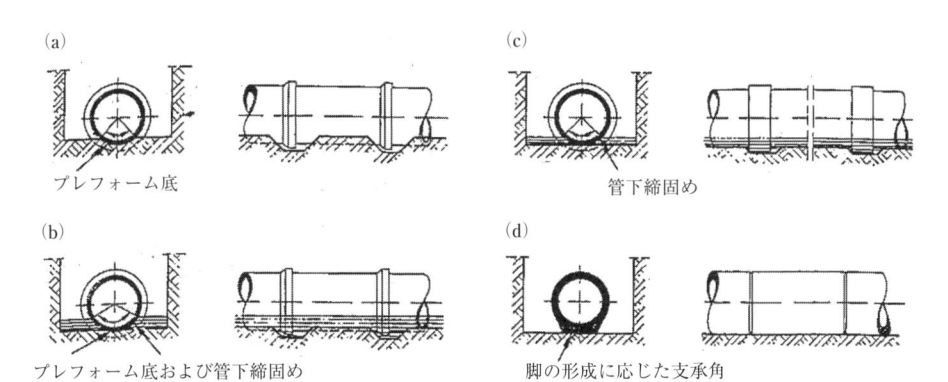

(a) プレフォーム底

(b) プレフォーム底および管下締固め

(c) 管下締固め

(d) 脚の形成に応じた支承角

図1-28：DIN 4033(79年11月版)[1-33]に基づく自然のままの土壌による基礎

1. 下水道の構造，背景条件

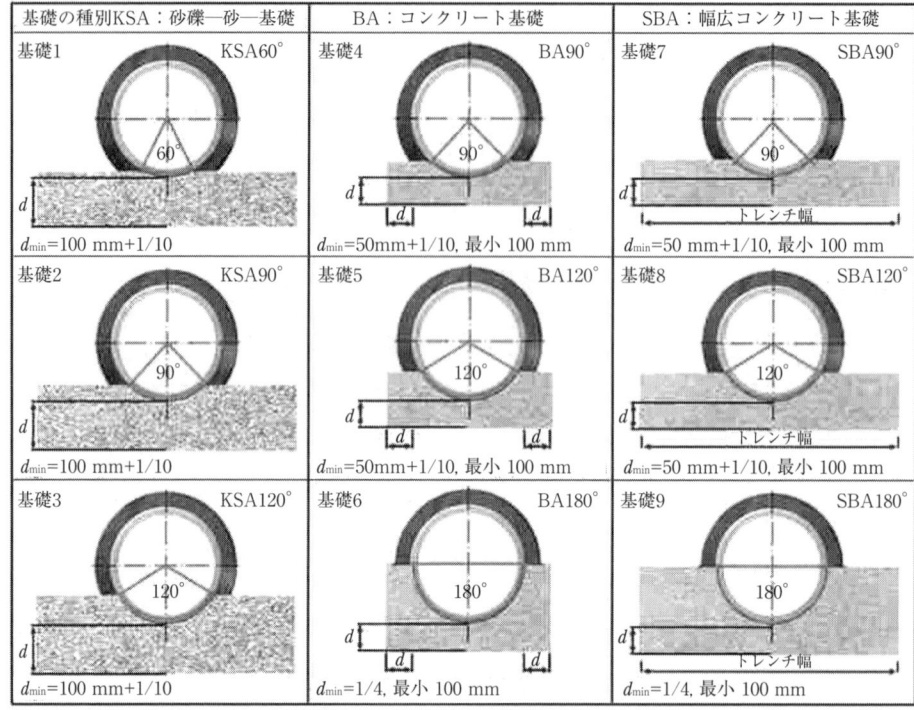

基礎の種別KSA：砂礫―砂―基礎	BA：コンクリート基礎	SBA：幅広コンクリート基礎
基礎1　KSA60°　60°　d　d_{min}=100 mm+1/10	基礎4　BA90°　90°　d　d　d　d_{min}=50mm+1/10, 最小 100 mm	基礎7　SBA90°　90°　d　トレンチ幅　d_{min}=50 mm+1/10, 最小 100 mm
基礎2　KSA90°　90°　d　d_{min}=100 mm+1/10	基礎5　BA120°　120°　d　d　d　d_{min}=50mm+1/10, 最小 100 mm	基礎8　SBA120°　120°　d　トレンチ幅　d_{min}=50 mm+1/10, 最小 100 mm
基礎3　KSA120°　120°　d　d_{min}=100 mm+1/10	基礎6　BA180°　180°　d　d　d　d_{min}=1/4, 最小 100 mm	基礎9　SBA180°　180°　d　トレンチ幅　d_{min}=1/4, 最小 100 mm

例えば，岩盤，粘土岩，モレーン砂礫等の固い地盤または稠密成層地盤の場合には500 mm以上から基底線における基礎の最小厚さはd_{min}=100 mm+1/5 mm

図1-29：自然のままでない人工的な土壌による陶管基礎［1-40］

1610［1-27］）．
・床層タイプ1［**図1-31**(a)］，
・床層タイプ2［**図1-31**(b)］，
・床層タイプ3［**図1-31**(c)］．

したがってDIN 4033［1-33］と比較した場合，管下突固めのないプレフォーム底床層（**図1-28** 参照）は欠落している．さらにDINによれば，線状基礎もそれが管の静的計算の基準を満たし，かつ点的荷重を回避する均質な床層の実現が保障される限りで許容される（DIN EN 1610［1-27］）．

上記の各規格はまた可撓性管（**2.7** 参照）について特別規則を定めている．例えばDIN 4033（79年11月版）によれば，こうした管にはコンクリート基礎は適していない．施工技術上の理由からコンクリート被覆が必要となる場合には，管とコンクリート被覆との間に100 mm＋管の呼び径数値の1/10の最小厚さを有した圧縮性の砂および微

1.6 工 法

コンクリート基礎	BTU　　　EZ=3.69 30° $d≧1/4$，少なくとも100 mm	BVU  30° $d≧1/4$，少なくとも100 mm	SB 2a EZ  $d≧1/4$，少なくとも100 mm EZは2aに応じて相違
特殊基礎	SZB　　　EZ=2.83  $d≧100$ mm+1/10 $d_B≧1/3$ 三角小間をコンクリートで固めたプレフォーム砂床による陶管基礎	SSB　　　EZ=3.45  $d≧100$ mm+1/10 $d_B≧1/3$ mm 溝壁までの側方空間にコンクリートを充填した，プレフォーム砂床による陶管基礎	コンクリート品質は，少なくともB10鉄筋コンクリートの場合にはB15全面コンクリート被覆BVUの場合にはコンクリート断面の支持強さは静的試験によって別個に証明されなければならない。 基礎SZBおよびSSBは既に布設された管の事後的な安定化にも適している．三角小間を慎重に固めることに留意しなければならない．

図1-30：陶管のコンクリート被覆および特殊基礎［1-41］

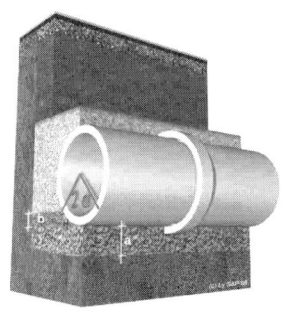

(a) 床層タイプ1（DIN 4033に基づく脚無し管の砂利基礎，砂基礎およびコンクリート基礎に相当）

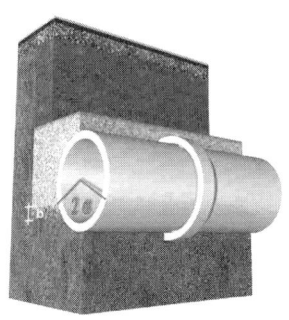

(b) 床層タイプ2（DIN 4033に基づくプレフォーム底，管下締固めを行った自然のままの土壌による基礎に相当）

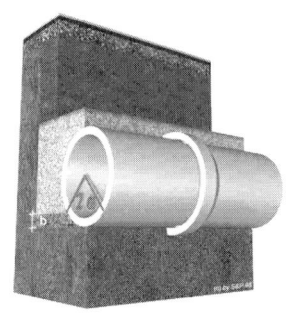

(c) 床層タイプ3（DIN 4033に基づく管下締固めを行った自然のままの土壌による基礎に相当）

図1-31：DIN EN 1610［1-27］に基づく床層種別

1. 下水道の構造, 背景条件

細砂礫からなる中間層が設けられなければならない．この場合，コンクリート被覆は，管との連携なしに単独で支持を行うものでなければならない．管底下に厚い層をなす軟らかい，支持力のない地層が露出しており，前記の床層が有効でないかもしくは土壌入替えが不経済である場合には，管渠は適切な管材料を使用するか，または杭基礎を用いなされなければならない[1-11]．図1-32，1-33に特別な施工方法例を示している．

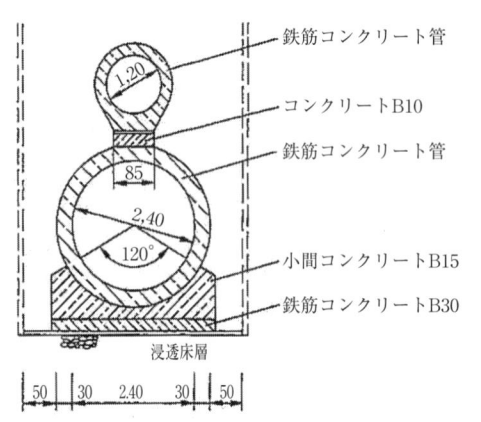

図1-32：上下に重ねた2本の管渠の中心的支持 (2段式管渠) [1-11]

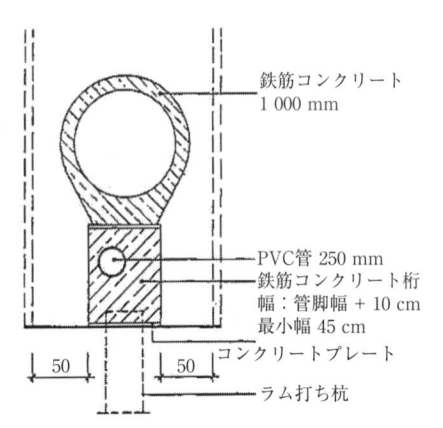

図1-33：1本の共通の杭による上下に重ねた2本の管渠の支持 [1-11]

1.6.1.3　埋戻し材

20世紀初頭に使用されていた埋戻し材については，例えば文献[1-8]およびDIN 4033(41年5月)版[1-33]に次のように記載されいる．"管と掘削壁との間の空間の埋戻しは管頂から上方50 cmまで砂または少なくとも砂質土で行われるのが最良であり，それに続いて15～20 cmの厚さで投入される土層が締め固められる"[1-18]．

DIN 4033(41年5月)版[1-33]には，埋戻し材について以下のように述べられている．"管埋設溝は，管の布設後直ちに埋め戻されるのが合理的である．埋戻しと締固めは，管頂上方30 cmまで砂と微細砂利を用い両側に等しく12～15 cmの厚さの層で特に慎重に行われなければならない．場合により砂および砂礫土には締固め前に散水が行われなければならないが，その際，掘削壁の崩れを防止するため，過剰な散水は回避されなければならない．さらにローム質，粘土質および泥灰質の土壌を埋戻しに使用せざるを得ない場合には，それらの層は—締固め土として砂および砂礫土が投入される場合も同様であるが—20 cm以上の厚さであってはならず，非常に慎重に締め固めら

1.6 工　法

れなければならない．これらのの土壌には散水を行ってはならない．凍結土は，管埋設溝の埋戻しに使用してはならない".

埋戻し材ならびに管外周部および主埋戻しゾーンの施工に関してはDIN EN 1610[1-27]が出されるまでは，次の規格ないし基準，すなわちDIN 4033(79年11月)版[1-33]，ATV-A 139[1-34]，ZTVE-StB 94[1-42]ならびに道路研究所の管掘削の埋戻しに関する注意書[1-43]が準則となっていた．

ATV準則集中でも触れられているDIN 4033(79年11月)版[1-33]は，管外周部について以下のように定めている．"……管外周部では基礎材料に対するのと同一の要件が求められる，石を含まない，圧密性のある土壌のみが使用されなければならない．十分な圧密性のある土壌が使用できない場合には，非粘結性材料の添加またはその他の適切な土壌もしくは材料の搬入・使用による土壌の改良が行われなければならない．……特別な場合には……施工された基礎とは無関係に下水管を部分的または全面的にコンクリート等で埋め込むことができる"．

DINでは管外周部用の材料につき特に以下の一般的な要件が定められている(DIN EN1610[1-27])．

"管外周部用の材料は地中における下水管の耐久性，安定性ならびに荷重吸収を保障するため5.3のそれぞれの項の要件を満たしていなければならない．これらの材料は管，管材料または地下水を損なうものであってはならない．凍結した材料は使用されてはならない．これらの材料はその有用性が検査済みの現場土壌または購入土であってよい．床層用の材料は下記以上のサイズの成分を含んでいてはならない．

・呼び径≦200の場合，22 mm，
・呼び径＞200～≦600の場合，40 mm．

管掘削の埋戻しに関する注意書[1-43]ないしZTVE-StB 94[1-42]では，以下が要求されている．"管外周部の埋戻し材料としては最大粒度20 mmまでの粗粒土壌が使用されなければならない"．

主埋戻しゾーン用材料は，多くの場合，掘削で生じた発生土が再利用される結果，このゾーンには，ほぼあらゆる種類の土壌が見出されることが前提となる．埋戻し材は，沈下を回避するため層状に投入され，圧密される．管外周部では，現在，ATVに基づき以下の圧密率が達成されなければならない(ATV-A 139[1-34])．

・非粘結性土の場合：95％，
・粘結性土の場合：92％．

過去には埋戻しに際して不適切な材料，例えば粗大な石，コンクリート，レンガ片，木片，セメント袋，紙，粗朶，または木の葉等が使用されたりしたこともなかったわ

1. 下水道の構造，背景条件

けではない（図1-34）．これらの有機成分が腐敗することにより沈下あるいは空洞形成が生じ得る．これは，地中に木製土留支保が残存している場合にも当てはまる．

管渠の布設に際して関係する施行規定および準則が遵守されたとしても，埋戻し材の本来の構造と土壌力学的特性が何十年も経過する間に再圧密，内部浸潤ないし侵食，接触侵食，ならびに浸透水の化学組成および汚染によって変化することが見込まれなければならない．

接触侵食，すなわちより粗い土壌材層との接触面で発生する侵食は，相接する土壌が土質力学上の濾過現象に適合しておらず，相互の土壌が地下水または浸透水の流下勾配に曝されている場合に常に発生する．流下勾配によって粗い土壌材層に侵入する粒子は，流し出されるか（浸潤）または沈着する．図1-35は埋め戻された掘削断面内部，あるいはまたそれと表層土との間においても生じ得るこうした侵食領域を示している．この点で，正しく施工されていない，床層排水管を具えた浸透床層は，特に重大である．図1-36はそれによって生じ得る結果を示している．

図1-34：規格に合っていない管ゾーンの埋戻し

管外周部から粗粒浸透床層への砂の流入により管の床層に緩みが生じ，極端な場合には空洞が発生する．結果として，こうした床層の変化は，管

図1-35：埋め戻された管溝において生じ得る浸潤および浸食 [1-44]

図1-36：正しく施工されていない浸透床層の効果 [1-11]

渠の陥没を招くこととなる．

　管外周部における空洞は，大小に関わらず管渠内への地下水および土壌の侵入によって生じ得るとともに，例外的なケースにあっては，管渠からの下水の滲出水によっても生ずることがある(2.2.3.1参照)．管渠に損傷がある場合には，清掃時の高圧水噴射洗浄法の使用(3.)，あるいは水を用いた漏れ検査(4.5.1)も空洞形成の原因となる．管布設路内に生ずる緩みおよび空洞は，修繕対策の立案にあたって必ず考慮されなければならない．こうした理由から，管布設路の地質学的と地下水学的条件の正確な全体像を得ることが必要である(4.参照)．

1.6.2　非開削工法

　開削工法による管渠の布設と並行して既に以前から，例えば土被りが大きい場合，道路が狭かったり交通量が多い場合，鉄道または水路を横断して管渠を布設しなければならない場合等の特別な場合に非開削工法ないしトンネル工法が採用されてきた．
　今日では非開削工法は，行政に対する環境的圧力の高まりとともにますます大きな意義を獲得しつつあるが，というのも開削工法には，しばしば以下のような短所が付随しているからである．
・工事現場からの騒音，振動，およびその他の公害の発生ならびに交通の迂回，
・現場排水対策等による近隣の建造物および植生への被害，
・迂回交通による車両のエネルギー消費，ならびに近隣の商店の売上損失と労働時間損失の増大，
・隣接住民に対する安全上の危険，
・資源消費の増大，
・廃棄物処分場の必要性の増大．
　近年では，例えば掘削土留工の機械化あるいはいわゆるポイントサイト施工法等により前記の短所を抑制し，住民の環境意識の高まりに対処する試みが行われたが，前進は見られたものの，あらゆる要求を満たす解決方法を見出すことはできていない．
　非開削工法ないしトンネル工法は，前記の諸問題に対する一つの方策を供するものである．これは既に何年も前から歩行可能な管の布設にあたっては，その高度な技術水準によって広く認められてきている．最古の非開削工法は，鉱山における差矢設置による坑道掘進である．外部荷重の逃がしは，いわゆる木製の三つ枠(図1-37)を介して行われるか，または木製厚板ないし鉄板からなる支保板を具えた鉄製アーチ枠(図1-

1. 下水道の構造，背景条件

38)を介して行われる．支保板は，地盤質に応じて先行的に打込みないし圧入されるか，または掘進程度に応じ間隔を置いて設置される．

管渠は，これらの支保の保護下で内壁レンガ積によって築造される(図 5-14，5-20)か，または現場コンクリート施工で建設された(図 1-39)が，その際，支保材は，すべて地盤中に残された．そうしたものの最小断面のとしては，幅 60 cm，高さ 90 cm のものが建設された[1-19]．この工法は，現在もなお地方公共団体において管渠の新規布設および更新に際して利用されている(5.4 参照)．

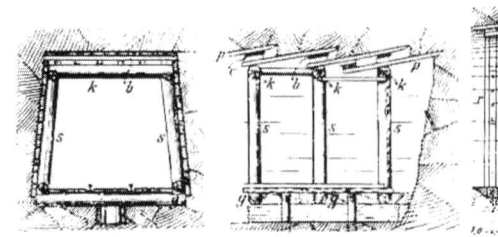

図1-37：1910年頃の3つ枠設置による坑道掘進[1-14]

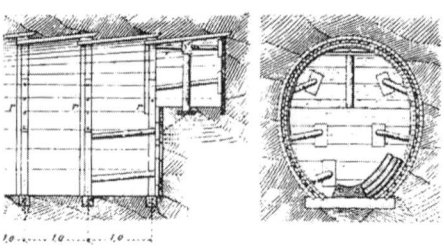

図1-38：1910年頃のフランクフルト・アム・マインにおける枠入れによる坑道掘進[1-14]

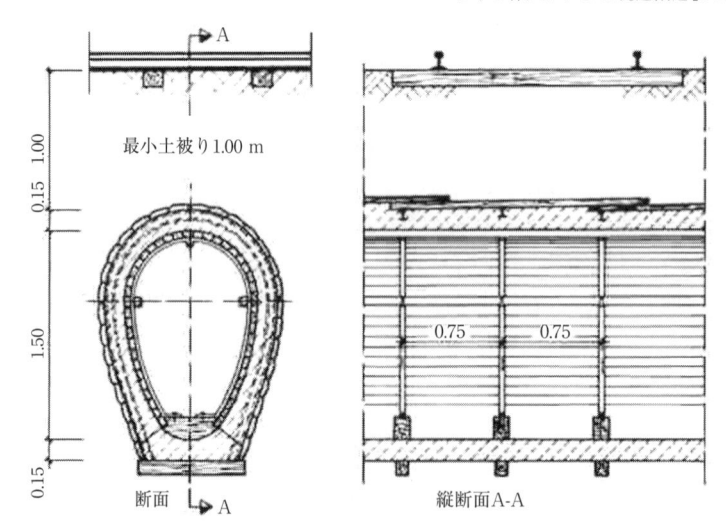

図1-39：坑道掘進による現場コンクリート施工管渠の建設[1-18]

これらの支保材が地中に残された場合，特に木製のそれが地中に残された場合には，それらの腐食によって空洞形成の危険が存在し，それは，床層状態の変化，下水管の亀裂形成を生じさせることとなる．

おおよそ 20 世紀初頭から，歩行可能な呼び径の管渠については，鉱山の坑道掘進方

式に代わる方法として以下の方法が登場してきた．
・シールド工法，
・推進工法．

シールド工法については，180年前にブルネルの特許出願が次のような定義を行っている．"鉄製外皮が不安定な地盤中にプレス機またはスピンドルによって押し込まれる．この外皮の保護下で前方の地山が掘り崩される．外皮の後方延長部—シールドテールともいう—が既に設置されたトンネルを内張りを覆うことから，その保護下で掘進に応じて短い間隔でトンネル内張りを次々に築造していくことができる"（**図1-40**）．

シールド工法で使用される内張りについては，鋳鉄製，鋼製，コンクリート製，鉄筋コンクリート製の管部材（**図1-41**）と，セメントモルタルによる環状空隙の充填と結び付いたスチールファイバコンクリート法とに区別される．目下の使用例では，管部材は，掘進された区間の暫定的な支保を形成するにすぎない．管渠使用中に内圧から生ずる力を吸収するため，プレハブ部材，現場打ちコンクリート，またはレンガ製の最終的な内張りが設けられる．

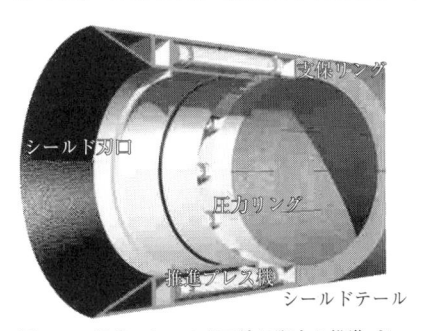

図1-40：従来のシールド工法に際する推進プレス機の配置［1-48］

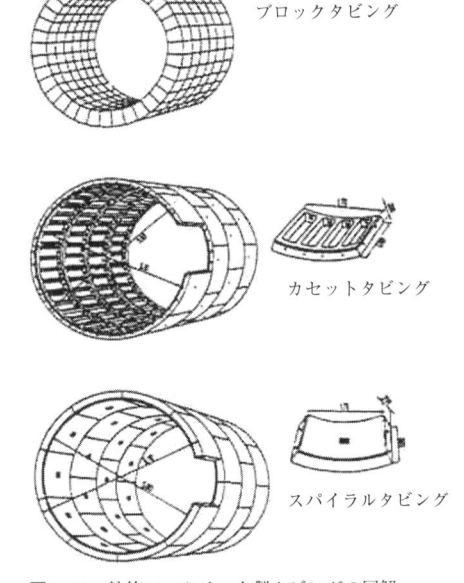

図1-41：鉄筋コンクリート製タビングの図解

今世紀初頭以来，歩行可能な断面管の推進工法は，ドイツの自治体レベルにおける最も重要な非開削工法に発展してきている．管は，発進坑から油圧プレス装置によって到達坑まで推進される（**図1-42**）．同時に切り刃における地山の掘崩しと推進管を通した掘削土の搬出が行われる．鉱山における坑道掘進およびシールド工法とは異なり，推進工法では，管は，一方で地山に対する掘進管路の支保と，他方で完成した構造物

33

1. 下水道の構造，背景条件

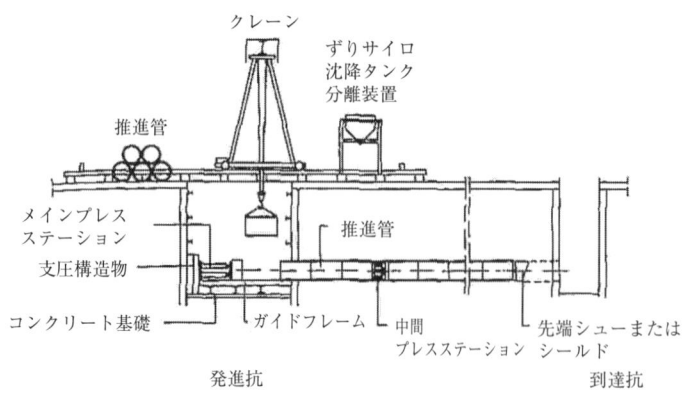

図1-42：推進工法．原理図および概念[1-48]

の支保との二重の機能を引き受ける．この工法では，管断面の外側の地盤は，ほとんど損なわれることがないので，管にとって非常に良好な床層条件が得られる．

歩行不能な管渠の地中布設にあたっては，当初は次のの2種の変法が利用されていた．

① 前記の方法に基づく歩行可能な空洞路の掘削：支保された空洞内への小口径下水管の布設および環状空隙の最終的な充填(5.4 参照)．

② 非制御式推進工法による鋼管によって支保された歩行不能な空洞の掘削．下水管の布設および環状空隙の充填[1-45，1-46]．

およそ1982年以来，ドイツでは，1.7に述べる推進管を使用して歩行不能管渠を布設するための無人式遠隔制御推進工法(図1-43)も利用されている．

上述した各種工法は，文献中で詳細に論じられているので，ここではこれ以上の記述は行わない[1-11，1-21，1-45 〜 1-59]．

図1-43：マイクロトンネル築造．メインプレスステーションと鉄筋コンクリート推進管が見える発進坑の様子

1.7 管材料，管継手

1.7.1 材料，管継手の概観

既に述べたようにドイツでは，1842年以降，下水道が計画的に建設されてきている．管渠の建設に際しては，まず最初にレンガ積法によって大きな管渠を建設し，小口径の管渠には，末端をテーパさせた管を相互に嵌め込んで接続できるようにした"土管"をしばしば使用したローマ人の高度な知識が基礎とされた．

歩行可能な管渠は，最初はほぼ1世紀の間もっぱら焼固めレンガで建設されていたが，今世紀初頭よりコストおよび手間の関係から現場打ちコンクリートで建設されることが多くなった．しかしながら既存の下水管の大半は，種々の材料，特にコンクリート製，鉄筋コンクリート製または陶製等のプレハブ管で構成されている．最近に至ってようやくプラスチック管ならびにダクタイル鋳鉄管，ファイバセメント管およびポリマーコンクリート管が使用されるようになってきた（**図1-44**）．

土木・建築に使用される資材（あらゆる材料の総称）は，建設材料と称される[1-60]．下水道に使用される建設材料の種類には，金属材料，有機材料，非金属性有機材料，多成分材料に区別される．多成分材料は，さらに複合建設材料，補強建設材料，強化

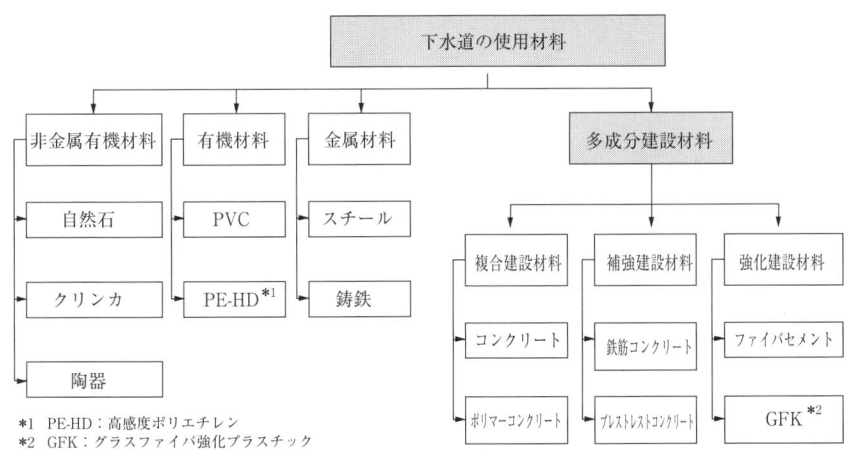

*1 PE-HD：高感度ポリエチレン
*2 GFK：グラスファイバ強化プラスチック

図1-44：下水道の使用材料

1. 下水道の構造，背景条件

建設材料に区分される[1-61]．

図 **1-44** にはコーティングまたは内張りライニングによる防腐式コンクリート管ないし鉄筋コンクリート管は含まれていない．これらは DIN に定める非常に腐食性の強い下水[1-62]ないし生物硫酸腐食が見込まれる場合に常に使用される特殊なものである（DIN 4030）．図 **1-45** に 1990 年に行われた ATV アンケートの一環として調査されたドイツにおける下水管渠の材料分布を示した．ただしこの場合，記載された数値は，統計的な平均値である点に留意しなければならない．ある自治体では特定の材料の使用が優勢を占め，他の材料がほとんど使用されないというケースがしばしば認められるが，この点は，調査が広域的に行われたことから統計処理上はバランスされている．図 **1-46, 1-47** にデュッセルドルフ市とシュツットガルト市の管渠網の各種材料の採用分布を示した．これによると，陶管とコンクリート管が全管渠網の 97 〜 99 ％に達し

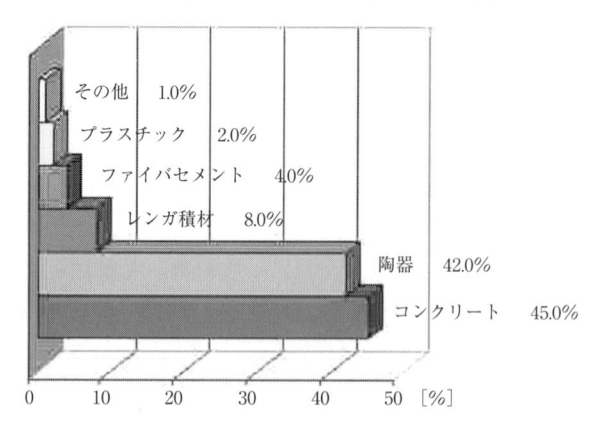

図1-45：旧連邦州の材料分布（1991年現在）[1-63]

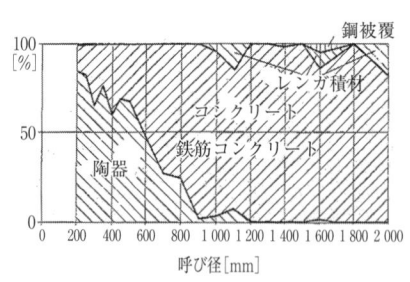

図1-46：総延長距離を基準としたデュッセルドルフ市管渠網全体に材料（円形管）が占める割合[1-28]

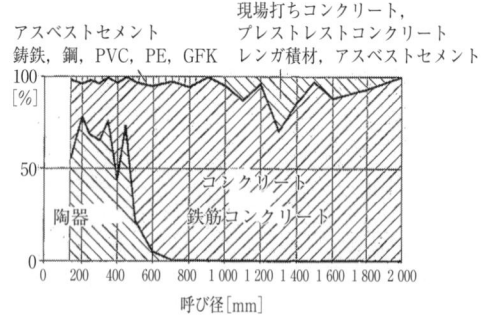

図1-47：総延長距離を基準としたシュツットガルト市管渠網全体に材料（円形管）が占める割合

1.7 管材料，管継手

表 1-11：ハンブルク市下水道の材料分布[1-64]

材料	寸法[mm]	延長距離[km]
陶製	200～600	2 300
コンクリート，鉄筋コンクリート	200～1 100	1 650
コンクリート，鉄筋コンクリート	400/600～1 100/1 500 および特殊断面管	60
コンクリート，鉄筋コンクリート	1 200～3 500 旧断面	90
レンガ積材		
コンクリート，鉄筋コンクリート	0.4～12.0m²	600

ている．ハンブルク市の管渠網についても事情は同様であり，同市管渠網の材料分布を表 1-11 に示した[1-64]．

これらの分布には，統計調査結果がないことから，私設下水管は含まれていない．

次に下水道に使用される管および管継手を紹介する．通常の無圧力で使用される下水管渠と下水管の管継手で，ソケット管，いんろう管またはフランジ管で形成される管継手，ならびに管端を特別に形成しない管で使用される管継手には，DIN 19543[1-65]が適用される．同規格は，以下の可撓性継手と剛性継手およびシール材を区別している．

① 差込み継手：差込み継手とは，可撓性管継手であって，その止水作用が管端とソケットまたはカップリングとの相互差込みおよび弾性シール材によって達成されるものである．

② 締付け継手：締付け継手とは，可撓性管継手であって，その止水作用が接続される双方の管端にまたがるスリーブの締付けによって達成されるものである．

③ ねじ継手：ねじ継手とは，可撓性管継手であって，その止水作用が管端とソケットとの相互差込みおよびそれに続くねじリングによる弾性シール材の圧入によって達成されるものである．

④ パッキン継手：パッキン継手とは，可撓であって，その止水作用が管端とソケットとの相互差込みおよびそれに続くパッキンリングによる弾性シール材の圧入によって達成されるものである．

⑤ 接着継手：接着継手とは，その止水作用が接続される双方の管端の接着によって達成される管継手である．使用される接着剤ないしシール材の種類に応じて剛性伸縮接着継手または可撓性非伸縮接着継手がある．

⑥ かしめ継手：かしめ継手とは，剛性管継手であって，管端とソケットとの相互差

1. 下水道の構造，背景条件

込みおよびそれに続くソケット隙間へのシール材の圧入によって達成されるものである．残りのソケット間隙は密封材で埋められる．
⑦ 溶接継手：溶接継手とは，剛性管継手であって，その止水作用が双方の管端の溶接によって達成されるものである．
⑧ フランジ継手：フランジ継手とは，剛性管継手であって，その止水作用がフランジ間のシール材の圧着によって達成されるものである．
⑨ 弾性シール材：弾性シール材とは，止水されるべき継目に弾性変形によって組み込まれるエラストマ（天然または合成ゴム）製のシール材である（DIN 7724 参照）[1-66]．高圧液体に対するその止水作用は，シール材の変形によって生ずるゴム弾性復元力に依存している．
⑩ 可塑性シール材：可塑性シール材とは，止水されるべき継目に流動状態で注入して成形されるシール材である．高圧液体に対するその止水作用は，継目溝に対するその付着力と温度依存性を有する流動特性によって左右される．

1.7.2 切り石，石材，管渠レンガ

ドイツでは，切り石製の管渠は，例えばフランスやイタリアに比較して例外的なものである．既知の石材製の管渠の例は，前世紀にドレスデン市で築造された砂岩製の管渠である（図 1-48）．これらは，水密性を実現すると同時に管渠不整性を補正するため迫持に達するまでセメント漆喰で塗装されていた．小口径管渠の天井アーチは，管渠レンガで施工されていた[1-14]．

レンガ積管渠は，図 1-15，1-49 に示したように複環状で，自然の地盤にできるだけ直接に接して築造された[図 1-50(a)]．掘削下部に補強が必要な場合には，天井アーチ用の堅固な迫台を兼ねると同時に曲げ応力を回避するために掘削壁面と管渠との間の空隙がレンガまたはコンクリートで充填され[図 1-50(b)]，あるいは 1 m ないし 1.5 m おきに厚さ 0.25 m のレンガ製の支柱が設置された

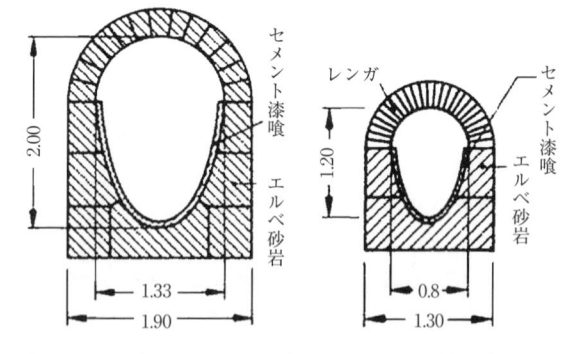

図1-48：1900年頃のドレスデン市の砂岩製下水管渠[1-14]

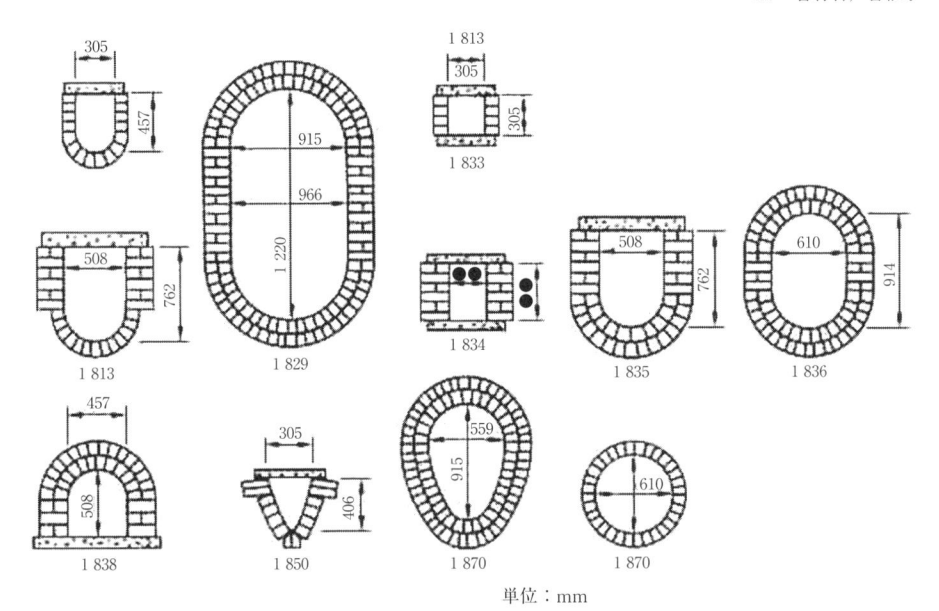

図1-49：19世紀に築造されなお使用されているマンチェスターのレンガ積管渠[1-67]

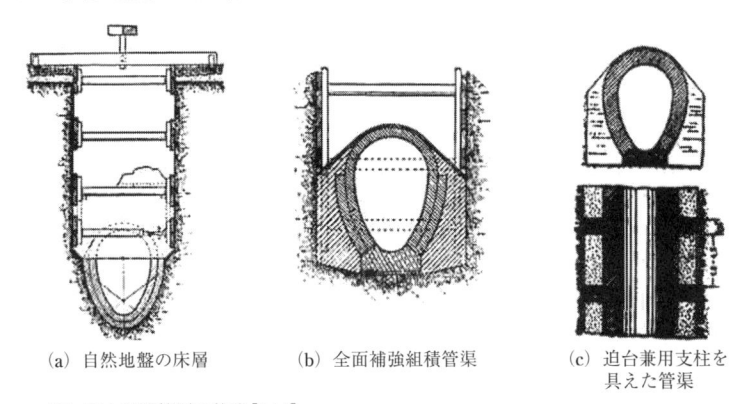

図1-50：組積管渠の築造[1-14]

[図1-50(c)]．約12 cmの壁厚を有した複環状の管渠壁の築造は，複環壁の間のモルタル層が管渠の水密性に大きく貢献するという長所をもたらした[1-14, 1-18]．

単環式のレンガ積管渠は，水密性を達成するため内面に少なくとも10 mmの厚さの水密性セメント漆喰施工が行われた[1-68]．管頂部の管渠壁厚さsの算定には，以下の近似式が適用された．

$$s = 0.19\,r$$

1. 下水道の構造，背景条件

したがって，堅固な迫台の存在を前提とすれば，幅 0.7 〜 0.9 m の管渠用レンガ製半円アーチについてはレンガ半個分の厚さで十分であるが，幅 1.4 〜 1.8 m のアーチは，それぞれ 12 cm の厚さの 2 重の環で築造されなければならず，また平均幅 3.0 〜 3.8 m の集水管渠は，この種の環を 4 重にして築造されなければならなかった[1-18]．

レンガ積管渠の築造に使用されたセメントモルタルの混合比は，通常 1：3 〜 1：4 であった．1906 〜 07 年からベルリン市では腐食防止のためにセメントモルタルにトラス（火山灰からなる凝灰岩）が添加された．このためには，容積比でセメント 1，トラス 1，砂 4 からなるモルタルが最適とみなされていた[1-18]．

管渠レンガ積材の目地の深さは，10 mm を超えてはならなかった．目地は，管渠の完成後または仮枠の撤去後に 1 〜 1.5 cm の深さまで搔取り清掃され，続いてセメント 1 に対して砂 1 〜 1.5 の混合比の目地モルタルが埋め込まれ，石材との間に段差を生じないようにして塗り込められた[1-68]．

下水管渠は，現在でもレンガ積材で築造することができる．その場合，ATV-A 139[1-34]は，DIN 4051[1-69]に定められている管渠レンガの使用と DIN 1053 Teil 1[1-70]に定められているモルタルグループⅢのセメントモルタルの使用を指定している．

図1-51 に卵形の下水管渠のレンガ積工に DIN 4051[1-69]に定められた管渠用レンガを使用する例を示した．呼び径 700/1 050 および 800/1 200 の管渠には，全面半レンガ被覆（115 mm）が指定され，呼び径 900/1 350 〜 1 600/2 400 のそれについては，それぞれ厚さ 115 mm の 2 重環からなる半円アーチが築造される．

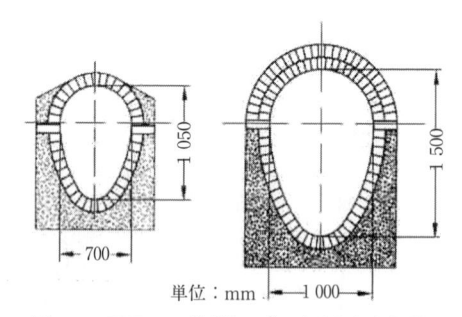

図1-51：DIN 4051 付録[1-69]に定められた卵形下水管渠のレンガ積施工例

1.7.3　陶　　管

陶管（かつては土管といわれた）は，下水道の最古のプレハブ部材の一つである．これは，シャモットを加えた適切な粘土を焼結によって焼き締めて製造される[1-40，1-71]．

前もって塗布された釉薬は，焼成中に溶融して素地と不可分な内釉，外釉となり，これは管製造後に使用される管コーティングとは異なり，水圧または蒸気圧によって

剥がれることがない．内釉は，非常に平滑な面を作り出し，これによって水理学的特性が向上し，下水中の固形物の沈積が減少することとなる．

　1869年までに排水網が設置されたドイツのほぼすべての都市では，まず最初にイギリスの陶管が使用されたが，例えばハンブルク市では1843年，マグデブルク市では1856年，シュトラールズント市では1859年であった．1862年にケルン市のフレッヒェンに最初の土管製造所が設置され，その後，短期間の間にドイツ全土のあちこちに製造所が建設された結果[1-72]，徐々に国内産の管の使用が広まった．

　管の寸法決定はさしあたり工場内で行われていたが，1881年にドイツ土管製作協会 (Verein Deutscher Tonrohrfabrikanten) の設立とともに規格化の努力が始まった[1-72]．この方面の最初の一歩は，ドイツ建築家・技術者連合 (Verband Deutscher Architekten-und Ingenieur-Vereine) の"私設排水管とその施工に関する規準"であった．これは1900年に書籍として刊行された．陶管に関する最初のDINは，1926年にDIN 1203～DIN 1206"陶管―ドイツ建築・土木技師制度協会―ドイツ陶管品販売所"として公表された．DIN EN 295[1-73]が規定されるまで一般に使用されていた名称DIN 1230[1-74]は，1938年5月に初めて規格"下水道陶管製品，寸法，技術仕様"の形で現れた．これは，特に4種の品質等級―これらは管胴の直線からの許容偏差と許容吸水性とに関する品質等級であった―を区別していた．

　その後次々に8つの版が刊行されたが，そのことはこの分野の技術的発展が不断に進展しつつあり，その時々の技術水準への不断の適応が行われてきたことを証するものである[1-75]．1991年11月よりDIN EN 295[1-73]が適用されているが，これはCENによる上下水道技術分野の現行技術を欧州レベルで一様化するための一環として誕生したものである[1-76]．これは1995年からDIN 1230[1-74]に替えられている．

　最初の陶管は600 mmの管長しかなかった．既に1900年頃には東ドイツでは1 000 mmの管が製作されていたが，この600 mmの管は，およそ1925年まで広く使用されていた．1926年の最初のDINでは標準管長は，1 000 mm ± 20 mmとされていたが，呼び径が200以下のものについては管長600 mmおよび700 mm，呼び径が700および800のものについては管長800 mmの管もあった[1-75]．ドイツでは，管長は1958年に呼び径200以上のものについては1 500 mm，その後2 000 mmに呼び径200以下の小口径管については1 250 mmないし1 500 mmに延長された[1-77]．1992年からは管長2 500 mmを有した呼び径250～600の陶管も市場に出回っているが，呼び径350と450は例外的にその管長が2 000 mmに制限されている．

　陶管の標準断面は，過去も現在も円形であり，その最も使用頻度の高い範囲は呼び径100～600の下水管であった．呼び径の段階化は，今日に至るまでほとんど不変で

1. 下水道の構造，背景条件

あり，呼び径 150 までは 25mm ずつ，呼び径 150 ～ 500 までは 50 mm ずつ，500 ～ 800 までは 100 mm ずつ，800 ～ 1 400 までは 200 mm ずつ段階化されている．かつては必要に応じ中間段階のものも製造されていた．

図 1-52 に 1910 年における陶管供給製品の概要を示した．平底を具えた卵形および楕円形の管は，今世紀初頭になお寸法 250/375，300/450，400/600，500/750 および 600/900 のわずかな範囲のものが製造され布設されていた[1-14]．図示した成形品のうち両側に接続口を具えた枝付き管—三つ又管，十字管—および Y 字管ならびにエルボは現在ではもはや製造されていない．これらについては，既に 1925 年に管渠の詰まりを生じやすいことから使用しないようにとの勧告が行われた[1-18]．

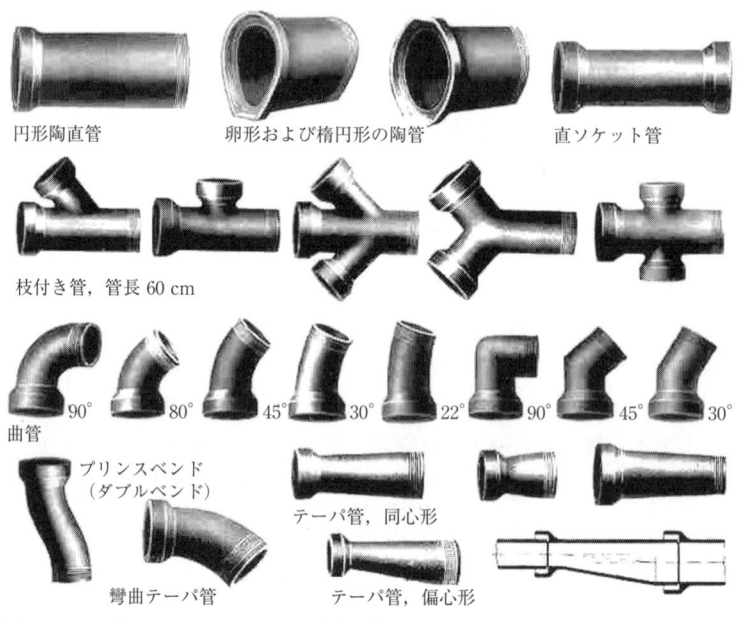

円形陶直管　　卵形および楕円形の陶管　　直ソケット管

枝付き管，管長 60 cm

曲管　90°　80°　45°　30°　22°　90°　45°　30°

プリンスベンド（ダブルベンド）　テーパ管，同心形

彎曲テーパ管　テーパ管，偏心形

図1-52：1910年ないし1913年における陶製の管，成形品の供給計画[1-14, 1-78]

DIN EN 295[1-73]に含まれているドイツ陶管工業の現在の製造呼び径は，差込ソケット付きの陶管につき 100 ～ 1 200 までに及んでいる（**表 1-12，1-13**）[1-40]．

開削工法に使用される DIN EN 295[1-73]に準拠して製造された管は，DIN 1230, 1990 年版[1-74]に準拠して製造された管との間にきわめて広範な適合性を有している．欧州では欧州陶管規格に基づいて製造される陶管製品の生産切換えは完了している．DIN EN 295 の規格制定後にも使用されていたような DIN EN 295[1-73]に準拠した管と DIN 1230[1-74]に準拠した管との間のアダプタピースは，現在ではもはや使用され

表1-12：ドイツ陶器工業の小口径管計画[1-79]

小口径管計画

呼び径 [mm]	管長[m]	シーリング，差込ソケット	耐荷力等級 TKL	重量[kg/m]	名称
100	1.00	L	34	15	CeraFix
100	1.25	L	34	15	CeraFix, TopTon
125	1.00	L	34	19	CeraFix
125	1.25	L	34	19	CeraFix, TopTon
150	1.00	L	34	24	CeraFix
150	1.25	L	34	24	CeraFix, TopTon
150	1.50	L	34	24	CeraFix, TopTon
200	1.00	L	160	37	CeraFix
200	1.50	L	160	37	CeraFix
200	2.00	L	160	37	CeraFix

表1-13：差込ソケット付き陶管の供給計画[1-79]

標準管・長管計画

呼び径 [mm]	管長[m]	シーリング，差込ソケット	耐荷力等級 TKL	重量[kg/m]	名称
200	2.00	K	160	37	CeraDyn
200	2.00	K	240	43	CeraDyn
250	2.00	K	160	53	CeraDyn
250	2.00	K	240	75	CeraDyn
300	2.50	K	160	72	CeraLong
300	2.50	S	240	100	CeraLong S
350	2.00	K	160	101	CeraDyn
350	2.00	K	200	116	CeraDyn
400	2.50	S	160	136	CeraLong S
400	2.50	S	200	152	CeraLong S
450	2.00	K	160	196	CeraDyn
500	2.50	S	120	174	CeraLong S
500	2.50	S	160	230	CeraLong S
600	2.50	S	95	230	CeraLong S
600	2.50	S	160	326	CeraLong S
700	2.00	K	L	304	CeraDyn
700	2.00	K	120	405	CeraDyn
800	2.00	K	L	367	CeraDyn
800	2.00	K	120	473	CeraDyn
900	2.00	K	L	431	CeraDyn
1 000	2.00	K	L	555	CeraDyn
1 200	2.00	K	L	699	CeraDyn

ていない．外径の異なった管同士の通常の接続は，DIN EN 295-4 に定める付属品（例えば，スリーブ）で行われる．

陶管の肉厚は，何十年も経過する間に変遷を経た．Hobrecht は，1884 年になお平均肉厚を $d/12$ としていた[1-26]が，1902 年には呼び径 400 以下の管については，

1. 下水道の構造，背景条件

$$s = d/20 + 9\,\text{mm}$$

400 以上の管については，

$$s = d/18 + 9\,\text{mm}$$

であった（d =管内径[mm]）[1-68]．

ドイツでは耐荷力の向上を意図して 1956 年に管肉強化管シリーズ（V シリーズ）が製品化された．さらに最近の 20 年の間で製造技術の改良により材料強度（曲げ引張り強度）が約 50 ％向上し，耐荷力は一層向上した[1-28]（**図 1-53**）．

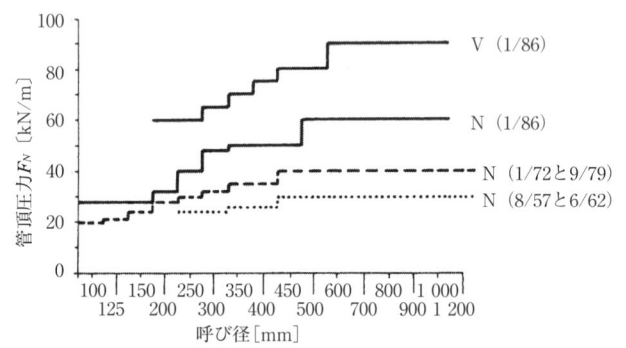

図1-53：1957年から1991年にDIN EN 295[1-73]が導入されるまでの陶管耐荷力の変化[1-75]

管継手　陶管の接続は，現在でもなお大部分ソケットを用いて行われており，ソケットの奥行きは，少なくとも 70 mm であり，その呼び長は 105 にまで拡大されている．シール材の挿入は，ソケットと他方の管端との間の幅 10 ～ 20 mm の環状空隙に行われる．

およそ 1925 年頃まで本来のシーリングは，塑性粘土またはセメントモルタルないし水硬性漆喰によって行われていた．シール材が管内に侵入しないようにするため，環状空隙自体には前もってタールを含浸させた太さ 2 ～ 3 cm の麻縄（タール縄）が埋め込まれた．シール材を圧入した後，ソケットは，粘土ないしセメントの補強盛りによって包み込まれた（**図 1-54**）．このシール形態は，1910 年の以下の引用[1-14]に見られるように，それが用いられていた時期から既に問題があるとみなされていた．

"比較的古い管を再び掘り返してみると，塑性粘土が使用される箇所に普通の陶土が使用されていたり，時にはもともと管埋設溝内にあったローム土が使用されているにすぎないことがしばしば見出される．また，シール材と手間とを省くために，補強盛

1.7 管材，管継手

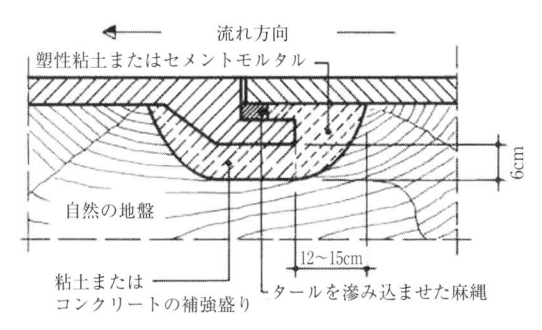

図1-54：20世紀初頭までの陶管継手[1-14, 1-18]

りが行われていないことが多く，ソケットを塗りつぶすことしか行われていない．しかもタール縄が欠けている場合さえ見出される．これらは，主として漏れ箇所の発生によって明らかとなった塑性粘土によるシーリングの実態であるが，それ以上に無視できないのは，この方法に元々付随している欠点である．というのも，たとえ8cmから10cmの厚さがあったとしても，塑性粘土は，なお確実な止水を形成し得ないのであり，特にそれが常時地下水の影響に曝されている場合にはとりわけそうである．さらにミミズによって穴が開けられたり，また街路樹のある道路もしくは公共施設内に管が埋設された場合には，木の根が管内に侵入していることも観察される".

　文献[1-18]によれば，さらにその他に，粘土シーリングは，絶えず十分な湿り気がないと乾いて脆くなり，その結果，漏れが生じてくるという事実もマイナス要因である．

　また既に1910年には，タールを含浸させた麻縄も，下水ならびに管渠内の湿った空気との接触が不可避であることから耐久的なものではないとみなされていた[1-14]．

　システムに内在するこれらの短所，そしてまた施工時の手抜きが契機となって，およそ1910年頃からこの止水法に代えて薄液状に溶解されたアスファルトぱてをソケットに流し込む方法を採用することがますます一般的となるに至った．このソケット止水方法の詳しい記述は，文献[1-80]にある．

　その後，前記のシール材の取扱い上の難点，賃金コストの上昇，および専門作業員の不足等から，より確実なシール材の製造要求が施工者の間に生まれ，これが最終的に**図1-55**に示したテーパシーリング（1955年）を経てシール材が管と固定結合された管継手に至る発展を促した．それらは，1965年に製造された呼び径100～200用のプレハブ式の差込ソケットL（**図1-56**）と呼び径200を超える管用の差込ソケットK（**図1-57**）である．差込ソケットLおよびVLの場合には，ソケットと固定結合されたゴムエラストマ製のリップシールリングが

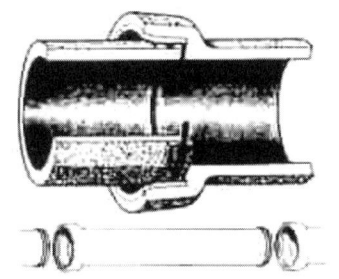

図1-55：陶管のテーパシーリング
（セラミック管GmbH）[1-81]

45

1. 下水道の構造，背景条件

図1-56：DIN EN 295［1-73］に基づく差込みソケット付き陶管

図1-57：DIN EN 295［1-73］に基づく差込みソケットK付き陶管

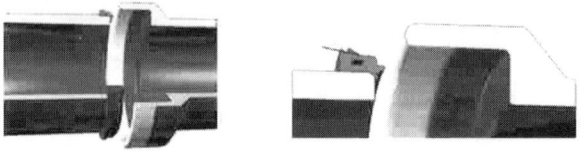

図1-58：DIN EN 295［1-73］に基づく差込みソケットS付き陶管

シール材を形成している．ソケットKは，ソケットと他方の管端とに溶着されたポリウレタン製およびポリエステル製のシール材で構成されている．管長2.5 mの陶管用には，差込ソケットSが開発された（**図1-58**）．この継手にあっては，ソケット部は研磨され，その結果，これまで工場側で取り付けられていたポリマー補正リングは不要となっている．研磨によって再加工された管端には，位置ずれを防止するためにスチールリングを具えたゴムエラストマ製シールリングが工場側であらかめ取り付けられる．

平滑な管端（ソケットなし）と，ゴムエラストマ製の2つの成形シール材を有したポリプロピレン合成樹脂スリーブからなる可撓性継手とを具えた呼び径100〜300の管の製造は，さらなる発展を示している（**図1-59**）．釉薬をかけないソケットなし管は，管長2mまでのものが製造される．

陶管は，1984年から非開削工法でも布設されている．1993年のDIN EN 295-7［1-73］がその基礎となっている．提供されているのは，取付管用の呼び径150推進管（**表1-14**）［1-40, 1-83, 1-84参照］，ならびに呼び径200〜

図1-59：押し被せカップリング付き陶管．システムユーロトップ［1-82］

46

1.7 管材料，管継手

表1-14：ポリプロピレン製支持体を有したゴムエラストマ製VTカップリング付き陶推進管（呼び径150）[1-40]

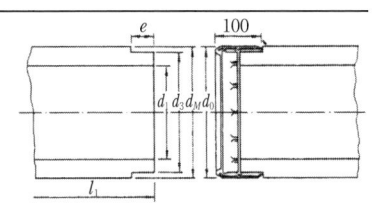

管直径			シールスリーブ直径	管長	差込深さ	推進力		平均重量
内部	先端	外皮				F_1 [kN]	F_2 [kN]	[kg/m]
151±2	186±2	207+3〜0	206±1	997±2	50+3〜0	174	218	36
151±2	186±2	207+3〜0	206±1	497±2	50+3〜0	174	218	36

F_1：マニュアル式表記の場合の推進力，安全係数2および2（標準設計）
F_2：オートマチック式表記・制御の場合の推進力，安全係数2および1.6

表1-15：特殊鋼スリーブV4A寸法（鋼材料1.4571）付き陶推進管の供給計画 [1-40]

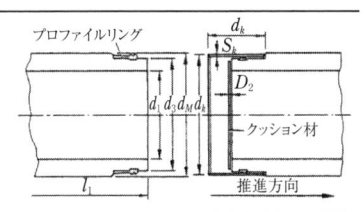

呼び径 [mm]	管直径			カップリング			継目パッド	管長	推進力		平均重量
	d_2	d_3	d_M 最大	d_k 0〜-1	s_k ±0.2	d_k ±1	D_2 ±1	l_1 ±1	F_1 [kN]	F_2 [kN]	[kg/m]
250	250±3	334	335	344	3	128	8	992 / 1 992	670	883	105
300	300±4	383	406	393	3	128	8	992 / 1 992	648	810	125
400	402±8	525	556	535	3	128	10	1 990	1 270	1 588	240
500	503±9	625	658	639	5	130	16	1 984	1 517	1 896	295
600	603±12	719	760	733	5	130	16	1 984	1 609	2 011	350
700	704±15	815	862	831	5	130	16	1 984	1 675	2 094	380
800	805±17	921	970	937	5	133	19	1 981	1 982	2 478	460
1 000	1 007±23	1 117	1 178	1 133	5	133	19	1 981	2 070	2 588	584

F_1：マニュアル式表記の場合の推進力，安全係数2および2（標準設計）
F_2：オートマチック式表記・制御の場合の推進力，安全係数2および1.6
技術的変更権留保

1 000管渠用の推進管（**表1-15，1-16**）である．これらは，ATVに準拠し布設工法を考慮してソケットなしで外側が平滑な管継手を形成するものが製造されている（ATV-A

1. 下水道の構造，背景条件

表1-16：スチールケージを具えたゴムエラストマ製VTカップリング付き陶推進管の供給計画［1-40］

呼び径	管直径			カップリング				管長	推進力		平均重量
[mm]	d_1	d_3	d_M 最大	e $3～0$	d_k $±1$	d_5 $±1$	D_2	l_1 $±1$	F_1 [kN]	F_2 [kN]	[kg/m]
200	200 ± 3	244 ± 3*¹	276	50	267	102	4	996	282	353	60
250	250 ± 3	322 0～−1	355	50	344	102	4	996 1 996	705	881	105
300	300 ± 4	374 0～−1	406	50	396	102	4	996 1 996	707	884	125
400	402 ± 8	516 0～−1	556	50	538	102	10*²	1 990	1 315	1 644	240
500	503 ± 9	620 0～−1	658	60	640	102	16*²	1 984	1 571	1 964	295

*¹ 周寸法 U/π
*² クッション材
F_1：マニュアル式表記の場合の推進力，安全係数2および2（標準設計）
F_2：オートマチック式表記・制御の場合の推進力，安全係数2および1.6

125［1-25］)．呼び径150推進管の場合には，継手は，ゴムコートされたポリプロピレン支持体製の相対的に剛的な嵌合カップリングスリーブで構成されている(**表1-14**参照)．呼び径200～500用には，穴あき鋼板製のリング状支持体を包む，両側にダブルシールリップを具えたゴムエラストマ製VTカップリング付き推進管が提供される(**表1-16**)．

1.7.4　プラスチック

プラスチック管は，20世紀の30年代から下水道で使用されている．プラスチックの種別による区別の他，次の製造方式の区別が行われる［1-85］．
・一体管システム，
・多層システム，
・断面壁システム．
　ドイツの下水道でこれまでに使用されてきているプラスチックは，PVC-U（軟化剤無添加ポリ塩化ビニル），PE-HD（高密度ポリエチレン）ならびにUP-GF（不飽和ポリエス

テル樹脂をベースとしたグラスファイバ強化プラスチックGFK)である．GFK管については，1.7.10で詳しく論ずる．

1.7.4.1　一体管システム

一体管システムについては，次のように区別される．
・PVC-U製押出し単層システム，
・PE-HD製押出し単層システム，
・平滑な内側層を具えたPE-HD製押出し2層システム．

PVC-U製押出し単層システムは，呼び径100～600で，管長500，1 000，2 000，5 000 mmのものが製造される．管の接続は，工場側で前もって取り付けられたシール材を具えた差込ソケット継手で行われる(図1-60)．PVC-U管には，DIN 19534[1-86]が適用される．

DINに基づくPE-HD製押出し単層システムは，呼び径1 000～1 200で，管長5 000，6 000，12 000 mmのものが製造されている(DIN 19537[1-87])．管の接続には，差込ソケット継手およびフランジ継手，また発熱体突合せ溶接継手およびヒーティングコイル溶接継手も使用される．

平滑な内側層を具えたPE-HD製押出し複層システムは，DINに準拠して呼び径100～600のものが製造されている(DIN 19537[1-87])．管長は，5 000，6 000，12 000 mmである．管継手は，PE-HD製押出し単層システムのそれと同一である．

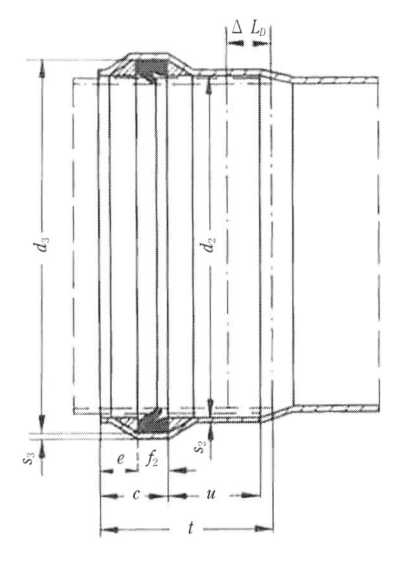

図1-60：工場側でセットされたシールリングを具えたDIN 19534に基づくPVC-U製一体管の管継手[1-86]

1.7.4.2　多層システム

多層システムに属するのは，PVC-U製の同時押出し中子発泡3層システムである．これは，ベルリンのドイツ建築工学研究所(Detaches Institut fur Bautechnik, Berlin)の認定を受けており，呼び径100～600で管長500，1 000，2 000，5 000，12 000 mm

1. 下水道の構造，背景条件

のものが製造されている．管の接続は，工場側であらかじめ設けられたシール材を具えた差込ソケットで行われる．

1.7.4.3 断面壁システム

断面壁システムに属するのは，次のものである．
・隙間嵌めされた断面材を具えたPVC-U製押出し一体システム，
・フィン付き外面を具えた押出し一体システム，
・スパイラル管またはコイル管．

最初にあげた2つのシステムは，ドイツ建築工学研究所の認可を受けている．呼び径は150～500である．

隙間嵌めされた断面材を具えたPVC-U押出し一体システムの管は，管長500，1 000，2 000，5 000 mmのものが製造されている．管継手には，工場側であらかじめ設けられたリップシールリングを具えた差込ソケットが使用される．外側の一体管は，荷重の大部分を引き受け，内側管は，搬送される媒体の運搬を引き受ける（図1-61）．

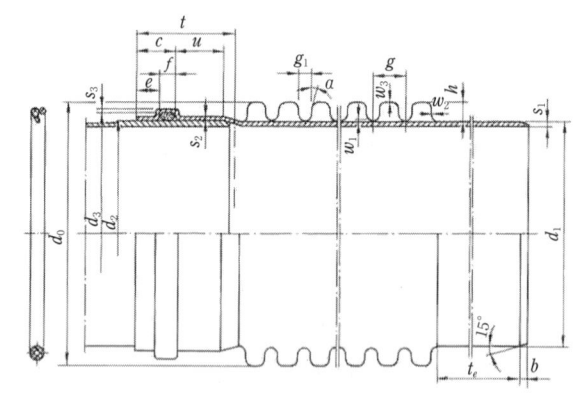

図1-61：隙間嵌めされたプロファイル材を具えたPVC-U製押出し一体管 [1-85]

フィン付き外面を具えた押出し一体システムの管の場合には，管の接続は，差込ソケット継手として行われる．管長は，2 000，3 000，5 000 mmである．管は，平滑な内面と同心的にフィン付けされた外面とを具えている（図1-62，1-63）．

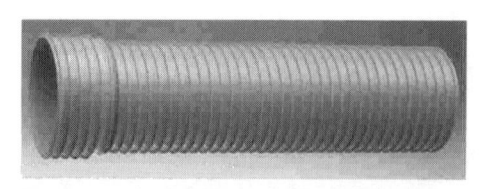

図1-62：フィン付き外面を具えた押出し一体管 [1-88]

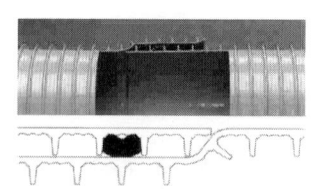

図1-63：管継手付きウルトラリブ管渠の外観および断面 [1-88]

DINに基づくスパイラル管またはコイル管は，巻上げ法でPVC，PEまたはPPで製造される(DIN 1696[1-89])．ねじ状に形成される断面補強が設けられるか，または二重壁断面材として製造され，いずれの場合にも管内面は平滑である(図1-64)．この方法は，使用される材料の特殊な性質を利用して，要求されるほぼあらゆる直径—目下のところ呼び径3 500まで—，ならびに任意の肉厚の管を製造できるというメリットがある．断面補強を行うことにより肉厚を一体管に比較して低く抑えることができる．これにより管の強度を変えずに大幅な重量節減が実現される．

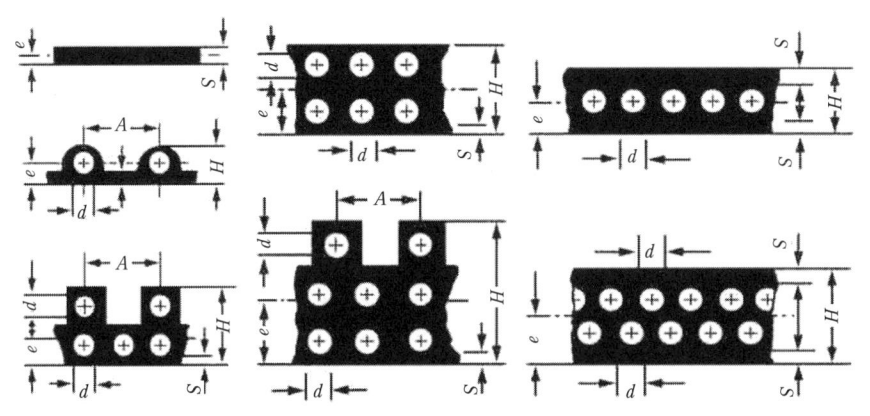

図1-64：スパイラル管の縦断面(Bauku GmbH)[1-90]

さらに内圧強度を高めるためにグラスファイバやスチールワイヤ，あるいは材料を節約しつつ肉厚を高め一定のリング強度を実現するために中空断面補強材を巻き付けることができる．

スパイラル管は，管長6.0 mまでのものが製造される．管は，心合せを良好に行い，スムーズな移行を実現するために片方にソケットを具え，呼び径に応じて内外から溶接される[1-91]．

1.7.5 鋼

鋼は，耐腐食性が相対的に低いことから，高い強度，優れた靱性，優れた溶接性[1-92]を有しているにも関わらず，自然流下渠用材料としては大きな役割を果たしていない．この材料は，通常，下水管工事における特別な要求を満たすためにのみ，例えば圧力管，伏越し，半伏越し，鞘管または被覆管用に，あるいは複雑な地形・地勢にお

いて利用される[1-93, 1-94].

下水管用の鋼管および成形品には，DIN 19530[1-95]が適用される．鋼管は，腐食作用の程度に関わりなくその内部に接着剤で付着されるプラストマコーティングの形の防食層を具えていなければならない．使用される通常の定評ある防食システムの例は，DIN 55928 Teil 5[1-96]にあげられている．ただし，これらのシステムを特有な問題を有する管渠に適用するにあたっては，十分な経験が得られていないためにケース・バイ・ケースで選択されなければならない．

アスファルトベースのコーティングは，不十分であることが判明している[1-97]．鋼管には，過去ならびに現在において種々の一連の継手が使用されているが，それらは，例えば差込ソケット，フランジ継手および溶接継手のようなものである．

シーリングに関する要件は，DIN 19530 Teil 1(3.1)[1-95]に定められている．

1.7.6 鋳 鉄

鋳鉄管は，既に500年以上前から使用されてきており，しかも最初はねずみ鋳鉄管が使用されていた．初期の頃は，主として飲料水および用水の搬送に利用された[1-98]．100年以上前にガス供給が開始されるとともに鋳鉄管はガス供給にも用いられた．

下水分野では，ねずみ鋳鉄管は，消音性が優れていることから主として建物内の排水管として利用される．地下埋設される管としては，これらの管はほとんど使用されなかった．

欧州では，1951年以来―ドイツでは1956年以来―ダクタイル鋳鉄管が製造されている．

両者の相違は，鋳鉄の中に存在している黒鉛の形にある．ねずみ鋳鉄は，片状黒鉛を含有し，ダクタイル鋳鉄は球状黒鉛を含有している．黒鉛の形態によって機械的性質が基本的に決定される．ねずみ鋳鉄は，相対的に脆いが，他方，ダクタイル鋳鉄は，高い引張強度(少なくとも420 N/mm^2)とかなりの程度の変形性を有している．例えば，ダクタイル遠心鋳造管の最小伸び率は10%である．さらに，ねずみ鋳鉄に比べてダクタイル鋳鉄は溶接も可能である[1-99, 1-100]．

地中埋設された無保護のダクタイル鋳鉄下水管については，それが酸素を含有した液体と接触すると，内外からの腐食損傷が生じ得ることから，上下水道分野に使用するにあたっては，内外に腐食防止が施されなければならない．

外側防食には，DINに基づきポリエチレン膜またはセメントモルタルによる被覆，

被覆コートとしての亜鉛コートまたはアスファルトが使用される(DIN 30674 Teil 1～5[1-101]).1996年以降は,厚さ6.5 mmのPE被覆されたスリーブも提供されている.内側防食は,DINに基づきセメントモルタル内張りの形で施工されなければならない(DIN 2614[1-102]).コートの品質に関する要件は,同規格中に定められている.硫酸塩耐性を高めるためにセメントとしては,DINに基づき高炉セメントが指定されている(DIN 1164 Teil 1[1-103]).層の標準厚さは,呼び径100～300については3 mm,400～600については5 mm,700～1 200については6 mm,1 200を超える場合には9 mmである.上水分野の管のセメントモルタル内張りは,DIN EN 545[1-104]に基づき一般に高炉セメントをベースとすることが求められ,下水管のそれについてはDIN EN 598[1-105]に基づきアルミナセメントが求められている.

　製造業者によれば,上記のようにコーティングされた管は,ATVに準じた下水の排水に適している(ATV-A 115[1-106]).

　ダクタイル鋳鉄管の使用範囲は,管渠の標準規格DIN EN 598[1-105]に定められている.それによれば,同鋳鉄管は,埋設自然流下渠の建設のみならず,呼び径100～2 000の範囲で,PNが6を超えるまでの圧力管の建設にも許可されている.

　ダクタイル鋳鉄管は,これまでは特に圧力管として,あるいは地質学的ないし地下水により問題のある地形,例えば沈下ないし地滑りの危険ある地帯,急斜面または地下水位の高い水源保護区域等における管渠として使用されてきたが,現在ではそうした特別なケースにおいてのみならず,管渠スパンの標準施工に際してもソケット管およびフランジ管として使用されている[1-107].**表1-17**に現在使用されているダクタイル鋳鉄管の一覧を示した.表中にないその他の呼び径の製造も可能である.

　非開削工法(**1.6.2**参照)でも自然流下渠および圧力管用に管長2 mの呼び径250～400までのダクタイル鋳鉄管,管長3 mの呼び管径400以上のダクタイル鋳鉄管が使用されている[1-108].

　DINに基づくダクタイル鋳鉄管用のソケット継手として,ドイツでは1957年にチュトン継手(Tyton-Verbindung)[**図1-65**(a)]が製造された(DIN 28603[1-110]).これは偏心動きを防止する許容差の狭い心合せ鍔を具えている.特別な断面形状を有するパッキンリングによってなされるシール[**図1-65**(b)]は,硬質ゴム部と軟質ゴム部からなっている.チュトン継手は,縦方向伸縮継手としても利用することが可能である.このためには,管端に溶接ビードが取り付けられる.これは,一般に工場側においてシールドガス下での肉盛り溶接によって行われるが,工事現場で管を切断した場合にも電気的にこれを行うことが可能である.管を押し込んだ後,工場側で施工された差込ソケットの溝によりシール材がソケット空隙に押し込まれ,捻じられる(**図1-66**)[1-

1. 下水道の構造，背景条件

表 1-17：下水管渠のアルミナセメント内張りを施した DIN EN 598 に準拠したダクタイル鋳鉄製ソケット管[1-109]

呼び径 [mm]	寸法[mm]			重量[kg]		
	外径	肉厚		製造管長 L =6 000 のソケット付き管，セメントモルタルを含む	ソケット付き 1m 管	
		鋳鉄 S_1	セメントモルタル S_2		鋳鉄	鋳鉄およびセメントモルタル
100	118	5	3.5	109	15.6	18.1
150	170	5		160	23	26.7
200	222	5		212	30.5	35.4
250	274	5.3		265	38	44.2
300	326	5.6		317	45.4	52.8
350	378	6.0	5	395	53.5	65.8
400	429	6.3		468	64	78
500	532	7		639	89	106.5
600	635	7.7		828	117	138
700	738	9.6	6	1 185	169	198
800	842	10.4		1 455	209	243
900	945	11.2		1 750	254	292
1 000	1 048	12.0		2 070	303	345
1 200	1 255	15.3		3 065	461	511
1 400	1 462	17.3	9	4 100	595	683

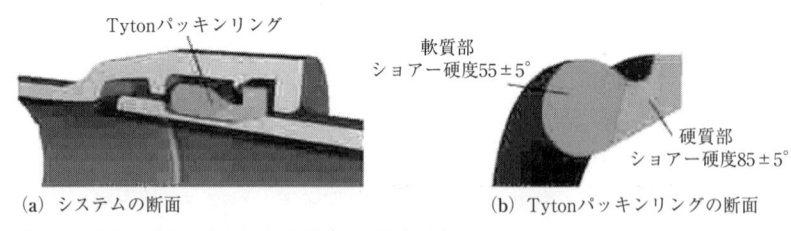

(a) システムの断面　　(b) Tytonパッキンリングの断面

図 1-65：DIN 28603[1-112]に基づく差込みソケット継手システム Tyton

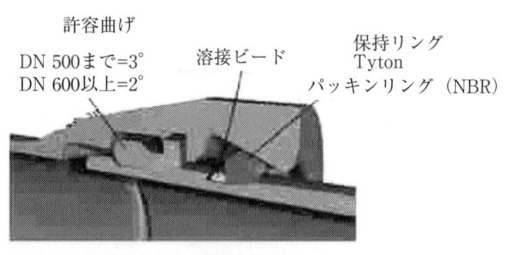

図 1-66：抗張性チュトン継手[1-113]

108]．

ダクタイル鋳鉄製管渠に関する特別な注意，取付け条件は，FGR 規格 FGR 60[1-111]に含まれている．その他の詳細事項は，DIN EN 598[1-105]に定められている．

1.7.7 コンクリート，鉄筋コンクリート，プレストレストコンクリート

　文献[1-114]によれば，コンクリートとは，天然または人工の骨材が流動状態の結合剤で包まれ(生コンクリート)，結合剤が硬化した状態において結合剤により骨材が耐久的に接着一体化された(固化コンクリート)建設材料である．以下の記述は，結合剤がもっぱらセメントからなるセメントコンクリートに関するものである．

　ドイツにおけるコンクリート管の製造は，最初のセメント製造所が設立された直後の1850年頃に開始された[1-115]．だが，都市下水道におけるその本来の大規模使用は，19世紀80年代始めのドイツのポルトランドセメント工業の発展—これによって管製造は，割高なセメント輸入への依存から解放されると同時に，陶管に対する競争力をも獲得することとなった—をまってようやく開始されるに至った．しかしながら，下水道におけるコンクリート管の使用が高まった原因は，単にコストの問題だけではなく，この建設材料と製造技術が生み出す多様な可能性もその大きな理由であった．その意味で，例えばコンクリート管には，もはやその断面形状や寸法を制約するものは存在せず，それゆえ排水に関する時代的変化によりよく適合することが可能となった[1-19]．

　最初の補強コンクリート管(当時は鉄心セメント管または鉄コンクリート管といわされた)は，世紀が代わる前の1889年に紹介された[1-116]．現在ではコンクリート管，鉄筋コンクリート(圧力)管，プレストレストコンクリート(圧力)管の区別が行われている．

　ドイツでは，コンクリート管の品質特性に関する最初の基準は，1899年のドイツ・コンクリート協会(Deutscher Beton-Verein)の設立とともに誕生した．この基準は，1917年にドイツ工業規格委員会 e.V.(Normenausschus der Deutschen Industrie e.V.)[1926年以降は，ドイツ規格委員会 e.V.(Deutscher Normenausschus e.V.)，1975年以降は，DIN ドイツ工業規格協会 e.V.(DIN Deutsches Institut fur Normung e.V.)となった]が設立された後，DIN 1201"下水道管—コンクリート，寸法規格および品質規格"と称する1923年版の最初のプレハブ材規格となった．**表1-18**にコンクリート，鉄筋コンクリート，プレストレストコンクリート製の管に関する規格の歴史的発展を概観した．これらの管に関する標準規格を**表1-19**に示した．

　コンクリート，鉄筋コンクリート，プレストレストコンクリート製の管は，管長，肉厚，管形状および補強に関する設計要望に応じ種々の方法で製造することが可能で

1. 下水道の構造，背景条件

表 1-18：コンクリート，鉄筋コンクリートおよびプレストレストコンクリート製の管に関する規格の歴史的発展の概観

DIN/DIN EN	版日付	表題
DIN1 201	02.23	下水道管；コンクリート（付随規格：DIN 4032）
DIN1 201	02.23	付属書　下水道管；コンクリート
DIN4 032	07.39	コンクリート管；供給および試験に関する条件
DIN4 032	07.39	付属書；輸送に関する基準（付随規格：DIN 19695）
DIN4 032	04.59	Blatt 1；コンクリート製の管および成形品；寸法，製造規定および品質規定，試験
DIN4 032	04.59	Blatt 2；技術仕様
DIN4 032	04.59X	Blatt 1；コンクリート製の管および成形品；寸法，製造規定および品質規定，試験（×09.60）
DIN4 032	07.73	コンクリート管およびコンクリート成形品；寸法，技術仕様
DIN4 032	(06.75)	案 Teil 21；試験報告書書式，DIN 4032 に関する補充
DIN4 032	01.81	コンクリート管および成形品；寸法および技術仕様
DIN pr EN1915	08.95	コンクリート，スチールファイバーコンクリートおよび鉄筋コンクリート製の管および成形品
DIN4 035	05.39	鉄コンクリート管；供給および試験に関する条件
DIN4 035	05.39	鉄筋に関する条件；供給および試験に関する条件（×09.59）
DIN4 035	12.58	鉄筋コンクリート管；供給および試験に関する条件
DIN4 035	09.76	鉄筋コンクリート管，鉄筋コンクリート圧力管および鉄筋コンクリート製付属成形品；寸法，技術仕様
DIN4 035	08.95	鉄筋コンクリート管および付属成形品；寸法，技術仕様
DIN pr EN1916	08.95	コンクリート，スチールファイバコンクリートおよび鉄筋コンクリート製の管および成形品
DIN4 036	05.39	鉄コンクリート圧力管；供給および試験に関する条件(付随規格：DIN 4035，76年9月版)
DIN4 037	05.39	鉄コンクリート圧力管；鉄コンクリート圧力導管の規格検査に関する基準
DIN EN 635	12.94	管継手および成形品を含む，コンクリート製圧力管に関する一般的要件
DIN EN 640	12.94	鉄筋コンクリート圧力管および補強（薄板被覆を除く）の配されたコンクリート圧力管，管継手および成形品を含む
DIN EN 541	12.94	薄板被覆鉄筋コンクリート圧力管，管継手および成形品を含む
DIN EN 542	12.94	薄板被覆プレストレストコンクリート圧力管，管継手，成形品を含むおよび，管用プレストレス鋼材に関する特別要件
DIN 52 150	05.38X	脆性材料製の管の試験:管頂圧に対する抵抗力（管頂圧縮強さ）；(DIN DVM 2150は1949年6月以降DIN 52150である)（×03.55）

ある．通常の製造方法は，振動法，振動プレス法，真空法，遠心力法，ロール転圧法である．その際，基本的に即時型枠除去方式と型枠内固化方式とが区別される．

1.7 管材料，管継手

表1-19：DIN 2410 Teil 3(78年3月版)[1-117]に基づくコンクリート，鉄筋コンクリートおよびプレストレストコンクリート製の管に関する規格一覧

管種別 名称	標準規格	技術仕様	材料	公称圧力段階	呼び径範囲
コンクリート管 円形断面 ―標準肉厚 ―強化肉厚 ―特殊形状[*1]	DIN 4 032	DIN 4 032	DIN 4032およびDIN 1045に定めるコンクリート	圧無し	100～1 500まで
卵形断面 ―標準肉厚 ―特殊形状[*1]					500×750 〜 1 200×1 800
特殊断面[*2]					円形および卵形に準ず
鉄筋コンクリート管[*3] 円形断面	DIN 4 035	DIN4 035	DIN 4032およびDIN 1045に定める鉄筋コンクリート	圧無し	250～4 000以上
その他の形状[*4]					円形断面に準ず
鉄筋コンクリート圧力管[*3]	DIN EN 639 640 641	DIN EN 639 und 640	DIN EN 639 640	個々のケースに応じて設定	200～4 000以上
プレストレストコンクリート圧力管[*3]	DIN EN 642	DIN EN 642	DIN EN 639	個々のケースに応じて設定	500～4 000以上

[*1] 特殊形状は静的要件に応じた肉厚および管頂圧力で施工可能である．
[*2] 特殊断面，例えば馬蹄形，方形および溝形は水圧要件に応じて施工可能である．
[*3] DVGW-KfK 作業指針 W316 "上水供給におけるプレストレストコンクリートおよび鉄筋コンクリート製の管の使用"販売：ZfGW-Verlag GmbH，フランクフルト，も参照のこと．
[*4] その他の形状，例えば脚付き管または DIN 4263 に基づくその他の断面（卵形，馬蹄形，方形，溝形およびその他の断面）は，水圧要件および静的要件に応じて施工することが可能である．

1.7.7.1 コンクリート管

初期の製造段階では，呼び径75～1 000の円形コンクリート管ならびに寸法200/300～1 000/1 500の種々の形状の卵形管が製造された．

図1-67に1912年頃に一般に使用されていた形状を示したが，これらのコンクリート管は，小口径の場合には一体で，大型の場合には輸送上の理由から2～4体に分割して施工されていた[1-19]．

コンクリート管の肉厚 s は，DIN 4032 Blatt 1，1959年4月版[1-118]で初めて規格化された．それまでは，肉厚の決定に際して，以下の経験式が基準とされていた[1-14, 1-18]．

脚付きで断面が円形かつ肉厚が均等な管（d = 管内径[mm]）

1. 下水道の構造，背景条件

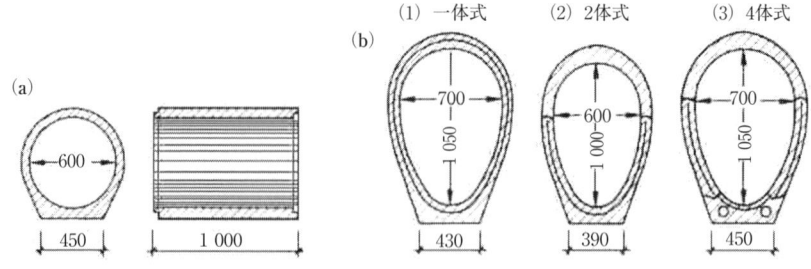

図1-67：1912年頃に一般に使用されていたコンクリート管の断面および寸法 [1-18]

管径 600 まで： $s = d/10 + 15\,\mathrm{mm} \sim d/10 + 20\,\mathrm{mm}$
管径 600 以上： $s = d/10$

卵形管の場合には管頂の肉厚は迫持部の肉厚よりも厚くされた．

1910年頃 [1-14] のドレスデン市の管渠構造物については，$d = 1\,000\,\mathrm{mm}$ までの卵形管渠の場合，以下の寸法が指定されていた（**図1-68**）．

肉厚
管頂　$s = 0.185\,d$
迫持　$s = 0.1\,d + 20\,\mathrm{mm}$
底　　$s = 0.14\,d + 15\,\mathrm{mm}$
底幅　$0.16\,d + 30\,\mathrm{mm}$

Dyckerhoff と Widmann によって製造されたコンクリート管の寸法は，若干異なっていた．円形管は，管頂の肉厚が迫持部の肉厚よりも若干厚くされ，卵形管の管頂の肉厚は，およそ $s = 0.17\,d$ であった [1-14]．

コンクリート管の製造は，徐々にその他の断面形状，例えば方形管または楔型管（**図1-69**）にも拡大された．より高い荷重を収容するために管頂が強化されたこれらの管は，いわゆるアトラス管として製造された（**図1-70**）．初期の工場における管製造に比較していくつかの変化と改良が生じたが，基本形状はそのままであった．

DIN 4032 [1-118] は，1973年7月版以降，円形断面のコンクリート管およびコンクリート成形品（**表1-20**）と卵形断面（**表1-21**），または特殊断面のそれらとを

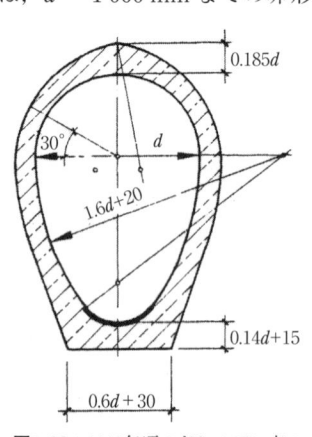

図1-68：1910年頃のドレスデン市のコンクリート管の寸法 [1-19]

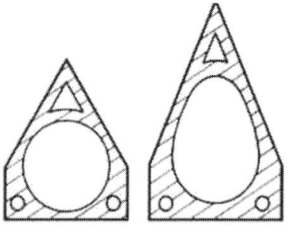

図1-69：楔型管システムHüser（1905）[1-18]

区別している．これらの管は，脚無しもしくは脚付き管，ソケット管ないし差口付き管，標準肉厚管，または—円形管については肉厚強化管—等として製造されている．静的要件に対応した肉厚と管頂耐圧力を有した特殊形状も許可されている(**図 1-70**)．

表 1-20，**1-21** の各記号は，次を表している．
K：脚無し円形コンクリート管(1939)，KW：脚無

図 1-70：アトラス管 EF-F 1400/2100 (Dyckerhoff & Widmann AG, 1986)[1-119]

表 1-20：DIN 4032[1-118]に基づく円形コンクリート管

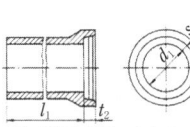

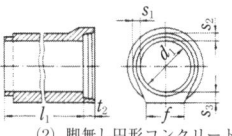

(1) 脚無し円形コンクリート管，肉厚強化(KW)，ソケット付き(M)
(2) 脚無し円形コンクリート管(K)，いんろう差口付き(F)
(3) 脚付き円形コンクリート管，肉厚強化(KFW)，ソケット付き(M)
(4) 脚付き円形コンクリート管(KF)，いんろう差口付き(F)

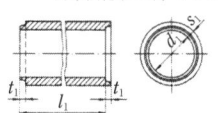

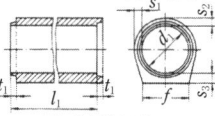

呼び径[*1] [mm]	d_i		正面の平行性の偏差	最低肉厚[*2]							径 f
		許容差		K	KF		KW	KFW			
				s_1	s_1	s_2 と s_3	s_1	s_1	s_2	s_3	
100	100	±2	3	3	22	22	–	–	–	–	80
150	150	±2	3	3	24	24	–	–	–	–	120
200	200	±3	4	4	26	26	–	–	–	–	160
250	250	±3	4	4	30	30	–	–	–	–	200
300	300	±4	5	5	40	40	50	50	50	65	240
400	400	±4	6	6	45	45	65	50	65	90	320
500	500	±5	6	6	50	60	85	70	85	110	400
600	600	±6	8	8	60	70	100	85	100	130	450
700	700	±6	8	8	70	80	115	100	115	150	500
800	800	±7	10	10	75	90	130	115	130	170	550
900	900	±7	10	10	–	–	145	130	145	195	600
1 000	1 000	±8	12	12	–	–	160	145	160	215	650
(1 100)	1 100	±8	12	12	–	–	175	160	175	240	680
1 200	1 200	±10	14	14	–	–	190	170	190	260	730
(1 300)	1 300	±10	14	14	–	–	205	185	205	280	780
1 400	1 400	±10	16	16	–	–	220	200	220	300	840
(1 500)	1 500	±10	16	16	–	–	235	215	235	320	900

[*1] 括弧でくくった呼び径はできるだけ回避すること．
[*2] 特殊形状呼び径900～1 500の最低肉厚は呼び径公称値の1/10を下回ってはならない．
表3に基づくソケット寸法を有した呼び径100～200の管には同所にあげられた肉厚が適用される．

1. 下水道の構造，背景条件

表1-21：DIN 4032に基づく卵形コンクリート管[1-118]

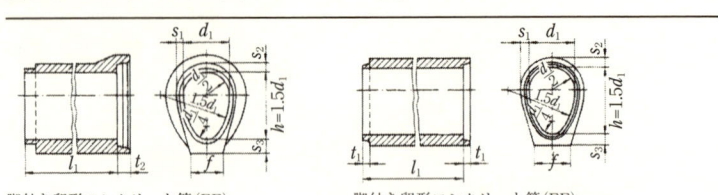

脚付き卵形コンクリート管(EF)，ソケット付き(M)

脚付き卵形コンクリート管(EF)，いんろう差口付き(F)

呼び径 [mm]	d_1/h		正面の平行性の偏差	最低肉厚			径
		許容差 d_1 および h		s_1	s_2	s_3	f
500～750	500～750	±5	6	64	84	84	320
600～900	600～900	±6	8	74	98	98	375
700～1 050	700～1 050	±6	8	84	110	110	430
800～1 200	800～1 200	±7	10	94	122	122	490
900～1 350	900～1 350	±7	10	102	134	134	545
1 000～1 500	1 000～1 500	±8	12	110	146	146	600
1 200～1 800	1 200～1 800	±10	14	122	160	160	720

し円形コンクリート管，肉厚強化(1973)，KF：脚付き円形コンクリート管(1923)，KFW：脚付き円形コンクリート管，肉厚強化(1973)，EF：脚付き卵形コンクリート管(1923)．

　ソケット付きまたはいんろう差口付きのコンクリート管のタイプは，ソケットについてはM，いんろう差口についてはFを付加して表される．それぞれ括弧でくくって表した年数は，初めて規格化が行われた時点を表している．肉厚強化管の規格制定は，既に早くも1965年にドイツ・コンクリート/プレハブ部材工業連邦連合会 e.V. (Bundesverband Deutsche Beton-und Fertigteilindustrie e.V.)(BDB)の"肉厚増加コンクリート管に関する暫定基準"によって行われた．

　コンクリート管の管長は，主として1 000 mmであったが，場合により呼び径800/1200以上のものについては，重量上の理由から500～800 mmのものもあった[1-14]．DIN 4032，1939年7月版によれば，呼び径1 000およびそれ以上の管は，1 000 mm以下の管長でも施工可能であった．この寸法の超過は，1959年4月版[1-118]によって初めて許可されたが，管長は500で割り切れる長さでなければならなかった．現在では，管長2 000 mmおよび2 500 mmの管が大量に生産されている[1-115]．

　コンクリート管の耐荷力は，コンクリート品質および肉厚によって影響され得る．最初の一連の耐荷力は，1910年にドイツコンクリート協会によって作成された"脚付き円形・卵形セメント管の最低極限荷重表"によって公表された(**表1-22**)．目を引くのは呼び径500以上の円形コンクリート管の破壊荷重が3 000 kgに制限されていること

1.7 管材料，管継手

表1-22：セメント管の最低極限荷重．1910年にドイツコンクリート協会によって作成[1-19]

円形管		卵形管		円形管		卵形管	
内径 [mm]	1m当りの 破壊荷重 [kg]	内径 [mm]	1m当りの 破壊荷重 [kg]	内径 [mm]	1m当りの 破壊荷重 [kg]	内径 [mm]	1m当りの 破壊荷重 [kg]
200	2 000	200～300	3 000	500	3 000	600～ 900	3 800
250	2 200	250～375	3 000	600	3 000	700～1 050	3 800
300	2 500	300～450	3 000	700	3 000	800～1 200	4 200
350	2 800	350～525	3 200	800	3 000	900～1 350	4 400
400	2 800	400～600	3 400	1 000	3 000	1 000～1 500	4 400
450	2 900	500～750	3 400				

とである．この呼び径においては，過大な重量によって輸送や取付けが困難にならないよう，直径に応じた肉厚の強化はなされなかった[1-19]．

　1939年7月に刊行されたDIN 4032では，コンクリート管の管頂耐圧力に関して2つの品質等級が定められ(**図1-71**)，その際，下水道での使用については，主として品質等級Ｉが推奨されていた．この区分は，DIN 4032(59年4月版)[1-118]にはもはや引き継がれず，旧品質等級Ｉの値がそのまま管頂耐圧力とみなされた．

　DIN 4032の後続版である1973年7月版および1981年1月版[1-118]でも呼び径800までの円形コンクリート管の管頂耐圧力は，前記の値を基礎としていた．卵形コンク

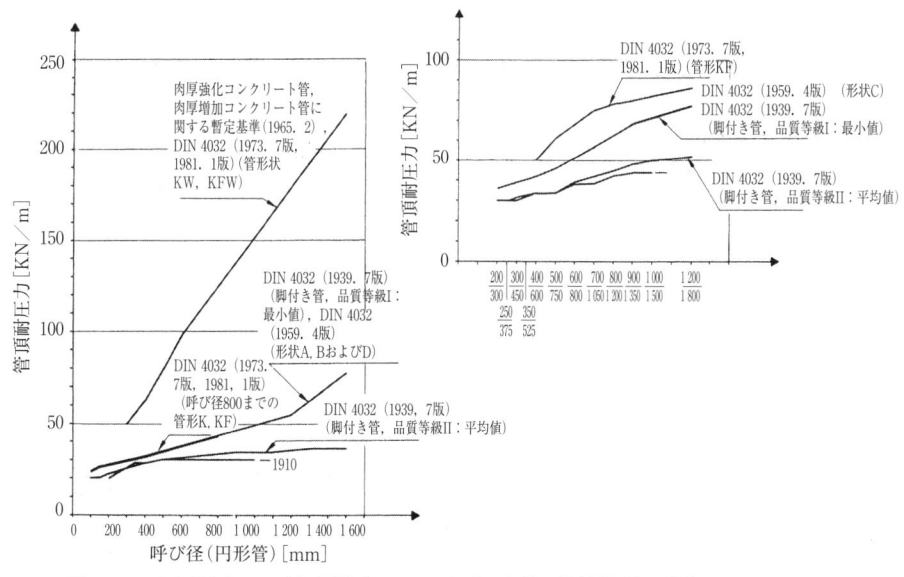

図1-71：1910年から1981年に至るまでのコンクリート管の管頂耐圧力の変化

1. 下水道の構造，背景条件

リート管の管頂耐圧力は，1939 年 7 月版および 1959 年 4 月版[1-118]に比べて引き上げられた(図 1-71)．1973 年 6 月版では，呼び径 300 〜 1 500 の肉厚強化された円形コンクリート管の管頂耐圧力は更新された(図 1-71)．

一連の耐荷力は，管頂耐圧力と呼び径とがほぼ比例関係にあることを示している．呼び径 300 〜 1 500 の範囲に関する補正直線は，次のとおりである[1-28]．

$$FN = 9.6 + 0.14 \, 呼び径 \, [kN/m]$$

"コンクリート管・鉄筋コンクリート管専門連合会 e.V.(Fachvereinigung Betonrohre und Stahlbetonrohre e.V.)(FBS)によって 1989 年に策定された FBS 品質基準[1-122]は，現行規格の範囲を越える要件を含んでいる．これは，FBS 会員企業によって製造される，DIN 4032[1-118]に基づくコンクリート管，DIN 4035[1-120]に基づく鉄筋コンクリート管，DIN 4032[1-118]および DIN 4035[1-120]に基づく推進管，付属成形品，ならびに DIN 4034 Teil 1[1-121]に基づくマンホール部材に適用され，肉厚，管継手，寸法精度，耐荷力，水密性，品質保証に関して前記規格よりも高度な管要件を定めている．(表 1-23)．すべてのコンクリート管につきコンクリート圧縮強さは，少なくとも DIN 1045[1-123]に定める強さ等級 B45 を満たしていなければならない．

表 1-23：FBS コンクリート管の最小肉厚および最小管頂耐圧力 [1-122]

呼び径 [mm]	最小肉厚				管頂耐圧力
	KW	KW			
	s_1 [mm]	s_1 [mm]	s_2 [mm]	s_3 [mm]	s_4 [mm]	F_N [kN/m]
300	60	60	60	95	50	75
400	75	65	75	110	55	85
500	85	70	85	115	60	95
600	100	85	100	130	70	100
700	115	100	115	150	80	111
800	130	115	130	170	85	125
900	145	130	145	195	95	138
1 000	160	145	160	215	100	152
1 100	175	160	175	240	115	166
1 200	190	170	190	260	125	181
1 300	205	185	205	280	135	194
1 400	220	200	220	300	140	207
1 500	235	215	235	320	140	225

1.7.7.2 鉄筋コンクリート，プレストレストコンクリート製の管

鉄筋コンクリート管(以前は補強コンクリート管，鉄心管，モニーア管またはツィッセラー管といわれた)は，19 世紀の 80 年代から存在している．肉厚が相対的に薄く，

それから生ずる重量軽減によって既に20世紀初頭には，呼び径2500までの円形鉄筋コンクリート管が工場製造されるに至っていた．呼び径が相対的に小さい管は，一方向に補強層を具えているにすぎないことが多かったが，呼び径が比較的大きな管は，スパイラル補強を具え，大型管は，荷重に応じ二重，三重の補強層を具えていた[1-19]．

鉄筋コンクリート管とは，DIN 2402[1-124]に定める円形断面，DIN 4263[1-13]に基づく断面(1.3参照)または特殊断面を有した使用中に圧のかからない管渠，および管用のDIN 4035[1-120]に定める鉄筋コンクリート製の管であって，鉄筋コンクリートの一般的準則(DIN 1045参照)[1-123]，ならびにDIN 4035[1-120]，DIN pr EN 1916[1-125]の特別規定に準拠し，ATV-A 127[1-37]およびATV-A 161[1-126]に定める静的要件に基づいて使用状態において管軸に垂直に作用するか，または場合により管軸方向に作用する荷重に対して設計，補強されている管である．これらの管は，工場での個別管の試験(DIN 4035)[1-120]，管の試験(DIN 4033[1-33]に際する内部水圧から生ずる荷重条件(最大0.5 bar)，ならびに貯蔵・保管，輸送および布設に際する要求条件を満たしている．

さらにその他にドイツでは，1989年以来，FBS品質基準[1-122]に準拠したいわゆるFBS鉄筋コンクリート管が製造，布設されている(**表1-23** および **1.7.7.1** 参照)．

鉄筋コンクリート管は，あらゆる荷重条件用に設計することが可能であり，特に管頂土被りがわずかで，重度交通条件から生ずる高荷重および動応力に対して適している．

鉄筋コンクリート圧力管とは，DIN 2402[1-124]およびDIN 4263[1-13]に定める円形断面を有した，使用中に内部高圧ないし低圧に曝される管用のDIN EN 639[1-127]，DIN EN 640[1-128]およびDIN EN 641[1-129]に基づく鉄筋コンクリート製の管であって，鉄筋コンクリートの一般的準則(呼び径1045参照)[1-123]に基づき静的要件に応じて設計，補強されている管である．

鉄筋コンクリート管，鉄筋コンクリート圧力管は，主として円形断面，脚無し，呼び径250～4000およびそれ以上，管長5.0mまでのものが製造されている．コンクリート圧縮強さ等級に関してDIN 4035[1-120]は，≧B 45を定めていた．1994年以来施行のDIN EN 640[1-128]は，≧B 35を要求している．**図1-72** にDIN 4263[1-13]に基づく断面を有した鉄筋コンクリート管の例を示した．

プレストレストコンクリート(圧力)管には，1994年にDIN EN 642[1-130]が刊行されるまでDIN 4035[1-120]が準用されていた．これらは，過去および現在も，主として円形断面，呼び径500～4000およびそれ以上，管長8.0mまでのものが製造されている．コンクリート圧縮強度は，従来はDIN 4035に基づき強さ等級＞55を満たしてい

1. 下水道の構造，背景条件

なければならなかったが，現在では DIN EN 642[1-130]に基づき≧ B 35 を満たしていることが必要である．

下水管は，他の土木建造物と同様に，それぞれの荷重条件に応じプレストレストコンクリートの一般的準則（DIN 4227[1-131]参照）に基づいて設計され，プレストレスされる．

タイプ	呼び径 $d_1 \times h$ [mm]	幅 D [mm]	肉厚 s_1 [mm]	肉厚 s_2 [mm]	肉厚 s_3 [mm]	高さ H [mm]	重量 G [t]	有効断面積 F [m²]	排土量 V [m³/m]
1	900×1 400	1 120	110	140	110	1 650	1.53	1.26	1.831
1	1 000×1 800	1 220	110	140	110	2 050	1.79	1.79	2.483
1	1 200×2 030	1 500	150	150	120	2 320	2.64	2.44	3.480
1	2 250×2 730	2 630	230	190	170	3 090	5.38	6.05	8.074
2	2 000× 850	2 360	180	210	200	1 260	3.19	1.70	2.933
2	2 000×1 230	2 100	150	150	150	1 520	2.60	2.40	3.496
3	2 200×1 400	1 640	220	250	120	1 790	4.23	3.08	4.488
4	2 850×1 500	3 250	200	250	100	1 900	5.15	4.27	5.094

いんろう差口付き箱形材
管長 l_1 = 1.0 mm

タイプ	呼び径 $d_1 \times h$ [mm]	幅 D [mm]	肉厚 s_1 [mm]	肉厚 s_2 [mm]	肉厚 s_3 [mm]	高さ H [mm]	f [mm]	重量 G [t]	有効断面積 F [m²]	排土量 V [m³/m]
1	2 070×1 550	2 370	150	240	120	1 910	2 370	3.42	2.54	3.834
2	2 400×1 500	2 780	190	200	160	1 940	2 500	4.31	2.78	4.500

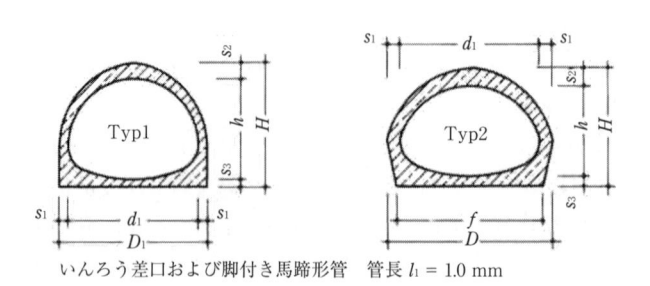

いんろう差口および脚付き馬蹄形管　管長 l_1 = 1.0 mm

1.7 管材料，管継手

呼び径 d_1 [mm]	外径 d_2 [mm]	肉厚 s_1 [mm]	肉厚 s_2 [mm]	肉厚 s_3 [mm]	外径 d_3 [mm]	長さ a [mm]	深さ t_2 [mm]	管長 L [mm]	管高さ H [mm]
800	1 030	115	130	170	1 108	210	110	2 110	1 124
900	1 160	130	145	195	1 242	233	126	2 126	1 266
1 000	1 290	145	160	215	1 368	1 368	126	2 126	1 399
1 200	1 540	170	190	260	1 642	1 642	126	2 126	1 681

脚幅 F [mm]	b [mm]	管重量 G [t]	有効断面積 A [m^2]	水力半径 Iny [m]	排土量 V [m^3/m]
550	181	2.25	0.460	0.184	0.98
600	212	2.85	0.585	0.208	1.14
650	242	3.50	0.726	0.233	1.42
730	307	4.84	1.050	0.28	2.03

コンビ管
鐘形ソケット付き円形管
肉厚強化，脚付き，
ロールラバーシーリング用
形状KFW-M
管長 l_1 = 2.0 mm

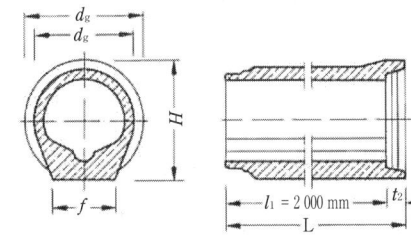

図1-72：DIN 4035［1-120］に基づく鉄筋コンクリート管

管継手　初期のコンクリート管は，一体成形されたソケットをまだ具えていなかった．それらの継ぎ面は，布設時に互いにしっかり突合せされ，突合せ箇所が金網を封入した厚さ5cmのモルタル層で包み込まれた．これは，その後ソケット無し管に使用されたような押し被せカラーに見合った物とみなすことができる（**図 1-79**）．

コンクリート管の場合に最も広く利用されていたのは，いんろう継手であったが，これについて DIN 1201 付属書"下水道管　コンクリート"，1923年2月版は"これ以上に優れた継手は今日までのところ見出されていない"と言明していた．この継手を一般に規格化することは，当時は"無益"と考えられており，単に同一の製造業者が一つの管サイズに対して常に同一のいんろう継手を製作することが求められていただけであり，その際，いんろう差口の深さは，呼び径に応じ 15～60 mm であった（**図 1-73**）．管継手の止水は，セメント1に対して微粒砂1の混合比のセメントモルタルで行われ，同モルタルは管同士

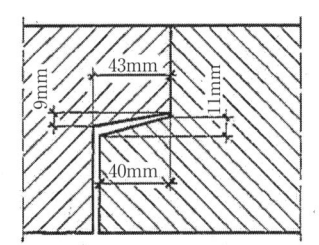

図1-73：1910年頃の差口深さ40 mmのFa.Dyckerhoff & Widmann 製コンクリート管いんろう継手［1-14］

1. 下水道の構造，背景条件

を互いに押し込む前にいんろう溝に塗布された．続いて外側の継目が十分に塗りつぶされ，可能であれば内側の継目も同様にされ，接続部分にセメントモルタルが補強盛りされた．

　いんろう継手に関する最初の寸法規定は，DIN 4032，1939年7月版に含まれていた．同規格は，25 mm という最小差口深さを求めており，差口は呼び径500ないし400/600までの管の場合は，受口よりも長くなければならず，それ以上の呼び径の場合は，受口よりも短くなければならなかった（**図1-74**）．DIN 4032，1959年4月版は，前記の規定とは相違しており，同規格は，現在なお，有効な差口深さ，差口幅等の最小寸法—これらはそれ以後些細な変更はされているが—が定められた**表1-24**に基づいたいんろう継手の形成を推奨している．

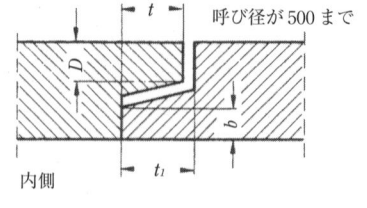

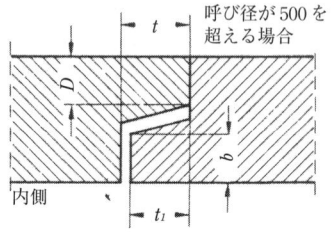

図1-74：DIN 4032（39年7月版）に基づくいんろう継手［1-118］

表1-24：DIN 4032（81年1月版）に基づくいんろう差口付きコンクリート管の管継手［1-118］

呼び径 [mm]	t_1	許容差	m	w_1	関する 許容差 $(m + w_1)$
100	16	±2	11	4	
150	16	±2	12	4	
200	18	±2	13	4	±2
250	18	±2	15	5	
300	20	±2	18	5	
400	22	±2	21	6	
500	26	±3	25	6	
600	30	±3	29	7	±3
700	34	±3	33	7	
800	38	±4	37	8	
900	40	±4	41	8	
1 000	44	±4	45	9	
1 100	48	±5	48	9	
1 200	50	±5	51	10	±4
1 300	50	±5	54	10	
1 400	50	±5	57	10	
1 500	50	±5	60	10	
500～750	26	±3	32	6	±3
600～900	30	±3	37	7	
700～1 050	34	±3	42	7	
800～1 200	38	±4	47	8	
900～1 350	40	±4	51	8	±4
1 000～1 500	44	±4	55	9	
1 200～1 800	50	±5	61	10	

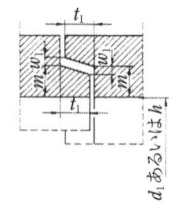

表 1-25：DIN 4032(39 年 7 月版)に基づくソケット管管継手の推奨最低値[1-118]

呼び径			管長* L	ソケット深さ t 最小寸法	シール継目 s 最小寸法	付記
[mm]	下記の品質等級に対する許容差					
	I	II				
100	±1	±1	500±5 と 1 000±10	60±3	16	肉厚 w は，使用される材料と製造方法に依存していることから，これに関して基準数値をあげることはできない．
125						
150		±2	1 000±10	70±3	18	
200						
250	±2					
300		±3				
350						
400	±3	±4			20	
450						
500	±4	±5				
600						
700	±5	±6				
800		±7				
900	±6	±8		80±3	25	
1 000						
1 100	±7	±9				
1 200	±8	±10				
1 300		±11				
1 400	±9	±12				
1 500						
1 600	±10	±13				
1 800	±11	±15				
2 000	±12	±16				

* 取決めに応じその他の管長も供給される．

ソケット付きコンクリート管(ソケット管)については，DIN 4032 の 1939 年 7 月版で初めて最低値が定められた(**表 1-25**)が，これらの値は，既にその時までに呼び径 600 以下の鉄筋コンクリート管にもっぱら適用されていた．

剛性セメントモルタルシーリングとは別に，わずかな動きを許容するアスファルト溝シーリングも一部では行われていた．ただしこれは，コンクリート製の管については，その後に使用されたその他のシール材と同様にそれほどの意義を持つには至らなかった[1-115]．

1951 年以降は，テープ状の常温加工可能な塑性シール材がいんろう継手に使用され(**図 1-75**)，またパテおよび充填剤が差口付き管，ソケット付き管にも使用され

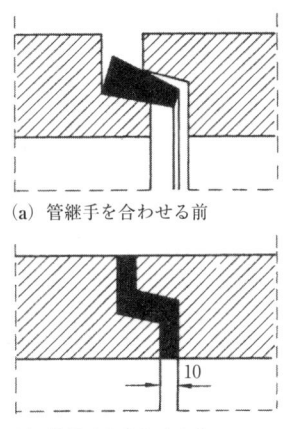

(a) 管継手を合わせる前

(b) 管継手を合わせた後

図1-75：いんろう管の塑性シールテープ[1-11]

1. 下水道の構造，背景条件

るようになった．いずれのシール材の場合も管同士の間の空隙は，完全に充填されなければならなかった．この方法は，自然流下管の場合にも圧力管の場合にもソケットの止水に当時常用されていたかしめシーリングに取って代わった[1-115]．

ゴム（天然ゴム）製シールリングは，30年代から鉄筋コンクリート圧力管の給水管に使用されていた．このリングは，下水管には使用できなかったが，それは，このリングが下水によって劣化してしまうからである．およそ60年代からようやくエラストマー製のシーリングが下水分野で使用されるようになり，コンクリート製，鉄筋コンクリート製，プレストレストコンクリート製の管，ならびにその他の材料製の管のソケット継手用のシール材として広まってきた．

FSBコンクリート管呼び径1 200以下には，もっぱら工場側で受口に固定取り付けされる滑りリングシーリングが管継手として許可されている．FBSコンクリート管呼び径1 200以上については，工場側で受口に固定取り付けされる滑りリングシーリング（図1-76，表1-26），工場側でショルダー前方に取り付けられる滑りリングシーリング（図1-77），工場側で差口の溝に取り付けられる滑りリングシーリング（図1-78）がそれぞれ許可されている．差口のショルダー前方に配置される滑りリングシーリング（図1-77）の場合には，滑りリングは，楔状断面を有していなければならない"[1-122]．

呼び径600までの円形鉄筋コンクリート管には，ソケットが設けられ，セメントモルタルまたはアスファルトパテによる止水が行われた（図1-54参照）．呼び径がそれ以上の場合，および原則として卵形鉄筋コンクリート管の場合には，継目箇所に被せられ，続いてモルタル塗りされた100〜120 mmの幅のカラーリング（図1-79，1-80）が

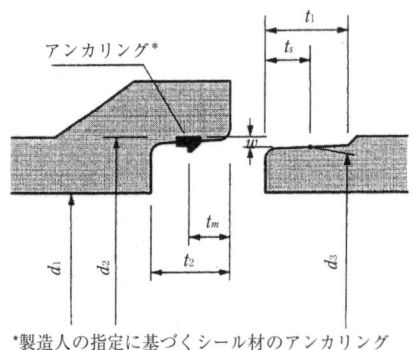

図1-76：FBSコンクリート管/鉄筋コンクリート管受口に固定取付けされたシール材を具えた滑りリングシーリング（例）[1-122]

*製造人の指定に基づくシール材のアンカリング

表1-26：受口に固定取付けされたシーリングを備えたFBSコンクリート管およびFBS鉄筋コンクリート管の寸法[1-122]

呼び径 [mm]	d_1 [mm]	d_3 [mm]	受口隙間幅 W [mm]	最小寸法 t_s [mm]	t_2 [mm]
300	300	386	7.8 ± 1.2	39	80
400	400	496	9.1 ± 1.4	43	80
500	500	610	9.1 ± 1.4	43	90
600	600	726	9.1 ± 1.4	43	90
700	700	844	11.7 ± 1.8	47	90
800	800	962	11.7 ± 1.8	47	90
900	900	1 080	11.7 ± 1.8	47	100
1 000	1 000	1 198	11.7 ± 1.8	47	100
1 100	1 100	1 316	11.7 ± 1.8	47	100
1 200	1 200	1 434	11.7 ± 1.8	47	100
1 300	1 300	1 552	14.3 ± 2.2	58	110
1 400	1 400	1 670	14.3 ± 2.2	58	110
1 500	1 500	1 788	14.3 ± 2.2	58	110

1.7 管材料，管継手

使用されるか，または現場で継目箇所に盛り付けられて補強されたコンクリートビードが使用された．止水作業を容易にするため継目箇所は，軸受け台様のベッドに載せられた[1-14, 1-18].

現在，鉄筋コンクリート管の場合にもプレストレストコンクリート管の場合にも，

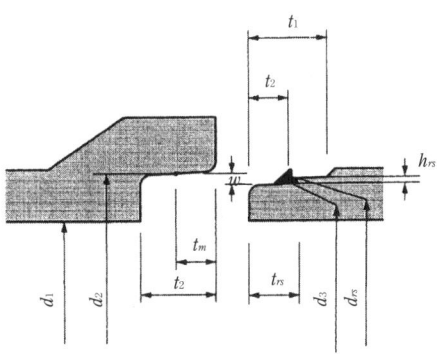

図1-77：FBSコンクリート管，鉄筋コンクリート管．
段形成式滑りリングシーリング[1-122]

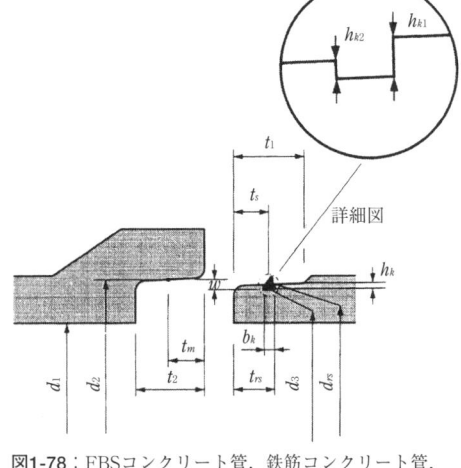

図1-78：FBSコンクリート管，鉄筋コンクリート管．
溝形成式滑りリングシーリング（例）[1-122]

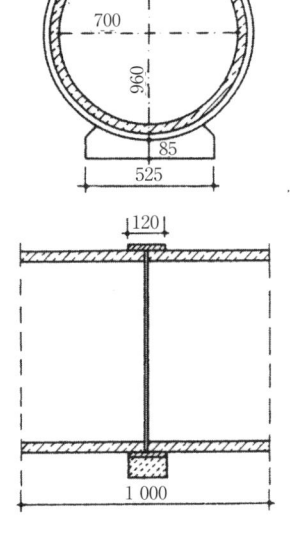

図1-79：1910年頃のカラーリング付き
鉄筋コンクリート管[1-14]

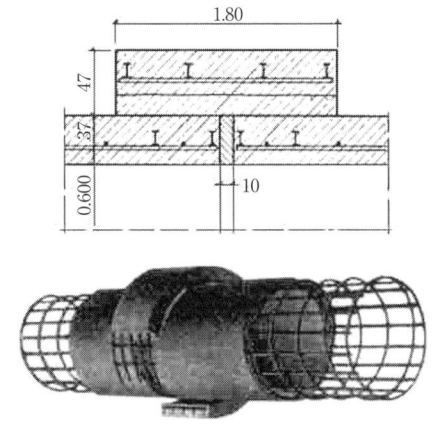

図1-80：1912年頃の鉄筋コンクリート管システム
Bordenave [1-18]

1. 下水道の構造，背景条件

ソケット継手またはいんろう継手の止水は，DIN 4035[1-120]に基づきロールリング，滑りリングまたはリップシールリングの形の DIN 4060 Teil 1[1-132]ないし部分的に DIN 4060 に替わる DIN EN 681-1[1-133]に定めるエラストマ製シールリングで行われているこれらの管継手の個々の寸法は，DIN 4035[1-120]には規格化されておらず，単に平均ソケット隙間幅 w とソケット深さ t の寸法が定められているにすぎない．

最も広く普及したエラストマシーリングは，ロールリングシーリングであった（図1-81）．このエラストマリングは，あらかじめ引張って伸ばして管端に装着され，他方の管の受口ないしソケットが押し被せられる際に同時に歪みを生じつつ転がってその最終的な位置に移動する．止水作用は，シールリングの圧縮に際して発生する圧着力（復元力）によってもたらされる（図1-82）[1-134]．ロールリングシーリングは，FBS品質基準によれば，布設ミスに対して敏感であることからもはや許可されていない．

滑りリングシーリングの場合には，シーリングは，あらかじめ引張り伸ばして差

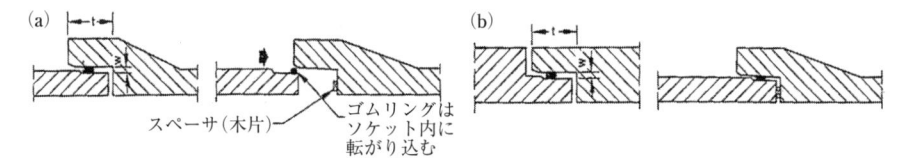

図1-81：ロールリングシーリング[1-115, 1-134]

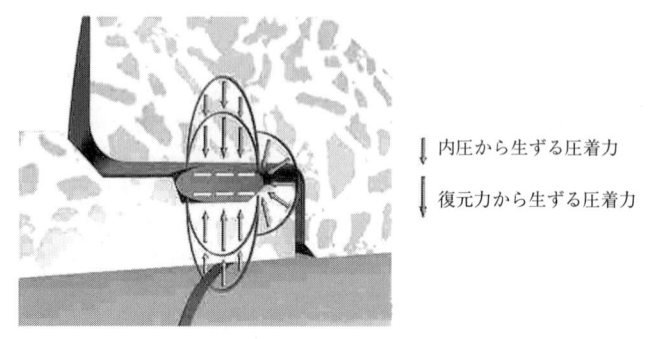

図1-82：エラストマシーリングの作用法[1-115, 1-134]

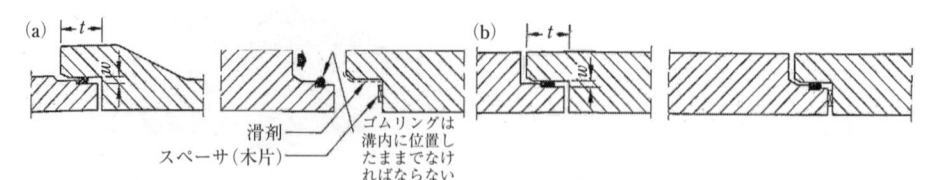

図1-83：滑りリングシーリング[1-115, 1-134]

口の切欠き溝内ないし支え縁前方の最終位置に装着される(**図1-83**).管を嵌め合わせると,シールリングは,その位置を変えることなく圧縮され,こうした状態でその止水機能を実現する[1-115].双方の管の間の10〜最大20mm(ATV-A 139[1-34]によれば最小寸法5mm)の継目が土地ないし地山の沈下等に際する管継手の相応した動きを許容する.

FBS鉄筋コンクリート管の止水の形成については,FBSコンクリート管に関する記述(**1.7.7.1**)が当てはまる.

リップシールリング[**図1-84**(a)]は,管の製造時に一緒にソケット内に埋め込まれる.管を互いに嵌め合わせる前に発泡プラスチック製の保護リングが取り去られ,続いて潤滑剤が差口に塗布される.管継手の止水は,差口を受口に差し込む際に差口に向かって押し付けられるリップによって行われる[**図1-84**(b)][1-135].この止水の改良にあたって,発泡プラスチック製の保護リングは,ショアー硬度の低いゴムリングに代えられた.

① 発泡プラスチック製保護リング
② 保持部
③ 止水部
④ 支持部

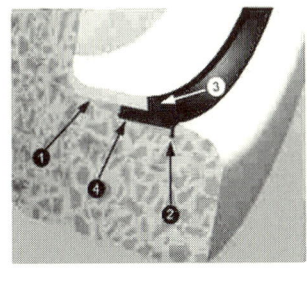

(a) 組付けシーリング断面図[1-135]　　(b) 管継手が形成された際の組付けシーリングの止水機能[1-135]

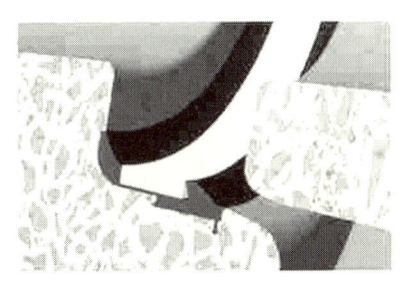

図1-84

組付けシーリングのもう一つの例は,工場で前潤滑処理された止水である(**図1-85**).高級滑剤で前潤滑処理された滑り覆いが現場で管の差口に被せられる.この処置により不適切な滑剤の使用が防止されるとともに自動滑り式の滑り覆いによって管布設時の止水の損傷が広範に防止される[1-135].

図1-86にATV-A 125に基づく鉄筋コンクリート推進管の管継手の原理的構造を示す.同規格によれば,片側固定式ガイドリング付きの管継手と隙間嵌めガイドリング付きの管継手が区別される.スチールガイドリング付きのFBS推進管には,差口の溝またはショルダー前方に工場で取り付けられる滑りリングシーリングが許可されている[1-122].

以上にあげた代表的な管継手以外に推進管用のいんろう継手も存在しており(**図1-**

1. 下水道の構造，背景条件

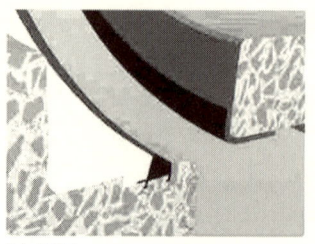

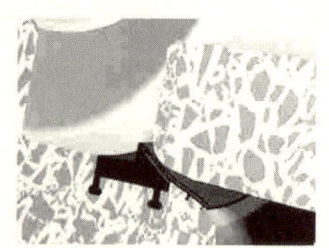

(a) 断面   (b) 止水機能

図1-85：工場側で組み付けられ，前潤滑処理されたForsheda Stefa GmbHのシーリングBetoplus[1-135]

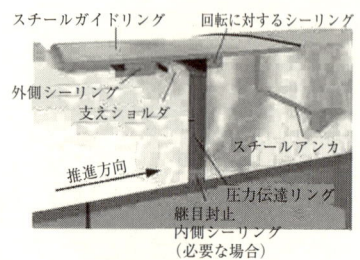

(a) コンクリート，スチールファイバコンクリートおよび鉄筋コンクリート製の管の場合の片側固定式ガイドリング付き管継手の概略図

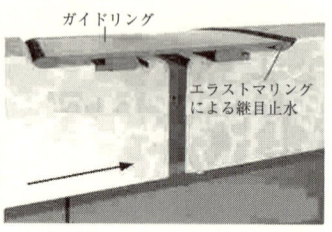

(b) 隙間嵌めガイドリング付き管継手の概略図

図1-86：ATV-A 125に基づく推進管の継手[1-25]

87)，これはFBS推進管の場合にも許可されている．

いんろう継手付き推進管の推進力の伝達は，ドイツでは管の一つの部分額面(内側または外側)を介してのみ行われる(**図1-87**)が，イギリスでは一般に2つの額面を介して行われる(**図1-88**)．

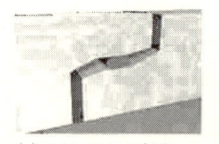

(a) ローリング付き   (b) 組付けシーリング付き

図1-87：いんろう継手における内側額面を介した圧力伝達[1-136]

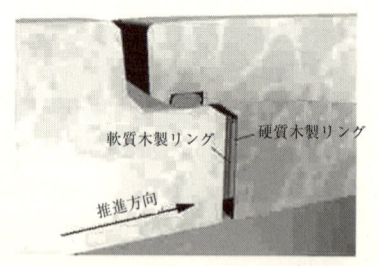

図1-88：いんろう継手における内側または外側額面を介した圧力伝達[1-137]

1.7 管材料，管継手

　下水道の管継手の止水は，その水密性要件が高く，また管渠からの漏れが広く問題となっていることからも，ますます専門家の注目するところとなっている．ほぼあらゆる製管メーカーが組付けシーリングを採用するようになった結果，今やさらに信頼度の高い検査可能なシーリングの開発に向けて努力が傾注されている．

　止水の信頼度向上に向けてのこうした特別な開発の一例は，方形断面用のアクティブシーリングに見られる（図 1-85）．これは，工場で方形断面の差口に取り付けられ，管同士を嵌め合わせた後，またはすべての作業が終了した後，加圧下で PU 材料を完全に充填することにより耐久的で加圧水密性ある止水が形成される［1-138］．

　図 1-89 にコンクリート製および鉄筋コンクリート製の歩行可能な管渠用の検査と修繕可能な管継手に関するひとつの提案を示している．これは，内側に配置されたエラストマスリーブ製の 2 つのシーリングからなり，これらは伸縮リングによって管内壁に押し付けられている．2 つのシーリングの間には，検査用スペースがあり，同スペースはオンライン検査のために圧力測定装置付き検査媒体下水管に直接接続されるか，または現場でバルブを介して検査媒体としての水ないし空気によって漏れを検査することができる．

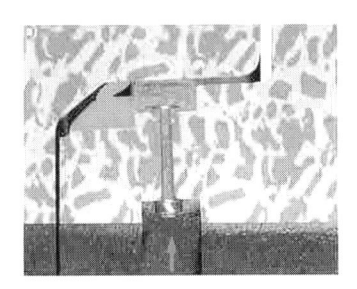

(a) アクティブシーリング［1-138］ 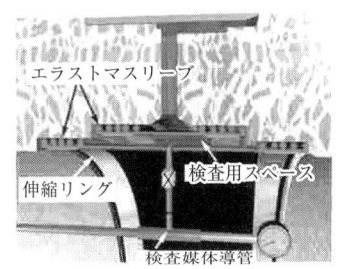　　(b) 歩行可能な管渠用の検査および補修可能なシーリング［1-139］

図 1-89：新たに開発された管継手シーリング

　漏れ検査は，個々の管継手について実施するか，または検査媒体下水管を利用して 1 スパン内もしくは複数スパン内の任意の数の管継手について同時に実施するかすることができる．漏れが確認された場合には，伸縮リングを再調整するか，または 2 つのスリーブの少なくとも一方を交換することによって漏れを防止することができる．

　シーリングは，スリーブおよび伸縮リングの交換によって時の経過とともに変化した下水性状に適合させることも可能である［1-139］．この管継手は，特に集水域の水源保護区 II（6.参照），採鉱による地盤沈下区域および下水の不明水および地下水の浸入を防止するために管渠使用中にあっても管継手の水密性が持続的にもしくは一定の時

1. 下水道の構造，背景条件

間的間隔をおいて検査されなければならないなどの問題のある地区において大きなメリットを供する．

1.7.7.3　腐食防止組込み式コンクリート管，鉄筋コンクリート管

工場で管製造にあたって，あらかじめ腐食防止処置を組み込んだコンクリート管および鉄筋コンクリート管は，種々の材料のメリットを一体化しているものである．これらは不可避で，かつ絶えず"非常に強度な"化学的腐食作用に曝される下水道向けとして DIN 4030[1-62] に定めるられている．

これらは2層，すなわち支持層と腐食防止層（内張りまたはコーティング）から構成される管である．支持層は，DIN 4032[1-118]ないし4035[1-120]に基づくコンクリート管ないし鉄筋コントリート管で形成され，内側の保護層は，セラミック，プラスチックまたはポリエステル樹脂コンクリート[1-93, 1-140, 1-141]で構成されている．以下にはフルライニングないしフルコーティングの行われた最重要な管種を紹介する．これ以外の事項については 5.3.2.4 で述べる．

(1)　コンクリートと鉄筋コンクリート-セラミック管（BK 管）

外周をコンクリート被覆された陶管の使用は，1912年以来公知である[1-18]．だがその主な使用は，ようやく1964年以降，BK管の名称で見出される．DIN EN 295[1-73]に基づく耐食性陶管のメリットを鉄筋コンクリート管の高度な耐荷力と結び付け，腐食防止を実現しつつ，同時にほぼあらゆる静荷重および動荷重への適合が可能となる．これらの管は，現在，開削工法による布設用および推進工法用に呼び径300 〜 1 400，管長2.00 m までのものが製造されている（図1-90）[1-142, 1-40]．

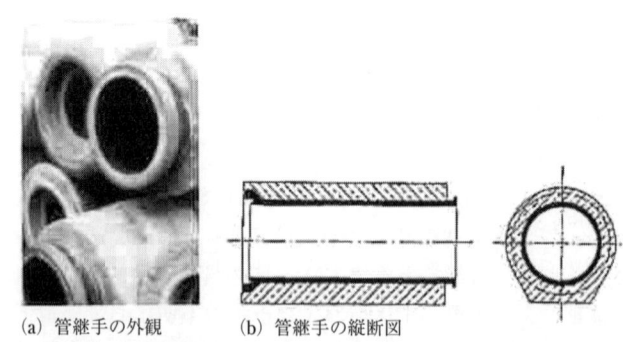

(a) 管継手の外観　　(b) 管継手の縦断図

図1-90：コンクリート-セラミック管（BK管）(Steinzeuggesell schaft mbH [1-142,1-40]

1.7 管材料，管継手

　裏面が大判の陶製板材によってパーシャルライニング，またはフルライニングが施されたコンクリート管や鉄筋コンクリート管（図1-91）が工場で生産されるようになったことは，新しい開発成果を示すものである．これは，断面形状とはほぼ無関係に呼び径1 000以上に使用可能である［1-143］．これに関する詳細については5.3.2.4を参照されたい．

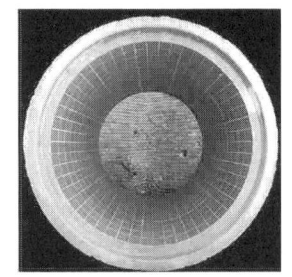

図1-91：陶板材による鉄筋コンクリート管のフルライニング
（KIA Dülmen）［1-1.44］

(2) コンクリートおよび鉄筋コンクリート-プラスチック管

　このタイプの管の場合には，内張りはプラスチックで形成される．ウェブ，板または管状体の形を取ったこのライニング材料の使用には，"地中埋設される下水管および下水マンホール用のプラスチック製ライニングの選択および適用に関する許可原則"（ベルリン建築工学研究所刊，1996）［1-145］が適用される．この原則の最初の文書は1982年9月に公表された．

　コンクリートおよび鉄筋コンクリート-プラスチック管に属するのは，例えば以下のものである．

・固定用ひれ板，固定用結節または裏面にポリエチレン繊維を延伸した編織トリップを具え軟質PVCウェブ製ライニング，または溶接されたPE HDウェブ製ライニングを有したコンクリート管および鉄筋コンクリート管．
・硬質PVCひれ付きプレートを内張りしたコンクリート管および鉄筋コンクリート管，または硬質PVCひれ付きプロファイルストリップ製のコイル管（図1-92）．
・硬質PVC製の内側管を具えたコンクリート管および鉄筋コンクリート管（図1-93，

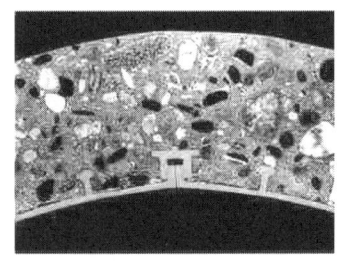

図1-92：硬質PVCひれ付きプレート製ライニングを具えたコンクリート管の断面（システムBKU）［1-146］

図1-93：硬質PVC製内側管を有したコンクリート管．ソケットおよび差口（システムFabekun）［1-147］

1. 下水道の構造，背景条件

1-94），または PE HD 製もしくは GFK 製の内側管を具えたコンクリート管および鉄筋コンクリート管（図 1-95）．

コンクリートおよび鉄筋コンクリート-プラスチック管は，特定の呼び径，断面形状に限られていない．この種の管の管継手は，水密性の他に下水の浸入または生物学的硫酸腐食による管端面の破壊も防腐ライニング部の補助的な止水によって防止されるように保障されていなければならない．図 1-95 に一例を示した．

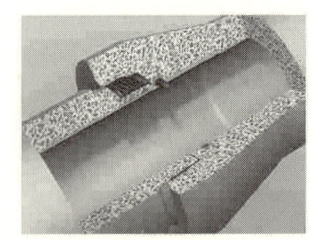

図1-94：硬質PVC製内側管を有したコンクリート管の管継手断面（システムFabekur）[1-147]

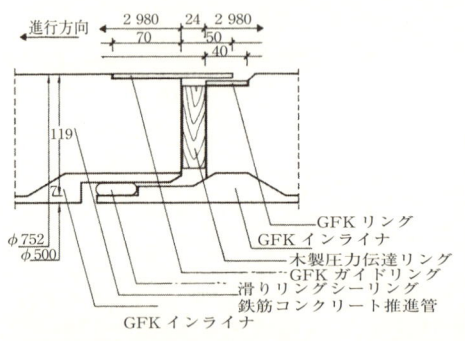

(a) 管継手断面（呼び径 500）　　(b) 外観

図1-95：GFK製内側管を具えた鉄筋コンクリート推進管 [1-84]

Zublin 社および Moler 社製（ハンブルク）の遠心力合成樹脂散布による鉄筋コンクリート管—ポリコンクリート管ともいわれる—もこのタイプに属するが，これはドイツでは広く普及するには至らなかった．約 5 mm の厚さの合成樹脂層の遠心力散布は，直接工場で第 2 番目の工程において実施される．

1.7.7.4 現場打ちコンクリート

下水管断面積が大きい場合には，二次製品管には必然的に大きな輸送重量が生ずることとなり，これにより重輸送機器または重リフト機器が要求されることとなる．開削工法により適切な型枠を使用して呼び径 1 000/1 500 以上の卵形断面ないし 2 000 以上の円形断面を有した現場打ちコンクリート管の製作が非常に早期に開始されたのはそのためであった [1-14]．

工事現場の諸条件，特に突固めコンクリートの固化に供される時間を短くするため

に管厚は適宜な厚さで施工された．

　静力学的理由ならびに経済的理由から，応力線の延びによく適応する断面形状，例えばフード形管または逆卵形断面が頻繁に選択された（**図1-96**）．断面形状が非常に大きい場合には，鉄筋コンクリートが使用され，これによって管厚を減少させ，高さが不足している場合にも圧縮された断面形状ないし天井を平たくした断面形状を容易に製作することが可能であった（**図1-97**）．

　現場打ちコンクリート管の内壁には，セメントモルタルによる厚さ1 cmのライニング層が付されるか，または管渠高さの半分までレンガライニングが施された．底部は，基本的にレンガ，陶底シェルや陶底板で内張りされた（**図1-98**）が，自然石による内張りも行われた[1-18]．底部に続く側面ライニングには，既に20世紀の初めにいわゆるクナウフ板（Knauffsche Platte）（裏面にざらざらの縦溝を具えた陶板330 × 110 mmないし150 × 20 mm）が使用されていた（**5.3.2.4**参照）．

図1-96：逆転された卵形断面を有した現場打ちコンクリート管渠[1-14]

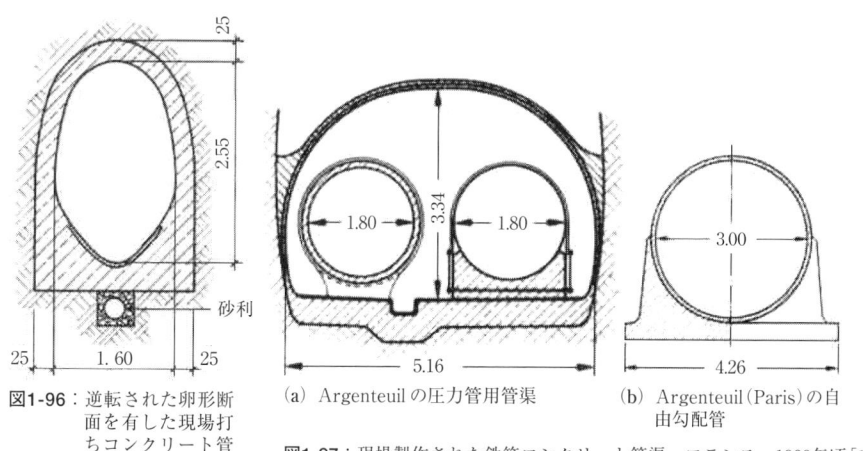

(a) Argenteuilの圧力管用管渠

(b) Argenteuil（Paris）の自由勾配管

図1-97：現場製作された鉄筋コンクリート管渠．フランス，1900年頃[1-18]

　フード形断面の場合に生じるような斜めに切り取られた壁面，内側アーチおよび平らな天井面は，陶板で後から内張りすることが困難であったことから，通常は行われなかった．この難点は，"シュレーダーシステム（System Schroder）"の名称で特許化された方法を利用した現場打ちコンクリート管により解決された[1-78]．これは，比較的幅の広いリブを具えた板であり，コンクリート打ちを行う前に連続した取付けワイヤによって型枠の所定の位置に固定された．コンクリートと板の固着を向上させるためさらに管軸と平行に補強鉄筋が張られ，取付けワイヤと結び付けられた（**図1-98**）[1-143]．

1. 下水道の構造，背景条件

(a) 施工時　　(b) 完成した構造物

図1-98：世紀転換期頃の敷板"Schröderシステム"を具えた管渠[1-78]

現場打ちコンクリート（コンクリートまたは鉄筋コンクリート）による管の築造は，現在でもなお呼び径800ないし1 000以上のものについてよく行われている工法である．ATV-A 139[1-34]によれば，使用するコンクリートは，少なくとも"弱腐食性"（DIN 4030[1-62]参照）に区分される腐食作用に対して抵抗力を有する平滑な内面（漆喰塗りなし）を具えた水密性コンクリートが用いられなければならない．DIN 1045[1-123]が遵守されなければならない．継目の配置および形成は，耐久的な水密性が保障されるようになされなければならない．

1.7.8　ポリマーコンクリート

ポリマーコンクリートは，DIN 1045[1-123]において低間隙率に分類されている鉱物性珪岩充填材料と，DIN 16946 Teil 2，表3[1-148]に定める特性を有した不飽和ポリエステル樹脂をベースとした反応性樹脂との混合物で構成される．

材料特性値は，以下のようにまとめることができる[1-149]．
- 圧縮強度：100 N/mm^2（およびそれ以上）
- 曲げ引張り強度：13 N/mm^2
- 弾性率：18 000 N/mm^2
- 比重：23 kN/m^3
- 縦圧縮強度：80 N/mm^2（およびそれ以上）
- 振幅：6 N/mm^2
- 壁面粗さ：< 0.1 mm

ポリマーコンクリート管の寸法は，DIN 54815 Teil 1のに[1-150]に記述されている．

1.7 管材料，管継手

　ポリマーコンクリート管は，開削工法による布設ならびに非開削工法による布設のいずれにも適している．

　開削工法用の管は，呼び径 300 ～ 2 200 までの円形管（図 1-99）[1-149]，呼び径 300/450 ～ 1 400/2 100 の DIN 4263[1-13]に基づく卵形管が製造されている．ただし，例えば馬蹄形もしくは凧形等のその他の断面形状（図 1-100）[1-149]も任意の寸法のものが製造可能であり，また枝付き管および接続ソケット管も製造可能である．円形管の管長は，3.00 m であり，卵形管の管長は，高さおよび幅に応じて 2.00 m もしくは 2.50 m である．カラー継手タイプの管の接続は，工場で管および成形品にダブルソケットとして取り付けられる差込カップリングによって行われる（図 1-101）．

　ポリマーコンクリート推進管は，呼び径 150 ～ 1 400 に応じて管長 1.00，2.00，3.00 m のものが製造される．継手の種類は，直径に応じて異なっている（図 1-102）．呼び径 150 の場合には，継手は，PP 支持体による差込カップリングで構成され，呼び径 200 の場合には，スチールケージによる差込カップリングで構成される．呼び径 250 以上の場合の管継手は，工場で片側に取り付けられる GFK 製またはスチール製のガイドリングで形成される[1-149]．推進力の伝達のため，例えば節のない軟質木製の圧力伝達リングが工場で一方の管端面に取り付けられる．

円形

卵形

図1-99：円形のポリマーコンクリート推進管および卵形のポリマーコンクリート管[1-149]

図1-100：ポリマーコンクリート製の凧形管[1-149]

継目止水　GFKガイドリング，（スチール）ガイドリング

圧力伝達リング

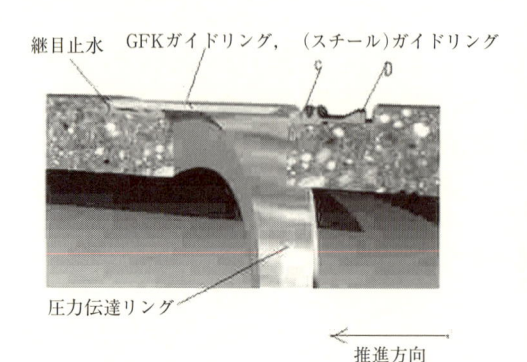

推進方向

図1-101：ポリマーコンクリート推進管の継手［1-149］

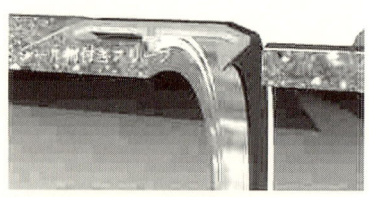

（a）POLYCRETE 推進管 DN 150

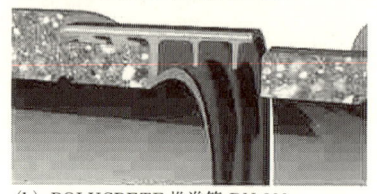

（b）POLYCRETE 推進管 DN 200

図1-102：ポリマーコンクリート推進管の管継手［1-149］

1.7.9　アスベストセメント，ファイバセメント

およそ1930年から80年代末まで，アスベスト，セメント，水の均質な混合物から巻上げ法によってアスベストセメント管が製造され，下水道に使用されていた［1-151］．表1-27にアスベストセメント管に適用される規格，呼び径および適用範囲の一覧を示した．

製造方法に制約されて円形管のみが製造されたが，その呼び径は，規格の枠を超えることも可能であった．したがって，例えば，自然流下管用に呼び径2500までに及ぶ DIN 19850［1-152］に基づくアスベストセメント管が業界によって製造された．管長

表1-27：DIN 2410 Teil 4（78年2月版）［1-117］に基づくアスベストセメント管の規格および適用範囲一覧

管種名称		寸法規格	技術仕様	材料	公称圧力段階	呼び径
圧力導管用アスベストセメント管		DIN 19 800 Part1	DIN 19 800 Part2	アスベストセメント DIN 19 800 Part2	2.5 ~ 16	65 ~ 2 000
アスベストセメント排水管	ソケット付き	DIN 19 831 Part1	DIN 19 830	アスベストセメント DIN 19 830	圧なし	50 ~ 200
	ソケットなし	DIN 19 841 Part1				
下水管渠用アスベストセメント管		DIN 19 850 Part1	DIN 19 850 Part1	アスベストセメント DIN 19 850 Part1	圧なし	100 ~ 1 500

は，4.0 m ないし 5.0 m であった．耐荷力については DIN 19850[1-152]に基づき 2 種の管等級—例えば，呼び径 250 で管厚が 11 mm，または呼び径 1 500 で管厚が 52 mm の等級 A（標準等級），呼び径 250 で管厚が 12 mm，または呼び径 1 500 で管厚が 62 mm の等級 B（重量級）—が区別された．

アスベストセメント圧力管は，呼び径 65 〜 2 000，公称圧力 5 〜 16 bar 用のものが製造された．

合流式管渠用および汚水管渠用の管の使用について DIN は，内壁防腐対策を定めていた（DIN 19850[1-152]）．この場合に使用されるのは，コールタールピッチ，アスファルト，エポキシ樹脂をベースとした塗料であった．

製造方法がソケットの一体成形を許容しないことから，すべてのアスベストセメント管は，以前から延べ胴タイプで，隙間嵌め式シール材（カップリング）を付して供給された．例外は，エラストマシール材とソケットを介して接続が行われる DIN 19831[1-153]に基づく排水管である．

自動シール式リップ断面材のメリットと楔シーリング方式のメリットとを一体化した，いわゆる Reka カップリングと称される管継手（図 1-103）の源は，1916 年にイタリアの Eternit 社によって開発されたシンプレックスカップリングであった．これは 2 つの多リップ式シールリングが嵌め込まれた 2 本の溝を具えたアスベストセメント製押し被せカップリングで構成されていた．カップリングの中央にはもう一本の溝があり，そこにスペーサリング（ゴムストッパリング）が嵌められていた．このリングは，カップリングが押し被される際にストッパとして機能し，使用中は管突合せ継目の弾性シール材として機能した．Reka カップリングは，呼び径 350 以下の自然流下管用に差口の切削加工切詰め（キャリブレーション）によって修正された（RKG）．同カップリングは，これに起因する管の直径許容差の増大をシールリップの延長によってカバーする（図 1-104）．

数年前まで呼び径 200 〜 2 000 のアスベストセメント推進管も非開削工法で布設されていた［1-84, 1-154］．

図1-103：DIN 19850 Teil 2 [1-151, 1-152]に基づく開渠用，圧力管用 Reka カップリング（RKK）

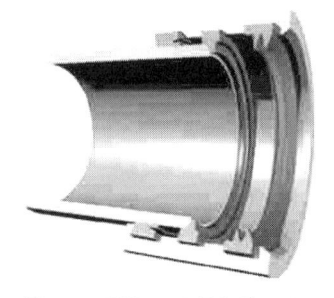

図1-104：DIN 19850 Teil 2[1-151, 1-152]に基づく呼び径 ＜350 用 Reka カップリング（RKG）

1. 下水道の構造，背景条件

これらには，寸法，仕様および試験に関して DIN 19800[1-155] と DIN 19850[1-152] が適用され，また建築工学研究所の許可決定 Z 30.1-1 および Z 30.1-2 が適用された．標準管長は，4 m および 5 m であり，特に 400 までの呼び径については，管長 1 m の管も使用された．図 1-105 ～ 1-107 に管継手の可能なバリエーションを示した．

ファイバセメント　　アスベストの取扱いによって重大な健康障害が生じ得ることが認識されるようになった後，ファイバセメ

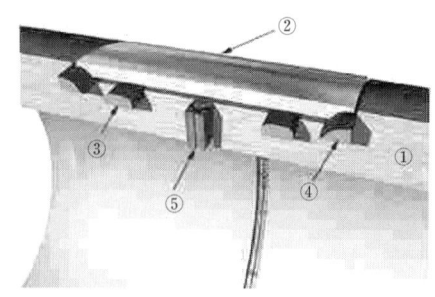

① Wanit 推進管　② 鋼製ガイドリング
③ シールリング　④ 軟質ゴムリング
⑤ 圧力伝達リング

図1-105：Wanit推進管．管継手の形成
　　　　　（Wanit GmbH & Co.KG）[1-84]

タイプⅠ
① 推進管
② 形鋼製ガイドリング（幅140mm）
③ シールリング
④ 軟質ゴムリング

タイプⅡ
① 推進管
② 形鋼製ガイドリング（幅155mm）
③ シールリング
④ 軟質ゴムリング
⑤ 圧力伝達リング

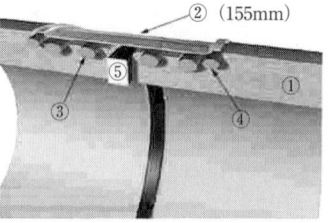

図1-106：AZ推進管，特殊鋼ガイドリング付き管継手（Eternit AG）[1-84]

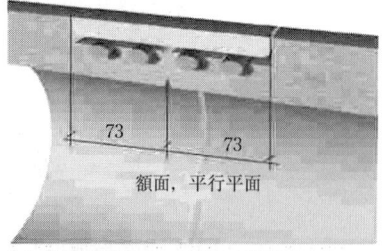

（a）胴端に4個のシールリングを具えたAZスリーブ継手

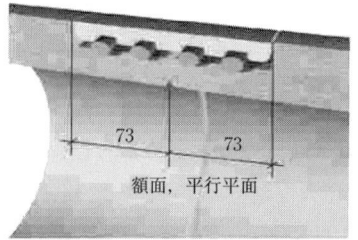

（b）スリーブ内に4個のシールリングを具えたAZスリーブ継手

図1-107：AZ推進管．ガイドリングとしてのAZスリーブを具えた管継手（Eternit AG）[1-84]

1.7 管材料，管継手

ント業界は，連邦政府に対し"アスベスト"対策の一環として土木工事分野において，遅くとも1993年末までに新しいアスベストを含まない材料テクノロジーに転換する義務を負った．

　新しいアスベストフリーファイバセメント管は，セメントに合成繊維とセルロース繊維ならびに水を加えた完全均質混和物から機械的に製造される．DIN 1164 Teil2[1-103]に定めるセメント(ポルトランドセメント，鉄ポルトランドセメント，トラスセメント)のみの使用が認められる[1-156]．これらは，従来のAZ管との適合性を有している[1-157]．

　ファイバセメント管の製造，呼び径，管等級，特性等は，1991年以来適用されているDIN 19850[1-152]中に定められている．管は，等級AおよびBが製造される．等級Aは，構造物下の宅内排水管を例外として，DIN 1986 Teil 4[1-4]に定めるすべての使用範囲を含んでいる．等級Bは，構造物下の宅内排水管および集水管に適している．

　管継手は，等級別に異なっている．等級Aには締付けソケットが使用され，等級BにはRKGカップリングが使用される．管継手に関する規格は，準備中である．**表1-28**にDIN 2410 Teil 4[1-117]に基づくファイバセメント管のその他の規格および使用範囲の一覧を示した．

表1-28：DIN 2410 Teil 4[1-117]に基づくファイバセメント管の規格および使用範囲

管種名称	寸法	技術仕様および材料	公称圧力段階 [kPa]	呼び径 [mm]
圧力管用ファイバセメント管	DIN 19 800-1	DIN 19 800-1	250～1 600	65～2 000
	EN 512	EN 512	400～2 000	50～2 500
建物内および不動産上の下水管用ファイバセメント管	DIN 19 840-1	DIN 19 840-1	(開渠)	50～300
下水管渠用，地中布設下水管(開渠)用ファイバセメント管	DIN 19 850-1	DIN 19 850-1	(開渠)	100～1 500
	EN 588-1*	EN 588-1*	(開渠)	100～1 500
建物内下水管用ファイバセメント管	欧州規格準備中			
下水管渠用，下水管用ファイバセメント推進管	欧州規格準備中			
マンホール	DIN 19 850-3	DIN19 850-3	－	1 000～1 500
	欧州規格準備中			
ファイバセメント圧力導管の布設および現場加工に関する注意	EN 1 444*			
ファイバセメント圧力導管の現場圧力試験	EN 1 445*			

* 目下立案中

1. 下水道の構造，背景条件

1.7.10　グラスファイバ強化プラスチック(GFK)

　グラスファイバ強化プラスチック(GFK)製の管は，60年代初頭から製造されている．これは，もともと工業や事業所における腐食性排水の排水管用に使用されていたが，その後，下水分野にも使用されてますます重要性を獲得するに至り，現在では開削工法 [1-158 〜 1-160] で自然流下管または圧力管(呼び径100 〜 2 800，管長6 m，圧力PN25 まで)として布設され，非開削工法では推進管として [1-84]（外径200 〜 2 400，管長985 〜 6 000 mm）布設されている [1-161]．その他にGFK管は，リライニング管としても利用されている（外径220 〜 2 800）(**5.3.2.2 を参照**)．

　グラスファイバ強化プラスチックは，一般に2種の成分，樹脂とグラスファイバで構成される．充填材の添加も可能である．樹脂としては，主としてポリエステル樹脂が使用されるが，エポキシド樹脂もわずかながら使用されている．現在の適用例としては，特に以下の形のグラスファイバが強化材として使用される [1-162]．

① 　マット(支持体上に接着されているかまたは機械的に結合されているグラスファイバ製の不織マット．切断もしくは切断されていないもの)．
② 　クロス(織機で加撚されたグラスファイバから製造)．
③ 　ロービング(100 〜 200 本の捻られていない繊維からなる太さ5 〜 13 μm のグラスファイバストランドまたは束)．
④ 　切断されたグラスファイバ(使用目的に応じて一定の長さに切断されたファイバまたはロービング)．

　DIN に基づき充填材としては，主として粒度0.25 〜 1 mm の石英砂ならびに炭酸カルシウム粉末が添加される (DIN 16869 Teil 1 [1-163])．GFK 製 [1-162, 1-164] の管および成形品の製造には，以下の方法が可能である．

ⅰ 　ハンドレイアップ法(手積み積層)：特に成形品や管継手の製造にも使用されるこの方法では，グラスファイバマットまたはグラスクロスが型または部材の上に載置され，手作業によって樹脂が塗布されて延ばされる．
ⅱ 　繊維射出法：型に樹脂，ロービング切断グラスファイバおよび充填材を同時に射出する方法．この作業は多成分射出装置を使用して手作業で行われる．
ⅲ 　巻付け法：樹脂含浸ロービングまたはクロスを時として一方向クロスを挿し込んで，回転マンドレルに機械的に層状に巻き付ける方法．
ⅳ 　遠心力法：この方法には2種のバリエーションがある．
　・中空シリンダ(金型)に手作業でグラスファイバマットを嵌め込む．次いで回転に

付され，同時にチューブを経て樹脂が付着される．
・回転する金型に特殊な供給アーム（図1-108）を経て樹脂，切断されたグラスファイバならびに充填材が同時もしくは所望の順序で噴射され，その結果，特別な層構造を形成することが可能である．

遠心力法では，製造プロセスに基づき定められた外径と平滑な内外面を有した管が得られる．その他のすべての製造方法では，内壁は平滑で，内径は型によって決定される．

現在使用されている下水管は，もっぱら巻付け法と遠心力法で製造されている．例えば，下水分野で使用される遠心力法によるGFK管の壁面構造は，DIN 19565[1-165]に定められている．図1-109に遠心力法で製造された推進管の管壁の断面を示した．

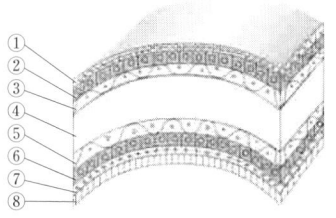

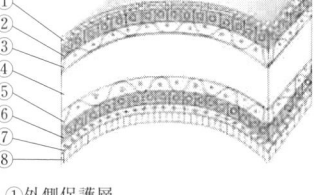

①外側保護層
②外側補強層（グラスファイバ，ポリエステル樹脂）
③移行層（グラスファイバ，ポリエステル樹脂，砂）
④強化層（砂，ポリエステル樹脂，グラスファイバ）
⑤移行層（③に同じ）
⑥内側補強層（②に同じ）
⑦防水層
⑧樹脂の多い内側被覆層

図1-108：遠心力法によるGFK管の製造（Hobas Durotec GmbH）[1-161]

図1-109：遠心力法によって製造されたGFK推進管の壁面構造（Hobas Durotec GmbH）[1-161]

GFK管の機械的特性は，以下の条件によって決定される[1-166, 1-162]．
・樹脂と繊維との接着．
・グラスファイバの種類，含有量および成層位置．
・充填材の割合．

樹脂と繊維のみを使用した場合の相対的に低い管剛性は，充填材含有量の高い層を組み込むことによって（図1-109），それぞれの要求に適合させることが可能である．したがって，DIN 19565[1-165]に定める下水分野での使用向けに現在では公称剛性（N/mm²）SN 2500, SN 5000 および SN 10000 の管が供されている．

1. 下水道の構造，背景条件

　GFK 管にとっては，点荷重が問題である．というのもそれは，内側層に微小亀裂および離層を発生させ，その結果として管の寿命がかなり低下するからである[1-166]．繊維が樹脂層から飛び出しているか，または高濃度に均一に拡散していないか，もしくは亀裂が存在する場合には，下水ないし管渠気相中の腐食性媒体が毛管作用により繊維に沿って移動し，結合を破壊し，繊維を溶かしてグラスファイバ被覆内に亀裂形成を引き起こす．

　開削工法で布設される GFK 管の接続には，様々な方法が可能である（**図 1-110**，**1-111**）．図 1-112 は GFK 推進管の継手を表している[1-84]．呼び径 300 〜 2 800 には，"FWC カップリング"—これは全幅にわたってエラストマシリングを組み込んだ GFK ラミネート製の押し被せカップリングで構成される—が使用される[**図 1-113(a)**]．呼び径 150 〜 500 までの管は，DC カップリングで接続される．ただし，照会があればその他の直径のものも製造可能である．これは 2 個のシールリングと 1 個のスペーサを組み込んだ GFK 製の押し被せカップリングで構成される[**図 1-113(b)**]．軸方向スライド防止伸縮継手は，DCL カップリングで実現され，これによって管は機械的な引張

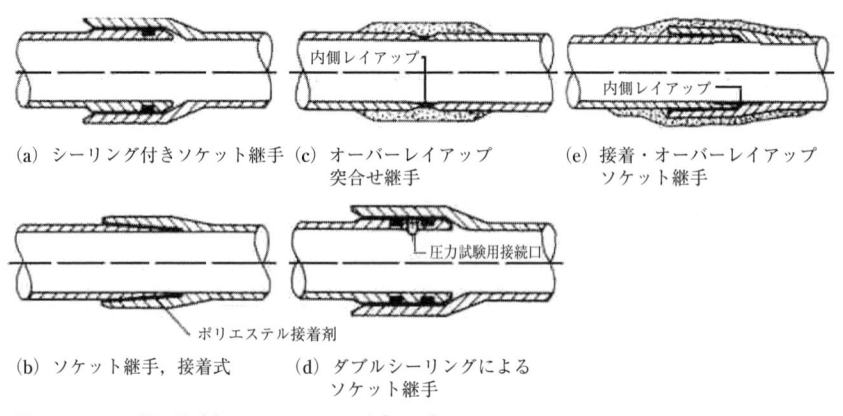

(a) シーリング付きソケット継手　(c) オーバーレイアップ突合せ継手　(e) 接着・オーバーレイアップソケット継手

(b) ソケット継手，接着式　(d) ダブルシーリングによるソケット継手

図1-110：GFK管の継手（Vetroresina S.p.A.）[1-167]

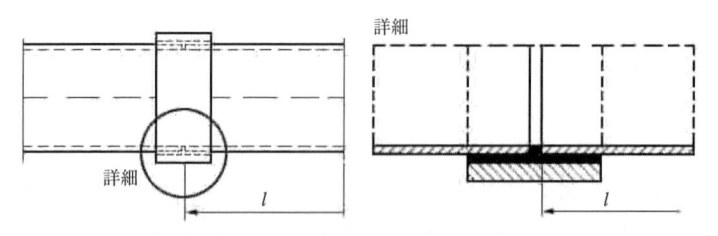

図1-111：DIN 19565[1-165]に基づくGFK管用の内側エラストマシーリングを具えた押し被せカップリング

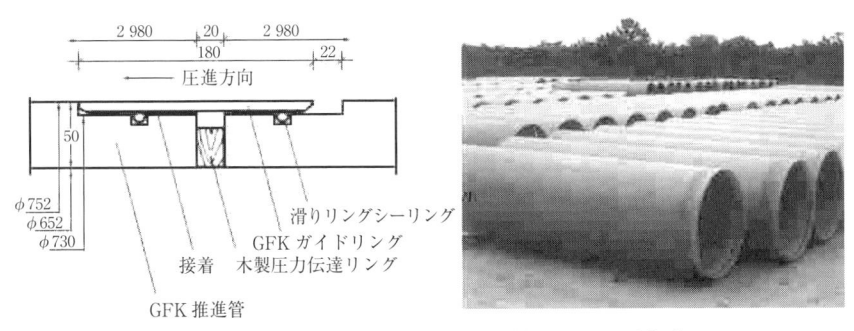

図1-112：GFK推進管．GFK製ガイドリングを具えた管継手（タイプHobas）[84]

(a) FWC カップリング
(b) DC カップリング
(c) DCL カップリング
(d) WKH カップリング
(e) WW カップリング

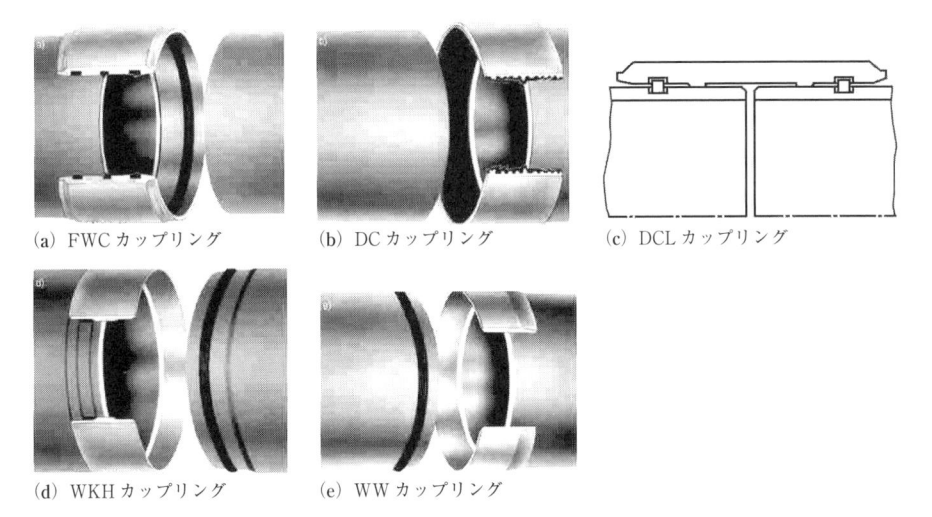

図1-113：開削工法で布設されるHobas Durotec GmbH社製GFK管の継手[1-161]

りおよび圧縮に耐えるように相互に接続される．この作用は，管の収縮に応じて側方のカップリング中に挿入され，管とカップリングとの溝に半分ずつ嵌り込むロッドによってもたらされる[図1-113(c)]．

特に二次製品管による内張り（リライニング）を行うにあたっては，WKHカップリング付きのGFK管[図1-113(d)]とWWカップリング付きのGFK管[図1-113(e)]が使用される．"これらは外周に対してFWLカップリングもしくはDCカップリングよりも省スペース的であり，したがってリライニングに際してより大きな断面利用が可能である．WKHカップリングは，推進工法およびバースト法に使用されるカップリングと同一であり，外側に完全に平滑な管カップリング外面を具えている"[1-161]．

1. 下水道の構造，背景条件

GFK 管には，以下の規格および基準が適用される．
- 基準　　R.7.8.1/8［1-168］；R.7.8.24；R.1.8.1/8；R.1.8.24［1-169］
- 規格　　DIN 16868 Teil 1［1-170］；DIN 16869 Teil 1, 2［1-163］
　　　　　DIN 16870 Teil 1［1-171］；DIN 16871［1-172］；DIN 16964［1-173］；
　　　　　DIN 16965 Teil 1, 2, 4, 5［1-174］；DIN 19565 Teil 1［1-165］。

1.8　マンホール

ATV に基づくと，マンホール以外に高度差を克服するための構造物，点検孔，交差構造物，雨水余水吐，流入構造物（道路排水溝），流出構造物ならびにゲート構造物も管路施設構造物に属している（**図 1-5**）（ATV-A-241［1-175］）．

管路施設構造物のうち最も大きな割合を占めているのは，DIN 19549［1-176］に定めるマンホールである．このため以下で，これらのマンホール，さらにまた最近再び広く使われるようになりつつある点検孔についても論ずる．

下水管用マンホールの設計および施工に関する要件，試験ならびに規則案は，ATV-A 241［1-175］，DIN 4034［1-121］，DIN 19549［1-176］，1995 年 8 月の DIN EN 案 1917［1-177］—これは DIN 4034 の Teil 1 および 2 に部分的に代替する予定であり，同案中では長い間通例であった概念で，昇降マンホールが再び使用される—に定められている．さらにその他に当該材料規格および部材規格が適用される．

DIN によれば，"マンホール"とは，地中に布設された下水管用構造物であって，特に換気・通気，点検，保守および清掃，場合により泥溜め用設備の収容ならびに管渠の会合，管渠の方向，勾配および径の変化に資する構造物である（その他の定義については **1.2** 参照）（DIN 19549［1-176］）．

過去においては，上記以外に，下水または上水が塞き止められ，それから一挙に急激に放流される，いわゆる洗浄用円筒直壁も築造された（**3.2.1** 参照）．

マンホール相互間の間隔は，前記の目的によって決定される．この間隔は，ATV-A 241，1978 年版［1-175］によれば，

　管径 1 200 以下の管渠にあっては 50～70 m

　管径 1 200 以上の管渠にあっては 70～100 m

をそれぞれ超えてはならなかった．1995 年版の最新の ATV-A 241［1-175］では，あらゆる寸法の管渠につきマンホール間の間隔は，通常 100 m を超えないことが求められ

ている．歩行不能な下水管渠にあっては，その他の方法，例えば点検孔によって適正に対処し得る場合には，マンホール間隔をより大きく取ることが可能である．

以前には一部により大きな間隔が許容されていた．したがって，例えば文献[1-18]には，歩行不能管渠については60～120 mの間隔があげられ，歩行可能管渠については150～200 mの間隔があげられている．

マンホールは，以前には主としてレンガ積（**図1-114**），現場コンクリート打設，またはコンクリート製あるいは鉄筋コンクリート製の二次製品部材によって設置されていた．現在，主として利用されている二次製品式マンホールないしコンクリート製または鉄筋コンクリート製マンホール用二次製品部材の技術水準は，DIN 4034 Teil 1[1-121]に規格化されている．欧州レベルではCEN-N 393E[1-178]が遵守されなければならず，その適用範囲は，円形断面もしくは方形断面のマンホールないしマンホール用二次製品部材に及んでいる．

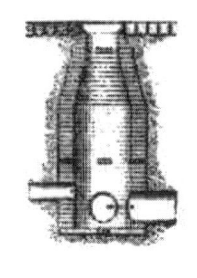

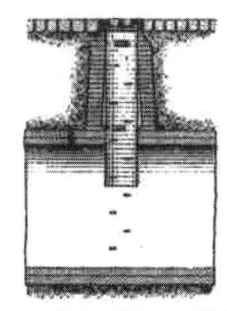

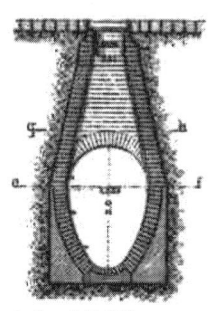

図1-114：1884年頃のベルリン市下水道のレンガ積昇降マンホール[1-26]

図1-115，**1-116**に各種の二次製品部材組立て式マンホールの例を各部の名称とともに示した．個々の二次製品部材に代えてマンホールを一体式のものとして築造することも可能である．呼び径700以上の下水管のマンホールについては，マンホール下部側方にDIN 4032[1-118]またはDIN 4035[1-120]に定める管を一体成形することも可能である（**図1-117**）．

マンホール下部（**図1-118**）には，必要に応じレンガ（**図1-119**）またはプラスチックによる防食対策が施される．

コンクリートおよび鉄筋コンクリート二次製品部材製のマンホールの他に数年前から，その他の材料製のマンホール，例えば陶製（**図1-120**），ファイバセメントもしくはプラスチック製（**図1-121**），または異なった材料の組合せによるマンホール（**図1-122**）も使用されてきている．またその他にレンガ積マンホールも依然として一部で築造されている．レンガ積構造物は，ATV-A-241[1-175]に基づき非多孔性のレンガ

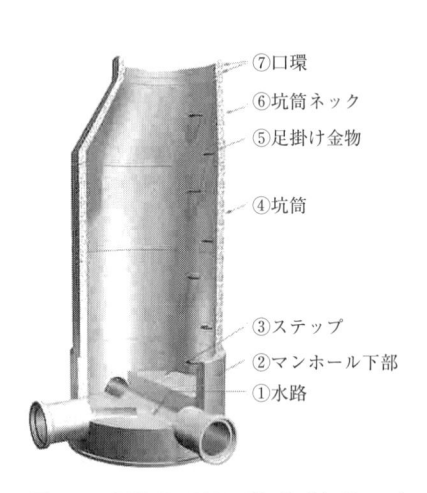

1. 下水道の構造，背景条件

⑦口環
⑥坑筒ネック
⑤足掛け金物
④坑筒
③ステップ
②マンホール下部
①水路

①基礎層
②底板
③水路
④ステップ
⑤マンホール下部
⑥継手用ソケット
⑦脚支えリング
⑧坑筒
⑨移行板
⑩坑筒ネック
⑪口環
⑫マンホール蓋

図**1-115**：DIN 19549［1-176］に基づくプレハブ式下部部材と坑筒を具えたマンホールの概略図

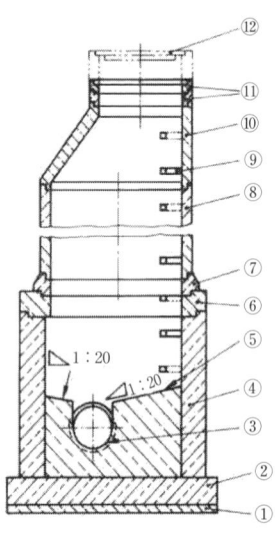

図**1-116**：DIN 19549［1-176］に基づく現場製作された下部を具えたマンホールの概略図

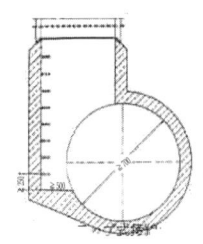

（a）片側ステップ式接線マンホール［1-175］

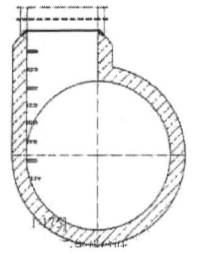

（b）ステップなし接線マンホール（雨水管渠または吐出し管渠）

（c）方向変更接線マンホール

図**1-117**：昇降用金物が側方に配置されたマンホール

図**1-118**：コンクリート製マンホール下部［1-138］

図**1-119**：クリンカ水路を具えたコンクリート製マンホール下部［1-180］

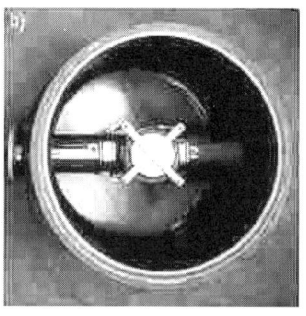

(a) 陶製マンホール下部[1-181]　　(b) 密閉貫通管を具えた陶製マンホール断面[1-181]

図1-120

図1-121：PE-HD製マンホール（呼び径 3 000，H=6 000mm）[1-182]

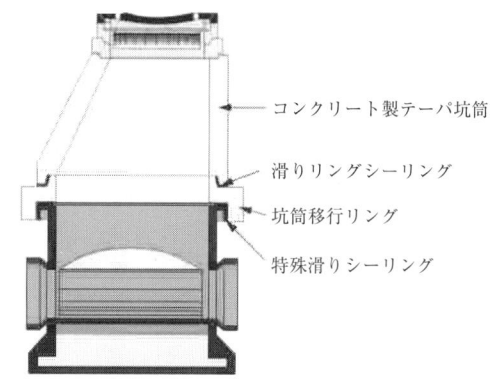

図1-122：コンクリート部材と陶部材との組合せによるマンホールの断面[1-181]

コンクリート製テーパ坑筒
滑りリングシーリング
坑筒移行リング
特殊滑りシーリング

（DIN 4051，DIN 105）[1-69，1-179]を用い，少なくとも24 cm（レンガ1個分）の厚さで目地を完全に充填して築造され，内部は目地仕上げされなければならない（添加材を加えたモルタルグループⅢ）．外側の継目は平らに塗りつぶされなければならない．さらに2 cmの厚さの外側モルタル塗りと少なくとも2回のシール塗装が行われなければならない．

道路勾配と最大管勾配との間の比較的大きな差を解決するための副管付き構造物は，特殊なマンホールである．**図1-123**に最も重要な代表の例を示した．

マンホールの寸法に関しては，DIN 19549[1-176]が適用される．

"円形断面のマンホールは最低呼び径1000を有していなければならない．直径800 mmの直壁の使用は，その下方に少なくとも直径1 200 mm，高さ2 000 mmの作業スペースが存在する場合に許容される．方形断面の場合には，最小寸法は800

1. 下水道の構造，背景条件

(a) 内側副管式ATV-A 241 [1-175]

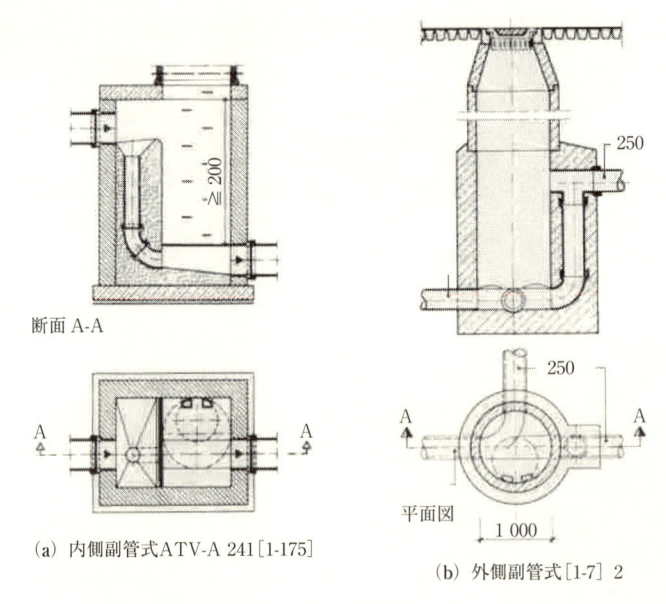

(b) 外側副管式 [1-7] 2

図1-123：副管付き構造物

mm × 1 000 mm，正方形断面の場合には，最小寸法は900 mm × 900 mmでなければならない".

ATV-A 241，1995年版[1-175]に基づくと，四角形マンホールの最小幅は1.0 mである．円形のマンホール下部は，内法直径が1.0 m以下であってはならない．管理上の理由から直径を1.20 mとするように努めなければならない．

マンホールの上部閉鎖を行うのはマンホール蓋である（**図1-124**）．これは，フレーム，塵取りおよび蓋で構成される．マンホール蓋の内法径に関しては，過去100年の間に互いに相違した要件が存在していた．1896年と1925年の刊行物は，円形昇降口についてそれぞれ内法寸法556 mm [1-26]と600〜700 mm [1-18]を指定しており，方形昇降口については内法寸法556 mm × 556 mm [1-26]と800 mm × 1 000 mm [1-18]を指定していた．DIN EN124 [1-184]によれば，この点については通常600 mmの最小直径が必要であるとみなされている．

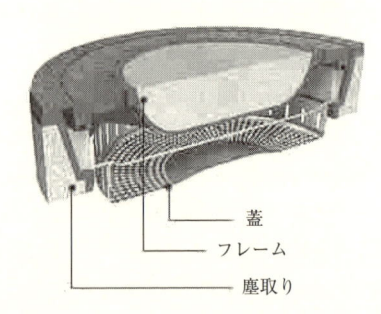

図1-124：マンホール蓋断面 [1-184]

1.8 マンホール

継手を含むマンホールのすべての部材は，DIN 19549[1-176]と DIN 19550[1-185]に基づき 0 bar から 0.5 bar までの内外の水圧差に対して耐久的な水密性を保っていなければならない．

コンクリート製直壁の継手は，過去数十年来もっぱらセメントモルタルでシーリングが行われてきた(**図 1-125**)．塑性シール材とエラストマシールリングが導入されてからもセメントモルタルは現在も使用されている(**図 1-126**)．ATV-A 241，1978 年版[1-175]では，マンホール二次製品部材の継手は垂直荷重にも耐えなければならないとの条件下で，以下のシール材が許容されていた．

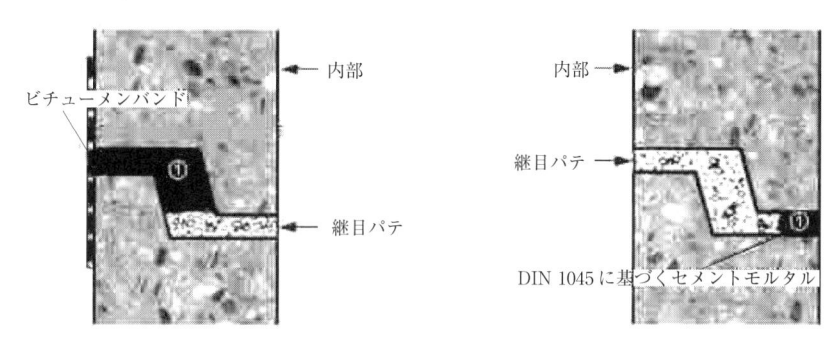

図1-125：ATV-A 241(1978年版)[1-175]に基づくセメントモルタルによる坑筒の止水(地下水位上方)

図1-126：ATV-A 241(1978年版)[1-175]に基づく塑性シール材による坑筒の止水(地下水内)

① 塑性シール材：使用されるバンドおよびパテは，DIN 4062[1-186]に合致していなければならない．これらは十分な耐久性を有していなければならない．加工に際しては場合によって必要とされる予備塗料が止水面に塗布されなければならない．マンホール直壁の組立てはスペーサを用い，例えば内外目地のモルタル接合によって行われなければならない．

② セメントモルタルシーリング：このシーリングは，地下水に曝されていず，水密性に特別な要件が求められない場合に使用することができる(これは特別な性質を具えた特殊モルタルには適用されない)．使用されるセメントモルタルは DIN1045[1-123]，6.7.1 の規定を満たしているべきこととする．セメントモルタルの塗布前にシール面は湿らされなければならない．

③ アスファルトバインダによるシーリング：地下水内にマンホールが設置される場合には，さらに目地シーリングのため適切な予備塗料を使用して外側から継目を覆う止水を行うことができる．

④ 弾性シール材：弾性シール材には適切な継手要素が形成されている二次製品部材

1. 下水道の構造，背景条件

に使用することができる．シール材の寸法設計は現存の寸法差を考慮し DIN 4060 [1-132]に依拠して行われる．

ATV-A 241，1995年版[1-175]と DIN 4034[1-121]では，マンホール二次製品部材のシーリングとして DIN 4062[1-186]に基づいた塑性シール材の使用をもはや許容していない．この場合，上記の規格はもっぱら DIN 4060[1-132]（一部 DIN EN 681[1-133]によって代替）に基づくエラストマ製シール材で継目を止水することを規定している．ロールリングシーリングと滑りリングシーリングが確固たる地位を占めてきており，これらによって止水されたマンホール二次製品部材は，いんろう継手もしくはベルソケット継手を具えている（図1-127，1-128）．新しいタイプの継手システムは，荷重伝達・荷重分散機能をもはやセメントモルタル層に委ねるのではなく，それを例えば特殊な荷重伝達リング（図1-129）またはエラストマシーリングと組み合わされた荷重伝達リングに委ねることを狙いとしている（図1-130，1-131）．

a．接続 マンホールの取付けに際して，表層土が撹乱され，それによって沈下が生じやすくなることから，マンホールと下水管との間に相互位置変位が生ずることが

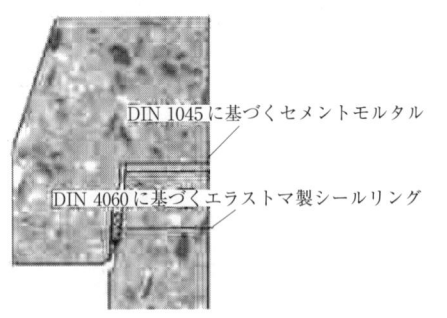

図1-127：ロールリングによる坑筒シーリング[1-187]

図1-128：滑りリングによる坑筒シーリング [1-187]

図1-129：自家潤滑式滑りリングシーリングと荷重伝達要素とによる坑筒の止水[1-135]

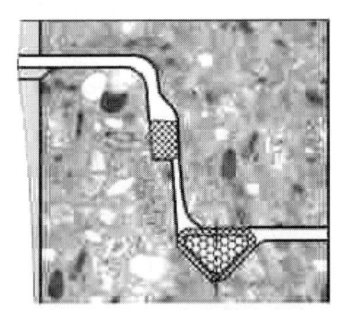

図1-130：サンド充填式エラストマ圧力伝達材[1-188]

1.8 マンホール

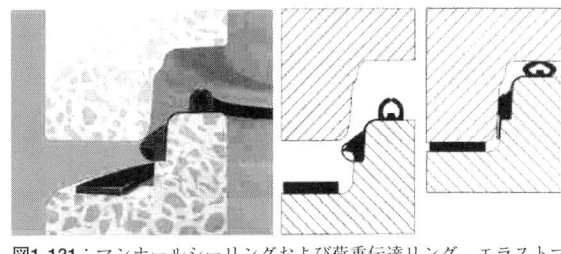

図1-131：マンホールシーリングおよび荷重伝達リング．エラストマ製（ツイン止水）[1-135]

構造物壁面の管継手は，せん断歪みによる破損を排除するため，関節式に形成されていなければならない．この接続・関節具は当該管規格に基づいて定まる"[1-175]．

このことは1995年の最新版のATV-A 241にも同様に含まれており，DIN 4034に基づき事後的な接続にも適用される．これは長さ1.3 m ≧ L ≧ 0.5 mの短管（関節具）の形の関節式管継手をできるだけマンホールの近くに配置することによって最も確実に実現される（**図1-132**）．継手の製造に関しては，以下の2つの方法が適当であることが判明してきている．

① 方法1（マンホール壁前方に接続具を具えた継手の製造）：この方法は，マンホール壁前方に二重継手を具えることを特徴としている．接続具としては，

図1-132：関節具を具えた鉄筋コンクリート製プレハブ式マンホール下部[1-180]

ソケット付きのものか，または差口付きのものが使用される．これらは，適切な長さに裁断されたコンクリート管ないし鉄筋コンクリート管またはその他の材料製の管であり，マンホール接続孔にコンクリートを流し込んで固定されるか，または壁中に埋め込まれる．

② 方法2（マンホール壁面内に接続具を具えた継手の製造）：方法1とは異なり，この場合には，それぞれ1個の継手がマンホール壁面内にある．通常，接続具は，ソケット継手の形で工場でマンホール二次製品部材にコンクリート固定されるか，または事後的に作り出された孔に接着されるかし，これによってきわめて多種類の材料製の下水管をマンホールに会合させることができる．

図1-133に上記の2つの方法の例を示している．

図1-134と**1-135**に異なった管材料用のマンホール接続を行う際のさらに別の可能性を示した．図示した2つの方法において，まず最初にコアドリルによってマンホール壁に接続孔が設けられる．接合部の止水は，ドリリングリングに類似した特別シー

1. 下水道の構造，背景条件

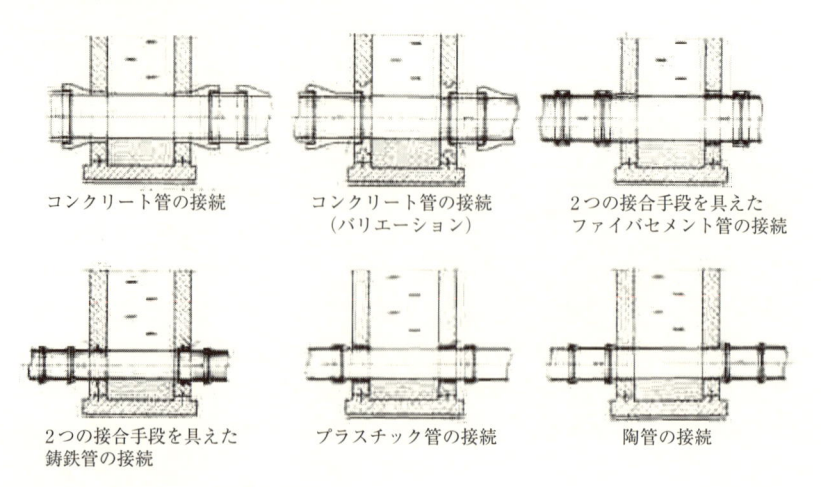

図1-133：マンホールの管継手[1-175]

コンクリート管の接続

コンクリート管の接続
（バリエーション）

2つの接合手段を具えた
ファイバセメント管の接続

2つの接合手段を具えた
鋳鉄管の接続

プラスチック管の接続

陶管の接続

図1-134：押込み制限式(60 mm)の接続シーリング[1-135]

図1-135：締付けリング付きシーリングスリーブ[1-135]

リングによって行われる（**図1-134**）か，またはシーリングスリーブを利用して行われる（**図1-135**）．シーリングスリーブは，1個の内側締付けリングで穴内面に押し付けられる．取付管に対する止水は，ホースクランプを利用して行われる．

b．足掛け金物　　DIN 19549[1-176]に基づくマンホールは，足掛け金物―単路式または復路式のあぶみ金物ないし固定式または移動式の昇降梯子―を具えていなければならない．伝統的なあぶみ金物を利用した足掛け金物の他に数年前からコンクリート成形された昇降梯子ないし昇降ステップシステムも採用されてきており，これらは直壁または斜壁の製造時に同時に一体成形される（**図1-136**）．

c．点検孔　　DIN EN 752-1[1-5]によれば，点検孔は，次のように定義される．地表からのみ達し得る，人の出入りを許さない，下水管に設けられた取外し式の蓋を具え

1.8 マンホール

た孔．

点検孔は，ATV-A 241，1995年版[1-175]に基づき，管理上の要件，特に換気，点検および清掃の要件を満たしていなければならない．したがって，その断面は，適用される器具および補助手段に適合されなければならない．点検孔は，目下のところ，主として宅地内排水施設で使用されているが，公共下水道においてもコスト上の理由からマンホールに代えてこの構造物の配置を強化しようとの動きがある．図1-137〜1-139に種々異なった材料によるこれらの構造物例を示した．

図1-136：コンクリート成形昇降梯子システム[1-189]

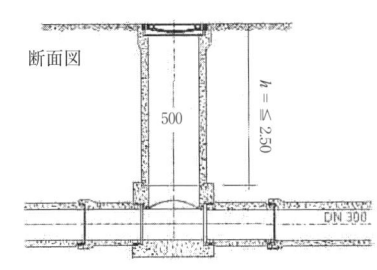

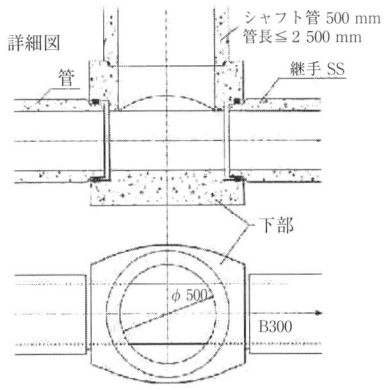

図1-137：コンクリート製点検孔[1-190]

図1-138：プラスチック製点検孔 [1-188]

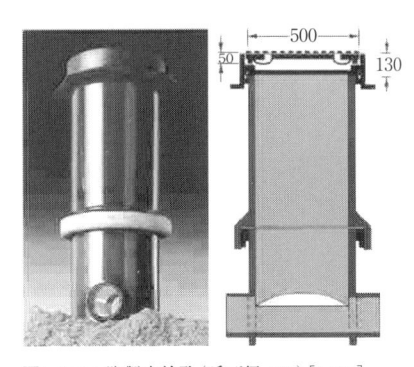

図1-139：陶製点検孔（呼び径 400）[1-181]

1. 下水道の構造，背景条件

1.9　構造物下の宅内排水管，取付管

a．構造物下の宅内排水管　構造物下の宅内排水管とは，"下水を通常，取付管に移送するための，地中または基礎中に埋設された管"である[1-4]（**図 1-140**）．これらは広範に分岐し，枝管，エルボおよびテーパ管等を含んだ複雑な管網を形成している．

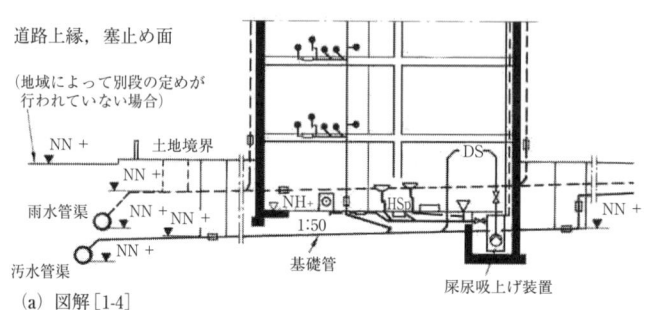

(a) 図解［1-4］

(b) 陶製基礎管が布設された根切りの様子［1-79］

図 1-140：建物下部における基礎管の配置

　構造物下の宅内排水管は，"できるだけ土地全体が—施設が拡張される際にも—同管を延長することによって排水できるような深さに布設される"べきである．"構造物下の宅内排水管の直径は，少なくとも管径 100 mm，勾配は少なくとも 1：100 —複数回の方向転換がある場合および建物範囲内では 1：50 —でなければならない．方向転換には，同一材料製の成形品のみが使用されなければならない．枝分かれ角度は，最高で 45°とする．二又分岐は認められない．建物範囲内の構造物下の宅内排水管の水深比（h/d）は，通気を助長するため 0.5 を超えるべきでなく，例外的なケースにあっては 0.7 を超えるべきではないであろう．大型施設および建物範囲外においてのみ例外的な場合にのみ満管流が認められる．構造物下の宅内排水管は，漏れがあってはならず，凍結深度以下の位置に布設されなければならず，支持構造物による荷重は，適切な対策によって排除されなければならない"[1-4]．

　これまでに実施された点検［1-191］からは，目視による点検，また定量的な構造物下の宅内排水管点検も目下の点検技術をもってしては限定的にしか行えないことが判明した．これらの結果は，これまでの構造物下の宅内排水管の布設方法が建築法規にはなはだしく違反していることを証明している．同法規は，"建造物は，公共の安全および秩序，特に生命または健康が危険に曝されないように配置，設置，変更および維持

1.9 構造物下の宅内排水管，取付管

されなければならない．それらは，その目的に応じ，弊害を生ずることなく利用し得なければならない"旨を定めている．

正規の状態把握と損傷可能性の評価を行い，かつ損害が発生した場合に容易に，しかも付加的な費用を要することなく建造物の修繕対策を実施し得るようにするため，現在では，少なくとも新築または改築が行われる際には，前記の従来の指針コンセプトから離れ，構造物下の宅内排水管に代えて集水管を設けることが勧告される[1-193〜1-196]．

集水管は，それが上方（図 1-142，1-143）か，または接近容易な形で最も低い地下室底の範囲内の導水路内に布設され，これによって問題なく点検を行うことができる点で構造物下の宅内排水管と異なっている．確認された損傷は，簡単に対処することができる．この場合，地下の汚水貯留槽の水位に応じ下水のポンプアップ装置の取付けが必要となることがある．図 1-141 〜 1-143 にケルン市の下水コンセプト 2000 に示されている解決案を示した[1-197]．

図 1-141：天井下懸垂配管

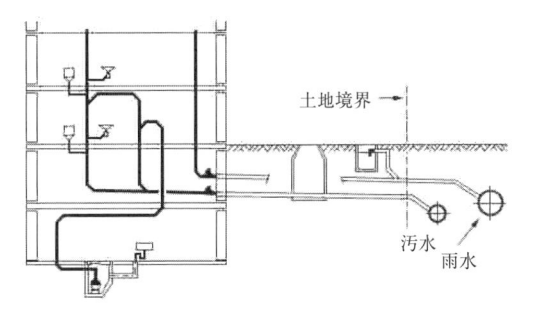

図 1-142：地下室底部の屎尿吸上げ装置を具えた集水管の概略 [1-198]

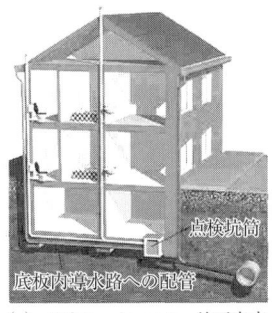

(a) バリエーション1．地下室底の屋内点検坑筒を具えた導水路内配管

(b) バリエーション2．点検孔を具えた天井下懸垂配管または地下室壁沿い配管

図 1-143：保全に適した私設排水システム[1-197]

1. 下水道の構造，背景条件

b．取付管　ドイツの下水道の最大の問題点は，宅地内排水設備ならびに道路排水溝の DIN 4045[1-1]に基づく取付管ないし DIN EN 752-1[1-5]に基づく下水管，および歩行不能な公共下水管渠への接続にあることは明白である（**2.3**，**2.9** 参照）[1-8]．

1978 年の ATV-A 241[1-175]によれば，これらの取付管は，"通常，マンホール外で下水管に接続される"べきであった（**図1-144**）．これによって，それまでドイツで通常であった接続方式が是認されたが，この方式についてBenzel[1-199]は，1921 年に以下のように述べていた．"陶管および小口径コンクリート管への下水の接続には，枝管が利用され，より大きなコンクリート管およびレンガ積管への接続には，埋込み式の取付管が利用され，またレンガ積管への接続には，陶製の流入口管も利用される．これらの流入口は，通常，本管に対して45°の角度を形成している"．

しかしながらこの接続は，通常，特に事後的な接続を行う場合，管の穴あけと，挿し込まれる取付管と穴あけされた管壁との間の隙間の充填によって行われた．こうした方法にあっては，漏れのない，耐久的かつ柔軟な接合を作り出すことはできない．さらにこれに加えて，歩行不能の管渠自体が亀裂，せん断歪みおよび破壊等の損傷を蒙る危険が存在する（2. 参照）．1842 年の近代下水道技術の始まりまで遡ることのできる下水管における取付管のこうした接続法は，前々からシステムの弱点として認識されていた．これは次のような事態をもたらした．

- 都市中心部において接続間隔が 1 ～ 2 m ということも稀ではないような 1 スパン内への接続集中が生ずること．
- 事後的に行われた歩行不能管渠への接続は，多くの場合に専門的に適切に施工されず，換言すれば，それらは漏れを生じ（**図 2-3**），あるいは歩行不可の管渠内に突き出て排水障害を起こす（**図 2-20**）．

こうした問題を意識して，1988 年 10 月から施行の ATV-A 139[1-34]では，取付管を歩行不能の管渠の建設と同時に接続することが求められている．"事後的に開けられる接続孔は，枝管が取り付けられるのではない限り，適切なドリルを用いてのみ開け

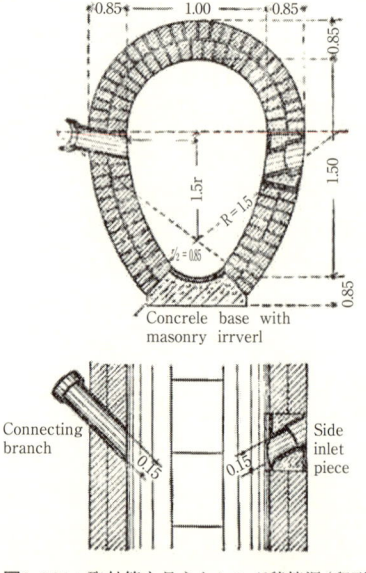

図1-144：取付管を具えたレンガ積管渠（卵形）[1-199]

1.9 構造物下の宅内排水管，取付管

られなければならない．コアドリルが使用される場合には，歩行不能の管渠の呼び径は 300 以上でなければならない．(……)接続は規格化されている成形品とシール材もしくは建築工学研究所の有効な検査証のある成形品とシール材を用いてのみ行われなければならない．流入角度は 45°とする．歩行不能の管渠の呼び径が 500 以上であるか，または取付管と歩行不能の管渠との間の直径比がおおよそ 1 : 3 である場合には 90°以下で接続が行われてもよい．接続点は，呼び径 800 までの歩行不能管渠の場合には，本管の底部支持部と管頂との間にあることとする"（図 1-145）．

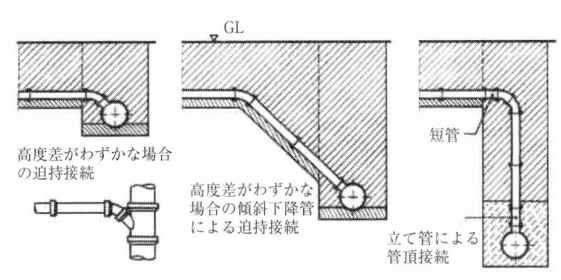

図1-145：ATV-A 139［1-34］に基づく道路管渠への取付管の接続例

DIN EN 1610［1-27］は，管およびマンホールへの接続に関して以下のように記述している．

管およびマンホールへの接続には二次製品部材が使用されなければならない．管およびマンホールへの接続が行われる場合には，次の点が保障されなければならない．

・接合される下水管の耐荷力を超えないこと．
・取付管が接続相手となる管またはマンホールの内面を越えて突き出ないこと．
・接続は第 13 章（自然流下渠の検査に関する方法および要件）に一致して漏水が生じないように施工すること．

DIN EN 1610［1-27］は，接続バリエーションとして以下を定めている．

・枝管．
・接続成形品（管壁に開けられた円形の孔に挿し込まれ，水密結合を生ずる部材）．
・サドルピース（管の外面とサドルフランジの内面との間の水密シーリングを具えた部材）．
・溶接．
・マンホールおよび点検孔への接続．

取付管（最後にあげたものを除く）の接続に関するこの新しい規定も歩行不能管渠保全対策の実施の強化とともに，数年前から表面化しているこの接続方法の本来の弱点と問題点を除去するものではない．したがって，公共下水道のほぼ 80 ％ を占めるこの分野では，数量的点検，例えばますます重要性を増しつつある漏れ検査を実施することは，非常に困難な条件下でしかも相対的に高い費用をかけてしか行うことができない．

101

1. 下水道の構造，背景条件

というのもスパン検査（図 4-81）（4.5.1.2 参照）は，接続が存在する場合には，その実施に補助的対策が不可欠だからである．

修繕対策を実施するにあたり歩行不能呼び径にあっては，いずれにせよ技術的困難さと費用とは，スパン内の取付管の数が増大するとともに非常に高まることとなる．歩行不能な管渠スパンの修繕に際し，取付管の切離しと修繕終了後のその再接続は，通常，開削工法でしか行えないことからして（図 5.4-32）[1-200]，多くの場合に唯一の選択肢として考えられるのは開削工法によるスパン更新であり，これに短所が付随していることは周知のとおりである（1.6.1 参照）．

この状況の理想的な打開策は，極力すべての取付管がもっぱらマンホールに流入している管渠網である[1-193, 1-195, 1-201, 1-202]（**図 1-146 ～ 1-148**）．

取付管をこのように間接的に歩行不能の管渠に接続することにより以下のメリットが達成される[1-204, 1-50]．

・保守および点検が容易になること．
・取付管ならびに歩行不能の管渠のいずれについても損傷除去が簡易化される．

図1-146：マンホールへの取付管の接続バリエーション

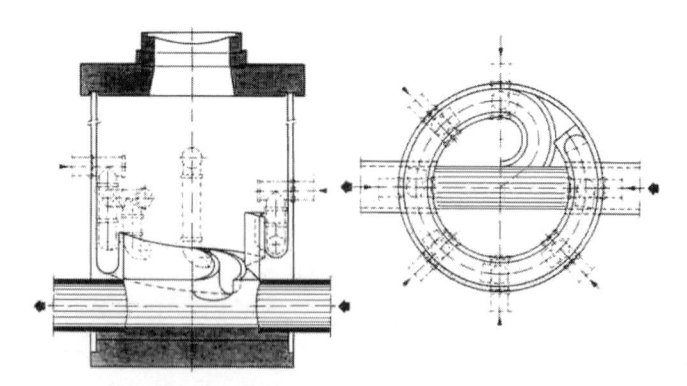

図1-147：周回路付き管渠接続マンホール [1-203]

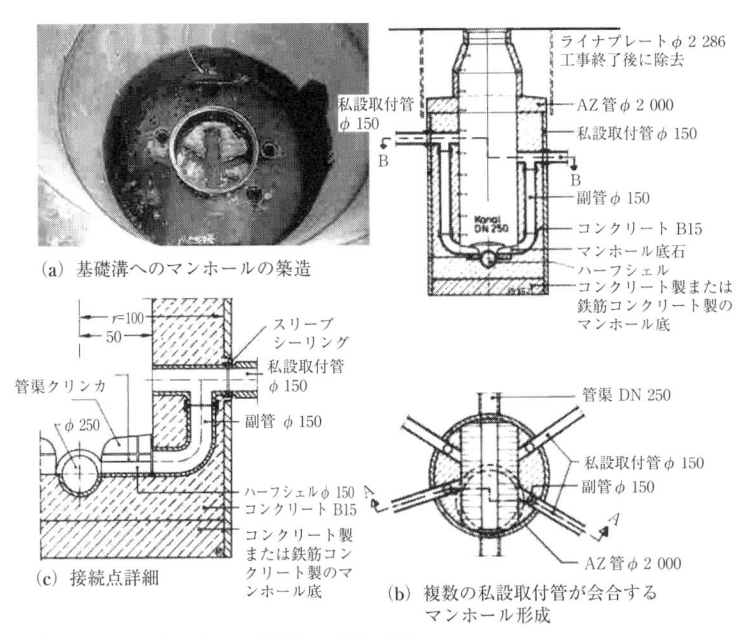

1.9 構造物下の宅内排水管，取付管

図1-148：マンホールへの基礎溝の拡充[1-175]

(a) 基礎溝へのマンホールの築造
(b) 複数の私設取付管が会合するマンホール形成
(c) 接続点詳細

・宅地内から排出された下水をいつでもチェックできること．

　これにより DIN 19550[1-185]に基づく保全適格性の要求が満たされる．管渠ならびに取付管のそれぞれに求められる水密性をそれぞれ別個に測定装置によって検査し，こうして環境にとっての危険を早期に認識し，除去することは，これによって初めて問題なく行えることとなる．

　この方法は，新しいものではなく，忘れられていたにすぎない．例えば，1902年まで適用されていたライプツィッヒ市の地域建築法の§135は，次のように定めていた．

　"下水管に接続されるべき一切の副管，補助管および落下管は，マンホールに合流されなければならず，決して接続器具等によって幹線管渠に結合されてはならない．したがってマンホール相互の間隔は，同時にもしくは，その後に必要とされる一切の副管，補助管および落下管ができる限り直接にマンホールに合流できるように選択されなければならない"[1-14]．

　この提案は，最近になって初めて1994年版の ATV-A 241[1-175]において取り上げられ，次のように述べられている．

　"宅地内取付管および道路排水溝は，マンホールに合流されるか，またはマンホー

103

1. 下水道の構造，背景条件

ル外で管渠に合流されてよい．宅地内取付管は，技術的に可能である限りマンホールに接続されるようにしなければならない．水源保護区域ではこれらの管渠は，原則としてマンホールに接続されなければならない．第1スパンの開始部における洗浄効果を向上させるため，起点のマンホールも1ないし2の接続を保持すべきこととする．マンホールへの接続が行われている場合には，接続は副管でのみ行われなければならない".

ただし1995年の最新版のATV-A 241では，2番目の引用段落が完全に抹消されたことにより表現は再びいくぶん弱められている．

図1-149にコンクリート管ないし鉄筋コンクリート管，ダクタイル鋳鉄管，陶管およびプラスチック管へのいくつかの接続例を示した．**図1-150**に60年代に使用された管頂穴を具えたコンクリート管成形品とソケット付きのコンクリート管成形品を示している．

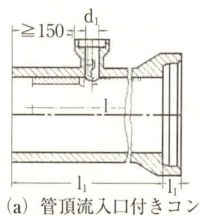

(a) 管頂流入口付きコンクリート管 [1-118]

(b) ダクタイル鋳鉄製サドルピース [1-205]

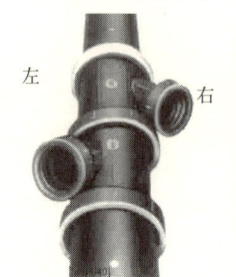

(c) 陶製枝付き成形品 [1-40]

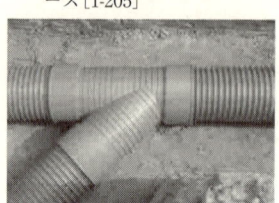

(d) 枝付き成形品．ウルトラリブ，分岐角度 $a=45°$ [1-88]

図1-149：接続例

(a) 管頂穴付き円形コンクリート管

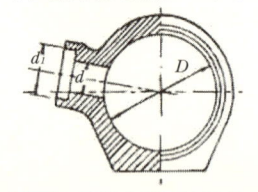

径 d	呼び径 D の場合の軸長 z			最小ソケット径 d_1
	100～500 mm	600～1 500 mm	1 600～2 000 mm	
100	150	220	270	170
125	160	230	280	200
150	165	235	285	230
200	180	250	300	290
250	195	265	315	350
300	210	280	330	405

(b) 横流入口を具えた脚付きコンクリート管

図1-150

1.10 換気・通気用支管，ランプ孔

下水道の換気・通気の必要性は，1902年にKönig[1-38]によって以下のように位置

1.10 換気・通気用支管，ランプ孔

づけられた．

"健康上の点からしても，また管渠の支障のない使用への配慮からしても，管渠内部の十分な空気交換は不可欠である．管渠内の空気を不断に更新しておくことは，管壁に付着している汚濁物質が酸化されるという点からしても既に好適な意義を有している"．

当初は下水管渠内にある多かれ少なかれ汚れた空気は，可能な限り封じ込められ，それが取付管内に流入することも阻止された．汚れた空気の排出は，個々の箇所でいわゆる換気塔(換気煙突)を経て行われた．イギリスと北米で非常に流布したこの換気法は，ドイツでは散発的に採用されたにすぎず，今世紀に入ってからはほとんど利用されていない．

これに代えてドイツでは，多くの箇所で管内空気を絶えず更新し流動させる換気法に信頼が置かれた[1-18]．このために過去においても，またなお現在でも，取付管においても換気設備が利用されるとともに，通気孔を具えたマンホール蓋を設けることによってマンホールも利用されている．必要がある場合には，特別な換気管が通常スパンの3分の1地点に配置され，同換気管の一端は，地表にまで達するか，または立上がり管として電柱，広告塔等に併設された．例えば，ケルン市は，今日に至るまでコンクリート管渠，鉄筋コンクリート管渠にこれらの方法を利用しており(**図1-151**)，腐食に起因する損害発生が同市では実質的に生じていないという副次的効果が得られている．

(a) バリエーション1 (b) バリエーション2

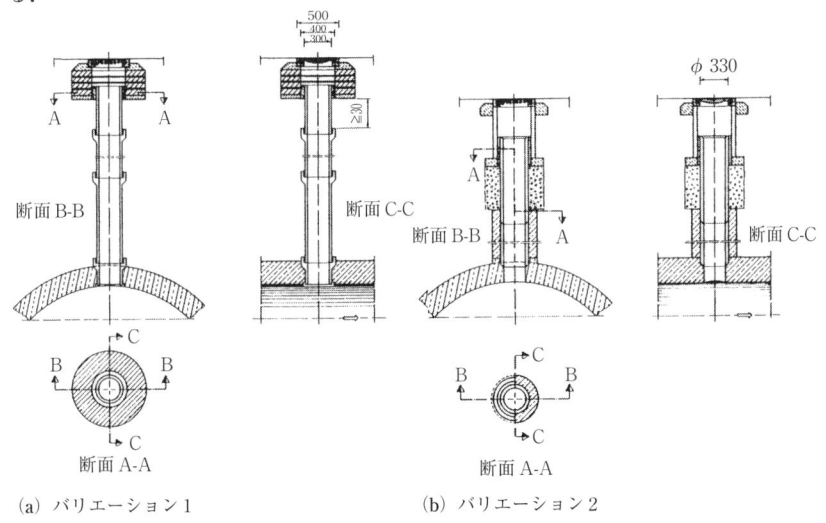

図1-151：コンクリート管渠ないし鉄筋コンクリート管渠用の換気バリエーション[1-206, 1-175]

1. 下水道の構造，背景条件

通気孔のないマンホール蓋が使用されざるを得ない場合にあっては，前記の解決法をマンホール構造物に転用することも可能である（図 1-152）．

19世紀に建造された下水道の場合には，時として，なお2つのマンホールの間で管渠の管頂に接続されている，いわゆるランプ孔が見出される（図 1-153）．これは，それぞれマンホールに代替するものであり，隣接したマンホールから管渠の状態を鏡映によって調査する場合にランプを釣り下げるために用いられた．

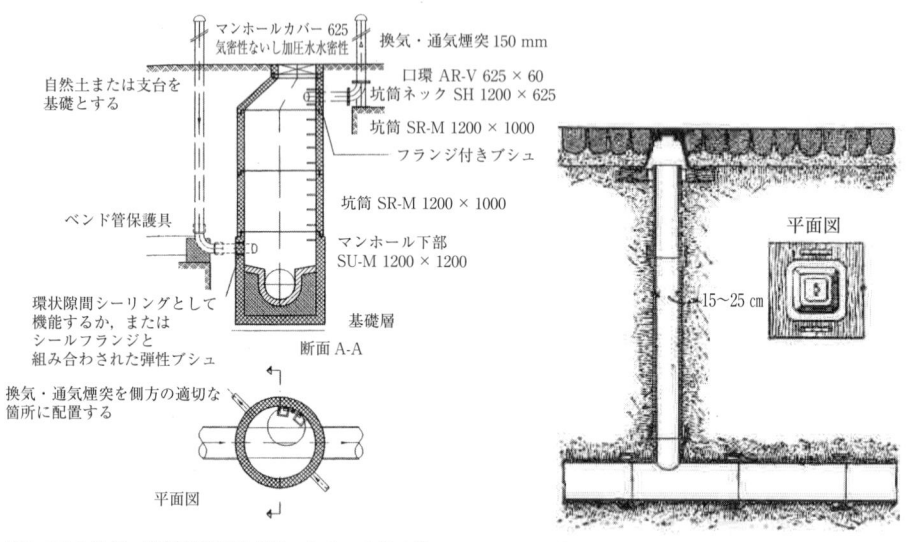

図1-152：換気・通気支管付き点検マンホール[1-21]

図1-153：ランプ孔[1-18]

1.11 公用地内の管渠，その他の管

下水道の修繕にあたり，電気通信ケーブルから地域暖房管までに及ぶ隣接ないし交差する公共サービス供給管は，少なからぬ問題要因となり得る（図 1-154）．したがって，欠陥ある管渠に対するそれらの相対位置，それらの建造状態およびそれを取り巻く管外周の性状は，間接損害を回避すべくそれぞれ適切な修繕方法（5.参照）を選択するための重要な基準である．

道路断面内に存在する管の種類，数および分布は，まず第一に地域固有の所与条件，例えば道路幅，排水方式，沿道居住者および建物に依存している．図 1-155 は都市中

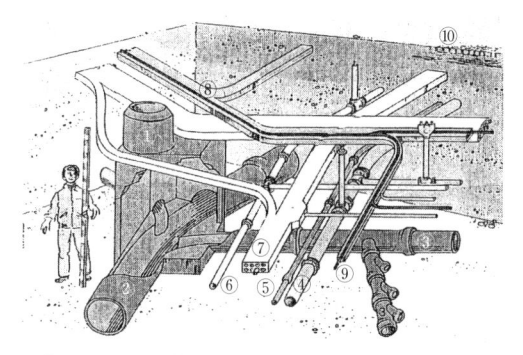

①マンホール　②下水管渠　③取付管　④水道管
⑤泉用湧水管　⑥ガス管　⑦給送電ケーブル
⑧電気通信ケーブル　⑨ケーブルテレビ用空管　⑩車道

図1-154：道路断面内に存在する公共サービス供給
　　　　　　管および下水管

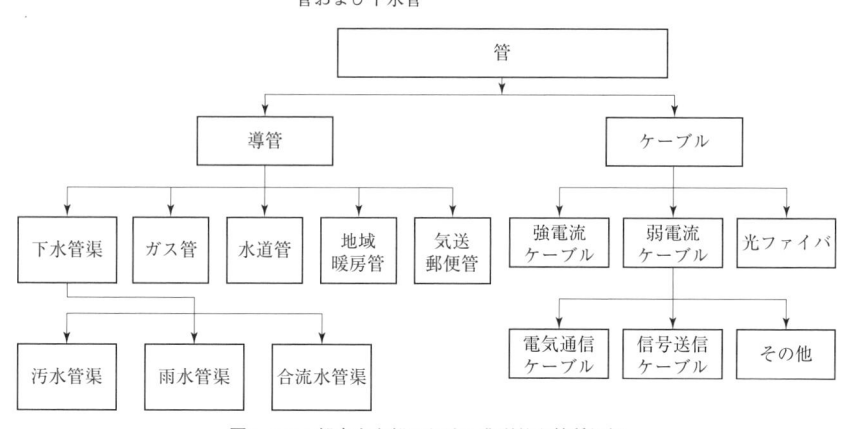

図1-155：都市中心部における典型的な管種概観

心部における典型的な管種を概観したものであり，公共管も非公共管もともに含まれている．

　都市が下水道を整備しようと決定した時点には，既に何年も前からガスおよび水道の供給が行われているのが通常であり，しかもその場合，公共的施設として必要とされるこれらの管は，必ずしも統一的な観点から布設，把握されてはいなかった．したがって，常に深い位置に布設される下水管渠の建設に際し，特に旧市街の狭い道路にあっては，しばしば困難が生じた．というのも，そうした場所では，所望の安全距離を遵守することができず，その結果，掘削の影響が管継手の漏れをもたらし，あるいは既設の他の管の破壊さえも招来したからである．それゆえ，下水管渠の建設後にガ

1. 下水道の構造，背景条件

ス管，水道管の一部を布設し直さなければならないことが度々あった[1-14]．図 1-156 にニューヨーク市における 1916 年頃のこうした状況の極端な例を示した．

こうした困難を回避するため，適切な規則に従って道路断面に管を配置する努力が比較的早期に開始された(図 1-157)．

・1890 年頃には，中度の幅員で，交通密度が低い道路では，下水管を中央に布設し，水道管を右側歩道下に，ガス管を左側歩道下に布設するのが通常であった[図 1-157(a)]．

図 1-156：1916 年頃のニューヨーク市における地中布設管

・道路幅員が広い場合には，各歩道下にガス管と水道管を配置することが推奨された[図 1-157(b)]．
・道路幅員が非常に広い場合には，図 1-157(c) ないし (d) に応じた配分が行われた．
・車道幅が広い場合には，通常，ガス，水道および下水用のそれぞれの管(二重管)が図 1-157(c)，(d) または図 1-158 に応じた配置で布設された．

一般的に適用される規則は，1931 年に初めて DIN 1998 "公共道路の建設計画に際するガス管，水道管，ケーブル管およびその他の管ならびに取付設備の配備および取扱いに関する基準" によって発令された(1940 年第 2 版，1941 年第 3 版)．表 1-29 と図

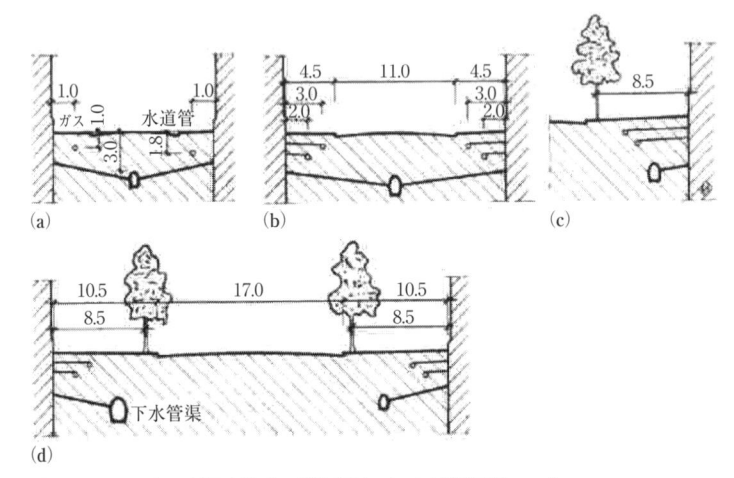

図1-157：1890年の新規布設時の道路断面における管配置[1-208]

1.11 公用地内の管渠，その他の管

1-159 に基本的に前述した慣行を基礎とした同規格中で定められた公共サービス供給管と下水管の道路断面における配置と深度を示したものである．この規格は，歩道幅員が非常に広い場合には，そこに下水管を収用することも勧告していた．

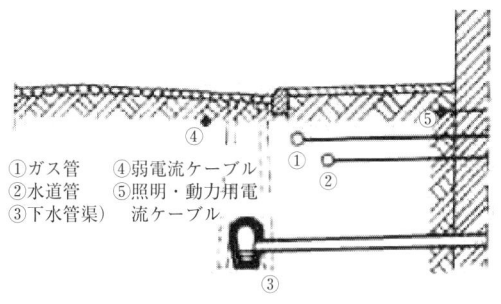

①ガス管　④弱電流ケーブル
②水道管　⑤照明・動力用電
③下水管渠）　流ケーブル

図1-158：1910年における車道幅が広い場合の管配置 [1-14]

1978 年に"公用地への管および設備の収容－計画基準"を表題とした DIN 1998 の全面的改訂が行われた [1-209]．この新規条文では，30 年以上の期間の間に変化した事情への対応と並んで，特に，環境保護の要求と結び付いたエネルギー供給管使用の増大傾向，公共サービス供給の至便性の向上，公共サービス供給網の稠密化およびコミュニケーション技術の進歩が考慮された．これらの事情に基づく供給設備収容空間に対する需要の高まりにより，歩道下に収容された地域的供給管に加えて，さらに上位の供給に資する設備用に車道も共同

表1-29：DIN 199(41年5月版)に基づく管配置

左側歩道								道路幅員[m]			右側歩道							
歩道下配置管					車道下配置管						車道下配置管			歩道下配置管				
VE	VG	VW	PK	FeuK	VG	HW	FH	道路	車道	歩道	FG	HG	VW	POLK	PK	VW	VG	VE
以下からの距離														以下からの距離				
道路建築線					歩道縁石						歩道縁石			道路建築線				
0.40	1.15	1.85	3.50	2.50		1.30	2.80	≦ 15.50	≦ 5.50	≦5.00	2.75	1.75			2.50	1.85	1.15	0.40
0.40	1.15	1.85	2.60	3.15		1.00	2.00	15.00～16.50	5.50～9.00	4.75	2.50	1.50			3.15	2.60	1.85	1.15	0.40
0.40	1.15	1.85	2.60	3.15		1.00	2.00	14.50～16.00	5.50～9.00	4.50	2.50	1.50			3.15	2.60	1.85	1.15	0.40
0.40	1.15	1.85	2.60	3.15		1.00	2.00	14.00～17.50	5.50～9.00	4.25	2.50	1.50			3.15	2.60	1.85	1.15	0.40
0.40	1.15	1.85	2.60	3.15		1.00	2.00	13.60～17.00	5.50～9.00	4.00	2.50	1.50			3.15	2.60	1.85	1.15	0.40
0.40	1.15	1.85	2.60	3.15		1.00	2.00	13.00～16.50	5.50～9.00	3.75	2.50	1.50			3.15	2.60	1.85	1.15	0.40
0.40	1.15	1.85	2.60			1.00	2.00	12.50～16.00	5.50～9.00	3.50	2.50	1.50				2.60	1.85	1.15	0.40
0.40	1.15	1.85	2.60			1.00	2.00	12.00～15.50	5.50～9.00	3.25	2.50	1.50				2.60	1.85	1.15	0.40
0.40	1.15	1.85	2.60			1.00	2.00	11.50～15.00	5.50～9.00	3.00						2.60	1.85	1.15	0.40
0.40	1.10	1.70						11.00	5.50	2.75					0.40	1.75	1.15	
0.40	1.15	-	1.95												1.95	1.15	-	0.40
0.40	1.10	1.70						10.50	5.50	2.50					0.40	1.75	1.15	
0.40	1.15	-	1.95												1.95	1.15	-	0.40
0.40	1.10	1.70						10.00	5.50	2.25					0.40	1.75	1.15	
0.40	1.15	-	1.95												1.95	1.15	-	0.40
0.40	1.15							9.50	5.50	2.00					0.40	1.20		
0.40	1.15							9.00	5.50	1.75					0.40	1.20		
0.40						1.1		8.50	5.50	1.50				1.25	0.40			
0.40						1.1		8.00	5.50	1.25				1.25	0.40			
0.40						1.1		7.50	5.50	1.00					0.40			

VE：家庭用給電線および主給電線　　VG：家庭用ガス供給管　　VW：家庭用給水管　　FeuK：消防用ケーブル
POLK：警察用ケーブル　　PK：郵便用ケーブルおよび郵便用ケーブル管　　ML：合流水管(排水管)
FG：遠隔地域供給ガス管　　FH：地域暖房管

1. 下水道の構造，背景条件

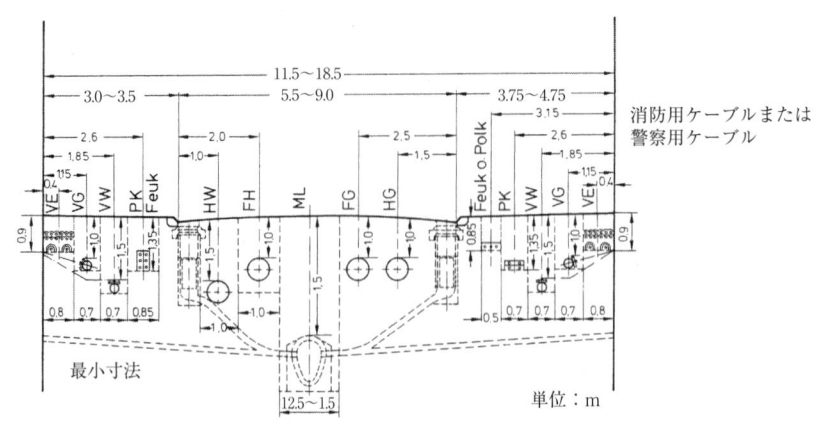

図1-159：DIN 1998（41年5月版）に基づく歩道幅員3.0～3.5 mおよび
3.75～4.75 mの場合の道路断面（**表1-29**参照）

利用されることとなった．利用に供される空間は，再びその幅と深度に応じて段階化されたゾーンに区分され，それらのゾーンの範囲内における個々の管およびその他の取付設備の配置は，それぞれの供給主体に委ねられている（**図1-160** ならびに **表1-30**）．

下水管の収容は，DIN 1998［1-209］に基づき**図1-161**に示すように車道域で行われるが，歩道域に収容される場合には専用ゾーンが設けられなければばならない．

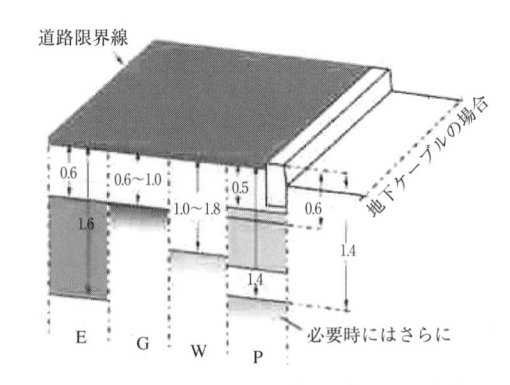

図1-160：DIN 1998（78年5月版）［1-209］に基づく歩道の管収容ゾーン区分（略号は**表1-30**参照）

一般に地下建設空間の区分に際しては，相互的影響と設備の建設・維持管理に要される作業空間が考慮されなければならない．公共道路空間の相互利用妨害は可能な限り排除されるべきである．例えば，地域暖房管が水道管またはケーブルと接近している場合には，不当な熱的影響作用が生じない安全距離が保たれなければならない．

公共交通用地において通常の，基本的にぎりぎりに定められている安全距離は，機械的，熱的もしくは電気的影響作用を排除することを考慮しているが，付加的なシステムの設置もしくは既存システムの拡張に際する建設上の支障の回避には配慮していない．建設上の支障を排除し得る安全距離を実現することは，密集市街地の交通用地

1.11 公用地内の管渠，その他の管

表1-30：DIN 1998(78年5月版)[1-209]に基づくゾーン区分

管の種類	ゾーン表示記号	道路断面における位置	ゾーン標準幅 [m]	ゾーン土被り [m]
給電管	E	不動産境界から見て第1のゾーン	0.7	0.6～1.6
ガス管	G	不動産境界から見て第2のゾーン	0.7	0.6～1.0
水道管	W	不動産境界から見て第3のゾーン	0.7	1.0～1.8
ドイツ連邦郵便管(道路保守管理者の電気通信・信号ケーブルならびに警察・消防用の通信ケーブル)	P	不動産境界から見て第4のゾーン (歩道の車道側領域)	0.7	0.6 or 0.8 ≧ 14
下水管：合流水管渠(KM) 汚水管渠(KS) 雨水管渠(KR)	―	車道領域(歩道に布設される場合にはそのための専用のゾーンが設けられなければならない)		
下水圧力管(HA) 地域暖房管(FW)	―	車道外 車道に布設される場合には地域暖房管は車道中央に配置されるべきではないゾーン土被り	2.0	12

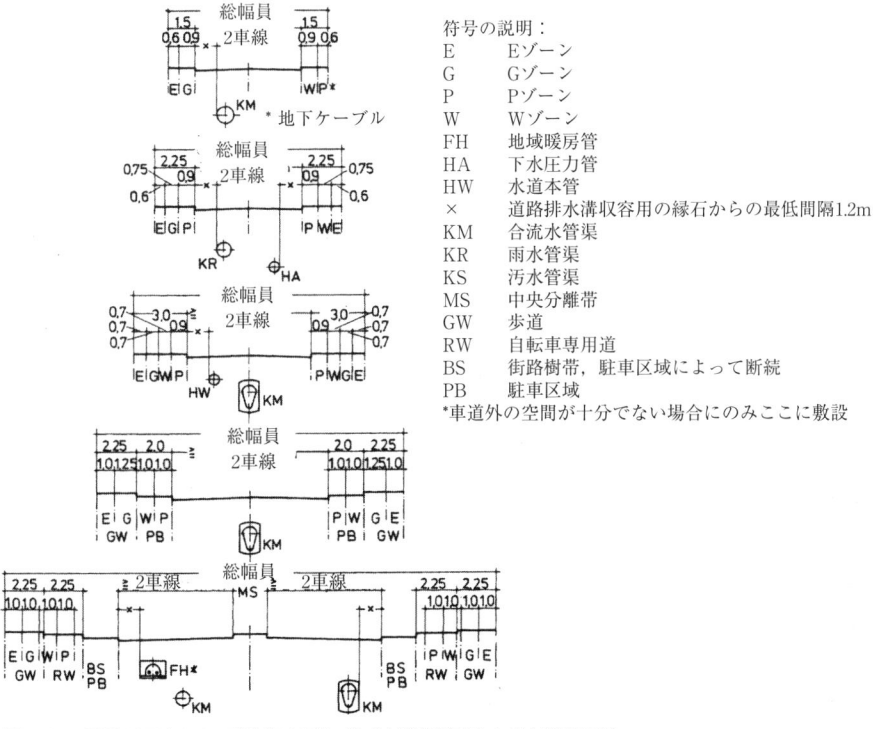

符号の説明：
E　　Eゾーン
G　　Gゾーン
P　　Pゾーン
W　　Wゾーン
FH　 地域暖房管
HA　 下水圧力管
HW　 水道本管
×　　道路排水溝収容用の縁石からの最低間隔1.2m
KM　 合流水管渠
KR　 雨水管渠
KS　 汚水管渠
MS　 中央分離帯
GW　 歩道
RW　 自転車専用道
BS　 街路樹帯，駐車区域によって断続
PB　 駐車区域

*車道外の空間が十分でない場合にのみここに敷設

図1-161：DIN 1998(1978. 5版)[1-209]に基づく道路断面から見た管収容例

1. 下水道の構造，背景条件

においては実際にはもはや不可能であり，むしろ既存の安全距離の遵守をなんとか維持することで手いっぱいである．というのも，利用に供されている建設空間の利用率は，きわめて高く，多様な供給サービス主体と下水道管理主体によって多面的に利用されているからである[1-210]．

　DIN 1998[1-209]に定められているゾーン区分とゾーン寸法とは，理想的な姿をしており，一般に既存の管渠網においてそれを実現することは前提とはなし得ない．何十年も前から拡張してきているシステムは，増強されたり，あるいは老朽箇所もしくはその他の箇所が更新されてきているが，そうした工事は，規格ではなく，地域の所与条件に依拠して行われることが多いのが通常である．しかも古い管は，しばしば使用廃止され，地中にそのまま放置されることから，これがそうでなくとも狭小な管布設空間の払底に拍車をかけることとなる．実状を反映した管布設図面は，ほとんどの場合に存在せず，管網の管理者すらも管の布設位置に関する正確な知識を持ち合わせていないことが度々ある．このことは，地下建設空間にあっては，一般に管が規格どおりに配置されているということを出発点とすることはできないとのことを意味している．

　この点から，掘削と不可分な下水道工事にとっての帰結として生ずるのは，特に歩道域にあっては，常にその他の管の存在が見込まれなければならないということである．これは，特に規格どおりの布設が行われていれば，その他の管は存在しないはずの場所でも同様である．これらの管が損傷される場合には，相当程度の損害と，特に更新事業(5.4参照)に際する建設費の高騰が生じることとなろう．こうした場合には，所管の管理運営者にそれぞれの建設事業が適時に通知され，相互の損害をできるだけ抑制し，損害事故が生じた場合の保護が保障されるようにしなければならない．

　前記の問題は，ほとんど平行に布設されている管に関係しているが，管が交差している場合にはさらなる困難が見込まれざるを得ない．この問題は，DIN 1998[1-209]では，問題の複雑性と相互依存性とからして一般的な注意によってしか把握することができなかった．

　管交差点の形成ないし平行布設管の保全に関する例を図 **1-162〜1-165** に示している．

　その他の管の問題は，高い損害リスクを有していることから，いずれの土木事業に際しても，その開始前に管の探知調査を実施する義務が存在する．VOB Teil Cの一部でもあるDIN 18300[1-211]は，この点につき以下のように定めている．

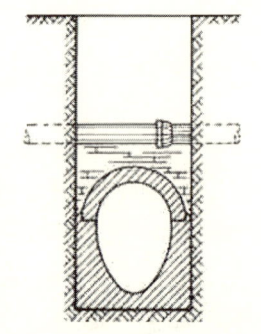

図1-162：レンガ積台脚による交差管の支保 [1-14]

1.11 公用地内の管渠，その他の管

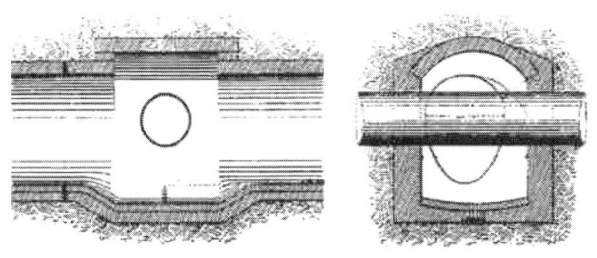

図1-163：1890年頃のベルリン市下水道における計画的管交差[1-26]

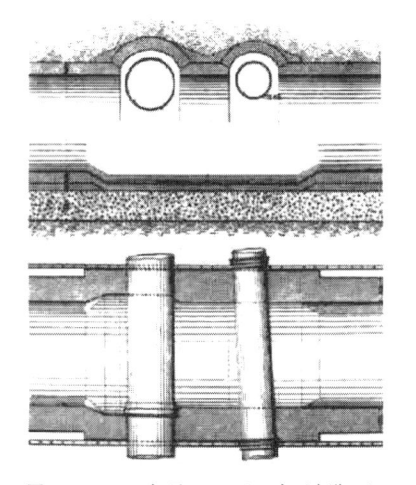

図1-164：1890年頃のベルリン市下水道における計画的管交差[1-26]

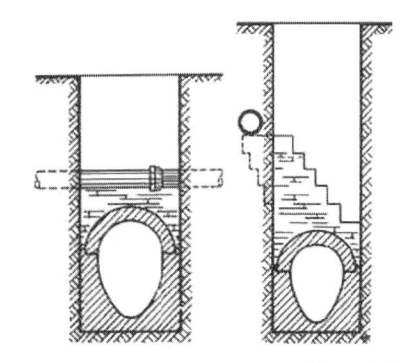

図1-165：レンガ積台脚による平行管の支保[1-14]

　"既設の管，ケーブル，排水管，管渠，境界標，障害物およびその他の建造物の位置をあげることができない場合には，それらの探知調査が行われなければならない．だが，こうした明確な規定にも関わらず，土木工事過程におけるその他の管の損傷は決して稀なことではない．この場合，大多数の損傷事故は，決して掘削溝内における不注意に帰せられるものではなく，工事の開始前にその他の管の探知調査が実施されなかったことに帰することができる．建設会社に対して行われた―必ずしも代表的なものではないにせよ―アンケートから明らかになったこうした不作為の原因は，現場地域にその他の管があることは予測されなかった，あるいは管の探知調査費用が高すぎると考えられた，もしくは管の探知調査の実施が忘れられたというものであった[1-212]．
　地下布設管の位置探知分野の現行技術については，文献[1-49]を参照されたい．

1. 下水道の構造，背景条件

1.12　樹木，植被

　美しい樹木は，かつては都市の豊かさと繁栄を表す象徴であった．こうした認識が忘却の彼方に置き去られ，樹木は，例えば道路交通の邪魔とさえみなされた．しかしながら，ドイツの都市および自治体において，数年前からようやく植樹が，都市緑化対策—交通の緩和対策とさえも関連して—が計画され，実施されてきている．

　以下の数字は，都市計画および緑化計画の要素としての植樹の意義をはっきりと示している．Beyer[1-213]によれば，ベルリン市は，1987年には25万本の街路樹を擁し，ドイツで最も高い植樹密度を有していた．これは統計的にみれば，平均して道路長12mごとに1本の樹木があることを意味していた．これに続いてミュンヘンでは28mごとに1本，ハンブルクでは30mごとに1本，フランクフルトでは37mに1本の順であった．

　文献[1-214]によれば，樹木および潅木の保全ないし保護の価値，ことに人口集中地域および景観地域おける価値については，次のように述べている．
・景観悪化の防止，
・局地気候への影響作用，
・防風，
・侵食防止，
・酸素発生，除塵，騒音防止，樹陰形成等の環境衛生学的効果，
・新規植樹がほぼ同一の効果を達成するほどまでに成長するのに長期の期間が要されること，
・都市計画上の要素としての効果，
・樹木の資材的価値．

　公共交通用地の地下における排水設備と樹木との相互影響作用をできるだけ低く抑えるため，緑地局と排水設備施工業者に対して建設・保守事業の計画と実施に際して密接に協力し，それによって上下水道事業とその他の公共事業とを調整し緑化対策を推進することが求められる．この場合，文献[1-215]に基づき以下の原則が守られなければならない．
① 樹木および管は，両者がきわめて隣接している場合でも，樹木と公共供給管や下水管等が通常の寿命期間の間は共存して存続することが保障されなければならない．
② 適切な対策をとることにより，それぞれの樹木の生長と存続ならびに管の使用が

1.12 樹木，植被

相互に制限されることなく保障され得るようにしなければならない．

樹木立地と地下公共サービス供給設備や，排水設備に関する注意書(uVEA)[1-216]には，公共サービス供給管等の布設または保全によって生じ得る樹木の存続するかどうかのリスクとして以下の原因があげられている．

・支持根の切除による倒木の危険，
・樹木に接近しすぎている細根の切除による栄養供給不足の結果としての枯死，
・樹幹および根が損傷した結果生じうる菌類感染(対抗手段なし)，
・植物を害する物質および材料による掘削溝の埋戻し，
・不適切な材料による掘削溝の埋戻しによる永続的排水効果，
・長期的もしくは持続的な地下水水位または層状水水位の低下，
・資材，機器または車両により根面に荷重がかかることによる根部空間の圧迫(図1-166)，
・盛土による樹幹の包込み，
・地域暖房管または高圧電流ケーブルによる土壌の昇温，
・根部空間の乾燥，
・樹根域での管内輸送物質の除去，
・樹幹および樹冠の損傷．

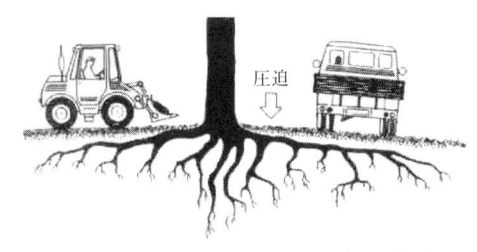

図1-166：機器によってもたらされる樹根域の損害[1-214]

既存の樹木の樹根域における排水設備の建設については(図1-167)，注意書[1-216]に次のように述べられている．

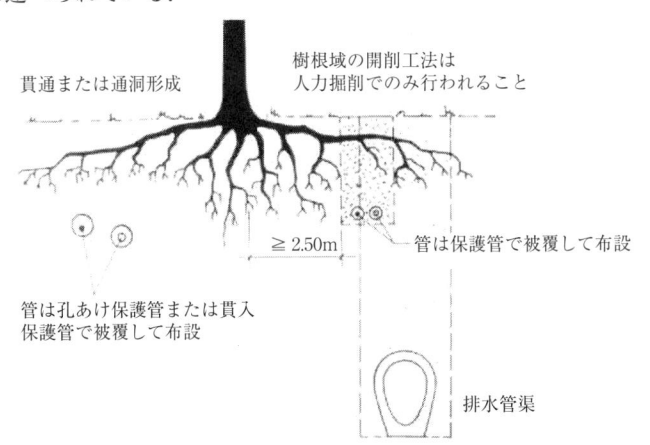

図1-167：既存の樹木の樹根域におけるuVEAの建設[1-216]

1. 下水道の構造，背景条件

- 既存樹木の樹根域に地下公共サービス供給設備や排水設備が建設される場合には，緑地局を計画に関与させなければならない．
- 樹木に関する適当な資料が存在しない場合には，事業者は樹木の立地状況を調査し，平面図——一般に縮尺 1/500 ——に表されなければならない．
- 関係するすべての公共サービス提供事業者および排水事業者の管布設状況を確認し，それぞれの意見が求められなければならない．
- 布設路の決定に際しては，樹木の生存寿命とその後の設備の使用ならびに保守が考慮されなければならない．
- 計画段階において貫通またはジャッキで持ち上げる，あるいは樹根保護枠の設置等の樹根保護対策が緑地局との間の話合いによって検討されなければならない．
- 掘削は，原則として樹幹より 2.50 m 以内では行われるべきではない．
- これよりさらに接近して工事が行われる場合には，関係者との話合いにより樹木の根張りに応じた保護対策を取り決めることができる．

特別な保護対策が適用される場合には，DIN 18920[1-217]，"道路の設備に関する基準，Teil：自然環境の形成 RAS-LG，第 4 章：建設現場領域の樹木および潅木の保護 RAS-LG 4"[1-214]，DVGW の注意書 GW 125[1-218]および ATV/DVGW の注意書 H 162[1-219]が遵守されなければならない．

- 管を布設するための土工の実施に際し，樹木の樹根域が掘削される場合には，道路建設上もしくは管布設上の理由から別段の対策が必要とされない限り，掘削土または改良された土壌が再び掘削溝に埋め戻されなければならない．
- 土工は，緑地局との間で調整されなければならない．
- 管外周には，それぞれの管渠管理者の規定が適用される．
- 樹木の樹根域内施工作業は，乾燥および寒気の影響を少なくするためできるたけ短期間で実施されなければならない．
- 必要な場合には灌水が行われなければならない．
- 樹根を切断しなければならない場合には，切断箇所は滑らかにし，傷口を塞ぐ手段が講じられなければならない．
- 建設事業によって樹木の安定性が危険に曝される場合には，保安措置が講じられなければならない．

　開削工法による公共サービス供給管と排水管の新規布設ないし修繕に代わる別途の方法，とりわけ樹木および潅木の保護を配慮した別途の方法は，非開削工法による布設，修繕である[1-49，1-56]（**1.6.2** も参照されたい）．非開削工法が開削工法よりもはるかに経費が高くつくということについて，Becker は，以下の 2 つの観点を指摘して

いる[1-220].

"開削工法と非開削工法ないしトンネル工法とのコスト比較は，環境全体の「エココントローリング」と，これまで建設主体によって算入されていなかったコスト項目（交通迂回，沿道住民に対する補償，騒音放出，粉塵放出，建設車両負荷，これまで無償で行われていた建設現場設備の道路空間利用，その他の社会的負担コスト）も含めた「エコバランスシート」としてのフルコストバランスシートの形で行われなければならない。

これまで公共(つまり，緑地局または造園局)の負担に紛れ込まされていた樹木倒壊による損害賠償支払い，損害発生後の樹木抜根，樹木の手入れ費用増加等の管布設道路の掘削に起因する樹木立地に関する潜在的な損害間接費用は，管布設工事の入札の始めに考慮され，総建設費用に加えられなければならない"[1-220]（5.6 も参照されたい）．しかしながら樹木あるいは固定埋設された植樹枡は，前述した有用な特性以外に，地下管渠の使用，監視および修理を困難とし，危険に曝すこともある．その意味で地下管渠の使用安全性は，例えば以下によって危険に曝されることがある．

・樹根侵入．これは地下管渠ならびにケーブル・管被覆，ソケット，管継手の排除，損傷もしくは機能不全を惹起することがある(2.3.2.3 参照)．
・樹木から生ずる転倒モーメントによる荷重．
・暴風および雪害により樹木が根こそぎ倒されること．
・植樹の際に侵食性土壌および材料の使用．
・管材料，管被覆またはシーリングを侵す肥料の使用．
・植樹に際する穴掘りおよび根堀り作業．
・使用状態の監視が困難となること．
・損傷除去が困難となり，それによって公共サービス供給中断が長引くこと．

既存の地下公共サービス供給設備や排水設備の領域に新規植樹が計画される場合には，これらの点にも注意が向けられなければならない．これについて[1-216]は，以下のように述べている．

"緑地局によって公共用地に植樹対策が計画される場合には，公共サービス供給設備や排水設備の管理者を当該計画に関与させられなければならない．このためこれらの管理者には現存ならびに計画された樹木立地を記入した平面図——一般に縮尺1/500——が提示されなければならない．新たな樹木立地計画は，管布設状況と樹木種に応じて個別に調整されなければならない．特に既存の取付管の存在が考慮されなければならない"．

植樹用掘削溝は，掘削溝の外端が管渠の外側から 0.5 m 以上離れていない場合には

1. 下水道の構造，背景条件

人力で行われなければならない．

　管渠と平行に一列に植樹される樹木の植樹間隔は，樹木種，管布設道路との間の間隔および管種に応じて定められる．植樹間隔は，樹冠の狭い樹木については標準管長が 6.00 m であることからそれを下回るべきではなく，樹冠の広い樹木についてはより大きな間隔が必要である．

　地表に存在する管施設(マンホール，コック・バルブ類，消火栓，スイッチボックス等)と植樹との間隔は，通常 2.00 m を下回るべきではない．これらの施設には，安全上の理由からいつでも接近できなければならない．

　保護対策が必要となる場合には，関係者の間の協議が必要である．これには例えば以下のものが可能である．

・鋼製，コンクリート製の隔壁または根を通さないプラスチック板(図 1-168)．
・リング状隔壁(図 1-169)．
・保護管，縦分割された保護管．

　例えば，次のものは不適切である．

・薄肉シート($d < 2$ mm)，カバーフード，継目が保護されていない隔壁．
・コンクリート製のケーブル管渠成形材．

　欠陥ある管渠への樹根の侵入に樹種が大きな影響を有しており，しかも管渠施設と樹木との間隔 2.5 m は，樹根の侵入を確実に防止するものではないということは Mathes の調査結果[1-221]がこれを明らかにしている．それによれば，管が樹冠範囲外にある場合にのみ天然の保護が生ずることとなる．しかしながら，成木の樹冠直径が 20 m までに広がる大型樹木(一次樹木)の場合には，人口集中地域内にそうした立地

表 1-31：樹木の根系の特徴[1-222]

種／品種	種／品種	根系
大型樹木(一次樹木)		
Acer platanoides	ノルウェーメープル	平面形/団塊形
各品種の Acer pseudoplatanus	各品種のシカモア	垂直形
Acer saccharinum	サトウカエデ	極端に平面形
Aesculus hippocastanum	マロニエ	平面形，広範囲
Ailanthus altissima	シンジュ	平面形
Alnus glutinosa	クロハンノキ	平面形
Betula papyrifera	カバノキ	平面形
Betula pendula	シラカバ	極端に平面形
Castanea sativa	ヨーロッパグリ	垂直形，密生
各品種の Fagus sylvatica	各品種のヨーロッパブナ	平面形/団塊形
各品種の Fraximus excelsior	各品種のセイヨウトネリコ	垂直形，広範囲
Gleditsia triacanthos "Inermis"	サイカチ	平面形

1.12 樹木，植被

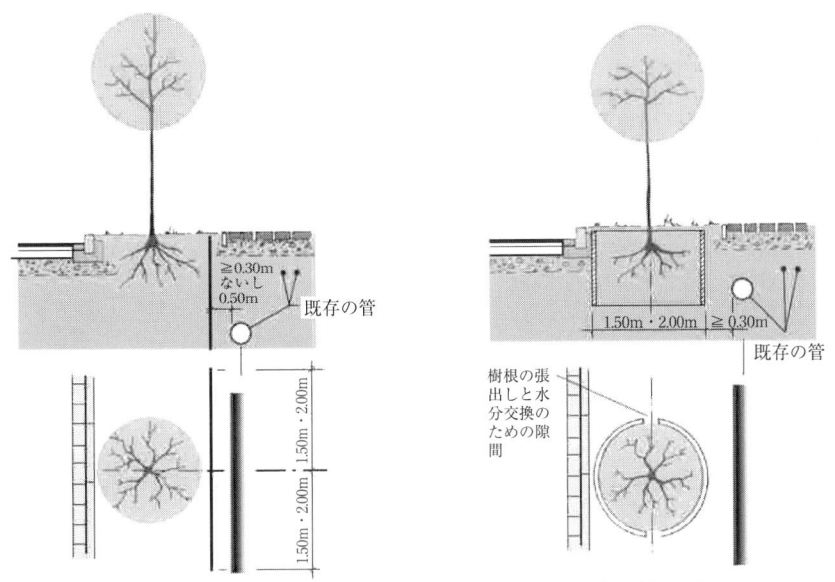

図1-168：平行隔壁の取付け[1-216]

図1-169：環状隔壁[1-216]

条件を見出すことはほとんど不可能である．したがって新規植樹に際しては，基本条件に応じ，樹根システムが管渠施設と適合し得る適切な樹種が選択されるべきであろう．表1-31に侵害，灌水，根生え過多，舗装の持上げ，排水管への侵入の点から見た樹木根系の特性を概観した．根張りの形態は，遺伝的に定まっており，平面形根系，団塊形根系，垂直形根系が区別されるが，天然にはこれらの中間形も存在している．

匍匐枝形成	舗装の持上げ	根生え，過多	侵害時の挙動	排水管への侵入
―	有り	可	耐性有り	観察される
―	希	十分に可	耐性有り	頻繁に認められる
―	強力	十分に可	敏感	特によく認められる
＋	強力	敏感	敏感	特によく認められる
―	強力	敏感	敏感	頻繁に認められる
―	希	可	耐性有り	頻繁に認められる
―	有り	敏感	[記載なし]	[記載なし]
―	強力	不可	敏感	希
―	希	可	[記載なし]	[記載なし]
―	有り	不可	敏感	無し
―	希	可	耐性有り	頻繁に認められる
―	希	可	耐性有り	[記載なし]

1. 下水道の構造，背景条件

種／品種	種／品種	根系
Liriodendron tulipifera	ユリノキ	平面形，多肉質
Platanus x acerifolia	モミジバスズカケノキ	団塊形
Populus alba "Nivea"	ウラジロハコヤナギ	平面形
Populus balsamifera	バルサムヤマナラシ	平面形
Populus x berolinensis	ベルリンヤマナラシ	平面形
Populus x canescens	ハイイロヤマナラシ	平面形
Popolus x euramercana "Robusta"	パルプヤマナラシ	平面形
Populus nigra "Italica"	セイヨウハコヤナギ	平面形
Quercus cerris	カシ	垂直形
Quercus frainetto	ハンガリーカシ	垂直形
Quercus petraea	ヨーロッパオーク	垂直形
Quercus robur	ヨーロッパオーク[前記近縁種]	垂直形
Quercus rubra	アメリカアカガシ	平面形
Robinia pseudoacacia	ニセアカシア	平面形，広範囲
各品種の *Salix alba*	各品種のシロヤナギ	平面形
各種および各品種の *Tila*	各種および各品種のシナノキ	団塊形，集中的
Ulmus laevis	ニレ	垂直形
中型樹木		
各品種の *Acer campestre*	各品種のコブカエデ	団塊形
Acer negundo	トネリコバカエデ	平面形
各品種の *Acer platanoides*	各品種のノルウェーメープル	平面形／団塊形
各品種の *Acer rubrum*	各品種のアメリカハナノキ	平面形
Acer saccharinum "Laciniatum Wieri"	サケバサトウカエデ	極端に平面形
Alnus cordata	イタリアハンノキ	[記載なし]
Alnus incana	ハイイロハンノキ	平面形
Alnus x spaethii	ムラサキハンノキ	平面形
Betula nigra	クロカバノキ	平面形，密生
Betla pubescens	モールカバノキ	平面形，垂直形
Betula utilis	ヒマラヤカバノキ	平面形
各品種の *Carpinus betulus*	完品種のクマシデ	団塊形，集中的
Cercidiphyllum japonicum	カツラ	平面形／団塊形
Corylus colurna	ハシバミ	団塊形
Davidia involucrata var.vilmoriniana	ダビディア	平面形
各品種の *Fagus sylvatica*	各品種のヨーロッパブナ	平面形／団塊形
各品種の *Fraxinus excelsior*	各品種のセイヨウトネリコ	垂直形／広範囲
Juglans	クルミ	垂直形
Liquidambar	フウ	団塊形，多肉質
Populus simonii	シモニイヤマナラシ	平面形
Populus tremula	ヨーロッパヤマナラシ	平面形／団塊形
Prunus avium	セイヨウミザクラ	平面形，広範囲
Pterocarya fraxinifolia	コーカサスサワグルミ	平面形
Quercus coccinea	ケルメスナラ	垂直形
Quecus macranthera	ペルシャガシ	平面形
Quercus palustris	湿地カシ	平面形

1.12 樹木，植被

匍匐枝形成	舗装の持上げ	根生え，過多	侵害時の挙動	排水管への侵入
—	有り	敏感	敏感	[記載なし]
—	強力	十分に可	耐性有り	頻繁に認められる
+	強力	十分に可	耐性有り	特によく認められる
+	強力	十分に可	耐性有り	特によく認められる
+	有り	可	耐性有り	観察される
+	有り	可	耐性有り	特によく認められる
—	有り	可	耐性有り	観察される
+	強力	可	耐性有り	特によく認められる
—	希	可	耐性有り	観察される
—	[記載なし]	[記載なし]	[記載なし]	[記載なし]
—	希	可	耐性有り	頻繁に認められる
—	希	可	耐性有り	頻繁に認められる
—	強力	敏感	敏感	頻繁に認められる
+	強力	僅か	耐性有り	無し
—	強力	十分に可	耐性有り	特によく認められる
—	強力	僅か	耐性有り	無し
+	希	敏感	敏感	有り
—	希	可	耐性有り	希
—	有り	敏感	敏感	頻繁に認められる
—	有り	可	耐性有り	観察される
—	有り	敏感	敏感	観察される
—	強力	十分に可	敏感	特によく認められる
—	[記載なし]	可	[記載なし]	[記載なし]
+	有り	可	耐性有り	特によく認められる
—	[記載なし]	[記載なし]	[記載なし]	[記載なし]
—	有り	敏感	敏感	希
—	[記載なし]	可	耐性有り	[記載なし]
—	強力	敏感	敏感	[記載なし]
—	希	僅か	敏感	[記載なし]
—	強力	[記載なし]	[記載なし]	[記載なし]
—	有り	僅か	敏感	[記載なし]
—	[記載なし]	不可	敏感	[記載なし]
—	有り	不可	敏感	無し
—	希	可	耐性有り	頻繁に認められる
—	希	可	敏感	[記載なし]
+	有り	僅か	敏感	観察される
[記載なし]	強力	可	耐性有り	観察される
—	強力	可	耐性有り	特によく認められる
+	有り	僅か	敏感	観察される
+	強力	可	耐性有り	特によく観察される
+	有り	敏感	敏感	観察される
—	希	可	[記載なし]	[記載なし]
—	強力	敏感	敏感	観察される

1. 下水道の構造，背景条件

種／品種	種／品種	根系
各品種の Robinia pseudoacasia	各品種のニセアカシア	平面形
各品種の Salix alba	各品種のシロヤナギ	平面形
Salix sepulcralis "Tristis"	シダレヤナギ	平面形
各品種の Sophora japonica	各品種のエンジュ	平面形
各品種の Sorbus aucuparia	各品種のナナカマド	平面形/団塊形
Sorbus intermedia	スウェーデンナナカマド	団塊形
各品種の Tilia cordata	各品種のフユボダイジュ	団塊形，集中的
Tilia x euchlora	クリミアボダイジュ	団塊形
Ulmus Hybride "Lobel"	雑種ニレ	団塊形
小型樹木		
Acer ginnala	ギンナラカエデ	平面形
Acer japonicum "Aconitifolium"	ハウチワカエデ	平面形
各品種の Acer negundo	各品種のトネリコバカエデ	平面形
各品種の Acer palmatum	各品種のイロハモミジ	平面形
Acer rufinerve	ウリハダカエデ	平面形
Acer x zoeschense "Annae"	ゾウシェンカエデ	平面形/団塊形
Aeculus x carnea "Briotii"	ベニバナトチノキ	平面形/団塊形
Alnus cordata	イタリアハンノキ	［記載なし］
各種の Amelanchier	各種のサイフリボク	平面形
Aralia ealta	ニホンアラリア	平面形
Buxus sempervirens var.arborescens	アオミドリツゲ	団塊形，集中的
Catalpa bignonioides	キササゲ	団塊形，多肉質
Cercis siliquastrum	セイヨウハナズオウ	平面形
各種及び各品種の Cornus	各種および各品種のミズキ	平面形/団塊形
Crataegus laevigata "Paul's Scarlett"	サンザシ	垂直形
Crataegus x lavallei	サンザシノキ	垂直形
各品種の Crataegus monogyna	各品種の単性サンザシ	垂直形
Crataegus coccinea	トキワサンザシ	垂直形
Crataegus x prunifolia "Splendeens"	セイヨウスモモバサンザシ	垂直形
Davidia involucrata var.vilmoriniana	ダビディア	平面形
Elaeagnus angustifolia	グミ	平面形/垂直形
各品種の Fraxinus ornus	各品種のハナトネリコ	団塊形/垂直形
Halesia carolina	ハレシア	平面形
Hippophae rhamnoides	ヒッポファエ	平面形/垂直形
各品種の Ilex aquifolium	各品種のセイヨウヒイラギ	団塊形
Koelreuteria paniculata	モクゲンジ	平面形
各種および各品種の Laburnum	各種および各品種のキバナフジ	平面形，疎生
Lonicera maackii	ヒョウタンボク	団塊形
各種および各品種の Magnolia	各種および各品種のモクレン	平面形
各種および各品種の Malus	各種および各品種のカイドウ	平面形/団塊形
Parrotia persica	アカテツ	平面形
各種および各品種の Prunus	各種および各品種のサクラ	団塊形
Pyrus calleryana "Chanticleer"	チュウゴクナシ	垂直形
Pyrus salicifolia	ヤナギバナシ	垂直形

1.12 樹木, 植被

匍匐枝形成	舗装の持上げ	根生え, 過多	侵害時の挙動	排水管への侵入
+	有り	僅か	耐性有り	無し
−	強力	十分に可	耐性有り	特によく認められる
−	強力	僅か	耐性有り	特によく認められる
−	強力	僅か	敏感	[記載なし]
+	強力	可	敏感	無し
−	有り	可	耐性有り	無し
−	強力	僅か	耐性有り	無し
−	強力	僅か	敏感	[記載なし]
−	有り	僅か	[記載なし]	[記載なし]
−	有り	僅か	敏感	[記載なし]
−	[記載なし]	不可	敏感	[記載なし]
−	有り	敏感	敏感	頻繁に認められる
−	[記載なし]	不可	敏感	[記載なし]
−	[記載なし]	敏感	敏感	[記載なし]
−	有り	[記載なし]	[記載なし]	[記載なし]
−	強力	敏感	敏感	[記載なし]
−	[記載なし]	可	[記載なし]	[記載なし]
−	有り	敏感	敏感	[記載なし]
+	[記載なし]	僅か	敏感	[記載なし]
−	[記載なし]	僅か	耐性有り	[記載なし]
−	無し	僅か	敏感	[記載なし]
+	有り	[記載なし]	[記載なし]	[記載なし]
−	希	僅か	敏感	[記載なし]
−	希	敏感	敏感	無し
−	希	可	耐性有り	無し
−	希	敏感	敏感	無し
−	[記載なし]	可	耐性有り	無し
−	希	[記載なし]	[記載なし]	[記載なし]
−	[記載なし]	不可	敏感	[記載なし]
−	[記載なし]	僅か	[記載なし]	無し
−	有り	可	敏感	[記載なし]
−	無し	不可	敏感	[記載なし]
+	強力	可	耐性有り	無し
−	希	敏感	敏感	無し
−	希	敏感	敏感	無し
−	有り	僅か	敏感	無し
−	有り	敏感	敏感	無し
−	有り	不可	敏感	[記載なし]
+	有り	敏感	敏感	可
−	有り	敏感	敏感	[記載なし]
−	有り	敏感	敏感	可
+	希	可	耐性有り	可
−	[記載なし]	耐性有り	可	[記載なし]

1. 下水道の構造，背景条件

種／品種	種／品種	根系
Quercus pontica	アルメニアカシ	垂直形
Quercus x turneri "Pseudoturneri"	各種のトキワカシ	垂直形
Rhus 種	各種のウルシ	平面形／広範囲
各種および各品種の *Salix*	各種および各品種のヤナギ	平面形
各種および各品種の *Sorbus*	各種および各品種のナナカマド	団塊形／垂直形
針葉樹		
各種および各品種の *Abies*	各種および各品種のモミノキ	団塊形／垂直形
各種および各品種の *Cedrus*	各種および各品種のヒマラヤスギ	団塊形／垂直形
各品種の *Chamaecyparis*	各品種のイトスギ	平面形，集中的
Ginkgo biloba	イチョウ	団塊形
Juniperus virginiana "Skyrocker"	ネズミサシ	平面形／垂直形
各種の *Larix*	各種のカラマツ	団塊形
Metasequoia glyptosrtoboides	メタセコイア	平面形
各種および各品種の *Picea*	各種および各品種のトウヒ	平面形
各種および各品種の *Pinus*	各種および各品種のマツ	平面形／垂直形
Pseudolarix amabilis	イヌカラマツ	垂直形
Pseudotsuga menziesii var. caesia	アメリカトガサワラ	団塊形
Sciadopitys verticillata	コウヤマキ	平面形，多肉質
Sequoiadendron gigantheum	セコイアデンドロン	平面形／垂直形

1.12 樹木，植被

匍匐枝形成	舗装の持上げ	根生え，過多	侵害時の挙動	排水管への侵入
—	希	[記載なし]	[記載なし]	[記載なし]
—	希	[記載なし]	[記載なし]	[記載なし]
+	強力	敏感	敏感	[記載なし]
—	強力	十分に可	耐性有り	特によく認められる
—	有り	敏感	敏感	可
—	希	可	[記載なし]	無し
—	希	可	敏感	無し
—	有り	敏感	敏感	可
—	希	敏感	敏感	[記載なし]
—	希	可	[記載なし]	[記載なし]
—	有り	可	耐性有り	[記載なし]
—	強力	敏感	敏感	可
—	有り	敏感	敏感	無し
—	有り	可	耐性有り	無し
—	[記載なし]	[記載なし]	[記載なし]	[記載なし]
—	希	僅か	[記載なし]	[記載なし]
—	無し	不可	敏感	無し
—	希	不可	敏感	無し

2. 損傷，その原因と結果

2.1 総　論

　下水道は，常に様々な物理学的，化学的，生化学的，および生物学的な過酷な条件に曝されている．

　これらの条件は，設計，材料，施工，保守，利用の方法および期間，外部の影響作用（例えば，地盤，交通荷重等）に応じて，もともと存在していた100％の機能を急速に減退させる（**図2-1**）（**4.1**も参照）[2-1]．

　実態が損傷限界または機能停止に達した場合には，適切な損傷対策によって少なくとも目標状態に再び引き上げられなければならない．

　図2-1に示したカーブは，使用期間中に生ずると想定される劣化の形態を表している．これは点検によって調査・確認されるとともに，一方で設備・施設自体に，他方で構造物への負荷および保守状態に依存している．

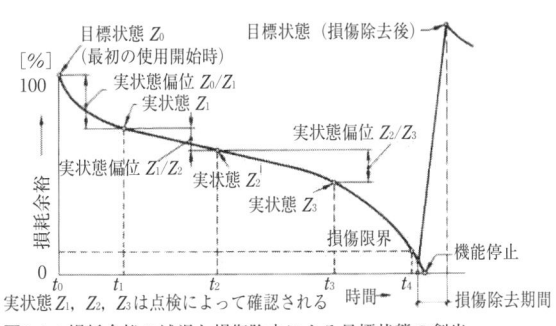

図2-1：損耗余裕の減退と損傷除去による目標状態の創出
　　　（DIN 31 051[2-2]）

　DINとATVに基づき**図2-1**にあげられた概念は，以下のように定義される（DIN 31051[2-2]，ATV-M 143 Teil 1[2-1]）．

① 実態：所定の時点に確認された構造物または個々の部材の状態．
② 目標状態：それぞれのケースについて要求される構造物または個々の部材の状態．
③ 目標状態からのずれ：所定の時点における実態の目標状態からのずれ．
④ 実状態偏位：異なった時点における実態のずれ．
⑤ 劣化：物理学的，化学的，生化学的および生物学的な影響作用による機能の低下．

2. 損傷，その原因と結果

⑥ 機能上の余裕：製造条件に基づくか，または損傷除去による回復に基づき内在している定められた条件下での機能の余裕．
⑦ 損傷：保全における損傷とは，許容し得ない機能性毀損を引き起こすか，または予測させる状態．

保守対策(3.1 参照)—これは適切な点検プログラム(4.)を前提としている—によって劣化を遅らせるとともに，損傷発生時点を遅らせることができる．ただし，一般的な損傷回避を行うことは不可能である[2-3]．

一般に，下水管および管路は，長い耐久性を有するとともに，通常，緩慢に劣化していくことが前提とされている．このことは，技術水準とは無関係に管布設時点に適用されるATVに基づく償却率によって明らかである(ATV-A 133[2-4])．**表 2-1**は，前述したATVないし地方自治体共同行政組合(KGst)の減価償却率，租税上の目的の連邦大蔵省(BMF)の減価償却率，連邦建設省(BMBau)の減価償却率(V価値査定基準1991/76も参照)，地方自治体租税公課法(KAG)に関する行政規則中の勧告，Steenbockの減価償却率[2-5]を示している(ATV-A 133[2-4])．この一覧から，材料が減価償却率に及ぼす影響と，減価償却率が一般に高い傾向および使用期間が短い傾向

表2-1：下水処理に資する対象物の減価償却率[2-4, 2-6]

対象物	減価償却率 [%]				
	Steenbock	BMF	BMBau	KAG	KGSt/ATV-A 133
取付管および道路排水溝を含む管渠		5		2～2.5	1～2 (1.25～2.5)
アスベストセメント コンクリート，鉄筋コンクリート(汚水) コンクリート，鉄筋コンクリート(雨水) 陶器	1.5～2		1～1.25 1		
ライニング付き現場打設コンクリート レンガ積式	2.5～3		2～3.3 1.7～2.5		
プラスチック スチール	2.5～3 3～3.5				
圧力導管 マンホール	3～3.5		コンクリート1.25～1.7 クリンカ 1～1.25		2～3.5
導管内の特殊構造物(機械設備を除く) 例えば，以下のもの					
流入構造物					
流出構造物					
雨水捕集構造物および雨水余水吐け	2.5～3.5	2.5		3	1.5～2.5
合流構造物および分流構造物					
その他の構造物，特に中継ポンプ施設および浄化施設(機械設備を除く)	2.4～3.5	5	1.7～3.3	5	2.5～3.5
機械設備(平均値として)	5～20 10	(10)	2.5～5		4～20

2.1 総論

があることが明らかとなる．また，これらの減価償却率は使用期間中におけるそれぞれの管の物理学的，化学的，生化学的および生物学的な過酷な条件によって生じる変化を考慮していない．

最近では，州共同研究委員会(LAWA)[2-6]が下水道技術設備・施設に関して材料とは無関係に平均耐用年数のみをあげている．

- 管渠：50～80(100)年
- 下水道マンホール：50年
- 圧力管および伏越し管：28～50年
- 雨水吐，雨水貯留槽：
  - 構造物部分；40(50)～70年
  - 機械部分；5～20年
- 中継ポンプ施設
  - 構造物部分；25～40年
  - 機械設備(例えば，渦巻ポンプ)；8～20年

ドイツにおける下水道の建設時期からみる(1.参照)と，一部については現在既に耐用年数を超えており，それらは，現在の要件を完全には満たしていない．これは，特にかつて通常であったシール材を使用した管継手に当てはまる．

損傷は，標準耐用年数の超過によっても起こるし，使用期間中に内外で作用する様々な過酷な条件によっても起こる．また，布設後数年内に発生し，基本的に施工欠陥および材料欠陥に起因する，いわゆる初期損傷も存在する[2-7～2-27]．

劣化の原因になると同時に損傷をもたらす過酷な条件の種類はきわめて多様であり，それゆえ，同一の損傷が全く異なった原因によることもある．損傷は，局所的に限定されているか，またはスパンもしくは排水区域の全体にわたって広範囲に分布して発生することもある．

損傷とその形態，原因および結果を知ることは，最適な保全対策の計画立案と設計において最重要な前提条件の一つであると同時に，特に適切な損傷除去方法ないし修繕方法を選定するための最重要な前提条件の一つである．

以下に，下水道において発生し，ATVにあげられている主要な損傷，つまり，漏れ，排水障害，位置ずれ，物理的摩耗，腐食，変形，亀裂，管の破損・崩壊を詳しく論ずるが，損傷の原因および損傷の結果の完全な記述はしていない(ATV-M 143 Teil 1 [2-1])．損傷の分布と損傷規模に関しては2.9で述べる．

2.2 漏 れ

2.2.1 損 傷

　漏れは，水の流入ないし流出が視覚的に認められるか，または水密検査(**4.4.1**参照)の要件が満たされていない場合に存在する．
　文献[2-1]によれば，漏れは以下の箇所，すなわち，
・管継手(**図2-2**)または部材継目ないし構造物継目，
・管壁，
・取付管の接続部(**図2-3**)，
・マンホールまたはその他の構造物，
において，その他の損傷とは無関係に，あるいはその他の損傷とともに複合して発生する．

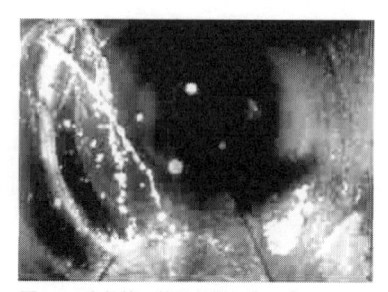

図2-2：管継手の漏れ[2-28]　　　図2-3：取付管の接続部漏れ[2-29]

　2.1 にあげたその他のすべての損傷は，本来的な漏れを表している―例えば，亀裂，亀甲割れ，管の破損および崩壊等―か，または損傷規模および損傷の進展に応じて早期にもしくは時間の経過とともに漏れを生じさせる可能性があるものである．

2.2.2 損傷原因

　漏れの発生には多数の原因が考えられるが，それらは次ように区分することができ

る[2-1].
- DIN 1986[2-30], DIN 4033[2-31], DIN 19550[2-32], ATV-A 139[2-33], 材料規格または準則集の不遵守,
- 設計,
- 材料選択および部材選択,
- 施工,
- 供用に際する基準の不遵守,
- 材料劣化,
- その他の損傷の結果.

2.2.2.1 規格,規程および準則集の不遵守

材料選択または部材選択は,それぞれの負荷ならびにその時点での技術水準によって規定されている.したがって,以前に使用されていたシール材(1.7 参照),例えば粘土,セメントモルタル,流込みアスファルトおよび可塑性シール材(図 2-4)は,現在の要求条件を満たしておらず,既に交換済みでない限り,漏れが相当程度発生しているということを忘れてはならない.

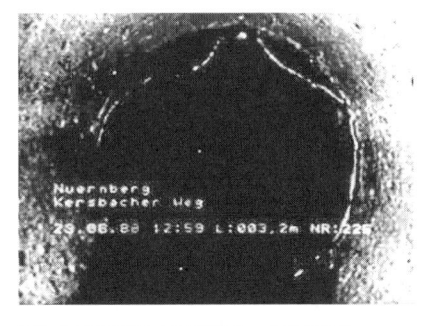

図2-4:飛び出した可塑性シール材[2-34]

このことは表 2-2 に示したドイツのある地方自治体における管渠網区域の調査結果によって明らかである[2-34].

現在使用されている材料および部材についても,不遵守による材料欠陥ならびに施工欠陥に帰因する漏れが再々にわたって発生している.

以下に,漏れないし漏れを伴う損傷を生ずるか,または引き起こしうるいくつかの

表 2-2:旧西ドイツのある地方自治体における管渠網区域の管継手漏れに関する検査結果

管材料	シーリング	視覚的に確認し得る漏れ[%]	視覚的には認められないが,漏れ検査によれば漏れあり[%]	漏れの合計[%]
コンクリート	モルタル	17	46	58
	可塑性シールバンド	61	64	82
	ロールリング	18	0	18

2. 損傷，その原因と結果

代表的な例をあげることとする．

(1) 不適切な材料または部材の使用
- 規格の不遵守によるかまたは状況の変化を予測できなかったことによる材料選択の誤り[2-35]，
- 相互に悪影響を及ぼす材料または部材の組合せ（例えば，エラストマシールリングに不適切な滑剤を使用すること），
- シール材からの揮発成分の消失または地中ないし管材料中への結合材成分の移行（劣化（DIN 50035 参照）[2-36]ないし弱化），
- 耐久性のないシール材の使用，
- 施工を容易とするための柔らかすぎるシール材の使用，
- 適切な復元力を発揮しないエラストマシールリングの使用，
- 継手部において過大な許容差を有する管の使用，
- まだ十分に固化していないコンクリート管または鉄筋コンクリート管の使用．

(2) 欠陥のあるまたは損傷した部材の使用
- 巣のあるコンクリート管およびコンクリートの圧縮が不十分なコンクリート管，
- 許容度を超える縮み割れを有するコンクリート管および鉄筋コンクリート管，
- コンクリートと鉄筋との結合が不十分な補強筋部に例えば粗大空隙または空洞（いわゆる補強筋シャドー）のある鉄筋コンクリート，
- 製造過程で生じた予期しない高い残留応力を有する管，
- 寸法許容差の不遵守，
- 管（鋳鉄，鋼，プラスチック）内またはエラストマシールリング内の収縮間隙，
- 工場，輸送中または現場保管中に生じた損傷のある管の使用．

陶管とコンクリート管の場合には，およそ1900年まで管体にソケットが事後的に付け足されていた．これによって支持条件が劣悪な場合には，頻繁に弱点箇所が発生した．この弱点箇所は，管とソケットの一体的製造方法が導入された後になくなった[2-37]．

(3) 不適切な施工

漏れの主要な原因は，公的技術規則に準拠しなかった施工から発生している．例えば多くの場合に，管渠には排水管としての付加的な役割が与えられた．これは，特に管頂部における管継手のシールを意図的に放棄したセミソケット付きの管の使用によ

2.2 漏れ

って行われた(図2-5).前世紀には,漏れを許容した構造欠陥を意図的な排水効果と称することも普通であったが,1884年のHobrechtの著作[2-38]からの以下の引用は,こうした事情を十分に説明している."管渠と地下水との関係は,ほとんどの場合に誤って理解されている.困ったことに,漏れのない管渠の建設に成功しなかった技師たちが災いを転じて福となすために,管渠に生じた浸入水を地下水位を下げるための技術的手段として自賛する傾向がしばしば見られるからである".

特に以下にあげた例が示すように,管継手および接続部には欠陥が生じやすい.

(4) 管継手

管継手の種類については1.7参照.要件についてはDIN 19543参照[2-39].

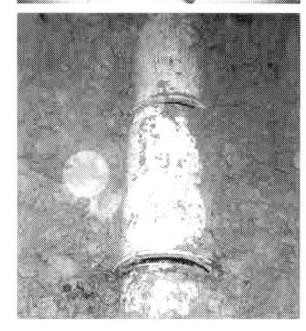

図2-5:19世紀のセミソケット付き管

- シールリング嵌込みの欠陥または誤り(図2-6),
- 汚れた,もしくは誤って前処理されたソケット部へのシール材の不適切な取付け,
- 過度に高い温度または過度に低い温度でのシール材ないしパッキン材の加工,
- 不適切な器具の使用による管の不適切な偏心的な接合,
- ソケットもしくは推進管ガイドリングへの差口の差込接合が十分でないことによるシーリング機能不全,
- 鋼管またはプラスチック管の溶接継手ないし接着継手の欠陥,
- 推進力導入時の過大な偏心性または過大な制御運動による推進工法時のガイドリングないしシーリングの損傷(ATV-A 125[2-40〜2-42]参照),

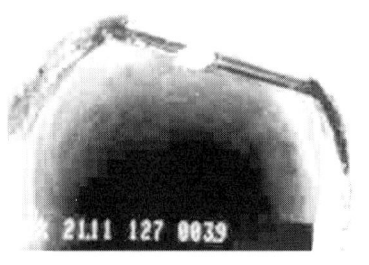

図2-6:シールリング嵌込みの誤り

2. 損傷，その原因と結果

・推進工法時に使用される支持材ないし滑剤としてのベントナイト懸濁液の圧力が過大なこと．

(5) 接続部

・マンホール部における管渠マンホールのへ接続が撓みに耐えられないこと(2.4参照)，
・管渠の穴あけによる取付管の接続．穴あけされた管渠に数多くの取付管が接続されたが，こうした工法にあっては水漏れのない，耐久的かつ撓みのある接続を作り出すことはできない．さらに，管渠自体が必然的に損傷される危険も存在する(図 2-7)．

図2-7：コンクリート管へ正しく接続されなかった取付管[2-28]

(6) 供用中

供用中に管継手，管または部材には内外から予期せぬ負荷が生じ，これによって漏れとそれに伴う損傷が生じることがある．これらは，以下のようなものである．
・木根の侵入(2.3.2.3 参照)．
・温度の影響．
・周囲温度が 10 ℃における DIN 19550[2-32]，DIN 1986 Teil 1[2-30]，DIN 19543[2-39]に定める許容最高温度―呼び径 350 までが 45 ℃，呼び径 400 以上が 35 ℃―の超過は，管渠スパンないし個々の管の位置変化，長手方向運動，応力亀裂または変形，さらにシール材の破壊も生ずることがあり，これによって漏れが発生する．
・不適切な清掃方法または機器の使用，あるいはそれらの誤った取扱いは管の機械的損傷を生じる(3.参照)．

2.2.2.2 その他の損傷による漏れ

漏れは，その他の損傷，
・位置ずれ(2.4 参照)，

・物理的摩耗(2.5参照),
・腐食(2.6参照),
・変形(2.7参照),
・亀裂,管の破損,崩壊(2.8参照),
の結果としても発生しうる.これらの損傷の原因については,後述する.

2.2.3　発生した損傷の影響

管渠ならびに排水構造物の漏れによって生ずる一次的影響は,以下のとおりである.
・下水の流出,
・地下水の浸入と土壌の流入.

両者は,いずれにせよ,その他の付随的な損傷および損傷の影響の出発点となる[2-43, 2-44].

2.2.3.1　下水の流出

一部の専門家の間では,今日なお,漏れは,下水中の固形物によって自然に塞がれてしまうことにより生じ得ないとの説明がなされている.こうした考え方は,漏水管渠の問題について,最近までなんらの注意も向けられてこなかったことの最大の原因の一つであるとともに,下水道に関係するいくつかの分野における遅れた基準に対しても連帯責任を負っている[2-45 ～ 2-47].

これまでのところ,以下のバックグラウンド条件,つまり,
・水深ないし水頭,
・動水勾配,
・下水性状,
・損傷の種類および損傷の拡大,
・地盤の地質学的および地下水学的特性,
と相関した下水道の漏れに起因する下水流出に関する妥当な定量的データは得られていない[2-48](7.参照).

漏れが生じた場合に,そもそも下水流出に至るか,それとも管渠内への地下水の浸入に至るか(図2-8)は,まず地下水水位に対する管渠の位置に依存している.

自然流下管において,次の場合に下水流出が生ずる.

2. 損傷，その原因と結果

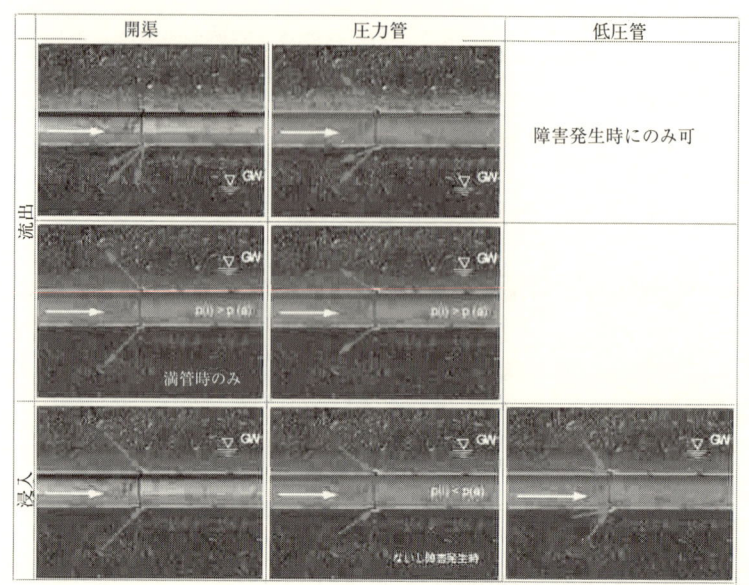

付記：漏れは管継手で表されている

図2-8：内部水圧および地下水レベルと相関した下水流出および下水道への地下水浸入の可能性[2-46]

・損傷箇所が管渠断面の水深以下にあり，時としてまたは常に地下水水位の上方にあるか，
・外部水圧よりも大きな管渠内水圧が発生する場合．

　圧力管にあっては，損傷が発生した場合には，常に流出があると考えなければならない．低圧管にあっては，通常，障害発生時にのみ下水流出が生じ得る．
　下水流出による付随的損傷は，文献[2-1]によれば以下のものである．
・地下水および土壌への有害物質漏出，
・管，構造物または道路舗装に対する有害作用，
・位置ずれ，変形，亀裂，管の破損または崩壊等の付随損傷を伴う基礎条件の変化．
　管渠の漏れによる土壌および地下水の汚染とその除去の可能性とを含むこのテーマについては7.で詳述する．

2.2.3.2　地下水浸入，土壌の流入

　漏れのある管渠ないし排水構造物が常にまたは時として地下水内にある場合（図2-8）には，地下水浸入に至り（図2-2，2-3），同時に管外周の土壌も一緒に流入することが

136

ある．

　浸入した地下水は，不明水に区分される[2-49〜2-52]．DIN によれば，不明水とは，下水道に浸入する地下水，接続欠陥を経て不当に入り込む水（例えば排水，雨水）ならびに汚水管渠（例えば，マンホール蓋を経て）に流れ込む地表水である（DIN 4045[2-53]）現在適用されている DIN EN 752 Teil 1[2-54]—これは DIN 4045 を部分的に代替するものとして定められている—において，不明水とは"管渠中の望ましくない排水"として定義されている．

　広範なデータに基づく不明水比率の最初の系統的な調査は，1979 年にバイエルン州の約 250 箇所の処理施設について実施された．確認された不明水比率は，その他の汚水を基準として平均で 55％であった．不明水比率が 25％以下であったのは，施設のおよそ 33％にすぎず，施設の約 25％については 100％以上であった[2-49]．

　ハンブルク市の全排水網に関して算定された平均不明水流入量は，約 80 L／人・日で，大都市に関して算定された平均値 88L／人・日を下回っている[2-55]．都心部の合流式排水網については，その建設年齢構造からして，100 L／人・日の不明水流入量があるとされる[2-56]．これは，公共下水道に接続された約 75 万人の住民を擁したこれらの市区ではおよそ 7 万 5 000 m³／日の地下水量，ハンブルク市（全体）をとれば約 12 万 m³／日の地下水量が下水道を経て排水されることを意味している．

　ニーダーザクセン州で実施された汚水管渠内への不明水流入量に関する調査は，特に極端な状況を明らかにした．これにより，一部では汚水量の 300〜400％の不明水が発生していることが判明した[2-52]．

　文献[2-52]によれば，建設コストについては 10％でしかないが，不明水問題のほぼ 90％の原因となっている取付管と排水施設が特に問題あるものと考えられる．

　統計データによれば，ドイツの西側連邦州における 1983 年度の平均年間不明水流入率は，汚水発生量の約 80％であった[2-56]．

　これらのデータにおいては，常に下水道における不明水の総量が考察されているが，それは，漏れによって流入する不明水と接続欠陥から生ずる不明水との区別が不可能だからである．調査[2-57]の結果，排水管および特に取付管が管渠網にかなりの不明水量を供給していることが明らかとなった．

　近代下水道の始まりから，人はずっと不明水の存在に慣れてきており，その存在は汚水の 100％の割増しの形[2-58, 2-59]で断面設計に際しても基本的に考慮されてきた．しかし，前述した数値が示しているように，水理学的な想定条件は，多くの場合にもはや現実と一致していない．これらの数値—たとえこれまでのところ漏れによって浸入した地下水が不明水に占める比率の系統的調査はまだ実施されてきていないとはい

2. 損傷，その原因と結果

え―は，ドイツの下水道の劣悪な実態の間接的な証拠であることも確かである．

不明水の比率が大きな値を占め得ることはバーゼル市の例がそれを示しており，同市では，地下水水位が極端に高い場合に 100 m 当り 10 L/s までの浸入水が生じた 1 区間の閉鎖が行われた[2-50]．

浸入水の影響は，文献[2-1]によれば次のとおりである．

- 不明水比率の増加，それによる排水水域の有害物質負荷の高まり，下水輸送費用，下水処理費用ならびに下水排出費用の増加．
- 保守費の増加．
- 管渠，中継ポンプ施設または処理施設の水理学的負荷の増加，場合により過負荷．
- 建物および植物への被害と結び付いた地下水水位の低下．
- 管壁付着物．
- 位置ずれ，変形，亀裂，管の破損または崩壊等の付随的損傷を伴う基礎条件の変化．
- 沈下または崩壊と結び付いた空洞形成．
- 木根の侵入．

合流式管渠網における不明水比率の増加は，総排水量の増加をもたらし，雨水吐の越流頻度の増加ならびに越流時間の長期化を引き起こす．不明水の流入による合流下水越流負荷の増加は，水域への汚濁物質搬出の増加となる[2-60]．

下水道自体においては，下水流出の危険，すなわち水域保護のためにこれまで以上に考慮しなければならない二次的影響が高まる[2-61]．

処理施設では不明水の増加は，下水濃度の低下によって処理効率の低下を生じる[2-62]．したがって，不明水比率を低下させることができれば，処理施設の浄化効率は向上し，それによって放流水域のより高度な保護が実現されることになろう(**図 2-9**)[2-63]．

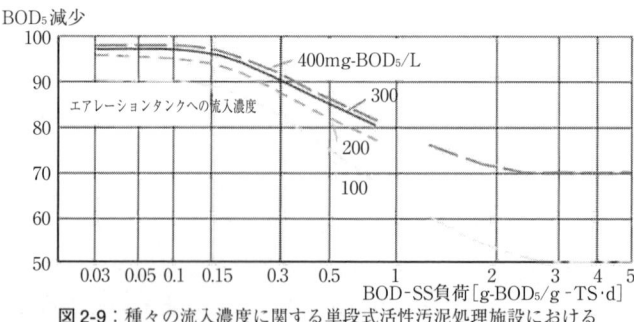

図 2-9：種々の流入濃度に関する単段式活性汚泥処理施設における BOD_5 減少 [2-63]

浸入する地下水が前述した環境的側面以外に経済的な意味を有することは，文献[2-9]で証明されている．それによれば，1980年における不明水処理費用は，約3000マルク/不明水1Lであった．

浸入する地下水とともに浸食もしくは地下浸潤によって土壌も一緒に流入する場合には，閉塞に至るまで堆積物が増加(2.3参照)するとともに，管外周において土壌の弛みによる基礎条件の変化や，空洞形成[2-17, 2-64, 2-65]が招来される．後にあげた2つの損傷結果は，管渠の安定性への侵害をもたらすことにより，崩壊まで至る付随的損傷の始まりとなる．

図2-10は漏れの生じた箇所におけるシルトと砂の挙動を示している．例えば，漏れを生じた排水管に地下水浸入または不明水流入が生じる場合には，微細な土壌粒子は，漏れ箇所上方に安定したフィルタが形成されるまで流入することとなる[**図2-10**(a)，(b)]．粒度分布と積層密度に応じ，たとえ漏れ箇所の大きさが最大粒度の数倍に達している場合にも，漏れが塞がれることもある．だがこうした閉塞効果は，流量増大，水位の激しい変動，高圧洗浄または水による漏れ検査によって破壊されることがあり[**図2-10**(c)]，その結果，新たな平衡状態が生ずるまで漏れ孔とほぼ同じ大きさの土壌粒子も侵入し得ることとなる[2-12]．

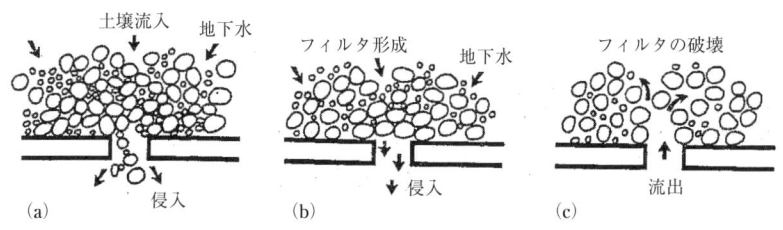

図2-10：漏れが生じた場合の非粘結性土壌の侵食挙動[2-12]

粘結性土壌の場合には，損傷箇所域の土壌侵食は，主として流量増大または管渠内水位の激しい変動によって生ずる(**図 2-11**)．その際に発生する流れによって土粒子の凝集は破壊され，侵食が可能となる．侵食率は，損傷の種類および規模，粘結性土壌の積層密度および可塑性，ならびに流れに曝される面積の広さによって異なる．

内部侵食によって作り出された空洞は，時とともに拡大し，沈下または地表にまで達する陥没を生ずることがある(**図 2-12**)．これらは，いずれも建物ならびに交通を危険に曝すこととなる．この過程でそれぞれの損傷は，外部的に変化するわけではないことから，間接的な視覚的内部点検では，これらの事象に関する情報を必ずしももたらすものではない．それゆえ，損傷の程度の把握ならびに修繕対策の基礎として空洞の位置探知が不可欠である．

2. 損傷，その原因と結果

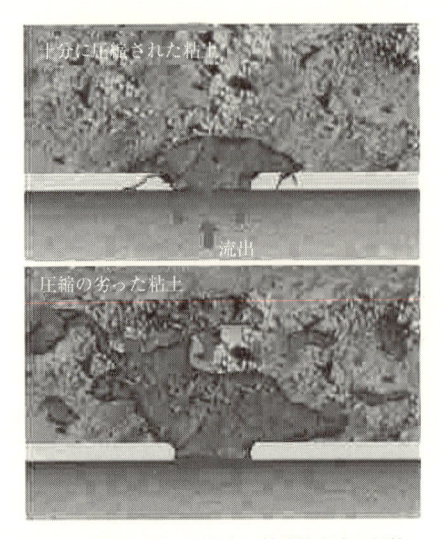

十分に圧縮された粘土

流出

圧縮の劣った粘土

図2-11：漏れが生じた場合の粘結性土壌の侵食挙動［2-12］

図2-12：管渠の漏れに起因した道路陥没［2-28］

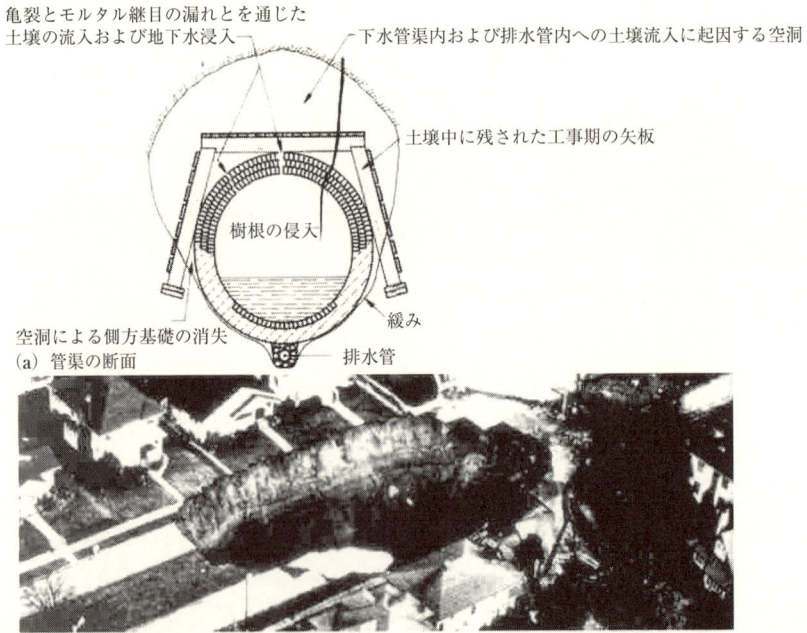

亀裂とモルタル継目の漏れとを通じた土壌の流入および地下水浸入

下水管渠内および排水管内への土壌流入に起因する空洞

土壌中に残された工事期の矢板

樹根の侵入

空洞による側方基礎の消失

緩み

（a）管渠の断面

排水管

（b）道路陥没の状況，地表のクレーター

図2-13：排水管の不適正な止水と下水管渠の漏れとによる空洞形成および広範囲に及ぶ空洞の陥没（シアトル）［2-65］

これに関連した特に重大な損害事故は，1957年に米国のシアトルにおいて深さ45 mの地中に布設されていた合流式管渠で発生した[2-64]．1910年から1913年にかけて非開削工法で築造された直径およそ2 mのこの管渠には，工事中に発生する水を排水するため1本の排水管が布設されたが，この排水管は，工事終了後埋め戻されずに木栓で塞がれただけであった（図2-13）．これは，時が経つとともに腐食し，その結果，流入する水によって土壌も浸食されることとなった．これによって基礎条件が変化し，時として発生した止水現象によってレンガの縦方向にも亀裂が生じ，この亀裂を通って地下水と土壌も流入した．これらすべての要因が相まって，陥没時には地表寸法が約30 m × 40 m，深さ45 mのクレータとなる大空洞が形成されるに至った．

最後に，不当な地下水採取（管渠網への取込み）と地下水流送（排水作用）は，WHG§2第1項およびそれと関連した同§3第1項第6号に対する違反であることから，いずれの地下水浸入もWHG§41第1項第1号に定める法律違反である旨を指摘しておくこととする．

2.3 排水障害

2.3.1 損　傷

排水障害とは，管断面内にあるか，管断面内に突き出ているか，または管断面と交差し，それによって下水の正常な流下に必要な断面積が全面的には使用できないようにする物体または物質である．計画的に組み込まれた部材，例えば径違い継手，ゲート，絞り弁または逆止弁等は排水障害とはいわない．

代表的な排水障害とは，以下のとおりである[2-1]．
・固着堆積物，
・管壁付着物（図 2-14），
・突き出た排水障害，

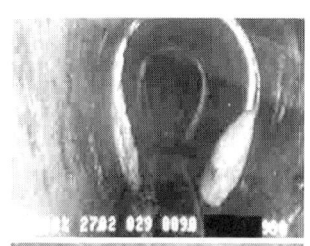

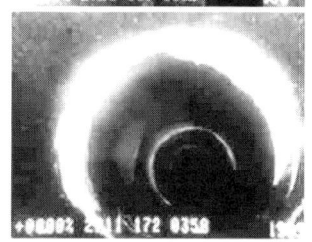

図2-14：コンクリート管渠における固着物

2. 損傷，その原因と結果

・樹根侵入．

2.3.2　損傷原因

ATVによれば，排水障害については，以下の損傷原因が考えられる（ATV-M 143 Teil 1[2-1]）．
- DIN 4033[2-31]，DIN 1986 Teil 3[2-30]，ATV-A 115[2-66]，ATV-A 139[2-33]の不遵守．
- 設計の瑕疵（例えば，管勾配）．
- 施工不良．
- 不十分な清掃．
- 堆積性物質または凝固性物質の流入．
- 樹根侵入を防止し得ないシール材または管継手．
- 通常の供用以外の影響．
- 漏れ（2.2）の結果．

以下に上記の損傷原因のいくつかを詳述する．

2.3.2.1　堆積物

DINによれば，堆積物とは，重力によって沈積した物質である（図 2-15，2-16）（DIN 4046[2-67]）．

堆積物が定期的に除去されない場合には，その組成および滞留時間に応じて時とともに強固に固着する場合がある（図 2-15）．

いずれの下水道においても，
- 家庭および事業所からの汚水，
- 雨水，
- 浸入する地下水，

とともに流入する非常に不均質な組成を有する固形物が見出される（2.2.3.2 参照）[2-68，2-69]．

これらの固体は，流下させるのに必要な限界速度に達しない場合に初めて沈積し，堆積物を形成することとなる（1.5 参照）．この限界速度は，

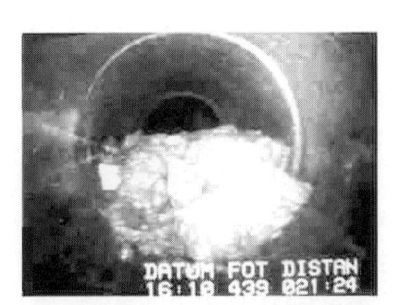

図2-15：コンクリート管渠内の固着堆積物 [2-28]

2.3 排水障害

以下のパラメータに依存している[2-70].
・管直径,
・水深,
・粗度,
・沈積性無機固形物濃度,
・無機固形物の平均粒子直径,
・管勾配.
・下水道には輸送困難か,そもそも流下不能な多数の物体および物質が入り込む.したがって,これらは,管渠内の排水障害(2.3.2.2, 2.3.2.3 参照)と同様に広範囲に及ぶ堆積物形成の始まりとなることがある.原因は,以下のように考えられる[2-71].
・壁面付着物,腐食,摩耗,管継手から押出されたシールリング,管底の一様性の欠如等による管内面の平滑性の欠如.
・壁面から崩落した破片,管渠レンガ,モルタル.
・昇降マンホール内に落下した物体および物質(例えば,足掛け金物)(**図 2-17**).
・隣接工区からのコンクリート,モルタル,セメント懸濁液の流入.

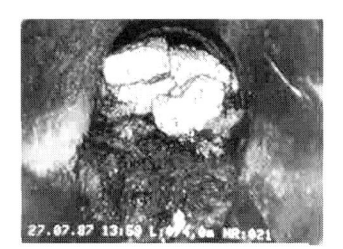

図2-16:堆積物による管渠の詰まり [2-28]

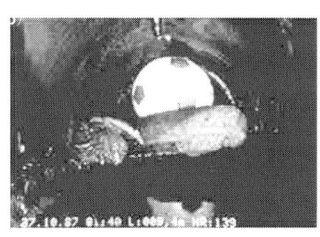

図2-17:落下した物体による管渠の詰まり

2.3.2.2　突き出た排水障害

突き出た排水障害の原因となるのは,以下のとおりである.

管渠布設路線において工事作業に使用する杭,アンカシャンク(**図 2-18**),薬液注入管,ボーリングの侵入もしくは貫通である.最もよく見出される突き出た排水障害の一つは,建物や道路排水等の取付管である(**図 2-19, 2-20**).これらは,

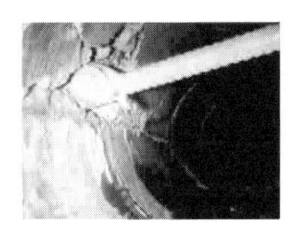

図2-18:管渠を貫通しているアンカシャンク[2-29]

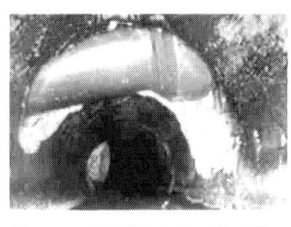

図2-19:突き出た複数の取付管 [2-29]

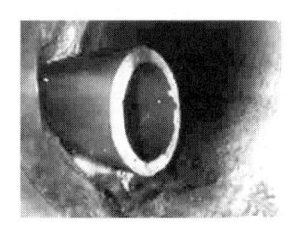

図2-20:管渠内に突き出た取付管

2. 損傷，その原因と結果

・昇降マンホール，
・中小口径の管渠，

にも接続されることがある（1.9 参照）
後者のケースにあっては，

・中小口径の管渠に既に設けられているか，または事後的に取り付けられる枝管への接続，
・事後的に取り付けられる接続口，またはそれぞれドリリングリングを有したサドルピースへの接続，
・中小口径の管渠への取付管の直接接続，

を行うことができる。

特に最後にあげた接続の場合には，接続が適正に施工されないと，取付管は多かれ少なかれ深く管渠内部に突き出て排水障害をもたらすことが多い。

こうした施工が行われる場合には，取付管は管掘削埋戻し時の影響や，交通および土壌運動（例えば，採鉱による地盤沈下地区）から生ずる動応力によって管渠内にずれ込むことがある。

特に都市中心部—ここでは接続間隔が 1～1.5 m ということも稀ではない—における多数の取付管の存在からして，こうした損傷ケースは非常に頻繁に発生している。これは特に長い間ほとんど点検不可能であった中小口径の管渠に多く発生している。

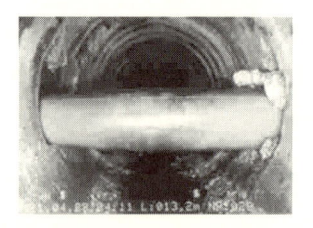

図2-21：禁じられている，公共サービス供給管と下水管渠との交差 [2-28]

2.3.2.3 樹根の侵入

あらゆる管材料，シール材，シールリング，ならびに管継手全体について，1950 年代末以降，関係規格中で樹根侵入防止性が要求されているが，堆積物と並んで下水道への樹根侵入（図 2-22，2-23）は，頻繁に発生するもう一つの排水障害である。

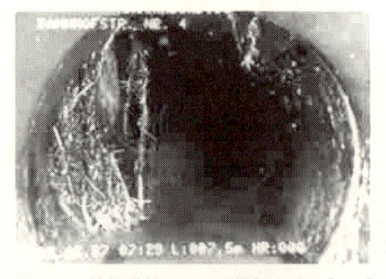

図2-22：管継手部における樹根の侵入 [2-28]

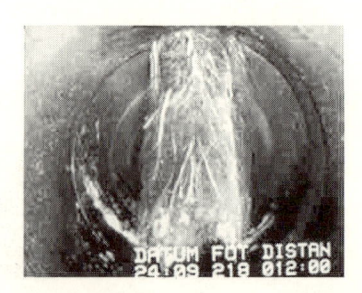

図2-23：適正に施工されなかった取付管接続部における樹根の侵入 [2-28]

樹根侵入の問題は，ほとんどの場合，管が地下水水位よりも上方に位置しているか，または水分供給が非常に限定された土壌中に布設されている管渠にのみ発生するが，そうでない場合は，管渠布設路線にある樹木および潅木の水分需要は地下水によって満たされているからである．

漏れを生じた管渠を通じて流出する下水および拡散する水蒸気は，最も外側の根端に刺激，いわゆる向水性を及ぼし，これによって根端は，新しい細胞を形成して刺激源に向かって伸びるようになる．これらの細胞は，きわめて小さいことから，それは微細な亀裂，空隙，穴または漏れ箇所を通って管渠内にも侵入することができる[2-72]．根は，管渠内で断面を完全に塞ぐまで成長し続け，その根の長さが数mにまで及ぶことも稀なことではない．その際，樹根侵入箇所部で破壊されることがある．生じ得るその他の損傷としては，位置ずれ(**2.4** 参照)および管の部分的破壊等がある．

樹根の侵入は，既に述べたように，樹根侵入を防止する管材料，シール材，シールリング，あらゆる漏れの回避等によって防ぐことが可能であるが，また適切な最低植樹間隔を遵守する(ATV-H 162"樹木立地および地下公共サービス供給管／地下下水管")か，または特別な構造的対策，例えば鞘管被覆による管渠の布設ないし保護フードを具えた管渠の布設[2-73〜2-75](**1.12** も参照)を行うことによっても防止することができる．

2.3.3 損傷の影響

下水道における排水障害によって生じ得る損傷の影響は，文献[2-1]によれば，以下のとおりである．
・水理学的能力の低下．
・詰まり(**図 2-16**)．
・保守費用の増加．
さらにその他に堆積物は，文献[2-76]によれば，以下の障害および損害を生ずる．
・堆積物および塞き止められた下水によって管渠有効断面積が減少する．
・堆積物は，大量の雨水発生時に流動化される．これにより余水吐から大量の汚濁物質が公共用水域に流出する．
・堆積物は，嫌気性条件下で腐敗し，セメント結合された材料の腐食と破壊を助長する臭気・ガスを発生する[生物硫酸腐食BSK，**2.6.3.2.2**(2)参照]．
樹根の侵入は，管渠の詰まり以外に，漏れの拡大または管や構造物の部分的破壊を

2. 損傷，その原因と結果

生ずることがある．一般に排水障害は，塞止めリスクの増大によって不明水によるリスクポテンシャルを高めることとなる．

2.4 位置ずれ

2.4.1 損　傷

位置ずれとは，設計時または施工時に定められた所定位置から管渠および構造物の予定外の変位として理解される．

管渠にあっては，文献[2-1]に基づき次の位置ずれが区別される．
・垂直方向の位置ずれ(**図 2-24**)，
・水平方向の位置ずれ(**図 2-25**)，
・長手方向の位置ずれ(**図 2-26**)．

位置ずれは，発注者または規格，基準および作業指針によって定められた許容差の範囲内になければならない．そうした許容差は，例えば以下について定められている．
・温度の影響による長さ変化 (DIN 19543)[2-39]，
・軸変位 (DIN 1986 Teil 1)[2-30]，
・曲がり (DIN 19543)[2-39]，
・軸方向または重力作用方向に対して垂直な変位 (DIN 19543)[2-39]．

それぞれの許容差は，新規布設された下水管に適用される．これらは，以前に建設され管渠の判定基準としては用いられないが，それは，当時使用された管材料，シール材，パッキン材は，一般にこれらの許容差の遵守を意識した仕様とされていなかったからである．

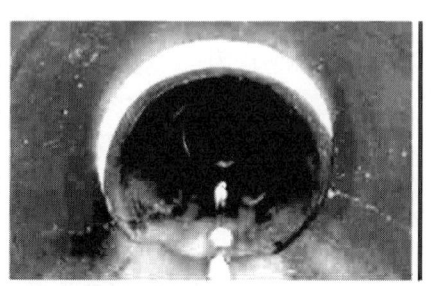

図 2-24：垂直方向の位置ずれ

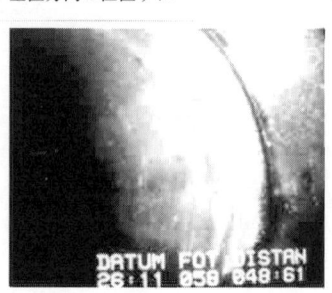

図 2-25：水平方向の位置ずれ

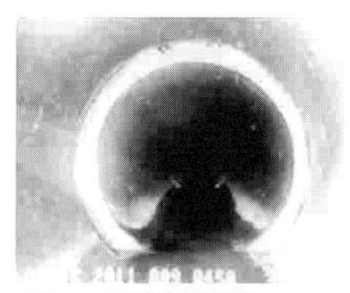

図 2-26：長手方向の位置ずれ

2.4 位置ずれ

マンホールおよび排水構造物については，以下の形の位置ずれが生じる（図 2-27）．
・沈下と隆起，
・傾斜（ねじれ）．

図 2-27：マンホールに生じ得る位置ずれ

2.4.2 損傷原因

位置ずれについて考えられる損傷原因は，以下のようなものである[2-1]．
・設計および施工の欠陥，
・地下水の変化，
・外力の変化，
・沈下，
・採鉱による地盤沈下[2-77 ～ 2-79]，地震，
・漏れの結果（2.2 参照）．
マンホールと管との間の沈下のその他の原因は，以下のとおりである[2-49]（図 2-27）．
・自重と交通荷重による高い土圧によりマンホールが一様に沈下する．下水管は引き続き当初位置にある．
・強度な交通負荷がかかる際，または土壌の耐荷力が場所によって異なる際の一面的な高い土圧によってマンホールの片側沈下が生ずる一方で，下水管は引き続き当初位置にある．
・地下水の作用と施工欠陥により下水管が沈下する一方で，マンホールは当初位置にとどまっている．

2.4.3 損傷結果

位置ずれが管渠に及ぼす作用は，管の種類（圧力管か自然流下管か），管・基礎（曲げ剛性か曲げ撓み性か），管継手の種類（剛性継手か引張り抵抗継手か関節継手か）によって左右される．

2. 損傷，その原因と結果

　位置ずれと結び付いついた動きは，その程度に応じ，主として以下にあげる損傷結果をもたらし得る[2-1]．
・接続管の引裂，
・勾配逆転による機能性の損失，
・保守費用の増加，
・漏れ，
・排水障害，
・亀裂，
・管の破損．

2.5　物理的摩耗

　DIN によれば，摩耗とは物理的原因，例えば固体，液体またはガス体との接触および相対運動によって引き起こされた固体表面の漸増的物質損失である(DIN 50320[2-80])．
　一般的に"摩耗"なる概念は，摩耗の過程にもその結果にも等しく使用される．これと区別するため DIN 基づき，過程に対しては"摩耗過程"の概念を，結果に対しては"摩耗現象形態"または"摩耗測定値"の概念をそれぞれ使用することができる(DIN 50320[2-80])．"摩耗現象形態"と"摩耗測定値"とは，発生した摩耗を記述するために使用される"摩耗特性データ"である[2-80]．摩耗過程によって欠損された物質は，摩耗屑と称される[2-81]．

2.5.1　損　　傷

　下水管渠にあっては，摩耗は濡れた管内面部および特に底部において発生する．摩耗は，物質欠損(摩耗屑)によって測定することが可能であり，壁面粗さが大きくなるとともに極端な場合には管の破壊につながる(2.6 も参照)．一般に使用される摩耗測定値は，摩耗体(下水管)の肉厚の減少であり，これは，摩耗量(絶対値)としてか，または摩耗率(例えば，10^5 負荷サイクル当りの欠損[mm])として表される(**図 2-28**)．

2.5 物理的摩耗

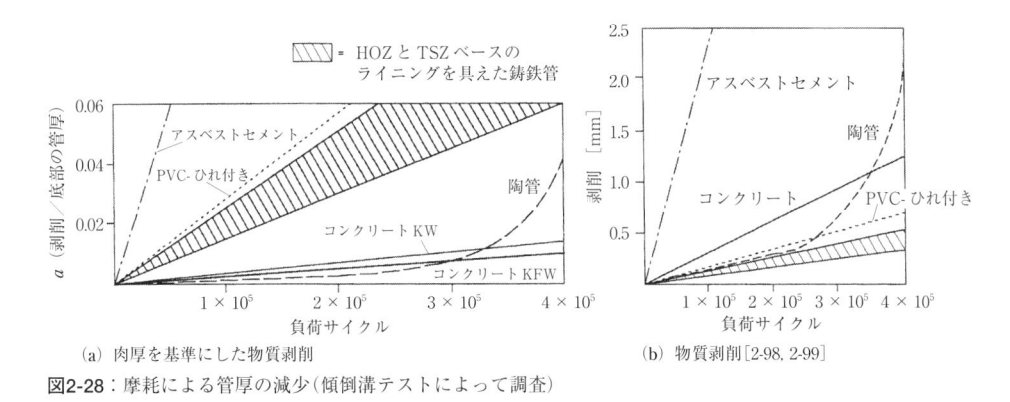

(a) 肉厚を基準にした物質剥削

(b) 物質剥削[2-98, 2-99]

図2-28：摩耗による管厚の減少（傾倒溝テストによって調査）

2.5.2 損傷原因

固体，液体またはガス体との接触および相対運動によって躯体表面に及ぼされる負荷は，摩擦負荷といわれる．"摩擦学（トライボロジー）"とは，DIN 50323[2-81]によれば，相対運動しながら互いに作用を及ぼす表面に関する科学および技術である．管渠供用中に発生する下水管の摩擦負荷の概要を**表 2-3**に示している．これに加えて管渠

表2-3：文献[2-81, 2-82]に基づく下水道供用中に発生する摩擦負荷に関する一覧

システム構造	No.	摩擦負荷構造	摩耗の種類	DIN 50323-2[2-81]に基づく定義
境界部 粒子を含んだ液体	1	流れ	洗い流し摩耗 （浸食摩耗）	浸食作用を有する流体による盆状および波状の物質剥削 （**2.5.2.1**参照）
境界部 液体	2	衝突	液滴衝撃浸食	衝突する液滴による固体表面の衝撃負荷による物質剥削 （**2.5.2.2**参照）
	3	流れ 振動	キャビテーション浸食	キャビテーションに起因するマイクロジェット発生の結果としての表面破壊による材料剥削（**2.5.2.3**参照）
	4		液体浸食	液体流れによる材料剥削

の清掃による負荷が加わるが，これについては 3.2 で詳細に論じる．

表 2-3 にあげられている摩耗の種類は，すべて侵食に分類される．文献[2-81]によれば，運動中の磨耗作用を有する物質，または液体流，ガス流が躯体に及ぼす作用，ならびにそれらの組合せは，"侵食"としてまとめられ，他方，"磨耗"は，2つもしくは 3 つの物体または物質が摩耗プロセスの決定に関わる研磨負荷または引掻き負荷による摩耗メカニズムを指している[2-81, 2-82]．

2.5.2.1 洗流し摩耗（侵食摩耗）

管渠の場合に通常であるような水・固形物-混合物の輸送に際しては，摩耗は，主として下水とともに運ばれる様々な物質，例えば砂，砂利，固体金属物，繊維等によって引き起こされる．この種の摩耗は，以下の項目によって影響される[2-83]．
・管の材料（**図 2-28**），
・管の直径，
・管材料の応力状態ないしひずみ状態，
・水・固形物-混合物の密度，
・水・固形物-混合物の組成，
・固体粒子の種類，大きさ，形，粘性および粒度分，
・固形物粒子と管壁面との間の作用角，
・流下速度，
・流れの種類（層流と乱流），
・水・固形物-混合物の温度，
・下水の化学組成．

ATV によれば，管材料を適切に選択すれば 6～8 m/s の流下速度を許容することができる（ATV-A 118[2-58]）．これより急勾配区間および曲管の場合に摩耗を見込まなければならない．摩耗の問題は，文献[2-83～2-90]で詳細に論じられている．

2.5.2.2 液滴衝撃侵食

下水管渠にあっては，供用中に副管付きマンホール，取付接続部において液滴衝撃侵食を引き起こす負荷が接続管に対向する管渠壁への流入下水の衝突によって生ずることがある．ただし，この種の負荷に起因する損傷ケースは，これまでのところ知られていない．

2.5.2.3 キャビテーション浸食

水が境界面と平行に高速で流下する場合には，境界面のあらゆる幾何的変化は，流れに影響を与え，局所的な低圧域を作り出す．その際に流水の静圧が蒸気圧を下回ると，蒸気で満たされた気泡が発生する．これらの気泡は，静圧が再び蒸気圧を上回る箇所—これはほとんどの場合に発生箇所の直後にある—に到達すると，気泡内に凝縮水が生じて気泡が突然崩壊，破裂する．その際，微細なきわめて高速の液体噴射(マイクロジェット)が発生し，これは材料表面に衝突すると，材料表面の海綿状の破壊，浸食と，付加的な圧力損失と性能損失を生み出す．この過程は，キャビテーションと称される[2-81, 2-87, 2-90～2-94]．

キャビテーションの発生とその摩耗現象形態は，以下に依存している．
・流下速度，
・排水断面の幾何形状，
・材料の特性．

キャビテーション損傷度は，特に以下が増加するとともに低下する．
・圧縮強さ，
・曲げ引張り強さ，
・弾性率，
・充填剤と結合剤との間の付着力(靱性)．

一方，キャビテーション損傷度は，次の項目とともに増大する．
・吸水能の高まり，
・表面粗さ，
・脆性の高まり．

下水道において生じやすい損傷域および損傷面は，主として以下の箇所である．
・マンホール内の流入衝突面，
・鋭い角を形成する移行部，
・管屈曲点，
・流下速度の大きい区間．

下水道分野では既述したように材料に応じて8 m/sまでの流下速度を持続的に許容することができる．適切な対策によってキャビテーションが防止される場合には，さらに12 m/sも許容することができる[2-95]．キャビテーションに際して発生する局所的に限定されたマイクロジェットが長時間にわたって作用する場合には，あらゆる材料—焼入れ鋼も—損傷を受ける[2-94, 2-96]．

2. 損傷，その原因と結果

2.5.2.4 液体浸食

液体流(水)によって物質欠損が引き起こされる液体浸食は，管渠にあっては下水とともに運ばれる物質による摩耗(洗流し摩耗．2.5.2.1 参照)に比較して二次的な意義しか有していない．

2.5.3 損傷結果

物理的摩耗により管材料は，内壁面が欠損される．これによって引き起こされる損傷結果は，以下のとおりである[2-1]．
・壁面粗さが大きくなり，それによる水理学的性能の減少，
・肉厚の減少(耐荷力と水密性の低下)．
　さらに場合によって実施されている既設の防腐処理の損傷[2-97](1.7.11 も参照)または修復された管渠スパン(5.3 も参照)のコーティングないしライニングの損傷である．これらの損傷は，洗流し摩耗の場合または不適切な清掃が行われた場合には，一つもしくは複数のスパンに及ぶことがあるが，他方，キャビテーション損傷は，通常，局所的な損傷を引き起こすだけである．

2.6　腐　　食

2.6.1　損　　傷

DIN によれば，腐食とは材料の測定可能な変化を生じ(腐食現象)，部材またはシステム全体の機能性の障害(腐食損傷)をもたらす材料とその周囲環境との反応として理解される(DIN 50900 Teil 1[2-100])．
　特に下水道施設につき ATV-注意書案 M 168[2-101]は，腐食を次のように定義している．
　"下水道施設分野における腐食とは，化学的，電気化学的または微生物学的プロセスによって建設材料の障害を生ずる非金属建設材料および金属建設材料とその周辺環境

2.6 腐食

とのあらゆる反応として理解される．摩耗，侵食または凍結等の物理的作用による損傷は別個に考察されなければならない．ただし，腐食と称されるこれらの現象が化学的，微生物学的，物理的作用の組み合わさった負荷によって引き起こされることを排除することはできない"．

材料損傷の他に腐食製品による障害も損傷とみなすことができる．
腐食現象の程度は，以下によって影響される．
・腐食媒体の腐食性，
・現存の材料．

その際，様々な要因，例えば腐食媒体の温度，濃度，ならびに物理的負荷等が腐食に影響し得る．下水道で使用されている材料のうち，特に，

・セメント結合された材料(コンクリート，アスベストセメント，ファイバセメント，モルタル)，
・金属材料(鋼，鋳鉄)，

が腐食の危険に曝されている．

・陶管およびレンガは，通常，フッ化水素酸の流入時を別とすれば，耐食性を有している(**2.6.4** 参照)．プラスチック製の管は，一般的な耐食性を有するとみなすことはできない．その耐食性は，流入した物質の温度，濃度，ならびに物理的負荷によって大幅に影響される．これに関するデータは，当該規格，例えば DIN 8061 硬質PVC 管[2-102]，DIN 8075 PE-HD 管[2-103]の付属書にあげられている．

・PVC 管または PE-HD 管は塩素化炭化水素(CKW)と芳香族炭化水素(AKW)に対しては，十分な耐食性を有していない[2-104](**図 2-29**)．プラスチックは，CKW と AKW の作用下で，
・溶解し，
・膨潤し，
・CKW が透過性を有するようになる(拡散)(**表 2-4**, [2-105])．
・物理的負荷および熱負荷によりプラスチック管にあっては，応力亀裂腐食も発生することがある．

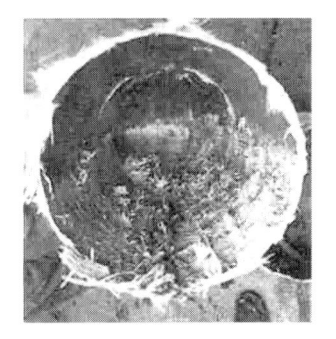

図2-29：塩化メチレンによるGFK下水管の腐食

下水道用の非合金または低合金金属材料は，内外に防食対策が施されていなければならない．鋼管については，DIN に基づき加熱亜鉛めっきまたはプラスマコーティングの防食対策が指定されている(DIN 19530 Teil 2 [2-106])．ダクタイル鋳鉄管には，DIN に基づき，通常，セメントモルタルが遠心力

2. 損傷，その原因と結果

表 2-4：異なった CKW 濃度に際する種々の管材料およびシール材料の使用可能性[2-105]

施 工	管 材 料	管 継 手	シール材
下水中の CKW 濃度＜ 10mg/L（ATV 基準値*）			
DIN 4033 に準拠 静的計算が必要である 以下の影響因子の協働が考慮 されなければならない 　管 　管継手 　管支え 　埋設層 　バラスト層 弾性布設または剛性布設が可	アスベストセメント DIN 19800 T2 に準拠 DIN 19830 に準拠 DIN 19850/T1 に準拠	ロールゴム 滑りゴム	天然ゴムおよび合成ゴム ゴム PVSI（シリコンゴム） EVA（エチレン酢酸ビニル）
	コンクリート 鉄筋コンクリート DIN 1045 に準拠 DIN 4032 に準拠 DIN 4035 に準拠	ロールリング	CSM（クロロスルホン化ポリエチレン） NBR（ニトリルゴム） ACM（アクリルゴム） FKW（フッ素ゴム）
	鋳鉄 DIN 19519 に準拠 DIN 19690 に準拠	差込ソケット DIN 28603 に準拠	弾性布設の場合 　残留圧力ひずみの遵守 　/DIN 4060 に準拠
	プラスチック DIN 19534/T2 に準拠 DIN 19537/T2 に準拠	フランジ継手，溶接継手	
	陶器 DIN 1230/T2 に準拠	差込ソケット DIN 1230/T1 に準拠	
下水中の CKW 濃度＞ 10mg/L（ATV 基準値*）			
DIN 4033 に準拠/静的計算が必要である 以下の影響因子の協働が考慮されなければならない 　管 　管継手 　管支え 　埋設層 　バラスト層	アスベストセメント コンクリート，鉄筋コンクリート DIN 1045 に準拠 DIN 4032 に準拠 DIN 4035 に準拠	ロールリング	合成ゴム，FKM（フッ素ゴム），弾性布設の場合 コンクリート管，鉄筋コンクリート管，鋳鉄管，陶管に関する DIN 4060 に基づく残留圧力ひずみの遵守
	鋳鉄 DIN 19519 に準拠 DIN 19690 に準拠 プラスチック	差込ソケット DIN 28603 に準拠	熱硬化性プラスチック
	陶器 DIN 1239/T2 に準拠 ライニング 　コンクリート，鉄筋コンクリートについてはFluorline，R-フッ素プラスチック/鋳鉄，セメントモルタルについてはFluorlineR-フッ素プラスチック	差込ソケット DIN 1230/T1 に準拠	フラン樹脂パテ，クレゾール樹脂パテ，フェノール樹脂パテ，剛性布設のみ可（コンクリート管，鉄筋コンクリート管は回避），（熱硬化性プラスチックが鋳鉄管には不適）

付記：本表は下水中のCKW濃度の無害性限界値として10mg/Lを定めている．ただし作業指針中の当該ATV基準値は5mg/Lである．DIN 19519はDIN 28603に基づく差込ソケットを付さずに製造されるねずみ鋳鉄製排水管に関係している．

* ATV-下水道技術協会：ATV-作業指針 115

2.6 腐　食

付加される(DIN 19690[2-107])．この場合には，セメント結合された材料に関する記述が限定的に当てはまる．個々のケースに応じて特別な防食対策を取り決めることも可能である．いずれにせよこれらの保護層の破壊は常に腐食を生ずることとなる．

金属性管材料の腐食の種類および腐食現象については，DIN 50900 Teil 1[2-100]に基づき以下の区別が行われる．

物理的負荷なしの腐食，例えば，
・均一な面腐食(表面全体にわたって欠損率はほぼ同じ)，
・トラフ状腐食(欠損率が場所によって異なる)，
・孔食(クレーター状，表面壊食状または針孔状の窪み)(**図 2-30**)，
・割れ目腐食(割れ目における局所的に促進された腐食)，
・接触腐食(電気化学的腐食)．

図 2-30：孔食

物理的負荷がある場合の腐食，例えば，
・応力亀裂腐食(低ひずみの亀裂形成，腐食生成物を視覚的に認め得ないことが多い)，
・疲労割れ腐食(低ひずみの亀裂形成)，
・侵食腐食(物理的な表面欠損と腐食との複合作用．この場合，腐食は一般に侵食の結果としての保護層の破壊によって引き起される)．

金属材料の腐食の原因およびそのプロセスは，きわめて多様であることから，これについては，包括的な文献(DVGW GW 9[2-108]も参照)[2-109〜2-124]が存在していることと，金属材料が地中埋設された管渠の全長に占める割合が相対的にわずかにすぎないとの事実に鑑み，以下では，材料不適合性による腐食とセメント結合された材料とを論ずるのみとする．

2.6.2　材料不適合性による腐食

この種の腐食は，
・管ないし成形品の材料間，
・管ないし成形品の材料とシール材またはシールリングとの間，
の相互影響作用(材料不適合性)によって生じる．

したがって，この種の腐食は，管継手部または他の管，もしくは構造物との接続部

155

2. 損傷，その原因と結果

に限定されている．これらの箇所では，漏れまたは耐荷力の低下を生ずる管材料またはシール材料の構造変化が発生する．

この種の腐食を回避するため DIN 1986 Teil 1[2-30]は，次のように定めている．

"管および成形品の材料は，取り付けられた状態において互いに長期的な適合性を有していなければならない".

DIN 4060 の説明（1976 年 3 月現在）[2-125]は，以下のように述べている（DIN 19543, 3.4 も参照）[2-39]．

"プラスチック管との接触部において，管またはシールリングの損傷を生ずるいかなる成分もシールリングからプラスチック中に移動したり，もしくはその逆が生じてはならない".

陶製，コンクリート製，鉄筋コンクリート製，アスベストセメント製，ファイバセメント製，鋼製，鋳鉄製の管については，相互作用は問題とならないが，プラスチック製の管については，必ずしもそうではない．ただし，最近の経験によれば，エラストマの製造にあたって極性のある高級芳香族性軟化剤，ならびに文献から PVC に有害な影響を及ぼすことが判明している混合成分が除外されるならば，PVC-U 製の管にあっても管とシールリングとの間の相互作用を懸念するには及ばないことが明らかとなった．その他のプラスチック製の管についても同様であるといえよう．

2.6.3 セメント結合された建設材料の腐食

セメント結合された建設材料の腐食については，文献[2-1]に基づき以下が区別される．
・外部腐食，
・内部腐食．

いずれの腐食も局所限定的，部域的に発生するか，またはスパンに及んで発生し，断面全体にわたって様々に分布して発生することもある（図 2-31, 2-32）．

図2-31：コンクリート管渠の底部腐食 [2-28]

2.6.3.1 外部腐食

ATV によれば，セメント結合された材料製の管渠の外部腐食の原因は，以下のようなものである（ATV-M 143 Teil 1[2-1]）．

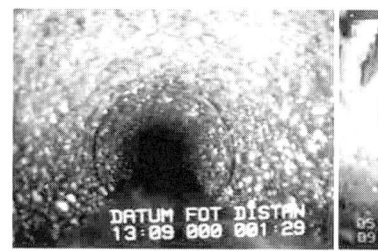

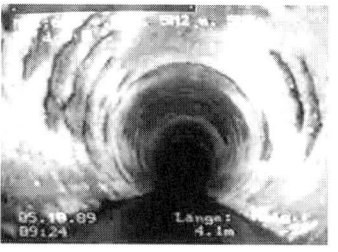

図2-32：コンクリート管渠の管内面全体の腐食[2-28]

・土壌および地下水に腐食性がある場合の規格および基準(例えば，コンクリートまたはセメント結合された材料に関する DIN 4030[2-126])に基づく限界値の不遵守．
・土壌または地下水中に浸入する腐食性物質．
・防食対策の欠如，不適切な実施または損傷．

(1) 土壌および地下水の腐食性

　天然の土壌は，すべて岩石の化学的，物理的な風化によって生じている．反応媒体"土壌"は，その成分から見て4種の風化生成物―砂，粘土，石灰，腐食質―が様々な割合で混合している．化学的に見れば，土壌は多数の化合物，例えばケイ酸，鉄，アルミニウムおよび水酸化物，酸化物，ケイ酸，炭酸カルシウムおよび炭酸マグネシウム，塩化物および硫酸塩等で構成されている[2-115]．これらの物質の大部分は，土壌中に存在する水に溶解している．天然土壌中または地下水中の化合物の量，濃度に応じて，これらは地中の管材料に腐食作用をもたらしうる．

　このプロセスは，反応の温度および時間によって助長されるが，それは基本的に土壌水分によって左右される．

　最後にあげた影響要因に関しては，文献[2-127]に基づき次のように区別される(図2-33)．
・地下水の影響のある土壌，
・地下水の影響のない土壌．

　地下水の影響のある土壌では，場合によって存在する地下水の流動運動が腐食プロセスを促進する．反応生成物は絶えず洗い流される．この場合にまず第一に大きな役割を果たすのは，当該土壌特性ではなく，浸入する地下水の腐食性である．

　単純化すれば，コンクリートまたはその他のセメント結合された材料を化学的に腐食する物質は，以下の2群に区分することができる[2-128]．
・セメントを溶解し，それによって本来のコンクリート断面の体積減少を生ずる物質

2. 損傷，その原因と結果

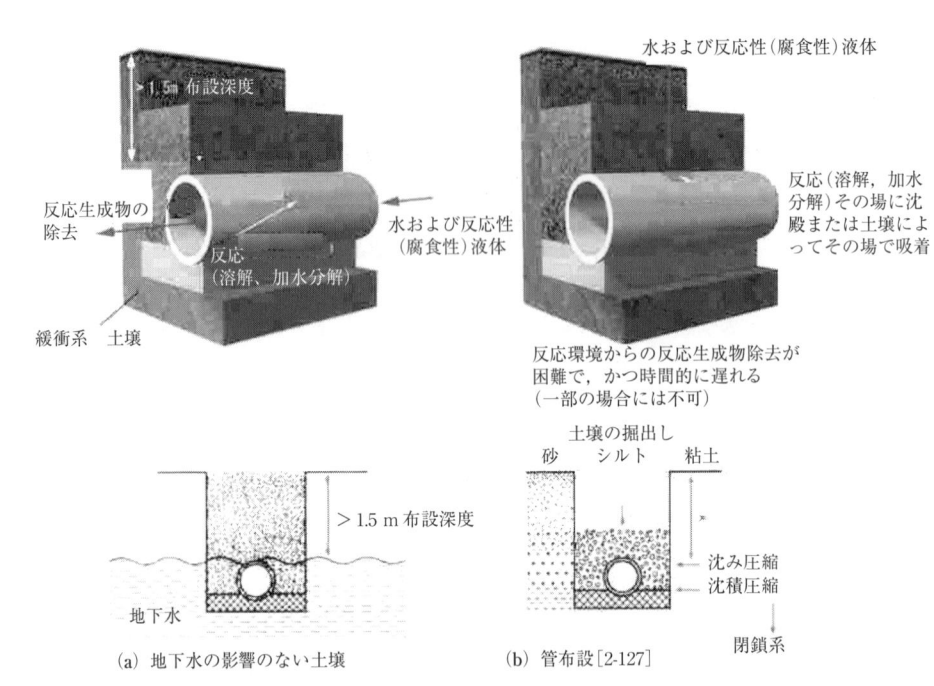

(a) 地下水の影響のない土壌 (b) 管布設 [2-127]

図 2-33：地下水影響のある土壌

(溶解腐食)．
・同時に構造解離を生じつつ，膨張すなわち体積増大を生ずる物質（膨張腐食）．

　化学的溶解腐食は，酸，一定のイオン交換性のある塩類，強塩基，有機脂肪，有機油によって引き起こされ，若干ではあるが軟水によっても引き起こされる．この場合，水和ケイ酸アルミニウム，水和アルミン酸カルシウム，水和亜鉄酸カルシウムが加水分解し，その際に遊離した $Ca(OH)_2$ ならびにイオン交換によって形成された易溶性の塩類が溶解する．骨材は，それらが石灰岩またはドロマイトで構成されている場合に腐食される [2-129]．溶解腐食の典型例は，コンクリート表面の"洗出し人造石様の"外観である（図 2-34）．

　膨張腐食または硫酸塩腐食の場合には，全く異なったメカニズムが存在する．この腐食は，腐食性を有する水中に溶解している硫酸塩がセメントの水和アルミ

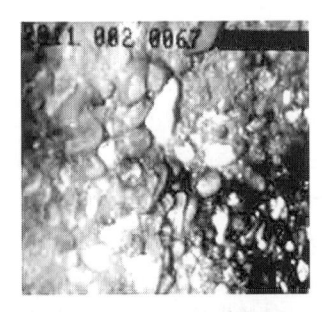

図2-34：酸の作用によって腐食したコンクリート管渠 [2-28]

ナおよび水酸化カルシウムとともに非常に嵩張った結晶を形成することによって引き起こされる．その際発生する晶出圧力は，セメントの膨張を引き起こし，場合により全面的な破壊をもたらすことがある．この種の嵩張った結晶の一種は，エトリンジャイトである．

個々の化学的プロセスおよびメカニズムについては，以下の文献[2-68, 2-95, 2-128, 2-130〜2-139]を参照されたい．

表2-5にDINに基づくセメント結合された材料に対する水の腐食性判定限界値を概観した(DIN 4030[2-126])．

作用し得ると考えられる化合物の数，種類を完全に見通すことは不可能であることから，DINの化学的腐食に関する規格規定は，ほぼ天然の水中で発生する腐食のみを

表2-5：DIN 4030[2-126]に基づく主として天然組成の水の腐食性判定限界値

	1	2	3	4
	調査対象	腐食性		
		低腐食性	強腐食性	非常に強い腐食性
1	pH値	6.5〜5.5	<5.5 〜 4.5	<4.5
2	石灰溶解炭酸(CO_2)[mg/L] (Heyerの大理石溶解テスト)	15〜40	>40 〜 100	>100
3	アンモニウム(NH_4^+)[mg/L]	15〜30	>30 〜 60	>60
4	マグネシウム(Mg^{2+})[mg/L]	300〜1 000	>1 000〜3 000	>3 000
5	硫酸塩*(SO_4^{2-})[mg/L]	200〜600	>600〜3 000	>3 000

* 海水を例として，水1L当りの硫酸塩含有量が600 mg SO_4^{2-}を超えている場合には高度な硫酸塩耐性(HS)を有するセメントが使用されなければならない．
(以下参照：DIN 1164 Teil 1/90年3月版，第4.6章およびDIN 1045/88年7月版，第6.5.7.5章)

作用物質の種類，濃度と相関して把握している(DIN 4030[2-126])．その際，"低い"，"強い"，"非常に強い"化学的腐食性に関する限界値があげられている．化学的腐食性が"非常に強い"場合には，DINに基づき一般にコンクリートの外面保護が必要である(**1.7.7**参照)[2-141](DIN 1045[2-140])．

家庭，事業所における多数の，一部はきわめて腐食性の強い物質の使用によりそれら物質が土壌中または地下水中に達し，地中に布設された管に腐食作用を及ぼすことは，必ずしも常に回避し得るわけではない．これについては，特に以下があげられなければならない．

・自動車用洗剤，
・ガソリン，油(セメント結合された材料にとっては重要ではない)，
・塩素化炭化水素(セメント結合された材料にとっては重要ではない)，
・塵芥集積場，ぼた山からの滲出水，
・事業所から発生した貯蔵保管または廃棄処分が不適切な物質，

2. 損傷，その原因と結果

・欠陥ある管渠から滲み出た下水，

・除草剤，

・肥料，

・凍結防止塩．

これらの流入が見込まれるか，またはそれが既知である場所では，特別な調査が実施され，場合により防止対策が施されなければならない．

地下水影響のない土壌では，土壌化学組成，透水性，滞水性，降水量，時期的降水量分布と相関した土壌腐食性が腐食プロセスを決定する．土壌中，気体中の腐食性物質は，十分な湿度が与えられる場合にのみその作用を発揮することから，土壌の透水性と湿潤性が低下するとともに腐食性も減少する．腐食反応生成物を保留する，いわゆる土壌の緩衝効果により管に対するさらなる腐食作用が防止される．

表 2-6：DIN 4030[2-126]に基づく土壌腐食性の判定限界値

	1	2	3
	調査対象	腐食性	
		低腐食性	強腐食性
1	自然乾燥土壌 1 kg 当りの Baumann-Gully に基づく酸度[mL]	> 200	
2	自然乾燥土壌 1 kg 当りの硫酸塩*) (SO_4^{2-}) [mg]	2 000 ～ 5 000	> 5 000

* 自然乾燥土壌 1 kg 当りの硫酸塩含有量が 3 000mg SO_4^{2-} を超える場合には，高度な硫酸塩耐性(HS)を有するセメントが使用されなければならない
(以下参照：DIN 1164 Teil 1/90 年 3 月版，第 4.6 章および DIN 1045/88 年 7 月版，第 6.5.7.5 章)

表 2-6 に DIN 4030[2-126]に基づく土壌腐食性の判定限界値を示した．

2.6.3.2 内部腐食

ATV によれば，内部腐食の原因は，以下のようなものである(ATV-M 143 Teil 1[2-1])．

・DIN 1986 Teil 3[2-30]，ATV-A 115[2-66]，ATV-A 139[2-33]の不遵守．

・規格および基準(例えば，コンクリートまたはセメント結合された材料に関する DIN 4030[2-126])に基づく限界値の不遵守．

・様々な流入物質による腐食性下水の生成(化学的プロセス)と使用条件による影響作用．

・セメント結合された材料製およびその他の酸に敏感な材料製の部分充填された管渠および構造物における生物酸腐食(微生物学的プロセス)．

・防食対策の欠如，不適切な実施または損傷．

(1) 化学的プロセス

内部腐食は，下水中に存在する腐食性物質によるか，または下水流送中に化学的プロセスによって下水中に生成される腐食性物質によって引き起こされる．物質の濃度および低いpH値（**表 2-5**参照），低い流下速度，長い流下時間，高温，微生物の影響作用およびその他のパラメータが腐食性を非常に高める（**図 2-31，2-32**）．

表 2-7に示したATV注意書案 M 168"下水道設備・施設の腐食"[2-101]は，下水道

表2-7：文献[2-101]に基づく，下水道設備・施設のセメント結合された材料に対する公共下水による腐食負荷の種類および限界値

腐食の種類	腐食原因例	通常の市町村下水による負荷 pH6.5～10	以下の場合に十分なコンクリート耐食性あり下水中の限界値負荷			現存のコンクリート特性
			持続的	一時的[*1]	短期的[*2]	
浸出による溶解	軟水	なし				W/C ≦ 0.50[*3] および水浸入度 ≦ 3 cm DIN 1048に準拠
酸による溶解	無機酸（硫酸，塩酸，硝酸）有機酸 石灰溶解炭酸	CO_2 < 10 mg/L[*4]	pH≧6.5 pH≧6.5 ≦15 mg/L	pH≧5.5 pH≧6.0 ≦25 mg/L	pH≧4.0 pH≧4.0 ≦100 mg/L	
イオン交換反応による溶解	マグネシウム アンモニウム	Mg^{2+}<100 mg/L NH_4N<100 mg/L	≦1 000 mg/L ≦300 mg/L	≦3 000 mg/L ≦1 000 mg/L		
膨張	硫酸塩イオン	SO_4^{2-}<260 mg/L	≦600 mg/L ≦3 000 mg/L	≦1 000 mg/L ≦5 000 mg/L		HSセメントなし HSセメントあり

[*1] 10年当りで最長1年まで
[*2] 予測外の運転状態：1週間当りで最長1時間まで
[*3] 低いW/C値と特別な組成のコンクリートの使用によりコンクリートの化学的耐性はかなり高められる．
[*4] 通常の公共下水中ではこの値は達されない．ただし万一，炭酸を含んだ大量の地下水（例えば，排水）が流れる場合には，このレベルの値の達成が考えられる．

施設のセメント結合された材料に対する公共下水による腐食負荷限界値を含んでいる．

コンクリートに対する下水の腐食性は，これまでDIN 4030[2-126]で規制されていた（**表 2-5**）．新しいATV注意書案の限界値は，持続的な負荷ではない限りDIN 4030の限界値とは一致していない．したがって，今後は**表 2-7**にあげたより高い限界値が見込まれなければならない．この限界値が遵守されるならば，LAWA基準[2-142]に応じた管渠の耐用年数は50～80(100)年と予測することができる[2-143]．

管渠の定期的な清掃も，腐食プロセスに際して，場合により形成された保護層の破壊によって内部腐食に重大な影響を有している．例えば文献[2-144]では，水流の速い下水管の場合または定期的な清掃に際しては，石灰溶解炭酸に関して**表 2-5**にあげら

2. 損傷，その原因と結果

れている限界値を用いないように勧告している．こうした場合には，シリカゲルからなる形成中の保護層が絶えず除去され，それによってコンクリートの欠損が非常に高められるからである．下水の高い流下速度によるか，または清掃プロセスによってもたらされる管の物理的負荷により管渠内には DIN 4030 に基づいて想定されるよりも不適な条件が存在することは確かである．他方では，室内実験により現在の管用コンクリートは，短時間の非常に腐食性の強い媒体に対しても十分な耐食性を具えていることも証明されている[2-145]．

内部腐食を回避するため，ATV および DIN に基づき建設材料に強度の腐食作用を及ぼす物質は，公共下水道施設に流入させられてはならない(ATV-A 115[2-66]，DIN 1986 Teil 3[2-30])．

家庭下水は，通常，腐食性がないか，または腐食性の低いものとして分類されている．この分類においては，DIN に基づく適切な組成，適切な加工および後処理の行われたコンクリートについては能動的な防食対策も受動的な防食対策も予定されていない(DIN 1045[2-140])．"強い腐食性"に分類される場合に初めて基本的にセメントの種類と補強筋のコンクリート被覆に限定されたわずかなコンクリート改質が必要である．非常に強い腐食性の場合に初めて特別な防食対策，例えばコーティング(**5.3.1**)，ライニング(**5.3.2**)，またはその他のコンクリート改質が行われ，管に必要な耐食性が付与されなければならない[2-146]．

限界値を超える物質と液体を含んだ事業所排水は，適切な設備(例えば，分離装置，中和装置，分解装置，解毒装置，消毒装置等)で特に DIN 1986 Teil 3 の趣旨においてももはや有害とみなされないように処理，浄化されなければならない．

これらの規格および基準にも関わらず，現在，家庭下水とともにこれまで腐食作用がまだ知られていなかった物質が排出されることを排除することはできない．この点で特に最近の暖房システム(温水ボイラ)の pH 値がおよそ 2 (暖房油 EL)あるいはおよそ 4 (天然ガス)を示す凝縮水[2-147]に触れておかなければならない．天然ガス熱発生器から生じた凝縮水の pH 値に関する最近の研究調査[2-148]は，家庭下水および降水が混じらない場合，家庭管渠システム(構造物下の宅内排水管)への流入箇所から点検孔までの流下区間に pH 値の著しい高まりが生ずることを明らかにした．調査されたケースにあっては，平均で pH 3.8 から pH 6.5 への pH 値の上昇が確認された．この pH 値の上昇は，溶解している二酸化炭素(CO_2)の部分的脱気と特に家庭下水システム中のアルカリ性堆積物の中和化作用に帰着させることができる．pH 値増大と家庭下水システムの凝縮水流下区間の長さとの間の相関性は，明確に検証することはできなかった．

点検孔から公共下水道システムに流入するまでの流下区間におけるpH値の上昇は，家庭下水と降水による希釈作用がない場合にも見込まれなければならない[2-148]．

(2) 微生物学的プロセス

セメント結合された材料製の満管流でない管に関する特別な種類の内部腐食を表すものは，生物硫酸腐食(BSK)—これは硫化物腐食または生物酸腐食ともいわれることがある—である．

腐食性下水の直接の作用による腐食は，もっぱら濡れている管渠部分に関わっているが，生物硫酸腐食すなわち微生物学的プロセスの作用は，気圏すなわち下水水位の上方にのみ見出される(図 2-35[2-149]，図 2-36[2-150])．

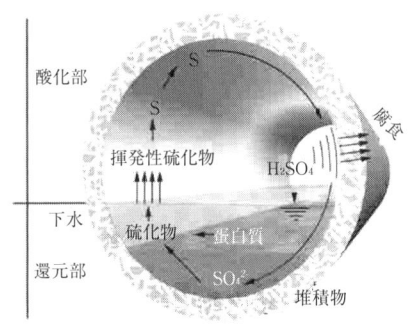

図2-36：生物硫酸腐食の基本的プロセス[2-150] **図2-35**：マンホールの生物硫酸腐食[2-149]

文献[2-151]によれば，生物学的に形成された硫酸によって引き起こされるBSKの種々の発生形態を区別することができるが，これらは，互いに組み合わされて発生することもある．

- 内因形：BSKの原因は管渠システムの内部にあり，次のように区別される．
  - 自己原因形；硫化物は下水管壁のスライム，下水および堆積物中の無機および有機の硫黄化合物から発生する．
  - 他者原因形；硫化物は不適切な供用条件により管渠システム内の別の箇所に発生する．
- 外因形：硫化物は事業所下水と一緒に流入する．

下水ならびに堆積物に含まれている蛋白質は，嫌気性または好気性条件下での微生物学的プロセスによって分解されて揮発性硫黄化合物，主として硫化水素となる．さらに嫌気性条件下での微生物の物質代謝によって硫酸塩が還元されて硫化水素となる(脱硫)．揮発性硫黄化合物の形成に影響する重要なパラメータとしては，下水性状，

2. 損傷，その原因と結果

温度，流下時間，堆積物等の条件をあげることができる．

特に流下区間が非常に長く，管渠接続がきわめて少なく，換気・通気支管が欠如している場合には，揮発性硫黄化合物の発生が基本的に見込まれなければならない[2-151 ～ 2-166]．これらの化合物は，下水中で十分急速に酸化されないことから，それらは拡散と乱れによって下水から管渠気相中に達し，管渠壁にも達する．これらの化合物は，同所において化学的に再酸化されて硫黄元素となる．これは，下水管壁のスライム中に存在する種々の硫黄細菌—これらは pH 値が 1 前後の非常に低い場合にしか生存できない—によって十分な湿分の存在下で再び酸化されて硫酸となり，これがセメント結合された材料を腐食する[2-151, 2-167]．温度条件が理想的であれば，硫酸濃度は 23 ％[2-155]までに達することがある．ドイツで通常の 10 ～ 20 ℃の下水温度では，酸含有量はおおよそ 7 ～ 9 ％である．34.4 ％の酸含有量は，30 ℃で達成され，37 ℃の下水温度は，26.1 ％の硫酸形成をもたらし得る．

生物硫酸腐食による危険に特に曝されているのは，相中に酸素が存在する以下の箇所である．
・中継ポンプ施設．
・圧力管の入口．
・硫化物含有下水の流入，
　　・除害設備，
　　・事業所．
・圧力管渠からの流入．
・乱流が生み出される副管付きマンホールおよびその他の構造物[2-167]．

硫黄細菌，特に *Thiobazillus thiooxidans* は，明白な耐酸性細菌であり，pH 値がおおよそ 6.5 以下でしか生存せず，その活性は，特に管渠壁の温度と湿度に依存している．したがって，常に乾燥したままの部材，例えば十分に換気された管渠，換気マンホールは，なんら腐食現象に曝されていない(**1.10** も参照)．

必要とされる pH 値の低下—まだ新しいコンクリートの場合には pH 値は 11 ～ 12 である—は，一方で中性化，他方でその他の細菌の活性のために必要である．

生物硫酸腐食の強度または作用を判定するため，ハンブルク市の研究プロジェクト"デモンストレーション・オブジェクト　ハンブルク市集水渠システム"[2-167]の一環として評価方式が開発されたが，それによれば腐食の作用度は，
・管渠壁の凝縮水滴の pH 値，
・下水管渠自由断面域の硫化物濃度，
・存在する硫黄細菌の数，

に応じて低，中，強に区分される(**表2-8**)．

目下の知見によれば，下水中の総硫化物量に関する限界値 1.0 mg/L 以上または管渠気相中の H_2S 濃度 0.5 ppm 以上は，強い腐食性の BSK が生じ得ることを示す指標である[2-125]．

この問題分野に関する詳論は，特に文献[2-151，2-164]で論じられている．

表2-8：セメント結合された材料製の填管渠における生物硫酸腐食の原因と作用度との関係[2-151]

管渠壁凝縮水のpH値	S^{2-}自由断面域に存在するかもしくは予測される硫化物濃度(H_2S)[ppm]	細胞数[*1]	腐食作用度[*2]	年当たりのコンクリート表面剥削[*3]	下記年数後に補修整備対策を要す[*4]	付記
アルカリ性 14.0 13.0 12.0 11.0 10.0 9.0 8.5 8.0		$0 \sim 10^2$	低	微少	> 80	非中性化コンクリート 中性化コンクリート
中性 7.0						
酸性 6.0 5.0 4.0 3.5 3.0 2.0	< 0.5 ≥ 0.5	$10^5 \sim 10^6$ $10^6 \sim 10^8$	中 強	≥ 0.5mm > 0.5mm	> 40 > 5	

[*1] 細胞数は *Thiobacillus thiooxidans* に関係しており，管渠壁の蛋白質 1mg 当りの細胞数を表している．
[*2] ここで選択された腐食性の判定は DIN 4030 のそれとは一致していない．
[*3] ここの記載は推定であり，一部は経験に一部はラボ試験に基づいている．
[*4] ここの記載は推定であり，経験に基づいている．

(3) 腐食速度と欠損率の算定

生物硫酸腐食から生ずるセメント結合された管の腐食率の評価には，いくつかの経験値とモデルがあるが，それらは，一部非常に異なった結果を生ずる[2-143]．

・珪岩を骨材物質とした湿ったコンクリート表面のpH値が6以下のコンクリートの場合には，pH値に応じ年間 3～6 mm の腐食欠損が見込まれる[2-151，2-164]．
・文献[2-155]によれば，腐食速度は，コンクリートの組成と残存腐食生成物とに依存しており，円形管の気圏中で平均して最大 3 mm/年 である．

Pomeroy と Thislethwayte[2-157，2-158，2-164]は，生物硫酸腐食による欠損率の計算式を作成した．指標数値の評価のために彼らによって使用された基準および式は，一部かなり異なった外的条件用に開発され，導出されたものであるが，中央ヨーロッパにおける管渠網の供用状況でも転用可能であり，適用できることが判明している[2-151]．

セメント結合された材料製の下水管の生物硫酸腐食の評価は，Schremmer[2-151，2-161，2-168]によって前記の研究をベースとして具体化されており，以下のように表

2. 損傷，その原因と結果

される．

　生物硫酸腐食の発生と作用は，管の流体力学，形状寸法，および管内の生物学的状況に依存している．セメント結合された管材料，流下状態，および下水の各特性を表す初期値から2種の限界値（溶存硫化物に関するZインデックスおよび最小速度）のチェックに基づいて予測腐食率[mm/年]が算定される．

$$Z = \frac{3\text{ 有効 BOD}_5\, 1.07^{(T-20)}}{J^{1/2}\, Q^{1/3}} \frac{U}{b_t} \tag{2-1}$$

ここで，Z：溶存硫化物指数，有効 BOD_5：生物化学的酸素要求量[mg/L]，都市下水の平均的なBOD_5値は 350 mg/L である[2-168]，T：下水温度[℃]，J：管勾配，Q：流量[L/s]，U/b_t：管渠の濡れた表面積と水位幅との比，半満管状態については次が当てはまる．

　　　　$U/b_t = \pi/2.$

　表 1-3 は呼び径に応じた堆積物がない場合に関する限界値を示している．あげられた値 v_{crit}（限界速度）と J_{crit}（限界勾配）は，半満管状態に関係している．式(2-1)の"有効 BOD_5" = EBOD の評価は，**表 2-9** に示す．

　Pomeroy による Z インデックスは，**表 2-10** に基づいて評価される[2-168]．

表 2-9：温度依存 BOD 値[2-168]

温度[℃]	係数	350 mg/L BOD_5時の BOD
17	0.816	286
18	0.873	306
19	0.935	327
20	1.000	350
21	1.070	375
22	1.145	401
23	1.225	429

　Z インデックスは，基本的に設計段階において既知の条件に基づいて硫化物(H_2S)形成と生物硫酸腐食による危険が存在し得るかどうかを判定するにすぎないことが強調されなければならない．$Z = 5\,000$ からさらに別

表 2-10：Z インデックスの評価

Z インデックス	予測される状況
$Z\,5\,000$ 以下	硫化物はほとんど存在しないか，または非常に低い濃度でしか存在しない．
$Z\,7\,500$	わずかな 1/10 mg・S/L のピーク値が発生し得る．セメント結合された材料に対して軽度の腐食性．大きな乱れが発生する箇所ではより高度の腐食性．
$Z\,10\,000$	硫化物は時として臭気公害も結果する相対的に高い濃度で発生することがある．特に高度の乱流を生ずる部域では比較的強い腐食性が見込まれなければならない．
$Z\,15\,000$	強度な硫化物形成と臭気公害が発生する．セメント結合された材料については腐食は急速に進行する．
$Z\,25\,000$ 以上	ほとんど常に溶存硫化物が存在する．小径のコンクリート管は 5～10 年以内に破壊され得る．

の計算が行われなければならないが，それは H_2S 形成が当然のことながら管渠長の問題でもあるからである[2-168]．

当初は，まだ下水中に硫化物が存在していない管渠につき Pomeroy と Parkhurst の式(2-2)[2-157, 2-169]に従って1時間当りの硫化物形成を計算することができる．

$$\frac{d(S)}{d_t} = \frac{0.32}{1\,000} \frac{\text{EBOD}}{R} - \frac{0.64(Jv)^{3/8}}{d_m} \tag{2-2}$$

ここで，$d(S)/d_t$：1時間当りの硫化物形成[mg-S/L]，R：水理学的半径[m](A/U)，J：管勾配，v：流下速度[m/s]，d_m：平均深さ[m](A/b_t)．

一定時間後には，硫化物量は，硫化物損失と硫化物増加とが等しい限界値[式(2-3)]に達する．

$$(S)_{\lim} = \frac{0.5 \times 10^{-3}\,\text{EBOD}}{(Jv)^{3/8}} \frac{U}{b_t} \tag{2-3}$$

$(S)_{\lim}$ の値を用い下水中における 1 mg-S/L の発生とともに生物硫酸腐食の開始が見込まれる管渠区間の最小長さを算定することができる[2-168]．

$$\Delta t = \frac{d_m}{0.64(Jv)^{3/8}} \ln \frac{(S)_{\lim}}{(S)_{\lim} - 1} \tag{2-4}$$

ここで，Δt：下水中の硫化物含有量が 1 mg-S/L まで達するまでの流下時間 h_0 であり，管渠長は，流下速度から求められる．

気体となって逃げる H_2S の損失を無視した条件における管渠区間終端の硫化物含有量は，以下のとおりである．

$$S_2 = (S)_{\lim} - \frac{(S)_{\lim}}{e^{\left[\frac{\Delta t\ 0.64(Jv)^{3/8}}{d_m}\right]}} \tag{2-5}$$

ここで，S_2：管渠区間終端における硫化物含有量[mg-S/L]，Δt：流下時間．

おおよその腐食速度に関する手がかりは，Pomeroyの以下の式[2-157, 2-161, 2-168]によって与えられる．

$$c = 11.5\,k\,\phi_{sw}\,(1/A) \tag{2-6}$$

ここで，c：最小腐食速度[mm/年]，k：修正率．k は，硫酸がコンクリートのセメン

2. 損傷，その原因と結果

トと反応する程度の依存性を表す．温和なヨーロッパの気候では，$k = 0.8$ と設定することができる．A：$CaCO_3$ 当量として表されたコンクリートのアルカリ度．珪岩を骨材として製造されたコンクリート管のアルカリ度は平均で 16％である．アスベストセメント管の約 50％と石灰石を骨材とした管の 100％[2-168, 2-161]との間にあるアルカリ度にはこの式は適用できない．ϕ_{sw}：管渠気相中から管壁への（$S\text{-}g/m^2$ としての）H_2S の移動量．値の算出は，以下の式によって行われる．

$$\phi_{sw} = 0.7(Jv)^{3/8} j\,DS\,(b_t/U) \tag{2-7}$$

ここで，J：管勾配，v：流下速度[m/s]，j：j 係数．H_2S 量と総溶存硫化物含有量との比に関する pH 相関係数であり，**表 2-11** に示されている．b_t/U：水位幅と H_2S に曝されている管渠面積との比，DS：総溶存硫化物量[mg-S/L]．

検査と判定の一覧を**表 2-12** に示す．

文献[2-170]には，石灰腐食炭酸による腐食欠損の計算モデルが述べられている．その基礎とされているのは，酸による腐食に際してシリカゲルの形態をした不溶成分が残留し，これが不溶骨材とともに保護層を形成するということである．この保護層は，その厚さ x

表 2-11：H_2S 量と pH 相関係数 [2-168]

pH 値	H_2S 量[％]	係数
6.0	91	0.91
6.6	72	0.72
6.8		0.61
7.0	50	0.50
7.2	39	0.39
7.4	28	0.28
7.6	20	0.20
7.8	14	0.14
8.0	9	0.09

とともに拡散係数 D，時間 dt と相関した厚さ増分 dx によって特徴付けられる(**図 2-37**)．溶存カルシウム移動の誘因は，腐食作用面とその外側に接している液体との間の濃度差 $c^*_s - c_l$ である[2-170]．

時間 t における脆化層の厚さ x（腐食深度）を近似的に準定常拡散現象として計算する

表 2-12：生物硫酸腐食の発生形態と処理段階[2-147]

処理段階	BSK の発生形態		
	自原形	他原形	外因形
リスクに関する一般的検査	Z 式最小速度を検査	基本的に所与 圧力管の場合に特別な危険あり	基本的に検査すること 限界値 ATV-A 115 に注意
H_2S の形成	$(S)_{lim}$ 式	$(S)_{lim}$ 式 構造物を構造的に検査	分析値 $(S)_{lim}$ 式
H_2S の遊離	ϕ_{sw} 式 輪郭 構造物	ϕ_{sw} 式 当該構造物の判定	ϕ_{sw} 式 流入および構造物の判定
BSK の作用	c 式	c 式	c 式

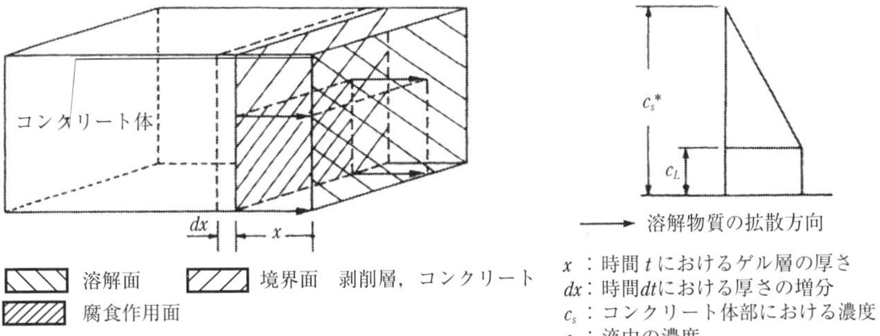

2.6 腐　　食

図2-37：酸の作用による剥削の計算モデル[2-170]

凡例：
- 溶解面
- 境界層，剥削層，コンクリート
- 腐食作用面

x：時間 t におけるゲル層の厚さ
dx：時間 dt における厚さの増分
c_s：コンクリート体部における濃度
c_L：液中の濃度

ことができる[2-171]．

$$x = \frac{2DA_1}{m_1 A_{ges}}(c_s^* - c_L)t \tag{2-8}$$

ここで，x：脆化層の厚さ(腐食深度)[cm]，D：保護層の拡散係数，A_1：水和セメントの面積，A_{ges}：総面積，m_1：水和セメントの可溶成分，c_s^*：コンクリート体部におけるCaO濃度，c_L：液体中のCaO濃度，t：時間．

欠損深度の予測にとって決定的な影響を有しているのは，以下のものである．
・作用量，
・作用時間，
・物質移動．

反応生成物が例えば強い水流によって絶えず除去される場合には，腐食性液体の濃度が同じであっても，腐食速度は増加する(**図 2-38**)．

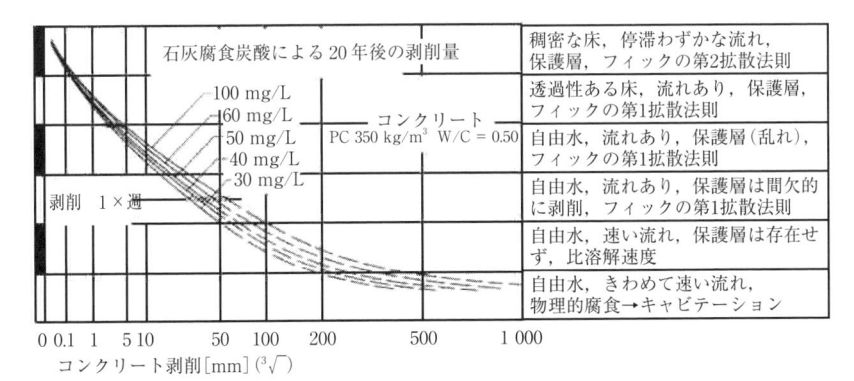

図2-38：石灰腐食炭酸による輸送条件と相関した20年間のコンクリート剥削[2-170]

2. 損傷，その原因と結果

2.6.4 損傷結果

腐食によって生じる損傷結果は，基本的に腐食の種類，腐食現象および腐食規模に依存しており，文献[2-1]によれば以下のとおりである．
・漏れ．
・肉厚の減少および耐荷力の毀損ならびにそれらに伴う付随損傷，例えば亀裂，変形，管の破壊，崩壊．

内部腐食は，さらに壁面粗さの増大を引き起こし，それによって水理学的性能の低下を招来する．

呼び径 100 ～ 1 400 の壁を強化されたタイプおよび強化されていないタイプの DIN に準拠した脚付きと脚無しの無筋円形コンクリート管の安定性と耐荷力に内部腐食による肉厚減少が及ぼす影響は，文献[2-24, 2-25, 2-172]によって調査された[DIN 4032 (1981)]．

この場合，2.6.3.2(1)，(2)で説明した腐食プロセスに応じ，すべての典型的な損傷部域と最も強度に侵食される内壁部域とを包括した次の場合(図 2-39)が調査された．

① 気相部における肉厚の減少，
② 管頂部における肉厚の減少，
③ 部分流下状態が支配的な場合の濡れ断面域における肉厚の減少，
④ 満管流下状態が支配的な場合の濡れ断面域における肉厚の減少．

図2-39：脚無し円形コンクリート管について調査した腐食剥削形態一覧[2-172, 2-25]

当該部域における肉厚の減少は，慣性モーメントの低下をもたらし，これによって曲げモーメントが生じる．このため ATV に準拠して様々な支え例および支承角に関して，法線力，横力に対するせん断力係数と，0 ～ 60 ％

ケース1	ケース2	ケース3
垂直総荷重 q_v	垂直総荷重 q_v	垂直総荷重 q_v
横力 $q_h = 0$	横力 $q_h = 0.3 q_v$	横力 $q_h = 0.5 q_v$
自重	自重	自重
充填水	充填水	充填水

図2-40：調査した荷重コンビネーション[2-172, 2-25]

の腐食欠損に対する曲げモーメントが求められた(ATV-A 127[2-176])．3 種の異なった荷重の組合せ(図 2-40)—これらは下水管渠の通常の荷重の大部分を網羅している—について管形状，呼び径および腐食欠損と相関した 96 の耐荷力線図の形でせん断力係数の評価が行われた．図 2-41 に一例を示した．

これらの結果から，これまでしばしば危険と分類されてきたコンクリート管内の腐

2.6 腐　食

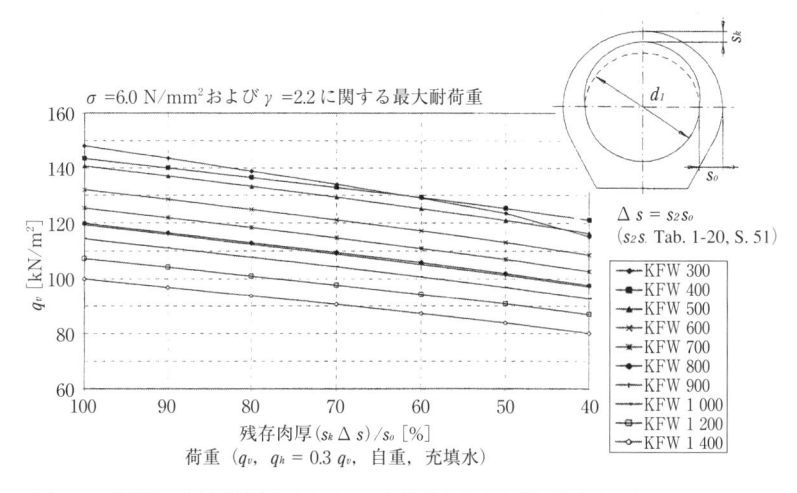

図2-41：管頂部の肉厚が減少したDIN 4032に準拠したKFW形の腐食された
コンクリート管に関する耐荷力線図[2-172]

グラフ軸：q_v [kN/m²]（縦軸）、残存肉厚$(s_k \Delta s)/s_o$ [%]（横軸）
$\sigma = 6.0$ N/mm² および $\gamma = 2.2$ に関する最大耐荷重
荷重（q_v, $q_h = 0.3 q_v$, 自重, 充填水）
$\Delta s = s_2 s_o$
（$s_2 s$. Tab. 1-20, S. 51）

凡例：KFW 300, KFW 400, KFW 500, KFW 600, KFW 700, KFW 800, KFW 900, KFW 1 000, KFW 1 200, KFW 1 400

食は，必ずしも即時対策を要するケースに無条件に分類されなければならない損傷を表しているわけではない，との結論を引き出すことができる．もともとの肉厚と周辺条件とが適切であれば，残存肉厚が40％の管もなお十分確実に静的耐荷力を有していることは十分に考えられるところである．

こうした経済的メリットを生かすため，コンクリート管内の腐食損傷の分類にあたって**図2-42**に示した[2-172, 2-24]で詳細に説明されている手順を採用するのが好ましいといえよう．内部点検時に確認された腐食は，管の形状，残存している管肉厚，欠損の形態およびコンクリート強さに相関して構造的観点から判定される．このため，作成された耐荷力線図を利用し，もしくは腐食管のせん断力係

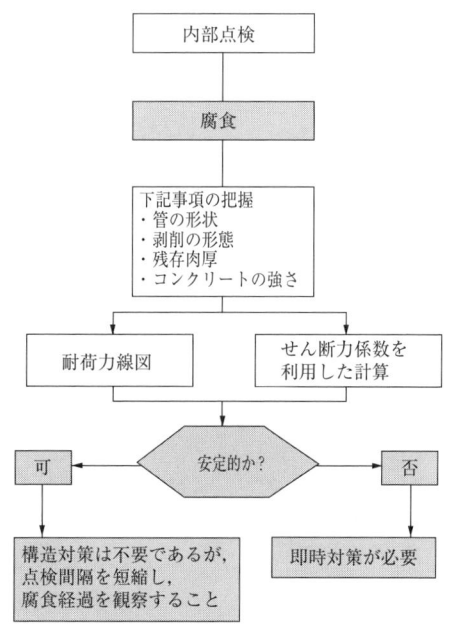

フローチャート：内部点検 → 腐食 → 下記事項の把握（・管の形状 ・剥削の形態 ・残存肉厚 ・コンクリートの強さ）→ 耐荷力線図／せん断力係数を利用した計算 → 安定的か？ → 可：構造対策は不要であるが，点検間隔を短縮し，腐食経過を観察すること／否：即時対策が必要

図2-42：腐食損傷分類のためのフローチャート
[2-172, 2-25]

2. 損傷，その原因と結果

数を利用して静的計算が実施される．この計算結果は，管渠がなお安定性を有しているか否か，およびいかなる対策が必要かに関する情報をもたらすものである．

管渠の判定に際しては2つのケースに区別されるだけである．
ⅰ) 安定的(耐荷力を向上させる構造対策は不用)，
ⅱ) 非安定的(即時対策が必要)．

第一のケースにおいては，その後の損傷推移に関する情報をとっていくことが重要である．このためには，例えば断面測定(**4.2.5** 参照)等を介した欠損の検査を最短の点検間隔で実施する必要がある．

この手続きによって，例えば下水の性状が変化したか，または生物硫酸形成の前提条件がもはや存在しないことにより損傷進行が認められない場合には，安定性と水密性が証明されれば，その他の対策を講ずることなく当該を使用することができる．

レンガの場合にも，特にセメント結合された目地モルタルに腐食が発生し得る．この損傷結果は，目地モルタルの部分的もしくは全面的な欠損あるいは洗流しから個々の管渠レンガの落下(**図 2-43 ～ 2-45**)，または極端な場合にはレンガリングの完全な崩壊(**2.8.5**参照)までに及んでいる．

個別的には，特に管頂部および迫持部におけるレンガ自体の広範囲の剥落も観察された[2-173, 2-174](**図 2-46**)．文献[2-173]によれば，この場合にも生物硫酸形成がその原因として考えられる．こうして行われたレンガ内への硫酸塩持込みが塩(主として

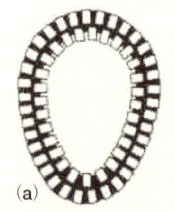

図2-43：目地モルタルの腐食によるレンガ積管渠の部分的崩壊プロセス[2-17]

図2-44：レンガ積管渠の目地モルタルの腐食

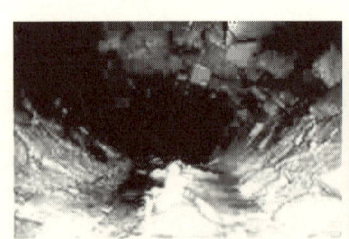

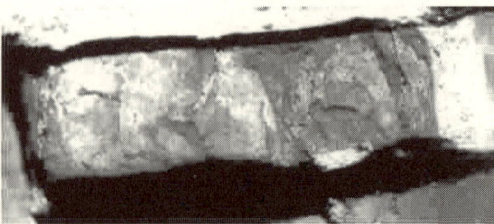

図2-45：目地モルタルの腐食によって落下したクリンカ

図2-46：クリンカの腐食[2-173]

2.7 変　　　形

2.7.1 損　　　傷

ATV-A 127，第 9.1 章［2-176］，または DIN EN 1610［2-177］および DIN EN 1295［2-175］に依拠した DIN 4033，第 4.1.10 および 4.1.11 章［2-31］の定義によれば，曲げ撓み管と剛性管は，以下のように区別される．

"荷重が重大な変形を引き起こさず，したがって圧力分布に影響を及ぼさない管は剛性管である"．

"土壌が支持システムの要素であることから，荷重と圧力分布が変形に重大な影響を及ぼす管は曲げ撓み管である"．

上記定義に基づき剛性管または曲げ撓み管としての区分は，常に土壌の剛性との関連で眺められなければならないことを強調しておくこととする．したがって，これは，管剛性と土壌剛性とからなる総合システムの分類であって，単なる管剛性の判定ではない．管-土壌システムとして荷重の伝搬を保障するため，管剛性は，一方で基礎における受動土圧の均等な作用を保障しなければならず，他方で安定性障害に対する十分な安全性を保障しなければならない．

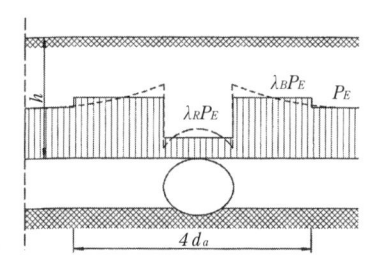

図2-47：ATV-A 127［2-176］に基づく曲げ撓み管の変形

曲げ撓みシステムの計算は，いわゆる基礎反力の作用が考慮される（図 2-48）．このため文献［2-176］に基づきシステム剛性 V_{RB} と管剛性 S_R が区別されるが，両者は，土壌の水平基礎剛性 S_{Bh} を介して結ばれている（［ATV-A 127，式(6.15)］参照）．

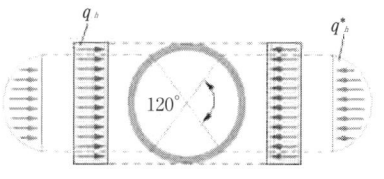

図2-48：ATV-A 127［2-176］に基づく曲げ撓み管に関する仮定側圧分布

2. 損傷，その原因と結果

$$V_{RB} = \frac{S_R}{S_{Bh}}$$

ここで，

$$S_R = S_R \frac{E\,I}{r_m^3}$$
$$S_{Bh} = 0.6\ \zeta\ E_2 \tag{2-9}$$

ここで，E_2：管外周部における土壌の変形率，ζ：土壌の特性を考慮するための修正率，E：管の弾性率，I：管壁縦断面の慣性モーメント，r_m：平均管半径．

管-土壌システムは，文献[2-176]に基づき $V_{RB} \leq 0.1$ が当てはまれば，曲げ撓みシステムとみなされ，すなわち基礎反力を考慮して計算される．文献[2-178]によれば，管剛性の他に管外周部における土壌の種類と圧縮度がシステム剛性の大きさに特に影響する．これらの関連の詳細な記述は，文献[2-179]が行っている．

国際的に公知の設計方式は，変形の量的設計限度を単一の特性値 $\delta_v = \Delta D/D$ に準拠させるため，変形判定に垂直シンメトリックな円形変形(図 2-47)の仮定を用いている．この方式は，設計に際しては専門的に適正な埋設と設定された荷重のみが出発点とされなければならないことからしても有意的である．開削工法で布設された曲げ撓み管の垂直方向直径変化は，例えば文献[2-176]では次のようにして算出さる．

$$\delta_v = c_v^* \frac{q_v - q_h}{S_R} \tag{2-10}$$

ここで，q_v：文献[2-176]に基づく管部における垂直方向土壌応力，q_h：文献[2-176]に基づく管部における水平方向土壌応力，S_R：式(2-9)に基づく管剛性，c_v^*：文献[2-176]に基づく変形率．

続いて許容値 δ_v と比較される．

曲げ撓み管の変形挙動の調査は，過去，特にオランダ[2-180]，スカンジナビア諸国[2-181]，ドイツ[2-179]で実施された．ただし，それらは，垂直変形ないし水平変形の観察に限定され，変形した管の変形形態，荷重の種類，荷重の履歴を考慮していなかった．同じく状態判定においても，設計時に行われた仮定を転用することがしばしば試みられる．曲げ撓み管の設計時に垂直変形の短期限界値または長期限界値が設定される一方で[2-176]，変形判定に際しては，垂直変形の大きさからその程度を推定することが薦められる．DIN 4033[2-31]，またはそれよりやや一般的な形で DIN EN 1610 [2-177]は，例えば管渠建設の完了後にバラストによって埋め戻された下水管の変形検

2.7 変　　形

査を以下を基準として行うことを勧告している．

"曲げ撓み管の垂直方向直径変化は，静的計算から得られる短期変形値（……最大値4％）を超えてはならない．個々の点におけるわずかな超過は許容される"．

これは，DIN 4033において以下のように根拠付けられている．

"垂直方向直径変化は，特に下水管の基礎および埋設施工の品質に関する一つの尺度である．許容短期値は，それぞれの埋設条件ならびに50年後の許容長期変形に関する6％の限界値を考慮している……．この値は，特に不安定性から生ずる問題に対する十分な安全性を内容としている"．

鋼製推進管には，ATV-A 161，第7.6.3章［2-197］に定められている記載が適用される．

"特段の基準が適用されない限り，3％までの変形を許容し得るものとして設定することができる．鉄道交通の下方では，変形は2％の値を超えてはならない"．

これらの基本的手法の結果として，過去において管構造物の良否を区別するのに表の形でのきわめて異なった値の百分率［2-183，2-184］が用いられ，垂直変形（これはほとんどの場合に水平変形と組み合わさっている）の継続的測定のために様々な装置器具が開発されることともなった．

曲げ撓み管の変形形態の考慮は，これまでほとんどの場合に周辺繊維歪みの判定または断面形態の質的判定との関連で考えられてきた．これに関して文献［2-185］には異なった埋設条件と相関した一覧があげられている．その要点は，文献［2-186］にまとめられている．**図2-49**にRogersによって文献［2-185］示された好ましい断面形態を具体的な描写とともに示した．変形像の他に質的な歪み分布もあげられている．**図2-50〜2-53**にPE-HD管について現場で確認された類似の変形［2-200］を示した．

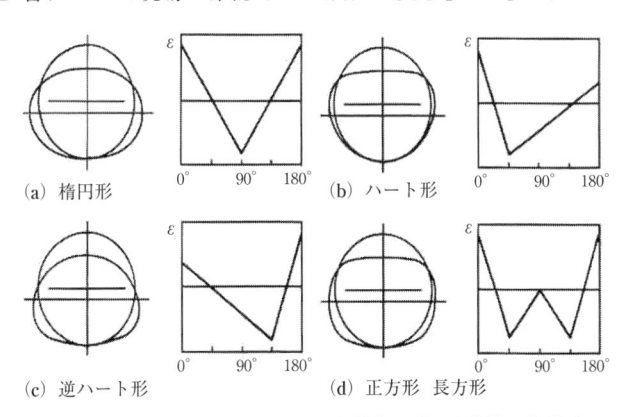

(a) 楕円形　　(b) ハート形

(c) 逆ハート形　　(d) 正方形　長方形

図2-49：変形タイプと当該歪み経過．文献［2-185］より抜粋．管頂0°

2. 損傷，その原因と結果

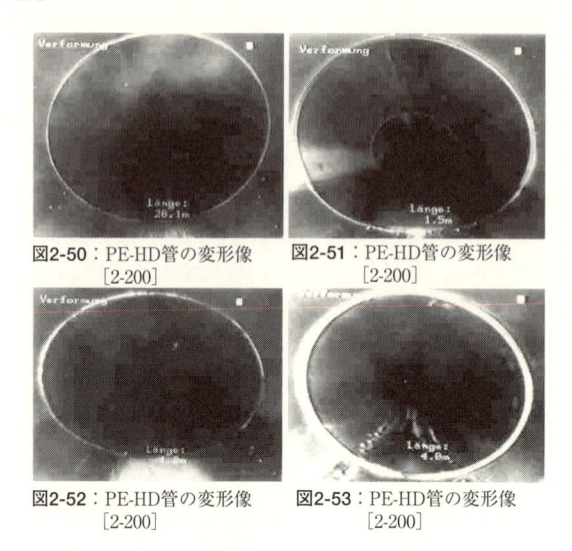

図2-50：PE-HD管の変形像
[2-200]

図2-51：PE-HD管の変形像
[2-200]

図2-52：PE-HD管の変形像
[2-200]

図2-53：PE-HD管の変形像
[2-200]

2.7.2 損傷原因

損傷をもたらす変形は，以下によって引き起こされる[2-1]．
・例えば，次のような DIN 4033[2-31]，ATV-A 127[2-176]，ATV-A 139[2-33]の不遵守，
  ・静的計算の欠如または欠陥，
  ・不適切，または欠陥ある管の埋設，
  ・荷重条件または基礎条件が計算上の仮定[2-199]と相違すること，
  ・不適切な布設または基礎工，非開削工法での環状空隙充填の欠陥，
  ・締固め器具の不適切な使用，
  ・土留の不適切な撤去，
  ・温度の影響．
・漏れ，物理的摩耗または腐食の結果．

2.7.3 損傷結果

変形によって生じ得る損傷結果は，文献[2-1]によれば以下のとおりである．

2.7 変形

- 水理学的性能の低下，
- 詰まり，
- 保守費用の増加，
- 一体成形取り付けされた枝管，ベンド等により無強化管よりも剛性が高まった箇所における成形品に亀裂が生ずる危険，
- 変形が非常に大きい場合の局部的座屈の危険，
- 応力亀裂変形，
- 漏れ，
- 亀裂，
- 管の破損，
- 崩壊．

水理学的に理想的な形態からの変化は，いかなるものであれ管の性能障害を意味する．したがって，例えば10％の楕円状の管変形は，約1％の水理学的流下断面積減少に相当する．曲げ撓み管の局部的座屈に際しては，機能性に問題が生じる．

例えば，管外周部内の砕石による局部的に限定された変形は，材料を破壊し，当該部域に穴または亀裂を生じさせることにより漏れとそれに伴う損傷結果をもたらすことがある(2.2参照)．

2.7.4 幾何的断面解析

管渠内の個々の測定点で記録された断面図形の判定のため Bosseler は，文献[2-186]で無変形初期システムとして肉厚 t が無視し得るほど小さい円環を提案している．当該面内において円周上の任意の点 P は，接線方向変位 v (時計回り方向が正)と半径方向変位(中心点に向かう方向が正)によって表される自由度2を有している(図 2-54)．変形図形は，多数の測定点による

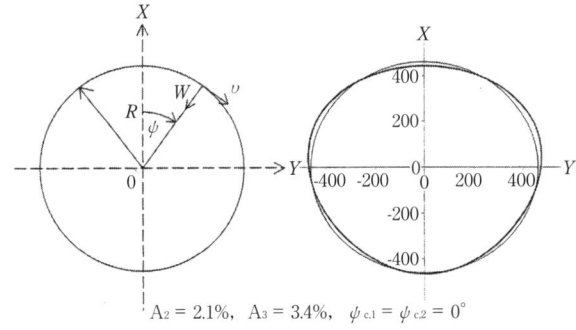

$A_2 = 2.1\%,\ A_3 = 3.4\%,\ \psi_{c1} = \psi_{c2} = 0°$

(a) 文献[2-186]に基づく幾何的システム

(b) 文献[2-186]に基づく例

図 2-54：

管周の走査に基づいて極座標軸上で表される．角度測定と距離測定から，適切な変形関数によって近似される対をなす値（$\psi_{ms,i}$, $r_{ms,i}$）ないし（ψ, w）が得られる．Bosseler は，文献[2-186]で以下の式を選択している．

$$w(\psi) = \sum_{j=2}^{k} A_j \cos[j(\psi + \psi_{c,j})] \tag{2-11}$$

変形図形はこうして個々の成分のパラメータに基づいて系統的に表されるが，その際，位相角 $\psi_{c,j}$ は，管頂位置（$\psi_{c,j} = 0°$）からの変形成分 j の正の最大変形のずれを表している．振幅 A_j は，角度 $\psi_{c,j}$ における変形成分 j の最大変形の大きさに相当している．これは直径変化 ΔD とは異なり，級数式の直線変形成分ならびに非直線変形成分の幾何的影響を具体的に示している．級数項の有意性は，予測される測定精度との比較によって推定することができる．文献[2-186]によれば，一般にパラメータ A_2, ψ_2^c, A_3, j_3^c の考慮に際して，既に重要な変形成分，対称軸の回転が把握されている．

上述した状態把握方式は，実際に Bosseler[2-186]によりある新設地区（27 スパン）の損傷報告に基づいて実施された．その際，総延長 800 m の地中布設された PE-HD 管（黒，$\psi_m ≒ 270$ mm，$d = 10.8$ mm）について広範な測定がなされた[2-200]．

解析された測定断面は，広い範囲で垂直シンメトリックな楕円状の変形像を示していた[図 2-55(a)]．しかし測定された例外から，この法則性に対する盲目的な信頼は，非常な評価ミスをおかし得ることを明確にしている．例えば図 2-55(b)では，楕円の対称軸の回転，すなわち $\psi_{c,2}$ ≒ 45°により，断面は，総じて明らかに有意的な変形を示しているにも関わらず，垂直方向直径変化の読みも水平方向直径変化の読みも 0 である．

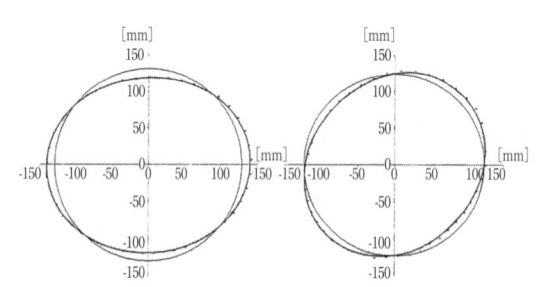

(a) 垂直シンメトリックな楕円状変形像　(b) 対称軸が回転した楕円状変形像

図2-55：PE-HD導管の現場断面測定．$\psi_m ≒ 270$mm [2-186]

さらに直径変化（例えば，垂直変形 δ_v）の測定時に変形 0 位に近いこともある直波の変形成分のみが考慮される．したがって，直径変化の特性値 δ_v と δ_H を介して常に管の変形挙動に関する判定を行うことができるとの仮定は，実際の変形像が設計時に仮定された変形，すなわち垂直軸を対称軸とした楕円状挙動と一致しない場合には誤謬をおかし得ることとなる．損傷判定に際しては，ほとんどの場合に設計とは異なる変

2.7 変　形

化した埋設条件と荷重が変形の原因であることから，こうしたケースは，一般に見込まれなければならない．

以下の例は，文献[2-186]に基づいて得られた知見を具体化したものである．前述した影響要因の重なり合いもあることはいうまでもない．

・異なった変形成分が垂直方向における同一の測定値を結果し得ることから，有意性を有するのはδ_vだけではない．
・δ_vとδ_Hは非直波の変形成分を把握せず，直波の"斜め"の変形成分も十分には把握しない．
・δ_vとδ_Hは，曲げ変形からのみ生ずるのではなく，寸法精度の変化，法線力変形または測定軸のセンタリング欠陥からも生ずる．

これは，目下のケースに当てはめれば，単に以下のようにいい得ることとなる．

"垂直変形の設計限界値の超過は，耐荷挙動が設計どおりではないことをうかがわせる"．

この逆のケースとして，変形限界値以下の垂直変形から耐荷挙動は設計どおりであ

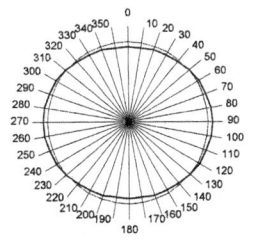

(a) 設計式に基づく2波の楕円状垂直シンメトリック変形像

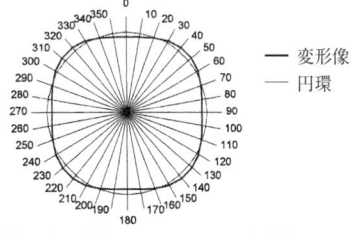

(b) 4波の垂直シンメトリック変形像

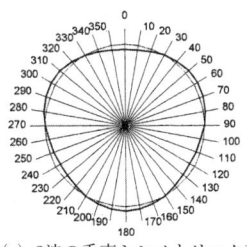

── 変形像
── 円環

図2-56：文献[2-186]

(a) 3波の垂直シンメトリック変形像

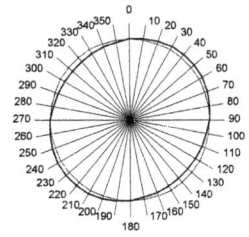

(b) 2波の楕円状の非垂直シンメトリックな変形像

図2-57：文献[2-186]

2. 損傷，その原因と結果

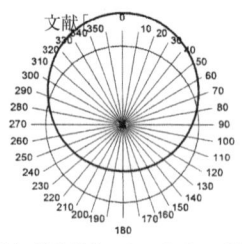

(a) 測定器具のセンタリング欠陥
による剛体変位(単波)

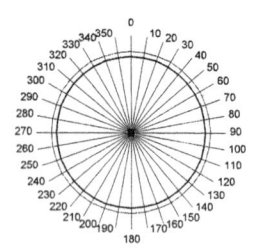

(b) 管周縮みによるゼロ波の変形像

図2-58：文献[2-186]

ると推論することは，上記の記述の誤った解釈に至ることとなる．

純幾何学的な考察の他に，線形弾性円環モデルの弾性曲線からの荷重分布の計算（文献[2-186]参照）も非現実的と思われる変形図形を判定するための補完的評価基準として利用することができる．管内の堆積物，またはその他の障害に基づく誤った解釈は，これによって認識することができる．

図2-59に最大近似波数2または12の測定断面の変形像，理論的荷重分布が示した．

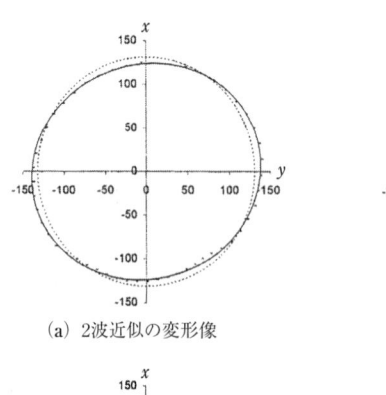

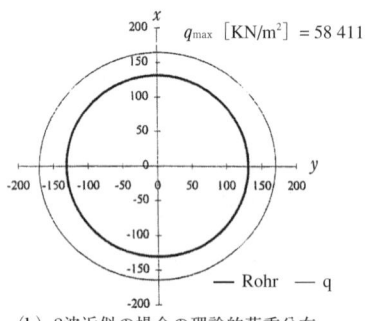

(a) 2波近似の変形像

(b) 2波近似の場合の理論的荷重分布 $q_{max}\,[\text{KN/m}^2]=58\,411$

(c) 12波近似の変形像

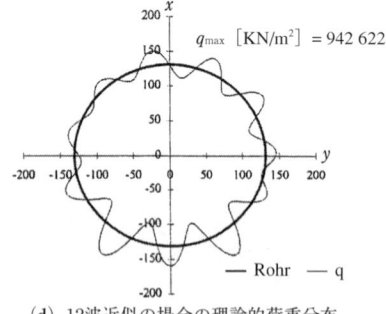

(d) 12波近似の場合の理論的荷重分布 $q_{max}\,[\text{KN/m}^2]=942\,622$

図2-59：文献[2-186]に基づく現場測定．堆積物に起因する測定ミスの確認

図から認められるように，波数2のフーリエ級数は，管頂部の変形に非常によく近似しているが，管底部のずれは，なお比較的大きい．当該荷重推定は，管-土壌システムに生じ得る規模の点で有意的な分布を示している．これに対して，12波の近似は，測定された断面像にほぼ最適に適合しているが，その荷重分布は，まったく非現実的である．それは，このケースにおいて絶対に生じ得ないような管周全域にわたって変化する圧縮ゾーンと引張りゾーンを表している．主として底部にある危険変形域は，例えば堆積物または水に起因する測定ミスであり，それはビデオ記録によっても確かめられた．

2.7.5 構造力学的分類

近似的な弾性曲線がわかれば，フーリエ級数近似係数に基づいて変形した線形弾性円環の内部曲げ仕事 W^i に関する解釈も可能となる．これは，文献[2-186]に基づき級数式(2-11)を使って次のように計算することができる．

$$W^i = \frac{\pi B}{2 R^3} \sum_{j=2}^{k} (j^2 - 1)^2 A_j^2 \tag{2-12}$$

ここで，

$$B = \frac{E d^3}{12(1 - v^2)}$$

式(2-12)から，j が大きくなるとともに振幅 A_j が内部仕事 W^i に及ぼす作用効果も増加することが明らかとなる．振幅 A_2 または A_j の2波および j 波の変形の内部仕事の比較は，以下のようになる．

$$\frac{W_j^i}{W_2^i} = \frac{(j^2 - 1)^2 A_j^2}{(2^2 - 1)^2 A_2^2} = C_j \frac{A_j^2}{A_2^2} \tag{2-13}$$

ここで，

$$C_j = \frac{1}{9}(j^2 - 1)^2$$

したがって，2波および3波の変形の間の比較については，振幅が同一 $A = A_2 = A_3$

2. 損傷，その原因と結果

であれば，曲げ仕事には次が当てはまる．$W_w^i = 7.1\ W_2^i$．4 波の変形については $W_4^i = 25.0\ W_2^i$，5 波の変形については $64.0\ W_2^i$ である．4 乗の曲げエネルギーのこの増加は，低波の変形が支配的であることを推測させるものである [2-186]．

弾性理論に基づいて荷重算定のために求められた解析手法を粘弾性特性を有する材料(PE-HD, PVC)に転用することは，材料特性の線形性を前提にしてのみ可能である．ただしその場合には，管は，予防的措置として不断に測定されなければならないことになろう．現実には下水道の状態把握と状態評価にとって，この種の点検費用は，経済的に是認し得るものではないことから，別の経験的な解決手法が求められるべきであろう(**2.7.8** 参照)[2-186]．

2.7.6 変形経過の解釈

測定断面の解析とともに，スパン長全体にわたる振幅と位相角との経過の判定も興味深い．これらのパラメータを布設径路長と相関させて記入し，測定箇所の線形補完することができる．図 **2-60**，**2-61** に文献[2-186]から抜粋したこの種の変形経過の例が示した．

図 **2-60**(a)のスパンの終端では，2 波振幅ならびに位相角のジャンプが認められる．これに対して図 **2-60**(b)は，かなり一様な純粋 2 波の変形経過を表している．全体と

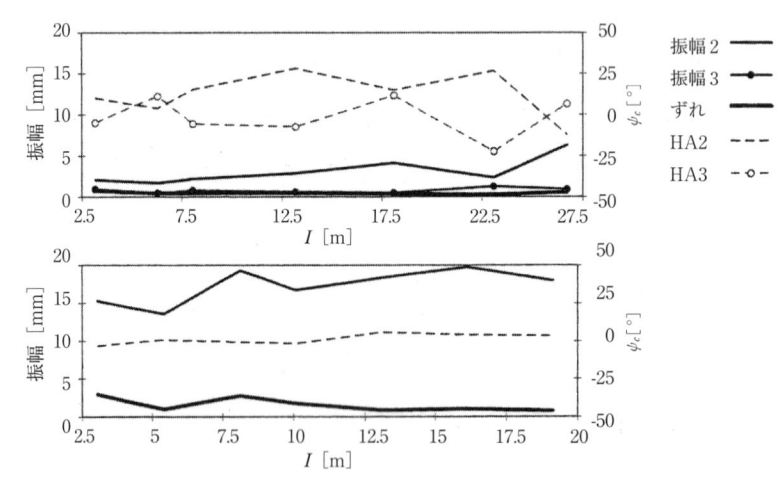

図2-60：有意な振幅と位相角とのグラフ[2-186]

2.7 変形

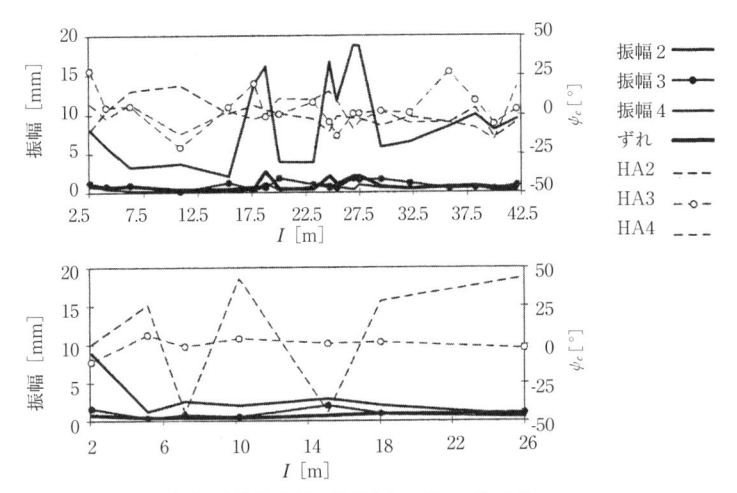

図2-61：有意な振幅と主軸の位相角とのグラフ[2-186]

して著しく大きな変形にも関わらず，3波ないし4波の変形成分は，無視し得るほど小さい(＜近似差)．

文献[2-186]によれば，一様に変形したスパンでは，通常，主軸が垂直対称軸の位置を占めている場合に特に大きな2波または2波と3波の変形振幅が現れた．

図 2-61 は，特に振幅 A_2 に不規則性が認められ，変形経過が不均一なスパンの例を示している．文献[2-186]によれば，顕著な振幅ジャンプ域，例えば 18 m，24.8 m および 27.6 m の箇所に管継手が確認された．その他の接続箇所は，著しく大きな変形を示していなかったことから，原因としてあげられるのは，系統的な欠陥ではなく，例えば締固めの支障による散在的な埋設欠陥である．近似差の経過については，支配的な振幅 A_2 との相関性が認められるが，それは，変形が大きい場合には線形式の適合が困難とされるからである．

図 2-61 に2波振幅に関して主軸位置の顕著な変動を示す変形経過が示されている．文献[2-186]では，こうした挙動は，変形振幅がこのようにわずかな場合にしばしば観察されたことから，これは，その点で過大評価されるべきではないであろう．

2.7.7 縦方向曲げによる断面変形

薄肉管は，実験でも証明された[2-190，2-191]ように，曲げ荷重下での座屈によって

破損する[2-187, 2-189]．理論的な概説と文献一覧は，文献[2-188]で行われている．さらに，座屈変形状態において弾性彎曲と結び付いて，無視し得ない管断面の変形(楕円化)が発生する．管のこの非線形曲がり─いわゆる Brazier 問題[2-191]─は，過去においてほとんど座屈安定性とは無関係に考察されてきた[2-192, 2-193]．図 2-62 に曲がった短い管に関する文献[2-189]に基づく2つの破損形態の重なり合いが示されている．この場合，縦方向に曲がった管の幾何学的静的システムは，肉厚 d，管半径 R，曲げ半径 ρ，内圧 p，弾性率 E，曲げ剛性 B によって決定される．

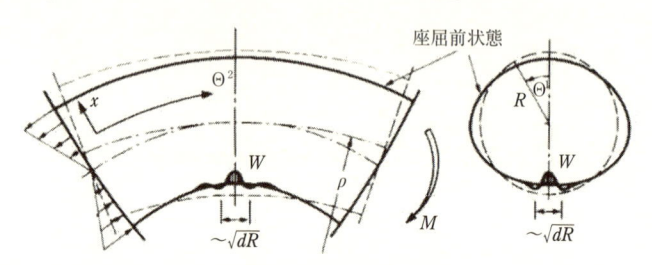

図2-62： [2-189]による危険曲げ荷重下の円筒

管渠スパンに関する実用技術的要件は，既に設計段階において自然流下管渠としての利用に関連して一定の勾配ならびに径路の直線性を定めている[2-200]．したがって，曲げ撓み管にとって縦方向曲げによる負荷は，一般に無視し得るものとみなされる結果[2-182]，実際の設計においてこの挙動は，埋設中に特別な強制力が存在するか，または巻締プラスチック管の輸送円筒半径の判定[2-181]において考慮されるにすぎない．しかし，不測の沈下差，地盤沈下または取付欠陥に起因する設計からのずれは，完全には排除することはできない．ただし，想定外の縦方向曲げが生じた場合，管は，なお前座屈状態にあり，それは，長い管の非線形曲げの関係式によって十分正確に表すことができる[2-186, 2-192]．

$$M = \chi \, EI \, \frac{1}{\rho}$$

ここで，

$$\chi = 1 - A\alpha^2 - 2/3(A\alpha^2)^2 + \cdots\cdots$$

$$A = \frac{3/2}{12 + 4\lambda}, \quad \alpha^2 = \frac{ER^4 d}{B\rho^2}, \quad \lambda = \frac{pR^3}{B}, \quad B = \frac{Ed^3}{12(1-\nu^2)}$$

$A\alpha^2$ は，次のようにまとめることもできる．

$$A\alpha^2 = \frac{9(1-v^2)}{6+2\lambda} \frac{R^4}{\rho^2 d^2}$$

Reissner は，文献[2-192]で垂直変形 δ_v を計算するための以下の式をあげている．

$$\delta_v = \frac{2}{3} A\alpha^2 + \frac{71+4\lambda}{135+9\lambda}(A\alpha^2)^2$$

したがって，垂直変形 δ_v は，圧無の場合には弾性率 E に依存せず，ポアソン比 v によってわずかに影響される．

前記の式によって表された Reissner の解ならびにその他の殻理論的な正確な解が文献[2-186]中で Bosseler により FEM 計算とも比較された．**図 2-63** に様々な歪み a に際して生ずる圧無管の断面像が示されている．

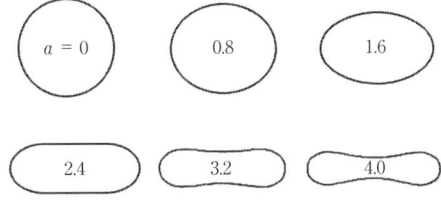

図2-63：a に相関した断面の変形推移（$\lambda=0$），[2-186]

文献[2-186]に基づく結果は，Reissner 式の質は，考慮された高次の近似項とは必ずしも同一視し得るものではないことを明確にしている．ただし，前座屈領域におけるずれは，無視し得るほど小さい．

様々な周辺条件，事前彎曲および欠陥のもとでの管の極限荷重の算出に関するその他の情報は，文献[2-195]に見出される．

地中布設下水管の実際的な調査研究[2-186]は，確かに縦方向曲げ挙動が断面変形に及ぼす影響は，無視し得るほど小さいことを推測させるものであるが，データ量がわずかであることから，これを一般化することは推奨できない．予測された縦方向曲げが生じた場合には，実際の土圧分布ならびに基礎反力が断面変形に及ぼす影響も考慮されなければならない．広く流布している断面壁管タイプへのこの考察の拡大には特別な考慮が必要である．

2.7.8　経験的解決手法

2.7.1 で既に述べたように，現在のところ曲げ撓み管については，一般に垂直変形特性値 δ_v に限定され，かつ設計時に想定された変形よりも大きな変形を一般に損傷とし

て評価する(例えば文献[2-183])非常に表面的な変形分類しかない．2.7.4 では，それと結び付いて生じる評価ミスの形態が詳しく述べられたが，これらのミスは，幾何的断面解析によって回避することが可能である．文献[2-186]によれば，管・土壌システムの粘弾性変形挙動を考慮するための時間に応じた段階的な限界値は，解析的考慮に基づくだけでは不可能であることから，以下に変形した曲げ撓み管の経験的状態判定の一つの方法を示すこととする．

過度に，または非特性的に変形した管の安定度の簡単かつ明瞭な評価は，量的，時間的な挙動を簡単なパラメータによって判定し得るような形で表すことができる場合にのみ可能である．文献[2-196]によれば，以下のような一般的な簡便法が適当と考えられる(図 2-64)．

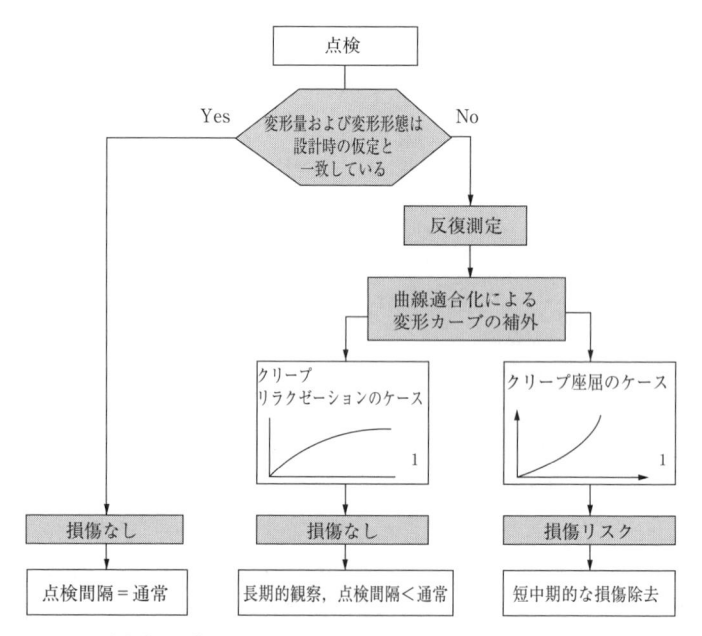

```
                    ┌─────┐
                    │ 点検 │
                    └──┬──┘
                       │
              ┌────────◇────────┐
         Yes  │ 変形量および変形形態は │  No
       ┌──────│   設計時の仮定と    │──────┐
       │      │    一致している     │      │
       │      └─────────────────┘      │
       │                              ▼
       │                         ┌────────┐
       │                         │ 反復測定 │
       │                         └────┬───┘
       │                              │
       │                    ┌─────────▼─────────┐
       │                    │ 曲線適合化による    │
       │                    │  変形カーブの補外   │
       │                    └─────────┬─────────┘
       │                 ┌────────────┴────────────┐
       │          ┌──────▼──────┐          ┌──────▼──────┐
       │          │  クリープ    │          │ クリープ座屈のケース │
       │          │リラクゼーションのケース│      │              │
       │          └──────┬──────┘          └──────┬──────┘
       ▼                 ▼                         ▼
   ┌────────┐       ┌────────┐               ┌──────────┐
   │ 損傷なし │       │ 損傷なし │               │ 損傷リスク │
   └────┬───┘       └────┬───┘               └─────┬────┘
        ▼                ▼                         ▼
   ┌──────────┐    ┌──────────────────┐    ┌──────────────┐
   │点検間隔＝通常│    │長期的観察，点検間隔＜通常│    │短中期的な損傷除去│
   └──────────┘    └──────────────────┘    └──────────────┘
```

図2-64：文献[2-196]に基づく変形した曲げ撓み管の評価(流れ図)

観察された事象が設計時に予測されたものと一致していれば，比較的古い管渠については，設計条件に合致した安定的な管・土壌システムが存在し，その今後の点検は，一般に通常の間隔内に行われれば十分である．

変形挙動が形態もしくは大きさの点で設計条件から予測される状況と相違している場合には，設計外の管・土壌システムの挙動が存在するとのことが出発点とされなければならない．ただし，ここから安定性が不十分であるとも安定性が十分であるとも

推定することはできない．情報は欠如しており，それは，時間に応じたさらなる測定によって補われなければならない．

時間に応じた測定の解析評価に基づき，設計どおりに布設されていない管に関する判定結果として以下の2つの一般的なことが考えられる．

・現存のシステムは安定的であり，換言すれば，観察された変形は，目標とされた残存寿命期間中，大きさおよび特性の点でわずかに変化するにすぎないと考えられる．連続した測定は，変形進展の限界値挙動が残存寿命期間にとって良性であることを証明している(クリープ-リラクゼーション挙動)．
・現存のシステムの安定性は，危機的であり，換言すれば，目標とされた残存寿命期間内にさらに大きな変形に至るか，または安定性の危機を助長する変形に至ることが連続した測定から推定される．この種の挙動は，特にクリープ座屈として知られており，これは，管剛性と使用された材料とに応じ管渠構造において見出されるような外圧下でも理論的に考えられる(ATV-A 127 に基づく安定性判定、参照)．

2.8 亀裂，管の破損，崩壊

損傷のひとつである"亀裂"は，主として剛性管に発生する．これについては，管の破損の前段階になると同時に，最終的には管渠の崩壊の前段階ともなり得る3種の主な亀裂形態がある[2-1]．
・縦方向亀裂，
・横方向亀裂，
・一点から発する亀裂(多くの場合に亀甲形成を伴う)．

亀裂の原因と亀裂の種類とは互いに密接に関係しており，亀裂の形態，その寸法およびその延長から原因を推定することができる．この場合，一つの原因が異なった箇所に複数の亀裂を生ずることがあり，また，一つの亀裂が複数の原因に帰着されることもある．

亀裂の原因を示唆する重要な基準は，以下のとおりである[2-201]．
・亀裂の時間的変化(亀裂が既に停止しているのか，それともなお進行中であるのかを知ることができる)，
・亀裂の深さ(亀裂が表面的なものにすぎないか，それとも構造部材の全体にわたっているか)，

2. 損傷，その原因と結果

- 亀裂の延長（これから作用している力の方向に関する示唆が得られる），
- 亀裂両端の相互変位（これから作用している力の方向と破損危険とに関する示唆が得られる）．

亀裂の種類とは関係なく，次の事項が亀裂の原因として考えられる[2-1]．

- DIN 4033[2-31], ATV-A 127[2-176], ATV-A 139[2-33], ATV-A 161[2-197]の不遵守，
- 輸送，貯蔵保管，布設，バラストによる埋戻しまたは締固めの際の管の損傷，
- 侵食の影響．

亀裂形成は，いずれの場合にも損傷を表しているが，ただしコンクリート管および鉄筋コンクリート管のいくつかの亀裂タイプは例外である．例えば DIN 4032[2-202]によれば，表面の小さな傷・裂け目または不規則に延びるクモの巣状の縮み割れは，コンクリート管の使用価値を減ずるものではない．これは，DIN 4035[2-203]に定める鉄筋コンクリート管についても同様であり，そこではさらに亀裂幅が 0.2 mm 以下の亀裂も許容されている．セメントモルタルライニングされた鋳鉄管および鋼管の場合には，DIN 2614[2-204]に基づきセメントモルタルライニングに生じた幅 1.5 mm 以下の亀裂さえも許容し得るものとみなされる．ドイツ・コンクリート協会の示方書[2-205]または DVGW の示方書[2-206]では，裂け亀裂に関する許容亀裂幅 w は，0.15 mm[2-205]または 0.20 mm[2-206]と定められている．

セメント結合された材料にあっては，水が浸入もしくは浸透してくる場合には幅 0.2 mm までの亀裂は，セメント粒子の再水和作用によるか，または沈殿物形成によって自然に，かつ伸縮的に塞がれる[2-207〜2-210]と考えられている．

DIN 4033，第 9.2.2.4 章[2-31]も漏れ検査の枠内で，そのために要される時間があり，かつ下水管が管頂まで充塡された状態に保持される場合に，この"自然修復"ないし"後沈殿物形成"事象を考慮している．

これらの事象に関する現在の知見の総合的な記述が，文献[2-211]にある．

コンクリート管および鉄筋コンクリート管の亀裂の自然修復は，下水と関係する媒体との作用が亀裂の塞ぎをもたらす化学・物理的現象である．これは，可視的な構造物部分については，湿度の低下と，乾いたコンクリート表面の白色の石灰片ないし石灰粒起によって認識することができる．最近になって，この現象の基本的な原因を解明する知見が得られた．その際の最も重要な要因は，文献[2-212]によれば，以下のとおりである．

- 下水中の固体含有物による亀裂の塞ぎ，
- 亀裂形成に際して剥がれたコンクリート片による亀裂の塞ぎ，

2.8 亀裂，管の破損，崩壊

・炭酸カルシウムの形成，
・セメントの水和作用，
・亀裂溝におけるコンクリートの膨潤．

　これらの影響要因が自然修復に占める割合は，これまでに実施された調査から明確な判定が得られていないため，なお争点となっている．ただしこれまでの調査は，前記の事象自体が判明しており，その限りで化学・物理学的プロセスが知られており，同プロセスが現実の条件下で生じることを前提として，適切な自然修復を利用し得ることを裏付けている．

　図 2-65 に自然修復プロセスの典型的な流量曲線の経過を示す[2-213]．初期における曲線の激しい下降とそれに続いて曲線が時間軸に漸近的に接近することを特徴としている．この場合，流量は，顕著に減少する．自然修復プロセスは，いくつかのケースにおいて亀裂の完全なシールをもたらしている[2-214]．

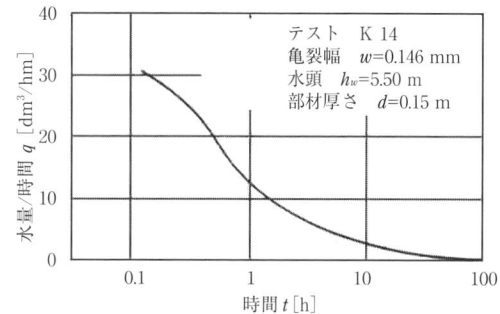

図2-65：自然修復に際する典型的な流量曲線[2-213]

テスト　K 14
亀裂幅　$w=0.146$ mm
水頭　$h_w=5.50$ m
部材厚さ　$d=0.15$ m

2.8.1 縦方向亀裂

2.8.1.1 損　　傷

　前述した主要亀裂形態のうち剛性管に最も頻繁に発生するのは，縦方向亀裂である（図 2-66）．

　これは，ほとんどの場合に管の四分点に発生する（図 2-67）．管頂亀裂および管底亀裂は，内側に開口し，迫持亀裂は外側に開口する（図 2-83）．

　その他の管渠断面形状の場合には，縦方向亀裂は，例えば荷重の発生，基礎または管渠の構造状態に応じて異なった箇所も発生し得る（図 2-68）[2-215]．

図2-66：管渠の管頂における縦方向亀裂[2-28]

2. 損傷，その原因と結果

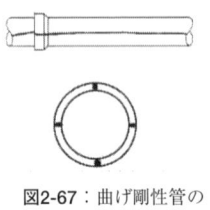

図2-67：曲げ剛性管の縦方向亀裂 [2-44]

図2-68：レンガ積管渠の縦方向亀裂 [2-215]

2.8.1.2　損傷原因

前述した損傷原因の他に縦方向亀裂は，以下の原因によっても発生する[2-1].
・線的支え，
・漏れ，位置ずれ，物理的摩耗，腐食または変形の結果.

剛性管の場合，縦方向亀裂は，例えば線的支え時のリング曲げ引張り強さの超過によって発生する．縦方向亀裂は，さらに漏れ（図2-69）または土壌運動（図2-70）による基礎の変化に起因する位置ずれ，ならびに管継手の施工の誤り（図2-71）によっても発生する．これらは，一般に管継手から発し，この部域に限定されるか，または管全体に及ぶこともある（図2-69）．

管継手部の縦方向亀裂（図2-72）は，管渠の布設直後にもシーリングの復元力から生ずる過大な半径方向力と工事期間中の強い日射による温度影響作用との組合せによって発生することがある[2-216].

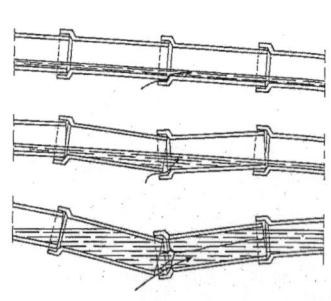

図2-69：地下水の浸入および土壌の侵入を伴う管継手の漏れに起因する縦方向亀裂の進展 [2-17]

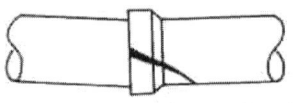

図2-70：位置ずれに起因する管継手部の縦方向亀裂 [2-44]

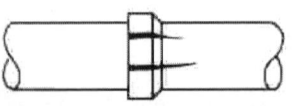

図2-71：過大な半径方向力による管継手部の縦方向亀裂 [2-44]

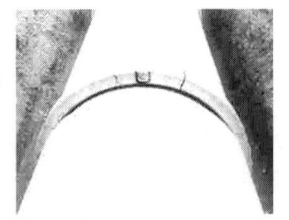

図2-72：過大な径方向力と工事期間中の温度影響作用との組合せによる管継手部の縦方向亀裂 [2-216]

2.8 亀裂，管の破損，崩壊

2.8.2　横方向亀裂

2.8.2.1　損　　傷

　横方向亀裂は，ほとんどの場合に管周全体に及んでいる(図 2-73)．この亀裂が生じやすい箇所は，管の中央(図 2-74)，管継手部，またはマンホールないし構造物との接合部，あるいは直接の上部構造物との接続部である．

　この亀裂は，一方の管側で対向する管側よりも広く開口するか(曲がり)，または亀裂両端が互いに変位している(食い違い)．

　マンホールでは横方向亀裂(水平亀裂)は稀にしかない．

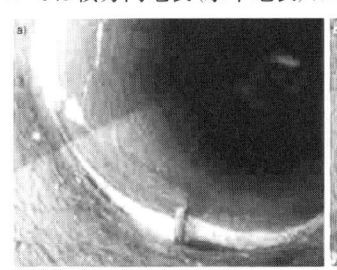

図2-73：管周全体に及ぶ横方向亀裂

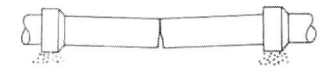

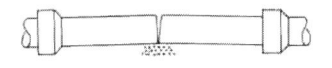

図2-74：管の支え不良による横方向亀裂の形成 [2-8]

2.8.2.2　損傷原因

　横方向亀裂は，管の許容縦方向曲げ引張り強さ，縦方向引張り応力またはせん断力強さの超過によって発生する．

　横方向亀裂は，上述した損傷原因の他に特に以下によっても発生する [2-1]．
・不当な集中荷重作用(点的支え，ソケットによる支持，管外周部の砕石)，
・構造物との接続が撓みになされていないこと，
・漏れ，位置ずれ，物理的摩耗，腐食または変形の結果，
・温度の影響．

2.8.3 一点から発する亀裂，亀甲形成

2.8.3.1 損　　傷

　管渠には，亀裂の延びが相対的に明確な縦方向亀裂および横方向亀裂の他に，一点から発して放射状に延びるか(**図2-75**)，または全く不規則な延びを示す(**図2-76，2-77**)かする亀裂が生ずる．いずれの場合にも，ほとんど常に―それぞれの管壁材が亀裂によって完全に取り囲まれて―亀甲形成に至ることとなる．

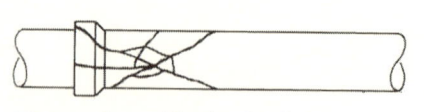

図2-75：1点から発する亀裂[2-44]

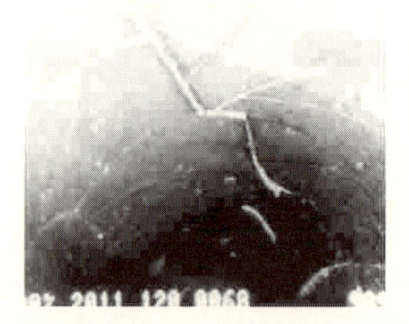

図2-76：陶管における亀甲形成．亀甲はなお管と結合している[2-28]

図2-77：陶管における亀甲形成．個々の亀甲は既に管から剥がれている[2-28]

2.8.3.2 損傷原因

　一点から発する亀裂ないし亀甲形成を生ずる最も基本的な原因は，既述した原因以外に次のものがある．
・不当な集中荷重作用(点的支え，ソケットによる支持，管外周部の砕石)，
・取付管の誤った接続，
・極度の樹根侵入(**2.3.2.3 参照**)．

2.8.4　管の破損

2.8.4.1　損　　傷

大きな管壁箇所の欠落が管の破損と称される（図 2-78 〜 2-80）．

2.8.4.2　損傷原因

管の破損は，亀裂形成もしくは亀甲形成によって既に損傷した管の追加的な障害または内外荷重の変化によって引き起こされる．これは文献[2-1]によれば，さらに漏れ，物理的摩耗，腐食および亀裂の結果としても発生する．

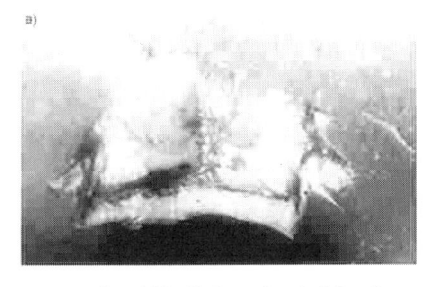

図2-78：管の破損．管壁の一部の欠落[2-28]

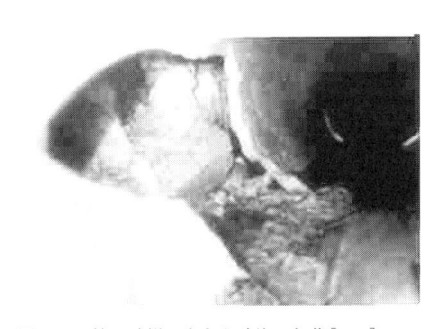

図2-79：管の破損．大きな破片の欠落[2-28]

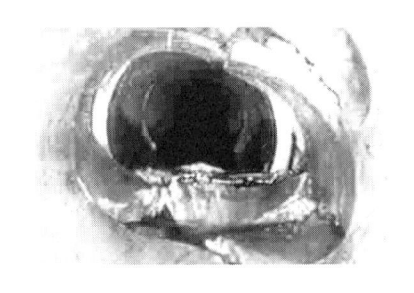

図2-80：管の破損．複数の破片の欠落[2-28]

2.8.5　崩　　壊

2.8.5.1　損　　傷

崩壊とは，当該部材の破壊と結び付いた耐荷力の全面的喪失として理解される（図2-81）．

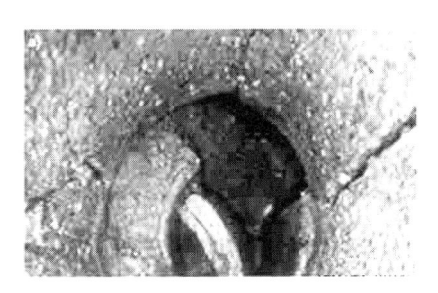

図 2-81：崩壊

2.8.5.2　損傷原因

崩壊とは，以下にあげる損傷の時間的進展において最重度の結果を伴う最終段階である．
・漏れ(2.2 参照)，
・物理的摩耗(2.5 参照)，
・腐食(2.6 参照)，
・変形(2.7 参照)，
・亀裂および管の破損(2.8 参照)．

2.8.6　損傷結果

管渠の亀裂発生によって生じ得る損傷結果は，基本的に以下の事項によって影響される．
・亀裂形態(縦方向亀裂，横方向亀裂，一点から発する亀裂ないし亀甲形成)，
・亀裂の深さ(表面的かまたは部材壁を貫いているか)，
・亀裂幅，
・管材料(鉄筋が入っているかまたは無筋か)，
・亀裂の位置(流水域内かまたは流水域上流か)：管の位置(地下水中かまたは地下水上方か)，
・基礎の状態(十分に締め固められているか，弛んでいるかまたは空洞形成があるか)．

横方向亀裂を別として，すべての亀裂形態は本来的に安定性の危機を表しているが，全面的破損(崩壊)の時点は，前述したいくつかの影響要因によって左右されるため，それを容易に予見することはできない[2-217, 2-218]．

良好な条件下—例えば，わずかな亀裂幅，地下水の欠如，良好な基礎状態，コンスタントな使用条件(過負荷なしと氾濫なし)—では，例えば縦方向亀裂を生じた管もなお相対的に長期にわたり準安定状態を保ちつづけることができる．この場合には，静的システムとして土壌支持された四節リングが形成される．内側に向かっての管頂の変形は，外側に向かっての迫持の変形と同時進行する．この迫持変位は，土壌の基礎反力を活性化する．管頂の沈みによって管上方域から管側方域への荷重転位が開始される．管側方域へのこの荷重転位は，水平土圧の増加をもたらし，基礎反力の活性化

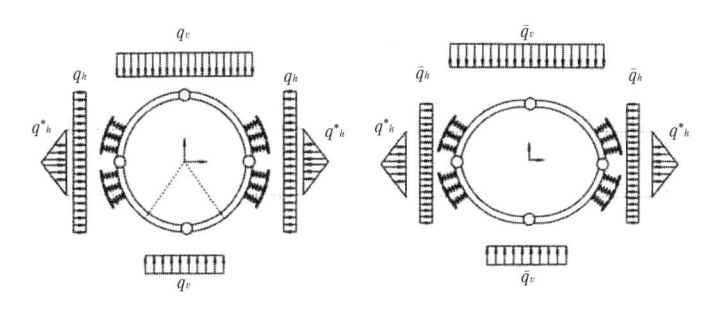

2.8 亀裂，管の破損，崩壊

図2-82：垂直荷重q_v，水平荷重q_hおよび土台反力q^*_hからなる荷重による土壌支持された四節リング[2-24]

により管の四分セグメントと土壌からなる変形したシステムが保ち得る均衡状態の実現を促す（図2-82）．

ボッフム-ルール大学の研究[2-24]は，こうした亀裂を生じた管は，基礎が完全であれば，初期値次第で四分点における縦方向亀裂の発生の因である破壊荷重の2〜8倍の土壌荷重に耐え得ることを明らかにした．

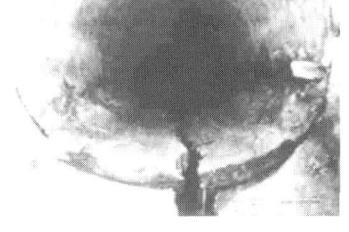

四分点に縦方向亀裂を生じた無筋の剛性管の評価には，断面の変形が決定的な役割を果たす．

図2-83：激しい変形を伴った，縦方向に亀裂を生じた管渠[2-28]

文献[2-23]によれば，これらのコンクリート管および陶管の安定性が危機的となるのは，以下の場合である．

・変形：＞5％管径
・亀裂幅：＞$s/10$

亀裂両端が変位していない，すなわちリンク機構が保たれており，かつ基礎の変化（土壌流入）が予測されない場合には，耐荷力の点からして即時対策を講ずる必要はない．

図2-84，2-85に基礎条件の変化に起因して生じ得る変形経過を示した．この事象は，鉄筋コンクリート管にあっては鉄筋が腐食によって破損しない限り起こらない．

変形の進展および管の破損の発生も，供用条件の変化，

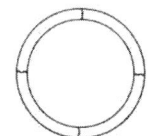

(a) 縦方向亀裂の発生　(b) 例えば，管ゾーンの締固めが不十分な場合または土壌侵食に起因する側方土台反力の低下による初期変形　(c) 側方土台の喪失による激しい変形．崩壊が見込まれなければならない

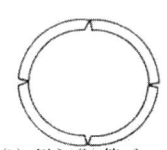

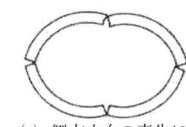

図2-84：縦方向亀裂を生じた管が崩壊するまでの変形経過[2-17]

2. 損傷，その原因と結果

高圧洗浄，水による漏れ検査または短期的な過負荷と氾濫によって促進されることがある（図 5-11，5-12）．

それゆえ損傷補修が実施されるまで，保守の枠内で予防対策が講じられなければならない．高圧洗浄および水による漏れ検査は，損傷補修が実施されるまで全面的に延期されなければならない．

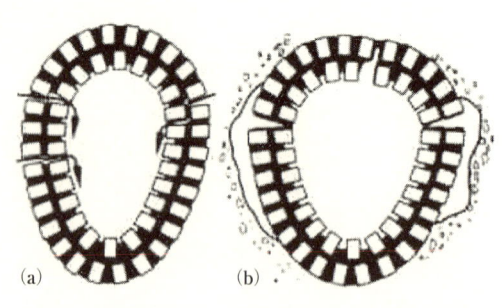

図2-85：漏れに起因する土壌流入によるレンガ積管渠の変形[2-17]

いずれの場合にも，損傷の進行について全体的状況を把握するため，点検間隔を短縮しなければならない．

すべての貫通亀裂—したがって横方向亀裂も含む—ならびに管の破損は，本来的に2.2 に述べた損傷結果を伴う漏れを表している．浸入水または流出水によってある管区域の基礎が変化させられる結果，位置ずれが新たな亀裂形成と結び付いて発生し（図 2-69），あるいは崩壊までに至る亀裂管の変形の進展が生じ得る（図 2-82）．

管の破損時に下水管内に落下した破片は，さらに排水障害を生じ，2.3 に述べた結果をもたらすこととなる．崩壊は，一般に下水流下の停止に至る．下水流下の完全な停止を伴う崩壊は，排出者または管理者によって比較的早期に確認されるが，排水障害の場合には，損傷に気づくまで管渠は長期にわたって使用されることがある．

2.9　損傷分析

下水道ならびに排水構造物には，以上の記述が示しているようにきわめて多様な原因に基づく多数の損傷が発生し得る．その際，損傷結果は，基本的に損傷程度，それぞれの管材料および地域的条件によって決まることを考慮しなければならない．表2-13 に主要損傷群，その原因および結果を総合的にまとめた．

ドイツにおいて下水道の漏れに一般の目が向けられるようになって以来，実際の損傷規模如何という問いに対する回答が経済的，環境的ならびに法的に大きな重要性を有している．初期の見積もり[2-219 ～ 2-221]によれば，損傷のある公共下水道の割合は，旧連邦共和国領域だけで約 22 ％であり，新連邦州領域ではおよそ 55 ％である．この場合，私設排水管—初期の調査によればその損傷比率はもっと高いと推定される

とはいえ—は含まれていない.

　少なくともドイツ(旧西ドイツ)の下水管渠の損傷規模と損傷分布に関する最初の確かな調査は,呼び径 200 〜 800[2-23]のコンクリート管と陶管からなる公共下水管渠の目視内部点検の結果に関して 1992 年に実施された分析である.この 2 つの材料に制限することが必要だったのは,例えばアスベストセメント(ファイバセメント),レンガ積材,プラスチック,鋳鉄等の下水道において,調査された総延長距離 350 km の管渠網区域においてごくわずかしか使用されておらず,集計評価に際して考慮することができなかったからである.

　全体として 45 種類の損傷が把握され,ATV-M 143 Teil 2[2-1]に依拠して以下の 6 種の損傷群にまとめられた.
・排水障害,
・位置ずれ,
・管継手の損傷,
・枝口の損傷,
・亀裂(縦方向亀裂,横方向亀裂,亀甲形成,管の破損,崩壊),
・内部腐食.

　間接目視内部点検では把握し得ない損傷,例えば,外部腐食または管継手と管壁の不可視の漏れは,当然のことながら考慮することはできなかった.これらの損傷の確認には,定量的な測定方法と検査方法が使用されなければならない(例えば,漏れ検査)が,そうした方法は,まだ目下の標準点検プログラムには組み入れられていない.これらの損傷がかなりの規模を占めることがあるとのことは,ニュルンベルク-エルレンシュテーゲンの管渠網区域の調査が明らかにしている(**表 2-2** 参照).これらの結果を裏付けとして,例えば,コンクリート管と陶管からなる下水管渠の管継手のシールに以前使用されていたシール材,例えば,粘土,セメントモルタル,流込みアスファルトおよび常温加工されたシール材は現在の要求条件を満たしておらず,漏れにかなりの程度寄与しているといえる.したがって,実際の損傷件数は,目視点検によるだけで求められたものよりも大きい.

　分析された総延長距離 308.6 km の管渠には 17 893 件の個別損傷が数えられた.これは,損傷件数 58 件/km という平均損傷頻度に相当している.各管材料別の損傷頻度を計算すれば,陶管については総延長距離 167.2 km,個別損傷件数 6 894 件で損傷頻度は 41.2 件/km,コンクリート管については総延長距離 141.5 km,個別損傷件数 10 999 件で損傷頻度は 77.8 件/km であるが,この場合の相対的に大きな損傷頻度差は,材料に起因するものではない損傷から生じている.

2. 損傷，その原因と結果

表 2-13 ： ATV-M 143 Teil 1[2-1]に基づく下水道において生じ得る損傷，損傷原因および損傷結果に関する一覧表

No	損傷		考えられ得る損傷原因	
1	1.1. 1.1.1 1.1.2 1.1.3	漏れ 管継手あるいは部材継目または構造物継目 管壁または構造物壁面 管，マンホールまたは構造物との接続部	1.2.1. 1.2.1.1 1.2.1.2 1.2.1.3 1.2.1.4. 1.2.2. 1.2.3.	DIN 1986, DIN 4033, DIN 19550, ATV-A 139, 材料規格または準則集の不遵守および下記に関する規準の不遵守 設計 材料選択または部材選択 施工 運転 材料老化 以下の結果 　位置ずれ(3.1) 　物理的摩耗(4.1) 　腐食(5.1) 　変形(6.1) 　亀裂(7.1) 　管の破損(8.1) 　崩壊(9.1)
2	2.1 2.1.1 2.1.2 2.1.3 2.1.4	排水障害 固着堆積物 固着物 突き出た排水障害 樹根侵入	2.2.1 2.2.1.1 2.2.1.2 2.2.1.3 2.2.1.4 2.2.1.5 2.2.2 2.2.3	DIN 4033, DIN 1986 Teil 3, ATV-A 115, ATV-A 139 の不遵守 設計の瑕疵(例えば，管勾配) 施工欠陥 不十分な清掃 堆積性物質，凝固性物質の流入 樹根侵入を防止し得ないシール材または管継手 運転外の影響作用 漏れ(1.1)の結果
3	3.1 3.1.1 3.1.2 3.1.3	位置ずれ 垂直方向（例えば，オフセット） 水平方向 軸方向	3.2.1 3.2.2 3.2.3 3.2.4 3.2.5 3.2.6	設計欠陥(1.2.1.1)および施工欠陥(1.2.1.3) 水文地質学的変化 荷重の変化 沈下 採鉱による地盤沈下および地震 漏れ(1.1)の結果として
4	4.1	物理的摩耗	4.2.1 4.2.2 4.2.3 4.2.4	不適切な材料および部材 固体輸送(摩耗屑) キャビテーション 不適切な清掃方法または清掃機器
5	5.1 5.1.1	腐食 外部腐食	5.2.1.1 5.2.1.2 5.2.1.3 5.2.1.4	土壌および地下水に腐食性がある場合の規格および基準(例えば，コンクリートまたはセメント結合された材料に関する DIN 4030 または鉄およびスチールに関する DVGW GW 9)に基づく限界値の不遵守 土壌または地下水中に侵入した腐食性物質 物理化学的作用(金属材料) 機械的負荷が加わる場合の腐食(金属材料およびプラスチック)

2.9 損傷分析

損傷規模に応じて生じ得る損傷結果

1.3.1. 下水の流出(逸出)
1.3.1.1 地下水および土壌への有害物質搬入
1.3.1.2 管，構造物または道路舗装に対する有害作用
1.3.1.3 位置ずれ(3.1)，変形(6.1)，亀裂(7.1)，管の破損(8.1)または崩壊(9.1)等の付随損傷を伴う土台条件の変化
1.3.2. 地下水の侵入(infiltration)および土壌の侵入
1.3.2.1 異水比率の増加，それによる排水水域の有害物質負荷の高まり，下水輸送コスト，下水浄化コストならびに下水排出コストの増加
1.3.2.2 保守費の増加
1.3.2.3 管渠，中継ポンプ施設または浄化施設の水理学的過剰負荷，場合により過負荷
1.3.2.4 建物および植被の被害と結び付いた地下水水位の低下
1.3.2.5 堆積物の固着(2.1.1)，固着物(2.1.2)
1.3.2.6 1.3.1.3 に同じ
1.3.2.7 沈下，崩壊と結び付いた空洞形成
1.3.3 樹根の侵入(2.1.4)

2.3.1 水理学的性能の低下
2.3.2 詰まり
2.3.3 保守費の増加

3.3.1 取付管の引裂
3.3.2 勾配逆転による機能性の損失
3.3.3 保守費の増加
3.3.4 漏れ(1.1)
3.3.5 排水障害(2.1)
3.3.6 亀裂(7.1)
3.3.7 管の破損(8.1)

4.3.1. 肉厚の減少(耐荷力と水密性の低下(1.1))
4.3.2. 壁面粗さの高まりとそれによる，例えば水理学的性能の低下

5.3.1.1 肉厚の減少(耐荷力と水密性の低下(1.1))
5.3.1.2 漏れ(1.1)
5.3.1.3 変形(6.1)
5.3.1.4 亀裂(7.1)
5.3.1.5 管の破損(8.1)
5.3.1.6 崩壊(9.1)

2. 損傷，その原因と結果

No	損傷		考えられ得る損傷原因	
5	5.1.2	内部腐食	5.2.1.5	防腐対策の欠如，不適切な実施または損傷
			5.2.1.6	化学電池の形成（金属材料の接触腐食）
			5.2.2.1	DIN 1986 Teil 3，ATV-A 115，ATV-A 139 の不遵守
			5.2.2.2	規格および基準（例えば，コンクリートまたはセメント結合された材料に関する DIN 4030）に基づく限界値の不遵守
			5.2.2.3	様々な流入物質による腐食性下水の形成，さらに運転条件による影響作用
			5.2.2.4	セメント結合された材料製およびその他の酸に敏感な材料製の部分充填された管渠および構造物における生物硫酸腐食
			5.2.2.5	5.2.1.4 に同じ
			5.2.2.6	5.2.1.5 に同じ
6	6.1	変形 静的曲げ撓み管の許容値を超える変形	6.2.1	例えば下記による DIN 4033，ATV-A 127 ATV-A 139 の不遵守
			6.2.1.1	静的計算の欠如または欠陥
			6.2.1.2	不適なまたは欠陥ある管の取付け
			6.2.1.3	荷重条件，基礎条件が計算上の仮定と相違すること
			6.2.1.4	不適切な布設，埋込み：非開削工法に際する環状空隙充填の欠陥
			6.2.1.5	締固め器具の不適切な使用
			6.2.1.6	土留の不適切な除去
			6.2.1.7	温度の影響作用
			6.2.2	漏れ(1.1)，物理的摩耗(4.1)または腐食(5.1)の結果
7	7.1 7.1.1 7.1.2 7.1.3	亀裂 縦方向亀裂 横方向亀裂 一点から発する亀裂，亀甲形成	7.2.1	DIN 4033，ATV-A 127，ATV-A 139 の不遵守
			7.2.2	輸送，貯蔵保管，布設，埋込み，バラストによる埋戻しまたは締固めに際する管の損傷
			7.2.3	戦時下の影響作用
			7.2.1.1	線的支え
			7.2.1.2	漏れ(1.1)，位置ずれ(3.1)，物理的摩耗(4.1)，腐食(5.1)または変形(6.1)の結果
			7.2.2.1	不当な集中荷重作用（点的支え，ソケットのまたがり，管ゾーンの砕石）
			7.2.2.2	構造物との接続が柔軟に形成されていないこと
			7.2.2.3	漏れ(1.1)，位置ずれ(3.1)，物理的摩耗(4.1)，腐食(5.1)または変形(6.1)の結果
			7.2.3.1	不当な集中荷重作用（点的支え，ソケットのまたがり，管ゾーンの砕石）
8	8.1	管の破損（亀裂に起因する管壁箇所の欠落）	8.2.1	漏れ(1.1)，物理的摩耗(4.1)，腐食(5.1)，亀裂(7.1)の結果
9	9.1	崩壊	9.2.1	漏れ(1.1)，物理的摩耗(4.1)，腐食(5.1)，変形(6.1)，亀裂(7.1)，管の破損(8.1)の結果

2.9 損傷分析

損傷規模に応じて生じ得る損傷結果

5.3.2.1 　肉厚の減少(耐荷力と水密性の低下(1.1))
5.3.2.2 　壁面粗さの高まりとそれによる例えば水理学的性能の低下
5.3.2.3 　漏れ(1.1)
5.3.2.4 　変形(6.1)
5.3.2.5 　亀裂(7.1)
5.3.2.6 　管の破損(8.1)
5.3.2.7 　崩壊(9.1)

6.3.1 　水理学的性能の低下
6.3.2 　詰まり
6.3.3 　保守費の増加
6.3.4 　一体成形取付けされた取付管，ベンド等によって無強化管よりも剛性が高まった箇所における成形品に亀裂が生ずる危険
6.3.5 　変形が非常に大きい場合の局部的座屈の危険
6.3.6 　応力腐食亀裂
6.3.7 　漏れ(1.1)
6.3.8 　亀裂(7.1)
6.3.9 　管の破損(8.1)
6.3.10 　崩壊(9.1)

7.3.1 　漏れ(1.1)
7.3.1.1 　管の破損(8.1)
7.3.1.2 　崩壊(9.1)
7.3.3.1 　管の破損(8.1)
7.3.3.2 　崩壊(9.1)

8.3.1 　漏れ(1.1)
8.3.2 　崩壊(9.1)

9.3.1 　極度の損害

2. 損傷，その原因と結果

図2-86にコンクリート管と陶管からなる下水管渠―両方の管材料を包括した場合（総合）ならびに各管材料別の―の損傷頻度の一覧を示した．

損傷群排水障害（**2.3**参照）は，コンクリート管からなる下水管渠では損傷件数7.6件/km（9.8％）であり，陶管からなる下水管渠では損傷件数3.9件/km（9.5％）である．調査された管渠網区域では固着堆積物の他に樹根侵入が3.3件/km（5.7％）で，排水障害損傷群のうちで最大比率を占めている．これを管材料別に見れば，コンクリート管からなる下水管渠では3.8件/km（4.8％）であり，陶管からなる下水管渠では2.9件/km（7％）である．

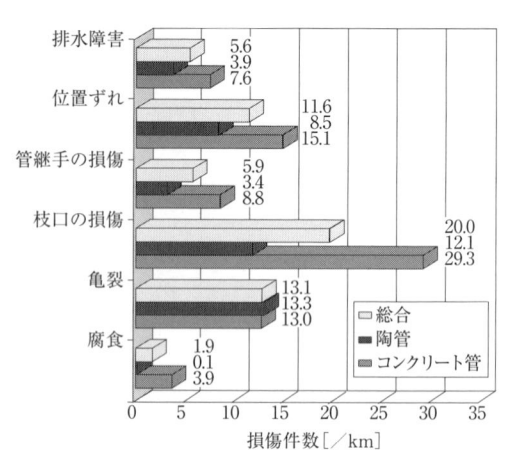

図2-86：コンクリート管，陶管からなる下水管渠の損傷群別損傷頻度 [2-23]

位置ずれ（**2.4**参照）は，漏れおよび亀裂の付随損傷としても発生し得る（例えば，基礎部からの土壌粒子の流出によって不均等な沈下が生ずる）とはいえ，そのほとんどは基礎工事または管布設時の欠陥に帰することができる．この損傷群が総損傷規模のうちに占める割合は，コンクリート管および陶管のそれぞれ約20％で同じである．

管継手の損傷が総損傷規模のうちに占める比率は，損傷件数5.9件/km（10.1％）である．これは陶管（3.4件/km）よりもコンクリート管（8.8件/km）に高い頻度で見出される．これは陶管の方が既にコンクリート管よりも早期にエラストマシーリングおよび組付けシーリングを具えていたとの事実から裏付けられる．

コンクリート管と陶管からなる下水管渠の全損傷の3分の1以上（34.4％）は，枝口の損傷（**1.9**参照）に関するものである．

これに関する損傷頻度は，コンクリート管からなる下水管渠では損傷件数29.3件/km（37.7％）である．過去において取付管は，あらゆる原則に反して管渠の穴あけによって接続が行われていたが，これは現在でもなお一部で行われている．こうした方法では，水漏れのない，耐久的かつ撓みな接続を作り出すことはできない．さらにこれに加えて，管渠自体が亀裂，亀甲形成および破損の形の不測の損傷を蒙る危険が存在する．

陶管からなる管渠では，この損傷群は，件数にして12.1件/km，割合で総損傷規模の約30％であり，絶対数的にも比率的にも著しく少ないものとなっている．その主たる理

由は，管渠の穴あけを不要とする適切な成形品の使用にあるということができよう．

損傷群亀裂（**2.8** 参照）の割合は，損傷件数 13.1 件/km（22.7 ％）である．

全体として見た場合には，コンクリート管と陶管との間にはごくわずかな相違しか認められない（損傷件数 13 件ないし 13.3 件/km）．しかしながら，陶管にあっては亀裂は，最も頻度の高い損傷原因を表している．それが陶管の総損傷規模のうちに占める割合は 32.2 ％で，コンクリート管の場合（16.7 ％）の 2 倍に達している．これはおそらく陶管の耐衝撃性がコンクリート管に比較して低く，それにより輸送および布設時の管の取扱いならびに管外周部の締固めに際して亀裂を生ずる危険が高いということを示していると考えられる．

内部腐食（**2.6** 参照）は，総計 570 例が確認された．これは，総損傷規模の 3.2 ％（1.85 件/km）に相当している．ただし，腐食の損傷像は，区間損傷であることに留意しなければならない．

これらの損傷の約 75 ％は，それぞれのスパン長の全体に及んでおり，残りの 25 ％はもっと短い区間，例えば接続部後方からスパン終端までの範囲および個々の管継手に関係している．点的に限定された腐食は，分析された調査報告書中には見出されない．短いスパン区間または個々の管継手に関係した 25 ％の損傷ケースを無視すれば，調査された合流式下水道では，平均スパン長 32 m においてコンクリート管の腐食率は 15.7 ％である．

確認された 570 例の内部腐食損傷のうち 63 例は管頂-側方域にあり，わずか 2 例が底部にあるにすぎず，残りの内部腐食損傷は管内面の全体に関係している．コンクリート管渠の気相部に認められた 63 例の損傷は，ほぼ確実に生物硫酸腐食に分類することができる．これに対し，もっぱら下水の強い腐食性に帰せられる底部，すなわち濡れ域の内部腐食はきわめて稀にしか見出されない．

コンクリート管からなる下水管渠の全腐食損傷のほぼ 90 ％は，
・下水組成，
・下水性状，
・管渠の気相部，
・施工状況，
・建設材料特性，
・排水状況，
が判明しない限り明確に分類することはできない．この場合，腐食の原因として考えられるのは以下の事項である [2-23]．
・満管状態の頻度が高い腐食性下水．

2. 損傷，その原因と結果

- 非生物原性腐食プロセスによる気相部における水和セメントと組み合わさった，時として満流で流れる腐食性下水．
- 生物硫酸腐食と腐食性下水との組合せ．

コンクリート製管渠の内部腐食は，連邦規模で見れば全土的な問題ではない．例えば，調査された合流式下水道の40％がそもそも腐食を示していない(Rieger[2-222]も参照)．合流式下水道の30％は，コンクリート管の腐食率が0～16％であり，残りの30％では腐食率は16％以上である．調査された合流式下水道のうちで最高の割合を示したのは，ノルトライン・ヴェストファーレン州の中規模都市(人口20 000～100 000)であり，そのコンクリート管腐食率は約61％であった．

腐食頻度は，局地的な所与条件により非常に大きく影響されるのは明らかである．この調査で把握された腐食損傷例の約71％は，次の3つの調査地区に集中していた．

- 小都市(ザールラント州)：特段の産業のない地方都市．小規模処理施設の割合が高い．
- 小都市(ヘッセン州)：化学-製薬工業．
- 中都市(NRW)．

上記のことから内部腐食は，それぞれの自治体において重大性を有しており，主要な損傷種類に数え入れられることが明白となる．

各腐食損傷の規模，材料欠損，ならびにそれから生ずる管渠スパンの耐荷力損失に関する情報は，点検データから得ることはできない．したがって，今後は目視点検に加えて定量的検査も必要となるであろう(**2.6**参照)．

自治体規模に関連して，小都市，中都市，大都市の損傷頻度にかなりの相違が生じている(それぞれ損傷件数 77.9件/km, 42.5件/km, 47.5件/km)(**図 2-87**)．

こうした事情は，コンクリート管からなる合流式管渠だけを考察すればもっと鮮明になる．その場合，小都市の損傷頻度は138.6件/kmで，77.9件/kmの平均損傷頻度に比較して極端に高い．

コンクリート管からなる合流式管渠において最も頻度の高い，**表 2-14**で考慮された個別損傷は取付けが不良な取付管(44.7件/km)とソケットの裂開(27.4件/km)である．これらの双方の個別損傷を合わせれば，平均総損傷頻度の半分以上を占めることとな

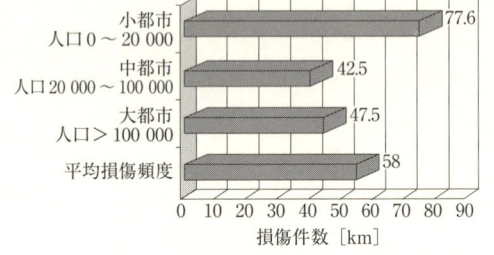

図2-87：自治体規模と相関した損傷頻度[2-23]

（小都市 人口0～20 000：77.6，中都市 人口20 000～100 000：42.5，大都市 人口>100 000：47.5，平均損傷頻度：58）

2.9 損傷分析

表2-14：自治体規模と相関したコンクリート管からなる合流式管渠における損傷の頻度[2-23]

pH値	小都市	中都市	大都市
取付けの不適正な取付管（損傷件数/km）	44.7	14.7	10.01
ソケットの裂開（損傷件数/km）	27.4	1.5	2.27
総損傷規模に占める割合[%]	51.9	34.4	20.8

る．これら2種の損傷は，施工ないし工事監理の欠陥に帰せられるものであって，それぞれの管材料の固有な欠陥に帰せられるものではない．

陶管の場合には自治体規模とのこうした相関性は認められない．この場合，最も高い損傷頻度は63.8件/kmで大都市に生じており，小都市のそれは51.4件/kmでより低いものとなっている．

上記の結果はライン・マイン地区における人口20 000以下の10の小都市のデータを分析したMatthesの調査[2-223]によって裏付けられている．彼は，全体として56.383 kmの管渠総延長距離に4 020件の個別損傷を認めている．これは，73.1件/kmという平均損傷頻度に相当するが，この値は，前記の調査によって判明した小都市の平均損傷頻度77.9件/kmとほぼ同じである．Matthesによって確認されたコンクリート管の損傷頻度は88.9件/km，陶管のそれは49.3件/kmである．

Matthesの調査においても，コンクリート管からなる下水管渠において最も頻度の高い損傷は，取付けの不良な取付管ないし枝管の不適切な接続である．ただし，59.7件/kmという損傷頻度は，46.3件/kmに比較して高い．Matthesの調査地区ではコンクリート管への接続全体のうち58.3％の施工が不適正であるが，陶管にあっては施工の不適正な接続の割合は17.7％にすぎない．

陶管の主要損傷群を形成しているのは，Matthesの調査によっても亀裂である．彼は，これに関する損傷頻度を13.7件/kmとしており，これは，前記の値11.6件/kmと同等である．これに対してコンクリート管については，この調査地区での腐食損傷率は2.42件/kmで，前記の調査におけるそれの2分の1以下である．

双方の調査の比較対照から，特定の損傷の頻度についてきわめて局地的，地域的な特性に起因する相違が存在する—例えば，採鉱による地盤沈下地区におけるコンクリート管と陶管の内部腐食またはソケットの裂開等—ことが明白になる．この相違が非常に大きなものとなり得るということは，損傷頻度が5件/kmと225件/kmという値の間に分散している中都市の分析がそれを明らかにしている[2-23]．

以上の調査結果に基づき損傷回避に関して，次のの結論を引き出すことができる．

コンクリート管からなる下水管渠の損傷頻度，特に布設に起因する損傷に自治体規模の影響が明白に認められることから，中都市，大都市とは異なり監視を行う最低限

2. 損傷，その原因と結果

の人員も不足するのが通常である小都市および地方都市においては，下水道の設計，入札，施工に関する質を向上させる必要があることが裏付けられる．

主として布設に起因する損傷は，以下の対策によって回避可能であると確認することができる．

- 関係規格および準則集，例えば DIN 4033，DIN 1986，DIN 19550，ATV-A 139，DIN EN 1610 の徹底した遵守尊重．
- 私設取付管を含む管渠建設事業を RAL-品質保証マーク"管渠布設 [Kanalbau]"を保有するか，または"排水管渠/排水管・製造・保全品質保証協会"の品質・検査規定を満たしている専門業者にのみ委託すること [2-224]．例えば，ベルリン，シュトゥットガルト，プフォルツハイム等のいくつかの自治体の入札資料には施工は，RAL-品質保証マーク"管渠布設"を保有する専門業者にのみ委託される旨が既に拘束力を持って定められている．
- 新規布設事業ならびに改築事業のいずれについても，漏れ検査を含む公共下水道および私設下水道の徹底した工事監理および検査．これは州建築法規中の宅内排水施設に関する実地検査も含んでいる．
- DIN 18306 第 4.2.7 章に基づく漏れ検査を付随的作業から本格的作業に転換することによる漏れ検査の一般的な格付けの引上げ．
- 管継手の水漏れを回避するために簡単かつ確実な取付けが可能な組付けシーリングを具えた管を使用すること．

施工が不良な枝口ないし施工が不適正な取付管接続の問題には，特に注意が向けられなければならない．これらの損傷は，以下の対策によって回避することが可能である．

- ATV-A 139 に準拠し接続穴を事後的に設けるにあたってコアドリルを使用すること（**1.9** 参照）．
- 取付管の施工に使用される材料との適合性を有するコンクリート管用成形品の開発および製造（これは既に実現された．**1.9** 参照）．
- 取付管を管渠以外に昇降マンホールに接続すること（管渠への間接的な接続）（**1.9** 参照）．

腐食は，関係規格および準則集を遵守すれば回避することが可能である．例えば，生物硫酸腐食の腐食は，設計，構造ならびに供用中の各対策によりそれを回避するか，もしくは大幅に低下させることができる [2-9]．DIN 4030 に定める非常に強い腐食度が不可避な場合には，建設材料の防腐対策を施すことによって腐食が防止される（**1.7.7.3** 参照）．

3. 保守，清掃

3.1 保　　守

　ATVによれば保守の概念は，以下のように定義される(ATV-M 143 Teil 1[3-1])．
目標状態を維持するための対策　　目標状態とはそれぞれのケースについて要求される設備・施設，構築物または個々の部材の状態(**2.1, 5.1**参照)として理解される．
　保守は保全を構成する2つの主要対策項目，すなわち点検および補修と密接に関連している．これらはそれぞれの間に顕著な相違があるとはいえ，点検補修の作業の境界が流動的であることからそれらの目標の点で基本的に結び付いている．例えば保守作業は，それが保守要員の作業によって実施可能であれば，目標物の状態の異常性を発見し，その原因を調査する対策(点検)と常に結び付いている．
　DINの趣旨によれば，下水道の保守によって特に以下の目標が追求される(DIN pr EN 752-7[3-2])．
・求められる条件の範囲内におけるシステム全体の定常的運転状態と運転能力の保障．
・信頼性があり，環境に適合した経済的なシステム運転の保障．
・システムの一部に故障が生じた場合にその他の部分の運転能力ができる限り損なわれない旨の保障．
　以上の目標を確実なものとするために，運転経験ならびに点検結果をベースとして設備・施設は定期的に保守されなければならない．保守は，DINに基づき，例えば以下のような定期的な作業と事象に応じた作業から構成される[3-2, 3-3](DIN pr EN 752-7[3-2])．
・損傷した管またはその他の部材の局所的な修理または交換(**5.**参照)．
・清掃．
　　・スパンの清掃．水理学的性能を回復するための堆積物，侵入樹根等の除去(**3.2**参照)．
　　・マンホール塵取りないし道路雨水枡泥溜めの清掃．

3. 保守，清掃

・マンホールおよび道路雨水枡泥溜めに溜まった堆積物の吸引．
・ポンプ，ゲート，塞止め・逆止弁，機械式絞り機構，調節装置等の電気，油圧または機械駆動される装置の試験および保守．
・有害生物の駆除(ねずみおよび害虫)．

　保守を計画的に実施するための前提条件は，"それぞれの運転または運転設備・施設の固有な事情に合わせ，それらに強制力を持って適用される保守計画の作成"(DIN31051)[3-4]である．またその他に以下が必要である[3-2]．
・十分な数の，専門的能力を有する要員．
・責任の明確な帰属．
・適切な装備．
・障害が及ぼす影響を含むシステムとシステム運転の相互関連に関する知識．
・ATV-A 140[3-3]に基づく詳細な記録書類等．
　・管渠および構造物の現状図面類，
　・特殊構造物の機能説明書類，
　・電気駆動式装置の配線図類，
　・車両および機器の納入会社の操作説明書類，
　・水管理法に基づく認可，許可書類，
　・許諾契約書類．

　保守計画は，システムすなわち管渠網とその構造物および設備に関する知識を基礎とし，例えばATVに依拠して設備・施設の運転責任者によって作成されなければならない(ATV-A 140[3-3])．

　この保守計画の中で観察事項ごとの保守間隔の決定，および例えば暴風雨後等の特別な運転状態における保守作業の優先性リストの作成が行われる．

　あらゆる保守対策につき保守計画の中で，通常，作業規程，運転規程または服務規程の一部を構成する要員の任務範囲，責任範囲が定められなければならない．

　保守計画は，定期的に増補・補正され，周辺条件の変化に適合されなければならない．

　周辺条件の変化とは，例えば以下のようなものである．
・既設管渠への新設建物の接続．
・新しい事業所の設置による下水の量および組成等の変化．
・大規模工事地域，勾配変化地域，採鉱による地盤沈下地区における汚濁物および固形物の流入増加．
・運転条件の変化，例えば開渠から圧力管への転換等．

保守作業の実施にあたっては，労働安全性(8.参照)，環境保護および経済性の各観点も考慮されなければならない．保守作業に際しては詳細な点検(4.参照)を要すると思われる観察も行うこともできる．こうした事項に含まれるものは，例えば以下のとおりである．
・管路線およびマンホール周辺の地表面の沈下または陥没．
・臭気公害．
・マンホール内の腐食現象．

保守の過程で上述した局所的修理が実施されるかどうかは，管渠運転の規模および管理機関に依存している．いずれにせよ修理の必要性に関する報告情報は当該管理機関に通報されなければならない．

保守は，その予防性と高度な有効性とにより最重要な保全対策の一つである．保守は，技術的には簡単な措置であるが，それらを徹底的に実施する必要のあるものである．

正しく実施された保守の効用は，機能性の保障のみならず，例えば，損耗余裕減退曲線の時間的伸張とそれによる下水道耐用期間の延長をもたらす点にもある(図 3-1)．

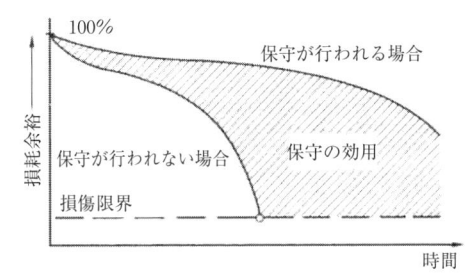

図 3-1：損耗余裕減退曲線で表した保守の効用[3-88]

3.2　清　　掃

3.2.1　概　　論

下水道の清掃は，保守の基本的な構成要素である．これは以下を目的として実施される．
・流水断面全体の自由な流下を保障し，腐敗プロセスによる臭気形成およびガス形成ならびに生物学的硫酸腐食の発生を防止するための定期的保守の一環としての堆積物除去．
・詰まりの除去．

3. 保守, 清掃

・下水道点検の準備措置.

　清掃は，前記の保守の範囲内における実施の他に補修の予備措置としても行われる．その際には，例えば，内壁の徹底的清掃，腐食生成物，突き出た取付管，またはその他の人工的流水障害物の除去等の付加的な任務が加わることとなる(**2.2**, ATV- A 140 [3-3]参照).

　あらゆる清掃対策に際し，まず堆積物が崩され，それが中継点，例えばマンホールまで運搬され，そこで除去され，場合により脱水されて処分される[3-5 〜 3-9].

　管渠の清掃に際して発生する廃棄物は，次のようなもので構成されている.

・無機物質(例えば，砂，石)，
・有機物質(例えば，食品屑，プラスチック，紙)，
・その他の物質(例えば，缶，破片).

　これらの不均質な混合物の乾燥残留分は約40％である．この乾燥残留物に有機成分が占める割合は10 〜 40％である[3-10].

　"特に安定した堆積物は，無機固形物と腐敗し始めた有機物質との混合，ならびに不均一な粒度構成を特徴としている．テストによれば，こうした固着堆積物は凝集性の高い粘土と同じ機械的挙動を示し得ることが判明している.

　相対的に粒度の均一な砂のみからなる堆積物は，堆積物を凝集させる有機物質が含まれないことから一般に容易に洗い流すことができる．逆に有機物質だけで構成される堆積物は，堆積物を圧縮する重い無機粒子を欠いていることから固着することはない"[3-11].

　TA集落廃棄物　第5.2.9章[3-8]に，"残留物(沈砂池残留物および脂肪分離器残留物，レーキ捕集ゴミ，下水管，下水道および排水孔の清掃から生じた残留物)は，できるだけ再生処理および加工再利用されなければならない．それが不可能な場合は，これらの廃棄物はさらなる処理に付されなければならない."

　塵芥集積場への埋立て廃棄処分は，今後TA集落廃棄物[3-8]の補遺Bの分類基準に基づき(強熱減量として測定して)乾燥残留物有機成分が3 〜 5質量％以下の場合にしか許されない．これらの値を満たしていないすべての廃棄物は，埋立て処分の前にまず焼却されて要求された限界値を下回らなければならない．この規則が発効するまでの経過期間は，所管の廃棄物官庁によって定められる.

　廃棄物処分の認可は，
・再利用に監視を要する廃棄物の測定命令[3-12]，
・再利用証明および処分証明に関する命令[3-13]，
に基づき簡易化された証明書によって行われる．これらの証明書のコピーを車両に備

3.2 清掃

えられていなければならない．認可の一環として適切な分析によりそれぞれの処分方法または再利用方法に定められた限界値の遵守が証明されなければならない．

　管渠清掃の実施については，いつ清掃が行われなければならないか，いかなる費用対効果比が正当であるか，それぞれの目的にどの程度のエネルギー消費，材料消費が必要かを示唆する技術的基準は，現在のところ存在しない．

　清掃間隔については，文献[3-14]に次のように述べられている．

"管渠清掃，マンホール清掃の頻度は，多数の要因，例えば排除方式の種類，勾配および排水状況，堆積物の種類および溢水状態等によって左右される．さらにその他に下水処理施設の運転または水域水質保全に対する影響が考慮されなければならない．経験上からして清掃間隔は，2～0.1回/年の範囲内にあればよい．堆積物がなく排水状況が良好であれば，清掃がまったく行われなくともよい．およそ呼び径800までの小口径管渠については清掃間隔を区域毎に定めるのが合理的である（システム清掃）．それ以上の呼び径の管渠については，まず管渠内の堆積厚さを測定（4.4.3.5参照）し，その後に清掃プログラムを作成するのが好ましい．システム清掃の場合には運転コストの算定に以下を仮定することができる．

　頻度：0.33回/年"

"清掃作業は，委託に際して明確にかつ余すところなく指定されなければならない．このため堆積物の厚さ，種類，コンシステンシー，通行不能な点検坑筒（洗浄ホース長）およびその他に予測される困難（例えば，交通事情）に関する情報が指定作業リストに記載されなければならない．

　指定作業リスト中では清掃車両用の取水方法（小川，開放水域，消火栓等）ならびに清掃廃棄物の処分法が明記されなければならない．指定作業リストにない作業も監理され，検査されなければならない[3-15]"．

　下水管渠の清掃に関するVOB Teil A §9の趣旨の作業仕様に関する例は，土木・建築標準作業書[3-16]にあげられている．

　清掃作業の開始前に，既に損傷している管渠の損傷（例えば，摩耗，腐食，亀裂，亀甲形成，管の破損）が清掃によって拡大し崩壊にまで至ることを防止するため，それぞれのスパンの構造状態を知っておく必要がある．清掃中に発生する洗浄廃棄物は，可能な限り定常的にチェックされなければならない．相当量の土壌粒子および管の破片が混ざっている場合には，それは例えば亀甲形成，管の破損または崩壊等の激しい損傷の前兆である．こうした場合には清掃作業は直ちに中止し，保全対策が指示されなければならない．また，清掃を継続する場合にはより慎重な方法が採用されなければならない．

3. 保守，清掃

　清掃の費用は，非固着堆積物(2.3.2.1参照)および排水障害物の種類および規模ならびに清掃目的ないし必要とされる清掃の程度によって左右される．
　適切な清掃方法ないし清掃機器の選択にはさらに以下が考慮されなければならない[3-5，3-7]．
・管へのアクセス可能性．
・土被り．
・管の断面形状および断面寸法．
・1スパン内の断面変化または変位．
・管材．
・構造状態．
・雨水管または合流式管については気象条件(降雨，降雪，霜)．
・交通状態．
　主として利用される清掃方法は，以下のように区分することができる[3-17]．
・一般洗浄方式．
・高圧洗浄方式(HD洗浄方式)．
・機械的方式．
・その他の方式．
　下水道の清掃にあたっては，作業部署令の当該規定および災害防止(8.参照)ならびにATV-A 140[3-3]の規定が遵守されなければならない．

3.2.2　洗浄方式

　現在では特別な前提条件下でのみ可能で，それに適したスパンに利用されている最も古い管清掃方法は一般洗浄方式である[3-18，3-19]が，これについては以下の区別が行われる．
・吐出し洗浄(Schwallspulng)．
・ダム式洗浄(Stauspulng)．
　いずれの方式も凝集していない非固着堆積物の除去にのみ使用することができる．これらの方式は，下水の流れが妨げられていず，下水流下速度が大きいことを前提としている．

3.2.2.1 吐出し洗浄

この場合には，マンホール(**図 3-2**)またはそのために特別に設けられたチャンバに下水―または水道水でもよい―が溜められて一度に放出される[3-18，3-19]．その際に形成される溜められていた水の衝撃波が非固着堆積物を巻き上げ，それに続く大量の水流が巻き上げられた堆積物をさらに先へと運搬する[3-20]．

制流機構として用いられるのは，固定取付けされた洗浄扉，フラップ，塞止めゲートまたは時として取り付けられている管シャッタ，例えば塞止めブローである．

吐出し洗浄の効果は，洗浄水の量と貯水高さ，管勾配，堆積物の種類と程度，管壁の性状ならびに管渠内の水量に依存している[3-18，3-19]．効果到達距離はおよそ 100 ～ 200 m に限定されている[3-19]．

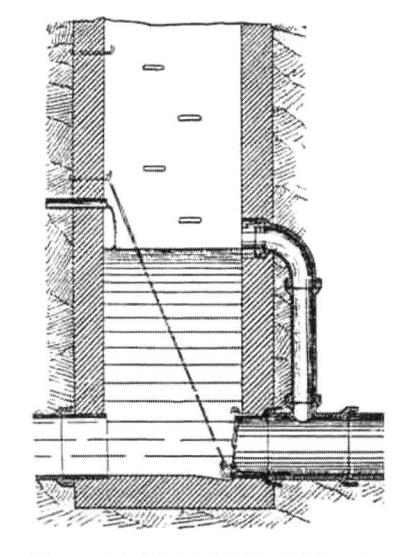

図 3-2：余水吐を具えた洗浄用坑筒[3-18]

吐出し洗浄の短所―これはダム式洗浄にも当てはまるが―は，上流スパンへの下水の滞水であり，これは取付管の中にまで達することがある．塞止め被害を回避するため洗浄用マンホールには調節用マークまたは余水吐(**図 3-2**)が配置されている．塞止め域には，そこでの流れ速度がわずかであることから付加的な堆積物形成が見込まれざるを得ない．

吐出し洗浄分野で新しく開発された装置は，水理学モデルテストで実証され，既にドレスデン市の下水管に設置されている旋回式彎曲管である(**図 3-3**)．この場合，下水管渠に彎曲管状の，中心軸を中心にしてそれぞれ 90°旋回し得る管渠区間が設けられる．

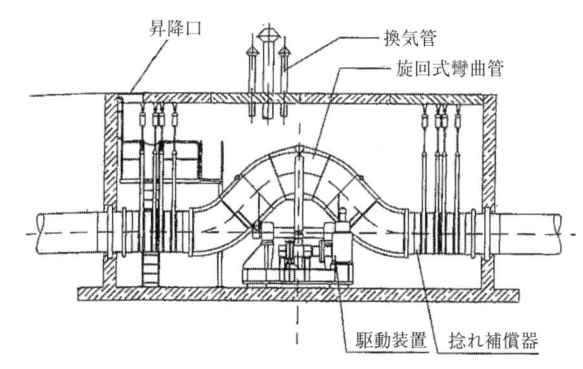

図 3-3：旋回式彎曲管装置の縦断面[3-89]

3. 保守，清掃

これは直立した状態で塞止めゲートして機能し，その高さは構造的に所与の寸法まで無段階に調節することができる．許容貯水高さの超過は旋回式彎曲管がいかなる角度ポジションにあっても排水断面積全体を常に完全に保持していることによって防止される（図 3-4）．この旋回式彎曲管の構造的特徴は，一切の駆動機要素が管の外部に配置されることにより，広範に保守不要な，支障のない運転の前提条件が作り出されていることである．

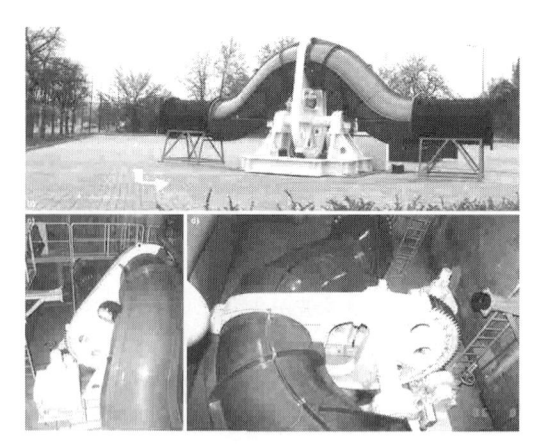

図 3-4：旋回式彎曲管の概略図 [3-89]

3.2.2.2　ダム式洗浄

この方式にあっては，断面積を減少させ，下水を塞き止める器具が管内に挿入される．器具はこの塞止め水の力で前進させられて管壁が洗浄され，その際に非固着堆積物がほぐされてさらに下流へと運搬される [3-17]．

ダム式洗浄にあっては，以下の器具が使用される（ATV-A 140 [3-3] も参照）[3-5, 3-17 〜 3-22]．

・洗浄シールド，洗浄ワゴン，洗浄ボート（一部，鋼索誘導式）（図 3-5）．
・洗浄ボール（フルボールまたは折畳み式ボール）（図 3-6）．
・洗浄スクリュ．
・鋼索誘導式洗浄ボール（図 3-7）および洗浄ザック．

ダム式洗浄方式は，管渠網がメッシュ状の場合および管勾配がわずかな場合には使用不能である．こうした場合には必要とされる水位差が形成されるどころか循環が生じ，塞止め器具の前後の水位は互いに入れ替わり，あるいは器具と管壁との間の洗浄流の強さが十分でなく，堆積物を崩して下流へと運搬することができないこととなる [3-23]．ま

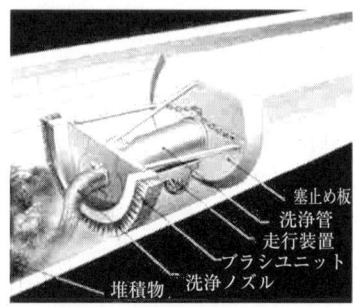

図 3-5：洗浄シールド Iltis [3-90]

3.2 清　掃

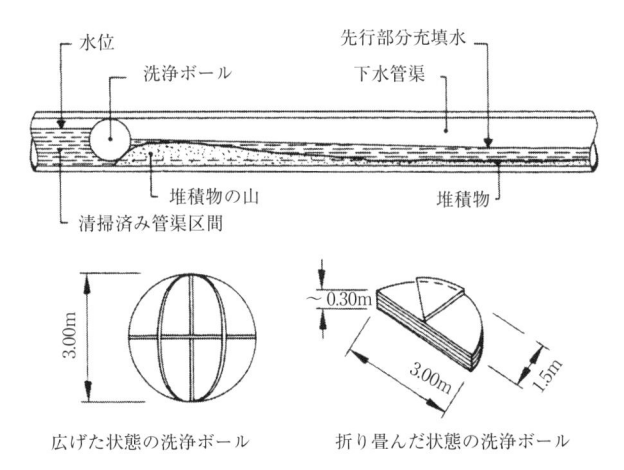

図3-6：折畳み式洗浄ボールを用いた大型円形下水管渠の堆積物除去[3-91]

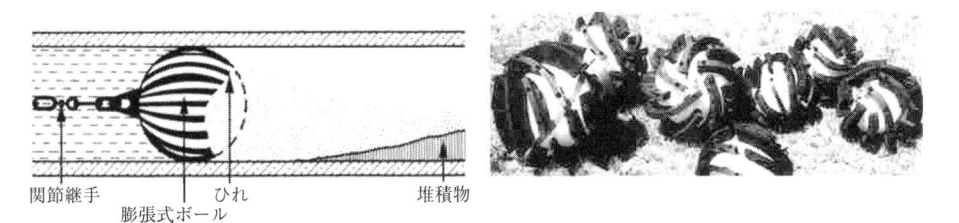

図3-7：鋼索誘導式洗浄ボール[3-92]

たさらに，このようにして人工的に塞き止められた下水が雨水余水吐を経て地表水域に達する危険も存在する[3-24]．洗浄ボールを用いたダム式洗浄の原理を基礎として80年代初頭に自由可動式バルジボールを用いた清掃方法が開発された．この方式は管渠内の非固着堆積物の連続的な自動清掃を可能とする[3-25]．管渠内へのボールの挿入は時間的に定められて，通常は自動的に（例外時，すなわち障害発生時には手動によっても可）マンホール内に設置されたボールマガジンを経て行われる．ボールは清掃管渠区間を通過した後，特別な取出し箇所で自動応答受取り装置によって収容され（**図3-8**），続いて再びボールマガジンに供給される．

これまで現場条件下でテストされたバルジボールは，流れ抵抗を高め障害物を克服するためにS字状のゴムビードを具えた薄板ボディで構成されていた．バルジボールの流れ抵抗は，ボール本体に部分的に水を充填することによりさらに高めることができる．これらのバルジボールの直径は，在来の洗浄ボールとは異なり，清掃される管渠の直径よりもはるかに小さなものである[3-25]．

3. 保守，清掃

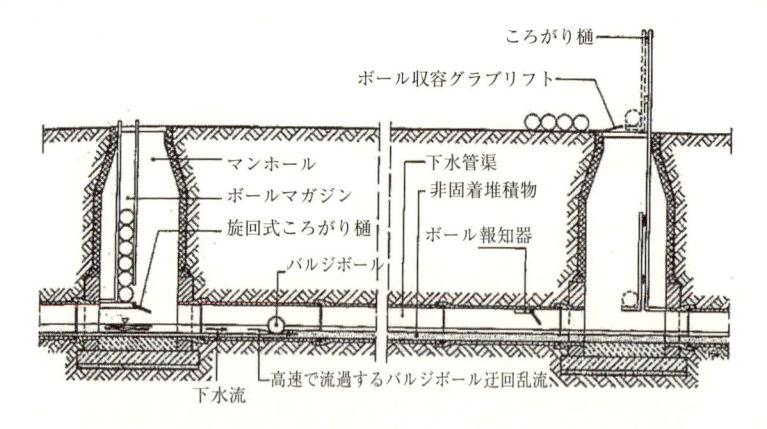

図3-8：バルジボールによる清掃の概略図解[3-25]

3.2.3　高圧洗浄方式（HD 洗浄方式）

　高圧洗浄方式（HD 洗浄方式）は，万能タイプの方式である[3-26]．この方式は，定期保守の範囲内での堆積物の除去にも，管渠点検または補修のための準備措置としての清掃にも使用することのでき，あらゆる管清掃対策のほぼ90％で使用されている．ただし，この方式は，通常，堆積物が固着している場合，あるいは排水障害物，例えば突き出た取付管，人工的な障害物および侵入樹根の除去または管内面の非常に高度な清浄度の達成には使用することはできない．そうしたケースにあっては，さらに機械的な清掃方式または清掃器具に依拠しなければならない（3.2.4 参照）が，それらの一部は高圧洗浄車によって直接に駆動することも可能である．

　HD 洗浄方式では，洗浄水が高圧ポンプで貯水タンクから吸引され，先端に洗浄ノズルを具えたホースから噴射される．洗浄ノズルには高速で流出する噴射水を束ねて管壁に向けるノズルエレメントがついた孔が具えられている．その際，ノズルに反力が生じ，これが第1段階においてノズルおよびホースを流れ方向とは逆に管スパン内を発進坑から到達坑に向かって推進する．ノズルが到達坑に到達した後，ノズルは第2段階において洗浄ホースにより流れ方向にゆっくりと巻き戻される．流出した噴射水は，下水の流れ速度を高め，堆積物を崩し，それを巻き上げて懸濁液として発進坑に運搬し，堆積物は同所において，通常，ホースを経て吸上げポンプで吸引される（図3-9）（DIN 30702[3-27]，DIN 30705[3-28]ならびに[3-5，3-6，3-17，3-29〜3-32]．

3.2 清掃

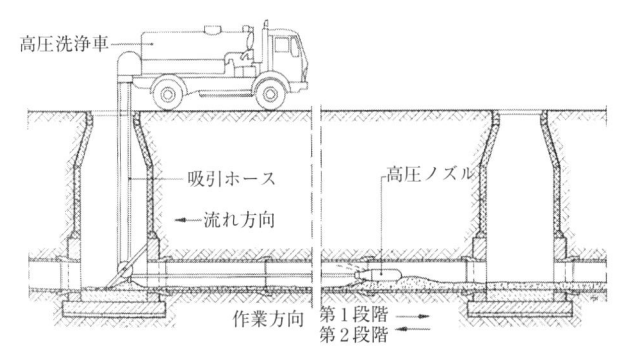

図 3-9：高圧洗浄方式の作業フロー

ノズルエレメントの数および配向，また1スパン当りの清掃サイクル回数ならびに洗浄ノズルの巻戻し速度は，汚れの種類，発進坑まで搬送される廃棄物の量，および清掃目的に依存している．

高圧清掃に使用される技術装備は，車両（DIN 30701[3-33]，DIN 30702 Teil 5[3-27]，DIN 30705 Teil 1 および 4[3-28]）に搭載されている．これらについては，以下の区別が行われる．

- 高圧洗浄車両．
- 水分離器を具えた，もしくは具えていない吸引車両．
- 水回収装置を具えた，もしくは具えていないコンビネーション式高圧洗浄・吸引車両（**図 3-10**）．

清掃に要される水は，上水管網からスタンドパイプとサンドフィルタを経て取水される．消火栓への直接の接続は許容されない（DIN 1988[3-34]）．開放水域および泉からの取水には高圧洗浄車両に搭載された特別な装備が必要である[3-4]．水回収装置を具えたコンビネーション式高圧洗浄・吸引車両の場合には，吸引された汚水が濾過され，HD 洗浄器具に洗浄水として再び供給される（**図 3-10，3-11**）[3-20，3-35，3-36]．これによって取水のために清掃を中断する回数は減少し，実効清掃時間がかなり増大し，水道水消費が最低限に抑止されることとなる．

図 3-10：大径下水管渠清掃用の洗浄・吸引車両 [3-90]

車両に搭載されたポンプは，次のの性能条件を満たしていなければならない[3-15]．

① 高圧ポンプ：堆積物の種類，堆積厚さ，およびコンシステンシーならびに水量に

3. 保守，清掃

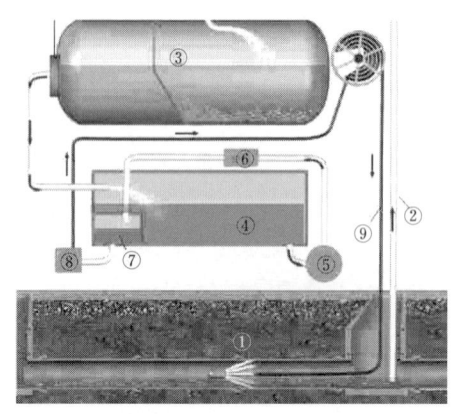

図 3-11：水回収技法の概要[3-36]

①高圧ノズル
②吸引ホース
③汚泥タンク
④貯水タンク
⑤回転ポンプ
⑥微粒砂分離器
⑦貯蔵タンク
⑧高圧ポンプ
⑨高圧ホース

応じた吐出量．
・呼び径 200 〜 800 まで約 320 L/min
・呼び径 800 〜 1 200 まで約 390 〜 450 L/min
・呼び径 1 200 以上約 640 〜 800 L/min
・圧力：高圧ポンプ 100 〜 150 bar，洗浄ノズル 80 〜 100 bar

② 真空ポンプ：60 ％真空時の体積流量 750 〜 1 500 m^3/h．60 〜 90 ％の真空が達成される必要があろう．特殊車両は 90 ％真空時に 3 000 〜 5 000 m^3/h のポンプ性能を具えている．

"高圧洗浄ホースは，安全規定(8.参照)を満たし，かつ高圧装置の最大使用圧力用に許可されていなければならない(**表 3-1**)．高圧ホースによる水輸送に際しては摩擦抵抗が発生し，これが水圧を減少させる．高い流速は高い圧力損失をもたらす．従来の車両のホース長は 120 〜 200 m である．特別な清掃対策用にホース長 800 m までの特殊車両がある．洗浄ホース内の圧力損失は，特許化された流れ加速剤の添加によって減少させることができる"[3-15]．

種々の堆積物や汚れおよび管渠断面形状用に各種の清掃ノズルを使用することができる[3-19，3-37 〜 3-42，3-90](**図 3-12**)．文献[3-15]によれば，それらは以下のように区分される．
・ラジアルノズル(噴出水はノズルの周囲の半径方向に分布する)．
・ボトムノズル(噴出水は管底に向かう)．
・ローテーションノズル(噴出水はノズルの周囲の半径方向に分布する．ノズルは回転式に軸で支持されている)(**図 3-13**)．

3.2 清　掃

表 3-1：高圧洗浄ホースの性能パラメータおよび基準値[3-15]

性能パラメータ	基　準　値
ホース直径	325 L/min まで：呼び径 25 650 L/min まで：呼び径 32 800 L/min まで：呼び径 40
重量	プラスチック：呼び径 25　～ 0.5 kg/m 　　　　　　　呼び径 32　～ 0.9 kg/m 　　　　　　　呼び径 32　～ 1.1 kg/m 　　　　　　　呼び径 40　～ 1.4 kg/m ゴム：呼び径 25　1.0 kg/m 適用原則：できるだけ軽量なこと
長さ	ポンプ性能および使用範囲に応ず ＞ 120 m
内部摩擦係数 外部摩擦係数	プラスチックホースは相当するゴムホースよりも優れた摩擦係数を有している
圧縮強さ	ホースの許容使用圧力は，当該高圧装置の最大使用圧力よりも約 50 bar 高いことが必要であろう．破裂圧力は，ホースの許容使用圧力の少なくとも 2.5 倍でなければならない．
曲げ半径	できるだけ小さいこと(150 ～ 200 mm)
圧力損失	プラスチックおよびゴム 呼び径 25 V ： 300 L/min で～ 0.37 bar/m 呼び径 32 V ： 400 L/min で～ 0.20 bar/m 呼び径 40 V ： 650 L/min で～ 0.17 bar/m

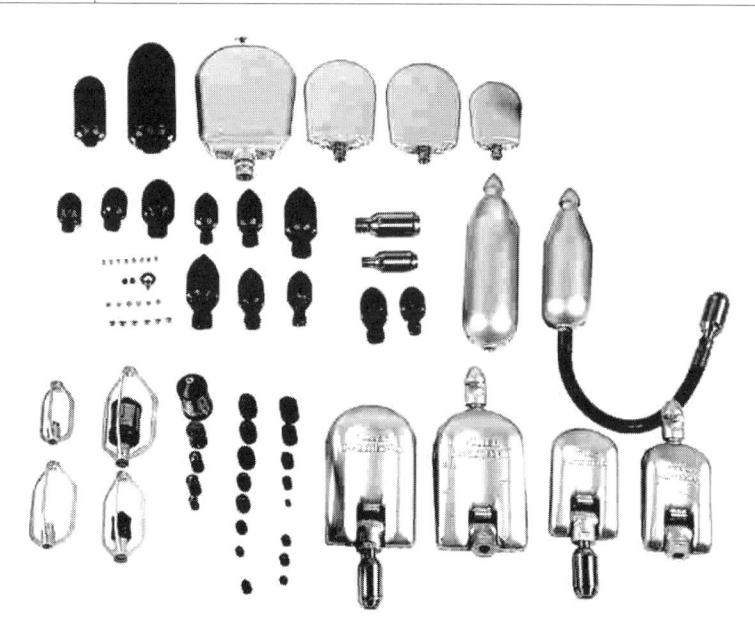

図 3-12：高圧ノズル．各種ノズルの一覧(Leistikow社)[3-42]，回転継手を具えたフラットテーパノズル(Müller Umwelttechnik社)[3-90]

3. 保守，清掃

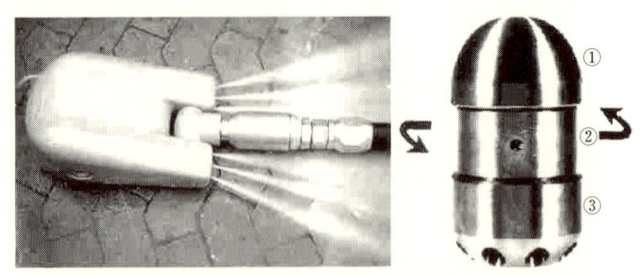

①止めねじを具えたVA製ヘッド部
②3つの交換式ノズルエレメントを具えたVA製回転部
③交換式ねじエレメントを具えた水迂回式推進部

図3-13：HDローテーションノズル（Brendle社）[3-93]

・詰まり除去用ノズル（噴流は後方および前方に向けられる）．

表3-2はノズルエレメントの重要なパラメータと当該基準値を示したものである．

テストによって次のことが確認された．

"流出角度が小さい（例えば15°）場合には，加圧水のエネルギーは97％が推進力に転換されるが，流出水によって洗浄されて管渠マンホールに収集される軽度の堆積物を切り崩すのに十分なエネルギーはなお残っている．

汚れの激しい管および導管の清掃には流出角度のもっと大きな（好ましくは30°）ノズルを使用する必要があろう（**図3-14**）．この流出角度は固まっ

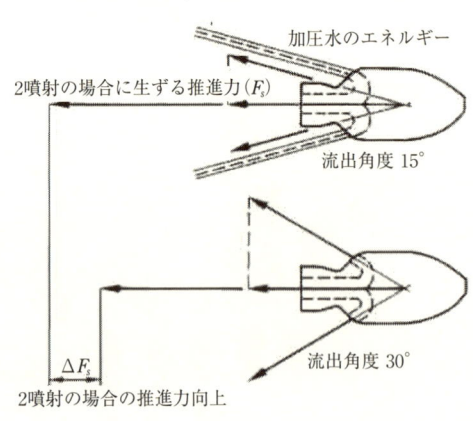

図3-14：流出角度に応じて結果するHDノズル推進力 [3-90]

表3-2：ノズルエレメントの性能パラメータおよび基準値[3-15]

性能パラメータ	基　準　値
外部形態 内部形態	外部は丸い形状，内部は凹形形状，これによって導水が好適となる
重量	管渠直径および管渠断面形状に応じる．「浮き上がり」が生じてはならない．
噴射角度（噴流と 管軸とが成す角度）	噴射角度約 15〜30°． 小さい噴射角度：推進力に優れる．清掃性能は劣る． 大きい噴射角度：推進力は低下．清掃性能に優れる．
ノズルエレメント の数	大きな直径の少数のノズルエレメントは大きな推進力をもたらす． 小さな直径の多数のノズルエレメントはクリーンな清掃を結果するが，推進力は劣る．細い噴射水は太い噴射水よりも急速に飛散する．

3.2 清掃

た堆積物と管壁に形成された肥厚物質の良好な引剥がしを可能とするとともに，管渠内におけるノズルの推進に十分なエネルギーを確保することができる"[3-90]．

清掃性能と推進力は，文献[3-43]によれば，ノズルと管壁との直接の接触を防止するスキッドを利用することによってさらに向上させることが可能である(**図 3-15**)．

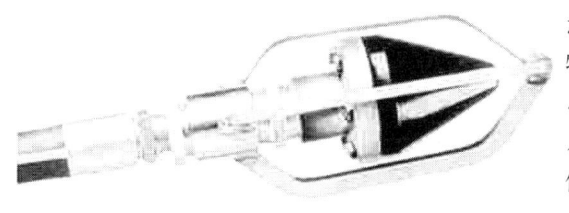

図 3-15：清掃性能を高めるためのスキッドを具えたHD清掃ノズル[3-43]

高圧洗浄器具のノズルは，スパン内において逆転が生じないようにして使用されなければならない．この要求は，以下の場合に満たされることとなる[3-44]．

・管渠と比較して正しい寸法の清掃ノズルが使用され，ノズルと洗浄ホースとの間に回転継手を使用することによりホースのねじれが回避される場合．
・ノズルと洗浄ホースとの間に曲げ剛性を具えた延び部が挿入される場合．

高圧洗浄器具による作業に際しては，マンホール開口部におけるエアロゾル—空気中に分散したきわめて微細な下水粒子—の形成が防止されなければならない．

これは次のような方法によって達成することができる[3-15, 3-44]．

・マンホール断面積が大きい場合に振子ノズルを使用すること．
・発進坑に達する約 10 m 手前でポンプ圧力を減少させること(この管渠区間は，車両を次のマンホールへ移動させた後，集められた汚泥を運び去るため適切なポンプ出力で清掃されなければならない)．
・高圧ホースと吸引ホース用の通し穴を具えた薄いスチール板またはプラスチック板でマンホール開口を覆うこと．

図 3-16 に示した自動照明式 TV カメラを組み込んだ管底清掃器具は，新しい開発成果を示している．送信機を装備した TV カメラと受像器との間の画像伝送は無線通信

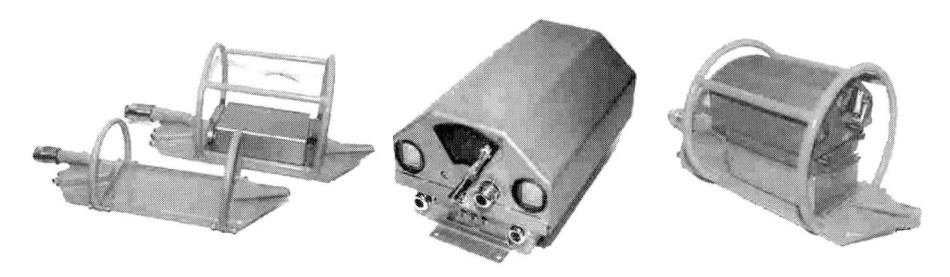

図 3-16：自動照明式TVカメラを組み込んだ管底清掃器具[3-39]

3. 保守，清掃

によって行われる[3-39]．メーカーによれば清掃経過を連続的に監視できることにより清掃性能を汚れの程度に適合させることができ，その結果，エネルギー消費，水消費を減少させ，時間の無駄を最小限に抑えることができる．これに加えてさらに清掃中に管渠内の損傷が発見されて場所が特定されれば，適切な TV 点検を実施することが可能である．

メーカーによれば，HD 洗浄方式によってわずかな人員(2 名)で非常に優れた実績を達成することができる(洗浄水が処理されない場合，1 日当り 2 000 m まで．洗浄水が処理される場合，1 日当り 3 000 m まで)．洗浄水を温めることにより-15℃まで作業が可能である．洗浄水に添加されたポリマーによってホース内の摩擦損失が減少する結果，スパン長が長い場合(例えばごみ処分場排水)にはホース長を 800 m までにすることができる[3-90]．

HD 洗浄方式による清掃は，呼び径約 2 500 までの下水管渠の場合には経済的である[3-20]．詰まりはさらに前方に向いたノズルエレメントも具えた洗浄ノズルを選択することによって除去できる場合が多い．

歩行可能な管渠の場合には，特別な目的のため人力操作される高圧洗浄機を用いても清掃を実施することができる．

高圧洗浄方式が使用される場合には，8.にあげる災害防止規定の他になお以下の規定が遵守されなければならない．

- GUV 5.1：車両[3-45]．
- GUV 12.9：液体噴射装置に関する基準[3-46]．
- ZH 1/406：液体噴射装置に関する基準[3-47]．
- GUV 7.4：下水技術設備・施設[3-48]．
- GUV 17.6：下水技術設備・施設の包囲された空間内における作業に関する安全規則[3-49]．
- GUV 3.9：液体噴射装置による作業[3-50]．
- GUV 25.1：注意書　事故防止用警戒色彩服[3-51]．
- 管渠網管理者の服務規程および運転規程．
- ATV 公報(特に ATV-A 140[3-3]，ATV-A 147[3-14])．

3.2.3.1　高圧洗浄方式による損傷

高圧洗浄方式が適切に使用されない場合には，管壁および管ライニングに条溝，剥がれ，亀裂または穴の形の管損傷(2.)が発生することがある(図 3-17)．特別な危険要

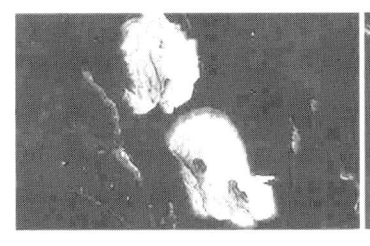

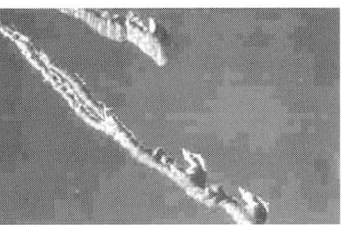

図3-17：HD洗浄方式の不適切な使用による損傷例[3-94]

因は洗浄ノズルの衝撃，石等の巻上げならびに作業中のノズルが1箇所にとどまり続けることなどから発生する．

噴射水によって管表面が受ける負荷は，次の要因に依存している．
・ノズル部の水圧．
・水量．
・清掃ノズルと管壁との間隔．
・ノズルエレメントの数，断面積および流出角度．

既述したように，清掃作業の計画および実施に関わる一般的な基準は存在していない[3-52，3-53]．前記の運転操作因子の選択に際しては本来の清掃目的から生ずる因子の他に，管材料，肉厚および特に管渠スパンの構造状態も常に考慮される必要があろう．

これに関するチューリッヒ市土木局の実験[3-54，3-94]は，ノズル部の水圧120 barまで，水の体積流量300 L/minによるHD洗浄方式ではアスベストセメント製，コンクリート製，PVC製およびPE-HD製の管は損傷を受けないという結果をもたらした．

同様な結果は，HD洗浄方式による清掃に際するアルミナセメントモルタル遠心力ダクタイル鋳鉄管の挙動テストによってももたらされた．それによれば，この種のコーティング―コーティング層の厚さ6 mm以上―が施された管は，通常の清掃間隔および洗浄圧力170 bar以下（HDポンプにて測定）の条件下ではHD清掃器具による損傷の発生は50年間にわたってなんら予測されないとのことである[3-55]．

ハンブルク市の都市排水網では，具体的な損傷発生が契機となって1988年初頭からこの問題の解決が試みられてきている．第1段階において運転周辺条件が現場で調査され，管渠の断面形状，断面寸法と最大堆積層厚さに応じてHD洗浄方式に関する運転操作因子
・清掃ノズルの種類，
・水の体積流量，

3. 保守，清掃

・ノズルの数および直径，
・流出角度，
・ノズル部の水圧，

等が定められた（**表3-3**）．

表3-3：ハンブルク市下水道における高圧洗浄に関わるパラメータ[3-87]

No.	管渠断面形状管渠断面寸法	堆積層の厚さ（最大）[m]	ノズルヘッド [－]	ノズル部の水圧 [bar]	水体積流量 [L/min]	流出角度 [ ]	引張り速度 [m/s]	ノズル装備 [mm]
1	250mm	0.10	榴弾タイプ KM-HD 06	100	320	30	0～1	3 × 2.9 3 × 3.3
2	300mm	0.10	丸頭タイプ KM-HD 04	100	320	30	0～1	10 × 2.8
3	400mm	0.15	ボンベタイプ KM-HD 08	100	320	30	0～1	6 × 3.1
4	500mm	0.20	振子タイプ KM-Typ 2	100	320	3～15	0～1	5 × 3.3
5	CLI VI	0.30	ボンベタイプ KM-HD 08	100	640	30	0～1	6 × 4.4
6	CL V	0.40	振子タイプ KM-Typ 2	100	640	3～15	0～1	7 × 4.0
7	CL IV	0.50						
8	CL III	0.50	フラットテーパタイプ KM-Gr. II	100	640	10	0～1	6 × 4.4
9	CL II	0.10	アクアシブルシステッドタイプ Ma-Sch TA	100	640	記載なし	0～1	20 × 2.0
10	CL I	0.70						

ハンブルク市排水網運転規程 No.2/87 には構造上ないし類似の理由から発生する HD 洗浄方式の制限に関する指摘が見出される．同規程の No.2.2.2 には HD 洗浄方式で清掃が行われてはならない管区間が述べられている．

これまでのところ，HD 洗浄方式に対する管またはスパンの挙動試験に関し一般的に適用できる指針および基準はまだ存在していない．当該試験には，通常，限定された問題のみに関する特別な試験プログラムが作成される．

以下に前述したダクタイル鋳鉄管のテストを例としてこの種の試験プログラムを紹介することとする[3-55]．こうした試験は最大水流量約 350 L/min の従来の高圧洗浄車両を利用し定常条件下，さらには非定常条件下でも実施され，その他の管材料にも転用することが可能である[3-56]．

① 定常実験：この実験にあっては管底に置かれた清掃ノズルの位置は不変である．ノズルは管または管継手に発生する損傷が視覚的に観察し得るように設置される．実験はそれぞれ複数の圧力段階で実施され，その際圧力は 75 bar ないし 100 bar から始めて 25 bar 刻みで清掃システムの最大圧力まで引き上げられる．各圧力段階は

1分間保持され，その後に目視判定が行われる．
② 非定常実験：長時間負荷のシミュレーションのため，それぞれの清掃ノズルは少なくとも 12 m の長さのテスト区間をそれぞれ 150 bar（HD 洗浄車両にて測定）の一定水圧，約 4 m/min の一定速度でそれぞれ 40 〜 60 回にわたって引き戻される．引戻し速度の決定は，これに関するいくつかの実地使用の評価ならびに当該計算資料をもとに行われた．実験の過程でそれぞれ 30 L の粒径約 40 mm までの砂，砂利および石ならびにレンガ 1 個が管内に投入される．実験終了後，管は目視判定のために解体される．

ハンブルク市は，以下のテスト因子を基礎とする独自の試験プログラムを開発した．
・ノズル：ボンベタイプノズル（8 × 2.3 mm ノズル孔）
・ノズル圧：少なくとも 100 bar
・速度：$v = 1.0$ m/s
・サイクル数：50 回
・粒度：60 ％砂（0 〜 2 mm）
　　　　20 ％マカダム（20 mm まで）
　　　　20 ％グラニュレート（0 〜 4 mm）
・投入量：洗浄プロセスごとに 10 L バケツにて 2 回，各サイクル終了後に混合物を更新
・カメラ走査：完了後および各 10 サイクルごと

高圧洗浄方式に対する管，管継手，ライニング，コーティング等の挙動試験の他に，接続管の連結をこの方法でテストすることも必要である．

コンクリート管・鉄筋コンクリート管専門連合会（Fachvereinigung Betonrohre und Stahlbetonrohre）e.V.（FBS）に適合した同様な試験方法が開発された［3-57］．

試験は試験されるそれぞれの取付管連結システムがメーカーまたは作業員により前もって底部基礎または底部基礎と管頂との間に取り付けられた下水管呼び径 300 で行われる．洗浄試験には最大水圧 210 bar（タンクで）を作り出すことのできる通常の標準清掃車両が使用される（図 3-18）．使用される清掃ノズルは，それぞれ直径 2 mm の 10 個のノズル孔を具え，噴射角度は 45°である．水の供給は，長さ 120 m，直径 1 in の高圧ホースを経て行われる．

図 3-18：HD 洗浄が取付管の接続に及ぼす影響の試験［3-57］

この試験プログラムは，定常実験（例え

3. 保守，清掃

ば，作業中断によりノズルが1箇所にとどまり続けること）ならびに非定常実験（頻繁な清掃による長時間負荷）を内容としている．

定常実験に際し，ノズルは，それぞれ接続管連結部の高さで管底に固定保持される．洗浄圧力は，75 bar の初期圧力から 150 bar まで 25 bar 刻みで引き上げられる．各圧力段階で当該圧力は1分間にわたって保持される．続いて詳細な観察による接続管連結システムのチェックが行われる．

長時間負荷のシミュレーションのため，前記ノズルは，それぞれの管路を 150 bar（HD 洗浄車両にて測定）のコンスタントな洗浄圧力，約 4 m/min の速度で 50 回にわたって引き戻される．続いて取付管接続部が詳細な観察によって判定され，漏れ検査による定量的チェックが行われる．

上述したすべての試験プログラムは，推進速度の相違，ノズル孔の数，噴射角度の相違，堆積物の種類および清掃プロセス中のその挙動等が及ぼす影響ならびに HD 洗浄方式が既に損傷している管渠に及ぼし得る影響を考慮していない．最後にあげたケースにおいては，二次的効果として損傷の種類および規模に応じ管ゾーンに管の安定性を損なう不測の侵食プロセスの発生が予測され得る[3-3]．これらの問題については，これまでのところまだ何らの調査結果も得られていない．

3.2.4　機械的方式

機械的清掃は，
・補助手段を用いた人力，
・清掃器具，
・特殊器具，
により行うことができる．

3.2.4.1　補助手段を用いた人力清掃

歩行可能な管渠では，一方で広がった固着堆積物または結晶性堆積物を除去するため，他方で補修対策の慎重な準備のため，人力による清掃を行うことができる．

最初にあげたケースでは，この種の堆積物を掘り崩して搬出するために，つるはし，空気ハンマ，慎重な爆破，小型ブルドーザ，積卸し機等が使用される[3-22]．

第二のケースでは，管材料および選択された補修方法に応じて特殊清掃器具，例え

ばハンドポリッシャ，サンドブラスタ，高圧洗浄器等が使用される．

3.2.4.2 清掃器具による清掃

機械式清掃器具は，まず最初に固着した堆積物の引剥がし，掘崩し，次にそれら固体の撤去に使用される[3-17]．これらはマンホールから管渠内に入れられ，清掃されるスパンを通して牽引（ウインチ牽引）（ATV-A 140[3-3]参照），推進（らせん回転）または圧進（圧力管の輸送媒体）される．

最初にあげた2つの作業，すなわち堆積物の引剥がしと掘崩しには管渠清掃スクリュ，ほぐしチェーン，管渠清掃プラウ，管渠清掃ドリル（**図 3-19**），スチールばねサラマンダ（Stahlfedermolch）[特に管壁固着物(外殻)除去用（**図 3-20**）]，ポリウレタン発泡材サラマンダ（Schaumstoffmolch）とスリーブサラマンダ（Manschettenmolch），ならびに管渠清掃アンカが使用され，他方，管渠清掃バケット，管底清掃シャベル，管渠清掃グラブ，管渠清掃スクレーパ，清掃ブラシおよびゴムディスクブラシ等は堆積物を管スパンから集めてマンホールまで運搬する[3-5，3-20，3-21，3-31，3-41，3-58，3-59，3-90]．汚れの程度および呼び径に応じ牽引力がそれぞれ5〜20 kNないし25〜50 kNのハンドウインチまたは動力ウインチが使用される[3-17]．

歩行不能な管渠ではこれらの方法によって良好な清掃結果を達成することができる．ただしウインチをスパンごとに組み立てて牽引ワイヤと清掃器具をスパン内に挿入することは非常な手間と時間を要する．また，揚泥車が使用されない限り，これ

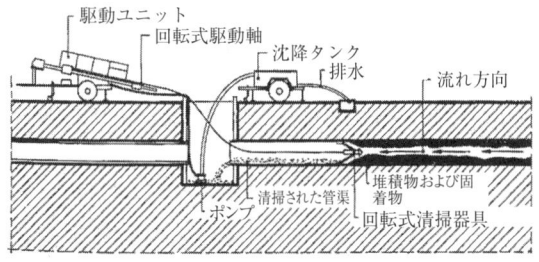

図 3-19：回転式清掃器具による管渠清掃

図 3-20：固着物除去用スチールばねサラマンダ（Heitkampf社）[3-95]

3. 保守，清掃

らの肉体的重労働の他に不衛生な条件下でさらに各マンホールごとにバケットとウインチで堆積物を引き上げ回収するというかなりの重労働が発生する．そのため現在ではこの方法は当該管渠区間に重車両がアクセスできない場合にしか採用されるべきではない[3-20]．

排水を中断することなく大型呼び径管(1 500まで)の堆積物を除去するために特別に開発されたのが清掃システム"ジールヴォルフ(Sielwolf)"[訳註：「下水管清掃シュレッダー」とも称することができよう)である．

ジールヴォルフは，清掃されるスパンを通してウインチで牽引され，その際，堆積物の切り崩しは空気被覆された噴射水を作り出すコア噴射ノズルによって行われる．この切り崩しによって懸濁液が作り出され，これはポンプによって沈殿物コンテナに吸引される(図3-21)．

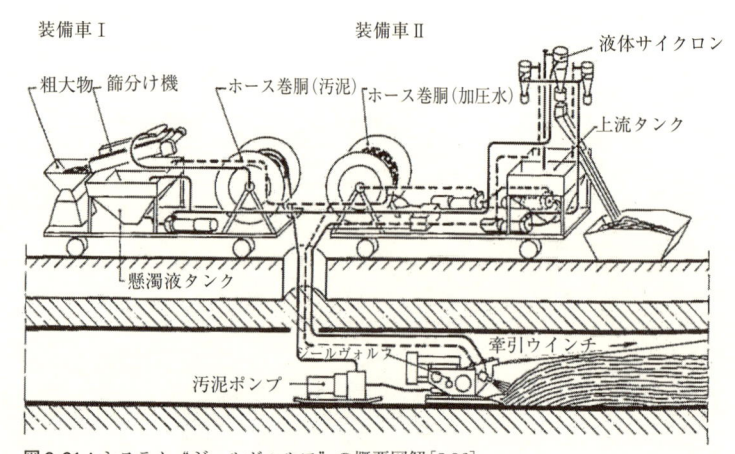

図3-21：システム"ジールヴォルフ"の概要図解[3-96]

ポンプには，粒径50 mmまでの物質を通過させ，粗大なゴミならびに繊維を細かく砕く粉砕器が流入防止装置として前置されている．

ハンブルク市でのこの装置による清掃作業は，この方式が大量の汚泥堆積厚さ，例えば呼び径1 000の管渠内の厚さ70 cmの堆積物層を切り崩して搬送するのにも適していることが明らかにされた．

"管渠ジャンボ(Kanaljumbo)"(図3-22)の場合には，管渠内の堆積物は特殊ノズルで吹き上げられて懸濁液とされ，装甲ポンプにより圧力ホース径100を経て搬送される．この場合，直径90 mmまでの物質および繊維の搬送が可能である．

この清掃器具は，ワイヤウインチで管渠内をマンホールからマンホールまで牽引さ

図 3-22：システム"管渠ジャンボ"（KMG ドイッチュラント社）の概要図解［3-105］

れる．その際に搬送された懸濁液は，沈殿物コンテナに導かれ，浄化された水は管渠内に戻される．

　ハンブルク市では土砂堆積物の厚さが 70 cm に達していた卵形管渠呼び径 1 050/1 550 ならびに同じく土砂堆積物の厚さが 140 cm に達していた円形管渠呼び径 2 400 の清掃に成功した．その際，1 日当り 30 m^3 までの土砂が管渠から搬出，脱水されて埋立て処分場に運搬された．この器具の特徴は，加圧水が駆動に利用され，電力が使用されない点にある．

　もう一つの特別な清掃器具タイプを表しているのは，給ガス・給水分野ならびにパイプライン技術から公知のサラマンダ（Molch）である（以下の各社カタログを参照のこと．Diga, Polly-Molch, RRS, Stadtler & Beck 社等）［3-17, 3-62 〜 3-66］．これはも

3. 保守，清掃

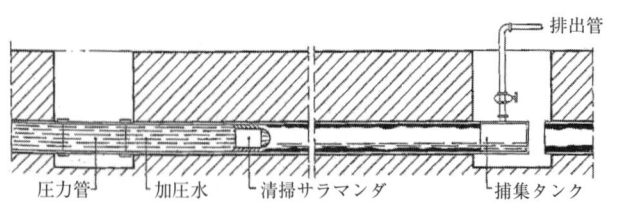

図 3-23：サラマンダによる圧力管の機械式清掃の概略図[3-97]

っぱら圧力管に使用され，輸送媒体の圧力を受け，清掃管路を通して圧進される（**図 3-23**）．汚れの程度に応じ状況に適合した種々のサラマンダ（**図 3-24**）によって堆積物の段階的な掘崩しを行うことが可能である．

図 3-24：清掃サラマンダ（RRS GmbH & Co.KG社）[3-98]

3.2.4.3　特殊器具による清掃

固着堆積物，突き出た接続管渠または人工的障害物および樹根の除去ならびに特に高度な清掃度の達成を目的として近年，特に歩行不能な管渠用に特殊器具が開発された[3-32，3-67]．それらはその作業方式に応じて以下のように区分することができる．
・打撃器具．
・ドリルまたはフライス器具，
　・回転式，
　・回転・打撃式．
・切断器具，
　・機械式，
　・高圧噴射水式．
・サンドブラスタ．

(1)　打撃器具

このグループに属するのは呼び径 400 以上の直線スパンまたは 200/300 以上の卵形管の固着した，あるいは管壁全面に付着した堆積物の除去に使用される管バイトリング（Rohrkreismeisel）である（**図 3-25，3-26**）（Kanal-Muller，Peciko 参照）[3-68]．
　この器具の駆動は，圧縮空気によって行われる．剥離され粉砕された堆積物は高圧

3.2 清　掃

図 3-25：管渠内壁に付着した非常に固いケイ酸堆積物の叩落とし作業中の管バイトリング（KMG ドイッチュラント社）[3-105]

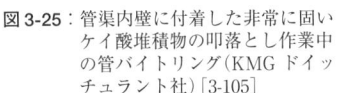

図 3-26：卵形断面用の管バイトリング（KMG ドイッチュラント社）[3-105]

洗浄機でマンホールまで運ばれ，同所で吸引される．

　油圧または空気圧で駆動される砕解チェーンヘッド（Kettenschleuderkopf）もその作業方式からして打撃作業器具に分類することができる．12 000 〜 15 000 rpm で回転する砕解ヘッドに取り付けられたスチールチェーン（**図 3-27**）は，その高い接線速度によって侵入樹根をちぎり取りまたは叩き落とす．スキッドに取り付けられたこの器具は清掃されるスパンを通してウインチで牽引される．

　これらの特殊器具の他に自走式万能ロボットがあるが，これはフライス作業，切断作業の他に修理，例えば亀裂圧入および亀裂充填ならびにその他の封止作業を実施することができる．これについては 5.2.1.2 で詳しく扱うこととする．

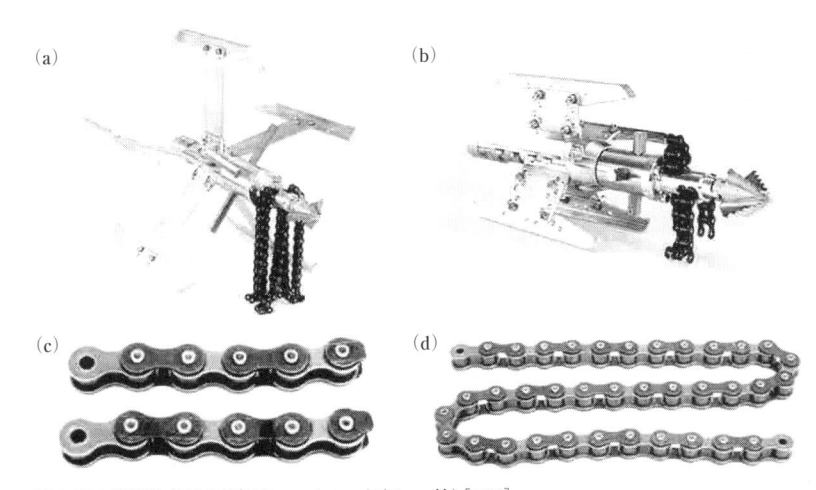

図 3-27：樹根除去用の砕解チェーンヘッド（Rowo社）[3-99]

3. 保守，清掃

(2) 回転式のドリルないしフライス器具

　これらの器具は遠隔制御され，一般にモニタ監視下で呼び径200〜600までの管渠において固着堆積物の除去（図 3-28），突き出た取付管の除去（図 3-29，3-30）およびその他の排水障害物ならびに樹根の除去（図 3-31，3-32）に使用される．駆動は水圧駆動または油圧駆動で行われる．これらは管を損傷しないようにするため中心部に沿って誘導され，場合により無段調節式のフライスヘッドを具えていることもある（ATV-A 140［3-3］参照）（図 3-33）．

　5.2.1.2 に述べる遠隔制御ロボットも同じくこうしたケースに適している．

図 3-28：フルフラット加工フライスヘッドを具えた管フライスロボット（KMGドイッチュラント社）［3-105］

図 3-29：突き出た取付管の除去用ドリル
　　　　　（Kasapro AG社）［3-100］

図 3-30：作業中のドリル（モデル）
　　　　　（Kasapro AG社）［3-100］

(3) 回転・打撃式のドリルないしフライス器具

　この器具群に数えられるのは"自動式打撃・ドリルノズル（Automatische Schlag-Bohrduse）"である（図 3-34）．これはおよそ呼び径 100〜1 000 の管渠における固着堆積物，詰まりおよび侵入樹根の除去のために開発された．駆動は，通常の HD 洗浄車両にて圧力範囲 80〜150 bar，ポンプ吐出能力 250〜450 L/min で行われる．

　自動式打撃・ドリルノズルの作動方法は，次のとおりである．

　後端に配置された反動推進ノズルによって除去される堆積物の所まで推進が行われ，

3.2 清　掃

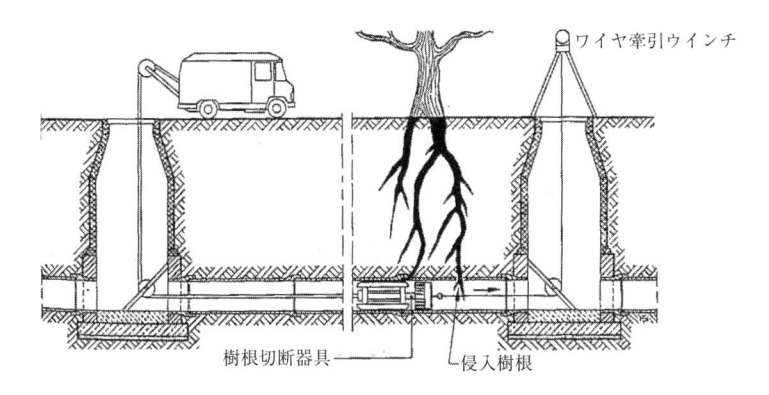

図 3-31：ドリルによる樹根除去の概略（Kasapro AG社）［3-100］

図 3-32：呼び径 100 〜 500 用の動液圧式樹根切断機（KMG ドイッチュラント社）［3-105］

図 3-33：遠隔制御調節式フライスヘッドを具えた管フライスロボット（KMGドイッチュラント社）［3-105］

図 3-34：自動式打撃・ドリルノズル（Paikert社）［3-101］

その際，管壁の清掃ならびに既に突き崩された堆積物部分の搬送が行われる．高圧水中に貯えられた静圧エネルギーにより前方ノズル部に配置されたドリルが回転・打撃運動させられる．ドリルは，作動圧に応じ 1 000 〜 1 500 rpm の打撃を堆積物に加え，

3. 保守，清掃

その際，付加的な回転運動(100 〜 200 rpm)によってフライス効果が達成される．打撃具によって消費された加圧水は続いてドリル切刃の洗浄に利用される．

ドリル工具としては，管渠直径に応じたサイズの交換式硬質合金バイトを装備した鋼製ドリルヘッドが使用される．侵入樹根またはその他の軟質堆積物の除去には，硬質合金バイトに代えてスチールソーカッタがドリルヘッドに装着される．

管径が大きい場合には，ドリルヘッドと管壁との接触を防止するガイドランナを具えたキャリッジにノズルボディが載置される．このドリルキャリッジは，広い範囲にわたって調節可能であり，そのため様々な直径のドリルヘッドに使用することができる．ランナーが個別に調節可能であることから，このドリルキャリッジは，卵形管にも使用することができる．

(4) 切断器具

切断器具は，呼び径 100 〜 600 の管渠においてほとんどの場合，モニタ監視下で突き出た取付管およびその他の局所的に限定された人工障害物ならびに樹根の除去に使用される(Müller Umwelttechnik 社参照)[3-5, 3-41]．

作動方式の点で機械式器具と高圧噴射水式器具とが区別される．

機械式器具に属するのは，ソーロボットである(ATV-A 140[3-3]および Müller Umwelttechnik 社カタログ参照)．これは同時に回転運動しつつ前進・後退運動を行う鋸身を切断具としている(図 3-35)．鋸身の自動水掛けによって鋸身のクリーニングと冷却が行われる．

この器具は，障害箇所の直前に空気圧式固定される．器具に組み込まれている TV 装置により切断位置決め，切断プロセスおよび切断箇所のその後の判定が可能である．これは，呼び径 200 〜 600 の管渠において，下水道に使用されるあらゆる材料，例えば陶，コンクリート，鋼，プラスチック等からなる排水障害物を非常に慎重にかつ振動なしに 1 mm の残痕を残して切断する．

図 3-35：ソーロボット(KMG ドイッチュラント社) [3-105]

数多くの目的に使用し得る器具は，図 3-36 に示した管渠ロボットである[3-69, 3-102]．これは TV カメラが組み込まれ，

図 3-36：樹根切断シヤーを装備した管渠ロボット (Oberdorfer社) [3-102]

以下の工具，
- 樹根切断シャー，
- やっとこ，
- 圧縮空気ハンマ，
- 突き出た接続管渠切断用の硬質合金ソー，

を装着する回転式装着ヘッド付きの自由可動式アームを具えた自走式器具本体からなっている．

　この器具は，操作スタンドから遠隔制御され，呼び径 250 以上の管に使用可能である．図 3-37 に示した特殊樹根切断機は，水圧駆動されて回転し太い侵入樹根の切断を可能とするばねカッタを具えている．これに加えてさらに HD 洗浄装置を備えたこの器具は，呼び径 100 〜 400 の管渠に使用することができる．

図 3-37：回転式ばねカッターを具えた動液圧駆動式樹根切断機（roditec社）[3-103]

　高圧噴射水式切断器具（図 3-38）は，回転軸支されたノズルから 800 bar までの圧力で流出する噴射水を利用して既述した排水障害物の切断を行うが，さらにまた，その他のあらゆる方式が役に立たない場合に広い呼び径にわたる管渠における管壁に付着する固着物の除去にも使用される [3-70 〜 3-74]．呼び径 100 〜 900 の管渠に使用することのできるこの器具は，ウインチで当該障害箇所まで牽引される．作業経過は，組み込まれた TV カメラで監視することができる．水消費量は，最大 70 L/min である．

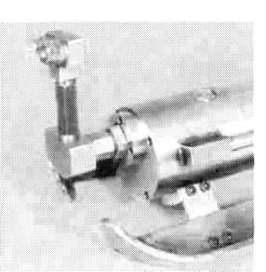

図 3-38：高圧噴射水式切断器具．右はノズルヘッド詳細図
　　　　（Aquacut Ltd. Leominster, Herefordshire, England）

(5) サンドブラスタ

　特に高度な清掃度の達成，とりわけ鋼管と鋳鉄管の内壁に金属性光沢を有する表面

3. 保守，清掃

を表出させるにはサンドブラスタを使用することができる．これは，まず最初に清掃される管内に牽引リングで引き込まれ，サンドブラストを行いつつホースでゆっくりと引き戻される．その際，消費されるサンドは戻り進行方向前方の管壁に向かって吹き出される．この器具は呼び径60～1 600の管渠用に提供されている（図 3-39）．

図 3-39 呼び径 350～1 600 の管用の回転式噴射ヘッドとセンタリングワゴンを具えたサンド吹付け機（von Arx AG 社）[3-104]

3.2.4.4 その他の方式

特別なケースにあっては，例えば以下のような特殊方式が清掃に使用される[3-17]．
・下水中に空気またはポリマーを添加することによる流速の引上げ．
・化学的清掃方法．
・生物学的清掃方法．

(1) 空気またはポリマーの添加による流下速度の引上げ

空気の添加による流速の引上げ方式は，例えばハンブルク市の圧力排水管に使用されている．1日2～4回の洗浄または不定期の長期的洗浄に際して圧力管システムに空気が吹き込まれ，これによって圧力管内の流れ断面積が減少させられる．下水流速の高まりによって堆積物は巻き上げられ，さらに下流へと運搬される．

勾配とは関係なく地形状態に合わされている圧力管では，末端が閉じられている管内に 0.5～2.0 bar の圧力下で空気が圧入される．この管は，"ポケット"すなわちそこに水クッションが形成される底点を含んでいなければならない．この水クッションは，圧縮空気によって管内に圧入される．その際，この水クッションの前面は，水ローラとして形成され，これによって下水と堆積物との優れた巻上げ撹拌が行われる．実験に際して，空気圧力に応じ 4～7 m/s の流速が測定された．2‰の勾配管では 1 bar の圧力で優れた清掃効果が達成された[3-17]．

清掃目的のために下水流速を高めるもう一つの可能性を供するのはポリマーの添加である．ポリマーがもたらす効果は，乱流流れ状態のエネルギー損失の低下に帰する

ことができる．わずかな濃度(最大 60 ppm)で下水の流下速度を 70 ％まで向上させることが可能である．この効果は下水の粘性の変化ではなく，荒い管壁の摩擦抵抗の減少に基づいている[3-75 〜 3-77]．

　管渠内における固形物の巻上げと運搬には高いせん断応力，ないし大きい流下速度が有利である．ただし，ポリマーによる流れ抵抗の低下がせん断応力の増大にどの程度の効果をもたらすかは不明である．またさらに，ポリマーを使用する前に下水中におけるその寿命と有機成分の凝集を結果し得る下水中の反応に関する問題が解明されなければならないであろう．

　もしもこれまで未解決の問題に固形物の除去という視点から見て肯定的な答えが得られるとしても，ポリマーの使用は経済的な観点からして依然として時間的に制限された局所的な清掃対策，例えば伏越しまたはその他の隘路の清掃にのみ限定されている[3-17]．

(2)　化学的清掃方法

　この方法は，
・管壁に付着する固着物または特別な堆積物，
・侵入樹根，
の除去に使用される．

　最初にあげた使用ケースは基本的に工業事業所用およびオイル，ガス用パイプラインに限定されている．この方法は，下水分野では例外的なケースに適用するものとして留保されている．文献[3-78]には堰止め排水管の管壁に付着する固着物除去への適用例が詳しく論じられている．

　この方法を使用するための前提条件は，特に以下の事項である．
・堆積物が化学的に溶解し得ること．
・化学的清掃剤に対する管材料およびシーリングの耐性があること．
・管の絶対的な水密性．

　清掃剤としては，酸，アルカリ液および特別な溶剤が使用される．濃度はそれぞれの状況に合わされなければならない．

　清掃はあらかじめ水抜きされて封鎖されたスパンに清掃剤を完全に満たす[3-79]か，または 2 基のサラマンダの間に前もって十分な量の清掃剤を注入しておき，それらのサラマンダでスパンを貫通することによって行われる[**図 5.3-32**(a)参照]．

　化学的清掃のあらゆる方法で重要なことは，化学的処理後の洗浄ないし中和化と残存期間にわたる連続的監視である．

3. 保守，清掃

(3) 化学的樹根除去

現在最も多く使用されている，例えば切断除去による機械式樹根除去(**3.2.4.3 参照**)は，一般に新しい根の形成を強く促し，その結果，比較的短い間隔で再度の処理が必要となることが多い[3-79]。

機械式樹根除去に代わる方法として考えられるのは，種々の化学除草剤による化学的処理であり，それらの適性に関しては既に広範囲に及ぶ調査データが得られている[3-7，3-80，3-81]。

化学除草剤は，運転停止された管に液状または発泡状(**図 3-40**)で注入されるか，または処理区間に噴霧される。発泡状除草剤による方法が主として利用されているのは，取扱いが比較的容易であるため取付管渠に好適である[3-82]ことからである。この発泡状除草剤は，特別な装置で生成されてスパン内に圧入され，同所においてスパンの運転再開後もなお樹根および管内面に付着し続ける。これは蒸気に変化した後，樹根によって吸収され，濃度および接触時間に応じて約 4 〜 20 週間後に樹根を腐らせる。効果は 2 年以上にわたって持続し得る。

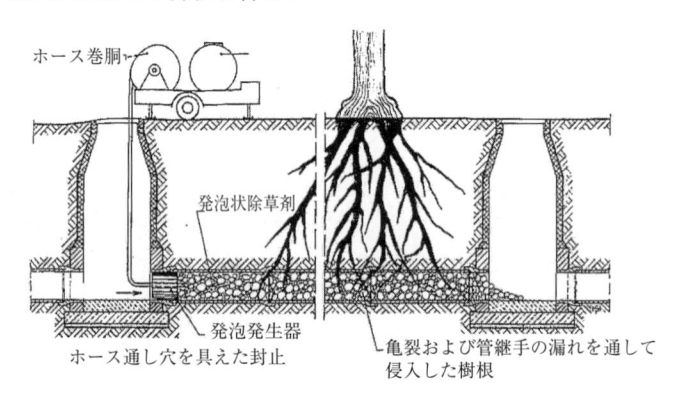

図 3-40：発泡状除草剤による樹根除去

ドイツで使用されている化学薬剤は，イソシアン酸メチルとして分解される特別な発泡液を含んだジクロベニル等の調製品である。

生物腐敗をベースとした樹根処理剤は，連邦農林生物学施設，ブラウンシュヴァイクによって許可され，1979/S.168 の植物保護剤リストに No.0114 として登録されている。しかしこうした許可にも関わらず，作業員にも自治体にもこの方法の適用に関して異論が存在している。

(4) 生物学的清掃方法

　生物学的清掃方法は，下水管被膜中の脂肪および繊維素の分解ならびにフェノール，蛋白質，鉱油の分解，そしてさらに臭気公害の除去ないし低下のために利用される[3-83, 3-84].

　病院，厨房，大規模給食施設および食品加工業の下水システムに主として使用されている清掃剤は，2成分がベースのものである[3-85]．第一の成分は，液状で，脂肪酸エステル混合物，脂肪酸アミドならびに尿素からなっている．これは厨房排水管，床排水口等を経て下水システムに流し込まれ，その後にさらに温水で洗い流される．約6時間の作用時間が経過した後，微生物を含んだ第二の成分が温水で攪拌され，約10～15分にわたって浸漬された後，第一の成分と同様にして下水システムに流し込まれる．第一の成分が有機堆積物に滲み込む一方で，有機堆積物は第二の成分によって分解される．この場合，清掃剤の使用量は，下水量と清掃される下水システムの長さに応じて決定される．

　もう一つの方法は，下水中に既に存在している *Sphaerotilus*(ミズワタ菌)タイプのバクテリアの下水中での濃縮(接種)を基礎としている[3-86]．準備段階として乾燥培養バクテリアが温水($30\,℃$)に溶かされ，4～6時間で下水温度まで冷やされる．処理期間としては少なくとも3箇月が見込まれる．第1週に加えられるバクテリアの量はその後の各週のおよそ3倍である

　Baig[3-83]は，下水管渠の清掃にバクテリアが使用された様々な米国の都市をあげている．ワシントン D.C.に関する清掃コストの予測によれば，バクテリアを利用した場合には65％のコスト節減が可能である．だが，堆積物の除去コストが非常にわずかしか計算に入れられていない点で，この値は他の都市には転用できないように思われる[3-17].

4. 点　　検

4.1　定義，法令等による規定

　点検および調査とは，ATV-M 143 Teil 1[4-1]に次のように定義されている．
現状の確認および評価のための処置　　点検および調査は，維持管理でも最も重要な位置を占めている．その目的は，対象構造物の現状と今後の耐用年数とに関するデータを収集し提供することであり，また損傷とその原因を早期に発見し，予定される耐用期間にわたって構造物をできるだけ少ない保守・修繕費用で必要な機能に耐えるように維持することである．点検および調査は，さらにそれ以外にも ATV-M 143 Teil 2 [4-2]によると，以下の場合に行われる．
・修繕工事の準備，
・修繕工事の完成検査，
・修繕工事の完了後の保証期間経過前の実地検査，
・証拠書類の確保．
　維持管理における下水道の点検および調査の法的必要性は，連邦法典(BGB)に基づく交通安全義務ならびに水管理法(WHG)[4-3]，特に同法§1aおよび§18bならびに水に関する州法に定められている下水道管理者の一般的な注意義務から生ずる．水管理法は，あらゆる水域，すなわち公共用水域および地下水に適用される(§1)．これらの水域は，一切の障害が生じないようにしてのみ利用することが認められる(§1a)．水域への負荷は，技術準則に基づいてそれぞれに適当と考えられる方法を適用する際にできるだけ低く保たれなければならない(§7a)．したがって，例えば WHG §18b では，WHG(§18a)の趣旨における下水の処理・処分，すなわち下水の収集，流下，処理，放流，浸透処理，散水処理および灌漑処理に利用される下水道施設は，"それぞれに適当と考えられる技術基準に基づいて設置・維持されなければならない"旨が要求されている．下水道施設がこれらの条件を満たしていない場合には，下水道施設の管理者(WHG §22)は，それから発生する損害の賠償責任を有している．この点に関す

4. 点　検

る詳しい規定は，水に関する州法(LWG)に定められている．管理には，点検および調査も含まれている．以上により点検および維持管理を行うべき基本的な法的義務は，水管理法にある．

点検および調査は，DIN 31051[4-4]に基づき次の内容を含んでいる．
・それぞれの使用上または構造物の固有な事情に合った強制力を持って適用される実態調査計画書の作成，
・実施の準備，
・実施，
・実態調査報告書の提出，
・結果の評価および実態の判定，
・判定に基づく必要な結論．

これらの結論は，以下のようなものが多い．
・広範または追加的な点検・調査の実施，
・保守間隔および点検・調査間隔の変更，
・修繕工事の開始．

上記事項を既存の管渠ないし下水道に当てはめれば，**図4-1**がDIN EN 752-5[4-5]

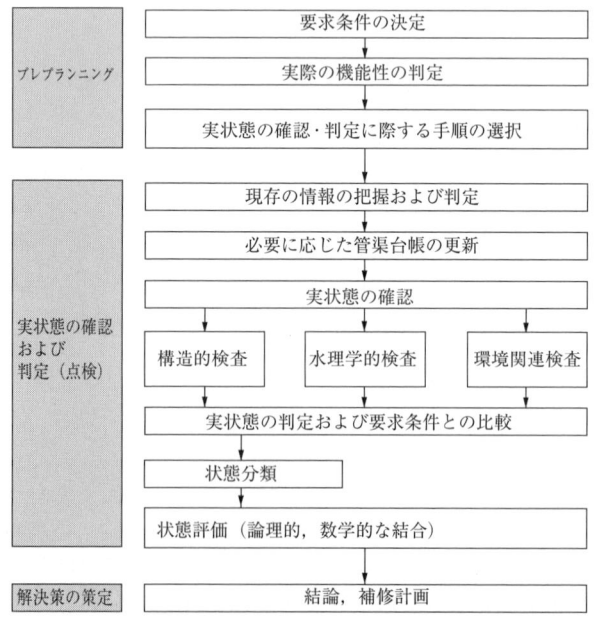

```
プレプランニング ┃ 要求条件の決定
                ┃ 実際の機能性の判定
                ┃ 実状態の確認・判定に際する手順の選択

実状態の確認    ┃ 現存の情報の把握および判定
および          ┃ 必要に応じた管渠台帳の更新
判定（点検）    ┃ 実状態の確認
                ┃ 構造的検査 / 水理学的検査 / 環境関連検査
                ┃ 実状態の判定および要求条件との比較
                ┃ 状態分類
                ┃ 状態評価（論理的，数学的な結合）

解決策の策定    ┃ 結論，補修計画
```

図4-1：DIN EN 752-5およびATV-M 149[4-5, 4-6]に依拠した，現存排水システムの実状態確認・判定に際する一般的な手順

およびATV-M 149[4-6]による現状確認・判定時の一般的な手順である．これは，あらゆる管渠に当てはめることができるが，場合によっては，システムの建設年度，位置，種類，使用された材料，ならびに供用上，気象上の要因等を考慮すべきである[4-5]．点検は，すべて流域全体に及んで行われ，あらゆる問題とその原因を共通に考慮できるようにする必要がある．大規模な管渠網では，調査にあたって適切な部分網から出発することが必要となることもある．

下水道の点検および調査は，DIN EN 752-5[4-5]では以下のように区別している．
・構造に関わる点検・調査である構造物関連調査，
・流量に関わる点検・調査である水理学的関連調査，
・環境に関わる点検・調査である環境関連調査．

以下に点検および調査のフローの個々の段階について述べる．

4.2　点検，調査計画の作成

構造物一般の点検および調査は，計画的に，すなわち定期的または時間的に定まった間隔をおいて行われる(計画的管理手法)か，または使用中に顕著な変化が明らかとなった場合に初めて行われる(事後対応的管理手法)．点検および調査は，さらにその他に構造物の使用条件の変化の可能性を調査するためにも実施される．

主として行われてきた事後対応管理手法という従来の慣行とは異なり，下水道の点検および調査に際しては，原則として計画的管理手法が適用されるべきである．これは，賠償責任法，租税公課法，秩序法，刑法に関連した処罰等の回避ならびに下水流下に際する経済的な使用の前提条件となる[4-2]．このような計画的手法のみが管渠網の現状と将来の耐用年数の減少曲線(図2-1参照)の推移状況の全体像を把握でき，管渠の安全性に対する潜在的危険性，特に損傷のある管渠による土壌と地下水に対する潜在的危険性の大幅な減少を達成することが可能である．

この方途は，既に比較的早い時期に連邦通常裁判所(BGH)の1974年7月11日付けの決定—Ⅲ ZR 27/72—中で定められていた．同決定によれば，"地方自治体はその下水道施設を定期的に点検・調査する義務を有する．通常，年1回の検査が必要にして十分である．判定材料(例えば，下水管渠の寸法，建設年度，位置および利用に関して)が存在する場合には，年に複数回の点検・調査を行うのが適切である．点検・調査は，高圧洗浄と目視検査によって行われる必要がある"[4-7]．

4. 点　検

　関連 ATV 公報の変遷は，下水道協会（ATV）側からする下水道の経常的費用の枠内における目視点検の時間的間隔の推移を示している．

　1990 年の ATV-A 140[4-8]は，点検周期のまだ具体的な規定はなく，"点検・調査は，管渠網のあらゆる設備・施設の正常な使用が保障されるように規則的な時間間隔で行われるべきである．さらに記録が必要である（"点検・監視記録"）"と定めているが，1993 年に刊行され，今日なお有効な ATV-A 147 Teil 1[4-9]は，例えば下水道管渠・構造物の目視点検の時間的間隔を初めて以下のように提案している．

・歩行可能な管渠の点検,
　・通常の場合：0.1 ～ 0.2 回/年,
　・特別な場合：0.5 回/年（例えば，水源保護区域の地区 II ないし療養泉保護区域, 地区 B）．
・歩行不能な管渠の点検,
　・通常の場合：0.1 回/年,
　・特別な場合：0.5 回/年.
・歩行可能なマンホールの点検,
　・幹線道路にある場合：0.2 回/年,
　・上記以外にある場合：0.1 回/年.
・歩行不能なマンホールの点検,
　・幹線道路にある場合：1 回/年,
　・上記以外にある場合：0.5 回/年.
・塞止め機構，開閉板，ゲートの点検および保守,
　・メーカーの保守規定に基づき 2 回/年またはそれ以上.
・洗浄扉および塞止め弁の点検および保守,
　・メーカーの保守規定に基づき 2 回/年またはそれ以上.
・歩行不能な管渠から官民境界ないし公共枡までの取付管または街渠枡取付管のテレビカメラによる点検,
　・必要に応じて.
・雨水吐室の点検および保守,
　・清掃等の維持管理上：26 回/年,
　・構造上：1 回/年.
・排水口の点検,
　・清掃等の維持管理上：4 回/年,
　・構造上：1 回/年.

・雨水調整槽の点検,
　・清掃等の維持管理上：12 回/年,
　・構造上：1 回/年.
・その他の特殊構造物,例えば伏越しおよび高落差マンホールの点検,
　・清掃等の維持管理上：12 回/年,
　・構造上：技術的周辺条件からして,歩行可能な場合には 0.2 回/年,不可能な場合には 0.1 回/年.
・中継ポンプ施設構造物および設備の点検,
　・1 回/年.
・フェンスを含む開渠の点検,
　・12 回/年.
・特別な下水方式,例えば圧力式下水道または真空式下水道の点検および保守,
　・必要に応じて.

この間にほぼすべての連邦州においても水に関する州法が定められたことによって,下水道管理者の義務リストを州命令によって規定するに至った.これにより以下の対応を行う必要が生ずることとなる.
・管渠網および構造物の現状を把握すること.
・構造上および使用上の実態を確認すること.
・確認された損傷を除去すること.

　表 4-1 に下水道管理者による点検および修繕が規定されている連邦州の一覧を示した.
　自主的な監視命令が種々の連邦州において下水道管理者に求めている要求は,州ごとに一部非常に異なっており,必ずしも常に現実に適合したものではない.例えば NRW（ノルトライン・ヴェストファーレン州）では,漏れ検査は,そもそも視覚的に把握できない漏れ（不明水）を確認し得る唯一の手段であるにも関わらず（4.5.1 参照）,"自主監視命令管渠"（SuwVKan）中で要求されていない.
　現在では私設下水道は,平均以上の損傷の潜在的危険性を有し,下水道の最も重大な弱点を表している［4-10］（7.参照）,ということが周知の事実とされているにも関わらず,取付管と私設下水道の構造状態については比較的わずかしかわかっていない.こうした事態が生じている原因は,構造に起因する点検時の困難さ（1.9 参照）の他に,特に統一的な法的規制が欠けているという点にもある.私設下水道には,すべての連邦州において建築法規が適用される.私設管の検査に関して州法に基づく要求が存在しているのは,いくつかの連邦州,例えばバーデン・ヴュルテンベルク州,バイエルン

4. 点 検

表 4-1：連邦州における管渠保全の法的基礎[4-17]

連邦州	命令	命令日付	TV 初回点検	TV 反復点検
バーデン・ヴュルテンベルク州	自己点検命令 EigenkontrollVO	09. 08. 1989	直接には触れられていない	直接には触れられていない
バイエルン州	自己監視命令 EÜV	20. 09. 1995	40 年を経過した以下の管渠の場合には即時 ・危険な下水を排水する管渠 ・損傷ある旨の指摘が行われている管渠 ・水質保全地域(取水ゾーン)の管渠	5 年ごと
ヘッセン州	自己点検命令 EKVO	22. 02. 1993	期限の記載なし	期限の記載なし
メクレンブルク・フォアポンメルン州	自主監視命令 SÜVO	09. 07. 1993	直接には触れられていない	直接には触れられていない
ノルトライン・ヴェストファーレン州	自主監視命令 管渠 SÜwVKan	16. 01. 1995	10 年以内および毎年管渠網の 10 %	15 年ごとおよび毎年管渠網の 5 %
ラインラント・プファルツ州	下水道設備・施設の自主監視 EÜVOA	25. 03. 1994	管渠は「計画的に」目視検査されなければならない(期限の記載なし)	検査は「規則的な時間間隔で反復されなければならない」(期限の記載なし)
ザクセン州	自己点検命令 EKV	07. 10. 1994	少なくとも 10 年ごと、新築の場合には 15 年後、周期は WSG では短縮することができる	10 年ごと

州、ヘッセン州、メクレンブルク・フォアポンメルン州およびノルトライン・ヴェストファーレン州にすぎない[4-11] (**4.5.1** 参照).

DIN 1986-30[4-12]によれば、私設下水道は、"定期的な点検によって機能の完全性と欠陥の有無が検査され、適切な保守対策と修理によって使用上高い信頼度状態に保たれなければならない"とされている.

表 4-2 に私設下水道の点検、保守および修理に必要な対策があげられている.

DIN 1986-3[4-13]では、家庭排水、事業所排水、工場排水が排出される私設下水管は、排出される下水の汚染度に応じて検査されなければならない. もっぱら雨水の下水に使用される私設下水管は、定期検査からは除外される.

必要な対策の時間間隔ならびに実施される作業に関する勧告は、必要最低値を表している[4-12].

状態の把握は、目視点検または水または空気を使用した漏れ検査(**4.5.1** 参照)によって行うことができる.

検査、保守および漏れ検査に際して確認されたすべての損傷は、記録され、評価されなければならない. 確認された欠陥は、速やかに修復されなければならない[4-13].

漏れ検査	補修	適用の範囲
初回検査は10年以内．漏れなしが証明された場合にはその後10～15年ごとに反復	「水利経済的緊急性」に応じた補修	家庭排水のみを排出する管渠を除くすべての公共および私設の管渠
20年に1回，40年後に初回．水または空気を用いて実施することができる	漏れがあると認められた下水道は直ちに封止されなければならない	家庭排水のみを排出する管渠を除く，許可取得義務または認可取得義務のあるすべての公共および私設の管渠
危険な下水を排出する私設取付管のTV点検に基づき疑義ある場合には，試験圧0.3 bar，空気または水を用いた検査	技術的可能性の範囲内で速やかに	危険な排水を誘導する限りの認可を要する管渠および認可を要しない管渠（WHG § 7a）
5年または例外的な場合には7年以内に「漏れの検査」．10年ごとに反復	言明なし	許可取得義務および認可取得義務ある排出者が存在する限りのすべての公共管渠，私設取付管
定められていない	安定性が侵害されている場合には速やかに，逸出が生じている場合には下水および「水利経済的事情」に応じ10年以内に速やかに	取付け面積3 ha以上のすべての公共管渠および私設取付管
定められていない	言明なし	下水管渠の状態検査
通常，目視検査で十分．優先的順位を有する管渠	言明なし	危険な排水を誘導する限りのすべての公共管渠および私設取付管（WHG § 7a）

　自主監視の形の法的条件が決められ，一定の点検間隔が規格および準則集のうちで定められたことは，建物外の管渠の法的点検義務を徹底させるうえで重要なステップであった．しかしながらこうした規定が近年に至るまで行われていなかったために，ドイツ国内のすべての下水道の実態は，まだ完全に確認され評価されるには至っていない．こうした状況は，一般に経済的，能力の理由から直ちに解消することはできず，段階的にしか取り戻すことはできない．こうした場合には，基本的に次のような管渠に関する危険，例えば，下水の高度な有害物質負荷，ならびに個々の管渠における漏れの件数，規模，特に敏感な下水網区域（地下水が地表近くに分布している下水網区域，水源保護区域内の下水網区域，または特に危険な物質が排出される下水網区域等）がDIN EN 752-5[4-5]に従って優先的に考慮されることがなく，それゆえ高度な環境に対する潜在的危険性が把握されず，適切に扱われないという危険が存在する．こうした理由から非常に大規模な管渠網の場合には，点検対策に関する優先順位の決定が特別な重要性を有している．
　これに関する環境保護の観点からする評価方式は，文献[4-14]に述べられている（図4-2）．その際，管渠内を流下する下水の有害物質の危険性と下水が漏れによって地盤

4. 点　検

表 4-2： DIN 1986 Teil 30[4-12]に基づく建物・土地の排水設備・施設の漏れ検査による点検・保守・修理作業

以下による現存基礎管の初回検査および定期検査を要する原因および期間
・管渠テレビ装置(KA)
・水密性検査(DR)

排水発生源令(AbwHerkV)[1]と関連した水管理法(WHG)[2] § 7a の趣旨の発生源に応じた排水成分の危険性なら以下の排水発生源が区別される
・家庭排水
・事業所排水： AbwHerkV に基づく事業所排水，工場排水ならびにその他の発生源，例えば食品工業または洗
　・排水処理施設前方の排水
　・排水処理施設後方の排水

No	
1	No.1 ～ No.3 に関する検査の期間，下記年度または遅くとも下記年後
	DIN 1986-1 ： 1988-06，第 6.1.13 章に基づく検査が行われなかった現存基礎管の初回検査
	原　　因
	重大な構造的変更および拡張があった場合(例えば建物の改造，全面改築)
	増築・改築によって排水設備・施設の一部区間のみが影響を受ける($\leq 50\%$)設備・施設
	わずかな拡張，例えば，屋階拡充に関わる設備・施設を含む家庭排水を排出する設備・施設
	AbwHerkV に基づく排水を含む事業所排水の排出に関わる設備・施設
2	DIN 1986-1，第 6.1.13 章に基づく初回水密性検査または通し番号 No.1 に基づく初回検査が行われた基家庭排水排出用設備・施設
	AbwHerkV に基づく排水を含む事業所排水の排出用設備・施設
3	下記の年間隔による水採取区域の基礎管の定期検査．現存設備・施設の初回検査がまだ行われていな
	保護区 II
	保護区 II

*[1] 初回検査後に排水設備・施設に影響を及ぼす構造的または交通技術的な変化(静的，動的)が生ぜず，排水技できる．
*[2] 最後の定期検査後に排水設備・施設に影響を及ぼす構造的または交通技術的な変化(静的/動的)が生ぜず，排きる．
本表にあげられた対策に関する点検，保守および修理に関わるその他の要件．
同時に WHG § 19g の趣旨の捕集システム(例えば，消化用水捕集システムまたは特別な場合にあってはタンクない限り，最後の検査から 5 年の期間内に定期漏れ検査に際して少なくとも 0.5bar で検査されなければならな
1) 1987 年 7 月 3 日付けの排水の発生源に関する命令(排水発生源令— AbwHerkV)(BGBl.第 1 部，p.1578，それ
2) 水管理の規律に関する法律(水管理法)

に達する危険性の評価が行われなければならない．また他方で，有害物質浸入に対する環境—保護さるべき天然財とその利用—の影響度が評価されなければならない．
　優先性段階区分は A から E に向かって行われる．緊急性段階 A の区間は，優先的

4.2 点検，調査計画の作成

びに AbwHerkV が適用されない事業所排水を考慮．

剤製造から発生する排水であって

	家庭排水		事業所排水，工場排水					
			a)排水処理施設前方			b)排水処理施設後方		
KA	DR		KA	DR		KA	DR	
—	×	建設と関連して	—	×	建設と関連して	—	×	建設と関連して
×	—		—	×		—	×	
×	—	2019 年まで	—	—	—	—	—	—
—	—	—	—	×	1999 年まで	—	×	2004 年まで

礎管の下記の年間隔による定期検査

×	—	25	—	—	—	—	—	—
—	—	—	—	×	5	—	×*1	15

かった場合には，それは少なくとも下記の期間内に行われるべきこととする．

	KA	DR	定期検査の最小期間
家庭排水および事業所排水	×	—	毎年
	—	×	5
家庭排水	×	—	5 [10*2]
	×	—	5
事業所排水	—	×	管轄監督官庁との間の調整による必要に応じた設備・施設の状態および負荷に応じた検査，ただし，排水処理施設前方については少なくとも5年ごと．

術的負荷が変化しなかった場合には，監督官庁の了解を得て管渠テレビ装置(KA)による検査を実施することが

水技術的負荷が不変であった場合には，監督官庁の了解を得て定期検査の間隔を延長または短縮することもで

ゾーン排水の排水管)の要素をなしている排水管は，州法に基づくそれぞれの認可中に別段の定めが行われていい．
ぞれ施行の文言による)

に点検されなければならない．評価方式の開始にあたって調査された地下水水位以下に位置する管渠網区域は，点検緊急性が最も低い(緊急性段階F)付加的な管渠区間とされ，検査順位の最後に位置する．

4. 点 検

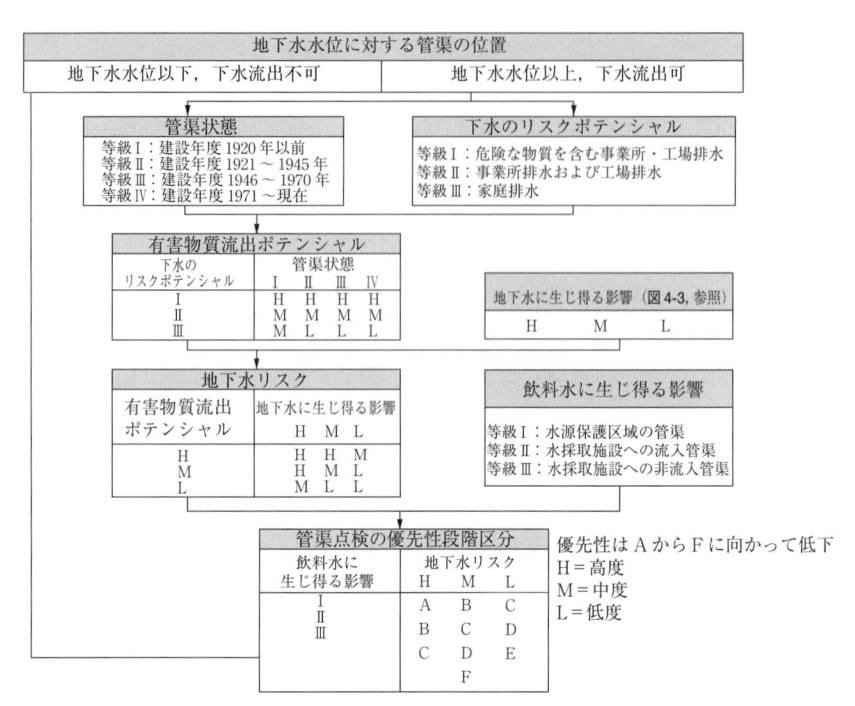

図4-2：下水道点検の緊急性決定のための評価方式流れ図 [4-14]

この評価方式は，例えば地下水水位以下にある管渠への地下水の浸入，安定性の問題，流下能力の問題，その他の基準，例えば道路建設事業等を無視している．これらは，点検対策の最終的立案にあたって，場合によりその他の格付け基準としてともに考慮されなければならない．

データ収集にあたって，地下水レベルの調査(**4.3.2.1 参照**)が一部問題であることが経験上から判明している．特にデータ量が不十分で，さらに地盤の地下水位に激しい変動がある場合には，専門家の協力を求めることが好ましい．

文献[4-15]に基づく地下水リスクの判定は，有害物質の浸入に対する地下水被覆層の濾過作用，自浄効果の評価をベースとしている(**図 4-3**)．したがって，流出する下水成分のうちでまず第一に問題な分解されにくい難分解性物質が考慮されていない(**7.参照**)．

図4-3：土壌の透水性と厚さに相関した上部主滞水層の地下水リスク判定モデル [4-15]

Hochstrate は，文献[4-16]で選択的初回点検(以下部分点検調査という)という形のやや異なった方途を推奨している．この場合には，現行の全域順次点検(以下全体点検調査)という慣行——その際には例えばコスト上の理由または立法者の意向(**表 4-1**)に沿って各市区全体が次々に点検され，管渠網全体の実態は管渠網の規模に応じ数年後に至ってようやく評価が可能となる——とは異なり，代表的な管渠網区域のみが統計的なランダムサンプルとして点検される．その後，その結果を基礎にして管渠網全体の推計が行われる．この方式は，DIN EN 752-5[4-5]によって現在ドイツでも新しい技術として公認されている．同規格には，No.7.5.1 でこれに関する言及が行われている．

"構造関連検査は，管渠の全体的検査かまたは選択的方法のどちらによってもよい"．

部分的点検調査のランダムサンプル理論は，管渠網の劣化状態が管渠網の経年状況ならびに管渠区間ごとの異なる劣化速度によって発生したとのことを出発点としている．

種々相違した老化速度に関して考えられ得る要因として，以下の因子が考慮される．
・土壌状態，
・管材料，
・呼び径，
・布設期間，
・下水水質(家庭排水，事業所排水，工場排水)，
・不十分な土被り，
・その他の地域的特殊性(例えば，新たに編入された地区における編入前の保守欠損)．

続いて部分的点検調査のために，前記のすべての指標またはその組合せを有する代表的なランダムサンプル管渠区間が選ばれる．ランダムサンプルは，管渠網総延長距離のおよそ 10％，ただし少なくとも 25 km を含んでいる．ランダムサンプルの点検後まず最初に回帰分析によって考えられる．いずれの影響因子が当該区間のこれまでの状態変化に関する統計的説明因子となるかが確認される．次に，有意的として確認されたこの影響因子を利用して，各々の区間に関する推定総耐用年数が決定され，これから建設年度を考慮して残存耐用期間が明らかにされる．結果として，管渠網の各々の区間につき推定された現状ならびに状態予測が算出される．

部分的点検調査に続く諸年度にこれまで点検されていなかった区間に予定されていた繰延べ初回点検が行われる．その際，推定された状態が劣悪であるか，または数年後に危険な段階に達すると見込まれた区間が優先的に点検される．したがって，これらの点検は，点検調査の必要性の高い所に系統的に向けられることとなる．点検結果に応じ管渠は，修繕されるか，または修正された状態評価を得て次回の反復点検の期

4. 点 検

日が決定される.

　適切な選択的反復点検は, これまでの状態動向からして危険な状態が示唆される管渠区間に集中される. この場合には, 点検間隔は著しく短くなり, 例えば5年に短縮され, 他方, 良好な状態予測が行われた区間の場合には, 点検間隔は延長される.

　広範囲な点検が行われた管渠網の場合には, 部分的点検調査は不要である. この場合には, 各々の区間につきそれぞれの状態予測からそれぞれの次回反復点検の期日が算定される. 期日は, 危険な管渠の状態が早期に認識されるように選択される. 点検調査結果により管渠スパンの修繕工事の実施や点検調査計画の修正が行われ, それとともに新しい点検調査期日の決定が行われる. それぞれの点検調査期日は, 状態予測を基礎とし, 点検結果は, そうした状態予測の修正に利用されることから, これは"計画的維持管理方式"といわれる. 予測の目的は, 予防保全を組織的かつ確実に行うことである[4-16].

　計画的維持管理方式は, 当面の点検調査目的にとって有意的かつ有益である. ただし評価ミスを回避するために, 総合的な点検検査プログラムの枠内で, 既存の普遍的な点検調査結果を利用しつつ, 生じ得る内外の一切の周辺条件と相関させて耐用年数の減少曲線ならびにあらゆる種類の損傷の進行度合いを確かめることが必要である.

　現存の管渠の修繕対策を計画, 立案する場合について DIN EN 752-5[4-5](**図 4-1** 参照)は, 点検調査計画策定, すなわち実態の確認・判定に際する手順の選択を実際の機能性も考慮して行うことを推奨している. 既存の管渠の機能の低下や損失は, 管渠の崩壊, 溢水, 水域汚染等の損害・損傷発生ケースに関する記録や報告文書によって調べておくべきである.

　既往の事象に関する記録書類およびその他の関係データおよび情報, 例えば,
・下水管渠の位置, 材料および寸法(管渠台帳),
・許可条件および法的要件,
・問題解決のためのこれまでの供用上, 構造上および工学的安全上の対策,
・事業所排水の種類および量,
・これまでの点検検査,
・以前の流下能力,
・過去に行われた環境に及ぼす影響に関する評価,
・現在の下水管渠の構造状態,
・公共用水域の状況および利用状況,
・地下水水位および地下水流速,
・浸透の可能性等の土壌状態,

・地下水保護区域,
・以前の検査に関する記載事項[4-5],
がまとめられている必要がある．管渠台帳(**4.6.2**参照)の現況データは，以下の項目について更新されなければならない．
・すべての下水管渠の位置，寸法，形状，材料．
・マンホールの位置，深さ，標高，ならびにマンホールへの取付管の標高．
・下水管渠への接続管の位置．
・特別な設備(例えば，ポンプ，レーキ)に関する詳細を含む雨水吐構造物，ポンプ施設等の特殊構造物の配置設計内容[4-5]．

　前記の情報を基礎として，管渠の実際の機能性を判定した後に点検検査を流域全体に拡張することが正当であるか否かを判断することが可能となろう．点検検査が必要な箇所では，現状の確認と判定が個々の観点(水理学的調査，環境関連調査，構造関連調査)ごとにどの程度詳細に行われるべきかが決定されなければならない．複数の流域または複数の部分流域において点検調査および修繕対策が必要な場合には，収集された情報をもとに個々の流域において見出された問題の解決に関する優先度を決定することができる．これは，総合的な調査プログラムの作成に際して利用することができ，それによって最も緊急性の高い問題を抱える流域でまず最初に修繕が行われようにすることができる[4-5]．

4.3　構造関連の点検，調査

　下水道構造物の実態の把握は，定性的には視覚的方法により，定量的には適切な測定・検査方法を使用して行われる．**図4-4**にこれに関する実地に適した，まだ規格化されていない方法も含めた一覧を示した．一般に以下の区別が行われる．
・外部点検,
・内部点検.
　構造物の状態，特に損傷(**2.**参照)は，できる限り正確かつ詳細にわたり記録されなければならない．検査結果の比較を可能とするためにDIN EN 752-5[4-5]に基づくコード化された統一的な現状記述が採用される必要があろう(**4.7.3**参照)．
　構造関連調査の結果は，流下能力の判定，環境への影響判定に際しても重要となることがある[4-5]．

4. 点　検

```
構造的調査 ─┬─ 外部点検 ─┬─ 管布設路の巡視
           │            ├─ 物理探査 地盤調査
           │            └─ 試掘による 構造物・地盤調査
           │
           └─ 内部点検 ─┬─ 質的状態把握 ─┬─ 直接の目視点検 ── 巡視，巡航
                       │               └─ 間接的な目視点検 ─┬─ 管渠鏡映
                       │                                   └─ 管渠テレビ
                       │
                       └─ 量的状態把握 ─┬─ 堆積物
                                       ├─ 位置ずれ ─┬─ 傾斜計
                                       │          ├─ 圧力測定式ホース水準器
                                       │          └─ レーザ
                                       ├─ 断面測定 ─┬─ 口径測定器
                                       │ (変形，歪み，├─ 光電法
                                       │  内部腐食および├─ レーザ測定器
                                       │  摩耗)     └─ 音波測深スキャナ
                                       ├─ 構造物・地盤調査 ─┬─ 物理学的方法
                                       │                  └─ 荷重試験
                                       └─ 歩行可能なコンク
                                          リート管，鉄筋
                                          コンクリート管
                                          の試験・検査
```

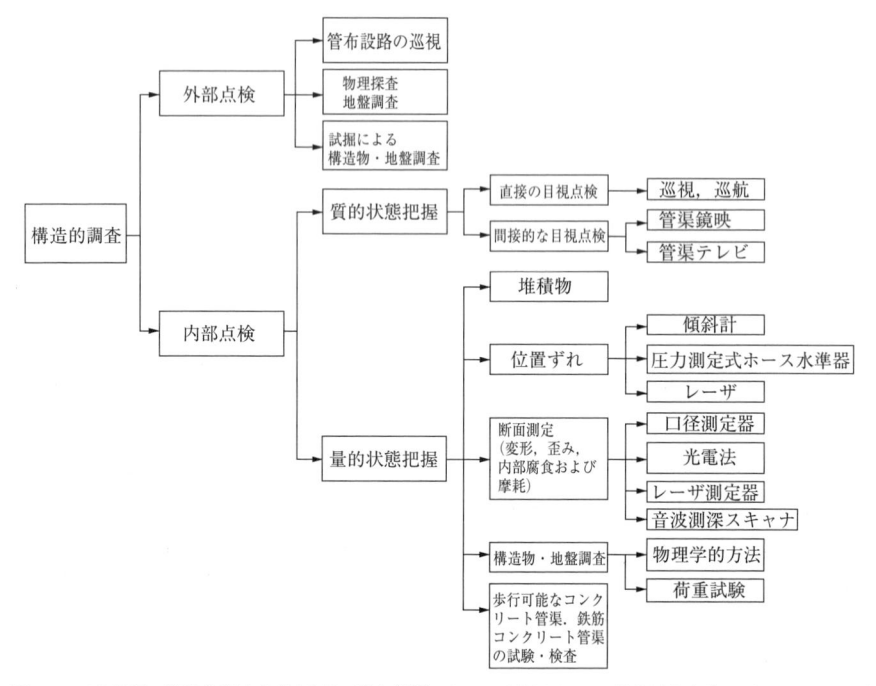

図4-4：下水管渠の構造的調査方法（歩行可能な管渠において利用される工学的測定方法は示されていない）

4.3.1　外部点検

外部点検は，地表から実施されるすべての点検および調査である．これに属するのは，以下のとおりである．
・管布設路の巡視，
・物理探査による地盤調査，
・試掘による構造物・地盤調査．

4.3.1.1　巡　視

管渠が埋設されている路面，地表面の地上巡視，観察は，最も簡単な種類の点検調査である．

4.3 構造関連の点検，調査

この場合，例えばマンホールおよび道路舗装の状況の目視によって下水管渠の損傷の有無を知ることが可能であり，それを参考にして内部点検，外部点検の立案，実施を行うことができる．

巡視に際しては，特に以下の点が注意されるべきである[4-9, 4-18]．

① マンホール周辺の状況
　・マンホール蓋は見えるか，それとも道路工事の際に覆われてしまっているか．
　・マンホール蓋と斜壁の状態はどうか．
　・マンホール蓋のレベル位置は道路レベルと同一か（あるいは上もしくは下にあるか）（マンホールまたは道路の沈下）[図 4-5(a)，(b)]．
　・下水がマンホール蓋から溢水した痕跡は認められるか（図 4-6）．

② 管渠布設路線周辺
　・建物建設状況の変化，
　・道路構造の変化，
　・交通状況の変化，
　・止水区域か浸水区域か，
　・道路舗装の亀裂発生状況．

図 4-5：マンホール周辺の状況

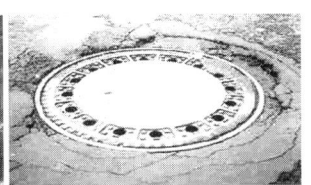

(b) マンホールの沈下またはマンホール蓋と坑筒ネックとの間のモルタル目地の破損によって道路レベルより下にあるマンホール蓋（5.2.1.1 参照）

(a) 道路の沈下によって道路レベルより上にあるマンホール蓋

図4-6：氾濫によるマンホールからの下水流出（都市排水，チューリッヒ）

すべてのデータ，確認事項，報告事項は，記録されなければならないのは当然である．

4.3.1.2 物理探査による地盤調査

既設管渠の基礎の状況を知ることは，それが多くの場合に損傷と因果関係を有して

4. 点　検

いることから，損傷判定あるいはまた適切な修繕方法の決定に際しても重要な役割を果たす．物理探査による地盤調査によって基礎の耐荷力に関する広域的な情報と局所的な不均質性に関する情報を得ることができる[4-19 ～ 4-30]．

管渠の調査と人工地下構造物（例えば，管ケーブル等）の位置探知に利用される物理探査方法をそれぞれの物理的作動方式を基準にして区分した一覧は，文献[4-31]にあげられている．

以下の各方法の簡単な説明は，選定された物理探査方法に限定されているが，それぞれの方法は，下水道の保全に関連した地盤調査の問題に地表からか，または垂直に穿たれたボーリング孔を通して適用することができ，しかも，
・下水管渠の位置，
・地質学的状況ならびに地下水の状況，特に土壌の種類，地層境界，積層密度，地下水水位，
・人工に起因する地盤中の異常，例えば，古い構造物の基礎，残骸，
・隣接しているその他の公共サービス供給管および下水管，
・漏れが生じている場合の汚染の形跡，
・例えば，地下水浸入に起因する比較的規模の大きな空洞，
などに関する情報をもたらすことのできる方法である．

a．地震学的手法　　地震学的手法は，鉱床（石油，ガス，石炭）の探知に利用され，土木工学や環境分野にも重要な構造情報をもたらす探査地球物理学のうちで特に重要で，最も普及した方法である．

地震学的手法では弾性波と波場が利用され，これらを処理して地盤像を再生することができ，これによって複雑な構造を直接に検知することが可能である．

地盤は，様々なメカニズム，例えば，反射，屈折，回折，吸収，拡散を通じて地震（弾性）波の伝搬に影響を与える．地震波は，この種の調査のために，例えば，爆破，打撃，ラウドスピーカ，バイブレータ，破裂によって人工的に作り出され，次いで多くの場合ダイナミックピックアップ（地中聴音器）で記録される．

震源から深所にまで伝搬された波は，反射ならびに多重屈折によって再び地表に達し，同所で観察される．これらの手法には，代表的な地震反射法，地震屈折法，ならびに特別な地震学的技法，例えば，地震波トモグラフィ，音波探査法，浅水探査法等がある．また水面波と同様に震源と受信器との間を地表面に沿って伝わる表面波も限定的な周波数に応じた深度到達範囲を有し，浅い地盤の構造によって影響を受ける．この波も適切な解釈手法によって構造解明に利用することが可能である．

したがって，地震学的手法によって地盤の弾性パラメータ，例えば，せん断弾性率，

圧縮弾性率等を計算することができる．詳細な手法説明ならびに適用例は，文献[4-22，4-32，4-33，4-35，4-36]に述べられている．

b．反射法地震探査　反射法地震探査では，地表面で励起され境界面で反射された目標深度に比較して震源からの距離が短い波が記録される．多チャンネル遠隔測定器で記録された非常に広範なデータは，特別なコンピュータ技法で処理，表示され，直接に解釈可能な地盤構造の写像を得ることができる．これは，単純化していえば，船舶で行われるような音波測深法と同じである．

管渠保全の枠内の調査対象は，探鉱に比較してほとんどの場合に範囲が狭く，必要とされる高い分解能を得るには高周波・広帯域の地震波信号が必要である．だが高周波地震波は，途中の軟弱地層で大幅に吸収されてしまうことから，軟弱な浅い地盤の調査に反射法地震探査を利用することはしばしば困難であり，慎重な事前調査が必要である．

c．屈折法地震探査　屈折法地震探査では，震源からの距離が目標深度に比較して大きな波が記録される．これにより地盤からの反射以外に，震源と受振点との間の最速の経路を通過した地震波信号の初動を生ずる波も記録されることとなる．

ごく最近，屈折法地震探査の場合にも地盤の直接の写像を得られるようにこれらの波場を処理・表示するコンピュータプログラムが開発された．データ処理後の結果は反射法地震探査で得られる写像ときわめて類似している．この写像は従来の屈折法地震探査で得られた情報の何倍もの情報を含んでおり，特に地盤が波の動特性に及ぼす影響も表している．

屈折波の振幅特性，走時特性は，地盤中の障害構造によっても決定される．これによって基礎地盤，空洞または区間に発生している中間層も位置探知することができる．文献[4-27，4-29，4-30，4-32]には測定例の解説が行われている．

d．地震波トモグラフィ　地震波トモグラフィは，圧縮波速度と振幅減衰との分布の面的写像，したがって間接的に一定の物質特性の分布の写像をもたらす．これが適用される前提条件は，当該測定機器が挿入されるボーリング孔を管渠布設路区域に設けることである．管渠布設路区域に関する情報は，ボーリング孔同士の間の断面像として得られる．

物理探査における超音波断層撮影法は，医学および非破壊材料試験(X線，ガンマ線，超音波)の分野における開発成果を基礎としている．

既に一連のトモグラフィが成功裏に実施されてきており，それによって都市基盤整備分野(空洞の位置探知，安定性検査，組積構造物の検査)，鉱業分野(軟弱ゾーン，鉱脈)，布設路線予備調査および放射性廃棄物最終貯蔵分野(岩盤品質の判定)等において

4. 点 検

広範な経験が得られている．

地震波トモグラフィは，計画された管渠布設路調査にとって適切な方法であり，掘り下げられたボーリング孔からそれぞれの目的に応じて VSP（vertical seismic profiling）（鉛直地震探査法）—またはクロスホール（crosshole）トモグラフィが実施される（図 4-7）．この場合，震源点は，ボーリング孔内にあり，受振器は対向するボーリング孔または地表に配置される．震源点と受振点の数および間隔は探査される対象の大きさに依存している．

図 4-8 に平行透過に際する異状が測定量"走時"に及ぼす影響を示している．この場合，v_1 は正常な状態の岩石内を地震波が伝わる伝搬速度であり，v_2 は例えば軟弱質の土壌中を伝わる伝搬速度であると考えてよい．相応した走時効果—これは目下の地質学によってもあるいは地震波の伝搬と平行な軟弱ゾーンが存在する場合にも利用されている効果である—が明白に認められる．

e．**音波探査法**　音波探査法（図 4-9）では，土壌粒子は，音波を利用して振動数が

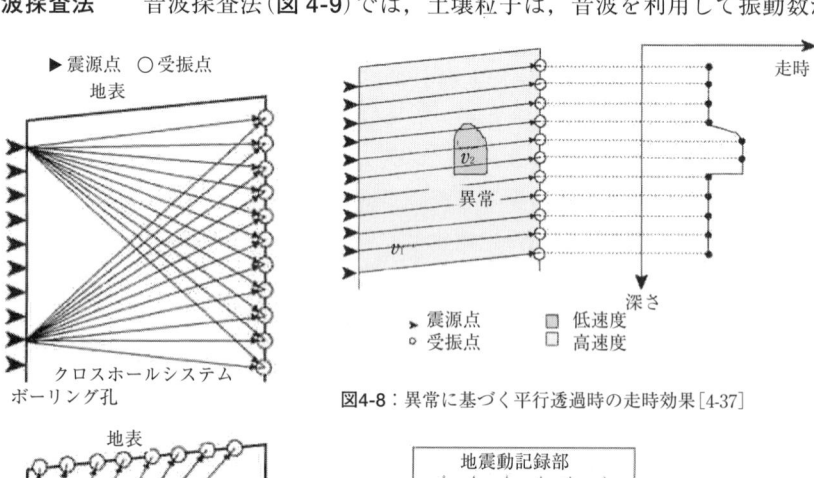

図4-7：地震波トモグラフィの測定ジオメトリー

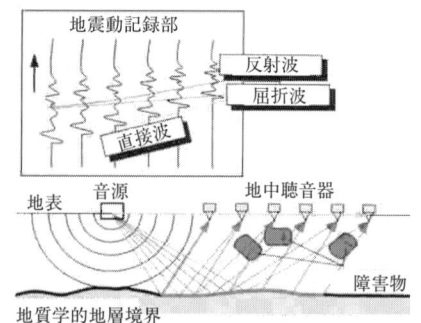

図4-8：異常に基づく平行透過時の走時効果 [4-37]

図4-9：音波探査法の概略図 [4-37]

4.3 構造関連の点検，調査

時間的に変化する信号(sweep)によって振動励起されるが，これに対して打撃，爆薬等の場合には単一の衝撃が地震波を作り出す．

その他の地震波源と比較した音源の長所は，その取扱いやすさと非破壊性および地震波信号の優れた再現性と制御性にある

この場合，反射と屈折ならびにエネルギー吸収によって発生した地震波信号により種々の解析手法を用いて個別励起とその重ね合せから地層境界と不均質層を検出することができる．直接地表に沿って伝達される波，いわゆる表面波の解析は，地表近くの地盤を調査するうえでさらに有効である．

図4-10：音波探査法の実施例[4-37]

図 4-10 に地表—ここでは道路—上に設置された測定装置の構成を示した．

f．磁気探査法 地表における地球磁場は，地盤の最上位の地層によって非常に強く影響される．地球物理の応用分野では，これは地層自体ではなく，その中に含まれている構造物，例えば，鉄製構造物，タンク，支柱，配管，スクラップ，支保枠，鉄筋コンクリート基礎等である．これらの鉄材は，本来の調査の対象でないことが多いとはいえ，これらは，例えば，その磁場によって空洞の存在を"明らか"にし得る．磁気探査法は，障害物の探知と確定に非常によく利用することが可能であるが，それは障害物が"磁気的に安定した"周囲から明瞭に区別されるからである．

図 4-11 に物理的な測定原理を示した．図の上半部は，異常磁場を示しており，図の下半部には，本来の地球磁場に対する障害物の磁場(異常磁場)のベクトル加算による総磁場の発生が表されている．観察面(ここでは側面図)で磁気異常を観察することができる[4-38]．

g．電磁気探査法(EMI) 電磁気探査法(EMI)では，地盤にコイルを介して交番磁界が印加され，これが同所に二次磁界を励磁する．この二次磁界は，再び励磁磁界に重ね合わされ，それから生ずる磁界が受振

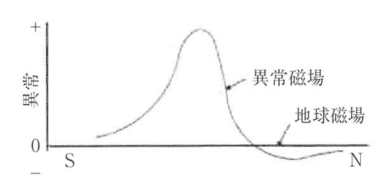

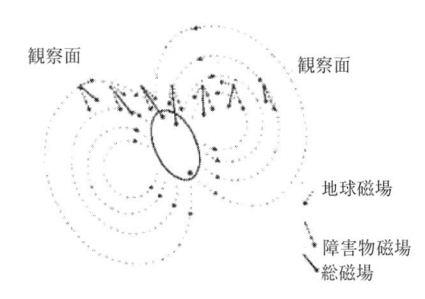

図4-11：磁気探査法の物理的測定方式[4-38]

コイルで測定される．図 4-12 に人力による測定実施を示した．EMI 手法で使用される周波数範囲は，およそ 10 ～ 2 MHz であり，コイル間隔は，数 m（図 4-12）から約 100 m までである．

電磁気探査法は，物質による導電率の高まりに特に敏感に反応する．この手法は，従来の直流手法よりも扱いが容易であり，良導物質のマッピングに関して広く普及している．EMI マッピングは，配管，管渠，鉄筋コンクリート基礎，鉄製支保枠等の探査に優れている．侵入度は，使用周波数とコイル間隔に大きく依存していることから，測定パラメータは，それぞれの目的に合わせて選ぶ必要がある．

h．電気探査法 電気探査法では電極を介して地盤に弱い直流電流が供給される．発生する地盤中の導電率分布によって影響される定常ポテンシャル場がプローブによって記録される．測定値から適切な計算モデルを用いて探査点下部の地盤中における真の比抵抗の分布を断面図の形で決定することができる．これから地質成層，地下水脈，汚染，空洞，地下構造物を検出することができる．

図 4-13 ～ 4-15 に現場測定の実施ならびに測定結果の二次元と三次元表示を示した．

i．レーダ探査法 地中レーダ探査または地質レーダ探査（EMR；電磁反射法）では，高周波電磁波がいわゆるアンテナから地中に発射される．この信号の一部は，界面および障害物によって反射され，受信機に受信される．こうして得られるレーダ記録は，地盤構造を解釈可能な形で表している[4-38]．

図 4-16 に時間とともに変化する反射信号振幅を個点表示として示した．深さ 0.5 m の位置にある構造物によって生じた振幅の変化が明瞭に認められる．

図 4-17 に測定方式を示した．測定は，携帯式ないし走行式の測定システム，または測定ワゴンによる巡視によって行われる．

その結果，地盤断面図としての二次元表示，または―調査地区全体の広範な巡視または管路内探査が行わ

図4-12：地表からの電磁測定の実施
[4-38]

図4-13：電気探査法測定の実施
[4-37]

4.3 構造関連の点検，調査

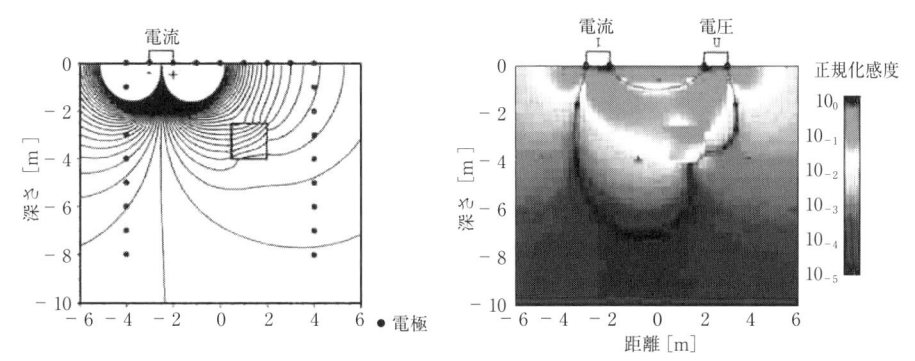

図4-14：電気探査測定の測定方式（左）および測定結果（右）の図解[4-37]

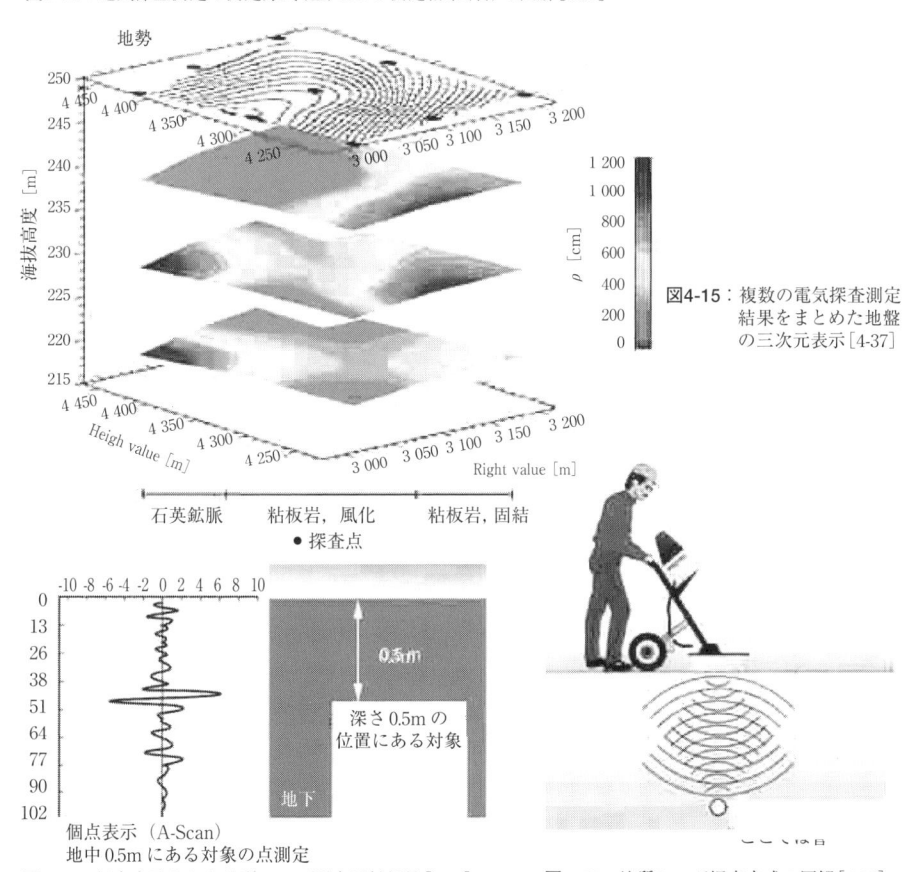

図4-15：複数の電気探査測定結果をまとめた地盤の三次元表示[4-37]

図4-16：個点表示された地質レーダ測定反射信号[4-39]

図4-17：地質レーダ探査方式の図解[4-39]

個点表示（A-Scan）
地中0.5mにある対象の点測定

261

4. 点　検

れた場合には一三次元表示も作製することができる．

j．手法の評価　　物理探査の有意性と信頼度にとって，測定の方法および測定機器の適切な配置は大きな意義を有している．物理探査の測定結果は，その本性からして多義的であり，励起信号と測定対象応答挙動との間には高度に複雑な相互作用が存在することから，所望の情報を得るためには，一方において測定方式の適切な選択と構成が必要であり，他方で手間とコストを要する解析手法や解釈が必要である．測定計器の正確なキャリブレーションと測定値の補正も同時に重要である．これは，地質探査ボーリングによるコア採取によって行われ，これから土壌組成と成層構造を知ることができ，この結果を物理探査測定の補正量として利用することができる．

　種々の物理探査手法は，常に特定の測定量しか捕捉せず，侵入深度も局所的な土壌状態に依存していることから，それぞれのデータの信憑性は捕捉された測定データ中におけるそれぞれの測定量の変化から推定し得る情報に限定されている．多義性と外乱は，データの信頼度を低下させる．それゆえ，まさに複雑で非常に不均質な測定ゾーンにおいては，複数の手法を組み合わせ，それらの結果を重ね合せて一つの全体的判定に圧縮することが有用かつ必要である．様々な地質探査レーダ装置の過去における利用経験は，正しいと思い込まれた単一の物理探査手法に頼ることが建設計画にとっていかなる解釈ミスと結果をもたらしたかを示している．まず最初は，使用の容易なポテンシャル手法，例えば電気探査法または電磁気探査法をおおまかな地表スクリーニングに利用し，それから得られた結果をベースとして高い分解能のある，ただし手間とコストを要する手法，例えば，地震探査法および地質レーダ探査法等の構成と測定範囲を決定する必要があろう．こうして問題ゾーンの詳細測定をトモグラフィ装置で実施することが可能であり，その際には測定器がボーリング孔に挿入され，同所からわずかな距離で探査対象測定領域が"透視"される．

　地表からの探査手法の短所は，すべての信号は，それが本来の測定対象に達する前にしばしば非常に不均質な成層，盛土および道路舗装を貫通しなければならないという点にある．これによって本来の信号は激しく乱され，測定データの解析が不可能となることもある．

　また地表からの探査手法は，いずれも管渠下の基礎および土壌の安定性を調査するには適していない．

4.3 構造関連の点検,調査

4.3.1.3 試掘やボーリング等による構造物,地盤の調査

　管布設路の巡視(4.3.1.1 参照)または内部点検(4.3.2 参照)の結果として,管外周部または管渠および構造物自体の直接の外部点検が必要となることがある.こうした場合には,試掘が実施されるか,または例えば外壁を検査し得るように掘削するか,または中に人が入れる竪穴を掘ってその内部で当該管渠部分を露出させることとなる.
　後にあげた対策,すなわち損傷のある管渠部分の露出は,時間を要し,交通を妨げ,費用がかさむこともあることから,特別な場合にのみ実施される.
　試掘やボーリングは,地表から行われるか,または掘削坑内から行われ,以下のために利用される[4-40].
・個々の地層の層位,厚さおよび空間的位置の確認.
・個々の地層の種類,組成および状態の確認.
・地盤中の地下水の確認,水サンプルの採取.
・土木工学的判定のためのサンプルの採取および地盤・岩盤力学的検査のためのサンプルの採取.
　このために以下の方法が使用される.
・探査坑およびボーリング.
・サウンディング.

a．探査坑　"探査坑(DIN 4124[4-41]に基づく立て坑)とは,地盤の検査,サンプルの採取および現場試験を実施するために人工的に設けられた試掘坑であり"[4-40],人が中に入れるかまたは入れないか,いずれかの形で設けられる."探査坑は,主として地下水上方の試掘および深度の浅い調査に適している"[4-40].

b．ボーリング　"ボーリングによって深い深度までの地盤や岩盤の調査が可能である.その実施は,地下水によっても決定的に妨げられることはない"[4-40].土壌の種類に応じて種々の方式(回転式ボーリング,乾式コアボーリング,衝撃式コアボーリング,圧入式コアボーリング)が使用される.DIN 4021 は,ボーリング方式の使用に関する一覧表をあげている.
　ボーリングは,帯水層の位置,質および量に関する地下水の観察にも,あるいは地下水測定箇所(水位観察用)としても利用することができる.地下水サンプル採取の正確な手順については,DIN 4021 に詳細な記述が行われている.
　地下水測定箇所は,文献[4-42]によれば,管渠の漏れの有無の検査方式としても有用であることが判明している.地下水水位以下の管渠の場合には,このためにボーリング孔が水位下まで掘り下げられ,少なくとも 10 ～ 20 年の耐用期間を予定して管が

4. 点 検

挿入される．地下水の分析により滲出水量を推定することが可能である．

管渠が地下水水位上方または水分未飽和土壌ゾーンにある場合には，漏れの有無を探知するためボーリングによって土壌のサンプルが採取され，続いて水分含有量測定または土壌水分の電気伝導度測定によってその水分含有量の変化を検査することができる．水分含有量は，下水の漏れによっても微生物による分解によっても増加し得る．こうした所見が得られた場合には，その後の検査において漏れ箇所を正確に特定するためのさらなる対策を取ることができる．

以上に加えて，ボーリングによりさらに管渠の漏れの有無を判定するための土壌空気分析用のサンプルを採取することができる．空気分析にはいくつかの方法，例えば，クロマトグラフを利用した分析室での気体サンプルのスペクトル分析，または携帯式の光電離検出器(PID)による現場での検査等が可能である[4-42]．

管渠に漏れがある場合の指標としては，O_2，CO_2，H_2S，CH_4 および N_2 を利用することができる．管渠の気相中の影響は，微生物による下水成分の分解による，例えば，土壌空気中の CO_2 濃度の高まりと O_2 濃度の低下によって明確に認められる．ただし，

表 4-3 プローブ探査機の種類および使用可能性[4-43]

No	1 名称	2 略号	3 先端断面積 A_c [cm²]	4 先端直径[*1] d [mm]	5 重錘重量[*1] m [kg]	6 落下高度[*1] h [m]	7 プローブ探査機 ロッド直径外/内[*2] [mm]
1	軽衝撃プローブ (dynamic probing light)	DPL	10	35.7 ± 0.3	10 ± 0.3	0.50 ± 0.01	22/6
2	軽衝撃プローブ	DPL-5	5	25.2 ± 0.2	10 ± 0.3	0.50 ± 0.01	22/6
3	中衝撃プローブ (dynamic probing medium)	DPM	10	35.7 ± 0.3	30 ± 0.3	0.50 ± 0.01	32/9
4	中衝撃プローブ	DPM-A	10	35.7 ± 0.3	30 ± 0.3	0.20 ± 0.01	22/6
5	重衝撃プローブ (dynamic probing heavy)	DPH	15	43.7 ± 0.3	50 ± 0.3	0.50 ± 0.01	32/9
6	標準貫入試験	SPT	20	50.5 ± 0.5	63.5 ± 0.5	0.76 ± 0.02	ロッドなし， ボーリング孔中に重錘
7	先端抵抗・局所表面摩擦測定 注入プローブ (円錐貫入試験)	CPT	10	35.7 ± 0.3	—	—	32/—

[*1] 製造許容差．
[*2] ここでは製造許容差の記載は不要である．
[*3] これはプローブを除く，衝撃によって動かされる部材(アンビルおよびガイドロッド)である．重錘のリフトおよびレリースのた
[*4] ここでは各記号は次の意味を有している．N10 針入度 10 cm ごとの打撃回数　N30 針入度 30 cm ごとの打撃回数，qc：先端
[*5] 中強度の地盤状態で測定した基準値．
[*6] 始点はそれぞれのボーリング孔底である．

4.3 構造関連の点検，調査

この手法は，土壌中における物質伝播が不均質分散であることから，漏れに関する量的判定はできない[4-42]．

c．サウンディング　DIN 4094によれば，サウンディング探査とは，"針入抵抗等の特性値を測定しつつ抵抗体を取り付けたロッド(プローブ)を通常鉛直に地中挿入することによる地中における間接的な地盤調査手法"を表している[4-43]．これには，衝撃式，圧入式，回転式の区別が行われる[4-44]．**表4-3**に各種のサウンディング探査装置とその使用可能性を示した．

深度と相関した針入抵抗(プロービング抵抗)―これは個々のケースに応じてなお定義されなければならないが―の値またはその変化から，例えば，地層の強度ないし圧縮度，地層変化ならびに各地層の深度を推定することができる[4-44]．

最も多く使用される方法である衝撃式では，軽衝撃プローブ，中衝撃プローブ，重衝撃プローブの区別が行われる．その際，プローブは，定まった重量の重錘により同一落下高度で地中に打入され，針入度と打撃回数が確認される．この場合，通常，針入度10cmごとの打撃回数が測定記録に記入される[4-43]．**図4-18**は衝撃式プロービ

8	9	10	11	12
重錘を除く打込み装置重量[*3]最大[kg]	測定量[*4]	始点からの調査深度[*5] t[m]	使用限定土壌 (DIN 4022 Teil 1に基づく土壌)	付記および従来の略号
6	N10	10	中密度および密に堆積された砂利，固い粘土質およびシルト質の土壌	これまでLRS 10
6	N10	8	粘度質およびシルト質の土壌および密に堆積した粗大粒土壌	局地的にのみ適用，これまでLRS 5
18	N10	20	密に堆積した砂利	これまでMRS B
6	N10	15	密に堆積した砂利，固い粘土質およびシルト質の土壌	局地的にのみ適用，これまでMRS A
18	N10	25	―	これまでSRS 15
30	N30	0.45[*6]	―	
―	qc, fs	40	沈積した石を含む土壌，密に堆積した砂利，固い粘土質およびシルト質の土壌	ロープ先端は電気的測定エレメント(CPT-E)を有するかまたは機械的先端(CPT-M)を有する．

めに共動する部材はこれには含まれない．
抵抗 MN/m²　　　fs：局所表面摩擦 MN/m²．

4. 点　検

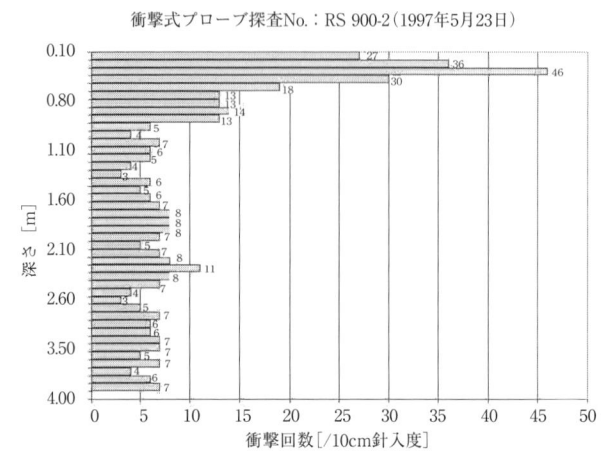

図4-18：衝撃回数を表した衝撃式プローブ探査結果［4-45］

図4-19：現場における衝撃式プローブの使用（Prof. Stein & Partner GmbH社）［4-45］

ングの一例を衝撃回数によってグラフ化したものであり，**図4-19**は現場における衝撃プローブの使用を示したものである．

4.3.2　内部点検

内部点検は，下水管渠，マンホール，管外周部，周辺地盤（**4.3.1.2参照**）の現状の確認と判定および対策を含んでいる．さらに定性的把握と定量的把握とに区別される（**図4-4**）．

それぞれの適用ケースにおいて，いかなる方法および手法が使用されなければならないかは，点検調査の目的，点検対象物への接近が容易か否か，人が中に入れるか否かに依存している．

4.3.2.1　定性的状態把握

内部点検に関する現行の技術は，視覚による状態把握である．これは，ATV-M 143 Teil 2［4-2］で規制されている．この場合，使用される手法に応じて基本的に以下が把握され，定性的判定に付されることができる（**2.参照**）．

・枝管，取付管，

4.3 構造関連の点検，調査

・排水障害物，
・位置ずれ，
・物理的摩耗，
・内部腐食，
・変形，
・亀裂，管の破損，崩壊，
・管継手および継目，
・地下水浸入．

本来的に漏れや浸入水は，視覚的にはっきり認められる管継手や管壁の損傷，亀裂，管の破損，崩壊等がない場合にも確認されることができる(2.2 参照)．漏れや浸入水を表す視覚的に確認可能な徴候は，通常，下水発生量の少ない時間帯，例えば，夜間における水量の増加，管渠内の堆積物発生の増加，管布設路線の地表の沈下である．その他のすべての場合にあっては，漏れや浸入水の有無を判定するためには適切な検査が実施されなければならない(4.5.1 参照)．

こうした理由から，常時または部分的に地下水以下にある管渠の場合には，生じ得る最高の地下水水位時に目視内部点検を実施するのが望ましい．だが，この要件を遵守することは簡単ではない．なぜなら地下水水位は，通常わかっておらず，しかもそれは地質学的，地下水学的，水文学的周辺条件に応じて変動し，あるいは漏れがある場合には，ドレン作用によって管底レベルにまで低下していることもあるからである．この点で 4.3.1.3 で述べた地下水観察用の調査ボーリングの他，昇降マンホールに例えば透明プラスチック管の地下水水位表示器[4-46]を事後的に取り付けることも適切である(図 4-20)．

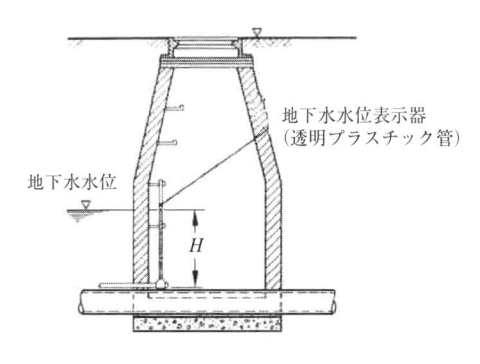

図4-20：地下水水位表示器としてマンホールに取り付けられた透明プラスチック管[4-46]

ただし，昇降マンホール部における地下水水位の点的な把握からは，漏れによる部分的な地下水水位低下の可能性を排除することができないことからして，必ずしも常に管路全体にわたる地下水水位を推定できるわけではない．

目視内部点検については，以下のように区別することができる．

・直接点検，

4. 点　　検

・間接点検.
　直接目視内部点検は,
・管渠の巡視または管路内における観察,
によって行われる.
　間接目視内部点検に際しては以下が利用される.
・管渠鏡映,
・管渠テレビ.
　点検対象箇所は, 状態を完全に確認し判定し得るようにあらかじめ清掃されていなければならない(**3.2**参照). テレビ装置による点検が行われている間は, 必要に応じて再清掃が行えるように清掃車両を常時利用し得るよう準備していなければならない. 点検対象箇所は点検が行われている間は, できるだけ下水を流下させない状態にしておくべきである. これは, 例えば下水のバイパス, 一時的な塞止め, またはポンプ排水によって行うことができる[4-2, 4-5, 4-47, 4-48. 5.5 参照].
　供用中の管路の点検には, 歩行不能の場合は, 水位を低下させて使用機器が水位より上方にあること, 歩行可能な場合は, 直接の巡視が危険なく実施し得るようにすることが前提条件である. この場合, 底部の点検は不可能である. すべての点検調査の実施にあたって災害防止規定(8.参照), 特にUVV地域下水[4-49]および"下水技術設備・施設の包囲された空間内における作業に関する安全規則(GUV 17.6)"[4-50]が遵守されなければならない. その他の注意は, 文献[4-51〜4-54]に述べられている.
　管渠内に発生する爆発性ガスに対して適切な安全対策が講じられなければならない[4-2].
　交通を規制したり, 遮断するには場合は, 道路交通官庁との間で適切な対策に関する協議が必要である[4-2].
　責任を有する点検従事者は, 管渠の布設, 供用, 材料に関する技術的専門知識と少なくとも1年の点検実務経験を有することが必要である[4-1, 4-2]. 管渠布設品質保証協会の品質・検査規定も同様な要件を含んでいる. 同規定では, さらに事業体の枠を超えた再教育対策による講習も求められている[4-55].

(1)　直接目視点検

　直接目視点検は, 巡視または管渠における目視による観察によって行われる. これは, マンホールやその他の構造物にとってほとんどの場合に実態を確認するための唯一の有意的または可能な対策である. この方法は, "政府・公共団体災害保険者連邦連合会の安全規則"(GUV 17.6)[4-50]に基づき円形管渠の場合には呼び径900以上から,

4.3 構造関連の点検，調査

卵形管渠の場合には高さ1 000 mm以上から初めて許容される．

実態を書面に記録すること以外に，確認された損傷を写真またはテレビカメラによって記録することが望ましい．その際には，一般に市販されているフラッシュ装置は，通常，フラッシュボタンをリリースする時に接点が火花を発生することに注意しなければならない．

この方法が適用されるケースに適した管渠点検システムは，文献[4-56]に説明されている．同システムは，以下の要素から構成されている(図4-21)．
・補助照明装置，および場合により小型モニタを具えた管渠テレビカメラ，
・電子装置ボックス，
・蓄電池パッケージ，
・イヤホーン，マイクロホン，
・光ファイバーケーブル(LWLケーブル)．

点検員は，撮影画像が表示・記録されるTVカメラ車とLWLケーブルを介して常につながっている．車両におけるビデオ記録への記載も同じくケーブルによって行われ

図4-21：中に入れる下水技術設備・施設用管渠点検システム
(Gullyver GmbH社)
[4-56]

る．したがって点検員は，点検車両の周辺装置を直接に使用することができ，現場において手書きで記録を作成する必要はない．これらの機器の防爆対策には，8.の記述が適用される．

必要に応じて直接目視内部点検の枠内で，その他の定性的および定量的な検査手法(**4.3.2.2** 参照)を使用することが可能である．

特に近年では，巡視の枠内において管継手または管壁裏側に確認された空洞の正確な目視検査用にファイバスコープの利用が功を奏してきている．このためにはアクセス路が存在しているか，またはボーリングが行われなければならない．

ファイバスコープ(図 **4-22**)は，画像伝送システム，光源から構成されており，これらは，検査される空洞内に挿入される直管状の剛性プローブ(ボロスコープまたはボアスコープ)，またはホース状のフレキシブルプローブに取り付けられている．ファイバスコープ先端のレンズの焦点距離は，視角を決

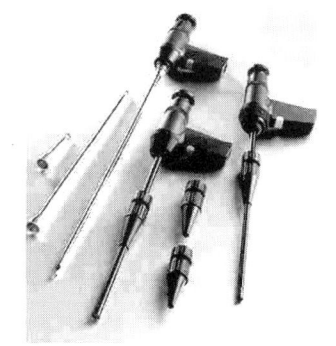

図4-22：種々のファイバスコープ
(Olympus Optical Co.社)
[4-57]

4. 点　検

定し，検査目的に適合させられなければならない．画像は，接眼レンズによって観察されるか，または電子システムによって直接画像スクリーンに伝送することができる[4-58]．検査空間を照明するための光は，冷光プロジェクタから光ファイバを経てファイバスコープ先端に送られる（**図 4-23**）．放光口は，対物レンズの近傍にあり，これによって検査箇所を明るく，しかも影を生じないようにして照明することができる．冷光を利用することにより検査空間の温度上昇を大幅に回避することが可能である．これによって熱に敏感なもしくは爆発の危険のある箇所においてもファイバスコープ検査を実施することができる[4-58]．

図4-23：フレクソスコープ．対物レンズと放光口（Karl Storz GmbH & Co.kg）[4-58]

(2)　間接目視点検

真っ直ぐに布設され，歩行不能な管渠の内部状態を概観するための最古かつ最も単純な方法は，十分な照明を利用して直接に覗き込むことである．これを容易にするために管渠鏡映法が利用される[4-59]．この場合，視察が支障なく行えるようにスパンの一方の末端に鏡が45°傾斜されて配置され，隣接したマンホールないしスパンの他方の末端から，あるいはランプ穴（**1.10** 参照）があれば，同所から照明が行われる（**図 4-24**）．かってよく利用されていたこの安価な方法によっても，水平方向および垂直方向の位置ずれ，比較的大きな断面変形ならびに障害物または崩壊を発見することが可能であるが，ただし，それらの損傷がマンホールのすぐ近くに存在しない限り，それらの場所を特定することはほとんど不可能である．

こうした短所があることから，この方法は，今日もはや本格的な管渠検査法として

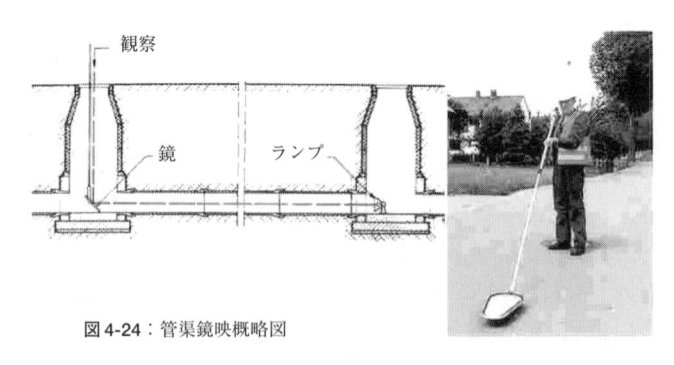

図 4-24：管渠鏡映概略図

は認められていず,単に予備検査または中間検査としてか,清掃作業のチェックに利用されるにすぎない.

a.管渠テレビジョン　歩行不能な管渠の目視点検には,現在ではもっぱら管渠テレビカメラ—管渠テレビアイともいわれる—が使用される.

この装置は,ユニット組立て方式で構成されており,レンズ,カメラおよび照明ユニットの交換,各種のガイドスキッドないしガイドランナまたは自走ユニット,牽引ないし推進装置等のオプショナルな使用および適切な制御,操作および記録機器の使用によってほぼあらゆる目的に適合させることができる.管渠テレビ装置は,基本的に以下の基本ユニットから構成されている[4-2].

・カメラシステム(カメラ,照明装置),
・移動・ガイドユニットならびに案内ローラ付きケーブルおよび距離測定装置,
・観察・制御スタンド,
・カメラシステム用操作エレメント,
・少なくとも1台の画像再生用モニタ,
・個別画像記録用の固定可能な小型カメラ,
・電源装置,
・場合によって必要となる補助装備.

50年代初頭に開発された最初の管渠テレビカメラは,黒白画像しか再生できず,相対的に大型で扱いにくかった[4-60].60年代初頭に半導体技術が応用されるようになって初めて小型のコンパクト装置が製造できるようになり,それから約10年後に地下水・管渠点検用のカラーテレビカメラ装置が誕生した[4-61].80年代初頭には,いわゆるCCDカメラの開発によってさらなる前進が実現された.これによって,例えば外径23 mm,カメラ全長75 mmの超小型機器を製造することが可能となり[4-62],現在ではCCDカメラの使用が主流となっている[4-63].このカメラは,非常に小型であるという点の他に,高度な衝突・衝撃不感性という長所を有し,さらに真空管カメラの場合に技術的制約から生じていたいわゆる"ストリーキング効果"も存在しない.

必要とされる照明装置は,システムとは独立に,照明リングの形で直接カメラケーシング内に組み込まれているか,または別個に外側に取り付けられているかしている.明るさは制御スタンドから調整することができる.

最近は,さらにもっぱらカラーテレビカメラが使用されるようになってきた.これは,一般にその解像帯域がより狭小であるにも関わらず,様々な論者の見解によれば,微妙な色のニュアンスによって付加的な詳細情報をもたらし得ることから,解像能の高い黒白カメラよりも卓越している[4-64,4-65].光の調節は,自動レンズ絞りによっ

4. 点　検

て行われ，これによって色の再生は，光の色温度の変化によって偽化されることがない．

　管渠壁の観察（半径方向目視）には，以前は回転鏡アタッチメントを使用してなんとか間に合わせていた．なお数年前まで視線方向可変式のカメラが使用されていた．この場合，85°の視角を 220°の総視野範囲内で回転させることが可能であったが，現在ではこうした目的のため走行ワゴンに取り付けられ，あらゆる方向に旋回・回転できるカメラが使用されている（図 4-25）．

図4-25：回転・旋回式ヘッドカメラを取り付けた走行ワゴン（JT electonik gmbh社）[4-66]

　最新の回転・旋回ヘッドカメラは，320°までの旋回と 540°までのカメラの回転が可能である．いくつかのメーカーは，常に直立した，左右が実物に合致した画像が表示される回転機構を提供しており，これによって点検員は，視線を変える際の方向認識を非常に容易に行えることとなる．

　補助装備としてインクリノメーター傾斜計ともいわれる—があり，これは－15°から＋15°までの角度を 0.1°以下の精度で測定でき，例えば位置ずれの確認に使用することが可能である（**4.3.2.2 参照**）．さらに補助位置測定システムによってカメラの位置および深度を決定することができる．

　それぞれのタイプに応じてカメラレンズは，固定焦点式，自動焦点式，遠隔焦点調節式がある．さらにいくつかのメーカーは，8倍ズーム，自動絞り調節式のカメラを提供している [4-66, 4-67]．

　照明が十分で，正確な焦点調節が行われ，さらに検査対象物が適切に清掃されていれば，使用されるカメラ次第で 0.2 mm までの亀裂幅を識別することが可能である [4-64]．最近のカメラは，目視点検と組み合わせて亀裂幅，管継目幅，食違い等を測定することが可能である．

　これは，

・カメラヘッドに定間隔で平行に配置された 2 つのポイントレーザによって定められた単位長を利用したカメラ画像のディジタル解析によるか [4-66]，

・カメラ光学系に組み込まれ，適切なラスタ間隔で線走査または面走査を実施するレーザ距離センサを用いて（**4.3.2.2 参照**）行われる．

　取付管の目視点検には，現在，ヒンジで取り付けられたカメラユニットを装備した走行式カメラ（**図 4-26**）も提供されている．これは，例えば，点検孔，私有地内に設け

4.3 構造関連の点検，調査

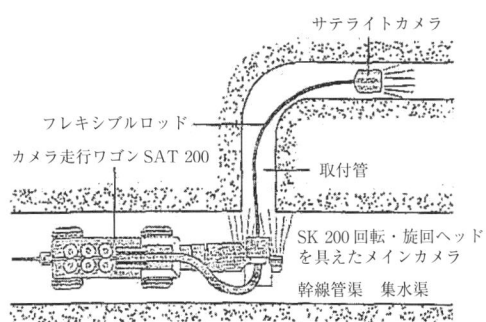

(a) 機能方式略図

サテライトカメラ
フレキシブルロッド
カメラ走行ワゴン SAT 200
取付管
SK 200 回転・旋回ヘッドを具えたメインカメラ
幹線管渠　集水渠

(b) サテライト管渠テレビカメラ

図4-26：幹線管渠からの取付管点検用管渠テレビカメラ（Rausch GmbH & Co.KG社）[4-67]

られた枡または歩行可能な管渠から挿入することができる．

歩行不能な管渠からこうした点検を実施することは，いわゆるサテライト装置によって可能である．遠隔制御によって回転可能な，側方に穴のある円筒型ケーシング中に柔軟なロッドに固定された特殊なサテライトカメラが設置されている．このケーシングは，それが接続されている通常の管渠テレビカメラによって当該取付管の接続部に設置され，次に側方の穴が取付管に直接向かい合うように回転させられる．続いて特殊カメラが遠隔制御によってケーシングから進み出て取付管内に 20 m [4-67] まで進入し，点検が行われた後，ケーシング内に引き戻される．

取付管内へのサテライトカメラの推進には，たわみ軸または高圧水噴射ノズルの形の水圧駆動装置（**図 4-27**）も使用することが可能である [4-66]．

b．輸送・ガイド装置　　輸送・ガイド装置は，非自走式カメラと自走式カメラとに区別される．

呼び径が小さい場合，スパンが短い場合，取付管の場合には，カメラは，一般にエンドレスまたは延長式のグラスファイバロッドによって直接管内に挿入され，引き戻されるが，

図4-27：水圧駆動装置を具えたサテライトカメラ（JT electronik gmbh社）[4-66]

この場合，一定の前提条件が満たされていれば，90°の屈曲さえも問題なく行うことが可能である．カメラユニットのガイドまたはセンタリングには，半径方向に配置されたブラシ，ランナキャリッジまたはローラワゴンが使用される（**図 4-28**）．それぞれの

273

4. 点 検

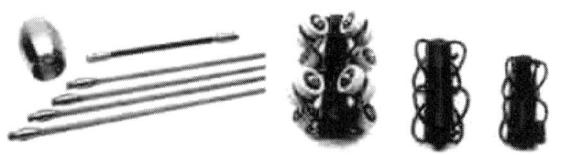

図4-28：管渠テレビカメラ用の輸送・ガイド装置．ロッド，ランナーキャリッジおよびローラキャリッジ[4-81]

管断面形状に対する調整は，各種のサイズのキャリッジまたはワゴンによって行われるか，または手動もしくは遠隔制御式の高さ調節装置(図 4-29，4-30)によって行われ，これによって歪みのない正確な観察が可能である．

図4-29：卵形用の高さ調節式カメラ

図4-30：電動式リフトとカメラKS 200 Z を具えたカメラ走行ワゴン (Rausch GmbH & Co.KG社) [4-68]

管渠スパンの点検には，非自走式カメラも自走式カメラも使用することができる．前者の場合には，カメラはワイヤによって人力によるか，またはスチールワイヤウィンチでマンホールからマンホールまで管内を牽引される(図 4-31)．複数のスパンを直

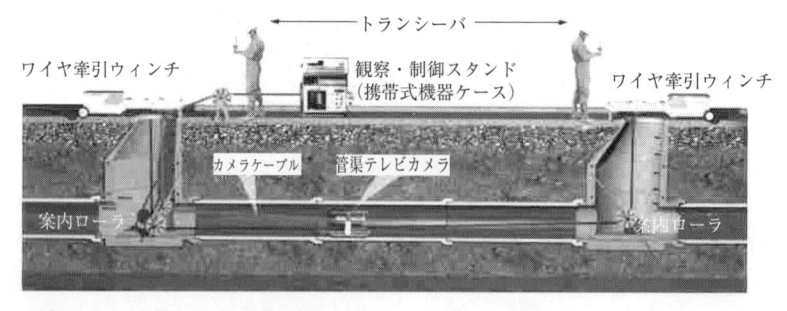

図4-31：非自走式カメラと携帯式観察・制御スタンドによる管渠テレビ点検の概略図[4-2]

接に順次点検することも可能である[4-52, 4-70].

呼び径100～1500の管の点検には，カメラが固定式，回転式，旋回式，傾倒式，または上下動式に取り付けられている電動式走行ワゴンによる自走式カメラが現在最も多く使用されており，この場合，給電は，ケーブルによって外部から行うことも内臓バッテリによって行うことも可能である（図4-32）．

図4-32：自走式カメラと点検車両による管渠テレビ点検の概略図[4-2]

走行機構（例えば，車輪またはキャタピラ，図4-25，4-26）は，走行ワゴンが進路を保ち，傾倒が防止されなければならない．

遠隔制御式カメラワゴンは，前進・後退の速度が制御可能であり，必要に応じて停止することができなければならない[4-71]．故障発生時には，カメラは，引張りに強いカメラケーブルによるか，または特別な安全ワイヤによって巻き戻される．

走行速度は，ほとんどの場合に無段階調節が可能であり，例えば50 cm/sにまでに達することができる．走行距離は，特殊ケーブル，例えば，グラスファイバケーブルの延長によって4 000 mまで可能である[4-68]．

水圧駆動によるカメラの輸送・設置は，新たな技術開発の成果である．これはカメラケーシングに装備されたノズルから噴出する高圧水噴射によって実現されている（図4-33）．水圧駆動は，システムを凹凸や屈曲があってもわずかな摩擦でスムーズに通過させることができるだけでなく，同時に管も清掃することができる[4-72]．

点検に際して遵守さるべき走行速度についてATV-M 143 Teil 2[4-2]は，次のよう

4. 点　検

図4-33：水圧駆動式管渠テレビカメラ（Kipp Umwelttechnik GmbH社）[4-72]

図4-34：大型管点検用の遠隔制御式走行型カメラ管渠ワゴン（Kanal-Müller-Gruppe）[4-74]

な勧告を行っている．"目視点検は，慎重に，かつ対象の状態に合った作業進度（テレビ検査の場合には走行速度は 15 cm/s 以下）で実施されなければならない"．これによって実際には 1～3 cm/s という平均点検速度となっている[4-73]．

遠隔制御式カメラ管渠ワゴンの使用は，いまだ通水されていないか，自然流下状態の呼び径 1 500 までの管渠でも適用可能である（図 4-34）．

自然流下状態の呼び径 1 500～4 500 の管渠では，ポンツーン（平底舟）に載置された全方向旋回式カメラでも点検を実施することができる（図 4-35）．

図 4-35：呼び径1 500～4 500 用の下水管渠ポンツーンに載置された旋回式カメラ（Kanal-Müller-Gruppe）[4-74]

マンホールからのカメラの走行距離はほぼあらゆる管渠システムの場合に繰り出されたカメラケーブルの長さを測ることによって決定される．距離測定装置は，走行区間長さを 0.5 %（最大 25 cm）の精度で測定することが可能でなければならない[4-2]．

c．観察・制御スタンド　　テレビカメラ調査に必要な観察・制御装置は，携帯式の機器ケースに取付け収納されているか，または特別な車両に取り付けられている．

一般に構造物下の宅内下水管，取付管等の点検に使用される機器ケース装備は，以下のとおりである[4-2]．

・カメラシステム用の操作エレメント，
・画像再生用の少なくとも 1 台のモニタ，
・個別画像記録用の固定可能な小型カメラ，
・給電装置．

特別な補助装置によって画像を直接写真を撮影することができる．給電は，外部か

4.3 構造関連の点検，調査

ら行われるか，または内臓バッテリによって行われる．

便利なユニットは，補助装備としてデータ入力コンソール（図 4-36）とビデオレコーダ接続を有している．

データ入力コンソールからすべての所望の情報，例えば，検査場所，日付，時刻，管渠データ，損傷名称，距離，写真ナンバー，ビデオレコーダのカウント表示等をモニタ画像に入力し，ビデオカセットへの記録時にメモリ化させることができる[4-75]．

図4-36：携帯式管渠テレビ装備（JT electonik gmbh社）[4-66]

モニタ画像は，現在では主としてカラービデオプリンタで出力されるか，または適切なソフトウェアを具えたコンピュータを介してディジタル形式でハードディスクにメモリ化することができる．こうしてディジタル化された画像は，その後の処理で例えば記録化が行われ，カラープリンタによって出力される．

点検車両は，便利な機器ケースと基本的に同一の基本装備を具えている（図 4-37）．さらに現在ではほとんどの車両に以下の補助装備が具えられている．

・PC カラーモニタ，
・カラー作業モニタ，
・エレクトロニクスデータ挿入機*，
・後方監視モニタ，
・観察モニタ，
・PC 中央処理ユニット，
・カラービデオプリンタ*，
・画像記録用の第二のビデオレコーダ*．
・検査記録即時作成用のプリンタないしプロッタを具えた小型コンピュータ*．
・データファイル保存装置*．
・インターホン装置．

図4-37：点検車両の監視・制御スタンド（Rausch GmbH & Co.社）[4-67]

*印の補助装備は，ATV-M 143 Teil 2[4-2]中で装備することが望ましいされている．

d．要件　以上に述べたように，現在では下水管渠のあらゆる呼び径用のきわめて

277

多様なシステムが利用可能である．これらの管渠テレビ装置によって満たされるべき要件は，文献[4-2]にまとめられている．以下では最も重要な要件について詳しく述べる．

- テレビ装置は，PAL規格（カラーテレビ）またはCCIR規格（白黒テレビ）を満たしていなければならない．テレビカメラの解像度は，白黒カメラの場合には水平方向走査線数が少なくとも500本，カラーカメラの場合には水平方向走査線数が少なくとも280本である必要があろう．解像度は，より高いことが望ましい．解像度は点検を行う前に，カメラ光学系を経てフォーマッティングされて再生されるTO5ユニバーサルテストパターン（図4-38）の観察によってチェックすることができる（DIN 25435 Teil 4[4-76]に基づく適用）．

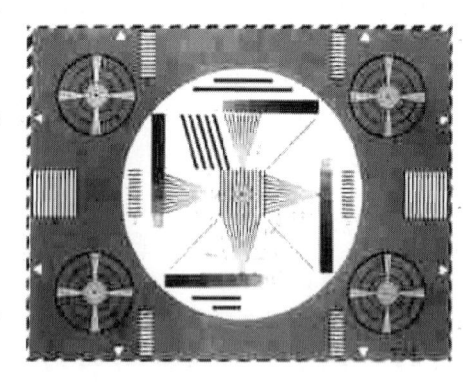

図4-38：ユニバーサルテストパターン TO5/DIN 25435 Teil 4[4-76]

- カラーカメラが使用される場合には，使用前にカラーバーテストパターンの観察によって画像再生の色の正しさがチェックされなければならない．テストパターンは，点検時に使用される照明装置により外光なしで照明されなければならない[4-2]．
- 軸方向目視に加えてさらに，継目または継手等の半径方向の詳細を観察できることが必要である．これは第2回の点検時に使用される回転鏡を具えた半径方向目視アタッチメントによって行うことができる．ただし，好ましくは，視線方向を連続的に変えることのできるカメラを使用するのが適切である[4-2]．
- 使用されるカメラは，十分な焦点深度または遠隔操作可能な焦点調節システムを具えていなければならない．非旋回式の軸方向目視カメラの場合には，視角は，少なくとも90°（画像スクリーンで対角線測定して）に達していることが必要である[4-2]．
- 照明装置は，あらゆる管材料の場合に視角の均等な照明を保障しなければならず，撮影対象での反射を引き起こしてはならない[4-2]．
- ケーブルコネクタの継手を含むケーブルの荷重容量は，人力によるカメラの引揚げを可能とするために少なくとも2000Nであることが必要である[4-2]．
- 装置全体は，VDEおよびDINの規定ならびに災害防止規定UVVを満たし，−15℃から+45℃までの周囲温度条件下で使用可能でなければならない[4-2, 4-64, 4-65]（8.参照）．

・カメラシステムは，DIN 57 165/VDE 0165[4-77]"爆発の危険ある区域への電気装置の設置"または DIN EN 50014-50020[4-78]"爆発の危険ある区域用の電気器具"に準拠して設計されていなければならない．

検査対象区域のゾーン区分は，防爆基準(EX-RL)[4-79]，最新版に基づいて行われなければならない．

電気器具の使用に関しては，"爆発の危険ある空間の電気装置に関する命令(Elex V)"[4-80]および防爆基準(GUV 19.8)[4-79]が遵守されなければならない．防爆形器具は，温度等級 T3 およびゾーン 1 での使用に適していなければならない[4-2]．

文献[4-77]には，以下のゾーン別の使用区域が区別されている．
・ゾーン 0：爆発性ガスが常にもしくは長時間にわたって存在している．
・ゾーン 1：爆発性ガスが時として発生する．
・ゾーン 2：爆発性ガスが稀しかも短時間にわたってしか発生しない．

防爆基準(EX-RL)[4-79]の事例集では，自然換気の場合に以下の下水道区域がゾーン 1 に区分されている．
① 暗渠である下水管渠およびそこへの出入口，下水が貯留されている空間．
② その中へ圧力管の換排気が行われる空間(マンホール)．
③ ①および②にあげられた空間に隣接する空間．
④ 下水処理設備の一部であって，地下または覆蓋のある設備部分，例えば沈殿池，沈砂池，貯水槽．

ゾーン 1 において点検装置を使用し得るためには，特に爆発性ガスに曝されるすべてのカメラシステム要素が公認発火防止[4-78]タイプとされ，かつ公認欧州官庁，ドイツでは，例えば連邦物理技術研究所(PTB)または DMT-鉱山試験坑道 BVS による適合証明を有していることが必要である．これらカメラシステムの最大表面温度は，周囲温度 40 ℃時に 200 ℃を超えてはならない(温度等級 T3)[4-77，4-78]．

防爆基準(EX-RL)[4-79]は，爆発性ガスの発生が換気設備によって持続的に回避される場合には，前記の区域①，②および③において非防爆形のカメラシステムを使用することも認めている．連続的なガス測定が行われることも前提条件である．区域④は，換気設備が設けられている場合にはゾーン 2 に区分される．これには特にカメラシステムハロゲン照明を公認発火防止タイプとすることが必要である[4-77]．

4.3.2.2. 定量的状態把握

目視点検(4.3.2.1 参照)の結果は，管渠の状態を総合的に記述し，損傷ならびに補修

4. 点　検

対策の種類と規模に関する満足すべき判定を引き出すには十分でないことが度々ある．技術的，経済的に確たる根拠を持った補修計画策定には，実態の定性的確認と同時に定量的確認(4.2参照)も必要となり得る．

これに関係するのは，視覚的には認められない漏れ等の損傷と基礎の状態である．さらに腐食損傷(2.6.3.2参照)，物理的摩耗(2.5参照)の場合には，損傷規模の判定に残存肉厚ないし欠損に関するデータが必要である．変形(2.7参照)の場合には，一定の条件下における変形量の数量化もしくは測定が不可避である．

管渠の実態の定量的把握は目下のところまだほとんど実用化されていない．こうした事情の原因は，例えばテレビカメラ調査と組み合わせて連続的な測定を可能にする適切な測定器具，測定システムがわずかしか市場に出回っていないということだけでなく，この種の点検の実施に対してどの程度のことを要求するか，および実施基準が欠如していることにある．事態を困難にしているのは，これに加えてさらにドイツの下水管渠が過去において事後の点検や保全に適した形で計画，建設されてこなかったことであり，この問題は現在でも同じであり，これによって多くの検査，例えば漏れ検査(4.5.1参照)が実施するのが困難であることである．

図4-4に例示した測定器，測定方法は，下水管渠の実態を完全に把握するための方法を表しており，これらによって以下の事項をを量的に確認することができる．
・堆積物，
・位置ずれ，
・断面の変形および歪み，内部腐食，物理的摩耗，
・基礎条件(構造物と地盤)．

位置ずれを量的に確認するための個別の測定器を用いることにより，適切に装備された，4.3.2.1に述べた管渠テレビカメラと全く同様に，剛性管渠の亀裂幅測定を行うことが可能である．

最新の，まだあまり実用化されるに至っていないマルチセンサ管渠点検用の機器については4.3.2.3で紹介する．

(1) 堆 積 物

堆積物は，排水障害としてのグループに区分される．これは，目下のところ，管壁への肥厚した固着物，突き出た排水障害物および樹根侵入(表2-13参照)と同様に目視内で把握され，その断面積減少効果は，％で評価される．

歩行可能な管渠における堆積物の管渠底からの高さの測定は，既知の工学的測定方法を用い，歩行不能な管渠におけるそれは，例えば以下に説明する位置ずれ・断面測

定用の測定器と測定方法を用いて行うことができる．

この点に関して，伏越し用に特別に開発された下水の流下を中断しないでも測定可能な伏越し測定ユニット（DVE）がある[4-81]．これは，2個の圧力センサを具え，これらのセンサにはエレクトロニクスデータ記録システム（MDSシステム）が接続されている．データメモリは，防水カプセル内に収容され，このカプセルは，先端部を丸く閉じたプラスチック管内にある．図4-39に図解したように伏越し測定ユニットが伏越し（圧力管）内に挿入されると，カプセル内の後端中央に取り付けられた圧力センサが圧力高度 h_2 を記録する．伏越し測定ユニットから引き出される第2の圧力センサは，堆積層上をスライドして水圧 h_1 を測定する．このようにして圧力管内で管頂の輪郭ならびに堆積層の輪郭をともに確認することができる．この場合，伏越し測定ユニットが実際に管頂に沿って動くことは，浮力によって常に保障されている．

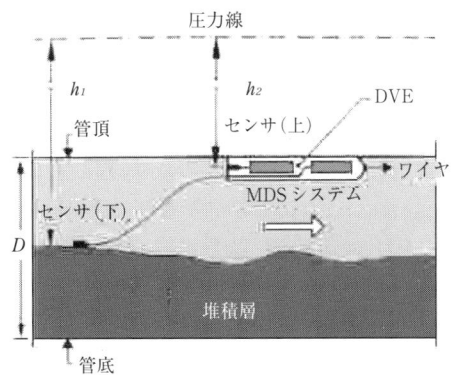

図4-39：伏越し測定ユニットの方式図解[4-81]

器具全体が伏越し内に挿入される前に，まず牽引ワイヤが管内を通されなければならない．その後に伏越し測定ユニットは，このワイヤによって一定の速度で伏越し内を牽引されることとなる．

(2) 位置ずれ

多くの影響要因によって管渠に位置ずれが生ずることがあり（2.4参照），これを知ることは，流下能力を判定するための前提条件であるとともに，適切な補修方法を選択するための前提条件でもある．

歩行可能な管渠では，水平方向および垂直方向の位置ずれの測定は，工学的測定法の中でよく知られた光学的方法，例えば経緯板によって行われる．歩行不能な呼び径範囲では，以下の測定器具または測定システムが用いられる．
・インクリノメータ（垂直方向変位），
・圧力測定式ホース水準器（垂直方向変位），
・レーザターゲットビームを基礎とした測定方法（垂直方向変位および水平方向変位）．
いずれの方法を用いるにせよ，さらに距離測定が必要である．

a．インクリノメータ　　インクリノメータ―傾斜計ともいう―は，テレビカメラ調

4. 点　検

査と組み合わせて個々の管の勾配測定に使用される[4-71]（**4.3.2.1 参照**）．この計器の核心をなしているのは，一般にトルク補償のための制御回路を具えた重力センサである[4-82]．測定信号は，鉛直線に対する傾斜角度に比例した直流電圧である．こうしたシステムによって0.1％の精度で分解度が測定される[4-68]．

下水管の勾配は，個々の点で記録される．測定値の解析は，コンピュータを使用して行われ，これによって管底高の間接測定も可能である．

b．圧力測定式ホース水準器　　圧力測定式ホース水準器は，歩行不能な管の垂直方向状態（勾配，反り，食い違い）を測定するために特別に開発されたものである[4-83, 4-84]．

ホースの一端は，直立固定された水準容器—この中には自由液面が基準高さとして存在している—と結合されている．ホースの他方の一端には，水準容器と圧力センサとの間の高度差に比例する静水圧を電気信号に変換するエレクトロニクス測定値ピックアップが配置されている（**図 4-40**）．

高度差の結果として液体が流動し，それによって示度の遅れが発生するタイプのホース水準器とは異なり，この方式の場合には圧力変化を即座に読み取ることができる．そのために測定信号は電気的に処理され，測定値ピックアップと水準容器との間の高度差としてディジタル式に表示されまたは記録される．

測定ヘッドは，まず測定されるスパンの末端まで挿入され，続いてケーブル巻胴回転数の記録によって同時に距離を測定しつつ器具を巻き戻しながら測定が行われる．

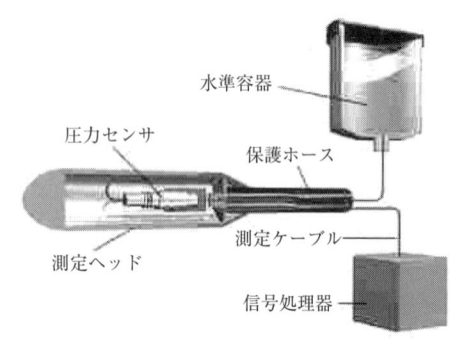

図4-40：圧力測定式ホース水準器の概要[4-83]

圧力ピックアップは，静水圧に反応するだけでなく，測定中のシステムの運動による圧力変動にも反応することから，動的雑音を分離除去することが必要である．これは，一方で機械的制動システムにより，他方で電気的信号処理によって行われる．この器具によって管渠通過時に高度差を測定し，管底の縦断面を測定することができる．この器具の非定常測定時の精度は±5 mmであり，定常測定時の誤差は±1 mmである[4-83]．

c．レーザ　　管布設時に位置監視のために使用される建設用レーザにより既存の真っ直ぐな下水管渠の水平方向および垂直方向の位置を測定することができる．

4.3 構造関連の点検，調査

このためレーザはスパンの一端，例えば昇降マンホール内に位置決めされ，まずスパンの他端にある調節ボードを用いて調整される．

本来の位置測定のためターゲットボードが当該管を通して牽引されるか，または走行させられるが，この場合3つの方法が考えられる．

① 水平方向および垂直方向に調節可能な穴あき板：これは個々の測定点において遠隔制御され，レーザビームが穴あき板を通過できるように設定される(図4-41)．必要となるそれぞれの調節距離は測定計器によって把握される．

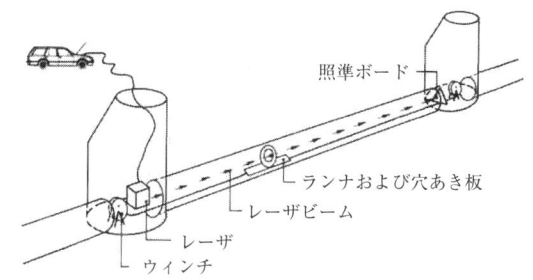

② テレビカメラによってパッシブターゲットボードの画像をモニタ上に伝送すること．

図4-41：レーザおよび穴あき板による方向変位測定のレイアウト[4-84]

③ ターゲットボードにフォトダイオードを備えて，アクティブターゲットボードを作り出すこと．アクティブターゲットボードに当たったレーザビームはダイオードによって電気信号に変換され，その際活性化されたダイオードの位置と数を任意の他の箇所でモニタまたは照光パネルによって再生することができる．コンピュータを用いてターゲットポイントの重心を求めることができる(図4-42，4-43)．

以上の3つの方法のいずれの場合にも，当該ケーブル巻胴と接続されたカウンタによって走行距離を機械的に測定することができる．

こうして得られたデータは，スパン縦断面中で基準位置からの水平方向変位と垂直

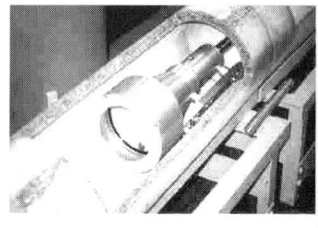

(a) ターゲットボードの保持

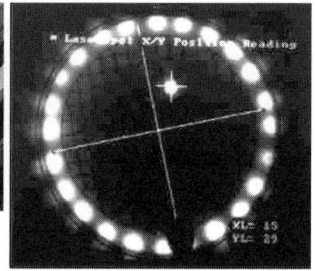

(b) ターゲットボードの様子(Iseki Poly-Tech)

図4-42：レーザおよびアクティブターゲットボードによる位置ずれの確認[4-85]

283

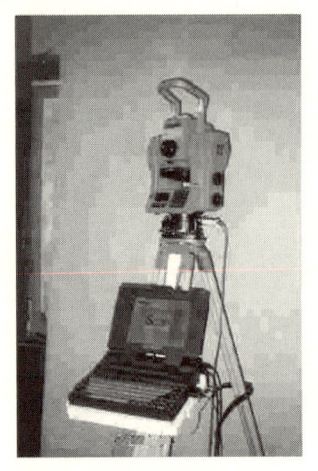

4. 点 検

(a) レーザスキャナ

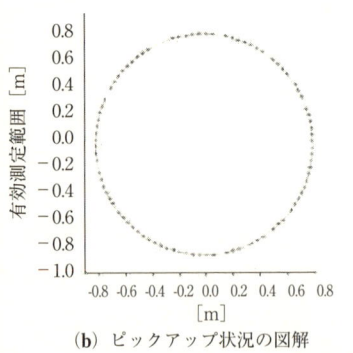

(b) ピックアップ状況の図解

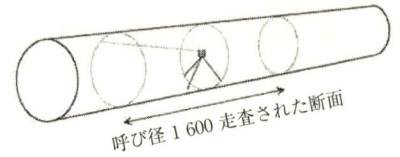

(c) 走査された状況

図4-43：3Dレーザ走査システム[4-88]

方向変位について別々に表される．

ここに示した適用ケースでは，ビームは異なった温度を有する空気層を通過する．これから生ずるスパン気相内の境界層はビームの偏向をもたらすこととなる．管路における温度差は，特に中間マンホールを横切る際ならびに管路と昇降マンホールとの間に生じ得る．

この点に関する H.J.Collins による調査研究[4-83, 4-86]は，レーザに関して以下の誤差発生の可能性を明らかにした．

ⅰ レーザ領域における管渠とマンホールとの間の約 4 ℃の温度差は，これらの調査に際して 120 m のターゲットビーム距離で 40 mm までの偏差を生じた．

ⅱ レーザとターゲットボードとの間の距離が大きくなるとともにビーム断面積も増大する．これは次の理由によって引き起こされる．

・レーザ管ならびに前置された光学系によるビーム発散，

・空気の乱れによる急速なビーム偏向，

・空気中に含まれている粒子による散乱．

これによってレーザビーム重心の正確な把握は困難とされている．

下水管内の管壁と空気との間の温度差がレーザビームの偏向に及ぼす影響は，Devery と Gilmartin[4-87]によって確認された．この影響に対しては，測定中にベンチレータを使用することによって対処することができる．

パッシブまたはアクティブターゲットボードは，他の部分の位置ずれも把握し得るようにできるだけ大きくする必要があろう．

このシステムには，少なくとも1器の誤差修正用インクリノメータが必要である．さもない場合には，管内におけるターゲットボードの傾斜—これは実際には不可避である—によって得られたデータの解析エラーが生ずることとなる[4-82]．

底部がもはや完全でないか，またはもはや存在していない管渠の測定に際しては，以上に述べたいずれの測定方法によってもデータの解析に困難が生ずる．こうした場合には，上記の測定に加えてさらに同時に管断面を測定することが必要である．

(3) 断面測定（変形，歪み，内部腐食および摩耗）

曲げ撓み管の変形(**2.7**参照)，亀裂を生じた剛性管の歪み，管渠の断面寸法，および内部腐食および物理的摩耗もテレビカメラによる点検時または巡視時に識別することができるが，ただし，それらの量的判定は，適切な測定器または測定方法を使用して初めて可能である．これは，歩行可能な下水管渠では既知の工学的測定方法を使用し，かつ新たに開発された3Dレーザ走査システム[4-88]を用いて解決することができる．

3Dレーザ走査システムにより位置ずれの測定には母線が走査され，断面変化の把握には管渠断面の走査が行われる[**図4-43**(a)]．

管渠壁の走査用センサユニットは，工学的測定からよく知られたタキメータの機能を有している．これに加えてさらに3Dスキャナとしての使用のため，以下の2つの特徴を有している．

・回転運動および傾倒運動の動力化，
・リフレクタなしの距離測定．

このセンサ構成により管渠壁の観測可能ないずれの点も無接触でコンピュータ制御によって把握することができる．

装置は，測定のため三脚に載せて管渠内にセットされる．母線と断面の走査は，自由にプリセットし得る点密度で全自動式に行われ，その際，各測定点につき三次元空間座標が測定される．その際，把握された範囲は，画像スクリーンに表示され，測定データがメモリされる．画像スクリーン上のグラフ表示により測定値を測定中に現場でチェックすることができ，同時に基準と—実際との—比較を行うことができる[**図4-43**(b)]．

同一の装置観察点から管渠内の自由に選択し得る箇所について任意の数の断面を測定することができる．1つの観察点からの有効エリアは，呼び径に応じ管渠長手方向にのみ制限を受ける．呼び径2 000については，有効測定範囲は約12 mである[**図4-**

4. 点　検

43(c)].

　管渠はスパンごとに走査され，個々の装置観察点は，多角形法的な接続によって測定フローに組み込まれる．このようにして管渠スパン全体の完全な三次元的把握が可能である．したがって水平方向および垂直方向の位置ずれ，管壁の変形と歪みおよび断面変化が一度に把握されることとなる．

　歩行不能な管渠の断面寸法，断面変形，断面歪みの確認には特別な測定システムが必要である．

　歩行不能な断面径を有する管渠における最小断面とその位置を確認するための最も単純な方法は，前もって清掃されたそれぞれのスパンを通して牽引される各種サイズの管内径計測器を使用することである．使用されるのは，短管ゲージ，クロスゲージ，または管径適合式の計測器(図 4-44，4-45)である，

図 4-44：管渠スパンの最小断面測定用クロスゲージ

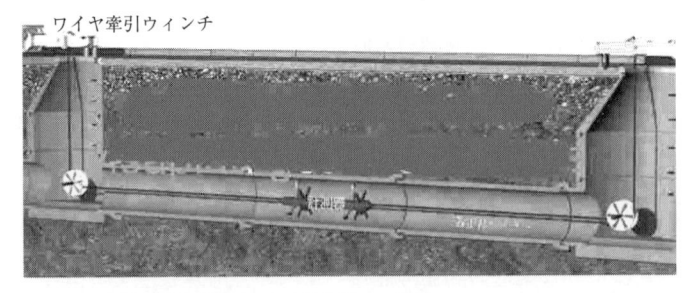

図4-45：膨張式内径計測器による最小断面の確認

　管渠の状態に関する正確な量的判定を行うため，簡単な内径計測器の他に新しい変形計測器も開発されたが，これはほとんどの場合に距離と角度の測定による極座標での管内周の把握を基礎としている．

　距離測定方法は，センサと管内壁との間の間隔測定に利用され，接触式システムと無接触式システムがあるが，後者は，センサとそれに付属する解析エレクトロニクス装置とからなっている．測定システムならびに駆動方式の組合せによって最終的に種々の計器システムが成立するが，それらのうち次のものは特に重要である．

　a．内径計測器　　内径計測器は管を通して牽引されるか，または輸送媒体の圧力によって前進させられ，全周にわたって均等に配置された一連のばね式探知アームによ

って卵形率，座屈，肉厚変化，溶接ビード，堆積物，ずれ変位を把握することができる．ただし，これは曲げ撓み管の場合にはATV-A 127に基づく算定に一致した垂直シンメトリックな楕円形変形像が仮定される場合にしか当てはまらない．これとは異なる斜めシンメトリックな変形および非楕円形変形(2.7 参照)は，例えば，レーザ測定を利用した断面像全体の測定が行われた後に初めて判定することが可能である．

図4-46：呼び径 130～430 用の歪み・内径計測器(DKM 150)(Optimess GmbH社，Gera)[4-68]

図 4-46 に変形・内径計測器の一例を示した．牽引ワイヤまたはカメラ走行ワゴンによって下水管内を動く測定プローブは，4本の機械式探査針で管壁を連続的に走査し，こうして水平面と垂直面における管径を測定する．測定探査針によって測定された変化は，電気信号に変換されディジタル化される．測定値は，バッテリ給電されるデータメモリユニットに伝送される[4-68]．

b．光電法 管渠テレビカメラと組み合わされる光電式スパン計測器は，基本的に光干渉法をベースとしている．測定される管は，点状ではなく適切な光学系または回転鏡によって作り出される光カーテン(ディスク)で照明される．対象物表面で反射された光は，管軸方向に基準距離だけずらされた受光レンズによって受け取られ，引き続き記録された画像が縮尺どおりに測定される．もう一つの方法は，適切なマーキングを具え，カメラ前方に取り付けられた円状のディスクを管内に通す方法である．残存している環状スペースとカメラによって照明された環状スペースの大きさをモニタ上で測定することができる(**図 4-47，4-48**)．

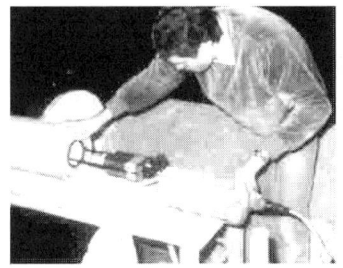

図4-47：前方に比較ディスクが取り付けられた自走式テレビカメラ(Rausch GmbH & Co.社)[4-67]

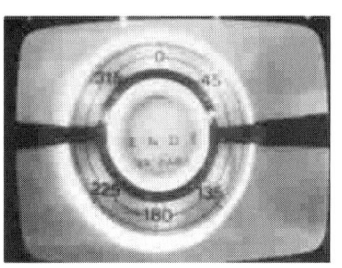

図4-48：比較ディスクと照明された環状スペースを示すモニタ画像(Rausch GmbH & Co.社)[4-67]

4. 点 検

c．レーザ計測器　　断面像を測定するためのより有効なシステムは，ビデオカメラと組み合わせたレーザ計測器である[4-90]（**4.3.2.1，図4-49**参照）．管の歪みを測定するために測定ヘッドは，自動的に管壁に対して垂直に設置され，操作者が選択し得るステップでレーザ距離センサによって管壁を走査する．

管壁から反射された散乱光線は，光学系によって集束されて位置検出器PSDに供給される．インテリジェント制御エレクトロニクスは，レーザビームの強度を管材料の反射能に自動的に適合させる．位置検出器によって作り出された電気信号は，カメラシステムと反射物体（管壁）との距離に相関している．

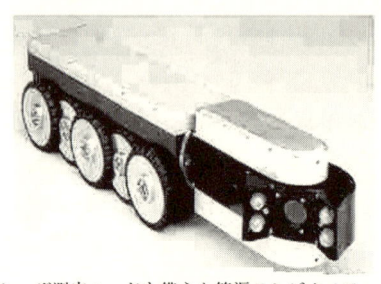

（a）レーザ測定ヘッドを備えた管渠テレビカメラ
（Typ LMK 200, Optimess GmbH社）[4-68]

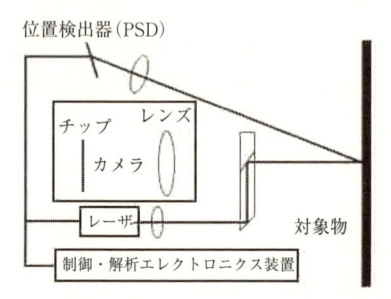

（b）レーザ測定ヘッドの機能方式概略[4-68]

図4-49：断面測定用レーザ計測器

適切な数学的手法を用い管の中心点とその断面が円形からの偏差として計算される．このシステムは，変形測定以外に，例えば，亀裂幅測定，ソケットオフセットの測定，内径測定および損傷の三次元測定に使用することも可能である．カメラ走行ワゴン付きのレーザ測定ヘッドは，呼び径200以上から使用される．ただし，管渠内に水がある場合には，それによって測定誤差がもたらされることもある[4-68]．

取付管の範囲（呼び径80以上）では，**図4-50**に示した点検サラマンダ"LASMO"を使用することができる．この測定ワゴンは，管内壁のテレビ点検用CCDカメラを搭載した回転式測定ヘッドと管内側輪郭測定用

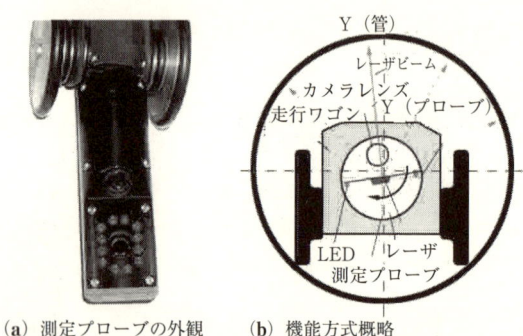

（a）測定プローブの外観　　（b）機能方式概略

図4-50：レーザビームとCCDカメラによる取付管の断面測定（点検サラマンダLASMO, Optimess GmbH社）[4-68]

4.3 構造関連の点検，調査

のレーザプローブを具えている．この適用ケースでは，レーザビームの反射点がCCDマトリックスカメラで観察される．三角測量法によって管内壁との間の間隔が測定され，断面が撮影される[4-68]．

d．音波測深スキャナ　音波測深スキャナは，これまでは，下水の流れている管渠における測定も可能とするために，レーザ測定技法を補完するものとしてのみ使用されてきた(4.3.2.3参照)[4-91]．

(4) 地盤調査

管渠内から行う[特に管外周(4.3.1参照)]地盤調査手法は，次のために利用される．
・空洞の位置および規模の測定，
・土質および地下水の状況，すなわち特に土壌種別，地層境界，積層密度，地下水水位の把握，
・肉厚，材料強度および材料欠陥に関するデータに基づく管渠の実態の数量化，
・下水の漏れによる土壌汚染の場所の推定．

上記の目的のための調査に適当していると考えられるのは，例えば，物理探査および荷重試験である．

a．物理探査　これまで世界的に行われてきた調査方法である物理探査によって管外周部の調査が可能であるが，なお改良の余地が存在している．解決の方途として，いわゆる物理探査で用いる穿孔測定手法(例えば，ガンマプローブ，密度測定のためのガンマ-ガンマ法，音波測定[4-37]，誘導プローブ，穿孔テレビューア[4-37])をこの分野に応用することが適切と考えられる．

最初の経験は，いわゆる"インパルス・エコー・レーダ探査法"に関して得られている．文献[4-38]には，成功裏に実施されたパイロットプロジェクト—同プロジェクトでは，種々の基礎に埋め込まれた長さ6mの陶管実験管呼び径300内において既知の明確な条件下でレーダ探査法が使用された—の報告が行われている．砂とコンクリートとの基礎の違いが把握された．アンテナと受信器の寸法は，170 mm × 180 mm × 48 mm ($L × B × H$)で，小型の管用ワゴンに取り付けられて自走式テレビカメラによって実験管内を通過走行させられた[4-38]．

図4-51に使用されたインパルス・エコー・レーダ探査法の概略を示した．

一方，ハンブルクにおいて歩行可能なレンガ積下

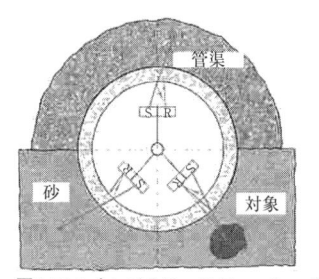

図4-51：インパルス・エコー・レーダ探査法の概略図[4-38]

4. 点　検

水管渠の管外周部約 0.8 m の深度までの空洞および軟脆箇所の場所の推定に使用されたレーダ探査法は，文献[4-38]によれば，管渠の破損状態に関して限られたデータしか得られなかった．

文献[4-92, 4-93]には，最新の実績報告が記載されている．

b．荷重試験　静力学に基づいて管と土壌の関係を把握する全く新しい方法は，SAGES(Paris)により開発された点検システム MAC(Mecanique. d'Auscultation des Conduits)である[4-94]．これは，呼び径 900 〜 4 200 の円形管とアーチ部の幅が 600 〜 4 200 mm の範囲の卵形管を検査するための荷重試験である．

下水管は，所定の断面部において管内の走行ワゴンに取り付けられた油圧プレスと 2 枚の加重伝達板によって左右に押し広げられ(**図 4-52**)，次の 4 つの測定値に基づいてシステム全体の状態が把握される．P_1：荷重伝達板に伝えられる圧力，D_1：荷重された断面部における水平方向の直径拡大，C_1：荷重された断面部における垂直方向の直径減少，D_2：直径の長さ分またはアーチ幅の長さ分だけずらした断面部における水平方向の直径拡大．

これらの 4 種の測定値から，以下の 3 つの基準パラメータが導出される．K：P_1とD_1との比としての剛性[MN/m]，$β$：C_1とD_1との比としての楕円化率(%)，$Ω$：D_2とD_1との比としての減衰率．

(a) 点検システムMACの構造[4-94]

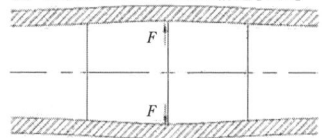

(b) 点検システムの概略

図4-52：管-土壌システムを把握するための荷重試験

この場合，管渠スパン長と相関した特性パラメータK，$β$，$Ω$の曲線は，個々のスパンの特性を表すカルテとして利用される．これにより管と土壌が均質なゾーンを決定し，追加検査—例えば，土壌サンプルの採取(4.3.1.3 参照)—の数を最小化することができる．これらの検査の目的は，一般に良好なバックグラウンド条件の正確な量定ではなく，構造物の危険性，例えば材料特性の変化，耐荷力に影響をもたらす亀裂形成または管と土壌の接触部における空洞形成等を確実に同定することである．FEM モデルを用いた詳しい解析によってさらに詳細な情報を得ることが可能である．

(5) 歩行可能なコンクリート管渠，鉄筋コンクリート管渠の検査

歩行可能なコンクリート管渠や鉄筋コンクリート管渠の検査には，数多くの手法，マニュアル，広範な検査機器がある[4-95 〜 4-99]．**表 4-4**[4-100]に最も重要な判定指

4.3 構造関連の点検，調査

表 4-4：AGI K 10[4-100]に基づくコンクリート表面の現場検査

検査目的	方法	識別指標
圧縮強さ（DIN 1048 Teil 2および4も参照のこと）	ハンマノック	響きによる品質判定： 澄んだ明るい打音＝堅牢なコンクリート 鈍い打音＝脆化したコンクリート
	Schmidt式ハンマ反発試験	測定結果
	鋼球衝撃硬度試験機	測定結果
	サンプリング（例えばコアサンプル）	検査結果
引裂強さ	粘着テープ	付着コンクリート片
	引張り試験機（例えば，Heroin試験機）	測定結果
セメントスラッジ沈殿形成層	外観による	外見，色
	引掻き検査	剥離，擦過痕跡
	水で濡らす	吸水性
表面サンディング	拭取り検査	粉末状または砂状の屑
コンクリート修繕箇所	外観による	色の相違，構造
	ハンマノック	空所があるか，結合が劣悪な場合には鈍い打音
亀裂	水で濡らす	亀裂は長く湿り気を保持し，それによって黒く見える 亀裂の数および大きさ
	ルーペによる観察	測定結果
亀裂運動	石膏マーキング	運動時に裂ける
	測定器（例えば，BAM，ひずみ計，Pfenderタイプ）	測定結果
亀裂深さ	コアサンプル，窓開け	測定結果
補強筋のコンクリートかぶり	磁気ベースの測定器（Profometer）	測定結果（コントラスト検査）
補強筋の腐食	外観による	さび
	フェロシアン化カリウム水溶液［ヘキサシアノ鉄(Ⅱ)酸カリウム水溶液］(5％)で湿らす	さびを生じている部分の青変
	ポテンシャル測定手法	測定結果
水分	外観による	湿っている箇所は黒っぽい
	フォイル掛け	凝縮水形成
	湿度計（Hygrometer），（C-Aquameter）	測定結果
湿潤性，吸水性，離型剤および後処理剤の残留，汚れ，塗料残滓	水で濡らす	吸水するまたは水玉を形成する
中性化	新鮮なコンクリート破面をつくり，フェノールフタレインアルコール溶液(0.1％)を吹き付ける	pH 8.8から9までのコンクリートの変色 赤紫色＝アルカリ性 非中性化 変色なし＝中性化 不十分なアルカリ性
塩化物含有量	硝酸銀水溶液(1％)を吹きかける	コンクリートの変色 白色＝塩化物を含有 変色なし＝塩化物を含有していない
	クロム酸カリウム水溶液(0.5％)を吹き付ける	黄色＝塩化物含有 茶色＝塩化物を含有していない

標，検査法，補助手段をまとめた．様々な検査目的と関連した検査方法に関する詳細は，文献[4-89, 4-101〜4-103]に述べられている．

　作業委員会DIN 1048は，ドイツ鉄筋コンクリート委員会冊子第422号[4-104]にお

4. 点　　検

いて，構造物および構造部材の固化コンクリートの圧縮強さの検査にコアサンプルの採取とともに超音波走時測定を推奨している．この方法の適用は，欧州規格 DIN ISO 8047[4-105]中で規定されている．それによれば，この方法は，コンクリートの均質性評価，構造物の劣化または欠陥あるコンクリート部分の同定ならびに時間に依存する特性変化の評価に使用することができる．さらに異方性，および欠陥，例えば亀裂ならびにそれが発生する時点も推定することが可能である．

　超音波手法では，試験の間，コンクリート面と直接接触した状態に保たれる電気音響振動子によって 20 ～ 150 kHz（例外時には 10 ～ 200 kHz）の縦振動パルスが発生させられる．振動パルスは，コンクリート内の既知のスパンを通過した後，第二の振動子によって電気信号に変換され，その際，電気タイムスイッチによってパルスの走時 t の測定が可能となる[4-105]．

　この方法は，圧縮強さと超音波の速度との間の相関性を基礎としている．統計的に求められるこれらの計測値の間の関係は，検査される構造部材のコンクリートが同一の組成を有する場合にのみ求めることができる．見出された回帰線によって音速値をそれぞれの圧縮強さに対応させることができる[4-104]．

　文献[4-104]によれば，動的弾性率 $E[\mathrm{dyn}]$ も同じく超音波パルスの走時測定によって決定することが可能である．

4.3.2.3　マルチセンサによる管渠点検

　次に紹介する手法も新しく開発されたものであり，まだ実際には使用されていない．あらゆる場合に同時に使用される種々のセンサによってそれぞれの管渠の実態に関する種々の情報を収集し，さらに場合によっては，管渠の基礎の実態に関する情報も収集することが試みられている．

a．KARO システム　　管渠点検ロボット（KARO システム）は，特に呼び径 200 ～ 500 のコンクリート管，陶管のスパン点検調査—有効距離 400 m まで—を意図して作られている（**図 4-53**）[4-106]．モジュールシステムは，高分解能を有する TV 機器の他に各種のセンサ，特に移動キャリア車両による点検中に管内損傷の種類，場所および規模，管壁および管周辺近傍の異状を検知することのできるオプティカルセンサ，超音波センサおよびマイクロ波センサで構成されている．各種のセンサ情報の統合は，ファジー論理をベースとして行われる．さらにオプショナルなマップ製作モジュールによって管渠の未知の位置推移を把握することも可能である．

b．PIRAT システム　　レーザ測定ないし超音波測定を組み合わせた新たに開発され

4.3 構造関連の点検，調査

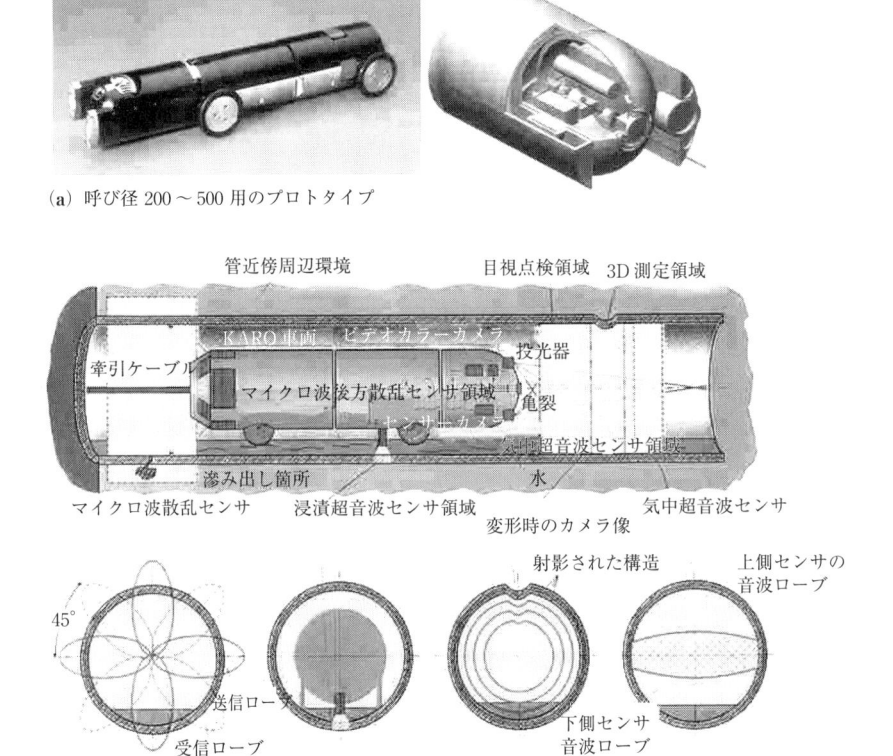

(a) 呼び径200〜500用のプロトタイプ

(b) 光学系およびセンサ系の配置

図4-53：KAROシステム[4-106]

たこの測定システムは，PIRATプロジェクト（Pipe Inspection Rapid Assessment Technique）の一環としてCSIRO, Australia & Melbourne Waterによって開発された[4-91]．この手法では，管渠（損傷を含む）の内部範囲が測定され，続いてそれらのデータは，最新のコンピュータを用いて解析，同定，分類される．表面範囲は，水位に応じて選択的にレーザスキャナ（気相中）によるか，または音波測深スキャナ（水面下）によって調査され，周面として面表示される（**図4-54**）．

レーザスキャナは，軸が管中心にあるようにして走行ワゴンに取り付けられている．これは，管壁に向けて放射ビームを投射する．このビームは，回転し，反射されてビデオカメラに撮影されるレーザ光のディスクを作り出す．音波測深スキャナは，

4. 点 検

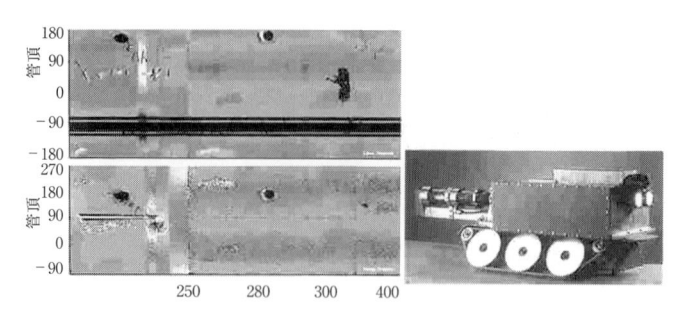

図4-54：PIRATシステム[4-91]によってラボ検査された管のレーザ画像（上）
およびソナー画像（下）

2.2 MHz のパルスを発する回転式の測定値変換機を有している．ヘッドは，回転して次のポジションに移動する前に管壁からのエコーを記録する．

c．SSETシステム　TOA Grout Corp. & TGS Comp.や日本によって開発中のSSETシステム（Sewer System Evaluation Technology）[4-107]も同じく内部点検用である．ビデオ点検，スキャン技法，ジャイロ技法からなるこのシステムは，管内壁表面をスパン全体の表面像として把握することを意図している．損傷は，彩色によって識別，表示され，またスパン長全体にわたる水平方向および垂直方向の位置ずれが表示される．

損傷判定のためにオペレータが途中停止を行う必要がないことから，管内の連続的な調査が可能である．

d．音響的手法　不可視の損傷を探知するには，音響的手法は適切であると思われる．この手法によれば，外壁腐食と基礎欠陥に関する判定の他に，肉厚の測定，ならびに亀裂の延び，位置および深さの測定も可能である．音波による管渠点検のもう一つの設定目標は，管渠が満水状態にあっても使用停止なしで，場合によっては，前もっての管渠清掃なしでも供用中の欠陥検知を行うことである．

現在開発中の振動の把握と機械的な波の伝搬に際する事象の把握とを基礎とした管渠点検用の測定手法（Sonomolch）は，文献[4-108〜4-111]に述べられている（図 4-55）．この場合，検査周波数に応じ音波反射解析（可聴域 100〜10 000 Hz）と超音波解析（非可聴域 50〜500 kHz）とが区別される．

この装置は，亀裂検知，管継手および基礎の検査に使用することが意図されている．基礎の相違は，

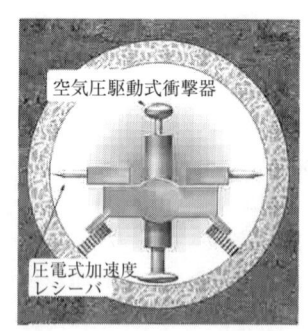

図4-55：ソノサラマンダによる非破壊式ノック検査 [4-108]

減衰の相違として識別することが可能である．亀裂は，波の伝搬を妨げ，その結果，対称的な測定レイアウトで非対称的な位相のずれた信号が発生させられる．管渠テレビカメラなしで位置が決められれば，満管の管渠にも使用することが可能である．この場合，第一段階では現象論的に基礎付けられた簡単な積み重ね法が使用される必要があり，これによりファジー論理を組み込んだニューラルネットによるその後のパターン形成の基礎がもたらされる．

4.4 流量測定

　流量に関連する問題の解明にはあらゆる関連情報を収集し，評価することが必要である．計算による晴天時および雨天時の排水量の決定は，誤接続および漏れ等の不明水調査によって補正されようとも，管渠の流量を表すには十分でない場合が非常に多い．あるスパンの実際の排水量は，周辺条件—例えば，浸入水や漏れによって増加ないし減少—に関する仮定によって決定的に左右される水理計算ならびに流体力学モデルによるシミュレーションの結果とはかなり相違していることがある．差異が大きい場合に，これらの計算値は，実測流量データによって補正しなければならない．この点で最も重要なのは，実際の流量を直接に反映し得る管渠排水量の測定である．DIN EN 752-5[4-5]もこうした見解を取っている．同規格中では，7.3 に次のように述べられている．"排水量(晴天時下水量および雨天時下水量)，浸入量，不明水量ならびに誤接続の量的な算定には，点検・調査が必要となり得る．これは，降雨量測定および排水量測定"—さらに—"誤接続の確認および地下水測定(3.2.1，4.5.1.10 参照)が含まれる"．

　管渠の水理学的挙動の解明には，流出解析シミュレーションモデルの使用が必要であるが，以下の場合には，必ずしもそうしたモデルは必要ではない．

・下水管渠の流下能力が問題とならない場合(特に汚水管の場合)．
・雨水吐けが存在しない場合．
・下水管渠の流下能力を低下させない対策によって構造的問題を解決し得る場合．

　コンピュータを用いた流出解析シミュレーションモデルの適用に関する情報は，DIN EN 752-4：1995 第 11 章に述べられている．

　"モデルの検証とキャリブレーションが必要であり，その方法はプログラムに依存している．

　計算値と実測値との間に十分な一致が得られない場合には，まず最初にモデルの入

力データがチェックされ，その後に初めて実測データがチェックされる必要があろう．考えられ得る誤差原因の確認後は，しばしば現場での調査とそれに基づく適切なモデルの補正が必要となろう．流出解析シミュレーションシステムのデータは，現場での調査なしに変更されてはならない"[4-5]．

以下に述べる管渠の流下能力チェックの一環としての排水量測定の目的は，
・下水実態(晴天時下水量，雨天時下水量，水位)，
・不明水量，
・漏れ量，場合により存在する誤接続による雨水流入量，
の確認を行うことである．確認されたこれらの数値は，再び入力パラメータとして管路システム計算のための流出解析モデルに組み入れられる．

4.4.1 排水量測定の計画

排水量測定の計画には，流量測定に関する専門知識と経験が必要であり，計画にあたっては，常にそれぞれの目的ならびに測定箇所の構造的，水理学的事情等が明らかにされなければならない．数多くの携帯式排水量測定器に関するメーカーパンフレットは，それらの取扱いやすさとあらゆる水理学的問題設定に対する汎用性を謳っている．確かに種々の水量測定方式に基づく携帯式測定器が近年さらに改良され，これらの機器が理想的な条件下で精密で正確な測定値をもたらすというのは事実である．しかしながら，下水管渠内の流量測定時の周辺条件が理想的であることは稀であり，しかも測定器の使用者は，自らの流量測定にあたって生じる誤差が理想的な条件下にある実験室で確認された保証誤差よりもはるかに大きく，場合によっては調査目的を疑義あるものとしかねないということを意識的に無視しがちであるということも事実である．

色々な状況の下で下水量調査を維持管理会社に委託する場合，作業請負人の調査計画では，専門知識の不足，保有機器が限られていること，さらに言えば，より良く状況に適した方策はあまりに調査に時間を要すること，もしくは人手がかかることなどの理由で，そうした方策を提案しないといった打算的な考え方がなされていることが多い．排水量測定の結果には，常に総合的な評価を困難とし得る誤差が付きまとっている．だが排水量測定の計画と実施に手間と費用をかけることにより流量測定に生じがちな誤差を減少させることが可能であり，それによって測定の有意性と効用を高めることができる．

管渠の水量測定の計画に際しては，常に以下の観点が考慮されなければならない．
・調査に至った問題の所在および排水量測定の目的，
・測定箇所の水理学的条件，
・測定の時期，
・測定時間．

これらの留意点をもとにして最も適切な測定手法を選択し，さらに適切な測定器を選定することにより実効ある流量測定を行うことができる．

4.4.1.1　排水量測定の目的

それぞれの排水量測定の目的に応じ測定断面には全く異なった水理学的状況が生じ，そうした状況に対しては必ずしもすべての測定手法が等しく適しているわけではなく，まして必ずしもあらゆる測定器が等しく適しているわけでもない．例えばもしも管渠の流量と流下能力に関するデータを得ようとすれば，場合によっては塞止めによる満管状態までに及ぶ広範囲の排水量状態が把握されなければならない．使用される手法は外部の影響要因または管渠の形状寸法に起因する満管状態もしくは塞止め状態を測定する必要があるとはいえ，そうした状態を引き起こすべきではない．断面の絞込みを要する測定手法(4.4.1.5 参照)はスパンの流下能力を著しく低下させ，測定期間中に満管状態のおよそ 1/3 までの水深が生ずる場合にしか使用することができない．

排水量測定の広範な問題設定の中で最も大きい問題のひとつは不明水量調査である．この場合，断面を絞り込む(例えば，三角量水堰による)測定手法は下水量が極端にわずかな場合でも非常に正確な結果をもたらす．断面の絞込みなしで行われる多くの測定手法(4.4.1.5 参照)はこの場合には役に立たないが，それは使用されるセンサがこの場合には非常にわずかな水深に比較してはるかに大きすぎ，許容不能な測定誤差を生み出すからである．

4.4.1.2　測定箇所

測定箇所の選択は，排水量測定の結果にとって決定的である．測定法の保証誤差が数％というきわめてわずかにすぎない測定手法および測定器を用いたにせよ，選択された測定箇所で必要とされる水理学的条件が満たされていなければ，20％以上の誤差を生じることがある．

できるだけ正確な測定結果を得るためには，水流が対称的な乱れのない測定断面が

4. 点　　検

必要である．非対称性と乱流による測定誤差を排除するためには，測定箇所の前方に水流が安定し得る十分に長い直線区間が存在していなければならない．この区間の長さは，選択された測定手法に依存している．大まかな原則としては $L > 10\,X$ という関係式が当てはまるが，この場合，X は，ベンチュリ管渠では水路の幅，堰では越流の幅，MID の場合には管直径を表している．この区間には，側方からの流出入，エルボ，落込み，またはその他の乱れが存在してはならないが，それは，さもなければ必要とされる対称的な水流がもはや保障されないこととなるからである．

　排水量測定は，管渠網の接近容易な断面でのみ実施することが可能である．これには，基本的に管渠の既存マンホールが利用される．理想的な場合には，測定箇所は，例えば排水量測定によって誤接続の検知が意図される調査対象スパンの直後の下流に置かれる必要があろう（図 4-56）．だが現実には，直線区間または測定箇所の不適当な水理学的事情—エルボ，落込み，または側方からの流入—によって測定器使用者が別な測定箇所を探さざるを得ない場合も多いであろう．管渠スパンの流量調査には 1 箇所での測定しか要されない場合が多いが，これに対して，不明水量，浸入量，誤接続は，異なった箇所，

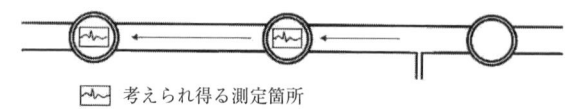

図 4-56：調査対象スパンの直後下流の理想的な測定箇所

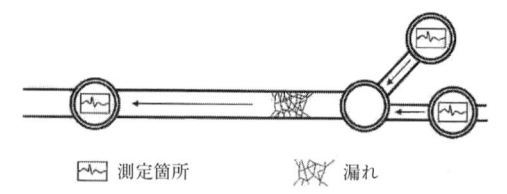

図 4-57：複数の箇所における比較測定

例えば当該スパンの前後の箇所（図 4-57）での比較測定によってのみ把握することができる．こうした測定によって判明する差から適切でない流出入を推定することができる．

4.4.1.3　測定時点

　排水量測定時点の選択もその目的によってほとんど定まってくる．測定は，問題とされる下水量分を他の水量からできるだけ切り離して観察し得る時点に実施されなければならない．地下水浸入による不明水量分を測定するための調査は，例えば晴天時の深夜 2 時頃に実施される．この時点には，家庭下水の流下はほぼ 0 となることから，工場排水がごくわずかで，かつ同等な施設（例えば，病院）がほとんど存在しない地域では，測定された下水量は，不明水量に相当している．

一方，水量測定に特別な目的がある場合には，測定対象とする水量をその他の下水量から切り離すことができないという問題が生ずる．例えば，宅内排水システムの誤接続によって管渠に達する不明水量を調査しようとする場合には，そのピーク流入量を測定するために，地表水と地下水の多量の流入によって家庭下水管とともに管渠を流入することとなる激しい降雨時，長期の降雨時の測定が冬季と春季に実施されなければならない．この場合，測定時点の選択によって雨水と下水を切り離すことはできない[4-112]．

4.4.1.4　測定時間

排水量測定は，基本的に短時間測定と連続測定に区分することができる．短時間測定とは，個別測定，監視測定，もしくはキャリブレーション測定である[4-113]．排水量測定によって一定の事象，例えば，強雨事象を把握しようとする場合には，個別測定を行うのが合理的である．これらの測定は，例えば，統計的評価のために一定間隔の測定値が必要とされる場合には，複数測定または反復測定に拡大することが可能である．

連続測定ないし長時間測定の場合には，やや長い期間にわたる測定値を把握することができる．ただし，必要とされる測定時間は，ケース・バイ・ケースで異なっている．文献[4-18]によれば，晴天時下水量に関する正確な判定には，1週間が測定時間として十分であることが多い．特定の排水事象（例えば，設計基準雨量）を把握するためには，当該事象が発生するまで測定断面に測定器を取り付けたままにしておかなければならない．

さらに長時間測定を実施することで，排水量の特性が把握でき，時間に応じた排水量の時間的推移に関する正確な判定を行い得るという長所をもたらす．

4.4.1.5　測定手法

下水分野の流量測定は，直接的な測定であることは稀である．一定の断面積を通過する流量は，むしろ間接的な測定法によってより容易に把握し得る流量に比例した数値から導出される．寸法が判明している開水路での測定では，既知の水路寸法を利用して流量を算出するために通常2つの数値が必要である．すなわち，水深 h と平均流速 v_m である．かくてこれらの数値から既知の次式を介して流量を決定することができる．

4. 点　検

$$Q = v_m A$$

ここで，Q：流量[m³/s]，v_m：平均流速[m/s]，A：流下断面積[m²]．

　その他に一定の条件下で，体積を介してか，または標識物質濃度を介した計算により流量を間接的に求めることも可能であることはいうまでもない．

　測定者にとって測定手法の選択は，実はきわめて制限されている．それは次の事項，すなわち，
・予期される下水量($Q_{min} \sim Q_{max}$)，
・測定時間，
・測定精度に関する要求条件，
・局所的な条件(場所的事情，呼び径，管渠形状等)，
・下水性状，
・使用上の安全性および保守の容易性，
・費用，
などによって決定的に定まっている．

　以下に様々な排水量測定手法から選択した最も汎用されている手法を実務的観点から分類して詳しく紹介する．排水量測定に使用し得る測定手法および測定値検知器の詳細な紹介は，例えば DIN 19559-1[4-113]，ATV ワーキンググループ 1.2.5.のワーキングレポート[4-114]，および特に文献[4-115]，[4-116]に述べられている．

(1)　断面を絞らない排水量測定手法
a．平均流速公式による計算　　自然流下時の流量を算定するための最も簡単な方法は，経験的に求められた平均流速公式から得られる平均流速を計算する方法である．ただし，この方法は，正確な値を出すことは難しい．平均流速公式においては，管渠壁面の摩擦力は，係数によって考慮される．これに関する一例は，Manning-Strickler の式である．

$$v = K I^{1/2} R_h^{2/3}$$

ここで，K：粗度係数[m$^{1/3}$/s]，I：エネルギー勾配[-]，R_h：径深(流下断面積と潤辺との比率)[m]．

　この場合，エネルギー勾配は，管底勾配に等置される．径深を決定するための唯一の測定量として水路内の水深が求められなければならない．粗度係数 K は，実験的に決定されるか，または**表 4-5** から求められる．

4.4 流量測定

表4-5：壁面性状と相関した Manning & Strickler の式に基づく粗度係数 K [4-117]

管渠内面性状	K [m$^{1/3}$/s]
コンクリート管渠	
セメント滑面塗り	100
スチール型枠の使用	90 ～ 100
艶出しモルタル	90 ～ 95
コンクリート滑面化	90
平滑な破損のないセメントモルタル	80 ～ 90
木製型枠の使用モルタルなし	65 ～ 70
平滑な表面を有した突固めコンクリート	60 ～ 65
古いコンクリート清浄な表面	60
粗いコンクリートライニング	55
不整なコンクリートライニング	50
レンガ積管渠	
目地仕上げ良好	80
切石組積	70 ～ 80
入念な石組積	70
通常のレンガ積製	60
粗大な組積	50
石製斜面舗装	45 ～ 50

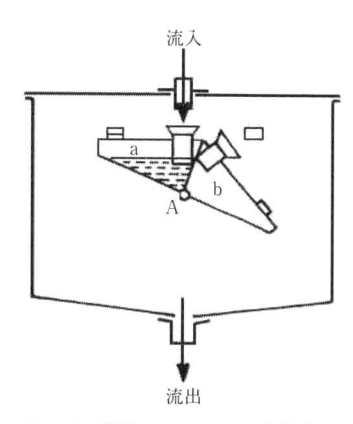

図4-58：傾倒カウンタによる体積測定 [4-115]

この手法の場合には，測定される管渠区間においては，壁面粗度が一定であることが前提となる．だが現実には，粗度係数は，一定な数値ではなく，特に腐食と壁面付着物によって変化する．さらに表による K の選択が必要であり，必然的にこの方法による下水量の算出には，大きな不確実性がつきまとっている．

b．容積測定法 非常にわずかな流量の測定，短時間測定またはその他の測定装置のキャリブレーションには，容積測定法を使用することができる．この手法の場合には，容積(キャリブレートされた容器による)と時間が同時に測定される．長時間の測定を自動化する場合には，しばしば傾倒式カウンタが使用される(**図4-58**)．2室を備えた容器は，軸Aを中心にして回転軸に支持されている．容器が満たされると，容器は，他方の側に傾き，これによってカウントパルスが発される[4-115]．

c．流速・流積法 以下のすべての手法は，流量の計算に2つの数値―ひとつは流れの断面積 A，他方は平均流速 v_m ―が求められなければならない点で共通している．水路の幾何学的寸法が既知であれば，流れの断面積は，どの手法においても水深測定から容易に求めることができる．これに対して平均流速の決定には，通常，それぞれの手法においてそれぞれ異なった相当程度の手間と費用が測定と計算に必要である．

d．スケーリング因子 k の評価 水深3分の1から3分の2までの円形管については，流量を計算するために求められる平均流速 v_m は，測定可能な最大流速 v_{max} に対して一定の比にあることが知られている．この因子 k は，理想的な条件下では 0.82 [4-118] であり，現場において使用される相対的に大型の

4. 点　検

センサによって測定される実条件下では，その値は 0.86[4-119]である．したがって冒頭にあげた条件下では，流下断面中の最大流速の測定によって流量を概算的に推定することが可能である．

開水路での流れにあっては，最大流速は，二次流れによって乱れが作り出されることから，水表面ではなく，水路形状(長方形断面または円形断面)と水位に応じて自由水面下方の一定の深部において生ずる(図 4-59)．流速センサは，断面の最大流速値を確実に測定し得るように連続アナログ測定値出力装置を装備していなければならない．かく

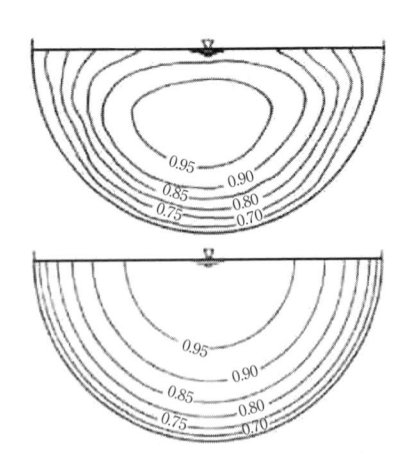

図4-59：満管でない円形管の流速分布[4-120]

て流量は，流れの断面積を決定するための水深測定と組み合わせて既知の基本式

$$Q = k v_{\max} A$$

から算出される．

ただし，多少とも信頼し得る流量データを得るためには，測定箇所までの直線区間が管直径の 100 倍までの長さを有し，あらゆる乱れが完全にシャットアウトされていなければならない．しかしながら下水道において，例えば汎用の呼び径 300 の管の場合に完全に真っ直ぐで，側方からの流入がない長さ 30 m の区間を見出すことはしばしば非常に困難であろう．

e．SIMK 手法(Simulation des Skalierungsfaktor k)　現在では，ミュンヘン工科大学で開発された流れ数値モデル[4-121]によってほぼ任意の水路断面(自然の水路も含む)と広範囲に及ぶ水位について—流量の計算に必要な水路内の平均流速 v_m を得るために 1 点測定で求められた最大流速に乗ぜられなければならない— k 因子を決定することができる．この有限要素モデルは，影響の大きい二次流れを考慮して，非常に複雑な水路形状の場合にも流下断面の全体につきスケーリング因子 k の値とその分布を算定する(図 4-60)．

したがって，SIMK 手法に基づく流量算定のベースとして点的流速測定を利用できるのみならず，定まっ

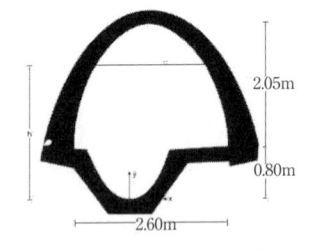

図4-60：フランクフルト市下水集水渠の断面[4-121]

た測定ルートに沿った平均値も利用することが可能であり，これらの平均値には，測定直線に沿った当該スケーリング因子 k の平均化によって算出されるスケーリング因子 k_m が乗ぜられる．実際の測定—これは水深測定と1点流速測定ないし線的流速測定に限定される—の前に当該水路に関する有限要素モデルを作成するための広範な予備作業が行われなければならない．流量は，局所流速と当該水深との調査後に，

$$Q = k v_{\max} A$$

から算出される．

測定箇所に関する要件は，既にスケーリング因子 k の評価のためにあげた条件と同様であり，乱れのない対称的な流下断面がスケーリング因子の正しい計算，およびそれとともに流量の正しい計算にとっても絶対不可欠な前提条件である．測定箇所前方の直線区間の最低長さに関する経験値は，まだ十分得られていないが，水路幅の20倍前後の値が最低限遵守される必要があろう［4-122］．また下水管渠における実際の測定条件下では，水深が最低でも10cmは必要であろう．それは，さもなければ水深測定と流速測定における誤差がスケーリング因子の計算における誤差に比較して不当に増大してしまうからである．

SIMK 手法は，特に他の測定手法の使用とキャリブレーションが問題を孕むような通常とは異なる断面における流量決定に際してその強みを発揮する．

f．網目測定 　断面を絞らないで行われるもう一つの方法は，網目測定である．この手法の場合にも，流量を決定するために同じく2つの数値が必要であり，その一方は流下断面積を計算するための水深であり，他方は水路内の平均流速である．流速勾配を求めるために水路内の水理学的に適合化した網目スクリーン内で個別流速が測定される．平均流速は，個々の速度ベクトルによって流下断面上方に展開された面積の求積もしくは数値積分によって算出される（**図 4-61**，VDI/VDE 2640［4-122，4-123］）．

網目測定は，およそ15cm以上の水深から初めて有意的に使用することが可能であるが，それは使用される測定値検知器がさもなければ不相応に大きなものとなってしまうからである．測定全体を通

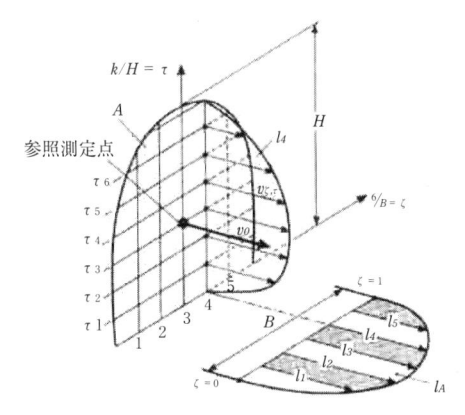

図4-61：ネット測定の概略［4-123］

4. 点　検

じて流量は，広範に不変でなければならない．断面が例えば 4 m² と非常に大きい場合には，平均流速を算出するための個々の値を求めるために 1 時間までに及ぶ測定時間が見込まれなければならない．この手法は，非常に正確であるが，非常に大きな手間と費用を要するために，主として他の測定手法のキャリブレーションに使用され，長時間調査には適していない．

g．希釈ないしトレーサ手法　希釈ないしトレーサ手法による流量測定は，トレーサ（標識物質）の濃度測定を基礎としている．測定箇所の上流で下水に既知の濃度のトレーサが定量で添加される．混合区間を流過した後，測定断面においてその濃度が測定される．次式の連続方程式が成立し，同方程式から下水中におけるトレーサ物質濃度の分析測定に基づき流量を直接に計算することができる．

$$Q_{Tracer}\,C_{Tracer} = Q\,a_{Tracer}$$

ここで，Q_{Tracer}：トレーサの添加量，C_{Tracer}：トレーサの濃度，Q：下水流量，a_{Tracer}：分析された下水中におけるトレーサの濃度．

トレーサとしては，特に既に下水中に存在しても微量で検出されることのない塩類，染料または放射性物質が使用される [4-113]．最高の感度は，一定周波数での励起時に固有な波長の光を発する蛍光染料によって実現される．さらにもう一つの重要な条件は，トレーサが下水成分との反応なしに流下区間を通過することである．例えば，地下水のトレーサテストに汎用される商品名ウラニン（Uranin）といわれる蛍光染料は，不適である．ウラニンは，下水中の固形物に容易に吸着され，さらに数多くの浴用化粧品に染料として含まれている．下水中での測定によく適しているのは，商品名ロダミン（Rhodamin）といわれるフルオレセイン誘導体，特にロダミンWT [4-124] である．

図4-62：精密計量ポンプによるトレーサの添加

トレーサは，精密計量ポンプ（**図 4-62**）を用いて測定箇所の上流において連続的に添加される（**図 4-63**）．この添加位置は，非常に慎重に選択されなければならないが，それは，断面全体にわたって染料の完全に分布することが信頼し得る測定にと

図4-63：蛍光分光計による下水流中のトレーサ活動度の連続的測定

っての基本的前提条件だからである．添加箇所での流れは，乱流状態か，または人工的な配置物体(例えば，円筒)によって激しく乱さなくてはならず，添加箇所での塞止めまたは滞水は，絶対に回避されなければならない．下流の採水箇所は，水路呼び径の少なくとも10倍の距離を置いて設けられる．ここでプランジャポンプにより水路中心から水が連続的に携帯式蛍光分光計の流過セルを通って送出される．

測定されたトレーサ濃度(ブランク値を差し引いた)は，流量に逆比例しており，すなわちトレーサ染料が希釈されていればいるほど，流量はそれだけ多くなる．測定区間の乱れ，例えばエルボ，落込み等はその他の測定手法とは異なって測定に影響を与えることはなく，この手法において決定的に重要なのは，もっぱら下水とトレーサとの完全な混合の実現である．

希釈ないしトレーサ手法は，高度精密測定方法であり，下水分野ではいまだ汎用されるに至っていないとはいえ，例えば，管渠の下水量測定[4-125, 4-126]，下水処理施設の固定式流量測定装置のチェック[4-127, 4-128]，およびその他の測定手法のキャリブレーション[4-126]に成功裏に使用されたとの報告が得られている．さらにトレーサ測定は，極端にわずかな下水量を測定するための非常に正確な方法を表しており(例えば，不明水量調査)，その他の測定手法が流れの安定化区間の欠如によって使用し得ない所でも実施することが可能である．

(2) 断面を絞る排水量測定手法

次に述べる測定手法は，先の各項に述べた方法と2つの点で異なっている．まず第一にこの手法にあっては，水路断面への取付物が常に必要とされ，この取付物は，管渠の流下能力を部分的に相当程度低下させ，それによって塞止めを作り出すということである．したがって，これらの手法は，必ずしもあらゆる流量測定に使用し得るものではない．ただし，こうした特徴の他にもう一つの共通な特徴は，すべて測定手法が単一の測定値で足りるということである．つまり，下水量を求めるには，数学的に正確な関係を介して流量と結び付いている水深測定(水理学的測定手法)か，また圧力管下水における平均流速の測定(計算ではない)かのいずれかで十分であるということである．したがって，流量測定の誤差は，複数の測定値の個別誤差から合成されるのではなく，必要とされる単一の測定値の誤差にのみ支配されることとなる．

a．水深測定手法　　断面を絞ることによる流量測定手法にあっては，取付物，例えば，量水堰またはベンチュリ管によって通常の流れから絞った流れへの転換が強制的になされる．測定断面への流れ水深はこの流れの転換によって流量と一義的な関係が成り立つ[4-129, 4-117]．これにより流量の決定は単一の測定値，すなわち流入流れの

4. 点 検

水深 h のみに依存する．こうして開水路中の平均流速 v_m を決定しなければならないという問題が回避される．

流量は，次の等式

$$Q = c h^x$$

から算出するが，同式の因子 c およびの x は，量水堰ないしベンチュリ管の寸法に依存している．これらの正確な計算に関する記述は，特に DIN 19559-2（ベンチュリ管）[4-113] と ISO 1438/1（Thin-plate weirs[薄板堰]）[4-130] に見出される．

下水分野にとって適切な量水堰は，一般に非常に多様な切欠きスロートの設けられた薄肉板からなっている．一時的な下水量測定用の量水堰は，嵌込み式越流板（**図4-64**）か，または空気圧シール式として昇降マンホールから管渠区間に取り付けられる（**図4-65**）．これら

図4-64：嵌込み式越流量水堰 [4-131]

図4-65：実地における量水堰の使用 [4-131]

の市販の量水堰の場合には，越流係数は，前もって実験室で得られており，理想的な測定条件において正確な下水量決定を可能とする．これらの量水堰には，少なくとも越流幅の 10 倍に相当する長さの直線区間が必要である [4-130]．この区間は，真っ直ぐで，乱れ（落込み，側方流入等）があってはならない．越流流れは，堰頂からスムーズに流れなければならない．したがって，堰の出口部には決して溜りが生じないようにすることに留意しなければならない．

量水堰の短所は，
・測定断面による塞止め，
・汚れに対して敏感，

なことである．取付物によって流速が減少することにより下水中に浮遊している固形物の沈積が生じ得る．したがって，量水堰は，主として短時間測定に適しており，長時間測定に使用される場合には，たびたび清掃が行われなければならない．さらに，

一定の断面形状用に製作された量水堰は、その形状に正確に合致した断面でしか使用することができない。昇降マンホール内の水路に取り付けられる(図 4-65)か、または管断面に取り付けられる量水堰は、インバートまたは管の寸法に応じ一定の流れ高さまでしか使用することができない。ただし、量水堰がマンホール自体に取り付けられる場合(図 4-66)には、測定範囲を拡大することが可能である。

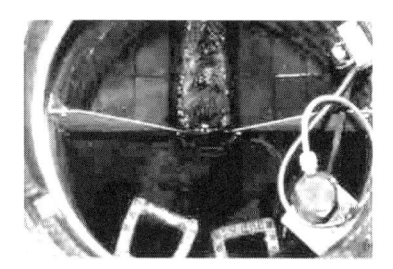

図4-66：マンホールに取り付けられた量水堰

前述したようなかなりの短所にも関わらず、量水堰、特にわずかな下水量測定用に作られたトムソン堰(三角状切欠きが設けられた量水堰)は、非常にわずかな下水量の測定にとりわけ適している。不明水量調査には、例えば、水深に比較して不当な大きさの測定値検知器が水路に取り付けられなければならない測定手法は使用不能であるが、こうした場合、無接触式水深センサ(4.4.2.1 参照)と組み合わされた三角量水堰は、下水量測定のための最適な組合せである。

断面両側にスロート型の構造を配した通常のベンチュリ管は、管底に障害が設けられず、かつ断面が絞られていることにより固形物の沈積が生ずることはない。したがって、これは原理的に連続測定にも適している。ただし、ベンチュリ管は、量水堰と同様に管渠内にかなりの塞止めを作り出すことから、必ずしもすべての測定目的に適しているわけではない。さらにベンチュリ管は、費用がかかり、かつ取付けが難しく、その構造からして、例えば、不明水量調査のような非常にわずかな流量の測定には適していない。ベンチュリ管は、GFK 製または特殊鋼製の成形品(図 4-67)等を設置することが可能である[4-132]。

管渠を絞る方法のアイデアを逆転した特別な形のベンチュリ管ができている。通常のベンチュリ管とは異なり、制流部は水路の両壁面に対称的に取り付けられるのでなく、水路の中央に取り付けられる。このベンチュリを形成する構造物の形状は、任意であってよいが、実際は容易かつ正確に製造することのできる形状、例えば、円錐形または円柱形が選択されている[4-117]。ベンチュリ測定箇所には、少なくとも水路幅の 10 倍に相当する直線区間が必要である[4-113]。量水堰の場合と同様に、この場合にもエルボ、落込みまたは側方流入によってベンチュリ管のスロートへの流入

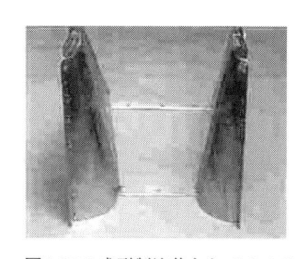

図4-67：成形制流体としてのステンレス鋼製台形型ベンチュリ[4-131]

4. 点　　検

流れの対称性が乱されてはならない．またスロートにおける通常の流れから絞った流れへの変換を保障するため，ベンチュリスロートの出口では，流れが開放されていなければならない．

b．強制的な満管による測定　今まで述べた水理学的測定手法とは異なる測定手法を使用しようとすれば，水深 h に加えて断面部における平均流速が近似的に測定されるか，またはかなりの測定作業と計算費用をかけて1箇所または複数箇所の局所流速から平均流速を算出されるかしなければならない．これに対して自然流下状態の下水を圧力管下水に置換することができれば，回り道をすることなくファラデーの電磁誘導の法則を基礎として平均流速を直接測定することが可能である．同時にこの場合には，流水断面積は一定のままであることから，流量の算定を単一の測定値に帰着させることができる．

カッセル総合大学環境技術・水工・実験検査施設（Vesruchanstalt und Prufstelle fur Umwelttechnik und Wasserbau der Universitat-GH Kassel）において，強制的な満管流の条件での下水量測定のための測定管が開発された．これは一般市販のMID（4.4.2.2参照），流入ラッパ管を包み込む管渠検査バッグおよび流出管で構成されており[4-114, 4-119, 4-133]，流出管の開口がMID頭頂の上方にあることによって測定断面が強制的に満管状態に保たれる（図4-68）．

図4-68：浄化施設流入量測定装置のチェックに際するHassinger-MID測定管

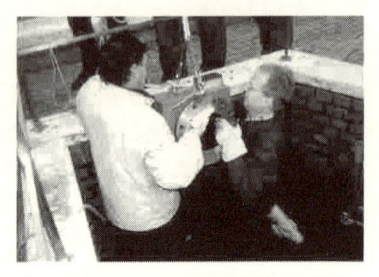

Hassinger-MID測定管は，管径125のMID呼び径で約50 L/sまでの下水量を測定することが可能であり，径200のMIDで100 L/sまでの下水量測定が可能である．この方式による測定装置は，昇降マンホール内の空間的制約と自重により性能の点では大幅に制限される．例えば，MID径200のHassinger-MID測定管は，50 kgを超える重量を有し，一部マンホール内で組み立てられなければならない（図4-69）．

図4-69：Hassinger-MID測定管の取付け

呼び径の10倍の長さに相当する乱れのない直線区間[4-134]が確保されれば，あらゆる測定手法のうちで，この測定手法—その原理からしてMIDの測定誤差がきわめて小さいことから—下水量測定において最高度の精度が達成可能であろう．

4.4.2 測定値検知器，測定器

先に述べた手法において必要な測定値を検知するためには，種々の測定値検知器ないし測定器が必要である．これらの機器は，DIN 19559-1[4-113]によれば，"堅牢にしてメンテナンスフリー"かつ"流下断面をさらに損なうことなく，高度な長期的安定性を有し，極端な環境条件に左右されず，優れた精度で相対的に広い測定範囲における"測定を可能とする必要がある．ここに例示した測定値検知器および測定器の選択は，完全なものではなく，まして各メーカーの製品を推奨するものではない．

4.4.2.1 水位測定

大半の開水路測定手法では，単一の測定値として水深 h が必要とされる．このために用いられ測定値検知器は，2つの大きなグループ—流体中に設置される接触式センサと水深を流体と無接触で検知する無接触式測定値検知器—に区分することができる．不明水量測定等では，接触式センサの使用は不可能であるが，それは検知器が水深に比較して大きな寸法を有することにより許容できない誤差を生み出すからである．

a．接触式水深測定　下水分野では，接触式測定値検知器による水深測定には，主として直接作動式または間接作動式の圧力センサが使用される．間接式の圧力測定には，静水圧を水深に比例した数値として検知する容積形圧力検知器が水路底部に取り付けられる．気泡発生方式によるこれらのセンサは，測定箇所(一般に水路底部)にまで伸びたフレキシブルホース内に水圧に相当するガス圧を造成することによって静水圧を測定する．いずれのタイプのセンサも下水との接触箇所の汚れに対して非常に敏感である．長時間測定に際しては，長期的に信頼し得る結果を得るために検知器は，頻繁に清掃・保守されなければならない．水深が非常にわずかな場合には，接触式の圧力検知器は流下断面に外乱を作り出すこととなる．

b．無接触式水深測定　無接触式水深測定用の標準的な測定値検知器は，超音波測深器である．この測定方式は，パルス化された超音波信号が水面によって反射されることを基礎原理としている(図 4-70)．信号

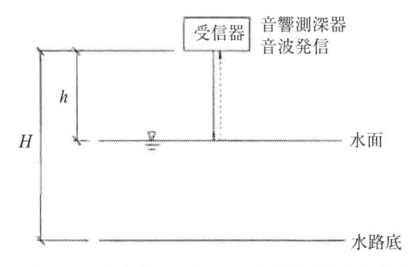

図 4-70：超音波測深器による無接触式流れ深度測定

4. 点　検

は，それが再び測深器によって受信されるまで水深に応じて異なった時間を要する．この走行時間は，水路内の水深に逆比例している．いずれの超音波測深器も予測される最大水深に対して最少間隔—いわゆるブロック間隔—を保って水路上方に設置されなければならない．超音波測深器は，変換器の切換えによって交互に送信器および受信器として機能する．変換器の切換え中は，測深器は，受信態勢になく，ブロック間隔内で反射される信号のエコーを検知することはできない．

　下水管渠での測定においては，測深器は，しばしば昇降マンホール内に，時としてはやや大きな直径の下水管の管頂にも設置される．測深器の取付固定は，メーカーが管渠内およびマンホール内への取付用の適切な補助手段を供しない場合には，使用者が場合に応じて工夫しなければならない．

　測深器は，その他の水深センサ，例えば容積形圧力検定器に比較して流体と無接触で機能するという決定的な利点を有する．これは，下水の汚濁物濃度が高い場合にとりわけ長時間測定に際して重要な利点である．この測定値検知器は，流れの障害を形成することなく，その測定結果も下水量測定に要されるその他の断面内測定値検知器の測定結果にも誤差を与えない．

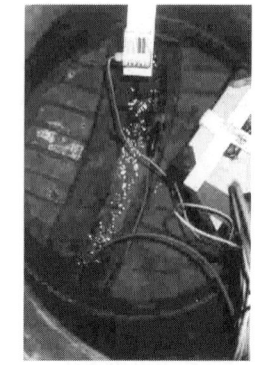

図4-71：マンホールへの超音波測深器の取付け

4.4.2.2　流速測定

(1)　平均流速の直接測定

電磁誘導流速センサおよび流量測定器(MID)　　MID 測定値検知器は，下水の導電性を基礎としている．この測定方式の原理は，ファラデーの電磁誘導の法則—交番磁界の磁力線に対して垂直に配置されている導体には電圧が誘導される—である．同一の効果は，導体(この場合には下水流)が静磁場を貫いて運動させられる場合にも発生する．この場合にも，磁場磁力線と導体の運動方向に対して垂直方向に電圧が発生する．2つの電極によって検知されるこの電圧(図 4-72)は，層流の場合にも乱流の場合にもともに測定断面における平均流速 v_m に直接に線形比例している[4-115，4-134]．

　技術用語としては，本来の測定値検知器も，流速情報と既知の流水断面積とから流量を算出する測定変換器との組合せもともに MID と称されるが，以下においては MID という用語は，基本的には流速センサを意味している．

基本形の MID，つまり圧力管用の高度精密流速センサをもとに開水路での測定用のセンサが開発された［4-135］．水深の変動という困難さに対処するには，コイル切換えによる磁場適合化のための種々の対策，測定断面における均質な条件を整えるための対策が必要である．この流速センサは，信頼しうる他の測定手法を用い，現場の複数の調整点においてキャリブレーションされなければならず，目下の技術水準にあっては，満管 MID の高度な精度にははるかに及ばない．

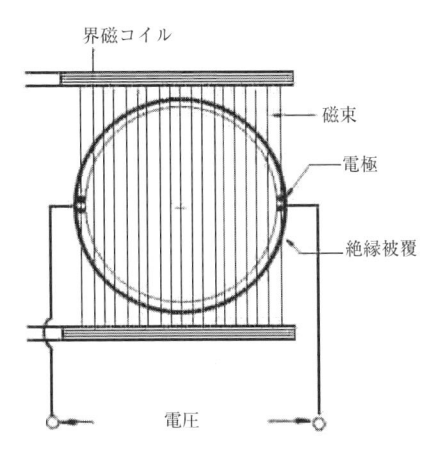

界磁コイル
磁束
電極
絶縁被覆
電圧

図4-72：電磁誘導流量センサの図解［4-117］

(2) 局所流速の測定

a．機械式流速計　機械式流速計（図 4-73）は，低摩擦軸に支持されたスクリュ羽根を具えた精密機械であり，そのスクリュ羽根の回転速度は，流下管内の平均流速に直接線形比例している．スクリュ羽根は，完全に 1 回転する

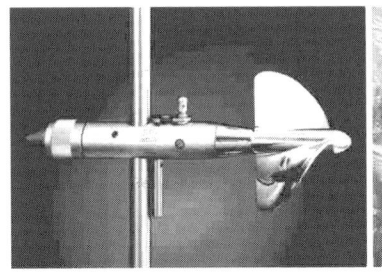

図4-73：機械式水速計［4-136］

ごとに信号パルスを発し，このパルスは，機械式またはエレクトロニクス式のカウンタを介して記録され，時間測定の結果とともに下水量計算式に組み入れられる．このスクリュ羽根は，特にそれが非常に小型化されていれば，理想的な形で水路内の局所流速を測定することができる．

機械式流速計は，水中の浮遊物質に対して非常に敏感であり，したがって，下水中での測定（例えば，網目測定）中に頻繁に清掃しなければならない．さらに水路壁面と接触することによりスクリュ羽根が—最悪の場合には気づかないうちに—変形する危険がある．いずれにせよ，良好な条件下で使用すれば，機械式流速計は，非常に正確な測定結果をもたらすことができる．

b．MID 流速センサ　電磁誘導流速センサは，適切に設計がなされていれば，流下断面における準局所的な流速の測定にも使用することが可能であり（図 4-74），すなわ

4. 点　検

ち，それは一種の"MID 流速計"である．磁場は，測定値検知器の前面にのみ開放された電磁コイルによって流下してくる水流中の狭く限定された場所に作り出される．下水の流れによって誘導された電圧は，磁場と流下方向に対して垂直に配置された2つの電極によって検知される．この電圧は，磁場によって捕捉された流れの平均流速を表しており，したがって，もっぱら理想的な局所流速を表している．機械式流速計とは異なり，MID 流速センサは，下水中の浮遊物質に影響されない．ただし使用に際しては，場合によって測定誤差の原因となり得る強い電磁場と密に隣接した金属材（例えば，補強筋）とに対する感受性を考慮することが必要であろう．

図4-74：局所流速測定用のMID速度センサ

準局所的な流速を測定するための MID センサは，水深と流速とを測定するためのセンサが組み合わされた装置にも使用することが可能である（4.4.2.3 参照）．この場合のセンサの作動方式には，"MID 流速計"としての使用時と同一の制約が当てはまる．

(3)　最大流速の測定

流下断面における最大流速の測定は，局所流速測定の特別なケースである．このために作られたセンサおよび測定器は使用者から正しい設置とキャリブレーションまたは調整にあたって，水路中の最大流速箇所を探し求める手間を省くことになろう（4.4.1.5 参照）．

超音波ドップラー方式に基づくセンサ　　流下断面における最大流速を検知しようとするセンサおよび測定器は，下水中で超音波ドップラー方式に基づいて作動する．ドップラー測定は，下水中に常に含まれる固体粒子による反射を基礎としている．センサは，上方に向かって角度 β で断面に超音波を発する（図 4-75）．発射周波数 f_1 は，下水中の反射粒子の固有運動によって反射体の固有速度に比例した分だけずらされる．超音波が当てられた範囲から異なった周波数情報の束 f_2 が受信器に達し，これから測定変換器中でフーリエ変換と統計的手法を利

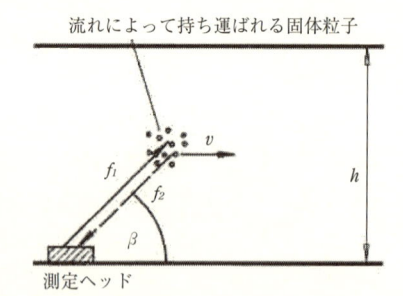

図4-75：超音波ドップラー測定センサの測定原理

用して最大ドップラー遷移が算定される.

　この測定原理に基づくセンサは，基本的には信頼し得る手法を用い，調査対象域の複数の調整点でキャリブレーションされなければならない．水深が増加するに従って，そもそも音波ロープが最大流速域になお達し得るか否かという問題は，センサの音波出力と粒子密度に依存している．超音波ドップラー方式で作動するセンサは，ほとんどの場合，水深が増加するに従って勾配がかなり低下する特性曲線を有している．これは，水深測定用の容積形圧力検定器とともにコンビネーション検知器として組み立てられることが多い(4.4.2.3参照)．下水管渠の下水量測定に際しては，一般に流れに適合した形状の検知器ケーシングが利用される．これは，短時間測定にも長時間測定にも使用することが可能であるが，水路中の顕著な障害物となることから，頻繁に清掃が行われなければならない．

4.4.2.3　水深と流速を測定する検知器が組み合わされた測定器

　一つの検知器ケーシングに水深センサと流速センサを組み合わせた装置は，流量測定に使用される頻度がますます増加している．この傾向は，管渠断面を絞る取付物のないコンパクトで設置の容易な測定システムを求める使用者の要望を反映している．こうした測定器の測定・解析手法は，その適用制限と精度とが考慮されなければならない既知の基本原理に常に帰着させることができる．

　目下のところ，実用的な測定システムで，流下断面における流速を無接触で検知し得る市販の測定システムは存在していない．したがって，組み合わされたセンサを具えた測定器は，常に水路中に取り付けられなければならない検知器ケーシングに流速センサと圧力プローブを組み込んでいる(図4-76)．圧力センサを容積形圧力検定器に比較して公知の長所を有する超音波測深器

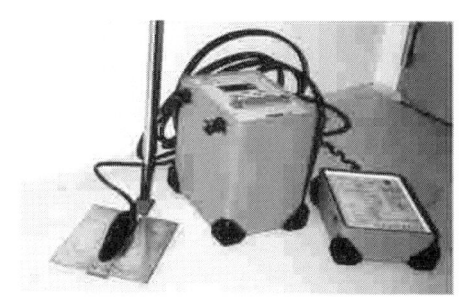

図4-76：コンビネートされた流れ深度センサと流速プローブを具え，流れに対して好適な形状とされた検知器

に代えることは，原理的に可能であることはいうまでもない(4.4.2.1参照)が，そうした場合には，測定断面に2つの別々のセンサが取り付けられなければならないこととなる．

a．超音波ドップラー流速センサまたはMID流速センサを備えた測定器　　流速測定

4. 点　検

用に検知器には電磁誘導(MID)センサまたは超音波ドップラーセンサが組み込まれている．いずれのセンサも流量の算定に必要な平均流速を直接に測定するのではなく，それぞれ局所点的流速を測定する．MID センサは，組合せ検知器上方の狭く限定された下水管内の局所的流速を測定し，超音波ドップラーセンサは，接続された変換器に発射出力，水深および粒子密度に応じて流下の断面の一部または全体を表す音波ローブからの混合周波数を与え，これから周波数分析によって音波ローブ内の最大流速に相当するドップラー信号が取り出される．

双方の測定方式で検知された局所的流速を平均流速 v_m に変換するために用いられる関係式は，メーカーごとに異なっている．超音波ドップラーセンサを備えた測定器は，スケーリング因子 k を介した v_m と v_{max} との間の公知の関係(4.4.1.5 参照)を水路形状の相違に関する修正率で補正して利用していることが多い．組合せ検知器を具えた測定器の MID センサの場合には，評価方法はほとんど知られていない．しかし，この場合の平均流速は，水路壁面近傍の，したがって最大流速域からかけ離れた流下断面の 1 点から計算されなければならないというのが事実である．

組合せセンサを具えたいずれのタイプの測定器も断面における平均流速 v_m を一連の仮定を考慮して計算する．これらの測定器は，常にそれらの使用箇所において信頼し得る測定手法を用い，測定域における複数の調整点でキャリブレーションもしくは調整が行われなければならない．測定器の調整が特性曲線のオフセット修正しか許容せず，しかも信頼し得る手法との比較にあたって非線形的な偏倚が確認された場合には，測定結果のその後の修正のために校正曲線が使用される必要があろう．メーカーの書類が理想的な条件下での使用について何を保証しているかに関わりなく，測定結果の精度は，

・水理学的条件，
・使用されるセンサの限界および誤差，
・計算手法の妥当範囲および誤差，
・適切なキャリブレーションないし調整，

によって決定される．

センサのケーシングはほとんどの場合に流れに最適な形状とされているが，数 cm の最低水深を要する点で，これらの測定器は不明水量調査には適していない．

b．超音波パルス・ドップラー流速センサを備えた測定器　先に述べた測定器は，それらが備える流速センサでは断面の局所的流速しか検知することができない．平均流速は，速度勾配の形成に関する仮定を基礎として一部経験的な関係式を介して算出される．新たに市場に登場した超音波ドップラー測定に類似した方式で作動する測定

器は，断面における様々な速度の相違した粒子の位置に関する情報ももたらすとともに，それによって流下断面に関する情報ももたらすこととなる．そのために毎秒数百の短いパルスが測定媒体に発射され，タイムウィンドウを経て反射粒子の速度と場所が決定される（図4-77）．

この測定器も全く仮定なしというわけではない．流下断面は，垂直な面内の側方が制限された超音波ローブの範囲内でのみ測定されることから，三次元速度分布は，近似的にしか求められない．したがって，この測定器は，依然として管渠内の流れの非対称性に対して敏感であり，長い直線区間を有する場合しか使用することができない．これまでのところ実験室では，相対的に手間と費用を要する手法を用い最適化された測定水路条件下で良好な結果が得られたが，現場での使用に関しては，目下のところまだなんらの経験報告（刊行された）も得られていない．もしこの測定方式が下水道での使用にあたっても有用であることが実証されれば，管渠点検作業の一環としての下水量測定は大幅に容易化されることとなろう．

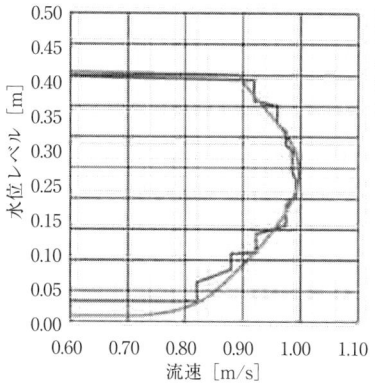

断面：長方形
平均流速：0.88 m/s
最大流速：0.995 m/s
流量：140.8 L/s
水位：0.4 m

図4-77：パルス・ドップラー方式による流れ断面の測定

4.5. 環境関連検査

DINに基づく環境関連検査は，事業所排水，水密性，下水道から排水される公共用水域の状況ならびに環境に対するその他の影響作用に関する資料が欠如している場合に実施されなければならない（DIN EN 752-5[4-5]）．

"事業所排水の排出箇所が把握され，その種類，性状，量および環境に対する潜在的な危険度が検査されなければならない．

排水されるあらゆる公共用水域の環境状態が調査され，水管理法に定める要件と比較されなければならない．要件が満たされていない場合には，下水道がそのことに重大な影響を有しているか否かが検査されなければならない．

4. 点　検

　環境に関連したその他の側面，例えば，騒音，臭気および視覚被害も考慮される必要があろう"[4-5]．

　検査の結果は，下水の公共用水域への排出の頻度，その持続時間および量とともに判定されなければならない．排出値は，可能な限りで検証済みの排出量シミュレーションモデルを用いて算定されなければならない．これらのデータは，その後，下水道が環境に及ぼす影響作用（土壌および地下水に対する影響作用も含む）の判定に組み入れられなければならない（DIN EN 752-4 の第12章および補遺 D 参照）．

　構造面の検査（4.3 参照）の結果，事業所排水の関連のデータおよびその他の関連検査は最終的に次の点から評価されなければならない．
・危険な排水の発生源，
・許可された濃度および排水量の超過程度，
・許可または認可に対するその他の違反．

　特にあらゆる下水管渠ならびに地域下水道構造物の水密性の証明も，DIN に基づく環境関連検査に含まれる（DIN EN 752-5）．下水道の点検の中心的事項であるこの検査については，その重要性からして以下に詳しく論ずる．

4.5.1　水　密　性

　下水管路は，ATV ならびに DIN に基づき耐久性，機能的安定性および水密性を具えていなければならない（ATV-A 139[4-137]，DIN EN 752[4-138]）．このことは，下水による地下水の不当な汚染と下水の望ましくない希釈を回避するために，管渠から地下水に汚染物質が漏洩しても，また地下水が管渠に流入してもならないということを意味している．したがって，予備的な漏れ検査も正規の点検作業の一部をなしている．漏れがあると認められた下水管渠は，直ちに止水されなければならない．漏れのある下水管渠の供用は，WHG §3 No.5 または6に定める水域利用（地下水への汚染物質の排出または地下水の管渠への流入）に関わることであり，これは許可取得義務がある（WHG §2 第1項）が，許可取得不能な（WHG §6,§7a 第1項，§34 第1項，[4-139]より引用）事項である．

　下水道管理者がその管渠を現行の技術準則に違反して定期的な間隔で検査しないか，または水管理庁によって求められる必要な修繕対策計画を策定しない場合には，水管理法に基づく管理者義務への違反である[4-140]．

　以上からすべての管渠網管理者にとって，実地点検調査の一環として新規の下水管

4.5. 環境関連検査

渠の水密性を検査するだけでなく，既存の供用中の管渠についても自己点検調査の一環として定期的な間隔で水密性を検査する義務が生ずる．

この点に関する最初の公式な義務付けは，1988年7月に発効したバーデン・ヴュルテンベルク州の自己点検命令[4-141]に含まれている．同命令は次のように定めている．

"……下水管渠の自己点検……(漏れ)……は定期的に検査されなければならない．既設の下水道施設の検査は，本命令の発効後遅滞なく開始されなければならない．この検査は，10年以内に完了されなければならない．漏れ検査は，少なくとも10年ごとに反復されなければならないが，一般に認められた技術準則に基づいてその水密性が証明された下水道施設の場合には，15年ごとに反復されなければならない".

その後，この自己点検命令に続いてその他の命令(**表 4-1**)および下水道技術協会の指針[4-142～4-144]が公布された．前記の要求は，1996年1月にノルトライン・ヴェストファーレン州の州建築法規の新条文によって私設宅内下水管の領域にも拡大された．同法規の§45第5項には，"地中に布設されたかまたは人が容易に接近し得ないように布設された集水用または排水用の下水管は，雨水管および流出する下水が捕集され，かつ下水の流出が判別できるようにして水密保護管中に布設されている管を除いて，(……)設置もしくは変更後に専門家によって水密性が検査されなければならない．漏れ検査は，最長にて20年の間隔で反復して行わなければならない"[4-145].

前記の命令および準則に定められた定量的な漏れ検査は，新規布設下水管渠の検査は別として，供用中の管渠の漏れ検査の実施に関する公認技術準則が欠如していたことから，1998年にATV-M 143 Teil 6[4-146]が決められるまで実現されず，そのため，既設管の水密性に関する判定は目視内部点検のみによってなされていた(**4.3.2.1**参照).

修繕や補修のなされた管渠スパンおよび管継手は，DINに基づき新規布設下水管渠と同一の要件を満たさなければならない(DIN EN 752-5[4-5])．そのため修繕や補修のなされたスパンの漏れ検査に際しては，公的管轄領域にある下水管渠についてはDIN 4033[4-147]ないしDIN EN 1610[4-147]に基づく実地検分検査の水密性基準が当てはめられ，私設下水管についてはDIN 1986[4-12]に基づく基準が当てはめられなければならない(**図 4-78**).

欧州規格，なかんずくDIN EN 752がなお建物内の管渠と建物外の管渠との区別しか行わない一方で，DINおよびATV準則集の国内規格ではなお私有地(宅地内下水．DIN 1986-30参照)と公的管轄領域(下水管渠網．DIN 4033, ATV-A 139, ATV-A 142参照)とが区別されているために管轄領域の交差が生ずる．今後の課題は，欧州規格統一によって引き起こされた準則の重複を取り除くことであろう．

既設の，もしくは修繕や補修された下水管渠の検査は，当てはめられる水密性基準

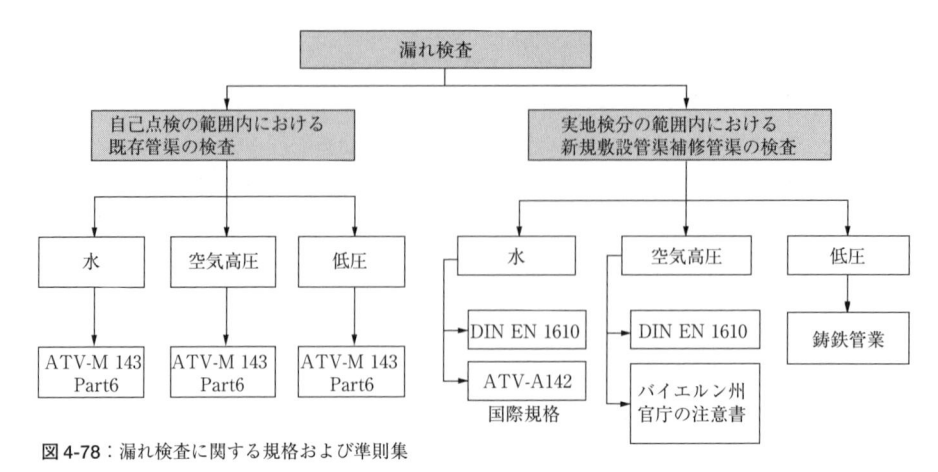

4. 点　　検

```
                    漏れ検査
         ┌─────────────┴─────────────┐
    自己点検の範囲における        実地検分の範囲における
      既存管渠の検査           新規敷設管渠補修管渠の検査
    ┌────┬────┬────┐         ┌────┬────┬────┐
    水  空気高圧 低圧         水  空気高圧 低圧
    │    │    │          │    │    │
  ATV-M 143 ATV-M 143 ATV-M 143  DIN EN 1610 DIN EN 1610 鋳鉄管業
   Part6   Part6   Part6        │
                              ATV-A142   バイエルン州
                              国際規格   官庁の注意書
```

図4-78：漏れ検査に関する規格および準則集

によってのみ基本的に区別される．漏れ検査の対象には，
・スパン（マンホールからマンホールまでの区間），
・2つの取付管の間の区間，
・マンホール，
・個々の管，
・個々の管継手（ソケット），
が含まれる．

この場合，現在までのところ次の検査手法が用いられる．
・水圧検査，
・高圧空気検査，
・低圧空気検査．

下水管渠の漏れ検査は，DINに基づきできるだけ高圧空気検査で実施されなければならない（DIN EN 1610 [4-147]）．空気高圧検査が明確な結果を示さない疑いのある場合についてのみ水圧検査が実施されなければならない（図 4-79）．この場合には，この検査の結果が決定的なものとなる．したがって水圧検査は決定的であり，そのために—空気圧検査が良

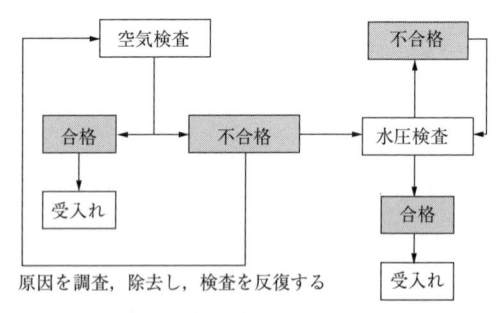

```
         空気検査
       ┌───┴───┐
      合格    不合格 ───→ 水圧検査
       │       ↑         ├────┐
      受入れ    │       不合格  合格
              │                │
         原因を調査，除去し，     受入れ
         検査を反復する
```

図4-79：DIN EN 1610[4-147]に基づく漏れ検査の実施に関する流れ図

好な結果に終わった場合には水圧検査の合格も十分保証されるようにするため—空気圧検査の水密性基準はより厳しいものとされている必要があろう(**4.5.1.2 参照**).

漏れ検査の重要性および検査に伴う作業上の危険性(**4.5.1.2 参照**)に考慮して，この任務が委託される従業員の資格には特別な要件が定められる．したがって DIN に基づき下水管渠の布設および検査には以下の一般的な要件が考慮されなければならない(DIN EN 1610[4-147]).

・適切な養成訓練を受けた経験豊かな者が事業の監督および遂行に当たること．
・作業の受託者は作業の遂行に必要な資格を有すること．
・委託者は受託者が必要な資格を有することを確認すること．

さらに ATV-M 143 Teil 6 第 6 章[4-146]"使用される作業員に求められる要件"では，NRW 州建築法規[4-145]に依拠して特に—"……漏れ検査は作業能力ならびに使用機器に対する適性が証明された専門作業員によってのみ実施されなければならない．責任を有する漏れ検査従事者は下水管渠の建設，供用および材料に関する専門知識と少なくとも 1 年の実務経験を有することが必要である．またこれらの専門知識を有する旨の証明が行われなければならない"—旨が要求されている．

4.5.1.1　漏れ検査の理論的基礎

あらゆる漏れ検査手法において，計測器による検査は一定の圧力変化が生ずる時間の把握か，または一定の検査圧力を保持するために必要とされる注入水量の把握かのいずれかである．したがって，すべての検査方法において一定量の検査媒体の損失が許容される．それゆえ水密性基準の定義，すなわち漏れのない管と漏れのある管との間の線引きは，もっぱらこの検査媒体損失量の大きさに基づいている．

検査規定によって各種の検査媒体が許容される場合には，水密性基準は，その検査により使用される検査媒体とは無関係に同一の検査結果が得られるように定められていなければならない．以下にこれらの基準の算定に必要な公式を紹介する．これらの公式は，漏れ検査時に生ずる検査媒体損失は，円形の漏れ箇所を通じて検査空間から逸散するという仮定[4-148, 4-149]を基礎としている(**図 4-80**).

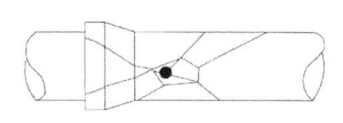

図4-80：仮定された損傷状況の原理図解．マーキングは，相当漏れ面積を有した，実際の漏れに代わるものとして仮定された理想漏れ

(1)　水圧検査

水圧検査は，ドイツにおけるこれに関連したあらゆる規格および準則集において一定水頭による

4. 点　検

検査とされており，換言すれば，要求された検査圧力を検査時間全体にわたって維持するために付加されなければならない水量が測定される．DIN EN 1610[4-147]によれば，例えば下水管渠に関する許容注入水量は，30分の検査時間で，潤辺内壁面積1 m²当り0.15 Lである(**表4-6**)．この注入水量が水圧検査の間に漏れにより完全に逸散するという仮定のもとで，検査距離と呼び径に応じ，式(4-1)から導出された式(4-2)を用いて漏れ部分の面積を計算することができる[4-149]．

$$Q = A_L \alpha \sqrt{2gh} \tag{4-1}$$

$$A_L = \frac{\text{perm.} W A_{PR}}{1000 \, t_w \alpha \sqrt{2gh}} \tag{4-2}$$

ここで，Q：流出水量[m3/s]，A_L：漏れ面積[m²]，α：抗力係数[-]，g：重力加速度[m/s²]，A_{PR}：検査空間内の管壁面積[m²]，perm.W：検査規格に応じた許容注入水量[L/m²]，h：静水頭[m]，t_w：検査規格に応じた水圧検査の検査時間[s]．

(2) 高圧空気検査

高圧空気検査は，空気が定まった期間内に漏れ箇所を通じて逸散し，これによって被検査管内に圧力降下が生ずるという考えを基礎としている．これは，等エントロピー断熱変化，すなわち検査の間に媒体としての空気と周辺環境との間に摩擦損失も熱交換も生じないことを仮定することによって計算することができる[4-149, 4-150]．

空気の流速，質量流量および流出時間を導出するために，まず**図4-80**に示したような大きな器(管)からの，熱交換なし，摩擦損失なしの水平方向，非拡散的な流れが選択される．

高圧検査の開始前に検査対象管区間を検査圧力まで高める．ポンプの停止後直ちに漏れによる空気質量の逸散で管内圧力が低下する．空気質量流が逸散する速度は，内圧と外圧の比に依存している．この比率は，検査時間が長引くに従って低下することから，逸散する空気量も同程度に減少し，これによって管内の圧力減少は緩慢となる．

こうした過渡的な流体挙動の考慮下で流体力学ならびに熱力学の基本式を基礎とし，所与の漏れ面積で一定の圧力変化が生ずる時間を表す高圧空気検査の決定式(4-3)を得ることができる．

$$t = \frac{V_{PR}}{\alpha A_L \sqrt{R\, T_{amb}\left(\frac{p_1 \kappa}{p_2 + (\kappa-1)p_1}\right)}\sqrt{\frac{2\kappa}{\kappa-1}}} \int_{p_1}^{p_2} \frac{dp}{\sqrt{\left(\frac{p_{amb}}{p}\right)^{2/\kappa} - \left(\frac{p_{amb}}{p}\right)^{(\kappa+1)/\kappa}}} \, [\text{s}] \tag{4-3}$$

4.5. 環境関連検査

表 4-6：ドイツ，オーストリア，スイス，旧東ドイツおよび欧州における下水管渠水圧検査基準の対比

規格	管材料	呼び径	水付加量 [L/濡れた管内壁 1m²]		検査圧力 [bar]	予充填時間 [h]
DIN 4033[*1]	アスベストセメント	全呼び径	0.02		0.5	1 11
	コンクリート，鉄筋コンクリート(現場打設コンクリート)	全呼び径	0.3 形状 KW, KFW		0.5[*5]	24
	コンクリート	円形	形状 K, KF			
		100 ～ 250	0.4	—	0.5	24
		300 ～ 600	0.3	0.15	0.5	24
		700 ～ 1 000	0.25	0.13	0.5	24
		＞1 000	0.2	0.1	0.5	24
		卵形	形状 EF			
		500/750 ～ 800/1 200	0.25		0.5	24
		900/1 350 ～ 1 200/1 800	0.2		0.5	24
	陶器	全呼び径	0.1		0.5	24
	鋳鉄 ZM あり	全呼び径	0.02		0.5	24
	鋳鉄 ZM なし	全呼び径	0.02		0.5	1
	プラスチック	全呼び径	0.02		0.5	1
	レンガ積材	全呼び径	0.3		0.1[*6]	24
	鉄筋コンクリート	円形				
		250 ～ 600	0.15		0.5	24
		700 ～ 1 000	0.13		0.5	24
		≧ 1 000	0.1		0.5	24
		その他の形状	0.1		0.5	24
	鋼鉄 ZM あり	全呼び径	0.02		0.5	24
	鋼鉄 ZM なし	全呼び径	0.02		0.5	1
DIN EN 1610[*2]	すべての材料	全呼び径	0.15		0.1 ～ 0.5	1
ATV-M 143 Teil6	すべての材料	全呼び径	0.2		0.05	1
TGL24892/ 10[*1,4]	コンクリート (形状 A & B TGL26721/01 に準拠)	円形				
		150 ～ 600	0.6		0.3	12
		800 ～ 1 000	0.5		0.3	12
		＞1 000	0.4		0.3	12
		卵形				
		600/900	0.5		0.3	12
		800/1 200	0.4		0.3	12
		1000/1 500	0.4		0.3	12
		1200/1 800	0.4		0.3	12
	コンクリート (形状 E TGL26721/01 に準拠)	円形				
		150	0.6		0.3	12
		200	0.55		0.3	12

4. 点　検

規格	管材料	呼び径	水付加量 [L/濡れた管内壁 1m^2]		検査圧力 [bar]	予充填時間 [h]
TGL24892/ 10 *1, 4	コンクリート （形状 E TGL26721/01 に準拠）	300	0.5		0.3	12
		400	0.4		0.3	12
		500	0.3		0.3	12
		600	0.2		0.3	12
		800	0.15		0.3	12
		1 000	0.1		0.3	12
		1 200	0.1		0.3	12
		150	0.8		0.5	12
		200	0.75		0.5	12
		300	0.7		0.5	12
		400	0.6		0.5	12
		500	0.45		0.5	12
		600	0.35		0.5	12
		800	0.25		0.5	12
		1 000	0.15		0.5	12
		1 200	0.15		0.5	12
	陶器 *7	全呼び径	0.15		0.3	1
		全呼び径	0.15		0.5	1
	アスベストセメント	全呼び径	0.02		0.3	—
		全呼び径	0.02		0.5	—
	PVC-H	全呼び径	—		0.3	—
		全呼び径	—		0.5	—
SIA190 *3	アスベストセメント	全呼び径	ゾーン S	0.05	0.5	24
			ゾーン A	0.1	0.5	24
			ゾーン B/C	0.15	0.3	24
	コンクリート	全呼び径	ゾーン S	0.05	0.5	24
			ゾーン A	0.1	0.5	24
			ゾーン B/C	0.15	0.3	24
	陶器	全呼び径	ゾーン S	0.05	0.5	24
			ゾーン A	0.1	0.5	24
			ゾーン B/C	0.15	0.3	24
	プラスチック	全呼び径	ゾーン S	0.05	0.5	1
			ゾーン A	0.1	0.5	1
			ゾーン B/C	0.15	0.3	1
ÖNORM B 2503	アスベストセメント	全呼び径	0.03		0.3〜0.5	1
	鋳鉄	全呼び径	0.03		0.3〜0.5	1
	PVC/PE-HD/PP/GF-UP	全呼び径	0.03		0.3〜0.5	1
	鋼鉄	全呼び径	0.03		0.3〜0.5	1
	陶器	全呼び径	0.1		0.3〜0.5	1
	鉄筋コンクリート	全呼び径	0.15		0.3〜0.5	1
	無筋コンクリート	全呼び径	0.2		0.3〜0.5	1

*1 検査時間：15 分　*2 検査時間：30 分　*3 検査時間：1 時間　*4 検査圧力：管渠が水源保護区域のゾーン I にある場合は 0.5 bar、TGL 24348/01 に準拠　*5 もっと低い検査圧力：ただし検査区間の最低点における管頭上方で少なくとも 0.1 bar 高圧を取り決めることができる。*6 検査区間の最低点での管頭頂の高さにおける検査圧力。*7 TGL 11515 に定める陶管には適用されない。

ここで，t：検査時間[s]，V_{PR}：検査容積[m³]，A_L：漏れ面積[m²]，R：比気体定数(=287)[J/kg・K]，T_{amb}：周辺温度[K]，κ：等エントロピー指数≒1.4[-]，α：抗力係数(ここではα=1.0)[-]，p_1：検査開始時の検査圧力[N/m²]，p_2：検査終了時の検査圧力[N/m²]，p：検査時間に応じた検査圧力[N/m²]，p_{amb}：周辺圧力[N/m²]．

検査時間中に使用される検査媒体とは無関係に，例えば，
・管内の摩擦損失；管材料と肉厚，
・漏れの断面狭小化による損失，
・漏れの断面拡大による損失，
・流速低下による流出損失，
による流入ないし流出する質量流量を減少させるエネルギー損失が生ずる．

これらの抵抗ないし損失は，ここに紹介した算定式中では抗力係数αによって考慮されている．これは，数値的には0と1との間にあり，換言すれば，αが小さければ小さいほど媒体の流れを緩慢にし，検査時間を長引かせる抵抗はそれだけ大きいこととなる．

式(4-3)で使用されている等エントロピー指数κは，圧力が一定な場合の比熱容量c_pと体積が一定な場合の比熱容量c_vとの比（$\kappa=c_p/c_v$）である．比熱容量が一定の理想気体の場合—その際，空気はそうしたものとして近似される—には，κは1.4と仮定することができる．

(3) 低圧空気検査

低圧空気検査の算定式は，高圧空気検査の式と同様に算出される．低圧検査での媒体の流れ方向は，高圧空気検査の場合と比較して逆であることから，流速を表す積分に変化が生ずる．

$$t = \frac{V_{PR}}{\alpha A_L \sqrt{R T_{amb} \left(\frac{p_1 \kappa}{p_2+(\kappa-1)p_1}\right)} \sqrt{\frac{2\kappa}{\kappa-1}}} \int_{p_1}^{p_2} \frac{dp}{\sqrt{\left(\frac{p_{amb}}{p}\right)^{(\kappa+1)/\kappa} - \left(\frac{p_{amb}}{p}\right)^{2/\kappa}}} [s] \quad (4\text{-}4)$$

ここで，検査媒体の物理的特性の相違—非圧縮性媒体としての水，圧縮性媒体としての空気—により，異なった検査媒体を使用した漏れ検査の結果は，直接相互比較することはできないが，先の算定式は，漏れ面積A_Lと相関させられており，異なった検査媒体を使用した漏れ検査の結果は，これを介して互いに比較し得るように処理することができる．

高圧空気検査ないし低圧空気検査には，まず初期検査圧力と許容圧力差が前もって

4. 点　検

定められる［4-149，4-150］．水圧検査と空気圧検査との比較の可能性を検証するため，式(4-2)に基づく水圧検査の限界漏れが算定式(4-3)と(4-4)に代入される．

　式(4-5)と(4-6)を経て，しかも基礎とされた規格とは無関係に水圧検査の基準から生ずる呼び径に応じた検査時間を計算することができる．この手順に際して，水圧検査と空気圧検査の限界漏れ面積は同一であることから，2つのの手法に基づく検査結果は，少なくとも傾向的に一致していることが保証されている．

$$t=\frac{V_{\mathrm{PR}}\times 1\,000\sqrt{2\,gh}\ t_w}{\mathrm{perm}.WA_{\mathrm{PR}}\sqrt{R\,T_{\mathrm{amb}}\left(\frac{p_1\kappa}{p_2+(\kappa-1)p_1}\right)}\sqrt{\frac{2\kappa}{\kappa-1}}}\int_{p_1}^{p_2}\frac{dp}{\sqrt{\left(\frac{p_{\mathrm{amb}}}{p}\right)^{(\kappa+1)/\kappa}-\left(\frac{p_{\mathrm{amb}}}{p}\right)^{2/\kappa}}}\ [\mathrm{s}] \quad (4\text{-}5)$$

$$t=\frac{V_{\mathrm{PR}}\times 1\,000\sqrt{2\,gh}\ t_w}{\mathrm{perm}.WA_{\mathrm{PR}}\sqrt{R\,T_{\mathrm{amb}}\left(\frac{p_1\kappa}{p_2+(\kappa-1)p_1}\right)}\sqrt{\frac{2\kappa}{\kappa-1}}}\int_{p_1}^{p_2}\frac{dp}{\sqrt{\left(\frac{p_{\mathrm{amb}}}{p}\right)^{2/\kappa}-\left(\frac{p_{\mathrm{amb}}}{p}\right)^{(\kappa+1)/\kappa}}}\ [\mathrm{s}] \quad (4\text{-}6)$$

4.5.1.2　スパン間の漏れ検査

　図4-81から漏れ検査の一般的な流れとその際に講じられる措置を見て取ることができよう．以下にこれらの措置をスパン間の漏れ検査を例として説明することとする．図4-81，4-82にこうした検査の概要を示した．スパンの両端の密閉は，遮断プラグで行われ，これにはゴム封止体の膨張用圧縮空気チューブ管，検査空間への検査媒体の充填/逃がし用チューブ管ならびに圧力チェック用のチューブ管が組み込まれている．

図4-81：検査媒体として水を用いたスパン漏れ検査の原理図解

図4-82：検査ピローとチェックホースによる水密性検査［4-178］

4.5. 環境関連検査

(1) 準備措置

漏れ検査の準備措置は，一般に 4.5.1.1 の図 4-78 にあげたあらゆる検査手法に当てはまる．以下にこれらを ATV-M 143 Teil 6[4-146]をもとにして述べる．

漏れ検査を実施するには，委託者から十分な図面資料が提供されなければならない．この資料からは，特に以下の事項が判明しなければならない．
・実施場所，
・検査対象箇所の位置，種類，範囲，分類指標(例えば，スパンナンバーまたはマンホールナンバー)，
・昇降設備，避難設備．

特別な危険，例えば崩壊の危険性，管渠気相中のガス，下水組成等については，別個の情報の提供が行われなければならない．検査の開始前に昇降設備の使用が容易かのチェックがなされるとともに，この容易性が検査期間全体にわたって保障されなければならない．

遮断プラグの確実な嵌合いと漏れ検査を支障のなく実施するために検査対象箇所は，検査の実施前に徹底的に清掃されなければならない．清掃にあたっては，遮断プラグと管渠壁との接触面の慎重な清掃が特に重要である．

検査対象箇所における爆発性ガスの有無，濃度等の確認ならびに事故回避のため事前に交通の規制，交通の安全確保および交通止め等について道路交通官庁との協議を行い，適切な対策が講じられなければならない．

検査対象箇所は，検査の実施中，例えば迂回，一時的な塞止めまたはポンプ排水等によって下水がない状態に保たれなければならない(5.5参照)．点的検査(ソケット検査)の場合は，下水通過路(バイパス)を設けることができれば，限られた量の下水の流下は許容することができる．

原則的に実施さるべき安全対策に関しては，管路管理業組合および連邦地方自治体災害保険者連合会(Bundesarbeitsgemeinschaft der Gemeindlichen Unfallversicherer) (BAGUV)の関連安全規定(8.参照)，特に以下を参照されたい．
・UVV"総則規定"(VBG 1)[4-151]，
・UVV"建設作業"(VBG 37)[4-152]，
・UVV"下水道技術設備・施設"(GUV 7.4)[4-49]，
・下水管渠建設作業に関する安全規則(ZH 1/559)[4-153]，
・下水道技術設備・施設の包囲された空間内における作業に関する安全規則(ZH 1/177)[4-154]．

下水管渠の漏れ検査は，UVV"総則規定"§36(1)[4-151]に準拠して危険作業に区分

325

4. 点検

される．この場合には，次の最低要件が適用される．
・漏れ検査は単独の作業員によって行われてはならない．
・検査に伴う危険に通じている適切な作業員に委託が行われなければならない．
・監督者が任命されなければならない．

　検査媒体として空気を用いる漏れ検査の実施に関する指針は，現在策定中である．この指針は，その発効後には当然遵守されなければならない．

(2) 遮断プラグ

　下水の一時的な遮断に使用される一切の装備は，文献［4-146］に基づき VDE 規定，DIN ならびに災害防止規定 UVV を満たしていなければならない．

　使用される遮断プラグは堅牢でなければならず，かつ使用範囲に合致して用いなければならない．メーカーは，遮断プラグに型式表示プレートに次の事項に関して耐久的な表示を行い，必要事項がはっきりと読み取れるように記載しなければならない．
・製造者，型式，製造年度，
・密閉可能な管直径ないし管直径範囲，
・最大使用圧力，
・使用される検査媒体に応じた最大許容検査圧力，
・許容検査媒体．

　遮断プラグ類は，慎重に保管され，損傷が防止され，かつ定期的に保守・点検されなければならない．また定期的に実施された保守作業に関する証明書が必要である．さらに現場監督者は，遮断プラグ類が規定どおりに使用されているか否かのチェックを行わなければならない．遮断プラグには，現場で閲覧することのできる明瞭な使用説明書が具えられていなければならない．検査証(例えば"安全性検査済み"を表す GS マーク，または"ユーロテスト"を表す ET マーク)の付された遮断プラグは，独立した検査機関による労働安全性検査に合格したものである．

　管壁と遮断プラグとの接触面の封止機能は，いかなる検査圧力に対しても，かついかなる検査媒体が使用される場合(水，高圧ないし低圧空気)にも確実に保持されなければならない．

　実地に使用される遮断プラグは，一般に

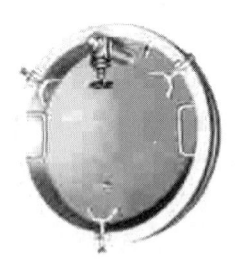

図4-83：呼び径 450～600用の漏れ検査管シャッタ(Städtler &.Beck社)
［4-155］

4.5. 環境関連検査

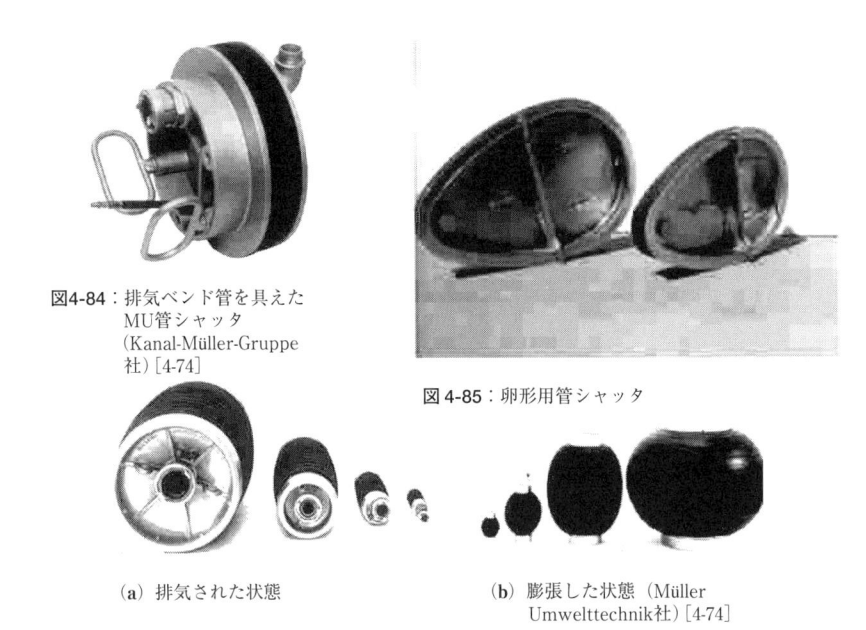

図4-84：排気ベンド管を具えた MU管シャッタ（Kanal-Müller-Gruppe社）[4-74]

図4-85：卵形用管シャッタ

(a) 排気された状態

(b) 膨張した状態（Müller Umwelttechnik社）[4-74]

図4-86：呼び径 100～1 200用のMU管エアバッグ

いわゆる管シャッタ（図 4-83），呼び径 100～4 000 の円形用の遮断シャッタ（**図 4-84**），卵形用の遮断シャッタ（**図 4-85**），またはその他の断面形状用の遮断ディスク，もしくは呼び径 100～1 200 の円形管用の遮断エアバッグ（**図 4-86**）である．

管への遮断プラグの嵌込みは，まずプラグが全周にわたってしっかり嵌まり込むまで行わなければならない．しっかりと嵌合いを行うことは，その後，検査管内における遮断プラグの不測の位置ずれを防止するために行われる確実な支保の前提条件である．

支保を行った後，取付箇所を離れ，所定の充填圧力による遮断プラグの充填がマンホールないし管渠の外部から行われなければならない．充填は，圧縮空気によってのみ行うことができる．

(3) 水圧検査

検査媒体として水を用いた圧力検査は，典型的な漏れ検査手法である（**4.5.1.1 参照**）．検査媒体として水を用いた圧力検査は，DIN EN 1610[4-147]が制定されるまではドイツにおいて公認され，かつ DIN 4033[4-147]ないし ATV-A 139[4-137]（自然流下管）および DIN 4279[4-156]（圧力管）によって規格化された唯一の新規布設管渠漏れ検査手

327

法であったが，これらの規格および準則集の適用範囲は，まだ埋め戻しされていない下水管渠に限られていた．

DIN EN 1610 は検査の実施法について明確に述べていないので，以下では DIN 4033 の当該記述を引用する．

検査を行うため枝口および合流口を含む当該スパンの一切の開口は，水漏れおよび圧力漏れのないように密閉されなければならない．続いて，スパンの最高点に設けられている十分大きな寸法を具えた排気口—これは少なくとも水の充填管と同じ断面積を有していなければならない—から管渠内に含まれていた空気が流出し得るように管最低点を起点として管内に水がゆっくりと注入される(図 4-81)．この場合，検査対象スパンは，いかなる時でも，高圧下にある管—消火栓またはポンプ—と直接に結合していてはならない．水の注入と検査圧力の上昇は，開放タンクを介して行われなければならない．管への水の注入と検査との間には十分な時間が取られ，"注入時から管内に残存していた空気が徐々に逃げることができるようにするとともに，必要な場合には管壁を水で十分に飽和させなければならない"([4-147]第 9.2.2.2 章)．

予充填時間に続いて，管内の最低水被り点上方に 0.5 bar(レンガ積管渠の場合には 0.1 bar)の検査圧力がかけられる．管は，検査圧力の維持に要される 15 分の検査時間中の注入水量(L/濡れた管内壁面積 m^2)が許容限界値(表 4-6)を超えず，かつ管継手に漏れがなければ水漏れなしとみなされる．

DIN 4033[4-147]中に管渠の建設に一般的に使われる管材料ごとの補給注入水量は，材料に応じた管壁での吸水量ならびに管の肉厚と継目の種類に依存する閉じ込められた空気量の圧縮および管頂部におけるその緩慢なリーク量等をもとにして得られた経験値である．したがって，DIN 4033[4-147]の趣旨からして，この補給注入水量は，水損失すなわち漏れに起因したものとして分類されてはならない．

DIN 4033 の顕著な増補は，水源保護区域の新規布設下水管渠の漏れ検査に関する ATV-A 142[1-157](6.参照)である．これによれば，漏れ検査は，—検査は，"……技術的に実施可能な限りで……"のみ実施されればよい旨を定めている DIN 4033 とは異なって—技術的な手間と費用には関わりなく実地点検に際して必ず実施され，記録が作成されなければならない．0.5 bar の検査圧力は，DIN 4033 とは異なり，検査される管渠の最高点において維持させられなければならない．塞止めによってさらに高い圧力が可能であれば，その圧力が基準とされる．

検査時に管壁に湿った箇所が認められるか，または管外側ないしマンホール外側に水滴が認められるかする場合には，検査は中断され，欠陥ある部材が交換されなければならない．そして再び検査が反復されなければならない．二重壁管からなる管渠の

場合には，下水管と被覆管とは別々に検査されなければならない．

水源保護区域の二重壁ないし単壁の下水管渠の構造および施工に関する実施例ならびに水密性をチェックするための検査手法は，ATV-M 146[4-158]にまとめられている（**6.4.2.1** 参照）．

ATV-A 142[4-157]に基づく水圧検査には，検査は，露出しているスパンで行われなければならないことが前提とされていることから，もし水の漏れがあれば，それは目視によって認めることができる．ただし，水密性検査が管渠の埋戻し後に初めて実施可能な場合には，バイエルン州水管理庁[Bayerisches Landesamt für Wasserwirtschaft]の注意書[4-159]に基づきより厳しい圧力検査が求められる．この場合，検査は，それぞれ 15 分ずつの 2 回の検査間隔で実施されなければならず，検査間隔の間に検査圧力を維持するための補給注入水量が測定される．検査対象が漏れなしとみなされ得るためには，第 2 回の検査間隔時に測定された補給注入水量が第 1 回の検査間隔時のそれ以下でなければならず，また同時にいずれの補給注入水量も DIN 4033 の許容限界値を超えていてはならない．

DIN 1986-30 に基づく検査の場合には，下水管は，それが DIN 4033 ないし DIN EN 1610 に基づく初回検査時に水を用いた漏れ検査—ただし実際に可能な使用圧力をもってする—に合格すれば漏れなしとみなされる．空気を用いた検査手法は DIN EN 1610 に述べられている．

DIN EN 1610[4-147]に基づき実地点検の一環としての新規布設下水管渠の漏れ検査に関わる水圧検査検査基準が新たに適用される．これは DIN EN 752-5[4-5]を介して修繕された管渠の実地点検にも間接的に適用される（**図 4-78** 参照）．

DIN 4033[4-147]の材料に応じた許容補給注入水量は，濡れた管内壁面積 1 m^2 当り 0.15 L というすべての管材料に適用される一括値に代えられる．文献[4-147]によれば検査要件は，"……補給された水の容積が，
・下水管につき，30 分にて，0.15 L/m^2，
・下水管およびマンホールにつき，30 分にて，0.20 L/m^2，
・マンホールおよび点検口につき，0.40 L/m^2，
を超えない場合に……満たされている"とみなされる．この場合，単位 m^2 は，濡れた管内壁面積を表している．

DIN 4033 に材料に応じて定められている補給水量注入時間は，一般に 1 時間に限定される．ただし，これは例外的な場合にあって特別な気候条件に基づいてそれが必要とされる限り 24 時間に延長することができる．検査圧力は，管最高点で最高 0.5 bar，最小 0.1 bar である．

4. 点　検

　　DIN 4033[4-147]と比較して最も重大な変更は，新規布設下水管渠の漏れ検査は，今後既に埋め戻された管についても実施されなければならないという要求であり，これにより管外壁および管継手の目視検査は行われないこととなる．"予備検査は，側面間詰めが行われる前に実施することができる．最終実地点検検査のため下水管は，埋戻し後に検査されなければならない"[4-147]．

　　既存の稼働中の管渠の検査は，ATV-M 143 Teil 6[4-146]によって規定される．この場合，水圧検査に関しては，検査時間 15 分にて濡れた管内壁面積 1 m² 当り 0.2 L という材料とは無関係の許容補給水注入水量と 0.05 bar という検査圧力—検査対象の最高点における水頭 50 cm に相当—が定められる．

　　DIN EN 1610[4-147]に比較して検査時間は 15 分に短縮されたが，これは絶対に必要とされる検査対象区間の供用停止時間を可能な限り低く抑えるためである．検査水の不明水によるリスクの可能性（例えば，土壌粒子の侵食による基礎の変化（**2.2.3.1**，**2.2.3.2参照**）および文献[4-160，4-161]）を考慮して，さらに ATV-M 143 Teil 6[4-146]の検査圧力は，DIN EN 1610[4-147]に比較して著しく引き下げられたが，これは以下の点を配慮した結果である．

・検査圧力の引下げにより上述した検査スパンの漏れリスクの可能性は最小限に抑えられる．
・0.05 bar という定まった検査圧力（**表 4-6**）の選択により，一方で検査対象管渠の空気抜けが保障され，他方で検査結果相互の比較が可能となる．
・許容補給注入水量が守られる場合には下水管渠の水密性は供用条件下で十分確実保障され得る．最大内圧負荷時の自然流下渠の漏れも，希釈された下水，もしくはやや汚濁した雨水が排出されるにすぎない．これらの負荷の発生は，水理学的に十分な余裕をもって設計された管渠の場合には年 1 回に満たない．こうした場合の漏れによる負荷は，水域保護ないし土壌保護の点からしても甘受し得るものである[4-160，4-161]．

（4）　高圧空気検査

　　ドイツとは異なり，外国では既にかなり以前から検査媒体として空気を用いた漏れ検査（特に文献[4-162 ～ 4-172]参照）が実施されている．これは水圧検査に比較して以下の長所を有している[4-173]．

・検査スパンに水を注入する必要がないこと．したがって，水の調達問題および突然の管破損による水害が生じないこと．
・一定な検査圧力が管渠の布設勾配とは無関係に検査スパンの全体にかかり，検査ス

パンの最高点でも有効であること．
・検査装置の組立ておよび検査の実施が迅速に行えること．これによって検査対象管渠の供用停止が短時間で済むこと．
・0℃以下の温度時で漏れ検査の実施が可能であること．
・検査装置がより簡単で，摩耗のない検査器具であること．
・流出媒体の音源の確認による音響的な漏れ位置の探知が可能であること．
・費用がより安いこと．

　連邦規格中でこれまで空気圧検査が無視されてきた理由は，ATV-A 139［4-137］に述べられており，同所には—"……水を用いた検査と圧縮空気を用いた検査との間には（……）相関性は（存在しない）．圧縮空気検査は管渠の気密性に関する判定しか適用できず，水密性に関する判定を行うことはできない．したがって圧縮空気検査は補助的対策とみなすことしかできず，DIN（……）に基づく検査に代わることはできない．圧縮空気による検査に際しては特別な災害危険に注意しなければならない"—と規定されている．

　こうした考え方は，欧州規格の均等化の過程で放棄され，高圧空気検査は，DIN EN1610［4-147］中に新規布設管渠向けに採用され，前述した長所からして迅速かつ経済的なな検査法として特に推奨されることとなった（**表 4-7**, **図 4-78**, **4-79**）．ドイツでは，1992 年に初めてバイエルン州水管理庁の注意書"新旧下水管渠の検査"において同様な方針が採用された［4-159］（**表 4-8**）．

　既存の管渠の検査に関する ATV-M 143 Teil 6 の検査基準は，呼び径 1 200 以下について**表 4-9** にまとめられている．中間の値は，補間法によって求めることができる．ここに表されていない，より大きな呼び径（1 200 以上）ないしその他の断面形状に関する必要検査時間 t[min]は，式(4-7)に基づいて計算することができる．

$$t = 5.61\sqrt{2\,d_i^3 + d_i^2} \tag{4-7}$$

同式には直径 d_i は m で代入されなければならない．

　特殊断面，例えば卵形断面については，式(4-8)に基づいて等価直径 d_E [m]を計算することができる．

$$d_E = 4\frac{断面積}{周長} \tag{4.8}$$

　検査の開始前に検査される管のすべての開口は，気密密閉されなければならない．この場合，基本的に水圧検査の場合と同一の遮断プラグを使用することができるが，

4. 点検

表4-7：DIN EN 1610[4-147]に基づく空気を用いた検査に関する検査圧力，圧力降下および検査時間

材料	検査手法	P_0 [*1] [mbar] [kPa]	ΔP	検査時間[min]						
				呼び径 100	呼び径 200	呼び径 300	呼び径 400	呼び径 600	呼び径 800	呼び径 1000
乾燥コンクリート管	LA	10 −1	2.5 −0.25	5	5	5	7	11	14	18
	LB	50 −5	10 −1	4	4	4	6	8	11	14
	LC	100 −10	15 −1.5	3	3	3	4	6	8	10
	LD	200 −20	15 −1.5	1.5	1.5	1.5	2	3	4	5
K_p 値[*2]				0.058	0.058	0.053	0.04	0.0267	0.02	0.016
湿潤コンクリート管およびその他の全材料	LA	10 −1	2.5 −0.25	5	5	7	10	14	19	24
	LB	50 −5	10 −1	4	4	6	7	11	15	19
	LC	100 −10	15 −1.5	3	3	4	5	8	11	14
	LD	200 −20	15 −1.5	1.5	1.5	2	2.5	4	5	7
K_p 値[*2]				0.058	0.058	0.04	0.03	0.02	0.015	0.012

[*1] 大気圧以上の圧力
[*2] $t = \dfrac{1}{K_p} \ln \dfrac{P_0}{P_0 - \Delta p}$
乾燥コンクリート管については $K_p = 16/$呼び径，最高値は 0.058．
湿潤コンクリート管およびその他の全材料については $K_p = 12/$呼び径，最高値は 0.058．その際，t は $t \leq 5$ min の場合には端数を丸めて近い整数分とされ，$t > 5$ の場合には端数を丸めて近い整数分とされる．

表4-8：バイエルン州水管理庁．検査時間に応じた，検査圧力 0.2 bar による空気高圧検査時の許容圧力降下 [mbar][4-159]

呼び径		100	150	200	250	300	350	400	450	500	600	700	800	900	1000
検査時間[min]	10	63	43	32	26	22	19	16	15	13	—	—	—	—	—
	15	91	62	48	39	32	28	25	22	20	17	14	—	—	—
	20	—	—	—	—	—	—	—	29	26	22	19	16	13	13

表4-9：ATV 注意書 M 143 Teil 6[4-146]．高圧もしくは低圧によるスパンないし区間の漏れ検査に際する必要検査時間[min]
検査圧力：$P_0 = 100$ mbar
鎮静時間：$t_B = 10\, d_i$ [min] d_i：直径[m]

	P_0 [mbar]	ΔP [mbar]	呼び径										
			100	200	300	400	500	600	700	800	900	1000	1100	1200
高圧 検査時間	100	15	1	2	3	4	5	6	7	8	9	10	11	12
低圧		−12												

ただし，用いる遮断プラグがメーカーによって高圧空気検査用と証明されているか否かに注意しなければならない．

検査のために，まず検査スパンに本来の検査圧力よりも約10％高い初期圧力がかけられる．装入された空気量の温度が管壁温度と等しくなるまで十分な時間（安定時間）を置いた後，検査圧力は，必要があれば検査規定で要求されている検査圧力に合わされる．ATV-M 143 Teil 6 では，呼び径に応じた安定時間の上限を以下の関係式に基づいて決定することが提案されている．

$$10\, d_i\,[\mathrm{m}] = 安定時間\,[\mathrm{min}]$$

検査対象スパンは，規格中にあげられている定許容圧力差が所定の検査時間内にが超えられない場合は漏れなしとみなされる．

必要な検査圧力は，市販の十分な容量を有するコンプレッサまたは真空ポンプを用いることで得られる．文献[4-146]によると，必要とされる加圧装置は，
・安全弁，
・圧力チェック用の圧力計，
・圧力調整器，
・加圧用フレキシブルホース，
から構成されていなければならない．

検査圧力に到達した後，検査空間と圧力タンクないしポンプとの接続が切り離されなければならない．検査圧力の過剰な上昇を防止するために，減圧弁および圧力安全装置が安全スイッチ（例えば，デッドマンスイッチ）と組み合わせて加圧装置に組み込まれなければならない．

文献[4-146]によれば，圧力測定には最大測定誤差±2 mbar の高分解能エレクトロニクス精密測定圧力計（例えば，絶対圧力計）が使用されなければならない．いずれの計器も毎年計測チェックを行わなければならない．さらに検査結果は記録化されていなければならない．

歩行不能の下水管渠の検査対象スパン，管継手への加圧，ならびに検査圧力のチェックと圧抜きは，地表から安全に行われなければならない．検査圧力の超過は，
・それが圧力計によって監視され，
・所定の圧力に設定された自動安全弁またはエレクトロニクス圧力切断回路にて制御することによって，
防止されなければならない。

漏れ検査を行うスパンないし区間の検査空間への加圧の開始とともに，下水管内お

4. 点　検

よびマンホール内での作業は禁止される．この間には何人も遮断プラグの前およびその危険域にとどまっていてはならない[4-146]．

遮断プラグの取外しは，検査空間内の検査圧力が大気圧まで完全に低下した後に初めて行うことができる．検査空間の均圧ならびに遮断プラグからの圧抜きは，マンホール外またはスパン外の安全な場所から行われなければならない[4-146]．

(5) 低圧空気検査

負圧による検査(低圧試験)は圧縮空気による検査と同一の先に引用したATV-A 139[4-137]の制約条件に従っている．

先にあげた検査手法と対照的に，この手法は，以下の追加的な長所を有している[4-174]．

・低圧下にある大きなスパン容積によって生じるリスクの可能性なくなること．
・簡便な密閉器具を使用し得ること．
・流入する空気の音源の確認によって音響学的な漏れ位置の探知が可能であること．

ドイツにおける最初の低圧検査による管渠の漏れ検査の実施テストに関する報告は，文献[4-175, 4-176]にある．この場合，検査されるスパンは，水圧検査の場合と同様に0.5 barの低圧(絶対圧力)にされる．漏れがある場合には，特に損傷の種類と程度さらにまた損傷箇所を通して流入する媒体の種類(空気，水)に依存した圧力上昇が生ずる．

新規布設または修繕された下水管渠の低圧検査に関する唯一の基準は，鋳鉄管業界によって作成され，呼び径に応じ**表 4-10**の限界値を定めた[4-177]．

既設管渠の低圧検査の基準は，**表 4-9**にあげたATV-M 143 Teil 6[4-146]の基準である．

表 4-10：鋳鉄管業界の低圧検査．検査低圧 0.5 bar 時の許容圧力上昇 [mbar/h][4-177]

呼び径	100〜800	900〜1 200	1 400〜1 800
許容圧力上昇	10	7	5

4.5.1.3　スパンの部分的漏れ検査

スパンの部分的漏れ検査は，スパンの漏れ検査と同様にして行われるが，この場合，遮断プラグは，例えばチェーンによって互いに接続されており，手動によるか，もしくはウィンチで所望の位置まで牽引される(**図 4-87, 4-88**)．このシステムは，取付管の漏れ検査にも適用することが可能である(**図 4-89**)．

水密性基準は，スパンの漏れ検査のそれと同じである．

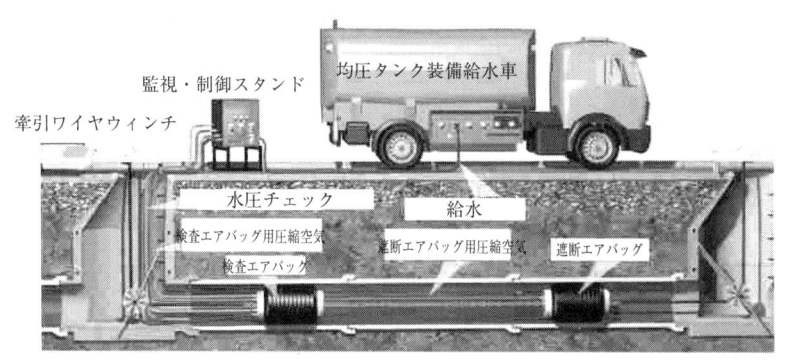

4.5. 環境関連検査

図4-87：区間の漏れ検査の原理図

図4-88：連結チェーン，連結ホースおよび排気用器具類を備えた区間漏れ検査用の管用エアバッグ（Müller Umwelttechnik社）
［4-74］

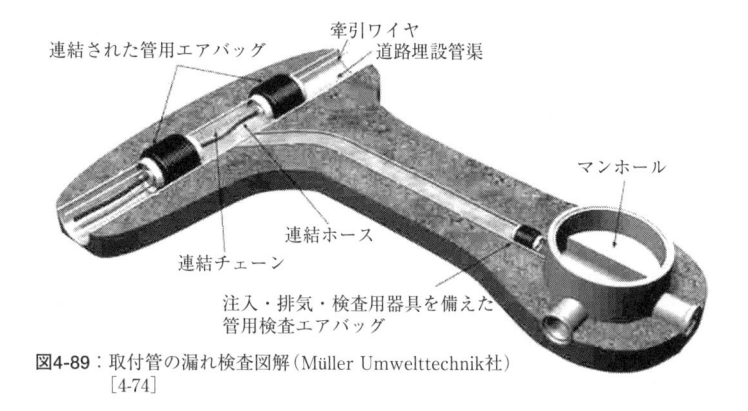

図4-89：取付管の漏れ検査図解（Müller Umwelttechnik社）
［4-74］

4.5.1.4　ソケット検査

既存のまたは修繕された下水管渠の検査にあたり，スパンの漏れ検査—通常，多数の私設取付管の存在によって困難とされるかまたは妨げられるため—は，例外的な場

335

4. 点　検

合にしか実施することはできない．スパンの漏れ検査(4.5.1.3 参照)に代わるものとして，水および空気を検査媒体とした個々の管継手の検査(ソケット検査)が適当なものとして考えられる．

ソケット検査には，基本的に先にあげたスパンの漏れ検査(4.5.1.3 参照)用器具，または特別なソケット検査器を使用することができる．歩行可能な円形断面用ソケット検査器の構造，その方法を図 4-90 に，歩行不能の円形断面用ソケット検査器のそれを図 4-91 に示した．

これに応じ以下の作業工程が実施されなければならない．

・歩行可能な管渠用検査器を走行キャリッジに載せて使用箇所まで牽引もしくは移動させ，継目隙間中央に設置[図 4-92(a)]．止水は 4～8 bar(SIA 190[4-163]によれば 1 bar)で膨らまされてた 2 本の中空ゴム材または中空ゴムホースによって管継手両側の管内壁にしっかり圧着させることで行われる[図 4-92(b)]．

シール形材への空気注入圧力は，

・検査圧力，

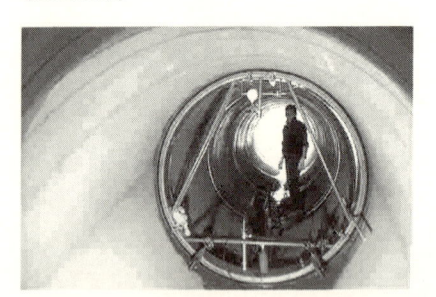

図4-90：歩行可能な管用ソケット検査器
　　　　(Müller Umwelttechnik社)[4-74]

図4-91：歩行不能な管用ソケット検査器
　　　　(Müller Umwelttechnik社)[4-74]

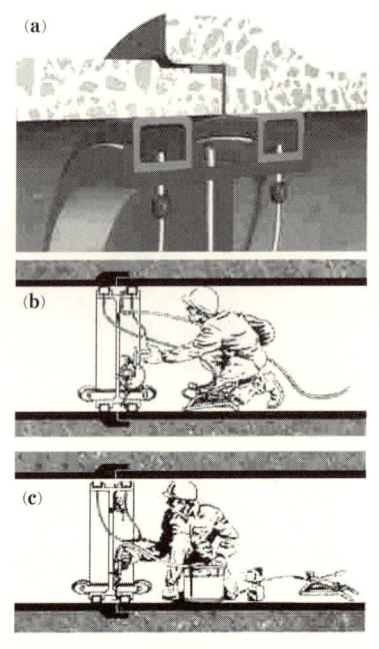

図4-92：ソケット検査器による管継手検査の作業工程 (Kanal-Müller-Gruppe社)[4-74]

4.5. 環境関連検査

・管内壁の性状(例えば,粗度,清浄度等),
・検査区域内管渠の構造状態,

に依存している.

管壁が腐食している場合には,シール材による密封は,特別な予備作業なしにはほとんど不可能である.

・検査空間—すなわち,シール材間に残存している空間—に適切な検査圧力をかける[図 4-92(c)].
・検査を行った後,検査空間およびそれに続いてシール材の圧抜きを行い,ソケット検査器を次の管継手に向かって移送する.

歩行不能な呼び径範囲にあっては,特別なソケット検査器(図 4-91)が使用されなければならない.この検査器の操作方法は,歩行可能断面用ソケット検査器と同じである(図 4-92).この場合,すべての工程は,常時のカメラ監視下で遠隔制御によって実施されなければならない.

この要件は,目視点検とソケット検査を一つの装置に組み合わせた Coris システムにより実現される[4-179].Polis システム[4-180]は,さらに検査スパンの変形と漏れ位置探知を音響的相関手法をベースとして可能とする(4.5.2.1 参照).

(1) 水圧検査

ソケット検査については,1997 年に DIN EN 1610 が出されるまでは,委託者サイドから"DIN 4033 に依拠した"水圧検査が求められることが多かった.

同規格では,新規布設下水管渠の検査にあたり,検査媒体として水を用いたソケット検査が認められているが,正確な水密性基準は定められていない.この検査は,緩慢な圧力降下のみが認められ,かつ管継手に水漏れがなければ合格とみなされる.

第二の要求は,埋め戻された下水管渠への適用を本来認めていないが,実際には"DIN 4033 に依拠した"漏れ検査が実施されている.ただし,この場合に問題なのは,特に"緩慢な圧力降下"という主観的な評価である.

DIN EN 1610[4-147]によれば,ソケット検査には,同一の検査基準,すなわちスパンまたはスパンの一部の漏れ検査の場合と同じ補給注入水量値および検査時間が適用される.したがって,検査圧力を一定に保持するために必要とされる注入水量が測定される.この場合,基準濡れ管内壁面積として長さ 1 m の管の内壁面積が設定される.この基準の実施は,管継手当り 30 分という長さの検査時間が要求される点で問題がないわけではない.したがって,例えば管長 2.5 m で長さ 30 m のスパンのすべての管継手(13 箇所の管継手)の検査には 7.5 時間という正味検査時間が必要となる.

4. 点　検

　また検査時間が短縮される場合には，極端にわずかな流量(**表 4-11**)を測定しなければならない必要性が生ずる結果，検査媒体として水を用いたソケット検査は，一般に敬遠されることが多い．

表 4-11：文献[4-149]に基づく個々の管継手検査における 30 分内の許容補給注入水量

呼び径	100	200	300	400	500	600	700	800	900	1 000
補給注入水量[L]	0.063	0.126	0.188	0.251	0.314	0.377	0.44	0.503	0.565	0.628
補給注入水量[L/min]	0.002	0.004	0.006	0.008	0.01	0.013	0.015	0.017	0.019	0.021

(2) 高圧空気検査

　4.5.1.1 にあげた決定式からわかるように，検査容積は，必要検査時間の計算において線形成分[**4.5.1.1**，式(4-3)，(4-4)参照]，圧力のかかった圧縮性媒体，例えば空気を用いた漏れ検査にあっては，圧力降下は，漏れ箇所の幾何学的寸法に依存するだけでなく，調査される検査区間内の空気容積と検査時間にも依存している．この依存性は，低圧による漏れ検査についても同様である．したがって，このようにして得られた検査結果は，それがその他の検査条件を同一とした時の検査対象管区間の容積に関係している場合にのみ有意であり，比較可能である．

　だがソケット検査器(**図 4-93**)の寸法および検査容積は，メーカーによって相違していることから，汎用的なソケット検査器の水密性基準を開発することは不可能である．したがって，この点で各ソケット検査器について検査の前段階に検査容積を調査し，これを用いて以下に述べる等式を用い適切な水密性基準を計算することが不可欠である[4-160]．

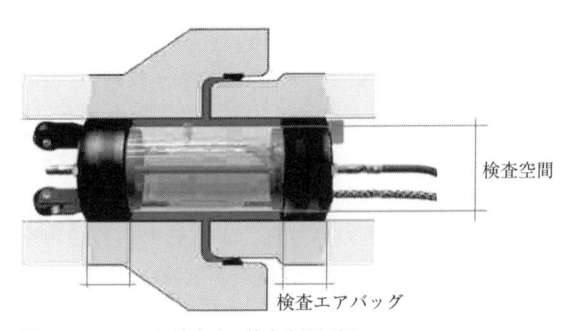

図 4-93：ソケット検査時の検査空間図解

　必要検査時間を算出するためには，使用されるソケット検査器の検査容積―供給ホースが検査の間，検査空間と接続されている場合には，同ホースの容積を含む―，ならびに管継手の容積が調査されなければならない．歩行不能な下水管渠にあっては，一般に管継手の容積の調査は断念することができる．好ましくは，空気供給ホースが検査の間，検査空間と接続されていないソケット検査器が使用される必要があろう [4-146]．

4.5. 環境関連検査

ATV-M 143 Teil 6には，さらに―"……ソケット検査には特別なソケット検査器が使用されなければならない．漏れ検査に，例えば局所に限定された漏れを除去するために使用されるコンビネーション式検査・注入パッカが使用される場合には，それはソケット検査器の要件を満たしていなければならない．コンビネーション式検査・注入パッカの適性ならびに水密性基準が……証明されなければならない"[4-146]―と述べられている．

a．DIN EN 1610に基づく修繕された管渠区間　　修繕された管渠区間の高圧空気によるソケット検査に関しては，DIN EN 1610[4-147]に原則としてスパンまたはスパンの一部の漏れ検査の原則が考慮されなければならず，その際，水密性基準は，個別に算定されなければならない旨が述べられている．

ソケット検査器の検査容積は，スパンの漏れ検査のそれに比較してわずかであることから，検査容積に比例相関したDIN EN 1610の検査時間(**4.5.1.2，表 4-8** 参照)は，文献[4-149]に基づき以下の式を用いて短縮されなければならない．

$$t_{ソケット検査} = (V_{検査容積}／管区間容積) 検査時間_{DIN\ EN\ 1610} [\min] \qquad (4\text{-}9)$$

ここで，$V_{検査容積}$：ソケット検査器によって所定の検査容積[m³]，管区間容積：検査器を除く管区間の容積[m³]，この場合，区間長は，ソケット検査器の遮断プラグ間の間隔によって定められる．検査時間$_{DIN\ EN\ 1610}$：検査される管呼び径に応じた**表 4-7**に基づく検査時間[min]．

b．ATV-M 143 Teil 6に基づく既存の管渠区間　　ATV-M 143 Teil 6[4-146]に基づくソケット検査に際しては，以下の条件が遵守されなけれならない．

・検査圧力：$P = 100\ \text{mbar}$
・許容圧力差：$\Delta P = 15\ \text{mbar}$
・安定時間：$t_B = 15\ \text{s}$

必要検査時間は，以下の式(4-10)から求める．

$$t_{ソケット検査} = 1\,800\sqrt{d + 0.5}\,\frac{V_{検査容積}}{A_{管壁}}\ [\text{s}] \qquad (4\text{-}10)$$

ここで，$A_{管壁}$：ソケット検査器によって限定された管壁面積[m³]，d：直径[m]．

4.5.1.5　局所損傷域の検査

管渠の点検，あるいは局所的に限定された損傷域の修繕―例えば，注入による止水

4. 点　検

前後の亀裂―の実地検分の一環として，特に当該損傷域についてのみ漏れ検査を実施するのは意味のあることである．図4-94にそのために適した検査装置を示した．同装置は，外周にゴム中空材を具え，かつ調査対象管渠の曲率半径に合わされたスチールエレメント製の検査空間からなっている．これは，高さ調節式の支柱を用いて検査対象管壁域に圧着される（図4-95）．装置の設置が行われると，ゴム中空材が膨らまされて検査空間が止水される．

図4-94：局所限定損傷域の漏れ検査装置
（Prof.Stein & Partner GmbH社）
[4-45]

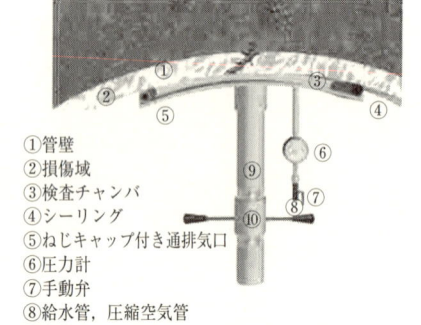

①管壁
②損傷域
③検査チャンバ
④シーリング
⑤ねじキャップ付き通排気口
⑥圧力計
⑦手動弁
⑧給水管，圧縮空気管
⑨支柱
⑩固定ねじ

図4-95：局所限定損傷域の漏れ検査装置の断面図
（Prof.Stein & Partner GmbH社）[4-45]

検査は，検査媒体として水を用いても，また空気を用いても実施することができる．新規布設管渠または修繕された管渠の高圧空気検査時には，式(4-9)に基づいて水密性基準が算定され，既設管渠の局所的に限定された損傷域の検査時には，式(4-10)に基づいて水密性基準が算定されなければならない．低圧検査時の水密性基準は，適用ケースに応じ式(4-4)に基づいて算出されなければならない．

4.5.1.6　マンホール検査

新規布設または修繕されたマンホールとその管継手の検査に関しては，ATV-A 139 [4-137]に基づき DIN 4033[4-147]を準用し，以下の事項を遵守して水密性が検査されなければならない．

- 検査圧力はマンホール蓋のフレームの下端またはおおよそ受け枠の高さまでマンホールに水を充填することによって作り出される．
- DIN 4033[4-146]，第9.2章に基づく予充填時間を遵守して，同所に呼び径1 000以上の通常の肉厚の管に対して定められている補給注入水量（許容注入水量 =0.2 L/濡れた管壁面積1 m²，検査時間15分）が適用される．

この場合にも，1997年以来DIN EN 1610[4-147]が上記の規格および指針に代替し，地表レベルまでのマンホールへの充填から生ずる検査圧力の保持に必要な補給注入水量は，30分の検査時間内に濡れた内壁面積1 m^2 当り0.4 Lを超えてはならない旨を定めている．マンホールが管渠スパンと一緒に検査される場合には，許容注入水量は，濡れた面積1 m^2 当り0.2 Lである．

ATV-M 143 Teil 6[4-146]に基づき既存のマンホールの漏れ検査は，好ましくは水圧検査として実施されなければならない．検査対象のマンホールは，接続している下水管渠の管頂上方0.5 mまで水で満たされる．検査圧力の保持に必要な補給注入水量は，15分の検査時間内に濡れたマンホール壁面積(マンホール床を含む)1 m^2 当り0.4 Lを超えてはならない

4.5.1.7　記録作成

漏れ検査の結果は，以下項目について正確かつ総合的に現場において記録されなければならない．
・検査対象に関する記載，
・検査仕様，
・測定値および測定図ならびに明瞭な検査付記．

データの爾後の最適かつ経済的な処理をするため，現場で作成される検査記録に加えて電子情報処理を利用するのが適切である．

検査記録は，それぞれの検査につき別々に作成されなければならない．これには文献[4-146]に基づき以下の詳細事項を含んでいる必要がある．
・委託者，受託者，場合によりプロジェクト責任者，機器取扱者，検査場所，日付および時刻，道路名称，スパンナンバーおよびスパンの境界をなすマンホールの名称．
・検査対象の現況データ，例えば対象の種類(スパンの漏れ検査，区間の漏れ検査またはソケット検査)，呼び径，断面寸法，検査距離，材料，管渠種別，建設年度，距離測定の起点，地下水水位．
・検査仕様，検査圧力，検査時間，安定時間，許容圧力差または許容補給注入水量に関する記載．
・測定結果に関する記載：測定された圧力差または注入水量．
・高圧空気検査または低圧検査に関する図表：要求された検査圧力，許容圧力差，必要安定時間の開始と終了ならびに検査時間の開始と終了を付記した検査時間全体にわたる圧力推移のグラフ．

4. 点 検

・関与したすべての当事者の署名を付した漏れ検査の結果に関する検査付記.
検査記録には通しナンバーが付され，系統的にファイルされなければならない.
図 4-96 に文献 [4-146] に基づくスパンの高圧空気漏れ検査の検査記録例を示した.

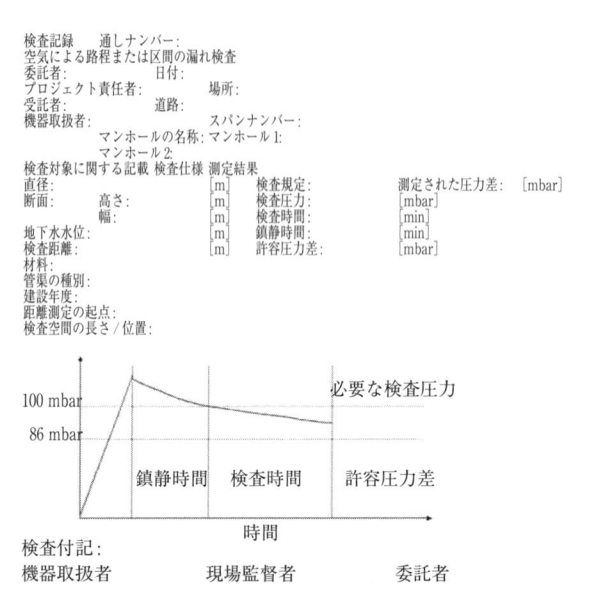

```
検査記録    通しナンバー:
空気による路程または区間の漏れ検査
委託者:           日付:
プロジェクト責任者:    場所:
受託者:           道路:
機器取扱者:        スパンナンバー:
           マンホールの名称: マンホール 1:
                        マンホール 2:
検査対象に関する記載 検査仕様 測定結果
直径:           [m]    検査規定:        測定された圧力差:  [mbar]
断面:  高さ:    [m]    検査圧力:    [mbar]
      幅:      [m]    検査時間:    [min]
地下水水位:       [m]    鎮静時間:    [min]
検査距離:        [m]    許容圧力差:  [mbar]
材料:
管渠の種別:
建設年度:
距離測定の起点:
検査空間の長さ / 位置:


100 mbar ────┐                    必要な検査圧力
 86 mbar ────┤
           鎮静時間  検査時間  許容圧力差
                    時間

検査付記:
機器取扱者       現場監督者       委託者
```

図 4-96：文献 [4-146] に基づくスパンの空気高圧漏れ検査の検査記録例

4.5.1.8　ドイツ規格，国際規格の比較

表 4-12 ではスパン距離 50 m，呼び径 300 下水管渠の水圧検査に関する外国規格を例とした水密性基準の相互比較が行われている．比較基準として用いられている限界漏れは，式 (4-2) (**4.5.1.1** 参照) によって計算された．

この比較対照から水源保護区の管渠の漏れに対してスイス規格 SIA 190 [4-163] が最も厳しい要件を定めていることを引き出すことができる．その他については，TGL [4-181] を除いて要件に重大な差は存在しない．

国際規格の高圧空気検査水密性基準について**表 4-13** で行われている比較も同一の基本的仮定を基礎としている．この場合に比較基準として用いられている限界漏れ面積は，式 (4-3) (**4.5.1.1** 参照) から計算された．

こうして算出された**表 4-13** の限界漏れ面積を比較すれば，米国規格 ASTM C 828-90 [4-167] の定める水密性基準が最も緩やかであり，バイエルン州水管理庁 (LfW) の規

4.5. 環境関連検査

表 4-12：セレクトした国際規格を例とした水密性基準の比較．下水管渠 300 mm の水圧検査．
スパン距離 50 m，管表面積 47 m^2，容積 3.53 m^3

規格	材料	許容補給注入水量 [L/m^2]	補給注入水量 [L]	限界漏れ [mm^2]
DIN 4033	コンクリート KFW	0.15	7.05	0.79
	陶器	0.1	4.7	0.53
	プラスチック，鋳鉄	0.02	0.94	0.1
DDR(TGL)	コンクリート(A&B)	0.6	28.2	4.1
	コンクリート(E)	0.5	23.5	3.4
	陶器	0.15 (0.5 bar)	7.05	0.79
	アスベストセメント	0.02 (0.5 bar)	0.94	0.1
	PVC-H	0 (0.5 bar)		
スイス	全材料			
	ゾーン S	0.05	2.35	0.07
	ゾーン A	0.1	4.7	0.53
	ゾーン B	0.15 (0.3 bar)	7.05	1.02
オーストリア	アスベストセメント，スチール，プラスチック	0.03	1.41	0.16
	陶器	0.1	4.7	0.53
	鉄筋コンクリート	0.15	7.05	0.79
	コンクリート，スチールファイバーコンクリート	0.2	9.4	1.05
フィンランド	プラスチック(0.1 bar)	0.3 (検査時間 30 min)	7.5	0.94
USA	陶器	0.2 (0.35 bar)	5 (検査時間 30 min)	0.33
DIN EN 1610	全材料	0.15 (0.5 bar)	7.05 (検査時間 30 min)	0.4

表 4-13：セレクトした国際規格を例とした水密性基準の比較．下水管渠 300 mm の空気高圧検査，
スパン距離 50 m，管表面積 47 m^2，容積 3.53 m^3

	材料	検査圧力 [bar]	許容圧力差 [bar]	検査時間 [min]	限界漏れ [mm^2]
オーストリア[4-162]	全材料	0.3	0.05	15	0.96
フィンランド[*1][4-165]	プラスチック	0.1	0.03	5	3.54
USA[*2][4-167, 4-169]	陶器，コンクリート	0.24	0.07	2.7	8.8
Abu Dhabi[*3][4-171]	全材料	0.01	0.0025	5	1.48
スウェーデン[4-172]	コンクリート，鉄筋コンクリート[*4]	0.1	0.03	6.5	2.72
DIN EN 1610[4-147]	全材料	0.2	0.015	2	2.89
バイエルン州水管理庁[4-159]	全材料	0.2	0.022	10	0.78

[*1] 地下水の顧慮なし
[*2] 直径 10 in（約 254 mm）
[*3] 全呼び径，全スパン距離
[*4] 管長 2.0 m

定［4-159］が最も厳しい水密性基準を定めていることが判明する．

アブダビの下水管網に関して John Taylor & Sons［4-171］によって開発された水密性基準ならびにオーストリア規格 ONORM 2503［4-162］によって定められた水密性基準は，いずれも検査容積（スパン距離または呼び径）が入っていない一括値である．これは，検査されるスパン距離が減少すれば比率—限界漏れ面積/管表面積—が大きくなり，その結果，水密性基準は，検査容積が減少する場合には，ますます低下することを意味している．

もう一つの顕著な点は，DIN EN 1610［4-147］に関係している．計算によって算出された水圧検査の限界漏れ面積（**表 4-9**，0.53 mm^2）を高圧空気検査の限界漏れ（**表 4-10**，2.89 mm^2）と比較すれば，この計算例において高圧空気検査の水密性基準は，水圧検査のそれよりも 5.5 倍も緩やかであることが明瞭となる．したがって，DIN EN 1610［4-147］で指定されている漏れ検査手順（4.5.1 参照．**図 4-79**）は疑義あるものとなる．

管継手の漏れ検査に関する欧州規格と米国規格との比較は，特にドラスティックな結果をもたらす．

文献［4-166］によれば，米国では個々の管継手の水圧検査に関して，呼び径とは無関係に 0.95 L/min の限界補給注入水量が定められており，これは DIN EN 1610［4-147］に基づく許容値（4.5.1.4 参照）の 450 倍に相当している．

ASTM C 1103-89［4-182］には，個々の管継手の高圧空気検査について，初期検査圧力 0.24 bar にて 5 s 以内で 70 mbar という許容圧力差があげられている．この検査基準もこれに関する欧州規格とかなり相違しており（4.5.1.4 参照），換言すれば，ここでは極端に短い検査時間で非常に高い圧力損失が許容され，検査容積が検査結果に及ぼす影響は考慮されていない．

4.5.1.9　浸入量検査

浸入量検査は，これまでドイツでほとんど論議されてきていない布設管渠漏れ検査である．この検査は，米国では，陶管の自然流下渠に関する ASTM 標準 C 1091-90［4-166］中で規格化され，イギリスでは，材料とは無関係に規格化されている．漏れは，この種の漏れ検査で組織的に判定されるが，これは，水密管渠を求める DIN EN 752［4-138］の要求と相入れない．こうした理由から欧州規格集（CEN）にこれらの検査基準を受け入れることは断念された．

文献［4-166］に基づく検査は，地下水面—スパンまたは検査区間の中心で測定して—が管頂より少なくとも 2 ft（65 cm）上方にあることを前提として埋め戻された管につい

4.5．環境関連検査

て行われる．このため場合により，地下水下水が少なくとも24時間にわたって停止されなければならない．一部のみが地下水面以下にある管渠の場合，または地下水圧力がわずな場合には，文献[4-166]に基づき別途の検査手法が使用される必要があるが，ただしこの場合，地下水面の高さの正確な確認が一つの問題である（4.4.1参照）．

従来のパッカまたは検査用シャッタで区間を遮断した後，下水ないし浸入量が一定な場合に本来の浸入量測定を行うことができる．このため，浸入する地下水が詳細には定められていない検査時間にわたって計量器に捕集される．別途方法として検査シャッタに代えて最低点に設けられた非常に低い越流ゲートによる測定を行うことが可能である（4.4.1参照）．管は100 ft（30 m）の距離を基準とした浸入率がASTM C 1091に補給注入水量としてあげられている限界値を超えなければ，漏れなしとみなされる．

これに対応する許容し得る浸入率は，イギリスのCEN案[4-183]では検査時間30分で管渠長1 m，管渠径1 m当り0.5 Lとされている．

比較のためアブダビの下水プロジェクトの枠内で定められた当該値[4-171]をあげておくこととする．このプロジェクトでは，1 L/（日×管長[km]×呼び径）の浸入量が許容可能とされている．

この検査に使用される検査器は，浸入水を把握し，体積流量を表示し得るものでなければならない．図4-97，4-98に人が歩行不能な呼び径用に開発された特殊な検査器を示した．

図4-97：呼び径150用の電気抵抗測定をベースとしたソケット検査器
（Hydonic GmbH社）[4-173]

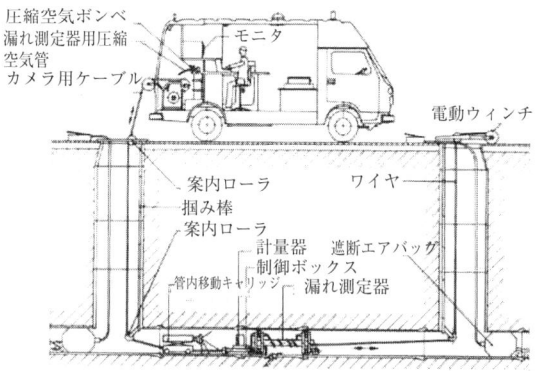

図4-98：漏れ測定器による浸入量測定の概要
（Müller Umwelttechnik社）[4-74]

4.5.1.10 煙試験

分流式下水道における不明水流入源，違法もしくは誤った接続の確認（図4-99，4-

4. 点　検

図4-99：煙試験によって確認された汚水管渠への道路雨水枡の接続欠陥（Kanal-Müller-Gruppe社）[4-71]

図4-100：煙試験によって確認された汚水管渠への雨水落下管の接続欠陥（Kanal-Müller-Gruppe社）

100），ならびに限定的であれ地下水水位以下にない管渠の漏れ位置探知（4.5.2 参照）には，迅速かつ割安な煙試験法を適用することができる［4-18, 4-70］.

適正な量の煙が低圧で一つもしくは複数の昇降マンホールに送り込まれるか，または管内に置かれた発煙弾（3分タイプおよび5分タイプ）によって作り出される．煙自体は，常温，白色，無臭で，油粒子や着色粒子を含まず，かつ健康を害するものではない．

試験は，一般にスパンについて行われ，その際，1作業工程で300mまでのスパン距離を調査することが可能である．スパンは，通常，遮断エアバッグまたはサンドバッグでシールされる．図4-101 にこのために特別に開発された装置を示した．

①管壁と平行な挿入管用キャリッジ
②挿入管
③関節ベンド，0°から180°まで回転可
④ホース接続管
⑤ガイドロッド
⑥偏心シャッタ付きガイドロッド用ホルダ
⑦グリセリン水混合気煙霧
⑧遮断エアバッグはブロワを経て膨張させられる

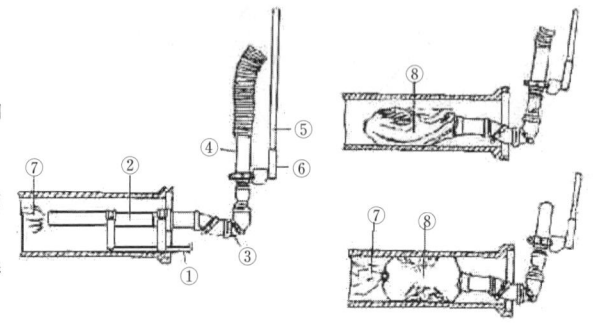

図4-101：遮断エアバッグを備えた煙霧器挿入装置FOGl（Göhner GmbH社）[4-184]

煙の漏洩の観察は，地表から行われる．写真撮影によって記録がなされる．観察チームは3名で構成される．

煙試験には，煙が通過し得る下水の流れていないスパンが必要である．例えば，下

4.5. 環境関連検査

水が満水状態にある伏越し等の場合には，煙の通過が妨げられ，これによって誤った結果が得られることがある．
　この方法で漏れ位置探知を行おうとする場合には，以下の要件が満たされていなければならない．
・試験区域全体の空間が通過可能であること．
・地下水水位が管渠下方にあること．
・管外周および管外周上方から地表面までの土壌は水で飽和していたりもしくは凍結していたりしてはならない．
・地表に雪があってはならない．
　煙試験の実施前に周辺住民，消防，警察等に通知が行われなければならない．

4.5.2　漏れ位置探知

　漏れの位置特定は，4.5.1 に述べた漏れ検査手法を用いて問題はないとはいえ，非常に時間を要する．視覚的に認められない漏れの系統的な位置探知にあたっては，スパンの漏れ検査から始めるのが合理的である．対象とする管区間を次々に二等分し，続いてそれぞれについて漏れ検査を行うことによって漏れの箇所を小さい区間に限定することができる．さらに既に説明したその他のあらゆる漏れ検査手法，例えば漏れ測定器 (4.5.1.9 参照)，区間用漏れ検査器 (4.5.1.3 参照)，ソケット検査器 (第 4.5.1.4 参照) によっても漏れの位置を探知することが可能である．
　漏れの確認ならびに位置探知には，基本的に物理探査的手法 (4.3.1.2 参照)，管渠近傍の地盤調査，地下水調査および土壌空気調査 (4.3.1.3 参照) および下水量測定 (4.4 参照) も適している．
　さらにまだ実用化されるに至っていない漏れ位置探知手法が目下開発中であり，そうしたものとして，特に以下をあげることができる．
・音響的手法，
・電気的手法，
・赤外線温度記録法．

4.5.2.1　音響的手法

　音響的漏れ位置探知システムは，数年来，上水道分野において成功裏に使用されて

4. 点　検

きている．これは，機器コストを節約できるシンプルな調査方法であり，この場合の漏れ位置探知は，ハイドロホンを利用した管渠内流出音の探知[4-185]によるか，または高圧空気による漏れ検査と組み合わされた相関手法[4-185 ～ 4-187]に基づいて行われる．

後にあげた方法では，供用停止され，かつ完全に排水された管スパンが検査用シャッタまたは遮断エアバッグで止水され，圧縮空気が充填される(4.5.1.2参照)．検査用シャッタに組み込まれた2つの気音変換器(マイクロホン)により漏れ箇所を通じて漏洩する空気の生み出す漏洩音が電気信号に変換される．マイクロホンまでの距離の相違に基づく音の伝播の相違により音速に応じた伝播時間差が生ずる(図4-102)．漏洩つまり音源とそれに近い方のマイクロホンとの間の距離が受信器間隔と音速から計算される．

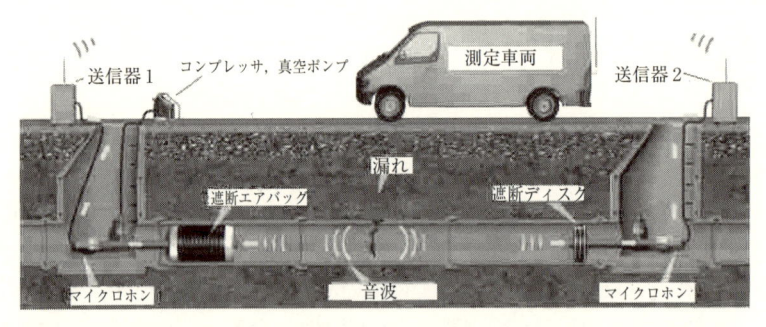

図4-102：相関手法による音響的漏れ位置探知の原理(Sewerin GmbH社)[4-185]

4.5.2.2　電気的手法

この手法では下水の電気伝導率が下水管内の漏れ位置探知に利用される．これに関連した手法および方法の概観は，文献[4-188]で行われている．

文献[4-188]にあげられているあらゆる手法のうちで，管渠プローブを用いた漏れ位置探知が最も有望であるように思われる．

管渠内の漏洩の位置探知と量定を行うための管渠プローブ(ジオプローブともいわれる)の測定原理は，電気抵抗の測定を基礎としている．検査される管渠は，遮断され，水で満たされる．この水は，電気伝導媒体として必要とされるにすぎないため，それが新鮮な水であるか，それとも塞き止められた下水であるかは重要ではない．下水に含まれる含有物または管渠内堆積物が測定結果に影響することはない．参照電極は，流下方向から見てスパン下流の地表に設置される．続いてウィンチを用いてプローブ

4.5. 環境関連検査

が検査対象管渠内を牽引されるが，その際の牽引速度は，1分当り約15 mである．詳細な測定データが採取して処理され，スパン測定記録としてプリントアウトされる．

あらゆる管材料は，管渠内から周囲土壌への電流の流れに対する抵抗率を有している．この比電気抵抗は，調査される管渠スパンの管壁が損傷なく完全である限り相対的に高い．これは水がそれを通って浸入もしくは逸流する欠陥箇所—例えば，漏れのある管継手，亀裂等—ではかなり低下する．

管渠内に挿入されるプローブは，1個の電極と1基のデータ変換器とを内臓したスチール円筒からなっている．これは，一定の強さの交流電流を放出し，この交流は，スパン下流に設置された参照電極に向かって流れ，その際，この電流の電圧は，周辺の管渠の抵抗に応じて変動する．

電流放出は，プローブの周りに明確に区画された厚さ1 cmの円盤が形成されるように集束させられる．この集束によって管渠を明確に限定された周域ごとにスキャンすることが可能となる．管渠通過中に測定された入力電圧ないし比電気抵抗の変動は，管渠壁面の性状の相違によって生じる．測定された電圧変動から計算されたスパン全体にわたる抵抗変化が記録として出力されることから，管渠壁の欠陥箇所の位置を特定することが可能である[4-189 〜 4-191]．

図4-103に円形漏れ（φ約30 mm），管継手漏れのあるテストスパン（陶管，呼び径300）調査の測定記録を示した．2つの漏れは，明確に認識することができる．記録された値の極大値から漏れの大きさを量的に推定することが可能である[4-188]．

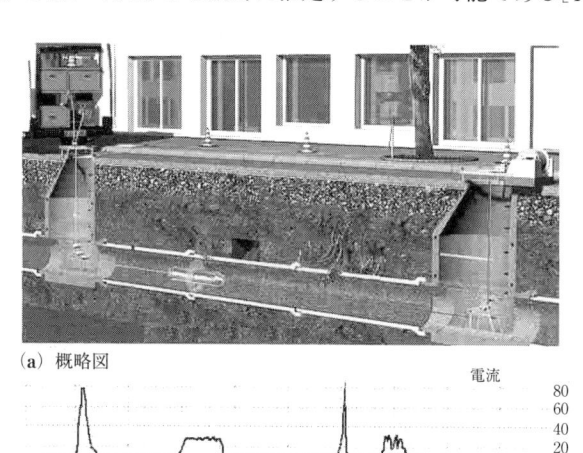

(a) 概略図

(b) 測定記録

図4-103：管渠プローブによる漏れの位置探知および量定

4. 点　検

4.5.2.3　赤外線温度記録法

赤外線温度記録法を基礎とした手法は，目下開発中であり，これは，外部点検および内部点検の一環として非破壊的な方法による漏れの正確な位置探知を可能にしようとするものである[4-92]．

この手法にあっては，基本的にすべての物体は，長波放射成分—これは，電磁波スペクトルの赤外域といわれる—を放射するという事実が利用される．これは，波長0.7〜1 000 μm を包括している．あらゆる物体は，長波放射放射体として機能し，放射を反射する—これは短波スペクトル域に当てはまる—ことから，不可視の対象もその放射強度が隣接するそれから異なる限り，赤外線技法で位置探知を行うことが可能である[4-193, 4-194]．

下水の漏洩がある場合には，漏れの直接の近傍は，多かれ少なかれ水分で飽和されている．さらに浸入水ならびに漏洩水は，管外周部に空洞形成をすることが多い．したがって，空気層と土壌層との間のポテンシャル差が大きい時間帯(例えば，夜間または昼間)に存在するエネルギー流または熱流を妨げ，もしくは促進する熱伝導率の相違した領域が発生する．

赤外線温度記録法では，調査区域の温度分布像がカメラによって得られる．記録された表面温度分布の解析から表面近傍の湿潤箇所および欠陥箇所を推定することが可能である．

詳細な情報は，特に文献[4-193〜4-195]に述べられている．

4.6.　記　　録

点検結果を記録する目標は，明瞭かつ内容的に比較し得るような形で下水管渠または個々のスパンの実態ないし確認された損傷に関して正確で総合的な情報を提供することでなければならない．ATV-M 143 Teil 2[4-2]に基づくと，目視内部点検の結果の記録には，以下の事項が含まれる．
・状態図を付した検査レポート，
・記録写真，
・場合によっては，記録ビデオ．

DIN EN 752-5[4-5]の要求を満たすためには，点検結果の管理および処理は，管渠デ

4.6. 記　　録

ータバンクないし GDV 方式管渠台帳を利用して行われる必要がある (**4.2** 参照).

4.6.1　検査レポート

　検査レポートは，スパンごとに作成されなければならない．これには，次の項目を含んでいなければならない[4-2]．
・委託者，受託者，基礎とされた図面資料，検査の場所および日付，気象状況，機器取扱責任者，使用カメラシステム，ならびに点検の種類および実施に関するその他の事項.
・8.に基づく保護対策.
・スパンの現況データ，例えば，道路名称，スパンナンバーないしマンホールナンバー，排水方式，断面形状および断面寸法，材料，建設年度.
・状態データ，すなわち側方流入と損傷の大きさ，および説明（しばしば車両運転者によって現場で実施される損傷クラスへの区分は，検査レポートの構成要素ではない）.
・状態データは，位置に応じて記録されなければならない．記録の順序は，一般に流れの流下方向である.
・距離測定の零位点が記載されなければならない.
　作成された写真は，検査レポートに添付されなければならない．また，検査レポートの結果は，わかりやすく図面に表示されなければならない.
　検査がビデオテープに記録される場合には，例えば，
・その後の判定および点検の再チェックのための基礎資料，
・状態変化を確認するための基礎資料，
として利用することができる．ビデオテープは，系統的にファイル化されて保管され，いずれのテープにもレポートに関連したカウント表示記録ないしビデオテープカウント記録が付されなければならない[4-2].
　最近は，監視・制御ステーションを介した EDV 方式による検査データの把握が標準方式となってきた．これにより，例えば要求された事項を付した検査レポート (**図 4-104**)，点検情報をもとにした縮尺スパン図 (**図 4-105**) を点検車両内で直接に作成することが可能である．このスパン図は，管渠，枝管や取付管（黒色）と損傷（赤色）を視覚的に区別するため多色とする必要がある．他方，損傷については，状態分類もしくは状態評価の先入感を与えないようにするため，損傷の種類および程度に関わりなく統一的に一つの色が使用される必要がある．検査プロセスに関する一般的な記載または

4. 点　検

点検レポート
委託者　　　　　　　　　：
道路　　　　　　　　　　：
場所　　　　　　　　　　：
オペレータ　　　　　　　：
立会人　　　　　　　　　：

スパンナンバー　　　　　：
流れ方向における開始点　：
流れ方向における終了点　：
管渠ナンバー　　　　　　：
場所　　　　　　　　　　：
地区　　　　　　　　　　：
道路　　　　　　　　　　：　Elisabethstraβee（エリザベート通り）
排水システム　　　　　　：　合流式管渠
管材料　　　　　　　　　：　コンクリート
断面高さ　　　　　　　　：　300
断面幅　　　　　　　　　：　300
スパン距離　　　　　　　：　50.96
点検距離　　　　　　　　：　50.80
点検方向　　　　　　　　：　流れ方向に対向
ビデオカウンタ（開始）　：

写真	m	テキスト
	0.00	スパン開始
	0.50	管開始
	1.51	取付管，右側追持
53	1.58	縦方向亀裂、湿りが認められる，右側追持 l = 100 cm, b = 50 cm
54	2.03	亀甲形成（交差亀裂），湿りが認められる，右側追持
55	3.22	亀甲形成始点（交差亀裂）湿りが認められる，全周
	4.25	亀甲形成終点（交差亀裂）湿りが認められる，全周
65	4.35	壁面の一部欠落，管底可視，右側追持
	4.63	下方への反りの始まり
（下方彎曲）　10 cm		
	8.02	水の塞止め，10 cm
	11.19	下方への反りの終了（下方彎曲）
	15.42	取付管，左側追持。
	15.56	沈積（砂），断面積減少 15％。
	17.68	樹根侵入，右側追持，断面積減少 10％。
66	17.94	樹根侵入の始まり，管頂，断面積減少 10％
	23.13	樹根侵入の終了，管頂
	26.58	取付管，左側追持
67	33.67	突き出た取付管，左側追持 湿りが認められる，8 cm。
	41.90	取付管，左側追持
	50.96	スパン終了

全スパン　：　内部腐食，全周に湿りが認められる
ビデオカウンタ（終了）　：
コメント　　　　　　　　：

図4-104：目視内部点検の検査レポート例［4-196］

4.6. 記　　録

86年10月19日の管渠テレビ検査に基づく管渠現況の図解
場所：VAIHINGEN（ファイヒンゲン）　縮尺1：00500
検査：KUNIGUNDENSTR.（クニグンデン通り）
スパン：1
流れ方向にてマンホール15からマンホール14へ
汚水管渠，陶管呼び径300
ビデオカウント表示：0000

15
マンホール塵取りに欠陥あり
マンホール壁面に欠陥あり

呼び径300が67.50m

2.10 m　　右側迫持に取付管
4.60 m　　左側迫持に取付管
6.70 m　　下方彎曲
9.00 m　　右側迫持に取付管
13.20 m　　下方彎曲，深さ8 cmまで
19.60 m　　下方彎曲
23.10 m　　管頂に取付管
25.30 m　　右側迫持に取付管
31.60 m　　左側迫持に取付管
38.90 m　　ソケットの裂開　　　　　　撮影007
　　　　　　異水流入
43.40 m　　ソケットの食い違い　　　　撮影008
　　　　　　検査は反対側から実施
14.50 m　　管底に破片欠損　　　　　　撮影010
　　　　　　反対側に達さず
11.50 m　　左側迫持に取付管　　　　　撮影009
　　　　　　取付管，スパン内に約4cm突出し
6.00 m　　ソケットに湿りを認める
4.50 m　　左側迫持に取付管
3.20 m　　左側迫持に取付管

14
足掛け金物が腐食
マンホール壁面が腐食
マンホール底に欠陥あり

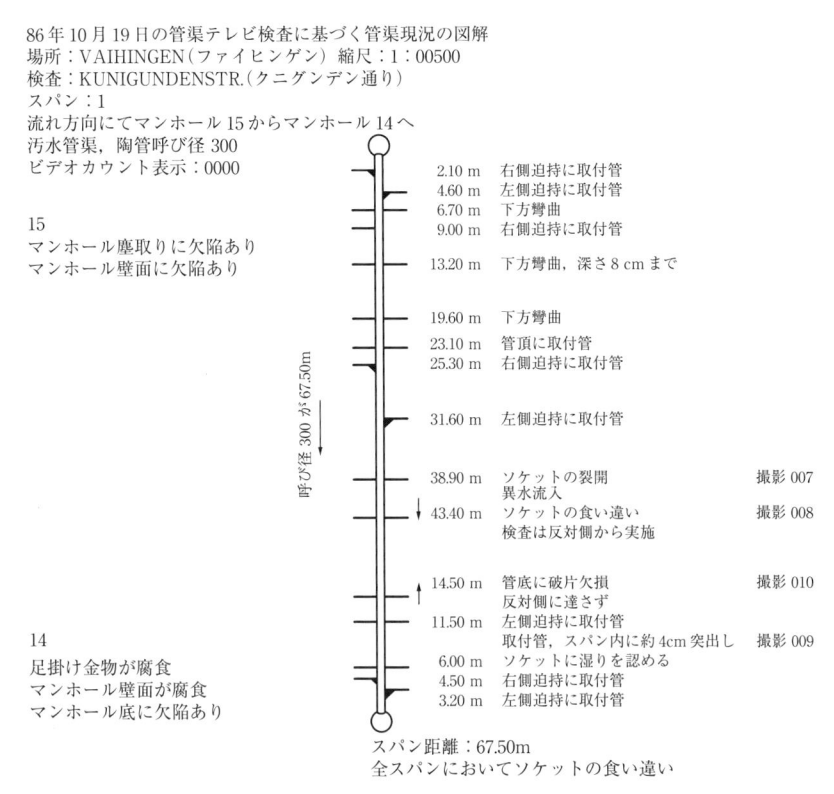

スパン距離：67.50m
全スパンにおいてソケットの食い違い

図4-105：管渠点検後に作成されたスパン状態図（Kanal-Müller-Gruppe社）[4-74]

付記は，別な色（青色，緑色）で表現されなければならない．

4.6.2　管渠データバンク

多数かつ多様なデータ（点検データ，現況施設データ）があることから，次のような方法で記録化は図ることが必要である．
・管渠データバンク，
・GDV方式管渠台帳．
　下水管渠の保全を統合的でかつ将来指向的なの観点から行うためには，管渠データバンク（KDB）は，現況データと点検データの記録化とその更新を行うための最適なツールである．これは文字数字データの形で，管渠網の状態判定，管渠網のプランニン

353

4. 点　検

グ，建設，使用および維持管理のための基礎資料を提供し，下水管渠の更生，維持管理ならびに施設監視のための補助手段となる．管渠データバンクにアプリケーションプログラム—例えば，統計計算，水理学的管網計算，財務計算，状態評価等—を適切に組み込むことにより，必要とされる更生を視野に入れた工学的対応プランニングと関連させて，得られた点検結果を処理するための最適なツールとなる．データをチェックし，最適な事後処理を行うためには，現在の技術的可能性から見てグラフィック表現が不可欠である[4-197]．

この形のデータ処理は，適切なインタフェース構成によって既存の管渠データバンクと結合されるGDV方式管渠台帳によって実現される．これは，管渠網の現況と状態のドキュメンテーション，その拡張と更新に必要なグラフィックデータ，および文字数字データの広範な集合として定義される[4-198]．

データベースには，収集されたあらゆるデータが集合的に格納され，急を要する事項の検索や評価のために備えられる．すべてのデータがまとめられていることにより情報の多重格納（冗長性）が回避され，様々な陳腐化したデータを手動処理する必要もない．データの格納にはリレーショナルデータバンクシステムを使用するのが好ましい[4-199]．

グラフィック表示面からデータバンクへの会話形アクセスにより，収集されたあらゆるデータセットの容易かつ合目的的な処理と照会が可能である[4-198]．さらにデータの選択によってレベルの差異付けが行われることにより様々な使用目的のためのテーマ別マップを作成することができる[4-200]．

管渠台帳の使用は，大量のデータの適用とデータアクセス時間を短くする必要があると同時に，ユーザにとっての高度な至便性を具えたわかりやすいデータ管理が求められる場合にはきわめて有用である[4-201]．

したがって，管渠台帳は，データ，テキストおよび図を地図上の位置と結び付けて一つの情報単位とすることを特徴としている．これは，工場および事業所からの排水の監視に利用される工場等台帳（**表4-14**）と合わせて下水台帳ないし管渠情報システムとも称される[4-199, 4-202]．

表4-14：間接排出者台帳に含まれ得る内容[4-202]

一般的な事項およびデータ
・事業所
・営業所
・単位事業所
生産またはサービスに関する事項
・製品，サービスの内容
・物質収支　投入側
・物質収支　製品側
・廃棄物
給水に関する事項
・公共網
・自家給水
・浄水
排水処理に関する事項
・年間汚水量
・排水発生回避技術，監視
・排水部分流処理
測定結果および限界値
・検査間隔
・有害物質パラメータ
・限界値超過

管渠情報システムは，いわゆる地図情報システム(GIS)に組み入れることができる．これは，場所と関連したデータを把握，処理，管理および利用するための情報処理システムの総称として理解されなければならない．こうした GIS は，都市計画問題だけでなく，環境プランニング，地下土木工事，測量，上下水道事業等を包括する総合的な情報システムの礎石を形成する．地図情報システムは，中央データバンクをベースとして，下水管管理者の増大する要件に対するニーズ，地方公共団体の情報需要および安全性・環境保護に対応した総合的かつ包括的な現況ドキュメンテーションと運転情報システムの構築を可能とする[4-203, 4-204]．

4.6.2.1 要　　件

　管渠データバンクは，管渠の状態に関する情報，管渠網の水理学的信頼性と価値変化に関する情報を格納し，それらを評価する可能性を切り開く．そのために要されるデータの収集，登録，および増補には非常な労力が必要であり，したがって，それが達成可能なアプリケーションの効用と見合うものであるかを判断しなければならない．こうした観点から管渠網管理者は，そうした前提条件が自分の管理する管渠網に適しているか否か，情報の必要性が管渠データバンクの構築によって経済的かつ合理的に満たされ得るか否かを決定しなければならない．下水道技術協会は，ATV-A 145[4-201]中で管渠データバンクに求められる基本的な要件をまとめ，外部のコンピュータプログラムを考慮した管渠データバンクの構築と適用に関する勧告を行っている．

　勧告の中で使用されている概念は，以下のように定義されている．
① 管渠データバンク：管渠網のデータの自動管理システム．
② 地理データ：管渠網を構成する構造物に関して，管渠データバンクデータの明確な場所的帰属を保障する．管渠網を構成する構造物として理解されるのは，スパン，マンホール，接続管および特殊構造物である．
③ 基礎データ：管渠網の位置，形状，機能，構造を記述する．
④ 基幹データ：地理データと基礎データは，管渠データバンクの基幹データを構成する．
⑤ 状態データ：点検時点における管渠網の構造状態を記述する．
⑥ 運転データ：管渠網の使用状態と保守を記述する．
⑦ 水理学的データ：水理学計算の実施に必要とされるデータおよび水理学計算の結果データである．
⑧ コストデータ：財産評価とコスト計算の実施に必要とされるデータおよび同計算

4. 点　検

の結果データである.
⑨ 事例データ：状態データ，運転データ，水理学的データ，コストデータは，事例と目的に関連しており，したがって事例データと称される.

4.6.2.2　構成，内容

管渠データバンクの構成は，ATV-A 145[4-201]に基づき所望のアプリケーション可能性に応じて段階的に行われる必要がある．管渠データバンクは，基本的に以下の4つのファイルグループに区分される.

・スパンファイル，
・マンホールファイル，
・取付管ファイル，
・特殊構造物ファイル.

いずれのグループも，その領域に関する基幹データと事例データとを含むことから，基本的な構成は以下のようなものとなる(図 4-106).

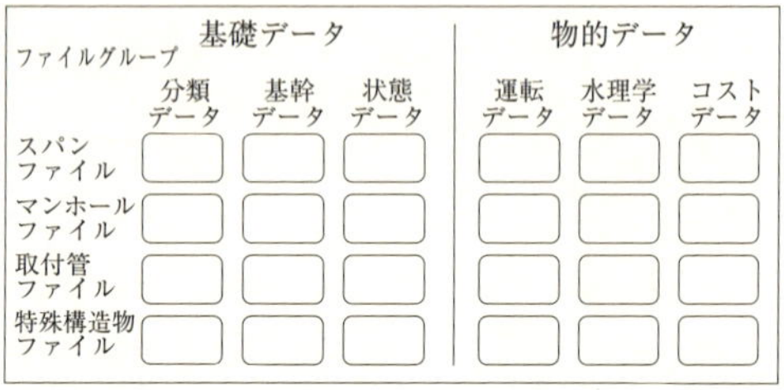

図4-106：物的データと基礎データの配分[4-201]

それぞれのファイルグループの基幹データは，管渠データベースの不可欠な構成要素である．他方，事例データの配分は，所期の多面的なアプリケーション可能性に依存している.

表 4-15 に一例としてスパンファイルとマンホールファイルの各グループのデータバンクの内容がまとめられている.

表 4-15　管渠データバンクの内容[4-201]

スパンファイル	マンホールファイル
A. 分類データ	
道路ナンバー，コード	マンホールナンバー
路程ナンバー，マンホールナンバー(…から…まで)	場合によりさらに
場合によりさらに	自治体コード
自治体コード	区域コード
区域コード	流域ナンバー
流域ナンバー	処理施設ナンバー
処理施設ナンバー	中継ポンプ施設ナンバー
中継ポンプ施設ナンバー	
特殊構築物ナンバー	
流れ方向	

4.6. 記　　録

スパンファイル	マンホールファイル
B. 基幹データ	
始点の管渠底高	管渠蓋高
終点の管渠底高	最低点の底高
建設年度	マンホール深度(計算)
スパン距離	建設年度
スパン勾配(計算)	マンホール長
管渠種別(KM, KS, KR)	マンホール幅
断面種別	マンホール種別
断面高さ	マンホール建設材料
断面幅	場合によりさらに
材料種別	建設方法
機能状態(例えば，運転停止)	基礎の種別
場合によりさらに	地下水状況
建設方法	所有権の種別
土台の種別	水源保護区
地下水状況	氾濫区域
所有権の種別	位置座標
管長	交通圏内の位置
水源保護区	被覆の種別
現況図面ナンバー	管渠の種別(KM, KS, KR)
位置座標	
C. 状態データ	
点検の種別	点検の種別
点検日付	点検日付
状態評価日付	状態評価日付
点検後の状態評価	点検後の状態評価
損傷除去日付	損傷除去日付
損傷除去後の状態評価日付	損傷除去後の状態評価日付
損傷除去後の状態評価	損傷除去後の状態評価
場合によりさらに	場合によりさらに
ATV-M 149 に基づくデータ(品質係数，水理学係数)	点検間隔
点検間隔	状態記述
状態記述	
損傷除去方法	
ビデオテープナンバー	
ビデオカウンタナンバー	
場合により下位ファイルとして	
個々の損傷のデータ	
配備	
損傷記述	
場合によりさらに	
状態評価	
ビデオカウンタナンバー	
写真ナンバー	

4. 点　検

スパンファイル	マンホールファイル
D. 運転データ	
保守間隔	ネズミの駆除
最後の保守日付	餌をまいた日付
堆積挙動	場合によりさらに
下水性状	保守間隔
清掃方法	最後の保守日付
D. 運転データ	
場合によりさらに	
コラムナンバー	
特別な観察事項	
（例えば，水位，臭気）	
E. 水理学データ	
部分流域面積	観察された滞水高さ
強化度	観察された滞水高さの日付
集落密度	場合によりさらに
場合によりさらに	結果データ（例えば，溢出しの頻度）
ATV-A 119 に基づくその他のデータ（例えば，結果データ）	
F. コストデータ	
地盤の状況	地盤の状況
掘削溝の形状	地表の性状
地表の性状	排水
排水	場合によりさらに
場合によりさらに	ATV-A 133 に基づくその他のデータ（例えば，結果データ）
ATV-A 119 に基づくその他のデータ（例えば，結果データ）	

4.6.2.3　データの調査，登録，増補

　基幹データの調査は，非常な労力とコストを要することから，前もって定められたフォーマットに従って1回だけ，かつできるだけ完全に実施されなければならない．事例データの把握に際しては，それが基幹データに対して明確に対応させられていることに留意しなければならない．地理データは，選択された地理システムを基礎として定められ，基幹データは，当局作成のマップ，管渠現況図面，測定・測量および場合により道路データバンクから得られる．状態データは，ATV-M 143 Teil 2[4-2]を遵守して，状態把握の作業結果として得られる．運転データは，保守対策の過程で得られるか，または作業報告書から得ることができる．水理学的データの調査にあたっては，ATV-A 118 または A 119 の規則が遵守され，コストデータの調査にあたっては，ATV-A 133 の規則が遵守されなければならない[4-205 ～ 4-207]．

　データ登録は，メニュー操作式のフォーマット化された入力マスクによって行われ

る．基本的に非冗長性が遵守されなければならず，データは，適切なインタフェースを経てデータバンクに受け入れられるにあたって，それに応じた検査プログラムによって信憑性がチェックされなければならない．

　データの増補とは，既存データの変更ならびに状態データと運転データの追跡把握として理解される．変更に際しては，従来のデータに上書きが行われる．これに対して追跡把握の場合には，従来のデータを保持しつつ，両者の相互比較が行えるように新たなデータが付け加えられる．

　基幹データの変更およびそれと結び付いた事例データに生ずる影響は，適切な検査ルーチンによって表示されなければならない．状態データと運転データの二次処理または追跡処理に際しては，矛盾を確認するために調査されたデータと既にデータバンク内に登録されているデータとの調整が必要である．

4.6.2.4　アプリケーションの可能性

　アプリケーションの可能性がどこまでに及び，データ材料の分析評価による詳細な判定がどこまで可能であるかは，入力されるデータの量と多様性に依存している．この場合に注意しなければならない点は，判定の効用がそのために要されるデータ材料の調査・管理コストと見合うものでなければならないということである．

a．管渠保全　　管渠施設の保守，点検および修繕に関係する一切の事実は，状態データと運転データとして管渠データバンクに入力される．これは，マンホールレポートと管渠スパンレポートの形で呼び出して出力することができる．把握された損傷は，さらに適切なインタフェースを経て目視点検時に撮影されたビデオテープを操作して観察することが可能である．

　状態データを基幹データと結び付けることにより，水理学的データとコストデータを考慮しつつ，
・点検プログラム，
・修繕計画，
を決定することができる．状態改善プランニングのため，状態記述ならびに目視記録を基礎として状態評価を実施することで，スパンの状態分類が可能である（**4.7.4** 参照）[4-208]．

b．管渠網計算　　基幹データを水理学的データと結び付けることにより，インタフェースを介した解析評価プログラムによって管渠網計算を実施し，以下の目標を達成することができる．

4. 点　検
・管渠網の容量のチェック，
・個々の下水管渠の下水流量の決定，
・晴天時および雨天時の水位の算出，
・塞止めまたは氾濫の危険ある区域の特定[4-197]．

　コストデータと組み合わせることによりコスト算出および財政運営計画を作成することができる．

c．管渠網の財産計算　　財産評価のため，基幹データをコストデータと結び付け，場合により状態データを組み入れて，適切な計算プログラムによって固定資産計算が行われる．これは，減価償却計算ならびに固定資産に含まれる資本の計算およびそれぞれに設定される金利の計算に利用される．固定資産とは，土地，建物，運転施設，機械，建設中の設備・施設，保険料・拠出金，交付金，第三者の補助金および金利優遇である[4-209]．管渠網の財産計算は，適正な下水道使用料を徴収するための前提条件である．

d．グラフィックデータ処理　　優れたグラフィックシステムを使用して管渠データバンクのデータによって管渠網の，
・平面図，
・縦断面図，
・横断面図，
を様々な縮尺で表示することができる．

　さらに平面図を道路および建物輪郭を含むディジタル化された都市計画図と結び付けることにより詳細な，
・現況図面，
・テーマ別図面，
・管渠状態図面，
・水理学的稼働率図面，
・修繕図面，
を作成することができる．

　既存のデータの増補および変更は，CADシステムとの会話形結合により文字数字方式によっても，またグラフィック表示面を経ても行うことができる．このデータ処理にとって最も重要な支援機能は，以下のとおりである．
・新規計画，
・マンホール，スパンの挿入または削除，
・マンホールの移動，

4.6. 記　　録

・マンホール，スパンの名称変更，
・流下方向の変更，
・損傷，私設接続管の挿入または削除，
・スパン距離，勾配の自動計算，
・マンホール，スパンのデータの呼出し，
・テキスト，テキストブロックの呼出し，
・色，線，文字サイズ，フォントの変更，
・キャプション，損傷の種別，取付管，枝管等の挿入や削除，
・特殊構造物の作成，
・簡略または詳細な損傷記述の選択，
・様々な損傷または状態評価の結果のカラー表示，
・任意の図面部分のプリンタまたはプロッタへの出力，あるいはファイルとしての出力．

e．分析評価　　管渠データバンクのデータは，種々の基準に基づき個別，組合せ，もしくは選別してリストの形で出力することができる．可能な例は，以下のとおりである．

・マンホールデータ，
・スパンデータ，
・座標に基づくスパン距離の比較，
・状態評価の結果，
・損傷の種類，
・マンホール，スパンの数，
・材質，
・直径，
・座標から決定する管網距離，
・検査距離，
・測定，測量，
・ビデオテープカウント記録．

　このようにして得られたデータは，さらに別なアプリケーションプログラムによって統計的に分析評価され，グラフの形で表示することが可能である．これによりテキストおよび図の形による第三者への情報提供は，短時間かつ包括的に行うことができる．

f．その他のアプリケーション　　その他のデータバンク，例えば工場等台帳ならび

4. 点　検

にその他の専門的なアプリケーションとの結合は，適切なインタフェースによって実現することができる．したがって，他の行政機関との円滑な協力のもとで，管渠データバンクと隣接する分野，例えば道路データバンクまたは給エネルギーや給水データバンクとの間の情報のやりとりが可能である．データエクスポートには，プログラムがデータバンクのデータストーリッジに直接アクセスしないで済むように当該アプリケーションプログラムに要されるデータのみが固定フォーマットに転送される．

データベースとユーザとの間のコミュニケーションは，標準化された言語(例えばStructured Query Language ─ SQL)を用いて行われる．特別なアプリケーションプログラムにより照会言語のわずかな知識しか持っていないユーザも入力，処理および選択に際してデータバンクとの気楽にアクセスすることができる[4-199]．

管渠データバンクがユーザのそれぞれの要件および要求に対処し得るようにするには，モジュラー構造が好ましい．またさらにデータバンクを管渠情報システムないし地図情報システムに組み入れることができる必要があろう(**図 4-107**)．

管渠データバンクを構築するため，上述した要件を満たし，かつ実地において有用性が実証されたいくつかのシステムが既に存在している．多様なシステムの方法が提供されることから，ユーザは自ら精力的に取り組んで自分のアプリケーションに最適なものを選択したり，そうしたものを特別に構成する手間から解放されよう．

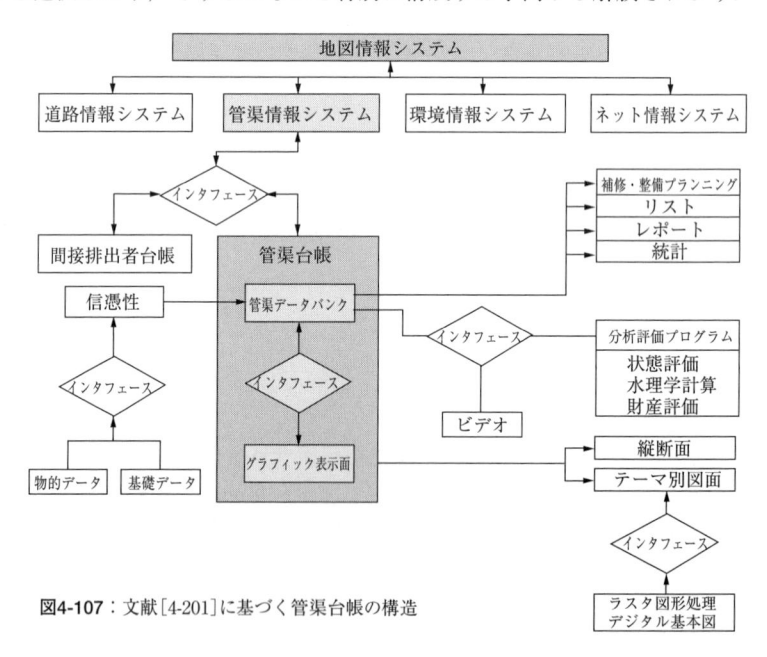

図4-107：文献[4-201]に基づく管渠台帳の構造

4.7 状態分類，状態評価

　水理学的検査，環境関連検査，構造的検査(4.3 〜 4.5 参照)の結果を基礎として欠陥原因が究明されなければならない．各原因の影響が判定され，適切な解決策が策定され，対策の優先順位が決定される必要があろう．このために実状態の判定ならびに要求条件との比較の一環として，状態分類と状態評価のステップを経なければならない（図 4-1 参照）[4-5]．この手順には―技術的，経済的な点から見て，認識された損傷のすべてを必ずしも短期間に除去し得るわけではないことからして―，特別な意味が認められる．これにより損傷除去が対処療法の形で行われ，ほぼもっぱら重大な，外部から見える損傷に限定されている都市および市町村において現在優勢な慣行にも歯止めがかけられることとなる．

4.7.1 状態評価モデルの目標，課題

　優先性リストの作成には，いわゆる状態分類モデルと状態評価モデル―以下では評価システムといわれる―が利用される．これは，ATV-M 143 Teil 1[4-1]に依拠し，
・損傷種別，
・損傷箇所，
・損傷規模，
・スパン当りの損傷件数，
の評価ならびに，
・損傷原因，
・損傷結果，
の判定を基礎として行われなければならない．DIN EN 752-5[4-5]に基づき水理学的側面，環境に関連した側面および構造的な側面を考慮するには，以下の評価基準が重要である．
・交通圏内の位置または道路種別，
・土被り，
・場所，
・交通荷重，

4. 点　　検

・接近の容易性,
・地下水面に対する相対的位置,
・地盤の透水性または土壌性状,
・管渠網システム,
・構造,
・建設年齢,
・形状,
・材料,
・管渠網システムにとっての当該管渠の重要性,
・集水流域に対する管渠の相対的位置.

　優先性リストは，管渠の補修と整備のための財政資金の効果的な投入を可能とするのみならず，損傷の分析からそれを回避するための方策を開発することも可能とする．さらに状態把握に基づく適時な構造欠陥の認識と修繕対策を着手することによって，付随的な損害の可能性とそれに伴う著しく高い付随コストを回避することができる．

　管渠システムの状態分類と状態評価を管轄する所管機関には，目下のところ一般に妥当な評価尺度，特に発生損害とそれから生ずるリスクポテンシャルに応じて損傷除去順位を決定するための評価尺度を有していない．

4.7.2　ATV-M 149 に基づく状態分類と状態評価に求められる要求条件

　DIN EN 752-5[4-5]の規定を満たし，かつ水理学的側面，環境に関連した側面および構造的側面を考慮した状態分類モデルと状態評価モデルに求められる基本的要求条件の一覧は，ATV-M 149 注意書案"管渠システムの状態分類および状態評価"[4-6]に記載されている．この注意書の目標は，なかんずく定められた評価基準を考慮した一般的な処理手順の導入により—使用された評価モデルとは無関係に—検査結果の比較可能性を導き出すことである．

　注意書中で使用されている概念は，以下のように定義されている．
① 　構造，使用状態：管渠システムの点検から得られる知見．
② 　状態等級：下水管渠，マンホール，その他の構造物の構造，使用状態の分類尺度．
③ 　状態分類：構造，使用状態を基礎とした下水管渠，マンホール，その他の構造物の状態等級への分類．

④　状態評価：状態分類，水理学的側面，環境に関連した側面，場合によりその他の側面に基づく下水管渠，マンホール，その他の構造物の評価．
⑤　優先性リスト：修繕の必要性の順位．

4.7.2.1　状態分類

　状態分類は，下水管渠，マンホール，その他の構造物をそれらの構造状態と使用状態に基づいてのみ状態等級に分類することを内容としており，資格を有する点検分野から独立した専門家によって信憑性検査法を用いて実施されなければならない．
　状態分類は，管渠システムに求められる要件に応じて，以下の判定基準を考慮しなければならない．
・損傷の映像，
・損傷規模．
　2つの基準の区別は，それぞれの要件ならびに損傷修繕に供し得る時間枠に応じて行うことができる．
　状態分類には，まず例えば4.7.3にあげたATV-M 143 Teil 2[4-210]に基づく状態略号に基づいてそれぞれの個別損傷の判定が必要である．暫定的な分類は，EDVによって自動的に行うことができる．状態略号をもってしては総合的な状態記述が行えない場合には，必ず損傷の個別的分類が行われなければならない．EDVによって分類された暫定的な状態等級は，慎重にチェックされなければならない．
　個々の損傷への状態等級の付与に続いてそれぞれの評価単位（マンホール，スパン，その他の構造物）に応じた限定的な分類が行われる．この場合，以下の基準が適用されなければならない．
・スパン内の最大の個別損傷，
・その他の損傷の頻度および規模，
・個別損傷の範囲．
　場合によっては，その他の基準を加えることも可能である．
　重要度からして即時の対応が要される状態にあっては，即時対策が開始されなければならないが，それは，例えば以下のような場合である．
・評価単位の使用機能を無効にする機能損傷が存在する場合．
・水源保護区Ⅱと鉱泉の近傍流域において，下水道システムの漏れをたとえわずかでも疑わせるようなあらゆる種類の構造損傷が存在する場合．
・下水流出による地下水汚染が確認された場合．

4. 点　検

・管体の静力学的機能がなくなり，評価単位，隣接構造物または周辺地盤の崩壊の危険が切迫しているあらゆる状況時．

こうした状況とは，例えば次のようなものである．

・土壌侵入を伴う地下水浸入，
・管渠布設域内における空洞の確認，
・作業員の身体および生命に危険を及ぼす状態が存在する場合．

4.7.2.2　状態評価

損傷または漏れのある下水管渠，マンホール，その他の構造物は，環境に影響をもたらす．これにより，以下の保護目標が損なわれることとなる．

・地下水水質保全および土壌保護，
・下水道施設の機能維持，
・建造物の安定性．

管渠スパンの下水水質と水理学的状態は，前記の保護目標に決定的な影響を及ぼす．これらは，状態評価に際して考慮されなければならない．

・静水圧は，漏れ箇所から流出する水量に決定的に影響することから，水理学的評価には塞止め高さが組み入れられる必要があろう．これらのデータが得られない場合には，便法として障害発生時の情報または水理学計算から得られた情報も役立つことがある．さらに管渠網の現在の負荷と計画された負荷とが区別されなければならない．

・流出する下水量だけでは地下水と土壌に生じ得る被害は決定されない．下水の性状がより決定的重要性を有している．下水水質の評価は工場等台帳を利用して行われる必要があろう．こうした台帳が存在しないか，または作成中である場合には，建設計画ならびに下水発生源規制のデータを用いる．

その他の評価基準は，4.7.1 に述べられている．

4.7.2.3　優先性リスト

優先性リストのもとになるのは，状態評価である．

優先性リストは，構造的観点および使用上の観点から判断される必要な修繕の順位を表している．修繕の順序は，これによって必ずしも定められてはいない．

具体的な修繕工事プログラムを立てるうえでは，例えば以下のようなその他の条件

も考慮される必要があろう.
・その他の建設事業,
・水理学的または環境に関連した不備,
・評価の異なる複数のスパンの統合,
・交通条件,
・管渠網の構造的改善,
・開発事業,
などである.

　下水道協会(ATV)以外にも,国内外においていくつかのコンサルタント会社,管渠検査会社,自治体が多かれ少なかれ総合的な状態分類モデルと状態評価モデルを開発した.以下でATV-M 143 Teil 2[4-210]の説明に続いて選択したシステムを紹介し,評価モデルに対する基本的要求条件に関するATV-M 149の提案との比較を行うこととする(4.7.4参照).

4.7.3　ATV-M 143 Teil 2 に基づく状態記述

　管渠の状態,特に目視点検の過程で確認された損傷の正確で総合的な記録には,DIN EN 752-5[4-5]に基づいた統一的なコード化された状態記述が適用され,これによって検査結果の比較可能性が保障されなければならない.
　ATV-M 143 Teil 2[4-2]は,この点に関する提案を含んでいる.1991年6月の公表以来,この提案に含まれていた略号システム(下水管渠の目視点検に関する概念)によってドイツ全土において優れた経験が得られたが,その適用の過程で,また同時にATV-M 149"下水管渠の状態分類/状態評価"の策定とも関連して,この略号システムでは必ずしもすべての損傷種別を記述することはできないことが判明した.これを契機として,マンホール,修繕された管渠スパンになお存在する損傷記述の不備を埋めるため,いくつかの新しい略号が定義された[4-210].
　略号の構造については,"管渠に関する点検テキスト","マンホールおよび下水道施設に関する点検テキスト"ならびに"一般的なテキスト"が区別される.略号"一般的なテキスト"は,"管渠に関する点検テキスト"のように桁に応じて構造化されていず,場合によって数字の付された2～4桁の既製の略号として定められている(例えばQVN 300＝呼び径300への変更).
　"管渠に関する点検テキスト"の略号および"マンホールおよび下水道施設に関する点

4. 点 検

検テキスト"の略号は，通常4桁の略号から構成されている．

第1桁の略号は，状態群を表し，第2桁の略号は，状態特徴を表している．第3桁の略号で，通常，損傷域における管渠断面またはマンホールの目視による水密性に関する判定が表される（略号：A, B, E, F, M）．この場合，漏れと因果的に関連していない損傷は例外である（例えば，流下障害，堆積物，砂→HDS）．第4桁の略号は，通常，下水管渠では損傷の状態または位置を表し（略号：O, U, L, R, -），マンホールの場合には当該対象を表している．ただし，この場合にも例外が存在する（**表4-16～4-18**）．

表4-16：文献[4-210]に基づく下水管，マンホール，構造物に関する一般的なテキストおよび状態略号

1 一般的なテキスト					ければならない）
1.1 制御略号			QVNn	=	呼び径ジオメトリーの変化（その後の変化はテキスト追記として行われなければならない）
制御略号は4個の記号で構成することができる					
HA	=	スパン始点			
HE	=	スパン終点	WV	=	材料変化
HLn	=	スパン距離（nは点検によって確認）	EMN	=	正確な測定不可
PA	=	管始端	GST	=	所望のステーションに到達せず
PE	=	管終端	FSB	=	確認された損傷を除去
PLn	=	管長（点検によって確認された長さを追記する）	FOTOn	=	個別撮影実施（数字追記として写真ナンバー）
GE	=	反対側に達する	OK	=	目視による欠陥なし
GEN	=	反対側に達しない	II	=	（データバンクに自由なテキストを受け入れるためのコード）
IG	=	点検は反対側より実施			
IGN	=	反対側からの点検不可	K	=	エルボ，ベンド（度）
IAB	=	点検の中止	1.2 管渠の種別		
IR	=	点検は管渠清掃後に初めて可	管種の表示は2つの文字で構成される		
IS	=	点検は後の時点に実施	第1文字：K	=	開渠
IA	=	委託者はさらなる検査を断念	D	=	圧力管渠
STn	=	マンホール深さ[m]	第2文字：M	=	合流水
SV	=	マンホールの隠蔽	S	=	汚水
SB	=	マンホールが車両によってブロック	R	=	雨水
SP	=	マンホールが図面中に無記載	A	=	その他の下水
SZ	=	中間マンホール	例 KS	=	開渠排水による汚水管
SNA	=	車両にてマンホールに接近不可	3 材料		
SM	=	マンホールに欠陥なし	AZ	=	アスベストセメント
TVR	=	カメラの滑り	B	=	コンクリート，無筋
TVN	=	カメラ使用不可	1. CNS	=	特殊鋼
TVS	=	カメラ進行不可（停止）	FZ	=	ファイバセメント
TVUW	=	カメラ水中，視界不可	GFK	=	グラスファイバ強化プラスチック
TVSD	=	画質が劣る，蒸気形成	GG	=	ねずみ鋳鉄（片状黒鉛鋳鉄）
QVG	=	断面ジオメトリーの変化（後に続く断面種別としてテキスト追記として行われる	GGG	=	ダクタイル鋳鉄（球状黒鉛鋳鉄）
			ST	=	鋼

MA	=	レンガ積
OB	=	現場打設コンクリート
PC	=	ポリマーコンクリート
PCC	=	ポリマー改質セメントコンクリート
PEHD	=	ポリエチレン（HD=高密度）
PH	=	ポリエステル樹脂
PHB	=	ポリエステル樹脂コンクリート
PP	=	ポリプロピレン
PVC	=	ポリ塩化ビニル
PVCU	=	硬質ポリ塩化ビニル
SPB	=	プレストレストコンクリート
STB	=	鉄筋コンクリート
STZ	=	陶器

1.4 コーティング，ライニング

コーティング，ライニングの記述には，3つのメルクマールの並列からなり，最大で4つの記号を包括する以下の略号が使用されなければならない

第1メルクマール

B	=	コーティング
A	=	ライニング

第2メルクマール

Bと連携してのみ(材料略称)

BT	=	ビチューメン
KH	=	合成樹脂
MM	=	モルタル

(例えば，防食，再生)

Aと連携してのみ(材料略称)

RO	=	プレハブ管，現場製作管または現場製作・硬化管によるライニング
EE	=	個別エレメント，例えば，クリンカ，陶板，プラスチックエレメントによるライニング

第3メルクマール

内部コーティング，ライニングの範囲

S	=	底部(管，マンホール)
R	=	内側全体
G	=	気圏域

1.5 地域排水構造物

ZES	=	昇降マンホール
ZFS	=	落下坑筒
ZWS	=	乱流落下坑筒
ZSS	=	洗浄用坑筒
ZABU	=	副管付き構築物
ZABS	=	シュート路付き構造物（スワンネック形送風支管）
ZABK	=	カスケード付き構造物
ZSA	=	道路排水雨水升
ZEL	=	流入構造物
ZAL	=	流出構造物
ZRUE	=	雨水余水吐け（または吐出し構造物）
ZSB	=	ゲート構造物
ZKB	=	彎曲構造物
ZVB	=	連絡構造物
ZDUE	=	伏越し
ZHEB	=	サイホン
ZRRB	=	雨水捕集槽
ZASA	=	分離装置
ZRKB	=	雨水処理槽
ZRUB	=	雨水越流槽
ZPW	=	中継ポンプ施設
ZVT	=	分配構造物
ZMC	=	測定坑筒
ZSO	=	その他の構造物

2 状態テキスト

管に関する状態略号

第1桁位：一次状態の表記には以下の略号の一つが使用されなければならない

	A	=	枝管
2.1	B	=	管の破損
	C	=	腐食
	D	=	歪み
	F	=	接続欠陥
	H	=	障害物
	K	=	管渠補修対策
	L	=	位置ずれ
	R	=	亀裂
	S	=	はめ管
	T	=	部材欠損
	U	=	漏れ
	V	=	物理的摩耗
	W	=	その他の状態

第2桁位：一次状態の詳細．可能かつ有意的な量的記載については例(表4-17)参照のこと

A	=	管の接続
B	=	外側への反り
C	=	継手
D	=	堆積物

4. 点検

E	=	突き出た
F	=	固化
G	=	シーリング
H	=	水平方向
I	=	肥厚物
K	=	クリンカ
L	=	縦—，軸—
M	=	目地モルタル
N	=	施工が不適正
O	=	外側，引込み
P	=	樹根侵入
Q	=	横—，半径方向—
R	=	亀裂
S	=	破片
T	=	崩壊
U	=	閉鎖，不透性
V	=	垂直
W	=	壁面
X	=	亀裂，一点から発する
Z	=	公共サービス供給管およびケーブルの交差
—	=	上記略号のいずれにも該当しない場合

第3桁位：

A	=	水の流出，可視
B	=	土壌，可視
D	=	詰まり
E	=	水の浸入，可視
F	=	湿潤，可視
G	=	小石
M	=	土壌流入を伴う浸水，可視
S	=	砂
—	=	上記略号のいずれにも該当しない場合

第4桁位：

A	=	軸方向
F	=	異水
G	=	地下水
H	=	水平方向
L	=	左側迫持
O	=	管頂，上方
R	=	右側迫持
S	=	塞止め[cm]
U	=	管底，下方
V	=	垂直方向
—	=	管全周

2.2 マンホール，地域排水構造物に関する状態略号

第1桁位：一次状態の表記には以下の略号の一つが使用されなければならない

A	=	接続管
B	=	崩壊
C	=	腐食
D	=	歪み
F	=	接続欠陥
H	=	障害物
K	=	補修対策
L	=	位置ずれ
R	=	亀裂
S	=	取付管，私設接続管，道路雨水升
T	=	部材欠損
U	=	漏れ
V	=	物理的摩耗
W	=	その他の状態

第2桁位：一次状態の詳細

A	=	ライニング
B	=	隠蔽
C	=	継手域
D	=	堆積
E	=	突き出た
F	=	固化した堆積物
G	=	シーリングの突出し
H	=	水平方向
I	=	固着物
K	=	クリンカ
L	=	縦方向
M	=	目地モルタル
N	=	不適正な施工
O	=	外側，引込み
P	=	樹根侵入
Q	=	横方向
R	=	亀裂
S	=	亀甲割れ
T	=	崩壊
U	=	閉鎖
V	=	垂直方向
W	=	壁面
X	=	亀裂，一点から発する
Z	=	公共サービス供給管，ケーブルとの交差
—	=	上記略号のいずれにも該当しない場合

第3桁位：水密性メルクマール

	A	=	水の流出，可視		F	=	塵取り
	B	=	土壌可視，可視的な逸出，侵入なし		G	=	水路，底
	D	=	詰まり		H	=	坑筒ネック，テーパ
	E	=	浸入水，可視		I	=	坑筒
	F	=	湿り，可視		K	=	カバー(カバープレート)
	G	=	小石		L	=	梯子
	M	=	土壌流入を伴う浸水，可視		M	=	地上構造物部分
	S	=	砂		N	=	手すり
	—	=	上記略号のいずれにも該当しない場合		P	=	底板
第4桁位：構造物対象					Q	=	成形品(取付け部材)
	A	:	流出側(管継手)		S	=	足掛け金物
	B	=	バンケット(ステップ)		T	=	階段
	C	=	補正リング		V	=	昇降補助具(グリップ)
	D	=	マンホール蓋		W	=	壁
	E	=	流入側(管継手)		—	=	一般，構造物全体につき

表 4-17：文献[4-210]に基づく下水管に関する点検テキスト

管渠に関する点検テキスト

1.1 取付管(成形品)

A-	—	(L, O, R, U)	—	取付管	—
A-	D	(L, O, R, U)	—	取付管の詰まり	—
AN	—	(L, O, R, U)	—	取付けが不適正な取付管	—
AP	(B, E, F, M, —)	(L, O, R, U)	nn	取付管を通じた樹根侵入	%
AR	(B, E, F, M, —)	(L, O, R, U)	nn	亀裂のある取付管(取付管域)	mm
AU	(A, B, E, F, M, —)	(L, O, R, U)	—	取付管閉鎖	—

1.2 管の破損，崩壊(すべての数字追記は cm²)

BA	(A, B, E, F, M, —)	(L, O, R, U, —)	nn	マンホール，構造物への接続部における管片欠損，平均直径[cm]	cm²
BC	(A, B, E, F, M, —)	(L, O, R, U, —)	nn	継手域における管片欠損，平均直径[cm]	cm²
BS	(A, B, E, F, M, —)	(L, O, R, U, —)	nn	破片欠損，平均直径[cm]	cm²
BT	(A, B, E, F, M, —)	(L, O, R, U, —)	—	崩壊	—
BV	(A, B, E, F, M, —)	(L, O, R, U, —)	nn	穴，平均直径[cm]	cm²
BW	(A, B, E, F, M, —)	(L, O, R, U, —)	nn	穴，管壁欠損，平均直径	cm²

1.3 腐食

C-	(A, B, E, F, M, —)	—	nn[*1]	全周に及ぶ内部腐食	—
C-	(A, B, E, F, M, —)	O	nn[*1]	気圏の内部腐食	—
C-	(A, B, E, F, M, —)	U	nn[*1]	底部の内部腐食	—
CC	(A, B, E, F, M, —)	—	nn[*1]	管継手の内部腐食	—
CK	(A, B, E, F, M, —)	(L, O, R, U, —)	nn[*1]	クリンカの腐食	—
CM	(A, B, E, F, M, —)	—	nn[*1]	全周に及ぶ目地モルタルの腐食	—
CM	(A, B, E, F, M, —)	O	nn[*1]	気圏の目地モルタルの腐食	—
CM	(A, B, E, F, M, —)	U	nn[*1]	底部の目地モルタルの腐食	—

1.4 曲げ撓み管ないしライニングの変形(すべての数字追記は直径減少%)

D-	—	(L, R, —)	nn	曲げ撓み管の変形	%
DV	—	—	nn	曲げ撓み管の変形，垂直方向対称的	%

4. 点検

1.5	接続欠陥					
F-	—	(O, U, R, L)	—	接続欠陥	—
1.6	排水障害(すべての数字追記は直径減少%)					
H-	—	(L, R, U, —)	nn	障害物，一般	%
HD	S	(L, R, U, —)	nn	堆積物，砂	%
HD	G	(L, R, U, —)	nn	堆積物，小石	%
HE	(A, B, E, F, M, —)	(L, O, R, U, —)	nn	突き出た障害物	%
HF	—	(H, L, O, R, U, V, —)	nn	固着推積物	%
HG	(A, B, E, F, M, —)	(L, O, R, U, —)	nn	突き出たシーリング	%
HI	(E, F, —)	(L, O, R, U, —)	nn	固着物	%
HK	(A, B, E, F, M, —)	(L, O, R, U, —)	nn	突き出たクリンカ	%
HS	(A, B, E, F, M, —)	(L, O, R, U, —)	nn	突き出た破片	%
HP	(A, B, E, F, M, —)	(L, O, R, U, —)	nn	樹根侵入	%
HZ	(A, B, E, F, M, —)	(H,L, O, R, U, V, —)	nn	その他の管，ケーブルの交差	%
1.7	管渠補修対策					
K-	—	(L, O, R, U, —)	—	管渠補修対策	—
1.8	位置ずれ(すべての数字追記は cm)					
LB	(A, B, E, F, M, —)	(L, R, U, —)	nn	外側への反り	cm
LH	(A, B, E, F, M, —)	L	nn	水平方向変位，左側可視	cm
LH	(A, B, E, F, M, —)	R	nn	水平方向変位，右側可視	cm
LL	(A, B, E, F, M, —)	(L, O, R, U, —)	nn	軸方向変位	cm
LV	(A, B, E, F, M, —)	O	nn	垂直方向変位，上方可視	cm
LV	(A, B, E, F, M, —)	U	nn	垂直方向変位，下方可視	cm
1.9	亀裂					
RC	(A, B, E, F, M, —)	(L, O, R, U, —)	nn	継手域の亀裂	mm
RL	(A, B, E, F, M, —)	(L, O, R, U, —)	nn	縦方向亀裂	mm
RQ	(A, B, E, F, M, —)	(L, O, R, U, —)	nn	横方向亀裂	mm
RS	(A, B, E, F, M, —)	(L, O, R, U, —)	nn	亀甲形成，最大亀裂幅	mm
RX	(A, B, E, F, M, —)	(L, O, R, U, —)	nn	網状亀裂，最大亀裂幅	mm
1.10	取付管					
S-	—	(L, O, R, U)	—	取付管	—
S-	D	(L, O, R, U)	—	取付管の詰まり	—
SE	(A, B, E, F, M, —)	(L, O, R, U)	nn	取付管の突出し	cm
SN	(A, B, E, F, M, —)	(L, O, R, U)	—	取付けが不適正な取付管	—
SO	(A, B, E, F, M, —)	(L, O, R, U)	—	取付管，外側へ前置(引込み)	—
SP	(B, E, F, M, —)	(L, O, R, U)	nn	取付管を通じた樹根侵入	%
SR	(B, E, F, M, —)	(L, O, R, U)	nn	取付管に亀裂(取付管域)	mm
SU	(A, B, E, F, M, —)	(L, O, R, U)	—	取付管の閉鎖	—
1.11	部材欠損					
TK	(A, B, E, F, M, —)	(L, O, R, U, —)	nn	クリンカの欠損，平均直径	cm
1.12	可視的な漏れ					
UA	(A, B, E, F, M, —)	(L, O, R, U, —)	—	マンホール結合部，構造物結合部の漏れ	—
UC	(A, B, E, F, M, —)	(L, O, R, U, —)	—	管継手の漏れ	—
UW	(E, F, M, —)	(L, O, R, U, —)	—	管壁の漏れ	—

4.7 状態分類，状態評価

1.13	物理的摩耗					
V-	(A, B, E, F, M, —)	(L, O, R, U, —)	nn[*2]	物理的摩耗，一般	—
VC	(A, B, E, F, M, —)	(L, O, R, U, —)	nn[*2]	管継手の物理的摩耗	—
1.14	その他の損傷					
W-	—	S	nn	水の塞止め（最大水深）	cm
W-	—	F	—	異水の流入	—
W-	—	G	—	地下水浸入	—
W-	(A, B, E, F, M, —)	(L, O, R, U, —)	—	施工が不適正な修理箇所	—

[*1] 腐食ないし物理的摩耗の詳細記述に使用し得る数字追記
 11= 骨材可視
 12= 骨材の突出し
 13= 骨材の脱落
 21= 補強筋可視，腐食
 22= 補強筋部分欠損または補強筋の突出し
 32= 目地モルタルの部分欠損
 33= 目地モルタルの全面欠損
 43= クリンカの欠損
[*2] 物理的摩耗の詳細記述のための数字追記については 1.3 参照

表 4-18：文献[4-210]に基づくマンホールおよび地域排水構造物に関する点検テキスト

マンホールおよび構造物に関する点検テキスト						
2.1	私設取付管，取付管					
A-	—	—	nn	構造物の取付管，直径	mm
A-	D	—	—	取付管，詰まり	—
AE	(A, B, D, E, F, M, —)	(H, I, W)	nn	取付管，突出し，突出し寸法	cm
AN	(A, B, D, E, F, M, —)	(H, I, W)	—	施工が不適正な取付管	—
2.2	崩壊					
BC	(A, B, E, F, M, —)	(H, I, W)	nn	継手域の壁面欠損，直径[cm]	cm²
BS	(A, B, E, F, M, —)	(B, G, W)	nn	破片欠損，直径[cm]	cm²
BT	(A, B, E, F, M, —)	(B, I, K, T, W, —)	—	崩壊	—
BW	(A, B, E, F, M, —)	(P, W)	nn	壁面部欠損，直径[cm]	cm²
2.3	腐食					
C-	(A, B, E, F, M, —)	—	nn[*1]	内部腐食，構造物全般	—
C-	(A, B, E, F, M, —)	(B, C, G, H, I, K, W)	nn[*1]	内部腐食，個々の構造部材一般	—
CC	(A, E, F, —)	(A, B, C, E, G, H, I, K, W, —)	nn[*1]	継手域の腐食	—
CK	(A, B, E, F, M, —)	(B, G, W, —)	nn[*1]	クリンカの腐食	—
CM	(A, B, E, F, M, —)	(A, B, C, E, G, H, W, —)	nn[*1]	目地モルタルの腐食	—
2.4	歪み					
D-	(A, E, F, —)	(B, C, D, F, G, H, I, K, L, M, N, Q, S, T, V, —)	—	歪みないし欠陥，一般	—
D-	(—, A, E, F)	W	nn	マンホール壁の歪み，マンホール直径に対する%	%
2.5	取付欠陥					
F-	—	—	—	取付欠陥，一般	—

373

4. 点　　検

2.6 障害物					
H-	—	—	nn	構造物内の障害物，一般	cm
HD	(G, S)	(B, G, —)	nn	堆積物，最大堆積高さ	cm
HE	(A, B, E, F, M, —)	(A, E, H, I, K, W, —)	nn	突き出た障害物，突出し寸法	cm
HF	(A, B, E, F, M, —)	(B, G, —)	nn	固着堆積物，最大堆積高さ	cm
HI	—	—	—	固着物	
HK	(A, B, E, F, M, —)	(B, G, W)	—	クリンカの突出し	
HP	(A, B, E, F, M, —)	(A, E, H, I, W, —)	—	樹根侵入	
HZ	(A, B, E, F, M, —)	(A, B, E, G, H, I, W, —)	nn	その他の管，ケーブル(直径)の交差	cm
2.7 管渠補修対策					
K-	—	(A, B, C, D, E, F, G, H, I, K, L, M, N, P, Q, S, T, V, W, —)	—	管渠補修対策	—
KN	—	(A, B, C, D, E, F, G, H, I, K, L, M, N, P, Q, S, T, V, W, —)	—	管渠補修対策，不適切な施工	—
2.8 位置ずれ					
LH	(A, B, E, F, M, —)	(A, C, D, E, I, H, —)	nn	水平方向変位	cm
LL	(A, B, E, F, M, —)	(A, E, —)	nn	軸方向変位	cm
2.9 亀裂(亀裂幅)					
R-	(A, B, E, F, M, —)	(B, G, H, I, K, W, —)	nn	亀裂，一般	mm
R-	(A, B, E, F, M, —)	(A, E)	nn	取付域の亀裂	mm
RC	(A, B, E, F, M, —)	(H, I, W)	nn	継手域の亀裂	mm
RL	(A, B, E, F, M, —)	(H, I, W)	nn	水平方向亀裂	mm
RS	(A, B, E, F, M, —)	(H, I, W)	nn	亀甲形成，最大亀裂幅	mm
RV	(A, B, E, F, M, —)	(H, I, W)	nn	構造物壁面の垂直方向亀裂	mm
RX	(A, B, E, F, M, —)	(H, I, W)	nn	網状亀裂，最大亀裂幅	mm
2.10 取付管，施設取付管，道路雨水枡					
S-	(A, B, D, E, F, M, —)	—	nn	構造物の取付管，直径	cm
S-	D	—	—	取付管，詰まり	—
SE	(A, B, D, E, F, M, —)	(H, I, W)	nn	取付管，突出し，突出し寸法	cm
SN	(A, B, D, E, F, M, —)	(H, I, W)	—	施工が不適正な取付管	
SO	(A, B, D, E, F, M, —)	(H, I, W)	nn	取付管，外側へ前置(引込み)	cm
SP	(A, B, D, E, F, M, —)	(H, I, W)	nn	取付管を通じた樹根侵入，断面積減少率	%
SR	(A, B, D, E, F, M, —)	(H, I, W)	nn	取付管の亀裂，亀裂幅	mm
2.11 部材欠損					
T-	(A, B, E, F, M, —)	(B, C, D, F, G, K, L, M, N, Q, S, T, V)	nn	部材欠損，一般，場合により欠損数を付す	個
TK	(A, B, E, F, M, —)	(B, G, W)	nn	クリンカの欠損，直径 cm	cm²
2.12 可視的な漏れ					
U-	(A, B, E, F, M, —)	(A, B, C, D, E, G, H, I, K, M, P, W, —)	—	個々の構造部材域における可視的な漏れ	—
UC	(A, B, E, F, M, —)	(I)	—	坑筒継手の漏れ	—

4.7 状態分類，状態評価

2.13	物理的摩耗				
V- VC	(A, B, E, F) (A, C, F, —)	(B, C, G, H, I, K, W) (A, B, C, E, G, H, I, K, W, —)	nn[*2] nn[*2]	物理的摩耗，個々の構造部材一般 管継手の物理的摩耗	—
2.14	その他の損傷				
W	—	(G)	—	地下水浸入	

[*1] 腐食ないし物理的摩耗の詳細記述に使用し得る数字追記
 11= 骨材可視
 12= 骨材の突出し
 13= 骨材の脱落
 21= 補強筋可視，腐食
 22= 補強筋部分欠損または補強筋の突出し
 32= 目地モルタルの部分欠損
 33= 目地モルタルの全面欠損
 43= クリンカの欠損
[*2] 物理的摩耗の詳細記述のための数字追記については2.3参照

　第4桁の略号の後に数字を追記することによって損傷規模（断面積減少，亀裂幅）に関する記載を行うことが可能であり，この記載は，通常2桁である．損傷種別"腐食"と"物理的摩耗"については，現在の4桁の略号システムでは十分ではないことが確認された．そのため必要に応じ第4桁の略号の後の数字追記 nn を利用するか，またはそれに代えて追加的な第5桁および第6桁の略号で記述することが提案されている．

　点検略号は，第1桁の略号を例外としてどの桁も満たされていなければならない必要はない．他の桁位に関する現在の入力選択肢が適当でないか，またはそれが行えない場合には，当該桁位には"-"—これは"記載なし"を表している—が記入される．

　管渠の状態または損傷が状態略号では正確に記述し得ない場合には，"自由なテキスト入力（Ⅱ）"によってさらに明細な記述を行うことができる（図4-108）．

　区間損傷の始点と終点は，適切な方法で記述されなければならない．マンホールと構造物の点検の場合には，個々の確認位置は，少なくとも近似的に識別ナンバーで表されなければならない（図4-109）．主な下水管渠には，ナンバー12が与えられ，マンホールと構造物内のその他の取付管（側方管渠，私設接続管，道路雨水枡）には，流下方向において時計回りに適宜0〜12のナンバーが与えられる．

　この状態把握システムの長所

略号桁位	1	2	3	4
状態群	×			
状態特徴		×		
水密性表示			×	
断面内の位置				×
数字追記および腐食および物理的摩耗				nn
略号	×	×	×	×
自由なテキスト入力	↓	↓		

図4-108：スパン，マンホール点検略号の構成 [4-210]

4. 点　検

は，点検結果を目下立案中の新しい欧州規格"Visual Inspection Coding System（目視点検コード化システム）"の形に転用し得ることである［4-211］．

ATV の損傷記述と立案中の欧州規格のそれとを比較すると，DIN EN の表現可能性はなお十分ではないとはいえ，ATV-M 143 Teil 2［4-210］のそれを凌駕している．長期の経過期間が予定されていることから，欧州規格への所要の適合化を行うことは可能である．

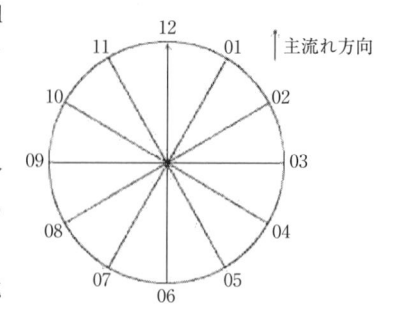

図4-109：マンホール内における取付管の配置［4-210］

4.7.4　状態分類モデルと状態評価モデル

以下に，DIN EN 752-5［4-5］，さらに ATV-M 149［4-6］の要求条件を基本的に満たす各種の状態分類モデルおよび状態評価モデルを紹介する．構造的状態分類は，すべてのモデルでもっぱら経験的仮定に基づいている．こうした状況を変えることが複合研究プロジェクト［4-213, 4-214］の目標であった．これに基づく静力学的観点からの損傷評価に関する勧告は 2.に記述されている．この場合，曲げ撓み管の変形に関する判定（2.7.8 参照）と内部腐食（2.6.4 参照）の判定について全く新しい方途が提案されている．

4.7.4.1　ATV-M 149（案）

ATV-M 149"建物外の管渠の状態分類/状態評価"によって，下水道協会は，4.7.2 に述べた処理手順の実現を内容とする状態評価と状態分類の方法案を示している［4-6］．

ATV-M 143 Teil 2［4-2］に基づいて把握された損傷は，ATV 状態評価モデルにより損傷種別と損傷規模に応じて必要な修繕対策に関する優先順位を決定することができる．その際，このモデルは，水管理法の基準に密接に依拠している．下水管渠の構造・使用状態が把握されると，それらの状態は分類され，続いて地域特有の条件に基づいて避けることのできない水域，土壌へのリスクを考慮して加重付けがなされる［4-6, 4-215］．

a．状態分類　　ATV-M 143 Teil 2［4-2］に基づく損傷略号ならびに損傷規模記載によって行われた損傷記述は，損傷等級への損傷の区分による暫定的な状態評価を与える．

状態等級 0（即時対策）とその他の 4 つの状態等級に区分される．

即時対策に区分されるのは，遅滞のない処置を必要とし，したがってさらなる状態評価に付されることのない状態の管渠である．

即時対策を要する損傷の一般的な記述(**4.7.2.1 参照**)以外に，**表 4-19** に基づく略号による状態記述も同じく状態等級 0 へと区分される．

状態等級 1，2 および 3 には，構造上および使用上の欠陥を有する管渠が区分される．

表 4-19：状態等級 0 への区分を結果する状態[4-6]

状態群　導管	略号/数字追記
可視的な漏れ	M：(第 3 桁位)物質搬入を伴う水の流入
排水障害(一般的な堆積物，突き出た排水障害，固着堆積物)	断面積減少率＞50％
排水障害(固着物，樹根侵入)	断面積減少率＞30％
腐食	管壁の全面的な腐食
曲げ撓み管の変形	＞40％
亀裂	＞10 mm
管の破損	平均直径＞5 cm
さらに構造物の個々の部材欠損	表 4-20 参照

この場合，状態等級 1 は，最も深刻な構造的損傷を有している．状態等級 4 は，認められ得る欠陥がないか，または軽微な欠陥しか認められない管渠がそれに当たる．状態等級の特徴は，**表 4-20** から読み取ることができよう．状態等級への分類は，第 3 桁の略号(水密性に関する表示)と数字追記(損傷規模に関する表示)を利用して行われる．

数字追記を基礎とした状態等級の区分は，**表 4-20** に基づいて行われる．第 3 桁の略号による分類が数字追記を基礎とした分類とは異なる状態等級をとなる場合には，当該損傷は常に高い方の状態等級に分類されなければならない．

1 スパンの最大個別損傷が当該スパン全体の暫定状態等級を決定する．

等級ごとに 100 ポイントが割り当てられる結果，4 つの状態等級には 0 ～ 400 ポイント(**表 4-21 参照**)を付与することができる．暫定的な状態分類を基礎として専門技術者により各スパンに対し損傷密度ならびに距離および損傷の位置に応じてポイントが与えられる．この場合，状態等級は変わらない．

表 4-21：状態等級に応じた状態ポイント[4-6]

状態等級	状態ポイント
1	301～400
2	201～300
3	101～200

b．状態評価　　損傷および障害物を有する管渠，マンホール，その他の下水構造物は，環境に影響をもたらす．

記述されたいずれの特徴も，環境保護目標に種々相違した影響をもたらすことから，それらを考慮して状態評価に加重がされなければならない．しかしながら損傷がそれぞれの環境保護目標に及ぼす実際の影響に関する知見が欠如していることから，ここ

4. 点　　検

表 4-20： ATV-M 149．状態等級の区分 [4-6]

状態種別		状態詳細	状態等級 0
			状態記述
数字追記が高位分類を求めない場合の第 3 桁位の略号に基づく分類		全損傷	M
1. 取付管 　断面部分の毀損 　測定，推定幅	A-D A-N AP AR	接続管の詰まり 接続管を通じた樹根侵入 接続管に亀裂	すべて ← $x \geq 30\%$ $x \geq 10$ mm
2. 管の破損 　測定，推定：平均 ϕ	BA BC BS BT BW	マンホール，構造物接続部における管片欠損 継手域の管片欠損 破片欠損 崩壊 壁面部欠損	$x \geq 25$ cm^2 $x \geq 25$ cm^2 $x \geq 25$ cm^2 即時 $x \geq 25$ cm^2
3. 腐食	C- CC CK CM	内部腐食 継手域の腐食 クリンカの腐食 目地モルタルの腐食	— — — —
4. 曲げ撓み管の変形 　測定，推定：直径変化	D-	変形	$40\% \leq x$
5. 接続欠陥	F		
6. 排水障害 　測定，推定：断面部分の毀損	H- HDG HDS HE HF HG HI HP HS H	障害物一般 堆積物（小石） 堆積物（砂） 突き出た排水障害物 固着堆積物 障害物 固着物 樹根侵入 突き出た破片 公共サービス供給管の交差	$x \geq 50\%$ ← $x \geq 50\%$ $x \geq 50\%$ $x \geq 30\%$ $x \geq 30\%$ —
7. 管渠補修	KM		←
8. 位置ずれ 　ds：管渠の肉厚	LB LH LL LV	外側への反り 水平方向変位 軸方向変位 垂直方向変位	 $x \geq 15\%$ v.ϕ $x \geq 15$ cm $x \geq 15\%$ v.ϕ

4.7 状態分類，状態評価

	即時対策		
状態等級 1	状態等級 2	状態等級 3	状態等級 4
状態記述	状態記述	状態記述	状態記述
E, A, B	F	—	—
他の情報と組み合わせて評価可能 ──────────────────────────────→			
$20\% \leq x < 30\%$	$10\% \leq x < 20\%$	$5\% \leq x < 10\%$	$x < 5\%$
$5\text{ mm} \leq x < 10\text{ mm}$	$2\text{ mm} \leq x < 10\text{ mm}$	$0.5\text{ mm} \leq x < 2\text{ mm}$	$x < 0.5\text{ mm}$
$x < 25\text{ cm}^2$	—	—	—
$x < 25\text{ cm}^2$	—	—	—
$x < 25\text{ cm}^2$	—	—	—a
—	—	—	—
$x < 25\text{ cm}^2$	—	—	—
13, 33	12, 22, 32	11, 21	—
13, 33	12, 22, 32	11, 21	—
すべて	—	—	—
33	32	—	—
$20\% < x < 40\%$	$10\% \leq x < 20\%$	$6\% < x < 10\%$	$x \leq 6\%$
雨水管渠に汚水— 屎尿可視	汚水管渠への雨水の 不断の流入		
$35\% < x < 50\%$	$20\% \leq x < 35\%$	$5\% \leq x < 20\%$	$x < 5\%$
── 点検実施前に取り除かれなければならない ──────────────────→			
$35\% < x < 50\%$	$20\% \leq x < 35\%$	$5\% \leq x < 20\%$	$x < 5\%$
$35\% < x < 50\%$	$20\% \leq x < 35\%$	$5\% \leq x < 20\%$	$x < 5\%$
すべて			
$20\% < x < 30\%$	$10\% \leq x < 20\%$	$5\% \leq x < 20\%$	$x < 5\%$
	すべて		
$20\% < x < 30\%$	$10\% \leq x < 20\%$	$5\% \leq x < 20\%$	$x < 5\%$
すべて	—	—	—
すべて	—	—	—
他の情報と組み合わせて評価可能 ──────────────────────────────→			
$x \geq 100\%\text{ v.}ds^*$	$75\% \leq x\ 100\%\text{ v.}ds^*$	$25\% \leq x < 75\%\text{ v.}ds^*$	$x < 25\%\text{ v.}ds^*$
$10\text{ cm} \leq x < 15\text{ cm}$	$5\text{ cm} \leq x < 10\text{ cm}$	$2\text{ cm} \leq x < 5\text{ cm}$	$x < 2\text{ cm}$
$x \geq 100\%\text{ v.}ds^*$	$75\% \leq x\ 100\%\text{ v.}ds^*$	$25\% \leq x < 75\%\text{ v.}ds^*$	$x < 25\%\text{ v.}ds^*$

9. 亀裂		RC	継手域の亀裂	10 mm ≦ x
測定，推定幅		RL	縦方向亀裂	10 mm ≦ x
		RQ	横方向亀裂	10 mm ≦ x
		RS	亀甲形成	←
		RX	網状亀裂	←
10. 取付管				
		S-D	取付管の詰まり	すべて
断面部分の毀損		SE	取付管の突出し	$x ≧ 50\%$
		SN	施工が不適正な取付管	←
		SO	取付管，外側へ前置	←
断面部分の毀損		SP	取付管を通じた樹根侵入	$x ≧ 30\%$
測定/推定幅		SR	取付管に亀裂	$x ≧ 10$ mm
11. 部材欠損		TK	クリンカの欠損	←
12. 可視的な漏れ		UA	漏れ一般	←
		UC	一般的な漏れなし	←
		UW	一般的な漏れなし	←
13. 物理的摩耗				
数値コードに依拠		V-	物理的摩耗，一般	—
		VC	継手部の機械的摩耗	—
14. その他の損傷		W-G	地下水浸入	すべて

*離反側の管の肉厚

で述べるモデルでは，こうした加重は行われない．環境にもたらされる得る影響は，管渠内の水理学的状況と下水性状を考慮した評価係数を用いて評価される．

水理学的評価係数の決定—静水圧が漏れ箇所での漏れ水量を決定的に左右することから—には滞水高さが利用される．

水理学的状況に関しては，以下の評価係数 H が用いられる．

① 評価係数 H 1.0 の場合：新たに計画された未建設地区を基礎とした予測条件に関して算定証明された下水管渠滞水．実状態に関して算定はされたが，証明はされていない下水管渠内滞水．

② 評価係数 H 1.1 の場合：建設密度の増加を基礎とした予測条件に関して算定証明された下水管渠滞水

③ 評価係数 H 1.2 の場合：実状態において算定証明された下水管渠内滞水．

④ 評価係数 H 1.3 の場合：確認された下水管渠内滞水現象と下水管渠溢れ現象（近隣住民の苦情，管渠蓋の歪み）．算定証明された下水管渠内の越流．

各グループへの下水性状の区分は，簡便に下水の発生源を基礎として行われるが，必然的に非常に広範に及ばざるを得ないと思われる水質分析検査を基礎とした区分は，経済的に妥当ではなく，しかもそうした検査は，広域的にどの場所でも実現し得るわ

5 mm ≦ x < 10 mm	2 mm ≦ x < 5 mm	0.5 mm ≦ x < 2 mm	x < 5 mm
5mm ≦ x < 10mm	2 mm ≦ x < 5 mm	0.5 mm ≦ x < 2 mm	x < 5 mm
5mm ≦ x < 10mm	2 mm ≦ x < 5 mm	0.5 mm ≦ x < 2 mm	x < 5 mm
── 個別ケースの吟味,少なくともその他の亀裂に同じ ──────────────→			
── 個別ケースの吟味,少なくともその他の亀裂に同じ ──────────────→			
35 % ≦ x < 50 %	20 % ≦ x < 35 %	5 % ≦ x < 20 %	x < 5 %
── 他の情報と組み合わせて評価可能 ─────────────			
── 第 3 桁位を基礎とした分類 ─────────────			
20 % ≦ x < 30 %	10 % ≦ x < 20 %	5 % ≦ x < 10 %	x < 5 %
5 mm ≦ x < 10 mm	2 mm ≦ x < 5 mm	0.5 mm ≦ x < 2 mm	x < 0.5 mm
── 個別ケースの吟味 ─────────────			
第 3 桁位を基礎とした分類 ──────────────→		─	─
第 3 桁位を基礎とした分類 ──────────────→		─	─
第 3 桁位を基礎とした分類 ──────────────→		─	─
13, 33	12, 22, 32	11, 21	─
13, 33	12, 22, 32	11, 21	─
─	─	─	─

けでなく,さらにいずれの個別ケースについても,専門技術的な評価が必要とされることとなるからである.

下水性状については,以下の評価係数 Q を用いる.

ⅰ 評価係数 Q 1.0 の場合:例えば,道路清掃の行き届いた住宅地区の地表面排水のような分流式下水道の汚染度の低い雨水.

ⅱ 評価係数 Q 1.1 の場合:住宅地区および合流式下水道地区から生ずる汚水,ならびに幹線交通路および汚れの著しい交通路の地表面排水から生ずる雨水.

ⅲ 評価係数 Q 1.2 の場合:商業および工場または下水発生源令で規制される事業所からの下水負荷が軽微な汚水.

ⅳ 評価係数 Q 1.3 の場合:商業および工場または下水発生源令で規制される事業所による下水負荷が大きな汚水.

評価ポイントは,以下の式に基づいて算出される.

$$BP = ZP + 100\,QH + 200 + 69\left(\text{INT}\frac{ZP - 1}{100} - 1\right)$$

ここで,BP:評価ポイント,ZP:状態ポイント,Q:下水係数,H:水理学係数,

4. 点　検

INT：整数関数[小数点以下の桁位を除去した関数．例えば INT(2.9) = 2].

評価ポイントを用いて**表 4-22** に基づく状態等級の分類を行う．

浸入水のある管渠については，評価係数は設定されない．この場合には，"下水道施設の機能の維持"と"建造物の安定性"に関する保護目標に抵触するにすぎないことから，構造状態のみが考慮される．

表 4-22：下水逸出のある管渠の状態等級区分[4-6]

739から907まで	→	状態等級1
570から738まで	→	状態等級2
401から569まで	→	状態等級3

したがって浸入水のある管渠については，損傷ポイントは，状態ポイントに等しい．

c．評価数　水源保護区内の管渠からの漏れは，水源保護区以外の区域に較べて高位の保護財と法益を侵害する．地下水汚染の懸念は，管渠使用に関わる技術的手段によって除去することのできる欠陥に起因する下水道の機能不全よりも明らかに高位に評価されなければならない．

以下の領域が互いに区別される．

・流域Ⅲa：管渠が水源保護区Ⅲa内にある．
・流域Ⅲb：管渠が水源保護区Ⅲb内にある．
・その他の水利権：管渠は水源保護区内にないが，水利権，例えば自家給水施設が存在する．
・その他の滲出水：管渠は水源保護区内になく，その他の水利権への抵触も生じない．しかしながら，下水の滲出水によって地下水または周辺土壌が汚染の危険に曝され得る．

目下の知見からして，特に以下の場合に管渠における滲出水が見込まれなければならない．

・状態等級0，1または2の損傷が生じている場合．
・損傷の位置が管のインバート部にあるか，または測定水位以下にある場合．

周辺土壌への滲出水の移動は，とりわけ透水性に優れ，吸水性の劣った土壌（砂利，砂）の場合に予測される．

① 浸入：管渠が地下水中にある場合に地下水の浸入がある．漏れ部から地下水が管渠内に浸入する．
② 使用：管渠網の機能，すなわち下水を支障なく流下させる機能は損なわれている場合，使用上の対策によって少なくとも暫定的に回復することが可能である（侵入樹根の切断，堆積物の除去，付着物の除去等）．

すべての管渠またはほぼすべての管渠が前記領域のいずれかに当てはまる場合には，

4.7 状態分類，状態評価

例えば，土壌の種別または地下水水位に対する下水水位を考慮してさらなる細分化を行うことができる．

前記の保護財と法益，ならびに管渠種別および状態等級の考慮することを目的として評価数が決定される．

評価指数は，以下の式に基づいて算出される．

$$BZ = ZK_f \cdot 10^5 + KA_f \cdot 10^4 + SR_f \cdot 10^3 + BP$$

ここで，BZ：評価数，ZK_f：状態等級係数，KA_f：管渠種別係数，SR_f：保護財/法益係数，BP：評価ポイント(評価ポイントが求められない場合は，それに代えて状態ポイント ZP を使用することができる)．

評価数は，管渠網を状態等級，管渠種別，当該保護財と法益，ならびに評価ポイントに応じて区分する(**表4-23** 参照)．

d．順位変更 保護目標を尊重しつつ，正当な理由が存在する場合には，優先順位を変更することができる．そうした例とは，以下のような場合である．

・住宅地区の排水を正常に遂行している浸出水発生管渠の格下げ．
・その構造(冗長管，二重壁管等)によって保護財が特に考慮されている管渠の格下げ．
・地下水に特にリスクをもたらす管渠の格上げ．

格下げと格上げは，下水管網全体について統一的に行われければならない．

e．優先性リスト 優先性リストは，数値が低くなると，順位が低くなる評価数となる．同リストは，状態等級，管渠種別，保護財と法益，ならびに評価ポイントまたは状態ポイントの順序で実施さるべき対策の順位を定める．

f．信憑性チェック 優先性リストにあげられた評価数のチェックと解釈が行えるようにするため，状態評価で行われた評価と順位変更で行われた格上げまたは格下げを評価数から読み取ることができる(**表4-24，4-25** 参照)．

図4-110 に ATV 評価モデルによる状態分類と状態評価の処理手順を図示した．

表4-23：評価数を算定するための係数 [4-6]

状態等級係数	
状態等級	ZKf
1	3
2	2
3	1

管渠係数	
管渠種別	KAf
汚水管渠，合流水管渠	5
雨水管渠	2

保護財，法益係数	
保護財，法益	SRf
水源保護区Ⅲa	5
水源保護区Ⅲb	4
その他の水利権	3
その他の逸出	2
侵入	1
運転	0

4. 点検

表 4-25：数字の配分 [4-6]

数字第1位		数字第2位			数字第3位		数字第4/5/6位	
	状態等級		管渠種別	順位変更		保護財，法益	評価ポイント	状態等級
3	1	6	汚水管渠，合流水管渠	格下げ	5	水源保護区 Ⅲa	739～907	1
2	2	5		なし	4	水源保護区 Ⅲb	570～738	2
1	3	4		格上げ	3	その他の水利権	401～569	3
		3	雨水管渠	格下げ	2	その他の逸出	状態ポイント	状態等級
		2		なし	1	浸入	301～400	1
		1		格上げ	0	運転	201～300	2
							101～200	3

表 4-24：評価数の構成 [4-6]

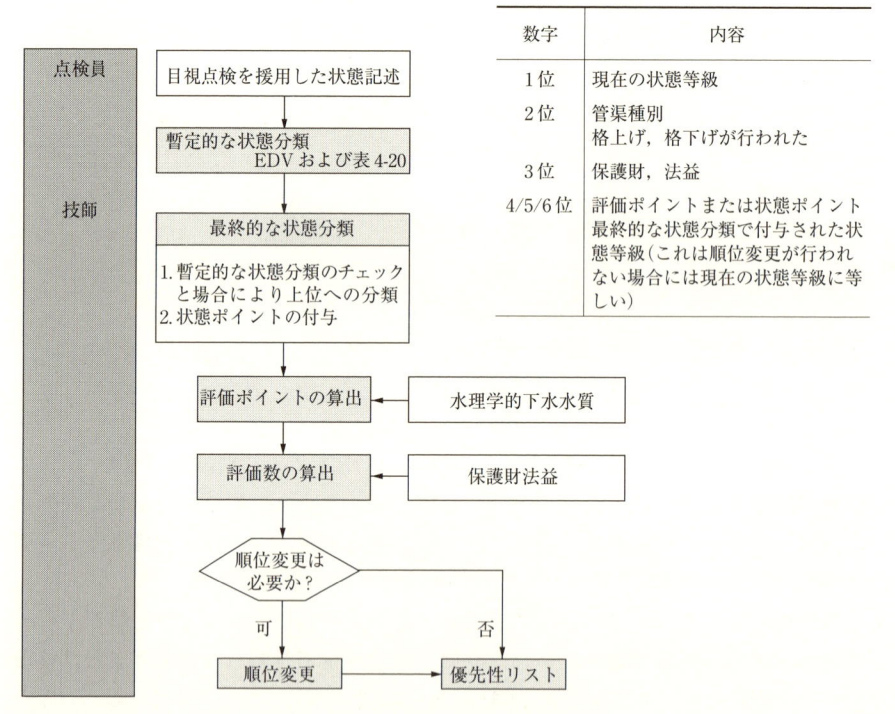

数字	内容
1位	現在の状態等級
2位	管渠種別 格上げ，格下げが行われた
3位	保護財，法益
4/5/6位	評価ポイントまたは状態ポイント 最終的な状態分類で付与された状態等級（これは順位変更が行われない場合には現在の状態等級に等しい）

図4-110：ATV-M 149（案）[4-6]に基づく状態分類，状態評価の処理手順

4.7.4.2 状態評価システム KAPRI

現場において長年来使用されてきた定評のある分類モデルは，KAPRI システム[管渠修繕優先性(KAnalsanierungs-PRIoritaeten)の略称]であり，これはボッフムにある管渠保全技師事務所(IfK)の開発になるものである．同システムは，4.7.2 にあげた DIN EN752-5 の要求条件を全面的に考慮している．

このモデルの基本コンセプトは，純統計的な損傷分類によって個別損傷と管渠スパンの保全に関する優先性リストを供することである．このため，対象とする管渠スパンにつき，一方で構造状態がもっぱら損傷種別と損傷規模を考慮した点検結果の分析によって評価され，他方で外的バックグラウンド条件が関連する管渠基幹データの分析によって評価される．対象とする管渠スパンの完全な状態評価と作成される優先性リストの基礎は，互いに別個に算出された結果の数学的結合から得られる(**図 4-111**)[4-215 〜 4-219]．

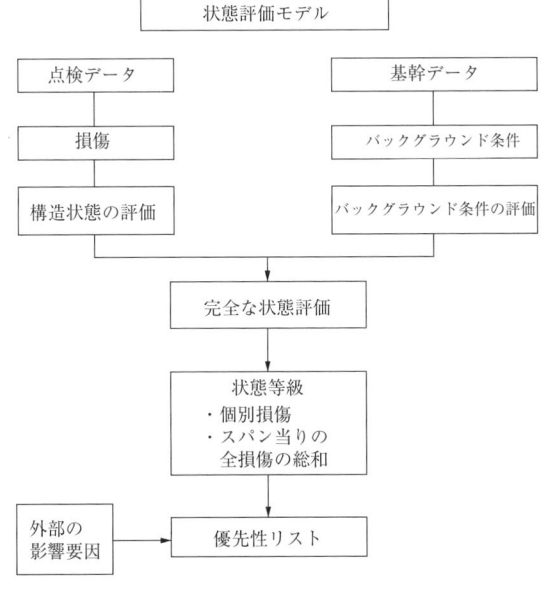

図4-111：KAPRI[4-216]による管渠状態評価の模式

a．構造状態の評価　構造状態の評価は，ATV-M 143 Teil 2[4-2]に基づく損傷記述に基づいて行われる．

KAPRI モデルでは，存在する損傷ならびに実際の損傷規模に応じた構造状態の評価

4. 点　検

は，固定的な基礎評価と動的な係数化とによって行われる．まず最初に損傷の一般的な種別につき量的な基礎ポイント数が付与され，続いて損傷規模の大きさに応じて基礎ポイント数に3つの異なった係数が乗ぜられる（**表4-26**）．

表4-26：損傷規模の異なる縦方向亀裂に関する構造状態評価の変化[4-216]

	ATV-M 143 Teil 2 に基づく表記					構造状態の評価					
	1	2	3	4	5	1	2	3	4	5	TT*
1	R	L	F	0	005	60		1.0	1.0	1.5	90
2	R	L	F	0	0.3	60		1.0	1.0	4.0	240
3	R	L	F	—	0.3	60		1.0	2.0	4.0	480
4	R	L	F	—	0.3	60		2.0	2.0	4.0	960

* 数学的結合

結果は，60ポイントの統一的な基礎評価から出発して，損傷の実際の規模に関する3位，4位および5位の表記の相違によって10倍までに及ぶ差のある評価が生ずることが示されている．こうした明白な開きのある結果は，損傷規模の増大に対応している．

b．バックグラウンド条件の評価　確認された損傷については，構造状態の評価の他に，損傷が環境に影響を及ぼすこととなる固有なバックグラウンド条件を基礎として，本来のリスクポテンシャルが評価され，定量化される．この場合，下水管渠の目的に応じて，評価にあたって以下の観点が考慮される．

・安定性，
・環境負荷，
・管渠の水理学的機能性．

これは，**表4-27**にあげた管渠基幹データの照会の形で行われる．

KAPRIモデルは，評価の枠内で各々の基幹データ表示に統計的に最も高い頻度で見出されるケースに当たる"通常ケース"を割り当て，同ケースに係数"1"を配分する．この通常ケースからの上方ならびに下方への偏倚が管渠状態評価に関するそれらの重要性に相応した係数の引上げまたは引き下げを生ずることとなる（**表4-28**）．

バックグラウンド条件の評価は，構造状態の

表4-27：バックグラウンド条件評価のためのリスクアスペクトと当該管渠基幹データ[4-216]

安定性
・ 交通圏内における位置（LIV）
・ 土被り（H）
・ 呼び径（DN）

環境負荷
・ 立地（STO）
・ 地下水水位に対する相対位置（LGW）
・ 排水システム（ES）
・ 下水の汚染度（VG）
・ 水理学的稼動率（HYD）
・ 呼び径（DN）

機能性
・ 水理学的稼働率（HYD）
・ 呼び径（DN）

評価と平行して行われ，その際，スパン内における損傷の場所および損傷規模は無視されている．ただし，バックグラウンド条件の評価は，確認された損傷の一般的な種別との強固な相互関連のもとで実施される．この場合，上記の基準—安定性，環境負荷，水理学的機能性—の必ずしもすべてが各損傷種別に同程度に関連しているわけではないということが考慮されなければならない．表 4-29 に状態評価のために作成された損傷種別とリスク側面との間の関連を示した．

表 4-28：KAPRI に組み込まれた「交通権内の位置」に関する係数[4-218]

交通圏内における位置		係数
空港	(F)	3.00
鉄道	(E)	2.10
アウトバーン	(A)	1.80
連邦道路	(B)	1.50
州道路	(L)	1.30
幹線道路	(H)	1.30
支線道路	(N)	1.00
自転車専用道または歩道	(R)	0.25
緑地	(G)	0.25
私有地	(P)	0.25
その他の用地	(FZ)	0.60

評価の結果として，スパンに確認された損傷がそのもとにあるスパン固有のバックグラウンド条件をリスク側面の考慮下で量化する係数が生ずる．この場合，考慮された基幹データが多数に及ぶとともに，損傷とリスクポテンシャルとの間の関連が種々相違していることにより数的に幅の広いスペク

表 4-29：KAPRI に組み込まれた損傷種別とリスクアスペクトとの間の関連[4-216]

損傷種別	略号 ATV-M 143	安定性	環境負荷	機能性
漏れ	U...		×	
排水障害	H...			×
位置ずれ	L...		×	×
物理的摩耗	V...			
腐食	C... C.B.	× ×	×	
変形	D...	×		×
亀裂	R...	×	×	
管の破損，崩壊	B... BT...	× ×	× ×	×
取付管	AR...	×		
取付管	SE... SN... SR...	×	× ×	×
その他	W-S W-F W-G		×	×

4. 点　検

トルが生ずる．

c．完全な状態評価　　完全な状態評価は，別個に算出された2つの結果，すなわち構造状態の評価ならびにバックグラウンド条件の評価のによって得られる．同種，同規模の損傷でもスパン固有のバックグラウンド条件が異なる場合には，統計的，環境的，機能的な視点からする実際のリスクポテンシャルに関して異なった判定と評価が生ずることが明らかである（**表 4-30** 参照）．

表 4-30：構造状態の評価が同一でスパン固有のバックグラウンド条件が異なる場合のKAPRIに基づく

損傷：管頂における縦方向亀裂，亀裂幅0.3 cm

バックグラウンド条件
1. 合流式管渠径300 mm，歩道，土被り4.0 m，地下水水位以下，家庭排水，水理学的稼働率80%
2. 合流式管渠径300 mm，幹線交通路，土被り1.0 m，地下水水位より上方，家庭排水，水理学的
3. 汚水管渠径400 mm，支線道路，土被り2.0 m，地下水水位変動周辺，家庭排水，水理学的稼働

	構造状態の評価	安定性				環境負荷						完全な状態評価
		LIV	H	DN	TT	STO	LGW	ES	VG	HYD	DN	TT
1	240	0.25	0.96	1.0	0.24	1.0	1.0	1.0	1.0	0.8	1.0	0.8
2	240	1.3	1.62	1.0	2.11	1.0	2.0	1.0	1.0	0.8	1.0	1.6
3	240	1.0	1.48	1.3	1.92	1.0	1.5	2.0	1.0	1.1	1.3	4.29

　最終段階は，算出された状態ポイントを5つのいわゆる状態等級のいずれかに分類することである．この場合の基準値は，別々の観点，すなわち一方で管渠スパン，他方で当該管渠スパン内の最大の個別損傷である．まずスパンについてすべての損傷の算出状態ポイントが合算され，総和に応じていずれかの状態等級に分類される．別の観点である最大の個別損傷ポイントが別個に与えられることにより重大な個別損傷に起因するスパン全体の修繕の必要性の評価ミスが防止される．
　結果に応じ，さらに外的な影響因子，例えば道路建設計画および居住環境対策等を組み入れることのできる優先性リストが作成される．

4.7.4.3　評価システム KAIN

　評価システム KAIN［4-220］によって目視管渠点検のために外的なリスクポテンシャルを組入れた損傷像の統一的な分析評価と記述を行うことが試みられる．

4.7 状態分類，状態評価

損傷除去にとっての意義に関わる下水管渠の評価は，3つの評価等級によって行われる．この場合，下水管渠の構造状態の評価と外的バックグラウンド条件の評価とが明確に区別される．構造的な状態評価は，不当な管渠機能の障害に対する損傷の重要性を内容としている．外的バックグラウンド条件の評価にあたっては，各スパンにつき安定性，機能性および環境負荷の各リスクポテンシャルが評価される．こうした区分を基礎として構造的損傷をベースとした個々のスパンの比較を行うことができる[4-200, 4-215, 4-219, 4-220]．

a．評価等級Ⅰ システムの基礎となるのは，ATV-M 143 Teil 2[4-2]に基づく損傷テキストに広く一致した損傷カタログである（**表4-31**）．このカタログに依拠して目視点検にあたって，直接個々の損傷に損傷等級が割り当てられる．

損傷等級には，さらにアクション順位からする緊急性を表す5種の構造的損傷評価数が割り当てられている．損傷等級は，**表4-32**に従って加重される．

個別損傷の構造的状態数は，基礎ポイント数にいわゆる評価係数—これは損傷の構造的リスクポテンシャルに相当する—を乗ずることによって得られる．

完全な状態評価の変化[4-216]

稼働率80%

率110%

機能			Σ	完全な状態評価
HYD	DN	TT	TT	
		-	1.04	250
		-	3.71	890
		-	6.21	1490

① 評価係数1の場合：
・亀裂：34ポイント，
・土壌可視，
・不明水流入，
・破片および付着物の落下，
・組積材欠損，
・崩壊．
② 評価係数2の場合：
・位置ずれ：22ポイント，
・剥落，
・腐蝕，
・継目洗脱(洗流し)，

4. 点　検

表4-31：損傷カタログ：損傷等級への損傷区分[4-221]

		損傷等級1	損傷等級2	損傷等級3	損傷等級4	損傷等級5
		遅滞のない損傷除去	損傷除去	短期的な損傷除去	長期的な損傷除去	他の建設事業の枠内での損傷除去
管の破損、崩壊		崩壊	管片欠損	-	-	-
亀裂（b=亀裂幅[mm]）		>5 mm	2〜5 mm	0.5〜2 mm	0.2〜0.5 mm	<0.2 mm
可視的な漏れ		流水	湿り，水の滴下	-	-	-
ソケットの食違い（管径）	<300	-	<2 cm	1〜2 cm	<1 cm	-
	300〜<600	-	>3 cm	2〜3 cm	1〜2 cm	<1 cm
	600〜<1 000	-	>4 cm	3〜4 cm	2〜3 cm	<2 cm
	1 000<	-	>5 cm	4〜5 cm	3〜4 cm	<3 cm
位置ずれ，対断面高さ%		-	>50%	25〜50%	10〜25%	<10%
根張り	管継手	>2cm	1〜2 cm	0.5〜1 cm	0.1〜0.5 cm	<0.1 cm
	亀裂	>1cm	0.5〜1 cm	<0.5 cm	-	-
排水障害対断面積[%]	堆積物	>50%	25〜50%	10〜25%	<10%	-
	固着	>30%	15〜30%	5〜15%	<5%	-
	障害物	>30%	15〜30%	5〜15%	<5%	-
摩耗		>3cm	1〜3 cm	<1 cm	-	-
腐食		崩壊	管片欠損	一般的な腐食	-	-
変形		-	>10%	5〜10%	<5%	-

・肥厚物質の付着，

・管変形．

③　評価係数3の場合：

・ソケット欠陥：12ポイント，

・排水障害．

④　評価係数4の場合：

・枝管の欠陥：7ポイント，

・取付管の欠陥．

表4-32：損傷等級と当該基礎ポイント数[4-216]

損傷等級1：非常に激しい損傷	7.5ポイント
損傷等級2：激しい損傷	5ポイント
損傷等級3：中度の損傷	3ポイント
損傷等級4：軽度の損傷	2ポイント
損傷等級5：ほぼ確認不能な損傷	1ポイント

スパンの構造的評価に関する例は，**表4-33**から看取されよう．

最後にスパンが5つの状態等級に分類されるが（**表4-34**），その際，最大ポイント数ならびに損傷件数は，ともにスパン当りの損傷集中度に応じて考慮される．

分類は，線図を利用して行われる（**図4-112**）．入力値は，当該スパン損傷の最大の構造的損傷評価数（最大ポイント数），当該スパンの状態数ならびに当該スパンの損傷件数である．

4.7 状態分類，状態評価

表4-33：スパン評価例[4-220]

マンホールからの距離[m]	損傷追記	数字等級	損傷係数	基礎ポイント数	評価	部分ポイント数
1.1	HE-L	25%	2	5	12	60
8.6	UCTR		2〜3	4	22	88
15	RL-O		5	1	34	34
19.5	BT-		1	7.5	34	255
27.4	HE-R	10%	3	3	12	36
31	RL-O	1cm	4	2	34	68
総計 = 構造的状態数						541

表4-34：状態等級[4-220]

状態等級1：即時の損傷除去
状態等級2：短期的な損傷除去
状態等級3：中期的な損傷除去
状態等級4：長期的な損傷除去
状態等級5：他の建設事業の枠内での損傷除去

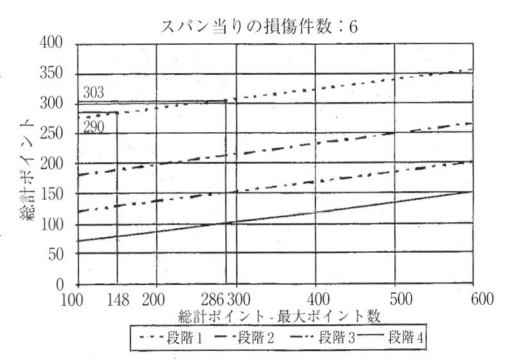

図4-112：6件の損傷を有するスパンの分類用線図[4-220]

b．評価等級 II　外的バックグラウンド条件の評価の手続きフローは，スパンに関する構造的評価と同様にして行われる．その際，バックグラウンド条件は，リスク要素—安定性，機能性および環境負荷—に区分される(表4-35)．

表4-35：バックグラウンド条件評価のためのリスクアスペクトおよび当該管渠基幹データ[4-218]

リスクアスペクト	管渠基幹データ
安定性	交通圏内における位置 構造 深度
機能性	水理学的事情 運転種別 建設年齢
環境負荷	地下水状況 立地 下水組成

これらの個々のリスクポテンシャルについて基礎ポイント数が付与されるが，ここでは"交通圏内における位置"を例としてそれが示されている(表4-36)．

表4-36：「交通圏内における位置」を例とした基礎ポイント数の付与[4-220]

例：交通圏内における位置	
連邦道路	7.5 ポイント
幹線道路	5 ポイント
州道路	3 ポイント
支線道路，歩道，自転車専用道	2 ポイント
グリーンベルト	1 ポイント

4. 点　検

　さらなる評価のためリスクポテンシャルに評価係数が配分され，それにバックグラウンド条件の基礎ポイント数が乗ぜられる(**表 4-37**)．

① 評価係数1の場合：
　・地下水状況：34ポイント，
　・下水組成，
　・立地，
　・その他．

② 評価係数2の場合：
　・水理学的事情：22ポイント，
　・深度，
　・その他．

③ 評価係数3の場合：
　・使用種別：12ポイント，
　・交通圏内における位置，
　・その他．

④ 評価係数4の場合：
　・構造：7ポイント，
　・建設年齢，
　・その他．

表 4-37：外的バックグラウンド条件に応じたスパン評価例 [4-220]

スパンの外的バックグラウンド条件：
合流式管渠，呼び径300，歩道，水理学的稼働率90％
土被りは不明，家庭排水
水源保護区，地下水水位より上方，建設年齢は不明

管渠基幹データ	基礎ポイント数	評価係数	部分ポイント数
地下水状況	2		68
下水組成	1	34	34
立地	7.5		255
水理学的事情	1	22	22
深度	0		0
運転種別	1	12	12
交通圏内における位置	1		12
構造	0	7	0
建設年齢	0		0
総計 [外的状態数]			403

　その後の状態等級への区分は，評価等級Ⅰにおける構造状態の評価と同様にして行われる．

c．評価等級Ⅲ　別々に行われた評価等級ⅠおよびⅡへの区分は，さらなる評価のために利用することが可能である．修理対策，再生対策または更新対策に関する序列の決定は，下水管網管理者の裁量に委ねられるが，それは決定を行うにあたって，その他のバックグラウンド条件またはスパン利用の形態が一定の影響を与えるからである．したがって，ここに紹介した方法モデルは，融通性を求める使用者の要求に応じ以下を設定している．

・使用者が評価等級Ⅰのすべてのパラメータを自由に決定し得ること．
・使用者が評価等級Ⅱのすべてのパラメータを自由に決定し得ること．
・詳細な優先順位決定は，下水管網管理者によって行われること．

　図 4-113 にここに紹介した分類モデルの概観を示した．

4.7 状態分類，状態評価

```
┌─────────┐  ┌─────────┐  ┌─────────┐  ┌─────────┐
│第1+2桁位│  │ 第3桁位 │  │ 第4桁位 │  │ nn桁位  │
│  ／評価 │  │  ／評価 │  │  ／評価 │  │  ／評価 │
└────┬────┘  └────┬────┘  └────┬────┘  └────┬────┘
     └────────────┴────┬───────┴────────────┘
                  ┌────┴────┐
                  │ 損傷区間│
                  └────┬────┘
                       │
         ┌─────────────┴─────────────┐
         │ 損傷ごとの構造的評価係数  │
         └─────────────┬─────────────┘
                       │
         ┌─────────────┴──────────────┐
         │スパンのすべての構造的乗数の総計│
         └─────────────┬──────────────┘
```

安定性	機能性	環境負荷
・交通圏内における位置 ・構造 ・深度 ・その他	・水理学的事情 ・運転種別 ・建設年齢 ・その他	・地下水状況 ・立地 ・下水組成 ・その他
ポイント数	ポイント数	ポイント数

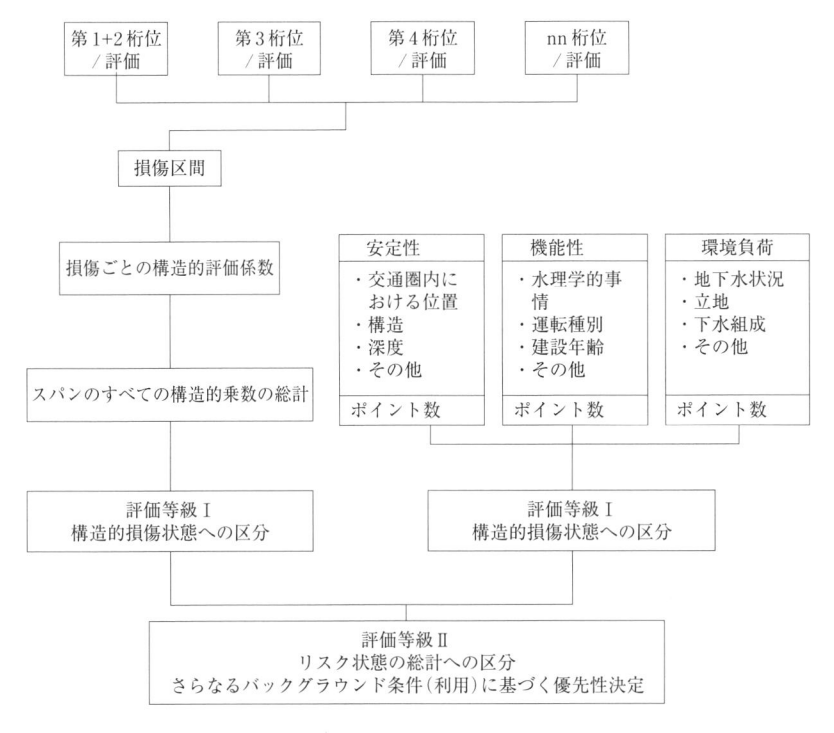

```
┌──────────────────┐          ┌──────────────────┐
│   評価等級 I     │          │   評価等級 I     │
│構造的の損傷状態  │          │構造的損傷状態    │
│   への区分       │          │   への区分       │
└────────┬─────────┘          └────────┬─────────┘
         │                             │
         └──────────────┬──────────────┘
                        │
         ┌──────────────┴──────────────────┐
         │         評価等級 II             │
         │  リスク状態の総計への区分       │
         │さらなるバックグラウンド条件(利用)│
         │     に基づく優先性決定          │
         └─────────────────────────────────┘
```

図4-113：分類モデルKAIN[4-220]の流れ図

4.7.4.4 ISYBAU 状態評価・分類

ISYBAU 状態分類・評価モデル[4-222]は，下水管渠ならびにマンホールの状態判定を可能とする．その他に，さらにシステムの水理学的性能の概要を示す水理学的状態評価も可能である．

ただし，以下の考察の重点をなしているのは，もっぱら下水管渠の状態評価・分類である．

目視点検にあたって判明する ATV-M 143 Teil 2[4-2]に依拠した損傷略号の形の状態記述は，**表 4-38** の分類を利用して解釈され，損傷等級に区分される．

等級1～5の区分が可能であり，その際，規模が軽微で重大ではない損傷は，等級1に区分され，非常に大，非常に深刻，非常に多数または非常に激しいとして分類されて即時対策を必要とする損傷は，等級5に分類される[4-222]．

4. 点検

a．状態評価　個別損傷の分類後，当該スパンの構造状態の分類が行われるが，その際，当該スパン内の最大個別損傷がスパン等級を決定する基準となる．

まず基礎評価において**表 4-38** の暫定スパン値がそれぞれの等級に配分され，損傷の確認されないスパンには値 0 が付与される．

さらなる状態評価のため構造的損傷は，さらに別の影響パラメータに関係付けられる．まず，地下水を保護する特別な必要性を配慮して環境指標が考慮される．この環境指標に含まれるのは，以下の事項である．

表 4-38：最大個別損傷の損傷等級に応じたスパン値 [4-222]

観察されたスパンにおける最大個別損傷の損傷等級	観察されたスパンに関する暫定スパン値 HZ_{vorl}
1	0
2	100
3	200
4	300
5	400

・輸送される下水の種類，
・水源保護区の指定，
・表層土壌の状態，
・管渠と地下水水位との間隔．

スパンの評価には，さらに，

・損傷密度（損傷等級 ≥ 2 のスパンの全個別損傷件数とスパン距離 [m] との比率），
・損傷距離（スパン距離と相関した全区間損傷の総計），

が考慮される．

上記の影響パラメータについて**表 4-39** 中で状態ポイントが定められており，これらの状態ポイントの加算によって最終的なスパン値が生ずる．最終スパン値は，以下の式によって計算される．

表 4-39：状態評価への影響パラメータの状態ポイント [4-222]

影響パラメータ	基準	状態ポイント
媒体	雨水	0
	汚水，合流水	40
	水質リスク物質	150
保護区	保護区外	0
	保護区Ⅲb	20
	保護区Ⅲa	40
	保護区Ⅱ	250
地盤	粘土，ローム	0
	sL, lS, 微粒砂	20
	中粒砂，粗大砂，微粒砂利	40
地下水水位	スパンは常に地下水水位より上方	
	yes	0
	no	10
損傷密度	0.05/m 未満	0
	0.05〜0.2/m	10
	＞0.2/m	20
損傷距離	10% 未満	0
	10〜50%	10
	＞50%	20

$$HZ_{endg} = HZ_{vorl} + M + SC + U + GW + SD + SL$$

ここで，M：媒体，SC：保護区，U：地盤，GW：地下水水位，SD：損傷密度，SL：損傷距離．

この場合，次の条件が適用される．$HZ_{vorl} = 0$であれば，$HZ_{endg} = 0$である．

影響パラメータは，通常，スパン値を大きくし，結果としてスパン評価を悪くする．生ずる最終スパン値は，スパン等級に区分されるが，これら等級の限界は，**表 4-40** にあげられている．等級5に該当するスパンは，通常，即時の対策を必要とする．
スパン距離ならびに当該スパン値の相違を考慮して最終的に距離加重されたシステム値を計算することができる．

表 4-40：スパン等級へのスパンの分類 [4-222]

最終スパン値	スパン等級
0	1
100〜199	2
200〜299	3
300〜399	4
400〜890	5

$$SYH = 1/L_{ges} \sum_{i=1}^{n} (HZ_{endg,i} L_i)$$

ここで，SYH：スパンシステム値，$HZ_{endg,i}$：スパンiの最終スパン値，L_i：スパンiの距離[m]，L_{ges}：点検されたスパンの全長[m]，n：点検されたスパンの数．
システム等級は，管渠等級と同様にシステム値から導出することができる（**表 4-40**）．
ISYBAU状態評価モデルの適用に関して，**表 4-40** にスパンのスパン等級算定を示し，**表 4-41** に下水管網区域のシステム等級算定を示した．

表 4-41：システム値の算定[4-222]

スパン等級	優先順位	スパン値(HZ)	スパン距離(L)	$HZ \times L$
4	2	320	27.6	8 832
3	3	290	37.1	10 759
4	2	390	45.6	17 784
5	1	490	32.7	16 023
4	2	390	23.4	9 126
総計			166.4	62 524
システム値			62 524/166.4 =	376
システム等級				4

4.7.4.5　プフォルツハイマーモデル

今まで紹介した評価システムと根本的に異なっているモデルは，"プフォルツハイマーモデル"である．このモデルは，すべての評価要素と評価処理とに関する統一的な評価尺度を基礎としている．これによりいずれの箇所の評価にもそれぞれの評価基準に関する信憑性のある質的ならびに量的な判定が可能であるとともに，さらに明確な修

4. 点　検

繕の優先性の区分を行うことができる．状態評価のいずれのステップ(個別結果，中間結果および最終結果)に際しても学校の成績評価と同様に，適切に解釈されなければならない1～6の数値が付与される[4-223]．

このモデルは，以下の順序，すなわち，
- 状態把握，
  - TV検査，
  - 記録作成，
  - データ処理，
- 状態評価，
  - 個別損傷の評価，
  - 損傷区域，
  - 管渠スパン，
  - 構造物，

の順序で，以下の保護目標，すなわち，
- 水密性，
- 機能性，
- 安定性，

に区分された適格な代表的状態評点が算定されるように構成されている．

同様に次の順序，すなわち，
- バックグラウンド条件の把握，
  - 下水状況，
  - 地盤状況，
  - 地表状況，
- バックグラウンド条件の評価，
  - 技術的バックグラウンド条件，
  - 周辺バックグラウンド条件，
  - 限界バックグラウンド条件，

の順序で，前記保護目標に区分されたバックグラウンド条件評点が算定される．

それぞれの状態評点から加重を施された保護目標に依拠した管渠指数ないし構造物指数が導出され，この指数によって，各管渠と各構造物を前記保護目標と相関させて判定することが可能となる．

最終ステップでは，修繕の優先順位を決定するため，管渠指数が互いに組み合わされ，評価を一括する加重された優先性指数が導出される(**図 4-114**)．

4.7 状態分類，状態評価

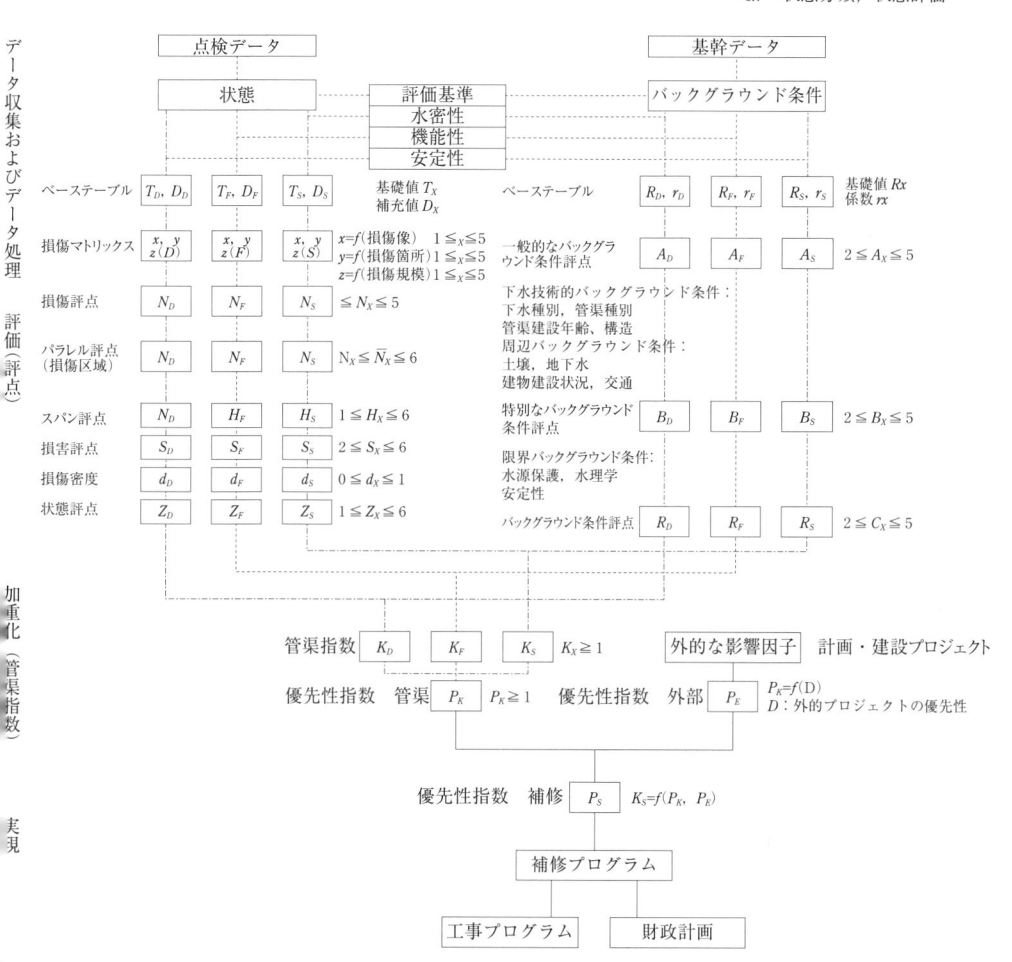

図4-114：プフォルツハイマーモデル処理方式図

a．状態把握と状態評価　損傷分類を系統的に構成するには，点検時の損傷指標を表 4-42 に基づいて明確かつ厳密に分類することが必要である．

各個別損傷は，まず ATV-M 143 Teil 2[4-2]に依拠した略号桁位割当（**表 4-17** 参照）を基礎とし，それぞれの保護目標を考慮して評価されるが，その際，各個別損傷は，基本的に3つの指標で記述されて数量化される（**表 4-43**）．

各個別損傷には，損傷マトリックスを用いて保護目標に依拠した評価評点が算定されるが，この評点は，略号桁位第1位と第2位への区分に応じて構成されている単一

4. 点　検

表 4-42：損傷指標に基づく損傷分類 [4-223]

略号桁位第 1 位	損傷種別（一般）
略号桁位第 2 位	損傷種別（特殊）
略号桁位第 3 位	水密性指標
略号桁位第 4 位	損傷箇所，損傷対象
略号桁位第 5 位 および第 6 位	損傷規模（数字追記）

表 4-43：損傷の指標 [4-223]

損傷像（略号桁位第 1, 2 および 3 位）	→	X 値
損傷箇所，損傷対象（略号桁位第 4 位）	→	Y 値
損傷規模（略号桁位第 5 および 6 位）	→	Z 値

の基礎値表から引き出すことができる．

3つの個別損傷の損傷評点，すなわち—水密性評点，機能性評点，安定性評点（管径 F, NS）—が得られる（**表 4-44**）．

表 4-44：損傷マトリックス [4-223]

		評価基準			損傷指標
		水密性	機能性	安定性	
基礎値（表）	X	XD	XF	XS	損傷像
	Y	YD	YF	YS	損傷箇所
	Z	ZD	ZF	ZS	損傷規模
		↓	↓	↓	損傷マトリックス
		ND	NF	NS	
		欄ベクトル→損傷評点			

修繕の種類（点的修繕またはスパン修繕）を決定するための指針を与えることができるようにするため，評価にあたっては，多重損害，パラレル損傷，損傷の縦方向拡大，損傷分布，損傷密度が考慮される．

したがって，各保護目標ごとに別々に損傷グラフが作られ，同グラフの縦軸には損傷評点が記入され，それぞれ一定の損害値を有した個々の損傷区域が横軸に記入される．グラフとして見ると，階段状の形をしており，これは，数学的に一様な曲線区間に関する式で取り扱うことが可能であると同時に，機械工学において公知の，重心，慣性モーメント，抵抗モーメント，回転半径等に関する式とのアナロジーで当該評価結果を与えることとなる．

算定可能な損傷評点は，**表 4-45** から見て取る

表 4-45：損傷マトリックス [4-223]

個別評点	N_E
パラレル評点	N_P
距離と関連した損傷評点	N_L
スパン評点	H_X
損害評点	S_X
損傷密度	d_X
保護目標と相関した状態評点	Z_X

ことができる.

最後に HX, SX および dX の値の結合から,それぞれの保護目標—水密性,機能性,安定性—と相関した当該スパンの構造状態を代表する状態評点 ZX が得られる.

b．バックグラウンド条件　保護目標と関連した以下のバックグラウンド条件は,修繕緊急度の算定,修繕序列の決定にあたっての決定因子である.

・技術的バックグラウンド条件,
　・下水種別,
　・当該管渠の重要性,
　・管渠の建設年齢,
　・構造的特徴.
・周辺バックグラウンド条件,
　・土壌種別,
　・地下水水位,
　・建物建設状況,交通荷重.
・限界バックグラウンド条件,
　・水源保護区域,
　・水理学的流下能力,
　・安定性,
　・供用上の安全性.

損傷指標の評価時の手順と同様に前記バックグラウンド条件のすべての加重値は,単一の基礎値表から引き出すことができる.

保護目標に依拠した最終的な代表バックグラウンド評点を算出するためにまず2つの部分評点が考察される.

① 一般的なバックグラウンド評点 AX：保護目標—水密性 AD,機能 AF,安定性・供用上の安全性 AS —に関する技術的バックグラウンド条件と周辺バックグラウンド条件の一括化.

② 限界バックグラウンド条件評点 BX：保護目標—水密性 BD,機能 BF,安定性・供用上の安全性 BS.

一般的なバックグラウンド条件評点と限界バックグラウンド条件評点との組合せから,保護目標に依拠したバックグラウンド評点 $RX(RD, RF, RS)$ が生ずる.

c．状態評点とバックグラウンド評点の組合せ　状態評点 ZX とバックグラウンド条件 RX との組合せは,保護目標に応じた管渠指数 KD, KF および KS と称され,この場合,今や6を超える結果値が生じることがある.これらの結果から必要とされる

4. 点　検

修繕緊急度が導出される．

最後に，必要とされる対策の序列を決定するため，保護目標に依拠した管渠指数 KX が一括化されて優先性指数 PK が求められる．

修繕対策の序列のこの最終決定にあたっては，管渠状態とは関わりのない要因，例えば計画された新規布設対策または改築対策も決定因子となることがあり，これらが修繕対策の加速効果もしくは遅延効果を招来することがある．こうした影響因子を修繕コンセプトに組み込むことは，専門技術者の任務である．

図 4-115 にこの評価モデルの数学的計算式の概観を示した．

4.7.4.6　オランダ－Stichting RIONED

オランダでは，構造的損傷評価は目視点検を基礎として行われる[4-224]．コンクリート製およびポリ塩化ビニル（PVC）製の自然流下管渠が評価される．点検時に確認された損傷は，まず地域的事情を考慮することなく分類される．このため，生じ得る損傷を以下の3つの損傷カテゴリー，

・水密性，
・管壁の状態，
・排水障害，

にまとめる詳細な損傷カタログが開発された[4-224]．

この損傷カタログは，損傷規模に応じた5までの構造的損傷評価数を備えた全体として18種の損傷種別を含んでいる（**表 4-46, 4-47**）．評価数1は，損傷が確認されなかったことを意味し，評価数2は，軽度の損傷を，評価数5は，非常に重度の損傷を表している[4-225]．

このカタログは，各損傷種別と損傷評価数とに関して比較尺度としてカラー写真の形の例を含んでいる（**図 4-116**）．損傷数を求めるための外的損傷評価数を考慮するため，地域の事情に詳しい専門家によって地域の事情に応じて評価係数

損傷群	損傷等級
1 腐蝕	5
2 亀裂形成	5
3 漏れ	3

図 4-116：構造的損傷評価に関する例[4-226]

4.7 状態分類，状態評価

基礎値表：	X_s 値	$X_s = T_s + D_s$
		T_s：表値（略号桁位第1位および2位）
		D_s：補充値（第3略号桁位）
	Y_s 値	（第4略号桁位）
	Z_s 値	$Z_D = Z_F = Z_S$（第5および第6略号桁位）
水密性評点：	$N_D = f(X_D, Y_D, Z_D)$	
機能性評点：	$N_F = f(X_F, Y_F, Z_F)$	
安定性評点：	$N_S = f(X_S, Y_S, Z_S)$	
保護目標に依拠した損傷評点：	$N_X = f(X_X, Y_X, Z_X)$	
	$N_X = a + \beta + a\sqrt{X_s^\alpha Y_s^\beta Z_s^\gamma}$	
	$a = 6$	
	$\beta = (X_X - 1)/X_X$	
	$\gamma = X_X - 1$	
損傷のない区域：	$N_X = 1$	
個別損傷：	$N_E = N_X$	
パラレル損傷：	$N_P = N_O + \sum_{h=1}^{n} \frac{1}{h!}\left(\frac{N_k - 1}{N_O}\right)$	
	$N_E =$ 個別評点	
	$N_P =$ パラレル評点	
	$N_O =$ 最大個別評点	
	$N_k =$ パラレル個別評点	
距離と関連した損傷評点：	$N_L = \int N^2 dL / \int N dL = $ 2次曲線モーメント/1次曲線モーメント	
スパン評点：	$H_X = \frac{\Sigma N_X^2 \Delta L}{\Sigma N_X^2 \Delta L} = \frac{L = \Sigma \Delta L_S + \Sigma N_{SX}^2 \Delta L_S}{L = \Sigma \Delta L_S + \Sigma N_{SX} \Delta L_S}$	
	$L = \Sigma \Delta L = $ スパン距離	
	$\Delta L_S = $ 損傷のある区域	
	$N_{SX} = $ 損傷評点 $(N_X > 1)$	
損害評点：	$S_X = \frac{\Sigma N_2^{SX} \Delta L_S}{\Sigma N_{SX} \Delta L_S}$	
損傷密度：	$d_X = \frac{\text{スパン評点の回転半径}}{\text{損傷評点の回転半径}}$ $0 < d_X \leq 1$	
	$d_X = \sqrt{\frac{\Sigma N_2^X}{\Sigma \Delta L} \cdot \frac{\Sigma \Delta L}{\Sigma N_2^{SX} \Delta L}}$	
	$d_X < 0.5 \rightarrow $ 点的（部分的）補修にて十分	
	$d_X > 0.5 \rightarrow $ スパン補修が必要	
状態評点：	$Z_X = H_X + d_X(S_X - H_X)$	
一般なバックグラウンド条件評点：	$A_X = \frac{\sum_{i=1}^{n} R_i^{X_i} r_X}{\sum_{i=1}^{n} r_{Xi}}$ $2 \leq A_X \leq 5$	
	$R_{Xi} = $ 基礎値	
	$r_{Xi} = $ 適合値	
保護目標 水密性：	$B_D = f($水源保護区$)$	
保護目標 機能（水力学）：	$B_F = 2 + 3\frac{\Delta h}{h_U - h_S}$ $2 \leq B_F \leq 5$	
	$\Delta h = $ 管頂高さと対比した水頭の上昇	
	$h_U = $ 土被り	
	$h_S = $ 安全距離	
保護目標 安定性：	$B_S = 2 + (1 + \sqrt{d})/h_U$ $2 \leq B_S \leq 5$	
	$d = $ 管径	
	$h_U = $ 土被り	
保護目標に依拠したバックグラウンド条件評点：	$R_X = 1/3[(1 + A_X/2)(5 - B_X) + 5(B_X - 2)]$ $2 \leq R_X \leq 5$	
管渠指数：	$K_X = Z_X + 1/6[(Z_X - 1)(R_X - 2)]$	
優先性指数：	$P_K = K_1 + (K_2 K_3 - 1)/K_{2l}$	
外的影響因子：	$P_S = P_K \pm P_E$	
	$P_S = $ 優先性指数 補修・整備	
	$P_K = $ 優先性指数 管渠	
	$P_E = $ 優先性指数 外的	

図 4-115：プフォルツハイマーモデル [4-223] の計算式

4. 点　検

表 4-46：オランダにおける構造的損傷評価(Stichting RIONED) [4-224]

水密性 損傷	構造的損傷等級	評価基準[*1]	補充的記載[*2]
A1：漏れ	1	地下水浸入なし	−
	2	地下水浸入：管継手，亀裂	E
	3	地下水浸入：滴下	E
	4	地下水浸入：流入	E
	5	地下水浸入：圧力下	E
A2：堆積物(砂)	1	なし	−
	2	断面積減少率 ≦ 5%	E
	3	5% ＜ 断面積減少率 ≦ 15%	E
	4	15% ＜ 断面積減少率 ≦ 25%	E
	5	断面積減少率 ＞ 25%	E
A3：位置ずれ縦方向	1	表 4-47 参照	−
	2	表 4-47 参照	E
	3	表 4-47 参照	E
	4	表 4-47 参照	E
	5	表 4-47 参照	E
A4：位置ずれ —垂直方向	1	なし	−
	2	変位 ≦ 10mm	E
	5	変位 ＞ 10mm	E
A5：曲り	1	なし	−
	5	あり	E
A6：突き出たエラストマパキンリング	1	なし	−
	3	継手部にパッキンが可視	EU
	5	パッキンの突出し	EU
A7：突き出たシール材料	1	断面減少率 ≦ 5%	−
	2	断面減少率 ＞ 5% および接続管長さの 0 ～ 25%	EU
	3	断面減少率 ＞ 5% および接続管長さの 26 ～ 50%	EU
	4	断面減少率 ＞ 5% および接続管長さの 51 ～ 75%	EU
	5	断面減少率 ＞ 5% および ＞ 接続管長さの 76%	EU

管壁の状態

損傷	構造的損傷等級	評価基準[*1]	補充的記載[*2]
B1：損傷(B2～B4 以外)	1	なし	−
	5	あり	EU 記述
B2：腐食コンクリート	1	なし	−
	2	コンクリート骨材可視	EU
	3	コンクリート骨材の突出し	EU

4.7 状態分類，状態評価

		4	コンクリート骨材の欠落，場合により補強筋可視	EU
		5	管壁部分の欠損	EU
PVC		1	なし	−
		5	あり	EU 記述
B3：亀裂		1	なし	−
		2	ヘヤクラック	EU 亀裂の延び
		3	裂開していない亀裂	EU 亀裂の延び
		4	裂開している亀裂	EU 亀裂の延び
		5	亀甲形成、管の破損、崩壊	EU 亀裂の延び
B4：変形		1	なし	−
		2	断面減少率≦5%	E
		3	5%＜断面減少率≦10%	E
		4	10%＜断面減少率≦15%	E
		5	断面減少率＞15%	E

管壁の状態

損傷	構造的損傷等級	評価基準*1	補充的記載*2
C1：突き出た取付管	1	突き出た接続管長さ≦幹線管渠直径の10%	−
	3	突き出た接続管長さ，幹線管渠直径の10%を超え，25%以下	EU
	5	突き出た接続管長さ＞幹線管渠直径の25%	EU
C2：樹根侵入	1	なし	−
	2	散在的な毛根侵入	EU
	3	散在的な樹根侵入または断面減少率＜25%	EU
	4	25%＜断面減少率≦50%	EU
	5	断面減少率＞50%	EU
C3：植被	1	断面減少率≦5%	−
	2	5%＜断面減少率≦10%	E
	3	10%＜断面減少率≦25%	E
	4	25%＜断面減少率≦50%	E
	5	断面減少率＞50%	E
C4：固着物	1	断面減少率≦5%	−
	2	5%＜断面減少率≦10%	E
	3	10%＜断面減少率≦25%	E
	4	25%＜断面減少率≦50%	E
	5	断面減少率＞50%	E

管壁の状態

損傷	構造的損傷等級	評価基準*1	補充的記載*2
C5：砂，堆積物	1	断面減少率≦5%	−
	2	5%＜断面減少率≦10%	E
	3	10%＜断面減少率≦25%	E

4. 点　検

	4	25%＜断面減少率≦50%		E
	5	断面減少率＞50%		E
C6：障害物	1	断面減少率≦5%		－
	2	5%＜断面減少率≦10%		E, 記述
	3	10%＜断面減少率≦25%		E, 記述
	4	25%＜断面減少率≦50%		E, 記述
	5	断面減少率＞50%		E, 記述
C7：勾配，逆勾配	1	$h ≦ 10\%D$		－
	2	$10\% < h ≦ 25\%D$		E
	3	$25\% < h ≦ 50\%D$		E
	4	$50\% < h ≦ 75\%D$		E
	5	$h > 75\%D$		E

*1 h = 実際の水位, D = 導管の直径または呼び径
*2 E：距離（点検時に測定）
　 U：時計回り方向で表現した管断面における損傷の位置

表4-47：位置ずれ—縦方向［mm］［4-224］

材料	コンクリート									PVC				
管継手	ソケット継手					いんろう継手								
構造的損傷等級	1	2	3	4	5	1	2	3	4	5	1	2	3	4	5
呼び径															
200	0	5	10	15	20	0	5	10	15	20	0	10	20	30	50
250	0	20	30	50	70	0	5	10	15	20	0	10	20	30	50
300	0	20	30	50	70	0	5	10	15	20					
315	0	10	30	40	60						0	10	30	40	60
400	0	20	30	50	70	0	5	10	15	20	0	10	30	50	70
500	0	20	40	60	80	0	5	10	20	30	0	10	40	60	80
600	0	20	40	60	80	0	5	10	20	30					
630	0	10	40	65	90						0	10	40	65	90
700	0	20	40	60	80	0	5	20	30	40					
800	0	20	40	60	80	0	5	20	30	40					
900	0	20	40	65	90	0	5	20	30	40					
1000	0	20	40	65	90	0	5	20	30	40					
1250	0	20	40	65	90	0	5	20	30	40					
1500	0	20	40	65	90	0	5	20	30	50					
250/375						0	5	10	15	20					
300/450						0	5	10	15	20					
350/525						0	5	10	20	30					
400/600						0	5	10	20	30					
500/750						0	5	10	20	30					
650/900						0	5	20	30	40					
700/1 050						0	5	20	30	40					
800/1 200						0	5	20	30	40					
900/1 350						0	5	20	30	40					
1 000/1 500						0	5	20	30	40					

4.7 状態分類，状態評価

(外的損傷評価数)の付与が主観的に行われる．ある損傷に関してこのようにして求められたポイント数の解釈は，目下立案中の指針 NPR 3398[4-227]に依拠して行われる．同指針中において損傷は，開始さるべき対策の点で2つの群，すなわち—"追加保守対策"または"損傷除去対策"—に区分される[4-225]．

追加保守対策は，表4-48 にあげた損傷についてそれに対応した構造的損傷評価数が得られた場合に必要である．

表4-48：下位群「追加保守対策」[4-225]

	構造的損傷評価数
樹根侵入	2
植被	3
固定物	3
堆積物	3
障害物	3

"損傷除去対策"群への損傷の区分に際しては，2つの下位群"さらなる検査を要す"と"損傷除去対策を要す"が区別される．

下位群"さらなる検査を要す"に区分される当該構造的損傷評価数を有した損傷像は，表4-49 にあげられている．

下位群"損傷除去対策を要す"に区分される当該損傷と評価数とは，表 4-50 から見て

表4-49：下位群「さらなる検査を要す」[4-225]

	構造的損傷評価数
腐蝕(コンクリート)	4
腐蝕(コンクリート以外の材料)	5
横方向亀裂	4
変形	5
地下水浸入	4
位置ずれ(オフセット)	5
位置ずれ(縦方向変位)	5

表4-50：下位群「損傷除去対策を要す」[4-225]

	構造的損傷評価数
腐蝕（コンクリート）	5
横方向亀裂	5
縦方向亀裂	4
地下水浸入	5
土壌の侵入	5

取ることができる．

様々な損傷種別につき，周辺環境条件の変化，下水種別および管材料が時間的経過とともにもたらす影響作用を考慮する挙動モデルを作成するところにまで行われている[4-226]．このためには，管渠に求められる機能的要求条件から導出される限界状態を決定することが必要である．このモデルの有用性は，短期的に見た場合には多数の個別データが不足している点であまりないように思われる．

こうした理由から，すべての管渠につき点検結果に基づいて残存寿命を計算し得る経験的モデルが開発された．このモデルの基礎は，一般的な減衰モデルである．点検結果と評価係数を基礎として算定されたポイント数(損傷数)がこのモデルに組み入れられる．これから得られる結果は，残存寿命であり，これを基礎として修繕に関する時間的プランニングと優先性決定を行うことができる．

4. 点　検

　このモデルは，損耗余裕が時間的に不断に減衰するという仮定を基礎としている．だが，この仮定は，必ずしも常に当てはまるわけではないことから，点検によって実状態との隔たりを把握することが必要である（図 2-1）．このモデルでは，例えば崩壊による機能不全時点の予測を行うことはできない．

4.7.4.7　評価モデルの比較

　以上に紹介した評価モデルと DIN EN 752-5[4-5]を考慮した ATV-M 149[4-6]に基づく状態分類・評価モデルに求められる要求条件との比較から，紹介したドイツのすべてのモデルの場合に，評価は，目視内部点検（4.3.2.1 参照）の過程で確認され ATV-M 143 Teil 2[4-2]に基づいて記述された損傷を基礎として行われることが判明する．

　構造・供用状態の評価は，損傷カタログを基礎とし適切な係数化によるか，または損傷マトリックスによる損傷種別と損傷規模とに応じた損傷分類によって実現される．ISYBAU モデルと ATV モデルは，この点でさらに下水管渠の機能性を保障しない明らかな損傷については即時対策の開始を指示している．

　本来の状態評価は，損傷分類と関連リスクとの組合せによって行われる．KAPRI，KAIN および ATV モデルは，それぞれの評価システムの内部で構造・供用的要素ならびに水理学的要素，環境関連要素を考慮している．評価差は，個々の条件の加重化ならびに組合せ方法—これは KAPRI と ATV モデルでは数学的に行われ，KAIN では論理的に行われる—によって生ずる．プフォルツハイマーモデルもすべてのリスク要素を考慮しているが，評価に際する処理手順の点でその他のモデルと基本的に相違している（4.7.4 参照）．

　状態評価に際して，もっぱら環境関連要素を組み入れ，したがって ATV の要件に対応していない ISYBAU モデルは例外である．

　ISYBAU モデルは，さらに修繕優先性の画定において欠陥を有している．修繕対策の順位は，もっぱら実施された評価を基礎として区分されたスパン等級に応じて生ずる．ISYBAU を除くその他のすべての評価システムにあっては，修繕順位の決定にあたってその他のバックグラウンド条件を人為的に考慮することが可能である．

　構造的に類似したモデル KAPRI，KAIN，ISYBAU および ATV の，ATV-M 149 案[4-6]にあげられている 5 つの例に基づく最終評価比較が，表 4-51 にリストアップした修繕緊急度順位をもたらす[4-215]．

　例 1 と 2 の分類についてのみ一致が認められ，その他の例の修繕緊急度の分類は，互いに明白に異なっている．このことから統一的な評価方式にも関わらず，損傷分類

4.7 状態分類，状態評価

表 4-51：種々のモデルによる評価に際する ATV-M 149 案の 5 つの
例の補修序列 [4-215]

優先順位	KAPRI	KAIN	ISYBAU	ATV A 149
	例の番号			
1	5	3	5	4
2	3	5	4	3
3	1	1	1	1
4	4	4	3	5
5	2	2	2	2

の相違またはリスク要素の加重化の相違に起因して，異なった修繕序列が生ずることが明白である．したがって今後，同一の比較可能な結果が得られるようにするため，評価方式の統一化に努めるだけでなく，損傷分類ならびにリスク要素の加重化を互いに調整することが必要である．

表 4-52 に以上に紹介したすべての評価モデルを概観した．

状態評価に際するドイツと同様な処理手順は，オランダでも適用されている．損傷カタログと，いわゆる評価係数による地域的事情の主観的考慮とを基礎として損傷の分類が行われた後，種々の対応カテゴリーへの最終的な区分が行われる．さらに残存寿命を算出するために種々の損傷種別につき地域的バックグラウンド条件と相関した挙動モデルを算定するところにまで検討が推し進められている．

最近ではドイツでも前記のような方式が追求されている．これに関連した Hochstrate の研究 [4-228, 4-16] は，二重の状態評価の形の予防修繕計画によって将来的に修繕コストを最小限に抑制し，さらに計画期間中に生ずる管渠の状態悪化を修繕対策によって長期的な視野で行おうとするコンセプトを基礎としている．

これを実現するためには，重大な機能障害の緊急除去に用いられる従来慣用の優先性に依拠した状態分類を修繕コストと残存耐用期間との評価を可能とする素材尺度に依拠した分類によって補うことが必要である．素材尺度に依拠した状態分類の内部では各スパンにつきあらゆるバックグラウンド条件を考慮して，残存耐用期間と老化プロセスとに応じて今後の点検期日を予測する状態移行関数が算出される（4.2 参照）．

最後に，状態評価に際して，現在のところでは個別的損傷ないしスパン損傷のみ，したがってそれと関連して相対的に点的局所的な下水の漏れないし地下水浸入のみしか評価されていないということが考慮されなければならない．そのため，修繕が下水の漏れおよび特に地下水の浸入を防止することによってそれぞれの流域における水文

4. 点　検

表 4-52：文献［4-218］に基づく状態評価モデルの比較

	ATV-A149	KAPRI	KAIN
	モデルキャラクタ		
ATV/DIN EN 752-5との適合性	可	可	可
一般的なモデル構造	バックグラウンド条件を限定的に考慮した損傷分類	状態評価	状態評価
観察単位	スパン	スパン	スパン
定められた等級	4損傷等級＋1即時対策 3状態等級	5損傷等級	5損傷等級＋5状態等級
モデルの志向	手作業による人力式個別処理	自動EDV（電子情報処理）方式処理	自動EDV（電子情報処理）方式処理
モデルの目標	絶対的な結果としての補修優先性の決定	管渠網内，管渠網区域内の比較相対結果としての補修優先性の決定	個別的な補修優先性の確定
点検結果に求められる要求条件	ATV-M 143 Teil 2	ATV-M 143 Teil 2	ATV-M 143 Teil 2 に準拠
スパンに関する処理基準	最大個別損傷	最大個別損傷および1スパン内の全損傷の総計	最大個別損傷、スパン当りの損傷集中度に応じた損傷件数
損傷分類	損傷カタログ	係数化	損傷カタログ
即時対策	あり	なし	なし
リスクアスペクトの組入れ	限定的に水理学アスペクト，環境関連アスペクト	構造・運転アスペクト，水理学アスペクト，環境関連アスペクト	構造・運転アスペクト，水理学アスペクト，環境関連アスペクト
結合方法	数学的	数学的	論理的
主観的関与の可能性	状態ポイントの付与領域	優先性決定に際する外的影響要因	損傷等級への区分および優先性決定
処理結果	状態等級 ZK 1-ZK3への区分，スパンの補修優先順位	管渠固有の検定に基づく状態等級 ZK1-ZK5への区分	の領域状態等級 ZK 1-ZK5への区分

4.7 状態分類，状態評価

地質学，流域水管理，建物および植被にもたらし得る作用は一般に無視されている[4-229]．したがって，例えば浸入水のある下水管渠が長期にわたって地下水水位を低下させてきた地域では，管渠修繕の実施後に広域的な地下水水位上昇が見込まれなければならない．その結果，例えば―地質学的状況に応じ―土壌中における膨潤現象や沈下現象による隣接した管および建物の損害，土壌の水分飽和による植被の損害ならびに地下室の浸水等が生ずることがあろう．

ISYBAU	Pforzheimer Modell	Stichting-RIONED
否	可	
バックグラウンド条件を限定的に考慮した損傷分類	考慮されるすべての要因に関する統一的な評価尺度による状態評価	バックグラウンド条件を限定的に考慮した損傷分類
スパン（マンホール，水理学的事情）	スパン	損傷
4損傷等級+1即時対策 5路程等級 5システム等級	学校の成績評価に類似した優先性指数	カテゴリーへの区分
自動EDV（電子情報処理）方式処理	自動EDV（電子情報処理）方式処理	手作業による人力式個別処理
絶対的な結果としての補修先性の決定	絶対的な結果としての補修優先性の決定	対策カテゴリへの損傷区分
ATV-M 143 Teil 2 に準拠	ATV-M 143 Teil 2 に準拠	
最大個別損傷	すべての個別損傷，すべての損傷指標	
損傷カタログ	損傷マトリックス	
あり	なし	
環境・関連アスペクト	構造・運転アスペクト，水理学アスペクト，環境関連アスペクト	水密性，管壁の状態，排水障害
数学的	数学的	
なし	優先性決定に際する外的影響要因	外的評価数
スパン等級 HK 1- HK3，システム等級 SK 1-SK5への区分，算術平均として	評点1～6の形での優先性指数，補修の種別（点的なまたはスパンの補修）	カテゴリーへの損傷分類

5. 補　修

　ドイツ工業規格(DIN)[5.1-1]に基づき，補修とは，既設の管渠の回復または改善を目的としたすべての対策として理解される．

　使用を停止し得ない，すなわちDIN[5.1-2]の趣旨からしてその機能を意図的に永久に中断することができない管渠または地域排水構造物であって，損傷を生じている管渠ないし地域排水構造物は，以下の場合に補修が是非とも必要である．

・機能に異常が生じ機能しなくなる程度まで劣化している場合(**図2-1**)．
・管渠内外の想定外の偶然的な作用によって障害または故障，すなわち不測の機能中断が発生する場合．

　確認された損傷が適時に除去されなければ，機能停止に至るとともに，例えば環境，下水・廃棄物の安全処理，交通，国民経済一般に対してさらなる重大な影響が生ずる懸念がある．

　こうした場合にあって，なおいわゆる対症療法に基づく損傷除去が行われることが非常に多い．そうした場合には，緊急対策であるためなんらの入札も行われず，その結果，一般に通常の場合よりも高い経済的負担が招来されることとなる．

　補修対策の策定，実施，検査に関してDIN[5.1-3]は**図5.1-1**に示した手順を提案している．これは先の諸章で論じた作業ステップ，

・プレプランニング，
・実態の確認と判定，

に直接連続するものであって，水理学的検査，環境関連検査，構造的検査(**4.**参照)の結果に基づく欠陥原因

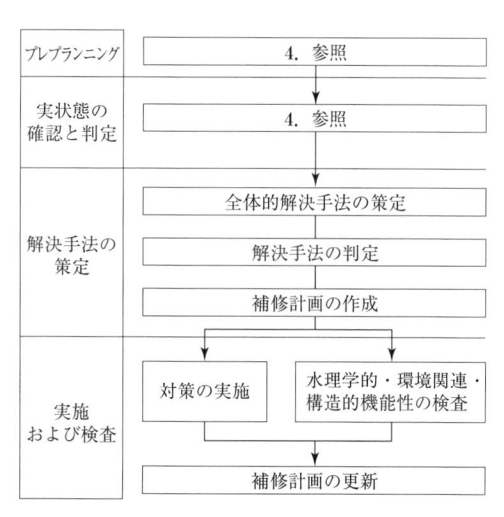

図5.1-1：排水ステムの補修に関する手順[5.1-3]

5. 補　修

の究明の完了を前提としている．

　可能な解決手法は，水理学的側面，環境関連側面または構造的側面に関係し，これらの領域のいずれか一つもしくは複数の領域における改善を達成することができる[5.1-3]．

　水理学的解決手法は，以下のとおりである[5.1-3]．
・排水能力の最大化：排水障害物の除去，清掃．
・下水道への流入量減少：浸透設備または透水面への雨水の流送，透水性舗装の使用，他のシステムへの排水流送，補助的雨水管渠の建設，浸入水および不明水流入量の減少．
・ピーク排水量の抑制：システムの既存貯留能の活用（適切な排水量調節），地表における貯留設備・施設の活用，補助的な貯留設備の設置（貯留管渠または調整槽）．
・下水道排水能力の拡大：布設替えによる管断面積の拡大，バイパス管の建設．
　環境関連解決手法は，以下のようなものである[5.1-3]．
・システム内への有害物質流入量の減少．
・排水水域への有害物質流入量の減少：下水処理量の増加，雨水吐構造物の浮遊物捕集能力および水理学的性能の改善，管渠網統制管理（リアルタイムコントロール），排出箇所の移転による影響の低下．
・流出量の減少：漏れの除去，水密性ライニング，管の布設替え．
　構造的解決手法（構造的補修とも称される）は，以下において特別重要である．これはDIN[5.1-3]に基づき以下を内容としている．
① 適切なライニングまたは内面コーティングによる管渠材料の保護．
② 管渠の補修：修理（修繕），更生（修繕・改築），布設替え．
　①にあげた構造的解決手法は，例えば管渠または管渠網区域の新設または利用変更に際して適用される予防的対策である．これは更生に際して使用される手法と同一であり，したがって5.3で論じられる．

　②にあげた構造的補修手法は，それぞれ多数の特殊方式を擁した複数のメイン方式グループを含んでいる．**図 5.1-2** はメイン方式グループを概観したものである．

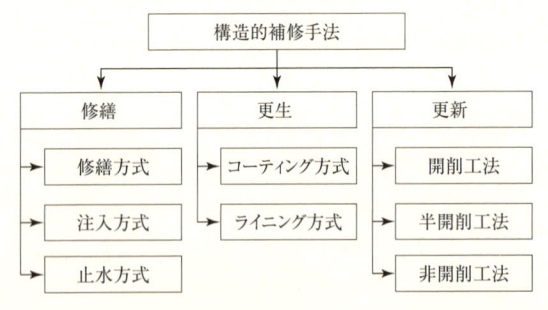

図5.1-2：排水システム構造的補修のためのメイン方式グループの概観

412

5. 補　修

　DINに基づく構造的補修手法の名称と定義は，これまでドイツ連邦共和国（以降ドイツ）で使用されていた下水道技術協会規格（ATV）[5.1-4]に基づく概念と一部相違している（DIN EN 752-5，ATV-M 143 Teil 1）．準則集，検査規定等の引用と関連して旧概念に触れなければならないことから，旧概念は括弧に括って新しい概念に対応させられた．

　可能な解決手法の判定にあっては，基本的な要求条件（**5.1** 参照）と，例えば下記のその他の側面を考慮して最適な構造的解決手法が選択されなければならない[5.1-3]．

・工期：当該解決手法が複数の工期に区分されるか否かがチェックされなければならない．その際，各種作業の緊急度，種々の工期によって達成可能な効用ならびに後の時点への延期によるコスト節約が考慮されなければならない．
・材料の再利用：補修に際して使用された材料ならびに発生する廃棄物の再利用の可能性が考慮されなければならない．
・その他のインフラ事業との調整：その他のインフラ事業との間の作業調整のメリットが考慮されなければならない．
・公共に対する迷惑：交通障害，粉塵，騒音，その他の迷惑源による近隣住民，公共に対する迷惑が考慮されなければならない．
・将来の保守から生ずる負担：補修されたシステムの将来の管理コスト，保守コストが考慮される必要があろう．保守から生ずる廃棄物の処理・処分が環境に与える影響が同じく考慮されなければならない．
・経済的判定：他の解決手法と比較した当該解決手法の付加的効用，例えば耐用年数の延長が正当化されるか否かを確認するために費用と効果が考慮されなければならない．
・総費用：当該解決手法の総費用が間接費用（例えば，公共に対する迷惑に関わる費用）とともに考慮されなければならない．一切の暫定対策費用，その他の公共サービス供給管・排水管の移設費用，一切のプランニング費用，検査費用も総費用のうちに含まれる[5.1-3]（**5.7** 参照）．

　選択された管渠補修手法は，単一の補修計画によって記録されなければならない．この記録は，以下を含んでいることが必要であろう．

・詳細な目標設定，
・法定要求条件またはすべての補修期限を含む法定許可，
・性能要件，
・優先性，
・予定された対策とその費用，工期，

5. 補　修
・他の建設事業または開発計画との間の調整，
・管理，保守に対する影響効果[5.1-3]．

　補修の有効性のチェック，記録書類（台帳），ならびに水理学モデルを含む補修計画の増補・補正が重要である[5.1-3]．

5.1　一般的な要求条件

　DIN[5.1-3]に基づき，補修が行われた後の部材，スパンの一部，スパン，排水網区域または管渠の目標状態は，新たに建設される下水道に適用されるのと少なくとも同一の要件を満たしていなければならない．このことはいうまでもなく，その際に使用された材料，部材にも当てはまる[5.1-5]．これらに生じ得る負荷とそれに応じて必要とされる特性を一般的な形で**表 5.1-1**に表す．それぞれの方式に求められる固有の要件と準則集については，それぞれのところで詳述する．

　DIN[5.1-3]に基づき，補修においては，以下の点を特に考慮することが必要である．
・水理学的性能，
・維持管理，

表 5.1-1：下水道における材料負荷とそれに応じた材料特性[5.1-5]

材料負荷		材料特性
物理的負荷	流送	耐衝撃性
	取付け	耐衝撃性
	土壌荷重，土壌材料，圧縮，交通荷重	寸法安定度，耐荷力，圧縮強さ
		管継手の可動性
	沈下	重量，圧縮強さ
	水圧，揚力	材料引張り強さ
	内圧	
	高度な流速	
	流送される固体	硬質管内面，耐摩耗性
	清掃器具	
化学的負荷	無機酸，アルカリ液，塩類	
	有機物質，溶剤	
	下水組成の変動	管および管継手の表面の耐腐食性
	凝縮水，蒸気	
	生物学的反応	
その他の負荷	樹根侵入	管継手の樹根侵入防止性
	温度	温度耐性

5.1 一般的な要求条件

・材料の選択,
・到達容易性と取付条件とに関わる制限,
・接続部の処理,
・機能保持.

下水道の維持管理に対する基本的な要求条件は,DIN に含まれており,以下が求められている(DIN EN 752-2[5.1-6]).

・詰まりのない管理,
・設計基準値での浸水頻度の遵守(**表 5.1-2**),

表 5.1-2:DIN EN 752-4[5.1-8]に基づく排水システム設計に関わる設計基準雨量,浸水に関する頻度勧告

設計基準雨量*の頻度 (n 年に 1 回)	場所	浸水頻度 (n 年に 1 回)
1 年に 1 回	田園地域	10 年に 1 回
2 年に 1 回	住宅地区	20 年に 1 回
2 年に 1 回	中心市街地,商工業地区 浸水検査あり	30 年に 1 回
5 年に 1 回	浸水検査なし	—
10 年に 1 回	地下鉄道施設,地下道	50 年に 1 回

*設計基準雨量については過負荷が生じてはならない.

・住民の健康,生命の保護,
・設計基準値での過負荷頻度の遵守,
・作業員の健康,生命の保護,
・定められた基準値内での排水水域汚染の防止,
・既存の隣接する建造物・公共サービス供給施設の危険の排除,
・耐用年数の達成よび既存建造物の維持,
・検査基準に基づく水密性,
・臭気公害および毒性の回避,
・保守目的のための適切な接近容易性の保障.

その他の一般的な要件は,以下の規格に含まれている.

・DIN EN 752:建物外の管渠,
・Teil 1:総則・定義[5.1-1],
・Teil 2:要件[5.1-6],
・Teil 3:プランニング[5.1-7],
・Teil 4:水理学的計算・環境保護側面[5.1-8],
・CEN TC 165/WG 1N 361 Rev2:General requirement for components used for

5. 補　修

renovation and repair of drain and sewer systems outside buildings(draft 10. 1996)[5.1-9]，
- DIN EN 1610：下水管渠/下水管の布設・検査[5.1-10]，
- DIN 1986：建物・排水設備・施設，
- Teil 1：建設に関わる技術規定[5.1-11]，
- DIN EN 476：自然流下式管渠の下水管渠・下水管用部材に関わる一般的な要求条件[5.1-12]，
- ATV-A 125：推進工法[5.1-13]，
- ATV-A 139：排水管渠/排水管の製造に関する基準[5.1-14]．

以上にあげた上位の規格，指針の他に，管材料ならびにシール材，パッキンリングに関するそれぞれの専門規格が考慮されなければならない(**1.7** 参照)．

ただし，もしもまだ一般に慣用されていず，かつまだ評価の定まっていない建築法規の適用領域において，検査義務ないし許可取得義務のある材料からなる建設材料，建設部材，したがってそうした材料製の管渠も使用される場合には，ドイツ建築工学研究所(ベルリン)に対してそのための許可または検査裁定の申請が行われなければならない．

同研究所によって与えられる許可，検査裁定は，限定的な時間的効力しか有していないことから，それらはその時々の申請によって更新されなければならない．その他の詳細については各州の検査証令が規整を行っている．

規格，許可，検査裁定は，自動的に請負契約，納入契約の構成要素となるわけではないことが知られていないことが多い．これらの規定を明文をもって契約構成要素として表明することが常に必要である．場合により，それぞれの規格の個々の条項を強調することが必要となる場合もある．規格を正確に知悉していることは個々のケースにおいて不可欠である．

構造的補修手法の適用に際しては，種々の条件が十分に考慮されず，手法の使用可能性が誤って評価される危険が存在する．したがって，手法は**表5.1-3**の区分に基づいて記述されることが必要であろう．こうすることにより手法をその有用性の点から判定し，相互に比較することができることとなる[5.1-4]．

以下の手法の記述は，必ずしも前記の必要な内容をすべて含んでいるわけではない．その理由は，なかんずく手法の新奇性，調査・研究の不足または提供者の側からの意図的な情報留保である．

規格の遵守，許可取得，検査裁定，および管渠，成形品等の慎重な製造だけでは将来の損傷を回避するのに十分ではない．輸送中に生じ得る欠陥を別とすれば，とりわ

5.1 一般的な要求条件

表 5.1-3 : ATV-M 143-1[5.1-4]に基づく構造的補修手法を記述するための区分

1. 概要 2. 使用材料の短期挙動，長期挙動の記述 　例えば，以下に関する記載 　　物理的特性 　　水密性 　　耐荷挙動 　　物理的，化学的，化学生物的および生物的作用に対する耐性 　　温度耐性 　　火災時挙動 　　環境適合性 　　加工条件，布設条件 　　規格，基準，建設原則/検査原則，品質監視，検査証 3. 適用範囲 3.1. 損傷像 　例えば，以下に際する適用可能性に関する記載 　　例えば，管継手，部材継目または構造物継目，壁面，接続部，移行部の地下水浸入のある，もしくは地下水浸入のない漏れ 　　管外周における空洞形成 　　位置ずれ，例えば，曲り，食違い 　　物理的摩耗，例えば摩損 　　腐食(内部腐食，外部腐食) 　　変形 　　亀裂，例えば，縦方向亀裂または横方向亀裂，一点から発する亀裂 　　亀甲形成 　　管の破損(管壁部材の欠損) 　　崩壊 3.2. 損傷除去対象 　例えば，以下に関わる適用可能性に関する記載 　　材料 　　管壁性状 　　断面形状 　　最低寸法，最大寸法 　　曲がり 　　スパン距離 　　構造物 　　接続口 　　土壌種別および地下水位 　　基礎条件 　　開渠または圧力管	3.3. 運転条件 　例えば，以下に関する記載 　　下水種別 　　下水組成 　　下水量 　　下水温度 　　管渠雰囲気 4. 実施 4.1. 予備作業 　例えば，以下に関する記載 　　現場設備 　　取付管を含む流入路 　　地下水排水ないし地下水低下 　　点検および清掃 　　障害物除去 4.2. 作業経過 　例えば，以下に関する記載を含む作業フローの詳細な記述 　　現場労務 　　人員使用状況 　　機械・器具使用状況 　　エミッション(公害) 　　作業進捗状況 　　管渠使用の制限 　　取付管の接続 　　構造物への接続 　　既存管渠への移行 　　既存断面積の減少 　　手法に起因する廃棄物の処理・処分 　　中間検査および検査チェック 4.3. 最終作業 　例えば，以下に関する記載 　　後処理 　　清掃 　　検査 　　流入路の復旧 　　現場労務 5. 実地検分および保証 6. 経験，参考資料

5. 補 修

け適正な施工が決定的な重要性を有している.

文献[5.1-15]によれば，都市，市町村，土木・建築技師事務所は，もっぱら必要とされる専門知識，能力，信頼性を有すると同時に，十分な資金，技術的手段を有する企業，したがって DIN に定める建築・建設工事に関する請負規定[5.1-16]に基づく最低要件を満たし，かつその旨を証明する企業にのみ委託を行う義務を負っている（DIN 1960 § 25 第2章第1項）.

こうした事実に鑑み，ATV のイニシャチブで 1988 年末に"排水管渠/排水管製造・保全-管渠建設品質保証"協会が設立された. 同協会の目標は，管渠建設，管渠管理の品質を保証するとともに改善することである[5.1-17]. これは，企業適性の判定，そうした企業の品質保証マークによる証明，ならびに企業，建設事業の外部監視の一環としての排水管渠の製造・保全の監視によって行われる. この外部監視は，特に企業によって実施さるべき自主監視（品質管理）のチェックを包括している.

品質保証協会は，1990 年 1 月 19 日以降，上記の分野で活動している適格な企業に対し品質保証協会が定めた品質・検査規定が満たされている場合に RAL 品質保証マーク（図 5.1-3）を授与している. 前記規定が満たされている旨は，まず初回審査によって証明され，その後は品質保証マーク保有者のもとで品質保証協会の出先機関による定期的な外部監視が行われる [5.1-18]. これによって関係企業における可能な限り高度な自己責任体制が保障されることとなる.

下水管渠の製造・保全分野につき種々の判定グループが定義されたが，その記述はとりわけ ATV[5.1-4]の定義を基礎としている.

① グループ A2：深さ 5 m（坑底）までの昇降マンホールを具えた呼び径 250 以下のあらゆる材料製の排水管渠の開削工法による修復，修繕，更新.
② グループ A1：当該構造物を具えたあらゆる深度，あらゆる材料，あらゆる呼び径の排水管渠の開削工法による修復，修繕，更新.
③ グループ V3：呼び径 250 以下の，あらゆる深度，材料製の排水管渠の無人式非開削工法による修復.
④ グループ V2：呼び径 250 を超える，あらゆる深度，材料製の排水管渠の無人式非開削工法による修復.
⑤ グループ V1：あらゆる深度，呼び径，材料製の排水管渠の無人式非開削工法による修復.

図 5.1-3：管渠建設 - 品質保証マーク［5.1-17］

⑥ グループS：付属構造物を具えた，あらゆる深度，呼び径，材料製の排水管渠の非開削工法による修復，修繕，更新．
⑦ グループⅠ：付属構造物を具えた，あらゆる呼び径，材料製の排水管渠の点検．
⑧ グループR：付属構造物を具えた，あらゆる深度，呼び径，材料製の建物外の排水管渠の清掃．

前記のグループのいずれにも以下に細分された特別な要件が定められている．
・一般的な要求条件，
・特別な要求条件，企業の設備：要員，経営施設，機器に関する最低設備，下請け人．

⑥に関する品質保証マークは，当該初回審査が実施され証書授与が行われた補修手法についてのみ利用することができる[5.1-15]．

適格な要員の使用と並んで，予備作業を含む補修対策を専門的に監視・検分させることも推奨されなければならないが，それは経験上からそれらが新規布設よりも大きな専門的・技術的問題を生じさせるからである[5.1-19]．

"検査，布設，修繕・改築，そしてまた保守に関わる下水道作業は，常に危険を孕んでいる．工事に際して，まず最初に安全性を考慮するだけでは決して十分ではない．安全性への配慮は，計画，立案のあらゆる段階において考慮されなければならない[5.1-7](8.参照)．こうした安全性側面はあらかじめ予備検査ならびに工事計画，保守計画に際して特に考慮されなければならない"[5.1-3](8.参照)．

補修対策の枠内のあらゆる作業段階において使用される化学物質の取扱いに際する労働安全性の判定と評価に関わるる基準，および同物質使用者の健康侵害を回避するための当該行動指針はまだ得られていない．後にあげた問題を解決するための種々の方策の調査，開発は，ドルトムントの連邦労働保護・労働医学研究所の委託によって1995/96年に実施された研究・調査の目的であったが，その最重要な成果は文献[5.1-20, 5.1-21]に紹介されているので参照されたい．

5.2 修　　理

修理—これはATVに基づき修繕とも称される—とはDINに基づき局所的に限定された損傷を除去するための対策として理解される(ATV-M 143 Teil 1, DIN EN 752-5)．
修理手法(**図 5.2-1**)に数え入れられるものは，以下のとおりである．
・修繕方式，

5. 補　修

・注入方式，

・止水方式．

　外側からの修理は，昇降マンホールないし坑筒構造物についても管渠自体についても実施される．これには一般に基礎掘削を設けることが必要である．

　内側からの修理は，歩行可能な管渠，構造物にあっては機械または人力，適切な補助手段ないし補助機器を利用して実施され，歩行不能な管渠にあっては遠隔制御式ロボットを利用して実施される（5.2.1.6 参照）．これらは更生手法（5.3 参照）のための補助対策ないし準備対策としても利用することができる．

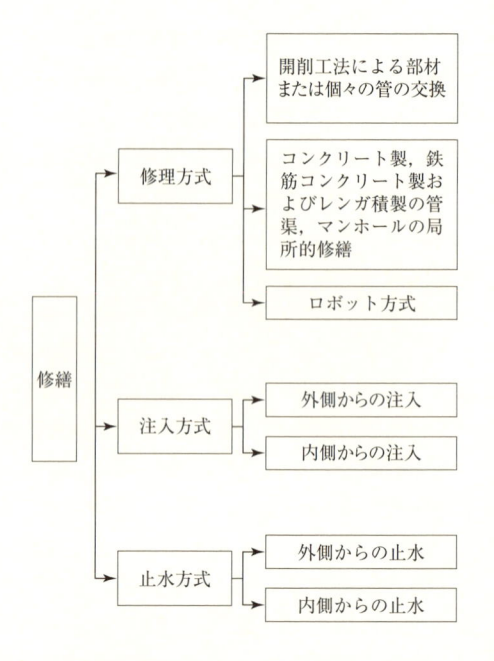

図 5.2-1：修繕手法の概観

5.2.1　修繕方式

　修繕方式は，局所的に限定された修繕もしくは区間の修繕，または機能性，静的耐荷力ならびに水密性の回復を目的とした管ないし構造物部材の交換に利用される．

5.2.1.1　マンホールの修繕

　マンホールの修繕に際して大きな部分を占めているのは，マンホール蓋の調節と交換である．というのも現在では以前に比較して著しく高い要件が車道の平坦性に求められるとともに，マンホール蓋は，まさに激しい道路交通の結果として高い負荷に曝されているからである（図 5.2-2）．

　DIN［5.2-2, 5.2-3］に基づき，マンホール蓋とは，"枠，蓋，または格子からなるマンホールまたはその他の空間の

① マンホール蓋　　④ モルタル目地
② マンホール枠　　⑤ 直壁ネック
③ 支えリング

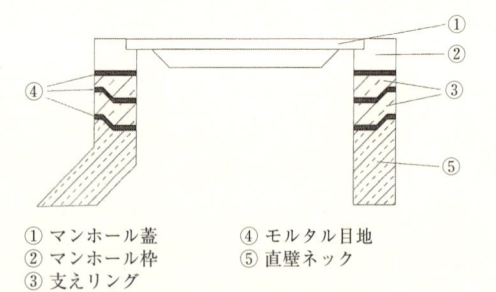

図 5.2-2：DIN EN 124［5.2-1］または DIN 19549［5.2-3］に基づくマンホール蓋の縦断面

上方終端"として理解される(図 5.2-2)(1.8 参照)(DIN EN 124, DIN 19549).

この場合に特に頻繁に発生するのは,以下の損傷である.
・蓋,格子または枠の亀裂形成,
・特に蓋と枠との間の座面における枠,蓋の摩耗,
・マンホール蓋の枠の位置ずれ(図 5.2-3),
・車道または歩道とマンホール蓋との間の不陸(図 4-5).

図 5.2-3:マンホール蓋の枠の位置ずれ

後にあげた2種の損傷に関わる最も頻度の高い原因は,通過車両の動荷重と,さらに,
・凍結防止塩の作用,
・温度差,
・湿度差,
・凍結,融解の繰返し負荷,

から生ずる化学的,物理的負荷との組合せによるマンホール蓋枠と坑筒ネックないし,場合によっては支えリングとの間のモルタル目地の破損である.

さらにその他の原因として考えられるのは,取付時ないし補修時の気象要因の影響(温度,降雨),工事欠陥である[5.2-4].

前にあげた2種の損傷の除去は,当該部材の交換によって行われるが,通常,その際には蓋と枠は一緒に交換される.その他のすべてのケースにあっては,マンホール全体が沈下し,そのため完全な更新が行われなければならない場合を別として,マンホール蓋の高さ調節が必要である.高さ調節については,それぞれマンホール蓋を撤去せずに実施される方式とマンホール蓋を撤去して実施される方式とが区別される.

(1) 撤去せずに実施されるマンホール蓋の高さ調節

この補修対策にあっては,マンホール蓋もその周囲の舗装層,路盤層も維持され,前もって機械式または油圧式の特殊器具を用いて弛められた枠の持上げ,もしくは引下げが行われるにすぎない(図 5.2-4)[5.2-5 〜 5.2-7].

レベルの引上げは,持ち上げられた枠の下側にセメントまたは反応性樹脂をベースとした縮みの少ない速硬性特殊モルタルを裏当てするか,またはポリマーコンクリート製の支え楔をあてがうことによって行われる.いずれの場合にもマンホール斜壁と枠との間の全高は,ATV[5.2-8]に基づき 240 mm を超えてはならない(ATV-A 241).

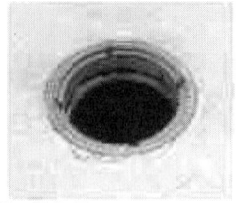

5. 補　修

(a) 車道レベルへのマンホール枠の引上げ　(b) 流動性モルタルによる隙間の充填（ホース型枠）

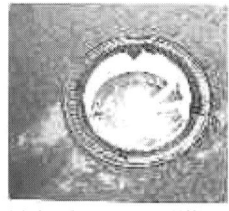

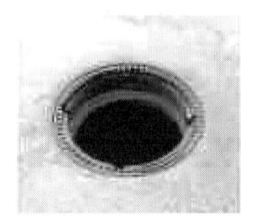

(c) 金属製マンホール型枠　(d) 人力目地仕上げ用のマンホールモルタル板　(e) 作業完了後のマンホール枠

図 5.2-4：マンホール蓋の高さ調節

流動性モルタル［5.2-9 ～ 5.2-11］の充填に際しては，必要なレベルまでマンホール枠を引き上げ（図 5.2-4），これによって生じた隙間を清掃した後，マンホール枠下側面と支えリング上側面との間を完全に止水するために型枠［ホース型枠（図 5.2-4）または金属製マンホール型枠（図 5.2-4）］が嵌め込まれる．ホース型枠をおよそ 0.3 bar で軽く膨らました後，注入管，排気管が型枠と枠との間に取り付けられ，前もって配合されあらかじめ練り合わされていた固練りモルタルが注入される．モルタルの硬化時間が短いことから，10 ～ 15 分後には型枠を取り外し，さらにそれからおよそ 20 ～ 25 分後，すなわち圧縮強さ 9 N/mm^2 以上が達成された後には荷重をかけることが可能である．以上は周囲温度 20 ℃に関係したものである［5.2-12］．

特にレンガ積マンホールの場合のシールモルタルの使用には，ホース型枠による多くの手間とコストを要する止水が必要とされることから，通常，この場合には折畳式マンホールモルタル板を使用した人力目地仕上げによる支えが行われる（図 5.2-4）．この折畳式マンホールモルタル板は目地作業の完了後直ちに取り外される．

ポリマーコンクリート製の楔を用いた特許化された裏当て方式にあっては，厚さ 2.5 ～ 5.5 cm の隙間を支えることができる．正確かつ連続的なレベル調節は，マンホール蓋の半径に合わせた半径を有する高さの異なったそれぞれ 2 個の楔を互いにずらすことによって実現される（図 5.2-5）．楔を固定した後に隙間は，セメントモルタル，プラスチック改質されたセメントモルタルまたは純粋な反応性樹脂モルタルで充填される

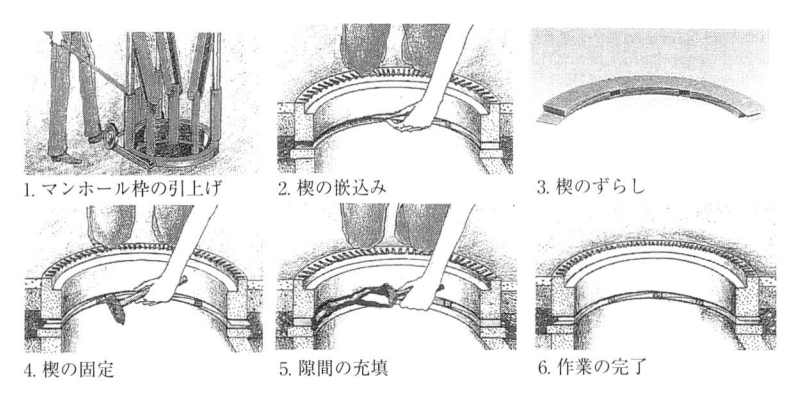

1. マンホール枠の引上げ　　2. 楔の嵌込み　　3. 楔のずらし

4. 楔の固定　　5. 隙間の充填　　6. 作業の完了

図 5.2-5：ポリマーコンクリート製の楔によるマンホール蓋枠裏当ての作業フロー
　　　（ACO Drain Entwässerungstechnik GmbH 社）[5.2-13]

[5.2-13].

　レベルの引下げには，フライス盤を用いてマンホール蓋枠の下側に隙間が作られる（**図 5.2-6**）．フライス切削は，モルタル，管渠レンガ，コンクリート，補強度の低い鉄筋コンクリートの場合に行うことができる[5.2-14]．枠を引き下げた後に残っ

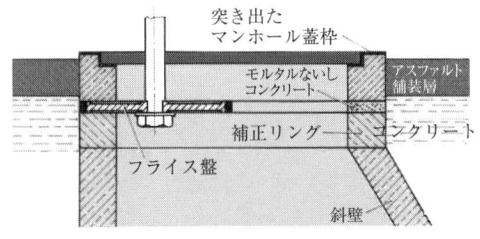

図 5.2-6：フライス盤による隙間切削によるマンホール蓋枠の引下げ[5.2-14]

ている隙間は，上述したように続いて特殊モルタルで充填されるか，またはポリマーコンクリート製の楔による裏当てが行われる．

(2) 撤去して実施されるマンホール蓋の高さ調節

　亀裂形成，変形等によって周囲の舗装層も損傷されている場合には，常にマンホール蓋を取り外して実施されるマンホール蓋の高さ調節が行われる（**図 5.2-7**）．
　通常の場合，修理は，周囲の舗装層，路盤層，場合によって存在する支えリングを含めた損傷したマンホール蓋枠の撤去と，それに続く所望のレベルへのマンホール蓋枠の再取付けによって行われる．これに続いて周囲の舗装層，路盤層が再び築造される（**図 5.2-8**）．この場合，アスファルト目地シールによる枠の円形再舗装とマンホール蓋枠を囲むアスファルト舗装層の修復との2種の変

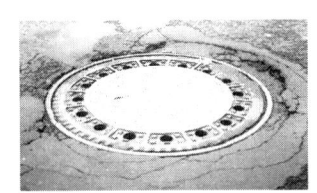

図 5.2-7：マンホール蓋枠の損傷による道路舗装層の亀裂形成（デュッセルドルフ市）

423

5. 補　修

法が区別される．

前記の作業は，円形マンホール蓋枠の場合，あらゆるショベルローダ，パワーショベル，車両搭載荷役クレーンに適した補助器具を用いて機械式に行うこともできる[5.2-15]．これは組合せ式の油圧駆動式ボーリングリフチング装置であって，人力によってマンホール蓋枠を取り外した後，マンホール蓋枠上に設置される．ボーリングクラウンの内部には油圧式スプレダが設けられており，これはマンホール内に挿入されて損傷除去が必要なモルタル継目部で広げられる．続いてマンホール蓋枠下方が所望の深さまでボーリングされる（**図 5.2-9**）．

図 5.2-8：周囲舗装の取壊しによるマンホール蓋枠の高さ調節（デュッセルドルフ市）

ボーリングが終了した後，ボーリングクラウン，スプレダと同時に，マンホール蓋枠と，場合によって存在する1個もしくは複数の支えリング，ボーリング具が舗装層から引き上げられる．

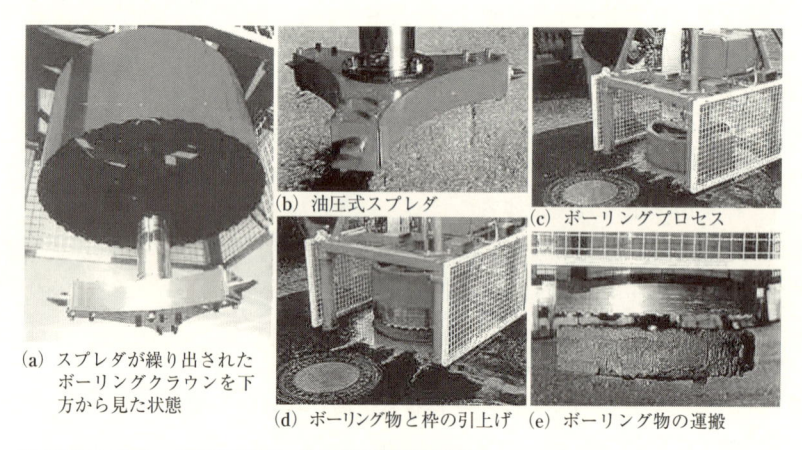

(a) スプレダが繰り出されたボーリングクラウンを下方から見た状態
(b) 油圧式スプレダ
(c) ボーリングプロセス
(d) ボーリング物と枠の引上げ
(e) ボーリング物の運搬

図 5.2-9：マンホール蓋枠下側ボーリング用装置[5.2-15]

枠の新たな取付けは，前述した2種の変法に応じて行われる．ボーリングによって生じた枠周りの隙間は幅およそ3cmでしかなく，特別なプラスチックモルタルを流し込むことができる．

新たに開発された方法は，セメントモルタルに代えて著しく低い弾性率によって道路交通に起因するマンホール蓋枠とマンホールの動荷重の応力集中を低下させるプラスチック製補正リングを使用することを狙いとしている．こうした特殊リングの適性

は，広範な現場テスト，ラボテストによって証明された[5.2-16]．その一例はポリエチレン製補正リング[5.2-17]であり，厚さ 10 mm のオプチカルフラットタイプと厚さ 5～15 mm の円錐，楔形タイプの 2 種の異なったタイプで提供される（**図 5.2-10**）[5.2-17]．欧州で特許出願さ

図 5.2-10：ポリエチレン製補正リング（ASDリング）によるマンホール蓋枠の裏当て[5.2-17]

れたスウェーデンの"道路補整用または昇降マンホール用のアダプタ"も同等な製品であり[5.2-18]，これもポリエチレン製補正リングと同様にオプチカルフラットリング，円錐・楔形リングとして使用される PE-LD 製のプロファイル補正リングである．

通過時に生ずる交通騒音を低下させるため，枠自体の内部，すなわち蓋の座面にプラスチックリングも配置される[5.2-13]．

マンホール部材間，好ましくは DIN[5.2-3, 5.2-19]に基づくマンホールブロック間の荷重逃しと不整性調整に利用されるエラストマ製，スチュロポール製等の荷重逃しリングも，確かめられてはいないが，原理的には前記のプラスチック製補正リングと同等のものである（DIN 19549，DIN 4034）．これらを補修対策の範囲内においてマンホール蓋枠の裏当てに使用することも考えることが可能である．ただしこの場合には，マンホール部材間の荷重逃しに比較して道路交通荷重による著しく高い応力集中が考慮されなければならないであろう．

撤去して実施される高さ調節を目的としたマンホール蓋枠のその他の新規取付け，補修手法は，荷重を道路舗装層に接する路盤層に逃すことによってマンホール蓋枠の裏当ての負荷軽減を目的として追求し，これによって耐用年数の延長を達成することを意図している．これらのシステムは，

・荷重逃しの構造形態，
・荷重逃しに利用される路盤層基面の大きさ，

の点で相異している．

特許出願された SSU システム[5.2-20]にあっては，鉄筋コンクリート製の特殊支えリングと特別に成形されたコンクリート製縁囲い舗石との組合せによってマンホール蓋枠と周囲路体との間の伝力結合が意図されている．特殊支えリングは，マンホールの壁面厚さに比較して著しく幅広なものが使用される結果（**図 5.2-11**），道路舗装とマンホール斜壁が荷重逃

図 5.2.-11：路盤層への埋込み時のマンホール蓋縦断面と特殊舗石による再舗装[5.2-20]

しに組み込まれることとなる．特別に成形されたコンクリート製縁囲い舗石は，現場コンクリート施工で布設されるが，この場合，道路舗装の更新域はマンホール蓋枠ないしマンホール斜壁の断面を大幅に越えて広がっている（図 5.2-11）．成形舗石の目地仕上げは，表面から下方 5 cm まではコンクリートで行われ，それ以下はアスファルト目地シールで行われる．図 5.2-11 は損傷除去の個々の段階を示している．

いわゆる"入れ子マンホール"[5.2-21]が使用される場合にも，補正リングと当該継目パッドは，マンホール斜壁と舗装層との間に設けられる現場コンクリート施工路盤層によって全面的に置き替えられる．この現場コンクリート施工層上にマンホール蓋枠が載置されて伝力結合が実現される．この場合，周回式の差込シールでマンホール斜壁に固定される，いわゆる"パッキン管としてのマンホール斜壁延長部"が埋殺し型枠として利用される．マンホール蓋枠とマンホール斜壁との間の傾斜変化は最大 10 ％まで可能である．このシステムの長所は以下の点である．

・一つもしくは複数のモルタル継目が不要となること．
・高さ，傾斜の異なる舗装層への適合が相対的に問題なく行えること．
・舗装層表面に至るまでの昇降マンホール全体の水密性が保障されること．

マンホール蓋枠"セルフレベル"[5.2-22]では，マンホール蓋枠の特殊な溝を通ってマンホール斜壁まで達するアスファルト路盤層が現場打設コンクリートの機能を引き受けるようにする（図 5.2-12）．

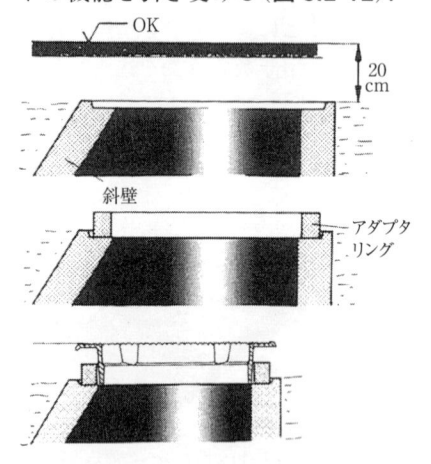

1. マンホール周囲の約 1.20×1.20 m^2 の面積を切り開いて撤去する．
2. マンホール上端を既存の車道表面の下方約 20cm に位置させる．
3. コンクリート製支えリング（アダプタリング）をモルタル層とともにマンホール上に載置する．
4. マンホール蓋枠（蓋付き枠）を支えリングに嵌め込む．
5. 撤去した面に熱した材料を層状に満たし，スタンパまたは小型ローラで圧縮する．
水平なフレームフランジの下側に材料が十分に行き渡るように注意すること．
6. 直前の材料層を慎重に圧縮した後，圧縮による目減りを考慮して最終層の熱した材料を盛り付ける，この場合，裏当てによってマンホール蓋枠を高くし，それが層の厚さの20％に相当する分だけ伸び上がっているようにすることが必要である．
伸び上がりは，過小であるよりもいくぶん過大である方が好ましいが，それはマンホール蓋枠がその後の転圧時に，場合によっては震動によって揺さぶられて沈むことがあるからである．
7. マンホール蓋枠の縁と車道の縁を清掃し，中心部を複数回にわたって転圧してマンホール蓋枠を圧する．続いてマンホール蓋枠とともに周囲充填面を最適な圧縮が実現されるまで転圧する．
アスファルト材料が冷えた後，交通解除を行うことができる．

図 5.2.12：アスファルト舗装層へのセルフレベルマンホール蓋枠の取付け[5.2-22]

既存のアスファルト車道への取付けは，文献[5.2-22]に従って以下のように行われる．
・補修されるマンホール蓋枠を支えリング，モルタル継目とともに撤去する．
・場合により既存車道表面の下方約 20 cm までマンホール斜壁を積み上げる．
・枠，蓋をモルタルで裏当てされた支えリングと一緒に取り付ける．
・アスファルト路盤層，舗装層を修復し，同時にマンホール蓋枠を引き上げる．
・車道表面に比較してマンホール蓋枠を高くしてアスファルト舗装層の最終層を布設する．
・マンホール蓋枠を舗装層に押し込みながら最終舗装層を圧縮する[5.2-22]．

　金属製マンホール型枠を使用して（図 **5.2-4** 参照），グスアスファルトで継目パッドの形成とマンホール蓋枠の取囲みを行う方法（図 **5.2-13**）も同等な構造を表している．

　交通荷重の荷重逃しに道路舗装路盤層を利用する前記のすべての方式は，これまでのところ長時間挙動に関しては検査されていない．

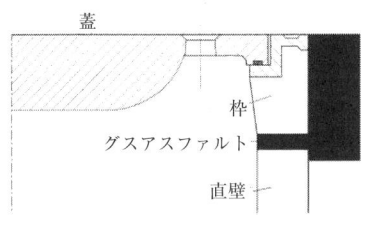

図 5.2-13：グスアスファルトによるマンホール蓋壁の裏当て

(3) 足掛け金物の交換

　腐食もしくは破損した足掛け金物の交換は，マンホールの修理の重点をなしている（1.8 参照）(DIN 1211[5.2-23]，DIN 1212[5.2-24]，DIN 1264[5.2-25]に基づく足掛け金物，または DIN 19 555[5.2-26]に基づく安全足場)．

　取付けにあたっては，取付マニュアルを遵守しなければならない．材料，形状，足場高さが統一的であって（ATV-A 137[5.2-27]，DIN 4034[5.2-19]参照），マンホール壁の状態から判断して交換が可能であることに注意しなければならない．

　新しい足掛け金物用の取付穴は，前もって取り外された古い足掛け金物のすぐ上方に適切に設置される．このため 2～3 分以内で同時に 2 つの取付穴を開けることのできるドリルが開発された．

(4) マンホール欠陥箇所の修繕

　マンホールは，主としてコンクリート製，鉄筋コンクリート製またはレンガ製であることから，以下ではもっぱらこれらの材料に関わる欠陥箇所の修繕を論ずる．

　マンホール壁，継目，接続部，ステップ，インバートに生じ得るそうした欠陥箇所とは，例えば以下のようなものである．

・部分的表面腐食，

5. 補 修

- ・鉄筋の腐食の結果としての防護層の盛上がり，
- ・物理的破損，
- ・漏れ．

　レンガ積マンホールの修繕は，5.2.1.4で別個に扱う．

　コンクリート製マンホール，鉄筋コンクリート製マンホールの欠陥箇所の修繕は，モルタル処理によって行われる．これは，止水，コンクリートの部分的交換，空洞の充填として理解される[5.2-28，5.2-29]．

　マンホールのあらゆる修理を実施する前に下水の排水を維持するための対策が定められ，水位がしばしば変動することから同対策が厳密に遵守されなければならない(5.5参照)．

　マンホール下部—ステップ，インバート—の修理は，腐食防止が行われていないか，またはそれが要求されない場合にはモルタル処理と同様にして実施される．

　保護用被覆，例えば管渠用レンガ，陶底シェルまたは陶底板が欠損しているか，剥がれている場合には，交換が行われるか，または新しいモルタルベッドが厚く布設される(5.3.2.4参照)．新規目地仕上げについては，5.2.1.4を参照されたい．

　マンホール内の比較的大きな損傷も図5.2-14が示しているように，場合により修理対策の枠内で経済的に除去することが可能である．

　この場合，鉱山操業の影響によって激しく破損した部分が順次内側から取り去られ，型枠が設けられて流込みコンクリートによって交換された．この技法を実施するための前提条件は，外側土壌が地下水の影響なしに安定していることである．

　修理手法ではもはや経済的に除去できないマンホール内の比較的大きな損傷については，更生手法または更新手法が使用される．これについては5.3，5.4で詳しく論ずる．

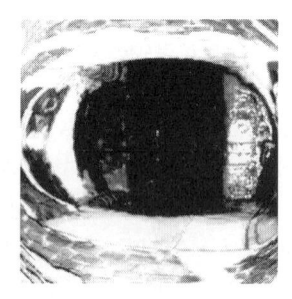

図5.2-14：鉱山操業の影響によって損傷したレンガ積昇降マンホールの修理(H.Schaefer, Geldern)

5.2.1.2　開削工法による個々の管の交換

　外側からの管渠の修理手法は，特に単一もしくは複数の損傷管の交換に関係している．こうしたケースにあっては，開削工法によって露出させられた欠陥のある管部が当該スパンの使用停止後に切り離され[図5.2-15(a)]，両端延べ胴タイプの管アダプタ

5.2 修 理

(a) 欠陥管の取外し 　　(b) スリーブシール付きの新しい管の使用 　　(c) 呼び径 100～700 陶管用のスリーブシール(PA-I 3103)[5.2-31]

図5.2-15：開削工法による欠陥管の交換[5.2-30]

が使用され，スリーブシールによる新たな管結合[図 5.2-15(b)，(c)]が行われる[5.2-30，5.2-31]．

　スリーブシールの長所は，乱された地盤域と乱されていない地盤域との間の沈みの差を許容するフレキシビリティにある．この方式は，枝管の損傷または施工が不適切な取付管にも適用することが可能である(図 5.2-16)．

　すべての作業に際して DIN[5.2-32]と労働安全性に関わる保護対策(8.参照)が遵守されなければならない(DIN EN 1610)．

(a) 予定された接続箇所の管を露出させ，接続点を定め，取付管の長さをマーキングする

(b) 取付管の長さの管区間とさらに約20 cmのアダプタを管切り盤または切断盤を用いて切り取る．約5cm幅の2箇所の継目を考慮すること

(c) 清掃したアダプタ管端に2つのスリーブシールを外嵌めして切断面とフラッシュに位置決めする．シールリップを清潔にすること

(d) アダプタを挿入し，スリーブシールの中心が切断継目上に位置するようにスリーブシールをずらす．締付けねじを締め付けて，取付けが正常であるかどうかをチェックする

図5.2-16：スリーブシールによる取付管の事後的取付けに際する作業経過[5.2-31]

5.2.1.3　コンクリート製管渠，鉄筋コンクリート製管渠，プレストレスコンクリート製管渠の修繕

　コンクリート製管渠，鉄筋コンクリート製管渠，プレストレスコンクリート製管渠

の管内部の修繕対策は，選択された修理モルタルに応じて特に以下を狙いとしている
[5.2-33, 5.2-34]．
・鉄筋腐食防止の保持，回復．
・安定性要件が求められるまたは求められないコンクリート断面の回復，補充．
・コンクリート表面の抵抗力の局所的回復または向上．コンクリート腐食物質の浸入，鉄筋腐食物質の浸入，物理的作用(摩耗)．

補強筋のあるコンクリート管と補強筋のないコンクリート管の修理用の適切な材料は，以下のとおりである．
・セメントモルタル，コンクリート，吹付けコンクリート(セメントコンクリート(CC))，
・プラスチック改質セメントモルタル(ポリマーセメントコンクリート(PCC))，
・エポキシ樹脂，不飽和ポリエステル樹脂，ポリウレタン樹脂またはポリメチルメタクリル酸樹脂をベースとした反応性樹脂モルタル(ポリマーコンクリート(PC))．

セメントモルタルと反応性樹脂モルタルとの中間的地位を占めるのは，水乳化エポキシ樹脂添加材を含んだ無機モルタルであり，その硬化挙動は，双方の結合剤の反応速度の正確な調整に決定的に依存している[5.2-35]．

コンクリートとモルタル—以下，修理モルタルと称する—は，いわゆるコンクリート修繕システムの構成要素であり，通常，同システムは以下のように構成されている[5.2-35, 5.2-36]．
・補強筋の腐食防止，
・接着ブリッジ，
・修繕された欠陥箇所を損傷していないコンクリートに合わせるための充填材，
・有害物質浸入防止層．

図 5.2-17 は代表的な例を示したものである．

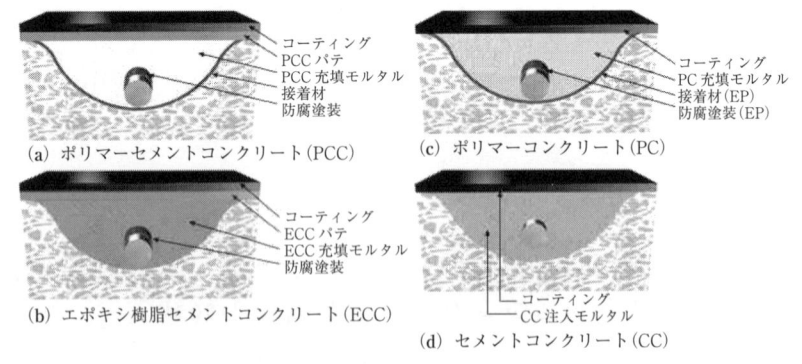

図 5.2-17：コンクリート修繕システムの典型的な構造[5.2-36]

コンクリート修繕システムは，個々の工程に合わせて相互調整されたプレハブ混合製品からなっている．その適用にあたっては準拠すべき規格，基準の他に，下地前処理，施工に関わるメーカー側のシステム作業指針が遵守されなければならない．

これらのシステムは，その組成が既知であって，かつ"コンクリート部材の保護/修繕に関する補助的な技術的契約条件・基準（ZTV-SIB 90）"[5.2-37]の原則，"コンクリート部材の保護・修繕に関する基準"[5.2-34]の原則を満たしている場合にのみ使用されるべきであろう．表 5.2-1 は添加材を含んだセメントモルタルベースのコンクリート修繕システムの例を当該材料特性値とともに示したものである[5.2-38, 5.2-39]．

表 5.2-1：下水構造物用接着材 PCE-Kanahaft および修理モルタル PCI-Kanament の加工データおよびテクニカルデータ[5.2-38]

	PCI-Kanahaft	PCI-Kanament
材料物性データ		
成分	1 成分系	1 成分系
生モルタル密度	2.0 g/cm³	2.2 g/cm³
特徴的物性		
危険物令道路（GGVS）	非危険物	非危険物
可燃性液体に関する命令（VbF）	なし	なし
危険物令（GefStoffV）	刺激性，セメントを含む	刺激性，セメントを含む
適用技術データ		
乾燥モルタル消費量/mm 層厚さ	約 1.7 kg/m²	約 1.9 kg/m²
層厚さ	1.5 〜 2.0 mm	5 〜 20 mm
加工温度（地盤温度および周囲温度）		
混合時間	約 4 分間	約 4 分間
熟成時間	約 3 分間	なし
加工時間*	約 50 分	約 50 分
歩行可能性*	—	約 1 日後
温度耐性	− 25 ℃〜+ 80 ℃まで	− 25 ℃〜+ 80 ℃まで

* 下水構造物における通常の状態．

コンクリートに比較して伸縮度の大きい修理モルタルは，一体構造を要する損傷除去対策には不適であるが，他方においてこれは変形能が大きい点で耐久性と実用性を保障するための表面近傍の保護対策には一般に好適である．それゆえコンクリート表面または補強筋の腐食防止にのみ関わる修繕には，プラスチック改質セメントモルタル（PCC）と反応性樹脂モルタル（PC）を使用するのが好ましい[5.2-36]．もっぱらセメント結合された修理モルタルは，もはや運動が生じない部分にのみ適している．そうでない場合には，不良箇所をやや深く抉り取り，前記コンパウンドで予備充填し，続いて残余の部分を継目シール材[5.2-40]で弾性止水する．

例示した修理モルタル（**5.3.1** 参照）は，すべて凝固固化挙動を速めることが可能であ

5. 補　修

ることから，硬化プロセスはわずかな時間を要するにすぎない．これはわずかな浸透流が直ちにモルタルと下地との間の結合を弱め，接触ゾーンにおけるモルタルの骨格粒子を洗い流す危険がある限りで重要な点である．

　プラスチック改質セメントモルタルシステムは，規格化された建設材料ではなく，その適性は拡大された適性試験(基礎試験)の枠内で検証されなければならない[5.2-41]．材料メーカーは同一製品を定まった試験プランに基づいて経常的な自己監視，外部監視に付さなければならない．さらに施工に際して，いくつかの重要な有意的特性が同じく試験プランに基づいて検証される[5.2-36]．

　市場に出回っている止水に使用されるモルタルのいくつか[5.2-42～5.2-44]—これらはしばしばパッキンモルタルまたは膨潤シールモルタルとも称される—は湿気作用の有無に関わらず膨張し，それによって止水効果を高める．

　必要とされる量がわずかにすぎない場合が多いことから，優れた加工性と高度な品質の保持を保障する完成品が使用される必要があろう(ATV-A 140[5.2-45]参照)．

　材料組成，モルタルの選択，ならびに適用される加工技法に関しては，コンクリート工事に関する以下の基準，規定を準用することができる．
・コンクリート部材の保護・修繕に関する基準[5.2-34]，
・基準：コンクリート製・鉄筋コンクリート製の構造・修繕[5.2-46]，
・コンクリート部材の保護，修繕に関する補助的な技術規定・基準，ZTV-SIB 90[5.2-37]ならびに[5.2-47～5.2-51]．

　修理対策の正規実施に要される工程は，以下のとおりである．
・当該スパンの使用停止，仮排水路の設置，
・高圧洗浄方式によるスパンの清掃，
・不良箇所の予備止水と選択された修理モルタルに応じたモルタルの乾燥[5.2-52]，
・表面予備処理，
・鉄筋コンクリート管の場合：補強筋の露出，さび落し，
・補強筋の腐食防止，
・下地コンクリートと修理モルタルとの間の接着ブリッジの塗設，
・修理モルタルの充填．

　図 5.2-18 は主として個々の損傷箇所の局所的修繕に適用される"パテ処理法"による鉄筋腐食に起因するコンクリート盛上がり剥離の修理工程を例示したものであり[5.2-35]，図 5.2-19 は腐食または摩耗によって破損した管渠底部の修理工程を示したものである．

a．表面予備処理　　下地として修理対策に利用されるコンクリート面は，常に無損

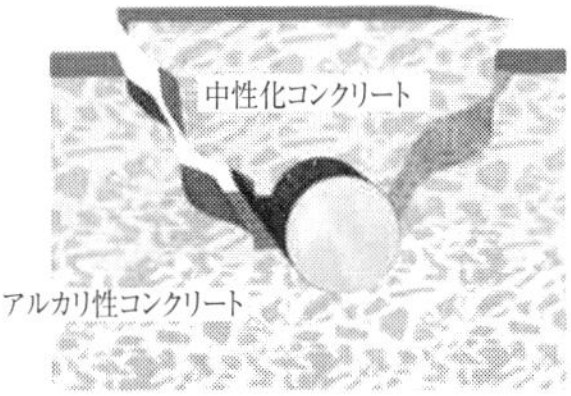

5.2 修 理

(a) 認め得るすべての損傷箇所を見つけ，耐荷力あるコンクリートの部分に達するまで露出させる

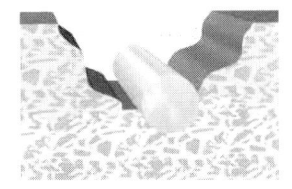

(b) 露出した補強筋のさびを落とし，予定された修理面の一切の結合低下要素を清掃除去する

(c) さび落しした補強筋を二重防食塗装によって保存する

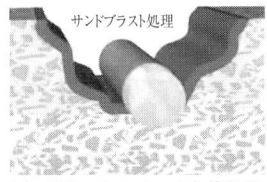

(d) 下地コンクリートと修理モルタルとの間に接着ブリッジを設ける

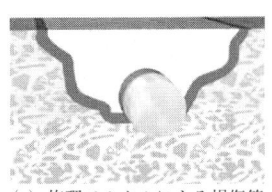

(e) 修理モルタルによる損傷箇所の修繕

図 5.2-18：補強筋の腐食による狭い損傷範囲のコンクリート盛上がり剥離の修理工程[5.2-35]

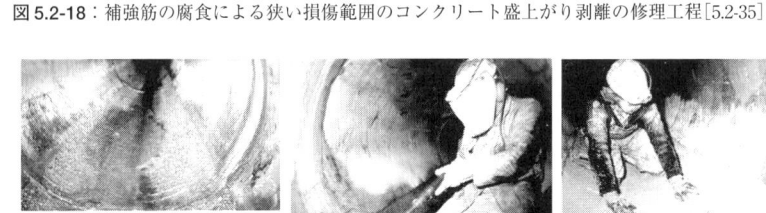

(a) 腐食した管渠底部 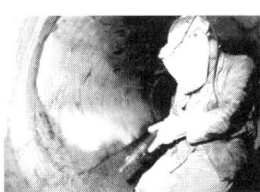　　(b) 管渠底のサンドブラスト 　　(c) 補正モルタルの塗布

図 5.2-19：腐食した管渠底部の修理[5.2-53]

傷コンクリート状態になければならず，すなわち同面は汚れ，耐荷力を喪失した古い塗装，粉状化した微粒モルタル層，その他の一切の結合力低下要素（例えば，有害な塩類である硫酸塩，硝酸塩）が除去されていなければならない．

コンクリート下地は，盛り付けられる修理モルタルと下地コンクリートとの間に堅固かつ耐久的な結合が達成されるように予備処理されなければならない．コンクリートが中性化した部分に補強筋がある場合には，それは露出させ，コンクリートの腐食によって既に見えるようになっている補強筋と同様にさび落しされなければならない．清掃には以下の方式を利用することができる（**表 5.2-2**，3.2 参照）[5.2-53]．

・機械的方式，
・熱的方式，

5. 補　修

表 5.2-2：コンクリート部材，鉄筋コンクリート部材の修理に際する下地予備処理方式[5.2-37]

	I	II		III 適用				
	種類	器具，材料，物質		①	②	③	④	⑤
1	削取り	ハンマ，鏨	手動式	×	×	×		
		鏨	圧縮空気または電気					
		ニードルピストル		×	×		×[*7]	
2	ブラッシング	回転式ワイヤブラシ		×	×		×[*7]	
3	フライス削り	側フライス		×	×	×		
4	研削	研削盤		×	×			
5	火炎放射	熱的・機械的処理用の器具[*2]		×	×			
6	ダストレス噴射	固体噴射材の吹付けと同時的吸引		×		×[*3]		
7[*1]	噴射	固体噴射材の圧縮空気吹付け		×		×[*3]	×	
7[*2]		副次噴射		×		×[*3]	×[*8]	
7[*3]		水-砂-混合物の加圧吹付けおよび湿式吹付け		×		×[*3]	×[*8]	
7[*4]		加圧水吹付け		×		×[*5]	×[*8]	
8[*1]	清潔化	圧縮空気による吹き飛ばし						×
8[*2]		工業用吸引器による吸引						×
8[*3]		水噴射蒸気噴射温水噴射		×[*6]				×

III 適用欄
①：コーティング残滓，後処理膜ならびに表面汚れの除去．
②：セメントスラッジおよび脆化層の除去．
③：損傷したコンクリート，代替コンクリートの斫りならびに補強筋の露出．
④：露出した補強筋およびその他の金属部材のさびの除去．
⑤：コンクリート下地からの水，塵および剥離物の除去清潔化．

・化学的方式．

　高圧洗浄方式にあっては，水と結合した，または水に溶解した噴射廃棄物—これは多くの場合そのまま下水道に排出されてはならない—の正規の処理・処分に注意しなければなららない[5.2-54]．チェックが難しいこと，化学洗浄剤の適用および処理・処分と結び付いたリスクがあることからこの方式はできるだけ使用しないことが好まし

5.2 修　理

IV	V	VI
適用範囲	要求条件	最低規模の後処理
局所的，狭い面積用 *1	補強筋の破損が回避されなければならない．引張り要素に特に注意	吹付け
適用範囲は器具に応ず 広い面の剥削．水平表面上	工程当りコンクリート剥削≦5 mm フライス路の等高オーバーラップ≦5 cm．電子式水準器の使用	清潔化 未処理のままの小さな面を含む吹付け
局所的，狭い面積用 水平面および垂直面	DVS0302 に準拠，ただし速度≦1.0 m/min 機械式前進	清潔化 機械的処理後に清潔化
器具に応じて水平面，垂直面 水平面，垂直面	防塵を要す．危険物令の遵守，圧縮空気，オイルレス*4	清潔化
水平面，垂直面	防塵不要	清潔化
水平面，垂直面	圧縮空気，オイルレス*4	清潔化
水平面，垂直面 好ましくは非水平面上	圧縮空気，オイルレス*4 防塵を要す	清潔化
広い水平面上での通常方式	使用される吸引器は水および粗大物を吸収し得なければならない	
コンクリート下地の雰囲気 不純物の除去		

説明
*1 深部にまで達するコンクリート破壊の危険．
*2 コンクリートの熱的破損部が除去されなければならない．
*3 コンクリート切削度は噴射材の圧力，種類および量に依存している．
*4 オイルレス：使用されるコンプレッサは検定効率≦0.01 ppm 残油含有量の油分離器を具えていなければならない．
*5 コンクリート切削度は圧力に依存している．
*6 コーティング残滓は必ずしも除去されない．
*7 コーティングさるべき補強筋，その他の金属部材向けではない．
*8 場合により乾式後噴射．

い．ZTV-SIB 90[5.2-37]は化学的清掃方式を予定していない．

　腐食した補強筋のさび落しには，機械的方式のみを適用することができる[5.2-34]．ワイヤブラシを用いた人力によるさび落しは，現在では応急手段として例外的なケース，局所的に狭く限定された修理対策に利用されるにすぎない．

ｂ．補強筋の腐食防止　　必要とされる補強筋予備処理は，補強筋の状態すなわち腐

435

食の程度と修理対策の種類に依存している．補強筋の腐食に起因するコンクリート盛上がり剥離の限定的修理に際しては，鉄骨規則に準拠した防食塗装による保存（**図 5.2-20**）が基本的に好ましい．DIN[5.2-55]に基づく条件が確実に満たされている場合には，防食塗装を断念することができる（DIN 1045，第13.2章）．修理に使用されたコンクリートないしモルタルは，十分な厚さと密度を有し，補強筋の耐久的な再不動態化が達成

図 5.2-20：さび落しした補強筋の目塗り[5.2-35]

されるとともに，さらに予定された残存寿命末期におけるコンクリートないしモルタルの中性化深度が依然としてコンクリートないしモルタルの厚さ以下にとどまることを保障しなければならない[5.2-36]．防食材としては，主として低溶剤ないし溶剤不要のエポキシ樹脂が使用され，これには，通常，活性防錆顔料（例えば，セメントパウダーまたは鉛丹）が添加されている[5.2-35]．

ｃ．接着ブリッジ　下地コンクリートと修理モルタルとの間の耐久的な結合を保障するため修理手法に応じて，以下の特性に関するコンクリート下地品質要件が求められなければならない[5.2-36]．

・表面粗さ，
・空隙ないし隙間の頻度，大きさ，
・引張り強さ，
・許容亀裂，
・圧縮強さないし場合により弾性率，
・中性化，
・許容塩化物含有量，
・コンクリート湿分，コンクリート温度.

たいていの対策にとって，サンドブラストないし高圧水噴射時に生ずるような軽度の表面粗さが好適である．

亀裂幅0.1 mm以下，深さ数mm程度の微小な表面亀裂は，たいていの対策にとって無処理でも問題はない．ただし文献[5.2-56]に準拠して亀裂にエポキシ樹脂を注入して塞いでおくのが合理的であろう．幅のある深い亀裂は，常に塞がれなければならない．

下地コンクリートと修理モルタルとの間の接触は，いわゆる接着ブリッジによって実現される．これは，"古い下地と新しいモルタル層との間の接着を向上させる助剤である．接着ブリッジは，樹脂液または分散液からなっているのが一般的であるが，コ

5.2 修 理

ーティングモルタルと同じ混合成分からなる塗布可能な稠度のセメント結合された微粒モルタルも使用される"[5.2-35].

d．修理モルタルの塗布　修理モルタルの塗布（図 5.2-21）は，接着ブリッジが完全に乾燥する前に行われなければならない(fresh in fresh 処理)．さもないと，接着ブリッジが分離層化する危険がある．修理モルタルの調合，塗布ならびに後処理

図 5.2-21：修理モルタルの手塗り[5.2-35]

に際しては，規定(例えば DIN 1045[5.2-55])ないしメーカーの加工規定が遵守されなければならない．コンクリート表面修理対策の計画，実施に関する詳細な説明は，文献[5.2-36，5-2-37，5.2-46]に述べられている．

規模の大きな修理対策は，区間単位に実施することも可能である．

図 5.2-22(a)，(b)は鉱山操業の影響によって生じた現場施工コンクリート管渠の比較的規模の大きな損傷の修理を示している．破壊された集水渠部分の管セグメントが取り除かれ，枠組みが施され，発生した空洞に膨張流込みコンクリートが充填された．図 5.2-22(c)は右側の修理済み部分と左側のなお未処理の損傷箇所を示している．この場合にも方式の前提条件は外側土壌が地下水の影響なしに安定していることである．

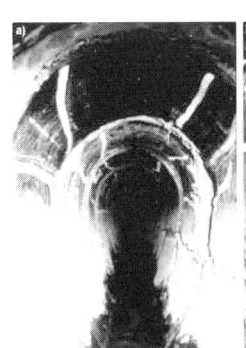

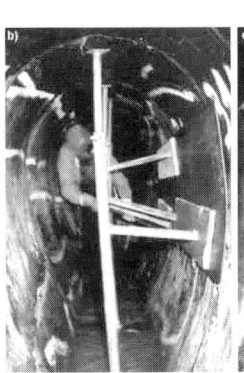

(a) 修理前　　(b) 現場施工コンクリート管渠の壁面を取り去った部分の枠組み　　(c) 右側は修理済み，左側は壁面露出部

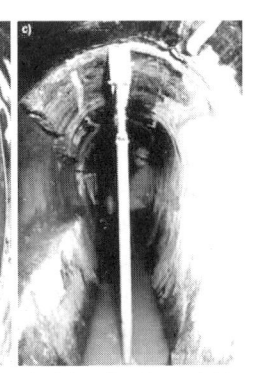

図 5.2-22：鉱山操業の影響によって破損した現場施工コンクリート管渠の修理
(H.Schaefer, Geldern)

5. 補　修

5.2.1.4　レンガ積管渠の修繕

　レンガ積の管渠は，一般に酸に対して抵抗力を具えている（例外については 2.6.4 参照）が，セメント結合されたモルタル目地は，当該負荷時（2.6.4 参照）に腐食を生ずる．こうしたレンガ積目地が適切なモルタルで再び充填（目地仕上げ）されない場合には，漏れ，レンガ積壁からの個々の管渠レンガないし複数の管渠レンガの欠落，アーチの崩壊が結果として生じ得る．

　これに関連した損傷が水面下に存在する場合には，当該区間ないしスパンは 5.5 と同様に使用停止されなければならない．損傷がその他の部域に存在する場合には，場合により下水排水を中断することなく目地仕上げ作業を行うことも可能である．こうした場合には，下水排水量の少ない時間帯に作業を実施することが望ましい．

　取付管は，一般に接合部自体の損傷箇所が修繕される場合にのみ塞止めまたは迂回排水されなければならない．

　当該管渠部域の清掃後，例えば高圧水噴射またはサンドブラストによって目地モルタルが深さ約 20〜25 mm まで取り除かれ，欠損レンガが交換されもしくは飛び出たレンガが新たに修理され，水の浸入が認められる箇所が止水される（5.2.1.3，5.2.2 参照）［5.2-57］．

　目地仕上げは，静的耐荷力が全体としてなお維持されている歩行可能な管渠では断面形状に関わりなく手作業または機械によって行うことができる［5.2-58〜5.2-61］．前者の場合には，モルタルは目地鏝を用いて手作業で目地に詰められ，平らにならされる．この方法は，非常に時間と費用を要することから，非常に限定された局所的な損傷の除去にしか適していない．

　損傷が広い面積に及ぶ場合には，もっぱら射出目地仕上げの形の機械的目地仕上げ（英語では pressure pointing と称される）が適用される［5.2-62］［図 5.2-23(b)］．これは以下の工程を含んでいる．

・乾燥供給されたインスタントモルタルを管渠の外部もしくは内部で混練りし，ポンプによって射出ノズルに搬送する．
・噴射ノズルによる目地モルタルの充填．
・モルタルを圧縮し，目地を均等にならす．

　射出目地仕上げに際しては，ミキサ，送出ポンプならびに射出ノズル付きホースからなる地上建築工事用の改良式仕上げモルタル塗布機が使用される．駆動はオプショナルにディーゼルモータまたは圧縮空気で行われる．

　通常はミキサとポンプは管渠外に設置されるが，特別に開発されたポンプ，例えば

(a) 射出目地仕上げ用モルタルポンプの外観

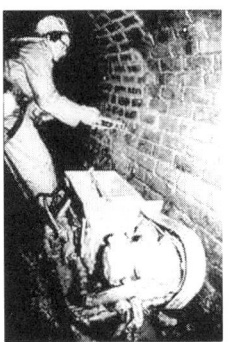

(b) 作業の実施

図 5.2-23：レンガ積管渠の射出目地仕上げ（Putzmeister GmbH 社）[5.2-63]

Putzmeister GmbH 社のボリュートポンプ P4 は管渠内へのポンプ設置を可能とし，同ポンプには管渠外にあるミキサからモルタル装入が行われる．

ポンプ P4 の寸法は 60 cm のマンホール蓋内法寸法に合わされている．吐出量は 50 m までの輸送距離において 0.4～12 L/min の範囲内で調節可能である[5.2-63][図5.2-23(a)]．

所要のノズル圧力は，一方でボリュートポンプ，他方で圧縮空気供給により直接にノズル部で必要に応じて調節される．

ここで観察される損傷の多くは，腐食性下水または生物硫酸腐食に帰せられることから，できるだけ体積変化を生ずることなく急速に硬化，固化し，目地壁との優れた接着能を有する適切な抵抗力を具えたモルタルが使用されなければならない（5.3.1 参照）．

セメントモルタルが使用される場合には，ATV[5.2-64]は DIN[5.2-65]に基づくモルタルグループⅢのセメントモルタルを指定している（ATV-A 139，DIN 1053 Teil 1）．

作業の終了後，管渠の徹底した後清掃が行われなければならない．

歩行可能なレンガ積管渠の修理作業の容易化，対人適合化を意図して Hochtief AG 社[5.2-66]により他社パートナと協力して機械化・自動化フライス作業，モルタル作業用の油圧駆動マニピュレータ（図 5.2-24）が開発されたが，これは以下の要求条件に対応したものであった[5.2-67]．

・使用に際しての経済性．
・システムの作業品質は人間のそれを明白に凌駕するものでなければならない．
・管渠内におけるスピーディな組立て，解体ならびに緊急時におけるシステムの保全．
・管渠はマニピュレータによって破損されてはならない．

5. 補　修

(a) レンガ積管渠内での使用状態

(b) 機器

図 5.2-24：損傷した目地の機械化・自動化フライス作業，モルタル作業用の Hochtief AG 社製マニピュレータ[5.2-66]

このマニピュレータは，以下の部品・装置を有している[5.2-67].
・輸送装置(マンホール内で装置を組み立てるためのトラック，コンテナ，クレーン).
・供給管(電気エネルギー，油圧エネルギー，モルタル供給，水，空気，制御情報用の管束).
・歩行機構，6軸式屈曲アームロボット，エンドエフェクタ機構(フライス，モルタル装置).
・ロボット制御装置，センサ機構，カメラ監視装置，操作エレメント.

　フライス作業，目地仕上げ作業の視覚的監視には3基のTVカメラが使用され，そのうち2基はマニピュレータの作業アームに直接取り付けられて，それぞれの作業領域に向けられている．第3のカメラは歩行機構上にあり，任意に旋回できることによりマニピュレータと管渠との全体的概観を可能とする．カメラによって伝えられる実際の状況に基づきオペレータが当該作業の基準座標を指定することによってそれぞれの作業領域が定められる[5.2-68].

　第一の工程では，特別なセンサ機構によって把握された目地がいわゆるフィンガーフライスによって深さ 20 mm，幅 15 mm にわたって切削され，圧縮空気または吸引によって清潔にされる．第二の工程では，モルタル—これは目下のところカートリッジに詰めて携帯されている—が目地に詰められ，平らにならされる．耐久的な目地仕上げを実現するため，機械式技法と並行して，国際研究プログラムによる耐食性目地モルタルの開発とテストが行われている．

　管渠内のマニピュレータの移動は，歩行機構と突張り支え機構との組合せにより実現されるが，これは目下のタイプにあっては作業距離 170 m までの卵形管 850/1 400，1 050/1 550(下水管渠種別Ⅳ，Ⅲ．**1.3** 参照)での使用向けに設計されている．

突張り支え機構に固定された伸縮リングは，作業領域の前後の面でマニピュレータを支える．取扱いを容易とするためにマニピュレータは3部分に分解することが可能であり，内径 610 mm のマンホール蓋穴を通して搬入することができる．

マニピュレータには，レンガの交換等の引き続き手作業で行われなければならない作業用にモルタルと機械駆式工具を用いて行う手作業用設備が具えられている．前記よりも小さな断面寸法のレンガ積管渠の修理用マニピュレータは目下なお開発中である．

5.2.1.5　伸縮リングによる歩行可能管渠の安定化

特に個々の管の静的耐荷力が危険に陥っているケースのために，そうした管を一定期間にわたって保護し，それによって管交換時点またはその他の総合的な損傷除去対策開始時点の延期を可能とする手法が開発された．歩行可能な呼び径の管渠用の鋼製伸縮リングはそうした手法の一つである．

この方法にあっては，損傷種別と損傷規模に応じて適切な間隔を置いてスチールリングが半径方向において管内面に当てられ，手作業でねじ継ぎによって固定される [5.2-59]．

一般に幅 50 mm，厚さ 6 mm を有するこれらのスチールリングは，既製のエポキシ樹脂コーティングによってあらかじめ腐食防止されている．

管内面に対する伸縮リングの十分な密着はエポキシ樹脂モルタルを裏当てすることによって達成される．下水の流下に対する阻害効果を低下させるため両側に同じモルタルを盛り付けて均すことができる．

漏れ，その他の欠陥箇所は，さらにその他の修理対策(例えば，注入．5.2.2 参照)によって除去されなければならない．

5.2.1.6　ロボットによる歩行不能管渠の修繕

歩行不能管渠の修繕には様々な損傷—例えば，漏れ，排水障害物，亀裂，管の破損，取付管の突出しまたは取付けが不適正な取付管—を内側から除去するための遠隔制御ロボット方式が使用される．

市場に供されているロボット方式には，例えば以下のようなものがある．
・KA-TE[5.2-69,5.2-70]，
・SikaRobot[5.2-71]，

5. 補　修

- kanaltec EL 300/EL 600[5.2-72],
- KASRO[5.2-73],
- PEKA-Tech[5.2-74],
- ROBBY TECH[5.2-75],
- PRIMO[5.2-76].

　以下では上記システムを代表するものとして KA-TE システムと SikaRobot システムを例としてロボット方式を説明することとする．

(1)　KA-TE システム

　このロボットシステムの核心をなすのは，フライスヘッド，ドリリングヘッド，注入ヘッド，モルタル供給式パテ処理装置ないし型枠装置等を取り付けることのできる自走式キャリアである（**図 5.2-25**）．このシステムは，呼び径 100～800 のコンクリート製，鉄筋コンクリート製，アスベストセメント製，鋼製，陶製の管渠内ないし同様な卵形管渠内の修理に適している．一切の作業は遠隔制御で行われ，取り付けられた TV カメラで監視される[5.2-69, 5.2-70]．**図 5.2-26** は可能な修理作業の概観を示したものである．管渠内におけるロボットのセンタリング，ガイドのため呼び径に応じた種々のサイズの嵌込み式車輪セットを利用することができる．

　フライス作業とドリリング作業は，損傷の種類に応じ種々の工具を用い，管渠内の部分的排水路を確保しつつ実施することができる．フライスは 5 400 回転/min，出力 3.3 kW にて油圧駆動される．汚れによる過熱とパワー損失を防止するためフライスにはノズルを経て冷却水が噴射される．

　図 5.2-27～**5.2-29** は代表的な修理作業に際する個々の工程を示したものである．縦方向亀裂と横方向亀裂は，管継手の修理（**図 5.2-29**）と同様に処理される．管壁の穴は引っ込んだ取付管の場合と基本的に同様に（**図 5.2-28**），損傷箇所への型枠の設置と 2 成分系エポキシ樹脂による空洞充填によって修理される．

　あらゆる修理ケースに際して最適な接着を実現するため，ばらけた部材は，フライス切削または高圧洗浄によって取り除かれなければならない．地下水の浸入に際して

フライスロボット　　パテ処理ロボット

図 5.2-25：KA-TE ロボット（Kunststoff-Technik AG 社）[5.2-70]

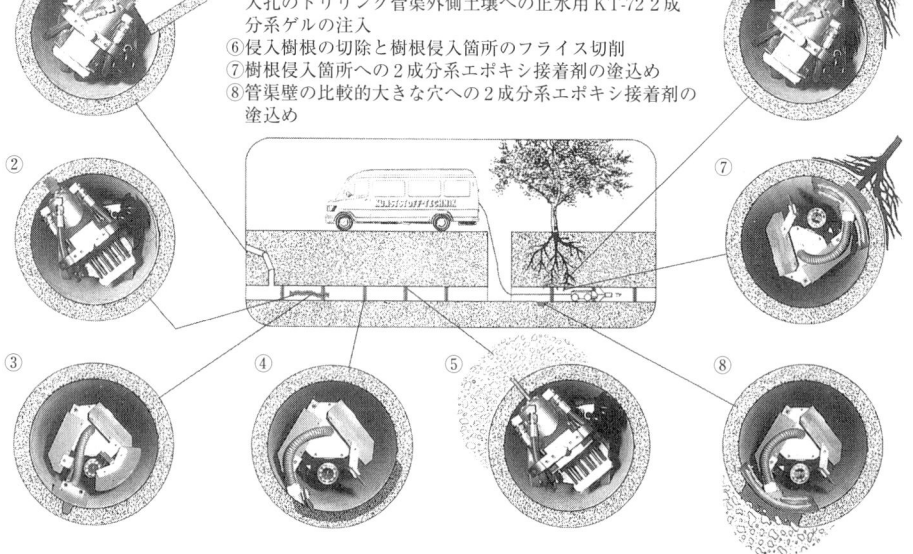

①石灰堆積と突き出た流入管のフライス切除
②軸方向亀裂，半径方向亀裂のフライス切削
③軸方向亀裂への2成分系エポキシ接着剤の塗込め
　（静的接着）
④ソケットまたは半径方向亀裂への2成分系エポキシ接着剤の塗込め
　KT-53　2成分系エポキシ接着剤
　接着引張り強さ：300 kg/cm^2
　曲げ引張り強さ：490 kg/cm^2
⑤水密性不良のソケットまたは管渠壁亀裂を貫通する注入孔のドリリング管渠外側土壌への止水用KT-72 2成分系ゲルの注入
⑥侵入樹根の切除と樹根侵入箇所のフライス切削
⑦樹根侵入箇所への2成分系エポキシ接着剤の塗込め
⑧管渠壁の比較的大きな穴への2成分系エポキシ接着剤の塗込め

図5.2-26：歩行不能呼び径管渠内修理へのKA-TEシステムの使用可能性（Kunststoff-Technik AG社）[5.2-70]

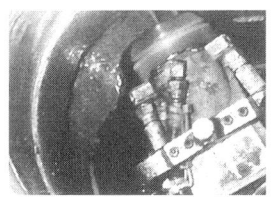

(a) 突き出た取付管を管内壁と平面にフライス切除する
(b) 接続部に25〜20 mmの幅と深さの隙間をフライス切削する
(c) 隙間にKT 53エポキシ接着剤を充填する

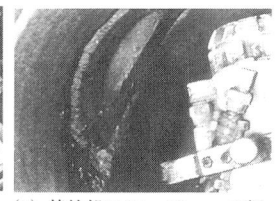

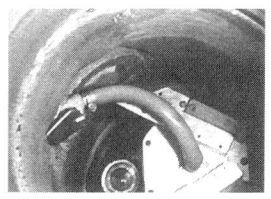

図5.2-27：KA-TEシステム（Kunststoff-Technik AG社）による突き出た取付管の修理[5.2-70]

は，漏れ箇所がまず最初に注入によって止水されなければならない（**図 5.2-30**）．
　パテ処理作業ないし充填作業に使用される2成分系エポキシ樹脂は，前もって混合

5. 補 修

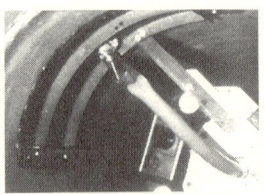

(a) 引っ込んだ取付管内に膨張式型枠をセットする
(b) 接続部全体を型枠で密封し，エポキシ接着剤を注入して隙間を充填する
(c) 型枠を取り去った後，余分な材料をフライス切除する

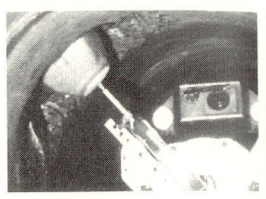

図 5.2-28：KA-TE システム(Kunststoff-Technik AG 社)による引っ込んだ取付管の修理[5.2-70]

(a) 管継手に 25～30mm の幅と深さの溝をフライス切削する
(b) フライス切削した管継手に充填し，均しを行う

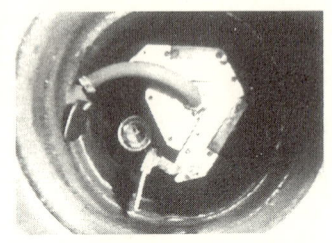

図 5.2-29：KA-TE 注入方式(Kunststoff-Technik AG 社)による管継手の止水[5.2-70]

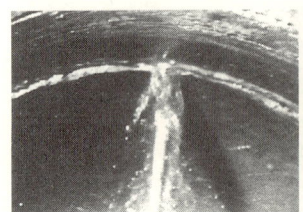

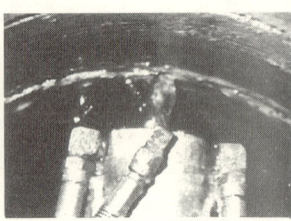

(a) 注入孔の穿孔
(b) 2成分系注入剤を直接ドリルを通して管外周に注入する
(c) 特別な KT エポキシ接着剤によるドリル孔の接着と止水

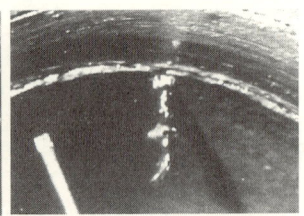

図 5.2-30：KA-TE システム(Kunststoff-Technik AG 社)による地下水浸入の止水[5.2-70]

されカートリッジに詰められてロボットに携帯され，加圧せずに欠陥箇所に充填される[5.2-77]．これは水中でも適用可能である[5.2-78，5.2-69]．

　接続部が大幅に引っ込んで，かつ破損している取付管の補修に際しては，ロボットにより流入部にエアバッグが詰め込まれ，その後に流入部全体にエポキシ樹脂が塗り込められる．この場合，破損が激しい場合にはスリーブ型枠を援用することも可能である．エポキシ樹脂が硬化した後，流入部は再度フライス切削される[5.2-79]．

　メーカーによれば，技術面からの KA-TE ロボットの使用制限はほとんどないが，

444

5.2 修　理

変形の激しい管の場合には物理的理由から内部補修が見合わせられなければならない[5.2-80].

(2) SikaRobot システム

SikaRobot システム[5.2-71]は，昇降マンホールを経て管渠内に搬入しやすくするため互いに関節式に連結された3体の機械部分から構成されている（図 5.2-31）．基本構成は，駆動ユニット，制御部分，工具ホルダを具えた作業ヘッド，および修理作業の視覚的監視用 TV カメラである．このロボットシステムの適用範囲は，呼び径 150 〜 250，200 〜 350，400 〜 800 のあらゆる材料製の管渠に及んでいる．

作業ヘッドは，全方向可動式であり，長軸を中心にして 420°回転可能である．これは半径方向調節式の車

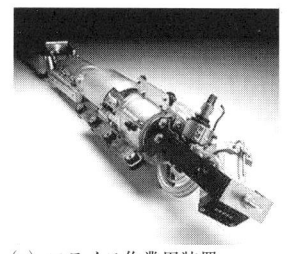

(a) フライス作業用装置

(b) アウトリガーを具えた注入用装置

図 5.2-31：Sika-Robot システム[5.2-71]

輪セットによって管渠内にセンタリングされ，KA-TE システムの場合と同様にフライス作業，ドリル作業，研削作業，注入作業用の種々の工具を装備することができる．その他にさらに以下の作業用の補助器具，補助装備を使用することが可能である．

・固着した堆積物を除去するための空気圧式ハンマ．
・清掃ならびに固着した堆積物，樹根を除去するための高圧洗浄装置．
・管渠の静的耐荷力を向上させるためのいわゆるハステロイ-シェルによる部分内張りまたは全面内張り用の装置[図 5.2-32(a)]．シェルは取付け後に裏当てされて均等に均される．
・取付管接続部の修理用装置[図 5.2-32(b)]．
・使用停止された取付管の密閉用装置（プラグ嵌込み器具）[図 5.2-32(c)]．

亀裂，管継手，管壁の穴への注入と充填は，KA-TE システムの場合とは異なり，部

5. 補　修

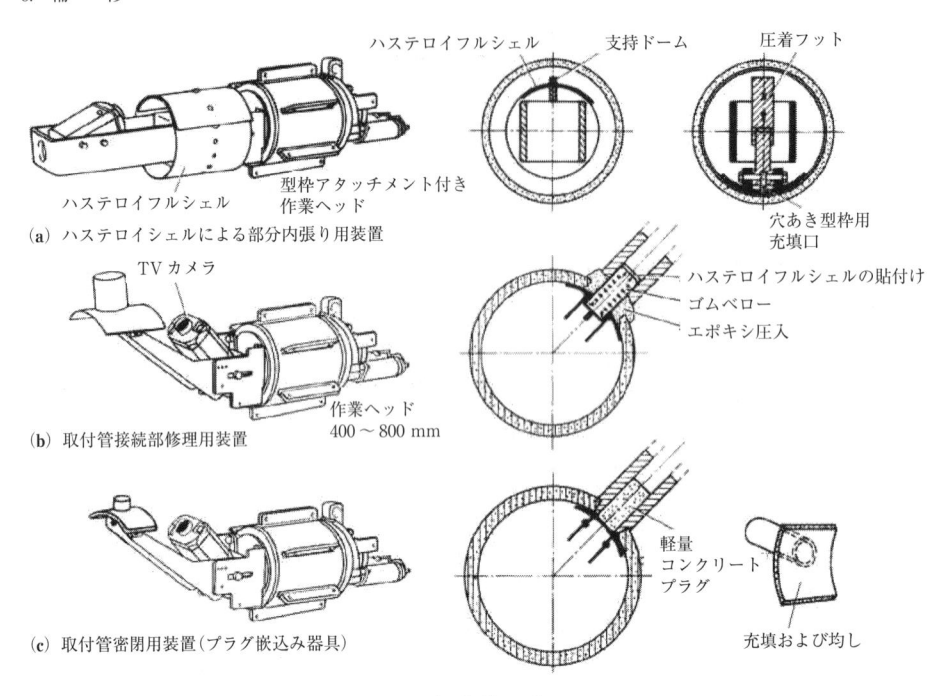

(a) ハステロイシェルによる部分内張り用装置
　ハステロイフルシェル／型枠アタッチメント付き作業ヘッド／ハステロイフルシェル／支持ドーム／圧着フット／穴あき型枠用充填口

(b) 取付管接続部修理用装置
　TVカメラ／作業ヘッド 400〜800 mm／ハステロイフルシェルの貼付け／ゴムベロー／エポキシ圧入

(c) 取付管密閉用装置（プラグ嵌込み器具）
　軽量コンクリートプラグ／充填および均し

図5.2-32：種々の装備を具えたSikaRobotシステムの概略図[5.2-71]

分型枠（圧入フット）を使用し，高粘度の溶剤なしエポキシ樹脂で行われ，加圧注入される[5.2-77]．様々な適用ケース用に全体として3種の合成樹脂混合物を使用することができる．メーカーによれば，これらの混合物はすべて湿潤下地に適用することが可能である．注入材が型枠壁面から溢れ出てきたら，直ちに注入を中断し，型枠を移動させ，型枠が先に注入した部分を—例えば，縦方向亀裂と横方向亀裂ならびに不良な管継手の場合—適切な長さにわたって覆うようにする．こうした方法でロボット携帯カメラを介して注入結果を絶えずチェックすることができる．注入材は，カートリッジに詰めてロボットにより携帯される．必要であれば注入した箇所を後からフライス切削ないし研削することができる．

　Sikaロボットによる修理に際しては，文献[5.2-81]に基づく品質要件の一環として自己監視にあたって以下の点が遵守され，記録されなければならない．
・補修される損傷箇所の清掃，点検，測定と当該記録．
・フライス作業のビデオ観察，場合によりフライス切削された損傷箇所の写真記録．
・使用された樹脂，充填時間，使用量の記載による材料充填チェック．

・加熱，加工の間の外気，樹脂の温度測定．
・補修作業のビデオ観察，場合により，補修された損傷箇所の写真記録または監視ビデオ．
・補修された損傷箇所の漏れ検査．
・材料特性値の証明．

ロボット方式は，修繕方式に利用されるだけでなく，その使用範囲は注入方式，止水方式にも及んでいる．

5.2.2 注入方式

注入とは，以下 DIN［5.2-82］に依拠し，注入孔を経て加圧下で亀裂，空洞に注入材（DIN に基づく圧入材または ZTV［5.2-56］に基づく充填材）を注入することとして理解される（DIN 4093, ZTV-Riss 93）．

空洞とは，以下のようなあらゆる種類の天然，人為的な中空構造に関する現象である．
・岩石，固い粘土質土壌における割れ目，裂け目，亀裂，隙間，洞状構造物に関する現象．
・砂礫層の隙間に関する現象．
・構造物の裂け目，継目，亀裂，隙間に関する現象．
・構造物と地盤との間の接触隙間に関する現象．

この方式の適用ケースは，局所的に限定された止水または区間の止水を行うための対策であり，管外周の砂礫層の固化対策，管継手または管の亀裂，隙間の止水対策または管外周の部材止水対策ならびに周囲地盤の空洞の充填対策である．

DIN［5.2-82］で規制された標準的な注入方式の他に，当該定義に該当しないその他の注入方式が存在する（DIN 4093）．それらはジェットグラウチング方式とソイルフラクチャリング方式である．これらの方式は，いずれも管渠内の損傷除去に際して適用される（5.2.2.5 参照）．

DIN［5.2-82］に基づく注入方式は，損傷箇所の露出を必要としないことから，欠陥管渠の修繕に相対的に高い頻度で利用される（DIN 4093）．これには外側からの注入と内側からの注入が区別される．注入作業の実施は慎重に記録されなければならない．注入材成分から日々チェック用試料が採取されなければならない（**5.2.2.3** 参照）．

注入材は，注入方式の最も重要な要素であることから，以下では方式の説明前にそ

5. 補　修

れらについて総合的に論ずる．

5.2.2.1　注 入 材

図 5.2-33 は注入に使用可能な液体を分散された物質の粒子サイズまたは粘度に応じて概観したものである．

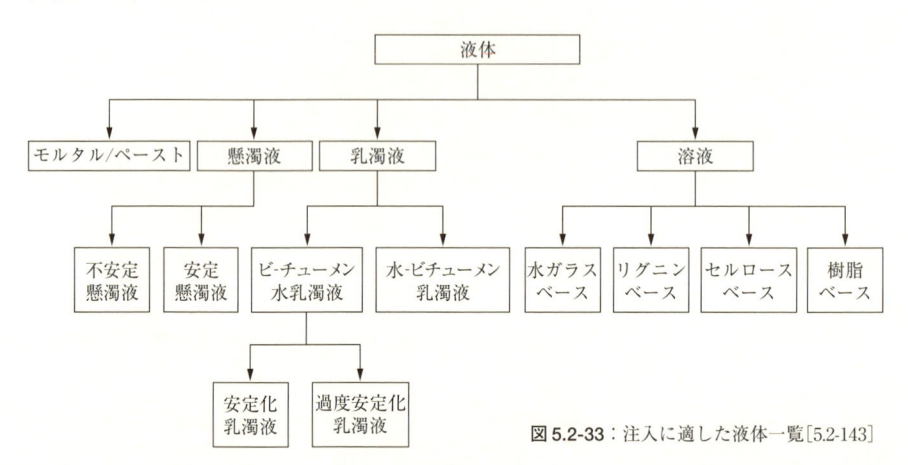

```
                              液体
        ┌──────────────────────┼──────────────────────┐
   モルタル/ペースト      懸濁液   乳濁液                溶液
        ┌────┴────┐    ┌────┴────┐    ┌──────┬──────┬──────┐
     不安定  安定   ビ-チューメン  水-ビチューメン  水ガラス  リグニン  セルロース  樹脂
     懸濁液  懸濁液  水乳濁液      乳濁液        ベース    ベース    ベース    ベース
              ┌────┴────┐
           安定化     過度安定化
           乳濁液      乳濁液
```

図 5.2-33：注入に適した液体一覧[5.2-143]

　注入された部分においてゲル化または硬化するこれらの注入材のうち，今日なお汎用されているのはわずかにすぎない．それらは，セメントペースト，セメントモルタル，セメント懸濁液，粘土懸濁液または両者の組合せからなる懸濁液ならびに水ガラスとプラスチックをベースとした溶液である．

(1)　要件，使用可能性

　前記の注入材の使用は，それぞれの適用ケース(損傷種別，注入対策の目的および設定目標)に応じた化学的・物理的要求条件に基づいて定まるか，または注入対策に管外周が組み入れられる場合には，そこでの止水または固化が意図される砂礫層の地質学的・地下水条件に基づいて定まる．その際の決定的な砂礫層パラメータは，例えば以下のとおりである．
・土壌構造中の層境界，層厚さ，
・化学的-鉱物学的組成，
・粒度分布，
・積層密度，

・空隙率，空隙サイズ，空隙構造，
・透水性，
・地下水，
　・地下水レベル，地下水レベル変動，
　・流下方向，流速，
　・化学組成，
・温度．

　例えば，注入が意図される砂礫層の粒度分布を考慮すると，前記注入材に関して図5.2-34に示した下限範囲がわかる．

　ここに表されていない上限は，特に経済的観点と，注入材が重力または地下水の影響作用によって注入されたゾーンから流出しないための要件によって決定される．

　この流出効果，および注入が意図される層内ないし重畳した，または隣接した地層内における粒度分布ならびに透水度に関する著しい不均一性に対しては，小さな注入区域の選択（スリーブ管方式．5.2.2.2 参照）と特に種々の注入材の多相注入によって対

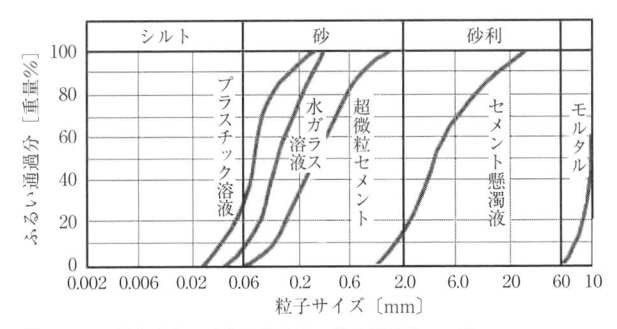

図 5.2-34：粒度分布に応じた注入材の注入限度[5.2-143]

処する．後者の方法にあっては，一般にまず最初に地盤内の比較的大きな空洞が高粘性の充填材，例えば紙屑，繊維，スチュロポール球と混合された注入材で充填され，続いて微細な空隙が低粘性注入材で充填される．第二の注入プロセスの開始時に最初に注入された注入材は，それが第二の作業工程に際してもはや空洞から押し出されることがない程度に硬化していなければならない[5.2-83]．

　注入材損失は，高い反応速度によっても回避することが可能である．

　外側からの注入（5.2.2.2 参照）と亀甲割れ補修[5.2.2.4.1 参照]に際しては，管外周が主たる注入部分を表している．同ゾーンの形態と性状は 1.6.1 に詳しく論じられている．

　場合により地下水に被害が生ずる恐れのあるあらゆる注入には，水管理の規制に関

5. 補 修

する法律（水管理法―WHG）が適用される．同法は注入対策の環境適合性の問題につき―§1a第1項に基づき"回避可能なあらゆる侵害は不作為とされ"，§1a第2項に基づき"何人も水域への影響作用をもたらし得る対策を講ずるにあたり場合によって必要となる注意を払い，水質の汚染を防止する義務を有する……"―と解釈されなければならない．

前記を基礎として WHG は，§34第1項に地下水への物質排出の許可は地下水の有害な汚染が懸念され得ない場合にのみ与えることができる旨を定めている．

連邦行政裁判所は，この点につき以下のような法解釈を示している[5.2-84]．

"予防原則はきわめて厳格な基準である．確率の程度については脅かされている保護財の価値を考慮して差異付けが行われなければならない．発生し得る損傷が大きくかつその結果が重大であればあるほど，ますます高度な損傷発生予防確率が求められなければならない．こうした差異付けはリスクポテンシャルに応じて要件を段階付けることを意味しており，個別的には，損傷発生が不可能に近いか，もしくはそれに等しい程度の損傷発生予防確率が要求されなければならないこともある．こうした損傷発生予防確率の確認には懸念の原因となり得る一切の事情が考慮されなければならず，こうした考慮の結果から判断して水管理責任者にとっていかなる懸念の原因も残していてはならない．

この許可構成要件は検査証令の枠内で，新しい手法および新しい物質については建築法上の許可により，実証済みの方法および実証済みの建設材料が使用される場合には検査裁定（または検査証）によって規制される．従来は建築法上の許可（ないし検査裁定と検査証）に関しては，一次的利益，例えば工学的安全性側面および建築工学的側面が重視されてきたが，今やこれに加えて環境保護的側面が建設材料および建設部材に対する要件として加えられる．

したがって，土壌および地下水中に排出される物質については，それぞれの物質，技術的産物の環境的作用が吟味され，許可手続き中でその他の基準と同等に評価され，考慮されなければならない"．

この点に関してセメントベースの注入材は，通常，問題ないものとして区分し得るが，近年使用頻度が高まっている溶液ベースの注入材に関しては環境適合性の問題はますます重要である．建築基準監督上から行う許可の枠内で環境挙動の判定が基本的に必要であり，またそれは不可欠な検査構成要件である[5.2-85]．

目下のところ，土壌注入による地下水リスクの調査に関する統一的な基準もしくは規格化された方法が存在していないことから，具体的な対策に関わる裁決は，州の下級水管理官署により個別的鑑定に基づいて行われている．

5.2 修理

　図 5.2-35，表 5.2-3 は建築基準監督上の許可に関わるる調査の一環としての DIBt 環境適合性証明の基礎[5.2-85]を形成する注入材調査プログラムに関する提案である．文献[5.2-84]によれば，必要とされるテストの規模は注入材の種類に依存している．

　表 5.2-3 に示す物質把握の 1) と 2) は絶対に必要である．原材料と反応生成物の分解性も必ず検証されなければならない．

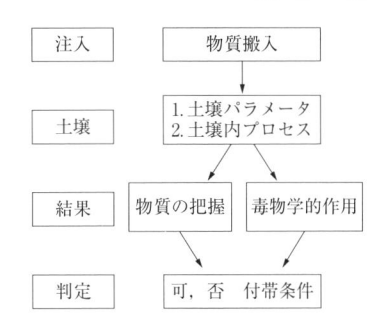

図 5.2-35：注入材の環境適合性に関する調査プログラムフローチャート[5.2-84]

表 5.2-3：注入材の環境適合性検査に際して行われ得る調査[5.2-84]

	物質，生成物にとって必要
（A）物質把握	
1) 出発物質の分析的把握および量的把握(配合に応ず)	
2) 反応生成物，例えば，加水分解生成物，一次分解生成物，副産物の分析的把握および量的把握	
3) アニオン，重金属カチオン	
4) 加算パラメータ 　　　TOC(全有機性炭素) 　　　DOC(溶解有機性炭素) 　　　COD(化学的酸素要求量) 　　　BOD(生物化学的酸素要求量) 　　　AOX(吸着有機性ハロゲン) 　　　N(有機性窒素)	
（B）作用および分解	
1) 毒性テスト 　　　急性哺乳類毒性 　　　急性魚類毒性(ウグイ) 　　　急性ミジンコ毒性 　　　　細胞増殖阻害テスト(プソイドモニア・プチダ) 　　　　発光細菌テスト 　　　突然変異誘発性または発癌性 　　　エームス試験	
2) 生分解性 　　　改良 OECD スクリーニングテスト 　　　好気性条件下および嫌気性条件下での分解	
（C）長時間作用	
（D）物理的，化学的および土壌パラメータ 　　　pH 値，温度の記録 　　　酸化還元電位，導電率 　　　粒子サイズ分布，流速	

5. 補　修

　テストの除外例としては，次のようなことがある．
① アニオンと重金属カチオンを使用せず，pH値が反応時に重大な変化を示さない場合には，物質把握の3)は不要である．
② 配合中に例えば有機ハロゲン化合物が存在しない場合には，その検出(AOX)も不要である．
③ 一般に急性哺乳類毒性の測定も省略することができる．
④ 突然変異誘発性テストないし発癌性テスト(例えば，エームス試験)はそうした疑いに正当な根拠があるケースにおいてのみ実施されればよい．

　前記の検査プログラムを基礎としドイツ建築工学研究所(ベルリン)との間の協議に基づきボッフム-ルール大学と水質リスク物質研究所(IWS)(ベルリン)により，市場に出回っている不良な管継手の止水用注入材の環境適合性が研究プロジェクトの一環として検査された[5.2-86]．注入材の注入は，管継手が取り付けられ，かつ地下水の流下をシミュレーションできるテストスタンドでそれぞれ実地に使用されている注入装置を用いて実施される(図5.2-36)．定義された管継手損傷を再現するためにエラストマシーリングの取付けは行われず，ソケット隙間が拡大される．注入が行われた後，前もって定められたタイムフローに従って水サンプルの採取，分析が行われる[5.2-87]．

図5.2-36：管継手止水用注入方式．注入材の環境適合性検査装置(ボッフム-ルール大学)

　調査の結果，テストされた合成樹脂系のいくつかは—"注入材による一次的汚染，下水流出による持続的汚染"に関する—環境適合性基準に完全に合格していることが判明した[5.2-86，5.2-88]．

　環境適合性の証明は別個に行われるのではなく，建築基準監督上の検査裁定の枠内で行われる．

　前記の調査は外側からの管外周の止水または固化に使用される注入方式と注入材についても実施されなければならない．図5.2-37はそのために使用される試験装置の断面を示している．同装置により実際に通常の条件下で地質学的パラメータ，注入技術的パラメータを変化させて注入体を形成し，続いて同注入体をシミュレートされた地下水の流れに曝すことができる．

　この比較的費用が高い試験法が目標としているものは，実際に近い条件下で一切の注入ステップないし方式ステップの環境挙動を判定するとともに，製品が硬化するに

5.2 修　理

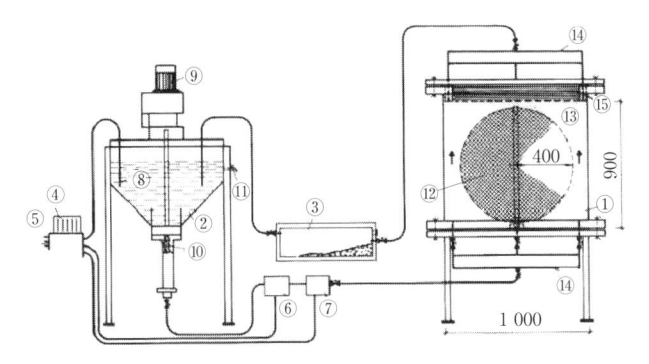

①注入タンク，②環流補償タンク，③沈砂池，④多チャンネル記録器，⑤注入圧力継手，注入流れ継手，
⑥流量測定器，⑦圧力測定器，⑧温度センサ，⑨無段伝動式ポンプモータ，⑩固定子，⑪採取コック，
⑫注入体，⑬岩屑層充填，⑭リング管，⑮圧力クッション

図 5.2-37：管外周の止水，固化を行うための注入方式の試験用注入・環流装置（ボッフム - ルール大学）

至るまでの一切の反応ステップの環境挙動を判定することである．

　飲料水分野に関わる食品・必需品法のうちには[5.2-89]，飲料水分野に存在する，例えば管またはシーリング等の必需品に関する規格化された試験法があげられている（いわゆる KTV 基準）．この試験法は，砂礫層注入には転用できないとはいえ，しばしば――その他の公認試験法が欠如している場合には――環境的妥当性を証明するものとして利用され，受け入れられている．ただし，この方法では硬化した注入材のみが試験され，反応中に放出される物質は把握されることがない．

　以上に述べた砂礫層の固化，止水に関する要件の他に，管渠ないし地域排水構造物の亀裂の止水または固化（**5.2.2.3 参照**）についてもそれぞれ適切な注入材の選択にあたって留意されるべきいくつかのパラメータが判明している．以下ではそれについて論ずる．

a．表面の亀裂幅　　亀裂幅 3 mm 以上の場合には，プラスチック溶液ベースのすべての注入材が適している．文献[5.2-56]には，以下の注入材と亀裂幅に関するその他の注入限度があげられている．

- エポキシ樹脂　　EP-I　　≥ 0.10 mm
- ポリウレタン樹脂　PUR-I　≥ 0.30 mm
- セメントグルー　　ZL-I　　≥ 1.50 mm
- セメント懸濁液　　ZS-I　　≥ 0.20 mm

　圧力が 20 bar を超える高圧注入ポンプが使用される場合には，プラスチック溶液の注入限度は文献[5.2-90]によれば 0.02 mm である．

5. 補　修

　セメント結合された材料にあっては，幅 0.2 mm までの亀裂は，水が浸入するかまたは滲み通る場合にセメント粒子の再水和作用によるか沈殿物形成によって自然にしっかりと閉じるということが出発点である．このプロセスは，"自然修復"ないし"後沈殿物形成"と称される（2.8 参照）．

　コンクリート管の場合には，亀裂の深さに応じ，亀裂幅が 0.1 mm のヘアクラックの場合でさえ，亀裂に沿って中性化がコンクリートの深部にまで達する（図 5.2-38）．鉄筋コンクリート管，プレストレストコンクリート管にあっては，この現象は特に重大であるが，

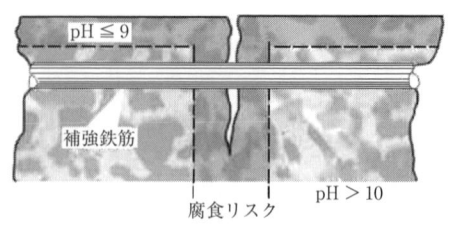

図 5.2-38：亀裂に起因するコンクリートの中性化 [5.2-91]

それはこの現象により亀裂部において補強筋に対するコンクリートの不動態化作用ないし腐食防止作用が減殺されてしまうからである．これはいずれにせよ比較的大きな亀裂によって引き起こされる．下水または気圏の腐食性成分，例えば CO_2，SO_2 等の侵入によって生ずる補強筋の腐食リスクが増大することとなる[5.2-91]．

　注入材の選択の際，亀裂の深さは，亀裂深度が大きくなるに従って粘性が低く，かつ反応が緩慢な注入材がより長い注入時間にわたって圧入される必要があるということに留意する必要がある．

b．亀裂の動き　これについては動きの止まった亀裂と，なお進行中（運動中）の亀裂とが区別されなければならない．前者の場合には，注入材に対するさらなる追加要件は求められない．この場合には亀裂幅があまり大きくなければ，注入材としては相対的に高い弾性率を有し，したがってもはや動きのないセメントベースの注入材も適用される．もし動きがある場合には，破壊と再度の浸潤が生ずることとなろう．

　亀裂の動きが予測される場合には，まずその動きの原因が確かめられて除去されるか，またはその際に発生する物理的応力に対して適切なせん断強さ，弾性によって対処し得る注入材を用いて亀裂注入が実施される必要があろう．

　亀裂がジョイントのように開閉する場合（ジョイント欠如に対する構造物の応答としての亀裂）には，注入は問題にならない．こうした場合には，切開によって効果的な可撓継目が作り出され，そうしたものとして塑弾性止水されなければならない[5.2.3.2.2 参照][5.2-91]．

　反応が終了した注入材に要求される弾性，柔軟性に対して亀裂幅がいかなる影響を及ぼし得るかは，以下の例が示している．

　0.3 mm の亀裂幅に 0.1 mm だけのさらなる開きが生ずる場合には，注入材は 33％の

伸びを許容しなければならないであろう．これは実際には断面厚さがわずかであり，それによって絞りが制限されていることからほとんど不可能であろう．こうした場合，現在では発泡注入材の相対的に高度な柔軟性が利用されており，この注入材はさらに良好な粘着能，接着能を有している．この場合，初期断面積の収縮は弾性材料内部の隙間の変形によって行われる．

c．亀裂の位置　構造物の圧縮領域にある亀裂に対しては，少なくとも部材の強度を有するとともに部材と同程度の弾性率を有し，噛合い作用ないし圧力伝達作用を回復し，横ずれを不可能とする注入材が圧入される必要があろう．

構造物の圧縮領域にある亀裂には，b.で触れたように，高弾性の，場合により発泡性の優れた接着力を有する注入材が使用される必要があろう．

d．亀裂の性状　亀裂に関する決定的な基準は，その湿潤度と表面性状である．このケースにあっては，一般に濡れて部分的に汚れた亀裂が出発点とされなければならない．ここで使用される注入材は，濡れた亀裂を接着し，かつ亀裂の微細なヘアクラックに侵入し得ることができるものである必要があろう．

表5.2-4は砂礫層と圧入さるべき亀裂の各パラメータに応じた適切な注入材の分類一覧を示したものである．

化学的注入材は，以下の要件を満たしている必要があろう．

・注入種別に応じた低い粘性ないし毛管上昇能．
・湿り(水)，外気温に対する不感性．
・物理的負荷，化学的負荷，生物的負荷，生化学的負荷に対する反応終了状態における抵抗力．
・温度条件，湿分条件が変動する場合にあっても，反応に起因する縮み，膨張，耐久寿命期間中の縮み，膨張がわずかであること．
・下地が乾燥していても，濡れていても接着し得ること．
・それぞれの要求条件に応じた曲げ引張り強さと圧縮強さ，注入部の水密性を満たしていること．
・目的に適合した弾性，塑性を有すること．
・加工時間(ポット時間)が調節可能であること．
・加工(労働衛生[5.2-92])，注入にあたって生理学的に安全であること．
・個々の成分の貯蔵保管，混合に際する取扱いが容易であること．
・原材料ならびに反応生成物，副産物の溶解による地下水または土壌の汚染ないし毒性化が生じないこと．
・十分な混合安定性を有すること．

5. 補　修

表 5.2-4：砂礫層と圧入されるべき亀裂の各パラメータに応じた注入材の使用可能性．DIN 4093[5.2-82]に準拠

		1	2	3	4
		下記中の空洞	DIN 4022 T1 に基づく土壌種別	透水率 k_f [m/s]	セメント懸濁液
1	砂礫層	砂利	G	$> 5 \times 10^{-3}$	V
2		粗粒砂	gS		V
3		砂質の砂利	Gs		V
4		砂	S	$5 \times 10^{-3} \sim$	―
5		シルト質の砂	Su	5×10^{-6}	―
6		微粒砂	fS	$5 \times 10^{-4} \sim$	―
7		粗粒シルト	gU	1×10^{-7}	―
8	岩盤層	洞状構造物，割目および擾乱ゾーン $s > 10$ mm	―	―	A, V（セメントペーストおよびセメントモルタルも可）
9		割目および亀裂 >100 mm $s > 0.1$ mm	―	―	A, V
10		割目および亀裂 $s < 0.1$ mm	―	―	―
11	構造物	空洞（坑道，管渠）	―	―	A, V（セメントペーストおよび建築用モルタル，絶縁材も可）
12		継目および亀裂（> 3 mm）	―	―	A, V
13		継目および亀裂（> 0.1 mm）	―	―	―
14		亀裂（≤ 0.1 mm）	―	―	―

s：空洞の開き幅

・十分な固有強度を有すること．
・高度な老化耐性を有すること．
・他の材料との適合性を有すること．
・腐食を促進しないこと．

(2) セメントモルタル，セメントペースト

　注入モルタルは，セメント，水，細骨材，場合により添加物質（例えば，岩石粉，フライアッシュ，ベントナイト），添加剤（例えば，流動剤，シール剤，硬化遅延剤，硬化促進剤，安定剤等）からなる混合物である[5.2-93]．

　注入ペーストは，セメント，水，場合により添加物質，添加剤からなる混合物である．

　注入可能なモルタル，ペーストを特徴付ける性質は，粥状から凝固状までに及ぶ幅広い稠度，一部コロイド状の性質，さらに水とほとんど混ざり合わない特性，沈降安

5.2 修理

5	6	7	8	9	10
		圧入用注入材（封止 A，固化 V）			
粘土セメント懸濁液	粘土懸濁液	粘土セメント懸濁液 シリカゲル（2相式）	超微粒セメント	シリカゲル	プラスチック溶液
A, V	A	A, V	A, V	—	V
A, V	A	A, V	A, V	—	A, V（PU ベース）
A, V	A	A, V	A, V	—	A, V（PU ベース）
—	A	—	A, V	A, V	A, V
—	A	—	—	A, V	A, V
—	—	—	A, V	A, V	A, V
—	—	—	—	A, V	—
A, V	—	—	A, V	—	—
A, V	—	A, V	A, V	—	A, V
—	—	—	—	A, V	A, V
—	—	—	A, V	—	—
A, V	—	—	A, V	—	A, V
—	—	—	A, V	—	A, V
—	—	—	—	—	A, V

定性，体積安定度である[5.2-94]．これらの水セメント比は，一般に 1 以下である．

こうした理由からそれらは目下の適用ケースにおいて，管外周の人為的もしくは天然の空洞の充填ならびに砂礫層の大きな隙間の充填に主として使用されるが，これは特に存在する水が排除されなければならない場合にもそうである．

このようにして注入された砂礫層の物理的特性は，セメントモルタルないしコンクリートの特性と同様である．

一般的な特性は，以下のとおりである．
・割安であること．
・セメント製造，化学的添加剤に毒性がないこと．
・腐食性が非常に激しい下水，管渠内気圏における生物産生硫酸に対する抵抗力があること．
・物理的特性に優れていること．
・規格化されたセメントを使用する場合には，超微粒セメントに比較してレオロジー

5. 補　修

特性が劣ること．

近年，ブレーン値が 3 000 ～ 6 000 cm^2/g の規格セメントを補ってブレーン値が 15 000 cm^2/g までの超微粒セメントないし極微粒セメント(**表 5.2-5**)が開発された[5.2-95，5.2-96]．ただし，透過性にとって決定的なのは最大粒度であり，これは 8μm 以下であることが必要であろう．

これらは流動剤，水と混合されてコロイド状のセメント懸濁液とされる．同懸濁液は，レオロジー特性の点で規格セメントベースの懸濁液を凌駕しており，したがって微細な空洞，中粒度から微細粒度までに及ぶ砂質土壌にも注入することが可能である．他方 60 分を超える凝固固化時間のため使用範囲は制限されることとなる．

砂質土壌においてこれまで通常であったシリケートゲル固化に比較して，超微粒セ

表 5.2-5：ポルトランドセメントベースのセメントの比較(Heidelberger Feinstzemente) [5.2-96]

特性値	セメント	PZ 35 F	PZ 55	極微粒セメント*	
				A	B
比表面積	cm^2/g	2 700 ～ 3 300	5 400 ～ 5 700	11 000 ～ 12 000	15 000 ～ 16 000
粒度分布					
割合 < 2 μm	重量%	10 ～ 12	17 ～ 22	30 ～ 35	45 ～ 50
< 16 μm	重量%	41 ～ 50	75 ～ 85	95 ～ 98	100
< 32 μm	重量%	62 ～ 75	96 ～ 99	100	100
規格剛性	重量%	25 ～ 31	31 ～ 34	約 55	約 60
圧縮強さ	W/C	0.5	0.5	0.55	0.65
2 日後	N/mm^2	22 ～ 30	40 ～ 45	40 ～ 45	45 ～ 50
28 日後	N/mm^2	47 ～ 50	65 ～ 70	60 ～ 65	50 ～ 55

* 値は DIN 1164 に準拠して算定

メントによる固化にあっては，クリープ歪みの減少と強度の向上を期待することができる．

超微粒セメントは，予期しない空洞がある場合，例えば粗粒土壌層において不測の流出を非常に容易に生じてしまうことから，主として均質な土壌に使用される必要があろう．超微粒セメントの使用に際しては，注入に付随する調査を行う際にセメントの粒子サイズも不断に監視するよう注意する必要があろう．これはごくわずかな過大粒子があっても土壌中の隙間での詰まりによって対策全体が無効となることがあるからである．

現場において，通常の水セメント比(W/C 値)は 4 ～ 8 である．特別な流動剤の添加によってレオロジー特性，特に流動性を向上させることができる結果，2 という W/C 値が可能である[5.2-95]．

セメントモルタル，セメントペーストの組成，特性に関するその他の詳細は，文献

[5.2-97，5.2-98，5.2-143]に述べられている．

(3) 懸濁液

懸濁液とは，内部に均等に分布した不溶固体を含んだ分散相からなる混合物である．これはペーストとは異なり，固体含有量がはるかにわずかである．これは混合物の性質に応じ固化または止水を目的として透水性の大きな砂礫層ならびに透水性の低い砂礫層(透水率 $k > 10^{-3}$ m/s)，亀裂幅 3 mm 以上の亀裂に使用することができる．懸濁液の特性は，基本的に原材料の種類と割合，ならびに混合技法によって決定される．

懸濁液の原材料として使用されるのは水以外に主としてセメント，粘土またはベントナイトならびにこれらの物質の組合せである．選択された水分含有量によって流動性が決定され，その際，粘性ならびに降伏価は広い範囲にわたって影響を受ける[5.2-143]．懸濁液は以下の区別が行われる．
・不安定懸濁液．
・単純セメント懸濁液[5.2-99]．
・以下による安定セメント懸濁液．
　・物理的活性化．
　・化学的活性化．
　・ベントナイトの形のコロイド添加物．
　・添加物質．
・安定粘土懸濁液．

セメント懸濁液を使用する場合には，土壌骨格粒子中でのセメントの水和によって変化が引き起こされる．セメントは，この場合，コンクリート技法とは異なり，水セメント比(W/C)が高い場合に粒子骨格中に注入される．その際，例えば沈降，濾過，排除された地下水への移行部における周辺の混合から生ずる各効果が重なり合うこととなる．極微粒セメントベースの懸濁液にあっては，文献[5.2-95]に基づきベントナイトの添加は断念される必要があろう．

(4) 化学溶液，合成樹脂

化学溶液と称されるのは，固体が溶剤に溶解された液体である．これは可視的な浮遊粒子を一切含んでいないことから，観察されたすべての注入材のうちで最良の透過性を有している．ここに関係する最も重要な注入材は，水ガラスベースの溶液と合成樹脂ベースの溶液である．合成樹脂は，溶剤を含有した液体または溶剤を含有しない液体であって，化学反応によってゲル状態または固体状態に転移する．

5. 補　修

a．水ガラスベースの溶液　　水ガラスとは，ケイ酸のナトリウム塩またはカリ塩として理解され，水ガラス中のアルカリとケイ素比は広い範囲で変化させることができる．

　この注入技法の原材料は，あらゆる混合比で水と非常に急速に混合することのできる液状水ガラスである．この液状水ガラスに化学反応と水の脱離によるシリケート分子の重縮合（シネレシス）によってシリケートゲル形成をもたらす試薬が添加される．最も汎用されているのはナトリウム水ガラスである．ゲル形成は，方式に応じて急速または緩慢に行われる．

　耐久的な固化に水ガラスを使用することは，全く問題がないわけではない．形成されたゲルの強度と，注入の行われた砂礫層のレオロジー特性も水ガラスの組成とゲルタイプによって大幅に左右される．

　水ガラスをベースとして，現在では以下が汎用されている[5.2-143]．
・固化を目的とした Monodur 方式．これは無機硬化剤を使用した急速方式である．約 $2\,N/mm^2$ の短時間強度を具えた硬質ゲルが形成される．
・止水を目的とした Monosol 方式．これは有機硬化剤を使用した緩慢方式である．約 $0.5\,N/mm^2$ の強度を具えた軟質ゲルが形成される．

　一般的な特性は，以下のとおりである．
・注入限度は微粒砂領域にある．
・試薬（例えば，ナトリウム塩），溶解したケイ酸（SiO_2）が地下水に混入し得る[5.2-144, 5.2-100]．
・近接している地下水に混入，希釈される恐れがある．
・硬化反応中にゲルが収縮し，水，溶解残存生成物が遊離する（シネレシス）（**図 5.2-39**）．

b．プラスチックベースないし合成樹脂ベースの溶液　　注入目的に使用されるプラスチック溶液と合成樹脂は，以下のメリットを有している．
・ニュートン流体，
・調節可能な粘度，
・調節可能な凝固固化時間，
・腐食性を有する水に対する耐性，

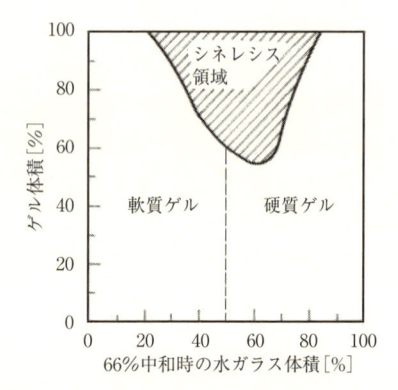

図 5.2-39：水分含有量に応じたゲル体積
　　　　　（シネレシス過程）[5.2-144]

・物理的特性(強度,弾性率)を限界内で選択し得ること.

　使用される成分の種類,配合量に応じ強度増加をもたらす重合,重縮合等が生ずる.最終強度は,注入材に応じ80 N/mm^{2}以上に達し得る.

　2つの成分の混合後,発熱架橋反応が開始する.反応の時間経過にとって決定的なのは,反応中に樹脂系が帯びる温度である.大きな樹脂塊内では熱伝導率が低いことから,温度は急速に上昇する.この場合,準断熱条件が支配的である.最大反応温度は,樹脂体積にのみ依存している.最大温度に達するまでの時間は,初期温度によって決定される.温度差が10℃であれば時間はほぼ倍増する.

　プラスチック溶液ベースの注入には,以下が使用される[5.2-94, 5.2-102, 5.2-103].
① 　プラスチック水溶液:
　・アクリル樹脂,
　・フェノール樹脂(レソルシン,タンニン,ホルムアルデヒド)[5.2-104],
　・アミノ樹脂(尿素,ホルムアルデヒド),
② 　合成樹脂:
　・エポキシ樹脂,
　・ポリウレタン樹脂,
　・オルガノミネラル樹脂(シリケート樹脂),
　・ポリエステル樹脂.

　ここで紹介する適用ケースには,主としてアクリル樹脂,エポキシ樹脂またはポリウレタンをベースとした注入材が使用される[5.2-105 ～ 5.2-108].

　地中布設された排水用下水管の補修の許可原則[5.2-85]中には,材料特性に関する一般的な要求条件の他に,"充填材に関する要求条件"の項に詳細化された機能要件,例えば水密性,温度適性,樹根耐性,寸法安定度,水理学,管渠管理,管渠保全,腐食性媒体に対する挙動等に関する機能要件があげられ,それぞれの検査基準と検査方法が示されている.建築基準監督上の許可取得に関わる具体的な検査ケースにあっては,使用される方式技法の固有の事情に対応した個別的な検査プログラムを策定することが望ましい.

c.アクリル樹脂ベースの注入材　　きわめて多様な名称で市場に出回っているこの注入材は,止水目的(5.2.2.3参照)に使用される.水に溶解したアクリル樹脂は,重合促進剤または重合遅延剤と水で希釈され,重合に不可欠な触媒と混合され,続いて注入される.粘度1 ～ 4 Mpaの溶液は重合によって透明で弾性のあるゲルを生成する.このゲルは,水の作用下で膨潤し,乾燥に際して収縮する.このプロセスは可逆的である.触媒としては過硫酸ナトリウム,促進剤としては改質トリエタノールアミン

(TEAG)，遅延剤としてはヘキサシアノ鉄(Ⅲ)酸カリウム(フェリシアン化カリウム)が使用される[5.2-109, 5.2-110]．

実際には現在多くの配合法が使用されているとはいえ，それらは同一の原材料を基礎としている．

ポット時間(成分の混合時点から注入液のゲル形成に至るまでの時間)は，触媒系の各成分の配合量を変えることによって数秒から60分以上までの範囲で調節することが可能である．

取引名称AM9と称されるこのタイプの以前の樹脂は，地下水の汚染と健康に対する有害性が検証されたことによって市場から撤去された．このためいくつかの自治体は，メーカーサイドによる鑑定[5.2-111]にも関わらず，地盤と地下水の汚染が懸念されることからアクリル樹脂を拒絶している．

会社提供の情報[5.2-112]によれば，改良されたアクリル樹脂ベースの注入材は，前記の短所の一部をもはや有していない．これらはアクリルアミドないしその誘導体を含んでいないからである．活性剤が必要とされないことから，この樹脂の全成分は重合可能であり，すなわち硬化可能である．あらゆるメタクリル酸注入樹脂の場合と同様に過硫酸ナトリウムが硬化剤として使用される[5.2-113]．

一般的な特性は，以下のとおりである．
・水に近い粘性を有する．
・注入中に近接している地下水によって希釈される恐れがある．
・硬化した状態で水，炭化水素に不溶である．
・周囲水分に応じて体積変化を生ずる．
・予備混合した各成分の貯蔵可能時間が2～3日と短期間でしかない．
・耐酸性，耐アルカリ性，耐無機塩性を有する．
・樹根侵入阻止剤として化学除草剤の添加が可能である．
・止水目的にのみ適している．

d．エポキシ樹脂ベースの注入材　　市販のエポキシ樹脂は，ガラス状までに及ぶ広く低粘性の希結晶性物質を表しており，これはその適用前に適切な硬化剤と混和され，場合によりさらに溶剤，反応性希釈剤(低粘性エポキシ樹脂)，軟化剤，充填剤または顔料によって改質される[5.2-114]．

エポキシ樹脂は粗粒シルト層まで使用することが可能であり(図5.2-34)，その際，相対的に高い強度を達成することが可能である．短所は，硬化プロセスにとって最低温度が確保されること，管または砂礫層粒子への完璧な接着を達成するために一定限度の湿度が遵守されなければならないこと，地下水貫流砂礫層への注入に際し溶液の

一部が流失し，それによって未硬化物質が形成される恐れがあることである．砂礫層にやや大きな隙間または空洞が存在する場合にはさらに注入材が注入されたゾーンから重力の影響によって不可避的に流失する危険がある．

　注入対策を成功させるための基本的前提条件は，樹脂系を正しく混合することである．決定的に重要なのは混合比を正確に遵守し，十分な均質化を行うことである．例えば混合比が基準値から5％ずれるというようなわずかな配合ミスでさえポリウレタン系とは異なり，ドラスチックな強度低下をもたらすこととなる[5.2-115]．

　一般的な特性は，以下のとおりである．
・相対的に高価である．
・反応時間が短くなるに応じて価格が上昇する．
・わずかな混合ミスで不均質性が生ずる．
・特別な混合を行うことにより下地が湿っていても優れた接着特性が実現される．
・圧入された状態で優れた物理的特性が実現される．圧縮強さ $60\,N/mm^2$ まで．
・酸，アルカリに対して抵抗力を有する．
・アミンベースの硬化成分が悪臭を有し，これは混合ミスが生じた場合に地下水を毒性化する恐れがある．

e．ポリウレタン樹脂ベースの注入材　　ゲルならびに1成分系ポリウレタン，2成分系ポリウレタンが供されている．

　ゲルの製造には，富酸化エチレンポリエーテルベースの(多官能価)NCOプレポリマーが使用される．過剰な水との混合によりまずエマルジョンまたは溶液が生じ，これらは水，場合により添加されたジアミンまたはポリアミンによって架橋反応下で硬化する．水反応に際して発生した二酸化炭素が水性媒体に不溶である限り発泡ヒドロゲルが生ずる[5.2-116, 5.2-117]．

　これらのゲルとしては，例えばCherne方式[**5.2.2.4.1参照**]に使用される取引名称Scotch Seal 5610 Chemical Groutと称される注入材である．この注入材は，化学反応の間親水性を保ち，すなわち水と結合する．水とScotch Seal 5610との混合比1：1〜4：1(体積比)で，最終生成物としてウレタンフォームが生じ，混合比4：1〜15：1でウレタンゲルが生じる．

　欠陥管渠の止水用には混合比8：1が最もよく選択される(11％プレポリマー)．ただしこの場合に重要なのは，特別な要求条件と必要とされるゲル強度であり，これは水分が増すととも低下する．ゲルの体積収縮を極小化するため水に適切な添加剤を添加することが可能である．乾燥時には水分放出によってアクリレートゲルの場合よりもはるかにわずかな収縮が輪郭を保持しつつ生ずる．水の保持によって収縮を無効と

5. 補 修

することが可能である．

　通常，1成分系ポリウレタンにあっては，軟化剤を含有したポリウレタンプレポリマーが注入時に所望の目的に必要とされる量の触媒と混合され，その後に1成分として注入される．地盤中でポリウレタンプレポリマーのイソシアネート基が存在する水または一緒に注入された水と反応して固体ポリウレタン-ポリ尿素樹脂を生成する．

　この方式の短所は，以下の点である．
・化学的に遊離した軟化剤が土壌中に残留する．
・十分に水と混合されないポリウレタンプレポリマーは硬化しない．ただし，微量の，例えば砂礫層粒子隙間から生ずる水で既に硬化に十分である．

　前記の短所は，石炭鉱業分野で知られている2成分方式の場合には回避することができる．この場合，ポリウレタンはポリイソシアネートとポリヒドロキシル成分との反応によって生成する．重付加により既に室温で進行している発熱プロセス中にマクロ分子鎖が形成される．Bayeおよびパートナー（1937/1947）によって考案されたジイソシアネート重付加方式では2つの化学反応が平行して進行する．すなわち，一方ではポリイソシアネートとポリアルコールが反応してポリウレタンが生成するとともに，イソシアネートと水との間の反応によりポリ尿素と二酸化炭素が生成し，これによってポリウレタンの発泡が起こる．ポリイソシアネートとポリアルコールを変化させることにより非常に異なった特性を有するポリウレタンを生成することができる．

　試験室実験から，この注入材もシルトが約15％を占める砂礫層の固化またはシールに積層密度に応じて効果的に使用することができることが判明した．注入される砂礫層の粒度分布と隙間の大きさに応じ，土壌が湿った状態でもまた水分飽和状態でも$50 N/mm^2$以上の単軸方向圧縮強さを実現することが可能である．砂礫層の隙間の大きさがわずかであればあるほど注入された注入材の発泡は減少し，強度はそれだけ向上する［5.2-117〜5.2-119］．

　化学反応に水を組み入れることによりポリウレタンと粒子との間に水からなる分離層は生じない．さらに事後的な体積膨張により，例えば微細な隙間や亀裂の一種の自動注入が生ずる．エポキシ樹脂と同様にポリウレタンも腐食性のある土壌や水中，さらに酸で汚染された土壌においても固化または止水に適している．注入温度についてはほとんど制限がない．

　ただし，周囲温度が反応時間にとって重要な役割を果たすことが考慮されなければならない．2つの注入材成分の混合比は，エポキシ樹脂とは異なり，理想的な混合比から数％ずれても最終生成物に大きな影響が生ずることはない．

　2成分系ポリウレタンの地下水挙動に関しては長年にわたる調査から，注入材物質

5.2 修 理

による地下水汚染は様々なパラメータに依存していることが示されている．これらのパラメータの一つは，まず固化される土壌の土壌力学パラメータ，例えば隙間ジオメトリーである．その他の影響パラメータは，注入エリア，地下水流下の濾過速度，注入材の配合法ならびに注入技法である．まず一方の注入材成分の一部，ポリイソシアネートが先に注入される2段階注入により地下水に与えられるポリオール成分物質の濃度を大幅に低下させることができる．複数週にわたって地下水中に移動するポリオールの総量は，2相式注入が行われない場合の微粒砂層では圧入された総注入材の約2％に達するが，先に注入されたポリイソシアネートからなる厚さ5cmの層がある場合には，移動量は約0.1％に低下する[5.2-120]．地下水中に達するこのポリオール量は，毒物学的に問題ないものであり，水中に存在する微生物によって生分解される．他方の成分ポリイソシアネートは，地下水との接触時の反応または気中水分との化合により化学的に不活性な，すなわち不溶性の固体のポリ尿素となる．

この注入材は，発泡性と卓越した接着特性により大きく，かつ湿った亀裂の注入にも好適である．

この2成分系の一般的な特性は，以下のとおりである．

・発泡による体積膨張（経済性）．
・配合に応じて調節可能な塑弾性変形特性．
・下地が湿っている場合にも優れた接着性を有する．
・溶剤が不要で，縮みがない．

これらのシステムにあっては，土壌中の隙間の大きさ，および土壌水分との相関で発泡を十分にコントロールできない点が問題である．これにより密度変化とともに最終生成物の力学的特性の変化が起こる．ただし，適切な再注入を行うことにより，例えば密度と強度を向上させることが可能である．

図 5.2-40 は現行のポリウレタン系を例として様々な粒度の砂礫層にお

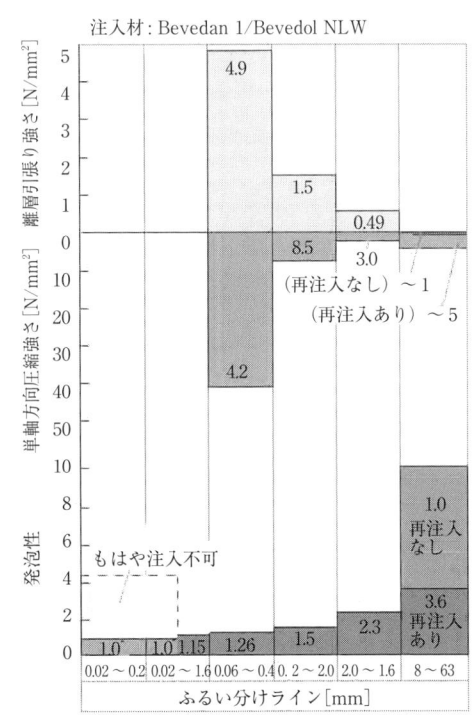

図 5.2-40：粒度分布に応じたポリウレタンシステムの発泡特性と力学的特性 [5.2-83]

いて再注入によって部分的に達成可能な固化土壌の力学的特性（DIN[5.2-121]に準拠）を表したものである（DIN 18136）．

固化土壌の水密性に関する調査から中粒度から粗大粒度までの砂質土壌については，平均透水率 $k_{10} = 2 \times 10^{-7}$ m/s が判明し，微粒砂質土壌については $k_{10} = 4 \times 10^{-9}$ m/s が判明した[5.2-120]．

シルト 15％以上の砂礫層は，高い注入圧力のもとでのみポリウレタンの注入が可能である．通常，こうした場合には，ソイルフラクチャリング方式（**5.2.2.5 参照**）と同様に地割れまたは人為的な空洞が生じ，これは注入材で充填される（**図 5.2-41**）．管外周の土壌の注入はこうした条件下にあっては必然的に管の歪み，位置ずれまたは既存の損傷の拡大を生ずることとなる．

中粒度から粗大粒度までの砂礫層は，水飽和下での低い注入圧力にあっては従来のシステムで，乾燥状態にあっては急速に反応する PUR システムでのみ効果的に固化することができる（**図 5.2-42**）．この場合，隙間の大きさによって制約された約 1 N/mm^2 でしかない強度不足は再注入によって部分的に補償することができる結果，最終的になお 5 N/mm^2 までの強度を達成することが可能である（**図 5.2-40**）．

図 5.2-41：シルト含有量≧15％の砂礫層の注入による地割れの出現 [5.2-83]

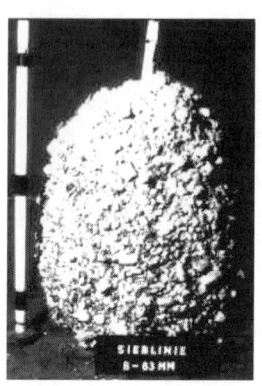

図 5.2-42：ふるい分けライン 8～63 mm の砂礫層のポリウレタン，注入による注入体 [5.2-83]

f．オルガノミネラル樹脂（シリケート樹脂）ベースの注入材　鉱山において数年前から既に使用されている無機アルカリケイ酸塩と有機イソシアネートの反応から得られるシリケート樹脂は，比較的新しい注入材である．

成分 A は改質された水ガラス，成分 B は多官能価イソシアネートである[5.2-122]．樹脂の製造には双方の成分が体積比 1：1 で混合される．発生する最終生成物は，配合に応じ発泡固体または無発泡固体である．

この注入材は，メーカーデータによれば亀裂の止水にも砂礫層の固化にも適している．無発泡樹脂は，坑内隔壁の補修，トンネルの側壁排水の止水に使用される[5.2-123]．

一般的な特性は，以下のとおりである．

・シリケートゲルに比べて価格はかなり高いが，ポリウレタン樹脂の価格よりもいく

ぶん安い．
- ポット時間は5分から2時間である．
- 最終生成物の密度は，水の存在とは無関係に緻密系から発泡系まで調整可能である．
- 液状反応混合物は水中で分解することも希釈されることもなく，したがって水中でも硬化が生ずる．
- 注入圧力に応じて1：30までの発泡率（発泡系の場合）が可能である．
- 湿った下地にも乾いた下地にも優れた接着性を示す．

　シリケート樹脂の物理的特性と接着特性は，ポリウレタンのそれと同等であるが，通常，シリケート樹脂の最終生成物はポリウレタンよりも脆い．標準系の場合には砂礫層内で発泡が行われないことにより，ポリウレタンとは異なり，相対的に均質な固化体が土壌中に形成される．シリケート樹脂は微小な中粒度砂質土壌の粒度範囲まで圧入することが可能である．

　地下水を通す土壌の注入に際しては，注入中に無機水ガラス成分によりセメント注入の場合と同様に水中で短時間にわたってpH値がわずかに上昇する．シリケート樹脂の有機成分は，ポリウレタンのイソシアネート成分と同じである．これは遊離の際に反応して同じく不溶性の固体ポリ尿素を生成することから，これに起因する移動はほとんどない．

5.2.2.2　外側からの注入

　外側からの注入の目的は，欠陥ある管部を取り囲む砂礫層を固化または止水し，それによってこのスパンの失われた機能を回復しまたは存在する空洞を充填することである．外側からの注入の非常に新しい適用目的は，位置修正の実施である．

　注入される部分は，ボーリング，圧入ランス等によって地表から接近できるように

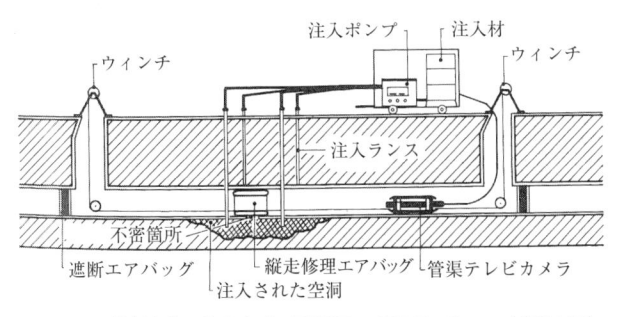

図5.2-43：外側からの注入方式の図解（Kanal-Müller-Gruppe）[5.2-189]

5. 補　修

されて，適切な注入材が加圧下で圧入される（図 5.2-43）．

主たる適用領域は，接近可能な地表下の歩行不能管渠である．注入材としては空洞構造に応じ，主としてセメントモルタル，セメントペーストまたはセメント懸濁液が使用される．

注入作業の間，管渠は内側から管渠テレビカメラで観察され，注入材の侵入が例えばパッカによって防止されなければならない．

注入方式の選択と注入の実施は，特にそれぞれの地質学的・地下水学的事情，管渠の状態，深度ならびに注入目的に左右される．したがって，例えば地層の透水性が高い場合，または当該スパンの位置確保のために予備注入が可能であること，そしてまた追加圧入が可能であることも重要である．

注入技法に関しては，多数の方式が実際に普及している［5.2-124］．適用ケースについては，主としてラム・ランスまたはスリーブ管による注入が使用される．

最も簡単な方式として管またはラム・ランス（図 5.2-44）が注入の行われる最深面まで地中に押し込まれ，注入材が管またはラム・ランスを通し，同時にそれを引き上げながら（約 20 〜 30 cm）注入される（下から上への注入）．最も簡単な注入ランスは，ねじで止め合わされた管からなり，同管には切離し式の先端部が嵌められている．この先端部は，引き上げた後も土壌中に残る．土壌の針入抵抗からランスはわずかな深度の場合にしか適さない．混合物の硬化が急速な場合には，注入材が外壁に盛上がり管が固着してしまうことがある．さらに地表に注入材が溢れ出る危険がある．図 5.2-45，5.2-46 はこうしたラム・ランスの使用を示している．

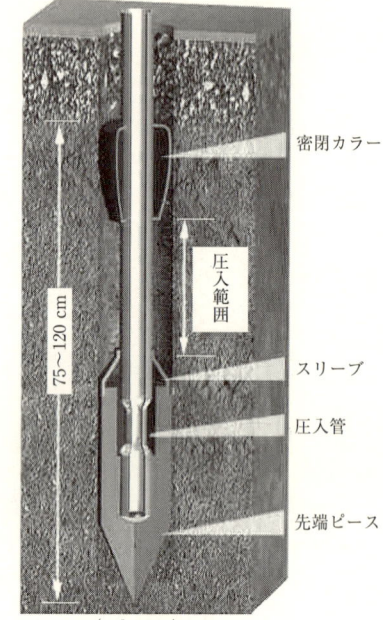

図 5.2-44：ラム・ランス［5.2-124］

スリーブ管またはバルブ管による注入の場合には，ケーシング孔が所望の最終深度まで掘り下げられ，このケーシングを清掃した後に呼び径 30 〜 60 のプラスチック管が挿入される．例えば 30 cm の間隔でリング状に複数の穴が配置され，これらの穴はゴムカバー（スリーブ）で覆われる．ゴムカバーは，それぞれ逆止弁の役割を果たすことから，注入材は管から流出するが逆流することはない．

5.2 修 理

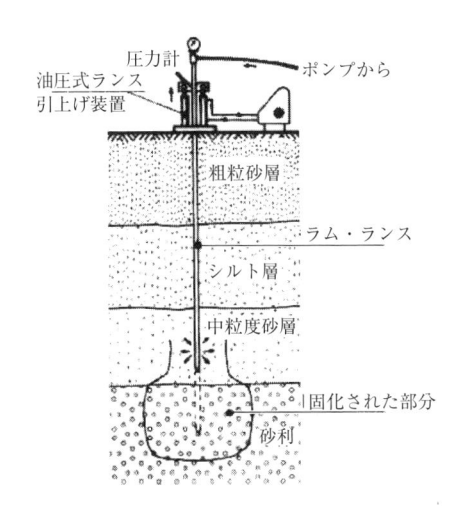

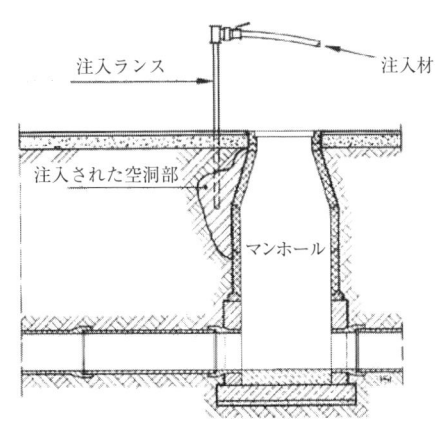

図 5.2-45：ラム・ランスによる砂礫層の注入
[5.2-145]

図 5.2-46：マンホール部空洞の注入

　外側ケーシングを移動させる間，スリーブ管とボーリング孔壁との間の空洞にはバックアップ液（たいていはセメント-粘土懸濁液）が充填される．

　注入材の注入は，注入圧力によるか，または機械的もしくは空気圧によって（**図 5.2-47**）自動的に膨張して密封を行うダブルパッカを利用して行われる．このダブルパッカは，注入時に常にスリーブのみが押し開けられて適切な注入が行われるように設計されている．そのための前提条件は凝固したバックアップ液が注入圧力（破裂圧力）によ

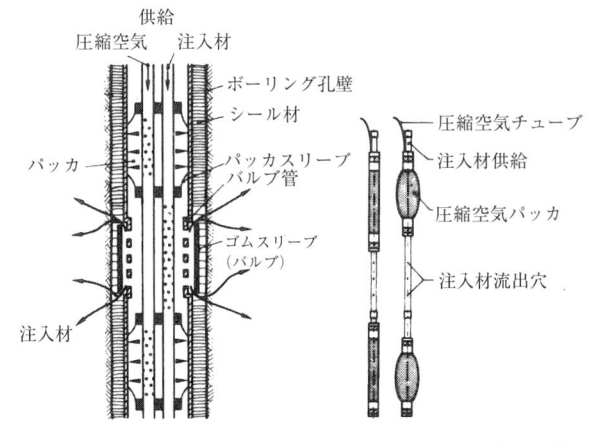

図 5.2-47：スリーブ管と圧縮空気ダブルパッカによる注入 [5.2-124]

5. 補　　修

って裂開されることである．

　この方式の以下のような長所，例えば，
・穿孔作業と注入作業の分離，
・適切な注入が可能である，
・注入材の交換が可能である，
・任意の箇所で水圧によって注入結果をチェックし，注入隙間が確認された場合には事後的なシールを行える，

などが現在この方式が好んで使用されている理由である．

　セメントベースの注入材または水ガラスベースの注入材（シリケートゲル）を使用する場合には，母材が配合ミキシングプラントで調製され，続いて注入ポンプを経て前記の注入技法によって圧入される．

　多成分系合成樹脂ベースの注入材の場合には，原材料はできる限り注入箇所直前まで別々にポンプ圧送される．

　この場合，所定の混合比が遵守されるように注意し，その値が測定して記録されなければならない．特にPolyeddukt（2K-PU，シリケート樹脂，EP）の場合には，原材料成分のプレミキシングによるか（ポット時間が比較的長い場合のみ），またはスタチックミキサ（図 5.2-48）等による集中的な混合が必要である[5.2-124]．

図 5.2-48：3方向から眺めたスタチックミキサ（スパイラルミキサタイプ）

　注入プロセスの監視・制御には，注入箇所ごとに注入材の体積，圧力または圧力推移が把握されなければならない．これによって注入材の不測の逃出し，当該管渠部の破壊あるいは地表の盛上がりが防止される．

5.2.2.3　歩行可能断面管の内側からの注入

　内側からの注入により，使用される方式，材料に応じ，5.2.2 にあげた一切の注入方式の目的を歩行可能な呼び径においても歩行不能な呼び径においてもともに実現することが可能である．

　歩行可能な呼び径では一切の作業は現場で人力により直接の監視下で実施することができるが，歩行不能な呼び径の注入には常に管渠テレビカメラの補助的使用が必要である．

　内側からの注入は，外側からの注入に比較して以下の長所を有する．

・交通の阻害が低下する．
・歩道，車道を損じない．
・他の公共サービス供給管や排水管に対する危険が低下する．
・損傷部の正確な把握と注入が可能である．
・注入材消費量が減少する．
・上部構造物とは無関係である．
　注入される部分に応じて以下のように区別される．
・管外周の土壌注入または空洞注入．
・亀裂注入．
・管継手の注入．

(1) 管外周部の土壌注入または空洞注入

　漏れまたは空洞が推定される部分に管渠壁面または構造物壁面を貫いて穿孔が行われ，そこに注入ランスまたは注入パイプが挿入され，同ランスまたはパイプを通じて注入材の注入が行われる[5.2-125]（図 5.2-49）．

　管頂，管底，迫持部に典型的な縦方向亀裂（2.8.1 参照）が存在する場合には，注入材は，一般に迫持部に挿入された注入パッカを通して注入される．管頂亀裂または，管底亀裂は，排気または排水，および注入中のチェックに利用される．注入材がこれらの亀裂から溢れ出てきたら，注入作業は中止される．注入材が硬化した後，亀裂孔は後処理される[5.2-126]．

図 5.2-49：注入による地下水浸入の止水（地下水水位：水路上方 2.5 m，注入圧力：2.0 bar）[5.2-222]

　この方式は，注入材とは無関係である．地質学的または地下水学的条件がそれを許容する場合には，費用ならびに環境保護の理由からセメントベースの注入材が使用される[5.2-127]．

　前記注入材による大きな空洞の充填が行われる場合には，時として，管渠または構造物にとって過負荷の危険が存在する．そうしたケースでは空洞を段階的に充填するか，またはもっと軽量な注入材，例えば多孔軽量コンクリートで充填することが必要である[5.2-128]．

　注入圧力は，構造状態，荷重，地盤等に応じて決定されなければならない．

　この方式は，歩行可能な一切の管渠断面形状や管渠材料に適用することが可能であり，場合により一定の部分充填ができる．耐荷力を向上させるため注入アンカを設け

5. 補　修

ることも可能である（図 5.2-50）．

歩行可能なレンガ積管渠における空洞充填，基礎の回復，シールのための内側からの注入は，文献[5.2-125, 5.2-129]によれば以下の手順で行われる．

堆積物を除去した後，まず腐食した目地モルタルが取り去られ，耐食性のプラスチック改質モルタルに代えられるが，その際，場合によりレンガが落下していればそれが補充される．この対策により前もって確認できない有意的な漏れ箇所で生じている地下水浸入が集中化されることとなる（図 5.2-51）．続いて漏れの場所と規模，ならびに管外周の土壌事情に応じて注入パッカがセットされ，下から上へと注入が実施される．注入材としては，添加剤を添加したセメント-ベントナイト懸濁液が使用される．

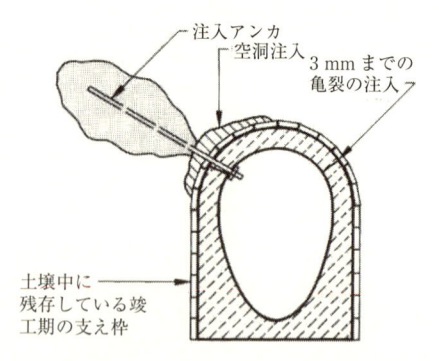

図 5.2-50：注入方法によるコンクリート管渠の修繕
（Klee GmbH & Co.KG 社）[5.2-222]

この懸濁液は，高い初期強度，水の浸入に対する生モルタルの安定した挙動の点で卓越している．注入の結果は，亀裂注入（5.2.2.3）の場合と同様に注入箇所の上方にある穴の観察によってチェックされる．レンガ積管渠のさらに大きな空洞の注入については 5.2.2.1 の記述が当てはまる．

こうして止水され安定化された管渠には目地仕上げの不良箇所を修繕し，注入孔や点検孔を止水し，さらにレンガ積の不整を補償するためにプラスチック改質されたセメントモルタルベースの内部コーティングを施すことができる（5.3 参照）．

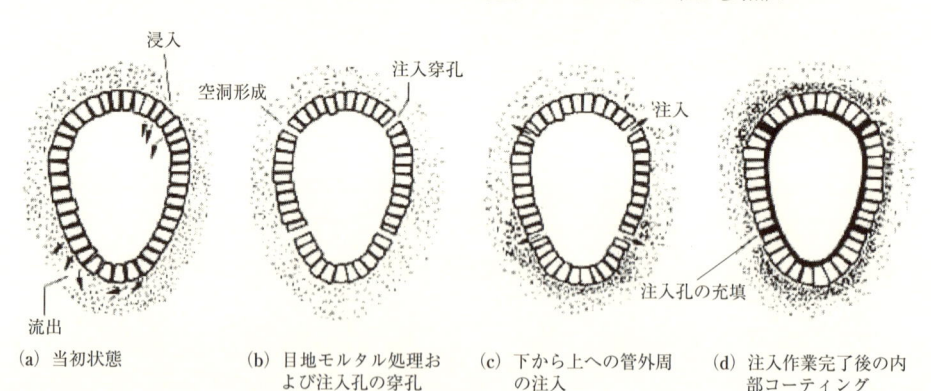

(a) 当初状態　　(b) 目地モルタル処理および注入孔の穿孔　　(c) 下から上への管外周の注入　　(d) 注入作業完了後の内部コーティング

図 5.2-51：注入と止水による歩行可能レンガ積管渠の修理工程[5.2-125]

(2) 亀裂注入，亀裂含浸

歩行可能な管渠，排水構造物の亀裂の充填，すなわち亀裂への注入，含浸は，呼び径が大きいことからもっぱら次の材料，すなわちコンクリート，鉄筋コンクリートまたはレンガ積管渠に関係している．

この適用ケースの亀裂注入には特別な技術規定は存在していない．準用し得ると思われるのは，ドイツ・コンクリート協会の注意書[5.2-130]ならびに連邦交通大臣，道路建設部の"コンクリート部材の亀裂充填に関する追加技術規定・基準— ZTV RISS 93"[5.2-56]である．これらは亀裂充填に関する規則を含み，定義，適用，現状調査，材料，施工，検査，実地検分，保証ならびに決済を定めている．

亀裂の充填は，以下の目標のいずれか1つまたは複数が達成されなければならない場合に行われなければならない[5.2-56]．
・部材内部に亀裂を通じて腐食促進作用物質が侵入することを阻止または防止する（封鎖）．
・亀裂に起因する部材の漏れの除去（止水）．
・亀裂両端の引張り，圧縮に強い緊密な結合を作り出す（確実な結合）．
・亀裂両端の限定的に伸縮可能な結合を作り出す（伸縮結合）．

後にあげた2つの目標は，一般に互いに相反する．さらに亀裂の充填に際しては場合により存在する補強筋の表面も湿らされ，覆い隠されることとなる[5.2-91, 5.2-131]．

限定的に伸縮可能な結合は，幅が変化する亀裂を耐久的に止水するための前提条件である．可能な亀裂幅変化の程度に関する確たる経験は得られていない．

亀裂の充填に適用される方式は，充填材を亀裂に注入する圧力に応じて以下が区別される．
・含浸（T）：亀裂を封鎖するための圧無し充填．
・注入（I）：前記のすべての適用例のための注入パイプ（注入パッカ）を介した加圧充填．

双方の充填方法のための充填材としては，主としてエポキシ樹脂（EP），ポリウレタン樹脂（PUR）が使用される．非常に幅広の湿った亀裂の封鎖および止水には改質セメントグルー（ZL）も適している[5.2-36]．方式は充填材と充填方法に応じて，例えば以下のように表示される．
・エポキシ樹脂による含浸：EP-T．
・エポキシ樹脂による注入：EP-I．
・ポリウレタン樹脂による注入：PUR-I．
・セメントグルーによる注入：ZL-I．

5. 補　修

文献[5.2-56]に基づき亀裂充填材は，以下の特性を有していなければならない．
- 十分に低い粘性．
- 高い毛管上昇能（反応性樹脂の場合）．
- 優れた加工性．
- 十分な混合安定性．
- 反応に起因する体積縮みがわずかである．
- 亀裂両はしの接着引張り強さが十分である．
- 十分な強度または伸縮性．
- 高度な耐老化性．
- 腐食促進成分を含有していない．
- 接触することが想定されているあらゆる物質との適合性．
- 反応性樹脂にあっては揮発性成分の割合が2質量%以下である．
- セメントは，DIN 1164の要件を満たしているか，または建築基準監督上の許可を受けていなければならない．
- セメントグルーの添加物は，コンクリート添加物またはコンクリート添加剤としてのDIBtの検査証を有していなければならない．

各方式の適用の成否は，亀裂の湿分状態と汚れ度に依存している．文献[5.2-34, 5.2-56]には4種の湿分状態，すなわち—乾燥，湿り，無圧通水，加圧通水—が詳しく定義されている（表5.2-6参照）．表5.2-7は亀裂または亀裂両端の湿分状態に応じた充填材，充填方法の適用範囲を示したものである．

亀裂両端の確実な結合には，主としてエポキシ樹脂が使用され，止水目的にはポリ

表5.2-6：文献[5.2-56]に基づく亀裂，亀裂両端の湿分状態区分

概念	特徴
乾燥[*1]	水の浸入不可 亀裂部に水の影響は確認されない 水の浸入可，ただし十分に以前からその可能性なし 亀裂両端の乾燥を視覚的に確認可[*2] 亀裂両端はラボメソッドに基づいて確認された
湿り	水による亀裂部の変色は認められるが，水の流出なし 直前の時期に水が流出した徴候あり 亀裂両端の湿りおよびわずかな湿りが認められる[*2] 亀裂両端はラボメソッドに基づいて湿っていると判定された
無圧通水	亀裂部に微小な水滴が認められる 亀裂部から水が滴っている
加圧通水	亀裂から連続した水の膜が流れ出ている

[*1] 乾燥：周囲に起因する補償湿分を有したコンクリート．
[*2] 乾式ドリルコアによる亀裂両端の判定．

表 5.2-7：文献[5.2-56]に基づく亀裂に応じた充填材および充填方法の適用範囲

適用目的	亀裂，亀裂両端の湿分状態			
	乾燥	湿り	通水	
			無圧	加圧
封鎖	EP-T EP-I PUR-I ZL-I ZS-I	EP-T*1 EP-I*1 PUR-I ZL-I ZS-I	PUR-I ZL-I ZS-I	PUR-I*2 ZL-I*3 ZS-I*3
止水	EP-I PUR-I ZL-I ZS-I	EP-I*1 PUR-I ZL-I ZS-I	PUR-I ZL-I ZS-I	PUR-I*2 ZL-I*3 ZS-I*3
確実な結合	EP-I ZL-I ZS-I	EP-I*1 ZL-I ZS-I	ZL-I ZS-I	ZL-I*3 ZS-I*3
伸縮結合	PUR-I	PUR-I	PUR-I	PUR-I*2

EP-T，EP-I，ZL-I，ZS-I，PUR-I：5.2.2.1 に基づく表示．
*1 EP-T，EP-I：このために特に指定されたエポキシ樹脂の適用下．
*2 PUR-I：PUR-I 前に急速発泡 PUR(SPUR)の適用下．
*3 ZL-I，ZS-I：減圧のための仮止水対策と連携．

ウレタン樹脂が使用される[5.2-132 ～ 5.2-134]．
　表 5.2-8 は亀裂充填と充填方法に関する材料固有の適用条件を示している．亀裂の含浸には毛管吸上げが完了するまで亀裂充填材を連続的に供給することが必要である．

表 5.2-8：亀裂充填材と充填方法に関する材料固有の適用条件[5.2-34]

指　標			エポキシ樹脂による含浸 EP-T	エポキシ樹脂による圧入 EP-I	ポリウレタンによる PUR-I	セメントグルーによる圧入 ZL-I
亀裂幅 w			> 0.10 mm	> 0.10 mm*1	> 0.10 mm	> 3 mm*6
亀裂幅変化対策開始前のデルタ w		短期	不可	$< 0.1 w$ または < 0.03 mm*2	基礎試験に応ず*5	不可
		日々	不可	EP の強度進展に応じ*3	基礎試験に応ず*5	不可
		長期	不可	制限なし	基礎試験に応ず*5	不可
亀裂，亀裂両端の湿分			乾燥	乾燥または湿り*4	湿りまたは湿潤	湿潤
先行対策			条件なし	EP 充填不可	反復充填可	樹脂処理不可
亀裂原因			既知，非再帰的	既知，非再帰的	既知	既知，非再帰的

*1 基本的な亀裂延び部における幅．
*2 小さい方の値が基準．
*3 10 h 以内および相当注入時点において強度 ≥ 3.0 N/mm^2 であれば，制限なし．
*4 湿った亀裂の場合，特別な要件．
*5 通常 $< 0.25 w$．
*6 特別な方式の場合にはもっと小さくとも可．

5. 補　修

含浸には，常温硬化性，2成分系，溶剤なし，充填剤なしのエポキシ樹脂を使用することができる．合成樹脂は，亀裂がもはや樹脂を吸収しなくなるまで塗布される．合成樹脂は，毛管作用によって亀裂中に達する．このことは微細亀裂を下方からも含浸させることができることを意味している．もっと幅の広い亀裂は，樹脂が重力によって亀裂中に侵入することから，上方からのみ含浸充填することができる．含浸を行う場合の反応性樹脂の塗布には，ブラシによる塗布の他に，変形性素材製の注入漏斗と材料流送チューブの使用が適している．

亀裂注入の場合，注入材の注入は，注入パッカにより低圧器(20 bar まで)または高圧器(250 bar まで)で行われる．注入器は，圧力発生器，材料タンク，送出チューブ，注入パッカとの継手，場合によりミキシング装置，すなわち配合装置からなっている．1成分系注入では，注入材はプレミキシングされ，注入器で注入される．2成分系注入では，各成分は直接注入パッカに接続されているミキシングヘッドまで別々に送られ，ミキシング後に亀裂に注入される．これによって亀裂内で初めて化学反応が開始し，加工時間が不要となる[5.2-56]．

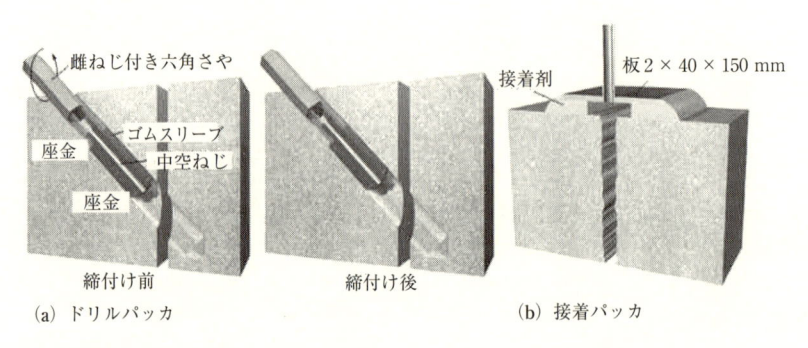

注入パッカは，亀裂中に穿孔挿入される(ドリルパッカ)(図 5.2-52(a)[5.2-135])かま

図 5.2-52：亀裂注入用注入パッカ[5.2-135]

たは亀裂上に接着される(接着パッカ)[図 5.2-52(b)][5.2-132, 5.2-136, 5.2-137]．

図 5.2-53 は ZTV[5.2-56]に基づく注入パッカの配置を表している(ZTV-RISS 93)．

ドリルパッカは，特に高圧注入で，亀裂が互いに変位している場合に使用される．穿孔は，亀裂内に垂直に行われるか，または側方から斜めに亀裂を貫いて行われる．六角さやの締付けによってゴムスリーブが圧縮され，ドリル孔中でパッカを止水，固定する．

接着パッカは，特に低圧で，亀裂が互いに相対して整列している場合に適用される．これはドリルパッカに比較して，亀裂が穿孔屑によって詰まることがないというメリ

5.2 修理

図 5.2-53：文献 [5.2-56] に基づく注入パッカの配置

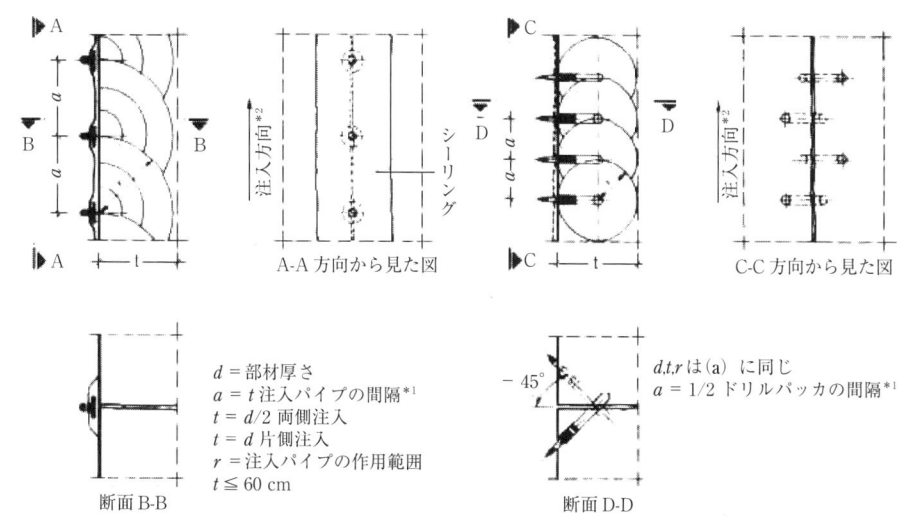

(a) 部材表面への固定（通常，接着剤による止水処理）
(b) ドリル孔への固定（ドリルパッカ）（通常，止水処理なし）

A-A 方向から見た図 / C-C 方向から見た図

断面 B-B:
d = 部材厚さ
a = t 注入パイプの間隔[*1]
t = $d/2$ 両側注入
t = d 片側注入
r = 注入パイプの作用範囲
$t \leq 60$ cm

断面 D-D:
d, t, r は (a) に同じ
a = $1/2$ ドリルパッカの間隔[*1]

[*1] 間隔 a はいずれのケースにあっても大幅に超えられてはならない．10～15%程度下回ることは問題ではない．部材厚さが $t > 60$ cm であるか，または変動的である場合には，注入パイプの配置は作業開始前に定められなければならない．
[*2] 注入方向：下方から上方へ．注入パイプの利用はそれぞれ先行注入プロセスにおける充填材の流出後に順次．

ットを供する．ただし，接着パッカの確実な接着は下地が乾いている場合にしか実現されず，したがって，亀裂から湧水している場合にあっては実施不能である．

十分に高い注入圧力を伝えるために亀裂周囲は止水され，すなわち表面部が封鎖される．このために例えばエポキシ樹脂ベース，ポリメタクリル酸樹脂ベースの目止め材が使用される [5.2-36]．

注入圧力は，コンクリートの種類と多孔度，亀裂の幅と枝分かれ度に依存している．亀裂の幅がほぼ均一でほとんど枝分かれしていず，コンクリートが相対的に密である場合には高圧方式が使用される．

亀裂が非常に多く枝分かれして狭まった箇所が多数存在し，コンクリートが多孔質である場合には注入は2段階で行われる．第1段階では低圧方式で注入材が注入される．樹脂が硬化した後，もう一度穿孔が行われ，150～250 bar の通常の高い有効圧力で樹脂が圧入される．残存していた隙間は，これによってすべてくまなく充填される．

コンクリート部材の損傷を避けるため最高注入圧力は，文献 [5.2-138] に基づいてコンクリート圧縮強さの最大33％に制限される必要があろう．

5. 補　修

　図 5.2-54 は亀裂注入の作業プロセスを示している．注入は，それぞれ下方から上方に向かって行われる．隣接パッカからの注入材の流出は，空洞が充填された証左である．終点には排気孔が設けられていなければならない．

　浸潤が広域的な場合には，止水さるべき部分全体に注入材が均等に行き渡るようにするため，注入孔の位置は網目状に配置される．こうした止水注入は，一般に水圧の存在に抗して実施される．

①　②　③

④　⑤　⑥

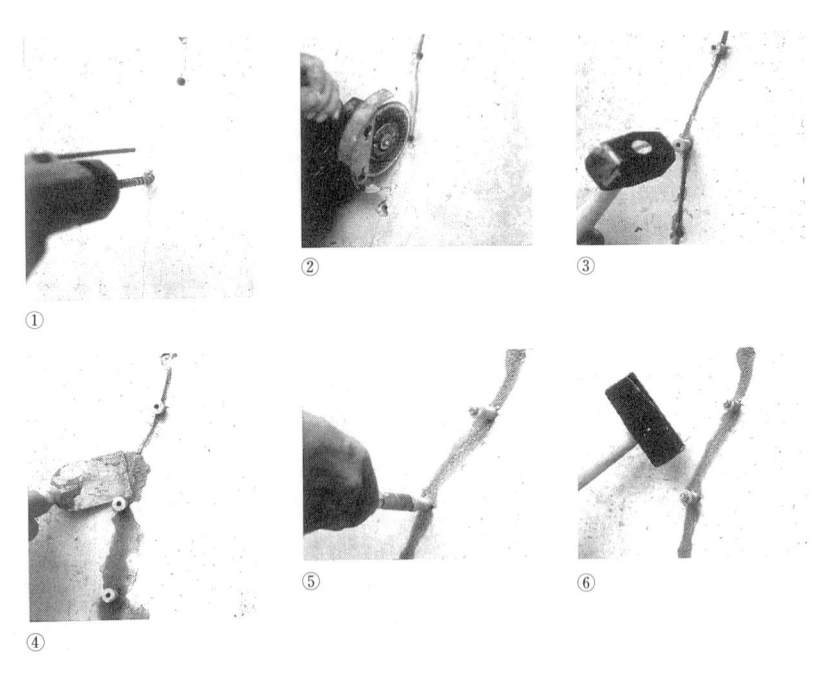

図 5.2-54：ドリルパッカによる亀裂注入の作業工程（Sto-AG 社）

　コンクリート製管渠や鉄筋コンクリート製管渠に生じた比較的規模の大きな浸水は注入により文献［5.2-136］に依拠して以下の手順で止水することができる．
① 　1 成分系ポリウレタンフォームによる浸入水の止水：注入材が水と接触する際に急速に発泡することにより独立気泡防水層が発生し，これが水のさらなる流入を暫定的に防ぎ，その後の注入材成分が反応終了するまで注入材が勝手に流失または洗い流されるのを防止することとなる．湿った箇所の濡れの程度がわずかでしかない場合にはこの工程を省くこともできる．
② 　2 成分系ポリウレタン樹脂による注入：この場合，空洞が充填され，場合により

前もって注入されていたポリウレタンフォームが圧縮される．伸び率の大きな軟弾性樹脂が生成し，これが水の浸入を止水し，例えば温度変化や荷重変化による構造物のその後の動きに際しても止水作用を保持する

③ 2成分系ポリウレタン樹脂による再度の注入：コンクリートとポリウレタン樹脂接触面において②に基づく注入に際してコンクリート隙間に閉じ込められた水がポリウレタンとの間で"発泡反応"を引き起こし，これによって局所的に樹脂とコンクリートとの接着を損なうことがあることから，場合により再度の注入が必要となる．その際，局所的に 250 bar までの圧力が発生しなければならないが，これは経験上から構造物には無害である［5.2-136］．

注入の実施ならびにそれに関する重大な事象は，記録化される必要があろう．
・亀裂状況，構造物における亀裂の位置．
・注入箇所(セットされたパッカの数，内法間隔)．
・各注入箇所の注入の開始と終了．
・発生した注入圧力．
・注入された注入材の種類，量．
・注入中の構造物温度，気温．
・特別な事象，例えば中断，注入材の流出．

図 5.2-55 に示した ZTV［5.2-56］の記録書式が記録化の範例として役立つであろう (ZTV-RISS 93)．

加工された樹脂から日々試料が採取され，日付が表記されなければならない［5.2-137］．

(3) 管継手の注入

歩行可能な断面管渠の管継手の注入は，先述した亀裂注入と同様にしてか，または特殊パッカを使用して実施することができる．これらのパッカは人力によるかまたは機械式で不良な管継手部に設置される．

図 5.2-56［5.2-139］は USA 特許化されたトリプルパッカ(US Patent No.3.951.173)を使用した各工程を示している．

両外側のパッカスリーブを膨張させてパッカを固定した後，注入材——一般にプラスチック溶液—が手で操作される注入ランス［図 5.2-56(a)］または組付け式の注入パイプを経て両スリーブの間の隙間(ゲルチャンバ)に押し込まれる．続いて中央のスリーブを膨張させることにより注入材が完全に前記隙間から不良な部分に押し出される［図 5.2-56(b)，(c)］．硬化した後にスリーブの空気を抜き，止水装置を次の損傷箇所に移動させることができる．注入プロセスは，監視スタンドを経て制御される．この種の

5. 補　修

受注者：	構造物番号：
	上：＿＿＿＿＿＿＿＿＿＿＿＿＿
	下：＿＿＿＿＿＿＿＿＿＿＿＿＿
日誌(ZTV-RISS)	日付：

充填方法　　　□ EP-T　　□ EP-I　　□ PUR-I　　□ ZL-I　　□ ZS-I

発注者(官署名)：＿＿＿＿＿＿＿＿＿＿＿＿＿＿＿＿＿＿＿＿＿＿＿＿＿＿＿＿＿
通し番号 No.：＿＿＿＿＿＿＿＿＿＿　所属亀裂記録　＿＿＿＿＿＿＿＿＿＿＿
実施された作業
　　　　　　　□ 準備作業　　　　□ 充填作業　　　　□ 後備作業
対策の規模：充填材消費量　約＿＿＿＿＿＿kg
気象データ
　　　　　　　　　　＿＿＿＿＿時　　　＿＿＿＿＿時　　　＿＿＿＿＿時
　　　晴れ　　　　　　　□　　　　　　　□　　　　　　　□
　　　薄曇り　　　　　　□　　　　　　　□　　　　　　　□
　　　曇り　　　　　　　□　　　　　　　□　　　　　　　□
　　　雨　　　　　　　　□　　　　　　　□　　　　　　　□
　　　気温℃　　　　＿＿＿＿＿　　　＿＿＿＿＿　　　＿＿＿＿＿
　　　湿度％　　　　＿＿＿＿＿　　　＿＿＿＿＿　　　＿＿＿＿＿
　　　測定記録テープ No.＿＿＿＿＿＿＿＿＿＿＿＿＿＿＿＿＿＿＿＿＿＿＿
　　　＿＿＿＿＿＿＿＿＿＿＿＿＿＿＿＿＿＿＿＿＿＿＿＿＿＿＿＿＿＿＿＿
　　　交通に関する記載　＿＿＿＿＿＿＿＿＿＿＿＿＿＿＿＿＿＿＿＿＿＿＿
　　　＿＿＿＿＿＿＿＿＿＿＿＿＿＿＿＿＿＿＿＿＿＿＿＿＿＿＿＿＿＿＿＿

自己監視の枠内における試験，把握事項
　　　□ 施工指針に基づく注入器の機能試験　＿＿＿＿＿＿＿＿＿＿＿＿＿
　　　□ 硬化試験，数　＿＿＿＿＿＿＿＿＿＿＿＿＿＿＿＿＿＿＿＿＿＿＿
　　　□ 予備試料，数　＿＿＿＿＿＿＿＿＿＿＿＿＿＿＿＿＿＿＿＿＿＿＿
　　　□ その他の試験，名称　＿＿＿＿＿＿＿＿＿＿　数　＿＿＿＿＿＿
　　　□ 亀裂特徴
　　　　　□ 亀裂幅変化　　　　　□ 亀裂の状態
　　　□ 材料供給のチェック(発注との比較)
　　　　　充填材　　　　□ 納品書　　　　□ キャニスター表示　　□ 量
　　　　　　　　　　　　　　No.＿＿＿＿＿
　　　　　　　　　　　　□ ロット No.（n）＿＿＿＿＿＿＿＿＿＿＿＿＿
　　　　　シーリング材　□ 納品書　　　　□ 表示　　　　　　　　□ 量
　　　　　　　　　　　　　　No.＿＿＿＿＿
　　　　　修理材　　　　□ 納品書　　　　□ 表示　　　　　　　　□ 量
　　　　　　　　　　　　　　No.＿＿＿＿＿
　　　□ 貯蔵・保管
説明，仕様との相違，特記事項：

適用条件の充足　　　□ 可　　　□ 否
日付：＿＿＿＿＿＿＿＿＿　署名：＿＿＿＿＿＿＿＿＿＿＿　検閲：＿＿＿＿＿＿＿
　　　　　　　　　　　　　　　　　　　　　　　　　　　　　　(発注者)

図 5-2-55：ZTV-RISS 93[5.2-56]に基づく記録書式

5.2 修 理

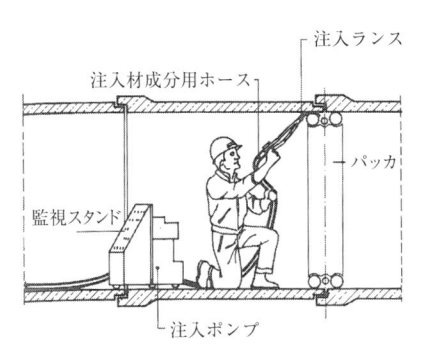

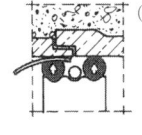

図5.2-56：トリプル注入パッカを利用した管継手止水の概略図解[5.2-139]

(a) 注入ランスをあらかじめ挿し込んだ後に両外側のパッカスリーブを膨張させてパッカを固定する

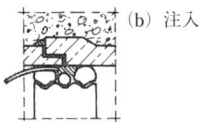

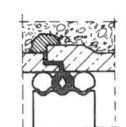

(b) 注入

(c) 内側パッカスリーブを膨張させて注入材を押し出す

パッカは，昇降マンホールの継目の止水，漏れ検査[4.5.1.4，5.2.2.4(1)参照]にも使用することが可能である．

この適用ケース用のダブルパッカの使用に際しても同一の工程が実施される．ただし，この場合には前記隙間からの注入材の押出しは，1～3 barの圧縮空気で行われる．この方式の適用範囲と前提条件については5.2.2.4(1)で述べられる．

パッカシステムを用いた歩行可能な管渠の管継手の注入は，歩行不能な呼び径範囲の場合とは異なり，ドイツではまだ普及していない．問題をもたらしているのは，特に大きな呼び径の場合，管継手の完全かつ均質な充填ならびにパッカ部に付着した注入材残滓による不可避な断面積減少である．こうした理由から主として以下に述べる方式が適用されているが，それは管継手部への適用を目的とした改良式亀裂注入である．

管継手の耐久的な止水を行うため，継目隙間への注入にはポリウレタンが使用される(図5.2-57)．プラスチック改質されたセメントモルタルによる内側からの継目密封は，注入プロセスにおいて止水機能と受台機能とを引き受ける．

この方式は，以下の工程からなっている．

・必要に応じ推進管の圧力伝

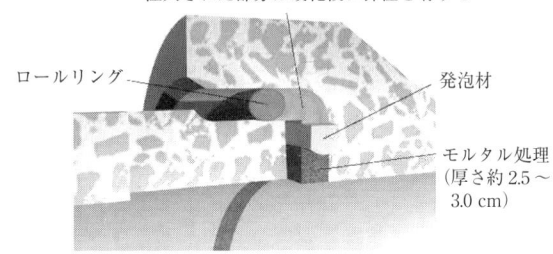

図5.2-57：モルタル支台を利用したドリルパッカによる不密性不良管継手注入の概略図

481

5. 補　修

達リングを取り去り，さらに継目パッキン材の残滓があればそれを取り去る．
- ソケット隙間を清掃する．
- 連続気泡材ストリップを残りの深さが 20 〜 25 mm になるまでソケット隙間に押し入れる．
- 残っているソケット隙間を速硬性モルタルで充填する．
- 管周全体にわたって 6 〜 8 個のドリルパッカを配置する（差口）．
- ポリウレタン系で下方から上方へ向かって管継手の連続的注入を行う（注入圧力は約 5 bar）．隣接上位のドリルパッカにおける注入材の流出は，下方注入区間が完全に充填されたことを表している．
- パッカを取り去る．
- ソケット検査器による漏れ検査（4.5.1.4 参照）．
- 注入孔のモルタル処理．

ポリウレタン樹脂としては，例えば Injekt 2300T，それと結び付いた Injektostop 2033 [5.2-140] を使用することができる．

これはルール地方衛生研究所ゲルゼンキルヒェンにより連邦保健庁プラスチック委員会のワーキンググループ"飲料水問題"によって公表された方法（"飲料水分野にかかわる食品・必需品法の枠内におけるプラスチックおよびその他の非金属材料の保健判定"，連邦保健公報 20，1977 年，p.124 以下）に基づいて調査され，硬化した状態に関して問題ないものとして判定された [5.2-141]．

前記対策により管継手裏側部に耐久的な弾性止水が保証される．

注入圧力に対する受台として注入されたプラスチック改質されたセメントモルタルは，管継手の表側に不可避な管渠の動き，モルタルの縮み，温度の影響等によって場合により亀裂を示すことがあろうが，このモルタル層は補修された管継手の水密性にとっては問題にならない．

止水結果をチェックするため，注入を完了し，ドリル孔を充填した後，漏れ検査（4.5.1.4 参照）が実施されなければならない．検査媒体が継目隙間に流入し得るようにするため，継目シールが部分的に開けられなければならない．

USA の一例（図 5.2-58）は，亀裂注入による同様な管継手の止水方法を示しており，この場合，以下の作業工程が実施された [5.2-142]．
- 鉄筋コンクリート製の呼び径 1 000 の管継手を高圧噴射水で清掃する．
- ソケット隙間に乾燥した麻縄を埋め込む．
- 管継手を強靭な収縮しないセメントモルタルで被覆する．
- 注入パッカを挿し込み（数は管渠呼び径と漏れの規模に依存している），ポリウレタ

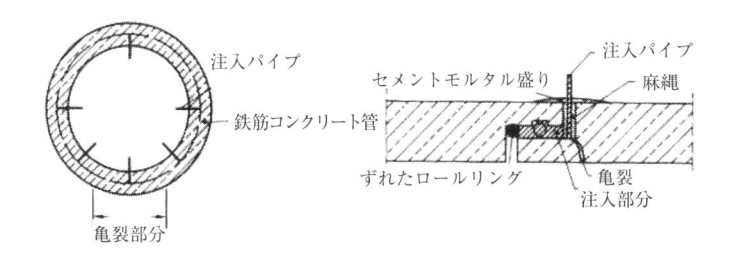

図 5.2-58：注入パイプを介した管継手の止水［5.2-142］

ンを注入する．
・漏れ検査．

5.2.2.4　歩行不能断面管の内側からの注入

歩行不能な呼び径範囲に使用される注入方式は，以下を目的としている．
・浸入および流出を防止するための局所的に限定された漏れの止水．
・静的耐荷力の回復．
　その際，設定された目標と使用箇所とに応じて異なったパッカシステムと注入材が使用される．これらは，
・管継手の注入，
・管胴部分またはスパン部分の注入，
・取付管および接合部の注入，
・塞止め方式，
に応じて区別される．

5.2.2.4.1　管継手の注入

　管継手の注入—これはソケット注入とも称される—にあっては，主としてアクリル樹脂，ポリウレタン，エポキシ樹脂をベースとした注入材が使用される（5.2.2.1 参照）．これらの注入材には異なったパッカシステム，それぞれに使用される成分に関する異なったミキシング技法が必要である．
　一般に以下のように区別できる．
・アクリル樹脂ベースの注入，
・ポリウレタン樹脂ベースの注入，

5. 補　修

・エポキシ樹脂ベースの注入．

　特に管継手の注入にあっては，それぞれに使用されるパッカシステムの使用下で注入の実施前と実施後に漏れ検査が実施される．その際に要される検査圧力と検査基準，ならびにパッカシステムに求められる特別な要件は **4.5.1.4** に述べられている．注入の実施前には ATV の要件が適用され，注入の実施後は DIN［5.2-32］の要件が適用される（ATV-M 143 Teil 6，DIN EN 1610）．現在使用されているパッカシステムがすべてこれらの要件を満たしているとは限らず，質的な漏れ判定を許容するにすぎないことがあることから，この漏れ検査の実施に対する注入パッカの適性が証明されなければならない．

(1)　アクリル樹脂ベースの注入

　この方式グループを代表するものとして以下に Posatryn 方式，Seal-i-Tryn 方式，テレグラウトシステムを詳しく説明する．

a．Posatryn 方式の特徴　　Posatryn 方式は，1960 年に米国で開発され，1975 年以降，ドイツで適用されている Penetryn 方式を基礎としている（Patent-No.3.168.908/3.168.909）［5.2-6，5.2-146，5.2-147］．

　それぞれの損傷箇所部に注入を行うパッカがテレビカメラの観察下で設置される（図 **5.2-59**）．

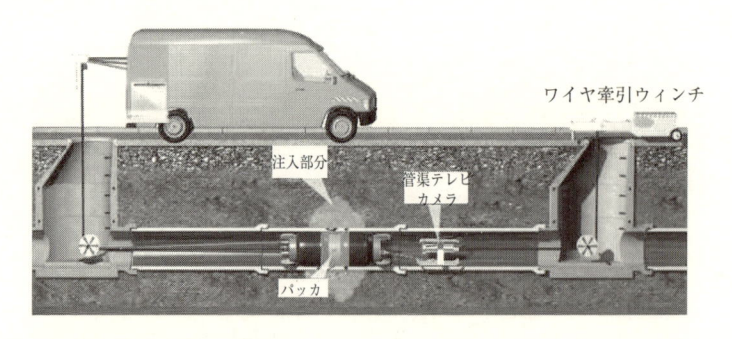

図 **5.2-59**：Posatryn 方式の概略図

b．適用範囲，方式適用前提条件　　Posatryn 方式は，レンガ積管渠を除く呼び径 150～4 500 の下水分野で常使用されているあらゆる材料製の円形管の管継手，横方向亀裂ならびに局所的に限定された漏れの止水に使用されるのが好適である．200/350 以上の卵形用にも同じく適切なパッカが供されているが，その他の断面形状については特注が必要である．

好適な適用範囲は，地下水水位下にある管渠であるが，それは注入に際して生成するゲルに湿分が都合よく作用するからである．

注入は，現場から約 150 m の距離まで実施可能である．

これらのパッカシステムを利用した漏れ検査と注入は，検査空間ないし注入チャンバの耐密性を前提としている．しかしながら，この前提条件は，
・激しい管変形，
・管内壁の堆積物または管壁に付着する肥厚物質（かさぶた），
・内部腐食と物理的摩耗，
・管材料の多孔性，
・ライニング素材の折れ線状ライニングによるか，または吹付け法で塗布されたコーティング表面の吹付け粗度に起因する管内壁の激しい不整性（**5.3.1.8** 参照）状態，
・パッカ密接部の亀裂，管破損，
・労働保護上から，例えば既製塗布反応性樹脂コーティングのサンダー処理によって人為的に粗立てられた表面，
・止水に必要な圧力をパッカスリーブ内に発生することができない管渠構造状態，
などに起因する不良性によって損なわれるか，または阻害されることがある．

上記の事情に対しては場合によりゲル生成注入材のプレ注入，パッカスリーブに軟質ゴムを使用するかまたはロングパッカを使用すること［**5.2.2.4.2** 参照］によって対処することが可能である［5.2-148］．

c．予備作業　予備作業としてはそれぞれのスパンの清掃と，修理されるスパンのパッカ通過を妨げる排水障害物の除去を含む．

中央に排水路を持つパッカを使用する場合には，塞止めが生じない限り管渠排水能力の 50 % までの使用を維持することが可能である．

d．作業フロー　**図 5.2-60** は各作業工程を示している．必要な器具—管渠テレビカメラとパッカ—は，昇降マン

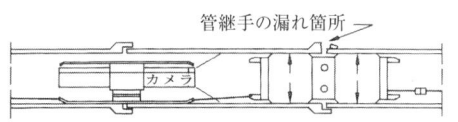

2体式パッカの位置決めとパッカスリーブの膨張による固定

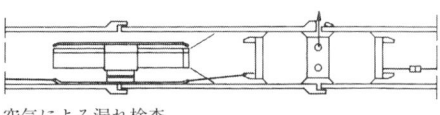

空気による漏れ検査

注入

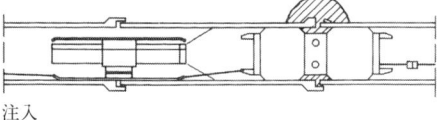

空気による漏れ検査．2体式パッカの排気

図 5.2-60：Posatryn 方式の作業フロー

5. 補 修

ホールを経て管渠内に搬入され，遠隔制御によって損傷箇所までウィンチ牽引され，同所に設置される．

パッカ(図 5.2-61, 5.2-62)はゴム製の2個の膨張式スリーブならびに2種の注入材成分供給用の2個の孔を具えた円筒形の剛性中央ユニットからなっている．2つの注入孔の一方は二重式とされ，漏れ検査用の空気の供給に利用される．

呼び径700以上の円形ならびに400/600以上の卵形管には，昇降マンホール蓋の大きさに適合された分解式のパッカ(図 5.2-63)が使用される．

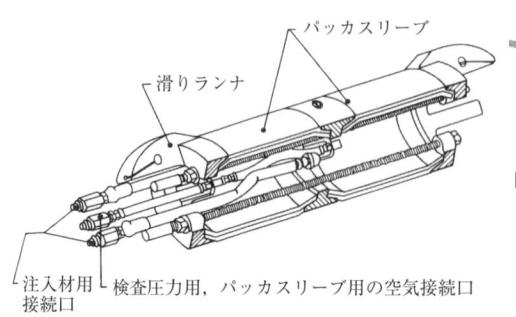

図 5.2-61：2体式パッカの断面図(Patent No.3.168.908)

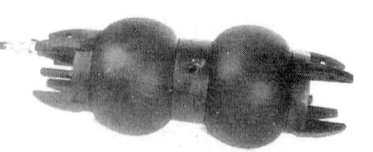

図 5.2-62：空気注入によって膨張させられた状態のPosatryn方式用パッカ(Kanal-Müller-Gruppe 社) [5.2-189]

図 5.2-63：分解式パッカ(Bucher GmbH 社)

ゴムスリーブの損傷を避けるため小型のパッカには滑りランナが装備され，大型パッカにはローラが装備されている．

カメラの監視下で損傷箇所に正しく設置された後，パッカは2つのパッカスリーブを膨張させて固定される．両スリーブの間の空間は，残りの中央ユニット管によって気密・水密止水されている．

第二の作業工程では，特に不可視な浸入水のある管継手の漏れ検査がATV(4.5.1.4参照)の検査基準の適用下で両パッカスリーブの中間空間に空気を圧入して行われる(ATV-M 143 Teil 6)．

漏れが確認された場合には，第三の作業工程で2種の注入材成分の同時圧入による本来の注入が行われる．Posatryn方式では，このために一般に2成分系アクリル樹脂(5.2.2.1 参照)が使用される．両成分は，中間空間(パッカを取り巻く環状空間)内で混合され，1～3 barの注入圧力で空洞に注入される．溶液はそこで化学反応して透明な弾性軟質ゲルを形成し，これは水の作用下で膨潤して所望の止水を実現する．注入溶液の反応時間は15～30秒の範囲内で調節可能である．

前記に続いてすぐに実施される DIN[5.2-32]（**4.5.1.4 参照**）に基づく空気による漏れ検査により，第四の作業行程として止水結果の検証が行われる（DIN EN 1610）．

まだ漏れが確認された場合には，注入プロセスが反復されなければならない．圧力測定は，直接それぞれの損傷箇所に配備されたパッカで直接行われ，ディジタル化されて監視モニタに送信される．

最後にパッカスリーブが排気される．次の損傷箇所への移動とともに注入材残滓の除去が行われる．

Posatryn 方式では，例えば呼び径 100 の管につき 1 日当り約 150 箇所の管継手を検査し，そのうち約 60 箇所につき注入を行うことが可能である．過剰な材料は清掃によって取り除くことができる．

e．所要人員，装備　歩行不能呼び径範囲における Posatryn 方式の実施には 2 名の作業員が要され，取付管，歩行可能範囲における同方式の実施には 3 名の作業員が要される．

全装置（**図 5.2-64**）[5.2-149] は 1 台のトラックに搭載されており，基本的に圧縮空気装置，注入装置，管渠テレビカメラ装置，ならびに付属の測定，監視，制御の各装置からなっている．さらに遠隔制御によって設置を行うために少なくとも 1 基の電動ウィンチが必要である．

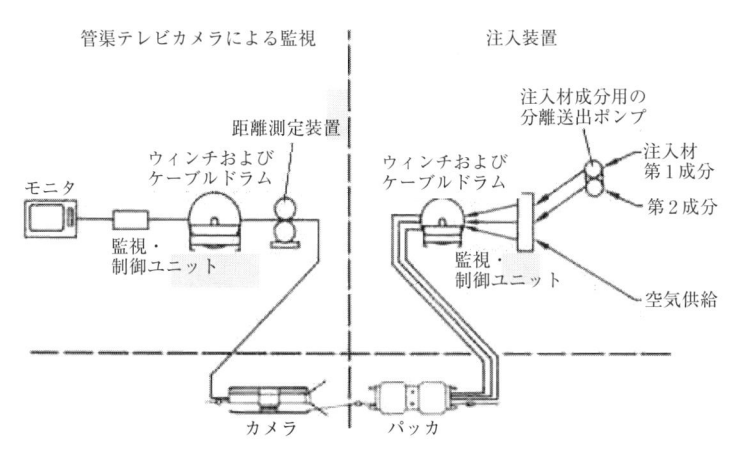

図 5.2-64：Posatryn 方式用装置の概要 [5.2-149]

f．判定　Posatryn 方式は，以下の長所を有する．
・工事作業ないし掘削作業を必要としない．
・排水能力を最大 50 ％まで維持できる．

5. 補　修

- 150 m までの管渠距離を1箇所から補修できる．
- あらゆる管材料，および円形断面，卵形断面，特殊断面に使用できる．
- 150〜4500 までの呼び径に適用できる．
- もっぱら不良箇所への限定によって経費節約が可能である．
- わずかな人員，機器コストで効率的な作業が実現される．
- 空気または水による漏れ検査で結果を直ちにチェックすることができる．
- 断面積減少が生じない．
- 注入材に樹根侵入防止剤を添加することができる．
  一方，以下の点が短所として存在する．
- 管外周の空洞が比較的大きい場合，位置ずれが比較的大きい場合，温度が0℃以下の場合には，この方式を限定的にしか適用できない
- 静的な管損傷，縦方向亀裂，管破損には適用できない．
- 地下水の流れが激しいと同時に漏れが大規模な場合，漏れ部の汚れが激しい場合等には必ずしも常に成果が保証されるとは限らない．
- 注入材について 5.2.2.1 に述べた制限が当てはまる．
- アクリル樹脂の注入は常に湿った場所でしか有効でない．

g．Seal-i-Tryn 方式

Posatryn 方式と原理的に同じこの方式用に新しいパッカが開発された[5.2-150]．これは2つの膨張式チャンバを組み込んだ一体式の高弾性耐磨耗性スリーブで覆われた連続アルミ円筒からなっている(図 5.2-65)．

図5.2-65：呼び径 600 用の Seai-I-Tryn 方式膨張パッカ(IBAK GmbH & Co.KG 社) [5.2-150]

この一体式スリーブにより管壁に対する環状空間は極端に小さくされ，これによって注入材の消費が減少する．ただし，漏れ検査器として使用する場合には質的な漏水判定しか行えない(**4.5.1.4 参照**)．

パッカの中央部には注入材用の1個の流出孔しかない．2種の注入材成分は，空洞内に流入する前にミキシングバルブ(高圧ミキシングヘッド)を通過し，これによって集中的なミキシングが行われる．ただし，この配置によって必ずしも常に問題が解決されるわけではない．

パッカへの供給は，長さ150 m の4連フレキシブルホースによって行われる．これらは，注入材用(2本)，パッカスリーブ圧縮空気用，空気または水による圧力検査用である．

このシステムは，呼び径150〜1 200[5.2-151]用に一体型が供給可能である．呼び径600以上については2体型が供給されることから，昇降マンホールからの搬入が可能である．

h．テレグラウトシステム　テレグラウトシステムは，米国のHalliburton社によって開発された[5.2-152]．

このシステムは，3体式パッカ(**図5.2-66**)を使用し，これは3種のバリエーションで150〜700の呼び径に使用することが可能である．

① バリエーション1：パッカを損傷箇所に設置した後，3つのパッカスリーブがすべて同時に膨張させられる[**図5.2-67**(a)]．ただし，その際，中央のスリーブは損傷部から空気または水を排除するために若干素早く膨張する．両外側のスリーブは，管壁に密着して止水が実現するように膨張させられるが，中央のスリーブ部分には漏れ検査，注入を行うための狭い環状隙間が残される[**図5.2-67**(b)]．

② バリエーション2：このバリエーションでは，まず両外側のパッカスリーブのみが膨張させられ，残存している中間空間に注入が行われる[**図5.2-68**(a)]．中央のパッカスリーブの膨張によって注入材は不良な箇所または周囲土壌中に押し出され[**図5.2-68**(b)]，その結果，作業終了後には管内に注入材残滓はほとんど残っていないこととなる．

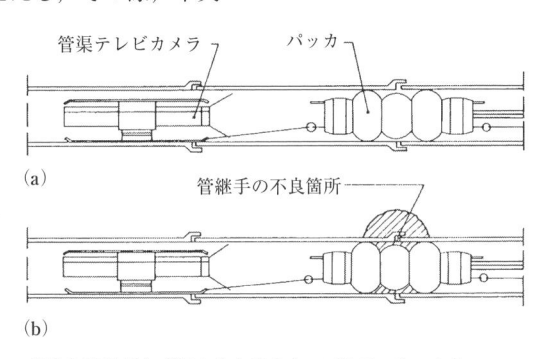

図5.2-66：3体式パッカ(BCS System AG社；Telespector社)

(a)

(b)

図5.2-67：テレグラウトシステム，バリエーション1 (Halliburton社，BCS System AG社，Telespector社)

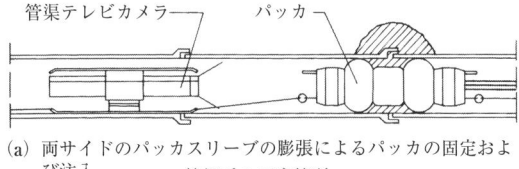

(a) 両サイドのパッカスリーブの膨張によるパッカの固定および注入

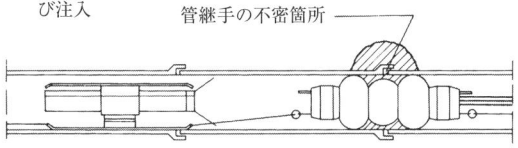

(b) 中央のパッカスリーブの膨張による注入材の押出し

図5.2-68：テレグラウトシステム，バリエーション2 (Halliburton社，BCS System AG社，Telespector社)

5. 補　修

③　バリエーション3：このバリエーションでは，中央のパッカスリーブはもはや膨張させられない．同パッカスリーブは液体で満たされており，パッカヘッドの前部に配置されて管渠テレビカメラによって把握される圧力計と直接接続されている（図 5.2-67 参照）．このように装備された中央のパッカスリーブは，漏れ検査，注入に際する圧力示度の監視装置として利用される．

(2)　ポリウレタン樹脂ベースの注入

以上に述べたアクリル樹脂ベースの止水方式との基本的な相違は，最終状態における大きな接着力と高い強度の点で卓越しているポリウレタンの取扱いの難しさにある．これには硬化したポリウレタン樹脂からの高い分離性を有するとともに注入材を注入空間から完全に押し出すことのできるパッカスリーブを具えた特殊パッカが必要である．

この方式グループを代表するものは，Cherne 方式と MUSA 方式（プリストレスされた注入止水によるソケット補修）である．

a．Cherne 方式　　1972 年に米国で開発された Cherne 方式（US-Patent 3.894.131）は，3 個の膨張式スリーブないしチャンバを具えた特殊パッカを使用している［5.2-57，5.2-153］．

図 5.2-69 は作業フローを表している［5.2-154］．

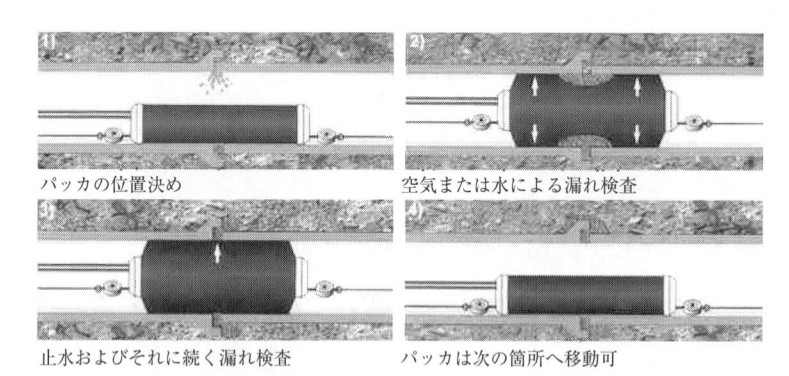

パッカの位置決め　　　　　　　　空気または水による漏れ検査

止水およびそれに続く漏れ検査　　パッカは次の箇所へ移動可

図 5.2-69：Cherne 方式の作業フロー（Scheiff GmbH 社）［5.2-154］

パッカへの供給は，
・注入材用（2本），
・両サイドのパッカスリーブ膨張用，
・中央のパッカスリーブ膨張用，

・空気による漏れ検査用(**4.5.1.4** による量定式漏れ検査には不適である),

の5連フレキシブルホースによって行われる.

使用される注入材 Scotch Seal 5610(**5.2.2.1** 参照)—アセトンに溶解された液状の1成分系親水性プレポリマー—のゲル生成時間は,温度に左右され,促進剤によって制御される.同生成時間は通常約 25 ～ 60 秒であり,最終状態で柔軟な粘弾性を具えたゲルが生成する.

注入プロセスは,同一箇所につき反復可能である.この方式の実施には 2 ～ 3 名の作業員が必要である.

b．MUSA 方式　　MUSA 方式の注入の作業工程を実施するためのパッカシステムは,Cherne 方式と同様である.ただし,さらに求められたソケット水密性を検証するための検査チャンバが前置され,前処理として管継手部の継目隙間の汚れを洗い流すための回転式高圧洗浄機が備えられている(**図 5.2-70**,**5.2-71**)[5.2-155].

2 成分系ポリウレタンには特別な要件が求められた.これは,発泡せずに水中で加工できるとともに最終生成物の硬度が 75 Shore A で,現在通常使用される管シールよりも若干高く,所定の体積膨張が材料の凝固後に生ずるように配合された.この体積膨張は,圧縮シールと同様に注入された管継手の継目隙間に応力状態を作り出すこととなる[5.2-156].

必要とされる材料品質を保障するため,双方の注入材成分は,再循環により加熱ホースを経てパッカに送られ,同所に組み込まれているダイナミックミキシングヘッドによって混合される.

この方式は,呼び径 200 ～ 800 に使用可能である.

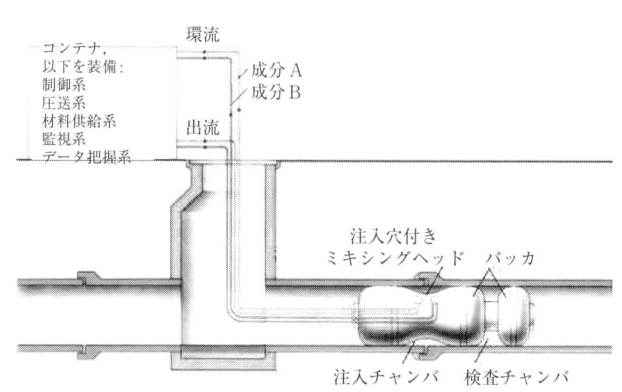

図 5.2-70：管内作業中の MUSA 方式パッカシステム[5.2-155]

図 5.2-71：MUSA 方式用パッカシステム[5.2-155]

5. 補　修

(3) エポキシ樹脂ベースの注入

　この方式グループの代表はイギリスで 1983 年に開発され，もともと "AMK" の名称で知られていた Amkrete Resin Injection Process 方式である［5.2-157，5.2-158］．これは呼び径 100 〜 500 までのコンクリート製，陶製，アスベストセメント製，鋳鉄製の管渠の漏れ，縦方向亀裂，横方向亀裂，管破損，管外周空洞の止水，または固化に使用される．スパン長は，両側からアクセスできる場合には 300 m までに達し，片側からしかアクセスできない場合には 150 m までに達し得る．

　2 成分系エポキシ樹脂の注入は，両端がフラットになり，中央部が最大 3 mm の厚さに達する 1 本の環状隙間を具えた特殊パッカ（目下のところ最大長さ 3 m まで）で行われる（図 5.2-72）．

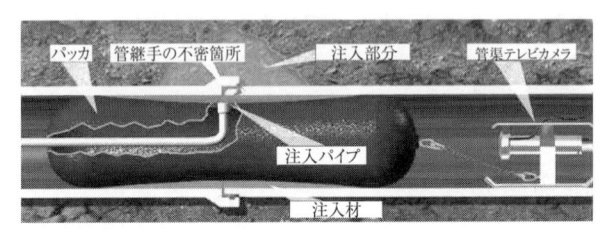

図 5.2-72：AMK 方式ないし RIM 方式による管継手の止水（AMK Pipe Technologie Ltd. 社）［5.2-157］

　このパッカは，温度に応じ 90 〜 120 分間その場所にとどまる．ゲル生成時間が 30 分の注入材の反応は，24 〜 36 時間後に完了する．この間に管渠は早くも再び利用することが可能である．

　パッカの形状により管渠の注入部分には最大 3 mm の厚さのコーティングが残存する．

　メーカーデータによれば，2 〜 3 名の作業員で 1 日当り 3 〜 4 回の注入を実施することが可能である．

5.2.2.4.2　管体部分，スパン部分の注入

　管体部分またはスパン部分の注入の目的は，管外周も含めた損傷した管体または人孔間の水密性および静的耐荷力の回復である．

　止水注入には，アクリル樹脂ベースの注入材によるロングパッカ（図 5.2-75 参照）が使用される．

　水密性と静的耐荷力の回復には，ジャンセン下水管渠補修システム（亀裂・亀甲補修システムとも称される）［5.2-159］ならびにプレスライニング方式［5.2-160］が利用される．

5.2 修理

(1) ジャンセン下水管渠補修システム

この方式には，長さ1.40 mの3体式の膨張ホースパッカが使用される．カメラ監視下で損傷箇所にパッカを設置した後，パッカに圧縮空気が吹き込まれ，2 barの圧力で2成分系ポリウレタンが注入される（図5.2-73）．変形を生じていた管部は，このプロセスによって本来の状態に復旧され，亀裂，穴，周囲土壌の隙間や空洞は地下水の影響下にあっても充填される．注入材料は，温度に応じおよそ15～30分以内に硬化する．注入された土壌の圧縮強さは5～10 N/mm^{2}に達する．

この補修は，呼び径100～600の管渠において断面の狭小化なしに，かつ排水路を維持しつつ実施することができる．ポリウレタン系に代えてシリケート樹脂を使用することも可能である[5.2-159，5.2-161]．

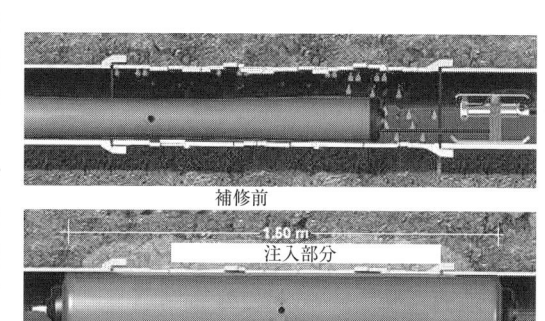

図5.2-73：ジャンセン下水管渠補修システム
（Umwelttechnik社，Franz Janβen GmbH社）[5.2-159]

(2) プレスライニング方式

プレスライニング方式（Europa Patent No.03462561）は，主として呼び径100～300までの変形を生じた管渠部分の補修用に開発された[5.2-160，5.2-162]．この装置は，当初の円形断面を回復するための油圧作動式のキャリブレーションヘッドとそれに接続され，継目，亀裂，穴，管外周の止水，固化を行うための注入パッカからなっている（図5.2-74）．装置は修理されるスパンを通して最大5.0 kNの力でウィンチ牽引される．この方式でスパン全体の補修を行う場合には，装置は注入終了30秒後に注入チャンバの長さのおよそ半分だけ移動させられ，これによって新たな注入が行われる際に先行区間との間にオーバーラップが生ずる．

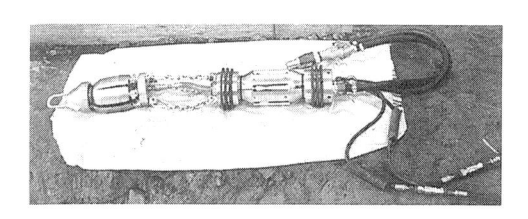

図5.2-74：プレスライニング方式のキャリブレーションヘッドとそれに接続された注入パッカ
（Kanal-Müller-Gruppe社）[5.2-160]

5. 補　修

5.2.2.4.3　取付管と取付管接続部の注入

　管渠用テレビ技術の発展によって非常に小型のカメラが開発された結果（4.3.2.1 参照），現在では呼び径 100 ～ 150 の取付管内へのパッカの設置も可能となっている．
　使用されるパッカは，使用場所に応じて以下のように区別される．
・もっぱら取付管部，構造物下の宅内排水管部の注入用パッカ．
・限定された取付管部分ならびに集水渠への接続部分を同時に注入するためのパッカ．
・取付管接続部（取付管）の注入用パッカ．

（1）　取付管

　取付管部の注入には，フレキシブルな中間ピースによって互いに接続された2つの膨張式パッカスリーブを具えたロングパッカが使用される（図 5.2-75，5.2-76）．パッカの引込みは，ウィンチによるか，またはパッカの先端に配置された空気圧駆動式の自走式牽引装置［5.2-163］によって行われる．

図 5.2-75：Posatryn 方式用のロングパッカ ［5.2-148］

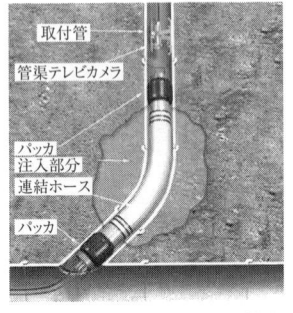

図 5.2-76：ロングパッカでの注入による取付管の止水（Roditec 社）

　環状隙間が大きく，注入材が厚く固着する場合には，ロングパッカの取出しが困難となることがある．

（2）　取付管と接続部分

　1回の工程で取付管の接続部分も一緒に止水することができる最も簡単な方法は，管渠内の取付管接続部に直接標準パッカまたはロングパッカを使用すると同時に，取付管に遮断エアバッグを使用することである（図 5.2-77）．この方法では，注入材は遮断封鎖された部分全体に圧入され，したがって漏れ部と同時に地盤にも達することとなる．注入作業の終了後，管内でゲル化した注入材が除去されなければならない．
　注入材消費量の減少は，米国で開発され特許された"LSS"システム（Lateral Sealing System）によって可能である［5.2-164，5.2-165］．同システムは，基本的に延長された円筒形中間ユニットを擁した特殊パッカで構成されており，中間ユニットから側方に合成樹脂クロスホースの形の補助パッカが圧縮空気によって取付管内に送り込まれるように構成されている（図 5.2-78）．

このホースは膨張した状態で先端が肥大し，取付管を約 2.50 m の奥行きまで気密密封する．管壁とクロスホースとの間に圧入された注入材は，不良な箇所を通って周囲土壌中に侵入し，接続部ならびにこの取付管部分自体を止水する．

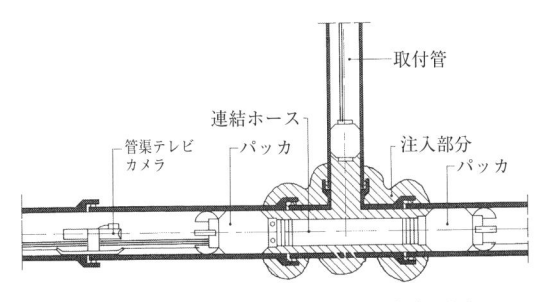

図 5.2-77：取付管と幹線管渠接続部との同時止水に際するパッカの配置（Kanal-Müller-Gruppe 社）[5.2-160]

取付管は様々な角度から管渠に合流していることから，パッカの中央円筒部は遠隔制御によって回転させることができる．パッカの正しい位置は，テレビカメラを経て調整，チェックすることができる．ちなみに一切の機能は遠隔制御で操作され，監視される．

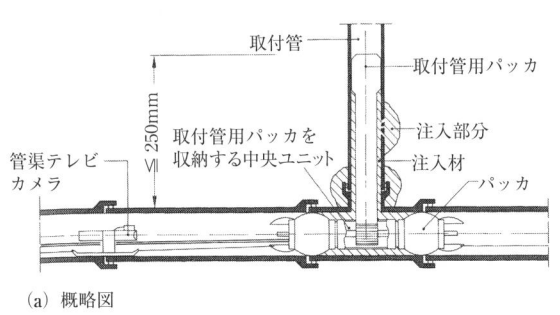

(a) 概略図

(b) 合成樹脂クロスホースが一部引き出された LSS システム（Kanal-Müller-Gruppe 社）[5.2-160]

図 5.2-78：Lateral Sealing System (LSS)

(3) 取付管接続部

特に取付管ないし幹線管渠や取付管接続部の補修にはポリウレタンベースの注入方式 [5.2-159] または結合剤としてのセメントをベースとした注入方式 [5.2-166] が使用される．いずれの場合にも，カメラの監視下で補修車両から遠隔制御されて修理対象接続部に設置される特殊パッカが使用される（**図 5.2-79，5.2-80**）．

図 5.2-79 はポリウレタン注入用のパッカを示している．パッカ位置の微調整は，側方に配置されシャシーと接続された 2 本の調整ねじを介したパッカクッションの上下動によって行われる．パッカに圧縮空気が送り込まれた後，注入が実施される．約 20 分後にパッカを再び排気して取り外すことができる．現在，呼び径 200〜250 までの

5. 補　修

図 5.2-79：引き込まれた状態，引き出された状態のポリウレタンベースの取付管注入用パッカ（Franz JanßenGmbH 社）[5.2-159]

(a) パッカ

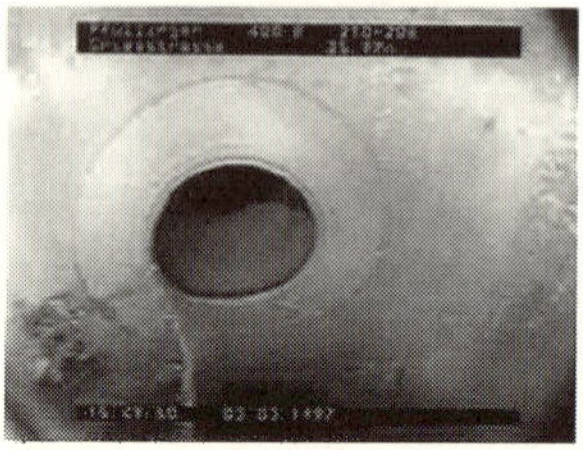

(b) セメントモルタル圧入後の取付管

図 5.2-80：セメントモルタルの圧入による取付管の補修（Umwelttechnik Strobel GmbH 社）[5.2-166]

管渠用と 300〜600 までの管渠用の 2 つの基本タイプが使用されている．

図 5.2-80 は結合剤としてのセメントをベースとした取付管注入用パッカを示している．準備作業（例えば、突き出た取付管または堆積物のフライス切除，高圧洗浄による剥がれかけている部材の除去）の完了後，パッカは搭載ミニカメラの監視下で当該接続箇所に設置される．続いて取付管パッカが電動リールウィンチと圧縮空気によって繰り出されて膨張させられ，注入に最適な位置に置かれる．これに続くパッカの膨張によってパッカは管壁に圧着させられ，主管の取付管部を約 60 cm の長さにわたって密閉する．2.5 bar での圧力によるセメントモルタルの圧入は，ホースを経てパッカと接続されているコンクリートポンプによって行われる．コンクリートポンプの圧力は，絶えず測定され，監視される．

1996 年に開発されたこの方式により，地下水の影響，取付管取付角度，損傷種別（取付管の引込み，破損，大小の環状隙間または飛出し）に関わりなく取付けが不適正な取付管の補修を行うことができる．このパッカシステムは，呼び径 250〜600 に使用可能である．

この方式グループを代表するもう一つの方法は，システム "Kanaltec" [5.2-167] である．異なった 2 種のロボットで呼び径 200〜300 ならびに 350〜600 がカバーされる．取付管の直径は 100〜150 mm であってよい．

5.2.2.4.4 塞止め方式

　塞止め方式は，管渠スパンを注入材の輸送路，分配路として利用するとともに漏れ箇所を注入孔として利用する2液式注入を特徴としている．必要な注入圧力は，当該スパンないし管渠網区域の塞止めによる静水圧によって作り出される．

　この方式のグループを代表するものをアルファベット順にあげれば，例えば以下のとおりである．

・Rathosan[5.2-168]，
・Sanipor[5.2-169, 5.2-170]，
・Silfast[5.2-171]，
・Superaqua[5.2-172 〜 5.2-174]．

(1) 適用範囲，前提条件

　この方式はメーカー情報によれば，漏れまたは亀裂を生じた管渠ないし管継手，取付管，マンホールのそれぞれの止水，さらにまた部分的な管破損の止水に利用されるが，その際，各構造物の安定性がなお維持されていることが前提とされなければならない．

　漏れ部では注入材の針入度に応じ管外周の土壌が同じく止水され，二次的に固化される．

　この方式は，下水分野において通常使用されるすべての管材料，レンガ積管渠，任意の断面形状に使用することが可能であり，その際，150 〜 600 の呼び径が好適である．

　適用は，一般にスパン単位（約60 〜 80 m）で行われる．複数のスパンならびにマンホール，取付管を同時に，または別個に扱うことも可能である．この方式の適用にあたっては，スパン，マンホール，取付管等はすべて使用停止されなければならない．

　地質学的，地下水学的な適用限界については，5.2.2.1でシリカゲルベースの注入材に関して述べた記述が当てはまる．ゲル生成時間は，2つの成分が土壌中で十分に混合され得るように調整されなければならない．この時間が短すぎる場合には，溶液が出会う際に急速な反応によってゲル膜または遮断層が形成され，これが第2の溶液の道を塞ぐと同時に，これによって第1の溶液の全面的な浸透が不可能となる．

　特別なケース，例えば管外周の土壌の透水性が高く，部分的に激しい浸入水がある場合には，例えばセメント懸濁液による予備的な止水，地下水水位の低下または方式の多重適用等の特別な対策が必要となることがある．

5. 補　修

(2) 方法の詳細

a．予備作業　対象スパンならびに所属の取付管を使用停止し，場合により必要な排水路を設けた後，高圧洗浄機で清掃が行われるが，これは汚れが時として2種の成分の化学反応に影響することがあるからである．

b．作業フロー　止水は2工程で行われる（図 5.2-81）．第一の工程では当該スパンがマンホールを経て溶液Aで満たされ，場所的条件に応じ 0.1 ～ 0.4 bar の圧力がかけられる（図 5.2-82）．その際，この溶液は漏れ箇所ないし同箇所を通じて土壌中に浸入する．これ

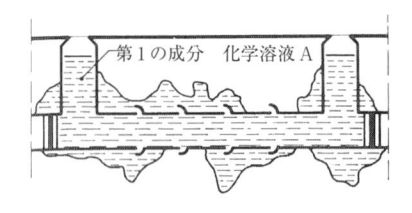

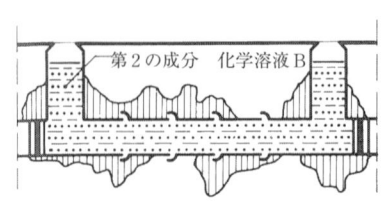

図5.2-81：塞止め方式の作業フロー

によって引き起こされる圧力損失は，圧力低下がもはや認められなくなるまで連続的に注入材を供給することによって補償される．およそ15 ～ 30分後（方式により40 ～ 60分のこともある［5.2-168］），第二の工程で溶液Aの残りがスパンからポンプ排出され，続いて溶液Bが同一条件下で充填される．空洞中に残留している溶液Aとの反応

(a) 現場装置　　(b) 充填液位のチェック　　(c) 露出されたテスト区間

(d) 漏れ部の固化土壌

図5.2-82：塞止め方式［5.2-170］

により不可逆水密硬質ゲルが生成する．この注入プロセスは溶液 B のポンプ排出によって終了する[5.2-175]．

この注入技法の原材料は，あらゆる混合比で水と非常に急速に混合することのできる液状水ガラス(**5.2.2.1** 参照)である．この液状水ガラスに化学反応と水の脱離によるシリカ分子の重縮合によってシリカゲル形成をもたらす試薬または有機化学物質が添加される．最も汎用されているのは，ナトリウム水ガラスである．ゲル形成は，方式に応じて急速または緩慢に行われる．

耐久的な固化に水ガラスを使用することは全く問題がないわけではない．形成されたゲルの強度と，さらに注入の行われた砂礫層のレオロジー特性も水ガラスの組成によって大幅に左右される．さらに地下水が存在する場合には地下水と混じり合って希釈される恐れがある[5.2-92]．

漏れが大きい場合，管外周の土壌の透水性が高い場合には，圧力をコンスタントに維持することは一般に困難である．こうした場合には，注入ロセス全体が複数回にわたって反復されるが，その際，各溶液は短い作用時間の経過後に再びポンプ排出される．存在する空洞は，こうした反復によりそれが生成ゲルによって完全に止水されるまで徐々に充填されることとなる．

回収された溶液は，工場サイドで浄化・再生された後，再使用することができる．

溶液の使用量を減少させるため，ZM 方式(**5.3.1.6** 参照)と同様に，スペーサを備えた空気圧式ホース型枠を止水対象スパンに装入することができる．

1 日当り平均で 1 スパン(50 〜 60 m)の注入を行うことができる．

c．最終作業　スパン内に残留している溶液 B の残滓は希釈された溶液 A で中和される．この工程は，注入結果を検証するための漏れ検査と組み合わされるのが合理的である．

止水されたスパンは，その直後に使用を再開することが可能である．

Sanipor 方式では，スパンは水で洗浄され，残存ゲルが除去される．これはゲルが約 2 日後になってようやく最終強度に達することから可能である．洗浄水は管渠を経て排水される[5.2-169]．

補修対策結果を検査するための本来の漏れ検査は早くとも 7 日間が経過した後に実施される必要があろう．

(3)　所要人員，装備

塞止め方式の実施には 3 〜 5 名の作業員が必要である．

清掃，点検に要される機器の他に，十分な数の遮断エアバッグならびに分離式のポ

5. 補 修

ンプ装置や吸引装置を搭載した2～4台のタンク車両，工具，検査器具を収容したコンテナが必要である．

判定　この方式の長所としては，以下の点があげられる．
・断面形状，断面寸法，管材料に無関係である．
・スパン，取付管，構造物の止水が1工程で可能である．
・工事作業が不要である．
・管に大きな漏れがあり，土壌が注入可能であれば，止水と同時に損傷部の土壌の固化が行える．
・人的コスト，機器コストがわずかである（新規布設費用1/3と推定）．
・断面積減少が生じない．

一方，短所としては，以下の点があげられる．
・2種の溶液が所定の条件下で混合されず，その結果，硬化した状態で強度または密度の点で不均一性が見込まれざるを得ない．
・注入が2液式であることから，それぞれの注入先端に溶液AあるいはBも混じらずに存在し，そのまま隙間水ないし地下水に流れ出る危険がある．
・管内壁部に溶液Bの供給過剰が見込まれる．
・配合を慎重に行っても周囲環境の化学的条件が注入結果に影響し得る．

5.2.2.5　ジェットグラウチング方式，ソイルフラクチャリング方式

土壌の粒度分布によるDIN[5.2-82]に基づく注入以外の方式としてはジェットグラウチング方式とソイルフラクチャリング方式である(DIN 4093)．

日本で開発されたジェットグラウチング方式にあっては，既存の土壌構造が掘削と土壌の排出によって部分的に破壊されてセメント懸濁液によって置き換えられる．これはドイツでは1980年に初めて適用された．ドイツでは，特にこの方式を実施する特殊会社の命名により，例えばSolicrete方式，Rodinjet，Terrajet，高圧注入方式または高圧土壌モルタル処理として知られている．

実施に際しては3工程に区別される(**図 5.2-83**)．第一工程では通常のボーリング方式を用いてボーリング孔が所定の深さまで掘り下げられる．この場合のボーリング方式は，ほとんどの場合に回転式ウォッシュボーリングである．

第二工程では，ボーリング洗浄からノズル注入への切換えが行われ，空気混入された水もしくはされない水，またはセメント懸濁液の噴流によってその有効範囲内の土

壌が掘り崩され，その大部分がボーリング孔環状隙間を通って上方へ洗い流される．土壌の掘崩しと同時に洗い流されなかった残りの土壌がセメント懸濁液または粘土-セメント懸濁液と混合される．ただし，粘結性土壌にあってはほとんどの場合に独立した第三工程としてこの混合が行われる．この土壌セメント処理は，一部は高圧で（約 500 bar），一部は比較的低圧（約 50 bar）で実施される[5.2-176]．

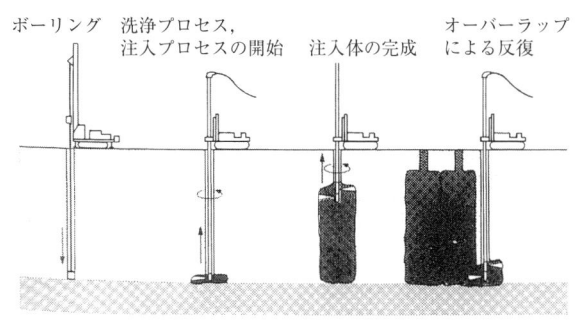

図 5.2-83：ジェットグラウチング方式の作業フロー[5.2-177]

表 5.2-9 にあげた 28 日強度値は，固化した土壌-セメント混合体の圧縮強さと弾性率の基準値として想定することができる[5.2-177]．

表 5.2-9：ジェットグラウチング方式による固化した土壌-セメント混合体の物理的特性[5.2-177]

土壌の種別	圧縮強さ[N/mm^2]	弾性率[N/mm^2]
ローム質のシルト	0.3 ～ 0.5	60 ～ 450
砂質のシルト	1.5 ～ 5.0	500 ～ 2 000
シルト質の砂	5.0 ～ 10.0	2 000 ～ 5 000
砂利質の砂	5.0 ～ 15.0	3 000 ～ 10 000
砂質の砂利	5.0 ～ 20.0	4 000 ～ 20 000

この方式では，高圧注入が行われた後，注入材が固化するまで強度特性の低下したゾーンが短期的に土壌中に存在し，これが地盤の応力事情に応じて土壌運動を引き起こすことがある．したがって，注入順序の決定にあたっては，軟化した土壌ゾーンをできるだけ小規模とすることに留意しなければならない．

この方式は，土壌の除染に際しても適用される（7.参照）．1959 年に米国で特許された（U.S.-Patent-No.2.917.085），ジェットグラウチング方式に類似した修繕方式は，地下空洞の適正な作製とそれに続く同空洞の充填を予定している（図 5.2-84）．この場合，所定の空洞範囲の遵守とその監視が問題である．

ジェットグラウチング方式の原理は，日本で開発された垂直方向に陥没した管渠区間を外側からの注入によって位置修正するための Scope 方式に際しても適用される．この方式は，以下の作業工程に区分される[5.2-178, 5.2-179]．

① 直径 65 ～ 100 mm のケーシング盲孔を掘り下げ，それに続いて持ち上げられる管

5. 補　修

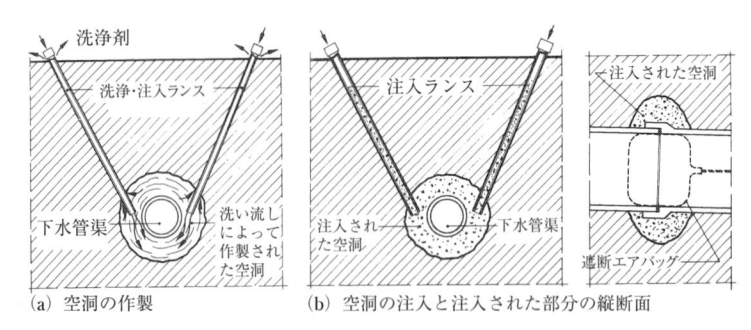

図 5.2-84：限定された地下空洞の適切な作製と注入（U.S.-Patent No.2,917,085）

渠区間上方に位置修正の間の地盤の沈下や隆起を防止するための注入シールドを作製する工程［**図 5.2-85(a)**］．

② 管の持上げに必要な空洞を作製するために，注入シールド下端と管頂との間の土壌を高圧水噴射によって液状化し，土壌排出孔を経て固体-液体-混合物を吸引排出する工程［**図 5.2-85(b)**］．

③ セメント懸濁液の注入によって管底下方の地盤を計画的かつ合理的に裂開することによって管渠区間を持ち上げる工程［**図 5.2-85(c)**］．位置修正は，管渠テレビカメ

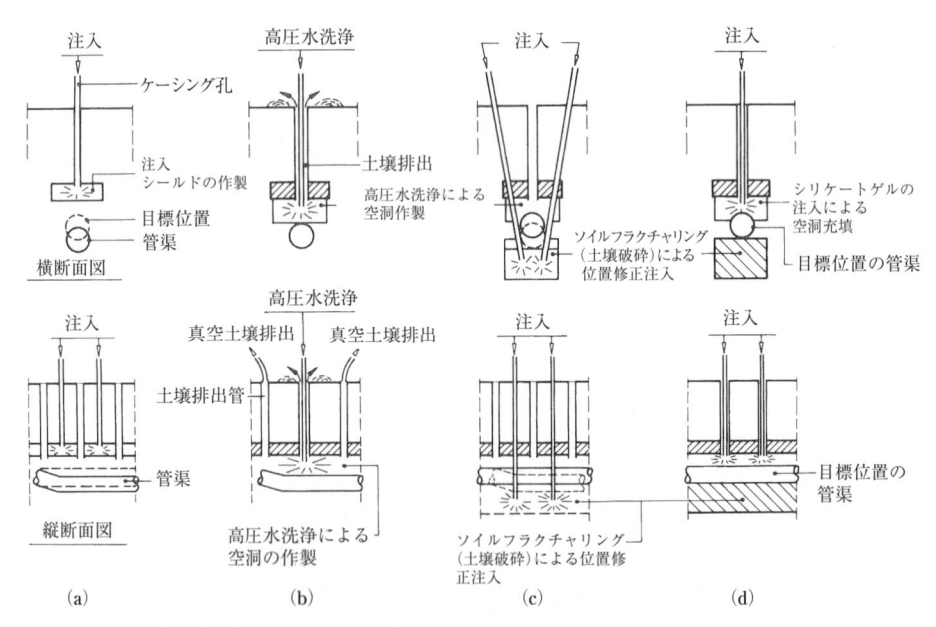

図 5.2-85：地下位置ずれ修正のための Scope 方式［5.2-179］

ラによる不断の管渠監視下か，またはホース水準器(4.3.2.2 参照)による高さ測定下で段階的に実施される．

④ シリケートゲルの注入によって管渠上方の全空洞を充填し，さらにボーリング孔をセメントモルタルで充填する工程［図 5.2-85(d)］．

メーカー情報［5.2-178, 5.2-179］によれば，Scope 方式で ± 10 〜 20 mm の精度による位置修正を実現することができる．この方式は，土被りが 3 m を超える管渠に経済的に適用することが可能であり，その際，地下水の存在または管外周の土壌種別による制限はほとんどない．

位置修正された管渠区間の新たな位置ずれは，この部分の土壌が固化されているため確実に防止される．またそれと同時に基礎条件の改善と当該管渠区間の水密性が達成される．予備作業の過程で，接触もしくは交差している公共サービスへの影響が考慮されなければならない．

前記の Scope 方法は，基本的に実際に使用されている，例えば以下のようなあらゆる注入方式を組み合わせたものである．

・注入シールドを作製するための，主として地盤内の自然の空洞構造を利用して注入材が圧入される DIN に基づく代表的な注入（DIN 4093［5.2-82］）．
・位置修正に必要な当該管渠区間上方の空洞の作製と安定化のためのジェットグラウチング方式．
・所望の目標位置に管渠区間を持ち上げるためのソイルフラクチャリング方式．

ソイルフラクチャリング方式は，注入不能な，微粒質の，特に沈下しやすい軟弱な，または脆弱な土壌の安定化と固化に使用される．

この場合，土壌はセメント懸濁液の圧入によって計画的かつ合理的に裂開される．こうしたフラクチャリングによって生じた人為的空洞—英語では fracs と称される—に侵入した注入材は，そこで凝固固化し，個別注入の回数に応じて多様に枝分かれした固体骨格を形成する．通常，注入はスリーブ管方式によって行われる［5.2-124］．通常の注入技法と同様に個々の注入孔は，地表から扇状またはパラレルに当該層中に掘り下げられる．

図 5.2-86 はソイルフラクチャリング方式の土壌力学的効果を示している．初期状態において通常の団結度の，垂直応力よりも水平応力の方が小さい土壌にあっては，最初の主として垂直方向に形成された固化セメントによって水平方向の負荷と圧縮効果が土壌中に生ずる．

先に注入されたセメントが硬化するまで待って行われる爾後の注入—これは特に数多くの新たな枝分かれを生ずることとなる—により，平均して水平負荷および垂直負

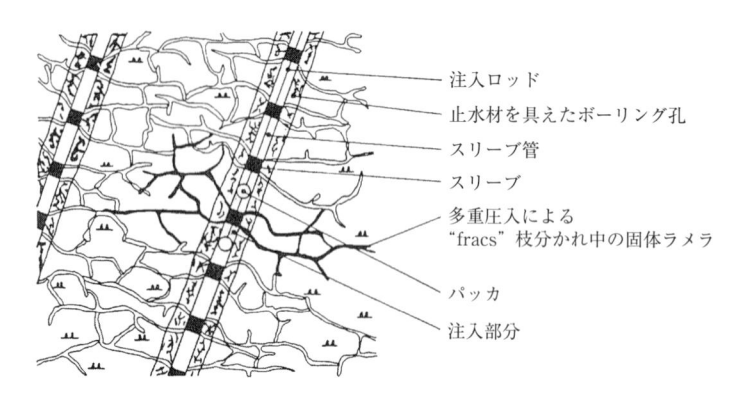

図 5.2-86：ソイルフラクチャリング方式の原理[5.2-176]

注入ロッド
止水材を具えたボーリング孔
スリーブ管
スリーブ
多重圧入による
"fracs"枝分かれ中の固体ラメラ
パッカ
注入部分

荷とさらなる圧縮とが均衡するに至り，注入部分の深さに応じ最初の隆起傾向が生ずることとなる．隆起が回避されるかまたは回避が可能となるように適正に行われない場合には，この段階で注入は一般に終了させられる．

達成された注入圧力，圧入された注入材量，地盤中における注入箇所の間隔，ならびに土壌特性に応じ，例えば次のような土壌パラメータ—強度，剛性，粘着力—の決定的な改善が実施される[5.2-176]．

5.2.3 止水方式

止水方式とは，水密性の回復，場合により耐荷力の安定化を目的とした局所的に限定された対策の方式として理解される．通常，これは以下に区分できる．
・外側からの止水：縮みホース，アウタースリーブ．
・内側からの止水：表面処理，シール材，インナースリーブ．
　外側からの止水には溝の掘削が必要である．以下ではDIN[5.2-180]に基づく構造物止水は扱われない．それはここで論じるには特別なケースなので，文献[5.2-181]の詳細な記述を参照されたい(DIN 18 195)．

5.2.3.1 外側からの止水

(1) 縮みホース
　数年前から下水道分野においても給ガスや給水分野において定評のあるDINに基づ

5.2 修理

く縮みホース―現場では縮みスリーブとも称される[5.2-183]―呼び径1 200までの管継手の止水に使用されている[5.2-184] (DIN 30672[5.2-182]). 縮みホースは，熱可塑性止水接着剤の内面コーティングを具えた放射線照射ポリエチレンで構成されている．

放射線照射されたプラスチックは，それに安定剤が配合されると，特に以下の特性を示す[5.2-183].

・腐食性媒体に対する耐性が向上し，油，酸，アルカリ，腐食性土壌，オゾン，紫外線に対する特に高度な化学的耐性を有する．
・材料は広範にわたる耐クリープ性を有する．
・耐老化性が向上する．
・脆化が減少する．

修理目的用の縦割りされた縮みホース（図 5.2-87）が前もって清掃され，予熱された止水対象管継手に巻き付けられ，適切なシールシステム―止水板またはクロムニッケル鋼製のフレキシブルな帯金―で止水される．組付けの間に生じた不良な管継手の仮止水，および空洞の充填にもそれぞれの管部に螺旋状に巻き付けられる塑性シールバンドが使用される．

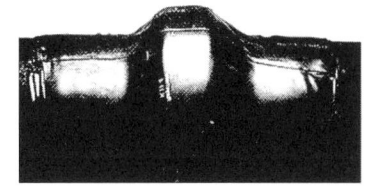

図 5.2-87：呼び径350までのソケット継手止水用のシール帯金付き割り縮みホース（Raychem社）[5.2-184]

スムーズに調節できるプロパンガス開放火炎によるスリーブの加熱により収縮力が生じ，これによって空洞および不整箇所に可塑性シール接着剤が圧入される結果，曲げ，縦方向動きを可能とする確実な水密管継手が形成される．

図 5.2-88は鋳鉄管を例とした縮みホースによる管継手シールの作業手順を示している．収縮プロセスは，
・縮みホースが管継手の全周にわたって完全に焼き嵌めされ，
・縮みホースが冷えた箇所や気泡なしにスムーズに圧接し，シール接着剤が両端から押し出された状態にあれば[5.2-184],
完璧に行われたこととなる．

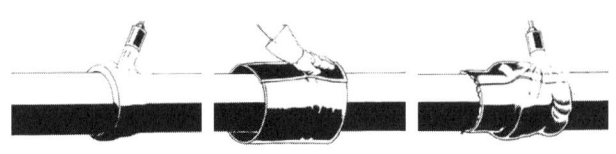

(a) 被覆される面を約60℃に予熱する
(b) 縮みホースを巻き付ける
(c) スムーズ調節された黄色プロパンガス火炎により縮みホースを収縮させる

図 5.2-88：不良な鋳鉄管継手の縮みホースによる止水作業手順[5.2-184]

5. 補　修

(2)　アウタースリーブ

　局所的に限定された漏れ，例えば横方向亀裂や縦方向亀裂，限定された管破損，不良な管継手（いんろう継手）―これらは水平方向や垂直方向のわずかな位置ずれとも結び付いている―の外側からの止水にはエラストマインナーコーティングを具えたステンレス鋼製の組立て式スリーブが使用される（図5.2-89）．

　この種のスリーブにより，下水道建設分野で使用されるあらゆる管材料製の呼び径1 200までの円形管の止水が可能である．これは取扱いが容易で，30 mmまでの外径の違いがあっても使用可能である．

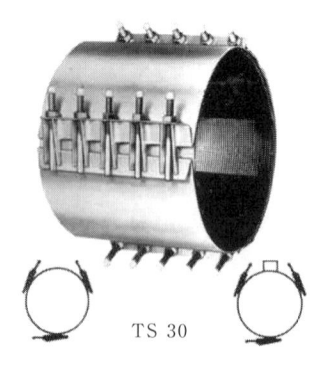

図5.2-89：外側からの止水用の3体式スリーブ[5.2-185]

　メーカーデータによれば，スリーブ最小幅は約200 mmであるか，またはそれぞれの管直径に合わされている必要があろう．具体的な適用ケースにあっては，幅は損傷規模に150 mmのオーバーラップ寸法を加えて決定される．プラスチック管については50％増しのスリーブ幅が必要である．PE管は，メーカー情報によればこの方式で耐久的な止水を実現することはできない[5.2-185]．

　作業フローとしては，
・管の漏れ部の清掃，
・管およびスリーブ内側への滑剤（石鹸液）の塗布，
・スリーブの組立て，
・漏れ検査，
である．

　上記の適用ケースの若干については5.2.1.2に述べた市販のスリーブシールまたは締付け継手（1.7.1も参照）を使用することもできる．

5.2.3.2　内側からの止水

5.2.3.2.1　表面処理によるコンクリート面の止水

　マンホールまたはその他の排水構造物内，ならびにコンクリート製ないし鉄筋コンクリート製の歩行可能な管渠内の面状の漏れは，非常に多様な材料を使用した表面処理によっても止水することができる．

5.2 修理

無圧の水に対する止水には液状ケイ化剤が使用されることが多い．

ケイ化とは，文献[5.2-186]に基づき"水分と反応するケイ酸エステルの含浸による無機建設材料の固化"として理解される．

止水作業の内容は，湿った，吸収性ある下地に対するケイ化剤の吹付けと，その直後のシール材の後塗りである．

必要とされる材料の量は，吸収性，コンクリート表面の構造ならびに対象温度によって定まり，おおよそ以下のとおりである[5.2-187，5.2-188]．

- $0.4 \sim 0.5 \, \mathrm{kg/m^2}$ ケイ化剤，
- $2.0 \sim 2.5 \, \mathrm{kg/m^2}$ シール材．

70年代初頭からカナダ，米国では圧力地下水の場合にもコンクリートシール材Xypexが使用されている[5.2-189，5.2-190]．

これはポルトランドセメント，非常に微細に加工されたケイ砂，特許で保護された様々な化学物質からなっている．

粉末状のこの材料は，水と混合され，約$0.8 \, \mathrm{kg/m^2}$の使用量でコンクリート表面に吹き付けられるか，または塗布される[5.2-189]．

化学物質は，コンクリート隙間中に浸透し，コンクリートに含まれている遊離石灰を不溶性の結晶に変化させる．これが水に対してコンクリートを止水するが，ただし防湿層は形成されない．このシール材は，表面のみならず，コンクリート内部でも作用することから，メーカー情報によれば，圧力地下水による漏れが生じている場合にも適用することが可能である[5.2-190]．

処理されるコンクリート表面は，清潔で，セメント滓，汚れ，外皮，塗料，コーティング，その他の異物が付着していてはならない．さらにコンクリート表面は，シール材がコンクリート中に侵入し得るように開放毛管系を有していなければならない．コンクリート表面が滑らかすぎる場合には，塩酸で前処理するか，または軽度な湿式サンドブラストが行われる必要があろう．

コンクリート中の欠陥箇所，例とえば亀裂，欠陥継目，隙間等は健全な地肌が現れるまで削り取られなければならない．

表面の吸収性をチェックし，表面処理の本来の効果を助け，コンクリート隙間深部における結晶形成を保障するために，シール材の適用前にコンクリート表面は清潔な水で慎重に湿らされなければならない．過剰な表面水は，シール材の適用前に除去される必要があろう[5.2-190]．漏水の激しい不良箇所は，あらかじめ止水されなければならない．Xypex層が十分に硬化して，もはや微細噴霧水による損傷を受けない状態になれば，直ちに水の吹付けによる後処理が開始されなければならない．

Xypex は，メーカー情報によれば，アルカリ性，酸性に対するコンクリートの耐性を向上させる．耐性は，pH 3.5 までテストされている．こうした処理を施された構造物は，さらに圧縮強さが向上する[5.2-189]．

Xypex は USEPA，カナダ農業省，欧州の保健官庁により飲料水または食品を収容するコンクリート建造物に使用することが認可された．その他に様々な国の国立材料試験・検査機関において不透水性試験が実施された[5.2-190]．

無圧水または加圧水に対するコンクリート構造物面またはレンガ積構造物面の止水に適したその他の材料は，セメント結合された表面シール材，いわゆるシール材ないし防水材である．これはセメントとケイ砂の他に一般にセメント反応性の合成樹脂添加物や無機添加物を含んでいる．

シール材は，漏れ程度に応じ，少なくとも2回の工程で，刷毛，均しこて，みがき板，仕上げ塗り装置または吹付け装置を用い，通常，湿対湿方式で約2～3.5 mm の厚さに塗布される．市場に出回っているシール材は，例えば Ombran ASP，Ombran B[5.2-191]，PCI Kanadicht[5.2-38]である．**表 5.2-10** は一例として PCI-Kanadicht のテクニカルパラメータを示したものである．

表面加工，表面処理の施工，監視，検査，試験には，AGI 指針 K 10[5.2-186]，セメント結合された硬質シール材および軟質シール材に関する注意書[5.2-193]ならびにそれぞれのメーカーの指定が適用される．

表 5-2-10：シールスラッシ PCI-Kanadicht のテクニカルパラメータ[5.2-192]

基準	PCI-Kanadicht
加工温度	＋5～＋25℃まで（地下温度）
加工時間*	約30分
嵩密度	1.2 kg/dm³
モルタル密度	2.0 kg/dm³
層厚さ	土壌が湿っている場合には少なくとも 2.0 mm 無圧の水の場合には少なくとも 2.5 mm 水柱5mまでの水容器の場合には少なくとも 3.5 mm
消費量	1.6 kg/m（層厚さ mm 当り）
歩行可[*1]	約2日後[*1]
水負荷可[*1]	約3日後[*1]
温度耐性	－25～＋80℃まで
圧縮強さ[*2]	
3日後	25 N/mm²
7日後	35 N/mm²
28日後	40 N/mm²
曲げ強さ[*2]	
3日後	4.0 N/mm²
7日後	5.5 N/mm²
28日後	8.0 N/mm²

[*1] 下水構造物において通常の状態．
[*2] DIN 1164 に準拠．

5.2.3.2.2　シール材による継目および管継手の止水

歩行可能な呼び径の管の継目および管継手を事後的に止水する可能性の一つは，DIN に基づくシール材(弾性シール材，塑性シール材)，継目シール材[5.2-194, 5.2-195]

の取付けである(DIN 19543[5.2-194],DIN EN 476[5.2-195]).DIN 19543 は 1997 年 8 月以降 DIN EN 476 に代えられた.後者はシール材について特別には立ち入っていないことから,以下では DIN 19543 からの抜粋も引用することとする.

シール材は,以下の点で DIN に基づく要件を満たしていなければならない(DIN EN 476[5.2-195]).
・水密性.
・物理的負荷(曲げおよびせん断荷重)に対する気密,水密性.
・耐腐食性.
・耐熱性.

材料の化学的影響と変化については,DIN 19543 に以下のように述べられている.

"腐食性を有する水,土壌または気体と接触するシール材は,その機能性を損ずることなく腐食に耐えるように製造されるか,またはそのように保護されるかしなければならない.この要件は,適切な期間—少なくとも 7 日間—にわたって少なくとも＋35℃にて管渠内において気密,水密機能が保持され,それに続く圧力試験に際して管継手が水密性を保っている場合に満たされているとみなされる.

特に次の点が配慮されなければならない.
・シール材混合成分間の適合性,
・シール材と管材料との相互作用,
・シール材揮発性成分の損失,
・空気および腐敗時に発生する気体がシール材に及ぼす作用,
・シール材と下水,地下水および土壌との相互作用.

管継手の機能性は,pH 値が 2〜12 の下水,および ATV[5.2-198]に基づく事業所排水の場合でも保障されていなければならない(ATV-A 115).

例えば,前処理施設より前方で上記とは異なる特性を有した汚水が発生する限り,実際に当該管渠に流入する水質が考慮されなければならない".

(1) 弾性シール材

弾性シール材とは,DIN[5.2-194]に基づき"シールさるべき継目に弾性変形を利用して押し込まれるエラストマ製のシール材である(DIN 19543).加圧下にある液体に対するそのシール効果は,シール材の変形によって生ずるゴム弾性復元力に依存している".

弾性シール材は DIN[5.2-199,5.2-200]とに基づく要件を満たし,均質な組成を有していなければならない(DIN 4060,DIN EN 681-1).その表面は,その機能を損うような欠陥,不整性を有していてはならない.

5. 補　修

"排水コンクリート管・鉄筋コンクリート管用の固定取付けされたエラストマ製シール材を具えた管継手に関する施工・試験原則"(1984年版ベルリン－ドイツ建築工学研究所[5.2-201])も適宜参照されなければならない．

止水効果は，前述したようにエラストマの硬度に応じシール材を継目に押し込む際の同材の変形によって生み出される復元力に起因する接触部材による圧着力に基づいている(圧縮シーリング)．接着は，一般に不要である[5.2-202，5.2-203]．

エラストマシール材の止水効果にとっての一つの重要な前提条件は，継目壁への不断の圧着に必要なプレストレスを達成するための最低歪みの遵守である．そのため止水さるべき継目または管継手は，正確に測定されなければならない．シール形材の寸法決定に際しては，部材動きから予測される継目幅の変化と継目に作用する水圧が考慮されなければならない．

さらにコンクリート部材については，継目の構造と継目部の部材表面にDINが適用される(DIN 18540[5.2-204])．"継目側面は，裏当て材料に十分なホールドを供するため $t = 2b$ (b：継目幅) の深さまで平行に走っていなければならない．……継目側面は，継目シール材によってもたらされる引張り応力を吸収し得るだけの強度と耐荷力を有していなければならない．継目部の損傷箇所を修繕するためのモルタルは，十分な強度と耐裂性を有するとともに非常に細孔の少ない表面を有し，コンクリートに十分付着しなければならない"．継目側面が粗すぎる場合には，必要に応じて研磨されなければならない．

Fermadur方式は，弾性シール材を基礎とした方式であり[5.2-205](図 **5.2-90**)，円

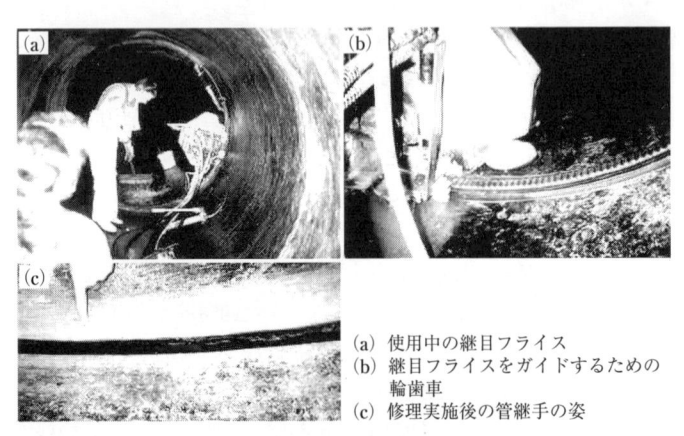

(a) 使用中の継目フライス
(b) 継目フライスをガイドするための輪歯車
(c) 修理実施後の管継手の姿

図 **5.2-90**：弾性シール材による歩行可能呼び径の管継手の止水
　　　　　　(Fermadurシールシステム，Denso Chemie)[5.2-205] (IfK, Bochum)

形断面を有したシール形材が使用される．呼び径1 200以上の管継手の専門的かつ適正なシールを行うため，管渠内の特別な使用条件に合わせた管継目用フライスが開発された．このフライスは，管内の突合せ継目を所要の幅(少なくとも15 mm)と深さ(少なくとも50 mm)で正確に切開することができる．これによりエラストマシール材の均等なプレストレスが保障される[5.2-206]．メーカーデータによれば，変形が高度な場合には，水圧1.0 barまでの水密性を実現することが可能である．継目側面の接着は不要である．

日本で開発されたHydrotiteシールも弾性シール材である．これは吸水性樹脂と組み合わされた膨張性の押出しクロロプレンゴム混合材であり，様々な寸法の円形，方形ならびに特殊断面のシール帯に加工される．従来のネオプレンと組み合わされたシール材も同じく提供されている．膨張効果は，水に溶解した塩類の濃度と種類，水の運動ならびに水のpH値によって影響される(図5.2-91)[5.2-207]．中性の水にあっては，継目側面への相応した圧力を伴う当初体積の10倍までに達する体積膨張が生じ得る[5.2-208]．初期止水効果を達成するため断面と寸法は，非膨張材料に対して弾性シール材に通常のプレストレスが達成されるように選択される．メーカーデータによれば，シール材が水と接触している限りいったん達成された圧着圧力が維持される．

(a) 膨張前と膨張後の状態[5.2-208]

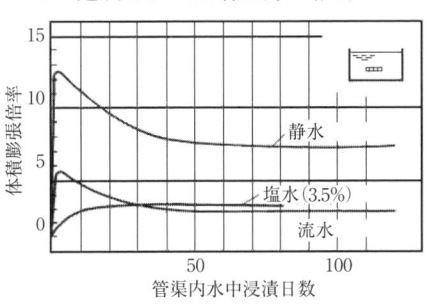

(b) pH値と水の運動がHydrotiteシール形材に及ぼす影響[5.2-207]

図5.2-91：Hydrotiteシール形材

(2) 塑性シール材，継目シール材

DINに基づく塑性シール材—以下，充填材と称す—は，結合剤としてアスファルト，石炭タールピッチ，合成樹脂，またはそれらの混合物を含み，20℃前後の温度で熱源を使用することなく加工可能な持久性塑性物質である(DIN 4062[5.2-209])．これは，止水さるべき継目にクリープによって填め込まれる非架橋反応物質からなっている．

前記充填材に加えて，現在では，継目側面に対する接着媒介剤としてのプライマと組み合わされた化学架橋反応性の2成分系継目シール材も使用頻度が高まっており，

このシール材は2つの成分の混合時の化学反応によって硬化状態に移行する．これは，相対的に短時間で均質な弾性シーリングを生み出す．この止水システムは，これまでのところ現行規格のいずれにも記述されていない．

充填材，継目シール材は，継目側面への付着によって継目を止水する．

継目底部への固着は防止されなければならない．さもないと，既にごくわずかな継目歪みによって充填材，継目シール材に割れが生ずるからである[5.2-202]．下水道設備・施設の塑性充填材には，DIN 4062[5.2-209]が適用される．

継目シール材には，"下水道設備・施設向け2成分系充填材に関する施工・試験原則"(1981年2月版，ベルリン-ドイツ建築工学研究所[5.2-210])が適用される．

双方に共通適用される規格は，以下である．
・DIN EN 476[5.2-195]，
・DIN 18540[5.2-204]．

下水道設備・施設への使用に適した充填材ないし継目シール材には，以下が要求される．
・止水面への耐久的な付着，
・内外の水圧が不変な場合にも低温流動性を有すること，
・使用期間中に老化による構造変化を生じないこと．

充填材，継目シール材にあっては，部材運動と水圧から生ずる機械荷重は，基本的に付着面および材料自体におけるせん断と引張りに起因している(図 5.2-92)[5.2-211]．

(3) 物理的挙動

充填材，継目シール材は，弾性成分と塑性成分との比に応じ塑性，塑弾性，弾塑性または弾性と称することができる(図 5.2-93)[5.2-212]．この比は，復元率(非理想的弾性シール材が先行歪みの後に再び復元し得る分の百分率)から導出される．充填剤，継目シール材は，それぞれ，
・復元率が10％未満であれば塑性，
・復元率が10〜50％であれば塑弾性，
・復元率が50〜90％であれば弾塑性，
・復元率が90％を超えれば弾性，
と称される(図 5.2-93)．

塑性継目シール材は，連続負荷される動きのある継目には適していない(図 5.2-94)．これは動きによって危険に曝され，その結果，最終的に断裂に至る(いわゆるチューインガム効果)．

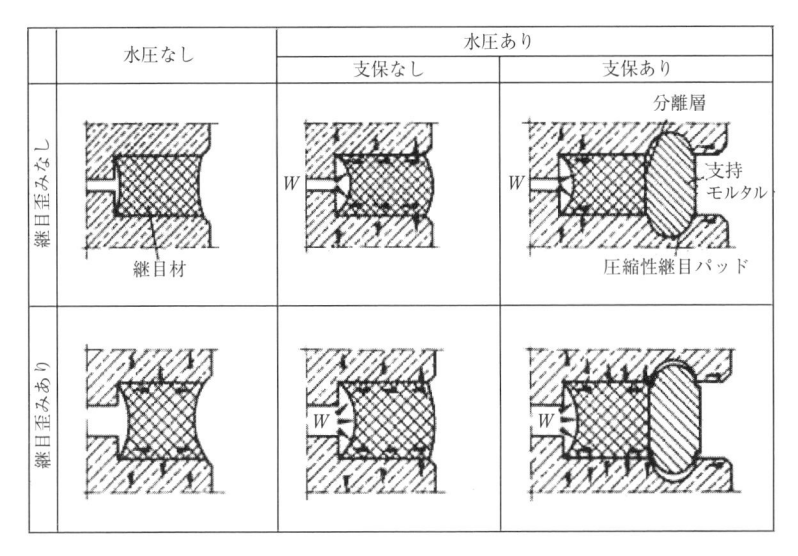

	水圧なし	水圧あり	
		支保なし	支保あり
継目歪みなし			分離層／支持モルタル／圧縮性継目パッド
継目歪みあり			

図5.2-92：継目の動きと水圧による継目シール材への負荷［5.2-202, 5.2-211］

弾性材は，形態変化，歪みまたは圧縮が生じ，その後に応力が除去されると，初期の形態を回復する．すなわち，弾性材は，広範に可逆的な変形特性を有している．しかしながら，これは弾性材は塑性材とは異なり応力を緩和せず，引き続き応力下にあることをも意味している．その結果，付着面に引張りおよびせん断応力が生じ，これにより場合によっては継目シール材が付着面から解離することとなる．それゆえに弾性継目シール材にも歪み—特に継目側面における歪み—に際して不可欠な応力緩和を引き受ける塑性成分が必要である．

弾性挙動ないし塑性挙動はDINに基づいて算出される—外力によって

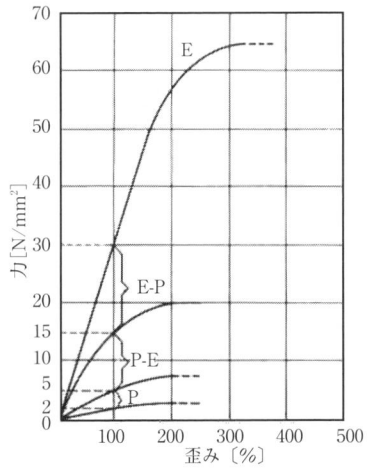

E：弾性シール材，弾性率 30 N/mm^2，100%歪み時
E-P：弾塑性シール材，弾性率 15 N/mm^2，100%歪み時
P-E：塑弾性シール材，弾性率 5 N/mm^2，100%歪み時
P：塑性シール材，弾性率 2 N/mm^2，100%歪み時

図5.2-93：応力-歪み-挙動に応じた継目シール材の区分［5.2-202, 5.2-212］

生ずる応力とそれによって引き起こされる歪みとの間の比を表す—歪み-応力値（弾性率）の大きさにも反映されている（図 5.2-93）［5.2-213］．

継目側面に対して要される付着に基づき，弾性継目シール材には許容総変形が定められるが，これは DIN に規定された—継目シールがその機能性を維持し得る—変形範囲（歪み，圧縮，せん断の全体）である（DIN 52460 ［5.2-214］）．

実際の経験と実験に基づいて得られるその値は，下水道施設に使用される弾性および弾塑性継目シール材については，通常，継目幅の 10 ～ 25 ％である．

(4) 2 成分系継目シール材

通常，継目シール材にはベースとなる化学原料が表示されており，これによっていくつかの特性，特徴に関する重要な情報が得られる．ただし，流通している材料の多くは，場合により特性に影響を与えることとなる不活性充填剤を含んでいることに注意しなければならない．

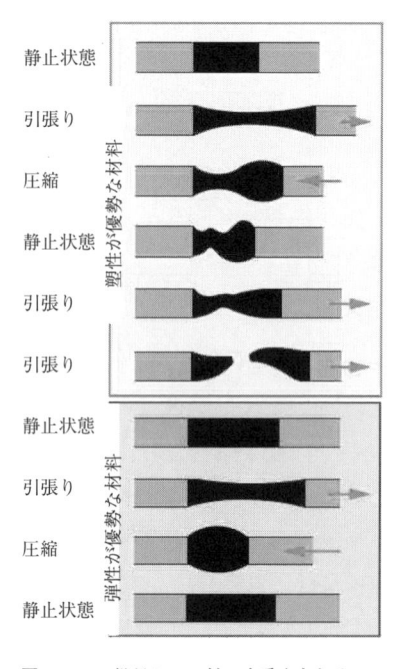

図 5.2-94：継目シール材の交番応力とその作用［5.2-202, 5.2-212］

ベースとなる化学原料に応じて次のように区別される．
・多硫化物（チオコールまたはチオプラスチックとしても知られている，SR），
・ポリウレタン（PUR），
・弾性化されたエポキシ樹脂（EP），
・シリコーンゴム（Si），
・ブチルゴム（IIR），ポリイソブチレン（PIB），
・ポリアクリル酸エステル，
・複数の物質のコンビネーション（エポキシ樹脂-タール，ブチルゴム-アスファルト，ポリウレタン-タール）．

ここではポリウレタン継目シール材のみを考察するが，それは下水道分野ではその他の材料が以下にあげた理由から使用し得ないからである．

① 塑性または塑弾性継目シール材は，支えが講じられない場合には加圧水によって

継目から押し出されてしまう．さらにこの材料はわずかな塑性延性しか有しておらず，その他の特性の点でも弾性シール材にはるかに劣っている［5.2-215］．

② 弾性特性を有する1成分系継目材は，その凝固・固化時間が非常に長い点で不適である．継目の長さが24〜34 mmある場合には，弾性を具えた最終状態に移行するまでに管渠内において数週間から数ヶ月を要する．

③ フレキシブルなシール材としての弾性化されたエポキシ樹脂は，なお開発中である．

④ 多硫化物は，家庭下水中で生ずる微生物反応に対する耐性がないことから，下水分野には適していない．

(5) ポリウレタンベースの2成分系継目シール材

DIBtの施工・試験原則（BPG）［5.2-210］によれば，2成分系継目シール材については，現在のところポリウレタンベースまたはポリウレタン-タールベースのシール材のみが下水道施設での使用に適している．ポリウレタン-タールベースの継目シール材は，コンクリート継目の側面に対する良好な付着の点で卓越している．配合が適正であれば加圧水に対する安定性を有し，例えば油，界面活性剤による化学的負荷に対しても耐性を有する．さらにこの材料は，樹根侵入を阻止し，藻類の繁茂に対する抵抗力を有している［5.2-215, 5.2-216］．ポリウレタンベースの2成分系継目シール材は，非常に優れた耐摩性，化学物質耐性，低温での柔軟性（温度変動に際しても不変な挙動）の点で卓越していると同時に，微生物腐食に対する優れた耐性を有している．物理的挙動は，主として弾性的である．凝固・固化は，化学架橋反応によって進行し，温度に応じ1〜7日間である．この間，2成分系ポリウレタン材料は，水分に対して非常に敏感である．この場合にもプライマによる予備塗布はほぼ常に必要である．実際の運動吸収に関してメーカーデータの値は10〜25％である．継目の動きと水圧はこの範囲内で吸収され得るが，ただしその前提として継目側面に対する完璧な付着と専門的に適切な均質な取付けが保障されていなければならない．

ポリウレタンベースないしポリウレタン-タールベースの2成分系継目シール材に関してBPGは，必要とされる試験以外に，加工，継目シール材によって止水される継目の寸法，接触面の性状に関する基準も含んでいる．継目シール材に求められる特性の遵守は，検査証授与の前提条件としての許可審査試験によって証明され，自己監視および公認された試験機関による外部監視で構成される監視システムによって保障されなければならない．継目シール材は，適性試験の枠内で耐久性，付着性，延性，2 barの水圧に対する耐性，高温放置後の重量損失，化学的・微生物学的耐性が判定される

5. 補　修

表 5.1-11：DIBt, Berlin の施工・試験原則に基づく2成分系充填材に関する試験基準および要件[5.2-202, 5.2-217]

試験	要件
DIN 52454 に準拠した耐久性	2 mm を超える盛上がりは不可
付着性および延性（DIN 52455 T1 ～ T4 に準拠．検体は試験の前に 28 日間にわたって水中に浸漬され，70 ℃の空気中に総計 20 日間および 30 ℃の水中に総計 8 日間のサイクルで浸漬に付され，また－ 20 ℃にて 7 日間にわたって浸漬される．	放置後それぞれ 24 時間歪みに付された後，亀裂形成および接触材料（付着下地）からの解離が生じてはならない．
2 bar の水圧に対する耐性．高温放置（70 ℃の空気中に 7 日間）後の重量損失．	24 時間後の隆起（初期値）は 5 mm を超えてはならない．引き続き 7 日間を置いた後の初期値に比較した隆起増加は 1 mm を超えてはならない．水の通過は不可．
化学的耐性（pH 2 の希硫酸中または pH 12 の苛性ソーダ液中に 7 日間浸漬した後の重量変化と体積変化の測定）．	＞10 ％は不可． ＞±5 ％は不可．
微生物耐性（地方自治体下水処理施設の好気性または嫌気性下水中に 12 箇月間放置した後の重量損失）．	＞5 ％は不可．

（表 5.2-11）[5.2-217]．

　取付けに必要とされる予備塗料は，その組成の点で継目シール材にも止水さるべき部材の材料にも適合していなければならず，また継目シール材とともにメーカーデータに従って正確に加工されなければならない．その適性は，同じく前記の BPG に基づいて証明されなければならない．メーカーによって定められた加工指針の遵守は，その後の完璧な止水機能を保障するための重要な前提条件である．

(6)　止水の実施

　シール材は，管渠内面の突合せ継目に配置されなければならない．継目シール材を正しく埋め込んで均すことができるように，突合せ継目におけるシール材の裏当ては十分な抵抗を示さなければならない[5.2-217]．裏当て材としては，プラスチックフォーム製の丸棒（直径 10 ～ 50 mm）を使用するのが合理的である．継目シール材を埋め込む前に，例えば推進管であれば木製の圧力伝達リング上にポリエチレンフォイルストリップを敷くか，またはその他の適切な対策を講ずることにより継目シール材が支障なく変形し得るようにするのが好ましい[5.2-218]（図 5.2-95）．深い継目を塞ぐには独立気泡性の腐食しないポリエチレン丸棒のみを使用することができる．これに適したポリストリップは市場で入手可能である．

　接触面は，乾いて滑らかであり，セメントグルー，モルタル，塗料残滓，油，脂肪，塵，破片等が付着していてはならない．継目側面の損傷は，適切に処理され，継目が狭小すぎる場合には広げられなければならない（例えば，管継目用フライスを用いて）．

付着している凝縮水または湿気は，熱処理によって除去されなければならない．不明水の浸入がある場合には，予備止水が行われなければならない．若干のメーカーの継目シール材には，止水さるべき継目の最大許容表面残留水分が定められている．

場合によって必要となる清掃は，汚れ度に応じて定められる．予備塗料は，準備の整った突合せ継目へ継目シール材を適時に埋め込むことができる期間内に予備処理され清掃された接触面に塗布されなければならない．

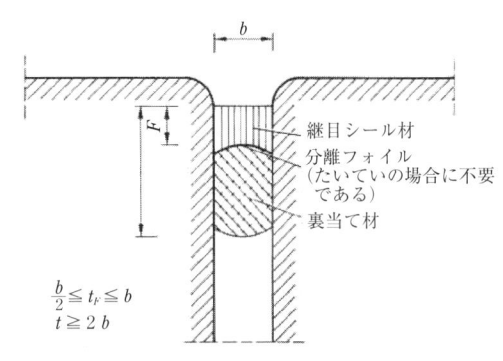

図5.2-95：ポリストリップなし継目[5.2-218]

継目シール材
分離フォイル（たいていの場合に不要である）
裏当て材

$\frac{b}{2} \leq t_F \leq b$
$t \geq 2b$

継目シール材を形成する硬化剤と母材は，付着面が正しく，かつ期限どおりに準備された時点にのみ混合されなければならない．こうして混合された継目シール材は，加工時間内に適切に準備された突合せ継目に注入されなければならない[5.2-217]．継目幅が3 cm以上の場合には，継目シール材は，まず最初に継目側面に注がれ，付着を良好なものとするために十分に均し塗りされ，続いて残りの断面が充填される[5.2-38]．

継目縁に向かっての正常で気泡のない締固まりと，同じく継目内部での正常で気泡のない締固まりが実現されるように常に注意しなければならない．

5.2.3.2.3 インナースリーブ

歩行不能管渠（図5.2-96），歩行可能管渠のいずれの場合にも局所的に限定された損傷やその影響を受けるスパンにインナースリーブの取付けによって止水をするか，静的安定化を図ることが可能である．この方式は，以下のグループに区分することができる．

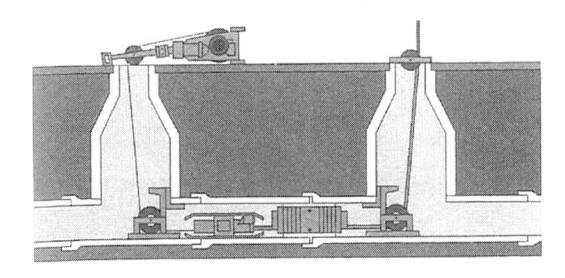

図5.2-96：歩行不能管渠におけるインナースリーブの取付け
(KRT Kanalsanierungs-Technik AG社，Luzern)

・ショートホース方式（ショートライナ方式とも称される）：合成樹脂ベースのショートホース（GFKショートホース），結合剤としてのセメントベースのショートホース．

5. 補　修

- エラストマシーリング，PU フォームシーリング，合成樹脂接着シーリングを具えた鋼製インナースリーブ．
- PE フォームシーリングを具えた PVC 製インナースリーブ．
- 部分面支持式エラストマスリーブ．

使用範囲は，方式に依存しており，主として以下の損傷種類に及んでいる．

- 管継手：漏れ，樹根侵入，食違い．
- 半径方向亀裂．
- 限定的な縦方向亀裂．
- 亀甲割れ．
- 特に底部の管破損．

(1) 合成樹脂ベースのショートホース

　この方式グループは，合成樹脂を含浸させたクロススリーブを特徴としており，このスリーブは，空気，水または蒸気で膨張させられるパッカによって管渠内の損傷箇所まで運ばれて管渠内壁に圧着され，パッカ圧力の保持下で現場硬化させられる．合成樹脂反応については，常温硬化，熱硬化，光硬化が区別される．

　ショートホース方式の基本原理は，現場製作・硬化管によるライニング(5.3.2.4 参照)のそれと同じである．

　クロススリーブは，一般にポリエステルニードルドフェルト(不織布)，グラスファイバークロスまたはポリエステルニードルドフェルトとグラスファイバとの組合せからなっている．

　若干のシステムは複数のクロス層を使用してサンドイッチ構造を作り出している．

　クロススリーブは，呼び径に合わせて工場生産されるか，または無縫合，オーバーラップ式で使用される．後者の場合には，呼び径許容差への優れた適合化が可能である．オーバーラップは，最終状態において可視的であるが，修理された管渠スパンにとって重大なものではない．

　通常，クロスの含浸—インプレグネーションとも称される—は，常とは限らないが，直接現場で実施される．システムによっては含浸は工場で行われ，冷蔵車で現場に搬入れることもある．

　樹脂成分と含浸成分の混合中は，できる限り空気が封じ込められないように慎重を期さなければならない．空気が封じ込められると，インナースリーブに強度損失と多孔性がもたらされることとなる．そのため，ある種のシステムにあっては真空下で含浸が行われる．

硬化時間は，樹脂配合，クロススリーブの厚さ，パッカ温度(熱硬化時)，管壁温度に依存している．地下水水位が高い場合には，管壁の冷却によって含浸クロススリーブの温度低下がもたらされることとなり，これは硬化時間の延長によって補償されなければならない．樹脂が硬化した後，パッカは空気抜きされて取り外される．ショートホースは，続いて目視点検され，接続部が塞がれてしまった場合には **5.3.2.2.1** に述べた方法で同箇所が切開され，処理されなければならない．

　GFK ショートホースは，下水管渠に適用されるが，取付管，取付管接続部の修理にも適用することができる．

a．下水管渠のショートホース　　パートライナ[Partliner]方式[5.2-189]を例として下水管渠の修理を述べる．

① 使用範囲，前提条件：この方式は，管材料とは関わりなく呼び径 150 ～ 600 の円形，および同様な寸法の卵形の下水管渠における幅 4.00 m までの局所的に限定された損傷の除去を目的として開発された[5.2-219]．

　樹脂含浸ガラスクロスの寸法決定は，以下の管固有の条件を考慮して行われる．
・損傷種別，
・土被り，交通荷重，
・地下水水位，
・水理学，
・塞止め面の高さ，
・下水組成，下水温度．

② 方式の詳細
　① 作業フロー；準備措置としてまずスパンならびにそれに接続している取付管が使用停止され，高圧(HD)清掃と，それに続く TV 点検が実施されなければならない．その際，それぞれの損傷ならびに取付管の寸法が正確に測定される．パッカの装入または膨張を妨げ得る排水障害物は，前もって取り除かれなければならない．

　　エポキシ樹脂の支持体としては，厚さ 2.0 mm の耐酸性 ECR(アルミニウム-ケイ酸カルシウム-ガラス)フリースが使用される．このグラスファイバマットは，現場で損傷部の長さ(550 ～ 3 000 mm)と管渠の口径に応じマットの両端が少なくとも 100 mm だけ重なり合うように裁断される．もっと厚い管厚(6 mm まで)は，複数のフリース層をオーバーラップを互いにずらして重ねることによって実現される[5.2-220]．修理された管渠スパンの水理学的特性を向上させるためマットの両端はテーパ状に傾斜させられている．樹脂成分は，メーカーの指定した混合比

5. 補　修

に従って適切な容器中で混合され，平らに広げられたグラスファイバマットに指定された量が手鏝によって塗布される．続いて前記処理されたショートホースは，分離層としてPEフィルムを具えた排気されたパッカ―パッカの外径は欠陥管渠の内径よりも約70～80 mm小さい―に巻き付けられ，パッカは，カメラの監視下でウィンチによって損傷箇所まで牽引され，ここで膨張させられる．圧着圧力は約0.5～0.8 barである．周囲温度で進行する樹脂の硬化（常温硬化）が完了した後，パッカは排気されて取り去られる．メーカーデータによれば，損傷箇所にはパッカを取り去った後，管壁と伸縮的に接着したグラスファイバで強化された自立ショートホース（GFKショートホース）が残ることとなる．接着は，湿った下地に対しても樹脂が亀裂と空洞に浸入することによって補強され，また添加剤の添加によっても補強される（図5.2-97）．比較的長い損傷部も複数のGFKショートホースを連続して取り付けることによって修理することが可能である．

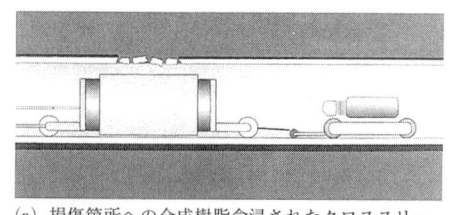

(a) 損傷箇所への合成樹脂含浸されたクロススリーブの設置位置決め

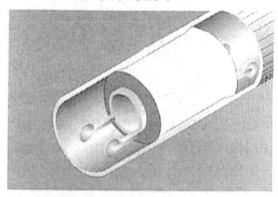

(b) 合成樹脂含浸されたクロススリーブをパッカの膨張によって管内壁に圧着する

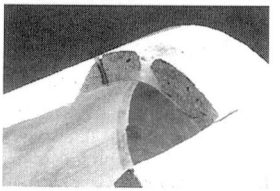

(c) ライニングされたコンクリート管の断面

図5.2-97：Partliner（Kanal-Müller-Gruppe）［5.2-189］

⑪　次の工程
- 樹脂成分の混合（プレミキシングされていない限りで），
- グラツイファイバマットまたはPEフィルムの裁断，
- 樹脂によるコーティング，
- パッカへの巻付け，
- マンホール内へのパッカの搬入，
- 機器の清掃，取外し，

の間，作業員には飛沫が皮膚または眼にかかる恐れまたは直接に接触する恐れがある．また健康を害する蒸気の発生も同じくあり得る．

したがって，不可欠な保護対策は，特に以下の点である．
- 作業箇所の良好な換気・通気,
- 身体保護（手袋，保護眼鏡，保護作業衣）,
- グラスファイバマットの裁断に際して粉塵が激しく発生する場合には，少なくとも FFP1 の呼吸保護マスク．

労働保護のその他の詳細については，8.[5.2-92]を参照されたい．

③ 最終作業：作業が完了した後，TV 点検ならびに DIN（4.5.1 参照）に基づく漏れ検査が実施されなければならない（DIN EN 1610）．

補修済みの管渠区間は，その後に再び使用開始することができる．

本方式グループを代表するその他の手法は，それぞれのテクニカルパラメータ，適用範囲とともに**表 5.2-12** にアルファベット順に示されている．

b．取付管用ショートホース　前記のすべてのショートホース方式は、それが呼び径100以上向けに設計され，機器搬入用の適切なマンホールが存在する場合には，基本的に取付管への使用にも適している．

特別に開発された方式は，例えば Midliner（ミッドライナ）方式[5.2-189]ならびに Flexo-Lining（フレクソライニング）方式である．

Midliner 方式の使用範囲は 45°までのベンドを含む呼び径 100 ～ 200 の構造物下の宅内排水管，取付管に及んでいる．ショートホースは，常温硬化性エポキシ樹脂を含浸させた厚さ 4 mm の ECR グラスファイバ積層材からなっている．

特に呼び径 100 ～ 300 のコンクリート管や陶管からなる取付管の修理用ならびにまた更生用に例えば Flexo-Lining 方式[5.2-230，5.2-92]が開発された（**図 5.2-99**）．この方式では，硬化は光を利用して行われることから，以下にこれについて詳しく説明する．

フレクソライナは，樹脂を含浸させた長さ 20 cm ～ 5 m のポリエステルホースからなっている．牽引ワイヤで損傷箇所に設置された後，同ライナは耐裂性のある特別な UV 透過空気ホースにより約 1.0 bar の圧力で管壁に圧着され，400 W の強力灯を使用して紫外光で硬化させられる．

装入距離が 5 m を超える場合には，牽引装入中の樹脂損失を回避するため，フレクソライナに搬送用外套膜が装備される．これは管内壁へのホースの接着を可能とするため圧着工程が開始する前に取り除かれる．

フレクソライナをセグメント式に取り付ける場合には，各セグメントは，水の流下方向に向かってオーバーラップを 5 ～ 10 cm にして取り付けられる必要があろう．

エアホースと分離膜は，UV 灯の最適な据付けを実現し，フレクソライナの始端および終端も完全に硬化し得るようにするため，ショートホースよりもそれぞれ 2.0 m

5. 補 修

表 5.2-12：合成樹脂ベースショートホース方式の比較一覧表[*1]

適用基準および テクニカルパラメータ	3P-Inliner [5.2-221]	Konudur LM-Liner [5.2-140]	KRT-Flex [5.2-223]	Partliner [5.2-189]	PL Point-Liner [5.2-224]
呼び径	100～700	100～1 000	100～1 000	150～600	100～600
断面形状	円形	円形	円形，卵形	円形	円形，卵形
材料	ECR-グラスファイバ + PU樹脂	GFK + PU樹脂	GFK +エポキ シ樹脂	ECR-グラスファイバ +エポキシ樹脂	PU +グラスファ イバマット
補修長さ				2m まで	
硬化条件	常温硬化	常温硬化	熱硬化	常温硬化	常温硬化

[*1] 本書の編集終了後に公知となった方式：eprosショートライナ補修方式およびeprosロングライナ補修方式
[*2] 付記：図 5.2-98 参照

(a) ホース挿入の準備 (b) ショートホースの挿入

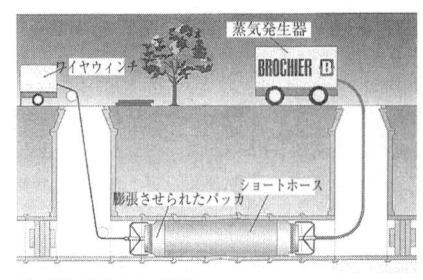

(c) 蒸気供給および膨張 (d) 補修済み管渠区間

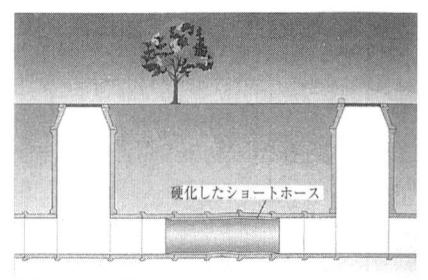

図 5.2-98：Spotliner 方式（Hans Brochier GmbH 社）[5.2-227]

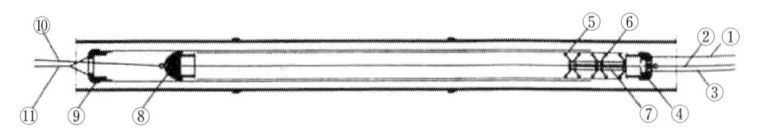

①圧縮空気ホース，②牽引ワイヤ，③給電ケーブル，④インレットヘッド，
⑤搬送外套膜，⑥フレクソライナ，⑦紫外灯，⑧牽引ヘッド，⑨搬送ヘッド，
⑩牽引ワイヤ，牽引ヘッド，⑪牽引ワイヤ，搬送ヘッド

図 5.2-99：Flexo-Lining 方式の概要図 [5.2-230]

5.2 修 理

PR-Teilliner(PartialInliner) [5.2-69, 5.2-225]	Remote-Liner [5.2-226]	SPOTLINER*2 [5.2-227]	Spot-Repair/Short Lining [5.2-228]	Vario-Shortlining [5.2-229]
150 〜 500	150 〜 600	150 〜 800	150 〜 800	200 〜 500
円形，特殊断面	円形，卵形	円形	円形	円形
PEコーティング，エポキシ樹脂，ポリエステル(ECR-グラスファイバ有/無)	GFK＋エポキシ樹脂	GFK＋エポキシ樹脂	GFK＋エポキシ樹脂	GFK＋UP樹脂
0.6 〜 3.5 m	10 m まで	12 m まで	1 〜 10 m	40 cm 〜 20 m まで
熱硬化または常温硬化	熱硬化	熱硬化	熱硬化	光硬化

長くなければならない．

UV灯は，完全な光線強度に達するまでに約1分を要する．続いてUV灯は，牽引装置により1m/3minの速度で硬化さるべきホース範囲を牽引される．

牽引ワイヤ，圧縮空気ホース，給電ケーブルを取り除いた後，補修された管渠区間の使用開始を行うことができる．

c．取付管接続部用ショートホース ショートホースをベースとした取付管接続部の修理には特に以下の方式が使用される．

・Sideliner[5.2-189]，
・Cosmic[5.2-231]．

いずれの方式にあっても，清掃，場合により取付管突出し部をフライス切除した後に，幹線管渠から修理が行われる(**図5.2-100**)．実施さるべき予備作業，最終作業については，Partliner方式に関する当該記述が当てはまる．

Sideliner方式(**図5.2-101**)は，基本的にPartliner方式と同じである．この場合，接続部を含めた幹線管渠がGFKショートホースによって1工程で修理される．このため，適切に準備された合成樹脂含浸グラスファイバ積層材が車輪付きの膨張式特殊パッカに均一に巻き付けられ，接続部に搬送される．同パッカ

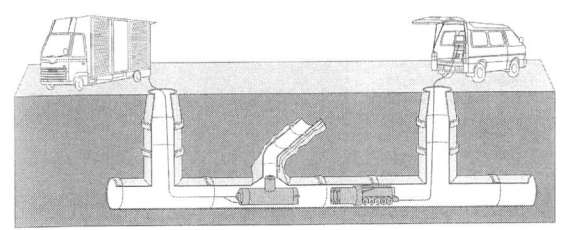

図5.2-100：パッカ技法をベースとした取付管接続部のショートホース修理方式の概要図[5.2-242]

図5.2-101：管渠に挿入される前にパッカに巻き付けられたSideliner(Kanal-Müller-Gruppe) [5.2-189]

は，損傷箇所において内臓されたいわゆる折畳み膜(繰出し式のサイドパッカ)が取付管穴の直前に位置するように設置される．パッカが圧縮空気で膨張させられると，折畳み膜は，グラスファイバマットとともにパッカから接続管内に押し込まれる結果，ショートホースは，幹線管渠内でも接続管内でも管内壁に確実に圧着されることとなり，同所においてパッカ圧力の保持下で常温硬化する[5.2-189]．

Cosmic 方式は，エポキシ樹脂充填材を具えた帽子形の接続部用スリーブ――ハットスリーブまたはフードとも称される――を欠陥ある取付管接続部に取り付けるための装置を具えたロボット (**図 5.2-102**) をベースとしている．この方式は，呼び径 150 ～ 500 の管渠，100 ～ 200 の取付管に使用可能である．エポキシ樹脂充填材の硬化は，フード挿入装置に組み込まれた UV 灯の紫外光によって行われる．

ハットスリーブのその他の詳細については，5.3.2.2.1 を参照されたい．

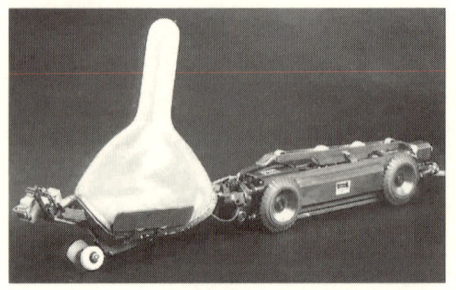

(a) ハットスリーブ取付装置を具えたロボット

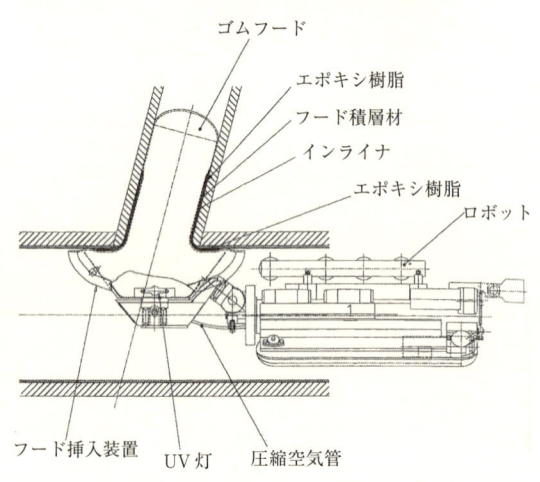

(b) 接続部へのハットスリーブの取付け

図 5.2-102：Cosmic 方式 [5.2-231]

(2) 結合剤としてのセメントベースのショートホース

結合剤としてのセメントベースのショートホース方式を代表するのは，Ergelit ショートライナ方式である．これはメーカーデータによれば呼び径 150 ～ 600 の円形管の亀裂および小規模の管破損の修理に使用可能である[5.2-232]．混合された硬練りモルタル Ergelit Kombina KT が約 2 mm の厚さで最大 60 cm の長さにわたってパッカに塗布される．続いて Ergelit ストリップが約 2 分間水に潰され，水切りして十分に捏ねた後，パッカに巻き付けられ，残りのモルタルが約 5 mm の厚さで塗布される．このよ

うに処理されたパッカは，カメラの監視下で損傷箇所に設置されて膨張させられ，約30〜45分間にわたって固定される[5.2-232]．パッカを取り去ってからおよそ3時間後に当該スパンを再び使用開始することが可能である．

(3) エラストマシールを具えた鋼製インナースリーブ

局所的に限定された損傷を修理するためのインナースリーブは，縦方向スリットの利用とオーバーラップによる搬送のための予備的変形，それに続く復元と修理さるべき管渠内損傷箇所への固定を特徴としている．

エラストマシールを具えたこの方式グループを代表するものは，例えばQuick-Lock（クイックロック）-V4Aライナ[5.2-233]（呼び径150〜200，250〜300，400〜600に使用可）と，以下に説明する日本で開発されたSnap-Lockシステムである[5.2-234，5.2-235，5.2-237]．

Snap-Lockシステムのインナースリーブは，縦方向に切開されたステンレス鋼製の薄肉管からなっており，切開端は直径を減少させるため重ね合わされている[5.2-234，5.2-235，5.2-237]．外側は，水の浸入時に膨張するエラストマ製の2個のシールリングを両端に具えたゴムスリーブで覆われている[図5.2-103(a)]．

Snap-Lockシステムには，4種の施工バージョンが可能である．

① バージョン1：このバージョンにあっては，インナースリーブは前もって清掃された損傷箇所に直接設置され固定される[図5.2-104(a)]．

② バージョン2（標準バージョン）：インナースリーブは，前もって適切な幅と深さでフライス切削された凹部に固定される．元の管と修理箇所との間の移行部は平坦に形成され，断面減少が回避される[図5.2-104(b)]．

③ バージョン3：外側シールリップの間に埋められた合成樹脂含浸グラスファイバクロスマットにより，止水に加えて修理管渠区間の耐荷力の安定化が実現される[図5.2-

(a) インナースリーブ

(b) スリーブ取付用の特殊器具

(c) 膨張前ポジションのSnap-Lockスリーブ

図5.2-103：Snap-Lock方式[5.2-238]

5. 補　修

(a) バージョン1 — ステンレス鋼製インナースリーブ，ゴムスリーブ，膨張性エラストマシールリング

(b) バージョン2 — ステンレス鋼製インナースリーブ，ゴムスリーブ，膨張性エラストマシールリング

(c) バージョン3 — ステンレス鋼製インナースリーブ，膨張性エラストマシールリング，ゴムスリーブ，合成樹脂含浸されたグラスファイバクロスマット

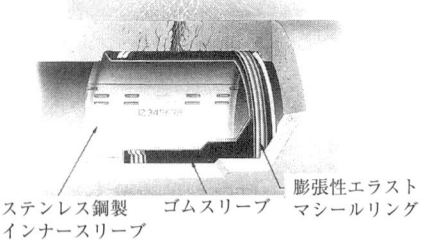

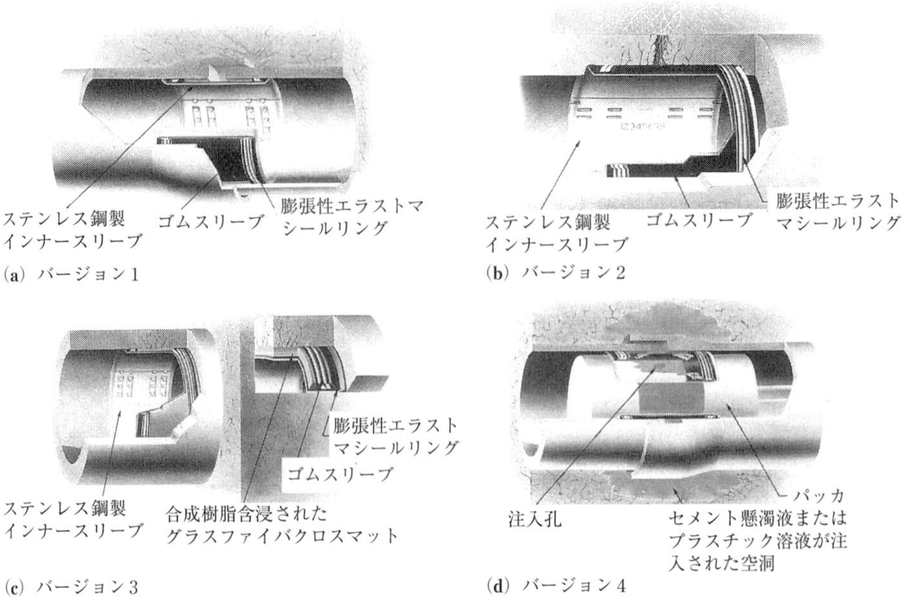

(d) バージョン4 — 注入孔，パッカ，セメント懸濁液またはプラスチック溶液が注入された空洞

図5.2-104：鋼製インナースリーブ，Snap-Lock方式の施工バージョン[5.2-238]

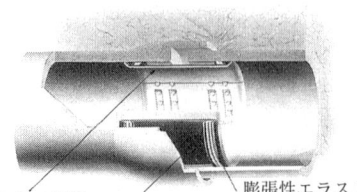

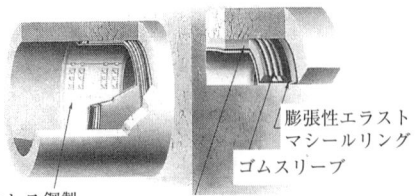

104(c)］．

④　バージョン4：基礎部に付加的に設けられた注入孔を通じて管外周部の空洞の充填と同ゾーンの土壌固化が実現される．インナースリーブは，注入に際してパッカの役割を引き受ける［**図 5.2-104(d)**］．

個々の作業工程は，例えばバージョン2(標準バージョン)の場合，以下のように構成される．

・スパンの使用停止，清掃．
・管渠断面積減少を回避するためにインナースリーブの収容と平坦な管内面の形成を目的として当該管渠区間の管厚を最高 4.5 mm だけ研削する．
・パッカを用いてインナースリーブを挿入し取り付ける［**図 5.2-103(b)**］．スリーブを設置した後，圧縮空気でパッカを膨張させてスリーブがスナップインするまでスリーブを拡張させる［**図 5.2-103(c)**］．圧力監視装置はインナースリーブの張りすぎを防止する．
・パッカの排気と引戻し．
・検査(目視点検漏れ検査)．
・スパンの使用再開：メーカーデータによれば，前記 Snap-Lock システムにより最大

スリーブ幅1.20 mにて8時間労働の条件で1日当り呼び径200～600の管渠における10損傷箇所の修理を行うことが可能である．この方式は，局所的に限定された損傷箇所の止水，樹根侵入の防止に利用されるだけでなく，静的耐荷力の安定化にも利用される．メーカーデータによれば，以下の場合に本方式を適用することが可能である．

・長さ200 mmまでの横方向亀裂，斜め方向亀裂も可．
・次の状態を有する管継手：50 mmまでの軸方向位置ずれ，4 mmまでの位置ずれ（食違い），管径の1/4までの曲り．
・管の破損(管壁小片の欠損)．
・バージョン4を適用する場合に管外周部の空洞．

(4) PUフォームシールを具えた鋼製インナースリーブ

150～600の呼び径については，Link-Pipe方式[5.2-237]によりPUシール剤を含浸させたフォームラバーシールを外側に具え，縦方向スリットが設けられて重ね合わされたステンレス鋼スリーブが使用される．インナースリーブは，カメラの監視下でパッカによって損傷箇所で運ばれ，そこで呼び径に応じた1.3～2 barの圧力で拡張されて止水が行われる．メーカーデータによれば，PUシール剤の反応は，最初に水に接触してから18分後に開始する．その際，当初体積の3倍までに達する体積膨張が生ずる．

図5.2-105は作業工程を示したものである．

(5) 合成樹脂接着シールを具えた鋼製インナースリーブ

このスリーブタイプでは，ステンレス鋼スリーブに塗布されたエポキシ樹脂ベースの2成分系接着剤コーティングが止水を引き受ける．このインナースリーブもパッカで損傷箇所まで搬送され，そこでクイック締結システムがはまるまで拡張される．その際にインナースリーブと元の管とが互いに接着される．この方式グループの代表は，なかんずく呼び径100～1 200用のRIVA方式[5.2-236]である（**図5.2-106**）．

(6) PEフォームシールを具えたPVC製インナースリーブ

この方式グループの代表は，歩行可能な呼び径用に構想されたLink-Pipe方式である（**図5.2-107**）[5.2-237，5.2-238]．インナースリーブはPVC-U製の6個の管セグメントで構成され，各セグメントはヒンジで相互に結合され，外側にはPEシール剤を含浸させたフォームラバーシールを具えている．このスリーブは，取付用に8の字形に折り畳まれ，水平方向と垂直方向に配置された油圧プレスからなるプレス装置に外嵌

5. 補　修

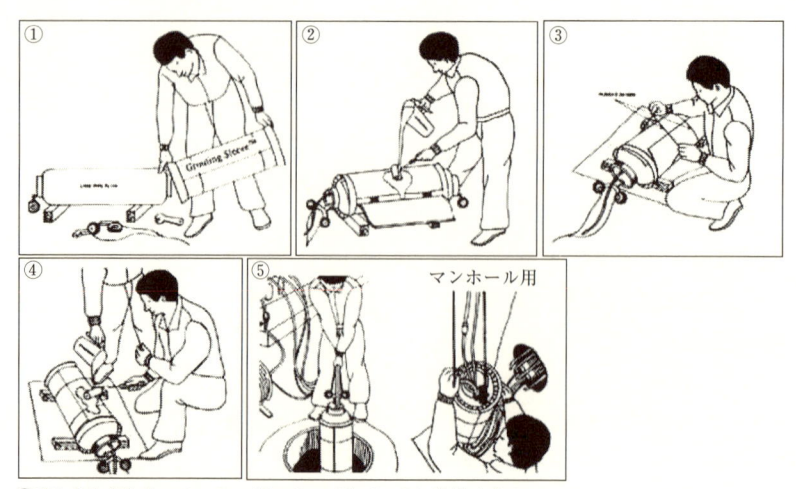

①重ね合わされたステンレス鋼スリーブをパッカに外嵌めする．
②フォームラバーシールを当て，PUシール剤を塗布する．
③含浸したフォームラバーシールをパッカ2に固定する．
④残りのシール剤を塗布する．
⑤システムをマンホールから挿入する．

図 5.2-105：Link-Pipe 方式[5.2-237]の作業工程

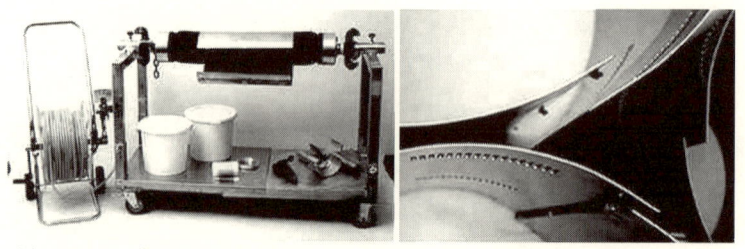

(a) ステンレス鋼スリーブとパッカ　　(b) クイック締結システム

図 5.2-106：RIVA 方式[5.2-236]

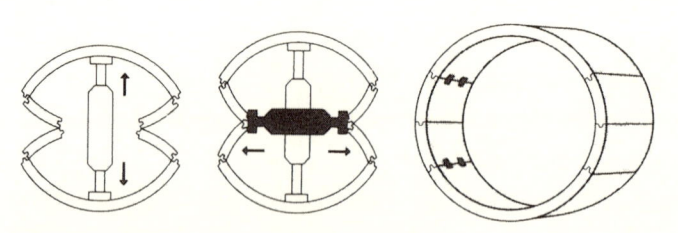

図 5.2-107：PE フォームシールを具えた PVC 製インナースリーブ．組立て状態(Link-Pipe)[5.2-238]

めされる．設置を行った後，まず最初に垂直方向に配置された油圧プレスの上下双方の油圧シリンダが押し出され，これによって上下のセグメントが約 90 kN の力で管内壁に押し付けられる．続いて水平方向に作用する油圧プレスの左右の油圧シリンダ―この油圧プレスは搬送用に縦方向に旋回されていることから，スリーブの組立て用に 90°回転されなければならない―が押し出される．取付状態において PE フォームは，インナースリーブと管渠との間の環状隙間を完全に埋め，これによってほぼ均一な半径方向圧力伝達を可能とする．メーカーデータによれば，この方式は漏れの止水にも適用することが可能である[5.2-237]．この方式は，600 ～ 2 800 の呼び径に使用することができる．

(7) 部分面支持式エラストマスリーブ

a．方式の特徴　　もっぱら歩行可能な管渠，マンホールに使用される方式は，不良箇所の両側の管壁を慎重に清掃した後，エラストマシールスリーブが止水さるべき部分に手作業で張られ，支持バンドで管壁面に押し付けられる（図 **5.2-108**）[5.2-239]．

この方式グループには，Weco-Seal 方式[5.2-240]と Amex-10 システム[5.2-241]である．両者は基本

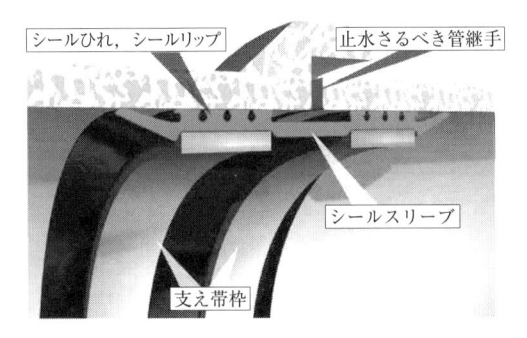

図 **5.2-108**：シールスリーブが取り付けられた管継手の断面（Wegener GmbH 社）[5.2-239]

的に同一であり，シールスリーブの形成の点で相異しているにすぎない．

b．使用範囲，前提条件　　1964 年に特許が取得された Weco-Seal 方式ならびに Amex-10 システムは，呼び径 500 ～ 3 000 までの歩行可能管渠（ドイツでは 600 以上からが歩行可能管渠である．1.3 参照）の主として不良な管継手，横方向亀裂の内側シールに利用される．Amex-10 システムのスリーブは，260，366，655 mm の幅のものが供給可能である[5.2-241]．

この方式は，もともとガス管のシール用に開発されたものであるが，外部水圧 0.5 bar までの水道管と下水管にも同じく適用可能である．この場合，管は公知のあらゆる材料製の円形，卵形または馬蹄形の管であってよい．レンガ積管渠ないし腐食または摩耗の結果内面が非常に不整な状態を示しているレンガ積管渠にはこの方式は適用不能である．

5. 補　修

管渠への使用に際しては，排水を損なうとともに堆積物形成を生じやすい部分的な断面狭小化が生ずる．

c．詳細

① 予備作業：止水作業を実施する前にそれぞれのスパンは使用停止され，その際，必要に応じて排水路の確保(5.5 参照)が実現されなければならない．

　資材・機器の搬入は，一般に昇降マンホールを経て行われる．場合によっては歩行しやすくするために支えリングとマンホール蓋，マンホール斜壁を取り外すことが必要となる場合もある．

　損傷箇所部分は，シールスリーブの機能を保障するため平滑な表面を有していなければならない．

　管材料が鋳鉄または鋼等の金属材料である場合には，損傷箇所の両側の管壁は，油圧駆動もしくは空気圧駆動される研削盤で金属光沢が現れるまで研削される．表面が平滑な材料，例えばアスベストセメントまたは陶管等の場合には，汚れが拭い取られればよい．当該部分の管壁は，広い面積に及ぶ不整性があってはならない．

　管継手に漏れのある圧力管にあっては，スリーブが場合により漏れ部に生じた鋭い辺縁等によって損傷を蒙らないようにスリーブを取り付ける前に当該継手部分が充填される．

　清掃ないし研削された部分には，スリーブを張る際の滑りを良くするために滑剤，例えば不活性油が塗布される．

② 作業工程：管径に直径を合わせたスリーブは，シールリップとシールひれが損傷箇所の左右において管壁に密接するようにして止水さるべき管部に手作業で押し当てて管に適合させられる(図 5.2-109)．

　シールリップとシールひれの構造とその数は可変的である．通常，材料としてはネオプレン(ニトリルブタジエン)が使用され，例外的な場合にあってはテフロンも使用される．外側水圧がかかる場合には，いずれのスリーブタイプも，例えばナイロン製の特殊インサートで強化を行うことができる．

　スリーブは，内側にステンレス鋼製支持バンドが嵌め込まれる凹部を具えている．支持バンドは，半径方向に作用する油圧作動または空気圧作動の取付装置でスリーブに取り付けられ，さらにスリーブは管壁に押し付けられ，手作業で打ち込まれる嵌合い具で固定される(図 5.2-110)．支持バンドを圧着させる際には，スリーブの許容歪み限度が超えられないように取付装置のプレス圧力は過大であってはならない．圧力は最大で 28 bar であり，嵌合い具の打込みに必要な少なくとも 2 分間にわたって 12～18 bar の圧力が保たれなければならない．プラスチック管の場合には，管

5.2 修 理

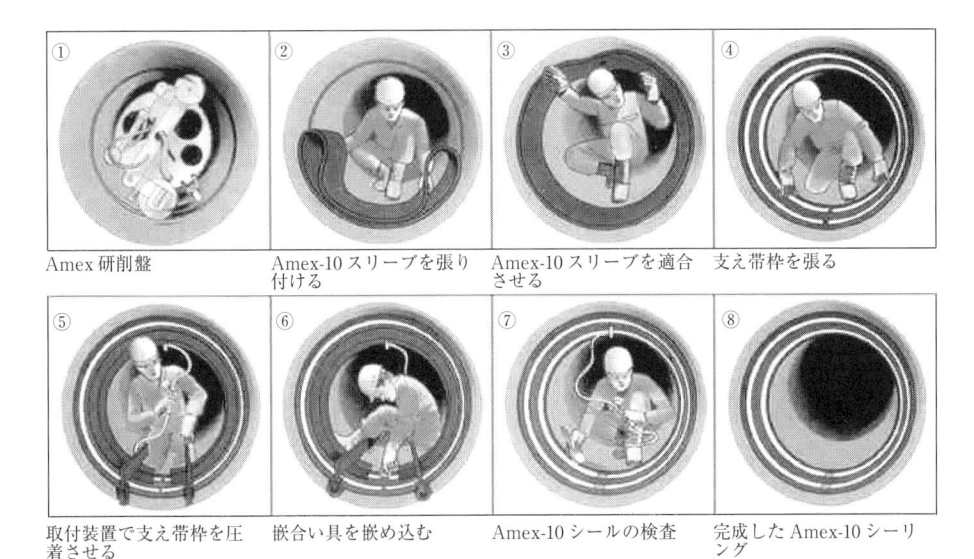

① Amex 研削盤	② Amex-10 スリーブを張り付ける	③ Amex-10 スリーブを適合させる	④ 支え帯枠を張る
⑤ 取付装置で支え帯枠を圧着させる	⑥ 嵌合い具を嵌め込む	⑦ Amex-10 シールの検査	⑧ 完成した Amex-10 シーリング

図 5.2-109：Weco-Seal 方式および Amex-10 システムの作業フロー（Amex GmbH 社）[5.2-241]

内面が平滑であることからはるかに低いプレス圧力で十分である．

取付け直後に各スリーブには加硫処理されたバルブを介して圧縮空気が吹き込まれ，適切な液体，例えばネカール等による石鹸液テストによって漏れがチェックされる（**図 5.2-111**）．

管継手または横方向亀裂以外に縦方向亀裂の止水も可能である．その場合には，スリーブと同一材料製のホースが欠陥管渠部に挿入され，2つの標準スリーブならびに適切な数の支持バンドで固定される．ホースの始端と終端にはそれぞれ前記の

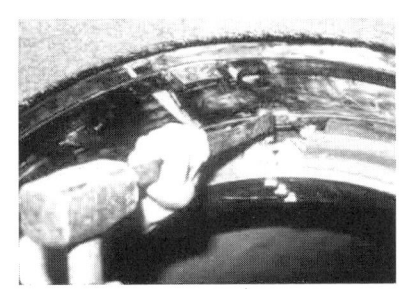

図 5.2-110：Weco-Seal 方式．Amex-10 システム．嵌合い具の取付け（Wegener GmbH 社）[5.2-240]

図 5.2-111：スリーブの漏れ検査（Wegener GmbH 社）[5.2-240]

5. 補　修

置される．シールスリーブが片側半分はホースに他方の半分は管壁に圧着されるようにして配置される．特別なインナーシールスリーブを用いて取付管の接続部のシールも行うことが可能である．

③　最終作業：シール作業の完了後にスパンは清掃され，場合によりマンホールが復旧されて管が再び使用開始される．

④　所要人員，装備：シール作業の実施には約3名の作業員が必要であり，これにより8時間就労にて平均して7～8枚のスリーブの取付けが可能である．

　　必要とされる機器は，以下のとおりである．
- 清掃器，研削盤用のウィンチ，
- 鋳鉄管，鋼管用の空気圧駆動または油圧駆動の研削盤，
- コンプレッサ，場合により補助的な油圧式制御装置，
- 圧力検査用の圧縮空気ボンベ．

d．判定　Weco-Seal 方式と Amex-10 システムにより方形管渠，レンガ積を除くあらゆる管種と管材料の管渠の管継手，横方向亀裂と縦方向亀裂を止水することができる．

　シールスリーブは，弾性を有し，したがってわずかな位置ずれには相対的に不感である．

e．短所
- 本方式は内面が平滑な歩行可能な管にしか適用できない．
- 特に鋳鉄管または鋼管にあっては管表面の研削が要されることから相対的に多くの手間がかかる．
- シールスリーブによって排水断面積が減少させられる．

　この方式による内側シールの費用は，メーカーデータによれば同一呼び径の新規管布設費用のおよそ20～35％である．

5.3　更　　生

　更生とは，DIN に基づくと，下水管渠の本来の材料を全面的もしくは部分的に採用して向上させるための対策として定義される（DIN EN 752-5[5.3-1]）．

　この対策の実施には，以下が利用される（図 **5.1-2**）．
- コーティング方式，

・ライニング方式.

　更生手法は，局所的に限定された損傷，ならびに広範囲に及ぶ損傷に適用される．この手法の適用範囲は，常に少なくとも1スパンに及ぶものである．

　補修されるスパンの断面寸法は，本手法の適用にあたって減少させられるのが通常である．したがって，DINに基づく更生対策に先立ち，同対策に起因する流下能力の低下が許容されるか否かが検討されなければならない(**5.6.1**も参照)(DIN EN 752-5 [5.3-1])．

5.3.1　コーティング方式

　下水管渠に使用されるコーティング方式は，管渠の物理的作用，生物腐食，化学腐食および生化学腐食に対する抵抗力の回復または向上，新たな固着物形成の防止，静的耐荷力，ならびに水密性の回復および向上を目的として管渠内壁に密着シール防護層を内側から付するために用いられる．

　防護層を塗設する方法に応じ以下の方式が区別されるが，これらについてはさらに詳述する．

・コーキング方式，
・ディスプレーサ方式，
・吹付け方式，
・遠心射出方式．

　通常の塗布方法，例えば塗布，ローラ塗布等は，5.3.1.1に述べるように下水管渠への使用に適していることが判明しているモルタルコーティングを前記の方法に使用できないことから，ここでは含まれない．モルタルの塗設方法については**5.2.1.3**で述べる．

　コーティング方式は，かつてはガス管や給水分野で使用されていた．これらの分野そしてコンクリート構造物のコーティングについては多数に及ぶ注意書，指針，および基準が存在しているので，以下にこれらのうち最も重要なものをあげておくとする．

・コンクリート部材の保護/修繕に関する補助的な技術的契約条件，基準(ZTV-SIB 90)[5.3-2]．
・DAfStb基準－コンクリート部材の保護，修繕[5.3-7]．
・DAfStb Heft 443[5.3-8]．
・DAfStb Heft 410[5.3-3]．

5. 補　　修

- DIN 28052, T.1(02.92), T.2(08.93), T.3(12.94)[5.3-4].
- DIN 28054, T.1(04.90), T.2(01.92), T.3(06.94), T.4(10.95)[5.3-5].
- ANSI/AWWA C210-93[5.3-6].

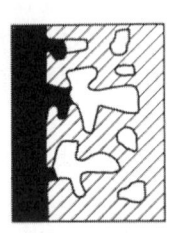

セメントモルタルコーティングに関しては，5.3.1.3を参照されたい．

上記は，表面性状，コーティング材，塗設，ならびに管理，検査，実地検分に関する注意，指針，およびその要件を含んでいる．

管渠のコーティングについては，それに関する規則がまだ存在していないことから，下水管渠の特別な構造的事情，使用上の特別の条件が考慮されなければならない．

補修の範囲内におけるコーティングの主たる適用領域は，プラスチック，釉薬がけ陶管がコーティング材の接着に不適であることから，ここではセメント結合された材料製，例えばコンクリート製，鉄筋コンクリート製の管渠とする．こうした理由から，以下では特にこの適用ケースを対象として論ずる．

5.3.1.1　基　　礎

コーティングとは，コーティング材によって下地上に形成される連続した単一もしくは複数の層の総称概念である[5.3-7]．層の厚さに応じて以下が区別される（**図 5.3-1**）．
- 疎水化，
- 目止め，
- 薄膜コーティング，
- モルタルコーティング．

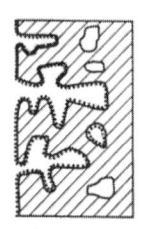

図 5.3-1：コーティング種別の定義[5.3-8]

(1) **疎水化(インプレグネーション)**

毛細多孔質建設材料の保護処置であって，多孔系の内部を塞がず，かつ表面膜を形

成しない処置は，インプレグネーションと称される．インプレグネーションによって建設材料表面の水濡れが妨げられるか，または困難となり，水に対する毛管吸水の効果が生じなくなる場合に疎水性インプレグネーション，または簡略して疎水化と呼ぶ．疎水化は，独立した対策としては異論の余地があり[5.3-8]，補足的対策としてのみ適用される必要があろう．コンクリート構造物の保護・修繕対策の枠内でこの処置は，下地に対するコーティングの長期的接着性を向上させるための下塗りとして利用される．

(2) 目止め(注入)

目止めは，塗布の趣旨で下地を外的影響作用から保護する連続した表面膜を形成する．膜の厚さは，平らな面では 0.1 mm からおよそ 0.3 mm までであり，粗面凹部ではそれより厚くなり，粗面凸部(骨材粒子，ばり・まくれ)では 0 になる．表面上の孔に浸入することによってこの膜は下地に接着し，同時に充填下塗りの趣旨で下地の固化を生ずる．最初の工程としてパテ処理が行われない場合には，コンクリート表面の小規模な局所的欠陥箇所(空洞)は充填されない．目止めは，液体透過を広範に防止し，これによって疎水性インプレグネーションと同様に—細孔の止水を犠牲に，つまり蒸気透過性を犠牲にして—作用する．目止めと薄膜コーティングとの間の境界は流動的である[5.3-8]．

(3) 薄膜コーティング(下塗りを行う塗設)

薄膜コーティングは，単一もしくは複数の層で構成することができる．個々の保護層の種類，数は，要求条件と負荷によって決定され保護機能に応じて定められる[5.3-8]．

(4) モルタルコーティング(下塗りを行う厚膜コーティング)

モルタルコーティングの最低の層の厚さに関する基準値は，文献[5.3-7]によれば，反応性樹脂結合モルタルの場合には 5 mm，プラスチック改質モルタルの場合には 10 mm，セメント結合モルタルの場合には 20 mm である．層の厚さは，最大粒子径の少なくとも 3 倍に相当している必要がある．

それぞれの所要層厚さは，要求される設定目標ならびに損傷種別に依存している．コーティングが内部腐食防止として利用される場合には，相対的にわずかな層厚さ(ただし，反応性樹脂結合モルタルの場合には少なくとも 5 mm)で十分であるが，それが管渠の耐荷力の回復または向上を目的としている場合には，力学的条件によって層厚さが決定される．

5. 補　修

下水管渠のコーティングには，構造に応じて以下の負荷が生じ得る[5.3-9].
- 透水性の低い，または密なコーティングの比較的低い圧力での水の拡散現象．最高は静水圧．
- 腐食によるコーティングまたはコーティング支持体の破壊を伴う腐食性物質(例えば硫化水素)の拡散現象．
- 水溶性物質の濃度平衡傾向に起因するコーティング背後の浸透圧．
- コーティングされたコンクリート隙間内の毛管輸送による水圧．
- コーティング材料等の含有物質の膨張とそれに伴う接着の低下．

こうした負荷を考えると，下水管渠の補修の目的に適当していると考えられるのは，モルタルコーティングである．それは前述したその他のすべての種類のコーティングが本適用ケースには不適であることが判明しているからである．

このような判定は，現在得られている数多くの調査・研究結果によって裏付けられている．文献[5.3-8]では，例えば，背面が完全に水潤した下地に対する薄膜コーティングの接着強さの挙動を予測することは現在のところ不可能であり，知見水準から判断してクリティカルまたはアンクリティカルと評価される以下のことを明らかにし得るにすぎないと述べられている．
- 欠損による下地処理(均し欠損)が行われていないコンクリート下地に約 8 ℃の硬化条件にて溶剤含有コーティング材(高い溶剤含有量，低い反応性希釈剤含有量)を用いて実施されるコーティング対策はほぼ常に損傷を生ずる．損傷の発生は，コンクリート等級の上昇とともに増大する．構造上の理由から極端な硬化条件を回避し得ない場合には，骨材表面が見えるようになるまで機械欠損によってコンクリートを下地処理するのが好ましい．さらにできるだけ溶剤含有量の低いコーティング材を使用することが必要であり，その際，水乳化型の樹脂-硬化剤系を具えた方法が優先されなければならない．
- 機械欠損によって下地処理されたコンクリート下地に付された溶剤を含有しないコーティング材は，水負荷される前に 23 ℃にて十分に長い時間をかけて硬化されれば，いかなる場合にも損傷は出現しない．

したがって，文献[5.3-8]によれば，現在でもあらゆる注意書に適用ケース"永久背面水潤したコンクリート部材へのコーティング"に対する保証除外がある．これは水管理法の適用範囲に関するドイツ建築工学研究所(DIBt)の検査証を有するシステムにあっても同様であるが，それは DIBt の検査裁定では適用範囲"背面水潤"が除外されているからである．

コンクリート製管または鉄筋コンクリート製管のエポキシ樹脂コーティングベース

の防食対策に関する数多くの実地テストは，ハンブルグ市研究プロジェクト"実証オブジェクト-市集水管渠"でも実施された[5.3-10 ～ 5.3-12]．同テストでは，溶剤含有エポキシ樹脂と溶剤を含有しないエポキシ樹脂の両方がテストされ，その際の層厚さは 0.3 ～ 3 mm までで，反応性樹脂結合モルタルによるモルタルコーティングの層厚さ以下であった．

この場合に得られた経験は，バックグラウンド条件ないしコンクリート表面の清掃，性状(サンドブラスト，残留水分3％までのコンクリートの乾燥，室温 16 ℃でのコーティングの塗布，相対湿度 65 ％)の遵守にも関わらず否定的なものであった[5.3-10]．したがって，層厚さがもっと厚い場合にも水泡形成(**図 5.3-2**)とコーティングの剥離—これは文献[5.3-12]によれば，浸透の発生によってのみ説明することが可能であること—が生じた．同一の現象は，タールピッチベース，エポキシ-タールピッチベースのコーティングの場合にも確認された．

図 5.3-2：コンクリート上の反応性樹脂コーティングに際する水泡形成[5.3-16]

これらの結果は，その他の経験ならびに研究結果によっても裏付けられた[5.3-13 ～ 5.3-15]．

浸透現象は，水溶性物質が半透膜によって水と隔てられ，その結果，この膜の両側に濃度の異なった溶液が存在する場合に常に発生する．水(溶媒)は，その際，半透膜を通って高濃度の溶液中に拡散することによって濃度平衡を引き起こそうとする．高濃度の溶液に造成される静水圧が浸透圧と称される．

無機質下地上のコーティング中における浸透水泡形成現象の成立には，以下の条件が所与でなければならない．

・コーティング内またはコンクリート下地とコーティングとの間の境界面に水溶性物質が存在していなければならない．
・コーティング材は，耐密性を有し，水泡形成に要される圧力を造成し得なければならない．
・半透膜が存在していなければならず，その際，水泡壁(コーティング材料)かまたは下塗りされたコンクリート下地がそうした膜として機能し得る．
・コーティングの外部に水分子が存在していなければならない(これには場合によりコンクリート中に存在する平衡水分でも十分である)．

5. 補　修

　無機質下地のコーティングに際する浸透水泡形成現象の発生には，現在の知見から基本的に2通りの解釈が可能である．両者の主たる相違は，第一の場合は耐密防護コーティングが半透膜として機能すると解し，第二の場合は下塗りされたコンクリート表面が半透膜として機能すると解する点にある．その際，半透膜は多孔質であっても非孔質であってもよい．後者の場合はいわゆる拡散膜と称される．

　拡散とは，主として気体状または液体状の物質の分子が不断の分子運動によって隣接層中に侵入することと理解される．この現象は，固体（壁面，塗布層）を貫通しても行われる．

　半透膜の効果にとって決定的な事柄は，低濃度溶液から高濃度液（水泡原基）への液体移動の総量が逆方向のそれよりもはるかに大であることである．その際，低濃度液となり得るのは，コンクリート中の水分あるいはコーティング上側の水である．ただし，いずれの場合にもコーティング構造の内部または下塗りされたコンクリートとコーティングとの間の境界面に浸透源となる水溶性物質が存在していなければならない．

　第一の場合には，コーティング上側の水が（半透膜としての）防護コーティングを通って浸入して，高濃度の水泡内溶液の濃度低下を引き起こすことによって浸透圧の発生が説明できる．

　他方の場合（半透膜としての下塗りされたコンクリート表面）には，コンクリートに由来する低濃度の水分が下塗りされたコンクリート表面を通って背面から浸透源に侵入する．

　浸透作用物質の起源は様々である．第一の場合には，水溶性物質が既にコーティング材の出発材料中に存在していると考えられる．気化しなかった溶剤または反応終了しなかった成分（樹脂ないし硬化剤）がコーティングシステム中に浸透源を成立させることとなる．他方，浸透作用物質は，鹸化反応の所産であるかまたはコーティング実施時点におけるコンクリート表面の不純物に由来する場合もある．

　第二の場合には，浸透作用物質はセメントに由来するとの前提から出発する．文献[5.3-17]によれば，セメント結合された下地上の有機質コーティングにおいて水泡形成が生ずるのは，セメント結合建設材料に由来する水酸化アルカリ（KOH，NaOH）と微量の水酸化カルシウムが隙間水に溶解して下塗りとその後に付された層との間の境界面に達する場合のみである．この現象は，例えば水分保持によるか，または下地の背面水潤によっても促進される．これに続く二酸化炭素（CO_2）と水酸化アルカリとの反応に際し炭酸アルカリが生じ，これが再び水酸化カルシウムと反応して炭酸カルシウム（$CaCO_3$）を生成する．この炭酸カルシウムは50〜5 nmのレベルの直径を有した隙間（毛細孔）を塞ぎ，直径がそれ以上の孔を狭小化する．このようにして炭酸カルシウム

は，コンクリートの最表層ゾーンかまたは下塗りとその後に付された層との間に半透膜を形成する．実際には，下塗り中になお存在する細孔はほとんど塞がれる．様々な時点に実施された水泡内容に関する数多くの調査によって，基本的にまず水酸化カリウム，それに次いで炭酸カリウムまたは水酸化ナトリウムや炭酸ナトリウム，そしてごく微量のカルシウム化合物が溶液中に含まれていることが判明した．さらに少モル量の有機物質が水泡中に含まれていたが，これは水泡中に浸透圧を造成するにはあまりに微量であった．したがって，文献[5.3-17]によれば，水泡形成のための浸透圧造成の原因と考えられるのは，コンクリート中の水酸化アルカリないし炭酸アルカリのみである．

さらに文献[5.3-17]には，ファイバセメントプレート上，高強度のコンクリート(B55)上では，低強度のコンクリート(B15)上におけるよりも早く浸透水泡が生じたことが報告されている．水泡内容のアルカリ含有量と pH 値は，高強度のコンクリートにあっては著しく高いものであった．コンクリート管や鉄筋コンクリート管のコンクリート圧縮強さは，DIN に基づいて現在では少なくとも強度等級 B45 を満たしていなければならず，しかもそれをはるかに上回っている場合が多いことからしても，この種の管の有機質コーティングには高い水泡形成リスクが存在する(DIN 4032, DIN 4035)．

コンクリート下地に付された有機質コーティングの泡形成については，さらに以下の要因が原因として考えられる．

文献[5.3-17]によれば，有機質コーティングの泡形成は，既に材料の塗設時に発生し得る．この泡は，温度上昇と体積膨張に起因する下地からの空気の流出によって生ずる．こうしたケースは，低温の下地へのコーティング材の塗設時に発生する．またコーティングされた部分が塗設後に温められる場合にも同じ現象が見込まれなければならない．

さらにコーティング作業中の結露によって泡形成が増強される．この現象は，溶解活性を有する結露水が多くの水溶性物質を溶け込ませ，これによって短期間にコーティング中，硬化中に結露水と接触することのないコーティングシステムの場合よりもはるかに多くの泡が発生することによって説明される[5.3-8]．

別の場合には，硫化水素(H_2S)がコーティングを貫いて拡散し，コンクリート隙間中の凝縮水に溶解して，まず亜硫酸，次いで硫酸となり，コーティング背後のコンクリートを破壊する．コーティングされていないコンクリート面とは異なって，亜硫酸は，絶えず新たに形成される凝縮水とともに管渠底部に流れ落ちることがないため，相対的に新しいコンクリート製管渠のいくつかのケースで観察されたように，不適な条件下では無保護の部分よりもコーティングされた部分にかなり激しい破壊が招来される

5. 補　修

こととなる[5.3-18].

　文献中にはコンクリート上に付された反応性樹脂コーティングの接着障害に関して考えられる原因として，毛管圧の指摘が散見される．この場合には，以下の事象が出発点とされている．

・水分飽和していないコンクリート隙間の表面がコーティングされる．
・コーティング背面に十分な水が供給される場合には，水は毛管吸上げ効果によって水分飽和していない毛細孔に吸い込まれる．気化は実際にはもはや生じない．
・コーティングと毛管内液面との間にある空気が圧縮されてコーティングに局所的な圧力を及ぼす．

　文献[5.3-8]では，ごく通常の細孔半径に関する毛管圧が計算され，細孔半径 30 nm につき内圧 4.85 N/mm^2，細孔半径 1 μm につき内圧 0.15 N/mm^2 の数値があげられている．これは例えば，管コンクリート（> B45）のように強度が高いコンクリートの場合には，細孔半径が小さくなるために標準コンクリートに比較して高い毛管圧が見込まれなければならないことを意味している．これに対して 2 枚のモルタル板に関する実験調査では，それぞれ 0.01 N/mm^2 と 0.2 N/mm^2 の毛管圧が判明したにすぎなかった．Stenner は文献[5.3-19]中でコンクリートにつき 1.2 N/mm^2 の毛管圧をあげている．これによれば，コンクリート上に付されたコーティングに毛管圧負荷によって接着障害が生ずるのは，コーティングの接着引張り強さが低い場合である．

　コンクリート下地とコーティングの境界面の静水圧は，極端な負荷がかかる場合にのみ接着障害の原因になると考えられる．コンクリート中に存在する隙間，亀裂によって流動，拡散現象が生ずる．この現象は，コンクリート中に水分含有量の異なった箇所が存在する場合，特に以下の状況で常に発生する．

・管の内部が湿潤しており，砂利または砂の基礎層を通じて外に排水される（地下水水位上方の管）．
・管の内部が乾いており（気圏），外部が湿潤している（地下水水位以下の管または地下水水位上方の水分飽和した粘結性土壌中に布設された管）．
・水和の進行が局所的に異なっている．

　（例えば水セメント比，圧縮率に応じ）一定時間の経過後に濃度平衡が成立する．コンクリート中の隙間箇所，亀裂は，この時間を短縮し得る．密なコーティングの背後に前述した流動，拡散現象によって大きい外部静水圧が発生し得ることとなる[5.3-20, 5.3-21, 5.3-22]．

　コンクリート面に付された薄膜コーティングによりコンクリート表面の水蒸気透過率は，コーティング層の厚さとコーティングシステムの結合剤の種類に応じて低下し

5.3 更生

得る．すなわち，コーティングは，水蒸気に対する有意的な拡散抵抗を有し得る．これによって場合により，水分による局所的な負荷の形成に応じ以下の損傷メカニズムが引き起こされ得る．
・コーティングの直後の表面近傍コンクリートゾーンへの水の蓄積．
・部材内部からの気体または液体の形を取った圧力が造成され，その結果として接着が不十分であればコーティングの剥離が生じ得る．

こうした危険からして当該規則集[5.3-2, 5.3-7]中では，水蒸気に対する拡散抵抗に関わる薄膜コーティングに対する要求条件が相当空気層厚さの記載によって明細化されている．相当空気層厚さは，静止空気と比較した当該コーティング材の水蒸気不透過度の倍率を表している．これはコーティングの実際の乾燥時層厚さと，DINに基づいてコーティング材の材料特性値として実験的に決定される拡散抵抗数との積として算定される．当該規則集には最大許容値として相当空気層厚さ4mがあげられている[5.3-8]（DIN 52615[5.3-23]）．

反応性樹脂コーティングの水泡・気泡形成を防止するため，文献[5.3-24]は溶剤を含有しない，完全に鹸化し得る，膨水性の低いコーティングシステムのみを使用することを推奨している．さらに溶剤を含有しない下塗りを行ってコンクリートを外側から防水・止水し（例えば，DIN 18195[5.3-25]参照），コーティング背面への水の浸入を阻止することが必要であろう．こうした条件は，特に低温（例えば，10℃）の重量部材がコーティングされる場合に留意されなければならない（例えば，飲料水タンク，沈殿槽，地下埋設管，プール，汚泥消化タンク）．ただし，十分に乾燥しきっていないコンクリート部材も水泡形成にとって十分な水分を含んでいることに留意しなければならない．

セメントベースのコーティングにあっては，その透過性組織と固有剛性からしてこの種の効果は生じない．この場合に決定的な意味を有するのは，まず第一に耐食性である．

コーティング作業のプランニングには，5.1にあげた要件を考慮する以外に，特にコーティングの品質と耐久性を損なうパラメータを把握することが必要である．これに関連した最も重要なプランニングパラメータは，以下のとおりである．
・内外の負荷，
・管材料，表面性状，表面強度，汚れ度，湿潤度，温度，
・耐用期間，
・コーティング実施の時点，作業期間，
・コーティングの実施に際する現場条件，気象条件，
・保全の可能性，

5. 補　　修

・水分含量．

　これらのパラメータを基礎として最適なコーティングシステム，詳細にいえば下記事項の選択が行われる．

・コーティング構造，コーティング材（層の厚さ），
・下地予備処理，
・塗設方式，
・個々の作業行程のタイムスケジュール．

　補修対策の開始前に適時に適性試験，テストコーティングおよび管渠気相中や下水中へのコーティング材サンプルの放置試験を行うことによって，コーティング材の最適な組成ならびに塗設条件を当該現場の状況を考慮して決定することが望ましい．その際，加工性持続時間，圧縮強さ・曲げ引張り強さ・接着引張り強さの時間的推移，収縮挙動，水密性または蒸気透過性に関する判定が行われるとともに，当該スパンをできるだけ早期に使用再開し得るように可能最早期の水負荷時点に関する判定が行われなければならない．

5.3.1.2　接着論の基礎

　現在実施されているほぼすべてのコーティングの重要な前提条件は，下地コンクリートに対する強固かつ伸縮的な耐久的結合である．結合の発生は，接着と称される化学的，物理的，機械的な現象を基礎としている．

　接着とは，互いに接している2つの物質相の間に形成される界面層の状態を表している．この状態は，界面層における種々の相互作用によってもたらされる当該相の結合を基本的特徴としている．界面層とは接着相互作用に関与する当該物質相境界部分である．

　現在の知見によれば，相互作用の要因は次のようなメカニズムからなっている．
・機械的噛合い作用，
・固有接着メカニズム．
　　固有接着モデルは，
・熱力学的メカニズム，
・分子物理学的メカニズム，
・化学結合，
による界面作用の解釈を可能とする．

　ただし，これらのモデルは，いずれもそれだけで接着を完全に説明することはでき

ない．確実なことは，これらのモデルはいずれも複雑な接着現象の一定部分を表しているということである．

(1) 機械的接着

文献[5.3-26]による機械的接着モデルの基本的な考えは，液状接着剤(コーティングモルタル)が被着体(コンクリート下地)表面の気孔や窪みに浸入して硬化し，同所にスクリュアンカまたはプッシュボタンのように—機械的に—定着する(図 5.3-3)ということを出発点としている．このための重要な前提条件は，接着剤が被着体をできるだけよく濡らし，かつ後者が十分な気孔と窪みを有するとともに濡れやすいことである．

特別な方式による下地準備によって真の表面積を拡大することができる．図 5.3-4 は表面積との関連で使用される概念を示したものである．

幾何学的表面は，表面粗さを無視した面を表している．これは—相境界の結合を破

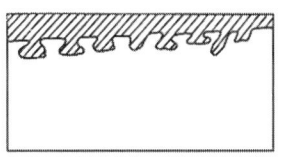

図 5.3-3：プッシュボタン定着の図解[5.3-27]

幾何学的表面

真の表面

固体と接着剤との間の接触面の総体としての実効表面

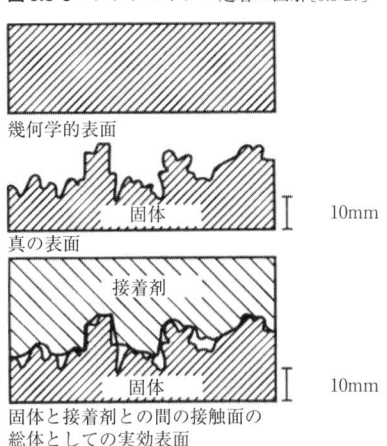

図 5.3-4：幾何学的表面，真の表面および実効表面の図解[5.3-8]

壊するのに要される幾何学的単位表面積 A_G 当りの外力 F の比率として表される—工学的接着強さの算定に際する基準面として利用される．工学的接着強さの測定方法，すなわち接着引張り強さ試験は，5.3.1.5 で述べられる．

優れた界面接着にとって決定的な要因は，真の表面の大きさではなく，実効表面積(異種の物質相の間に存在する実際の界面の大きさ)である．実効表面の大きさについては，固体表面の湿潤性と液体の浸潤力とが一定の役割を果すこととなる．この湿潤性と浸潤力とは，湿潤現象に関与する物質相の物理的・化学的特性によって影響される．物質相の間の物理-化学的に規定された相互作用は，発生する接触面の多寡と大きさに影響を及ぼす．実効表面とは，真の表面のうち接着を生ずる物理-化学的相互作用の基盤をなす部分として理解される．これは被着体と接着剤との間の微小接触面の総体である．

合成樹脂による"金属接着"および"金属コーティング"の分野から，金属下地の工学的に測定可能な粗さ深度の増大とともに接着強さは向上することが知られている．こ

5. 補　修

れは下地の工学的に可測的な粗面凹部内への合成樹脂の機械的な噛合い定着によって説明することが可能である．

　コンクリート表面に関する調査研究が明らかにしているところによれば，コンクリート表面の測定可能な粗さは，それだけではコーティングの接着力にとって決定的なものではない[5.3-28]が，他方，例えば収縮によって接合継目に発生するか，あるいは曲げ負荷された部材に発生するせん断応力の吸収には前述の粗さは大きな役割を果たしている．

　しかしながら，例えば微視的に非孔質のガラスおよびプラスチックに対する接着剤の接着強さのように合成樹脂と工学的に測定可能な粗さとの噛合い定着によっては説明できない観察が存在する．骨材表面（石英，石灰，玄武岩）に対する合成樹脂の接着に関する観察もそうしたものの一つである．こうした観察から，数 nm のレベルで生ずる超顕微鏡的な噛合い効果をもたらす超顕微鏡的な粗さが生じるとともに，他方，微視的な工学的に測定可能な粗さのレベルは μm レベルであると想定されるに至った[5.3-8]．

　文献[5.3-30]によれば，高低差が mm レベルの粗さは，固体噴射材の噴射によって達成することが可能である．高低差が数 mm までのマクロ粗さは，コンクリート表面の一部が例えば腐食作用を受けた結果，削り取られなければならない場合に作られる．マクロ粗さは，肉眼で十分に認めることができる．

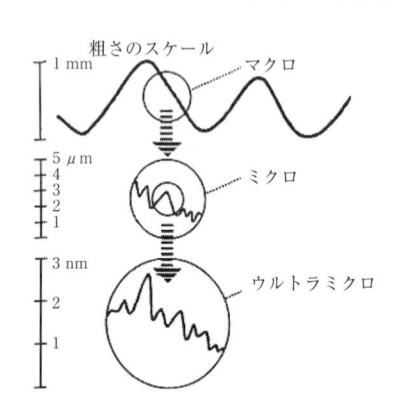

図 5.3-5：[5.3-29]に基づく粗さのスケール

　コーティング対策の前段階において mm レベルのマクロ粗さを測定するため，文献[5.3-2]では，砂面法（Sandflachenverfahren）があげられている．この場合，粒度 0.1 ～ 0.5 mm の 25 ～ 50 cm³ の乾燥した砂が測定される乾燥した表面に撒かれる．砂は，5 cm 大の硬材板を用い螺旋状に広がる円運動を描いて表面の窪みにちょうど充填されるまで無圧で擦り込まれる．続いて円の直径 d[cm]が測定され，これと砂の体積 V [cm³]とから粗さ深度 R_t [mm]が算定される．

$$R_t = \frac{40\,V}{\pi\,d^2}$$

ただしこの方法は，コンクリート管の内面が機械欠損処理されていない場合には適

用不能であるが，それは管内面が製造上からして0.5 mm以下のレベルの粗さ深度しか有しておらず，前記の粒度によってはもはや把握されないからである(このことは型枠内で硬化されていないコンクリート管の場合にも当てはまる).

(2) 固有接着モデル

a．熱力学的側面　接着剤と固体との間の接触面の総体としての実効表面は，湿潤現象の所産である．湿潤(広がりとも称される)とは，固体表面への液体の吸着・拡散として理解される．

Young[5.3-31]は，液体による固体表面の湿潤実験に関する報告を初めて行い，濡れ角(濡れの接触角)と湿潤現象に関与している物質相の境界エネルギーないし表面エネルギーとの間の関数関係を打ち立てた．彼は，理想的な平坦固体表面と湿潤の可逆性を前提するとともに重力を無視し，固体-液体-気体の3相線につき図 5.3-6 に示した接触角 θ に関する等式を導出した．

Zisman[5.3-32]は，その論文において固体湿潤の限界表面エネルギー γ_c を導入し(図 5.3-7 参照)，これにより様々な表面エネ

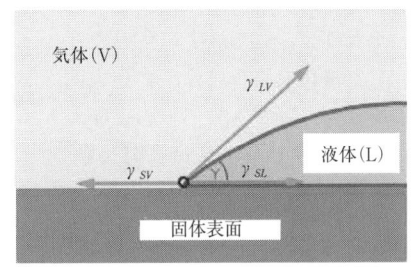

γ_{SV}：表面エネルギー，固体，気体
γ_{LV}：表面エネルギー，液体，気体
γ_{SL}：界面エネルギー，固体，液体

$$\cos \gamma_{LV} = \frac{\gamma_{SV} - \gamma_{SL}}{\gamma_{LV}}$$

図 5.3-6：湿潤に際する表面エネルギーないし界面エネルギーの図解[5.3-8]

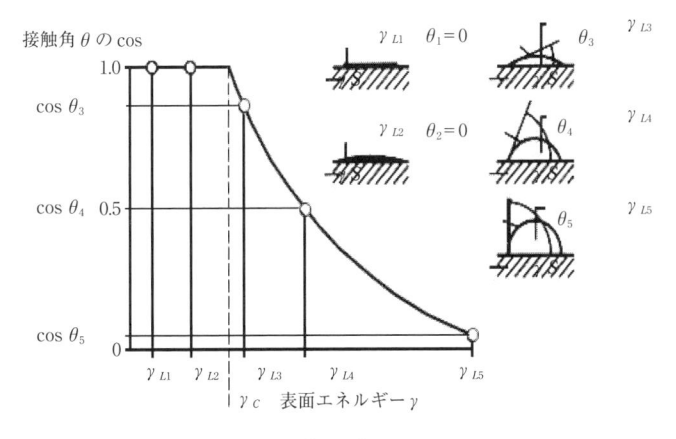

図 5.3-7：湿潤限界表面エネルギー[5.3-32]

ギーを有する固体表面の湿潤性を評価する実用的な方途を明らかにしている．理論によれば，固体の表面は，固体の限界表面エネルギーよりも表面エネルギーが小さいあらゆる液体によって湿潤されることとなる．

限界表面エネルギーは，下地に既知の表面エネルギー γ_L を有する様々な液体を載せて接触角 θ を測定することによって実験的に求められる．**図 5.3-7** には γ_L に対する接触角の cos カーブが示されている．個体の限界表面エネルギー γ_c は，カーブ上において $\cos \theta$ が初めて 1 以下になる点を示している．この値は，固体の固有自由エネルギーを特徴付けるものである．

それゆえ，**図 5.3-7** に示したケースについては，$\gamma_{L3} \sim \gamma_{L5}$ までの表面エネルギーを有した液体の場合には，当該表面は湿潤されるには至らないこととなる．

セメントコンクリートの表面エネルギー(表面エネルギーは数的に表面張力に等しい)は，約 $75\ mJ/m^2$，水のそれは約 $72\ mJ/m^2$ であることから，水はセメントコンクリート表面を濡らすことができる．

水による標準コンクリート表面の湿潤に際しては，非常に小さな界面エネルギーとともに 0°近辺の接触角(**図 5.3-7** 参照)が生ずる．これはコンクリート表面の自然湿潤と毛管吸水を特徴とする親水挙動を意味している．コーティングされる下地のこうした挙動は，モルタルコーティングと下地との間の接着を促進し，同時に結合の強度を向上させることとなる．

油脂，油，ワックス，ポリマーおよびほとんどの有機化合物等の物質は，低エネルギーの表面を有している．油脂，油については，表面エネルギーが約 $30 \sim 50\ mJ/m^2$ である．したがって，セメントコンクリート表面に油または油脂が存在する場合には，表面エネルギーが低下することにより水による湿潤は生ぜず，水は水滴となって表面から落ちてしまうこととなる．

文献[5.3-7]に述べられた簡単な方法を利用してコンクリート下地の湿潤性と吸水性をチェックすることが可能である．このため数滴の水を例えばピペットでコンクリート表面に滴下し，撥水作用(無，低または強撥水性)が評価される．この場合，表面近くが直ちに濡れる―これは黒いしみが形成されることによって判別することができる―か，または程度に多少の差はあるにしてもいずれにせよ水滴形成(撥水作用)が生ずることとなる．その際，撥水作用の効果は，表面性状，基本的には多孔性と汚れならびに表面加工の方法によって影響される．

b．分子物理学的メカニズム

① 分極理論：湿潤測定と界面エネルギー特性値とによる界面エネルギーの熱力学的考察方法を補完して，Bruyne は，文献[5.3-33]において初めて接着現象と分子電気

双極子の電気的相互作用との間の関連を明らかにしている.

彼は,接着現象を 5×10^{-10} m 以下の距離への接着剤分子と被着体分子との十分な接近ならびに被着体と接着剤とにおける電気的双極子の存在に帰着させている.

② 拡散理論:接着させられたポリマー材料間の接着メカニズムは,2つのポリマー相間の分子ブラウン運動による拡散理論[5.3-34]によって適切な説明することができる.接着パートナーの分子鎖またはセグメントは,相境界を通って互いに拡散し,超顕微鏡レベルの一種の噛合いを作り出すこととなる.

c. 化学結合 特別な分光分析法が利用し得るようになった結果,60年代初頭から特に低分子接着剤と被着体との間の化学的接着結合の存在が実験的に検証されてきている.シリケート表面とシランとの間の共有結合は,実験的に十分検証された接着結合の一つであり,これはグラスファイバとポリマー母材との間の接着媒介剤の開発の過程で初めて発見され,それ以来,グラスファイバ強化プラスチックの工学的特性改善に意図的に利用されてきている.

コンクリートとエポキシ樹脂ベースまたはポリウレタン樹脂ベースのコーティングとの接着研究の過程で微量のシランがコーティング材または下塗り剤に添加された.シランを含有しないコーティング材に比較した接着特性の全般的な改善と並行して,水分保持に対する接着耐性の顕著な改善が確認された(図 5.3-8).

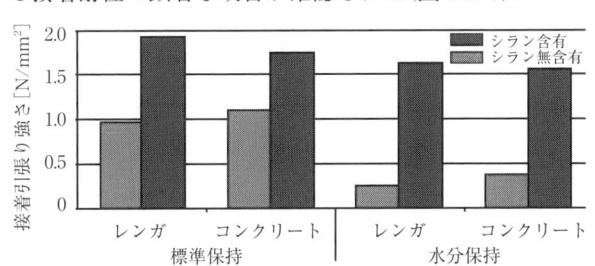

図 5.3-8:シランを含有しないコーティングまたはシラン含有コーティングと無機質下地との間の接着引張り強さ[5.3-8]

接着特性の改善は,シランと骨材およびセメントのケイ酸化合物との間に(共有的性格の)化学結合力が形成されることに帰着される.これに対してシランを含有しない結合剤にあっては,双極子的性格の物理的結合の形成が推定されるにすぎない[5.3-8].

5.3.1.3 モルタルコーティング材

(1) 要件

モルタルコーティング用のコーティング材に求められる要件は,個々のケースにお

5. 補　修

いて予測される負荷に基づいて定まる．その際，常に以下に基づく区別が行われなければならない．

- （物理的，化学的，生物的または生化学的作用による）モルタルコーティング自体の負荷．
- 場合により接着ブリッジおよび鉄筋を含む，（通常，例えば，収縮または温度変化に起因する内部応力による）モルタルコーティングと下地とからなる結合システムの負荷．

負荷は，実際には単独ではなく，時間的に変動しつつ重なり合って発生する．機械工学や強度論の単純な方法では把握し得ないこうした複雑な関連のゆえに，内部応力の算定にあたっては，ほとんどの場合に相対的に大雑把な単純化が導入され，したがって得られる結果も相応して不正確なものとなる．

モルタルコーティングの耐久性は，ほとんどの場合，接着障害によって制限される．コンクリート下地との接着面は，せん断応力と引裂引張り応力（剥離応力）によって負荷されるが，その際には以下の作用が支配的である．

- 直接の物理的な力（2.5，3.も参照），
- コーティングモルタルの収縮，
- 温度変動（季節に起因する変動，温水排水），
- コンクリート下地中の亀裂形成または亀裂運動［5.3-8］．

図 5.3-9 は障害種別を図示したものである．

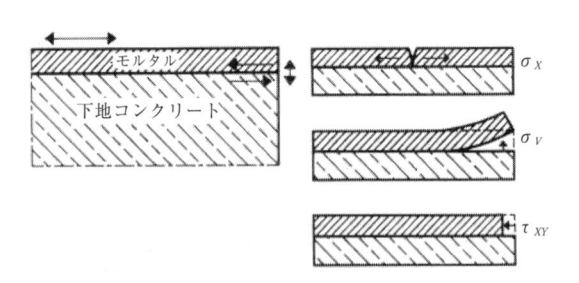

図 5.3-9：温度変化および収縮による内部応力に起因するコンクリート下地上に付されたモルタルコーティングの障害種別［5.3-8］

達成可能な一次接着強さ（5.3.1.2 参照）は，以下によって大幅に損なわれる．
- 下水中に存在する成分による化学的作用，
- 管内部から，またはコンクリート下地からの水分浸入．

下水管渠における事後的なモルタルコーティングに使用されるコーティング材は，5.1 にあげた一般的な要求条件以外に，特になお以下を満たしている必要がある．
- 現場に見合ったコンシステンシー，
- 高い接着強さの前提条件としてのコンクリート下地の良好な湿潤，
- システムの優れた接着と優れた内的結合，
- 耐用期間中におけるコンクリート下地表面状態の変動，気象要因（例えば，温度，湿

度)に対する大幅な不感性,
- 低い弾性率,高いクリープ度(外部荷重の伝達に利用されることのないモルタルの場合),
- 高い弾性率,低いクリープ度(荷重応力の吸収が予定されているモルタルの場合),
- 収縮と膨張がわずかであること,
- 低い温度膨張率(コンクリートに類似),
- 収縮,下地の亀裂形成ないし亀裂運動,湿度変化や温度変化に起因するコーティング内部の応力に対する不感性,
- 濡れと乾きの交替に対する不感性,
- 補強筋の腐食を助長することのない電気化学的特性,
- 流動水に対する水密性,低い毛管吸水性,
- 水蒸気透過性,
- 化学反応性または腐食性ある気体およびイオンに対する高度な拡散抵抗,
- 下水成分および特に生物硫酸腐食(BSK)に対する化学的耐性,
- コンクリートに起因するアルカリ作用に対する耐性,
- 高度な引張り強さ,引張り極限伸び率,
- 高度な摩耗抵抗,
- 高い硬化速度,
- 生理学的無害性,
- 反応性樹脂やモルタル(PC)を使用する場合には無孔性,プラスチック改質モルタル(PCC)を使用する場合には低気孔率.

モルタルコーティングに使用されるコーティング材は,以下のグループに区分することができる.
- 無機質モルタル(セメントモルタル,シリケートモルタル),
- プラスチック改質セメントモルタル(ポリマーセメントコンクリート),
- 反応性樹脂モルタル(ポリマーコンクリート).

個別的には欠陥ある管渠のモルタルコーティングに既に反応性樹脂も使用されていたが,反応性樹脂の相対的に高い収縮率に鑑み,本適用ケースへの使用は問題あるものと思われる.

(2) 無機質モルタル

無機質モルタルとは,プラスチックが添加されていない材料として理解される.以下ではこのグループに属するセメントモルタルとシリケートモルタルが論じる.

5. 補修

a．セメントモルタル　セメントモルタルコーティングの主たる使用範囲は，今世紀初頭以来，工場または現場で付される鋼製水道管または鋳鉄製水道管の腐食防止である．これについては広範な経験と刊行物が存在しており，要件，モルタル組成，層厚さ，塗布法，ならびにこの腐食防止材の作用態様に関する情報を得ることができる．

水道管のセメントモルタルコーティングに適用される以下の国内規格，国際規格，準則集，指針は，下水分野の固有の要件を考慮して準用することが可能である．

- ドイツ
  - DVGW-Arbeitsblatt W 342[5.3-35]，
  - DVGW-Arbeitsblatt W 343[5.3-36]，
  - DIN 2614[5.3-37]，
  - DIN 2880 案[5.3-38]．
- オーストラリア，ニュージーランド
  - AS／NZS 1516:1994[5.3-39]．
- 米国
  - AWWA C 602-95[5.3-40]，
  - ANSI／AWWA C 104/A 21.4-95[5.3-41]，
  - ANSI／AWWA C 205/95[5.3-42]．

下水分野では，純然たるセメントモルタルコーティングは，これまでのところ補修目的にはほとんど使用されてきていないが，それはこの種のモルタルが特に以下の短所を有しているからである[5.3-43]．

- わずかな引張り強さ，
- 高い脆性，
- 亀裂形成傾向，
- いくつかの管材料に対する接着を確実にコントロールすることができない，
- 非常に激しい化学腐食，生化学腐食に対する耐性が低い．

セメントモルタルの化学的・生化学的抵抗力は，例えばプラスチック含浸（ポリマー含浸コンクリート）によって高めることが可能である．その製造方法は，以下の4つの段階からなっている．

① コンクリートプレハブ工場における通常のコンクリート（強度は最大 B35 でなければならない）からの部材の製造．
② 乾燥室でのコンクリート毛管系からの水分の除去．
③ 真空室および圧力室における低粘性モノマーによる隙間，気孔のできるだけ広範な充填．

④ 放射線室または炉内でのγ線または加熱によるモノマーの重合.

コンクリート特性の改善は，体積を基礎としたモノマー吸収量に基本的に依存している．したがって，中強度(B25，B35)のコンクリートにはこの方法が用いられる．

強度等級 B45 以上の非常に密なコンクリートは，初期材料としては適していない．それゆえ，現在，通常のコンクリート管には—管用のコンクリートは少なくとも強度等級 B45 の要件を満たしていなければならないので—この方法は使用不可能である．

ポリマー含浸によって工学的に重要なほぼすべてのコンクリート特性が改善され，他方，これに伴う直接の不都合な変化は発生しない．ただし，ポリマー含浸コンクリートのコストは著しく高い．したがって，ドイツでは現在のところ，これは適用されていない[5.3-8]．

硫酸腐食に対するコンクリート特性を向上させるため，現在でも依然として DIN 1045 と同様に DIN 1164 に基づく硫酸塩耐性を有する HS セメントの使用ならびに石灰含有骨材の使用によるモルタル配合の改良が行われている([5.3-44，5.3-45])．

硫酸腐食に際し，すべての種類のセメントはほとんど同一の挙動を示すとはいえ，文献[5.3-10]は，"中度"の腐食作用に際し高度な硫酸塩抵抗力を具えたセメント(HS セメント)を使用することを基本的に推奨しているが，その理由は，pH 3 以上の硫酸濃度は溶解性酸腐食に加えて膨張性硫酸塩腐食を生ずるからである．これに対して，最近の CEM Ⅲ/B 32.5 NW-HS に関する研究調査は，生物硫酸腐食に際し，溶解腐食ははるかに迅速で，かつ反応的であることから，この高度な硫酸塩抵抗力を具えたセメントの使用による改善はなんら達成されなかったことを示している[5.3-46]．ただし，硫酸腐食に対するセメントモルタルの耐性は，強度の増加と水セメント比の低下に比例して著しく高まるが，それは空隙が相応して減少するからである．デンマークで新たに開発された白色ポルトランドセメント(PZ 55)および微小シリカをベースとした高強度セメントモルタルは，こうした方法でプラスチック改質モルタルに匹敵する硫酸耐性を達成している[5.3-47]．

硬質石灰石骨材は，セメント灰以外に骨材も硫酸と反応することから生物硫酸腐食作用を遅らせる．この場合，水に溶解しにくい硫酸カルシウムが形成され，これがコンクリートに一定の凝集性を付与してさらなる腐食侵入を防止する．南アフリカの実験[5.3-48]から，石灰含有骨材を擁したコンクリートの寿命は珪岩骨材を擁したコンクリートに比較して 3～5 倍に達することが判明した．ただし Schremmer(1965)[5.3-49]の研究によれば，これが当てはまるのは硫酸腐食の場合のみである．その他の酸の腐食に際しては，珪岩骨材または岩漿[5.3-50]骨材を擁したコンクリートの感受性が著しく低いことが判明している．

5. 補　修

セメントの種類，骨材は，酸の腐食に対して一部異なった挙動を示すことから，腐食媒体からの保護を目的としてそれが使用される場合には原則として適性検査が実施される必要がある．

セメント種のうち特異なのはアルミナセメント（TSZ）である．これは水和の点でポルトランドセメント（PZ）とかなり相違している．ポルトランドセメントにあっては水酸化カルシウムが生成するが，アルミナセメントの場合には，より難溶性の水酸化アルミニウムが形成される．アルミナセメントのもう一つの非常に重要な特性はいわゆる転移であり，その際，六方晶構造を有する準安定相が安定的な立方相に転移する．この場合，少量の水が化学的に遊離される［5.3-51］．

発生する立方晶は水を遊離する結果，当初の六方晶よりも小さいことから，組織の隙間率は増加し，これが強度低下と結び付くこととなる．

この転移の速度は，第一に周囲温度に依存している．低温時の転移は，何箇月も持続することがあるが，他方，温度 60 ℃以上［5.3-52］（他の論者は 40 〜 80 ℃の温度をあげている）で，一定のバックグラウンド条件のもとでは，準安定相が最初に現れることはほとんどなく，ほぼ安定相が形成される．後者の可能性は，工場における鋳鉄管のコーティングに利用される．コーティングしたての鋳鉄管を加熱することによりその後の再結晶による組織損傷を生ずることなく，安定的な水和相を形成させることができる．

アルミナセメントを使用する際の最上位の目標は，転移がもたらす不適当な影響を極小化することでなければならない．欧州仮規格 pr ENV 197-10［5.3-53］の補完 A には，これに関連した重要な側面ならびに耐久性に関連したその他の側面があげられている．
・水セメント比─考慮さるべき骨材水分を含む─は，決して 0.4 を超えてはならない．
・セメント含有量は，少なくとも 400 kg/m^3 でなければならない．
・骨材は，遊離し得るアルカリを含んでいてはならない．極小粒子成分割合は，できるだけわずかである必要がある．
・加工に使用される機器は，清潔でなければならず，石膏またはその他のセメントの残滓が残っていてはならない．
・加工に際しては，慎重な圧縮に留意しなければならない．型枠の漏れによるセメント灰の損失が防止されなければならない．
・適切な後処理によって生コンクリートの乾燥が防止されなければならない．

ただし，これらの条件を遵守しても温度が 60 ℃以下の場合には，転移を阻止することは不可能である．したがって，アルミナセメントモルタルの耐久性を保障するためには，現在，室内実験による検査に付され，既に有望な結果をもたらすさらなる対策

が必要である[5.3-46, 5.3-54].

現在得られている検査結果によれば[5.3-54～5.3-56], アルミナセメントモルタルは, 生物硫酸腐食に対してポルトランドセメントモルタルよりも著しく優れた抵抗性を具えていることが明らかである. アルミナセメントのもう一つの長所は, それがポルトランドセメントよりも非常に速く硬化することである. 圧縮強さは, 1日後には既に $60 N/mm^2$ に達し, 最終強度は $80～100 N/mm^2$ に達する[5.3-54]. ただし, 文献[5.3-53]によれば, 最終強度は, 長期的には放置条件に応じて若いモルタルの強度よりも低いことがある.

米国では, 特に下水道使用向けに開発された生物硫酸腐食に対する優れた耐性を有するアルミナセメントベースのコーティングモルタルが既に市場に出回っている[5.3-57]. ドイツではアルミナセメントに適用される準則集が存在していないことから, これまでのところしばしば英国標準 BS 915[5.3-58]へ依拠している.

モルタルの化学的抵抗力は, 技術的対策方法, 例えば,
・高度なモルタル圧縮を達成するための管内壁へのセメントモルタルの遠心射出,
・コロイドモルタルの作成[5.3-59],
によっても高めることが可能である.

コロイドモルタルの作成は, 2つの混合段階を経て行われる. 第一段階で水とセメントが高エネルギーミキサ中で互いに集中的に混合され, セメント灰の固体-液体2成分系が一つのコロイド分散系に転換される. 第二の混合段階で任意の添加物または添加剤が添加される. 達成可能なモルタル品質は, 通常のセメントモルタルの場合よりもかなり高度である [5.3-60] [$14 N/mm^2$ への曲げ引張り強さの向上 (28日後 $12.5 N/mm^2$ [5.3-20], グラスファイバの添加時には $25 N/mm^2$ [5.3-61])].

適用実験は, 様々な種類および組成の材料, 例えば鋼, 鋳鉄またはコンクリートへの優れた接着強さを提供した. コロイドモルタルの収縮率は, 通常のセメントモルタルに比較して 70～75％低いことから, 剥離現象の危険なしに 100 mm までの層厚さでこのコーティングを事後的に塗布することが可能である.

凝固・固化は, 従来のセメントモルタルの場合に比較して早く, 水が存在していても分離は生じない.

コロイドモルタルは, 湿った面または水の膜を具えた面に塗布されてはならないが, それは―その特別な作成方法からして―水を吸収して表面と結合することが最早できないからである.

混合自体は過度に長く行われてはならない. さもないと, セメント粒子が微細になりすぎ, それによって収縮特性に激しい変化がもたらされるからである.

5. 補　修

現場において均一なモルタル品質の保持を実現することは非常に困難である．

生物硫酸腐食に対する耐性に関しては，30℃，相対湿度95％，硫酸先駆物質と硫酸形成硫黄細菌を添加して"ハンブルク大学微生物学"H_2S-有害ガスキャビネットで1984年に実施されたコロイド-コンクリート被検体での検査から，この材料がDINの趣旨の"中度腐食作用"に十分に耐えることが判明した（DIN 4030[5.3-62]）．

コロイドモルタルの作成には，基本的にすべての種類のセメントが適している．ただし，最適な結果を達成するためには，混合方法がそれぞれのセメント種に適合させられなければならない[5.3-59]．

ハンブルク市の集水管渠においてテスト目的で，HSセメント（PZ 45 F HS NA），塩基性骨材（充填剤としてのドロマイト破砕サンド，ドロマイト微砕石，レンガ粉末）ならびにアスファルト添加剤（混合水への高度安定陰イオンアスファルト乳濁液の添加）からなる特別なコロイドモルタルがテストされた．コーティングは吹付け方式により管表面の腐食度に応じ5〜30 mmの層厚さで行われた．このようにして塗布されたコーティングは，非常に耐密な表面を示し，その際，アスファルト添加によって毛管封鎖，微細亀裂の止水，気密性の向上がもたらされた．これにより，とりわけ塩基反応性表面も細菌の生存条件を悪化させることから，相当程度の防食性の向上が期待された．しかしながら，大規模実験の過程でこのコロイドモルタルは，生物硫酸の発生に際して不適であり，それゆえ使用さるべきでないことが明らかとなった．

セメントモルタルによるコーティングに際する準備対策については，基本的に5.3.1.3の論述が当てはまる．この場合，管渠の内側表面は，完璧な接着を達成するためにコーティング塗布前に湿っていなければならず，硬化過程は十分な水分供給と温度の下で進行しなければならない．管渠スパンの末端は閉鎖されなければならない．

b．シリケートモルタル　　アルカリケイ酸塩モルタルは，2成分系純鉱物質の無機質建設材料である．アルカリケイ酸塩モルタルは，通常，液体成分として改良された高アルカリ性のケイ酸塩溶液からなっている．粉末成分は様々な人工および天然の潜在硬性物質，結晶質骨材，ならびにその他の付随・補助物質を含んでいる．セメント結合された建設材料とは異なり，アルカリケイ酸塩モルタルの場合には，結合剤の硬化母体中に非晶質のシリケートゲル（$SiO_2 \cdot nH_2O$）が形成される．このアルカリケイ酸塩—ヒドロゲルとも称される—は，セメント結合された建設材料とは異なり，あらゆる無機酸および有機酸（フッ化水素酸を除く）に対する耐性を有する．アルカリケイ酸塩結合剤をベースとしたコーティングは，液密性を有するが，蒸気拡散を許容する．

この材料で達成され得る圧縮強さの値は60 N/mm^{2}を上回る．曲げ引張り強さは，28日経過後の試料でおよそ12 N/mm^2，90日経過後の試料で20 N/mm^{2}を上回る[5.3-

63].

ドイツでは，下水道分野において，現在，特に以下のシリケートモルタルが使用されている．
・Konusit KK 10[5.3-63],
・ombran シリケートモルタル[5.3-64].

(3) プラスチック改質セメントモルタル

　コーティング用の純セメントモルタルの特に曲げ引張り強さ，接着引張り強さ，化学腐食耐性，ならびに拡散抵抗の適切な改善は，セメントモルタルにプラスチック添加剤を使用することによって可能である[5.3-65]．こうしたモルタルは，プラスチック改質セメントモルタルと称され，英語ではポリマー改質セメントモルタル（ポリマーセメントコンクリート）とも称される[5.3-66].

　ポリマー含有量は，最高でセメントのおよそ30センサ，重点的にはおよそ5～10センサ，これはセメントを基準にしておよそ15～30質量％に相当している[5.3-8].

　樹脂含有量が5％以下の場合には，樹脂とセメントとの共同の結合剤効果を具えた均質な組織を作り出すには樹脂量が不十分である[5.3-67]．ポリマー含有量がセメントのおよそ20センサ以上になると，セメント粒子はプラスチック膜によって広範に"包み込まれる"ようになり，これによって水和は大幅に緩徐化されるか場合によっては阻止されることもある．技術的に意図さるべき樹脂含有量は，文献[5.3-67]によれば，およそ10センサ，場合によってもせいぜい15センサである．

　プラスチックとしては，主としてエポキシ樹脂が考えられる．またセメントと同時に硬化して固体プラスチックを形成する―その他の親水性反応性樹脂，熱可塑性樹脂またはエラストマの鹼化耐性ある水中分散液，ポリマーも考えられる．工場で作成された固練りモルタルに加えられる再分散可能なプラスチック粉末の使用頻度がますます高まっている．

　樹脂添加剤の添加によって2結合剤系―すなわち，セメント母材とその間に介在するプラスチック系―がある．安定した合成樹脂エマルションが使用されてnmレベルの粒滴が形成される場合には，硬化する樹脂は，セメント水和物結晶の微細な間隙を埋め，同所にセメント内"有機質補強筋"を形成する[5.3-65].

　使用されたプラスチックの物理的特性は，硬化したプラスチック改質モルタルの特性にごくわずかな影響を与えるだけにすぎない．これに対して，セメント母材中への幾何的・物理的接合と骨材への接着結合は重要である[5.3-65].

　エポキシセメントコンクリート（ECC）とも称されるエポキシ樹脂改質モルタルおい

て，その特別な加工特性および固化コンクリート特性は，ポリマー改質セメントモルタル中で特別なグループを形成している．このモルタルの場合には，水乳化された液状樹脂と硬化剤が生コンクリートに加えられ，これによって重付加による膜形成固体樹脂の生成がセメント硬化と並行して生じる．

反応性樹脂は，水に比較して高い粘性を有するが，ポリマー添加は，流動化作用を示す．これにより同一の純セメントモルタルに比較してプラスチック改質セメントモルタルの作成に際しては，顕著な節水が可能である[5.3-68]．

ただし，前記特性の改善と並行して，樹脂含有量の増加とともにセメントに対するプラスチック添加1％当り1N/mm² の圧縮強さ低下，1.000 N/mm² の弾性率低下ならびに収縮率の増大が現れる[5.3-69]（表5.3-1，図5.3-10）．

表5.3-1：セメントモルタル(CC)と比較したエポキシ樹脂改質セメントモルタル(ECC)の特性[5.3-67]

特性	単位	ECC	CC
圧縮強さ	N/mm²	10～50	20～50
曲げ引張り強さ	N/mm²	5～20	2～10
弾性率	kN/mm²	15～35	25～40
熱膨張率	$1/K \cdot 10^{-6}$	5～20	5～15

多くの場合に発生する別の不適な特性としてあげておかなければならないのは，発泡傾向である．これによって生ずる高い気泡率は，適切な表面活性剤の添加によって回避することが可能である．

ドイツでは，管渠のコーティングに基本的に以下のプラスチック改質セメントモルタルが使用されている．

・Ergelit-Kombina KS[5.3-70]，
・Rotec-Beton 3.5[5.3-71]，
・Ombran FU-L+PD 111[5.3-72]，
・Konusit FZM[5.3-65，5.3-73]，
・Konusit FZM-RRB[5.3-63，5.3-73]．

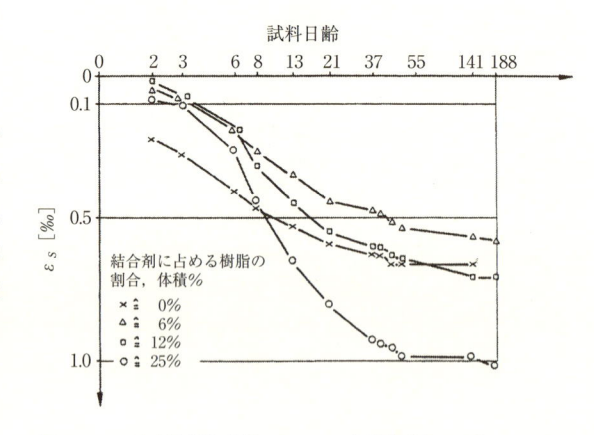

図5.3-10：反応性樹脂改質モルタルの収縮曲線[5.3-43]

これらのモルタルの正確な組成については，なんらのデータも得られていないか，または不完全なデータしか得られていない．

総じて多様な有機・無機添加物をセメントモルタルに添加することにより広範囲に及ぶ特性を調整することが可能であることを確認することができるが，なお，特に下水管渠使用向けのプラスチック改質モルタルの作用態様と長期的特性（ここでは特にコンクリート下地との耐久的な結合をあげておかなければならない）を解明するために，ユーザーとの協力によるメーカーの広範な改良開発がさらに必要である．

これまでのところ，コーティングモルタルとしてのプラスチック改質セメントモルタルに対する一般的な建築基準上の許可はまだ与えられていない［5.3-65］が，橋梁または同等な高度技術建造物の分野には"検査済み材料/材料システム-リスト"，いわゆる"BAStリスト"（BASt：連邦道路研究所）があり，同リストにはZTV-SIB 90［5.3-2］の基準に基づく検査に合格し，連邦交通大臣の所管分野において許可されているモルタルがあげられている．満たされるべき基準は，連邦交通大臣によりZTV-SIB 90とともに公布される当該技術仕様および技術検査規定に詳細に述べられている．

(4) 反応性樹脂モルタルおよび反応性樹脂コンクリート

モルタルがセメントを含んでいず，結合剤が通常の建設温度時に反応性を有する合成樹脂混合物からなっている場合には，反応性樹脂モルタルまたは簡単にポリマーコンクリート（PC）と称される．常温硬化性，すなわち室温にて完全に硬化し得る不飽和ポリエステル，エポキシ樹脂，メタクリル樹脂をベースとした反応性樹脂系が使用される．

この場合，本適用ケースにおける経験が欠如していることから，高層の工場建築物等を参照にすべきである．

硬化した通常のポリマー結合剤の顕著な化学的不活性と一切の毛細間隙の欠如からして，気象条件下ならびにその他の使用条件下での反応性モルタルの耐久性は卓越している．他方，特定の樹脂タイプにあっては，元の下地コンクリートとの結合の耐久性は，同コンクリートが長期的に水潤している場合，下水管渠にとって典型的な状況にあっては危機的となり得る［5.3-8］．

反応性樹脂の骨材組成は，セメントコンクリートの場合と同一の技術原則に基づいて構成される．稠度は，結合剤量と樹脂硬化剤粘性とを適切に選択することによって調整される．樹脂コストが高く，かつ発熱硬化反応に起因する高い内部応力を回避する必要性から，できるだけ低空洞率の骨材混合物には特別な考慮をもたなければならない．したがって，粒子グループの付加は非常に細かく等級化されて行われる．粒子質充填材としては石英粉末または珪砂が使用されるが，その粒度分布はできるだけFullerの理想分級ラインに一致している必要があろう．最大粒子サイズは，最低層厚

5. 補 修

さの1/3以下である必要がある．

ほとんどすべての樹脂には乾燥した骨材が必要であるが，それは通常の空気湿度に際する平衡水分が既に特記すべき特性劣化を生じるからである．文献[5.3-74]によれば，水分含有量0.1重量％を上回ってはならない．図5.3-11はEPモルタルに関する骨材水分の影響を示したものである．

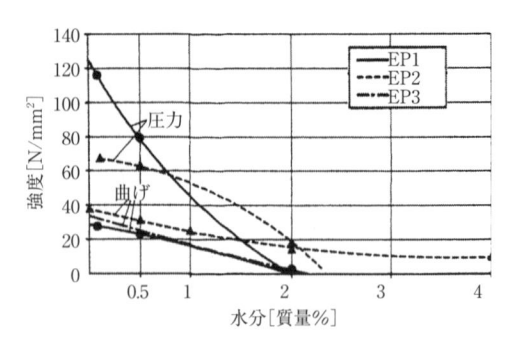

図5.3-11：骨材水分がEPモルタルの強度に及ぼす影響[5.3-8]

反応性樹脂モルタルは，個別的にファイバ充填材を含んでいることもある．同充填材は，第一に引張り強さと曲げ引張り強さを向上させ，収縮を減少させる．

グラスファイバは，コーティング層からはみ出たり突き出したりしていてはならないが，それはグラスファイバに沿って水がコーティング内に浸入してコーティングを破壊するからである（毛管効果）．こうした理由から常に純樹脂製の仕上げ層が塗布される必要がある[5.3-75]．

反応性樹脂モルタルの特性は，結合剤と骨材との特性によって影響されるだけでなく，結合剤の配合割合によってもセメントコンクリートの場合よりもはるかに大きく影響される．図5.3-12は強度と結合剤量との相関を示したものである．

応力-ひずみ線の形は，高強度セメントコンクリートに類似しているが，極限伸び率は，強度に応じて4～8mm/m高い．

弾性率は，強度と同様に結合剤の特性，混合比および温度に大幅に依存している（図5.3-13，5.3-14）．

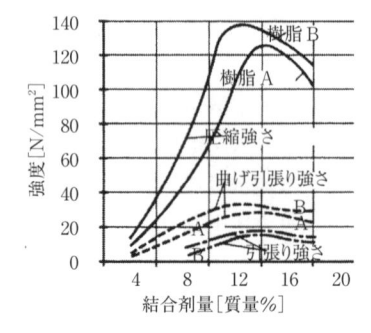

図5.3-12：反応性樹脂モルタルの強度と混合比との相関関係（例）[5.3-8]

反応性樹脂コンクリートまたは反応性樹脂モルタルは，その引張り強さが相対的に高いことから，通常，補修は行われない．補強が必要となる場合には，鉄筋が非アルカリ防食されるように注意しなければならない．したがって，グラスファイバロッドまたはグラスファイバマットが使用されない場合には，原則としてEPコートされた

5.3　更　生

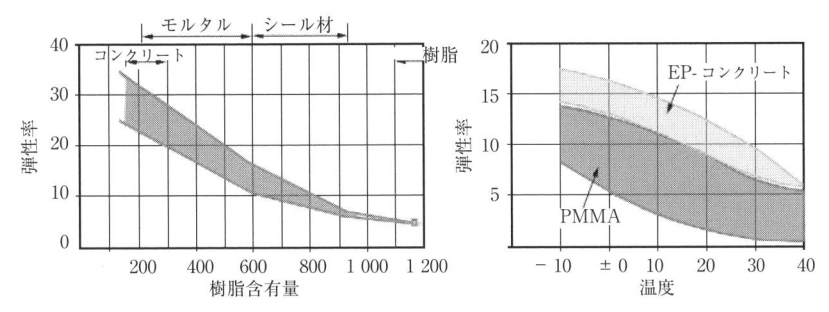

図 5.3-13：樹脂含有量の関数としての反応性樹脂コンクリートの弾性率[5.3-8]

図 5.3-14：温度の関数としての EP コンクリートと PMMA コンクリートの弾性率[5.3-8]

コンクリート用鉄筋が使用される必要があろう．

　反応性樹脂コーティング材は，一般に少なくとも2つの成分が混合されて作られる．硬化は，成分の混合直後に化学反応によって生ずる．反応速度は，温度依存量であり，硬化挙動に決定的な影響を与える．

　応力が発生することから，すべての反応性樹脂コーティング，特に貧充填剤反応性樹脂コーティングにあっては，管材料とコーティングとの熱膨張率の相違が思慮されなければならない（図 5.3-15）．樹脂と下地との熱膨張率が相違する場合には，温度変化時に接着または結合に不適な作用がもたらされる．温度膨張率の低い骨材と微細充填剤を使用することにより反応性樹脂モルタルの熱膨張率を著しく低下させることができ，これによりセメントコンクリートの場合と同様な値が実現される．

　反応性樹脂硬化時の架橋反応は，より緊密な分子充填密度を生ずると同時に体積減少，硬化収縮を生じる．自由な直線収縮はポリマータイプに依存しており，そのレベルは 0.01 %（高充填 EP モルタル）～ 2 %（富樹脂フローモルタル）である．図 5.3-16

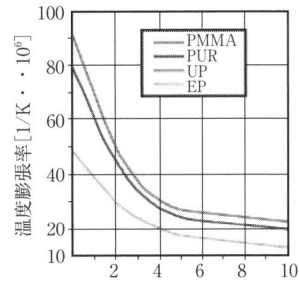

図 5.3-15：充填度および結合剤システムと相関した線形温度膨張率[5.3-8]

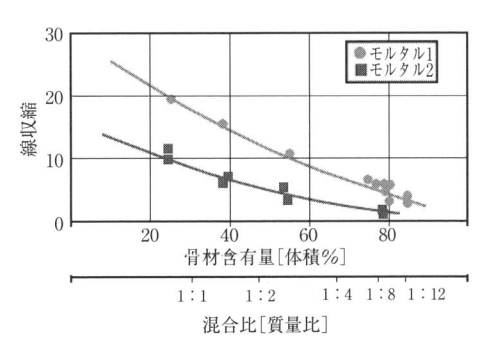

図 5.3-16：骨材含有量に応じた反応性樹脂モルタルの収縮[5.3-8]

5. 補修

は骨材含有量との相関性を例示したものである.

無機質材料とポリマー材料との間の接着メカニズムの研究はまだ不完全であるが，一般にコンクリート下地表面が清潔で乾いており，かつ可能な限り完全な濡れが生ずる場合に非常に優れた接着強さが達成されるというがこといえよう．したがって，通常，モルタルの塗布前に下地コンクリートに接着ブリッジが塗布される．接着ブリッジの塗布を断念することができるのは，混合材の結合剤含有量が非常に高い場合のみであるが，それは同混合材が下地コンクリートを十分に濡らして広がることができるからである．

中性化していない水潤したセメントコンクリート中に見られるような強アルカリ環境中においては，合成樹脂は，程度の差はあるにせよ顕著な水解または鹸化現象を生ずる傾向がある．これによって表面に高分子の漸次的破壊が生じ，その結果，最終的に約1〜2年後には既に達成された接着強さの劣化がもたらされることとなる[5.3-8]．

現在では，水に不感な樹脂または水中でも加工可能な樹脂を供されているとはいえ，反応性樹脂は基本的に乾いた下地上でのみ加工される必要があろう．加工時に下地が乾いていればいるほど優れた接着が実現されることは経験上からして証明されている[5.3-76]．

乾燥プロセスの主要な影響因子は，以下のとおりである．
・相対空気湿度，
・周囲温度，
・空気運動，
・蒸発面の位置，
・部材組織，部材厚さ．

コンクリート製，鉄筋コンクリート製の管渠の乾燥は，特別な問題を表している．使用される反応性樹脂系に応じて必要とされるコンクリート表面の水分含有量を達成するには，適切な空気乾燥機を使用することができるが，表面近傍領域の乾燥が実現されるだけにすぎない．管壁コンクリートの内部には一般に常により高い水分含有量が存在しており，これが乾燥した表面への水分移動を生じるとともに，それによって反応性樹脂コーティングの接着を侵害し得ることとなる．この現象は，特に管厚が大きい場合，ならびに管外周部の土壌水分が高い場合に現れる．

一般に反応性樹脂コーティングの場合に推奨される予備処理されたコンクリート下地への下塗りによって前記現象に対処することが可能である．これはコンクリート表面の固化という主たる役割以外に，下地毛管作用の不活性化とコンクリートと反応性樹脂コーティング間の明確な界面の形成回避にも貢献する[5.3-77]．下塗りの効果は，

十分な量の下塗り剤が塗布されてコンクリート表面近傍領域がそれによって飽和される場合に最良となる．

いずれにせよ，テストコーティングによって前記予備処理された下地上において十分な硬化と接着が実現されるか否かをチェックすることが必要である．特に地表面以下の密閉構造物(マンホール等)，および気孔率が非常に低い管材料において露点温度が下回られる場合にしばしば発生するコーティングされる面上の凝縮水形成は，接着強さを決定的に低下させることとなる．多層構造の場合にあっても，下地の温度が露点温度を下回るか，またはそれに等しい場合には，決してその後の層に塗布が行われてはならない．確実なところ，露点温度をコーティングされる下地の温度は，少なくとも3℃上回っているべきである．

反応性樹脂系は，硬化中にあってもなお水分に対して敏感である．したがって，コーティングされる面は，コーティング中ならびに硬化に至るまで水分浸入ならびに水分凝縮が防止されていなければならない．

これらのコーティング材を適用する場合には，メーカーの定め，特に混合比，温度，湿度，下地性状，待機期間に関する定めが遵守されなければならない．既製製品を使用する場合には，品質の遵守，管理がある程度軽減されることから，既製製品が優先される必要がある．

以下では最も重要な反応性樹脂(UP樹脂，EP樹脂，PU樹脂，PMMA樹脂)の特性ならびに適用時の問題を論ずる．

a．UP樹脂(不飽和ポリエステル樹脂)　UP樹脂とは，重合可能な液状モノマー形の不飽和ポリエステル溶液として理解される(例えば，スチロール)．

硬化反応(特に不飽和ポリエステルと架橋反応剤スチロールとの間)は，共重合であり，これはその開始にラジカルの形成を要する．ラジカルソースとしては，主としてその作用メカニズムが熱(80℃以上)によるか，または—常温硬化の場合—促進剤の添加によって開始される有機過酸化物(硬化剤)が使用される[5.3-78]．

樹脂母体は引火しやすく，過酸化物は腐食性を有し，スチロール蒸気は健康を害する危険があり，硬化剤と促進剤からなる混合物は爆発の危険がある[5.3-8]．

建築分野で使用される常温硬化は，一般に15～30℃の温度で生ずる．硬化は，触媒誘導されることからそれぞれの許容最低温度が必ず守られなければならない．最大強度ならびに化学物質耐性および耐水性は，熱硬化によってのみ達成される[5.3-78]．

これは，収縮率が高いことから高充填モルタル混合材，すなわち結合剤の割合が比較的低いことを特徴とした[5.3-79]モルタル混合材として加工される．

これは，アルカリ負荷に対する耐性が低いことからEP下塗りされたコンクリート

に使用される[5.3-80].

下地と骨材は乾いていなければならない．コーティングは，硬化に至るまで水分防止されなければならない．

表 5.3-2 に硬化した状態における充填剤なし，充填剤入り，およびグラスファイバ強化された UP 樹脂コンパウンドの機械的，物理的特性に関する一覧を示した．

表 5.3-2：UP 樹脂成形材料の特性[5.3-81]

特性	単位	充填剤なし	グラスファイバ強化(30％マット)	無機質充填剤入り	測定方法
密度	g/cm^3	1.15～1.35	1.5～2.0	1.9～2.3	DIN 53 479
圧縮強さ	N/mm^2	135～170	120～190	60～115	DIN 53 454 DIN 1 164
曲げ強さ	N/mm^2	70～150	100～150	12～25	DIN 53 452 DIN 1 164
引張り強さ	N/mm^2	30～70	30～80	8～19	DIN 53 455
曲げによる弾性率	N/mm^2	2 000～4 000	8 000～18 000	8 000～35 000	ASTM D 790/70 第10.11.1章に準拠
線熱膨張率	10^{-6} mm/mm·K	80～110	20～30	20～50	VDE 0304
収縮(線)	％	約 2	＜ 0.2	＜ 1	

b．EP 樹脂（エポキシ樹脂）　土木・建築用の標準樹脂としては，基本的に 2 つの基礎タイプ—ビスフェノール A とビスフェノール F，ならびに両者からなる混合体—のみが使用される．通常の原樹脂の粘性は，およそ 6 000～8 000 mPa·s を下回っていないことから，粘性低下のため，場合により反応性希釈剤が使用される．

同じく粘性低下を目的として，特に目止めに際して低分子有機溶剤が使用される．これは，かなりの程度の特性劣化が予測されることから，化学反応前にできる限り完全に逃散しなければならない．

通常，建築・土木における硬化剤系は，脂環式アミン，脂肪族ポリアミン，ポリアミノアミン（ポリアミド）である．

あらゆる化学反応と同様に EP 硬化の速度も温度依存的である．EP 硬化は，通常の建築の常温硬化系では，硬化剤の反応性に応じおよそ＋5～±0℃以下でほぼ完全に停止に至る．再加熱すると，反応は再び開始する．

多様な加工特性，最終特性は，主として硬化剤または組み合わせる硬化剤のタイプと調節によって決定される．これによって影響されるのは，特に粘性，反応性（"緩慢"系および"急速"系），親水性（湿った下地への適用，水乳化性），化学的耐性である．粘性低下のため硬化剤にも反応性希釈剤が加えられる．

エポキシ樹脂は，高い強度，優れた接着，優れた一般的な化学的抵抗力(多くの溶剤，塩類，アルカリ性媒体，酸性媒体に対しても)が卓越している．したがって，高いアルカリ耐性によってコンクリートのコーティングに特に適している．エポキシ樹脂コーティングは，機械的作用に対して抵抗力を有する．加工に際しては，特に正確な混合比の遵守と成分の慎重な混合，遵守さるべきポット時間，一般に少なくとも10℃に達すべき必要な硬化温度が顧慮されなければならない[5.3-80]．

EP結合剤の反応性収縮は，4～5質量％である[5.3-78]．

下地は乾燥している必要がある．湿った表面のコーティングに適した特別なシステムも存在している．

表 5.3-3 に室温で硬化させた充填剤なし，充填剤入り，およびグラスファイバ強化されたそれぞれのエポキシ樹脂成形材料の機械的，物理的特性が比較されている．

表5.3-3　エポキシ樹脂成形材料の特性[5.3-81]

特性	単位	充填剤なし	グラスファイバ強化	無機質充填剤入り		測定方法
				1:1～1:2 填剤入り (石英)	1:7～1:8 填剤入り	
密度	g/cm³	1.1～1.3	1.5～1.9	1.5～2.3	—	DIN 53479
圧縮強さ	N/mm²	60～110	220～260	60～130	60～130	DIN 53454 DIN 1164
曲げ強さ	N/mm²	60～150	180～200	30～70	—	DIN 53452
曲げ引張り強さ	N/mm²	—	—	—	25～50	DIN 1164
引張り強さ	N/mm²	40～90	200～220	10～30	—	DIN 53455
弾性率	N/mm²	200～3 000*²	13 000～15 000*¹	4 000～23 000*²	—	
線熱膨張率	10⁻⁶mm/mm·K	60～70	10～20	35～40		VDE 0304
収縮(線)	％	1.5～0.5	< 0.1	0.1～0.05	< 0.1	ASTM-D551

*¹ 曲げ試験によって算定．
*² 圧力試験によって算定．

c. PUR樹脂(ポリウレタン樹脂)　ポリウレタンとは，ポリアルコールとポリイソシアネートから製造される弾性プラスチックから硬質プラスチックまでに及ぶプラスチックの化学的総称である．硬化反応は重付加である．この反応には正確に調整された混合比で存在していなければならない2つの成分が必要である．

ポリウレタンは，広範囲に及ぶ適用多様性によって卓越している．この樹脂にあっては，一定の特性，例えば伸び率，耐摩性，化学物質耐性(酸，アルカリ，塩類溶液)，溶剤耐性をそれぞれの表面要件に応じて他の反応性樹脂の場合よりもはるかに高レベ

ルで調整することができる．化学物質耐性は，一般にコーティングの硬度が高まるとともに上昇する．

溶剤含有PUR樹脂では薄いコーティングが実現され，他方，貧溶剤材料，溶剤無含有材料では厚いコーティングが実現される．溶剤なしの新規開発材料も同じく入手可能である．

コンクリート建設に使用される1成分系材料にあっては，空気中に存在する水蒸気との反応，またはコンクリートの隙間に残留している平衡水分との反応が生じる．その際，水分供給が高ければ発泡が生じる．これは2成分系ポリウレタンの場合にも同様である．したがって，発泡が意図されているのでない限り乾いた下地が必要である[5.3-8]．それゆえ，2成分系PURの塗布に際し相対空気湿度は70％以下である必要がある．

周囲空気，下地ならびに混合成分の各温度は，＋5℃を下回ってはならない．
文献[5.3-2]によれば，温度依存的な反応は低温時に完全停止には至らない．
表5.3-4に充填剤なし，充填剤入りのそれぞれのポリウレタン樹脂混合の重要な特性をあげた．

表5.3-4：ポリウレタン樹脂成形材料の特性[5.3-81]

特性	単位	充填剤なし	充填剤入り	試験規定
密度	g/cm³	1.1～1.3	1.3～2	DIN 53550
圧縮強さ	N/mm²	90まで	130まで	DIN 53454
曲げ強さ	N/mm²	110まで	90まで	DIN 53452
引張り強さ	N/mm²	60まで	30まで	DIN 53455
弾性率	N/mm²	60～2 700*¹	5 000まで*²	—
線熱膨張率	10⁻⁶ mm/mm・K	80～100	60～40	VDE 0304
収縮(線)	％	＜2	＜0.5	—

*¹ 曲げ試験によって算定．
*² 圧力試験によって算定．

d．PMMA樹脂(ポリメチルメタクリル樹脂)　　PMMA樹脂は，改質された成分を有するモノマーのメチルメタクリレート，または初期重合されたメチルメタクリレートから得られる重合体である．この反応性樹脂の硬化は，有機過酸化物を触媒として行われ，熱可塑性プラスチックまたは熱硬化性プラスチックが生成される．その際，粉末状の硬化剤は，当該モノマー中の重合体溶液に加えられるか(注型用樹脂システム)，またはポリマー粉末と混合して液状モノマー混合体に加えられる(Mo-Poシステム)．注型用樹脂システムの場合には，相対的に正確な成分配合が必要であるが，他方，Mo-Poシステムは配合が広範に独立している．

樹脂タイプと改質に応じ，要件に合致した硬質から軟質までに及ぶコーティングを

作り出すことが可能である．

　液状ポリマー樹脂の粘性は，ほとんどの場合，非常に低い．通常のPMMAシステムの硬化は，約20分から1時間までの間で行われる．硬化速度を大幅に低下させたり，最終特性を劣化させることなく，注型用樹脂システムにあっては約0〜−10℃までの最低温度が可能である．

　短所は，加工中，硬化中の臭気発生，ならびにこの樹脂は可燃性を有し，空気とともに引火性混合蒸気が形成されることである．

　PMMA樹脂は，硬化時に相対的に激しく収縮することから，特に慎重な下地前処理と適切なモルタル配合とによって収縮応力に十分な配慮が行われない場合には困難が生ずることとなる[5.3-82]．

　表5.3-5に硬化したPMMA樹脂の特性をまとめた．

表5.3-5：PMMA樹脂成形材料の特性[5.3-81]

特性	単位	充填剤なし	充填剤入り(石英)	試験規定
充填剤含有量	重量%	0	55〜75	
嵩密度	g/cm^3	約1.2	1.4〜1.9	DIN 53479
圧縮強さ	N/mm^2	20まで	30〜90	DIN 1048に準拠
曲げ強さ	N/mm^2	10まで	40まで	DIN 53452
引張り強さ	N/mm^2	50まで	10〜20	DIN 53455
曲げによる弾性率	N/mm^2	2000まで	9000まで	DIN 53457
線熱膨張率	10^{-6} mm/mm・K	150まで	50〜80	VDE 0304
収縮(線)	%	<1	<1	棒方式(非規格化)

5.3.1.4　表面準備

　あらゆるコーティング作業において，コンクリート境界部とその表面性状には重大な意義が帰せられる．コーティング材の収縮に起因する応力，コーティング材の硬化後にあっては温度変化や水分変化に起因するコーティングシステム内の内部応力ならびにコーティングに作用する外力を吸収し得なければならない．

　コーティングさるべき管内面においては，ほとんどの場合，そのために必要とされる前提条件は存在してなく，適切な表面準備によって初めて前提条件が作り出されなければならない．**図5.3-17**は収縮によって結合継目に発生する応力を概観したものである．

　彎曲した管内面にあっては，平らな面の場合の通常の収縮に起因する結合継目のせん断応力に加えて，さらに半径方向応力も発生するが，これは，コーティングと下地との間の結合にとって追加的な負荷を表している．同時に結合が不十分な場合には，

5. 補 修

下地からのコーティングの剥がれと，それによる環状隙間の形成を結果として得ることとなる．ただし，こうした結果がもたらされる前提条件は，コーティングが自立的であって，発生する応力をひび割れなしに吸収するのに十分な強度を有していることである．

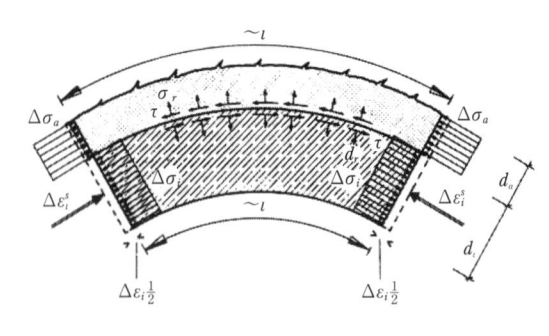

図 5.3-17：コーティングの収縮に起因する結合継目の応力 [5.3-83]

文献[5.3-7]には，セメント結合された修繕モルタルの 90 日後の収縮に対する最大許容形状ひずみ特性値 $\varepsilon_s 90$ —応力等級に応じて 1.0 〜 1.2 ‰—があげられている．

結合継目に障害が発生しない限り—特に薄層セメントモルタルコーティングの場合には—前記応力に基づく亀裂形成の危険が存在する．

コーティング作業の開始前にコンクリート下地は，選択されたコーティング材と予測される応力とを顧慮して判定され，適切な表面準備対策が選ばれなければならない．対策の種類と必要な後処理，ならびにそのために要される費用を決定するために常にテストエリアを設けるのが望ましい．対策の実施後，コーティングされる面が所要の性状を有するか否かがチェックされなければならない．このための最も重要な判定基準は，コンクリート下地の表面引張り強さ(引裂強さとも称される)である．判定方法は，コーティングの接着引張り強さの測定と同様にして行われ(5.3.1.5 参照)，その詳細は ZTV に記述されている(ZTV-SIB 90[5.3-2]補遺 2)．

通常，コンクリート下地は，塗布されるコーティングと下地との間に確実かつ耐久的な結合が実現されるように準備されなければならない．コーティング材は，表面をよく濡らし，表面にしっかり付着して表面と"嚙み合う"ことができなければならない(5.3.1.3 も参照)．したがって，特に下水に起因する固有の汚れを有した管内面は，あらゆる種類のコーティングが行われる前に支持力ある下地が確保されるように前準備されなければならない．文献[5.3-7]によれば，コーティング用のコンクリート下地は，以下の条件を満たしていなければならない．

・破片や屑片，剥がれやすい同種の層(例えば，セメント膜)等の付着がなく，微粒サンドを生じないこと．
・表面近傍領域をおおよそ表面と平行に，または皮殻状に走る亀裂または剥離等が存在しないこと．

・ばり，まくれ等がないこと．地固めされる場合には放置しておくことができる．
・使用されるコーティング材に適合した粗さを有すること．
・異質物（例えば，離型剤，不適な古いコーティング，風解，油，植被等）等の付着がないこと．

　油脂沈着—これは除去が非常に困難である—特別な注意が向けられなければならない．さらに場合によりコンクリート後処理剤と離型剤（型枠油）にも注意しなければならない．それは，これらが油脂沈着と同様に結合を妨げ得るからである．巣およびその他の空隙は，適切に処理，充填されなければならない．コンクリート面が滑らかな場合，例えば型枠中で硬化されたコンクリート管と鉄筋コンクリート管の場合には，滑らかなセメント層に覆われた気孔，空洞が開放され，骨材上の薄いセメント層が取り除かれなければならない．コーティング材は，一般にセメントよりも粗い珪岩骨材によく付着することから，露出させられた骨材面が占める割合はできるだけ大きいことが必要であろう．ただしこの場合，これらの骨材は，なおセメント中にしっかり埋め込まれていなければならないことに留意する．
　それは，例えば機械式ノッキング法にあっては，骨材が必ずしも常に埋め込まれているとは限らないからである．
　コンクリート下地に求められる物理的特性は，文献[5.3-7]にあげられている．これによると，モルタルコーティングにつき平均で 1.5 N/mm^2，最小個別値として 1.0 N/mm^2 のコンクリート下地表面引張り強さが要求されている．
　コンクリートに化学腐食による損傷がある場合には，腐食の深さと場合により存在する異物の分布が調査され，（例えば，損傷したコンクリートの欠損に関する）必要な処置が決定されなければならない．コンクリート内部の化学反応については，その種類，原因，生じ得る作用に関する詳細な調査が必要である．コンクリート下地に鉄筋腐食と関連した損傷がある場合には，中性化の深度と塩化物含有量を測定されなければならない[5.3-7]．
　硫酸，塩酸または硝酸による腐食に応じ吸湿性の塩類残滓の発生が見込まれなければならず，これは完全に除去されなければならない．これらの塩類残滓は，ここでは詳しく考察されない有機質の薄膜コーティングおよび目止めに際する浸透水泡形成の発生を助長し得る（**5.3.1.1**も参照）．
　予備処理方式がコンクリート表面の引張り強さにどんな影響を及ぼすかは，同処理方式とコンクリート表面の表面引張り強さの増減の各百分率をまとめた**表5.3-6**が示している．0はスチールブラシで汚れと塵が取り除かれただけの予備処理されなかった下地に関係している．

5. 補　修

表 5.3-6：予備処理がコンクリート下地の引裂強さに及ぼす影響 [5.3-84]

方式	下地予備処理後の接着引張り強さの変化 [%]
洗い流し，化学薬品を使用する場合も含む	0
酸洗い	0 ～ +30
ブラッシング，人力式	0
ブラッシング，機械式	0 ～ +10
剥削(のみ削り，ハンマリング)	－30 ～ －25
ストッキング	0 ～ －20
研削	－10 ～ +35
フライス削り(一般)	－45 ～ －20
Arx フライス	－20 まで
Wirtgen フライス	－45 まで
サンドブラスチング	+15 ～ +25
ショットブラスチング	+20 ～ +30
水分吹付け	+20 ～ +30
蒸気吹付け	0
高圧水噴射 (400 bar)	+20 まで
高圧－水－砂－吹付け (400 bar)	+10 ～ +30
火炎放射(一般)	－25 ～ －15
火炎放射＋フライス削り	－30 ～ －20
火炎放射＋サンドブラスチング	－10 ～ +15

　これらの結果は，建築の分野から得られた調査に由来している．これから様々な表面予備処理方法および方式がコンクリート表面の表面引張り強さに相対的に大きな影響を有しているといえる．ただしこれに関連して，すべての方式は，それぞれ固有の適用範囲を有していることを指摘しておかなければならない [5.3-84 ～ 5.3-86]．

　次にコーティング用コンクリート表面の準備に現在主として使用されている高圧水洗浄 (HDW) による清掃を述べる．

　高圧水洗浄の最も重要なシステムパラメータは，実効噴射性能，つまり圧力と実際の体積流量との積である．試験室テストにより噴射性能の上昇とともに噴射水のコンクリート板切り欠き深さが増大することが確認された．したがって，実効噴射性能を変化させることによって清掃または欠損の程度に最も大幅な影響を与えることが可能である [5.3-87]．この事実は認識されていないことが多いが，それは噴射性能が装置の独立したパラメータとして調節することができないからである．したがって現在では，ほとんどの場合にノズル部の水圧および体積流量が記載され，両者の積が重要な基準であることは顧慮されていない．文献中でも圧力と体積流量の記載に依拠した高圧水洗浄清掃性能の記述が見出されるだけにすぎない．また，通常の強度 B55 以上を具え

たコンクリート管を高圧洗浄で処理する際には，さらに噴射性能の他にコンクリート強度が達成可能なコンクリート欠損にかなりの影響を有していることが顧慮されなければならない．

環境上の理由から，技術開発は，水圧を高め，水量を低下させる方向を目指している．研磨物質，例えば珪砂またはスラグ，あるいはまた洗浄剤を加えることにより，清掃性能を大幅に向上させることが可能である．

20 MPa（200 bar）までの使用圧力と 3 〜 30 L/min の体積流量によってコンクリート上の多くの不純物を取り除くことが可能である．コーティング用のコンクリート部材表面処理には 20 MPa までの圧力による処理だけでは通常不十分である．それは下地の低強度部分と付着劣化部分を取り除くことができず，下地の粗立てが不可能だからである．この場合（例えば，高圧洗浄機の付属器により）固体噴射剤を一緒に噴射することによって一定の改善が可能である．

清掃に際しては，さらに以下の要因が考慮されなければならない[5.3-86]．
・溶解した汚れと欠損された粒子を洗い流すための最低水量が必要である．
・温度の上昇とともに汚れ溶解効果が高まり，これは特に油脂残滓や油残滓に効果的である．

衝突圧力と水温は，ノズルと下地との間の距離が増大すると，効果は急速に低下する．噴射角度の増大とともに衝突圧力は同じく急速に低下する．

使用圧力 60 〜 100 MPa（600 〜 1 000 bar）（若干の論者は 40 〜 80 MPa をあげている[5.3-86]）と 130 L/min までの体積流量でコンクリート面上の汚れ，塗料残滓，微粒モルタル層，強度低下層および後処理膜を除去し，損傷したコンクリートを除去し，下地を粗立てることができる．この場合にも固体噴射剤との組合せが可能である（文献[5.3-7, 5.3-86]も参照）．

コーティングの接着向上にとって望ましいセメントおよび骨材の微視的粗さは，サンド添加によってのみ達成することが可能である．

図 5.3-18 に示すように約 100 MPa（1 000 bar）以上の使用圧力とわずかな体積流量でコンクリートを切断し，広域的な深欠損除去を

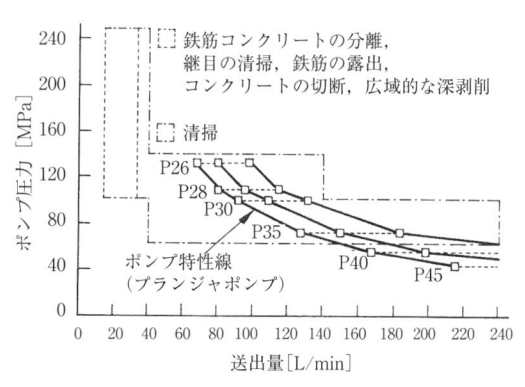

図 5.3-18：圧力および送出量と相関した高圧水噴射の使用可能性[5.3-88]

5. 補　修

実現することも可能である．

　下地の面処理には，手動操作式のフラットスプレーノズルまたは機械操作式のロータノズルが適している．ロータノズルを用いると優れた均質性と効率的な面処理を達成することができる．ただし，これまで使用されてきた非手動操作式の器具は建築分野に由来し，平らな面の加工を目的として開発されたものであった．したがって，彎曲した管内面への使用は，管渠内の局所的所与条件への器具の適合化が必要であり，これは個別的に検討されなければならない．

　実験調査の結果，回転式噴射運動によって他の噴射操作による場合よりもかなり大きなコンクリート板切り欠き深さが達成されることが判明した．深さの増大率は，平均で100％であった[5.3-87]．

　また高圧水噴射や極圧水噴射に際しては，作業員に関わる工学的安全条件が遵守されなければならない．それは，噴射水が高いエネルギー密度から特別な危険源となる恐れがあるからである．したがって，土木事業同業組合の災害防止規定"液体噴射機による作業（VBG 87）"が特に遵守されなければならない[5.3-89]．

　手動操作式の器具にあっては，発生する反動は，作業員によって安全確実に制御されなければならない．吸収される反動は，噴射装置の縦軸において250 Nを超えてはならない．

　コンクリートの深欠損除去に際して，噴射水は，強度なアルカリ性を帯びることがある．したがって，あらゆる方式に際して基本的に，発生する排水ならびに洗い流される残滓の正規な安全処理・処分が配慮されなければならない．

　あらゆる表面予備処理の後，コーティングされる面は拭き取られ，油分を含まない乾燥した圧縮空気の吹付けまたは粉塵および破片の吸引によって清潔にされなければならない[5.3-2]．高圧水清掃機も適しているが，コーティングされる部分に水が残存したり，浸入したりすることがないように注意しなければならない．不良な箇所はあらかじめ止水されなければならない．コーティング直前には，文献[5.3-7]に基づき以下の要件が満たされていなければならない．

・大半の合成樹脂結合モルタルは，乾いた状態から極度に湿った状態までに及ぶコンクリート下地を必要とする．
・プラスチック添加の有無に関わらず，セメント結合コーティングの塗設にはコンクリート下地は湿っていなければならないかまたは湿っていてよい．

　前記に関連した意味は，以下のとおりである[5.3-7]．

・"乾いた"：深さ約2 cmの新鮮な破面は，乾燥によってその外見がさらに明るいものとなってはならない．疑わしい場合には，コンクリートは，温湿度条件23/50(23℃，

相対空気湿度50％)に関する平衡水分を有する場合に乾いているとみなされる．
・"湿った"：表面は艶のない湿った外観を有するが，ただし光った水の膜を有していてはならない．コンクリート下地の気孔は，水分飽和していてはならず，すなわち滴下された水滴は吸収され，短時間後に表面は再び艶のない外観を呈しなければならない．

いかなる場合にも下地性状に関するモルタルメーカーの指定が遵守されなければならない．吹付けコンクリートについては，さらにDIN 18551の要件が適用される．

弾性シール材，塑性シール材，ならびに継目シール材にはコーティング材による手が加えられてはならないが，それは短時間後にノッチ割れが形成され，これが継目シールの障害(継目側面部の断裂，継目シール材の割れ)を生じるからである．歩行可能な管渠に限定されたケースでは，コーティングは継目側面部で終わらなければならない．それは，コーティングが継目の運動を吸収することができないからである[5.3-90]．

歩行不能管渠において，コーティングは，通常，連続して行われる．地下水の浸入がある場合には，管継手は前もって止水されなければならない．シール材の残滓は，管渠から完全に除去されなければならない．

幅が約0.2 mmまでの表面近くの個々の亀裂は，ZTVによれば一般に問題はなく，前もって処理されるには及ばない．亀裂の深さは，―それが亀裂の原因から直接推定できない限りで―疑わしい場合には，より小さな直径のコアボーリングによって確認することができる(ZTV-SIB 90[5.3-2])．

ただし，表面近くの亀裂からさらなる損傷が発している場合には(例えば亀裂の縁の破損)，ZTVに基づいて亀裂を処理するのが望ましい(ZTV-Riss[5.3-91])．

幅が0.2 mmを超える亀裂等は，ZVTに基づく処理が行われなければならない(ZVT-Riss[5.3-91])(**5.2.2.3**参照)．

亀裂両端に動きのある亀裂は，通常のコーティングによって結合することはできない．それゆえ亀裂は，切開されて弾性充填されるか，または亀裂部に亀裂橋掛け結合コーティングする―同適用ケースに対するコーティングの適性は，証明済のものを使用されなければならない[5.3-90]．

モルタルコーティングがディスプレーサ方式，吹付け方式，または遠心射出方式で行われる場合には，コーティングさるべきスパンの本来の管渠断面が例えば欠陥箇所の補償によってあらかじめ回復されなければならない．

管底に欠陥があるか，または管底が激しく腐食している場合には，手作業によるか，管底補正器具または特別なディスプレーサを用いてモルタルの塗布を行うことができる．比較的大きな穴あるいは管の破損が生じている場合には，パッカを使用し，急速

に凝固固化するチキソトロープモルタルをこの部分に注入することができる．

5.3.1.5　コーティングの試験

下水管渠網のコーティングの試験は，例えば DIN に基づく一般的なモルタル試験ならびに管渠固有な要件に関する試験(耐食性，外水圧荷重容量，耐摩性，接着引張り強さ，高圧洗浄に対する耐性等)を包括している (DIN 18555 Teil 1～5 [5.3-92]，DIN 1164 Teil 1 [5.3-45]，DIN EN 196 Teil 1 [5.3-93])．

管渠固有な要件の試験に現在使用されている方法は，いずれもこれまでのところ規格化されていない．

管渠固有の環境条件と使用条件を考慮した耐食性試験を目的として特別な媒体中への放置テストを目的とした試験プログラムが開発された [5.3-94]．これにより，具体的な適用ケースにおける現実に近似した負荷下でそれぞれのコーティング材を評価することが可能である．この試験プログラムの実用性は，市場に出回っている数多くのコーティングモルタルとコーティングコンクリートで既に実証されている．プログラムの過程で $40 \times 40 \times 160$ mm の寸法のモルタル角柱が製作され，試験に至るまで 28 日間にわたって水中に放置される．続いてそれぞれ 1.4 L の腐食性媒体中への試料が放置され，試料は高さ 130 mm まで潰される(図 5.3-19)．ヒット率 95 ％での結果のばらつき幅 10 ％を達成するには，各試験媒体につき 3 回の個別テストが必要である．信頼し得るデータを得るためには，それぞれの試験シリーズにつき組成が既存の基準モルタルがともに試験に付される必要があろう．

テストから，場合によっては下水管渠の条件に一致しない発熱反応が生ずることから，酸の作用濃度は 5.0 重量％以上であってはならないことが判明した．さらに，濃度が高い場合には，セメントの急速な溶解によって非常に激しい酸濃度降下が生じる．現実に近似した条件下で，モルタルに対するできるだけ激しい作用を実現するためには，酸濃度は 2.0 重量％が好適である

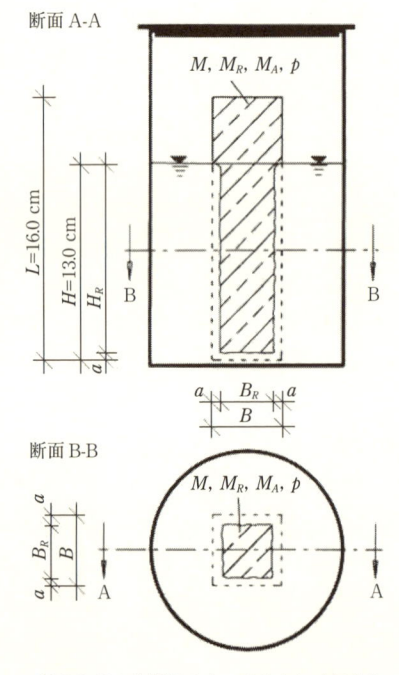

図 5.3-19：放置テスト．テストレイアウト

ことが実証された．

規定された時間間隔で腐食性溶液を更新することにより，同溶液の作用濃度が化学反応の進行によって15％以上低下しないようにすることができる．こうした前提条件下で必要とされる更新間隔は，酸については7日間，硫酸アンモニウムについては21日間である．**表5.3-7**はテストパラメータの一覧を示したものである．

表5.3-7：文献［5.3-94］に基づく放置テストのパラメータ

腐食性溶液	濃度［重量％］	放置期間［日］	腐食性溶液の更新間隔
硝酸	2	70	7
塩酸	2	70	7
硫酸	2	70	7
硫酸アンモニウム	5	182	28

溶液更新の過程で試料は，下水の流下と管渠清掃とのシミュレーションのためブラッシングされて秤量される．測定された試料の重量損失は，一様な材料欠損に換算される．

放置テスト終了後，種々異なったモルタル組成に関して算定された材料欠損の比較と腐食された試料ならびに水中放置された対照試料の曲げ引張り強さと圧縮強さの測定とによって評価が行われる．

曲げ引張り強さは，DINに基づいて測定することが可能であるが，圧縮強さ試験にあっては―腐食された側面を経て均等な力の伝達を行うことはできないことから―DINにあげられているようにモルタル片の側面ではなく，前もって平面研削された前面に圧縮力が伝達されなければならない(DIN EN 196 Teil 1［5.3-93］)．

腐食された試料の断面積の正確な測定には高いコストが要されるため，曲げ引張り強さと圧縮強さの測定にあたってはそれぞれ 40×40 mm^2 の当初面積が基礎とされる．したがって，これは材料特性値ではなく，純然たる比較値である．

図5.3-20は腐食されたモルタル角柱の種々の断面事情を示したものである．

硝酸腐食に関するモルタルの判定

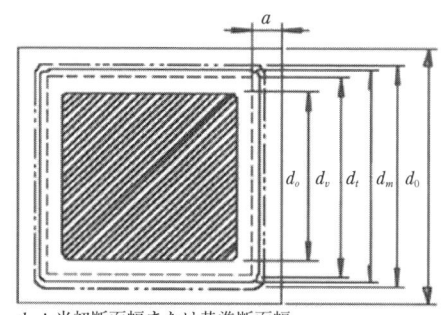

d_o：当初断面幅または基準断面幅
d_m：ノギスで測定可能な断面幅
d_t：実際の断面幅
d_v：体積減少から材料剥削 a を介して算定された断面幅
d_a：コアゾーンの断面幅
a：指示材料剥削

図5.3-20：腐食されたモルタル角柱の断面事情［5.3-95］

には，曲げ引張り試験が行われた後の破面の可視損傷深さが調査される必要がある．モルタル角柱のテストの過程で，硝酸中に放置された試料は，わずかな，外側から見える材料欠損のみを示すことが確認された．だが曲げ引張り試験の実施後，硝酸中に放置されたすべての試料に外側から見える材料欠損に先行する外側層損傷が確認された．この損傷は，明確に見えるコア部にまで進行していた．損傷した外側層は，多孔質で，コア部よりも著しく低い強度であった．図 5.3-21 は硫酸中または硝酸中に放置した後の2つの典型的な試料断面を示している．

図 5.3-21：硫酸中(左)または硝酸中(右)に放置した後の試料断面[5.3-94]

したがって，硝酸腐食の場合には，指示材料欠損は先行損傷によって試料外側層に発生する材料損失に対する相当層厚さを表している．

最近の知見[5.3-96]によれば，硫酸による放置テストは，生物硫酸腐食に対する挙動の予測には適していない．生物硫酸腐食に対するモルタルの挙動から硫酸による直接の腐食（例えば，腐食性媒体の排出による管渠の底部腐食）に際し，モルタルの耐性を推定することも同様に不可能である[5.3-97]．

管渠気相中の生物硫酸腐食のシミュレーションのため H_2S 有害ガス成分を含む試験部体が適当に作り出される．試験部体（キャビネット）には，それぞれ高さ 60 cm，長さ 11 cm，幅 7 cm で，組成が既知の 32 種の異なった調合被検体を備えることが可能である[5.3-98]．

有害ガスキャビネット内の温度は 30 ℃，相対空気湿度は 95 ％以上である．過剰に存在する硫酸先駆物質として用いられるのは，おおよそ 10 ppm の気体状 H_2S である．H_2S は，空気中の酸素との自動酸化によって硫黄を供給し，この硫黄は，コンクリート表面に沈着し，生物硫酸腐食の発生原因たる硫黄細菌の菌体となる．被検体にハンブルク市下水道システムから単離されたこの硫酸形成バクテリア（硫黄細菌）を接種することにより生物硫酸腐食の前提条件が作り出される．この方式の特徴は，被検体上の硫酸はバクテリアによって初めて形成されなければならず，作用濃度は，テスト面上に定着するバクテリアの数に特に依存している．

テスト過程で，被検体に関して表面膜の pH 値，硫黄細菌の菌数，ならびに物質損失が測定される．これらのパラメータに基づいて試料の評価が行われる．必要とされるテスト期間は 1 年間である．最新のテスト技法によれば，テスト結果に関する同レ

ベルの有意性を確保しつつテスト期間を短縮することが可能である[5.3-99].

外水圧荷重は，特別なテスト装置によってテストすることができる．特別なテストスタンドによりコンクリート板に付されたコーティングを定められた外水圧に曝すことが可能である．この場合，水圧の高さも時間的な圧力推移もともに変化させることができる(5.3.2参照).

反応性樹脂モルタルコーティングについては，水分保持に関する耐性が検査される必要があるが，反応性樹脂にあっては水分発生が特性劣化を発生し得るからである．このため前もって水分飽和されたコンクリート板に厚さ20 mmの反応性樹脂モルタルコーティングが行われ，水中に放置される．28日後および70日後にこれらの板のコーティング接着引張り強さが測定される．接着引張り強さの低下は20％を超えてはならない．接着引張り強さの最低値は，いかなる場合にも$1.0 N/mm^2$である[5.3-100].この検査に使用されるコンクリート板は，コーティングさるべき管とできる限り同じ特性(例えば，強度，表面性状)を有しているか，またはコーティングさるべき管からドリルコア(試験片)を用いて採取される必要があろう．

管の物理的摩耗に関する尺度としての耐摩性は，長さ約1 000 mmのコーティングされた半割り管(ハーフシェル)呼び径300を用いたDINに基づくダルムシュタット式ロッキングテストで確認される(DIN 19 565[5.3-101]).テストスタンドに試験管(ハーフシェル)が取り付けられ，続いて偏心軸を介して水平に対してそれぞれ22.5°だけ上下に傾倒させられる(図5.3-22).試験管(ハーフシェル)の中には呼び径に応じて定まった水-骨材-混合物が配され，傾倒に際して同混合物によって物理的作用が発生する．テストは$2×10^5$荷重サイクルで実施される．摩耗は，前もって定められた箇所で機械式ダイヤルゲージによって測定される．

コーティングとコンクリート下地との間の結合強度の判定には，以下のテスト法が存在する．

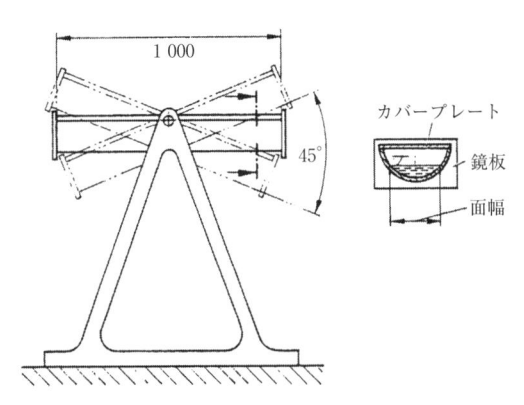

図5.3-22：DIN 19 565[5.3-101]に基づく溝傾倒テスト

① 剥離試験によるコーティングの接着引張り強さの検査(接着引張り強さ試験とも称される).
② せん断試験によるコーティングのせん断強さの検査.

5. 補　修

　DafStb の基準[5.3-7]に基づき接着引張り強さとは，コーティングを下地から剥離するのに必要な，検査面積を基準とし，コーティング面に対して直角に作用する引張り力として理解される．この方法は，現場で直接に構造物の水平面，傾斜面，垂直面に適用することができることから，関連基準，準則集[5.3-2, 5.3-102]に含めた．接着引張り強さの測定は，以下の作業工程を包括している（**図 5.3-23**）．

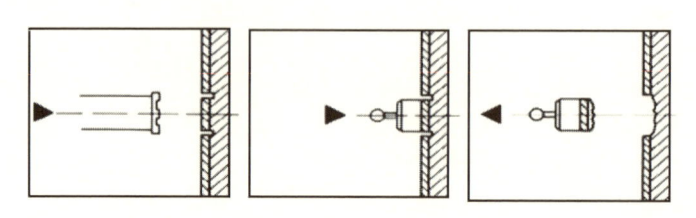

図 5.3-23：接着引張り強さ試験の作業ステップ

① 内径 50 mm のボーリングクラウンを具えたコアドリルによる試験箇所ないし測定箇所の（湿式）プレボーリング．この場合，ボーリングクラウンは，コーティングを切断してさらになお約 10 mm だけ下地に侵入していることが必要である．
② 直径 50 mm の円形検査圧子をプレボーリングした箇所に接着させる．
③ 剥離試験機による検査圧子の引き剥がし．その際，検査面の結合の破壊に際してエレクトロニクスデータ測定器が自動的に接着引張り強さ（引裂強さ）N/mm^2 を算定し，算定値を表示する．

　剥離テストによって，コーティングと下地との間の接着引張り強さの他に下地の表面引張り強さも測定することができる（5.3.1.4 も参照）．この場合，引張り荷重下のコンクリート境界部の凝集が表面引張り強さなる概念で表され，他方，"接着引張り強さ"なる概念は，引張り力作用時の種々の層の間の接着を表している[5.3-78]．表面引張り強さ試験の手順は，接着引張り強さ試験のそれと同じである．唯一の違いは，コンクリート下地と検査圧子との間にコーティングが存在しない点にある．検査圧子は，適切にプレボーリングされた測定箇所のコンクリート面に直接接着されて引き剥がされる．建築物の補修分野では基準[5.3-2, 5.3-7]は，コーティング対策の開始前に原則としてコンクリート下地の表面引張り強さ試験を行い，塗布されるコーティング材料に対するコンクリート下地の内部接着強さと支持力を検証することを求めている．

　結合面と平行に作用する力，コーティングをせん断するせん断試験の実施にあたっては，文献[5.3-78]によれば，実験におけるせん断応力の再現―この場合には，応力集中および望ましくない付加応力，例えば曲げ応力等が発生するのが検査技法上の難点である．このために要されるテスト設備費用はかなりのものである．結合継目におけ

るせん断強さの推定には，文献中に記載されている接着引張り強さとせん断強さとの関係に依拠することが可能である．文献[5.3-78]には，コンクリート下地とコーティングとの間の結合継目では経験上からしてせん断強さは接着引張り強さのおよそ3倍であることがのべられている．

図 5.3-24 は引き剥がされたコーティングとコンクリート中の破面を示したものである．

図5.3-24：接着引張り強さ試験．破面の様子（コンクリート中の破壊）[5.3-94]

歩行可能な呼び径，歩行不能な呼び径の金属材料製の管のモルタルコーティングの厚さチェックには，自在原理で作動する層厚さ測定器が使用される．検査されるスパンを通してウィンチで牽引されるキャリアには4個の自在棒（プローブ）が配置されている．これらは，ばね力によって管内壁に押し付けられる．プローブセンサ極と金属管壁との間隔は，磁力線の長さに依存した極のインダクタンス強度によって測定することができる．コーティングの厚さの変化とともにインダクタンスも変化する．層厚さ測定器には電子解析装置が具えられており，可変的なインダクタンスを直流電圧値として出力する．この信号は，アナログ記録器に層厚曲線の形でグラフ表示される．ディジタル式部分センサと組み合わせてスパン全体にわたって4つの層厚さ測定値を読み取り，局所的測定を行うことができる（図 5.3-25）．

図5.3-25：歩行不能呼び径範囲用の層厚さ測定器（Brochier）

5.3.1.6　加圧グラウティング方式

加圧グラウティング方式においては，管渠に挿入される型枠によって環状空隙が形成され，同空隙が適切なモルタルまたはセメントベース，あるいは反応性樹脂ベースのコンクリートで充填される．作業は，歩行可能な管渠ならびに歩行不能な管渠のいずれにあっても実施可能である．求められる最低強度が達成された後，型枠は取り外される．

5. 補　修

(1)　歩行可能な管渠における加圧グラウティング方式

　このコーティング方式の範例は，坑道建設やトンネル建設において通常の型枠を用いて行われる坑道支保枠，支保またはライニングの施工である[5.3-103 ～ 105]．この方式にあっては，自走式の移動型枠または特殊な型枠車（図 5.3-26）が使用される．型枠拡張・縮小装置として，トンネル型枠の大きさに応じて機械式または油圧式の装置を取り付けることができる．コンクリート（注入材）は，型枠窓を通して型枠背後にポンプ注入されて内部振動機によって締め固められるか，または注入パイプを通して注入され，続いて外部振動機によって締め固められる．

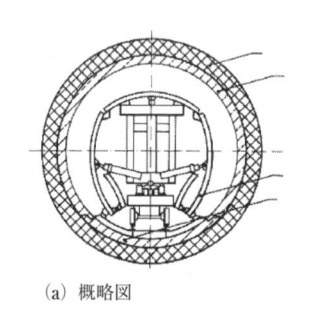

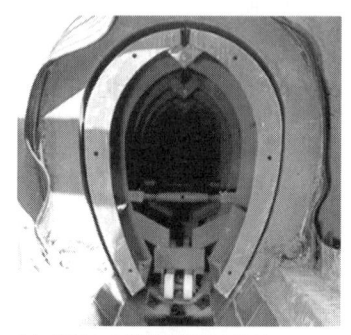

(a)　概略図

(b)　使用中の管渠型枠[5.3-106]

図 5.3-26：縮小された状態の管渠型枠．管底コンクリート施工先進式

　問題は，一般に欠陥ある管渠と接触させるためシール材が事後的にたびたび注入されなければならない天井部にある．このコンタクト注入は，収縮歪みをあらかじめ低下させるため，できるだけ遅く，コンクリートの硬化後に実施されなければならない．

　この方式にあっては，必要に応じ新しい殻（補修部）の外側シール[5.3-107]，鉄筋マット，または鉄筋かごの形の補強も行うことができる（図 5.3-27）[5.3-108]．またその他に，コンクリート打設と同時に補修部表面に例えば PEHD 硬質ひれ板，PEHD ネップシート，または陶板（5.3.2.4 参照）を付することにより内側防食を実現することが可能である．

　図 5.3-27 は馬蹄形下水管渠の補修にあたっての鉄筋コンクリート・インナーシェル（内側殻）造成時の各工程の概観を示したものである[5.3-108]．

　この方式にあっては，層厚さが相対的に厚いことから DIN に基づくセメントコンクリートが使用される（DIN 1045[5.3-44]）．腐食作用度に応じて適切な保護対策が講じられなければならない（1.7.7.3 参照）．

　問題は，インナーシェル（内側殻）に亀裂が生じないことを確実にすることである．

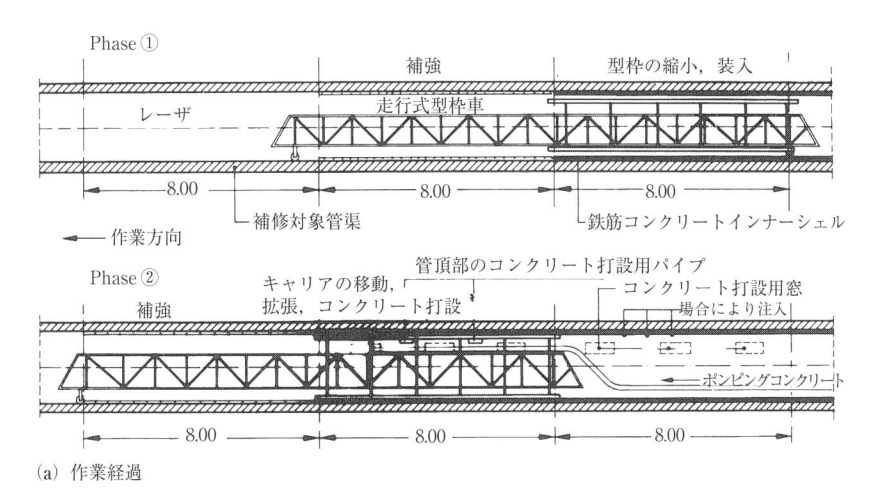

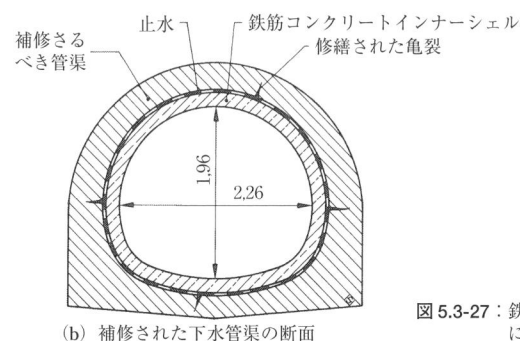

図 5.3-27：鉄筋コンクリートインナーシェルの取付けによる下水管渠の補修 [5.3-108]

(a) 作業経過

(b) 補修された下水管渠の断面

亀裂が生ずるか否かは，一方で構造形成，例えば形状，寸法，既存部材等に依存し，他方でコンクリート技術に関わる所与条件，例えばコンクリート組成，使用結合剤，コンクリート製造・加工中の気象条件および硬化工程に依存している．これらに関する経験および亀裂発生傾向を低下させるための諸手段は，文献 [5.3-104, 5.3-109, 5.3-110] に報告されている．

更生手法の短所—ここでは，コーティングによる排水断面積の減少はオーストリアで開発された"管渠補修システム PORR" [5.3-111]—にあっては，予定されたコーティング厚さに相当する分だけ既設管渠断面積を拡大することによって解消される．この方式における断面拡大は，図 5.3-28 に示したように圧縮空気ハンマを用いて人力によって行われるか，またはプロファイルフライスを用いて行われる．

図 5.3-29 は複数のダイアモンド鋸刃盤からなる幅 10 cm ないし 15 cm のフライスへ

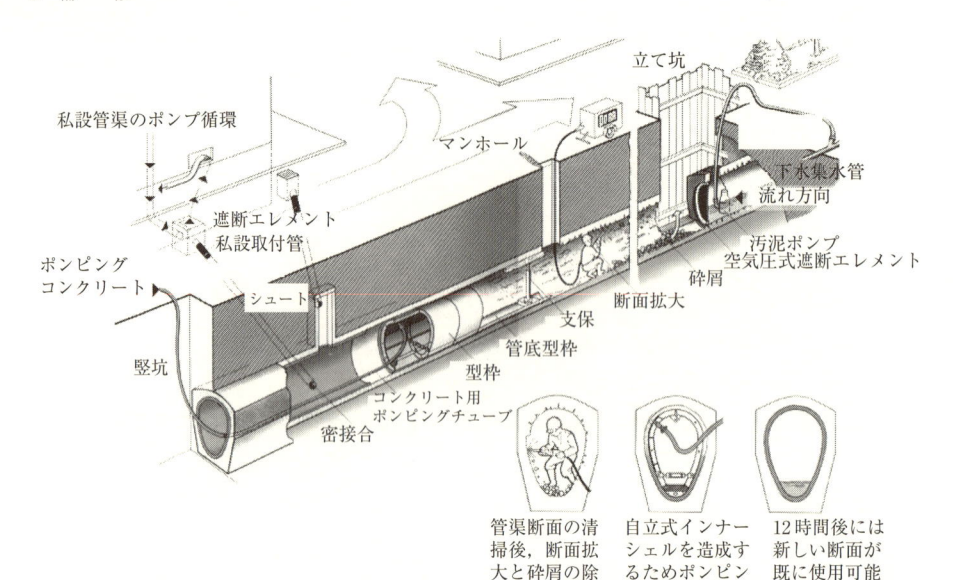

5. 補　修

図 5.3-28：管渠補修システム PORR の概略図 [5.3-111]

ラベル（図中）:
- 私設管渠のポンプ循環
- 立て坑
- マンホール
- 下水集水管
- 流れ方向
- 遮断エレメント
- 私設取付管
- 汚泥ポンプ
- 空気圧式遮断エレメント
- ポンピングコンクリート
- シュート
- 砕屑
- 断面拡大
- 支保
- 管底型枠
- 型枠
- 竪坑
- コンクリート用ポンピングチューブ
- 密接合
- 管渠断面の清掃後，断面拡大と砕屑の除去が行われる
- 自立式インナーシェルを造成するためポンピングコンクリートがポンプ輸送管を経て正しい位置に設定された型枠に注入される
- 12 時間後には新しい断面が既に使用可能である

ッドを具えたプロファイルフライスの原型を示している．メーカーによれば，このフライスで卵形 800 / 1 200 の管渠を振動を生じることなく全周にわたって 6 cm まで拡大することが可能である．保守を含めた切削性能は，8 時間当り約 6 m である [5.3-112]．

断面拡大は，管渠の静的耐荷力への影響と結び付いている．損傷を回避するため実際の外部荷重と周辺条件を把握したうえで静的試験を行うことが不可欠である．地下水の浸入は，前もって止水されなければならない．

管渠補修システム - PORR で使用される，現場もしくはコンクリートミキサトラックで混合される特殊ポンピングコンクリートは，高い硫酸塩抵抗力を有したセメント，粒度 0〜1 mm および 1〜4 mm の珪砂，マイクロシリカ，添加剤，場合によりポリ

図 5.3-29：呼び径 800/1 200 卵形の拡大用プロファイルフライスの原型（Wiener Betriebs und Bau-gesellschaft）[5.3-112]

プロピレン繊維から構成される．これはメーカーによれば，分散助剤の添加によって自己固化し，100 N/mm^2 の圧縮強さを達成する．

補修対策の実施にあたり，新たに設けられたコンクリートシェル（殻）と既設管渠との結合に起因する収縮応力によって引き起こされた亀裂が確認される．こうした収縮応力を回避するため，以下の対策が行われる [5.3-111]．

・ポリプロピレン短繊維の添加による本来のコンクリート配合法の改良，
・フライス切削またはハンマ堀削された管渠内壁への補正モルタルの塗布，続いて内側殻の管厚を均等化するための均し塗りの実施，
・内側殻の応力除去収縮を可能とするための分離膜の塗布，
・それぞれの区間の中間にオープンゾーンを設けて長さ 4，5 m の区間ごとにコンクリート打ちを行い，収縮歪みを低下させるため 14 日後にオープンゾーンを密閉すること．
・急速な乾燥を避けるための集中的な蒸発防止層の塗布．

反応性樹脂モルタル製の相対的管厚の現場打設コンクリート管の製作方法は，文献 [5.3-113] に記述されている．この方式が補修にも転用可能であるか否かについては，なお詳細な調査が必要である．

(2) 歩行不能管渠における加圧グラウティング方式

上水道分野とは異なり，歩行不能管渠の補修への加圧グラウティング方式の適用に関しては目下のところ，まだなんらの経験も得られていない．

この方式グループを代表するものは，鋼製給水管や鋳鉄製給水管用に開発され [5.3-114 ～ 5.3-119]，1973 年以降利用されてきている TGL 基づくセメントモルタル加圧グラウティング方式である ZM 方式または ZMA 方式である (TGL 34011[5.3-120])．この方式では，長さ 50 m までのホース型枠が管の内部で空気圧によるか，または水を充填して膨張させる．したがって，ホース型枠の外径は，補修される管渠スパンの内径よりもおよそ 14 ～ 20 mm だけ小さい (図 5.3-30)．

ホース型枠のセンタリングと固定はホースに装着されたスペーサネットによって行われる．更生区間の両端は，管端止栓（プラグ）によって密閉される．一方のプラグは，セ

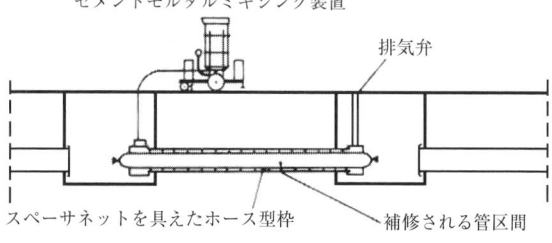

図 5.3-30：セメントモルタル加圧グラウチング方式 [5.3-120]

5. 補　修

メントモルタル注入孔を具え，他方のプラグには排気弁が設けられている．注入モルタルと同じ稠度を具えたモルタルが排気孔から流出してくれば，環状空隙は，完全に充填されたとみなすことができる[5.3.2.2.1 も参照]．

管端プラグは，長さ 50 m のホース型枠に内圧ならびに加圧グラウティング圧力の双方によって生じる 150 mm 以上に達する長手方向伸びを許容し得るように形成されており，これによって管内におけるホース型枠の反りおよび偏りを回避することができる．

加圧グラウティング圧力の高さは，**図 5.3-31** に示したパラメータに依存している．これはホース型枠の許容内圧によって上限が定まる．

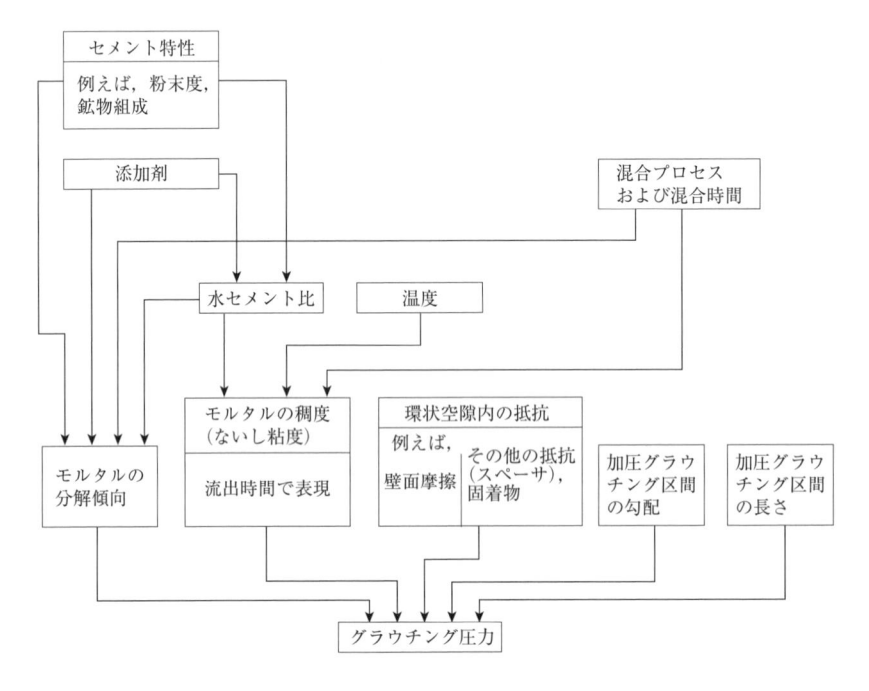

図 5.3-31：ZMA 方式におけるグラウチング圧力の決定に際して考慮さるべき影響因子[5.3-115]

モルタルの硬化後—環状空隙の充填より早くとも 13 〜 30 時間後に—，モルタルは，機械荷重を吸収し得るように硬化するホース型枠を圧抜きし，管から引き抜くことができる．ホースに装着されていたスペーサは，補修部内に残留する．

表 5.3-8 は工程の順序を示したものである．

ZMA 方式は，長さ 50 m 以内，呼び径 100 〜 300 に使用される．セメントモルタル

5.3 更　生

表 5.3-8 : TGL34011 に基づく ZMA 方式の工程 [5.3-120]

a	資材および方式固有装備の準備	
b[*1]	プレハブ	スペーサネットへのスペーサの取付け
		ホース型枠へのスペーサネットの取付け
c		セメント試験，モルタル試験
d[*2]	加圧グラウチング	ホース型枠の挿入および空気入れ
e[*3]		セメントモルタルの作製および注入
f[*4]		ホース型枠の空気抜きおよび引出し
g[*5]	点検対策および保護対策	
h[*6]	継手，成形材，媒介材の処理	

[*1] スペーサによりホース型枠が管内の中心に位置するように保障されなければならない．
[*2] ホース型枠は牽引ワイヤとウィンチを介して管内に挿入されなければならない．ホース型枠内の圧力 150 kPA (1.5 kp/cm^2) を超えてはならない．補修区間の管端は管端シャッタで止水されなければならない．
[*3] セメントモルタルの注入図解，図 5.3-30 参照．
[*4] ホース型枠は早くとも 24 時間後に空気抜きされて引き出されなければならない．
[*5] セメントモルタル層は補修区間の双方の管端および取付管用穿孔部において人工光源の照明下で目視点検ならびに走査点検されなければならない．疑義ある場合には切断検査が実施されなければならない．
[*6] 成形材，媒介材は非防食材料が使用されている限り加圧グラウチングまたは人力によるライニングが行われなければならない．

層の厚さは，呼び径 100 ～ 200 にあっては約 7 mm，呼び径 250 ～ 300 にあっては約 10 mm である [5.3-117]．

　この方式は，いかなる場合にも必要とされるスペーサによって欠陥箇所が形成されるとともに，それによって漏れおよび腐食の始点が形成されることから，下水分野に直ちに転用することはできない．こうした短所の解消法は，この方式では布設替えすることのできない付加的なコーティングである．

　さらに例えば，以下によってその他の使用制限が生じる．
・曲り，
・管の段差，
・変形，
・過大な寸法許容差と断面形状許容差，
・取付管．

5.3.1.7　ディスプレーサ方式

　ディスプレーサ方式は，ディスプレーサ—その外径は，コーティングされる既設管の内径よりも塗布される層厚さの分だけ小さい—がそれぞれのスパンの中心軸に沿っ

5. 補　修

て牽引されるかまたは推進させられる．ディスプレーサの前方作業方向にあるコーティング材は，管とディスプレーサとの間の環状空隙に達し，ディスプレーサによって管内壁に押し付けられる．

最もよく知られたディスプレーサ方式— Tate 方式および Situment 方式—は，1930 年代初頭にオーストラリアで給水管のコーティング用に開発された[5.3-114, 5.3-116, 5.3-122, 5.3-123]．この利用分野に関する最近の方式は，文献[5.3-124]に述べられている．

下水分野ではこれまで Tate 方式のみが用いられてきた．この方式は，プレスピストンと組み合わされたディスプレーサを用いて行われる．コーティング材としては，セメントモルタルが使用され，セメントモルタルは，前もって定められた量がプレスピストンとディスプレーサとの間に注入される．管内を通してディスプレーサを牽引すると同時に，プレスピストンの反作用によってセメントモルタルは管内壁に押し付けられて塗り付けられ，最終状態において約 5 mm の層厚さが形成される[**図 5.3-32**]．

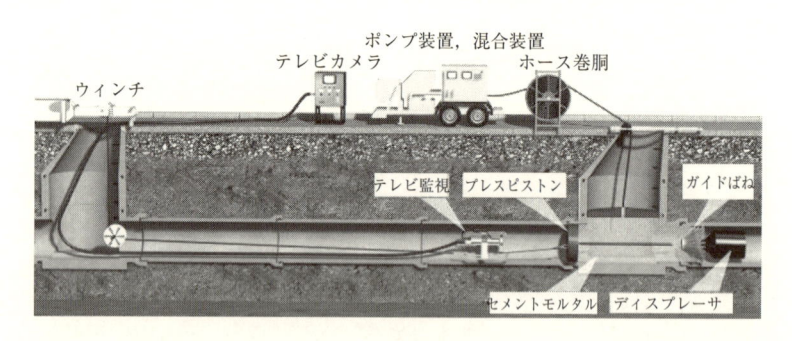

図 5.3-32：Tate 方式[5.3-121]

文献[5.3-125]によれば，Tate 方式は，区間長さ 25 〜 90 m で呼び径 75 〜 600 の鋳鉄管，鋼管またはコンクリート管に使用することが可能である．

この方式は，装置のセンタリングに難点があり，その結果，層厚さが不均等になることがある．

Tate 方式では，あらかじめ遮断された取付管は，コーティング直後にコーティング材の吸引によって開通されるか，または事後的に穴あける[5.3-2]．いずれの方法も実際にはなかなか実現が困難であることから，開削工法によって後から接続する方法が通例である．

この方式の使用制限については，5.3.1.6 の記述が当てはまる．相対的に大きな欠陥箇所は，予備処理されなければならない(5.3.1.4 参照)．モルタルの不均一性ならびに

5.3 更　生

コーティングさるべき管内面の不均一性は，塗りたてのモルタルの接着に適当でない作用を生じることとなる．

5.3.1.8　吹付け方式

(1)　吹付けコンクリートと吹付けモルタル

　　DIN によれば，吹付けコンクリートとは，"高圧フレキシブルホースによって管内を施工箇所まで圧送され，同所で吹付けによって塗布され，同時に圧縮されるコンクリート"である(DIN 18 551[5.3-126])．これは，通常の現場打設コンクリートと組成の点で基本的に異なるものではない．両者の相違は，運搬，塗布，圧縮の点にあり，換言すれば，吹付けという単一の工程に一体化されている加工の点にある．型枠および振動機は使用されない．

　　吹付けに際し発生する高い噴射エネルギーによりコンクリートへの圧縮に加えて下地に対する良好な接着結合も実現される．したがって，吹付けコンクリートは，高度な結合要件が求められ，層厚さが少なくとも 3 cm に達する広域的なコーティングに特に適している．

　　吹付けコンクリートの他に吹付けモルタルも存在している．DIN によれば，吹付けモルタルとは吹付けコンクリートと同様に製造される，最大粒度 4 mm までの骨材，粉砕骨材の場合には最大粒度 5 mm までの骨材を含んだセメントモルタルである(DIN 18 551[5.3-126])．

　　原材料，フレッシュコンクリート，ならびに固化コンクリートに求められる要件に関しては，DIN の記述が適用される(DIN 18 551，第 4，5 章[5.3-126])．品質証明は，DIN に基づいて行われる(DIN 18 551，第 6 章[5.3-126])．

　　プラスチックが添加された吹付けコンクリートないし吹付けモルタルは，ZTV に基づき吹付け PCC(SPCC)と称される(ZTV-SIB 90[5.3-2])．

　　DIN に基づく吹付けコンクリートに一定の特性を付与するためスチールファイバ(**表 5.3-9** 参照)が加えられる場合には，"スチールファイバ吹付けコンクリート"と称される(DIN 18 551[5.3-126])．

　　スチールファイバ吹付けコンクリートは，通常のコンクリート用鉄筋ではもはや補強が行えない薄肉のコーティングに特に適している．薄肉層は，このスチールファイバによって延伸可能となり，母材に既にひび割れが生じている場合にも引張り力を吸収する．十分な靭性を実現するには，最小で約 70 kg/(コンクリート m^3)のスチールファイバ含有量が必要である．最大量は，加工性，例えば混入時に縺れ玉が形成されて

5. 補　修

表 5.3-9：種々のスチールファイバジオメトリ一覧

形状	社名	商標
	plettac	pg-55
	plettac	pk-55
	Bekaert	Dramix
	Vulkan Harex Stahlfasertechnik	BSF/ESF/H　SCF
	Vulkan Harex Stahlfasertechnik	KSF 45
	Vulkan Harex Stahlfasertechnik	KSF 45/1,0
	Trefil ARBED	Tabix
	Trefil ARBED	Twincone

しまうことにより，およそ 150 kg/(コンクリート m^3)に制限されている[5.3-127]．スチールファイバ吹付けコンクリートに関するその他の注意は，ドイツ・コンクリート協会の注意書"スチールファイバコンクリート/スチールファイバ吹付けコンクリートのテクノロジー"(Tech-nologie des Stahlfaserbetons und Stahlfaserspritzbetons)[5.3-128]に記載されている．

　吹付けコンクリートとその使用については，数多くの刊行物(例えば，文献[5.3-129～5.3-133, 5.3-139])と以下の準則集が存在している．
・DIN 18 551[5.3-126],
・DIN 18 314[5.2-134],
・コンクリート部材の保護/修繕に関する補助的な技術仕様条件・基準— ZTV-SIB 90 [5.3-2],
・コンクリート部材の保護/修繕に関する基準[5.3-7],
・基準"吹付けコンクリート"Teil 1 —使用(オーストリア・コンクリート協会)[5.3-135].
　DIN に基づき初期混合材の種類に応じて一般に以下が区別される(DIN 18 551[5.3-126]).
・乾式吹付け方式,
・湿式吹付け方式.
　乾式吹付け方式では，セメント，骨材，場合により粉末状添加剤からなる調製混合

材を乾燥した状態（乾燥混合材）で輸送管に供給され，弁制御式スルースチャンバ，回転式タンクポケットまたはスクリュコンベアにより，材料流が希薄であれば空気圧によって吹付けノズルまで運搬される．場合によりそこで添加水が液状コンクリート添加剤とともに添加される（DIN 18 551［5.3-126］参照）．

　湿式吹付け方式では，セメント，骨材，添加水，場合により添加剤からなる調製混合材を湿潤した状態（湿潤混合材）で輸送管に供給され，希薄流または濃厚流の形で運搬される．希薄流運搬湿式吹付け方式では，例えば弁制御式スルースチャンバまたはスクリュコンベアを具えた装置が湿潤混合材を輸送管に流送する．混合材は，管内で空気圧によって噴射管に達する．濃厚流運搬湿式吹付け方式では，湿潤混合材は様々なシステムのポンプ，例えば往復ポンプ，渦巻ポンプまたは回転ポンプで流送する．またはフレキシブルホースを通して吹付けノズルまで運搬され，そこで濃厚材料流はそれに推進エアが加えられることにより高速な希薄材料流に変化し，場合により液状コンクリート添加剤が加えられる（DIN 18 551［5.3-126］参照）．

　実際には乾式吹付け方式の方が優勢を占めているが，それはこの方式が初期混合材の保全ならびに作業中断に際して問題が少ないからである．

　コロイドモルタルは，その性質からして湿式吹付け方式でしか塗布することができない．

　図 5.3-33 は乾式吹付け方式と湿式吹付け方式のそれぞれの工程を示したものであ

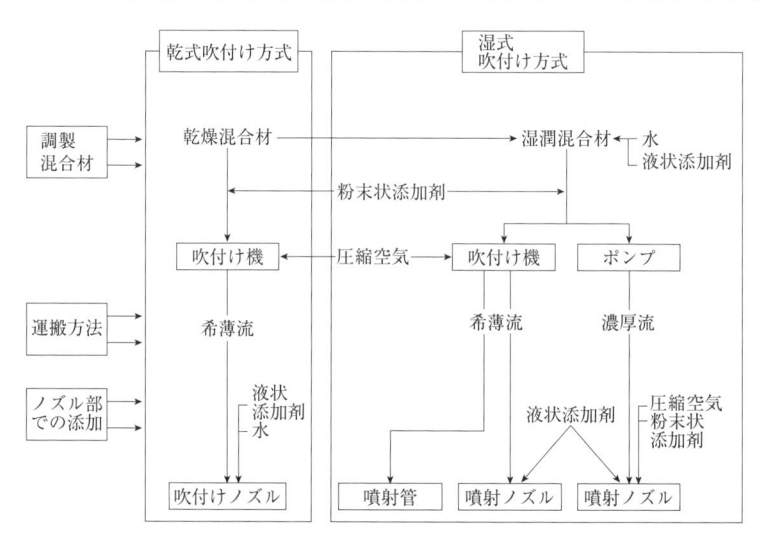

図 5.3-33：吹付けコンクリート作業フロー［5.3-136］

5. 補　修

る．吹付けノズル部におけるそれぞれの添加剤の添加，およびその調整は，ノズル操作者によって行われる．

混合材は，噴射ノズルから噴射される際に高い運動エネルギーを有しており，同エネルギーによって下地との衝突に当たり，吹付けコンクリートまたは吹付けモルタルの圧縮が実現される．

混合材が下地と衝突する際，この高いエネルギーにより混合材の一部は再び跳ね返ることとなる．このいわゆる跳返りは，主としてセメント灰ないしセメントモルタルで包まれた粗骨材からなっており，その結果，吹付け塗布されたコンクリートの組成は調製混合材の組成とは異なっている[5.3-137]．したがって，調製混合材のセメント含有量は，固化コンクリートが要求された特性を実現するように意図して定められなければならない（DIN 18 551[5.3-126]参照）．

粗骨材を吸収する塑性クッションが下地上に最初に形成されなければならないことから，吹付けの開始時にはやや大量の跳返りが生ずる．跳返り量は，多くの影響パラメータ，
・調製混合材の塑性，
・吹付け方式，
・塗布面の局所的状況，
・ノズル操作，
・吹付け方向，
・吹付け角度，
・ノズル間隔，
・作動圧力，
・運搬方法，
・衝突速度，
に依存しており，およそ20 ～ 30 ％に達する[5.3-136, 5.3-138]．文献[5.3-139]によれば，すべての影響パラメータを最適に調整すれば，垂直な塗布面への吹付けに際する乾式吹付け方式の跳返り量を約 15 ～ 20 ％に減少させることが可能である．希薄流湿式吹付け方式の跳返り量は約 12 ～ 14 ％であり，濃厚流湿式吹付け方式は約 6 ～ 7 ％である[5.3-139]．後者は技術的パラメータの点から見れば，経済的に最も好適な方式である．

跳返り材は，ZTV の規定に基づき初期混合材として決して再使用されてはならない（ZTV-SIB 90[5.3-2]）．

吹付けコンクリートによるコンクリート部材の製造，修繕，補強，または改築に際

する作業結果は，一方で塗布面とその予備処理によって大幅に影響されるとともに，他方でノズル操作者による施工によっても大幅に影響される[5.3-140]．

塗布面の予備処理には 5.3.1.4 ならびに DIN の記述が適用される（DIN 18 551，第 4.6 章[5.3-126]）．

接着ブリッジは，ZTV に基づき一般に不要である（ZTV-SIB 90[5.3-2]）．

SPCC によるコーティングに際しては，まずコンクリート下地が 24 時間前に予備湿潤されなければならない[5.3-2]．ただし同下地は，塗布時点には鈍色を呈するにすぎない程度に乾いていなければならない．

下地に対する接着引張り強さに関して，ZTV は少なくとも $1.5\,\mathrm{N/mm^2}$ の平均値と少なくとも $1.0\,\mathrm{N/mm^2}$ の最小値を求めている（ZTV-SIB 90[5.3-2]）．

吹付け工程に関しては，DIN が準則とされる（DIN 18 551，第 5.5 章[5.3-126]）．

施工に際して遵守さるべき重大な条件として以下をあげる[5.3-141，5.3-142]．

・吹付け角度は，塗布面に対してできる限り垂直であること．
・塗布面とのノズル間隔は，湿式吹付け方式にあっては 0.5～1.0 m，乾式吹付け方式にあっては 0.5～1.5 m であること．
・各吹付け層の厚さは，2～5 cm であること．
・追加吹付け層の塗布は，それぞれ先に塗布された吹付け層が追加吹付けされる層を支えることができるようになって初めて行われること．

吹付けは，手作業で行われることからノズル操作者の経験と技量が特に重要であり，乾式吹付け方式にあっては，ノズル操作者が水の添加と，場合により液状添加剤の添加も現場で調整しなければならない点から特に重要である．吹付けコンクリートの品質低下を無視すると，例えば過度に水っぽいコンクリートは崩れ落ち，過度に乾いたコンクリートは跳返り量を増すこととなろう[5.3-143]．

準備段階における予備試験と適性検査によって施工に関わる初期状況が得られることは確かであるが，吹付け作業の実施に際しては，それぞれの局所的状況からして修正が不可欠となることから，こうした試験と検査だけで必ずしも十分とすることはできない．

骨材の粒子組成は様々な粒径の混じったものである必要がある．その際，粗粒骨材はほとんどが跳返りとして失われてしまうことから，粗粒の割合が非常に高いことは不適な結果をもたらすこととなる．一般に DIN 1045[5.3-44]の図 1～4 の B―分級ラインに一致した粒子組成が望ましい[5.3-139]．最大粒子サイズは 16 mm を超えてはならず，補強材のメッシュが細かい場合には 8 mm 以下に抑えるのがよい．いずれにしても最大粒子サイズは運搬ホース直径の 1/3 以下である必要がある[5.3-139]．

5. 補　修

この点に関して ZTV は，最大層厚さが 5 cm の場合に最大粒子サイズ 8 mm を規定している(ZTV-SIB 90[5.3-2])．層厚さ 5 cm 以上の場合には最大粒子サイズは 16 mm に達してもよい．

個々の吹付け層の厚さは，少なくとも最大粒子サイズの 3 倍である必要がある．分級ラインは，図 5.3-34 に示した領域 3 の上側半分にあるかまたは領域 4 の下側半分になければならない．

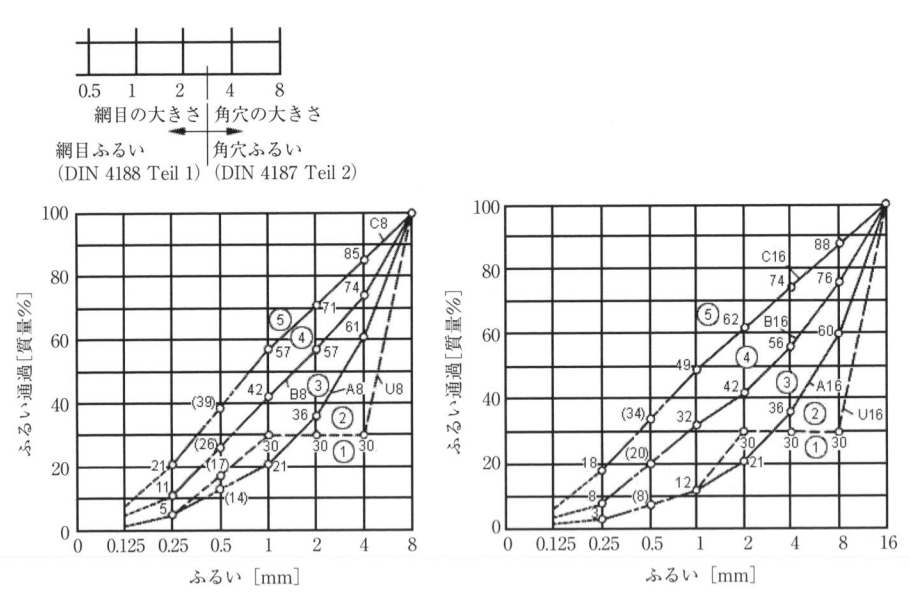

図 5.3-34：DIN 1045 に基づく最大粒子サイズ 8 mm または 16 mm のコンクリート分級ライン[5.3-44]

一般に天然の丸状粒子を使用するのが望ましい．必要とされる強度は，粉砕粒子によっても達成することができる．丸状粒子は，破砕粒子，四面体状粒子に比較して防護に要するセメント灰が少なく，それゆえセメント所要量が減少する．さらに，縦長の平たい，もしくは破砕された粒子は，詰まりの危険を増加させるとともに跳返り量を増大させる．この場合には，機械および運搬装置の材料摩耗も著しく高いことが判明している．他方，一定程度の割合の破砕粒子は，それがホース，管にもたらす清掃効果によって詰まりの危険を低下させる．その他に縦長の平たい，もしくは破砕された粒子の使用は，水の必要量を高めることによって間隙形成とそれによる強度低下と水密性低下を招く．こうした点から，吹付けコンクリートの要件として高度な不透水性が求められる場合にも天然の丸状粒子が優先されなければならない[5.3-139]．

5.3 更　生

耐食性を高めるために特別な骨材または特殊セメントを使用することも考えることができる．

一般にDINに基づくセメントが使用されなければならないが，建築基準上の許可を得たセメントもこれに含まれる（DIN 1164[5.3-144]）．文献[5.3-127]では，建設技術上の理由から，接着性に優れた靭性あるフレッシュコンクリートとともに水滲出（発汗）傾向のないセメントの使用を優先することが推奨されている．これは微細に粉砕されたポルトランドセメント CEM I 32.5 R または CEM I 42.5 R である．後者は，特に急速な凝固と高度な初期強度が望まれる場合に使用される．

文献[5.3-127]によれば，マイクロシリカの添加によって吹付けコンクリート特性の大幅な改良を行うことができる．マイクロシリカは，超微粒の広範に非晶質の無機コンクリート添加剤で，ケイ素合金の溶解時に得られ，粉末状または水性懸濁液（シリカサスペンション）として供給される．その好適な特性は，それが90％以上の二酸化ケイ素（SiO_2）を含有し非常に微細である点に帰することができる．その比表面積は，窒素吸着法で測定して 180 000 ～ 250 000 cm^2/g であり，セメントまたはフライアッシュのそれの約70倍である．こうした特性に基づきマイクロシリカはその使用にあたって以下の長所をもたらす．

・下地コンクリートに対する優れた高度な接着性により相対的に厚い層厚さとわずかな跳返り量が実現される．
・最終強度ならびに水密性の向上が実現される．

マイクロシリカによって水の使用量は増加するが，この短所は流動剤の添加によって容易に補うことができる．

マイクロシリカ，シリカサスペンション[5.3-145]には，ドイツ建築工学研究所による検査が行われた．通常の添加量は，セメントを基準にして 5 ～ 10 ％である．マイクロシリカは，特に硬度コンクリート，早強吹付けコンクリートの製造に使用される[5.3-127]．

管渠の補修目的に吹付けコンクリートを使用する際には，通常のコンクリート凝結に要される十分な時間が所与であることから，吹付けコンクリートへの急結剤（BE剤）の添加は不要である．さらにこれによりBE剤の添加と結び付いたリスクが回避される[5.3-146]．

補強が行われる場合には，補強材は，吹付けに際して踊らずに本来の位置を保つように固定されなければならない．多層補強が行われる場合には，各層は個別に布設されて吹付けが行われる必要がある．DINに基づき吹付けコンクリート面は，"同表面の加工によってコンクリート特性に不適な変化が生じ得ることから，通常，吹付け粗さ

のままにしておく"ことが必要である(DIN 18 551, 第5.5章(4)[5.3-126])．"平滑な表面が求められる場合には，別段の工程でモルタルが塗布され，適切な加工が行われなければならない".

塗布された吹付けコンクリート層は，DINに基づき"コンクリートの養生に関する基準"[5.3-147]を遵守して特に慎重に養生されなければならない(DIN 1045[5.3-44])．特に塗布後の最初の数日間は吹付けコンクリート層に十分な湿度を供給し，塗布したてのコンクリートの早期乾燥を防止し，表面近傍領域の十分な硬化を確保することが必要であろう([5.3-148]も参照されたい)．

補修目的にはプラスチック改質吹付けコンクリートまたは吹付けモルタルを使用するのが好ましい[5.3-149～5.3-151]．吹付け方式でこのコンクリートまたはモルタルを使用する場合には，5.3.1.4に述べた長所の他に，さらに元のコンクリート下地に対する優れた接着という利点が得られる[5.3-152]．

吹付け方式，特に乾式吹付け方式を使用する際には，一般に以下の災害の危険性や健康上危険性が見込まれなければならない[5.3-153, 5.3-154]．

・皮膚，気道，肺の炎症，
・粉塵被害，
・跳返りによる傷害，
・吹付けコンクリート機，ノズルによる負傷および詰まり除去時の負傷，
・材料崩落による危険．

上記に関するその他の情報は，土木工事業組合のトンネル建設従事者のための手引き[5.3-155]に含まれている．

災害危険性および健康上の危険性をできるだけ少なくするために関係災害防止規定[5.3-156]が遵守されなければならない(8.も参照)．吹付けコンクリート作業には，土木工事業組合の災害防止規定"総則規定"[5.3-157]の他に以下が適用される．

・VBG 37 建設作業，第Ⅶ章—坑内建設作業に関する補助規則[5.3-156]，
・VBG 119 健康を害する危険のある無機粉塵[5.3-158]，
・坑内建設作業に関する安全規則(ZH 1/486)[5.3-159]．

前記健康上の危険性の一部は，高品質かつ高度な早強性を具えた吹付けコンクリート(**表 5.3-10**)を最大層厚さの制限なしに良好な労働衛生条件下で施工することを可能とする次の新しい技術開発の成果によって防ぐことができる[5.3-160, 5.3-161]．

① 乾式または湿式吹付けコンクリート用の粉末状もしくは液状のノンアルカリ急結剤(BE)．その効果は，以下のとおりである．

・粉塵発生が著しく減少するとともに炎症性粉塵が発生せず，現場のノズル操作者

表 5.3-10：新しい吹付けコンクリート技術による急結剤(EB)，吹付け結合剤(SBM)を含んだ吹付けコンクリート[5.3-162]

	従来方式			SBM 方式	
	アルカリ EB	ノンアルカリ EB		吹付け結合剤骨材	
	乾式吹付け方式	乾湿吹付け方式	湿式吹付け方式	炉内乾燥	自然湿潤
セメント TZ2 または結合材[kg/m³]	340	300	350	340	370
Flual[kg/m³]	40	50	60	40	—
早期強度	J2	J2	J2	J3	J2
圧縮強さ[N/mm²]					
1 日	9	17	21	15	17
56 日	26	39	47	41	45
WU-t[mm]	42	19	13	25	19

ÖBV 基準に基づく早期強度．吹付けコンクリート 1/24 時間後，J2 = 0.5/5 N/mm² および J3 = 1.5/15 N/mm²
DIN 1048 に基づく水針入度

- にとっての労働条件が改善されること，
- 跳返り量が減少すること，
- 優れた早強性，
- 高度な最終強度，
- 非常に密な組織の形成，
- 不透水性．

② 乾式吹付け方式用の以下の凝結時間調節された結合剤．セメント中の硫酸塩分の除くことによって急速な凝結が実現される吹付けセメント．
- 乾燥骨材の予備湿潤ができないことから粉塵発生が高まる．これを回避するため調製混合材は押出し・送りスクリュを経て直接運搬管に供給され，希薄流にて吹付ノズルまで運搬される．この方式は，取扱いが簡単で，保守がわずかで済み，吹付けノズルまでの1.5～12 m³/h の連続的でスムーズかつ粉塵発生のない運搬を可能とする[5.3-160]．
- 予水和に至らずに自然湿潤した骨材と混合することのできるポルトランドセメントまたは混合セメントからなる吹付けコンクリート結合剤(SBM)．急速な硬化は，吹付けノズル部で水分を添加する際に開始し，急結剤は不要である．

(2) 繊維投錨コーティングシステム

Hochtief AGにより，吹付け方式で塗布される歩行可能管渠用の特別な2層式補修システム—このシステムにおいて第1層は第2層の投錨固定層として機能する—が開発された[5.3-9]．投錨固定は，ポリアクリロニトリル繊維を含んだプラスチック改質

5. 補　修

吹付けコンクリート(SPCC)によって行われる．

　SPCC 調製混合材(塗布されるプラスチック改質セメントモルタル)の製造には，水乳化エポキシ樹脂—これは文献[5.3-2]によれば特に標準コンクリートに比較して極限伸び率を倍化させ，弾性率を低下させ，跳ね返りを減少させることにより，損傷した管渠表面に塗布される補修コンクリートにとって特に適した強度特性と変形特性を供するもの—が使用される．樹脂比率は，セメント重量の約8％である．セメント含有量は 400 kg/m³ である．

　繊維含有吹付けコンクリートを塗布した後，同コンクリートの表面硬化は遅延させられ，続いて洗い流されることから，繊維は表面から毛羽状に突き出た状態となる．これらの繊維は，第二の吹付け作業によって塗布される反応性樹脂コーティング中に突き入ることとなる(図 5.3-35)．

　反応性樹脂コーティングとコンクリート表面との間に達する水が圧力を生じ得ないようにするため，合成樹脂コーティングは 270°の角度範囲内でのみ施工される．下側部分，つまり管渠底部のコンクリートは，コーティングされないままとされる．作業フローは，以下のとおりである[5.3-9]．

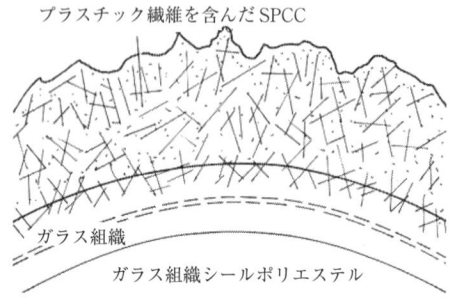

図 5.3-35：Hochtief AG 社の繊維投錨コーティングシステム．コーティングの断面[5.3-9]

- コーティングされるコンクリート表面を 1 200 bar での高圧噴射水で隙間深部まで清掃する．
- 窪んだ欠陥箇所を繊維を含まない SPCC で充填する．
- ポリアクリロニトリル繊維を含んだ SPCC を厚さ 2 cm まで塗装する．
- 吹付けコンクリート表面を均し，スプレー方式で硬化遅延剤を塗布する．
- セメント被膜を洗い流し，ポリアクリロニトリル繊維を毛羽状に表面から突出させる．
- 3 工程でポリエステルコーティングを塗布する．最初に繊維毛羽に下塗りが行われ，これにガラス補強を包み込み，無孔の平滑な表面を作り出すためトップコートを塗布する．

　メーカーによれば，このコーティングシステムは，以下の長所の点で優れている．
- 樹脂コーティングの接着下地としての繊維含有吹付けコンクリートからなる補正層は，セメント母材に水乳化エポキシ樹脂が入り込むことによって亀裂を生ずることがない．

- ハンブルク市においてグラスファイバ強化ポリエステルとして初めて施工された反応性樹脂層は，化学腐食に対する高い抵抗力を示している．
- 反応性樹脂保護層は，樹脂と吹付けコンクリートに組み込まれた耐食繊維によって下地と強固に結合している．
- すべての層が吹付け方式で塗布されることから，現場で任意の幾何的形状に仕上げることが可能である．

ハンブルク市下水道網での使用にあたって成果をあげているとはいえ，この方式は費用上の理由からもはや利用されていない．

(3) Ruswroe システム

5.3.1.8.1 にあげた重大な災害危険性と健康上の危険性は，イギリスで特に下水管渠のコーティング用に開発された"Ruswroe システム"によって回避される[5.3-163, 5.3-164]．このシステムは，（漆喰吹付け機による漆喰の塗装と同程度の）非常に低圧による湿式吹付け方式を基礎としている．使用されるモルタルは，ワイヤ径 1.5 mm，網目サイズ 15 mm の亜鉛めっきされた金網に約 40 mm の層厚さで塗装され，続いて手作業で均される．図 5.3-36 は各工程を示したものである．

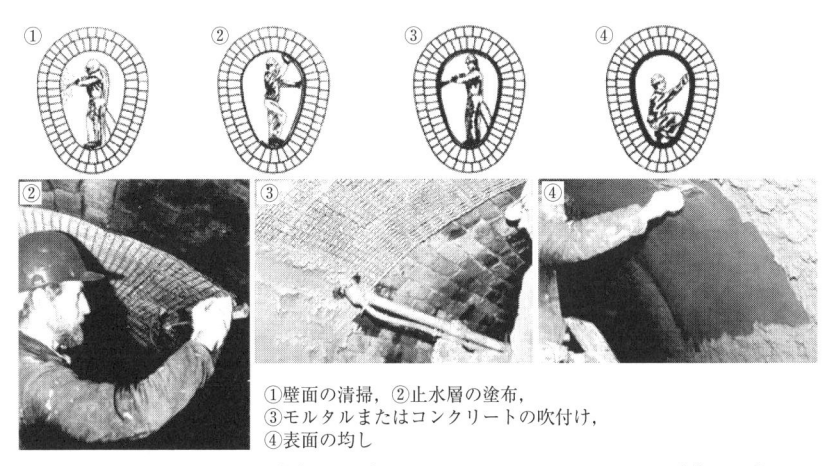

①壁面の清掃，②止水層の塗布，
③モルタルまたはコンクリートの吹付け，
④表面の均し

図 5.3-36：Ruswroe システムの作業フロー（Alphacrete Construction Linings Ltd.）[5.3-163]

この方式の長所は，種々の断面形状への適応性が大きく，歩行可能管渠ならびに昇降マンホールに適用できる．モルタル層には必要に応じエポキシ樹脂からなる防食層を設けることができる．

5. 補　修

(4) 機械式吹付け方式

現在のところ，吹付け方式を基礎としたコーティングは，一般に費用，材料品質，ならびに災害危険性および健康上の危険性の点で機械化によって改良することに向けられている．この点に関する最初の試みを表しているのは1940年代，50年代にプレロード方式(Preload-Verfahren)[5.3-114]に使用された吹付け機である．円形断面を有した給水管のコーティング用に考案されたこの機械では，回転式吹付けノズルを経て乾式吹付け方式でモルタルの塗布が行われた．均しには，遠心射出方式と同様に回転式の均し鏝が使用された．操作は，現場で機械に同乗した機械操作員によって行われた．

近年では石炭鉱業において大型ボーリング孔のコーティング用に類似の開発が行われ，下水管渠，深い円形昇降マンホールのコーティングにも使用することが考えられる．図 5.3-37[5.3-165]はその際に使用される乾式吹付け方式でも湿式吹付け方式でも作動し得る自動吹付け装置の概要を示したものである．

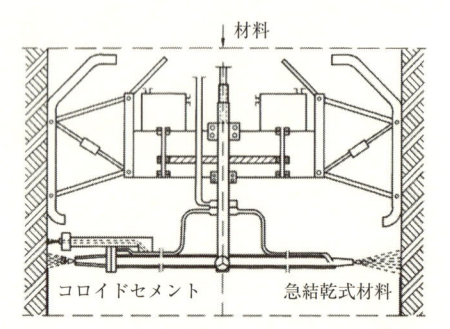

図5.3-37：石炭鉱山における大型ボーリング孔コーティング用の乾式吹付け方式(右)および湿式吹付け方式(左)による自動吹付け装置の概要[5.3-165]

この原理は，"SBSサラマンダー"[SBS-Molch]の名称で歩行可能管渠(呼び径1100以上)の乾式吹付け方式によるコーティングの塗布に利用されている．吹付けノズルは，自走式台車に取り付けられており，機械操作員によって監視される(図 5.3-38)．組み込まれた油圧装置は，コーティングの吹付けだけでなく，準備作業に使用されるその他の作業機器，例えばサンドブラスタ，清掃器具，機械式スクレーパ，ドリル，注入器具の作動も可能とする

ノズルは，連続的に360°旋回可能な旋回装置に取り付けられており，同旋回装置は，欠陥管壁部を充填するため手動によって停止させることができる．メーカーによれば，走行速度を連続的に調整できる．この装置により数百mに及ぶ更生区間において円形管渠，卵形管渠または方形管渠に特別な均し装置を要することなく平滑なコーティングを塗布することが可能である[5.3-166，5.3-167]．

トンネル建設分野および鉱山分野では，およそ1960年頃からノズル操作を遠隔制御式とし，危険地点からノズル操作員を排除した．任意のトンネル断面形状もしくは坑道断面形状に使用することのできる，いわゆる吹付けマニプレータの開発が進められている[5.3-168～5.3-171]．下水分野におけるこの種のコーティング用機器の投入に関

5.3 更　　生

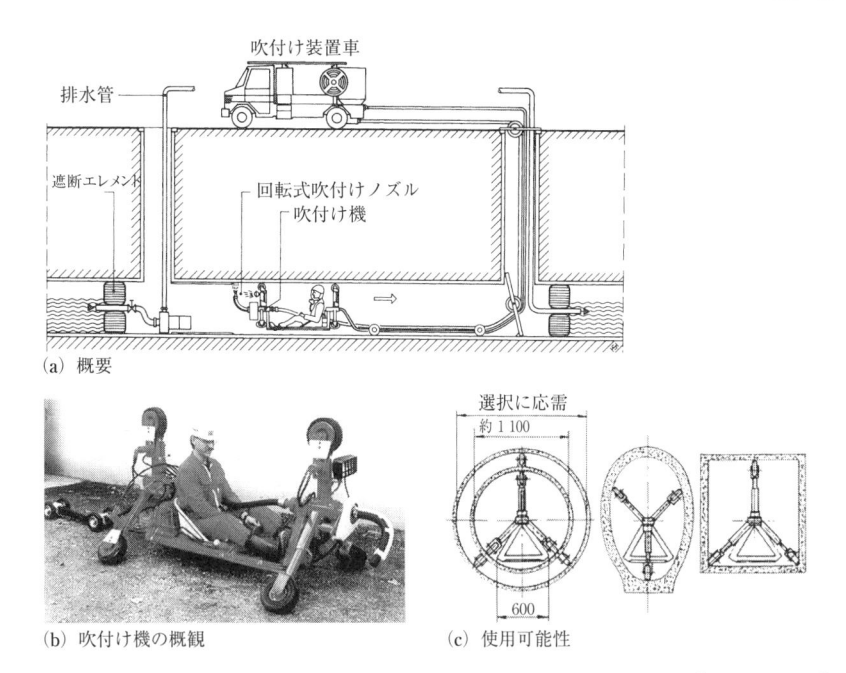

(a) 概要

(b) 吹付け機の概観　　　(c) 使用可能性

図 5.3-38：SBS サラマンダ．歩行可能管渠の乾式吹付け方式によるコーティング[5.3-166, 5.3-167]

する経験は，現在までのところまだ得られていない．

5.3.1.9　遠心射出方式

遠心射出方式では，コーティング材が高速回転する射出ヘッドによって管内壁に遠心射出される．給水分野ではDVGWに基づき一般にコーティング表面は，同一工程において随伴装置によって均一にされる（**図 5.3-39**）（DVGW-W 343[5.3-36]）．

管渠の場合，管の食違いがなく，かつ管断面が円形である場合にのみ均一化が可能である．だが，下水分野ではこうした要件が満たされていることは稀でしかないことから，多くの場合，均しは断念され，表面は未処理のままにされている．

遠心射出方式の基本は，1933年にCentriline社（米国）によって開発された方式に由来している．現在実用されているこれに関連した方式は，その後の改良を経たものであり，実際には一般に同じくCentriline方式と称されている[5.3-121]．

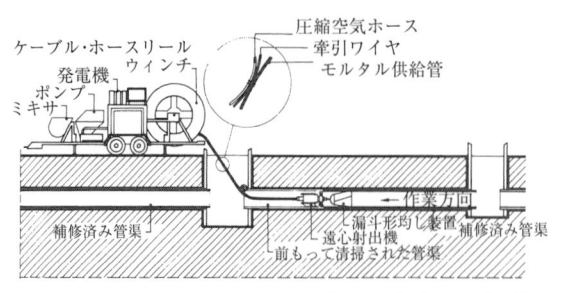

5. 補　修

(a) セメントモルタルの遠心射出と漏斗形均し装置による表面均し

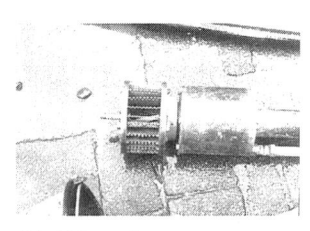

(b) 射出ヘッド

(c) 漏斗形均し装置

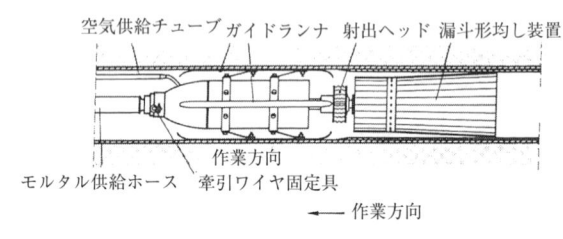

(d)

図 5.3-39：歩行不能管渠におけるセメントモルタルの遠心射出 [5.3-172, 5.3-175]

(1) Centriline 方式

a．使用範囲，適用の前提条件　　Centriline 方式または遠心射出方式によるセメントモルタルライニングは，主として給水用の鋼製または鋳鉄製の管に用いるために開発された．今日でもこの方式の主たる適用範囲は，呼び径 80 以上であり，ほぼ上限はない．

　これについては，既に 5.3.1.3 に引用した準則集の他に，実際に関連するあらゆる問題を論じた広範な文献が存在している［5.3-121 ～ 5.3-123，5.3-125，5.3-161，5.3-173，5.3-176 ～ 5.3-204］．

　この方式は，数年前より改良と特殊モルタル（5.3.1.3 参照）の使用によって鋼製，鋳鉄製，コンクリート製，アスベストセメント製，もしくは陶製の円形管渠のコーティングにも使用されてきている．

　この場合，コーティングは，単層または複層あるいは補強を付して施工することも可能である［5.3-175］．また，必要に応じてモルタルに繊維を加えることもできる［5.3-205］．

メーカーによれば，コーティング材に応じて各工程ごとに3〜40 mmの層厚さのコーティングが塗布される．

それぞれの作業区間の可能距離（立て坑間またはその他の出入口間の距離）は，所与の管内径に応じて定まる．この距離は，呼び径80〜600については最大120 m，呼び径600以上については最大600 mに達する．

この方法の難点は，作業工程を妨げる呼び径の変化，屈曲，彎曲，および管食違いである．この方式を取付管に適用する場合は特に問題はない．

b．方式の詳細

① 予備作業：作業は，一般に昇降マンホールから実施することができる．使用される機械システムの寸法に応じ場合により立て坑も設けられなければならない．

　スチール製圧力管の場合には，立て坑を掘削して長さ約2 mの管片を切り取るか，または長さ2 mの半円筒抗を切り取り，角(かど)を面取り，より好ましくは丸みづけて所要の作業口がつくられる[図 5.3-40(d)]．

　取付管を含む補修さるべきスパンを使用停止した後，スパンは徹底的に清掃され，5.3.1.4に基づいてコーティングのための準備が行われなければならない．

　最後に遠心射出機の支障のない通過を保障するため内径測定によって最小内径の確認が行われる．

② 作業フロー：補修さるべきスパンの一端に射出機をセットしてセンタリングした後，射出機は，スパン内を定速で後方に向かって牽引もしくは走行させられる．その際，管内壁に対するモルタルの遠心射出は，圧縮空気駆動もしくは電気駆動される高速回転射出ヘッド[図 5.3-40(b)]で行われる．同ヘッドの半径方向に配置され，外端が櫛歯状に形成された仕切板によってモルタルは一様に噴出される．

　遠心射出されたモルタルは，一般に直ちに均一にされる．これは呼び径に応じマシンに接続された漏斗形均し装置，または均しバルーンによるか，または均し鏝によって行われる．

　モルタル供給と射出ヘッド回転速度が一定であれば，所望の層厚さは前もって定められたマシン走行速度によって得られる．

　この方法の実施に際して発生する問題は，イギリスで開発された"Langdon International's insitu pipe lining process"[5.3-206]で解消される．このシステムは，ツインライン[Twin-Line]方式に適用されることから，そこで解説する．

　表 5.3-11は呼び径に応じて使用される通常のマシンシステム，モルタル送出システムの一覧を示したものである．

　作業が無人で行われる600までの呼び径については，前進運動用の固有の駆動装

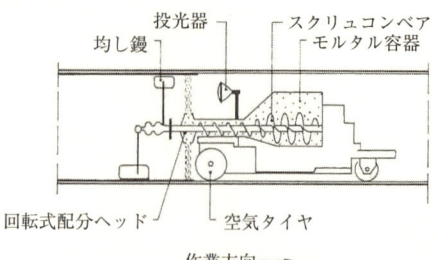

5. 補　修

(a) 均し鏝を具えた自走式遠心射出機の概要[5.3-175]
(b) 均し鏝を具えた遠心射出機の使用状態
(d) 到達坑における遠心射出機の収容

図 5.3-40：歩行可能管渠におけるセメントモルタルの遠心射出 [5.3-175]

表 5.3-11　遠心射出方式によるセメントモルタルコーティング用マシンシステム [5.3-121, 5.3-175]

マシンシステムモルタル輸送	呼び径	
	歩行不能	
	80 ～ 600	200 ～ 600
マシンタイプ	ランナに取り付けられた漏斗形均し装置付き円筒形マシン	ランナに取り付けられた均し鏝付き円筒形マシン
マシン駆動装置	非自走式(無段速度調節式牽引ワイヤウィンチによって牽引)	非自走式(無段速度調節式牽引ワイヤウィンチによって牽引)
射出ヘッド駆動装置	圧縮空気	電動式
操作	無人式	無人式　遠心射出中は組込み TV カメラによって監視
直線管路の場合の最大区間距離	呼び径に応じ 100 ～ 220 m まで	呼び径に応じ 150 ～ 220 m まで
モルタル輸送	ミキサからフレキシブルホースと中空軸を経て射出ヘッドまでポンプ輸送	ミキサからフレキシブルホースと中空軸を経て射出ヘッドまでポンプ輸送
チェック	1. 遠心射出後(モルタル硬化後)に TV カメラ走査により 2. 呼び径 80 ～ 200．遠心射出中にモルタル流量とワイヤ牽引速度とに関するコンピュータ制御測定システムにより 3. 呼び径 200 以上．遠心射出中に組込み TV カメラにより	
	卵形管渠の補修も可	

5.3 更　生

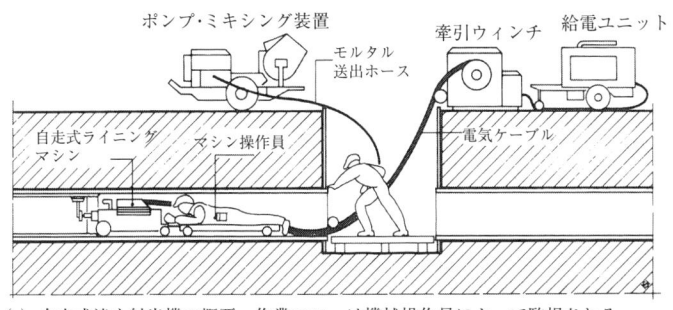

ポンプ・ミキシング装置　　牽引ウィンチ　　給電ユニット
モルタル送出ホース
自走式ライニングマシン　マシン操作員　　電気ケーブル

(c) 自走式遠心射出機の概要．作業フローは機械操作員によって監視される

呼び径[mm]	
歩行可能	
600 ～ 900	900 以上
ゴムホイールを具えた均し鏝付きマシン	
電動機装備自走式	
電動式	
管渠内の監視員による	
約 600 m まで	約 5 000 m まで
ミキサからフレキシブルホースを通って貯蔵タンクへポンプ輸送．射出ヘッドまでの爾後の輸送はスクリュコンベアによる	1. 呼び径 600 ～ 900 に同じ 2. 射出機後方を走る貯蔵タンクとして利用されるバンカワゴンにモルタルを引き渡すためのスクリュコンベアを具えた電動駆動式配給ワゴンによる．バンカワゴンからスクリュコンベアよりマシン貯蔵タンクへ，さらにそこからスクリュコンベアにより射出ヘッドへ
呼び径 600 以上のすべての管の場合，コーティング中に監視員により，事後的に巡視により	3. 2 に同じ．ただし乾燥モルタルと水を別々に連続ミキサに供給する区画式供給ワゴンによる．ミキサはでき上がったモルタルを再混合スクリュを具えたバンカワゴンに送る
卵形管渠の補修も可	

5. 補　修

置を持たず，補修さるべき管渠区間をワイヤ牽引ウィンチにより無段調整式の牽引速度で牽引されるランナー上に取り付けられた円筒形マシンが使用される[図 5.3-39(a)]．マシンの円筒形本体内には圧縮空気用の駆動装置が収納されている．この駆動装置は，マシン全体の中心を貫き，セメントモルタルの供給を行う1本の中空軸を介して射出ヘッドを駆動する．

コーティング表面の均しには，層厚さがわずかであればマシンに接続された弾性鋼板製の円錐台状の漏斗形均し装置[図 5.3-39(c)]が用いられるか，または均しバルーンが用いられる[5.3-207]．セメントモルタルは，ミキサから中空軸までフレキシブルホースを通してポンプ輸送される．

呼び径600以上の場合には，空気タイヤを装備した電動移動ライニングマシンが使用される[図 5.3-40(a)]．このマシンは，漏斗形の貯蔵タンクを具えており，同タンクにセメントモルタルがフレキシブルホースを通してポンプ送られる．このタンクから必要量のモルタルがスクリュコンベアを介して射出ヘッドに押し出される．射出ヘッド後方の軸方向延長部には，2個の鏝—例外的な場合には1個の鏝—が配置され，回転し，一定のばね張力でモルタル表面に押し付けられ，表面均しを行う[図 5.3-39(b)，5.3-40(c)]．

給電ケーブルとモルタル供給管は，1台のワイヤ牽引ウィンチ—このウィンチの速度は遠心射出機に合わされている—によって管内を牽引される．マシン操作員は，自動的に進行する作業を管内において監視する(図 5.3-40(c)，(d)]．

呼び径900以上，およびスパンが非常に長い場合には，供給ワゴンによってモルタル輸送を行うこともできる[5.3-192][図 5.3-41(a)～(c)]．この場合，モルタルの引渡しは，テレビカメラによって監視される．図 5.3-42 は管断面が非常に大きい場合(呼び径6 700まで)に使用される機器の概要を示したものである．

前述したように，Centriline 方式の使用範囲は，円形断面に限定されているが，この技法を卵形断面にも適用する方法が知られている(図 5.3-43)．セメントモルタルの射出は，適切な間隔で上下に配置された2基の射出マシンによって行われる．しかし表面の均しは不可能である．

専門的で適正な施工と準備が行われれば，Centriline 方式は良好なコーティングを達成することが可能である．この場合，コーティング表面の性状は，使用される均し装置に決定的に依存している．漏斗形均し装置を使用する場合には，ほぼ凹凸のないコーティング表面を得ることができる．均し鏝を使用する場合には，表面に波状の起伏が形成される．均しの行われないコーティングは，オレンジの肌に似た表面を有している(図 5.3-44)．

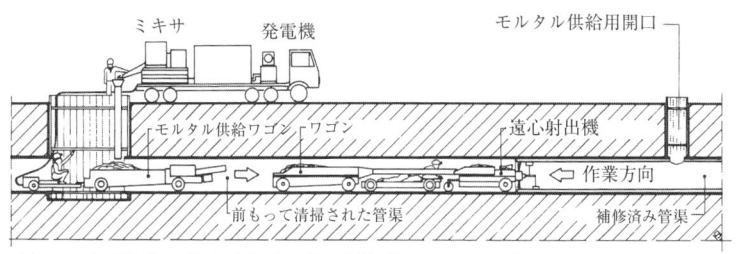

(a) モルタル供給ワゴンによるモルタル輸送 [5.3-172, 5.3-175]

(b) 貯蔵タンク，給電ユニットおよび操作スタンドからなる自走式モルタル供給ワゴンの概観 [5.3-172]

(c) 引渡し管と組込み式テレビカメラを具えた貯蔵タンク [5.3-172]

図 5.3-41：歩行可能管渠におけるセメントモルタルの遠心射出

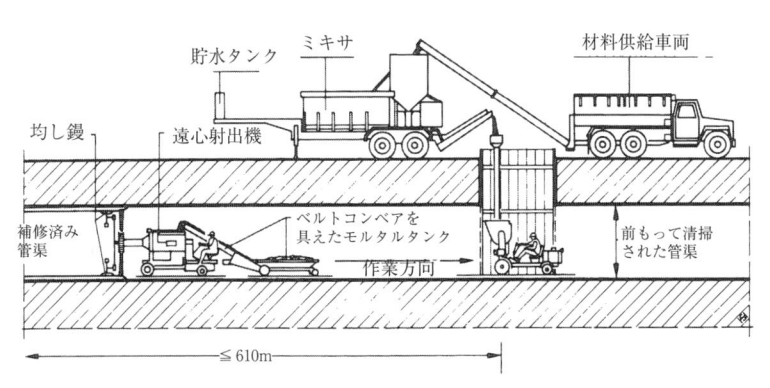

図 5.3-42：呼び径 6 700 までの管渠におけるセメントモルタル遠心射出用機械装[5.3-209, 5.3-175]

　施工が不適切なコーティング(図 5.3-45)は，所定の結果をもたらさないだけでなく，極端な場合にあってはフレッシュモルタルの剥落または剥落したモルタルで管

5. 補　修

図 5.3-43：卵形管のコーティング用遠心射出機[5.3-175]

図 5.3-44：均しの行われていないプラスチック改質セメントモルタルコーティングの表面構造[5.3-205]

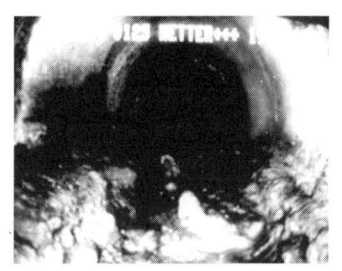

図 5.3-45：不適切なコーティングが行われた後の管渠状態

渠が閉塞されることがあり，適時に調査して処置を講じられなければスパンを更新せざるを得ない事態を招来することがある．

　下水分野では，遵守さるべきモルタル強度に関する特別な要件はまだ定められていない．セメントモルタルに関する基準値としては，DVGW にあげられている強度を利用することができる（**表 5.3-12**）(DVGW-作業指針 W 343[5.3-36])．

表 5.3-12：DVGW-W 343[5.3-36]に基づくモルタル強度

方式	28 日後の最低強度[N/mm^2]		水セメント比
	圧縮強さ	曲げ引張り強さ	
遠心射出方式	64 *	8 *	0.35
ディスプレーサ方式	50	7	0.40

* 水セメント比が 0.40 の場合には圧縮強さは 54 N/mm^2，曲げ引張り強さは 6 N/mm^2 であってよい．

　遠心射出が完了した後，それぞれの管区間は，その両端が直ちに密閉されてセメントモルタルの急速な乾燥が防止される．コーティングの湿潤保持が好ましく，その際，コーティングを塗布してから早くとも 12 時間後に当該管路に注水するのが最適な養生法とみなすことができる．コンクリート養生に関するその他の規定は文献［5.3-208］に含まれている．

　5.3.1.3 にあげた特殊モルタルを使用する場合には，固化時間が 3 時間と短いことから，補修済みスパンは数時間後には再稼動させることが可能である[5.3-172]．

　取付管に侵入したモルタルは除去されなければならない．立て坑内で切り取られた管，半円筒シェル（殻）は，再び取り付けられる前にコーティングされる．

c．所要人員，特殊装備　　Centriline 方式の各工法で使用される特殊機器は，既に示

5.3 更　生

した図等から見てとることができる．

作業員の数は，非自走式マシンを使用する際には総計で約6名，自走式マシンを使用する場合には約8名が必要される．

d．判定　　遠心射出方式の長所は，以下のとおりである．

- 呼び径，スパン距離にほぼ無関係に使用できる．
- コンクリート，陶管，アスベストセメント，スチール，鋳鉄，レンガ積（条件付き）へのコーティングが可能である．
- セメントモルタルの他に，マシンに適切な改良が施されていれば，プラスチック改質セメントモルタルも使用できる．
- ディスプレーサ方式に比較して高いモルタル密度とモルタル強度が実現される．
- 1スパン内でも層厚さを変えることができる．
- ディスプレーサ方式に比較して管段差，屈曲に際して支障が少なく，管寸法，断面形状の許容範囲が大きい．
- 高い作業速度が得られ，1日当り1～2スパン（約150 mまで）の施工が可能である．
- 取付管が重大な支障要因とならない．

　　　短所は，以下のとおりである．

- 補修さるべきスパン，取付管が使用停止されなければならない．
- 選択されたコーティングモルタルに応じて下地が慎重に準備されなければならない（5.3.1.4参照）．
- 主として円形断面にしかコーティングが行えない．
- 管段差のない円形管でしか均しが行えない．

遠心射出方式による補修の費用は，管新規布設費用の約20～50％である．

遠心射出方式には，管の破損，管壁の激しい部分的腐食または腐食，ないし摩耗による底部の損傷または欠陥があれば，常に事前処置が必要である．

1作業工程において静的耐荷力のある厚い層の遠心射出塗布（実験では40 mmまでの層厚さが達成された）を行うには，遠心射出直後におけるフレッシュモルタルの良好な管内面接着が必要であり，これは特にモルタルの水分含有量によって大きく影響される．モルタルが乾きすぎている場合には，モルタルは十分な湿潤力を持たず，その結果，管壁に接着せずに剥離してしまう（図5.3-46）．過量な水が加えられる場合には，モル

図5.3-46：コンクリート管の管頂部における遠心射出方式で塗設されたコーティング（層厚さ約40 mm）の剥離 [5.3-94]

5. 補　修

タルはその高い自重によって壁面から流れ落ちてしまう．いずれの場合にもコーティングさるべき管渠の表面性状もまた重要な役割を果たすこととなる．したがって，非常に密で平滑な表面を有する高強度コンクリート管の場合には，コーティングの湿潤と接着はかなり困難とされる[5.3-94]．

　外部荷重が加わる場合のこうしたコーティングの支持効果については，以下の静的システムが留意されなければならない．
①　既設管とコーティングとはあらゆる箇所において均質で耐久的な結合システムを形成している．
②　既設管とコーティングとの間には静的に有効な結合は存在しない．

　下水道の条件下―方式に起因した，例えば底部への跳返り材料堆積によっても―では，静的耐荷力のあるコーティングの均質で耐久的な結合は，費用をかけることによってしか実現できないことから，補修されたスパンの耐荷力は，前記②にあげた静的システムを基礎において調査される必要がある．この場合，収縮応力を回避するため，コーティングと既設管との間にはどこにも結合が生じていないことが確認されなければならない[5.3-94]．

(2)　反応性樹脂モルタルの遠心射出

　この方式グループでは，コーティング材として主として2成分系ポリウレタン樹脂が1作業工程で特殊射出ヘッドにより管内壁に厚さ5〜30 mmで射出される．この作業は，**5.3.1.4**に述べた表面予備処理を行った後に昇降マンホールから行われる．
　この方式グループを代表するものは以下である．
・CSL ポリスプレー[Polyspray]，
・ツインライン[Twin-Line]．
　CSL ポリスプレー方式は，1984年にイギリスで呼び径225〜1 000の管渠のコーティング用に開発された[5.3-210]．
　射出機は，以下の3つの主要素を有している．
・混合チャンバ，
・ゲル化区間，
・駆動モータを具えた射出ヘッド．
　ポリウレタン樹脂の2成分は，混合チャンバまで別々にポンプで輸送され，ここでプラスチック製スタチックミキサによって集中的に混合される．混合チャンバと射出ヘッドとの間には遅延区間またはゲル化区間が配置され，同区間において最初の反応が行われるとともに樹脂が管壁から流れ落ちるのを防止するのに必要な粘性増強が

5.3 更 生

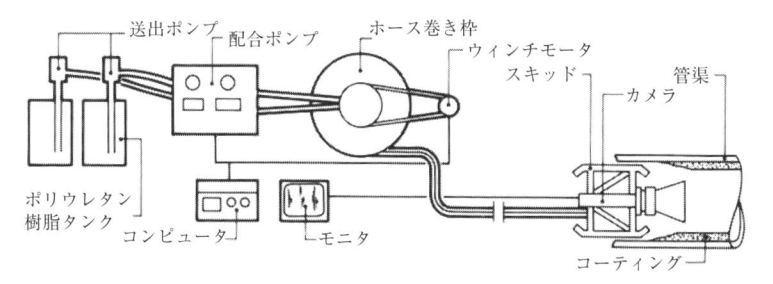

(a) 原理的構成

(b) 遠心射出機　　　(c) 使用中の遠心射出機

図 5.3-47：CSL ポリスプレー方式［5.3-210］

行われる．

　このゲル化区間は，輸送ホースからなり，その長さは直径と流送速度に応じて約 1〜3 m である．

　圧縮空気駆動される射出ヘッドは，円錐形の漏斗として形成されている．これは約 10 000 回転/分時に樹脂が噴出する多数の穴を有している（**図 5.3-47**）．

　マシンの制御，マシンへの供給には，11 本の給電線と供給ホース（ホース，ケーブル）をすべて包み込んだ 1 本のスリーブホースが使用される．外径 79 mm のこの特殊ホースは引張りに強く，耐摩性材料で作られていることから，同伴されるテレビカメラ，マシンをもスパン内で牽引することができる．このホースは，モータを具えたリールに巻き付けられており，リールは同時に牽引ウィンチとして機能する．牽引速度は 0.1〜2.0 m/min の範囲内で連続的に調節することができる．

　この適用ケースのために特別に配合されたポリウレタン樹脂は，最初のゲル形成は，20 ℃にて測定して，約 8 時間後に開始し，ポット時間は約 3〜6 分，硬化時間は約 30 時間である．

　イギリス規格に準拠し，樹脂と硬化剤の体積混合比 2：1 で算定された特性値は，文献［5.3-212］によれば，以下のとおりである（BS 2782, Teil 3, Methode 335 A［5.3-211］）．

5. 補　修

- 曲げ引張り強さ： $65\,\mathrm{N/mm^2}$,
- 弾性率： $3\,600\,\mathrm{N/mm^2}$,
- 極限伸び率： $2.25\,\%$.

　混合比が異なる場合には，上記の値は大幅に変化する．

　射出工程の終了後，また射出作業の休止時にも器具を直ちに洗浄し，急速に硬化するポリウレタンによって送管が塞がれないようにしなければならない．このため混合チャンバからマシンを貫いて特別なホースで洗浄剤と溶剤が送られる．

　補修された管は，作業終了から約24時間後に再び使用開始することができる．

　CSLポリスプレー方式の実施には約3～4名が必要である．

　この方式の適用には，射出機と管渠監視テレビカメラの他に，特殊コンテナに収納された以下の装備が必要である．

- モータによって駆動され，同時に牽引ウィンチとして使用される特殊ホース用リール．
- 2種のPUR成分用の2基のタンク．
- 洗浄剤および溶剤用のタンク1基．
- 各成分用ならびに洗浄剤用の別々の空気駆動ポンプ(それぞれのポンプは特別な圧力測定器，流量測定器を装備している)．
- 操作・制御盤(各器具はコンピュータによって監視，制御される)．
- モニタテレビ．

　本法を適用する場合は，使用されるポリウレタン樹脂の特性が優れても，特に塗布層が厚い点では，硬化時およびその後における収縮による問題，ならびに水の存在下での発泡による問題を見込まれなければならない．

　前記の2つの要因は，コーティングの水密性に問題をもたらすことから，現場と同じ条件下で適性検査と長時間検査がなお必要である．

　イギリスで開発されたもう一つ，基本的にはCSLポリスプレー方式と同じ原理による方式では，2成分エポキシ樹脂が使用され，樹脂は所要の加工温度を確保するため加熱ホースを通して遠心射出機に供給される．この方式は，これまでのところ飲料水分野の小口径管にしか適用されていない[5.3-213]．

　ツインライン方式の特徴は，2種の樹脂成分(ポリウレタン)は別々のホースを通して遠心射出機にポンプ輸送されず，適切なサイズの貯蔵ホースにあらかじめ工場サイドで注入されている．貯蔵ホースの長さは，補修さるべき管渠長さに一致している．直径は，層厚さ，呼び径，混合比の関数としての所要ポリウレタン量によって決定される．

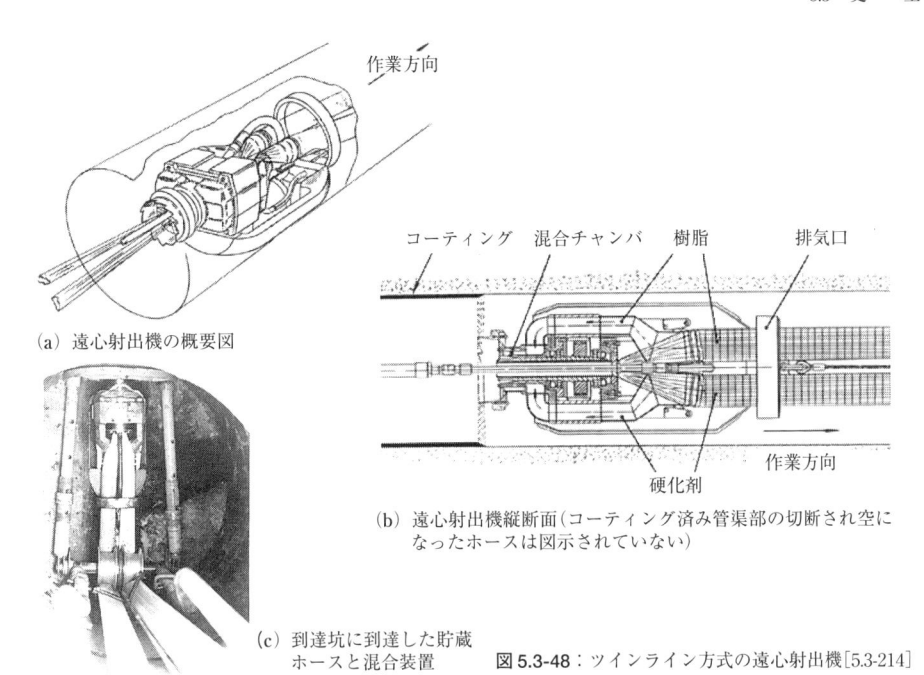

5.3　更　生

(a) 遠心射出機の概要図

コーティング　混合チャンバ　樹脂　排気口

硬化剤　作業方向

(b) 遠心射出機縦断面（コーティング済み管渠部の切断され空になったホースは図示されていない）

(c) 到達坑に到達した貯蔵ホースと混合装置

図 5.3-48：ツインライン方式の遠心射出機[5.3-214]

2本の材料ホースは，1本のスチールワイヤで管渠スパンに引き込まれ，一方のスパン端（発進坑）で遠心射出機に装填される（**図 5.3-48**）．続いて2本のホースは，それが注入された状態であっても空の状態であっても，管渠壁面に接することがないように緊張させられる．遠心射出機をワイヤウィンチで補修区間に牽引する際に，2本のホースは，特殊装置によって同時に切開される．樹脂と硬化剤は圧し出され，遠心射出機内で一緒にされ，射出ヘッド直前に配置された圧縮空気駆動する混合チャンバで混合される．

メーカーによれば，ツインライン方式で呼び径250〜1 000の管渠スパンを0.5〜1.5 m/minの作業速度でコーティングすることができ，その際，小さな亀裂および段差部もコーキングされる[5.3-214]．塗布されるコーティングの厚さは，呼び径に依存している（**表 5.3-13**）．

貯蔵ホースシステムは，混合比と層厚さの正確さを可能とする．ポリウレタンの硬化

表 5.3-13：呼び径に応じたツインライン方式の層厚さ[5.3-214]

呼び径 [mm]	層厚さ [mm]	呼び径 [mm]	層厚さ [mm]
150	5	400	9
200	5	450	10
250	6	500	12
300	7	600	14
350	8	> 600	記載なし

5. 補　修

は 70 秒以内に行われることから，管渠は，射出機を収容し，残存ホースを取り除いた後，直ちに再使用することが可能である．メーカーによれば，卵形管渠も射出ヘッドが異なった高さ位置でスパン内を牽引される 2 作業工程を経て同じくこの方式でコーティングすることが可能である．

5.3.2　ライニング方式

ATV の定義とは異なり，ここでは，リライニング方式(管路リライニング，長管リライニング，短管リライニング，コイル管リライニング，ホースリライニング)と，組付け方式が"ライニング方式"(図 5.1-2 参照)—英語では"Lining Techniques"—と称される以下の方式グループについて述べる(図 5.3.2-1)(ATV-M 143 Teil 1[5.3.2-1])．
・管におけるライニング，
・個別要素の組付けによるライニング(組付け方式)：管渠底部または気相部のパーシ

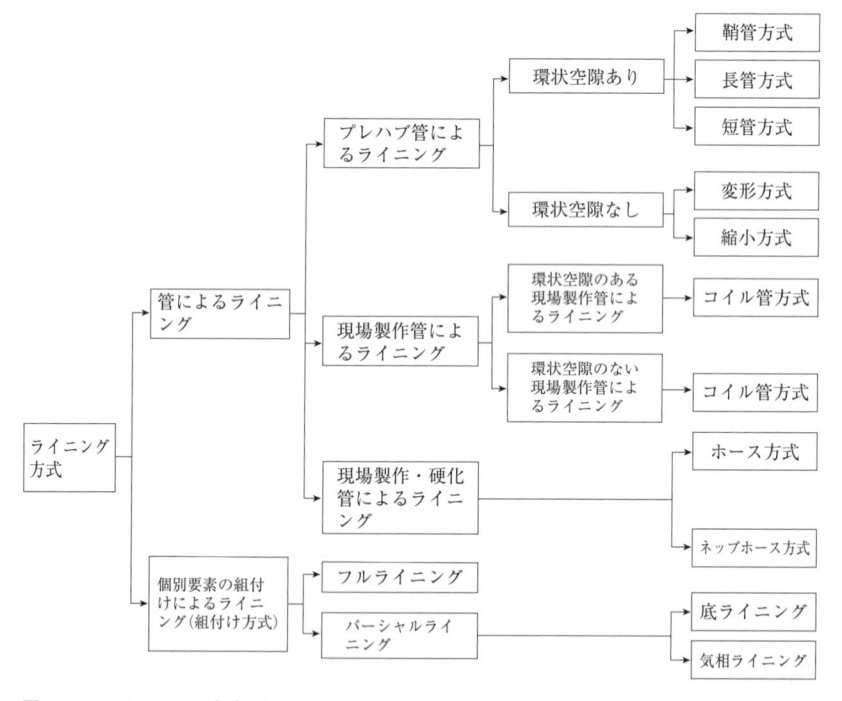

図 5.3.2-1：ライニング方式の区分

5.3 更　生

ャル(断片)ライニングおよびフルライニング．

このような定義の変更は，欧州規格による国際的な概念統一の必要性を理由としており，ドイツ建築工学研究所(DIBt)の"地下布設下水管，マンホールのプラスチック製内面ライニングの選択/適用に関する許可原則"[5.3.2-2]と一致している．

管におけるライニングとは，文献[5.3.2-3]に依拠し，
・プレハブ管，
・現場製作管，
・現場製作・硬化管，
を基礎としたスパン単位の自立式管渠フルライニングの施工として理解される．

歩行可能な管渠スパンに使用される組付け方式については，文献[5.3.2-3]に基づく静的耐荷挙動に応じ，自立式と非自立式のパーシャルセグメントライニングとフルセグメントライニングが区別される．

これら2つの方法，すなわち非自立式と自立式のライニング(定義については**5.3.2.1**参照)は，例えば部分固定式パーシャルライニングまたは自立式パーシャルライニングの形で組み合わせることも可能である．これらの用語は，以下で述べる下水道分野で使用されているその他の非プラスチック材料による内面ライニングにも使用される．

すべてのフルライニングは，以下ではインライナとも称される．これは物理的，化学的，生化学的，生物学的攻撃に対する抵抗力の回復または向上，新たな管壁に付着する肥厚物質形成の防止，静的耐荷力の回復および向上，ならびに水密性の回復および向上に利用される．

事後的に施工されるライニングは，通常，補修される管渠の断面積減少とともにそれに応じた水理学的性能の低下をもたらす．

補修される管渠は，あらゆるケースにおいて暫定的に安定しており，ライニングの施工が可能でなければならない．

昇降マンホールの補修へのこの方式の適用に関する報告は，5.3.3で行われる．

リライニング方式の仕様は，
・ATV-M 143 Teil 5：リライニング方式の指定作業リストに関する一般的な要件[5.3.2-4]，
・標準作業書 LB 310[5.3.2-5]，
に基づくことができる(**5.6**も参照)．

スイスでは，スイス下水・水域保護専門家連合会によりホースリライニング方式に関する規範指定作業リストが策定され，基準"下水道の維持：歩行不能下水道の修繕作業/改築作業—ロボット方式，注入方式，ホースリライニング方式に関する条件および

611

5. 補　修

指定作業リスト"の補足 5 によって公示されている[5.3.2-6].

ライナの構造力学計算に関しては，5.3.2.6 に述べる．

すべての作業は，労働安全性に関わる保護対策(8.参照)の遵守下で実施されなければならない．

5.3.2.1　要件，試験

5.1 に引用した方式，材料，管渠の構造的補修に関する記述の他に，ライニング方式の適用に際しては，以下の特別な規格，基準が遵守されなければならない．
・ATV-M 143 Teil 3：リライニング[5.3.2-7],
・ATV-M 143 Teil 4：組付け方式[5.3.2-13],
・ISO-TC 138 WG 12[5.3.2-8],
・DIN EN 752-5[5.3.2-9],
・規格案 CEN TC 165 WG1 N 361 E Rev.2[5.3.2-10].

防食対策としてのポリマー材料製内面ライニング[熱可塑性プラスチック製または反応性樹脂結合材料製のウェブ(織物)，プレートまたは管状体]には，特に— 1982 年の"合流式管渠と汚水管渠に関わるプラスチック部材による内面ライニングの選択と適用に関する基準"[5.3.2-3]に代替する—ドイツ建築工学研究所(DIBt)の 1996 年度の"地下布設下水管，マンホールのプラスチック製内面ライニングの選択と適用に関する許可原則"[5.3.2-2]の要件が適用される．この新しい許可原則は，旧基準に比較していくつかの基本的な規定と試験が削除されているので，以下ではライニングの材料と構造に関する要件と試験の観点から DIBt の両公示規定に触れることとする．前記基準に取り上げられていないその他のライニング方式，ライニング材料，適用目標には文献[5.3.2-3]に基づく要件を準用することができる．

(1)　材　料
下水管渠の事後的ライニングには，ATV に基づき原則として下水に適したあらゆる材料を使用することができる(ATV-M 143 Teil 3[5.3.2-7])．ライニング材料に求められる要件は，使用条件から生じる．これら要件は，排水される下水ならびに管渠の計画，構造，使用によって大きく影響される[5.3.2-2]．
・ライニングは，コンクリート腐食物質に対する大幅な不透性を有していなければならない．これは予測される影響作用(例えば，物理的，熱的，化学的な影響作用，ならびにコンクリートのアルカリ影響作用を妨げる作用)に対する抵抗力を具えていな

ければならない(2.6 も参照)[5.3.2.-3].
- ライニングは，固体(砂，石質土砂，浮遊物)を含んだ下水に対する十分な耐摩性を有していなければならない．損傷または剥離が生じてはならない(2.5 も参照).
- 場合によって必要とされる摩耗挙動試験は，ダルムシュタット方式［Darmstadter Verfahren］に基づき傾倒法［管径 300；DIN EN 295-3［5.3.2-25］による砂礫．$2・10^5$ 負荷サイクル(図 5.3-22)］を用いて実施される．摩耗値は，ライニングの厚さの 10％以下であることとする［5.3.2-2］．壁面粗度係数 k も DIN EN 295-3 に準拠してチェックされなければならない．
- ライニングは，管渠使用中に発生し得る衝撃荷重に耐えなければならない．鋼球落下試験による検査は，支持断面と結合された平らな板状試験片で 23，0，-5℃にて実施される(落下エネルギー1 kpm，鋼球直径は約 25 mm)．試験に際して，亀裂が生じてはならず，全面接着している内面ライニングの場合には，剥離が生じてはならない［5.3.2-2］
- ライニングは，予定される使用条件中に定められた清掃器具の機械荷重に耐えなければならない．損傷または剥離が生じてはならない．比較的小さな波すじ，もしくは掻き傷は許容される．試験を要する荷重が予測される限り試験に関する適切な詳細事項が取り決められなければならない．内面ライニングの管厚が均等であれば，ライニング厚さの 10％以下の値が許容損傷深度の基準値とみなされる．試験の実施に関する詳細は 3.2，5.3.1.5，文献［5.3.2-11］に述べられている．
- ライニング材料は，少なくとも 50 年の耐用使用能力を許容しなければならない．公知の，もしくは予測される老化現象が考慮されなければならない［5.3.2-3］．接着結合ライニングに使用される結合剤—モルタル，接着剤等—の耐老化性は，特に確認されなければならない(水中放置，長時間試験)．

化学耐性に関しライニング材料は，表 5.3.2-1 の要件を満たしていなければならない．ただし，化学耐性試験は，そのための十分な知見が得られていない場合には文献［5.3.2-2］の当該規定によって不要である．

特別な使用条件が存在する場合には，拡大された要件が取り決められ，検査されなければならない．種々多数の媒体に対する材料の化学耐性に関する情報は，表 5.3.2-1 にあげたそれぞれの基本規格の付属書に述べられている．

その特性を現場，すなわち施工現場で初めて発生する材料(例えば，現場製作・硬化管によるライニング)は，実験室において現場で予測され得る極限条件下—例えば，湿度，温度，汚れ—で試験されなければならない［5.3.2-11］．

ライニングは，事後の点検に際する損傷把握と関連して，吸光効果を広範に排除す

5. 補　修

表 5.3.2-1：文献 [5.3.2-2] に基づくプラスチック製ライニング材料に関する最低要件

材料特性	単位		PVC-U	
一般的な品質要件			DIN 8061 T.1 DIN1 9534	
ビカー軟化温度	℃		VST/B/50	
メルトインデックス[*1]	g/10 min			
密度	g/cm^3			
ショアー硬度	D			
硬化	クリープ傾向			
ラミネート構造，ガラス種およびガラス含有量				
引張り強さ[*2]	N/mm^2		DIN 53455	≧ 50
引張り伸び率[*2]	%		DIN 53455	≧ 20
衝撃靭性（破損率）[*3]	J		DIN 8061	<10 %
吸水性	%		DIN 53495	≦ 0.1 %
水蒸気透過性	$g/m^2 \cdot d$		DIN 53122	≦ 0.2 %
保温放置後の寸法変化	%		DIN 8061	≦ 5
化学耐性（または同等の判定）[*4]				
重量変化	%			≦ 2
引張り強さ	%			≦ 10
引張り伸び	%			≦ 20
率衝撃靭性	%			≦ 10

注）被検体は平らなライニング要素から採取されることとする．
[*1] 部分が互いに溶接される場合には，それらの部分は一つの MFI グループに属さなければならない．
[*2] この要件はマンホール下部には適用されない．
[*3] 23 ℃，0 ℃および − 5 ℃にて．場合により追加的な貯蔵保管指示/輸送指示
[*4] +23 ℃にて 28 日間に及ぶ H_2O，NaOH 5 %水溶液，H_2SO_4 5 %水溶液，一般市販の衛生洗剤 5 %水溶液（過酸
[*5] この使用目的には高度熱安定性 PP が使用されなければならない．
[*6] DIBt に保管されている材料文書に応ず．

るため，できるだけ淡く着色されている必要がある．また，反射は回避される必要がある．環状空隙充填検査をよりよく実施するために透明なライニング要素が既に使用されているケースも存在している．

(2) ライニングの構造

　ライニングの施工は，それぞれの材料特性を考慮して毀損もしくは損傷が生じないようにするため，メーカーによって供される加工基準，輸送，貯蔵保管，加工に関する注意を考慮して実施されなければならない [5.3.2-2]．ライニングは，管継手部（例えば，ソケットと差口）も確実に防護しなければならない．ライニングは，事後的な接続を不可能としてはならない [5.3.2-12]．以下では，ライニングに関する要件を自立式ライニングと非自立式ライニングにつき別々に述べる．紹介する一連のライニング材料とライニングシステムは，非自立式でも自立式もしくは部分固定式でも使用し得る．

試験規定および要件							
PE-HD		PP Typ 1		ポリウレタン		GF-UP 積層材	
DIN 8075 DIN 19537 ≧ 77		DIN 8078[*5]				[*6]	
DIN 53735	0.3〜0.8	DIN 3735	≦ 5				
				DIN 3479	≧ 1.1		
				DIN 3505	≧ 70		
						DIN 16869 Teil 2	
						DIN 9565	
DIN 3455	≧ 22	DIN 53455	≧ 28	DIN 53455	≧ 30	DIN 3455	≧ 50
DIN 53455	≧ 50	DIN 53455	≧ 50	DIN 53455	≧ 20	DIN 53455	≧ 20
		DIN 8078	<10 %	DIN 8061	≦ 10 %	DIN 8061	<10 %
DIN 53495	≦ 0.1 %	DIN 53495	≦ 0.1 %	DIN 53495	≦ 0.1 %	DIN 53495	≦ 0.1 %
DIN 3122	≦ 0.1 %	DIN 53122	≦ 0.1 %	DIN 53122	≦ 0.1 %		
DIN 8075	≦ 5	DIN 8073	≦ 2	DIN 8061	≦ 5	DIN 8061	≦ 5
					≦ 2		≦ 2
	≦ 2		≦ 2		≦ 10		≦ 10
	≦ 10		≦ 10		≦ 20		≦ 20
	≦ 20		≦ 20		≦ 10		≦ 10

化物含有)の作用後の引渡し状態(100 %)を基準とした許容変化

a．非自立式ライニング　非自立式ないし静的耐荷力のないライニングは，付加的な荷重を吸収しないが，場合により自重を支えることが可能である[5.3.2-13]．これは，支持断面と機械的に確実に結合(アンカリング)されていなければならず，結合が外れてはならない[5.3.2-2]．ATV に基づきこのために固定エレメントが使用される(ATV-M 143 Teil 4)．"固定エレメントの方法は場合によって異なる．例えば，大きな面を具えたプラスチック成形品であれば，同じ材料からなり，部材と固定結合されていてよい．この場合には，固定エレメントをアンカリングするために環状空隙の充填が必要である．

固定エレメントは，下水に起因するあらゆる攻撃作用に対する抵抗力を有していなければならない．ねじ，座金は，材料 1.4.5.7.1(V4A)製でなければならない"．

外部水圧([5.3.2-3]．以下では外圧とも称される)が生じないか，またはライニングに対するその作用が適切な対策によって防止される場合には，**表 5.3.2-2** 行 1 に基づく短

5. 補修

表 5.3.2-2：非自立式ライニングの耐圧試験の試験値 [5.3.2-2]

行	試験温度 [℃]	試験時間(最低耐久時間)[h]	試験圧力 無圧適用時[bar]	試験圧力 外圧時[bar]	外圧による隆起 [mm]
1	20	1	$3 \times 0.5 = 1.5$ *	$5 \times$ 外圧	—
2	20	1 000	—	$3 \times$ 外圧	$\leq 2\,mm + 1\%$ 呼び径

* クリープ挙動の考慮には倍数 3. 布設深さ 5 m までについては 0.5 bar.

時間最低要件が満たされなければならない [5.3.2-3].

例えば，地下水による外圧が生じる場合には，ライニング全体，およびライニングと支持断面との結合 [ウェブ(織物)，継手，接着強さまたは引裂強さ] は，予測される外圧に長時間にわたって耐えなければならない [5.3.2-2].

吸収可能な外圧の程度は，ライニングまたはアンカリングの構造力学的特性によって基本的に決定される．背面にアンカリングエレメントが組み込まれた非自立式ライニングの場合には，外部水圧—場合によってはさらに土圧—を吸収するための支持シェルとしての裏当てを設けることが必要となることもある (5.3.2.6 参照).

外圧が発生する場合には，文献 [5.3.2-2] に基づき支持断面との結合の判定を可能とする耐圧試験が求められる．試験は，大きさ 300 × 300 mm，最小試験面積 250 × 250 mm を具えた被検体で，**表 5.3.2-2** 行 1 または 2 に応じた条件下で行われなければならない．試験面積は，少なくとも 2 つのアンカリングエレメントを含んでいなければならない．これが可能でない場合には，試験はライニングされた部材または構造物で実施される．補修目的へのライニングの使用，すなわち文献 [5.3.2-2] に基づく"支持断面の施工後に付されるライニング"には，以下の試験条件が適用される．

・被検体は，前述した寸法と材料特徴を有していなければならず，その製造は，方法，時間的経過の点で部材製造または構造物製造と一致していなければならない．

・試験は，被検体の製造より 28 日後に行われる．コンクリートについては DIN に基づく放置条件が遵守されなければならない (DIN 1048 Teil 1 [5.3.2-14]).

・被検体は，試験装置にセットされ，室温の水で満たされる．空気抜きが慎重に行われなければならない．続いて**表 5.3.2-2** 中に定められた試験圧力が 30 秒以内で加えられる．被検体が定められた試験時間中要件を満たしているか否かが確認される．試験装置として文献 [5.3.2-3] には図 **5.3.2-2** に示した特別な試験フレームが用いられる．試験

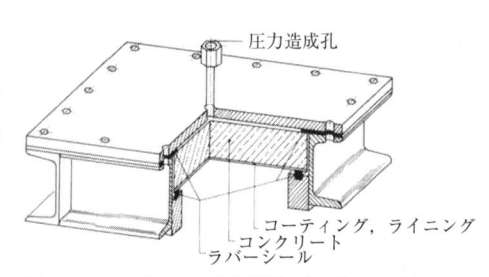

図 5.3.2-2：ライニングと支持断面との結合を判定するための試験枠 [5.3.2-3]

結果の判定基準となるのは，第一のアンカリングエレメントが支持断面から外れるかである．

この場合，図 5.3.2-3 に示したコーティングとライニングの水外圧荷重容量を検査するための大型試験装置を使用することもできる（5.3.1.5 も参照）．同装置は，その寸法が大きいことから十分な数のアンカリングエレメントの試験に関しなんらの問題はな

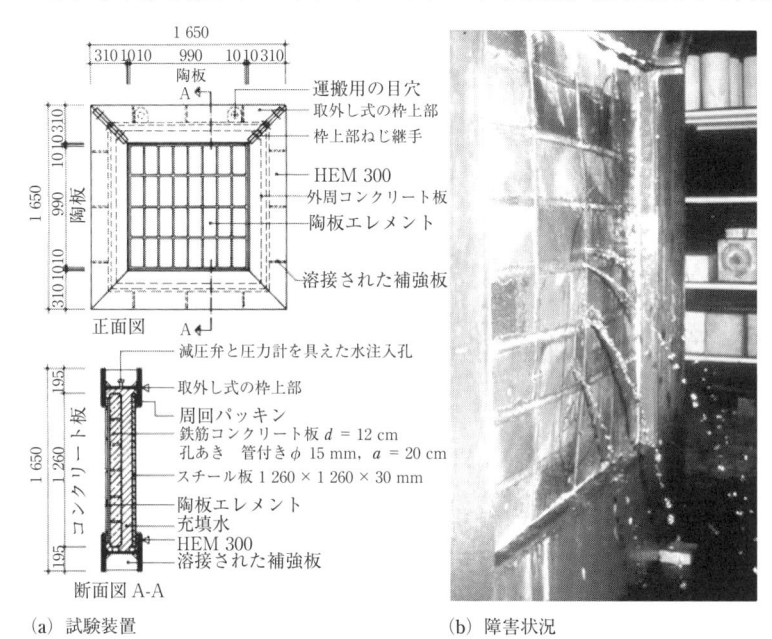

図 5.3.2-3：外部水圧シミュレーション用の試験装置（GFK ラミネートを支持構造とした陶板エレメントからなるライニングの試験）（ボッフム - ルール大学）

い．さらに試験技術に起因する周辺障害部位の影響も減少する．

ライニング済みの部材または構造物は，重大な製造欠陥(例えば，支持断面へのライニングのアンカリング欠陥または不良な接合継目)の有無が検査されなければならない．

ライニングと，例えば環状空隙充填材またはモルタルベッドから構成される合成試験片の試験では，文献[5.3.2-15]に基づく実験室での引張り試験によりライニングまたは支持断面の剥がれ，ライニングの引裂または漏れが発生してはならない．形成される引張り応力は，全面付着内面ライニングにあっては 0.05 N/mm^2 を下回ってはならない．場合によって発生するアンカリングエレメント間の隆起は判定されない[5.3.2-2]．

吸引試験は，部材または構造物の少なくとも 700 cm^2 の広さの部分面(例えば，円形または方形)で実施される．この試験により支持断面におけるアンカリング，ライニン

グ要素相互の結合および周辺部の性状が検査される．試験は，それぞれの条件下の温度にて少なくとも15分間にわたり0.6 barの低圧で行われる[5.3.2-3]．

環状空隙充填材と既設管内壁との間の達成可能な接着引張り強さの評価には，DINに依拠した剥離テスト(外圧なし)があらかじめ環状空隙充填材でコーティングされたコンクリート板で実施される(DIN 1048 Teil 2，第6章[5.3.2-14])．

漏れ検査と溶接継目の品質検査は，電気式の間隙探知機で実施される[5.3.2-3]．この場合，検査電圧は，構造物の管厚に合わされている必要があり，通常は10 kVである[5.3.2-16]．既製ライニングの試験には，継目の背後に導電性対抗電極が取り付けられるか，またはそれが同伴されるかしなければならない[5.3.2-3]．

ライニングが支持断面に機械的に固定されているか，または接着剤で接着結合されている場合には，無接地かつ対極なしで作動する試験機で検査を実施することができる．検査速度は，40 cm/sを超えないこととし，検査電圧は，監視されなければならない(最大降下10％)．接着ライニングについては，使用された結合剤，モルタル，接着剤等の耐劣化性が別個に判定されなければならない(水中放置，長時間試験)[5.3.2-3]．

超音波による溶接継目検査等のその他の試験・検査方法については，DVSが遵守されなければならない(DVS 2206[5.3.2-16])．透明な溶接継目は，目視検査が可能であり，その際には無着色のグラニュールが使用される[5.3.2-3]．

b．自立式ライニング　　自立式または静的耐荷力のあるライニングには，支持断面へのアンカリングないし固定は不要である．こうしたライニングには，外部荷重(例えば，耐密ライニングの場合の地下水圧)の負荷がある場合，5.3.2.6に応じた静的判定が行われなければならない[5.3.2-3]．

外圧によっていかなる荷重が生ずるか—例えば，荷重の大きさ，管周全体にかかる荷重または管周の一部のみにかかる荷重が一義的に判明していない場合には，発注者と受注者との間で静的判定の詳細が取り決められなければならない．

外圧荷重が生じないことが明白な場合には，自立式ライニングは，$S_{R(24h, 20℃)}$ = 0.01 N/mm^2の最小リング剛性を有していなければならない．個々の場合につきその適性が証明されなければならない[5.3.2-3]．

(3)　ライニング要素の結合

ライニングが個々の要素から形成される場合には，それら要素相互の(例えば，接着，溶接による)結合は，ライニング自体に求められるのと同一の要件を適正に満たしていなければならない．これらエレメント相互の結合には，機械荷重のない結合と機械荷重のある結合とが区別される．機械荷重のない結合とは，通常，ライニングされた構

造物の縦方向に設けられている結合である．機械荷重のある結合は，例えば管突合わせ部で2本の管のライニングの伸縮的接触が行われる場合に常に自在な結合が必要である．すべての結合につき水密性(限界温度が遵守される場合)，耐久性，老化挙動が判定されなければならない．縦方向力の吸収を確実とする機械荷重のある結合については，さらに結合方向に対して横方向に引裂力の少なくとも80％または母材弾性限度に達する力の少なくとも80％に達する力を吸収し得ることが証明されなければならない[5.3.2-3]．

a．試験　結合の試験は，前記の各項に準じて行われる．縦方向力吸収に関する試験は，DINに基づいて行われる(DIN EN ISO 527[5.3.2-17])．接合箇所のない被検体は，母材の製造方向に対して接合箇所のある被検体と同一の方向性を有していなければならない．接合箇所のある被検体は，接合箇所が被検体の測定長中心部において縦軸に対して横方向に位置しているようにして採取されなければならない[5.3.2-2]．

b．試験速度　接合箇所のない被検体については，規格中にあげられている検査速度の中から，引裂力または弾性限度に達する際の力が約1分間にわたって達成される速度が選択されなければならない．接合箇所のある被検体については，前記のようにして算定された検査速度が選択されなければならない．耐裂性(例えばPVCの場合)，降伏応力(例えば，PEの場合)，引張り伸び率ないし降伏応力時の伸び率が求められる[5.3.2-2]．

c．マンホール底ライニングと取付管のソケット水密性　マンホール底ライニングと取付管のソケット間結合は，水密でなければならない．結合の検査は，DINに基づく地下布設された管継手に関する規定に準拠して実施されなければならない(DIN 4060[5.3.2-18])．その際，接続された管種ごとに呼び径グループのうちの最大呼び径がそれぞれ試験されなければならない．樹根侵入防止性の判定には，外圧，せん断荷重ならびに曲げ荷重下での試験は—シーリング(止水)の構造からして—，これらの荷重条件が決定的である場合にのみ行われなければならない．さらに目視によって試験中もしくは試験後にソケット部ならびにソケットと管との継手部に損傷(亀裂，引裂等)が生じていないか否かが検査されなければならない．試験時に損傷が生じてはならない[5.3.2-2]．

5.3.2.2　プレハブ管によるライニング

プレハブ管によるライニングは，ATVによれば管リライニングとも称される(ATV-M 143 Teil 3[5.3.2-7])．補修さるべきスパンへの管(インライナとも称される)

の引込み,差込み,ないし進入を特徴としている.

以下の方式に分類される(図 5.3.2-1).

・鞘管によるライニング(鞘管方式),
・長管によるライニング(長管方式),
・短管によるライニング(短管方式).

通常は標準管が使用されるが,場合によっては,下水道への使用に適した材料製の特別なプレハブ管も使用されることがある(1.7 参照).表 5.3.2-3 には好ましい管材料があげられている.

表 5.3.2-3:ライニング用管材料および当該規格[5.3.2-7]

材料	準拠規格
PE-HD	DIN 19537[5.3.2-19]
PP	DIN 8078(基本規格)[5.3.2-20]
GFK	DIN 19565[5.3.2-21]
PVC-U	DIN 19534[5.3.2-22]
FZ	DIN 19840/DIN 19580[5.3.2-23,5.3.2-24]
Stz	DIN EN 295[5.3.2-25]
PC	—

5.3.2.2.1 鞘管方式

この方式では,外径または最大外寸が当該スパン内の最小内径よりも小さい,適切な長さでフレキシブルな,突合せ接合部が溶接された PE-HD 製または PP 製のプラスチック鞘管(場合によっては PVC-U 製の鞘管も使用されるが,ただしその場合には溶接されていない)が引込み用トレンチまたはマンホールを経て 1 作業工程で補修対象管渠区間(少なくとも 1 スパン)に引き込まれる.以下の分類が行われる(図 5.3.2-1).

・環状空隙のある鞘管方式:通常の鞘管方式,サーモライン(Thermoline)方式,波形管方式.
・環状空隙のない鞘管方式:変形方式,縮小方式.

鞘管方式による補修対策にあっては,インライナの取付け前後に広範な予備作業と最終作業ならびに検査が行われるが,これらについては,以下に述べる通常の鞘管方式の項でその他の方式を代表させて説明することとする.

(1) 通常の鞘管方式

通常の鞘管方式(文献中では管路リライニングと称されることが多い)は,1960 年代にカナダにおいて"ブレムナー(Bremner)方式"の名称で開発された[5.3.2-26 〜 5.3.2-28].現在,英語では"コンベンショナルスリップライニング(Conventional Sliplining)",日本では"パイプリバース工法"または"パイプインサーション法(Pipe Insertion Method)"とも称されている[5.3.2-29 〜 5.3.2-46].これは米国で規格化されている[5.3.2-47].

この方式では,円形断面を有した適切な長さでフレキシブルな PE-HD 製鞘管が補修

5.3 更　生

される管渠区間に引込み用トレンチを経てワイヤウィンチにより1作業行程で引き込まれる（図 5.3.2-4）．インライナと管渠内壁との間に残存している環状空隙は充填され

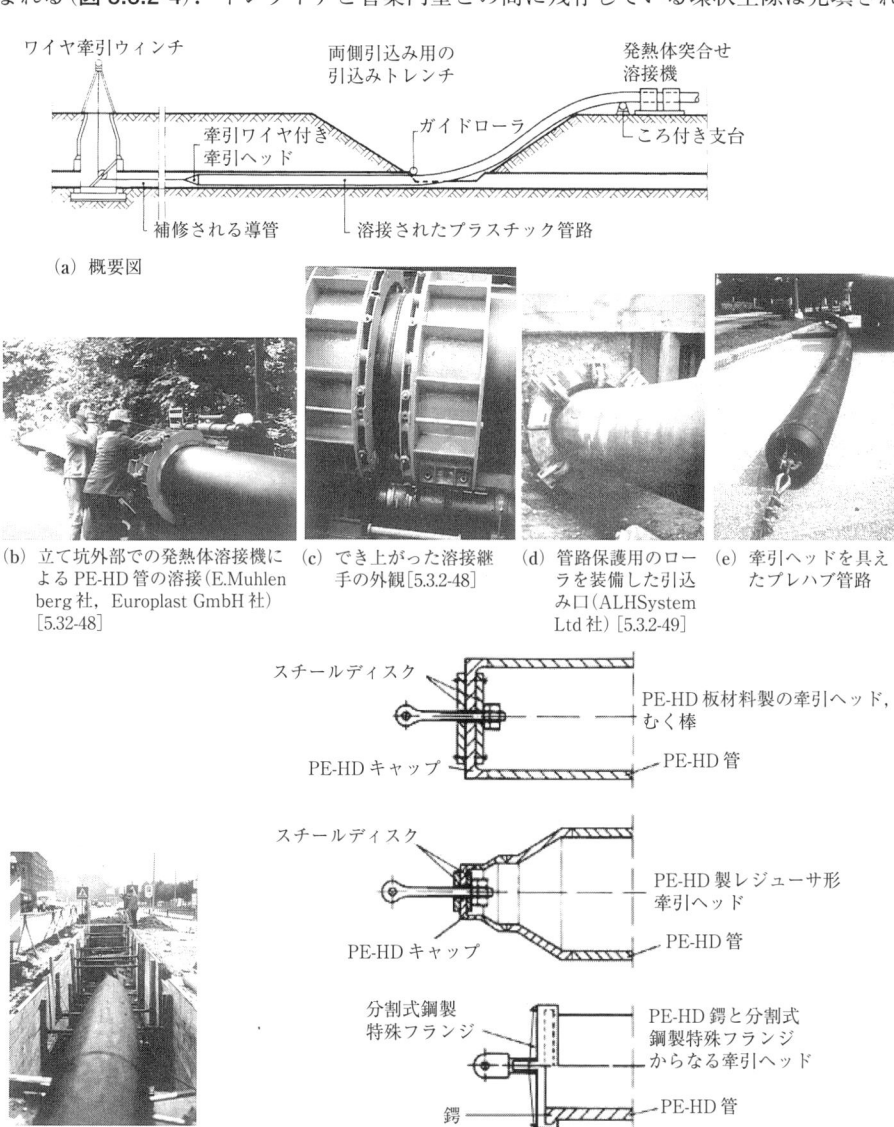

(a) 概要図

(b) 立て坑外部での発熱体溶接機によるPE-HD管の溶接（E.Muhlenberg社，Europlast GmbH社）[5.32-48]

(c) でき上がった溶接継手の外観[5.3.2-48]

(d) 管路保護用のローラを装備した引込み口（ALHSystem Ltd社）[5.3.2-49]

(e) 牽引ヘッドを具えたプレハブ管路

(f) 管路引込み用トレンチ

(g) 呼び径140〜1 200管用牽引ヘッドの形成[5.3.2-50]

図 5.3.2-4：環状空隙のある通常の鞘管方式

5. 補 修

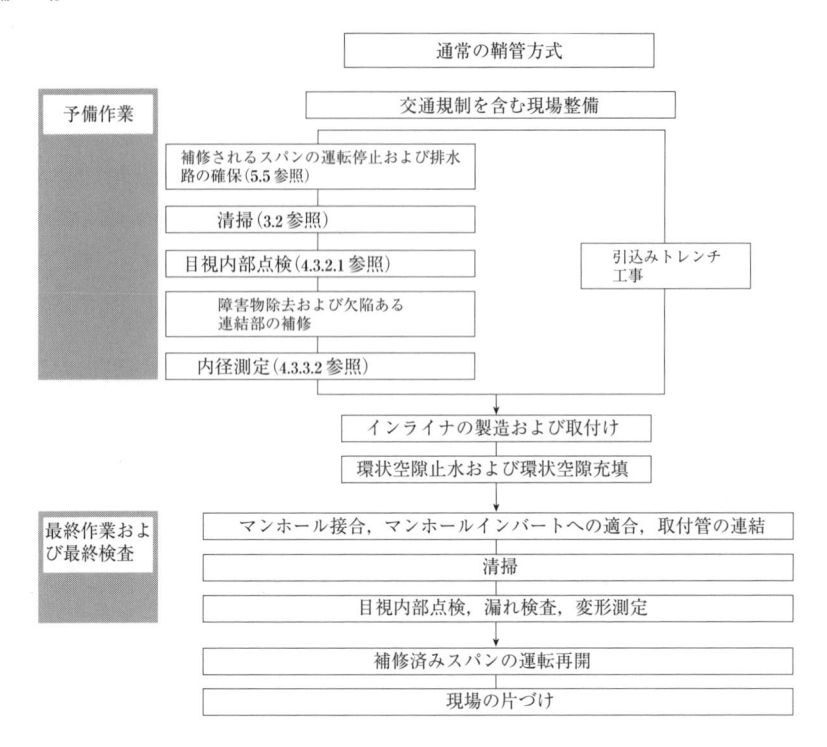

```
                    ┌─────────────────┐
                    │  通常の鞘管方式  │
                    └─────────────────┘
                             │
                ┌────────────────────────────┐
   予備作業     │  交通規制を含む現場整備    │
                └────────────────────────────┘
                             │
                ┌────────────────────────────┐
                │ 補修されるスパンの運転停止および排水 │
                │ 路の確保(5.5参照)          │
                └────────────────────────────┘
                             │
                ┌────────────────────────────┐
                │  清掃(3.2参照)             │
                └────────────────────────────┘
                             │              ┌──────────────┐
                ┌────────────────────────────┐│ 引込みトレンチ│
                │ 目視内部点検(4.3.2.1参照) ││ 工事         │
                └────────────────────────────┘└──────────────┘
                             │
                ┌────────────────────────────┐
                │ 障害物除去および欠陥ある   │
                │ 連結部の補修               │
                └────────────────────────────┘
                             │
                ┌────────────────────────────┐
                │ 内径測定(4.3.3.2参照)      │
                └────────────────────────────┘
                             │
                ┌────────────────────────────┐
                │ インライナの製造および取付け │
                └────────────────────────────┘
                             │
                ┌────────────────────────────┐
                │ 環状空隙止水および環状空隙充填 │
                └────────────────────────────┘
                             │
   最終作業および  ┌────────────────────────────────────────┐
   び最終検査      │ マンホール接合，マンホールインバートへの適合，取付管の連結 │
                   └────────────────────────────────────────┘
                             │
                ┌────────────────────────────┐
                │ 清掃                       │
                └────────────────────────────┘
                             │
                ┌────────────────────────────┐
                │ 目視内部点検，漏れ検査，変形測定 │
                └────────────────────────────┘
                             │
                ┌────────────────────────────┐
                │ 補修済みスパンの運転再開   │
                └────────────────────────────┘
                             │
                ┌────────────────────────────┐
                │ 現場の片づけ               │
                └────────────────────────────┘
```

図 5.3.2-5：鞘管方式の流れ図

る．図 5.3.2-5 は必要となる作業ステップで，これらについては以下に詳しく述べる．

a．使用範囲，適用の前提条件　　鞘管方式は，最小内法断面が十分に大きいか，もしくは確認された障害物，例えば侵入樹根，管壁に付着する肥厚物質，堆積物または突き出た取付管等の除去によって同断面が適切に拡大されて水理学的に所要のインライナが収容可能であれば，自然流下管，圧力管のほぼあらゆる種類の損傷に対して使用することが可能である．さらに管渠は，少なくとも暫定的に安定的であるとともに基礎が十分に安定的でなければならない．

次の損傷種別，すなわち位置ずれ，曲げ撓み管の場合の許容値を超える変形，亀甲形成，管破損，および崩壊に対して管リライニングは限定的にしか適用できない．その実施の際には，特別な考慮が必要である[5.3.2-7]．この場合には，これらの損傷が前もって全面的または部分的に除去されなければならないか否か，あるいはそれらの結果が許容可能であるか否かが決定されなければならない[5.3.2-7]．これに関連して，ここで"通常の鞘管方式"の項の最後に説明する方式改良を参照するよう指摘しておくと

するが，前記の損傷のいくつかは直接引込み過程に際して除去することが可能である．

補修されるスパンは，排水障害が除去されていなければならず，かつ作業中一般に使用停止されなければならない．インライナの取付け中に部分排水が許容されるケースにあっては，汚れとそれから生じる環状空隙充填に対するマイナスの影響が見込まれなければならない．

この方式は，補修される既設管渠の管材料，断面形状とは無関係である．通常，呼び径 25～1 200，スパンの状態，径路，勾配に応じ最大距離 600 m までの円形断面の補修が行われる[5.3.2-51]．

管直径の 50 倍の曲率半径を有した彎曲および管継手部における 5～7°の曲りは，適切な技法によって可能とすることができる[5.3.2-52～5.3.2-55]．この場合には，彎曲部の内面に鞘管の牽引と押込みとを同時に行うことによってのみ打ち勝つことのできる大きな摩擦が発生する．

b．予備作業 鞘管の引込みには，立て坑(引込み用トレンチ)が必要であり，その最小寸法は，プラスチック管の外径 D_a[mm]と許容曲率半径 R[mm]，補修される管の管底深度 H[mm]，地表における鞘管(引込み管)の高さ，外気温によって決定される．

引込み用トレンチの寸法は，以下のようにして計算される[5.3.2-56]．

持上げなしで強制挿入される鞘管の引込み用トレンチの長さ[**図 5.3.2-6**(a)]は，次式による．

$$l_{G_1} = \sqrt{6HR} \text{ [mm]}$$

ここで，R：**表 5.3.2-24** による．

引込み用トレンチ底の長さは，次式による．

$$l_1 = (1/6 + D_a/3H) l_{G_1}$$

ここで，D_a：既設管渠の外径．

持上げなしの鞘管の強制挿入は，特定の方式(変形方式，縮小方式)の場合にのみ可能である．通常，引込みトレンチを短縮するためにころ付き支台またはころ付きスタンドを用いて，鞘管を H だけ地表から持ち上げるのが好ましい．これにより引込み用トレンチの所要長さは，l_{G_2} に短縮される[**図 5.3.2-6**(b)]．

$$l_{G_1} = \sqrt{3HR} \text{ [mm]}$$

引込みトレンチ底の長さは，次式による．

5. 補　修

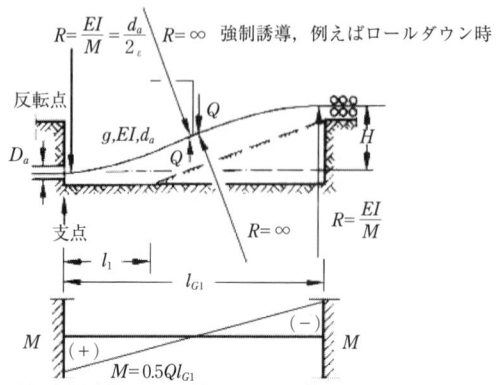

(a) 強制誘導された，持上げなしの管路の場合の引込み用トレンチ長さ

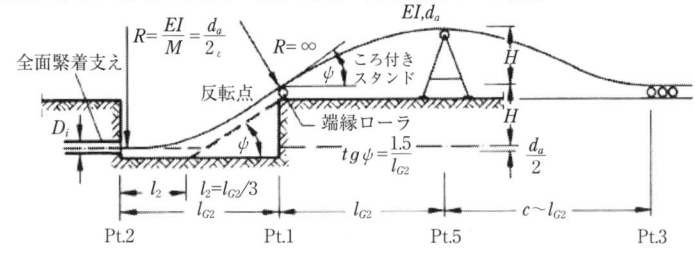

(b) 寸法 H だけ持ち上げられた管路のカーブ

図 5.3.2-6：引込み用トレンチ寸法の算定 [5.3.2-56]

$$l_2 = 1/3\, l_{G_2}\,[\text{mm}]$$

引込み用トレンチ長さの前記計算式は，補修される既設管渠の入口で鞘管が全面緊着支えされているという理想化された仮定を基礎としている．元の管と新しい管との間の環状隙間によって生ずる弾性支え[**図 5.3.2-7(a)**]に関する計算は，文献[5.3.2-56]にあげられている．例えば，作業高さが制限されているためにころ付き支台を設置することができない場合には，鞘管はそれが管渠入口に達するまで地表上を自然な曲線を描いて延びている[**図 5.3.2-7(b)**]．この場合の引込み用トレンチ長さの算定は，反復法によって行われ，同じく文献[5.3.2-56]に述べられている．

文献[5.3.2-57，5.3.2-58]に基づく従来の引込み用トレンチ長さの算定に際しては，鞘管のカーブは，一つの円弧に相当しているということ，すなわちカーブはいかなる箇所でも曲率 $x = 1/R$ をとるということから出発している．これは，カーブの反転点に外モーメント $M_m = 2M$ が作用しなければならないことを意味するが，現実にはそうではない．実際には，反転点に横力 Q が作用し，これによって反転点では曲率半径

5.3 更　生

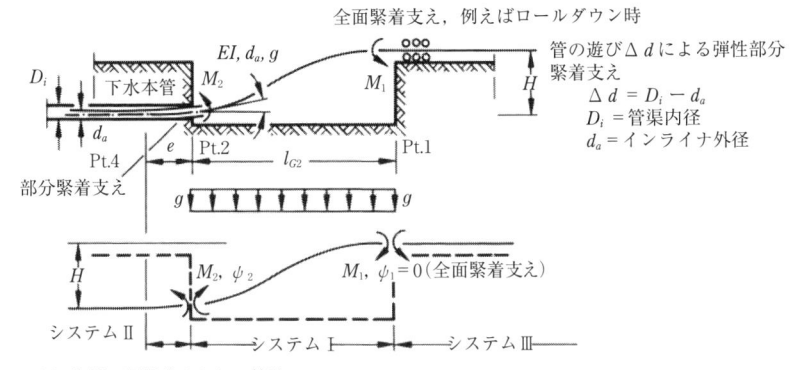

図中ラベル（a）：
- 下水本管, D_i, d_a
- 全面緊着支え，例えばロールダウン時
- EI, d_a, g
- M_2, M_1
- 部分緊着支え
- Pt.4, Pt.2, Pt.1
- e, l_{G2}, H
- 管の遊び Δd による弾性部分緊着支え
- $\Delta d = D_i - d_a$
- D_i = 管渠内径
- d_a = インライナ外径
- M_2, ψ_2
- $M_1, \psi_1 = 0$（全面緊着支え）
- システムII，システムI，システムIII

(a) 管渠に弾性支えされる管路

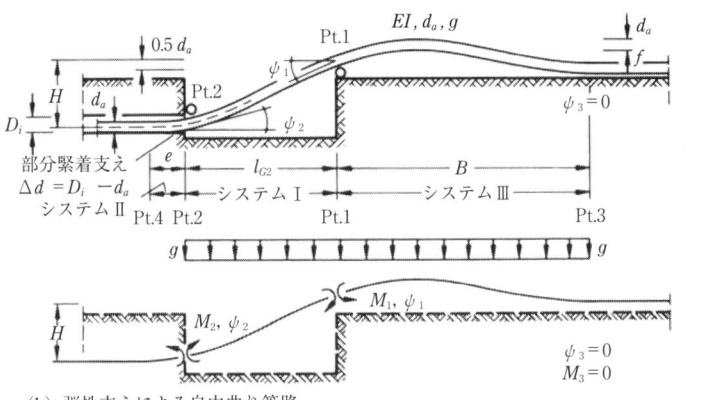

図中ラベル（b）：
- $0.5 d_a$, d_a, D_i, H, f
- EI, d_a, g
- ψ_1, ψ_2, $\psi_3 = 0$
- 部分緊着支え
- $\Delta d = D_i - d_a$
- システムII，システムI，システムIII
- Pt.4, Pt.2, Pt.1, Pt.3
- e, l_{G2}, B
- M_2, ψ_2
- M_1, ψ_1
- $\psi_3 = 0$
- $M_3 = 0$

(b) 弾性支えによる自由曲り管路

図 5.3.2-7：弾性支え時の引込み用トレンチ寸法の算定[5.3.2-56]

$R = \infty$，支点では $R_b = E_b I/M_b$ の片持ち梁カーブが生ずることとなる[5.3.2-56].

最近，いわゆるウィンドウイング（Windowing）方式によって引込み用トレンチ寸法を減少させるための新たな方途がとられている．この技術については **5.4.3.5** で詳しく論ずる．

補修される範囲が比較的大きい場合には，引込み作業がそこから両側に行えるような位置に引込みトレンチを設けるのが好ましい（**図 5.3.2-4** 参照）．

給ガス・給水分野で必要とされる巻上げ用立て坑[5.3.2-52]は，下水管渠の補修に際しては通常不要であるが，それはワイヤウィンチを既存のマンホール上に設置することができるからである．前提条件は，マンホールが荷重に耐えられる適切な構造を有していることである．

5. 補修

土木工事作業に適用される規定，規則を遵守してトレンチの掘削および保護を行った後，スパンないし補修区間および取付管の使用が停止され，必要があれば管渠の切開が行われる．その際，一般に下側半分の管は，工事中に発生する水を排水するために残される（**5.5** 参照）．

続いて管は残留物がないように十分に清掃され，場合により，突き出た障害物が取り除かれなければならない．補修の実施直前に水のない状態もしくは水が少ない状態でTVカメラ調査が実施され，記録保存されなければならない（**4.3.2.1** 参照）[5.3.2-59]．その際，合流する取付管の正確な測定が行われなければならない．

引込み作業の開始前に再度管渠の内径測定を行い，定められたインライナ外径に必要な自由断面が確保されていることを確認する．そうでない場合には所要自由断面を確保することが必要である．

すべての取付管は，合流部において開削して切り離されるか，またはエアプラグ（止水栓）によって充填材の侵入が防止されなければならない．

c．鞘管の製造，取付け　通常の鞘管方式では，特にDINに基づくPE-HD製[5.3.2-60]の鞘管，またDINに基づくPP製の鞘管も使用される（DIN 8074[5.3.2-61]，DIN 8075[5.3.2-62]，DIN 19537[5.3.2-19]，DIN 16961[5.3.2-63]，DIN 8078[5.3.2-20]）．

これらの鞘管の供給時の長さは，外径と輸送方法に依存している．標準的な長さは12mである．DINに基づく圧力等級6，10の外径160mm以下の管は，巻束してか，または長いものはロール巻で供給される[5.3.2-64，5.3.2-65]（DIN 8074[5.3.2-61]）．

補修区間に引き込むにあたっては，インライナの損傷を回避するための挿入保護具が取り付けられなければならない[5.3.2-59]．

プラスチック管が比較的長い区間にわたって引き込まれる場合には，管外面に筋目がつくことが見込まれなければならない．これによって物理的強度が著しく低下しないようにするため，枝管のない場合には最低管厚5mmが好ましい[5.3.2-52]．

枝管が溶接取付けされなければならない場合には，管厚は少なくとも8mmか，または管が圧力等級6，列4に合致している必要がある[5.3.2-52]．

環状空隙充填が行われる場合には，少なくともDINに基づく圧力等級3，2，列2の鞘管が選択される必要がある（DIN 8074[5.3.2-61]）．

鞘管は，トレンチの外で発熱体突合せ溶接法（溶着）—これはしばしば鏡面溶接法とも称される—により，DVSに準拠して互いに耐密的に，かつ当該引込み長さに対して縦軸に圧縮的に結合される［**図 5.3.2-4(b)**，(c)］（DVS注意書2207 Teil 1[5.3.2-66]，DVS注意書2208[5.3.2-67]）．

このためには，文献[5.3.2-59]に基づき適正な溶接工資格を有した熟練工のみを従事

させることができ，さらに作業に適した溶接手順書が作成される必要があろう．

温度差による応力，例えば日射による応力を回避するため，溶接箇所を適時に覆って温度補償を行う必要がある．さらに巻束からほどかれたPE-HD管は，断面が楕円をなしていることがしばしばあることから，適切な形戻し装置でくせ取りしなければならないことに注意しなければならない[5.3.2-66]．

発熱体突合せ溶接（溶着）に際し，溶接さるべき鞘管の結合面は，ヒータ板部で加圧下で突き合わされ（突合せ），続いて減圧下で溶接温度に加熱され（加熱），発熱体（ヒータ）の除去（取外し）直後に加圧下で接合される（溶接着）．この場合，発熱体（ヒータ）の温度は約 200 ～ 220 ℃である．基本的に管厚が薄い場合には，上限温度が目標とされ，管厚が厚い場合には，下限温度が目標とされなければならない．溶接圧力は 0.15 ± 0.01 N/mm^2 である[5.3.2-66]．

文献[5.3.2-68]によれば，溶接継目が慎重に施工されれば，溶接面で可塑化したPE-HDは，溶接継目で混じり合って均質な分子鎖を形成する．したがって，構造変化が生じることはない．

十分な場所が確保できない場合には，複数の管片を予備溶接することも可能であり，その場合，それらの管片は，引込み直前に互いに結合されて最終的な長さとされる．

発生する内外の溶接バルジ―溶接ビードとも称される［**図 5.3.2-4(c)**］―は，必要に応じて除去される．

内側溶接ビードの除去には，歩行不能管渠の修理作業用ロボット（**5.2.1.6** 参照）または特殊器具（図 **5.3.2-8**，**5.3.2-9**）を利用することができる．

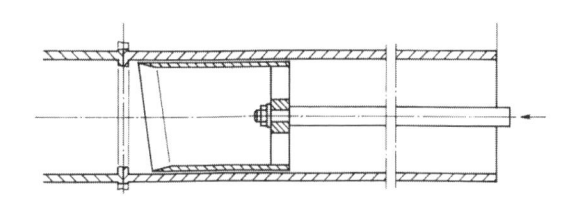

図 5.3.2-8：PE-HD管の内側溶接ビードの除去装置（Locheisen）[5.3.2-69]

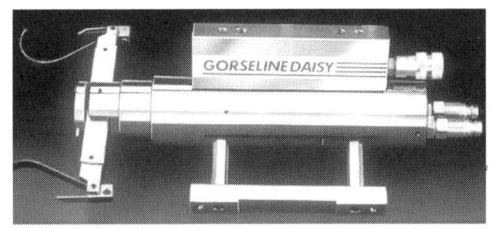

図 5.3.2-9：PE-HD管の内側溶接ビードを除去するための回転刃を具えたロボット[5.3.2-70]

図 **5.3.2-9** に示した装置は，呼び径 90 ～ 400 に使用可能である．要望に応じその他の使用範囲用の装置も作製可能である．これは，それぞれの呼び径に合わせることのできる2枚の刃を具えた油圧駆動移動切断ロータならびに支持装置を具えている．切断作業時にロータは，微動ねじを経て1回転当り 0.6 mm の速度で溶接ビードを完全に

5. 補修

切り離すまで前進させられる．データによれば，この作業は約 2 分間である．切り離された溶接ビードは，装置が引き出される際に同じく切断ロータに取り付けられている 2 つのクランプによって除去される．この装置の到達距離は約 40 m であることから，挿入後のインライナについても作業を行うことが可能である[5.3.2-70]．

引込み中に高い負荷がかかることから，溶接継手は，DVS に準じて超音波法や X 線法で非破壊検査に付される必要がある（DVS 2203[5.3.2-71]）．

鞘管の先端は，牽引ワイヤの固定と挿入を行うために牽引ヘッドを有している．力は，牽引ヘッドから管に溶接継手（牽引テーパヘッドが溶接されている場合），溶接鍔付きのフランジ継手またはボルトを介して伝達される[図 5.3.2-4(f)][5.3.2-57]．本適用ケースにあっては，牽引ヘッドをテーパ状に形成し，引込み中のねじれを回避するために牽引ワイヤ用の回転式引掛け穴（旋回継手・シャックル）を具えるのがよい．

ローラに支えられた鞘管の引込みは，牽引力を調節し，そのつど牽引力をできるだけ連続的に把握して記録でき，15 m/min までの牽引速度で作動するワイヤウィンチで行われる[5.3.2-55]．牽引力の減少には，水を滑剤として使用することができる．インライナは，引込み中の負荷に相応して設計されなければならない（5.3.2.6 参照）．

PE-HD 管の場合に重大な点は，温度変化によって生ずる長さ変化であり，これは特に夏季の暑い日に問題を生ずることとなる．引込み後に材料が例えば 20 ℃冷えると，距離 500 m の鞘管で 2 000 mm の短縮が生じる．これは，作業トレンチ内での面倒な補助溶接によって補償されなければならない．これを避けるためには，早朝の時間帯に鞘管の引込みが行われなければならないが，それはこの時間帯には材料温度と補修される管渠内の空気温度がほぼ同じだからである[5.3.2-72]．

インライナの断面と補修される管渠の断面との間に大きな差がある場合には，引き込まれる鞘管の物理的損傷を避けるとともに管渠内での位置を確保して環状空隙充填時の浮動効果を減少させるため鞘管にスペーサを装備することもできる（図 5.3.2-10）[5.3.2-73，5.3.2-74]．ただしスペーサを使用するは，引込み時の鞘管の位置ずれや引っ掛かりを避けるために管渠内面が相対的に平滑でなければならない．

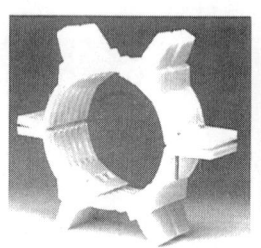

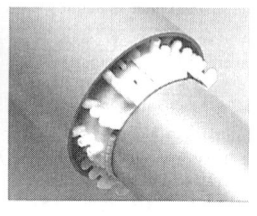

図 5.3.2.-10：鞘管の位置確保のための滑り・センタリングランナ[5.3.2-75]

管渠のウィンチ側開口から牽引ヘッドが頭を出せば引込み作業は終了する．

牽引ヘッドは切り離される．

5.3 更　生

(2) 環状空隙封止と充填

　インライナの引込み時に生ずる環状空隙は，次の事項を達成するために充填される[5.3.2-7]．
・インライナの固定，
・土壌の侵入，水の浸入の回避，
・管渠内における所定の基礎の創出，
・外部荷重の均等な伝達，
・危険なガスよる欠損の回避．
　環状空隙充填のその他の利点は，以下のとおりである．
・欠陥ある管渠の崩壊の回避，
・鞘管の浮揚防止，
・温度に起因する長さ変化差の補償[5.3.2-52, 5.3.2-76, 5.3.2-77]，
・管渠外部にも存在する空洞の充填．
　環状空隙の充填は，基本的に人為的空洞の注入と同じであることから **5.2.2** の記述が当てはまり，さらにこれに関連した DVGW 作業指針 GW 307[5.3.2-78]を準用することができる．

　特殊なのは，充填工程中に浮力と静水圧によって荷重される粘弾性プラスチック製インライナの存在である．この場合には，変形または座屈を回避するために充填材料の選択と充填工程の実施に特に重要である．これに関連した損傷が実際に生じていることから，外国では補修される既設管がなお耐荷力を有し，しかも環状隙間が小さい場合には，環状空隙の完全な充填を行わず，端部ないしマンホール部ならびに取付管部だけを部分的に充填する方法がしばしばとられている[5.3.2-79]．これは温度に起因する長さ変化から生ずる機械荷重を防止しようとするものである．

　環状空隙充填が実施されるか否かとは無関係に，インライナは，マンホールとの接合部でマンホール壁，インバーと密に接続されなければならない[5.3.2-4]．これは環状空隙を少なくとも奥行き 30〜50 cm だけ部分的に充填するか，または特別なシール材を用いて行うことができ，これによってインライナの固定だけでなく，同時に環状空隙もこの部分で止水されることとなる[5.3.2-74, 5.3.2-80]．この対策と関連して環状空隙充填に必要な注入パイプまたは排気パイプの差込みが行われる．

　インライナの底と既存のインバートとの間の高さの整合は，施工作業項目―インバートの適合化―の枠内で専門的に適正に実施されなければならない．

a．充填材　環状空隙の充填には次のものが適していることが実地において証明されている．

5. 補　修

- 水硬性結合剤ベースの懸濁液(**5.2.2.1 参照**)[5.3.2-81, 5.3.2-82],
- プラスチックベースの溶液(**5.2.2.1 参照**).

　その他，場合によってはいわゆる単粒サンドも使用される[5.3.2-7]が，これについては特には論じない．

　充填材は，ATV, DVGW に準拠し(ATV-M 143 Teil 3[5.3.2-7], DVGW GW 307[5.3.2-78]),

- 低空洞率の充填，
- 有害な作用に対する既設管とインライナの保護(例えば，防食)を可能としなければならない．

　水硬性結合剤ベースの懸濁液が使用される場合には，次の要件が求められなければならない．

- 添加水，添加剤は，DIN に基づく要件を満たしていなければならない(DIN ENV 206[5.3.2-83], DIN 1045[5.3.2-84]).
- 懸濁液を製造するための材料添加の精度は少なくとも±3％であること．
- 軟稠度，優れた流動性，低粘度を有すること．
- 長いポンピング区間で低い沈降傾向を有すること．
- 作業性が十分に長時間持続すること．
- 低密度であること．
- 体積安定性を有すること(大きい収縮特性は懸濁液密度が低すぎること，水-結合剤比が高すぎることによる)．
- 凝固固化時間が調節可能であること．

　硬化した充填材は，文献[5.3.2-7, 5.3.2-78]に基づき次の特性を有していなければならない．

- 7日後の最小圧縮強さ： $1.0\,\text{N/mm}^2$,
- 28日後の最小圧縮強さ： $2.0 \sim 6.0\,\text{N/mm}^2$,
- 28日後の最小引張り強さ： $0.4 \sim 0.7\,\text{N/mm}^2$.

　充填材圧縮強さの決定基準となるのは，管の円周方向，縦方向の静的バックグラウンドが条件である．

　上記要件は，実際に繁用されている特別に開発され特許化された(DBP 1.234.173)デマー(品名)によって満たされる．これは，粘土を含んだ石粉，フライアッシュ，石灰岩または泥灰岩，および水硬性結合剤からなる混合物である．粘土分は，優れた吸水性の他に容易な流動性，ポンプ輸送性をもたらす．このデマー懸濁液は，沈降せず，ポンプ輸送し得るように十分に混合された場合の最終的な固化に至るまでの体積変化

は0.25重量%以下である．それゆえ，このデマー懸濁液は，きわめて低い空隙率の充填を行うことができる．

　水-結合剤比（W/B比）を変えること，すなわち充填材懸濁液の水含有量と充填材内結合剤含有量との間の質量比を変えることによるか，またはセメントを添加することにより 1.0 ～ 5.0 N/mm^2 の範囲内の圧縮強さが達成される [5.3.2-85]．添加剤を利用してデマーの凝固速度を急速化しもしくは遅延させることができる．充填材が水硬性であることから，水中での作業が可能である．

　水源保護区Ⅰ，Ⅱ（**6.2**，**6.3** 参照）においても，このデマーは，水管理法上の無害性が証明されていることから使用することが可能である．

　高度な強度を急速に達成される必要がある環状空隙の充填には，急速凝固デマーが使用される．その最終強度は，W/B 比によって 15 ～ 30 N/mm^2 に調整することができる．この懸濁液の凝固は 3 時間後に開始し，およそ 5 時間以上経過した後に終了する．

　図 5.3.2-11，**5.3.2-12**，**表 5.3.2-4** には Anneliese 社，Enningerloh のデマー懸濁液ないし急速凝固デマー懸濁液の混合配合法，ならびに圧縮強度カーブの例が表されている [5.3.2-85]．

　多くの場合，無機質もしくはその他の混入物のないセメント懸濁液が使用される．こうした場合には収縮率を制限するために水セメント比（W/C）は，0.65 を上回ってはならない [5.3.2-78]．

　上記の懸濁液の他に環状空隙が大きい場合にはセメントモルタルによる充填も可能であり，その際には，収縮率を制限するために W/C 比が 0.45 を上回ることは回避されなければならない．こうしたセメントモルタルの特性には，さらに適切な骨材と添加物，ならびに添加剤の添加によって影響を与えることができる．これらのすべ

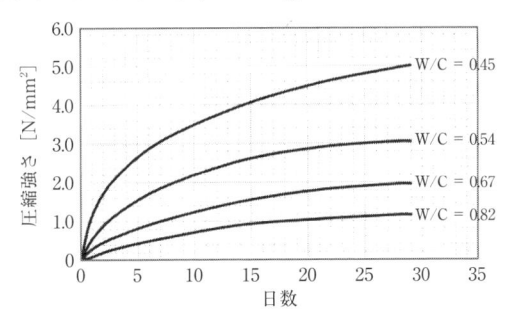

図 5.3.2-11：デマー懸濁液の時間的圧縮強さ推移（AZBUT GmbH & Co.KG 社）[5.3.2-85]

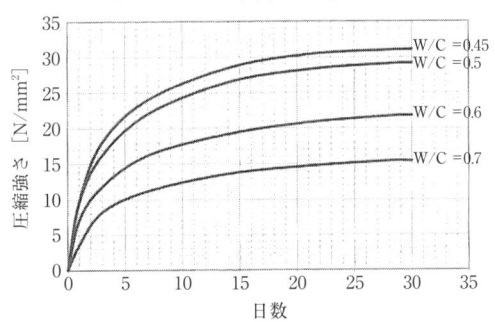

図 5.3.2-12：急速凝固デマー懸濁液の時間的圧縮強さ推移（AZBUTGmbH & Co.KG 社）[5.3.2-85]

5. 補　修

表 5.3.2-4：デマー縣濁液の混合配合 [5.3.2-85]

No.	水 [重量%]	デマー縣濁液 [重量%]	W/C	密度 [kg/m^3]	水 [kg/m^3]	デマー縣濁液 [kg/m^3]	絶縁材 30 kg 当りの水 [L]
1	50.0	50.0	1.00	1 458	729.0	729.0	30.0
2	47.5	52.5	0.90	1 495	710.1	784.9	27.1
3	45.0	55.0	0.82	1 541	693.5	847.5	24.5
4	42.5	57.5	0.74	1 589	675.3	913.7	22.1
5	40.0	60.0	0.67	1 625	650.0	975.0	20.0
6	37.5	62.5	0.60	1 712	642.0	1 070.0	18.0
7	35.0	65.0	0.54	1 728	604.8	1 123.2	16.2
8	32.5	67.5	0.48	1 746	567.5	1 178.5	14.4
9	30.0	70.0	0.43	1 791	537.3	1 253.7	12.9

ての特殊配合物は，基本的にプレストレストコンクリート工事において通常の圧入モルタルに依拠している [5.3.2-86]（**5.2.2 参照**）．

こうしたモルタルの使用に際しては，急速に硬化するセメントの場合に発生する水和熱に注意しなければならず，特にプラスチック管に限界座屈圧力の低下をもたらすことがある [5.3.2-78]．

硫酸塩を含有した地下水が存在する場合には，高炉セメントのような硫酸塩抵抗力の高いセメントが使用される必要がある．

環状空隙が特に小さいか，またはポンプ輸送区間が著しく長い場合には，プラスチック溶液が環状空隙充填に使用される．その凝固時間は，調節可能でなければならず，粘度は水と類似していなければならず，硬化した状態における強度は 4.0 N/mm^2 を上回っている必要がある [5.3.2-52]．

特にインバート勾配が必ず遵守されなければならない自然流下管渠にあっては，インライナが浮上してはならない．これは密度 0.4 g/cm^3 以上を有し，発泡剤で組織された微粒子コンクリート—多孔軽量コンクリート，気泡コンクリートないし気泡多孔コンクリートとも称される—の使用とインライナ内の部分的な水充填によって浮上防止される．こうした混合物の注入に際しては，一定の気泡損失が見込まれなければならないことから，20〜30％の浮上安全性を見込んでおく必要がある．

発泡剤の選択に際しては，毛管のつながりを回避するため独立気泡構造を産み出す発泡剤のみが使用されるように注意しなければならない．さらに発泡剤の作用時間が少なくとも水硬性結合剤ベースの懸濁液の凝固時間と一致しているように配慮しなければならない [5.3.2-87]．

b．環状空隙封止　　充填工程を開始する前にインライナ布設の過程で既に実施されていない限り，環状空隙またはマンホール側方流入管の充填域の始端と終端が適正に

5.3 更　生

密封され，充填圧力が吸収され，かつ充填工程のチェックが行えるようになされなければならない．インライナは，位置ずれを回避するため浮上防止されなければならない[5.3.2-7]．

インライナ布設に際する引込み用トレンチ内での鞘管の結合は，一般にプレ溶接鍔を介して鋼製のルースフランジによって行われる（図 5.3.2-13）．さらにこの部分にカラーを溶接取付けするか，または接着バンド（付着バンド）を管の周りに巻き付けることができる．

注入パイプまたは排気パイプを差し込んだ後に，接続部は，コンクリートで固められる（図 5.3.2-14）．呼び径が小さい場合には，電気溶接法でインライナ両端の結合を行うことができる．

図 5.3.2-13：プレ溶接鍔とルースフランジを具えた PE-HD 管 [5.3.2-57]

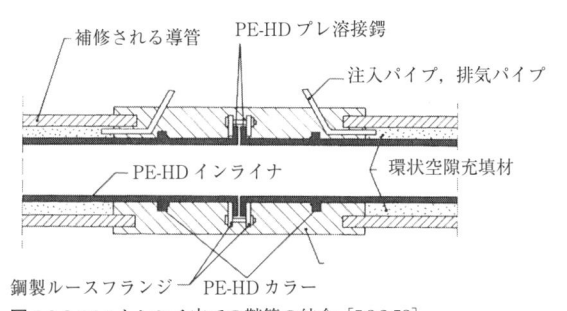

図 5.3.2-14：トレンチ内での鞘管の結合 [5.3.2-53]

マンホールとの接合部では，インライナは，少なくとも奥行き 30～50 cm に及ぶ部分的な環状空隙充填によるか，または特別なシール材によって固定される．これによって同時に環状空隙も密閉される[5.3.2-74，5.3.2-80]．この対策と関連して環状空隙充填に必要な注入パイプまたは排気パイプの差込みも行われる（図 5.3.2-15）．

図 5.3.2-16 にシール材による環状空隙密閉の一例を示した．インライナ呼び径 12.5 以上用に考えられたこのシール材は，個々のリングから構成されており，リングの数はインライナの円周によって決定される．各リングを通って軸方向にねじが貫いており，ナットと中間に配置された圧力板によって圧力が均等に配分される．ねじの締付けによってシール材は圧縮され，これによってインライナと既設管に圧着される．このシステムで 94 mm までの間隙を止水することが可能である．間隙がさらに大きい場合には，複数のシール材を重ねて使用することが必要である．

c．充填工程　　環状空隙の充填は，2つの方法で実施することができる．
・管渠スパンの自然の勾配を利用した無圧充填，

5. 補　修

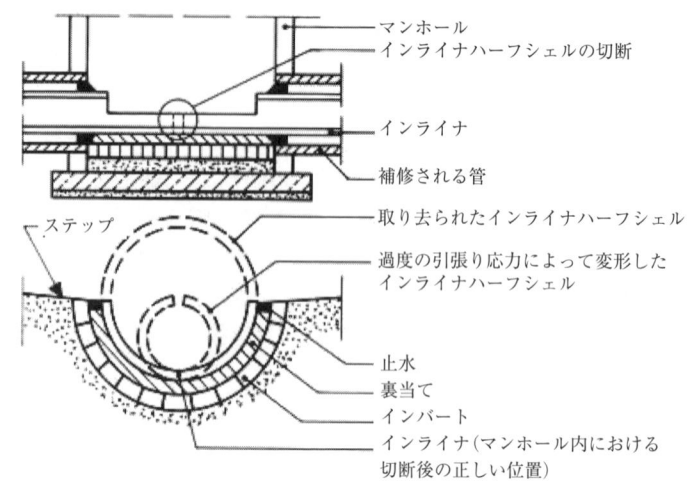

図5.3.2-15：マンホールのインバートにおける引込みに際して過度に伸びたインライナの形成対策[5.3.2-79]

図5.3.2-16：チェーン構造方式による環状空隙止水[5.3.2-75]

・加圧充填．

　環状空隙の完全な充填を実現しようとする場合には，いずれの方法にあってもスパン管頂に注入ホースを布設し，これを介して再圧入を行うことが可能である[5.3.2-78]．
　無圧充填では，充填材は，補修区間の最高点で環状空隙に注入される[5.3.2-88]．
　加圧充填は，最低点から行われる．注入圧力と速度は，完全な充填が達成され，インライナがその管継手またはシール材を含めて充填圧力を支障なく吸収し得るように調整されなければならない．あらゆる場合に隣接空洞，例えば管内等の不測の充填を防止する措置が講じられなければならない[5.3.2-7]．
　環状空隙には，その最高箇所に少なくとも充填管の断面積に相当した断面積を有する排気パイプないし溢れ用パイプが具えられていなければならない．設置された排気管の末端は，管渠の最高箇所より2m以上上方に位置していなければならない[5.3.2-78]．

5.3 更　生

充填には連続的なポンプ圧力で作動し，かつ詰まり時にもポンプ圧力を上げない特殊ポンプが使用される[5.3.2-89，5.3.2-90]．

充填量が少量の場合には，樽単位で混合が行われる．充填量が多量の場合には，半自動式の混合・注入ユニットが使用される．充填材は，ホッパ車両により乾燥状態で現場に輸送され，注入車両に搭載された中間容器にフレキシブルホースで吹き込まれる．これは混合チャンバ内で向流方式により水と混合され，連続式にポンプ輸送される．この混合は，比重を利用してコントロールすることが可能である．こうした注入ユニットで1時間 $40\,m^3$ までの充填材を製造し，ポンプ輸送することができる[5.3.2-52]．

コンクリート工場からミキサ車両で充填材が供給される場合には，混合ドラム内に他のコンクリート混合物やモルタル混合物の残滓，特に粗骨材が残っていないように注意しなければならない．こうした粗骨材は，環状空隙を詰まらせ，それによるインライナの座屈の原因となることがある．

図 5.3.2-17 は環状空隙の大きさ，充填材の粘度に応じた注入工程を図示したものである．

充填工程は，均質な稠度を有した充填材が溢れ用パイプから流出してくれば終了することができる．約 24 時間が経過した後に溢れ用パイプ内の充填材のレベルがチェックされなければならない．再注入を必要とする場合には，DIN に依拠し，前述した注入ホースを経て残りの空隙に注入されるセメント懸濁液で行われなければならない[5.3.2-78]（DIN 4093[5.3.2-91]，DIN EN 446[5.3.2-92]，DIN V ENV 1992-1-1[5.3.2-93]）．

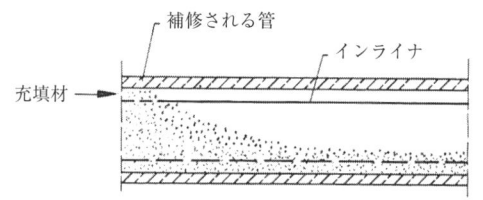

(a) 環状空隙が大きい場合の充填材流れ挙動

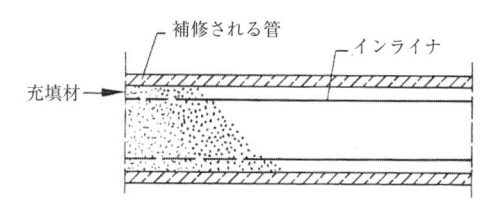

(b) 環状空隙が小さい場合または大きな環状空隙に際してより高い粘度の充填材を使用した場合の充填材流れ挙動

図 5.3.2-17：環状空隙充填時の流れプロセス[5.3.2-89]

1工程で環状空隙を充填する以外に，これを複数の段階で実施することも可能である．この場合，空洞を時間的間隔に置いて層ごとに充填するか，または異なった粘度の充填材で充填することができる．後にあげた方法では，最初に完全な充填が実施され，第二の段階で収縮によって生じた環状隙間に低粘性の充填材料が注入される．こうした多段階式充填は，環状空隙が大きい場合に浮上の防止に適しており，薄肉管の場合には充填中の静水圧の減少に適している．

5. 補　修

　もう一つの可能性は，コルクリート方式またはプレパクト方式の適用である．この場合には，最初に環状空隙が砂利（30 〜 60 mm）で充填され，続いて残存している空隙にセメントモルタルが注入される．この方式は，6 〜 10 cm の環状隙間に使用することができる［5.3.2-94］．

　スパンが非常に長く，そのために充填圧力が大きく，しかも断面寸法が大きいか，または充填量が大量である場合には，区間単位で充填作業を実施することも可能である．このために適切な間隔を置いてインライナにパイプが差し込まれ，このパイプが充填に用いられると同時に，排気または充填工程のチェックにも用いられる．パイプのセッティングと注入には，歩行不能な呼び径にあっては遠隔制御式の特殊装置が必要である．**図 5.3.2-18**［5.3.2-95］はそのために開発された装置を示したものである．

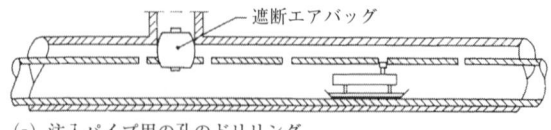

(a) 注入パイプ用の孔のドリリング

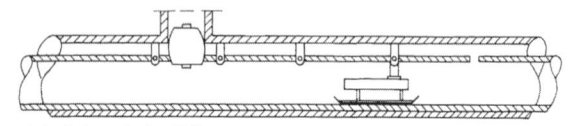

(b) 注入パイプの差込み

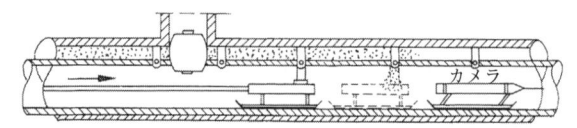

(c) 区間への注入．これは隣接するパイプから注入材が流れ出てくるまで行われる．続いて注入装置が移動させられる

図 5.3.2-18：歩行不能呼び径の管渠における区間単位の環状空隙充填．Reitip Services System［5.3.2-95］

　環状空隙を懸濁液または溶液で充填する場合には，インライナは，浮力と静水圧によって負荷される．引き込まれた管は，こうした負荷下では管の耐圧等級，温度，時間，圧力の高さに応じ激しく変形し，または場合により座屈さえ生じることがある．これを防止するため 5.3.2.6 に準じた静的判定が実施されなければならない．歩行可能な管の場合には，適切な間隔を置いて暫定的な補強要素を取り付けることによっても座屈防止性をかなり引き上げることができる（**図 5.3.2-19**）［5.3.2-96］．

図 5.3.2-19：環状空隙充填用の暫定的補強要素を取り付けた鞘管（Kanal-MüllerGruppe）［5.3.2-96］

(3)　**最終作業と最終検査**

　最終作業は，次の項目からなる．

5.3 更　生

- マンホールとの接合，
- インライナとマンホール水路（インバート）との整合，
- 取付管の接続復元．

　文献[5.3.2-4]に基づきインライナとマンホール壁面と水路との間に密で，かつ水理学的に適切な接合が実現されなければならない．こうしたマンホールとの接合は，既に環状空隙密閉の過程で述べた対策によって実現することができる．これについては一部後で詳しく触れる．

　インライナがマンホールを横断して延びている場合には，管底と既存のマンホール水路との間の整合が適正に実施されなければならない[5.3.2-4]．水源保護区域外の自然流下管渠の場合には，インライナは，インバート部が半円形状に切開されて裏打ちされる．辺縁部は弾性シール材でシールされる．

　インライナの引込み時に過大な牽引力が必要とされた場合には，インライナの切開時に残りのハーフシェルが横方向収縮によって内側に折り曲がり変形することがある．この場合，インライナは，マンホール中心で切り離され，残った隙間は止水されなければならない（図 5.3.2-15）．

a．取付管の接続復元　　補修対策に組み入れられていない既存の取付管または接続管—側方流入管または枝管とも称される—をインライナに再び水密的に接続することは，管渠補修の鍵となる部分の一つであり，リライニング対策の成功または不成功を決定的に左右するものである．

　欧州規格案 prEN No.155 N 1784 E"地下布設された無圧排水管渠網，汚水管渠網の更生用プラスチック管システム"は，Teil 4 : "ホースリライニング"において**表 5.3.2-5** [5.3.2-97]に示した取付管接続の分類を行っている．以下では，最もよく知られている方式を紹介する．

表5.3.2-5：取付管接続の分類[5.3.2-97]

区分	取付管における最低取付け深度
A	1 000 mm または地下水レベル上方のいずれか高い方（取付管補修と一体化された取付管接続）
B	400 mm および取付管における最初のソケットの後方少なくとも 150 mm
C	50 mm

しかし，まだ実際の経験が得られていないケース，もしくはそうした経験が公表されていないケースもある．方式の紹介に際しては，開削工法による（外側からの）取付管接続復元と非開削工法による（内側からの）取付管接続復元が区別される．

b．開削工法による復元　　開削工法による取付管の接続復元は，特に歩行不能管渠の場合に実施される．

　この場合には，接続部に DIN および労働安全性に関わる保護対策（8.参照）を遵守して管頂が開削され，取付管が引込み工程前に切り離されて仮止めが塞がれる（DIN EN

5. 補　修

1610［5.3.2-107］）．

　インライナの引込みと環状空隙の充填が行われた後，接続部が窓状に開けられて引き込まれたインライナが露出され，清掃される．続いて接続孔のドリリングと PE-HD 接続用成形管またはつなぎ口の溶接取付けが行われる［図 **5.3.2-20**(a)］［5.3.2-98］．

(a) インライナに溶接取付けされた PE-HD 製の接続口

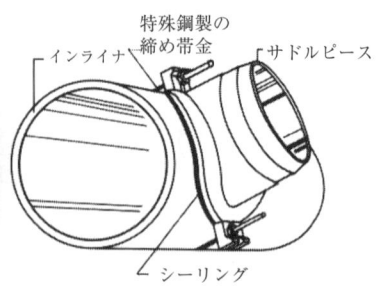

(b) 締め帯金によるインライナへのサドルピースの固定［5.3.2-99］

図 **5.3.2-20**：開削工法によるインライナへの取付管の接続

　イギリスで開発された［5.3.2-29，5.3.2-100］もう一つの溶接法は，電気溶接である．この場合，開孔された金属リングが溶接さるべき 2 つの部分の間に差し込まれ，ここで電導コイルに電気を流し熱を発生させ，同電気発熱によってプラスチック部材が溶接に要される温度に加熱される．

　接続復元には，管片以外に，インライナの直径に応じて電気溶接によるか，または突合せないし鏡面溶接によって溶接されるサドルピースあるいは中繰り品も使用することが可能である．その際，接続孔は，事後的に開けられる［5.3.2-101］．この方式にあっては，場合によりインライナを完全に露出させることが必要である．

　サドルピースは，ステンレス鋼製の帯金かまたはプラスチックベルトで機械的に固定することも可能である［図 **5.3.2-20**(b)］．ただし，これにはインライナを完全に露出させることが前提となる．

　取付管は，溶接取付けされている取付管に差込みソケットとロールリングシールを用いて接続されるか，またはスリーブシールもしくは縮みスリーブを用いて管片に接続される（図 **5.3.2-21**）．鋳鉄管または鋼管の場合には，通常の接続ねじ継手が

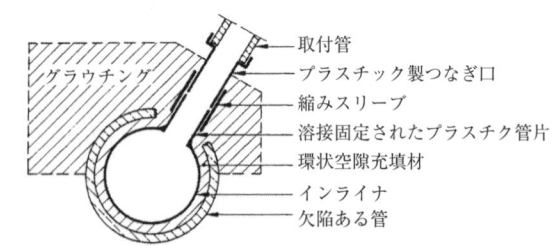

図 **5.3.2-21**：溶接固定されたプラスチック管と縮みスリーブによるインライナへの取付管の接続［5.3.2-104］

5.3 更　生

使用される．インライナの露出された部分は，最後にコンクリートで防護される（図 5.3.2-14 参照）．

c．非開削工法による復元　　非開削工法による取付管の接続に際しては，必要な作業が補修済みの管渠内からか，または取付管自体を経て遠隔制御式の装置を用いて行われることから，作業用の開削は不要である．後者の方法が適用される場合には，当該取付管は挿入孔を有するとともに装置の挿入に要される適切な自由断面積を具えていなければならない．装置の選択に際しては，つなぎ口，エルボ等の成形材が考慮されなければならない．

非開削工法による取付管の接続復元は，通常，充填工程時のインライナの動きによって新しい取付管が損傷を蒙ることを回避するために環状空隙充填の後に行われる．

歩行可能な呼び径にあっては，前もって測定済みの接続孔が手作業により適切なドリル，切断器具またはフライス器具を用いて開けられ，接続部が防食，漏れ防止のために後処理される（5.3.2.5 参照）．

歩行不能な呼び径にあって穿孔は，遠隔制御・TV 監視式の特殊器具によって行われる．フライス器具を用いて穿孔を行う場合には，充填済みの環状空隙をフライス切削する際にインライナ材料の損傷を招来し得る温度が発生することがあるので注意しなければならない．そのため緩回転式，冷却式のフライス器具が使用されなければならない．

インライナへの接続には，帽子形接続スリーブ—帽子形スリーブとも称される—も適している［5.3.2-102］（5.2.1.6 参照）．この場合，インライナに穿孔した後，長さ約 5～45 cm の樹脂含浸され両端の開いた円筒形のグラスファイバ製ホースまたはフェルト製ホース—このホースの下端には幅数 cm の鍔が具えられている—が特別な取付具を用いて接続孔に嵌め込まれ，接着される．できるだけ密な接着が行われるようにするため，この帽子形スリーブは，インライナ内ならびに取付管内の双方において硬化中ずっと特別なパッカによって圧着される．文献［5.3.2-97］によれば，この場合，取付管の最初の管継手がこの対策中に一緒に組み込まれる必要があるが，それは，この部分が補修済み管渠と取付管との沈下挙動の相違，または布設欠陥によってしばしば危険箇所となることが判明しているからである．インライナが熱可塑性プラスチック（PE-HD, PP）からなっている場合には，ヒーティングコイルの埋め込まれた特別な溶接式 PE-HD つなぎ口が鍔として使用される．図 5.3.2-22 はこうした事後的に復元された取付管接続の例を示したものである．この場合，接続部に前もって差し込まれたショートホースは，帽子形スリーブの短いホース形部分と同一材料接着のための支持体として機能する．この方式は，管渠の呼び径が 200～600 であって，取付管（呼び径 100～

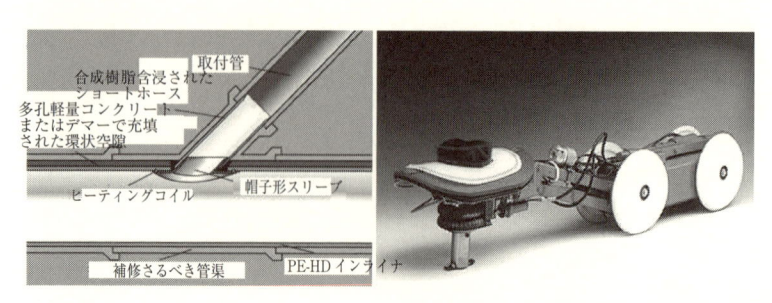

5. 補　修

（a）概要図　　　　　　　　　　　（b）取付位置にある帽子形スリーブ取付器具

図 5.3.2-22：帽子形スリーブを利用した非開削工法による取付管接続（AK システム）［5.3.2-103］

200）が様々な角度（30 〜 90°）で流入している場合に使用することができる．十分に長いホース部分を具えた帽子形スリーブが使用される場合には，前記ショートホースの差込みは不要である．

　イギリスでは接続箇所を探知しやすくするため，インライナの引込みを行う前に発信機または放射線源を具えたパッカを取付管内に挿入しておくシステムが構想された．この場合，切断器具またはドリルに組み込まれた受信機によって正確な位置を探知することができる（**図 5.3.2-23**）．

（a）発信機を組み込んだバッグパッカのセッティングおよび PUR によるバッグ充填

（b）インライナの引込み，環状空隙の充填

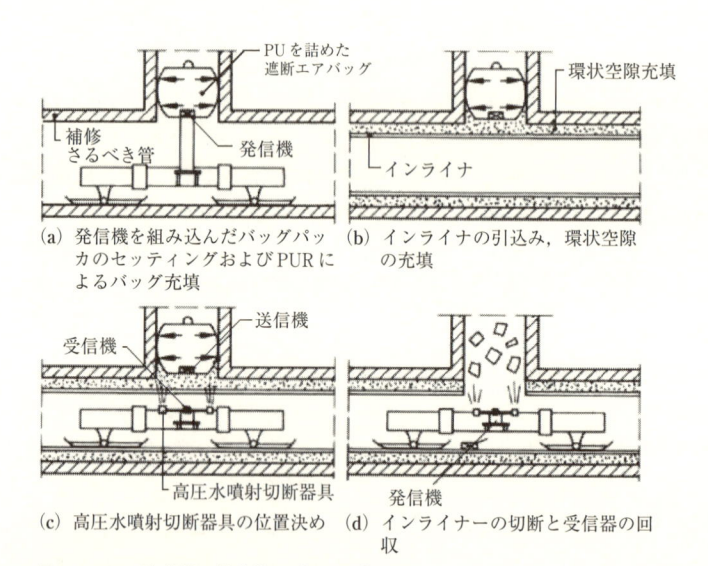

（c）高圧水噴射切断器具の位置決め

（d）インライナーの切断と受信器の回収

図 5.3.2-23：取付管の接続復元　［5.3.2-95］

歩行可能な呼び径ならびに歩行不能な呼び径のいずれにも使用可能であるが，それほど汎用されていない方法は，まずインライナに穴あけし，接続部にパッカを設置し，続いて環状空隙を充填する方式である．このパッカは，取付管をできるだけ早期に使用再開し得るようにするためリングパッカ(図 5.3.2-24)とすることも可能である．

遠隔制御式ドリルの挿入と支持固定の点で問題となるのは，ドイツで頻繁に見かけられる 45°接続と，それに続くベンドである(1.9 参照)．

取付管側からの接続復元については，環状空隙充填の時点に応じて次の 2 種の方式がある．

第一のバリエーションにあっては，取付管を通して挿入されるパッカで接続部が密封され，次いでインライナが引き込まれ，環状空隙が充填される[図 5.3.2-25(a)]．パッカを取り除いた後，同じく取付管を経て挿入される切断器具，フライス器具またはドリルによって接続部が穴あけされる[図 5.3.2-25(b)]．接続部は，最後に別個の作業工程で止水することができる[図 5.3.2-25(c)]．

第二のバリエーションでは，引き込まれたインライナに取付管を経て穿孔され，接続部がパッカで止水され，環状空隙が充填される(図 5.3.2-26)．このバリエーションに属するのは，カナダで開発された"トロント(Toronto)システム"[5.3.2-95]である．

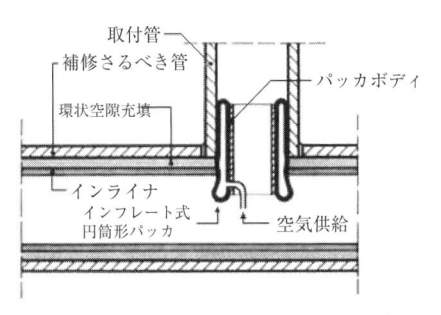

図 5.3.2-24：リングパッカまたは中空パッカを用いた取付管接続部における環状空隙の遮断[5.3.2-104]

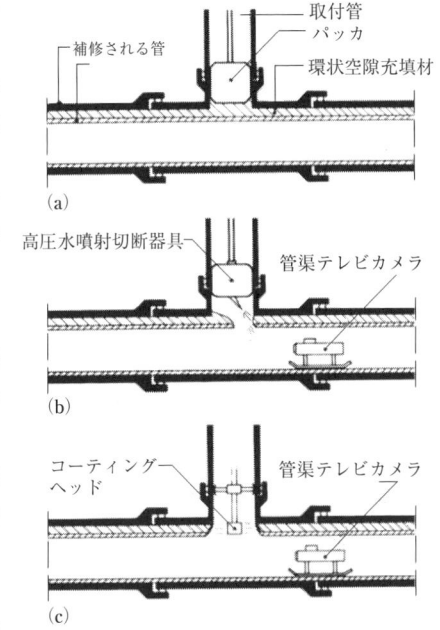

図 5.3.2-25：環状空隙充填後の取付管側からする非開削工法による接続復元[5.3.2-95]

イギリスでは，インライナへの穿孔にパッカを経て取付管内に支持固定される遠隔制御式のドリル，いわゆる"Kenmole"が開発され，特許化された[5.3.2-87，5.3.2-95]．

"ジュラトン[Duraton]システム"[5.3.2-95]は，環状空隙充填のない管用に構想され

5. 補　修

ている．この場合，インライナは，接続部でのみ環状空隙へのポリウレタン注入によって固定される．これは，取付管を経て挿入されて設置される注入孔付きパッカによって行われる[図 5.3.2-27(a)]．その後に接続孔が開けられる[図 5.3.2-27(b)]．

前記条件を満たしていないが，管渠に至るまで地表近くを走り，そこからエルボを経て下方に向かって急に屈曲し，管頂または迫持部で合流している取付管(1.9 参照)については，組合せ方式を使用することができる．この場合には，屈曲点が開削工法で露出させられて切断され，非開削工法で接続復元が行われる．これには一方で既に説明した取付管を経て実施される方式を利用することができるとともに，その後に米国およびカナダで開発された特殊方式を利用することが可能である．

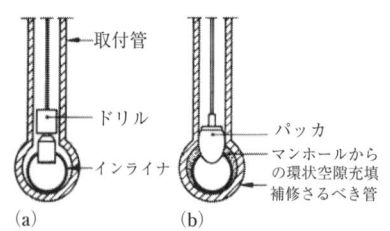

図 5.3.2-26：非開削工法による取付管の接続復元（トロントシステム）[5.3.2-95]

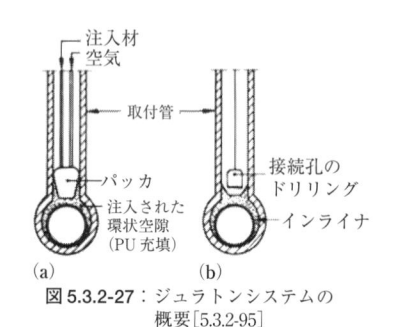

図 5.3.2-27：ジュラトンシステムの概要[5.3.2-95]

"Phillips Driscopipe minimum excavation technique"[5.3.2-95]では，第一の作業ステップで取付管よりも小さな直径を有した穴がインライナに穿孔される（図 5.3.2-28）．この穴に第二の作業ステップにおいて先端がテーパ状に形成されて弾性変形されたプラスチック管端が嵌め込まれ，前記先端部は，数分後に再び膨張して止水効果を発揮することとなる（図 5.3.2-28）．

"Du-Pont システム"[5.3.2-95]は，前記方式と同等なものである．ただし，テーパした管先端の膨張は，前記とは異なり，特別な加熱器具を用いて行われる[図 5.3.2-29(b)]．

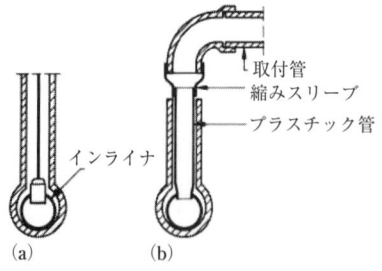

図 5.3.2-28：Phillips Driscopipe minimum excavation technique[5.3.2-95]の概要

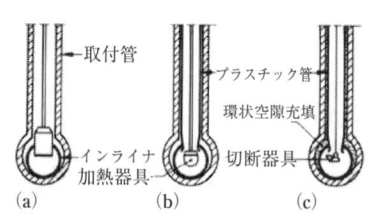

図 5.3.2-29：Du-Pont システム[5.3.2-95]の概要

インライナ中に突き出た管端は，適切な切断器具で取り除かれる［**図 5.3.2-29**（c）］．

いずれの方式でも作業終了後に環状空隙が充填され，プラスチック管が例えば縮みスリーブを介して取付管と結合され［**図 5.3.2-29**(c)］，掘削部が埋め戻される．

以上に説明した方式の他に，下水管渠の補修対策に取付管を組み入れる方法も存在している．その際に適用される接続方法については，それぞれの項で述べる．

d．検査　補修の質［5.3.2-105］に後々まで悪影響が生じ得る場合には，常に文献［5.3.2-4，5.3.2-7］に基づき，かつ文献［5.3.2-106］に依拠して以下のような検査と自己監視が実施されなければならない．

- 補修さるべき管渠区間の清掃，点検，測定，内径測定のチェックならびにその施工記録．
- 直径，管厚ならびに静的計算（比較構造力学）等の一切の関連パラメータのデータを含む引込み管の初期チェック．
- 溶接による管接合の実施に際する溶接記録．
- 牽引力記録器（できるだけ自動式）を利用した鞘管引込み時の牽引力の記録，牽引力制限のチェック［許容値は静的計算（**5.3.2.6** 参照）から判明する］．
- 牽引端の損傷チェック．
- 環状空隙充填に際する質的影響パラメータのチェック．
  - 浮上安定性および平衡性，静的計算に基づく管の座屈圧力，圧入圧力，充填材の実体積，基準体積，特性値．
  - 懸濁液の拡がり率，マーシュ漏斗からの流出時間，凝固時間，体積変化．
  - 硬化した充填材の圧縮強さと曲げ引張り強さ，密度，透水性，pH 値（［5.3.2-95］はこれに関するその他のデータを含んでいる）．
- 水または空気（**4.5.1** 参照）による DIN に基づく水密性検査または発注者の要求に基づく水密性検査（DIN EN 1610）．

補修済み管渠の使用開始前にインライナおよび事後的に施工された一切の継手の水密性に関する検査が空気または水を用いて実施されなければならない．自然流下管渠，圧力管は，DIN に基づき検査される（DIN EN 1610［5.3.2-107］，DIN V 4279［5.3.2-108］）．

このために管端はプラグによって密閉されるが，同密封具は，検査圧力に相応して安全確保されなければならない．こうした検査の問題は，内圧，温度による管の歪みである．これによって発生する引張り応力は，管材料，継手要素に適合していなければならない．

鞘管方式による金属材料製下水管の補修については，数年前から耐圧試験と電気

5. 補　　修

抵抗測定とを組み合わせた検査方式が使用されている．この検査方式で漏れ箇所の位置も特定することが可能である［5.3.2-52］．
・接続箇所フライス作業の監視．
　・所要のすべての接続箇所が穿孔された旨の確認を含むフライス記録．
　・TV 監視．
・場合により必要となる清掃を行った後の補修済み管の目視内部点検，変形測定．

e．所要人員，装備　　通常の鞘管方式の実施には，土木作業を無視すれば約 4 〜 6 名が必要である．

特殊装備としては，以下の機器がある．
・センタリング装置を具えた鏡面溶接設備，
・ワイヤウィンチ，
・牽引ヘッド，
・ころ付き支台，スペーサ，
・環状空隙充填用のポンプ，
・接続箇所穿孔用の切断器具，フライス器具またはドリル．

f．判定　　通常の鞘管方式は，以下の長所を有する．
① 　地域的状況に応じ最大 600 m までに達する長いスパン距離に適用可．
② 　呼び径 1 200 までの PE-HD 製，PP 製のインライナに適用可．
③ 　連続溶接鞘管（管継手なし）．
④ 　インライナを引込み前にチェックし，例えば水密性の検査を実施することが可能である．
⑤ 　PE-HD インライナまたは PP インライナは，平滑な内面（溶接ビードの除去）を有し，物理的攻撃や化学的攻撃に対する高度な耐性を有する．
⑥ 　呼び径の異なる 2 本のインライナを上下に配置することによって卵形管渠の補修可（図 5.3.2-30）．
⑦ 　工期の短縮．
⑧ 　交通に与える支障がわずかである．
⑨ 　補修さるべき管渠の静的耐荷力の回復または向上．
⑩ 　自然流下管渠を圧力管に転換することが可．
⑪ 　管渠寸法が水理学的に過大な場合に排水断面積を縮小することが可．

生じ得る短所は，以下のとおりである．

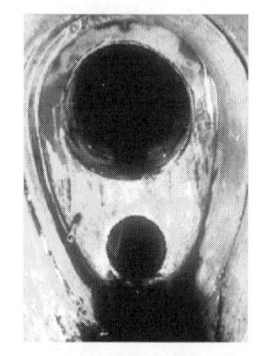

図 5.3.2-30：
上下に配置された呼び径の異なる 2 本のインライナを具えた卵形管

ⅰ 補修さるべき管渠の深度位置に応じ相対的に長い引込み用トレンチを要する．
ⅱ 歩行不能呼び径にあっては，一般に開削工法による取付管の接続復元が行われ，費用・手間を要する．
ⅲ 補修されるスパンの断面積減少．
ⅳ 水の浸入が激しい場合には前もって損傷部の止水が行われなければならない．
ⅴ インライナの座屈リスクを伴う環状空隙充填が不可欠であること．
ⅵ 環状空隙内の残留汚水が環状空隙充填層に空洞を生じるか，または充填材の W/B 比の変化をもたらすこと．
ⅶ 充填さるべき環状空隙が大きい場合には，特に正確な勾配の遵守が困難である．
ⅷ 補修さるべき管渠は，取付管を含め補修作業期間中は使用停止されなければならない．

更新と比較した場合の費用節減は，例えば管渠の深度位置，呼び径，ならびにスパン距離，取付管の数に応じ約 25 〜 75 ％に達し得る．取付管の数が増加し，スパンの距離が短くなるとともにこの方式は不経済となる[5.3.2-55，5.3.2-65]．

g．方式改良　通常の鞘管方式の改良は，環状空隙充填を簡易化するとともに補修さるべき管渠スパンの障害をリライニング対策の過程で直接に除去するとの観点から，特に牽引ヘッドの設計に関係している．

最初にあげた目標，例えば改良ウォッシュボーリング方式により呼び径 75 〜 250 について実現することができる[5.3.2-109]．第一の作業段階でボーリングロッドを装備したウォッシュボーリングヘッドが清掃を目的として補修さるべき管内を通過させられる．清掃は，ウォッシュボーリングヘッドのノズルから噴射される高圧噴射水によって清掃が行われる．到達坑に達した後，ウォッシュボーリングヘッドは拡張ヘッド—これはリーマとも称される—と交換され，この拡張ヘッドに旋回継手を介して引込み鞘管が接続される．拡張ヘッドは，同じくノズルを有し，再牽引時にこのノズルを経て充填懸濁液が環状空隙に注入される（**図 5.3.2-31**）．この方式は，5.3.1.7 に説明した

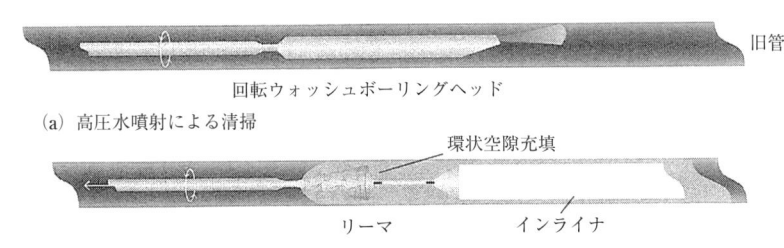

(a) 高圧水噴射による清掃　回転ウォッシュボーリングヘッド／旧管

(b) 拡張ヘッド（リーマ）を経て同時に環状空隙充填が行われるインライナ引込み　リーマ／インライナ／環状空隙充填

図 5.3.2-31：鞘管引込みのための改良ウォッシュボーリング方式[5.3.2-109]

5. 補　修

ディスプレーサ方式と基本的に一致している．

前記の2つの目標の実現は，いわゆる内径破壊[5.3.2-110]によって可能である．この方式にあっては，鞘管に前置されている通常の牽引ヘッドが作動する排土器具(**5.4.3.5参照**)に代替される．同器具は，鞘管の挿入を行う以外に必要に応じて動的ラムエネルギーを活性化することによりさらに既設管渠内の障害物を除去し，あるいは狭まり，段差および変形を復旧し，同時に環状空隙にセメント-ベントナイト懸濁液を充填する．

この方式は，メーカーによれば，呼び径150〜1000の円形断面，あらゆる種類の損傷に際して適用可能である．既設管に関する準備措置，例えば高圧洗浄あるいは障害物の除去は不要である．障害物の除去ないしフライス切除に際する土壌流出による空洞形成ないし全面崩壊の危険は存在しない．内径破壊は，引込み用トレンチを経てか，またはウィンドウイング方式(**5.4.3.5参照**)によって鞘管もしくは溶接長管を引き込み，あるいはマンホール管径1000〜375までの短管を引き込むことを可能にする．

(4)　サーモライン(Thermoline)方式

通常の鞘管方式とは異なり，1990年にドイツに導入されたサーモライン方式は，特許化され(Pat-No.3501620)，通常，必要とされる引込み用トレンチの掘削を要しない[5.3.2-111，5.3.2-112]．プレハブ式のPE-HD鞘管は，補修さるべきスパンにマンホールを経て挿入される．これは約70℃に加熱された鞘管の圧縮とマンホールの上下におけるそれぞれ90°の方向転換によって実現される．スパンに鞘管を挿入する直前に再変形が行われ，本来の円形断面が復元される(**図 5.3.2-32**)．使用されるのは呼び径400までのDINに基づくシリーズ2，3，4のPE-HD管である(DIN 8074[5.3.2-61]，DIN 8075[5.3.2-62]，DIN 19537[5.3.2-19])．

方向転換工程前後における，管頂圧力，溶接継目の引張り強さ，内圧(破裂試験)，再変形後の管断面の寸法安定性に関する検査の結果，熱処理，圧縮，ならびに方向転換工程や取付け工程によってこれらの特性になんら影響をもたらされないことが判明

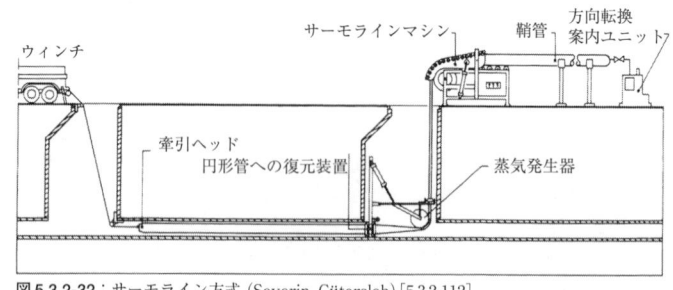

図 5.3.2-32：サーモライン方式 (Severin, Gütersloh) [5.3.2-112]

5.3 更　　生

した[5.3.2-113]．

　サーモライン方式は，基本的に以下の要素から構成されている．
・蒸気発生器，
・機械的変形(偏平化)と鞘管方向転換案内を行う油圧駆駆動装置(サーモラインマシン)，
・マンホール底部の方向転換案内装置，
・円形断面復元装置，
・牽引力制限器付き電動ウィンチ．

　予備作業と最終作業ならびに試験・検査に関しては，先の記述が当てはまる．鞘管の特別な熱処理が行われることから，さらに温度，圧力，作用時間が自動的に記録されなければならない．

　サーモライン方式は，f.の③〜⑪にあげた長所の他に，さらに以下のような長所を供する．
・引込み用トレンチは不要：これにより土木作業と交通障害が減少する．
・補修さるべきスパン長さが短い場合に特に適している．

　短所に関しては，項目⑪〜⑱が当てはまる．

(5) 波形管方式

　鞘管方式を代表するもう一つの方式は，波形管ないしスパイラル管方式[5.3.2-114]であり，これは特別な3層管[図 5.3.2-33(a)]のメーカーによって"フレキソ方式"とも称されている．

　インライナは，波状付けされた PE-HD 外側層によって所要のリング剛性を得る．平滑な中間層は，EPDM,

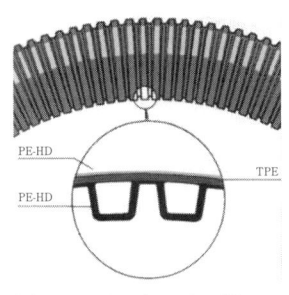

(a) インライナ(フレキソ管)の構造[5.3.2-114]

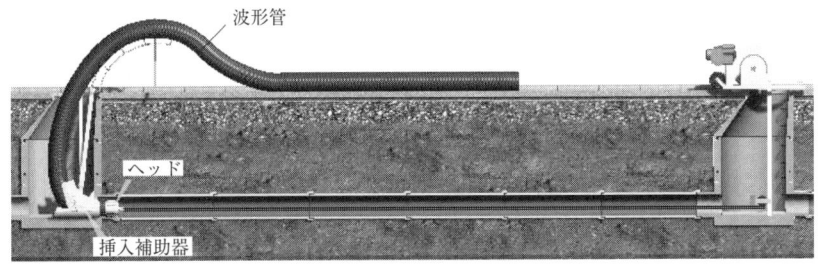

(b) 概要図(Uponor Anger GmbH 社)[5.3.2-114]

図 5.3.2-33：波形管方式

5. 補　修

PEM からなる混合材を基礎としており，外側層と結合して優れた軸方向柔軟性を生じる．PE-HD からなる内側層によって管の水理学的特性が向上させられる．

波形管方式の適用範囲は，呼び径が 120 ～ 300 に制限されていることから，特に接続管や取付管ならびに構造物下の宅内排水管の補修に適している．大きな柔軟性を有することから，このインライナは，連続的に複数の曲りを形成することも可能である．

管は 6 ～ 10 m の長さで現場に供給され，現場で所望の長さに溶接される．これは，架橋反応ポリエチレン(PE-X)製の鋼線巻付けされた溶接リング[5.3.2-61]に変圧器を経て電流が供給される電気溶接法[**図 5.3.2-34**(a)]で行われる．溶接に際し，双方の管端は，保持・固定装置中で互いに正確に突き合わされ，その際，内部にあるバッグによって管の変形が防止される．管の内側に溶接ビードが生じないことから，管の水理学的性能は保持される[**図 5.3.2-34**(b)]．**表 5.3.2-6** は曲げ半径，マンホール直径と相関したこの方式の適用限度を概観したものである．

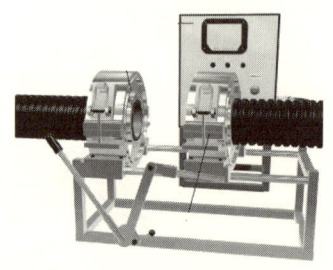

(a) 保持・固定装置を具えたヒーティングコイル溶接機

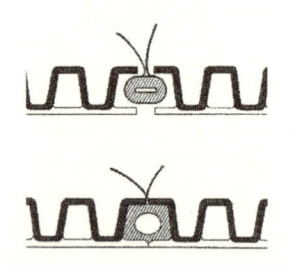

(b) PE-X からなる内部の鋼線巻付け溶接リングによる管端の継目無し溶接

図 5.3.2-34：波形管方式．管端の溶接[5.3.2-114]

表 5.3.2-6：波形管方式の適用限度[5.3.2-114]

管の外径，内径 [mm]	補修さるべき 管渠の呼び径 [mm]	最小曲げ半径 [mm]	最小マンホール直径 [mm]
117 / 102	120 ～ 150	300	500
175 / 153	200	500	600
200 / 175	225	600	600
235 / 205	250	700	800
270 / 240	300	800	800

a．**インライナの取付け**　　補修さるべき管の清掃と内径測定を行った後，管は，昇降マンホールまたは孔を経てワイヤウィンチによって引き込まれる(**図 5.3.2-33**)．引込み用トレンチの掘削は不要であり，スパンの使用停止も一般に必要ではない．引込

み工程を容易にするため，管端に牽引ヘッドが，スパン始端に特別な引込み用漏斗が取り付けられる．メーカーによれば，本来の引込み工程は 15 m/min. の速度で行うことができる．これには 2 名の作業員が要するにすぎない．したがって，この方式は小規模な作業現場に特に適している．引込みが行われた後に既設管と新しい管との間の環状空隙は，多孔軽量コンクリートまたはポリウレタンフォームで充填される．

b．取付管の接続復元　この方式の場合にも取付管は，別個の作業工程で開削工法によるか，または非開削工法によってインライナに接続される．

これは開削工法の場合には，先述したように管頂開削を掘削して当該管区間を露出させ，特別な接続用スリーブと成形品を被せることによって行われるのが通常である．

非開削工法による取付管接続復元は，前もってフライス切削された接続孔に帽子形スリーブを取り付けることによって行われる．この帽子形スリーブは，フレキソ管と溶接される PE-HD 鍔，接続孔に接着されるニードルフェルト製の樹脂含浸ホース部分から構成されている．

波形管方式は，管渠が最小内径 200 mm を有していれば，管渠と取付管との同時補修にも適している．この場合，取付管への波形管インライナの引込みは，ウィンチにより直接既に更生済みの管渠を経て（図 5.3.2-33），フライス切削された接続孔を通して行われる．双方のリライニング管路の接合は，いずれの管も PE-HD 製であることから，電気溶接によって行うことができる．このために要される変圧器は，下水管外に設置され，溶接リングへの電流供給は，引込み工程に際して連行された電流ケーブルによって行われる．取付管のエンドプレートは，溶接中パッカによって密に圧着され，これによって密な接合が保証される．図 5.3.2-35 はこうして実現された接合の断面を示したものである．

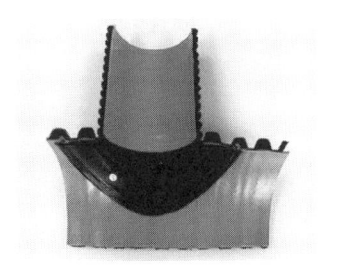

図 5.3.2-35：波形管方式．管渠と取付管との同時補修時の接続部断面[5.3.2-114]

（6）環状空隙のない鞘管方式

環状空隙のない鞘管方式［英語では，クロースフィット方式（Close-fit-Verfahren），改良式スリップライニングまたは変形式ライニングと称される］の特徴は，変形によって断面寸法が減少させられたプラスチック鞘管（インライナ）を補修さるべきスパンに引き込み，続いてインライナをそれが管渠内壁に密着するまで，もしくはそれが本来の円形断面を回復するまで拡張することである．こうした方法により環状空隙，およびそれと結び付いた前記作業項目—環状空隙封止や環状空隙充填（図 5.3.2-5，表 5.6-3

参照)─は，必要とされない．水理学的通水断面積の減少は最少化される．

文献[5.3.2-116]によれば，"クロースフィット(Close-fit)"なる概念は，引き込まれたインライナの外面と補修される既設管渠の内面との間の密着状態のことである．残存する隙間の大きさは，管渠許容差と引き込まれたインライナの収縮とによって決定されることから，環状空隙のない鞘管方式が適用できるのは，例えば呼び径許容差と位置ずれがごくわずかにすぎず，障害物がなく，かつできるだけ平滑な内壁を有している給水管やガス管の状態と同等な状態を有する円形断面の管渠スパンのみである．

必要となる予備作業と最終作業ならびに試験・検査については，通常の鞘管方式の項で述べた記述が当てはまるが，ただし，インライナの再変形(戻し)中の時間と相関した温度，圧力の自動的記録が補われなければならない．

環状空隙のある鞘管方式の項で述べた予備作業の他に，あらゆる部分において必要となるインライナの復元を妨げるか，または不可能とするような補修さるべきスパン内の排水障害物，管歪みが除去されなければならない．

地下水の浸入は，復元に不適な影響を及ぼすことから，予備止水によって回避される必要がある．

プラスチック管の予備変形と再変形の方法に応じて基本的に変形方式と縮小方式が区別される(図 5.3.2-36 参照)．

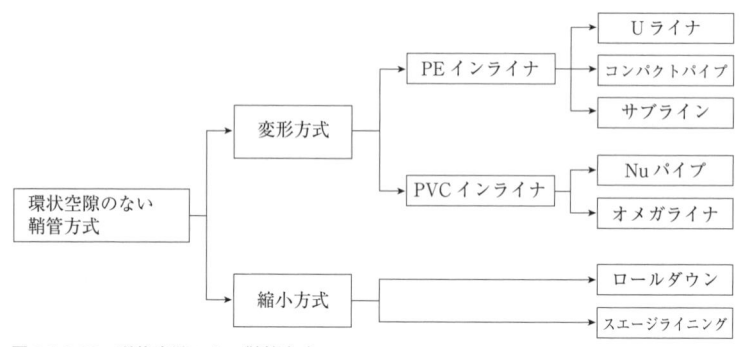

図 5.3.2-36：環状空隙のない鞘管方式

(7) 変形方式

この方式グループでは，特にこの技法のために改質された PE 製または PVC 製のそれぞれのプラスチック管が工場かもしくは引込み直前に熱を加えて U 形断面または C 形断面に予備変形される結果，鞘管の直径に応じ元の円形断面積に比較して 40 ％までに及ぶ断面積減少がもたらされる[5.3.2-116]．呼び径 400 までの鞘管の場合には，断面

積減少から生じる柔軟性の高まりによって直接マンホールを経て補修さるべきスパンへの引込みが可能となり，通常の鞘管方式の場合に要された引込み用トレンチは不要となる（図 5.3.2-5）．

鞘管の取付け後，加熱，内圧によって元の円形断面への再変形が行われ，管渠内壁への密着が行われる[5.3.2-117]．

a．PE インライナによる変形方式　　PE インライナによる変形方式は，鞘管の予備変形が行われる時点により基本的に区別される．予備変形は，直接押出し時に行うか，または工場内において別個の作業工程で行うか，あるいは引込み直前に現場で実施することも可能である．この方式グループを代表するものは，以下のとおりである．
・U ライナ方式，
・コンパクトパイプ方式，
・サブライン方式．

米国で開発され，1989 年に欧州に導入された U ライナ方式にあっては，DIN に基づく呼び径 100 ～ 400，管厚 8.6 ～ 12.7 mm までの PE-HD 管[5.3.2-116]が工場の熱機械加工を行う変形装置で U 型に予備変形される（DIN 19537）．下水分野では，耐圧等級 PN 4 の管（自然流下管渠）と PN 6 ないし PN 10 の管（圧力管）が使用される．鞘管は，巻束かまたはロール巻で供給される．したがって，インライナの寸法に応じ継足しなしで長さ 600 m までのスパンを補修することが可能である．

文献[5.3.2-51]によれば，U ライナは最大 11°までのベンドを通すことが可能である．

予備変形された鞘管の引込みは，牽引ワイヤが直接にか，または前もって溶接取り付けされた牽引ヘッドを介して鞘管と結合されているワイヤウィンチで行われる．引込みマンホールから既設管渠スパンへの移行部における鞘管の損傷は，案内ローラと引込み補助具を配置することによって防止される．引込み工程は，通常，勾配方向とは逆方向に引く．鞘管がそれぞれ発進マンホール，到達マンホールに約 50 cm だけ突き出るまで行われる．マンホール接続部に膨潤ゴムを嵌め込んだ後，鞘管の両端は，加熱されて円形断面に拡幅復元され，特別な管端シャッタまたは密閉具が装着され，これを経て過熱蒸気が鞘管全体の復元を目的として吹き込まれる．

冷却した後に密閉具は取り外され，管端が所望の長さに切断され，取付管の接続部が穿孔される．中間マンホールでは，インライナの上側が切開され，マンホール水路（インバート）に整合される[5.3.2-118]．一切の作業—ただし，取付管の接続復元を除く—の実施には，インライナの長さ，呼び径，管厚に応じて 2 ～ 6 時間が要される．

前記方式に非常によく似た方式は，コンパクトパイプ方式であり，**図 5.3.2-37** は同方式の最も重要な工程を示したものである．この場合，PE-HD（PE 80，PE 100）製の

5. 補　修

(a) 引き込まれたインライナ
(c) マンホールに挿入する前の牽引ヘッド付きインライナ 
(e) 彎曲したインバートを有する中間マンホールを通過させられる変形鞘管 
(b) 復元されたインライナ 
(d) ロール巻で供給された鞘管をマンホールを経て引き込む 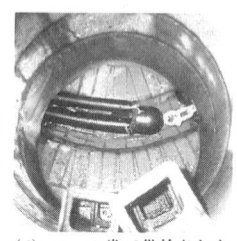
(f) インライナに蒸気，圧力を作用させるための密閉具 

図 5.3.2-37：コンパクトパイプ方式 [5.3.2-120]

鞘管は，直接押出し時に熱弾性変形によってC形材とされ，これによって管径は最高にて30％だけ減少させられる．ロール巻で供給される鞘管は，目下のところ，100～400の呼び径のものが入手可能である[5.3.2-119]．文献[5.3.2-120]によれば，このシステム—復元に際して，鞘管に蒸気のみならず圧縮空気も作用させる結果，付加的な膨張が生じ，それによって補修さるべき管渠壁面に鞘管が確実に密着させられることから—は，補修さるべき管の8％までの内径縮小許容差が可能である．

b．サブライン方式　　イギリスで開発されたサブライン方式では，鞘管の変形は，引込み工程に組み込まれており，それは油圧作動によるの変形・送り装置によって現場で行われる．同装置を出る際に，PE鞘管の暫定的なC形状は，人力によって取り付けられる薄いPP帯によって保持され（**図 5.3.2-38**），これによって40％以上の断面積減少を実現することができる．このPP帯は，稠度と形状に関して，インライナ内に造成された水圧によって復元工程の早い段階にせん断されて補修済みのスパン内に残存するように設計されている．メーカー[5.3.2-121]によれば，この方式は，呼び径1 100までの長いスパンの補修に適している．

c．PVCインライナによる変形方式　　PVCインライナによる変形方式は，前述した

5.3 更　生

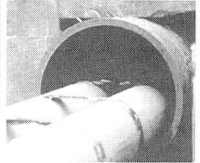

(a) 油圧作動式変形・送り装置　(b) PP 帯による変形鞘管の保持　(c) 補修さるべき管内への変形鞘管の引込み　(d) 復元中に鞘管を止水するための油圧装置

図 5.3.2-38：サブライン方式(Suterra Ltd. 社)[5.3.2-121]

方式とは異なり，鞘管の柔軟性を高めることを目的とした引込み前の熱供給と復元のために全周にわたって均等な温度を作り出すため引き込まれた状態での熱供給が必要である．特に本適用ケースのために改質された PVC-U 製の予備変形されたインライナは，呼び径 100〜450 のものが使用可能である．

材料改質は様々で，種々の製品間で相違しており，2 000〜2 500 MPa という相対的に高い弾性率を有するものもあり，ポリエチレンに類似した 900〜1 100 MPa しか有していないものもある．この点をインライナの静的計算にあたって考慮されなければならない[5.3.2-122]．

この方式グループを代表するものは，以下のとおりである．
・Nu パイプ方式，
・Uponor オメガ・ライナ．

Nu パイプ方式は，1980 年代後半に米国で開発され，1990 年代初頭からドイツでも呼び径 100〜300 の自然流下管渠に使用されている(**表 5.3.2-7 参照**)．インライナの外径は，補修さるべき管渠の内径よりもわずかに小さく選択される[5.3.2-123〜5.3.2-127]．

図 5.3.2-39 は最も重要な工程を示したものである．ロール巻で供給された鞘管は，圧縮空気・蒸気発生装置を搭載したトレーラ内で加熱され，前もって管渠内に挿入されて膨張させられた断熱ホース内に昇降マンホールを経てワイヤウィンチで引き込まれる．インライナは，続いて蒸気圧可動式のエキスパンダによって管渠内壁に密着するまで拡張復元させられる．メーカーによれば，この復元方法によってインライナの外径と管渠の内径との間の差が隙間なく補償される．

復元された鞘管の冷却は，内圧の維持下で行われる[5.3.2-128]．

メーカーによれば，取付管用の穿孔と取付管の再接続とを除いた一切の作業は 4 時

表 5.3.2-7：改質 PVC-U 製 Nu パイプ管に関する物理的材料特性データの平均短時間値，長時間値[5.3.2-128]

平均リング剛性（短時間）	7.38 KN/m²	DIN EN ISO 9969
リング曲げ引張り強さ	測定不能な連続的歪み	DIN EN ISO 9969
平均曲げ弾性率（短時間）	1 830 N/mm²	DIN EN ISO 178
平均引張り弾性率（短時間）	2 230 N/mm²	DIN EN ISO 527
平均引張り強さ	42.8 N/mm²	DIN EN ISO 527
補外法による 2 年間に及ぶクリープ挙動	6.38 mm	DIN EN ISO 9967
平均クリープ率 γ	1.77	
平均切欠き靱性	1.51 kJ/m²	DIN EN ISO 20179
平均密度	1.38 g/cm³	DIN 53479
平均ビカー軟化温度	81 ℃	DIN EN ISO 306

間以内で完了できる．

1997 年以降実用化した方式 Uponor オメガ・ライナは，前記の方式と基本的に同じであるが，断熱ホースの取付けとエキスパンダの使用は行われない．文献[5.3.2-114]によれば，この方式は，呼び径 200 〜 450（**表 5.3.2-8**）の補修に適している．

取付管のない呼び径 200，長さ 50 m の管の補修に要される時間は 5.5 時間と称されている．

日本では類似の方式が"EX 工法"の

表 5.3.2-8：Uponor オメガライナの管寸法 [5.3.2-114]

呼び径 [mm]	肉 厚 [mm]	ロール巻 の管長 [m]	ロール重量 [kg]
150	4.7	400	1 410
200	6.3	415	2 340
225	7.1	353	2 430
250	7.9	261	2 460
300	9.5	184	2 490
350	11.1	101	3 310
375	11.9	103	3 400
400	12.7	104	3 430
450	14.5	88	3 250

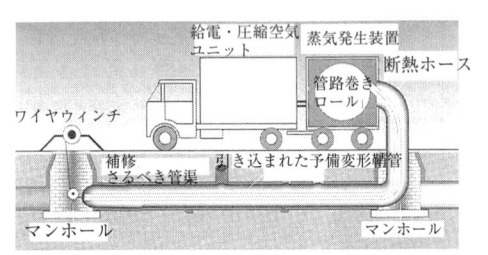

(a) 密閉されたロール巻トレーラ内で予熱されたフレキシブルインライナを断熱ホースの保護下でワイヤウィンチを用いて引き込む

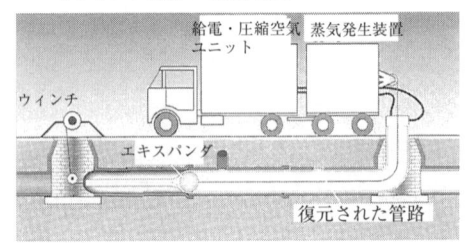

(b) 蒸気圧可動式のエキスパンダによるインライナの復元，加圧下でのインライナの冷却

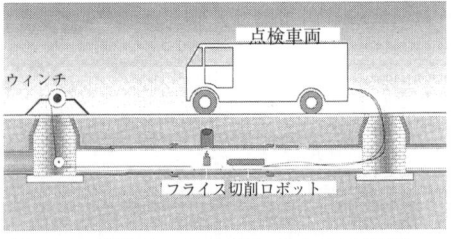

(c) カメラ監視下での取付管用の孔あけと再接続

図 5.3.2-39：Nu パイプ方式 [5.3.2-123]

名称で市場化されている[5.3.2-129].

(8) 縮小方式

縮小方式は，本来，給水管やガス管の補修を目的としたものであった．この方式は，下水分野の補修作業でも圧力管ならびに自然流下管渠の双方に使用されてきている[5.3.2-130]．この場合には変形方式とは異なり，PE-HD製プラスチック管の外径は，補修さるべき管渠スパンに引込み用トレンチを経て引き込まれる直前に円形断面を保持したままで熱的，機械的に約10％減少させられ，引込み工程終了後に材料固有の"記憶効果"を利用して管渠内壁に密着するまで再び拡張させられる．通常，DINに準拠して製造され，変形されていない状態で補修さるべきスパンの内径よりもわずかに大きな外径を有した特別な管が必要である(DIN 8074[5.3.2-61]，DIN 8075[5.3.2-62]，DIN 19537[5.3.2-19])．この方式グループに属するのは，以下の方式である．

・ロールダウン，

・スエージライニング．

管，溶接継手に求められる要件については，環状空隙のある管路方式の項の記述が当てはまる．外側溶接ビードは，常に取り除かれなければならない．

a．ロールダウン方式　ロールダウン方式の場合におけるプレハブ鞘管の一時的な直径縮小は，油圧駆動される掴み装置と2組または—呼び径が大きい場合には—3組の互いに90°ずらされた半球溝ロール対によって機械的に行われる(**図5.3.2-40**)．文献[5.3.2-121]によれば，この方式は，目下のところ呼び径100〜600に使用されており，その際，11°までの曲りを通すことが可能である．

直径縮小の結果，鞘管の長さは約4％伸び，管厚は約6％増加する．前者は，拡張に伴う鞘管の短縮に際して考慮されなければならない[5.3.2-132]．

鞘管の挿入は，約1 m/minの速度でウィンチによる牽引，プレス装置を用いた押込みによっても行われる[5.3.2-133]．管断面の許容引張り応力8 N/mm^{2}が超えてはならない．引込み中の管摩擦抵抗を減少させるため滑剤(例えば，ベントナイトまたは軟石鹸)を使用することができる．

復元，すなわち本来の呼び径へのインライナの拡張には，鞘管両端に密閉具，例えばルースフランジ付きのPE-HD製プレ溶接鍔が合せ溶接される．拡張工程は，管に水を満たした後，コンプレッサまたは高圧ポンプによって発生させられる約1.4 N/mm^{2}の断続的な内圧負荷を援用して行われる[5.3.2-134，5.3.2-135]．

断続的な圧力負荷により管渠内壁に密着するまでのインライナの短縮は，容易となるが，それはインライナの運動が脈動的であることからPE-HD管と管渠との間の滑り

5. 補　修

(a) 概要図

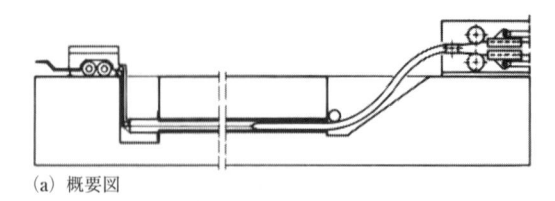

(b) 半球溝ロール対による鞘管直径の機械的縮小

図 5.3.2-40：機械的な直径減少による縮小方式（ロールダウン方式）［5.3.2-131］

摩擦のみが軽減されればよく，両者の間の挿入後の粘着摩擦は軽減される必要がない．加圧される圧力は，インライナの呼び径，管厚，周囲温度に依存している．復元に要する時間も同じく温度依存的であり，2～4時間の間である．メーカーによれば，2度にわたる変形は，プラスチック管の物理的特性，この場合には特にクリープ限度になんら不適な影響を及ぼすものではない［5.3.2-121］．

この方式を簡易なものとし，かつ費用低下を実現するには，インライナの直径縮小を工場で実施することが考えられる［5.3.2-135］．

b．スエージライニング方式　スエージライニング方式は，イギリスで開発された方式であり，特許法によって保護されている．命名概念である"スエージ（Swage）"は英語に由来しており，"成形型で加工する"ことを意味している．この方式では，ロールダウン方式とは異なり，暫定的な直径縮小は成形型で熱的，機械的に行われる．これは基本的に燃焼チャンバ，加熱区間，成形型から構成されている．ガス燃焼される燃焼チャンバで 100 ℃の熱風が発生させられ，これがブロワを経て後置された加熱区間に送られる．PE-HD 管は，加熱区間を通過している間に 70 ℃に加熱される．こうして成形可能となった管は，ウィンチで断続的な牽引速度（8 N/mm^2 の最大応力に対応）を保ってテーパした成形型，いわゆる"リグ"を通して引き抜かれ，その際，およそ 10 ％の直径縮小と管厚増大が生ずる（**図 5.3.2-41**）［5.3.2-136～5.3.2-139］．

5.3 更 生

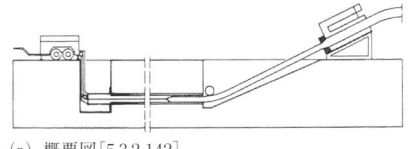

(a) 概要図[5.3.2-142]

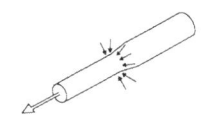

(b) 加熱された鞘管への牽引力の作用による成形型内での直径縮小の原理

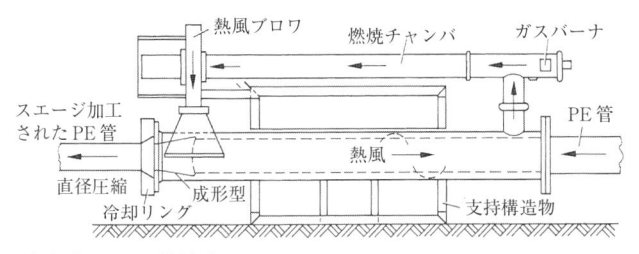

熱風ブロワ　燃焼チャンバ　ガスバーナ
スエージ加工された PE 管
PE 管
直径圧縮　成形型　熱風　支持構造物
冷却リング

(c) 加熱チャンバ縦断面

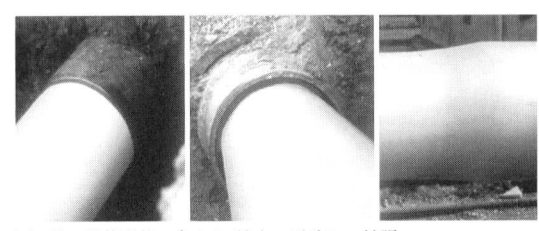

(d) 管の状態形状．左から 縮小，引込み，拡張

図 5.3.2-41：熱機械的な直径減少による縮小方式（Swagelining）[5.3.2-138]

　許容牽引力を上回ると管厚の減少またはインライナの引裂が生じ得る．所要牽引力を下回るか，または牽引ワイヤが切れるかした場合には復元が生じ，これによって鞘管の引込み工程が妨げられるか，または管渠内に鞘管が固着してしまうこととなる．ただし，文献[5.3.2-140]によれば，こうした固着現象は突然起こるものではなく，約5時間の経過後に生ずる．この間に引込み工程を続行するか，または切れた牽引ワイヤの修繕等の非常措置を講ずることが可能である．
　牽引速度が速すぎる場合には，直径縮小に伴って成形型から出てくる管壁の管厚増大は生じない．これによってもたらされる結果は，以下のとおりとなろう[5.3.2-141]．
・最終状態における PE-HD 管厚が減少すること．
・管渠内壁に密着する所望の復元が保証されないこと．
　引込み工程が終了し，牽引力が消失した後，鞘管は，加熱変形時に持ち込まれた応力状態により 20 〜 24 時間以内に戻り成形し，介助対策を要することなく，補修さる

5. 補　修

べき管渠の内壁に密着する．最終作業，例えば接続の復元等は，この期間の経過後に初めて実施することができる．

　目下のところ，スエージライニング方式でスパン距離500 mまでの呼び径50～1 200の管渠［5.3.2-139, 5.3.2-142］の補修を1作業工程で1日以内に行うことが可能である．

　改良されたスエージライニング方式では，鞘管の加熱は行われない．常温変形はより高いウィンチ牽引力を要することから，それは油圧式の掴み・プレス装置によって支援される．牽引力のいっそうの低下を図るため成形型に滑剤を付することができる．こうした改良は，前記方式に比較して以下の長所を有する［5.3.2-143］．

・よりコンパクトな変形設備，
・加熱装置が不要となることによるエネルギーの節減，
・より簡単な取扱い，
・時間の節約．

　この方式によりこれまでに320 mまでの引込み長さが実現された［5.3.2-143］．

c．最終作業と最終検査　　最終作業と最終検査については，通常の鞘管方式の項で述べた記述が基本的に当てはまる（**図 5.3.2-5** 参照）．

　取付管の接続復元は，前記方式により開削工法，非開削工法で実施することが可能である．またその他に，以下に紹介する特殊方式が開発された．

　前記方式で補修された鋼管，鋳鉄管に関する開削工法による解決手法は，文献［5.3.2-142］に述べられている．補修された管渠は，まず接続部が管頂開削によって露出させられる．続いて既設管に残されている取り除かれるべき管片の周囲に空気圧作駆動の高性能フライス（ウィンドウカッタとも称される）を用いて長方形の穴が彫られ［**図 5.3.2-42**(a)，(c)］，これによって管壁が弱められ，インライナを傷つける危険なしに当該管壁を取り除くことが可能となる．当該管壁の切離しは，クランプが取り付けられた振動機によるか，または特別な抜去装置を用いて行われる［**図 5.3.2-42**(b)］[5.3.2-142]．既設管の管厚に許容差が存在している場合には，非破壊式の超音波測定法で正確に探知し，0.3～0.6 mmという残存管厚を正確に遵守することができる．フライス切削は，冷却によって低下させる．比較的わずかな熱しか発生してはならない．

　本来の接続は，電気溶接法でPE-HDインライナと接合される穴あきクランプまたは穴あきサドルを用いて実現される．

　PE-HD管を用いて補修された管渠における非開削工法による取付管の接続方式は，文献［5.3.2-144, 5.3.2-145］に説明されている．

　発信機-受信機システムによるか，または取付管に取り付けられた光源を管渠カメラ

5.3　更　　生

(a) クランプ固定されたウィンドウカッタ　(b) ウィンドウ溝のフライス切削　(c) ウィンドウセグメントを取り外すための抜去装置

図 5.3.2-42：環状空隙のない鞘管方式で補修された鋼導管，鋳鉄導管における取付管の連結復元 [5.3.2-142]

で捕捉するかして補修済み管渠側からそれぞれの取付管の位置を正確に特定した後，インライナの接続部が赤外線輻射加熱器で部分的に加熱され，高度に可塑化される［図 5.3.2-43(a)］．続いて変形モジュールが設置されて管壁に対して固定支持され，可塑化された PE-HD が油圧可動式の成形体によって熱的，機械的に変形されて枝口が形成される［図 5.3.2-43(b)］．こうして成形された PE-HD 枝口の，弾性復元の遅れによる材料固有の形戻りは，V2A スチール製のリングによって防止される．その結果，圧入された枝口は，成形体を引き抜いた後，冷えた状態にあっても環状隙間なしに取付管の壁面に密着している．

　最後の工程でパッカを用いて水密接合のためのつなぎスリーブが設置されて拡張され［図 5.3.2-43(c)］，下端では V2A リングの高さで圧接され，上端では取付管の内壁に圧接される．こうした構造によりクリティカルな接続部が長さ 150 ～ 200 mm にわたって架橋反応されることとなる［図 5.3.2-43(d)，(e)］．

d．判定　環状空隙のない鞘管方式については，通常の鞘管方式の項にあげた③～⑩の長所が基本的に当てはまる．その他の長所は，以下のとおりである．
・環状空隙と環状空隙充填とがないこと．
・環状空隙のある鞘管方式に比較して通水断面積の減少が最少化されること．
・変形方式にあっては，呼び径 450 までの管渠については引込み用トレンチが不要であること．
　本方式について考えられる短所は，以下のとおりである．
・歩行不能な呼び径では取付管の接続復元に費用と時間を要すること．
・補修さるべき管渠スパンの断面積減少が招来されること．
　本方式は，管渠の段差，変形，位置ずれ，呼び径許容差に対して敏感である．これ

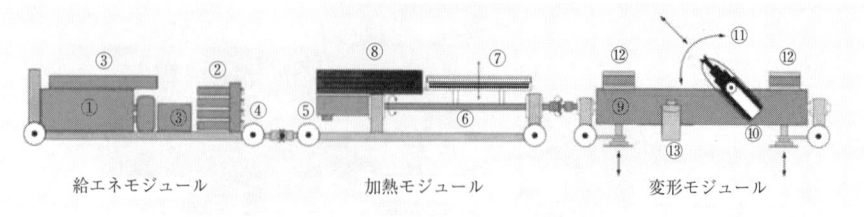

5. 補　修

①油圧ユニット，②油圧制御ブロック，③電気制御装置，④油圧装置出口，⑤油圧式回転駆動装置，⑥回転軸，⑦赤外線輻射加熱器，⑧加熱器カバー，⑨基礎フレーム，⑩伸縮シリンダ，⑪成形体，⑫固定支持装置，⑬管渠カメラ

（a）装置ユニットの構造[5.3.2-145]

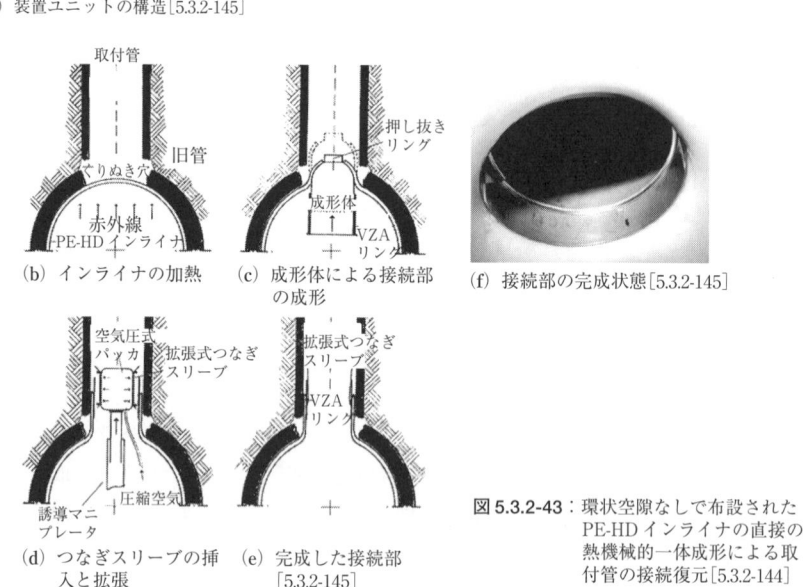

（b）インライナの加熱　（c）成形体による接続部の成形　（f）接続部の完成状態[5.3.2-145]

（d）つなぎスリーブの挿入と拡張　（e）完成した接続部 [5.3.2-145]

図 5.3.2-43：環状空隙なしで布設されたPE-HDインライナの直接の熱機械的一体成形による取付管の接続復元[5.3.2-144]

らは，インライナの本来の円形形状の復元（戻り）を妨げ，耐荷挙動，機能性に不適な結果を招来する．呼び径減少（過小寸法）は，戻りに際して固定点として作用する．これは，
・縮小方式にあってはインライナの残留応力の高まりを生じる，
・変形方式にあってはさらにしわ形成を生じる．
　呼び径増大（過大寸法）は，補修さるべき管渠とインライナとの間に環状隙間を産み出す．

5.3.2.2.2 長管方式と短管方式

鞘管方式とは異なり，長管方式と短管方式では，自立した個別管が補修さるべき管渠スパンに不連続的(管ごと)に挿入される．インライナ(以下では鞘管方式との区別をはっきりさせるため，単管方式とも称される)を形成するための個々の管相互の結合は，補修さるべきスパン内か，または発進マンホール(ATV-M 143 Teil 3[5.3.2-7])によれば，長管方式の場合にはトレンチ，短管方式の場合には既存の昇降マンホール)内で行うことができる．発生する環状空隙は，一般に充填される．長管方式と短管方式との間には長短以外の相違はないので，以下では両者を一緒に論ずる．

a．本方式の適用範囲，前提条件 長管方式と短管方式の適用範囲，前提条件に関しては，5.3.2.2.1 に述べた環状空隙のある鞘管方式の記述が当てはまる．ただし，この記述とは異なり，本方式にあっては呼び径の制限はなく，歩行可能な呼び径範囲では発進マンホールを起点として補修さるべき管渠の距離に関する技術的制限もない．

この方式は，なんら特別な管材料と結び付いてなく，また様々な断面形状に広く適合可能である．これは，鞘管方式に比較してスパン距離が短く，かつマンホール内で頻繁に方向を変える深部布設管渠のケースに長所を有する[5.3.2-146]．

b．管材料と管継手 長管方式と短管方式では，ここで考察される適用ケースに関する要件を満たしている(5.1 参照)あらゆる材料(**表 5.3.2-2** 参照)および管継手を使用することができる[5.3.2-29，5.3.2-73，5.3.2-147 〜 5.3.2-150]．

使用される管の筆頭は，まず円形管である．また必要に応じ，量産されたその他の断面形状の管，例えば卵形コンクリート管，また多様な断面形状を具えた，例えばグラスファイバ強化プラスチック(GFK)製[5.3.2-131，5.3.2-151，5.3.2-152]またはグラスファイバ強化コンクリート(GFB)製[5.3.2-29]，反応性樹脂コンクリート製[5.3.2-152 〜 5.3.2-154]，PE-HD 製のそれぞれ特別な管(**図 5.3.2-44**)または PUR コーティングを施した鋼管(Patent-No.P 2854.224.7)[5.3.2-155]を使用することも可能である．補修さるべきスパンに許容される断面積減少に応じ，外周が平滑でないインライナ，または平滑なインライナを挿入することも可能である．

管継手は，ソケットまたは押し被せカップリングで実現されるが，いんろう継手や溶接継手でも実現される(**1.7 参照**)[5.3.2-159]．その他に短管方式用に特別に

図 5.3.2-44：卵形断面を具えた
PE-HD ライナ
(John Kennedy Ltd.)
[5.3.2-87]

5. 補　修

開発されたもの，例えば内側に差込ソケットを具えた継手[図 5.3.2-45(a)]，内側に BKU 差込リングを具えた継手[図 5.3.2-45(b)]，または外側にスチールガイドリングを具えた継手[図 5.3.2-45(c)]，差込ソケット付きの PE-HD 管および溶接バンドによる溶接[図 5.3.2-45(d)]，ねじ込みソケット継手付きのプラスチック管[図 5.3.2-45(e)]，"スナップ・イン"継手または"スナップ・ロック"継手付きのプラスチック管[図 5.3.2-45(f)〜(h)]が存在している．

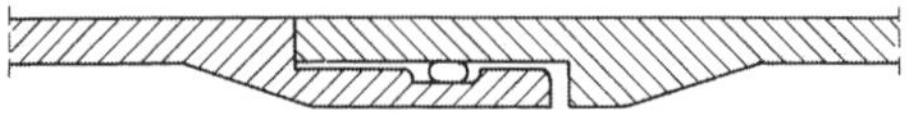

(a) 内側に差込ソケットを具えた GFK インライナ [5.3.2-29]

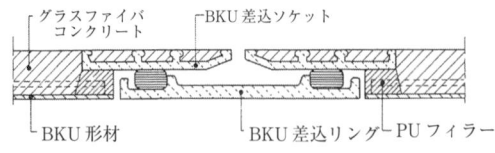

(b) 内側に BKU 差込リングを具えたグラスファイバコンクリート製インライナ(Friedrichsfeld GmbH 社) [5.3.2-156]

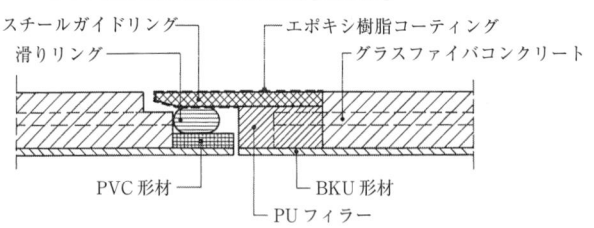

(c) 外側にスチールガイドリングを具えたグラスファイバコンクリート製インライナ(Friedrichsfeld GmbH 社) [5.3.2-156]

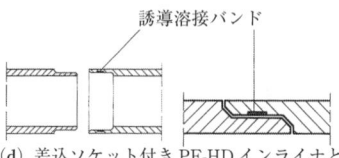

(d) 差込ソケット付き PE-HD インライナと誘導溶接バンドによる溶接 (Haxey Ltd.) [5.3.2-100, 5.3.2-104]

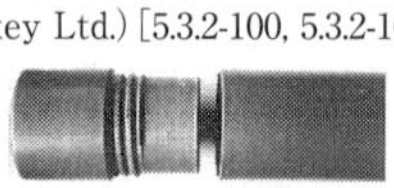

(e) ねじ込みソケット継手(Demco Ltd, 欧州特許 No.0082223) [5.3.2-157]

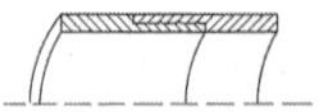

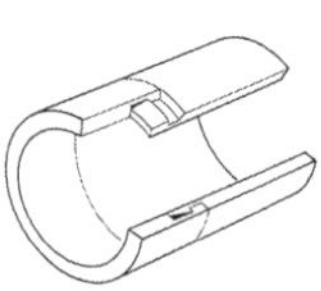

(h) スナップイン管継手，システム IPD [5.3.2-29, 5.3.2-104]

(g) スナップイン管継手 [5.3.2-151]

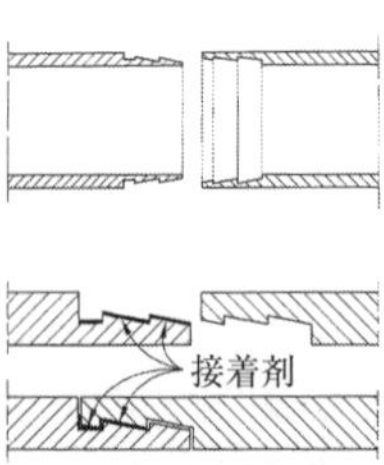

(f) スナップロック管継手 [5.3.2-157, 5.3.2-158]

図 5.3.2-45：長管または短管によるライニング，管継手の形成

5.3 更　生

図 5.3.2-46 は側方接線方向から差し込まれる固定バーによって固定される縦剛性的な管継手の一例を示している．固定バーを差し込む前にソケットと差口は締付け装置で互いに押し付けられ，ソケット部のエラストマシールリングが圧縮される．シールリングの復元力により固定バーは最終状態に固定される［5.3.2-116，5.3.2-160］．こうした管継手を具えた管は，目下のところ，呼び径 125 〜 400，管長 1.0 m の PVC-U 製のもののみが製造されているが，PE-HD の使用も予定されている［5.3.2-160］．

図 5.3.2-47 に示した注入カップリングは，GFK 管のラミネート継手に代わる別途の方法を表している．これは，4 本のエラストマシーリングとそれぞれ 2 本のシールリングの間に配置され，反応性樹脂で充填される空洞とを具えた GFK 押し被せカップリングを基礎としている．この注入カップリングは，エラストマシーリングが長期的に耐えることのできない高濃度工場排水に適用される．この方法は，純粋なラミネート継手に比較してスピーディーかつ気象条件に左右されずに実施できるという長所を有している［5.3.2-161］．

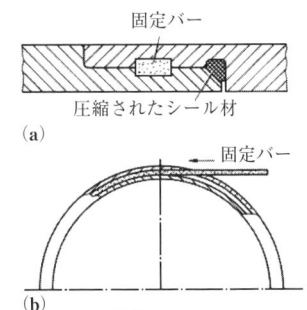

図 5.3.2-46：管継手システム Rehau ［5.3.2-160］

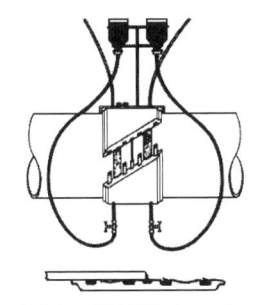

図 5.3.2-47：注入カップリング (Hobas Durotec GmbH 社)［5.3.2-161］

c．予備作業　　予備作業は，環状空隙のある鞘管方式，ないし環状空隙のない鞘管方式のそれ［5.3.2.2.1 参照］と同一である．

マンホール寸法が―場合によりマンホール斜壁とマンホール蓋を取り去った後でも―既存のマンホールからのインライナの挿入を許容しない場合には，発進立て坑を掘削することが必要である（長管方式）．文献［5.3.2-162］によれば，外径 560 mm までの短管は，既存のマンホール穴を通して挿入することが可能である．到達立て坑としてはいかなる場合でも既存の昇降マンホール，ないしマンホール構造物で十分である．

d．管ないし単管の挿入　　挿入時に個別管ないし単管にかかる荷重に応じて以下の方式に分類バリエーションが区別される［5.3.2-73］：
・引込み方式．
　・牽引剛性管継手を具えた単管の引込み，
　・非牽引剛性管継手を具えた単管の引込み（引込み，押込み），

5. 補　修

・個別管の引込み．
・差込方式．
・進入方式．

　その他に局所的事情に応じ，補修さるべきスパン内で2つの異なった挿入方式を組み合わせて適用することも可能である．

　比較的大きな環状空隙が生ずる場合には，挿入前に管にスペーサを取り付けることも可能である［5.3.2.2.1 参照］．

　本来の挿入プロセスに加えて，さらに以下の作業工程が必要である（図 5.3.2-5，表 5.6-1 参照）．

・管の整定，固定（特に歩行可能な断面，環状空隙が非常に大きい場合），
・環状空隙の封止，充填，
・取付管の接続復元，ならびに突合せ部と端部の形成，
・試験・検査．

　試験・検査，自己監視対策に関しては，5.3.2.2.1 の記述が当てはまる．

(1) 引込み方式

a．牽引剛性管継手を具えた単管の引込み　　この方式は，鞘管方式と基本的に同等である［5.3.2.2.1 参照］．

　発進マンホール内にある最初の管に牽引ヘッドが装着され，牽引ワイヤが取り付けられ，管は，管継手部がまだマンホール内に残っているように一定長さだけ補修さるべきスパンに引き込まれる．マンホール内に残っているこの管継手部は，例えばPE-HD管であれば，発熱体突合せ溶接（鏡面溶接）（図 5.3.2-48），ねじ継ぎ［図 5.3.2-49，5.3.2-45(e)］，特別な差込継手［図 5.3.2-45(f)～(h)］，または接続棒付きのクランプ（図 5.3.2-50）によって次の管と牽引剛性的に結合される．このようにして延長された単管は，例えばワイヤウィンチ等により到達マンホール側から1管長ずつ牽引前進させられる．

b．非牽引剛性伸縮管継手を具えた単管の引込み（引込み，押込み）　　この方法では，牽

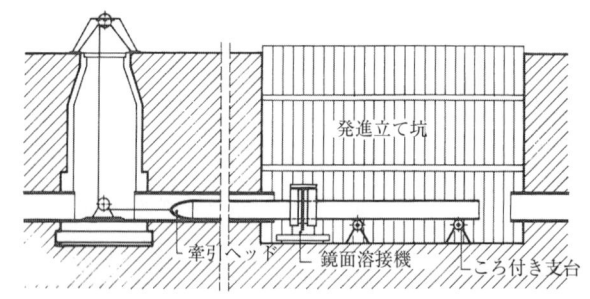

図 5.3.2-48：長管方式．発進立て坑内で接合されたプラスチック管からなるインライナの引込み

5.3 更 生

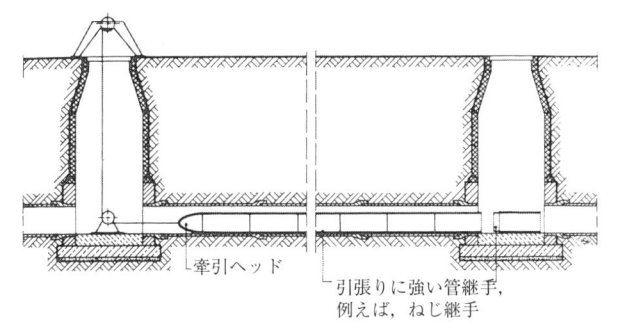

図 5.3.2-49：短管方式．牽引確動継手を具えた短管からなるインライナの引込み

引ワイヤは，到達マンホールから単管を通して牽引され，牽引力はまだ発進マンホール内にある最後の管の末端にそのつど取り付けられた押し板または横木を経て既に接合済みの単管に伝えられる．その際，管には軸端スラストしかかからないことから，牽引剛性管継手は不要である．

引込みは，到達マンホールまたは発進マンホールに配置されたウインチ(**図 5.3.2-51**)かまたはワイヤウィンチ(**図 5.3.2-52**)によって行うことができる．

特に外周が平滑でない管を挿入する際には，段違い，亀裂，破片，不整な管内壁等によって

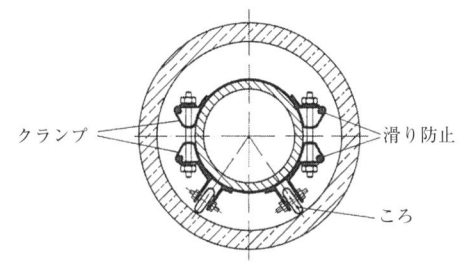

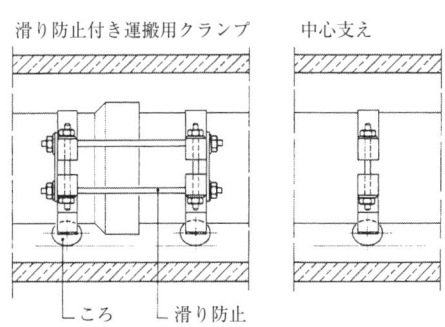

図 5.3.2-50：ころ付き運搬用クランプ(Huckenbeck GmbH社)［5.3.2-163］

管が捩れる危険がある．こうした場合にあっては，特別なガイドヘッドを配置したり，管を薄板ストリップ上に載置［5.3.2-104］，もしくはランナに載せ，あるいは滑りランナまたはコロ付きの運搬用クランプ(**図 5.3.2-50**)を使用するなどの補助的対策を講ずるのが適当である［5.3.2-73］．

管継手が折れ曲がり可能で，スパンが長く，かつ環状隙間が大きい場合には，管の座屈が生じ得る．これに対しては，必要に応じて発進マンホールへの管の引戻しにも

5. 補　修

同時に使用することのできるスチールワイヤを管に取り付けることによって対処することが可能である．

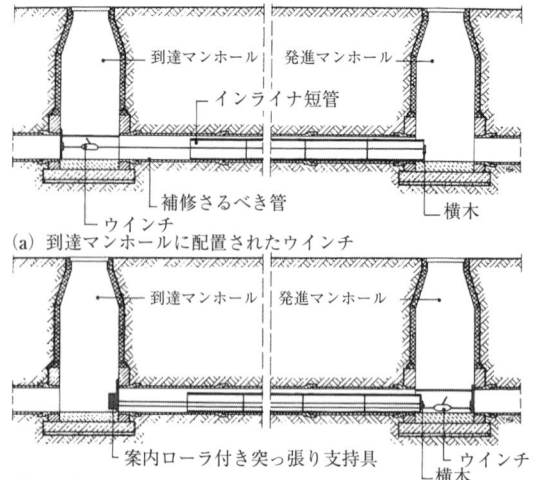

発進マンホールで個々の管を次々に嵌め継ぎするためには，単管のずれを防ぐ十分に大きな抵抗が必要である．この抵抗が既に引込み済みの管の摩擦抵抗によって形成されない場合には，マンホール壁を支えとして突っ張りを行う，例えば楔，張りワイヤ，または管クランプ等の形のずれ防止のための補助的な拘束対策が必要である．

短管方式用に特別に開発されたいんろう継手付きプラスチック管にあっては，管両端の管継手部外周に適切なストッパプレートを差し込むためのそれぞれ1本のリングをフライス削りで設けることによりこの問題が解決されている（図 5.3.2-53）．

図 5.3.2-51：短管方式におけるウインチの配置可能性[5.3.2-73]

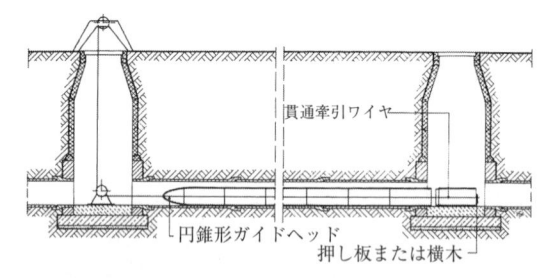

図 5.3.2-52：非牽引伸縮継手を具えた短管からなるインライナの引込み

c．個別管の引込み　この挿入方式では，個別管または部分単管は，補修さるべきスパンに個々に引き込まれ，現場で互いに結合される．単管の拘束は，最初の管を到達マンホールで固定することによって行われる[図 5.3.2-54(a)]．

歩行不能の管の引込みには，管内に固定される膨張式パッカまたは管が外嵌めされ，末端に出張り縁を具えた特別な引込み体が使用される[図 5.3.2-54(b)]．引込み体の先端がテーパ状に形成されていることによって，管に引込み体を通すことが容易となる．管部の張出しによりスパン内で管が引っ掛かって動かなくなる危険がある．

歩行不能な呼び径では，もっぱら外周が平滑な管が使用される．"スナップイン"管継手[図 5.3.2-45(h)]，溶接バンドによる管継手（図 5.3.2-45(d)]は，特にこの方式の

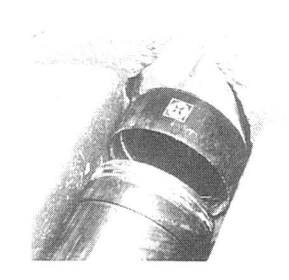

5.3 更 生

図 5.3.2-53：外周リング溝に差し込まれたストッパプレートによるマンホール内での管の固定（Wiik & Höglund GmbH 社）[5.3.2-177]

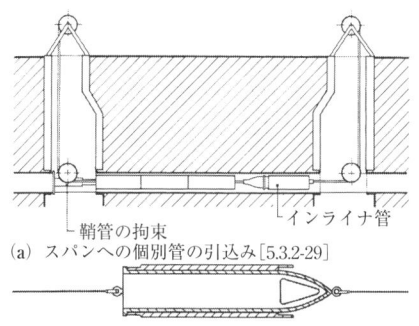

(a) スパンへの個別管の引込み [5.3.2-29]

(b) 管の引込み，継足し用の引込み体 [5.3.2-151]

図 5.3.2-54：短管方式

ためにイギリスで開発されたものである．

溶接バンドに要する電流は，パッカ内に組み込まれた電熱コイルにより発生させる．同時に引込み体としても機能するパッカは，電熱コイルが管継手部に位置するように設置される [5.3.2-104, 5.3.2-164]．パッカは，別個の注入装置と接続されている．

歩行可能な呼び径では，管は一般に牽引ワイヤに固定され，管端で作用する横木によって単管をそのつどの最後の管の直前まで挿入される．管の本来の継足しには，開削工事の管布設時に慣用の管引張り具を使用することができる [**図 5.3.2-55**(a)，(b)] [5.3.2-73]．

摩擦抵抗を減少させ，引込み中に管が損傷したりするのを回避するため，滑りラン

(a) 外側に取り付けた横木を具えた管引張り具（Windhoff AG 社）[5.3.2-165]

(b) 管内突張り固定式の管引張り具（Gressbach GmbH 社）[5.3.2-166]

(c) 滑りランナに載置された管の引込み [5.3.2-167]

図 5.3.2-55：歩行可能な呼び径用の管引張り具

667

5. 補修

ナを具えたキャリッジに管を載せることも可能である[図 5.3.2-55(c)]．

(2) 差込み方式

差込み方式では，管は発進マンホールで結合され，こうして延長された単管がそれぞれ1管長ずつ前進させられる．

最も簡単な方法は，補助具を用いて人力で管を差し込むことである．ただし，この方式は，非常に限定的にしか適用できず，しかも以下の場合に限られている．

・軽量管，
・送り長さが短いこと，
・補修さるべきスパンの壁面が平滑なこと．

管は，通常，油圧式送り装置を用い，推進工法に依拠して(5.4.3.4 参照)補修さるべきスパンに差し込まれる．送り力は，圧力リングを経てコントロールされて単管に伝達される．

送り装置は，局所的事情(発進立て坑または発進マンホール)，所要送り力，管の長さに応じ直接発進立て坑内に設置する(図 5.3.2-56, 5.3.2-57)か，または隣接するスパンの最初の管内に設置することができる(図 5.3.2-58)．いずれの場合にあっても，送り力が支障なく伝達されるように配慮しなければならない．

差込プロセスを容易にし，インライナがかしいだり座屈するのを防止し，また管継手の嵌込み継足しを行うために講じる補助的対策に関しては，非牽引剛性管継手を具えた単管の引込みに関する記述が当てはまる．

図 5.3.2-56：短管の差込み(Eternit AG 社)
[5.3.2-169]

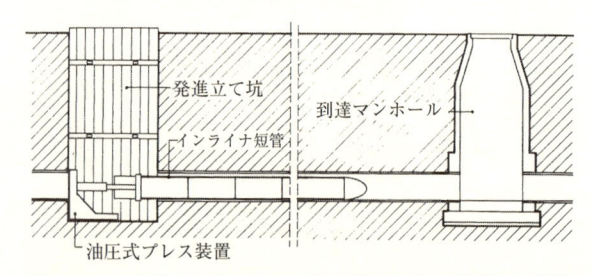

図 5.3.2-57：短管からなるインライナを油圧シリンダを用いて発進立て坑から差し込む方式．概要図[5.3.2-168]

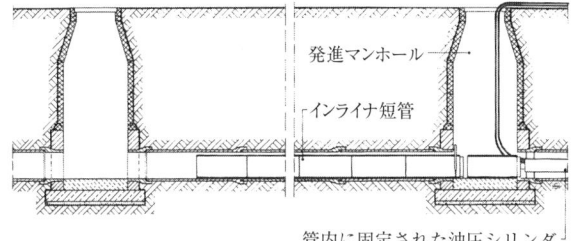

図5.3.2-58：隣接スパンの管渠内に固定された油圧シリンダによる短管の差込み（Wiik & Höglund）[5.3.2-177]

（3）進入方式

必要とされる力が直接に管に伝達される引込み方式，差込方式とは異なり，進入方式では，管が載置されている特別な運搬器具への力の伝達が行われる．

この方式は，以下の特殊器具を使用して歩行可能な呼び径に適用される．

・滑りランナ付きキャリッジ，
・プラトーワゴンまたはローラワゴン（図5.3.2-59），
・軌道式ワゴン（牽引式、推進式または自走式）（図5.3.2-60），
・自走式ワゴン（例えば，フォークリフト），
・モノレールホイストまたはクレーンコンベア（図5.3.2-61）．

非自走式の器具は，ワイヤウィンチか，または人力によって牽引または推進が行われる．

管は，補修さるべきスパンにそれぞれ個別に進入させられ，現場に降ろされて，例えば管引張り具で継ぎ足されるのが通常であり，その際，常に少なくとも1名が現場にいなければならない．

(a) 管運搬ワゴンによるGFK特殊形材1 100/1 400の搬入

(b) 補修済み管渠スパンの断面

管頂部浮揚防止
GFK特殊形材1 100/1 400

デマーを充填した環状空隙
比重 $\gamma \geq 15$ kN/m^3
旧管1 270/1 540

図5.3.2-59：進入方式 [5.3.2-170]

5. 補　修

　運搬器具は，一般にスパンから取り除かれる．ただし例えば，滑りランナを用いて挿入する場合には，作業軽減のため同ランナをインライナの下に放置しておくことも可能である．

　歩行不能な呼び径については，このために特別な管渠テレビカメラで監視される遠隔制御式の器具が開発された．これは，管の運搬の他に，管の嵌込み継足し，ならびに取付管の接続復元用の補助器具としても用いられる［図5.3.2-67(b)］．

a．管の整定，固定　勾配または位置を所定のものとし，かつそれを遵守するために管はできれば布設後に整定，固定される必要があろう．

　補修さるべきスパンが歩行不能断面を具えている場合には，これに関連した対策は，基本的に管を挿入する前の底部補正，技術的に可能な最小寸法への環状隙間の縮小，またはスペーサの配置に限定されている［5.3.2.2.1 参照］．

　図5.3.2-62 は陶推進管からなるインライナの固定を示している．単管頂部に取り付けられるバックアップホースは，取付け終了後に水で満たされ，これによってホースは管渠内壁とインライナに突っ張り圧接することとなる[5.3.2-173]．この固定方法を適用するための前提条件は，単管を傾かせずに安定した状態で挿入することと，過大な管頂圧力による縦方向亀裂を回避するためインライナの支持条件も考慮したうえで所要充填圧力を慎重に定めることである[5.3.2-174]．

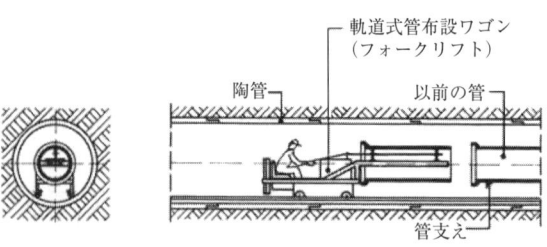

図5.3.2-60：軌道式管布設ワゴンによる陶管の搬入[5.3.2-171]

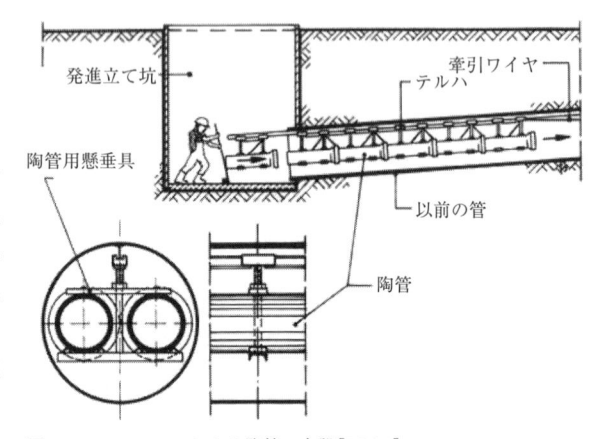

図5.3.2-61：テルハによる陶管の布設[5.3.2-1]

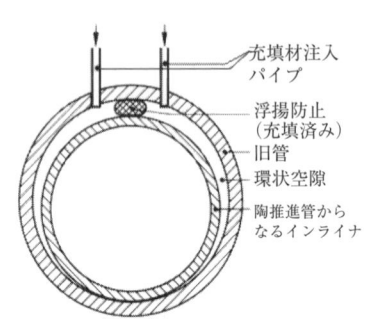

図5.3.2-62：陶推進管からなるインライナの固定[5.3.2-173]

歩行可能な呼び径では，管の適切な整定と固定は，管が個別に引込みないし搬入され，適切な大きさの歩行可能な環状空隙が存在する場合にのみ可能である．

作業の実施は，人力により例えば急結モルタルの裏込め，または軟材楔，特別な支えサドル，スペーサあるいは張りワイヤ，張り帯枠の設置によって行われる（図 5.3.2-63）[5.3.2-73]．

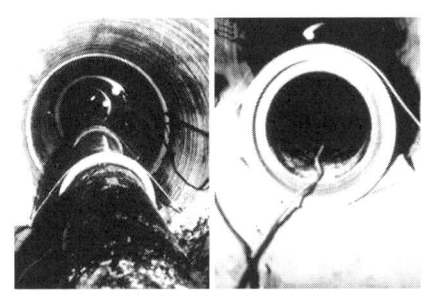

図 5.3.2-63：楔と張り帯枠による陶管からなるインライナの固定 [5.3.2-175]

b．環状空隙封止，環状空隙充填　　長管方式と短管方式における環状空隙の充填には，一般に 5.3.2.2.1 の記述が当てはまる．

補修さるべきスパンに個々の管が挿入される場合には，さらに移動型枠を使用して管ごとに充填を実施することも可能である．文献[5.3.2-161]には，GFK 管 DA 1 700 による長管方式時の環状空隙充填の一例が述べられている．長さ 6 m のそれぞれの管には，管端から約 50 cm の箇所にステンレス鋼製の特別な 2.5 in 注入パイプが設けられ，この注入口を交互に上向きないし下向きにして布設が行われる．これによって 12 m ごとに環状空隙を底部から注入冶具で充填し，充填中に管頂部から息抜きすることが可能である．

この環状空隙は，それぞれ約 60 m の間隔でホースによって区画される．メーカーによれば，これによりそれぞれの区画における充填プロセスを正確にコントロールすることが可能である[5.3.2-161]．

歩行不能な呼び径では，目下のところ，NU ライン方式[5.3.2-104]のみが移動型枠の使用を予定している．

この方式において個別管は，管継手の溶接にも利用される特殊パッカとともに引き込まれる．このパッカには，注入ポンプとポリウレタン系の 2 種の注入材成分用の 2 基の貯蔵タンクと遠隔制御式の注入装置が接続されている（図 5.3.2-64）．

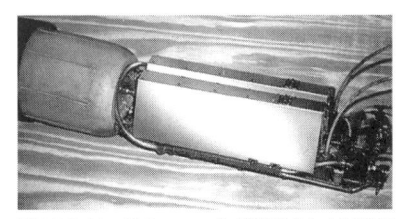

図 5.3.2-64：注入ユニットが接続された特殊引込みパッカ[5.3.2-164]

管継手の溶接と平行して継手近くに位置したインライナの穴からあらかじめ計算された量の注入材が圧入されるが，ただし，管端部の環状隙間は閉塞されない．この 2 つの作業工程が終了した後，器具ユニットは引き戻され，新たに引き込まれる管内にセットされる．

5. 補　修

　環状空隙充填に際しては，鞘管方式とは異なり，選択された管種と挿入方式とに応じ，さらに以下の特殊条件が考慮されなければならない．
・エラストマシーリングによる管継手は過大な注入圧力によって不良となり，注入材がインライナ中に侵入する．
・管胴と管継手は異なったリング剛性を有する．
・非円形管の挿入に際しては，同等な条件下でより大きな変形リスクと座屈リスクが存在する．図 5.3.2-65 は卵形管，長円管の危険区域を示したものである．

　区間が非常に長い場合に所要注入圧力を制限するため，環状空隙が十分に大きければ，管頂部に注入管または注入ホースが取り付けられた長管または短管を挿入することが可能である．これらは，環状空隙充填中に連続的に牽引される(図 5.3.2-66)．

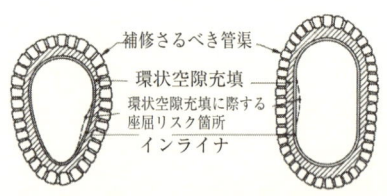

図 5.3.2-65：卵形インライナ(左)，立上がり長円インライナ(右)における変形リスク，座屈リスクの高まる箇所[5.3.2-104]

図 5.3.2-66：環状空隙充填用ならびにスペーサとしての注入管が取り付けられた短管からなるインライナ

c．最終作業，最終検査　　最終作業―マンホールとの接合，インライナとマンホール水路(インバート)との整合，および取付管の接続復元―，検査については，5.3.2.2.1，5.3.2.5 の記述が基本的に当てはまる．

　個別に挿入される歩行不能な呼び径による短管方式にあっては，取付管の接続復元に特別な変法が考えられる．この方法は，現場で管渠テレビカメラによるか，または接続孔の型を取るための特殊コーティングを施したパッカによって接続箇所の位置，距離，形状を正確に測定し，これらの寸法をこの箇所に位置することとなる短管に転写し，挿入前に当該接続孔を開けることをベースとしている[5.3.2-176]．このようにして準備された管の引込み，差込み，または挿入が行われる．

　挿入用に締付け保持装置に保持された短管を連続的に上下させることができるとと

もに，左右に回転させる［**図 5.3.2-67**(a)～(c)］ことを特徴とする特別な遠隔制御式の取付けワゴンが開発された［5.3.2-177，5.3.2-178］．

歩行不能な呼び径に使用される短管の外径は，おおよそ障害物，位置ずれが存在しない限り，呼び径の最大90％までの選択が可能である（**表 5.3.2-9**）．

枝管は，取付済みの単管の末端直後にカメラ監視下で管渠の穴と短管の穴とが重なり合うようにして［**図 5.3.2-67**(a)］整定される．目下のところ，枝管の正確な位置決め

(a) 枝口とシーリングスリーブを具えた短管　　(b) 短管を収容した取付ワゴン

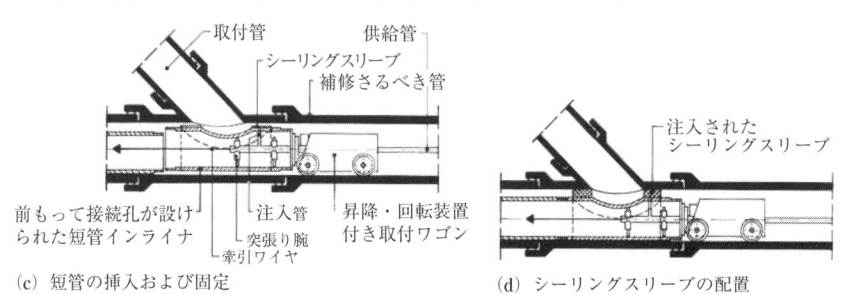

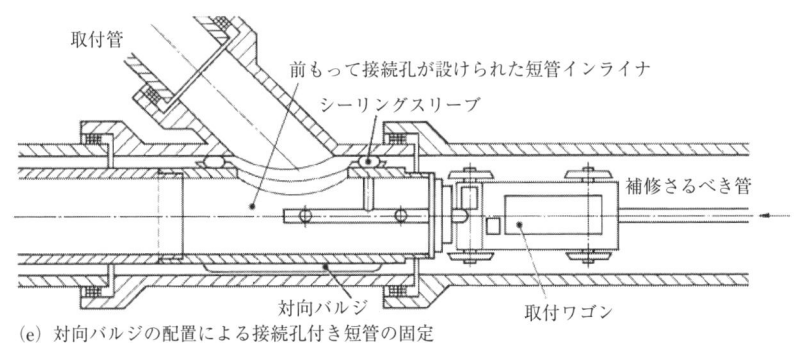

(c) 短管の挿入および固定　　(d) シーリングスリーブの配置

(e) 対向バルジの配置による接続孔付き短管の固定

図 5.3.2-67：短管方式．インライナへの取付管接続（Wiik & Hüglund）［5.3.2-177］

5. 補　修

は不可能であることから，接続孔の寸法は，必要とされる寸法よりも大きくとられる．ただし，これによって管は，確率的にみれば弱体化することとなる[5.3.2-69]．続いて，管と布設済みの単管との結合が取付けワゴンにつながれている牽引ワイヤによって行われる[図5.3.2-67(a)]．

接続部における環状空隙の止水は，短管外側で枝管用穴を取り巻いて固定さ

表5.3.2-9：標準短管の寸法[5.3.2-177]

呼び径 [mm]	標準短管	
	外径 [mm]	内径 [mm]
200	180	静的要件に応ず
250	225	
300	280	
350	315	
400	355	
450	400	
500	450	

れたPVC膜からなるシーリングスリーブで行われ，同スリーブには短管が慎重に取り付けられた後，管内面側から逆止め弁を経てエポキシ樹脂が充填される．こうして環状隙間が止水される[図5.3.2-67(b)，(d)]．次の取付管が接続されるまで部分管としての管を挿入させることができる[5.3.2-146]．

取付管接続部への準備済み管の取付けは，取付管断面内にシーリングスリーブが出張らないようにできるだけ正確に行われなければならない．こうした配慮は，側方から合流している取付管の管底部では特に必要である．それは，この部分に詰まりの発生が予測されるからである[5.3.2-179]．シーリングスリーブの充填に起因する水平方向におけるインライナの位置ずれは，対向バルジ(爪)を設けることによって回避することができる．同時に対向バルジとの連携によりシーリングスリーブの過度な膨張による損傷が防止される[図5.3.2-67(e)][5.3.2-69]．

管布設の終了後，環状空隙全体の充填が行われる．

さらに別途に開発された短管方式—ただしこれは普及しなかった—では，取付管接続部の水密性復元に特別な重点が置かれた[5.3.2-180]．この方式では，補修さるべき呼び径50〜800の管渠にGFK短管が運搬スキッドで個別に引き込まれる．最後に取り付けられたそれぞれの管内には，センタリングワゴンがあり，管をスキッドから取り外して管継手への嵌込みを支援する[図5.3.2-68(a)〜(c)]．取付管の接続部には，前もって工場側で適切な穴があけられた取付管が使用される．

双方の穴の正確な合致は，運搬スキッドに設けられた回転駆動装置によって実現される．接続孔の縁には中心が開いた膨張式のGFKマットが積層取り付けされている．これは取付管の方向に向かって予備変形されており，管の挿入直前に反応性樹脂が含浸される．管を正確に設置した後，運搬スキッドに取り付けられた空気圧式パッカが膨張させられ，膨張した同パッカは，反応性樹脂が場合により加熱下で硬化するまで

GFKマットを接続部に圧接する[図 **5.3.2-68(d)**]．この事後的な取付管接続法は，メーカーによれば，管による一切のライニング方式に基本的に転用可能である．この場合には，前もってフライス切削された接続孔にエポキシ樹脂含浸 GFK クロス製のシーリングスリーブが運搬・取付装置によって挿入され，パッカで内壁に押し付けられれ

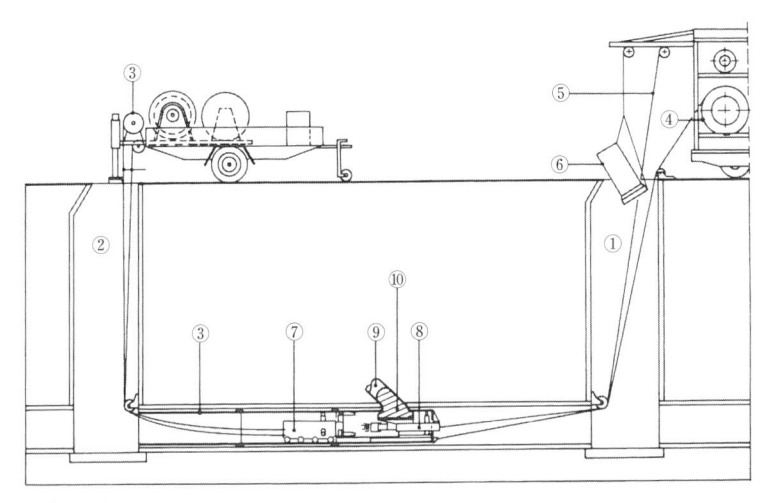

(a) 概要図
①作業用マンホール，②到達マンホール，③牽引ウィンチ，④巻戻しウィンチ，⑤供給ホース，⑥インライナ，⑦センタリングワゴン，⑧取付管接続装置を具えた運搬スキッド，⑨取付管

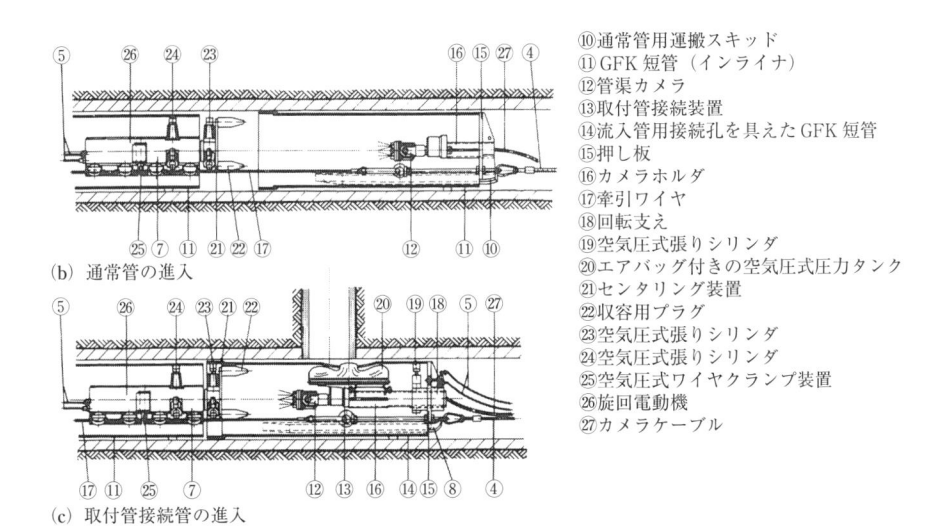

⑩通常管用運搬スキッド
⑪GFK 短管（インライナ）
⑫管渠カメラ
⑬取付管接続装置
⑭流入管用接続孔を具えた GFK 短管
⑮押し板
⑯カメラホルダ
⑰牽引ワイヤ
⑱回転支え
⑲空気圧式張りシリンダ
⑳エアバッグ付きの空気圧式圧力タンク
㉑センタリング装置
㉒収容用プラグ
㉓空気圧式張りシリンダ
㉔空気圧式張りシリンダ
㉕空気圧式ワイヤクランプ装置
㉖旋回電動機
㉗カメラケーブル

(b) 通常管の進入

(c) 取付管接続管の進入

675

5. 補　修

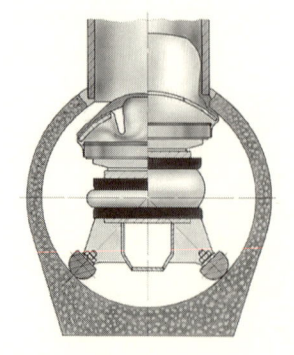

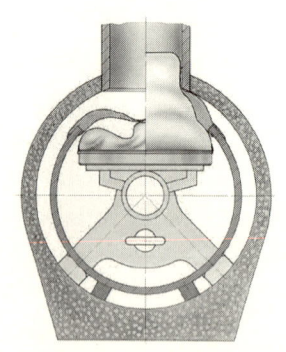

　　(d) 取付管接続部の復元．インライナなし　　(e) 取付管接続部の復元．インライナあり

図 5.3.2-68：短管方式（Hemscheidt-Intech 方式）［5.3.2-180］

ばよい［**図 5.3.2-68**(e)］．硬化後にパッカは空気抜きされ，油圧シリンダが進入させられ，接続用装置が取り外される．

d．所要人員，装備　　短管方式と長管方式の所要人員，装備，効率に関する一般的な判定は不可能である．それは，挿入方式，呼び径，管材料，管継手，スパン距離，ならびに再び接続さるべき取付管の種類，数がそれらに決定的な影響を及ぼすからである．

　種々の方式に際して必要とされる基本装備は，先に述べた各項の記述から看取されよう．

　歩行不能な呼び径に関する短管方式の効率には非常なばらつきがある．文献［5.3.2-177］によれば，現場条件が好適であれば，形状，サイズが非常に異なった5本までの取付管を有した50 m までのスパンを1日で補修することが可能である．

e．判定　　短管方式は，5.3.2.2.1 で⑧〜⑪にあげた長所以外に挿入方式とは関わりなく，さらに以下の長所を有する．

・引込み用トレンチが不要となることにより土工作業，交通に与える支障が減少すること．
・管材料，管呼び径，管断面形状の制約を受けない．
・適切に準備された個別管の挿入によって取付管の再接続がより容易になる．
・補修さるべきスパン距離が短い場合に特に好適である．

　短管方式については，5.3.2.2.1 で⑪〜⑬にあげた短所に加えて，さらに以下の短所があげられなければならない．

5.3 更　　生

- 管長が1m以下であることから，管継手の数が多い．
- 環状空隙充填には，注入圧力の決定とチェックにあたり管継手の種類，インライナ断面形状に応じて高度な慎重さが求められる．
- 鞘管方式に比較して時間と費用が増加する．

f．特殊方式　　次の特殊方式は，改良によって前記短所のいくつかを回避することを意図した短管方式である．

インタライン(Inter-Line)方式は，無止水のいんろう継手を具えたPVC短管またはPE短管に耐荷機能を付与し，その外側のインライナと管渠壁との間の二重壁PVCホースに止水機能を付与する方法が採用される[5.3.2-181, 5.3.2-182]．このPVCホースは，補修さるべき管渠のそれよりもわずかに小さな直径を有している．このホースは，短管の挿入前にスパンに引き込まれ[**図5.3.2-69**(a)]，昇降マンホールの壁面とフランジ結合される．取付管の接続部には，当該接続孔を具えた短管が布設される．充填さるべき環状空隙は，PVCホースの内外の壁面によって制限され，これにより損失のないコントロールされた充填が可能となる．ベントナイトとフライアッシュからなる密度$1.7\,g/cm^3$の低粘性充填剤が使用される．高い位置でのマンホール排気が行われるように考慮しなければならない．この段階でインライナはあらかじめ挿入されて水の満たされたホースで安定化される[**図5.3.2-69**(b)]．取付管の位置は，接続孔部分におけるシールホースの凹みによって判明する．これは環状空隙充填が行われた後に穴あけされる[**5.3.2.2.1** 参照]．

メーカーによれば，取付管の接続部をこの部分における双方の膜の即時溶接時に熱によって穴あけすることを可能とする方法の開発が予定されている．

スパンになんら取付管が存在しない場合には，二重壁シールホースに代えて単壁シールホースを使用することができ

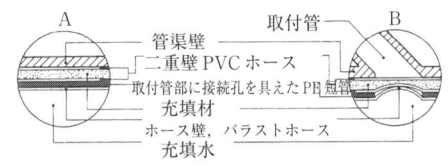

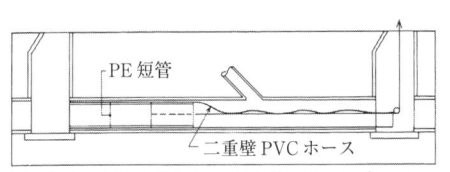

(a) 前もって挿入済みの二重壁PVCホース内への短管の差込み

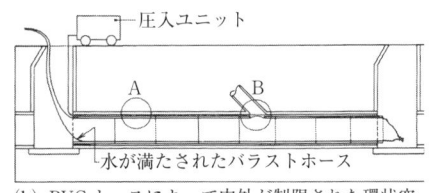

(b) PVCホースによって内外が制限された環状空隙の充填

図5.3.2-69：インタライン方式．工程および詳細図[5.3.2-181, 5.3.2-182]

5. 補 修

る．この場合には，このシールホースと補修さるべき管渠との間の環状空隙が充填される．これら双方の方式は，歩行不能の呼び径にも歩行可能な呼び径にも適用可能である．

メーカーによれば，この方式の長所は，以下のとおりである．
・シール材が用いられないことから管継手構造がシンプルかつ低コストとなる（図 5.3.2-69）．
・量的コントロールに優れた環状空隙充填が実現される．
・充填材（注入材）の汚染または希釈が生じない．
・環状空隙充填を実施するために取付管を閉鎖する必要がない．

オーストリアで開発された MCS インライナ（MCS-Inliner）方式[5.3.2-183]の基本構想は，インライナと環状空隙充填材との間にせん断剛性結合を作り出すことであり，そのため鉄筋コンクリート構造と同様に曲げ荷重に際しコンクリートには圧縮力の吸収が委ねられ，インライナには引張り力の吸収が委ねられる．このため GFK 管からなるインライナ（図 5.3.2-70）には，ボルトヘッドペグが溶接取り付けされた平ストリップ鋼が埋め込まれており，さらに外側に網状補強を取り付けることができる．必要に応じ管渠内壁の部分的なフライス切削によって拡げられた環状空隙（5.3.1.6 参照）の充填には，マイクロシリカと膨潤剤を含んだモルタルが使用され，その圧縮強さは $40\,kN/mm^2$ までに達する．これにより $17\,kN/mm^2$ までのせん断応力と $5\,kN/mm^2$ までの引張り応力に耐えることが可能である．

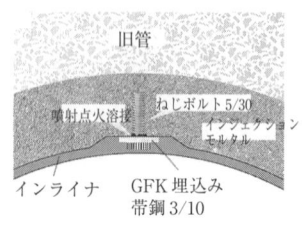

(a) GFK インライナの構造 [5.3.2-184]　(b) 環状空隙とインライナとの間のせん断剛性結合の概要図 [5.3.2-184]　(c) 取付け前の卵形インライナ [5.3.2-183]

図 5.3.2-70：MCS インライナ方式

取付管接続部の難しさをリンチューブ（Rintube）システムは，補修対策の過程でこの箇所を意識的に切り離すことによって回避する（図 5.3.2-71）[5.3.2-185]．この場合，まず管渠テレビカメラを利用して取付管間の距離が調査され，それに基づいて当該本数

の，管長 300 mm および 500 mm，外径 110 〜 250 までのポリプロピレン (PP) 製の短管が牽引して引っ張り応力的に相互結合され，引込み方式によって管渠内に挿入される．牽引ヘッドは，通常，人力による取外し，収容を行うことができないことから，先端管内に油圧で固定され遠隔制御によって取り外すことのできる装置が使用される．

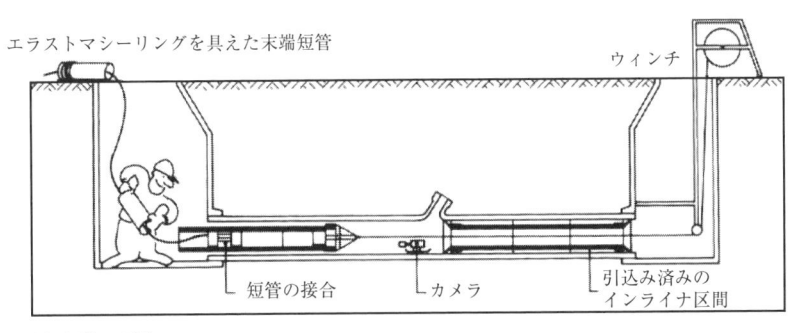

(a) 短管の引込み

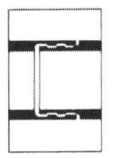

(b) エラストマリング付き管継手

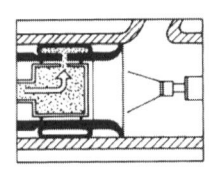

(c) カメラ監視下でのシールスリーブへの注入

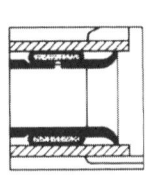

(d) 注入完了後のシールスリーブ

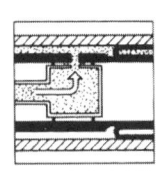

(e) 環状空隙充填

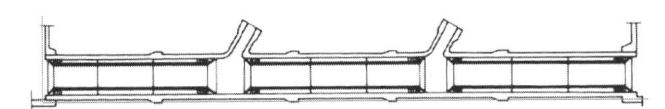

(f) 補修済みのスパン

(g) 管長 500，300 mm の短管およびエラストマシーリング付き先端・末端管

(h) 注入材用貯蔵タンクを具えた注入パッカ，2 牽引ヘッド，短管接合器具，径 180 〜 200mm の調節式ゲージ (左から右へ)

図 5.3.2-71：リンチューブシステム [5.3.2.-185]

5. 補　　修

　各スパンの先端・末端管には，管渠内壁とインライナとの間を均一に接続するための特別なエラストマシーリングならびに周回シールスリーブが設けられている（図5.3.2-71）．このシールスリーブには，インライナがその最終位置に達した後，それぞれ内側から特別なパッカを用い膨張性注入材が注入される．このスリーブは，続いて行われる環状空隙充填に際し，前後遮壁として型枠の役割を果たす．

　管ごとに環状空隙を充填する場合には，その間，取付管を側方に繰り出すことのできるシールバッグ付き特殊パッカで塞いでおくのが好適である．

5.3.2.3　現場製作管によるライニング

　この方式グループの特徴をなしているのは，現場すなわち補修さるべき管渠スパンへの挿入時，または同スパン内での自立式ないし静的耐荷力のあるインライナ(5.3.2.1参照）の直接の製作である．このようにして製作されたインライナは，直ちに耐荷力と機能を発揮する．

　これは以下の方式に区別される（図 5.3.2-1 参照）．
・環状空隙のある現場製作管によるライニング，
・環状空隙のない現場製作管によるライニング．
いずれの方法もコイル管方式を基礎としている．

　この方式の適用範囲，前提条件，ならびに予備作業，環状空隙充填，最終作業・最終検査の過程で実施さるべき作業項目については，5.3.2.2.1 に述べた環状空隙のある通常の鞘管方式の記述が当てはまる（図 5.3.2-5，表 5.6-3 も参照）．本適用ケースでは，補修は，昇降マンホールを経て行われることから引込みトレンチの掘削という作業項目はない．最終作業については，方式上の理由からマンホール底の上流側コンクリートが取り除かれなければならないケースにあっては，その復元が最終作業項目として追加されなければならない．

　地下水の浸入は，環状空隙充填に不適な影響をもたらすことから，予備止水によって回避される必要がある．

5.3.2.3.1　環状空隙のある現場製作管によるライニング

　環状空隙のある現場製作管によるライニング方式に属するのは以下のものである．
・RIB-LOC リライニングシステム，
・ERSAG スパイラル管システム，

・SPR 方法,
・FLAP-LOC 方式.

(1) RIB-LOC リライニングシステム

　国際的に特許化された RIB-LOC リライニングシステム—以下では RIB-LOC 方式と称し，英語では RIB-LOC スリップライニング—は，1984 年にオーストラリアで開発された（図 5.3.2-72）（オーストラリア特許 No.527 417 および 530251）[5.3.2-186]．

　この場合，プラスチック製の特殊ひれ付きプロファイル（RIB-LOC プロファイル）が昇降マンホール内で油圧駆動のワインド機により，補修さるべき管渠スパンの内径よりも約 10％小さい外径を具えた円形管に成形され，回転しつつ連続的に同スパンに挿入される．

　分解式のワインド機は，呼び径 1 250 までについてはマンホール斜壁（1.8 参照）を取り外すことなくマンホール内で組立て据付けが可能である．直径が小さい場合には，ワインド機の取付けに予備作業は必要でないが，コイル呼び径が約 350 以上であれば，マンホール内の上側底部のコンクリートを取り除き，マシンの軸と補修さるべきスパンの軸とがおおよそ合致するようにしなければならない．呼び径 600 以上からはマシン設置箇所の底部コンクリートがさらに約 4～5 cm 取り除かれなければならない．メーカーによれば，管断面積の 25％の充填率までの排水路を製作することが可能である．ただしその場合には，環状空隙充填に不適な影響を及ぼす汚れが生じ得る．

　到達マンホールに達した後，インライナは浮上防止され，残存している環状空隙はマンホールとの合流部で密閉され，軽量コンクリートで充填される（5.3.2.2.1 参照）．

　種々相違した静的要件用に設計，製作することのできるひれ付きプロファイル（図 5.3.2-72，表 5.3.2-10）の材料として，第一に DIN 8061[5.3.2-187]に基づく PVC-HI（タイプ 1）が使用される．ただし，PE-HD，PP、PVDF 等を使用することも技術的に可能である．

　各管継手相互の結合は，接触面全体を覆い，プロファイルに一体化されたスナップロック（図 5.3.2-72）によって行われる．これは，最初のひれの下側にスナップ結合し，ばね結合部が外れるのを防止する．実験によって明らかになったことは，このようにして製作されたコイル管は，DIN EN 1610[5.3.2-107]に定める水密性に関する要件を満たしている．水密性は，管製作時にプロファイル継手に接着剤を注入し，またはプラスチックが適当している場合には，プロファイル継手を溶接することによってさらに確実とされる．

　選択された PVC-HI プロファイルに応じ呼び径 200～1 250 用のスパンをインライナ

5. 補　修

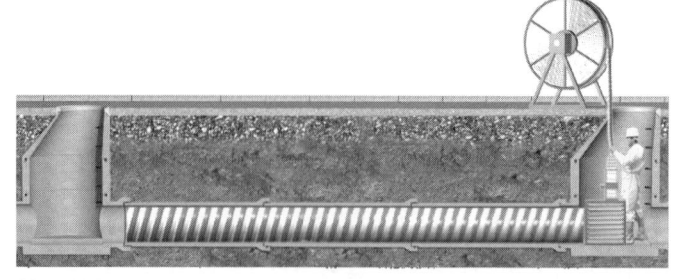

(a) 概要図

(b) 現場設備

(c) マンホール内でのコイル管の製作

(d) PVC ひれ付きプロファイル
（RIB-LOC プロファイル）
の断面

(e) RIB-LOC プロファイルで製作されたコイル管

図 5.3.2-72：RIB-LOC リライングシステム [5.3.2-186] を例とした現場製作管によるライニングの図解（コイル管方式）

外径とそれぞれ最適適合させて補修することが可能である [5.3.2-51，5.3.2-118]．

オーストラリアでは，本適用ケースに呼び径 225 〜 2 600 用のスチールベルト補強された PE-

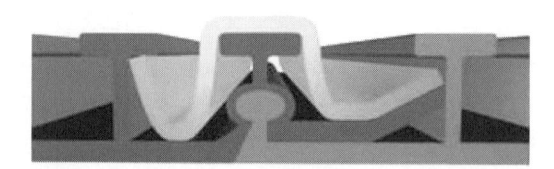

図 5.3.2-73：鋼板ストリップの巻付けによるプロファイル補強 [5.3.2-186]

5.3 更　生

表 5.3.2-10：RIB-LOC システムの形材および寸法(単位：mm)[5.3.2-186]

プロファイル一覧		kg/m	材料
RIB-LOC R-1-056-04		0.278	PVC-HI タイプ 1
RIB-LOC 3-060-04		0.216	PVDF
RIB-LOC 4-060-04		0.200	PE-HD
RIB-LOC R-2-085-06		0.460	PVC-HI タイプ 1
RIB-LOC R-3-085-06		0.403	PVC-HI タイプ 1
RIB-LOC R-4-085-06		0.481	PVC-HI タイプ 1
RIB-LOC R-5-085-06		0.431	PE-HD
RIB-LOC R-2-140-12		0.894	PVC-HI タイプ 1
RIB-LOC R-3-140-12		1.188	PVC-HI タイプ 1
RIB-LOC R-4-140-12		1.254	PVC-HI タイプ 1
RIB-LOC R-5-140-12		1.590	PVC-HI タイプ 1

HD プロファイルも使用されている．耐食性を有する鋼板ストリップまたは丸鋼が管製作時に一緒に巻き付けられ(図 5.3.2-73)，これらがリング剛性ならびに座屈・破裂剛性の向上に貢献する[5.3.2-186]．

取付管の接続復元に関しては 5.3.2.2.1 の記述が基本的に当てはまる．文献[5.3.2-188, 5.3.2-189]によれば，呼び径 100 〜 200 までの取付管は，非開削工法で，補修済みの管渠側から特別に開発されたロボット(図 5.3.2-74)によるエポキシ樹脂充填 ECR ガラス製の帽子形スリーブの取付けによって再接続される．この積層材は，加熱下で硬化し，取付管内に約 20 cm 突き入った継目なしの強固なスリーブを形成する．これに関するその他の情報は，5.3.2.2.1，5.2.3.3 に述べられている．

a．所要人員，装備　コイル管方式には，コンテナに収容し得る以下の装備が必要である．
・巻け付け輪交換式ワインド機,
・駆動用油圧ポンプ,
・合成樹脂プロファイルロールホルダ,

5. 補　修

(a) 取付管接続用マニプレータ [5.3.2-195]

①走行車輪付き走行駆動装置，②圧接センサ付き突張り駆動装置，③後部制御モジュール，④前部制御モジュール，⑤作業モジュールキャリア，⑥プロセスカメラ，⑦突張りアーム，⑧制御ケーブル用カップリング，⑨作業モジュール（この場合にあっては取付管止水），⑩走行カメラ

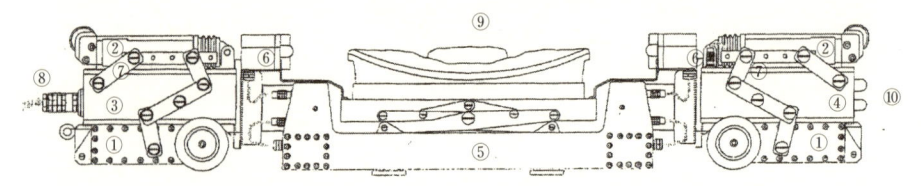

(b) 取付管接続用マニプレータの概要図 [5.3.2-188]

図 5.3.2-74：取付管の接続復元（Preussag Rohrsanierung GmbH 社）

・軽量リフチング装置，

・漏れ検査用装置，

・環状空隙充填用装置，

・接続復元用の切断，穴あけまたはフライス装置（ロボット）．

折畳式のテントによって昇降マンホールを防護すれば，天候に関係なく作業を実施することができる．

本来の補修作業には 3 名の作業員が必要である．マシンの作業速度は，コイル管の直径に依存している．これは平均で管 1 m/min である．

b．判定　　コイル管方式には，5.3.2.2.1 で通常の鞘管方式についてあげた長所の⑦～⑨，⑪と短所⑪から⑩が当てはまる．このシステムは，プロファイルとその材料ならびに機械方式の可能性が多様であることから大幅な適合性を有している．

これは機械的方式であることから，本来のライニングに要される時間は非常にわずかであり，投資費用も機械がシンプルかつコンパクトであることから同じく非常に安く抑えられる．

この方法の費用は，更新に要される費用の約 40 ～ 50 ％である．

5.3 更　生

(2) ERSAG SR システム

Eternit Rohrnetz-Sanierungs AG 社の ERSAG スパイラル管システム[5.3.2-190]は，RIB-LOC 方式と広範に一致している．このシステムは，DIN に依拠した PVC-U 製ならびに PVC-HI，タイプ 1 製のひれ付きプロファイルを基礎としており，メーカーによれば，これらのプロファイルで呼び径 200 〜 800 の管渠の補修を行うことができる(**表 5.3.2-11**)(DIN 8061[5.3.2-187])．RIB-LOC プロファイルと異なり，ERSAG プロファイル(SR プロファイル)は，プロファイル継手に EPDM(ネオプレン)製のシールリングと PVC 製の接着形材とを有している[**図 5.3.2-75**(a)]．このシステムでは，5.3.2.3.2 の趣旨の意図的な膨張を行うことは不可能である[**図 5.3.2-75**(b)]．

表5.3.2-11：ERSAG スパイラル管システムのプロファイル寸法と使用範囲[5.3.2-190, 5.3.2-191]

プロファイル タイプ	幅		高さ [mm]	肉厚 [mm]	呼び径 [mm]
	全幅 [mm]	ロック間の幅 [mm]			
50 / 5.5	55	50	5.5	1.5	200 〜 250
60 / 7.5	66	60	7.5	1.5	250 〜 350
90 / 9.5	98	90	9.5	1.5	350 〜 600
140 / 14	148	140	14.0	2.0	600 〜 800

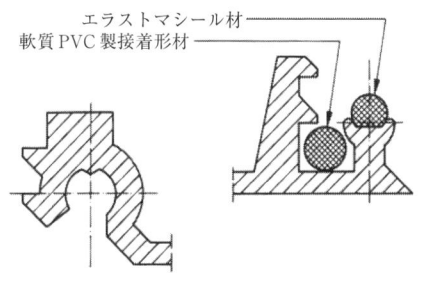

(a) ERSAG プロファイル断面およびプロファイル継手の詳細図
(b) 加熱装置を具えたワインド機

図5.3.2-75：ERSAG スパイラル管システム[5.3.2-192]

取付管の接続復元には，5.3.2.2.1 の記述が当てはまる．3 つのモジュールからなるシステム"トロル(Troll)"は，この適用ケース用に特別に開発されたものである．TV カメラ装置として機能する距離センサと位置センサを取り付けた自走式移動部からなる

5. 補　修

測定・位置探知モジュール［図5.3.2-76(a)］により接続部の軸方向ポジション，半径方向ポジション，寸法ならびにスパン勾配に関するデータを得ることができる．

高さ調節可能な2本の滑り脚によって設置されるフライスモジュール［図5.3.2-76(b)］は，インライナ内の測定・探知された箇所に回転式フライスヘッドによりカメラ

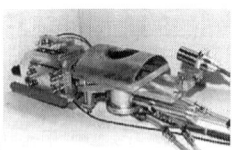

(a) ERSAGプロファイル断面およびプロファイル継手の詳細図　(b) フライスモジュール　(c) 接続復元モジュール

図5.3.2-76：ERSAGシステム AG社の取付管接続システム Troll［5.3.2-190］

監視下で穴あけを行う．接続部の止水は，接続復元モジュールによるエポキシ樹脂含浸された帽子形スリーブの取付けによって実現される［図5.3.2-76(c)］．

(3) SPR工法

日本で開発したSPR工法(Sewage Pipe Renewal Method)は，補修区間内部でPVCひれ付きプロファイルインライナの巻付けを行うことを特徴としている．PVCひれ付きプロファイルは，ロールから繰り出され，昇降マンホールを経て自走式ワインド機に供給され，同ワインド機は，ライニングさるべき管渠の輪郭に合わされた閉じたフレームに沿って運動する(図5.3.2-77)．

ライニング作業の完了後，環状空隙充填が行われる．その際，断面が比較的大きい場合には，浮上と座屈を防止するため油圧調節・突張り式の支え枠が使用される．

この方式は，選択されたひれ付きプロファイルタイプ(図5.3.2-78)に応じ，呼び径550〜2140，およびそれ以上の円形断面，卵形断面，方形断面，馬蹄形断面のインライナに使用することが可能である［5.3.2-193］．

(4) FLAP-LOC方式

FLAP-LOC方式は，RIB-LOC方式の1変法であり，この場合，インライナは，補修さるべき管渠内で人力によって巻付けが行われる．これは，主として呼び径700〜1600の円形断面，卵形断面に使用され，それ以上の呼び径，およびその他の断面形状への使用には補助的な補強材の取付けが考えられる(5.3.2.3.1参照)［5.3.2-186］．

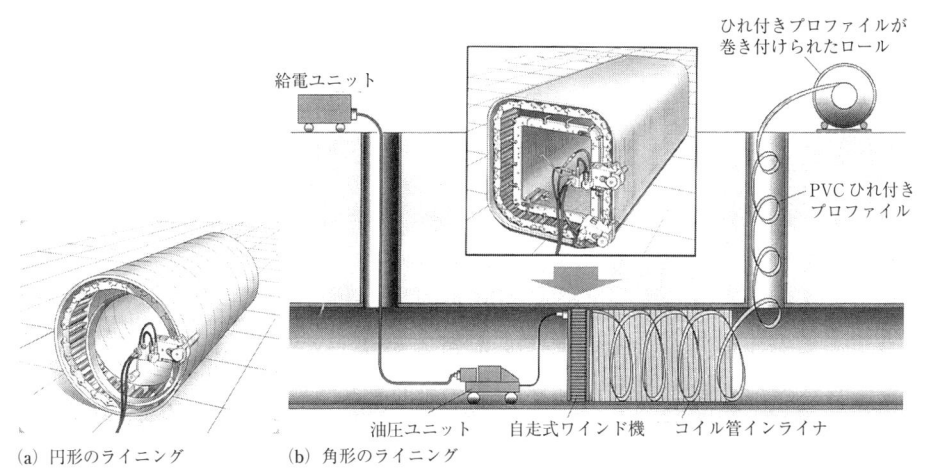

5.3 更　　生

(a) 円形のライニング　　(b) 角形のライニング
図 5.3.2-77：SPR 工法の概要［5.3.2-193］

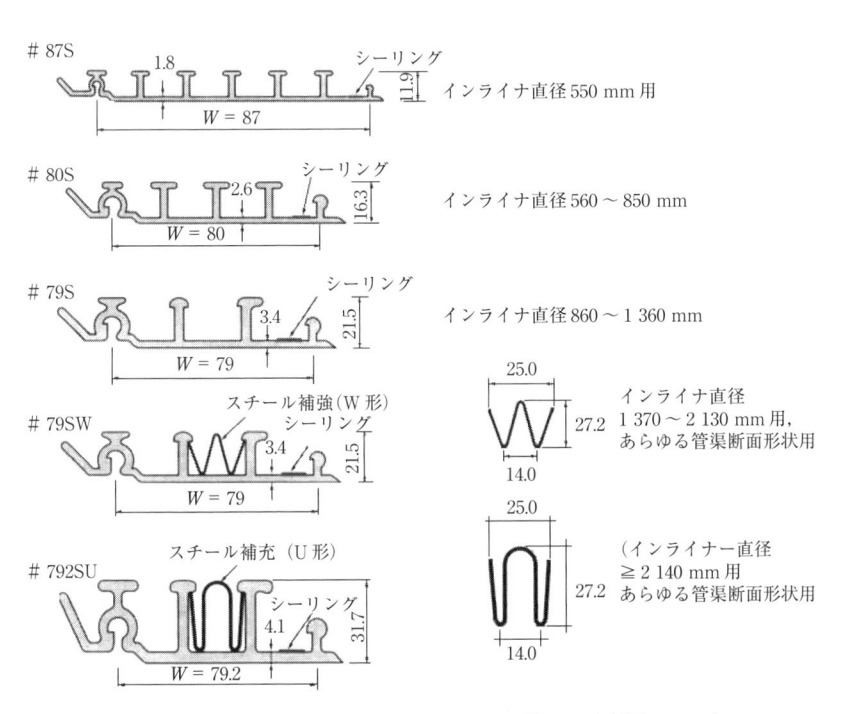

#87S　インライナ直径 550 mm 用
#80S　インライナ直径 560 ～ 850 mm
#79S　インライナ直径 860 ～ 1 360 mm
#79SW　インライナ直径 1 370 ～ 2 130 mm 用, あらゆる管渠断面形状用
#792SU　(インライナー直径 ≧ 2 140 mm 用, あらゆる管渠断面形状用)

図 5.3.2-78：SPR 工法に使用されるひれ付きプロファイルの形状および寸法［5.3.2-193］

5. 補修

5.3.2.3.2　環状空隙のない現場製作管によるライニング

　クロースフィット方式の基本的な概念は，コイル管方式でも実現することが可能である．この方式グループを唯一代表するものは RIB-LOC エキスパンダパイプである．

　到達マンホールにコイル管が到達するまでの最初の作業工程は，5.3.2.3.1 に述べた工程と基本的に同一である．ただしこの場合には，環状空隙のあるコイル管方式とは異なり，メインロックと仮締めロックからなる改良されたプロファイル結合方法［ツインロック（Twin-Loc-Schlos）］）［図 5.3.2-79(a)］が使用される．巻付け時にプロファイル継手のメインロック部に非常に緩慢に，すなわち 3 時間後にようやく反応する 1 成分系ポリウレタン接着剤が塗布され，これはさしあたり潤滑剤として機能する．コイル管は，仮締めロック内の連続的に連行されたワイヤロープによって勝手に拡張することが防止される．第二の拡張工程においてインライナは，到達マンホールでねじれ防止され固定し，巻付けプロセスは同時に発進マンホール側からのワイヤロープの引抜きによって仮締めロックを解除しつつ連続的に続行される．これによりコイル管は，それぞれ弛められた箇所で管渠内壁に密接するまで拡張する［図 5.3.2-79(b)］．補修するべきスパンにおける直径の許容差は，拡張時にインライナが当該箇所で当該直径に

(a) 概要図

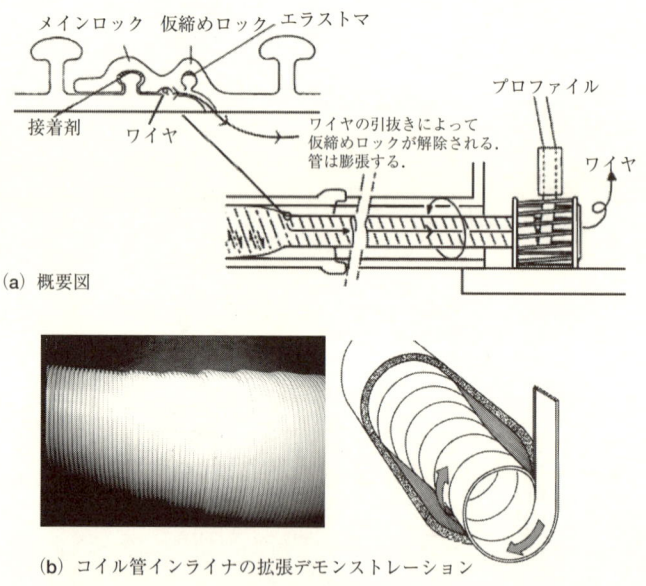

(b) コイル管インライナの拡張デモンストレーション

図 5.3.2-79：環状空隙のない現場製作管によるライニング．RIB-LOC エキスパンダパイプ方式 [5.3.2-118, 5.3.2-196]

連続的に適応することによって自動的に補償される[5.3.2-107，5.3.2-194]．

　拡張後，発進マンホールと到達マンホールのインライナ末端は切断され，2成分系接着剤が圧入され，続いてモルタルで仕上げ塗りされる．流下方向においてコイル管への結合部は，斜めにモルタル塗装することができる．この対策は，浸透地下水がひれによって形成される間隙を経てマンホール内に浸入するのを防止するために必要である．これは取付管接続部の止水についても同様である．これらの作業中，管渠は使用停止され，底部での止水作業に支障が生じないようにする必要がある[5.3.2-189]．

　インスペクタパイプ（Inspecta-Pipe）と称するドイツの特許（DD 293 631 A5）は，エキスパンダパイプ方式において生ずる間隙を漏れの検出とチェックに利用することを目標としている．これを装備した管渠スパンは，もはや漏れ検査が不要であり，同スパンは腐食防止されるとともにインライナの交換によって容易に補修することができ，排水条件の変化に容易に適合させることが可能である．

　間隙が充填されなければならない場合には，コイル管の拡張時に直接注入材を供給することができる．この注入材は，同時にインライナと管渠内壁との間の摩擦の低下に貢献する[5.3.2-186]．

　エキスパンダパイプ方式は，200〜700（1 200）の呼び径に外気温－5〜＋40℃にて200 mまでの補修距離に適用される[5.3.2-189]．文献[5.3.2-197]によれば，長さ50 mのRIB-LOCインライナの巻付けについては，到達マンホールでのその固定ならびに拡張に約3時間が要される．

　取付管の接続復元ならびに長所と短所に関しては，5.3.2.3.1の当該記述が当てはまる．

　エキスパンダパイプ方式のその他の詳細情報は，文献[5.3.2-121，5.3.2-192，5.3.2-196，5.3.2-197]に述べられている．

5.3.2.4. 現場製作・硬化管によるライニング

　プレハブ管または現場製作管によるライニングとは異なり，現場製作・硬化管によるライニングにあっては，補修さるべきスパンに既製のフレキシブルホースが挿入され，加圧下で内壁に圧接される．同ホースは，同所で前もってホース材料に加えられていた合成樹脂の反応によるか，またはホースシステムによって形成された環状空隙に事後的に注入される水硬性注入モルタルの反応によって硬化して自立式インライナとなる．

　このライニング方式の長所は，管渠のほぼあらゆる断面形状（1.3参照）および輪郭に

5. 補　　修

適応し得る点にある．以下の方式が区別される．
・ホース方式,
・ネップホース方式．

5.3.2.4.1　ホース方式

　ATV-M 143 Teil 3[5.3.2-7]は，ホース方式ないしホースリライニングを以下のように定義している．"支持体—これは膜コーティングされていてよい—からなるホースが反応性樹脂含浸されてマンホールを経て，水圧または空気圧によって管渠内へ反転し押込みされるか，またはウィンチで管渠内へ引き込まれる．硬化は，内圧下で常温時または加熱下，あるいは UV 光によって行われる．これによって継手なしのインライナが形成されるが，これは既存の管渠に密接していなければならず，同管渠と結合されることができなければならない"．

　ホース方式では，DIN に準拠した樹脂，支持体，強化材，添加剤が使用される[5.3.2-7]（DIN 18820[5.3.2-198]）．個々の成分の選択は，インライナのしわのできやすさ，樹脂の硬化から生ずる収縮挙動，強度特性に影響する．

　支持体として適しているのは，フェルト化，製織，編織もしくは編成され，膜で内外ともにコーティングされているガラス材料とポリマー材料である．しわ形成に関していえば，フェルトは，製織物または編成物よりもしわができやすい．インライナホースの生産に際しては—管渠内寸法は許容差を有し，この許容差はクロスホースの周方向伸長性によって補償されなければならず—，このことが考慮されなければならない．

　市場に出されている方式の数は，非常に多数である[5.3.2-51]．特に補修さるべきスパンへのインライナホースの挿入方法に応じて以下が区別される．

・反転(折返し)による挿入：現場成形(Insituform)方式，パルテム PAL(Paltem-PAL)方式，フェニックス(Phoenix)方式，インパイプ(Inpipe)方式．
・引込みによる挿入：KM インライナ(KM-Inliner)方式，コープフレックス(Copeflex)方式，ソフトライニング(Softlining)方式，ベロリナ・ライナ(Berolina-Liner)，パルテム S-Z(Paltem S-Z)方式，マルチライナ(Multiliner)．

　以上の他に，取付管のライニング用に開発されたホース方式が存在しこれについては以下に別の項で詳しく論ずる．方式としては，以下のとおりである．

・現場成形(Insituform)KAS,
・現場成形(Insituform)FAS,

・KMハウスライナ(Houseliner),
・ブラウォライナ(Brawoliner),
・コヌドゥア・ホームライナ(Konudur Home-Liner).

ただし，これらの方式については，これらの開発がまだ完了していないことから完全性は求められない．

すべての作業は，労働安全性の観点を考慮して(8.参照)実施されなければならない．インライナホースが工場で樹脂含浸され，内外フィルムまたは膜コーティングによって保護されるケースにあっては，溶剤の蒸発は防止される．注意すべきスチロール蒸気吸入問題が予測されるのは，管渠内へのインライナホースの挿入時，特にマンホールとの接合時である．こうした場合には，スチロールの空気中限界値が超えることがあり，そのため換気・通気対策または呼吸の保護が必要である．

樹脂含浸剤と皮膚，眼の接触は，スチロールが刺激性を有することから適切な保護装置によって個々防止される必要があろう．

硬化後にインライナ末端を切断する際にはかなりの粉塵が発生することから，この作業時には，呼吸保護器具の装着が必要である[5.3.2-199, 5.3.2-200]．

ホース方式による更生対策に際しては，インライナの取付け前後に広範な予備作業と最終作業，ならびに検査が行われる(**図 5.3.2-80**)が，これらについては以下に詳しく論ずる現場成形方式の項でその他の方式を代表して説明する．その他の詳細に関する文献は，[5.3.2-29, 5.3.2-31, 5.3.2-32, 5.3.2-34, 5.3.2-148, 5.3.2-201 〜 5.3.2-206]である．

(1) 反転による挿入

a．現場成形方式　最も古いホース方式は，1971年にイギリスで開発され，世界的に特許化された現場成形方式である．この方式では，フレキシブルな合成樹脂含浸されたニードルドフェルトホースが水圧により反転方式(折返し方式)で補修さるべきスパンに挿入される[5.3.2-207]．樹脂の硬化は，加圧下で反転時に利用された水を熱することによって行われる(**図 5.3.2-81**)．

b．適用範囲，前提条件　現場成形方式の適用範囲，前提条件については，5.3.2.2.1に述べた環状空隙のある鞘管方式の記述が基本的に当てはまる．

ただしメーカーによれば，それとは異なり，適用範囲は，反転距離600 m，呼び径100 〜 2 600に及んでいる[5.3.2-208]．反転距離とは，1作業工程で補修することのできる区間(ただし少なくとも1スパン)のことである．歩行可能な呼び径への適用可能性は，押し込まれるべきホースの重量と静的バックグラウンド条件によって制限される[5.3.2-7]．

5. 補　修

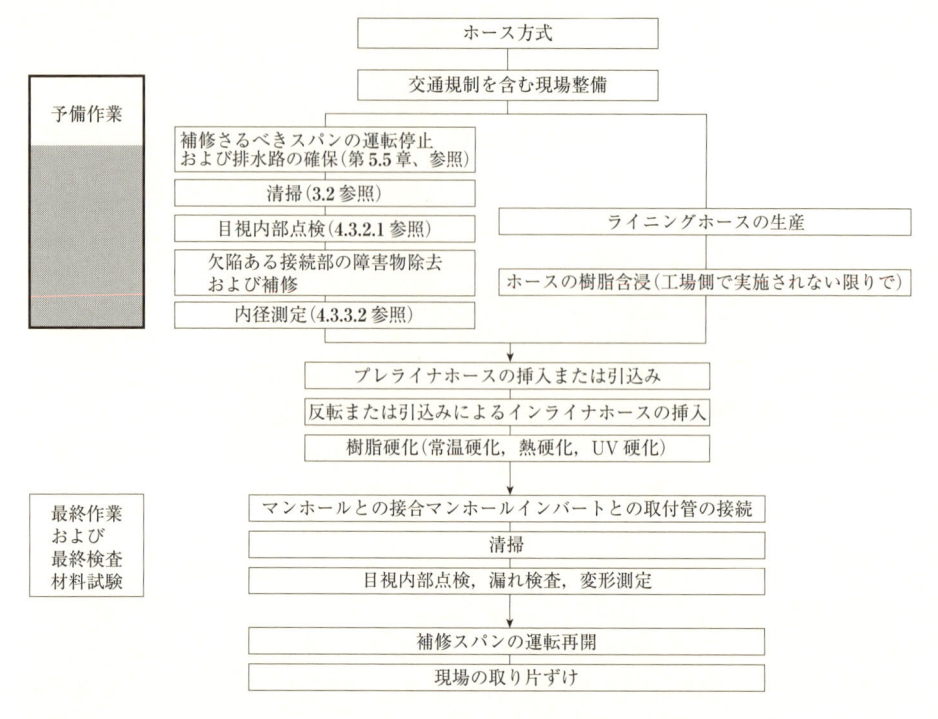

```
                    ┌─────────────────┐
                    │   ホース方式      │
                    └────────┬────────┘
                             │
                    ┌────────┴────────┐
                    │ 交通規制を含む現場整備 │
                    └────────┬────────┘
                             │
┌──────────┐   ┌─────────────────────────┐
│          │   │ 補修さるべきスパンの運転停止    │
│          │   │ および排水路の確保(第5.5章,参照)│
│          │   ├─────────────────────────┤
│          │   │ 清掃 (3.2 参照)            │
│ 予備作業  │   ├─────────────────────────┤   ┌────────────────────┐
│          │   │ 目視内部点検 (4.3.2.1 参照) │   │ ライニングホースの生産  │
│          │   ├─────────────────────────┤   ├────────────────────────────────────────┤
│          │   │ 欠陥ある接続部の障害物除去    │   │ ホースの樹脂含浸(工場側で実施されない限りで)│
│          │   │ および補修                 │   └────────────────────────────────────────┘
│          │   ├─────────────────────────┤
│          │   │ 内径測定 (4.3.3.2 参照)    │
└──────────┘   └─────────────────────────┘
                             │
                  ┌──────────┴─────────────────┐
                  │ プレライナホースの挿入または引込み │
                  ├────────────────────────────┤
                  │ 反転または引込みによるインライナホースの挿入 │
                  ├────────────────────────────┤
                  │ 樹脂硬化(常温硬化,熱硬化,UV硬化) │
                  └──────────┬─────────────────┘
┌──────────┐                │
│          │   ┌────────────┴──────────────────────┐
│ 最終作業  │   │ マンホールとの接合マンホールインバートとの取付管の接続 │
│ および    │   ├──────────────────────────────────┤
│ 最終検査  │   │ 清掃                              │
│ 材料試験  │   ├──────────────────────────────────┤
│          │   │ 目視内部点検,漏れ検査,変形測定       │
│          │   ├──────────────────────────────────┤
│          │   │ 補修スパンの運転再開                 │
│          │   ├──────────────────────────────────┤
│          │   │ 現場の取り片ずけ                    │
└──────────┘   └──────────────────────────────────┘
```

図 5.3.2-80：現場製作・硬化管によるライニング．ホース方式による管渠更生時のフローチャート

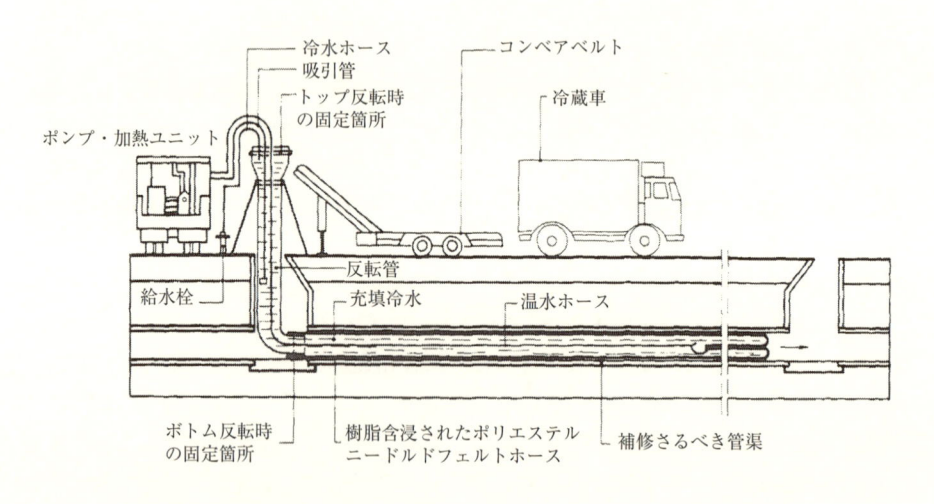

図 5.3.2-81：現場成形方式を例とした反転によるインライナホースの挿入 [5.3.2-127]

$R > 3D$ までの彎曲ならびに 45°までの屈曲は，メーカーによれば，なんら障害でなく，しわ形成を生じることはない．この方式では，補修さるべきスパンの断面変化は重大ではない．非円形管渠に際しても特殊な解決が可能である（図 5.3.2-82）．インライナは，既存の管渠壁面に密接することから，その断面形状は，補修さるべき管渠の断面と一致する．それゆえ当該損傷がある場合には，本来の断面形状からのずれが生じることがあり，このことが構造力学的判定に際し特に考慮されなければならない[5.3.2-7]．

図 5.3.2-82：ホース方式で補修された卵形管渠[5.3.2-127]

c．予備作業 現場成形方式は，既存の昇降マンホールから実施される．取付管を遮断し，補修区間を使用停止した後（5.5 参照），同区間は徹底的に高圧洗浄方式で清掃される．突き出た取付管，樹根，堆積物，その他の排水障害物が除去されなければならない．損傷種別―例えば，嵌め管の突出しもしくは引っ込み―に応じ適正な取付管接続復元のためのフライスロボット，またはパテ処理ロボット（左官ロボット）による予備処理が行われる必要がある．これは，比較的大きな欠損のある壁面部についても同様である（5.2.1 参照）．地下水の浸入は，プレライナが挿入されない場合には止水されなければならない．腐食が激しいか，または部分的ないし全面的に欠損した底部は，前もって補正されなければならない．インライナのしわ形成，長さ不足が生じないようにするため，補修さるべき管渠スパンは，長さ，内径ないし内周が正確に測定されなければならない[5.3.2-209]．

d．インライナの製造，取付け 反転されるインライナホースは，空気 85％，繊維 15％のニードルフェルトで構成され，反転後にインライナの内面を形成する外側は少なくとも厚さ 0.6 mm の PU 膜または PE 膜で気密・水密コーティングされている．PE コーティングの場合には，外側継目部は，液状 PE でシールされることから，継目なしの内側層が構成される[5.3.2-119]．

インライナの管厚は，静的必要に応じて最低管厚 4.5 mm ～ 48 mm まで 1.5 mm 間隔または 3 mm 間隔で構成することができる[5.3.2-127]．

ホースは，しわ形成を回避するため工場でその外周が補修さるべき管渠の内周よりも 5 ～ 8％小さく製造される．補修区間内で断面変化が生じる場合には，ホースをそれに合わせることが可能である．

樹脂の選択には，管渠使用中に予測される物理的，化学的，生物的，生化学的な負荷が考慮されなければならない．目下，複数の樹脂（ポリエステル樹脂，ビニルエステル樹脂，ビスフェノール樹脂，エポキシ樹脂）の選択が可能であるが，地方自治体の下

5. 補 修

水道分野では，標準樹脂として DIN 18820［5.3.2-198］に定める成形材料特性を具えた DIN 16945［5.3.2-210］および 16946［5.3.2-211］Teil 2，最低要件 タイプ 1130（または 1140 も可）に基づくイソフタル酸とネオプレンチルグリコールがベースの耐性不飽和ポリエステル樹脂が使用されている．

真空下でインライナホースに反応性樹脂を浸透ないし含浸させた後，同ホースは早期硬化を防止するため冷蔵車で現場に輸送される．

表 5.3.2-12 に UP 樹脂タイプの現場成形インライナの最も重要な特性データ一覧を示した．

表 5.3.2-12：UP 樹脂タイプの現場成形インライナの特性データ［5.3.2-127］

平均弾性率（短時間）	3 896 N/mm²
5％フラクタイル弾性率	3 107 N/mm²
長時間弾性率（50 年）*	3 107 × 0.52 = 1 616 N/mm²
構造力学的判定のための計算値	1 600 N/mm² < 1 616
平均曲げ引張り強さ σ_B	47.4 N/mm²
5％フラクタイル σ_B	39.9 N/mm²
長時間 σ_B（50 年）	39.95 × 0.52 = 20.8 N/mm²
構造力学的判定のための計算値	20.0 N/mm² < 20.8

* 検定ラボ P.Aarsleff A/S での 1 000 h 管頂圧力試験によれば，長時間値は短時間値の 52 ％に相当している（弾性率および曲げ引張り応力に当てはまる）．

大半の欧州諸国では，インライナホースの挿入前に基本的に PE 製の薄膜ホース―プレライナホースまたはプレライナとも称される―が挿入される．その目的は，以下を防止することである．

・硬化しなかった樹脂が土壌，地下水に滲出すること．
・いわゆる"過剰樹脂"が接続部に勝手に侵入し，それによって事後のフライス切削に問題が生じること．
・浸入地下水ないし高圧清掃洗浄水の残存によるホース外側での未反応樹脂の鹸化．

合成樹脂含浸されたインライナホースは，ボトム反転（呼び径 500 未満）の場合には，補修さるべきスパン前部のマンホールに設置される．いわゆる反転管を通して導入される［図 5.3.2-83(a)］．同ホースは，まず反転管の下側彎曲部で折り返されて固定され［図 5.3.2-83(b)］，その際，ホース内面が外面となる．

反転は，スペース上の理由から，いわゆるトップ反転（呼び径 500 以上）によっても行うことができる．この場合には，ホース始端の固定箇所が，マンホール上方に設置された反転架台の作業台上にある．

スペース上の理由で架台を設置することができない場合（例えば，架線が上方を横断していたり，あるいは建物の内部であったりする場合）には，いわゆる CHIP ユニット (Controlled Head Inversion Process) が使用される．これはシーリングシステムを具えた圧力タンクであり，これにより―加圧される内圧は 2 bar まで―ホースをエンドレスに挿入することが可能である．この装置は約 2 m の設置高さが必要である．

いずれの反転方法であっても，反転は，反転管に冷水を満たすことによって開始さ

5.3 更　生

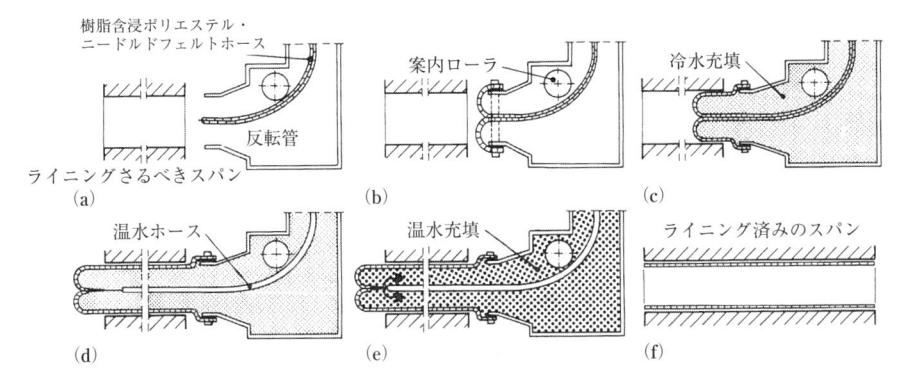

|樹脂含浸ポリエステル・ニードルドフェルトホース｜案内ローラ｜冷水充填｜
|反転管｜｜｜
|ライニングさるべきスパン｜｜｜
|(a)｜(b)｜(c)｜
|温水ホース｜温水充填｜ライニング済みのスパン｜
|(d)｜(e)｜(f)｜

図 5.3.2-83：現場成形方式の作業行程．ボトム反転(Kebaco Nord GmbH 社)［5.3.2-119］

れる［**図 5.3.2-83(c)**］．スパン内においてホースを 2〜4 m/min の反転速度で前進させ，補修さるべき管渠の内壁にホースの伸縮性を利用してホースを圧接し，ラミネートの十分な圧縮を保障するため，水柱は，連続的な補充を行うことによって前もって計算された高さに一定に維持される．

到達マンホールに達した後［**図 5.3.2-83(d)**］，水圧を保持しつつ，反転水を加熱することによって樹脂の反応が開始される(熱硬化)．このため冷水は，反転管の底部から吸引され，循環加熱ユニットによって温められ(樹脂タイプに応じて約 80 ℃まで)，連行された温水管を経て再び返送される［**図 5.3.2-83(e)**］．こうした循環は，硬化が完了するまで継続される．水は続いて約 30 ℃に冷えるまで管内に置かれる．この放冷プロセスは，重大な使用上の理由がある場合にのみ水交換によって加速することができる．

水を抜き去った後，硬化したホースの両端が切断され，反転管が昇降マンホールから取り外される［**図 5.3.2-83(f)**］．

e．最終作業，最終検査　　最終作業には，以下が含まれている(図 5.3.2-80，表 5.6-1，5.3.2.2.1 参照)．

・マンホールとの接合，
・マンホールインバートとインライナとの整合，
・取付管の接続復元．

既存の昇降マンホールへのインライナの接続(マンホールとの接合)は，通常，辺縁を保護する耐食性のスチールアングル［5.3.2-69］によるか，または合流管渠の端面にステンレスねじとペグで固定される．例えば GFK 製のカラー［**図 5.3.2-84(a)**］［5.3.2-212］によって行われる．インライナないしプレライナと管渠内壁との間の接触部は，基本的に耐久膨潤ゴム製の帯リングでずれを防止して止水される．

5. 補　修

　　自然流下管渠についても圧力管についても，いわゆる"機械的接合"が可能である．この場合，マンホールとライニングの水密接合は，エラストマシーリングと伸縮リングによって行われる．これは取付けが容易で，化学物質耐性を具えている．

　　インライナがマンホールを貫通して延びている場合には，インライナの管底と既存のマンホールインバートとの間の整合が適正に施工されなければならない[5.3.2-7]．この場合，硬化の完了したライナは，半円形状に切開され，GFK 手積み積層材，シール材，V4A ねじ，ペグでマンホールのステップに結合されなければならない．辺縁部は，弾性シール材で止水される．ステップ自体は，GFK 手積み積層材で保護される[図 5.3.2-84(b)]（5.3.2.5 も参照）[5.3.2-204]．

(a) マンホールとの接合
(b) マンホールインバートへのインライナの整合

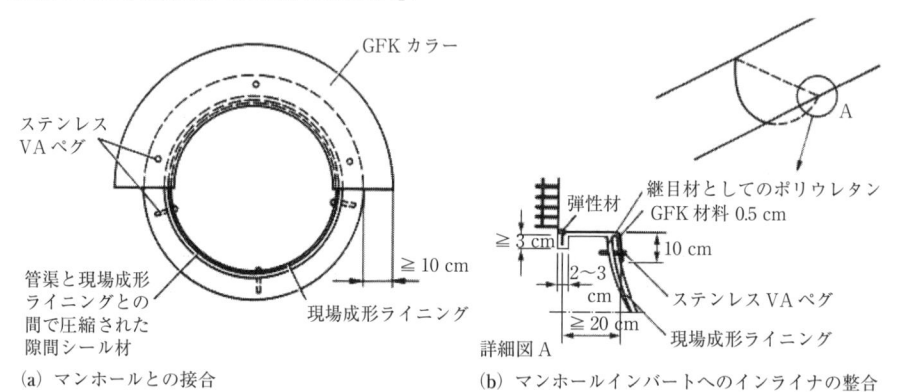

図 5.3.2-84：昇降マンホール内におけるインライナの接合（InsituformRohrsanierungstechniken GmbH 社）[5.3.2-208]

f．取付管の接続復元　　取付管の接続復元は，5.3.2.2.1 と同様に開削工法または非開削工法で行われる．本適用ケースでは，非開削工法が特に適当しているが，それは接続箇所を内部から比較的容易に見分けることができるからである．接続箇所ではインライナは外側に向かって若干膨らんでいることから，特別に開発された穴あけ器具，切断器具とフライス器具，さらにまた 5.2.1.6 に述べたロボットも管渠テレビカメラによって正確に位置決めすることができる[5.3.2-95]．最近の開発によれば，接続箇所の位置，寸法，形状は，テレビカメラかまたは組合せ式の測定・切断器具で直接把握され，電子的に記憶される．管渠のライニングが行われた後，切断器具が挿入され，記憶されたたデータに基づいて取付管の穿孔が行われる[5.3.2-213, 5.3.2-214]．

　　インライナは，いずれにせよ管壁と完全に結合されているわけではないことから，開口部では位置ずれ，旧管の腐食の危険が存在する．人力施工の場合には，成形材，プラスチックラミネートの塗布によってこの問題を対処することが可能である（**5.3.2.5**

も参照).例えば,昇降マンホールにおける異なった補修区間相互の結合も同様にして行われる.

現在では呼び径100以上の取付管の接続復元は,現場製作・硬化管による呼び径200以上の管渠のライニングの過程で帽子状の接続スリーブ—帽子形スリーブとも称される—を用いて行われるのが通常である[5.3.2-127].現場成形方式では,帽子形プロファイルとして長さ約40～45 cmのエポキシ樹脂含浸された鍔付きフェルトホースが使用される[図5.3.2-85(a)].取付けは,カメラ監視下で特殊パッカを用いて行われる.同パッカは,接続箇所に位置された後,水圧(空気圧)で膨張させられる.この時同時にパッカ本体に組み込まれていたサイドパッカが帽子形プロファイルとともに取付管内に嵌まり込む(5.2.3.3参照).この帽子形プロファイルは,熱硬化の間ずっと内圧によって既に補修済みの管渠内のインライナ,ならびに管壁に密着圧接される[図5.3.2-85(b)].ホース長さが約40～45 cmあることにより取付管内の危険箇所としての最初のソケット継手を保護することができる[図5.3.2-85(c)](5.3.2.2.1も参照)[5.3.2-215].

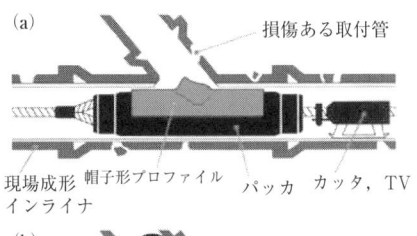

上記作業,清掃,検査の完了後,管を再び使用再開することができる

g.検査 リライニング対策の過程で文献[5.3.2-5,5.3.2-8]に基づき,かつ文献[5.3.2-106]に依拠して以下の検査と自己監視対策を実施し,記録しなければならない.
・補修さるべき管渠区間の清掃,点検,測量,内径測定のチェック,記録.
・即時取付け可能なインライナホースのメーカ,樹脂,支持体,樹脂配合,直径,管厚,長さ,ならびに試験結果を記載したインライナホースの初期チェック.
・輸送温度,貯蔵・保管温度の記録(方式に応じて).
・牽引力記録器(できるだけ自動)によるプレライナホース,インライナホース引込み時の牽引力の記録,および牽引力制限のチェック(この項目は反転方式の場合には不要である).

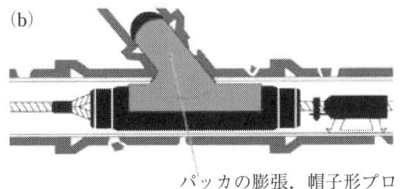

図5.3.2-85:帽子形スリーブによる取付管の接続復元[5.3.2-215]

5. 補　修

- 硬化プロセスは，ATV に基づき測定器によって監視され，記録される．これは温水の流出，環流時の温度，温度推移のチェック，ならびに時間に応じたインライナホース内の温度推移，圧力推移のチェックによって行われる（方式に応じて）(ATV-M 143 Teil 3[5.3.2-7])．

　　光硬化方式の場合には，温度水位，速度，および UV 灯の数が記録されなければならない．
- 硬化後の材料サンプルの採取，曲げ強さ，弾性率，管厚，吸水性等の特性値の記録，ならびにこれらの検査結果と構造力学計算との比較．
- 水または空気を用いた DIN 基づく水密性検査(4.5.1 参照)，あるいは発注者の要求に応じた水密性検査(DIN EN 1610)．
- 取付管にかかわるフライス作業の監視．所要のすべての接続箇所が専門的に適正に穿孔された旨の確認を含むフライス記録，TV 監視．
- 場合により必要となる清掃を行った後の補修済み管の目視内部点検，変形測定．

h．所要人員，装備　　本方式の施工所要時間は，反転長さに依存することが比較的少ない．補修区間ないし補修距離当りの施工所要時間は，同区間長が 50 m であれ 500 m であれ 1～2 日である．作業は，常に昼夜交替で行われる．休憩は不規則であり，作業の進捗に応じて差し込まれる．

　　作業の実施には，寸法，ホース長さに応じて約 3～5 名が必要である．

　　装備は，基本的には以下の機器が含まれている．
- 冷却槽，
- 加熱・ポンプユニット，
- 反転架台または CHIP ユニット，
- 場合によりベルトコンベア，
- ドリルロボットまたはフライスロボットを具えた TV 回転ヘッドカメラ，
- 場合により取付管補修装置．

i．判定　　現場成形方式の長所は，以下のとおりである．
- 工期が短いこと(補修区間当り約 1～2 日)．
- 作業を既存の昇降マンホールから実施し得ること．この場合には，土木工事は不要である．
- 管材料に依存せず，断面形状からも任意性がある．
- 通常，100 以上の歩行不能呼び径(防食対策としては呼び径 2 600 までも可)，600 m までのスパン距離に適用可能である．
- 合成樹脂を適切に選択することにより様々な化学的負荷に適応可能である．

- 管の屈曲，曲り，変形は，技術上重大ではない．
- 取付管の接続を非開削工法で行うことができる．
- 環状空隙充填は不要である．
- 環状空隙のあるプレハブ管によるライニングに比較して断面積減少が少ない．
- プレライナを使用する場合には，それによって取付管，空洞または地下水への樹脂流出が防止される．
- 選択されたインライナ管厚に応じ補修されたスパンの静的耐荷力が回復される．
- 管継手がない．

以下にあげる短所は，すべてのホース方式に一般に当てはまるものであり，現場成形方式のみに固有なものではない．

- 取付管を含めた補修さるべきスパンの使用停止が必要である．
- インライナの屈曲，曲り，過度に急速な引込み，ならびに膨張時にしわ形成が生ずる．
- インライナの内側輪郭は，その管厚に応じ補修さるべき管渠の輪郭に沿わされてしまう．
- 現場での樹脂含浸が不適切な場合には，空気封入，毛管形成が生じ，これによりインライナの不良性がもたらされ得る．特に危険な箇所は継目部である．
- 過剰な樹脂の点状集積による泡形成の危険がある（これはプレライナが使用される場合には当てはまらない）．
- インライナの剛性は，円形に大きく依存していることから，円形からのずれ，例えば管渠が変形している場合の偏平化は静的制限をもたらすこととなる．これは，比較的大きな管壁欠損箇所を塞ぐインライナについても同様である．
- インライナの耐荷挙動は，補修さるべき管渠スパンの基礎条件に依存している[5.3.2-7]．

現場成形方式により，200〜1 000の呼び径において，既設管と同等の新管による開削更新に比べ60〜80％の費用節減を実現することが可能である．

j．Paltem-PAL方式　1981年に日本で導入されたPaltem工法[5.3.2-218]は，ガス管，給水管，管渠のライニング用に様々なバージョンが供されている．

下水分野向けに考えられたインライナホースは，以下の構造を有している（**図 5.3.2-86**）．

- エラストマ保護被膜（ポリエステル，ポリウレタン），
- ポリエステル繊維製のシームレス製織支持体ホース，
- ポリエステル繊維製，グラスファイバ製の外側フェルト層．
- グラスファイバ含有量は，インライナの内圧荷重と外圧荷重に応じそれぞれの適用

5. 補　修

ケースに適応させることができる．補修さるべきスパンに屈曲，曲がりがある場合には，伸縮糸を使用することによりインライナの柔軟性を高めることができる［5.3.2-216］．

ライニングホースの含浸は，オプショナルに低粘性のエポキシ樹脂またはポリウレタン樹脂で空気封入を避けるため低圧下で行われる．硬化したインライナには，樹脂，グラスファイバ含有量に応じ，以下の材料特性値が確認される［5.3.2-216］．

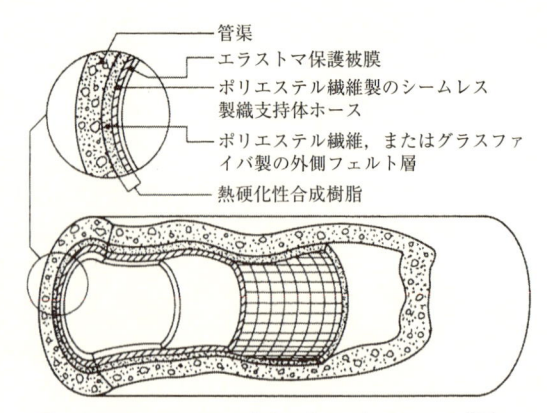

図 5.3.2-86：Paltem-PAL 方式．インライナホースの構造［5.3.2-218］

- 引張り強さ　　　　　　$20 \sim 80 \, N/mm^2$
- 曲げ引張り強さ　　　　$120 \sim 150 \, N/mm^2$
- 弾性率　　　　　　　　$4\,000 \sim 5\,000 \, N/mm^2$

ライニングホースの準備，取付け，後処理には，現場成形方式の記述が当てはまる．この場合，ホースの反転は，圧縮空気により約 $25 \, kN/m^2$ までの圧力で行われる．管渠が真っ直ぐに延びていない場合（例えば，伏越し）には，反転プロセスを支援するため前もってさらに牽引ベルトをホース内に通しておくことができ，同ベルトは到達マンホールのウィンチに接続される［5.3.2-217］．

樹脂含浸されたインライナホースの硬化は，周囲温度下でも連行される穴あき加熱ホースを介した蒸気供給によっても行うことができる．後者の場合には，管渠は続いて空気または水で冷却される．本方式は，呼び径 $100 \sim 1\,000$ までの管渠に適用することができる．最終作業，検査，方式の判定に関しては，現場成形方式の記述が当てはまる．

k．Phoenix 方式　　Phoenix 方式は，日本で発祥したものであり，これは元来ガス管の耐震ライニングを目的として開発されたものであった．この方式は，改良され，欧州標準に適合された形態で，ドイツにおいては，呼び径 $150 \sim 1\,000$ の円形断面，同様な呼び径の卵形その他の断面を有した，あらゆる管材料製の自然流下管渠の補修に使用されている．長さ 500 m までの補修区間を呼び径に応じ 1 作業工程でライニングすることが可能である．管厚は，外部から作用する荷重に合わせて $1.5 \sim 12$ mm の範囲内で調節することができる［5.3.2-112，5.3.2-115，5.3.2-118，5.3.2-145，5.3.2-219，

5.3.2-220].

　この方式で使用されるホースは，ナイロン糸，ポリエステル糸でシームレス製織され，下水分野での使用にあたってはPEコーティングが付される[図 **5.3.2-87**(a)]．これは，補修さるべき管渠スパンの呼び径許容差を補償するため半径方向に伸長することができる．長手方向の延伸は，製織法に制約されて不可能である[5.3.2-221]．

　使用されるエポキシ樹脂は，メーカーによれば，湿った下地に対しても高い接着力（サンドブラストされた面で約 $1.2\,N/mm^2$）を有する点，および収縮傾向がわずかな点で優れている．

　エポキシ樹脂含浸されたフレキシブルなインライナホースは，既存の昇降マンホールを経て反転方式により約 $3\,m/min$ までの反転速度で圧縮空気を利用して補修区間に挿入される．樹脂の硬化は，加圧下で過熱蒸気を循環することによって行われる（図

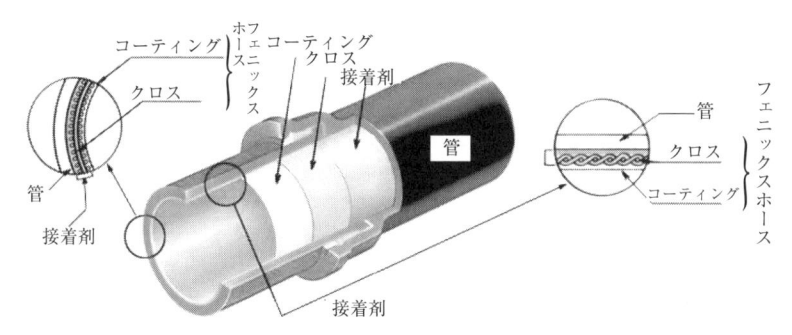

(a) インライナホースの構造

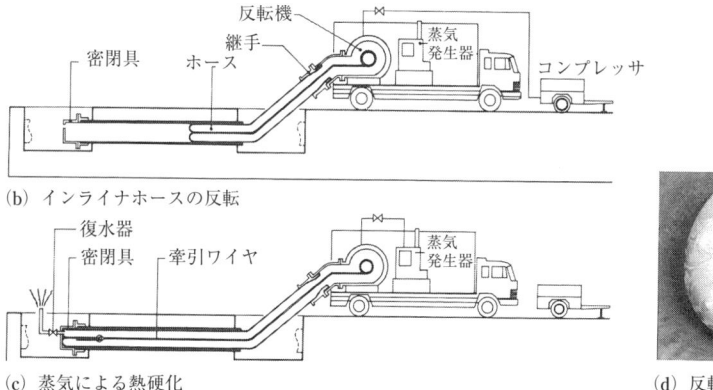

(b) インライナホースの反転

(c) 蒸気による熱硬化

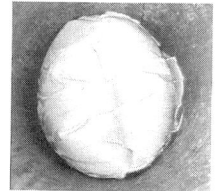

(d) 反転中のインライナホースの状態

図 **5.3.2-87**：Phoenix 方式[5.3.2-220]

5.3.2-87).

　メーカーによれば約45°までの方向転換は問題なく行うことができ，半径が十分なもの（> 3D）である限り同じく90°彎曲も問題はない［5.3.2-115］．これらの場合には，空気圧を引き上げる必要がある．樹脂の硬化時間は，インライナの長さ，呼び径，管厚に応じ3〜4時間である［5.3.2-221］．

　メーカーによれば，補修対策に要する時間は約8時間であるが，これには所要最終作業に要される時間は含まれていない．

Ⅰ．Inpipe方式　　特許化されたInpipe方式［5.3.2-222］は，ドイツでは1989年以来，150〜300（外国では400まで）の呼び径，100mまでのスパン長さに使用されている［5.3.2-139］．

　特徴をなしているのは，シームレス多層ホースであり，これは特殊方法でエンドレスグラスファイバから作られ，リング剛性を向上させるため内側に単層または複層のグラスファイバマットが張られている．このEガラスまたはECRガラスからなる多層ホースの内側，外側は，耐スチロール複合膜によって密封されている．最終状態では，吸収さるべき荷重に応じ5〜18mmの管厚が実現される．工場でのグラスファイバ層含浸には，光硬化性ポリエステル樹脂が使用される．

　光を通さない輸送車両で現場に供給された多層ホースの取付けは，既存の昇降マンホールを経て反転方式により約1.5m/minの反転速度で圧縮空気を用いて行われる（図5.3.2-88）．反転プロセスと同時に牽引ワイヤが引き込まれる．これにより光硬化に必要な6個のランプからなるランプ列が引き続き加圧下にあるインライナホースを通して30m/hの速度で牽引される．

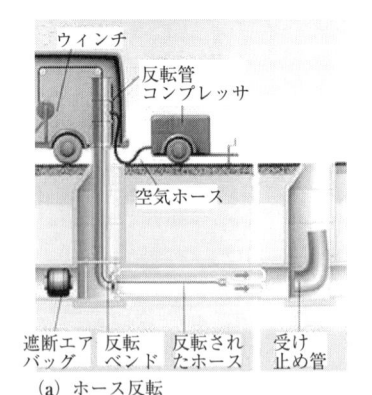

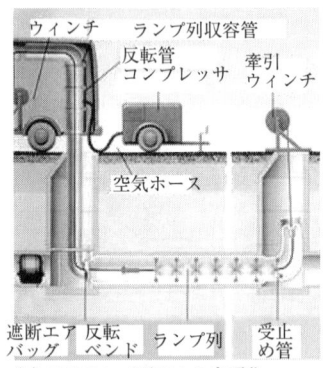

(a) ホース反転

(b) UVランプ列による光硬化

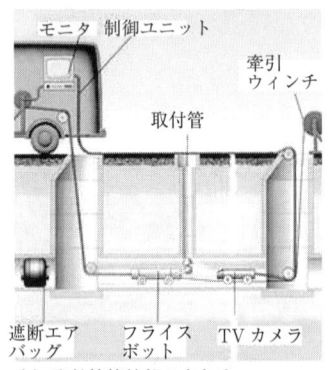

(c) 取付管接続部の穴あけ

図5.3.2-88：Inpipe方式の作業工程［5.3.2-139］

(2) 引込みによる挿入

a．KM-Inliner 方式（日本名オールライナ）　　KM-Inliner 方式は，1985 年に Kanal-Müller-Gruppe[5.3.2-96，5.3.2-223]によって開発され，特許化された（Patent-N0.3513956）．この方式は，長さ 200m まで，呼び径 100～1 500 に材料，断面形状に関わりなく使用される（ただし，卵形断面については 250/375 以上）[5.3.2-54，5.3.2-224]．

文献[5.3.2-96]によれば，標準ホース支持体は，空隙率 80％のポリエステルニードルドフェルトおよび厚さ約 0.5 mm の外側の拡散防止 PE コーティングで構成されている．必要に応じインライナホースの耐荷力を向上させるためグラスファイバを使用することができる．それは，このホースの引込みに際しては反転方式の場合と異なり曲げ応力が生じないからである．前記コーティングは，プレライナの機能を果たし，インライナを管渠壁面から分離する（現場成形方式も参照）．単層タイプにあっては 6～21 mm の管厚が可能である．それより厚い 21～30 mm までの管厚は，多層ホースによって実現される．しわ形成を回避するため，インライナホースは，工場でその外周が補修さるべき管渠の内周よりも 2～3％小さく製造される[5.3.2-96]．

インライナホースの浸透ないし含浸に使用される標準樹脂は，熱反応性 UP 樹脂（イソフタル酸ポリエステル樹脂）であり，これは高度な化学耐性の点で優れている．硬化後の物理的特性の向上と収縮の防止を目的とし UP 樹脂に不活性充填剤を添加することができる．特別な場合にはオプショナルにエポキシ樹脂，ビニルエステル樹脂も使用することが可能である．後者はとりわけ高腐食性の下水，地下水または汚染が予測される場合に使用される．

工場側で含浸され，冷蔵車で供給されたインライナホースは，予備作業の完了後，ワイヤウィンチを使用して昇降マンホール（発進マンホール）を経て補修さるべき使用停止された管渠スパンに引き込まれる[**図 5.3.2-89**(a)]．到達マンホールでインライナホースを耐圧固定した後，インライナホースの膨張，管渠壁面への圧接密着が 0.6 bar の水圧によって反転挿入される厚さ 1 mm のキャリブレーションホースによって行われる[**図 5.3.2-89**(b)]．樹脂の硬化は，圧力の保持下で反転用に注入された冷水を約 80 ℃に加熱すること（熱硬化）によって行われる[**図 5.3.2-89**(c)]．その際，標準タイプのインライナは，平均で 2 800 N/mm^2 の弾性率，38 N/mm^2 の曲げ強度を実現する．

キャリブレーションホースは，内側が PE コーティングされたポリエステル・ニードルドフェルト製である．樹脂含浸されたインライナホースにキャリブレーションホースが圧接されることにより強度な材料結合が生み出され，その結果硬化後に 4 層ホースが形成されることとなる．

外側保護層と内側保護層との間に樹脂が液密・気密埋め込みされることにより膨張

5. 補 修

プロセス中に樹脂が接続部に流出したり，管渠の漏れを通じて周囲土壌中に流出することはない．樹脂と水との間の接触の回避，樹脂と管渠壁面との間の接触の回避によって汚染，化学反応によって生じる被害が排除される．さらに算定された管厚は，反転圧力過大時に樹脂が取付管，空洞に流出することによって減少することもない．

メーカーによれば，しわ形成は，キャリブレーションホースの作用態様により技術上防止されている．

必要な最終作業と最終検査は，現場成形方式のそれと同じである．

本方式による補修対策に要される時間は，スパン長さ，接続さるべき取付管の数によって決定される．したがって，取付管の存在しない長さ100～300mまでの補修区間の補修には1日しか必要としないが，取付管が5～6本存在する同等な長さの区間の補修には約4～5日が必要である．所要時間は，下水排水対策の確保(**5.5** 参照)，取付管の再接続対策によってさらに長いものとなる．

本方式の判定に関しては，現場成形方式の項で述べた長所と短所が当てはまる．

b．Copeflex 方式　Copeflex 方式は，フランスの Copetanche 社[5.3.2-228]によって開発され，およそ1979年以来 KRT フレックスホースリライニングまた半レックス KRT システムの名称でも利用されている[5.3.2-225，5.3.2-226]．この方式は，断面形状，管材料に依存していない．この方式は，円形断面については呼び径100～1500と呼び径に応じた125mまでのスパン距離に適用される[5.3.2-227，5.3.2-228]．

支持体材料としては，電熱線を組み込んだガラスフリース，ガラスクロス製の既製ホースが使用される．内側半リースコートされた PVC 製または PE 製のシーリング膜

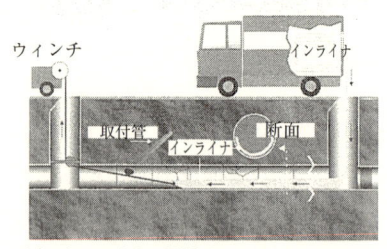

(a) インライナの引込み

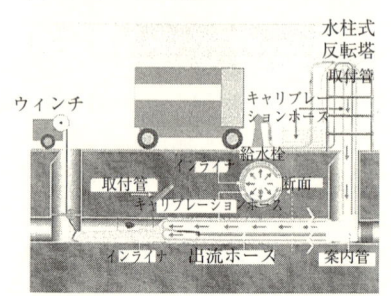

(b) キャリブレーションホースの反転とキャリブレーション

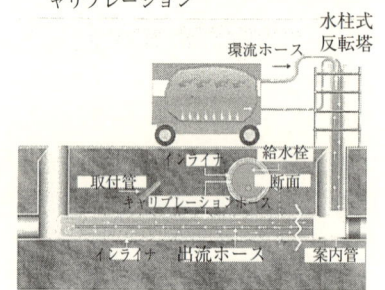

(c) 熱硬化

図 5.3.2-89：KM-Inliner 方式を例とした引込みによるインライナホースの挿入（KMG-Deutschland）[5.3.2-96]

5.3 更　生

を具え，外側シールは厚さ 1.5 mm の PVC シートで構成されている．このように構成された多層ホースの管厚は，呼び径と荷重に応じ 6.0 ～ 8.5 mm とすることができる．

支持体材料への含浸には，種々のエポキシ樹脂系が使用される．

工場で製造され，ロール巻で現場に輸送されるインライナホースは，すべての予備作業が完了した後，昇降マンホールを経てワイヤウィンチで補修区間に引き込まれ，続いて空気圧または水圧で膨張させられて管渠内壁に圧接される．樹脂の硬化は，圧力の保持下でガラスフリースに組み込まれた電熱線による電気抵抗加熱によるか，または温水で行われる．硬化に要する時間は，約 4 ～ 6 時間である[5.3.2-229]．

最終作業と最終検査，方式の判定については，現場成形方式の記述が当てはまる．

c . Softlining 方式　　Softlining 方式の最初の適用は 1985 年である．この方式は，管材料に関わりなく呼び径 150 ～ 1 000 の円形断面と呼び径に応じた 200 m までのスパン長さに適用される．同等な卵形断面のライニングも可能である．

支持体材料としては，内外に保護膜を具えたグラスファイバ，場合により合成繊維製をオーバーラップされた各シートから合成された既製ホースが使用される（図 **5.3.2-90**）．各シートのオーバーラップは，この多層ホースの延性を 10％以上に調整し得る

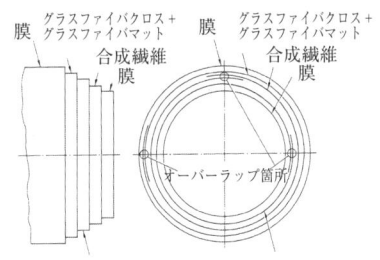

図 5.3.2-90：Softlining 方式[5.3.2-230]

(a) インライナホースの構造

(b) インライナホースの UV 硬化用光源

長所を供する．9 mm 以下の管厚については，ガラスからなる支持体材料が使用される．こうしたバリエーションが可能であることにより，ホース構造を荷重に応じて公称剛性 SN 2 500，SN 5 000，SN 10 000 N/mm^2 に合わせることができる[5.3.2-230]．

インライナホースへの浸透ないし含浸には，通常，ネオペンチルグリコール（ISO-NPG）を使用したイソフタル酸ベースの光硬化性ポリエステル樹脂が使用される．排水温度が高い工場排水分野では，これはビニルエステル樹脂に交換される必要がある．

工場側で製造され，UVA 遮光シートを具えた特別なライナパレットで現場に輸送されたインライナホースは，すべての予備作業と保護対策としてのプレライナの挿入が

完了した後，ワイヤウィンチを用い昇降マンホールを経て補修区間に引き込まれる．この支持体ホースの中に反転法により圧縮空気でキャリブレーションホースが挿入され，これが支持体ホースを膨張させて管渠内壁に圧接させる．樹脂の硬化は，約 0.5 bar の圧力の保持下で UVA 灯 [図 5.3.2-90(b)] によって行われる．硬化速度は，管厚に応じ約 30～50 m/h である．

Berolina ライナは，Softlining 方式に非常に類似している．この方式では，インライナホースは，引込み後に両端がパッカで密閉されて圧縮空気によって膨張させられ，管渠内壁に圧接される．光硬化が完了した後，多層ホース内に組み込まれていた内側保護膜（キャリブレーションホース）が取り除かれる [5.3.2-231]．

Paltem S-Z 方式 [5.3.2-121, 5.3.2-232] とマルチライナ [5.3.2-233] は，同じ原理に基づいている．いずれの場合にも，オーバーラップして製造された UP 樹脂含浸多層ホースは，圧縮空気で膨張させられ，約 70 ℃ないし 110 ℃の熱蒸気の供給によって硬化される．図 5.3.2-91 は各作業工程を示したものである．

メーカーによれば，Paltem S-Z 方式は，目下のところ，呼び径 750 までの卵形断面，円形断面の管渠で，150 m までのスパン長さに適用することが可能である．

(3) 取付管のライニング

以上に述べたホース方式は，基本的に取付管のライニングにも利用することが可能である．これに使用されるホースは，施工上ならびに経済上の理由から，通常，周囲温度で硬化が進行する常温硬化系か，または熱硬化系の含浸が行われる．その際，UP 樹脂も EP 樹脂も使用される．エポキシ樹脂は，特に臭気公害が防止される必要があり，ホースと旧管渠壁との接着が望ましい場合に使用される [5.3.2-127]．

表 5.3.2-13 に実用化されている方式の一覧をそれらの技術的比較とともに示した．

a．現場成形 KAS（通常の取付管補修）　　現場成形 KAS 方式は，先に説明した現場成形方式と基本的に一致している．UP 樹脂または EP 樹脂が含浸された既製ニードルドフェルトインライナホースの反転には，昇降マンホールか，または建物内における同等な広さの空間が常に必要である．スペース上の理由から，反転架台に代えて含浸済みインライナホースを収容した密閉された円筒形圧力容器か，または圧力ホースが使用される．インライナホースは，そこから圧力（水圧または空気圧）で取付管内に反転挿入される．樹脂の硬化は，圧力を保持しつつ周囲温度下（常温硬化系）で行われる．このプロセスは，熱供給（例えば，蒸気による）によって 3～4 時間に短縮することが可能である．

補修区間の終点が接近不能な場合（例えば，作業方向が建物内の清掃穴から道路埋設

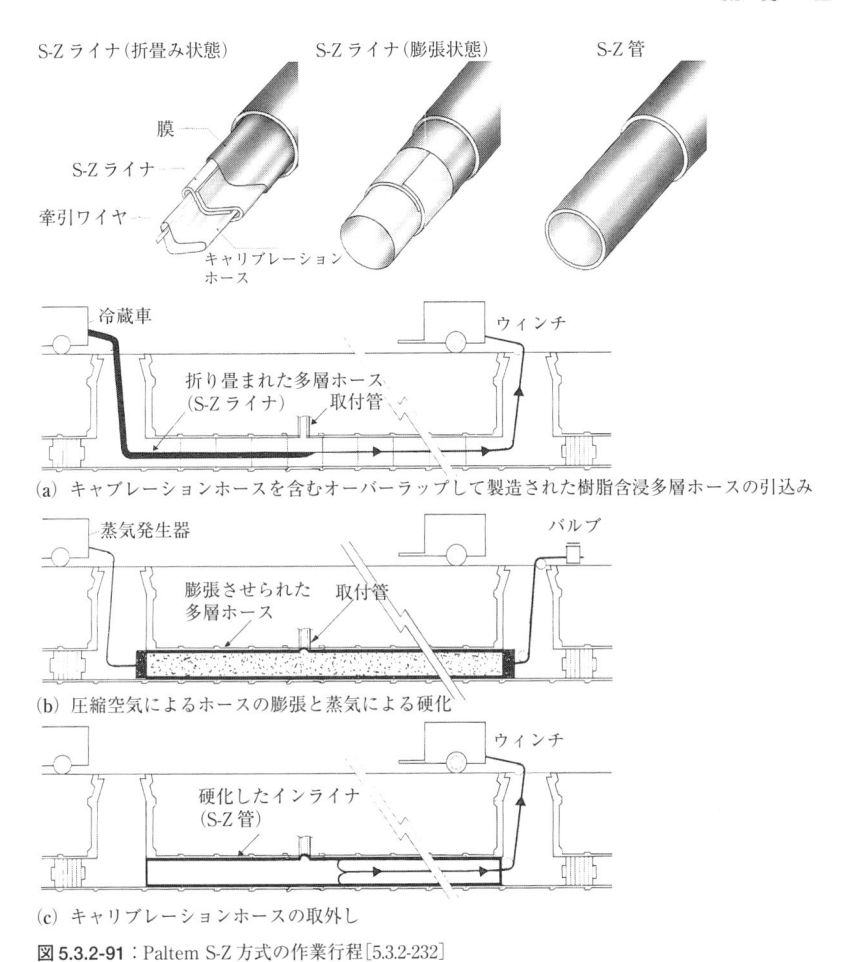

S-Z ライナ(折畳み状態)　　S-Z ライナ(膨張状態)　　S-Z 管

膜
S-Z ライナ
牽引ワイヤ
キャリブレーションホース

冷蔵車
ウィンチ
折り畳まれた多層ホース (S-Z ライナ)
取付管

(a) キャブレーションホースを含むオーバーラップして製造された樹脂含浸多層ホースの引込み

蒸気発生器
バルブ
膨張させられた多層ホース
取付管

(b) 圧縮空気によるホースの膨張と蒸気による硬化

ウィンチ
硬化したインライナ (S-Z 管)

(c) キャリブレーションホースの取外し

図 5.3.2-91：Paltem S-Z 方式の作業行程[5.3.2-232]

管渠に向かっている場合)には，バックアップホースまたはキャリブレーションホース—これは硬化完了後に引き抜かれ，接続部に穴あけされたインライナが後に残される—が使用される．

b．現場成形 FAS(遠隔制御式取付管補修)　　現場成形 FAS 方式は，帽子形プロファイル技法を改良したものであり，直接に管渠から施工することができる．この場合，取付装置が圧力ホース—このホースにはバックアップホース内に引き込まれた UP 樹脂含浸インライナホースが収容されている—と接続される．インライナホースの端部には，プラスチック成形材(鍔)が取り付けられており，同成形材は，モジュールの膨

5. 補　修

表 5.3.2-13：文献[5.3.2-51]に準拠した非開削工法による取付管ライニング方式一覧

名称		現場成形 KAS [5.3.2-127]	現場成形 FAS [5.3.2-127]
材料：ホース樹脂		合成フェルト UP または EP	合成フェルト EP
取付け方法		(熱硬化)/常温硬化	熱硬化
作業方向	下水管渠―私有地境界	否	可
	下水管渠―マンホール	否	可
	下水管渠―建物(点検孔)	否	可
	マンホール―不動産境界	可	可
	マンホール―私有地境界	可	可
	建物(点検孔)―下水管渠	可	可
	作業距離範囲[m]	30	15
	最小呼び径　下水管渠：呼び径[mm]	≧ 250	≧ 250
	取付管, 基礎管	150	150
	ポジション 取付管, 連結角度[時計針範囲/°]	0 ～ 12/0 ～ 90°	9 ～ 3/45 ～ 90°
	組入れ可能ベンド[本/°]	2 ～ 3/最大 45°	2 ～ 3/最大 45°
	取付け後の断面減少[mm]	5 ～ 10	5 ～ 6
	下水スパン の排水停止の必要性	なし	なし
	下水流停止の必要性	あり	あり
	適用開始年度	1984	1994

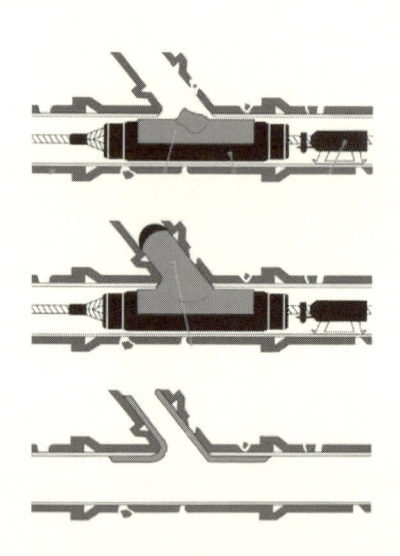

＊ 記載なし

図 5.3.2-92：現場成形方式による遠隔制御式取付管補修（FAS）[5.3.2-215]

張可能部分の外側に固定される．管渠テレビカメラにより補修さるべき取付管の前に取付装置を設置した後，バックアップホースは，圧縮空気によりインライナホースを連行しつつ補修区間に反転挿入される(**図 5.3.2-92**)．最終的な硬化は，数時間内に完了することから，取付管の補修には約 3 ～ 4 時間が要される．メーカーによれば，このシステムにより呼び径 200 ～ 600 の管渠から長さ 10 ～ 15 m までの呼び径 150 の取付管を補修することが可能である[5.3.2-127, 5.3.2-215]．

c．KM ハウスライナ　KM ハウスライナ方式のインライナホースは，厚さ約 3 mm のグラスファイバ編織ホースであり，同ホースには，現場において携帯式圧延装置により特に湿潤下地への接着を意図した常温硬化性エポキシ樹脂

5.3 更　　生

KM ハウスライナ [5.3.2-96]	Braw ライナ [5.3.2-236]	Konudur ホームライナ [5.3.2-237]
ガラス EP/PU	ポリエステル EP	ポリエステルフェルト/ ガラス/PEEP
熱硬化/常温硬化	常温硬化	熱硬化/常温硬化
否	—*	否
否	—*	否
否	—*	否
可	可	可
可	可	可
可	可	可
25	—*	10 〜 13
> 200		—*
100 〜 200	100 〜 200	100 〜 600
0 〜 12/− 90°	0 〜 12/− 90°	0 〜 12/− 90°
最大 5°	最大 90°	最大 67°
10	—	3 〜 5
なし	なし	
あり	あり	
1995	1997	1995

の含浸が行われる［図 5.3.2-93(a)］．過剰な樹脂は，亀裂，不良なソケットに浸入し，これによってインライナと取付管との伸縮的結合の形成を支援することとなる［5.3.2-234］．

インライナホースとキャリブレーションホースは，圧力室内でドラムに巻き付けられる．同室から昇降マンホールまたは清掃孔を経て 0.6 bar の圧縮空気によって取付管への反転挿入と管壁へのインライナホースの圧接が行われる．常温硬化（約 2 時間）の完了後，キャリブレーションホースは再び取り除かれる．

(a) 移動式樹脂含浸装置　　(b) マンホールからのハウスライナの反転

図 5.3.2-93：KM ハウスライナ［5.3.2-96］

5. 補　修

文献[5.3.2-96]によれば，この方式は，呼び径100〜200の取付管の補修に適している．90°までのベンドはなんら障害となるものではない．

d．Brawoライナ方式　　Brawoライナ方式は，当初は外側にある一体化された膜ホースを具えた常温硬化性エポキシ樹脂に含浸された100％ポリエステル製の支持体ホースを基礎としている．これは，メーカー[5.3.2-235]によれば，曲率半径が小さく，彎曲が90°までの呼び径100〜200の取付管のしわ形成のないライニングを目的として特別に開発されたものである．インライナホースの取付けは，圧縮空気による反転方式で行われる．

e．Konudurホームライナ方式　　1995年から使用されてきているホームライナには3つのバリエーションがあり，種々のエポキシ樹脂を含浸させることのできる厚さ約3〜5mmのグラスファイバ外装式ポリエステルニードルドフェルトホース，PE分離膜付きのシリコンキャリブレーションホースで構成されている（図 5.3.2-94）[5.3.2-236]．

第一のバリエーション—プルライナとも称される—では，同時に含浸を行いつつ昇降マンホールまたは掃除孔を経てインライナホースを引き込むことによって取付けが行われる．0.8〜0.9 barの圧縮空気によるキャリブレーションホースの膨張によってインライナホースは管渠内壁に圧接される．膜とキャリブレーションホースは，圧力保持下で進行する6〜24時間の硬化時間を要する常温硬化の完了後に取り除かれる．

第二のバリエーションでは，ポリウレタンコートされたポリエステルニードルドフェルトが支持体材料として使用され，これが小口径の場合には空気により，呼び径が

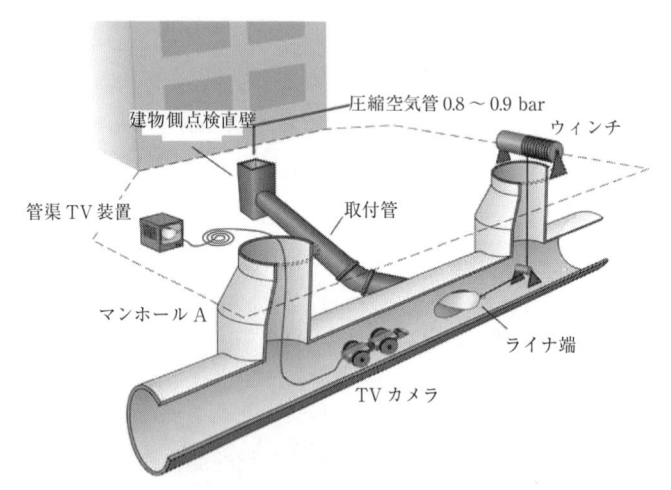

図 5.3.2-94：マンホールを介したインライナホースの引込みによる取付管のライニング（ホームライナ方式）[5.3.2-118]

比較的大きい場合には水によって反転挿入される．この場合，呼び径150以上については67°の彎曲通過が達成される．

第三のバリエーションでは，特別なエポキシ樹脂が使用される結果，インライナは80℃―この熱は空気または水の形で供給される―にて2時間で硬化する．

インライナは，道路等の埋設管渠との接続部で段差なしに接続し，長さの裁断は建物側で必要となるだけである．

Konudurホームライナは，メーカーによれば，呼び径100～600の管渠のしわ形成の生じないライニングを目的としている[5.3.2-237]．長さ約10～13 mの2本の取付管を3名の要員によって1日で補修することができる[5.3.2-118]．

5.3.2.4.2　ネップホース方式

ネップホース方式を代表するのは，目下のところ，Troliningシステムである[5.3.2-238]．

この方式では，1本もしくは複数本の長さと断面形状の点で既製のPE-HDホースが補修さるべきスパンにウィンチを用いて引き込まれ，圧力によって内壁に圧接される．内側ホース―これは，この後に補修された管渠のインバートを形成する―は，裏面にネップを具え（このために以下ではネップホースとも称される），旧管または先に取り付けられたPE-HDホースに対するスペーサとして機能する．ネップは，水硬性注入モルタルで充填される環状空隙を決定する．環状空隙充填材とネップホースは，静的耐荷力ある合成システムを形成する．

取り付けられるPEホースの数，種類に応じ基本システム，プレライナシステム，コントロールシステムが区別される．また要件に応じ，これ以外のシステムバリエーションも可能である．

a．基本システム　　基本システム[図5.3.2-95(a)]では，長さと断面形状の点で既製のPE-HDネップホースのみが補修さるべきスパンに挿入され，内圧を加えて管壁に圧接される．ネップによって形成される環状空隙は，注入モルタルで充填される．補修さるべき管渠スパンに漏れがある場合には，注入モルタルはそうした箇所を通り流出する．同時に，管外周部に空洞があれば，その空洞も充填されることとなる．管壁の亀裂，管破損箇所も同じく充填・固化される．

地下水の浸入がある場合には，漏れ箇所の予備的止水が必要である．取付管が存在する場合には，遮断エアバッグによって注入モルタルの侵入が防止されなければならない．

5. 補　修

(a) 基本システム
- 旧管
- 注入モルタル (Trolining®インゼクタ)
- ネップホース (ネップ高さ9 mm または 16 mm)

(b) プレライナシステム
- 旧管
- CLW 封止層
- 注入モルタル (Trolining®インゼクタ)
- ネップホース (ネップ高さ9 mm または 16 mm)

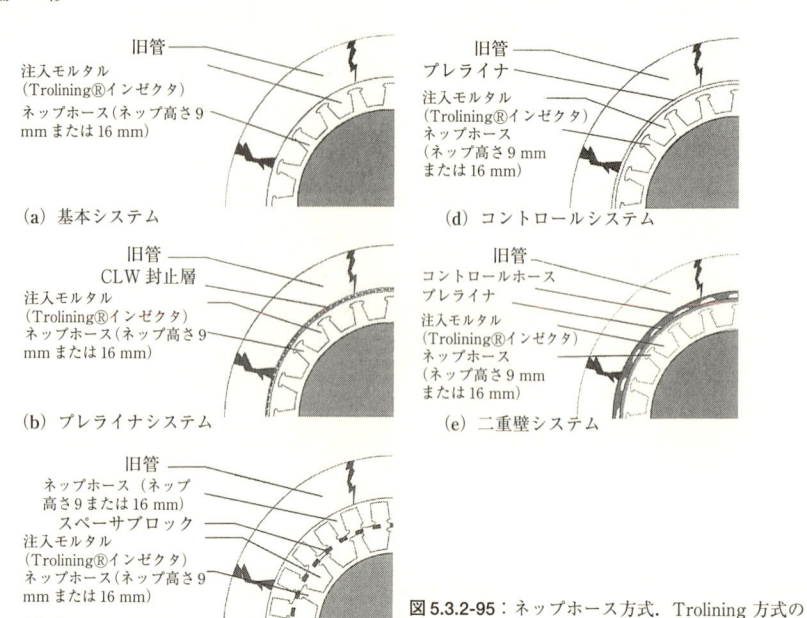

(c) CKW システム
- 旧管
- ネップホース (ネップ高さ9 または 16 mm)
- スペーサブロック
- 注入モルタル (Trolining®インゼクタ)
- ネップホース (ネップ高さ9 mm または 16 mm)

(d) コントロールシステム
- 旧管
- プレライナ
- 注入モルタル (Trolining®インゼクタ)
- ネップホース (ネップ高さ9 mm または 16 mm)

(e) 二重壁システム
- 旧管
- コントロールホース
- プレライナ
- 注入モルタル (Trolining®インゼクタ)
- ネップホース (ネップ高さ9 mm または 16 mm)

図 5.3.2-95：ネップホース方式．Trolining 方式のシステムバリエーション [5.3.2-239]

b．プレライナシステム　プレライナシステム [図 5.3.2-95(b)] は，基本システムと壁面が平滑な PE-HD ホース，すなわちプレライナとの組合せを特徴としている．このプレライナは，ネップホースに先立って補修さるべき管渠スパンに同一の方式で引き込まれる．管渠内壁に密接したプレライナの役割は，環状空隙の外壁を形成して同空隙を止水することである．これにより，例えば管渠の漏れに起因する漏出が排除されることから，使用される注入モルタル量を正確に配量することが可能となる．その他にプレライナは，化学的，生物的な土壌汚染による外部からの腐食に対して注入モルタルを長期的に保護する．

　このプレライナシステムは，管渠スパンが地下水水位以下にあって，取付管が付属している場合，ならびに中間マンホールを貫通する場合に特に適している．このシステムの適用ケースにあっては，基本システムの場合に必要な止水対策が不要となる．

　商工業地区ではメタリック FCKW - シール層と CKW - シール層を組み込んだプレライナホースを使用することができる [図 5.3.2-95(c)]．

c．コントロールシステム　コントロールシステム [図 5.3.2-95(d)] は，長さと断面形状の点で補修さるべき管渠スパンに合わせて製造された既製の3種の PE-HD ホースの組合せを特徴としている．プレライナシステム (外側の壁面平滑ホース + ネップホー

ス)に加えて，さらに第三の内側に向かって突き出た平たいネップを具えた外側ホース，すなわちコントロールホースが引き込まれる．この平たいネップにより作り出される付加的な環状空隙は，充填されず，補修された管渠の持続的な漏れチェックのためのチェック空隙として利用される．

直径が大きな管渠の補修に際しては，2本のネップホースで構成される二重壁システム［図 5.3.2-95(e)］が使用される．文献［5.3.2-238］によれば，このシステムで呼び径1 600 までの管渠の補修が可能である．

ネップホース方式の適用範囲，前提条件については，5.3.2.2.1 に述べた環状空隙のある通常の鞘管方式の記述が基本的に当てはまる．ただしメーカーによれば，それとは異なって適用範囲はスパン長さが 120 m 以下の場合には，呼び径 200 ～ 900 までに及び，スパン長さが 70 m 以下の場合には，呼び径 1 000 ～ 1 600 までに及んでいる．呼び径 1 500 以上の管渠スパンの場合には，セグメントごとに長さ 3 m のインライナの取付けが行われる．ネップホース方式は，円形断面，卵形断面，またはその他の種々の断面形状への適合が可能である［5.3.2-239］．

(1) 予備作業

予備作業については，現場成形方式の記述が当てはまる (5.3.2，5.3.2.4.1，5.6，［5.3.2-7］も参照)．

a．インライナホースの製造，設置　補修さるべき管渠スパンの TV 点検，測定・測量または内径測定を行った後（図 5.3.2-96），設置されるべき PE-HD ホース（ネップホース，プレライナホース，コントロールホース）の製造寸法の決定が行われる．PE-HD シートは，まずそれぞれの長さ，所要周寸法に合わせて裁断される．ホースの製造は，DVS に準拠した 6 bar までの圧縮空気による継目検査用チャネルのあるオーバーラップ継目の溶接によって行われる（図 5.3.2-97）(DVS 2225 (Teil 2)［5.3.2-240］)．

PE-HD シールシートで形成されるホースの基礎をなすのは，ゴミ処分場基礎工事やトンネル工事において面防水シートに使用されるポリエチレン VESTOLEN A 3512 である．表 5.3.2-14 に丸形ネップまたはクロスネップを具えたネップシートの寸法一覧を示した［5.3.2-241］．

b．発進マンホールにおける案内ベンドの設置

① 発進マンホールに取り付けられた案内ベンド(時として案内ローラに代えられることもある)は，折り畳まれたホースの案内と管渠スパンへの確実な挿入に利用される．
② 変形ユニットの設置：発進マンホール上方に設置された機械式変形ユニットは，補修さるべき管渠に挿入する前の PE-HD ホースの折畳みに利用される．これによっ

5. 補　　修

予備作業

```
┌─────────────────┐
│  ネップホース方式  │
└─────────────────┘
┌─────────────────────┐
│ 交通規制を含む現場整備 │
└─────────────────────┘
```

- 補修されるスパンの運転停止および排水路の確保(5.5参照)
- 清掃(3.2参照)
- 目視内部点検(4.3.2.1参照)
- 障害物除去および欠陥ある接続部の補修
- 内径測定(4.3.3.2参照)
- 呼び径800以下から発進マンホールにおけるマンホール斜壁の取外し

- ネップホース，プレライナホース，コントロールホースの製造
- 爾後のマンホールへの接続用のフリースコートされたスリーブをスパン端に取り付ける
- 取付装置の挿入

- コントロールホースまたはプレライナホースの引込みおよび空気圧による復元
- ネップホースの引込みおよび水圧または空気圧による復元
- 環状空隙の封止および充填

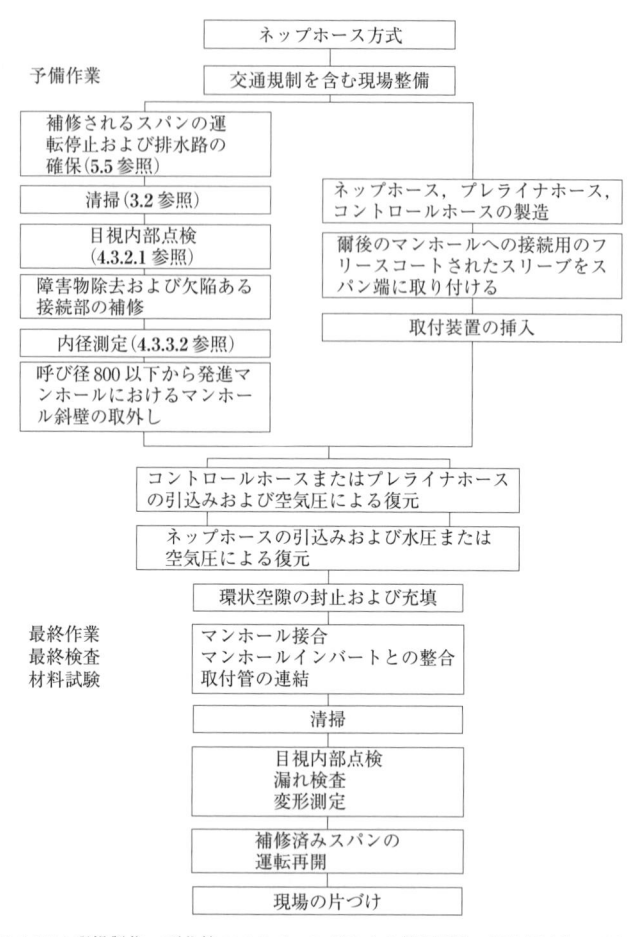

最終作業
最終検査
材料試験

- マンホール接合　マンホールインバートとの整合　取付管の連結
- 清掃
- 目視内部点検　漏れ検査　変形測定
- 補修済みスパンの運転再開
- 現場の片づけ

図5.3.2-96：現場製作・硬化管でのライニングによる管渠更生の流れ図（ネップホース方式）

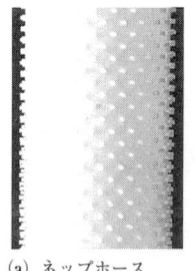

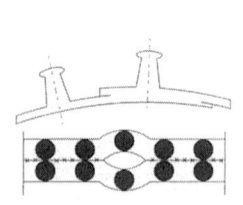

(a) ネップホース　　(b) 検査チャネルのある二重溶接継目

図5.3.2-97：ネップホースの外観および構造[5.3.2-238]

表 5.3.2-14：ネップホース方式．プラスチックシートまたはプラスチックボードの材料および寸法 [5.3.2-238]

	ベース厚さ [mm]	ネップ高さ [mm]	材料
プラスチックシート，平滑（プレライナ）	2	—	PE-HD, PP
プラスチックシート，平滑（プレライナ）	3	—	PE-HD, PP
Trolining. ネップホース（キノコ形）	2	9	PE-HD
シュアグリップ・コンクリート保護ボード	2～12	13 または 19	PE-HD, PP
シュアグリップ・コンクリート保護ボード	2～3	19	PE-HD, PP

て実現される 60% までに達する断面積減少と剛性喪失によりマンホール内におけるホースの 90°屈曲と引込みが可能となる．

③ ホース巻胴ホルダの設置．

④ ワイヤウィンチ，案内ローラ：ホースの引込みは，到達マンホール上方に設置されて，牽引ワイヤが発進マンホールにまで達する牽引力制御式ウィンチによって行われる．

c．ホースの取付け　選択されたシステムに応じ，既に述べたようにロール巻きされた 1 本または複数本のホースが順次昇降マンホールを経て補修さるべきスパンに引き込まれる．ホースは，到達マンホールに達した後，両端が管バッグで密閉され（図 5.3.2-98），その後のホースの引込みが可能となるように空気圧で復元される．このためコントロールホースにもプレライナにも牽引ワイヤを戻すための引き綱が組み込まれている．同時にそれぞれのホースにつき DIN に基づく漏れ検査が実施される（DIN EN 1610 [5.3.2-107]）．

内側にあるネップホースにあっては，復元によって最終的な断面ジオメトリが再現される．少なくとも 0.5 bar の所要圧力は，水かまたは空気によって造成され，補修対策が終了するまで保持される．

d．環状空隙封止と充填　環状空隙を充填する前に同空隙は，到達マンホール，発進マンホールのそれぞれの壁面部で封止されなければならない．これはコントロールシステムとプレライナシステムにあっては，プレライナとネップホースとの押出し溶接によって行われる．基本システムの場合には，ネップホースが管端においてフリースコートされた PE-HD スリーブと溶接される．

環状空隙充填は，補修さるべき管渠スパンの最下点に前もって溶接取付けされた注入パイプを経て，特別に開発された低粘性，急速水硬性，高強度を有し，かつ収縮のない注入モルタル（TROLINIG インゼクタ）（表 5.3.2-15，5.3.2-16）を用いて行われる．最高点には空気封入のない十全な充填を保障するために排気パイプが設けられている．このプロセスを目視によって監視するため，到達マンホールにおける透明な上昇管と

5. 補　修

(a) ホースの引込み

(b) 水圧による復元と環状空隙充填

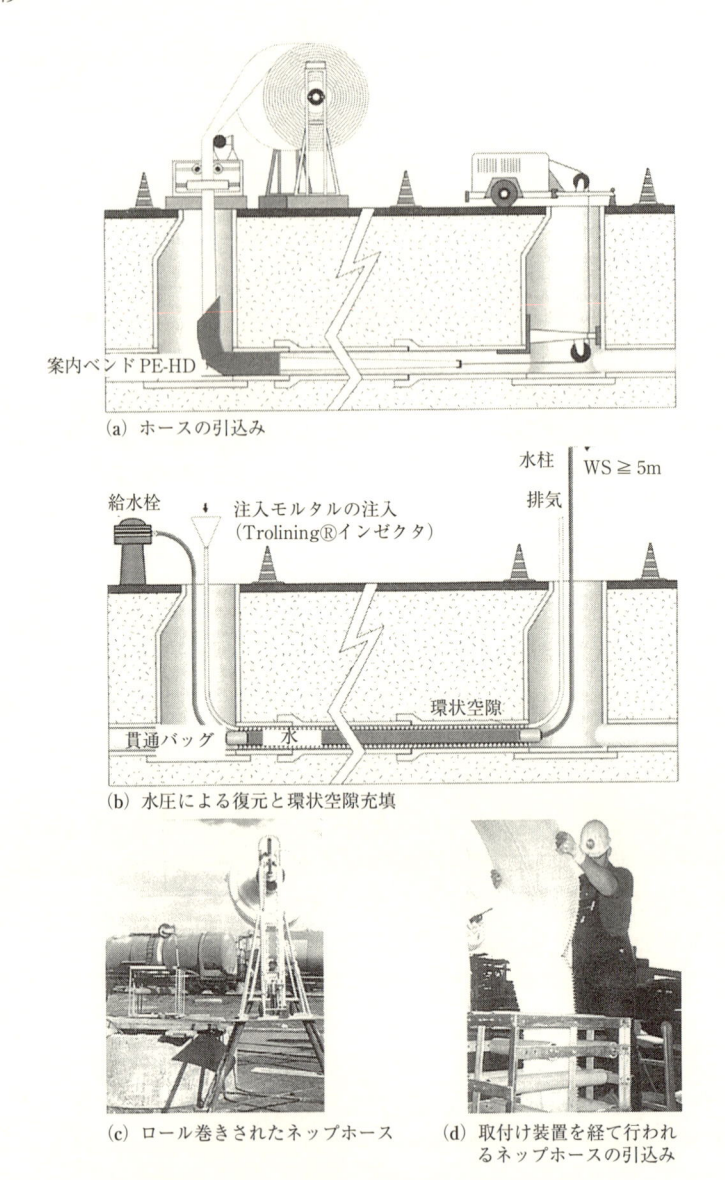

(c) ロール巻きされたネップホース　　(d) 取付け装置を経て行われるネップホースの引込み

図5.3.2-98：ネップホース方式の作業ステップ［5.3.2-238］

透明なネップホースが用いられる．注入モルタルの固化時に生ずる水和熱によってPE-HD材料が軟化することから，同材料は，半径方向に膨張してさらに密に既設管渠

表 5.3.2-15：20℃時における TROLINING 注入モルタルの特性値

	弾性率[Gpa]					曲げ引張り強さ[Mpa]			圧縮強さ[Mpa]		
1h	1日	2日	7日	14日	28日	1日	7日	28日	1日	7日	28日
10.92	18.72	20.40	22.83	23.35	24.30	8.9	13.9	14.1	54.1	74.4	88.3

RWTH Aachen，冶金学研究所

表 5.3.2-16：温度と相関した TROLINING 注入モルタルの特性値

温度[℃]	5	10	15〜20
時間[h]	17	17	12
圧縮強さ[N/mm^2]	2〜4	27〜38	40.2
曲げ引張り強さ[N/mm^2]	0.6〜1.5	5.1〜6.2	5.5

に密接し得ることとなる．注入モルタルの高度な早強性により管渠は通常 24 時間以内に使用再開することが可能である．

(2) 最終作業と最終検査

最終作業には，以下の事項が含まれている（**表 5.6-1**，5.3.2.2.1 参照）．
・マンホールとの接合，
・インライナとマンホールインバートとの整合，
・取付管の接続復元．

a．マンホールとの接合　ネップホース方式には，要件ならびに使用システムに応じ PE 材料をベースとした種々のマンホール接合システムを利用することができる[5.3.2-238]．

管渠スパンが陶製，GFK 製，コンクリート製等の場合には，PE-HD インライナの気密接合は，厚さ約 2〜5 mm，長さ約 50 cm のフリースコートされた PE-HD シーリング材の取付けによって可能である．同材は，エポキシ樹脂含浸され，"合成樹脂ベースのショートホース"（5.2.3.3 参照）と同様にして管渠内壁に圧接され，パッカ圧力の保持下で硬化する．続いて内側の PE-HD シーリング材が後から引き込まれたインライナとシステム端面の同時溶接下で相互確実結合される．その後の補修作業過程で PE-HD マンホールライニングも問題なく接続することが可能である[**図 5.3.2-99**(a)]．

呼び径 600 以下については，嵌合いの正確な PE-HD マンホール接続リングを使用することができ，これは押出し溶接によりインライナと水密結合される[**図 5.3.2-99**(b)]．同リングは，マンホールインバートと新しい管渠底部とを整合させることによりプレライナシステムの約 12 mm の管底の飛びをつなぐ．マンホール接続部に対するシールは，2 本のエラストマシーリング―押出し成形された膨潤性クロロプレンゴム混合材製の圧縮シーリングならびにハイドロタイトシーリング（5.2.3.2.2 参照）―によって行

5. 補　　修

われる（**5.2.3.2 参照**）．

コントロールシステムでは，マンホール接続リングは，マンホール内に引き込まれ，管頂に空気高圧または空気低圧による管渠スパンの持続的漏れチェック用のチェック

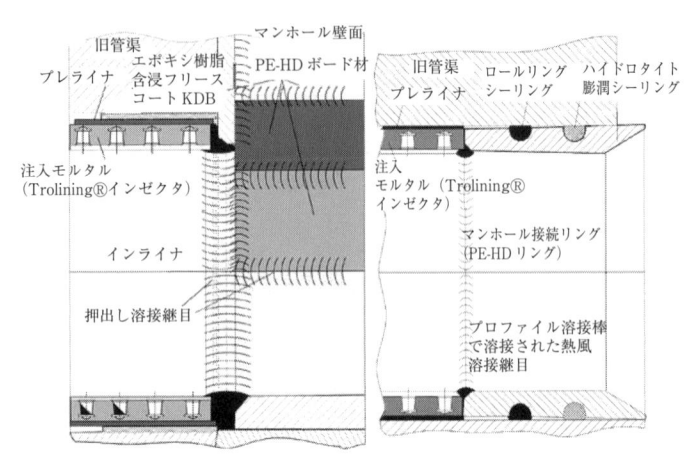

(a) フリースコートされたPE-HDシーリング材による接合

(b) マンホール接続リング

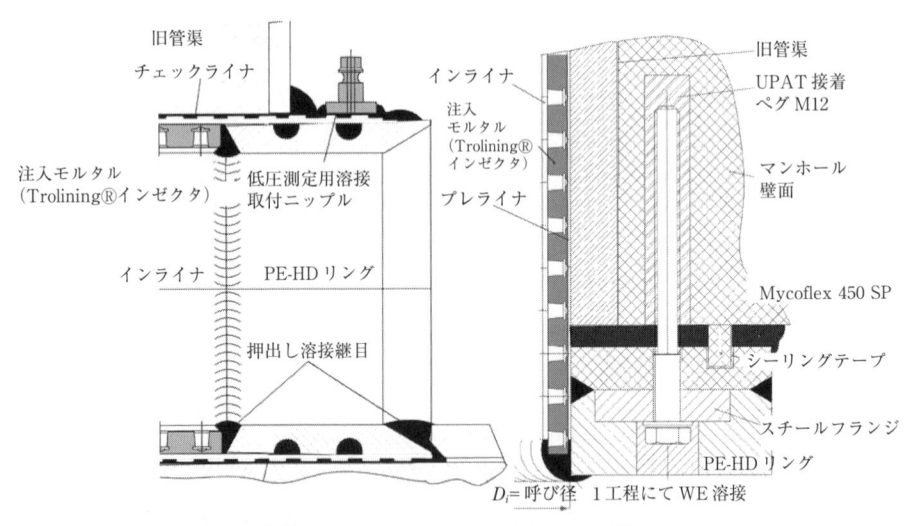

(c) チェック継手付きマンホール接続リング

(d) フランジ継手

D_i＝呼び径　1工程にてWE溶接

図 5.3.2-99：Trolining方式におけるマンホールとの接合のバリエーション．［5.3.2-238］

シールが設けられる［図 **5.3.2-99**(c)］．

　いわゆるフランジ接続では，PE-HDフランジが接着ペグを用いてマンホール壁に固定され，管内を走るテフロンシーリング，それと結び付いた耐久弾性を有し化学物質耐性を具えたシール材，例えばMycoflex 450 SPによって止水される．インライナへの結合は，押出し溶接によって行われる［図 **5.3.2-99**(d)］．この接合方法は，マンホールライニングにとって最適な前提条件を供し，インライナが開始および終了しインライナとマンホールインバートとの整合が不要となるマンホールに主として適用される．

　化学分野におけるシールに際しては，内部に金属コアを有するフランジの取付けによって極端な要件が考慮され，これにより，プラスチックが粘弾性挙動を示すことがあり，場合によってクリープするとの事情が考慮される．内部の金属コアは，局部的にねじ継ぎに生ずる応力集中を解消する効果をもたらす．

b．取付管の接続復元　　取付管の接続復元は，5.3.2.2.1，5.3.2.4.1と同様に開削工法または非開削工法で実施される．本適用ケースでは，呼び径200以上の管渠，呼び径100以上の取付管については，特にTroliningシステム用に開発された帽子形スリーブ工法の適用による非開削工法が適している（5.2.3.3，図 **5.3.2-22**も参照）．鍔はPE-HD製であり，加熱コイル溶接によって既存のインライナに相互確実に溶接取付けされる［5.3.2-242，5.3.2-243］．

c．検査　　補修の品質に後々まで影響が生じ得る場合には，いかなる場合であれ常に文献［5.3.2-7］に基づき，かつ文献［5.3.2-106］に依拠して検査—自己管理—対策が実施されなければならない．

・補修さるべき管渠区間の清掃，点検，測定・測量，内径測定のチェック，記録．
・直径，管厚ならびに静的計算（比較構造力学）等の一切の関連パラメータのデータを含む引込みホースの初期チェック．
・牽引力記録器（できるだけ自動）を利用したホース引込み時の牽引力の記録，牽引力制限のチェック［許容値は静的計算（5.3.2.7参照）から判明する］．
・環状空隙充填に際する質的影響パラメータの監視．
　・注入圧力，内圧．
　・充填材の実体積と基準体積．
　・充填材の特性値．
　　・懸濁液の拡がり率，マーシュ漏斗からの流出時間，凝固開始，体積変化．
　　・硬化した充填材の圧縮強さと曲げ引張り強さ，密度，透水性，pH値（［5.3.2-7］はこれに関するその他のデータを含んでいる）．
・圧力下水管については DIN 4279［5.3.2-108］に準拠するか，または発注者の要求に応

じた水または空気によるDIN EN 1610［5.3.2-107］に基づく水密性検査（4.5.1参照）．
・取付管に関わるフライス作業の監視．
　・所要のすべての接続箇所が穿孔された旨の確認を含むフライス記録．
　・TV監視．
・場合により必要となる清掃後の補修済み管の目視内部点検，変形測定．

　本方式の判定に関しては，樹脂と含浸に関わる点を別として，現場成形方式の項にあげた長所，短所が当てはまる．

　補修対策の実施には4名の作業員が必要である．

5.3.2.5　組付け個別要素によるライニング（組付け方式）

　組付け方式では，個々の自立式または非自立式のライニング要素が既存のマンホール，穴またはトレンチを経て任意の断面形状の補修さるべき歩行可能な管渠，地域排水構造物に施工される．現場で人力，適切な補助器具や固定具を使用して組み付けられて以下が形成される（図5.3.2-1，5.3.2-100）．

(a) パーシャルライニング．底部のライニング
(b) パーシャルライニング．気相のライニング
(c) フルライニング

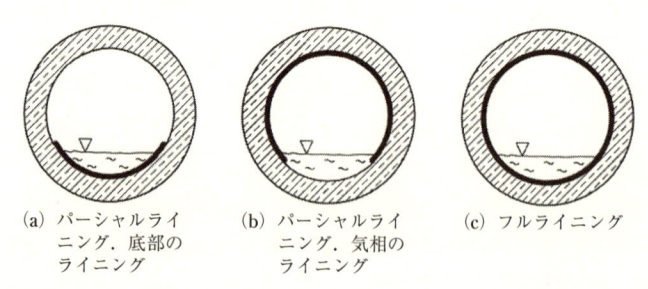

図5.3.2-100：組付け方式．歩行可能な下水管渠のライニングバリエーション［5.3.2-268］

・底部または気相部の部分ライニング，
・環状空隙のある，および環状空隙のないスパンライニング．

　これらは，内部からの物理的，化学的，生物的，生化学的な攻撃に対する抵抗力の回復または向上，特別な場合にあっては，さらにまた静的耐荷力の回復または向上，新たな欠陥形成の防止，水密性または勾配の回復に利用される．

　この方式は，通常，ライニングさるべき構造物の安定性がなお確保されており，かつ十分に広い断面が存在する場合の各種損傷に際して適用することができる［5.3.2-13］．その際，表5.3.2-17にあげた材料が目下のところ優先的に使用されている．

　付属固定具は，方式に依存しており，下水から生ずるあらゆる攻撃に対して抵抗力

5.3 更　　生

表 5.3.2-17：組付け方式に優先的に使用される材料[5.3.2-13]

材料	下記に準拠
GFK	DIN 18820 Teil 1～4[5.3.2-198]
PE-HD	DIN 16776[5.3.2-244]
PP	DIN 16774[5.3.2-245]ないし DIN 8078[5.3.2-20]（基本規格）
PVC-U	DIN 7748[5.3.2-246]
陶板	DIN EN 295[5.3.2-25]

を具えていなければならない．ねじ，座金は，材料 1.4571（V4A）製でなければならない．これらは，広い面積を有するプラスチック成形材にあって，例えば同成形材と同一の材料から形成され，同材と固定結合される．この場合には，固定具のアンカリングのために環状空隙充填が必要である［5.3.2-13］．

ライニングシステムは，通常，既存の昇降マンホールを経て補修さるべきスパンに挿入される．その際，フレキシブルなシステムは，ロールされ，剛的なシステムにあっては要素の大きさが既存の昇降穴に合わされる．

取付管の接続復元は，内部からの非開削工法によって実施することができる．

すべてのライニングシステムは，荷重条件，圧力，吸引力に合わせて設計されなければならない．

補修された管渠スパンの充填，ドレンに際して形成され，閉じられたゲートで反射される波によって特別な荷重が発生する［5.3.2-247］．これらの波は，重なり合い，当初波高の何倍にも達する高さとなり得る．こうした現象が生ずる際に集水渠の充填率はなお高いことから，過渡的に発生したこの波山は，管頂に衝突して圧力衝撃を作り出し，極端な場合には波高の 30 倍に達することがある．これが意味することは，管頂に衝突する波は高さが 10 cm でしかなかったとしても，0.3 bar までの圧力衝撃を作り出すということである．

通常の場合には，こうした圧力衝撃は，ライニングなしの鉄筋コンクリート管では許容材料応力が超えられないことから，なんら損傷をもたらすものではない．

しかしながら，管内部がプラスチックライニング，水の詰まった間隙，鉄筋コンクリート管から構成される多層システムにこうした圧力衝撃がかかる場合には，事情は異なる．ライニングまたは継手部にごく小さなものであれ穴があり，プラスチックライニングと管渠コンクリート内壁との間の間隙に水が詰まっていれば（1 mm にも達しないほんのわずかな水が間隙に詰まっているだけで十分である），水中音速（約1 500 m/s）での水圧プレスの原理に従って穴後方の周辺部は，前記の圧力に曝される．一瞬のうちに発生するこうした圧力負荷は，ライニングの破壊をもたらすことがある．

5. 補　修

　前記の現象は，ハンブルク市において，プラスチックボードで部分ライニングされた鉄筋コンクリート管呼び径3500からなる集水渠で初めて確認された[5.3.2-285].

　外部荷重に合わせて設計・製作されないのが通常で，水の詰まった環状空隙のある自立式ライニングについては，常にこうした現象の発生の可能性がチェックされ，場合によりシステムをこうした荷重に合わせて設計することが必要である.

　予備作業，最終作業，最終検査については，通常の鞘管方式に関する記述が当てはまる(図5.3.2-5，5.3.2.2.1参照).

　使用されるプラスチック-成形コンパウンドと成形材料については，適性証明が行われなければならない．プレハブ部材の特性は，検査証によって証明されなければならない[5.3.2-13]. **表5.3.2-18**に品質保証の枠内で必要とされる試験・検査，各種証明の一覧を示した.

　プラスチック成形部材の溶接継ぎと接着継ぎには，清浄性，乾燥性，遵守さるべき溶接温度，継手部における溶接圧接圧力に関して高度な要件が求められる．それゆえあらゆる現場製作ラミネートと継手ラミネート，溶接継手と接着継手には真空ベルジャーまたは高圧試験による漏れ検査が実施されなければならない.

　環状空隙充填のないライニング方式にあっては，ライニングさるべき管渠の個別管長に合わせて組付け要素を考慮し，かつ食い違いがあればそれを考慮するため，予備作業を補充して管継目の位置が測定されなければならない[5.3.2-13].

　更生対策の一環としてのライニング布設のための管内面の準備対策は，部分ライニングと環状空隙充填の有無，およびスパンライニングとでは異なっている.

　部分ライニングが予定されている場合には，当該箇所は清掃され，露出した補強筋に防食，例えばエポキシ樹脂塗布が施され，欠損箇所は当初の管厚ならびに管渠の耐荷力，水密性が回復されるように補償されなければならない(**5.2.1**参照).

　環状空隙充填が行われるスパンライニングの場合には，管内面全体が清掃―必要な場合には，さらにサンドブラストにより―，充填剤と管内壁とが接着し得るように準備される必要がある．環状空隙充填の過程で欠損箇所，空洞等がともに充填される.

　静的耐荷力の回復または向上を目的としてライニングと管渠内壁との間の環状空隙に鉄筋，特にコンクリート用鉄筋組織を挟み込むことができる(**図5.3.2-101**)．この場合には，鉄筋がコンクリートによって十分に防護さ

図5.3.2-101：静的耐荷力の向上を目的とした環状空隙内鉄筋[5.3.2-182]

5.3 更 生

表 5.3.2-18：組付け方式．ATV-M 143 Teil 4[5.3.2-13]に基づく品質保証に関わる試験・検査および証明

試験・検査の対象	証明特徴	仕様書に基づく試験・検査	規格基準	範囲，頻度 自己監視	範囲，頻度 外部監視
材料反応性樹脂コンパウンド 反応性	工場側証明書 ロットデータ 硬化挙動	特性データ 反応時間	DIN 16945 T.1+2	各ロットごと	1×年
紡織グラスファイバ強化	ロットデータ 種類 各称	ガラス種別 単位面積重量	DIN 61850 ～61855	各ロットごと	1×年
添加剤	添加剤種別 名称	ふるいカーブ	DIN 4188 T.1	各ロットごと	1×年
熱可塑性樹脂成形コンパウンド	ロットデータ 種類 各称	密度 メルトインデックス 特性値	DIN 53479 DIN53735 DIN53455	各ロットまたはチャージごと	1×年
成形材料	材料組成 壁体構造	強熱減量 質量測定	DIN EN 60 DIN16948 T.2	初回審査	スパン単位
成形材料	材料特性値	曲げ強さ 弾性率	DIN EN 63	自己証明	1×プロジェクト
部材	曲げ強さ 寸法安定性	曲げ強さ リング剛性 弾性率 ラミネートブラン	DIN EN 63 DI 53769 T.3	各部材ごと	スパン単位
成形部材	壁体構造 厚さ 性状				
現場製作ラミネート	材料組成 厚さ 性状	強熱減量 バーコル硬度 漏れ検査	DIN EN 60 DIN EN 59 高張度	日常試験 各ラミネートごと	日常試験によりスパンごと
溶接結合	継目強さ 継目ジオメトリ 水密性	引張せん断試験 剥離テスト 溶接ファクタ 漏れ検査	DVS 2203 T.2 DVS 2205 T.2	日常試験 各用溶接継目ごと	日常試験によりスパンごと

れ，充填コンクリートが適正に締め固められるように注意しなければならない．場合により取付管を接続するために鉄筋が切断された箇所には補充鉄筋が設けられなければならない．

あらゆるライニングシステムに際し，不良な箇所は前もって止水されなければならない．

工事期間中管渠の排水能力は維持されなければならず，側方流入管の下水の流下もしくは迂回が行われなければならない．その他の点については 5.2，5.3.2.2.1 の記述が準用される．

以下に紹介する一連のライニング材料とライニングシステムは，非自立式でも自立

式でも（5.3.2.1 参照），あるいは部分固定式でも使用し得ることから，以下ではこの区別は行わない．

陶板（タイル），陶板エレメント（蟻落し）によるライニングに際する特殊事項は，5.3.2.5.1 で詳しく論ずる．これらの記述は，部分ライニングならびにスパンライニングのいずれにも当てはまる．

個々のシステム，材料に関する詳細な情報は，例えば文献[5.3.2-29, 5.3.2-104, 5.3.2-248 ～ 5.3.2-250]に述べられている．

5.3.2.5.1 底部ライニング

底部ライニングが行われる主たる理由は，以下のものである．
・内部からの化学的，物理的攻撃に対する抵抗力（防食）の回復または向上，
・水密性の回復，
・勾配の回復．

これらの補修対策の実施には，主として以下の材料，システムが使用される．
・陶シェル（底シェルまたはハーフシェル），陶板，
・陶板エレメント（蟻落とし），
・グラスファイバコンクリート（GFB）製の底シェル，
・プラスチック製の底シェル，
 ・ PVC-U ひれ板製の底シェル（BKU プロファイル），
 ・ PE-HD 製の底シェル（Spiralbauku システム），
 ・ GFK ハーフシェル，
 ・ PE-HD，PP，PVDF 製のコンクリート保護ボード（ネップウェブ），
・プラスチックコートされたスチールプロファイル．

(1) 陶シェル，陶板

陶板は，20 世紀の変り目以来，コンクリート管と鉄筋コンクリート管の防食対策として，また同時にレンガに代わる経済的代替法としてもスパンライニングもしくは部分ライニングの形で使用されてきている[5.3.2-251, 5.3.2-252]．最初の陶板は，長さ 330 mm，幅 110 mm または 115 mm，厚さ 20 mm の寸法を有し，セメントモルタルまたはアスファルトパテと確実に接着し得るように裏面に粗立てられた長手方向溝を具えている．その使用範囲は，あらゆる種類の管渠形状に及んでいた．ただ例えば，フード形断面に見られるようなアンダーカットされた壁面，内側アーチ等は，その後の

5.3 更　生

ライニングに際して使用が困難であり，使用されることは稀であった[5.3.2-252]．

現在，コンクリート管と鉄筋コンクリート管，マンホール内のステップならびに槽，タンクのライニングには，通常，それぞれ厚さ 20 mm で，240 × 115 mm^2 から 740 × 240 mm^2 までの寸法を有した平らな陶板のみが使用されている．既存のインバートの形成には，陶底シェルまたは陶ハーフシェルが使用される（**図 5.3.2-102**）[5.3.2-173]．

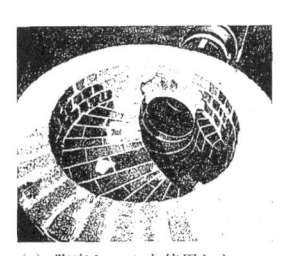

(a) 陶底シェルを使用したマンホール[5.3.2-173]

(b) 陶ハーフシェルを使用したマンホールおよび陶板を使用したステップ[5.3.2-173]

(c) 陶ハーフシェル製の乾天時排水路．陶板を使用したステップ（Kanal-Müller-Gruppe）[5.3.2-96]

図 5.3.2-102：陶底シェルの使用範囲

陶ハーフシェルは，呼び径 100 〜 700 用で，長さ 1 000 mm までのものが供給され，陶底シェルは，呼び径 250 〜 600 用で，長さ 490 mm までの円周 3 分割タイプ，4 分割タイプのものが供給されている[**図 5.3.2-103**(a)，(b)]．

図 5.3.2-104 は，陶底シェル布設時の個々の作業工程を示したものである．

流下方向を変化させるマンホール内インバートの底ライニング用には，呼び径 200，250，300 のソケットなし半ベンド 45°の陶底シェルがあり，これを裁断して所要部分を寸法どおりに製作することができる（**図 5.3.2-102**）．

インバートに欠損があり，断面が適切な大きさであれば，湿潤する底部全体のその後のライニングにもこれらのボードが使用される．

その際には，以下の処置が行われる[5.3.2-173]．
・高圧洗浄機を使用し，続いて硬い掃除ブラシまたはスチールブラシを用いて下地を慎重に清掃し，機械式―できればサンドブラストによって―粗立てる．粗立てた面を続いて清掃し，汚れを取り除く．
・予備塗料（接着媒介剤）を塗装する（メーカーの注意が遵守されなければならない）．
・少なくとも厚さ 10 mm の DIN に基づくグループⅢのプラスチック改質モルタルベッドまたはセメントモルタル中にシェル，ボードを布設する（DIN 1053 [5.3.2-253]）．
・継目は，少なくともシェルまたはボードの厚さの半分まで掻き取って清潔にし，目

5. 補　修

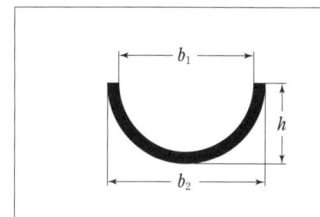

(a) 陶ハーフシェル

呼び径	弦長 内側 b_1	弦長 内側 b_2	深さ h	ソケットなしの平均重量 [kg/m]
100	100	131	65	6
125	126	159	79	8
150	151	186	93	10
200	202	242	121	14
250	252	296	148	20
300	302	350	176	28
350	352	404	203	35
400	402	460	230	45
450	452	516	260	54
500	503	581	286	65
600	603	687	341	85
700	704	790	396	110

図 5.3.2-103：陶シェル[5.3.2-173]

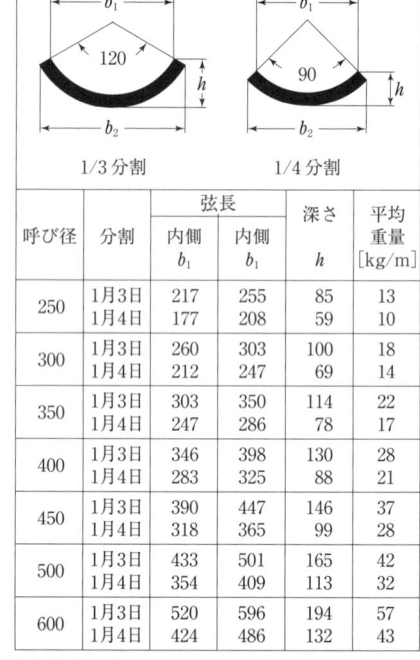

1/3 分割　　1/4 分割

(b) 陶シェル

呼び径	分割	弦長 内側 b_1	弦長 内側 b_2	深さ h	平均重量 [kg/m]
250	1月3日	217	255	85	13
	1月4日	177	208	59	10
300	1月3日	260	303	100	18
	1月4日	212	247	69	14
350	1月3日	303	350	114	22
	1月4日	247	286	78	17
400	1月3日	346	398	130	28
	1月4日	283	325	88	21
450	1月3日	390	447	146	37
	1月4日	318	365	99	28
500	1月3日	433	501	165	42
	1月4日	354	409	113	32
600	1月3日	520	596	194	57
	1月4日	424	486	132	43

地仕上げされなければならない．伸縮継手が連続的に形成されなければならない．

セラミックライニングの施工に関するその他の注意は，DIN に述べられている（DIN 18157 Teil 1 〜 3[5.3.2-254]）．

図 5.3.2-105 は損傷—管底腐食，位置ずれ—の除去を目的とした陶ハーフシェルの特別な使用を示し

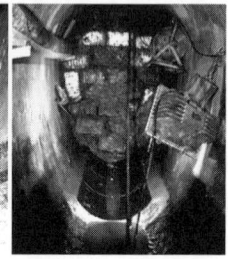

(a) 陶底シェルの整定と固定　　(b) 裏当て（仕切り壁によるスパンの遮断）

図 5.3.2-104：陶底シェル取付時の作業工程（Kunststoff-Technik AG 社）[5.3.2-255]

たものである．組付け前にレンガ積の欠損した底部が水中コンクリートで充填される．管外周部の空洞が注入され，続いて陶ハーフシェルがモルタルベッド中に布設された[5.3.2-256]．こうした処置は，当該断面積減少が許容される場合にのみ可能である．

5.3 更　生

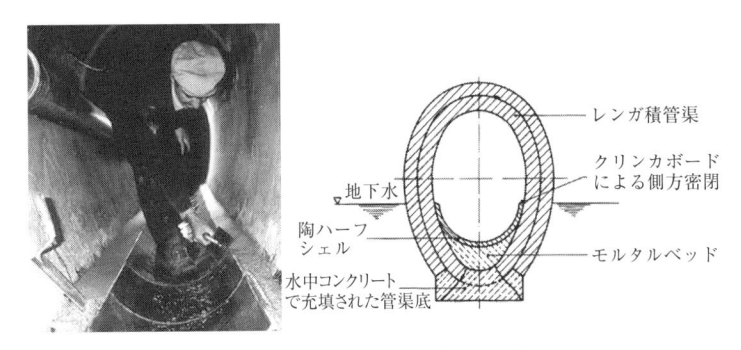

図 5.3.2-105：陶ハーフシェルによる底ライニング[5.3.2-256]

　陶と下地との間の全面的接着が実現されないことが多い"モルタルベッド"中への布設以外に，さらに"接着ベッド方式"がある．この場合，シェル，ボードは，いわゆる"中練りベッドモルタル"からなる厚さ約 15 mm の接着ベッドに埋め込まれる[5.3.2-257]．一般に使用されるプラスチック改質セメントモルタル[5.3.2-258，5.3.2-259]は，DIN の要件を満たしていなければならない（DIN 18156 Teil 2[5.3.2-260]）．

　接着ベッド方式によるボード布設時の作業手順は，以下のとおりである（図 5.3.2-106）．

　支持力があり，セメントスラッジ，その他の汚れが取り除かれた下地に，まず溝付け鏝の平滑側を用いてメーカーの指定どおりに調合された接着モルタルからなる薄い接触層が塗布され，その後，付け鏝の溝側を用いて接着ベッドに溝が付けられる．このようにして準備された接着ベッドに陶板—条溝もしくは蟻溝—が付されたその裏面には接着モルタルが塗布され，ぴったりと埋め込まれる．この方式は，バタリング-フローティング（Buttering-Floating）方式または 2 ベッド方式[5.3.2-257，5.3.2-261，5.3.2-262]とも称されている．気圏のライニング時，スパンライニング時に比較的重い陶板が斜面から滑落しないようにするには，所望の継目幅のスペーサを挟み込み，これを接着モルタルが固化した後に取り去るのがよい．天井部の陶板は，接着モルタルが固まるまで支保されなければならない．選択されたモルタルに応じ 6 時間から 3 日を置いて目地仕上げを実施することができる[5.3.2-258，5.3.2-259，5.3.2-263]．

　文献[5.3.2-257]によれば，目地幅は 8 〜 10 mm，目地深さは約 15 mm の必要がある．他方，文献[5.3.2-261]では，目地幅については 8 〜 10 mm の値があげられているが，目地深さは，おおよそ板の厚さと同じとされている．これは，下水の腐食性が非常に激しい場合に適当している．下地の予備処理には，陶板を布設した後，余分な布設モルタルを目地から均等な深さで掻き取り，目地仕上げを行う前に布設モルタルを硬化

5. 補　修

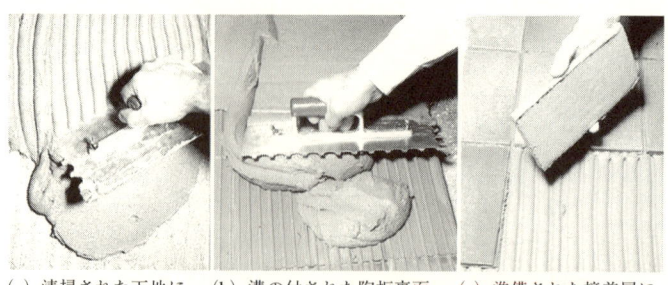

(a) 清掃された下地に接着モルタルからなる薄い接触層を塗布し,溝付けする
(b) 溝の付された陶板裏面に接着モルタルを塗布する
(c) 準備された接着層に陶板を布設する

(d) スペーサを用いた大判陶板の布設
(e) ハンドスプレーによる目地仕上げ

図 5.3.2-106：接着ベッド方式による陶板の布設．作業フロー[5.3.2-257]

させることが重要である．乾燥した目地グルーブは，目地仕上げ直前に前もって湿らされなければならない．調合された目地モルタルは，ゴム鏝かスポンジ板を用いて目地に密に深く埋め込まれ，表面は斜めに清潔に拭き取られる[5.3.2-262]．管にあっては，あらゆる管継ぎ部に，構造物にあっては，あらゆる構造物継目とコーナーに，ライニングにあっては，5 m ごとに，陶インバートと陶板ライニングとの接続部には，すべて伸縮継手を設けることが必要である．これは，耐久弾性的なものとされなければならない[5.3.2-257]．これには 5.2.3.2 にあげたシール材を使用することができる．

図 5.3.2-107[5.3.2-264]は鉄筋コンクリート推進管呼び径 2 500 の管渠内に乾天時排水路をその後に布設するために陶底シェルと陶板を組み合わせて使用した例を示したものである．斜面は，特別な陶板 520 × 155 mm^2 を用いバタリング—フローティング方式でライニングされた．

(2)　陶板エレメント(蟻落とし)

陶板のサイズと厚さが増すとともに製造技術上の困難ならびに製造費用は不相応に

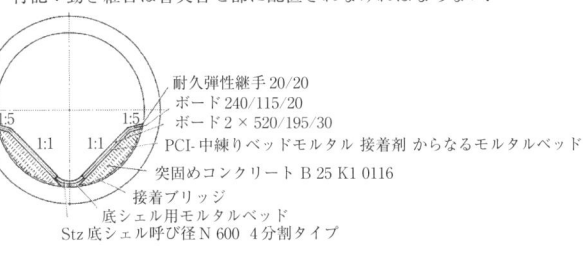

5.3 更　生

図5.3.2-107：陶板を使用して呼び径2 500鉄筋コンクリート管渠内に事後的に布設された乾天時排水路（断面および全景）[5.3.2-264]

増加する．布設と目地仕上げの費用は，これと反対であり，特に小形の板の場合に非常に高いものとなる．

前記の経験ならびに材料としての陶は，その化学的耐性と物理的特性により近代下水道技術の開始以来，その適性が実証されてきており，また陶板ライニングも20世紀の変り目以来，その真価が実証されてきているとの事実が相まってKeralineシステム開発の契機となった．このシステムでは，DINに基づく$240 \times 115 \ mm^2$の寸法のセラミックスプリット板が集成されて工場製造される大判の陶板エレメント（蟻落とし）またはスプリット板エレメントとされる（DIN EN 121[5.3.2-265]）．これは，準拠すべき基本規格，例えばDINの要件を満たしていると同時に本システムに転用可能な限りの文献[5.3.2-2]に基づく原則を満たしている（DIN EN 476[5.3.2-266]）．

Keralineシステム[5.3.2-267]では，蟻落とし形のひれを具えた小形エレメント[図5.3.2-108（a）]は，もっぱら継目の強力な結合によって行われ，その際，一次目地継ぎ用[図5.3.2-108（b）]の材料としては無機充填剤が添加された以下の特性を有するEP樹脂が使用される[5.3.2-268，5.3.2-269]．

・密度：$2.3 \ g/cm^3$
・曲げ強さ：$70 \ N/mm^2$
・圧縮強さ：$130 \ N/mm^2$
・弾性率：$23\ 000 \ N/mm^2$
・線熱膨張率：$4 \times 10^{-5} \ 1/K$

この目地継ぎ方法によって48枚の個別板からなる幅500 mm，長さ1 000～3 000 mmのスプリット板エレメント（蟻落とし）が作られる．昇降マンホールの寸法を

(a) ベース要素．特別な裏面形状を具えた陶板
(b) モルタルベッドへの陶板エレメントのアンカリング
(c) 卵形のレンガ積管渠 1 000/1 310 の底ライニング

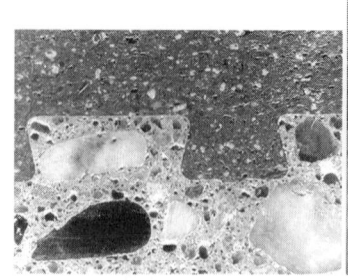

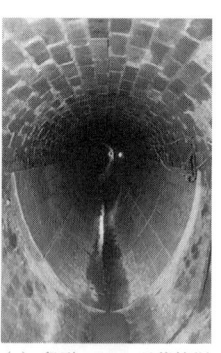

図 5.3.2-108：陶板エレメント．Keraline システム（KIA GmbH 社）［5.3.2-267］

考慮する場合には，長さ 1 250 mm のものが非常に扱いやすいことが判明した．エレメント（蟻落とし）の形状とサイズが可変的であることにより，このシステムは，歩行可能な管渠と構造物に使用されているあらゆる断面形状ならびに寸法に適合させることができる［5.3.2-268，5.3.2-270］．

スプリット板エレメント（蟻落とし）の集成時に生ずる二次継目は，手作業で同一の EP 樹脂を用いて継がれる結果，均質なライニングが形成される．**図 5.3.2-108**(c)は，Keraline システムによる卵形管渠の底ライニングを示したものである．

本適用ケースの事後的な布設に際し，支持断面へのアンカリングは，間接的に，すなわち既設管渠（コンクリート製または鉄筋コンクリート製が通常）とモルタルとの間の接着結合によって行われることから，モルタルの接着引張り強さは，コンクリートのそれと同程度であることが必要である．文献［5.3.2-268］によれば，このため文献［5.3.2-2，5.3.2-271］に依拠して実施された大形の外部水圧テストは，短時間テスト時にも長時間テスト時にもライニングの剥がれも漏れも示さなかったことから，下地が適切に予備処理され，かつ耐荷力を具えていれば，Keraline タイプのスプリット板エレメントは検査されたモルタル（布設モルタル，充填モルタル）と塗設技術で少なくとも 0.5 bar の外圧に対して耐久性あるものとみなすことができる．

(3) グラスファイバコンクリート(GFB)底シェル

a．コンクリートラミネート底シェル(BLS)　　特許化された BLS システムは，グラスファイバコンクリートシェル(GFB)［**図 5.3.2-109**(a)，(b)］を基礎としており，これは特殊な方式で取り付けられる［**図 5.3.2-109**(c)］［5.3.2-272］．シェルは，シール帯を具

5.3 更　　生

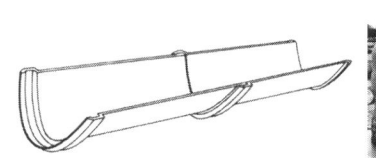

(a) コンクリートラミネートシェル
(Staudenmayer GmbH 社)

(b) マンホール内への BLS の搬入
(H.Schäfer, Geldern)

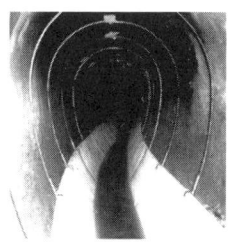

(c) 布設された BLS と裏当て中の浮揚防止を保障するスチールあばら
(Staudenmayer GmbH 社)

(d) スプレダー付き BLS のデモンストレーション

(e) 布設された BLS と浮揚防止用スプレダ
(H.Schäfer, Geldern)

(f) 膨潤セメントモルタルによる BLS の裏当て
(H.Schäfer, Geldern)

(g) 膨潤セメントモルタルによる移行部の補正 (H.Schäfer, Geldern)

図 5.3.2-109：コンクリートラミネートシェル(BLS)．取付時の作業工程[5.3.2-273, 5.3.2-156]

えた溝・ばね継手を有し，同継手は，軽度な方向変化を補正し得るように形成されている．

　このコンクリートラミネートシェル(BLS)は，ほぼあらゆる断面形状用に長さ1 065 mm，厚さ6 〜 12 mm のものが製造されている[5.3.2-273]．

　管渠底に布設（例えば，スペーサディスクまたは楔で）して調整を行った後，コンクリートラミネートシェルは，天井に張って固定することのできる再使用式の鋼あばらで裏込め時の浮上防止をされる．鋼あばらは，それぞれの管渠形状に合わされ，互いにねじ接続されてくさび固定される[**図 5.3.2-109**(c)]．

　シェルに直接掛けられる調節式スプレダ付きのコンクリートラミネートシェルの組付けは，さらに低コストで，はるかに適応性が高い[**図 5.3.2-109**(d)]．スプレダは，管渠壁に設けられたドリル孔に固定され，同時に足場板の支えとして利用される．

　前記のようにして固定されたコンクリートラミネートシェルの裏込めには，通常，

5. 補　修

膨潤セメントモルタルが使用され，これは，ポンプ送出もしくは流動可能な稠度でコンクリートポンプによって現場に送られて注入される［図 5.3.2-109(f)］．管渠壁面への擦付け部，残存している鋼あばら溝ないし固定用ドリル孔は，塑性稠度の同一のモルタルで補正される［図 5.3.2-109(g)］．

b．PVC-U ひれ付き板を具えたグラスファイバコンクリートプレハブ部材　　呼び径，現場の諸条件に応じ PVC-U ライニングを具えた鉄筋コンクリート製またはグラスファイバコンクリート (GFB) 製のプレハブ式底シェルも使用することが可能である．

このプレハブ部材—BKU-GFB プレハブ部材の名称でも知られている—は，呼び径 600/900 ～ 1 200/1 800 までの大きさの卵形断面用，呼び径 150 ～ 700 のハーフシェル用，呼び径 250 ～ 600 の 3 分割シェル用のものが製造されている．管厚は約 18 mm，全長はそれぞれのプロファイル材につき 1 000 ～ 1 500 mm の範囲である（図 5.3.2-110）．

下地に一貫して均等に支持されるようにするため，管渠壁面との隙間は，適切な充填材 (5.3.2.2.1 参照) で充填される必要がある．

プレハブ部材の固定は，V4-A ねじと V4-A アングルで行われる．突合せ継目は，ポリウレタン目止め剤，例えば Arulastic 2020 で目地継ぎされる（図 5.3.2-111）．

(4)　プラスチック製底シェル

a．PVC-U ひれ付き板製底シェル　　底ライニング，さらにまた晴天時排水用水路の事後的取付けにも，例えばハーフシェルまたは 3 分割シェル（呼び径 250 ～ 1 000）または卵形シェル（呼び径 600/900 ～ 1 600/2 400）の形の PVC-U ひれ付き板底シェル—BKU 底シェルとも称される—が使用される（図 5.3.2-112，表 5.3.2-19）［5.3.2-156］．

シェルないしプロファイルは，既に工場で所要断面形状に形成されるのが通常である．これは，運搬と組付け用に縦方向補強とポリウレタンによる端面止水が行われる．これは，ポリウレタン目止め剤による事後的な目地継ぎのための側方支えとして利用される．

取付けは，裏込め時のライニングのずれと浮上を防止する，底形状に合わされた支保構造物を用いて行われる．

b．PE-HD 製底シェル（スパイラル bauku システム）　　PE-HD 製のスパイラル bauku 底シェルは，呼び径 400 ～ 1 000，長さ 6 m までのものが製造されている．これは，BKU 底シェルと同様にして取り付けられる．結合は，突合せまたはソケット，差口の組合せで行うことができる（図 5.3.2-113）．

c．GFK ハーフシェル　　事後的な底ライニング用の GFK ハーフシェルは，プレハ

5.3 更　　生

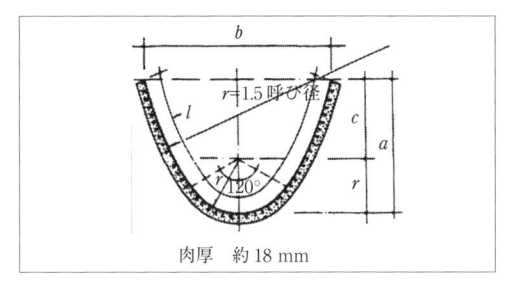

卵形	r	a	b	1.5 呼び径	l	c	kg/m
600/400	150	296	496	900	816	146	30.84
700/1 050	175	306	547	1050	868	131	32.81
800/1 200	200	317	596	1 200	920	117	34.78
900/1 350	225	328	644	1 350	972	103	36.74
1 000/1 500	250	339	694	1 500	1025	89	38.75
1 200/1 800	300	361	786	1 800	1128	61	42.64

全長：1 000, 1 500, 2 000, 2 500

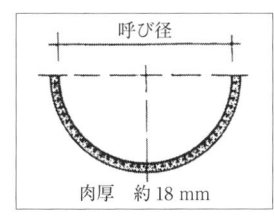

呼び径	kg/m
150	9.97
200	12.94
250	15.90
300	18.87
350	21.84
400	24.81
450	27.77
500	30.74
600	36.68
700	42.61

全長：1 000, 1 500, 2 000, 2 500

呼び径	kg/m
250	10.60
300	12.58
350	14.56
400	16.54
450	18.52
500	20.49
600	24.45

全長：1 000, 1 500, 2 000, 2 500

図 5.3.2-110：卵形用および円形用のBKU-GFBプレハブ部材（Friedrichsfeld GmbH 社）[5.3.2-156]

ブ管から裁断されて作られる[5.3.2-161]．相互的な位置固定用にGFKハーフシェルの裏込め時にともに接合される高級鋼クランプが使用される．突合せ部，管渠壁への擦付け部は，ポリエステル樹脂でラミネートされる．

d．コンクリート保護板（ネップ板） 　コンクリート保護板ないしネップ板製の底ライニングは，材料として PE-HD, PP, PVDF が使用され，厚さ 1.5〜15 mm のものが製造される[5.3.2-242, 5.3.2-275]．これは，それぞれのメーカーに応じ，裏面にアン

733

5. 補　修

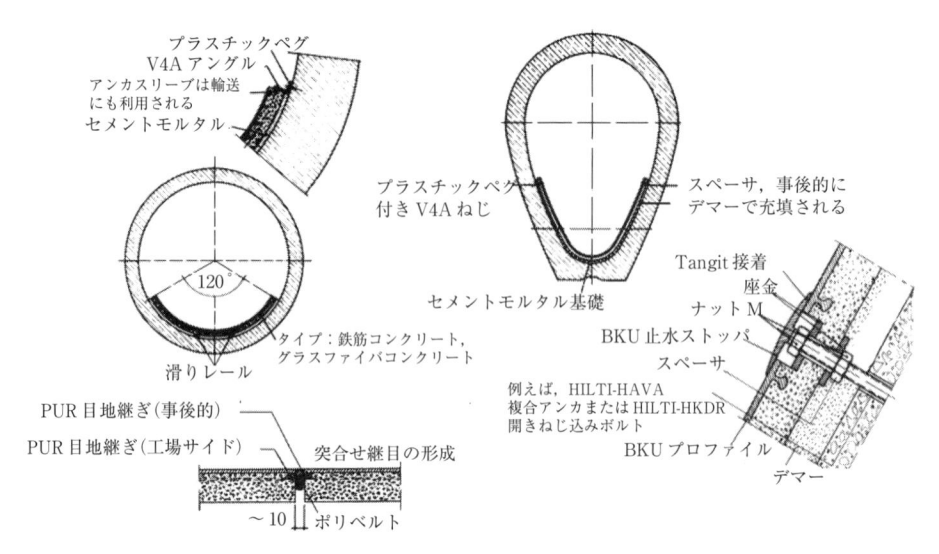

図5.3.2-111：円形，卵形用のBKU-GFBプレハブ部材による事後的な底ライニング（Friedrichsfeld GmbH社）[5.3.2-156]

表5.3.2-19：PVC-Uひれ付き板製底ハーフシェル（BKUハーフシェル）の寸法（Friedrichsfeld GmbH社）[5.3.2-156]

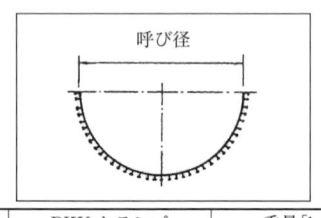

呼び径	BKUプロファイルの数	BKUクランプストリップの数	重量[kg/m] 2mmプロファイル	重量[kg/m] 3mmプロファイル
250	1 1/2	1	2.4	3.1
300	1 1/2	1	2.4	3.1
350	2	1	3.2	4.1
400	2	1	3.2	4.1
450	2 1/2	2	4.0	5.3
500	2 1/2	2	4.0	5.3
600	3	2	4.8	6.3
700	3 1/2	3	5.7	7.4
800	4	3	6.5	8.5
900	4 1/2	4	7.5	9.8
1 000	5	4	8.1	10.6

5.3 更　生

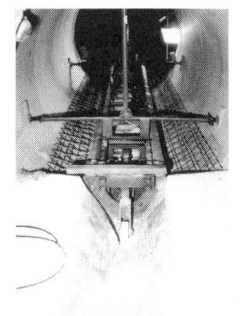

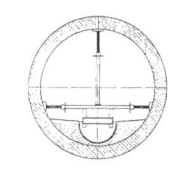

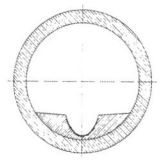

図 5.3.2-112：BKU ハーフシェル製乾天時排水路の事後的取付け
（Friedrichsfeld GmbH 社）[5.3.2-156]

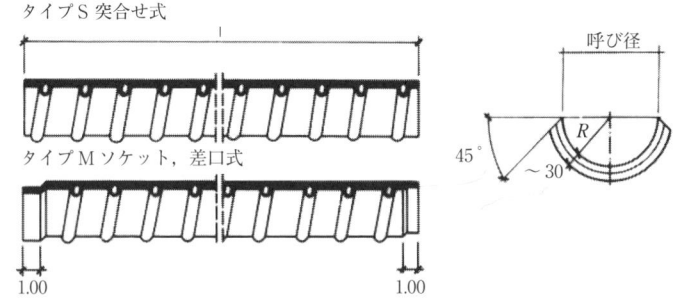

図 5.3.2-113：PE-HD 製底シェル，システムスパイラル bauku（Bauku GmbH 社）[5.3.2-274]

カネップ，丸形ネップまたはクロスネップ（図 5.3.2-114）を具えている（5.3.2.4.2 参照）[5.3.2-276]．板は，取付けに際し，通常の場合には突き合わせされ，押出し溶接される．重ね継ぎも同じく可能である．裏込めは，膨潤セメントモルタルで行われる．必要に応じ，コンクリート保護板に金属性 FCKW/CKW 防湿層を組入れることも可能である [5.3.2-275]．

図 5.3.2-114：クロスネップ付きのネップボード [5.3.2-242]

(5) プラスチックコートされたスチールエレメント（WH システム）

　WH システムでは，呼び径 500 以上の半円形断面のプラスチックコートされたスチールエレメントで底ライニングが行われる．

　エレメントのコートは，ポリウレタンベースの 2 成分系反応性樹脂で行われている．セグメントの継合せは，同一ベースの耐久弾性目止め剤で目地継ぎすることができる．

735

5. 補　修

このコートは，メーカーによれば，下水管のプラスチックコーティングに関する施工・試験原則の要件を満たしている[5.3.2-155]．

5.3.2.5.2　気相部のライニング

気相部の事後的なライニングは，特に生物硫酸腐食(2.6.3.2 参照)に対する管渠の抵抗力の向上または回復に対応する．260〜320°のライニングを行うのが通常である．エレメントの最下点は，晴天時排水に際しても下水水位以下にあるので，ライニングの裏側への空気の侵入は防止される．

ライニングシステムは，以下のものである．
・陶板エレメント(蟻落とし)(5.3.2.5.1 参照)，
・プラスチック製の板，シート，
・アンカリングエレメントを組み込んだプラスチック製の板，シート，
・PVC-U ひれ付き板を具えたグラスファイバコンクリート・プレハブ部材，
・プラスチック製の中空ひれ付きプロファイル，
・特殊鋼製板．

ライニングのアンカリングは，それぞれのシステムに応じ，レール，ねじ，ペグで行われるか，またはプラスチック成形品の一部をなし，同成形品と固定結合されているひれ，ネップまたは繊維(組み込まれたアンカリングエレメント)を裏当てモルタル層に埋め込むことによって行われる．

(1)　プラスチック製の板

このライニング用に使用されるプラスチックは，以下のものである．
・PVC-U，
・GFK，
・PP，
・PE-HD，
・PVDF．

前記以外にさらに金属性 FCKW/CKW 防湿シートを組み込んだ PE-HD 製のサンドイッチ板も存在している[5.3.2-275, 5.3.2-277]．

文献[5.3.2-2]によれば，プラスチック板製のライニングは，それが自重を吸収しなければならないにも関わらず非自立的として扱われなければならない．支持断面との間，この場合には，補修さるべき管渠との間で必要となるアンカリングは機械式に行われ

5.3 更　　生

る．最下点の固定には，PVC-U製，V4A鋼製のシールストリップまたはGFK板の場合には組込み式の最下点の厚みが利用され（図5.3.2-115），これらは管渠壁にV4A鋼製のねじ，ペグで固定される［図5.3.2-115(a)，(c)］．これに加えてさらに適切な保持ストリップをその他の部分に配置することも可能である．浸入する地下水の排出用にシールストリップには穴が設けられている．

板の継目は，PVC-U板によるライニングの場合には溶接取付けされたPVCストリップでブリッジ結合されるが，その際，一方のブリッジ結合縁は工場側で溶接され，他方のブリッジ結合縁は現場で溶接される．

（a）文献［5.3.2-280～5.3.2-282］

（b）PVC-U板の組付け［5.3.2-147］

（c）PVC-Uパーシャルライニングの最下点構造［5.3.2-278］

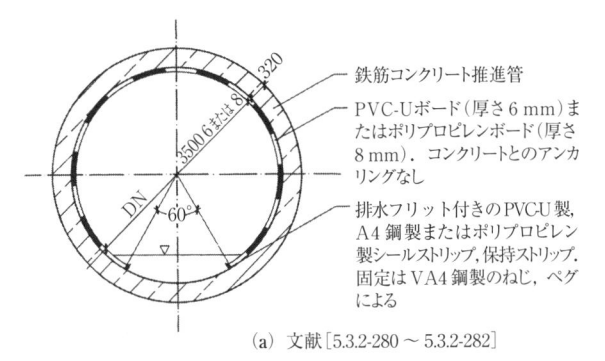

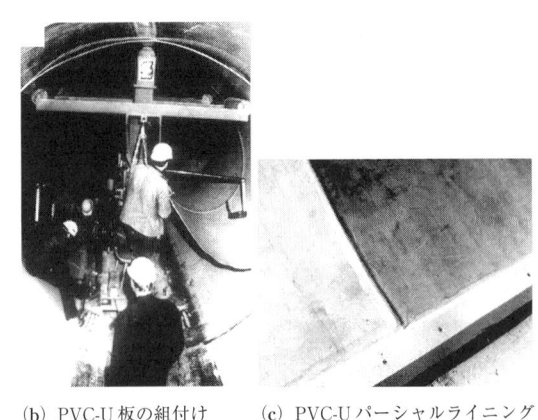

図5.3.2-115：プラスチック板による気相のパーシャルライニング

PP板，PE-HD板によるライニングの場合には，継目はVシーム溶接によって同じく現場で溶接される．すなわちこのライニングの場合には，伸縮エレメントは設けられない．

GFK板の継目は，組付け後に研磨され，手作業でGFKストリップによって3層にオーバーレイアップされる．管に段差がある場合に自動的に生ずる板の食違いも同じく手積み積層によってブリッジ結合されなければならない．手積み積層は，なかんずく増粘剤を添加した反応性樹脂（UP樹脂），好ましくはグラスファイバマットで行われるのがよい．手積み積層は，通常，以下のように行われる［5.3.2-281］．

・下地に触媒添加純樹脂層を塗布する．
・グラスファイバマット層を差し入れる．
・層ができるだけ透明になるまでスキンローラ，リプルローラでクリーンに空気抜き

5. 補　修

する．
・所要の管厚に達するまで同じようにしてさらなる層を塗布する(1層は約1mmのラミネート厚さに相当する)．
・硬化した後，場合によりラミネートを目止めする．

　カバーストリップまたはゴムプロファイルによる結合は不可能である．GFK板とマンホールとの接合は，前もって曲げられたGFKアングルによって行われ，同アングルが板，マンホール壁と気密式にねじ接続される[5.3.2-147]．
　既存の取付管の接続には，管渠にある穴の直径がドリルによって約3cmだけ拡大される．取付管の接続は，板取付け時に直接シリコンゴムによる裏当て後に，板とねじ接続される既製のカラー付きGFK取付管によって行われる(図5.5-2)．直径拡大された接続孔への取付管の耐密嵌込みには，ポリウレタンゴムが使用される．
　補修さるべき管渠とライニングとの間の間隙を充填することは基本的に可能であるが，その際に生じる問題によりこれが行われることはほとんどない．
　経験が明らかにしたところによれば，中間固定の行われないライニングは，波が起因する圧力衝撃に対して敏感である．これは補助的な固定を行うことによって除去することができるが，こうした対策は，システムを不経済なものとする可能性がある．

(2)　アンカリングエレメントを組み込んだプラスチック製の板，シート

　アンカリングエレメントを組み込んだプラスチック製の板，シートによるライニングにあっては，ライニングの機械的アンカリングは，T形断面を有したひれ，ネップまたは"ポリグリップ"を本適用のために環状空隙充填の形で形成される支持断面に埋め込むことによって行われる．
　この場合に使用されるシステムは，以下のものである．
・PVC-Uひれ付きシート，
・PVC-Uひれ付き板，
・PE-HDひれ付き板，
・PE-HD板システム-ポリグリップ．

　前記以外にさらに金属性FCKW/CKW防湿シートを組み込んだPE-HD製のサンドイッチ板も存在している[5.3.2-275，5.3.2-277]．

a．PVCひれ付きシート　　PVCひれ付きシートの最初の開発とテストは，1940年代に米国で行われた．これは，米国では，T-Lock-Amer-Platesの取引名で知られている[5.3.2-282]．ドイツでは，1970年代半ばから例えばTrocal-Dichtungsbahn Typ KSTの名称[5.3.2-283]で同等な製品が販売されている．

5.3 更 生

PVCひれ付きシートは，裏面に約40 mmの間隔で高さ9～10 mmのT形ひれを配置した厚さ2～3 mmのシートで構成されている［図 5.3.2-116(a)］．材料の硬度は，87 Shore Aである［5.3.2-284］．

シートの設置と取付けは，シートが張り広げられる型枠車を利用して行われる．ライニングと管渠内壁との間の空隙がモルタルまたはコンクリートで十分に充填されることによって新しい自立式のインナーシェルが作られ，そこにひれが埋め込まれる．このライニングシステムは，ライニングさるべき管渠の断面形状とは実際に無関係である．

本適用では，ひれは，主として縦方向に配置される［図 5.3.2-116(b)，(c)］．管渠壁面を通して場合により滲み込んでくる水は，縦方向ひれに沿って交差排水路に流され，そこから管底に排出される．ひれが半径方向に配置されている場合には，場合によって存在する外部水圧の圧力緩和は，ライニングの両側最下点，すなわち無保護の底部への擦付け部において行われる．

PVCシートの継目は，オーバーラップされるか，または突き合わされて溶接される．オーバーラップの場合には，流下方向に重ね合せが行われる必要がある．継目の溶接は，同品質のPVCジョイントバンドの溶接によっても行うことが可能であり，同バン

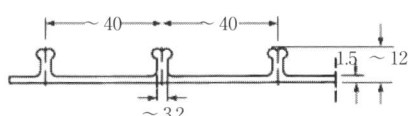

(a) PVCひれ付きシートの寸法，システム Trocal(Dynamit Nobel AG社)

(c) 組付け

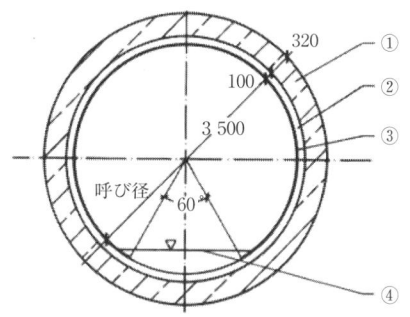

① 鉄筋コンクリート管
② 流込みコンクリートB35製の支持シェル
③ 軟質PVCひれ付きシート，厚さ2 mm，支持シェルのコンクリート中にアンカリング．ひれ(リブ)が縦方向に配置されている場合には1.5～2 mごとに管底への排水路が必要である
④ 最低部分充填状態

(b) 裏込めモルタル層内のライニングのアンカリング［5.3.2-279, 5.3.2-280］

図 5.3.2-116：PVCひれ付きシートによるライニング

ドの幅は，継目の構造によって定まることとなる[5.3.2-284]．

このライニングシステムは，現在ではほとんど使用されていない．それは，このシステムが目下使用されている清掃方法，清掃器具に対して十分安定的でなく，シートの引裂が生じるケースがいくつか認められたからである．

問題は，現場における継目の溶接に際しても発生した．溶接に要される前提条件—完璧な清浄度，乾燥度，高さと面積分布から見ての最適な溶接温度—を施工現場で実現することは非常に困難であり，ハンブルク市では，瑕疵担保の範囲内で集水渠における数百のシート継目の手直し，つまり再度もしくは新規の溶接が実施されなければならなかった[5.3.2-285]．

b．PVC-U ひれ付き板　　PVC-U ひれ付き板—ドイツ建築工学研究所認可番号 Z-1.42.1 のシステム BKU —は，幅 314 mm で，所要のあらゆる長さのものの製造が可能である（図 5.3.2-117）[5.3.2-156]．各プロファイル相互の気密・水密結合は，エラストマシール材の嵌め込まれた BKU クランプストリップによって DIN に準拠し保障されている（図 5.3.2-117）（DIN 4060[5.3.2-18]）．

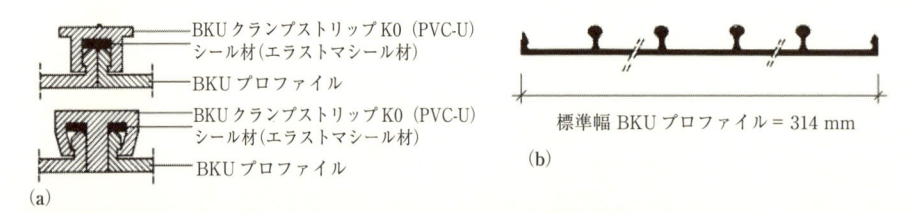

図 5.3.2-117：BKU プロファイルおよびクランプストリップ K0/K5（Friedrichsfeld GmbH 社）[5.3.2-156]

板の布設は，半径方向にひれを配置しても（図 5.3.2-118），軸方向にひれを配置しても（図 5.3.2-119）行うことが可能である．ライニング要素は，基本的に常に最下点と—必要に応じ—その他の箇所でも管渠内壁とねじ接続される．

浸入する地下水は，半径方向にひれが配置されている場合には最下点支えアングルの穴を通して（図 5.3.2-118），軸方向にひれが配置されている場合にはそれぞれ管継手部かまたは設けられた排水路を経て排出される（5.3.2.5.3 参照）．

半径方向にひれが配置された場合の寸法許容差のブリッジ結合には，アダプタが嵌込み溶接されるか[図 5.3.2-120(a)]，オーバーラップして接着・溶接されるか[図 5.3.2-120(b)]，またはクランププロファイルを利用して嵌め込まれるかする[図 5.3.2-120(c)]．

管継手部は，連続的にブリッジ結合されるか，またはポリストリップと PUR 目地継

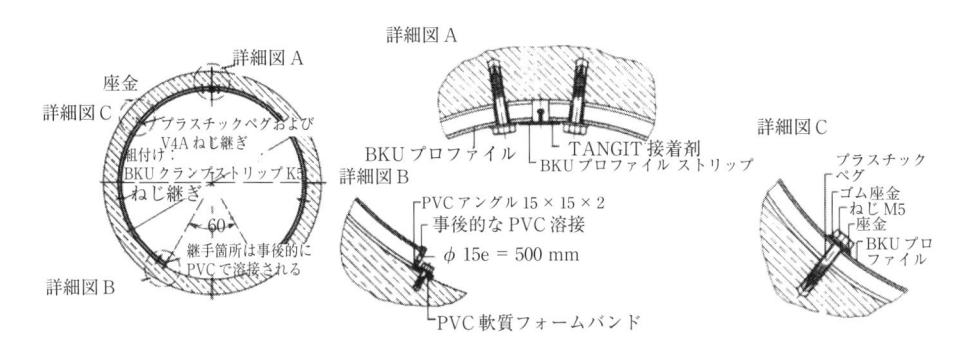

図 5.3.2-118：PVC-U ひれ付き板（ひれの配置は半径方向）による下水管渠のパーシャルライニングの提案（BKU システム，Friedrichsfeld GmbH 社）[5.3.2-156]

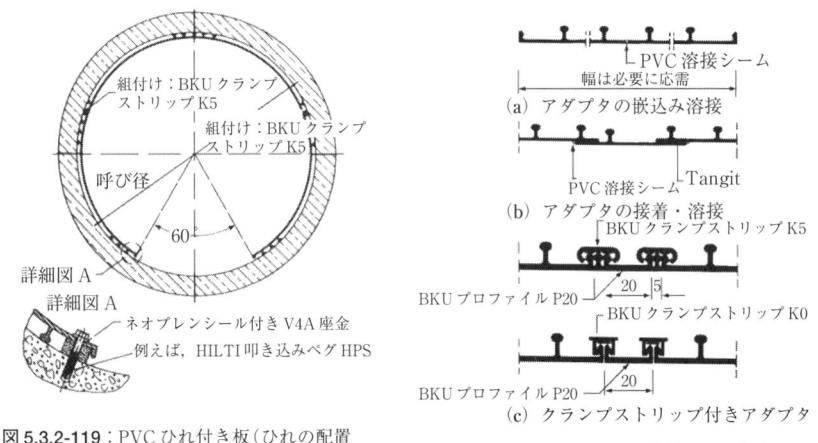

図 5.3.2-119：PVC ひれ付き板（ひれの配置は軸方向）による下水管渠のパーシャルライニングの提案パ（BKU システム）(Friedrichsfeld GmbH 社）[5.3.2-156]

図 5.3.2-120：BKU システムを使用した場合の許容差の補償方法（Friedrichsfeld GmbH 社）[5.3.2-156]

ぎによって継ぐことが可能である（**図 5.3.2-121**）．

図 5.3.2-122 は半径方向にひれが配置された BKU ライニングへの取付管の接続を示したものである．接続部は，PVC スリーブの嵌込み接着によってシールされる．

コーナーの形成は，弾性目地継ぎによって行うか[**図 5.3.2-123**(a)，(b)]，または特別なエラストマプロファイルを用いて実施する[**図 5.3.2-123**(c)]ことができる．

c．PE-HD ひれ付き板　　PVC ひれ付き板によるライニングに代わるものとして，PE-HD 製のひれ付き板も "BKU II-Stecksystem"[5.3.2-156]，"SLT-Platte T-Grip" の名

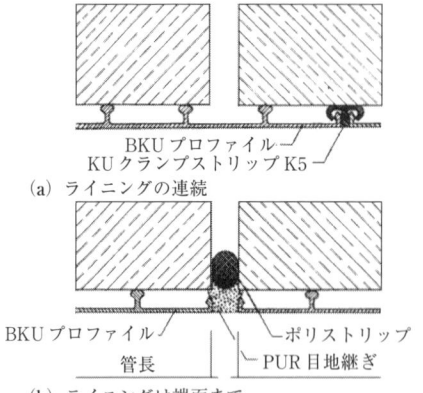

5. 補　修

(a) ライニングの連続
　BKU プロファイル
　KU クランプストリップ K5

(b) ライニングは端面まで
　BKU プロファイル
　管長
　ポリストリップ
　PUR 目地継ぎ

付記：ソケットと差口との間にのみライニングを施そうとする場合には，BKU アダプタ F 314 mm が使用されなければならない．

図 5.3.2-121：BKU システムによる管継手の架橋（Friedrichsfeld GmbH 社）[5.3.2-156]

取付管 呼び径 150
TANGIT 接着
スリーブとしての PVC アングル 30 × 15 × 2
凹欠は現場で作られなければならない
BKU プロファイル

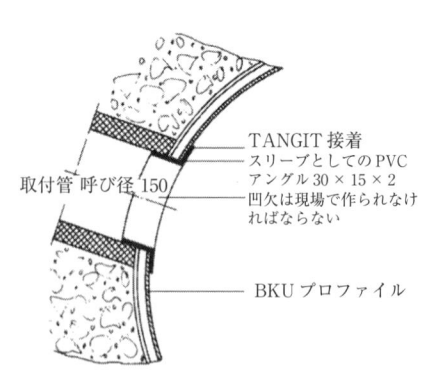

図 5.3.2-122：BKU システム（ひれは半径方向に配置）への取付管の接続（Friedrichsfeld GmbH 社）[5.3.2-156]

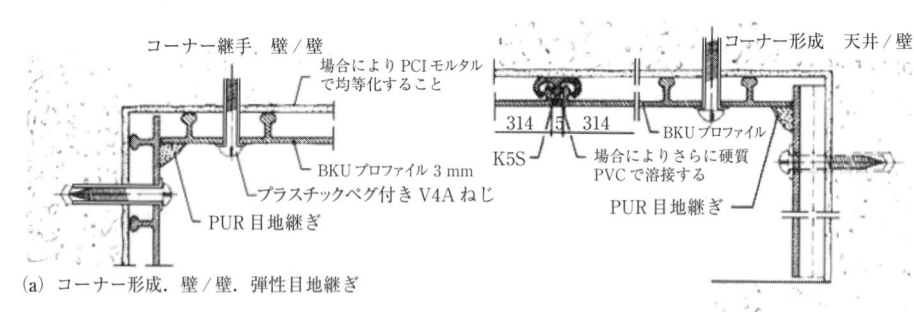

(a) コーナー形成．壁／壁．弾性目地継ぎ
　コーナー継手　壁／壁
　場合により PCI モルタルで均等化すること
　BKU プロファイル 3 mm
　プラスチックペグ付き V4A ねじ
　PUR 目地継ぎ

(b) コーナー形成．天井／壁．弾性目地継ぎ．組付けは直接下地に行われる．個々のプロファイルはゴムハンマを用いてクランプストリップ K5S に嵌め入れられる．
　コーナー形成　天井／壁
　314　314
　K5S
　BKU プロファイル
　場合によりさらに硬質 PVC で溶接する
　PUR 目地継ぎ

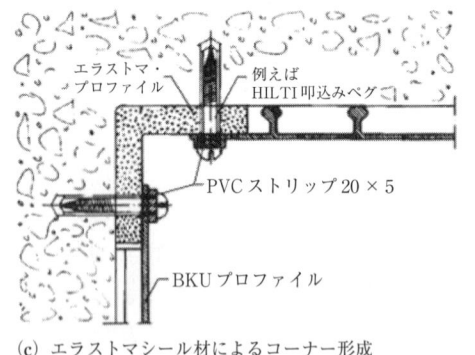

(c) エラストマシール材によるコーナー形成
　エラストマ・プロファイル
　例えば HILTI 叩込みペグ
　PVC ストリップ 20 × 5
　BKU プロファイル

図 5.3.2-123：BKU プロファイルによるコーナー形成（Friedrichsfeld GmbH 社）[5.3.2-156]

称で供されている[5.3.2-287].

　BKU II-Stecksystem は，幅 1 m，標準長さ 3.0 m と 5.0 m（特注に応じた長さも可能である）で供給されている．このシステムの最も重要な要素は，インナアングルとアウタアングル，係留ジョイント，シールディスク，PE 溶接棒で簡単かつスピーディに組み付けることができるライニング係留プロファイルである．直角をなすインナエッジとアウタエッジは，適切なアングルで清潔に覆うことができる．BKU II 係留プロファイルを供給寸

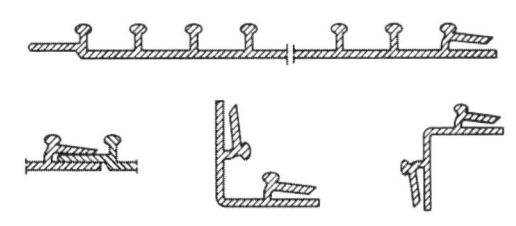

図 5.3.2-124：PE-HD ひれ付き板．BKU II 係留プロファイル形状（Friedrichsfeld GmbH 社）[5.3.2-156]

法とともに表 5.3.2-20 に示した．図 5.3.2-124 に個々の係留プロファイルの詳細を示した．

　プラスチックシールシート SLT-Platte T-Grip は，それぞれの荷重に合わせるため 85 〜 200 mm の範囲内で自由に選択できる相互間隔をもって配置された高さ約 9 mm

表 5.3.2-20　BKU 係留プロファイル．形状および寸法（Friedrichsfeld GmbH 社）[5.3.2-156]

名称	形状	長さ
BKU II 係留プロファイル	100	3 000 mm 5 000 mm 長さ 5 000 mm まで特注に応需
BKU II インナアングル	25/45	3 000 mm 5000 mm 長さ 5 000 mm まで特注に応需
BKU II アウタアングル	55/55	3 001 mm 5000 mm 長さ 5 000 mm まで特注に応需
BKU II 係留ジョイント	30/70	3 002 mm 5 000 mm 長さ 5 000 mm まで特注に応需
BKU II シールディスク	80	3 003 mm 5 000 mm 長さ 5 000 mm まで特注に応需
BKU II アングル	40	
BKU II PE 溶接棒	0.4	1 000 mm 棒 3 200 mm 棒 リングつば 4 kg

5. 補　修

のひれを具えている．このシートの管厚は 1.65 ～ 5 mm である[5.3.2-287]．

d．PE-HD板，Polygrip システム　　"Polygrip システム"の場合には，板は，PP または PE-HD から，10 m までの幅，各プロジェクトに応じた長さ，2 ～ 30 mm の厚さ（通常は 2 ～ 8 mm）で製造される．工場でブラシに類似したストリップ，いわゆるポリグリップが付される．これは，長さ 10 mm までのモノフィラメント（延伸されたポリエチレン糸）がその中に織り込まれた幅約 6 ～ 7 cm のクロスストリップで形成されている[図 5.3.2-125(a)]．通常の使用には，約 25 cm のクロスストリップ相互間隔が

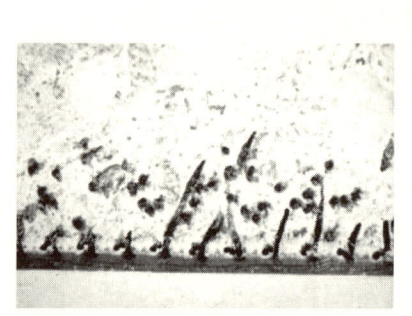

(a) アンカリングの断面(Schlegel Lining Technologie GmbH 社)

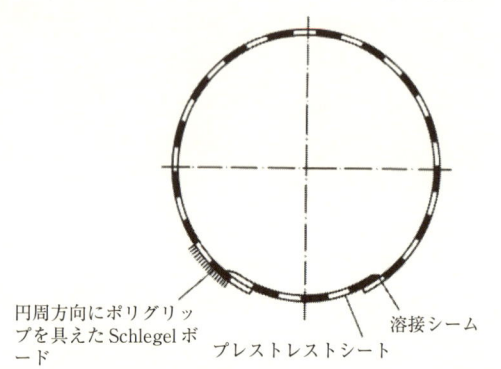

(b) 組付け用のプレストレストシートが溶接取付けされた PE-HD 板

図 5.3.2-125：PE-HD 板．システム Polygrip [5.3.2-287, 5.3.2-286]

必要である[5.3.2-287]．

　板は，管渠の事後的ライニング用に前もってホース状に製造される．部分ライニングが行われる場合には，板欠如部分は，高度な延性を具えた組付け用プレストレストシートで補われる[図 5.3.2-125(b)]．これは，型枠に板がスムーズに載るようにするものである．

　布設には，油圧によって拡張・縮小する型枠車が使用される（図 5.3.2-126）．既製のライニングホースは，まずこの型枠車に装着され，当該ポジションに移動される．型枠が油圧によって拡張され，管内壁と板との間の環状空隙の端面が止水された後，同空隙は 1 工程でモルタル充填され，これにより完結したシェルが形成される．

　環状空隙充填材が硬化した後，型枠は再び縮小され，管渠の軸方向に 1 作業長さだけ移動させられる．

　各ライニング継手の形成は，押出し溶接によって行われる．最後にプレストレストシートが本来のライニングから切り離される結果，管渠内にはポリグリップストリップを介してコンクリートと強固に結合された板のみが部分ライニングとして残ること

5.3 更 生

(a) 取付け用の型枠車(ハンブルク市建築局)　(b) 下水管渠の事後的ライニングの施工フロー[5.3.2-286]

図 5.3.2-126：PE-HD 板の取付け(System Polygrip)

となる．

これまでの経験でこのシステムの成功を明らかにしてきている．ポリグリップストリップによる面的なアンカリングは特に有効である．ポリグリップストリップが半径方向に配置される場合には，浸入地下水の排出は最下点で行われる．

(3) PVC-U ひれ付き板を具えたグラスファイバコンクリートプレハブ部材

純然たる BKU プロファイルの他に，BKU プロファイルとグラスファイバコンクリートから構成されるプレハブ式の複合エレメントも補修目的に使用される[5.3.2-156]．これは円セグメントとして供給され，現場で部分ライニング用に形成されて管壁に組み付けられる[図 5.3.2-127(a)]．環状空隙を作り出すためスペーサがセットされる．

図 5.3.2-127(b)～(d)に軸方向，半径方向のセグメント結合，最下点支えの形成，ならびに取付管の接続の詳細を示した．

(4) 中空差込みプロファイル

中空差込みプロファイルによるライニングに属するのは，イギリスで開発され，1985 年に特許化(UK Patent No.2094860B)された Dunlop-Planks 方式である[5.3.2-104]．この方式では，管周にそれぞれ長さ 6 m の PVC 製，PP 製または PE-HD 製の支持プロファイル—これは同時に既存の管渠壁面に対するスペーサとして機能する—と中空プロファイルとが交互に配置される(図 5.3.2-128)．

5. 補　修

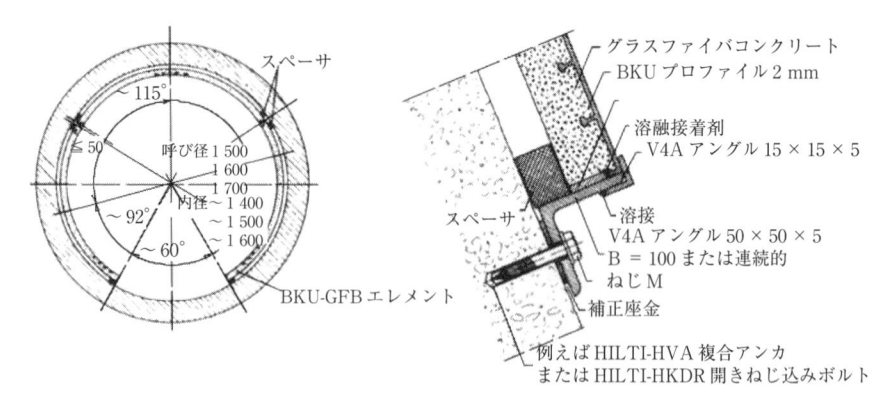

(a) 円セグメント配置の断面図

(b) ライニング最下点支えの形成法

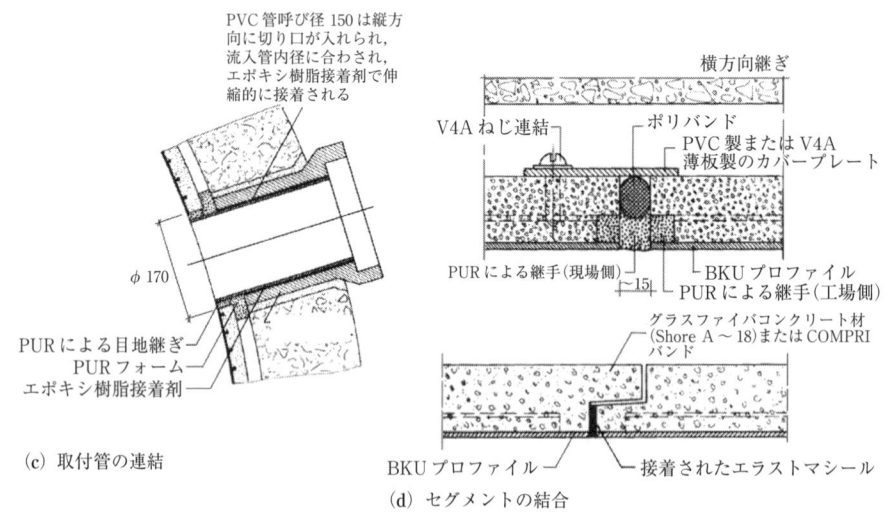

(c) 取付管の連結

(d) セグメントの結合

図 5.3.2-127：PVC-U ひれ付き板を具えたグラスファイバコンクリートプレハブ部材による
　　　　　パーシャルライニング (Friedrichsfeld GmbH 社)〔5.3.2-156〕

　円周方向における各エレメント相互の結合は，差込み結合によって行われる．縦方向の結合形成には，特別な差込みプロファイルが用いられる．
　ライニングと欠陥ある管渠との間の空隙ならびに差込みプロファイル中の空洞は，充填される．このため各中空プロファイルは，管渠外側方向に向かって孔あけされており，これらの孔を通って注入剤が流出する．支持エレメントには，隣接部分に注入剤が滲出できるように空所が設けられている．取付け，充填が行われる間，構築物は支保されていなければならない．

5.3 更　生

(a) 中空プロファイル
(b) 支持プロファイル
(c) 差込みプロファイル
充填材
管渠

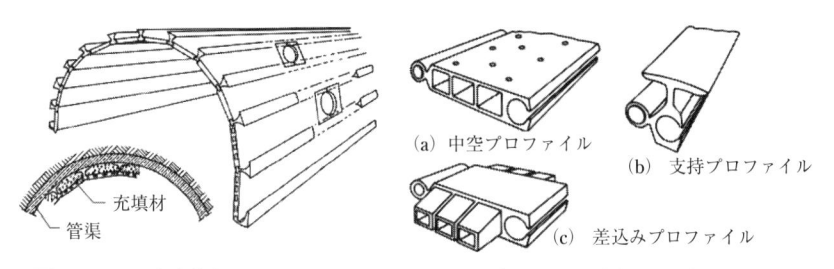

図5.3.2-128：中空差込みプロファイルによるライニング(Dunlop Ltd.) [5.3.2-288]

(5) 特殊鋼製板

波形加工されたV4A薄板によるライニングはやや割高な方法である．ハンブルク市の適用ケースでは，厚さ1mmの板が平ストリップ鋼に溶接取り付けされ，ペグとねじでコンクリート中にアンカリングされた[5.3.2-289]．

5.3.2.5.3　スパンライニング

スパンライニング(フルライニング)の場合には，補修さるべきスパンの管内周全体にライニングが施される．環状空隙の有無を基準とした区分の他に，以下の区別を行うことができる．

・外部水圧荷重のないスパンライニング，
・外部水圧荷重のあるスパンライニング．

前者は，外部水圧は生じないか，またはそれは構造的な対策，例えば管内へ通じる排水孔の配置によって確実に緩和される．PVCひれ付きシートを使用する場合には，ひれが半径方向に配置されていれば，管底部に圧力緩和目地が配置されなければならない(**図5.3.2-129**)．ひれが軸方向に配置されている場合には，水はひれに沿って交差排水路に流され，ここで底部の圧力緩和孔を通して排出される．こうした圧力緩和孔と圧力緩和目地を設けることによりライニングのシール機能は除かれる．

後者の場合には，ライニングは外部水圧を全面的に吸収することができなければならない．

気圏のライニングに関して既述したシステムは，それ

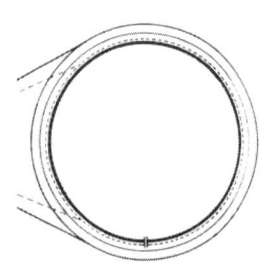

図5.3.2-129：PVCひれ付き板によるフルライニング．ひれが半径方向に配置されている場合の圧力緩和継目の位置[5.3.2-156]

5. 補　修

が表 5.3.2-2 にあげた要件を満たすことができる限り，スパンライニングの形成にも基本的に適している．これは陶板ならびに陶板エレメントにも関係している．

図 5.3.2-130 〜 5.3.2-133 は様々なシステムのスパンライニング例を示したものである．各システムの組付けならびに取付管の接続復元に関しては，部分ライニングの項の記述を参照されたい．アンカリングエレメントを組み込んだプラスチック製の板，シートを使用する場合には，工場サイドでこれらを適切な継手プロファイルを具えた非自立式の管としてプレハブすることも可能である（図 5.3.2-134）[5.3.2-290, 5.3.2-291]．

以下に個別に紹介するスパンライニング用に特別に開発されたものは，以下のとお

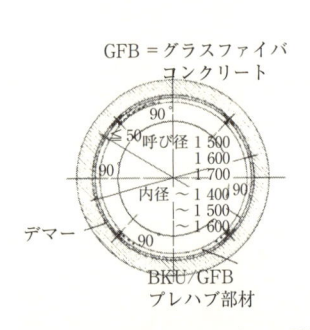

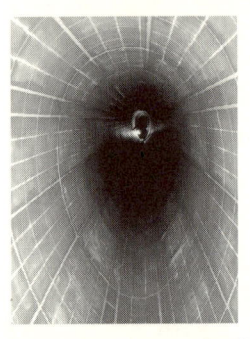

図 5.3.2-130：BKU-GFB プレハブ部材による円形管のフルライニング（Friedrichsfeld GmbH 社）[5.3.2-156]

図 5.3.2-131：立上がり卵形管渠の陶板エレメント（Keraline システム）によるフルライニング（KIA GmbH 社）[5.3.2-255]

図 5.3.2-132：PE-HD ネップシートによるフルライニング（継目の溶接）[5.3.2-292]

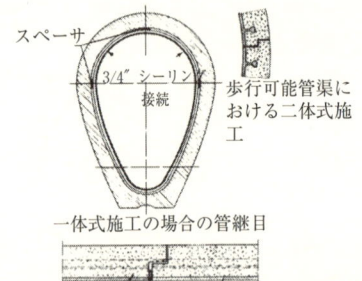

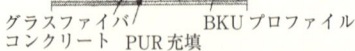

図 5.3.2-133：グラスファイバコンクリートプレハブ部材と PVC-U ひれ付きプロファイルによる卵形管渠のフルライニング（BKU-GFB プレハブ部材，Friedrichsfeld GmbH 社）[5.3.2-156]

(a) 差込みソケットが溶接取付けされた工場側で製造された非自立管　(b) 管渠内での突合せ継目の溶接

図 5.3.2-134：ライニングボードシステム Bekaplast [5.3.2-290]

りである.
・吹付けコンクリートエレメント,
・ファイバコンクリートエレメント,
・反応性樹脂コンクリートエレメント,
・GFK エレメント,
・特殊ガラスエレメント.

(1) 吹付けコンクリートエレメント

　鉄筋補強された吹付けコンクリートエレメントによるきわめて多様な断面形状の管渠のライニング[図 5.3.2-135(a)]は,イギリスで開発されたものである[5.3.2-293].
　これは,管渠の外部で適切な型枠を用い最低管厚 40 mm で製造され[図 5.3.2-135(b)],管渠内に搬入され,同所に設置される[図 5.3.2-135(e),(f)].
　突合せ箇所では,継ぎ鉄筋が重ね継手を形成し[図 5.3.2-135(c)],ここに後から現場でコンクリートが吹け付けられる[図 5.3.2-135(c),(d)].
　背後の環状空隙は,適切な充填材で充填されるが,その際,エレメント外周の粗い吹付けコンクリート面が接着の向上に貢献する[図 5.3.2-135(c)].この作業工程の間にライニングを支保することは不要である.
　このように形成されたインナーシェルは,それぞれの管厚と鉄筋に応じ管渠の水密性を回復させるだけでなく,静的耐荷力の向上,維持も可能とすることができる.
　多環式レンガ積管渠(1.7.2 参照)では,断面積減少を回避するため欠陥のある内側環を静的所与条件を考慮して全面的または部分的に撤去し,吹付けコンクリートエレメントに交換することが可能である[図 5.3.2-135(g)].
　エレメントの長さは 1.2 m である.幅は昇降マンホールのそれぞれの口径に合わせることが可能である.短所は,重量が相対的に高いこと,および特に小断面の場合,吹付けコンクリートによるエレメントの結合形成である(5.3.1.8 参照).
　このグループのもう一つの代表は,Ferro-Monk システム[5.3.2-294]である.この場合には,通常のコンクリート用鉄筋に代えて所要の耐荷力に応じた仕様とされる目の細かい鉄筋網が使用される.いんろう継ぎによって互いに結合されたエレメントの管厚は約 25 mm である.この方式のバリエーションは,Ferro-Monk 底シェルと残りの迫持部と管頂部の事後的なセメントモルタルコーティングとの組合せである.同様なシステムは,Superfer[5.3.2-295]の名称で実用化されている.プレハブ部材とコーティングとの間の接触部では,補強材が十分にオーバーラップしていることに注意しなければならない.

5. 補　修

(a) エレメントの製作

(b) 完成したエレメント

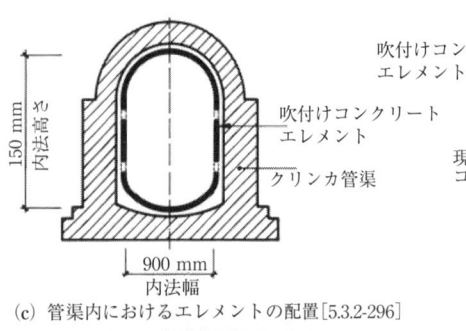

(c) 管渠内におけるエレメントの配置[5.3.2-296]

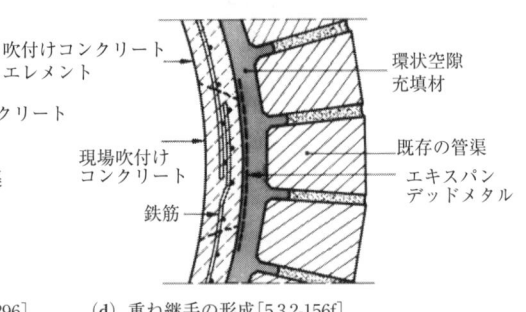

内法高さ 150 mm　内法幅 900 mm

吹付けコンクリートエレメント
クリンカ管渠

(d) 重ね継手の形成[5.3.2-156f]

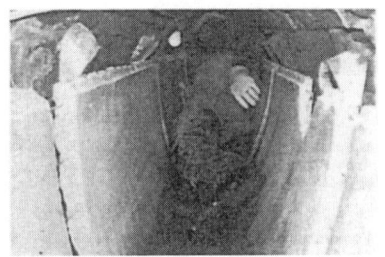

吹付けコンクリートエレメント
現場吹付けコンクリート
鉄筋
環状空隙充填材
既存の管渠
エキスパンデッドメタル

(e) 取付け

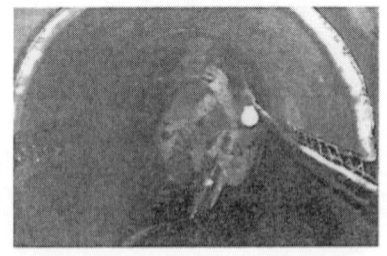

(f) 突合せ箇所のコンクリート吹付け塞ぎ

(g) 吹付けコンクリートエレメントによる多環式レンガ積管渠内環の交換

図 5.3.2-135：吹付けコンクリートエレメントによるフルライニング（Rees Seergun Ltd.）[5.3.2-293]

(2) ファイバコンクリートエレメント

ファイバコンクリートエレメントは，3：1比率のセメントと微粒砂ならびに5重量％の長さ10〜25 mmの耐アルカリ性グラスファイバから吹付け方式で製造される．エレメントの長さは，一般に1.2 mであるが，それぞれの事情に適合した長さとすることも可能である．

エレメント相互の結合は，いんろう継ぎ，ソケット継ぎによって行われ［図5.3.2-136(b)］，これらは，さらにねじで固定されて環状空隙充填時のずれが防止される［図5.3.2-136(c)］．このシステムは，あらゆる断面形状に適している．図5.3.2-136(a)は個々のエレメントの組付けの作業フローを表しており，図5.3.2-136(d)は特殊断面形状のライニングの一例を示したものである．

図5.3.2-137は取付管の接続復元の作業フローを示している．

(3) 反応性樹脂コンクリートエレメント

反応性樹脂コンクリートエレメントは，結合剤の点で吹付けコンクリートエレメント，ファイバコンクリートエレメントと区別される．このエレメントは，ポリエステル樹脂（10〜25重量％）と石英骨材の混合物からなっている．必要に応じグラスファイバも添加することが可能である[5.3.2-301]．

相対的に厚く（約38 mm），かつ堅いこのエレメントには，環状空隙充填時の支保対策は不要である[5.3.2-302]．充填モルタルの流出を防止するため，エレメントのいんろう継手またはばね継手は，エポキシ樹脂モルタルまたはシール材（5.2.3参照）で止水される[5.3.2-104, 5.3.2-303]．

このライニング方法の代表は，オーストリアが発祥のDuroton複合方式[5.3.2-304]である．組となった厚さ約20 mmの3つのエレメント（底エレメント，および2つの上部部材）—これらはエポキシ樹脂接着剤で互いに結合されている—がスパンライニングを形成し，これが反応性樹脂コンクリート（Duroton充填モルタル）による環状空隙充填と一体となって総壁厚約40 mmの複合システムを作り出す．表5.3.2-21は双方の反応性樹脂コンクリートの材料特性値を示している．断面積減少は，断面フライスで元の断面を拡大することによって最少化することができる（5.3.1.6参照）．Duroton複合方式によるライニングには，以下の作業工程が必要である（図5.3.2-138）．

・底ライニングエレメントを位置固定するための反応性樹脂モルタルベッドへの平ストリップ鋼布設軌道の取付け．
・底エレメントの布設，エポキシ樹脂接着剤による接着，ならびに反応性樹脂コンクリートないしモルタルによる管渠内壁との空隙の充填．

5. 補　修

(a) 概要図．管渠フルライニング用プレハブ部材の組付け
　　[5.3.2-297]

(b) いんろう継手付きファイバコンクリートエレメント [Celtite (Selfix) Ltd.] [5.3.2-298]

(c) 取付けエレメントの固定 [Celtite (Selfix) Ltd.] [5.3.2-298]

(d) 特殊断面のライニング [5.3.2-299]

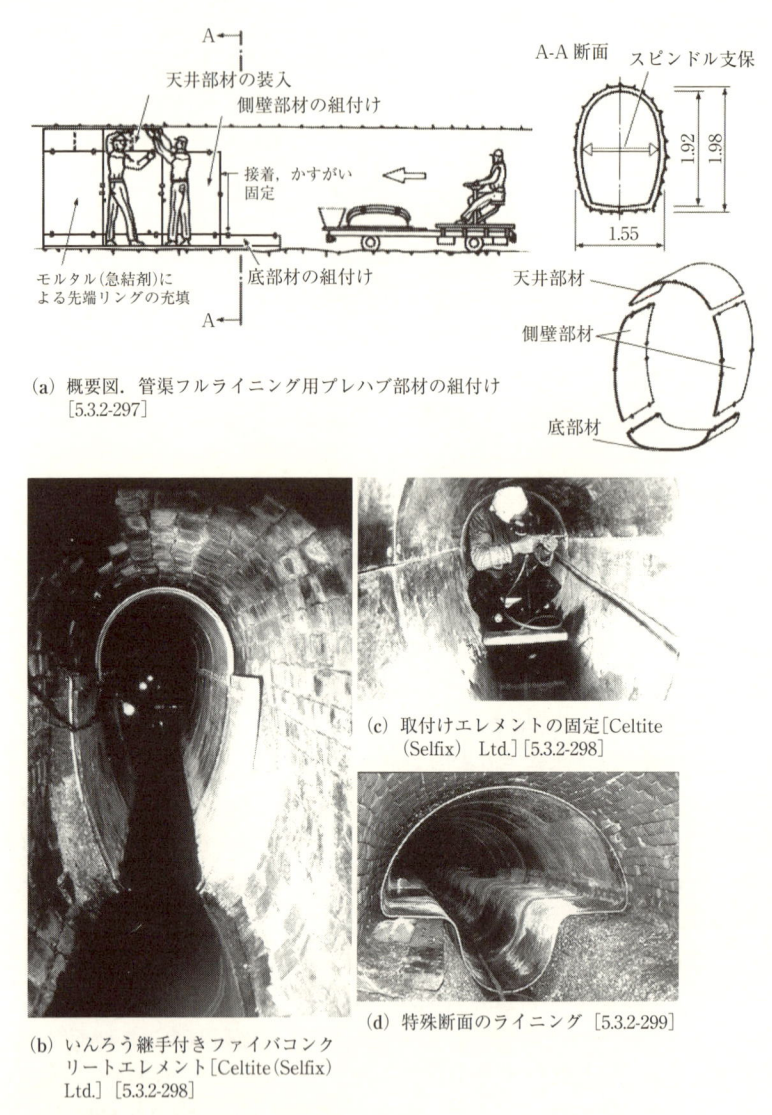

図 5.3.2-136：ファイバコンクリトエレメントによるフルライニング

・既に天井継目で互いに接着結合されたそれぞれ2つの上部部材の挿入，組付け，ならびに注入パイプを介した反応性樹脂コンクリートないしモルタルによる区間ごと（5～6 mごと）の環状空隙充填．

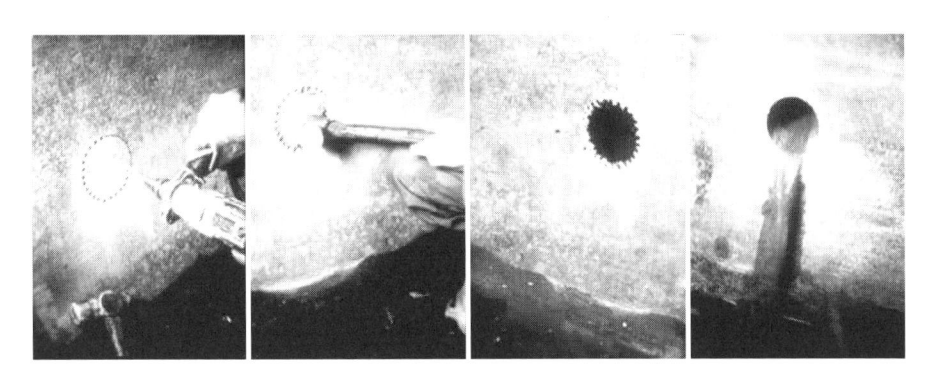

図 5.3.2-137：ファイバコンクリートエレメント，取付管の接続復元作業フロー［Celtite（Selfix）Ltd.］［5.3.2-298］

表 5.3.2-21 ： Duroton 反応性樹脂コンクリートの材料特性値［5.3.2-304］

材料特性	Duroton エレメント	Duroton 充填モルタル
圧縮強さ[N/mm^2]　28 日後	109.2	84.4
曲げ引張り強さ[N/mm^2]　28 日後	25.1	29.6
弾性率[引張り，N/mm^2]	21 263	17 941
摩耗抵抗[cm^3/50 m^2]　（Bohme，湿潤）	18	—
粗度高さ[mm]	0.14	—

(a) 布設軌道の取付け
(b) 移動車による上部部材の取付け．底シェルは先に組み付けられている
(c) 環状空隙の充填
(d) フルライニングされた管渠の全景

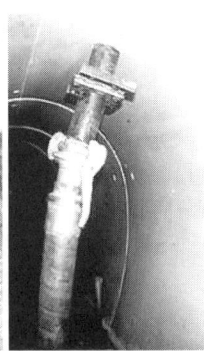

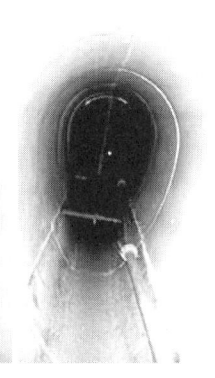

図 5.3.2-138：反応性樹脂コンクリートエレメントによるフルライニング．Duroton システム［5.3.2-304］

　ライニングを取り付ける前に取付管の位置・寸法測定が行われ，それぞれのエレメントに当該孔が設けられる．

5. 補　修

取付管の事後的な接続は，2つの方法で行うことができる．
・エポキシ樹脂モルタルによる環状間隙の充填．
・その後の環状空隙充填のための型枠として，コーティングされたばね板の挿入．

(4) グラスファイバ強化プラスチック(GFK)エレメント

　この方式グループを代表するのは，イギリスで開発され，1992年以降ドイツで利用されているChanneline方式(図 5.3.2-139)である．

　この場合には，標準長さ1.25 mで静的バックグラウンド条件に適応させられる10 mm以上の管厚を具えたECRガラスとUP樹脂からなるGFK管頂セグメント，底セグメント，および必要に応じたその他のセグメントがばね継手により現場で合成されてスパンライニングが形成される．このセグメントシステムにより，あらゆる断面形状を工場で正確にプレハブすることが可能であり，また局部的な変形，断面変化または許容差をブリッジ結合するための特殊形状をプレハブすることも可能である．突合せ継目は，合成ゴム(例えば，Sikaflex)によるか，または複数層のGFKによる手積み積層方式で事後的に止水することができることから，水密性と安定性が保障されている[5.3.2-305，5.3.2-306]．

　管渠壁とスパンライニングとの間の環状空隙は，注入材またはトンネル建設でも使用される硬練り混合物で充填される(**5.3.2.2.1 参照**)[5.3.2-127]．

　セグメントの部分的取付け方法により，補修さるべき管渠を通る晴天時排水路を保持しつつ作業を実施することが可能である．このためにフレキシブルホースまたはプ

(a) 底部に配されたフレキシブルホースによる下水排水路の保持下での底セグメントの取付け　(b) 底セグメントと管頂セグメントの合成　(c) 完成した管断面

図 5.3.2-139：Channeline方式[5.3.2-127]

ラスチック下水管が横木上に布設されるか，または管頂部に懸架される．底部に配された排水路は，セグメント組付け中に底部から管頂部に移し替えられるか，またはその下に底セグメントを通すため少しの間持ち上げられなければならない[5.3.2-305]．

個別のセグメントを使用する以外に，薄肉GFK管の管底に縦方向に切れ目を入れ，切断端をオーバーラップさせロールした状態で取付け場所に運搬し，同所で巻いた状態を開いて設置することも可能である．管の結合は，円周方向では隙間嵌め押し被せカラーで，縦方向では"H形"プロファイルで行われる（図 5.3.2-140）[5.3.2-307]．

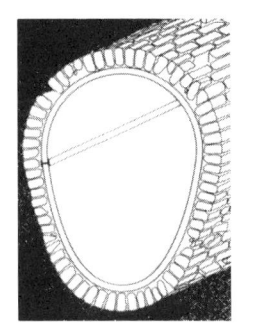

図5.3.2-140：
H形プロファイルによるGFKセグメントの継手形成
（JohnstonConstruction Ltd.）[5.3.-307]

(5) 特殊ガラスエレメント

この方式に属するのは，ドイツで開発されたTransplusガラスライニングシステム[5.3.2-310]である．このシステムでは，化学耐性ある強靭かつ衝撃に不感な特殊ガラス製のライニングセグメントが組み付けられて，槽，円形管渠ないし卵形管渠のスパンライニングが形成される（図 5.3.2-141）．標準管厚は，8 mmであるが，特殊な場合には厚さ10, 12, 15, 19 mmのセグメントも使用される．表 5.3.2-22にリサイクル可能な特殊ガラスの材料特性値を示した．

スパンライニングは，場所的条件，例えば管渠へのアクセス，呼び径または所要管厚に応じ2, 3もしくはそれ以上の数の円セグメントシェルから構成される．通常のセグメント長さは2.0 mであるが，それより短いエレメントも供される．

表 5.3.2-22：ライニング用特殊ガラスの材料特性値
（Flachglas Consult）[5.3.2-310]

重量	2.5 g/cm³
圧縮強さ	700～900 N/mm²
曲げ引張り強さ（Transplus-ESG）	120 N/mm²
弾性率	7.3×10^4 N/mm²
熱膨張率	9.0×10^{-6} L/K
軟化温度	約600℃
温度変化耐性	±100 K
粗度高さ	0～0.0015 mm

図 5.3.2-141：特殊ガラスエレメントによるフルライニング．ガラスエレメントの布設および油圧ホースによる固定
（Flachglas Consult GmbH社，Gelsenkirchen）[5.3.2-310]

5. 補　修

　　個々のセグメント間の横方向継目，縦方向継目の水密結合は，それぞれの適用目的に合わされたシール材で行われる[5.3.2-308]．熱膨張率が低いため伸縮継手もしくはその他の布設技法対策は不要である．

　　セグメントの組付けは，組付け用あばらと油圧ホースを用いて行われ，これらによってガラスセグメントは管渠内に固定される．ライニングと管渠壁との間の間隔が調整される（図 5.3.2-141）[5.3.2-309]．

　　残存している環状空隙には膨潤性充填剤が圧入される結果，ライニング全体は，耐荷挙動に適切に作用する構造的圧縮応力下にあることとなる．地盤沈下地区では管渠に生じ得る動きを補正するため耐久弾性充填剤が使用される．こうした条件下における環状空隙の幅は，最大 60 mm である[5.3.2-310, 5.3.2-309]．

　　取付管の接続復元等の特殊ガラスの事後的な加工は不可能であることから，そうした箇所では，非硬化の，したがってフライス加工可能なガラスエレメントが使用されるか[5.3.2-309]，または特殊セグメントが取り付けられる．

5.3.2.6　ライニングの構造力学計算

　　既に 5.3.2.1 で触れたように，スパンライニングに関連して，非自立式ないし静的耐荷力のないライニングシステムと，自立式ないし静的耐荷力のあるライニングシステムが区別される．静的耐荷力のないスパンライニングは，付加的な荷重を吸収することができず，支持断面すなわち補修される管渠と機械的に確実に結合されなければならない．これとは反対に静的耐荷力のあるスパンライニングは，外部荷重を吸収することができるが，そのためにスパンライニングは，ATV に準拠して設計されなければならない（ATV-M 143 Teil 3[5.3.2-7]）．

　　以下に管によるスパンライニングの構造力学設計に関する解析，数値計算式を述べ，判定を行う．この場合，円形断面の補修にも卵形断面の補修にも使用されるプレハブ管によるライニング，現場製作管によるライニングならびに現場製作・硬化管によるライニングが考察される（図 5.3.2-1 参照）．管-内-管-支持システムの形成は，方式に依存しており，これも同様に考慮される．いくつかの方式にあってインライナは，補修される管渠の内面（以下では，旧管渠または旧システムと称する）と相補嵌合的に密接し，その他の方式にあっては環状空隙が生じ，これは通常できるだけ縮みの少ないモルタル，もしくはその他の適切な材料で充填されるか，または隙間として残される．

5.3.2.6.1　管の形の自立式ライニングの構造力学計算

ドイツでは，過去，自立式インライナの安定性判定は，ATVから出発し，ほとんどの場合にATVに依拠して行われてきた（ATV-M 143 Teil 3[5.3.2-7]，ATV-A 127[5.3.2-311]）．後者の基準は，もっぱら新規布設向けに開発された管-土壌システムを基本とするものであった（弾性基礎円環）．このシステムの運動学的可容変形像は，それから生じる応力と同様に管-内-管システム（剛性基礎）のそれとは相違することから，近年，インライナと既設管とからなる静的システムを予変形と隙間形成を考慮しつつ十分正確に記述し，これによって特に信頼を得る安定性判定の実施を可能とする努力が企てられてきた[5.3.2-312 〜 5.3.2-318]．

既設管と周囲土壌からなるシステムの挙動は，インライナシステムにかかる荷重の種類と大きさに大きく影響することから，3種の静的に重要な荷重条件が区別されなければならない（図 5.3.2-142）[5.3.2-312]．

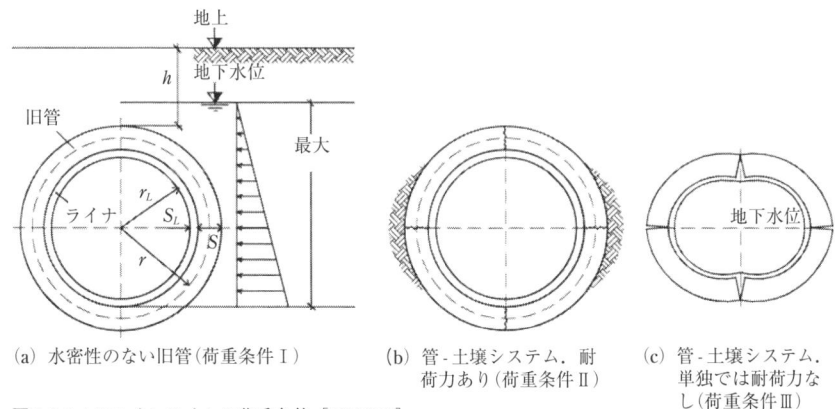

図 5.3.2-142：インライナの荷重条件　[5.3.2-312]

(a) 水密性のない旧管（荷重条件Ⅰ）
(b) 管-土壌システム．耐荷力あり（荷重条件Ⅱ）
(c) 管-土壌システム．単独では耐荷力なし（荷重条件Ⅲ）

① 荷重条件Ⅰ：この管渠は，基本的に亀裂がなく，完全に耐荷力を具えている．補修は，例えば水密性の回復に必要である．単に外部，内部の水圧がインライナによって吸収されなければならないにすぎない．
② 荷重条件Ⅱ：この管渠には，1本または複数本の連続した縦方向亀裂があり，単独ではもはや耐荷力を具えていない．ただし，これは，管外周部の土壌の十分な基礎作用によって引き続き管-土壌システムとして安定性を有している．荷重条件Ⅰと同様に一般に水密性の回復が必要であることから，インライナは，外部，内部の水圧に対して設計されなければならない．

③ 荷重条件Ⅲ：管-土壌システムは，もはや耐荷力を具えていない．この補修は耐荷機能と水密機能との回復が必要である．

荷重条件Ⅲにおける既設管渠の共同耐荷作用に関して信頼し得る言明を行うことは，これまでのところ不可能である．したがって，以下ではインライナの設計に関する解析的・数値的計算式の表現ならびに判定において常に荷重条件Ⅰ，Ⅱに応じた安定した旧システムが出発点とされる．

文献[5.3.2-311]に基づく管-土壌システムと同様に管-内-管システム[5.3.2-1]についても以下の判定が行われなければならない．

・応力判定：応力判定は，曲げ引張り応力についても曲げ圧縮応力についても行われなければならない．法線力から幾何学的に非線形的な影響が予測されることから適切なFEM解析が線形解析計算に一般に優先されなければならない[5.3.2-318]．

・変形判定：変形は，特に浮上がりと幾何学的に非線形的な法線力の影響から生ずる．発生する変形は，それが補修された下水管の機能性と水密性に及ぼす影響に関してチェックされなければならない．

・安定性判定：安定性判定では，基本的に予変形と環状隙間ならびに幾何学的に非線形的な関連が一緒に考慮されなければならない．したがって，非線形FEM解析が解析手法の重ね合せより常に優先されなければならない．理想的な円形インライナの安定性障害ケースに関しては，プレ寸法決定とFEM解析結果の品質的チェックを可能とする有意な近似法が存在している．

(1) 障害形態

障害解析に際しては，当該構造がそれ以上の荷重増加を吸収し得ないか，または許容し得る規模の変形下でしか吸収できないか，による限界荷重の大きさが計算される．理論的背景の正確な記述は，文献[5.3.2-319〜5.3.2-322]で行われている．

以下の概念が決定的な意義を有している（図5.3.2-143）．

・安定性問題，
・降伏問題，
・分岐問題，
・応力問題．

安定性問題は，一定値の荷重

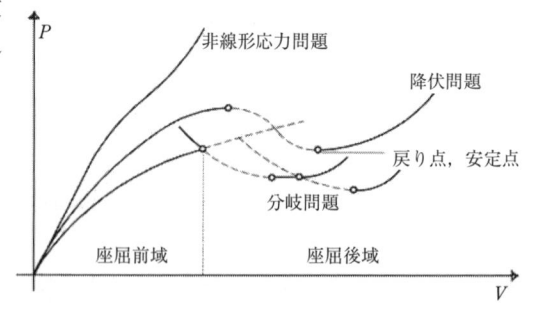

図5.3.2-143：文献[5.3.2-320]に基づく荷重-変位曲線の種々の径路

に対して複数の変位状態が生じる場合に存在する．したがって，あらゆる安定性問題は，曖昧性の問題である．支持構造の安定性の曖昧さの判定には，変形特性を正確に知ることが重要である．荷重-変位曲線に極値が現れる場合には，降伏問題が語られることとなる．いわゆる座屈後域において，変位は，戻り点ないし安定点における荷重極小まで引き続き増大する．その後再び管の不断の補強下で静的平衡とさらなる荷重上昇が可能である．荷重-変位曲線のその後の枝分かれは，いわゆる分岐問題を示唆している．ただし，力と変位が曲線の全体にわたって不断に一義的に定まっている場合，それは応力問題である．この場合，システムの極限荷重は，断面が応力をもはや吸収できずに破損することによって制限される．

(2) 安定性障害を記述するための経験的・解析的手法

過去において，外圧荷重下での円形管の限界座屈圧力を算定するための様々な経験的・解析解決手法が開発された[5.3.2-323]．自由管の座屈挙動に関する基本的な相互関連は，Timoschenkoにより文献[5.3.2-324]に表された．これをベースとしてGaube[5.3.2-325]は，基礎埋設されたプラスチック管の特別な障害挙動を半経験式によって記述している．外圧荷重，温度負荷または収縮荷重のかかる防護されない隙間なし管の安定性障害の記述は，Glock[5.3.2-313]，Cheney[5.3.2-326]，Chicurel[5.3.2-327]によって行われた．Lo, Zhang[5.3.2-317]は，さらに防護とインライナとの間の隙間形成が座屈問題に及ぼす影響も研究した．Falter[5.3.2-312]は，Glockの解法から出発し，剛体フレーム構造計算から導かれたプレ因子に基づいて隙間形成ならびに予変形を考慮する計算方式を紹介している．Wagner[5.3.2-316]により，インライナに関する実験結果から特に隙間の影響を考慮した純経験的な設計式が開発された．これらすべての方式は，実際の座屈挙動の良好な近似を表しており，簡易化するための様々な仮定から出発している．

a．自由管の座屈 Timoshenkoは，半径方向にコンスタントな外圧がかかる自由薄肉リングの座屈挙動を記述している．任意の小さな初期変形が生ずると，**図5.3.2-144**に表されたように，限界荷重下で円環は座屈するに至る．

この場合，円環の任意の箇所における曲げモーメントMは，平衡条件と幾何学的相互関連から以下のようにして導出することができる．

$$M = M_0 - p\,r(w_0 - w) \tag{5-1}$$

ここで，M_0：点A，Bにおける曲げモーメント，w：リングの半径方向歪み，w_0：点A，Bにおけるリングの半径方向歪み．

5. 補修

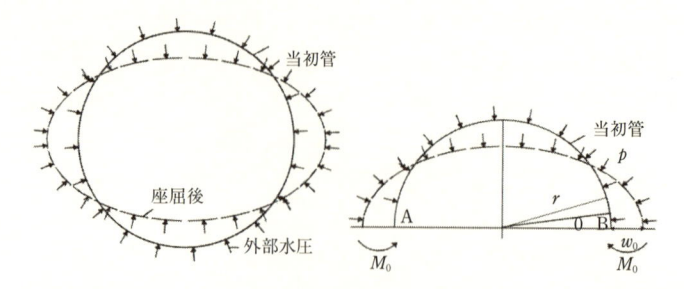

図 5.3.2-144：外圧下における自由リングの座屈 [5.3.2-338]

リングの半径方向歪み w は，次式で表される．

$$\frac{d^2w}{d\Theta^2} + w = -\frac{Mr^2}{EI} \tag{5-2}$$

ここで，Θ：開き角，EI：リングの曲げ剛性．

その一般解は，次式で表される．

$$w = A_1 \sin(k\Theta) + A_2 \cos(k\Theta) + \frac{-M_0 r^2 + p r^3 w_0}{EI + p r^3} \tag{5-3}$$

ここで，

$$k^2 = 1 + \frac{p r^3}{EI}$$

で表される．

このようにして一般的な座屈係数 k に対する限界座屈荷重は，以下のように定まる．

$$p_{\text{crit}} = \frac{(k^2 - 1)EI}{r^3} \tag{5-4}$$

図 5.3.2-145 には $k = 2, 3, 4$ に対する種々の座屈像が表されている．最小の非慣用解 $k = 2$ で自由管の限界座屈荷重は，以下のとおりとなる．

$$p_{\text{crit}} = \frac{3 EI}{r^3} \tag{5-5}$$

長い管の拘束された横歪みを考慮するため，式(5-4)に因子 $(1 - v^2)$ が組み入れられ

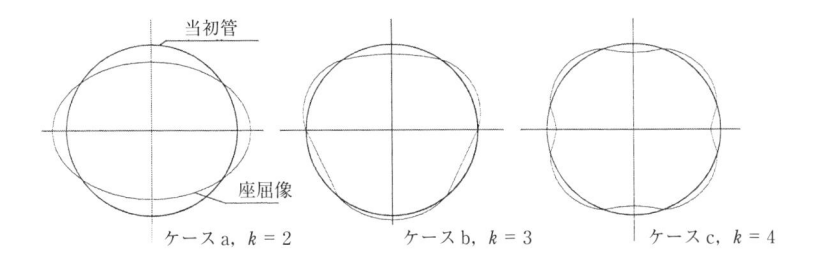

図5.3.2-145：2波，3波ならびに4波の座屈像

ることもしばしばある．この場合には，長さ"1"の一体式自由管につき一般的式を以下のように表すこともできる．

$$p_{crit} = 2\frac{E}{(1-v^2)}\left(\frac{t}{D_m}\right)^3 \tag{5-6}$$

a．Gaube　Gaubeは，外部水圧下にある自由な，地中布設されたPE-HD管の実験を基礎として，基礎で支持された埋設プラスチック製下水管の安定性判定に関する半経験式を導いた［5.3.2-325］．この場合，土壌の支持作用ならびに土圧に起因する管の変形（円形喪失）がともに考慮される．まず外部水圧に対する自由な非変形管の座屈圧力p_{k_0}が実験結果に基づくか，または式(5-6)に従って決定される．周囲土壌から生じる管に対する支持作用は，支持係数f_s—ただし$1 < f_s < 3$—で近似的に把握されることから，基礎埋設された非変形管の限界外圧p_{k_1}は，以下のとおりとなる．

$$p_{k_1} = f_s P_{k_0} \tag{5-7}$$

この式は，止水されたインライナの支持を考慮するために時として利用される．そうした場合には，文献［5.3.2-328］に基づき支持係数$f_s = 3$を選択することが推奨される．

予変形は，予変形率f_aによって考慮される．その推定で，インライナは$\Delta r \approx \Delta x \approx \Delta y$で常に楕円状に変形すると仮定される（**図 5.3.2-146**）．

次いで楕円の半軸a，bと大きな曲率半

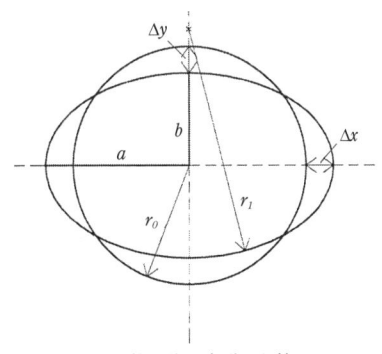

図5.3.2-146：楕円状に変形した管

5. 補　修

径 r_1 は，以下の式を介して決定することができる．

$$a = r_0 + \Delta r = r_0 (1 + \delta) \tag{5-8}$$

$$b = r_0 - \Delta r = r_0 (1 - \delta) \tag{5-9}$$

$$r_1 = \frac{a^2}{b} = r_0 \frac{(1 + \delta)^2}{(1 - \delta)} \tag{5-10}$$

ここで，$\delta : \Delta r/r_0$．

変形した管の座屈圧力は，式(5-5)に半径 r の代わりに式(5-10)の楕円形断面の大きな曲率半径 r_1 を代入することによって近似され，その結果，長い管については式(5-5)に応じて次式が当てはまる．

$$p_\text{crit} = f_s f_a \frac{2E}{(1-v^2)} \left(\frac{t}{D_m}\right)^3$$

$$f_a = \left(\frac{(1-\delta)}{(1+\delta)^2}\right)^3 \tag{5-11}$$

c．Glock　Glock は，エネルギー法に基づき幾何学的に非線形の変形関係を利用して外部水圧下にある剛性を有する外から防護された線形弾性円環の安定性問題の解析を行った．管と防護との間の摩擦，荷重および幾何学上の欠陥ならびに非線形材料挙動は考慮されなかった．防護からの管の剥離は，円周方向応力から生ずる円周方向縮み ($EA \neq \infty$) によって制約される（図 5.3.2-147）．これに伴う変形を Glock は以下の式によって表している．

$$w = w_1 \sin^2 \frac{\pi \psi}{2 \psi_0} \quad (5\text{-}12)$$

ここで，w：座屈したリング域の撓み，w_1：座屈したリング域における撓み振幅，ψ：可変角，ψ_0：座屈したリング域における開き角．

この場合，w_1 と ψ_0 は，エネルギー法に従って求められる自由パラメータである [5.3.2-313]．その際，リ

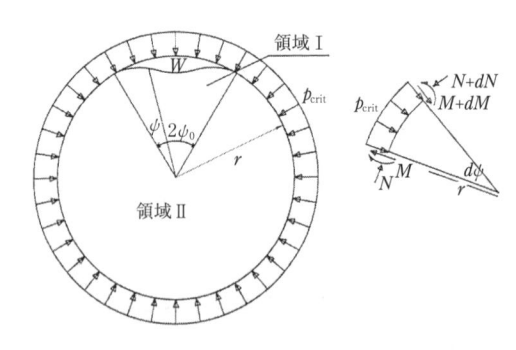

図 5.3.2-147：Glock によるインライナモデル [5.3.2-313]

ングの座屈プロセス時のポテンシャルエネルギーは，以下の3つの異なった断面値ないし外部荷重に依存している．
・座屈域(領域Ⅰ，図 5.3.2-147)における曲げモーメント M,
・管周全体にわたって一定なリング圧縮力 N,
・外部圧力 p_{crit}.

パラメータ w_1 と ψ_0 は，総ポテンシャルの最初の変化から荷重の関数としての一般的な形で求められることから，最終的に限界水圧は無次元の荷重パラメータ α_{crit} と次式を介して関係している．

$$\alpha_{crit} = \left(\frac{p_0 r^3}{EI}\right)_{crit} = 0.969 \left(\frac{EAr^2}{EI}\right)^{2/5} \tag{5-13}$$

横歪みが拘束されているとの仮定下で式(5-13)は，管厚 t の一体管につき以下のように表すこともできる．

$$p_{crit} = 1.0 \frac{E}{1-v^2} \left(\frac{t}{D_m}\right)^{2.2} \tag{5-14}$$

d．Cheney Cheney[5.3.2-326]は，Glock と同じく剛性を有する防護によって囲まれたリングの外圧下における座屈挙動を線形弾性材料挙動を前提に研究している．この解析は，アーチばりの安定性理論に依拠して行われた[5.3.2-324，5.3.2-329]．これによれば，小さな比 t/D_m に対して次の限界座屈圧力が生じる．

$$p_{crit} = 2.55 \frac{E}{1-v^2} \left(\frac{t}{D_m}\right)^{2.2} \tag{5-15}$$

e．Chicurel Chicurel[5.3.2-327]も，アーチばりの安定性理論[5.3.2-324]に依拠して薄肉の弾性防護リングの座屈挙動を研究した．ただし彼は，内部リングは，例えば収縮現象によって考えられるような，直径縮小による外部圧縮荷重を受けるとの仮定をした．この考えは，外部水圧下のインライナの挙動に正確には一致していないとはいえ，座屈開始時点まではきわめて実際に即していると考えられる．この場合，限界座屈圧力は，次式によって決定される．

$$p_{crit} = 2.76 \frac{E}{1-v^2} \left(\frac{t}{D_m}\right)^{2.2} \tag{5-16}$$

f．Lo & Zhang Lo と Zhang[5.3.2-317]は，円弧アーチばりの安定性理論[5.3.2-324]

5. 補　修

に依拠して円形インライナの座屈に関するモデルを開発した．このモデルは，小さな環状隙間の影響も考慮している．総隙間幅は，2つの異なった成分である当初隙間幅Δ_1と静水圧によって生ずる隙間幅Δ_2から合成される．

非対称的な障害形と対称的な障害形が区別される（**図 5.3.2-148**）．いずれの場合にも座屈中に管の周長は変化せず，かつ変形したインライナは，摩擦なしに剛性旧既設管に接していると仮定される．

(a) 非対称的障害モデル

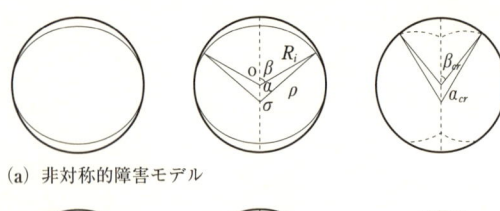

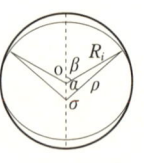

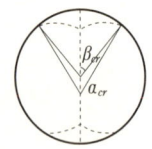

(b) 対称的障害モデル

図 5.3.2-148：座屈現象[5.3.2-317]

変形したインライナの幾何学的形状は，開き角β，新しい中心点Oからの開き角αならびに半径ρによって特徴づけられる．以下の幾何学的関係式が生じる．

$$m = \frac{\Delta}{R_i} \tag{5-17}$$

$$\rho = R_i \frac{\sin\beta}{\sin\alpha} - \frac{t}{2} \tag{5-18}$$

非対称的障害モデル［**図 5.3.2-148**(a)］

$$\frac{\beta}{\sin\beta} - \frac{\pi}{\sin\beta} m = \frac{\alpha}{\sin\alpha} \tag{5-19}$$

対称的障害モデル［**図 5.3.2-148**(b)］

$$\frac{\beta}{\sin\beta} - \frac{\pi}{\sin\beta}\frac{m}{2} = \frac{\alpha}{\sin\alpha} \tag{5-20}$$

ここで，Δ：環状空隙高さ，R_i：旧既設管内径，m：環状空隙比，α：Oに関する中心角，β：Oに関する中心角，ρ：変形したインライナのα，βを介した平均半径．

環状空隙比は，対称的な障害モデルケースでは，限界座屈圧力の計算にあたり1/2だけ組み入れられる［式(5-20)］．室内実験[5.3.2-317]では，非対称的な障害モデルの方が近似として適していることが判明したが，これは例えば浮上効果によって説明する

ことができる.

　防護管に接していないインライナ部分が同じ形の外圧下にある固定円弧アーチとみなされる場合には，限界座屈圧力 p_{crit} は，以下のとおりである（[5.3.2-324]参照）.

$$p_{\text{crit}} = \frac{(k^2 - 1)}{(1 - v^2) \rho^3} E I \tag{5-21}$$

または，一体断面については以下のとおりである.

$$p_{\text{crit}} = \frac{(k^2 - 1)}{(1 - v^2)} \frac{2}{3} E \left(\frac{t}{D_\rho}\right)^3 \tag{5-22}$$

ここで，$D_\rho : 2\rho$，t：インライナの管厚，v：ポアソン比，$k^2 - 1$：均等に圧縮された円弧アーチに関する荷重パラメータ（k：座屈波の数）.

　k は，文献[5.3.2-317, 5.3.2-324, 5.3.2-326]によれば，次の超越式によって決定される.

$$k \tan \alpha = \tan(k \alpha) \tag{5-23}$$

　問題全体の解決は，文献[5.3.2-317]によれば，以下のステップで行われる.
① 環状空隙高さ Δ と旧既設管の内径 R_i を設定する.
② スタート角 β を選択する.
③ 式(5-19)または式(5-20)により角度 α を計算する.
④ 式(5-18)により半径 ρ を計算する.
⑤ 式(5-23)により k を算定する.
⑥ ステップ①〜⑤の結果を用い式(5-22)により β に応じた ρ を計算する.

　ステップ①〜⑥は，種々の角度 β に関して反復される. 文献[5.3.2-317]によれば，ρ の値は，角度 β が減少するとともに増加し，最終的に極大つまり障害値に達し，その後再び低下する.

g．Falter　Falter は，剛体フレーム構造モデルの非線形幾何学計算に基づいてインライナの耐荷挙動を研究した[5.3.2-312]. 計算は，管長全体にわたって荷重は一定であること，旧既設管とインライナとの間の摩擦は無視すること，"小さな変位"に関する荷重の方向は正確であることを仮定して行われ，その際，予変形と隙間形成も考慮された. 出発点は，Glock の座屈式(5-14)であり，同式は減少率によって補正され，次の一体管限界座屈圧力算定式が得られた[5.3.2-312].

$$p_{\text{crit}} = \kappa_{vs} 1.0 \frac{E}{1 - v^2} \left(\frac{t}{D_m}\right)^{22} \tag{5-24}$$

5. 補　修

ここで，$\kappa_{v,s}$：κ_v κ_s，κ_v：予変形の減少率（図 5.3.2-149），κ_s：隙間形成の減少率（図 5.3.2-150）．

隙間は，インライナ外壁と旧既設管内壁との間の一定な間隔 w_s として定義されている（図 5.3.2-151）．これによりインライナの吸収可能な荷重は減少する．インライナの最大吸収可能荷重の減少は，インライナの半径/管厚比 r_L/s_L に依存しており，安定性判定においては，減少率 κ_v と κ_s によって考慮されてる（図 5.3.2-150）．

予変形は，$\cos^2$ 関数として仮定され，以下の3つの因子によって完全に記述される．

・管頂から測定した角度 ψ_v としての予変形位置，
・予変形の最大深度 w_v，
・予変形の拡がり $2\psi_0$．

座屈にとって決定的な開き角 $2\psi_1$ が最小座屈圧力について求められたことから，安定性判定にとって自由に選択し得る量は，予変形の位置 ψ_v と深度 w_v だけである．パラメータ変化に基づいて求められる減少率 κ_v の値は，図 5.3.2-149 から判明する．実際に生ずるケースは $1\% < w_v < 10\%$ と $10 < r_L/s_L < 100$ によってカバーされるべきである．

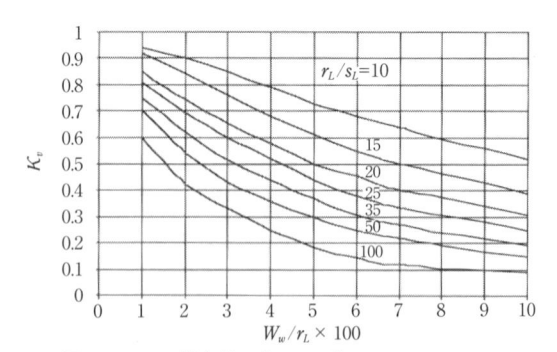

図5.3.2-149：減少率 κ_v [5.3.2-312]

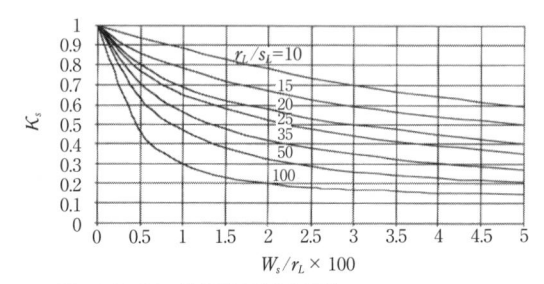

図5.3.2-150：減少率 κ_s [5.3.2-312]

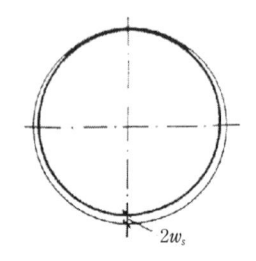

図5.3.2-151：隙間 w_s の表現 [5.3.2-312]

文献[5.3.2-312]によれば，外部水圧下でも安定性障害の他に重大な周辺繊維の圧力障害が発生し得る．したがって，ATVの改訂案の補遺 1/T3 には，管厚の最初の評価，トレンド調査，幾何学的に非線形ケースに関する電子計算結果のチェックのために数多くのmチャート，nチャートが供されている（ATV-A 127[5.3.2-311]）．

h．アメリカ材料試験協会(ASTM)　　限界座屈圧力を計算するためのアメリカ材料試

5.3 更　生

験協会 F 1216-93[5.3.2-315]の手法は，直径，管厚，弾性率を変化させて行われた鋼管内ホース・インライナのテストに依拠している．インライナは，破損するまで応力がかけられ，このテストによる座屈圧力が Timoshenko の自由管限界座屈圧力[式(5-6)]と増加率 K(支持係数)を介して比較された．

文献[5.3.2-315]による限界座屈圧力 p_{crit} を決定するための計算式は，以下のとおりである．

$$p_{\mathrm{crit}} = K f_a 2 \frac{E}{1-v^2}\left(\frac{t}{D_m}\right)^3 \tag{5-25}$$

K については，$K = 7$ の最小値が推奨される．変形率 f_a は，Gaube によって求められた式(5-11)による値と同じである．

i．Wagner　　Wagner は，短時間座屈テストを実施したが，同テストでは長さ 3.50 m の総計 135 本の現場成形管に半径方向外部水圧の生成によって管が破損するまで荷重がかけられた．

剛性防護としては，呼び径 250 と 300 のシームレス鋼管が使用された．

Wagner は，座屈荷重を求めるためにテスト結果を基礎として，$15 < r/w_s < 120$ の範囲内で成立する以下の座屈式を導いた．

$$\frac{P}{E} = C\left(\frac{t}{r}\right)^b \tag{5-26}$$

ここで，$C：0.035 + \arctan[8.7 \times 10^{-4}\,(r/w_s)]$，$b：0.7 e^{-[17.7/(r/w_s)]+1.5}$，$w_s$：隙間幅．

j．解析計算手法のまとめ　　インライナの設計には，一般に安定した旧既設管(システム)が出発点とされるが，それは共同耐荷作用に関して信頼し得る判定を行うことがこれまでのところ不可能だからである．文献[5.3.2-311]に基づく管-土壌システムと同様に，管-内-管システムについても，応力判定，変形判定，安定性判定が行われなければならない．非線形 FEM 解析が解析手法の重ね合せよりも常に優先されなければならない．ただし，理想的な円形インライナの安定性障害ケースについては，プレ寸法決定と FEM 解析のチェックを可能とする有意的な近似法も存在している[5.3.2-312〜5.3.2-318，5.3.2-335]．これらの経験的・解析的計算手法は，基礎上に埋設されたインライナの境界条件も包含している．ただしこれらの式は，一般に旧既設管とインライナとの間の摩擦を無視するとともに均質な管壁を前提としている．文献[5.3.2-335]に基づく計算式の入力値は，常にインライナの弾性率，管厚，直径ないし半径である．Wagner のやや異なる近似式[5.3.2-316]を別として，すべての手法は，横歪みの影響を

5. 補 修

表 5.3.2-23：平面応力状態に関する限界座屈圧力の計算式

開発者	計算式	係数	付記
Timoshenko [5.3.2-324]	$p_{crit} = 2 E (t/D_m)^3$		自由管
Gaube [5.3.2-314]	$p_{crit} = f_s f_a 2 E (t/D_m)^3$	f_s：経験的 f_a：解析的	長円形に予変形した基礎埋設管
Chicurel [5.3.2-327]	$p_{crit} = 2.76 E (t/D_m)^{2.2}$		管内管
Cheney [5.3.2-326]	$p_{crit} = 2.55 E (t/D_m)^{2.2}$		管内管
Glock [5.3.2-313]	$p_{crit} = 1.0 E (t/D_m)^{2.2}$		管内管
Lo/Zhang [5.3.2-317]	$p_{crit} = (k^2 - 1)(2/3) E (t/D_p)^3$	k^2-1：解析的 D_p：解析的	環状空隙のある管内管
ATV-A 127 [5.3.2-311]	$p_{crit} = \alpha_D (2/3) E (t/D_m)^3$	α_D：EDV, Diagr	基礎埋設管
Falter [5.3.2-31]	$p_{crit} = \kappa_v k_s 1.0 E (t/D_m)^{2.2}$	κ_v, k_s：EDV, Diagr	環状空隙と定まった予変形のある管内管
ASTM [5.3.2-315]	$p_{crit} = K f_a 2 E (t/D_m)^3$	f_a：解析的 K：経験的	長円形に予変形した管内管
Wagner [5.3.2-316]	$p_{crit} = CE (t/r)^b$	w_s：隙間幅 $C(r/w_s)$：経験的 $b(r/w_s)$：経験的	環状空隙のある管内管

無視すれば，以下の

$$p_{crit} = C E \left(\frac{t}{D_m}\right)^b$$

に帰することができ，単にプレ因子 C と指数 b によって相違しているにすぎない（**表 5.3.2-23** 参照）．これらは，すべて円形断面のみに関係している．卵形断面については，FEM 解析が優先されなければならない[5.3.2-330]．

Lo と Zhang，Wagner，Falter の計算式では，隙間幅も考慮されており，その際，Lo と Zhang の式は，小さな隙間幅に限定され，Wagner の式は，経験的に定義域 $15 < r/w_s < 120$ のみを把握している．予変形は，Falter の式でも，文献[5.3.2-314, 5.3.2-315]に基づく計算規定中でもプレ因子によって考慮されている．

インライナの座屈挙動の記述をより正確なものとし，従来の限界座屈値計算式に実際の長時間値も配することができるようにするため，ルイジアナ工科大学において約 200 回のインライナ短時間と長時間テストが実施された[5.3.2-331]．大きな隙間幅は，調査されず，隙間幅は，インライナの取付け中に極小に制限された．

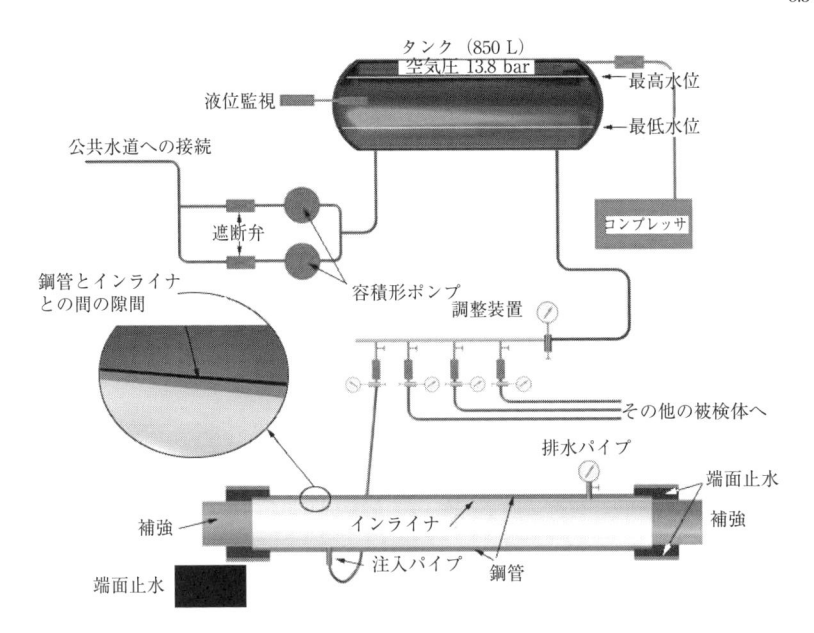

図 5.3.2-152：インライナ外圧試験用のテストレイアウト(Louisiana Tech University)[5.3.2-331]

テストの過程で，調査時点に北米市場で実用化されていた方式(5 メーカーの 7 方式)が試験された．それらは，具体的には現場成形標準方式，改良現場成形方式，Nupipe，インライナ USA，SpinielloKM インライナ，PaltemHL，Superliner の各方式であった．インライナは，鋼管(＝旧管)内に取り付けられ，ほぼ円形をなし，目視での損傷もしくは欠陥を有していなかった．

防護鋼管とインライナとの間に使用されたシーリングシステムを図 5.3.2-152 に表している．種々の旧管長さによる測定から，最小長さ 1.83 m，内径 305 mm の場合には，インライナの座屈破損は，鋼管内の張力によっては影響されなかったことが判明した．テスト管には，水が調整装置を経て 14 bar の圧力で直接にインライナと鋼管との間に供給された．このシステムは，全テスト管の半数が同時に破損することを考慮して設計されていた．

短時間テストでは，破損はほとんどの場合にテスト開始後 2 ～ 10 分で発生した．インライナの座屈挙動は，さらなるテストにおいてやや長時間にわたって観察された．その間，圧力はコンスタントに保たれた．長時間テストは，インライナの座屈破損が生ずるか，または 10 000 時間(約 14 ヶ月)の経過後に直ちに終了した．図 5.3.2-153，5.3.2-154 は典型的な座屈を示したものである．いくつかのインライナは，10 000 時間

5. 補 修

図 5.3.2-153：長時間テストにおけるインラ
　　　　　　イナの座屈 [5.3.2-331]

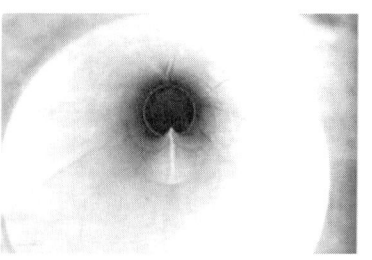

図 5.3.2-154：長時間テストにおけるインラ
　　　　　　イナの座屈（部分拡大図）
　　　　　　[5.3.2-331]

の経過後も破損しなかった．

短時間座屈テストから，隙間幅がわずかな場合には，算定された座屈圧力は，Falter, Glock の式に基づく座屈圧力とわずかに相違していることが明らかとなった．ただし長時間座屈テストでは，インライナ設計のための安定性判定においては—使用時間が比較的長期に及ぶ場合にはごくわずかな圧力であってもインライナの座屈を排除できないので—，荷重持続時間も考慮されなければならないことが明らかとなった．

(3) 有限要素法(FEM)による計算

数値計算法は，現在，工学の多くの分野において高い価値を占めるようになっている．有限要素法（FEM）—境界要素法（REM），離散要素法（DEM）ならびに差分法（FDM）—は，いくつかの場合の有意的な代替法である．その多面的な適用可能性によって最も汎用されている方法である [5.3.2-332]．

有限要素法では，要素内の未知変数の推移は，変位関数ないし形状関数によって近似される．一次未知変数—この場合は変位—は，要素節点で求められる．有限要素法の本質的な長所は，不規則な幾何学的形状と境界条件を問題なく考慮する点であるといえる．有限要素法の最も重要な制限として留意しなければならないのは，それが連続体力学則を基礎としており，つまり，連続体-不連続体-移行によって示される破断現象を記述できないか，もしくは不十分にしか記述できないことである [5.3.2-332]．この方法は，文献 [5.3.2-319, 5.3.2-332 〜 5.3.2-334] に詳しく述べられている．

有限要素法による支持構造解析の結果は，常に実際の支持構造挙動の近似的表現にすぎない．この場合に生ずる誤差は，支持構造の離散化が微細であればあるほど小さいものとなる．ただし要素数が増加するとともに演算費用も非常に高まることから，達成さるべき精度とそれに伴う演算費用とが常に比較されなければならない．

ボッフム-ルール大学の管路建設・管路保全研究チームでは，インライナの耐荷挙動

の数値解析に FEM プログラムシステム ABAQUS バージョン 5.6 が使用された．このプログラムの重要な入力データは，静的システムのモデル化と荷重ステップの記述に関係している．モデルデータに属するのは，以下のとおりである．
・節点の定義，
・節点の要素へのネットワーク化，
・要素特性，物質則の決定，
・境界条件(基礎，接触面)の定義．
　荷重ステップは，以下によって定められる．
・解析方法(例えば，幾何学的線形と幾何学的非線形)，
・適用さるべき変位境界条件，
・荷重の種類，大きさ，
・出力のオプション．
　計算結果は，個々の演算ステップないし荷重増分の終了後にポストプロセッサを用いて処理し，具体的に表現することができる．低費用で境界条件を変化させることができることから，所望のパラメータ変化を実現することが可能である．
　演算費用を制限するために解析研究は，線形弾性インライナの幾何学的非線形耐荷挙動に限定される．平衡は，それぞれ大きな変位と歪みのもとで変形したコンフィギュレーションで決定される．接触問題には，可変的な境界条件の組入れが必要である．
　静的システムの安定性挙動の決定には2つの方法—線形座屈解析と非線形座屈解析—が区別されなければならない．線形座屈解析(固有値解析とも称される)は，無限に小さな支持構造歪み，線形撓み変位によって変形したシステムの平衡，方向の正確な外部荷重，ならびに線形弾性材料挙動を前提している．これらの境界条件は，荷重サイクル間では不変である．線形座屈解析は，一般に限界インライナ荷重の計算には不適である．管-内-管モデルの境界条件は，無変形のコンフィギュレーションからのみ導かれるからである．したがって，旧既設管との当初接触のない隙間のある計算に際しては，単に自由管の座屈圧力が決定されるにすぎない．これに対して，当初隙間のない場合には，異常に高い座屈圧力が生じるが，それは，法線力変形から生ずる隙間形成が考慮されないからである．したがって以下の記述では，管-内-管モデルに関する非線形座屈理論による計算が基礎に据えられている．
　非線形座屈解析の数値解法アルゴリズムとしては，ニュートン-ラフソン法といわゆる RIKS 法が適当している．ニュートン-ラフソン法では，変位関係は，荷重増分の境界中で線形化され，解は各荷重増分の最後に平衡に関する収束に対する不平衡力の変位によってもたらされる．RIKS 法は，ニュートン-ラフソン法の改良に基づいており，

5. 補　修

これによって荷重最大値に達した後のシステムの降伏挙動も決定することができる[5.3.2-320].

a．円形断面　　円形インライナは，管周全体にわたる十分な数の要素と層厚さ全体に及ぶ複数の要素層でメッシュ化される．メッシュ分割は，かなりの管厚増大も実際に即してモデル化するのに十分なものとされる必要がある[5.3.2-330]．例えば，二次幾何学的変位と撓み変位を擁した8節点アイソパラメトリック連続体要素(CPE8, [5.3.2-319])を使用することができることから，管壁の屈曲も近似することが可能である．

相対的に非常に剛的な旧既設管は，剛性面として表される．インライナが旧既設管を貫通するのを防止するため，インライナ外面と旧既設管内面との間にラグランジュ乗数を用いてモデル化した接触面対を定義することができる．インライナと旧既設管との間の摩擦は，ほとんどの場合に無視することができる．ただし，こうして行われる障害，欠陥のないシステムの理想的なモデルは，外圧下で断面積減少のみを結果し，円形断面の幾何学的形状は不変のままとなる．したがって，当初障害として現実に即して実際に存在するインライナの浮上がシミュレートされる必要があり，その結果，第二の荷重ステップ，つまり全方向外部水圧下で管はさらに変形することとなる．

前記ケースにおいては，浮上に基づき常に非対称的な隙間像—この場合，ライナは管頂で支えられている—が出発点とされる．したがって，底部には2倍の幅 w_s の隙間が存在し，他方管頂部では隙間は消失している[5.3.2-335]．

図 5.3.2-155 は円形断面につき浮上と全方向外部水圧下で得られる結果を表している[5.3.2-330]．予測されるように，限界座屈圧力は，隙間幅が増大するとともに低下す

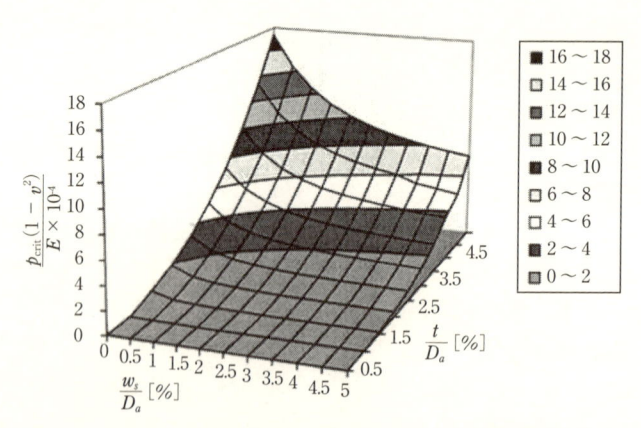

図 5.3.2-155：隙間幅と肉厚に相関した円形断面の限界座屈圧力のグラフ表現[5.3.2-318]

る一方で，管厚が増大するとともに上昇する．

図 5.3.2-156 は当初システムから障害ケースを経て座屈後挙動にまで至る浮上と外部水圧下における円形断面の典型的な荷重-変位曲線，ならびにいくつかの特徴的な変形像を示したものである[5.3.2-330]．浮上圧力上昇から全方向外圧上昇への移行点における曲線勾配の変化を明白に認めることができる．このシステムは，純粋な外圧下で非常に強い曲げ剛性挙動を示すが，これは線形曲げ成分の影響を無視することになる．この領域での変形の決定的な原因は，法線力に起因する非線形成分である．

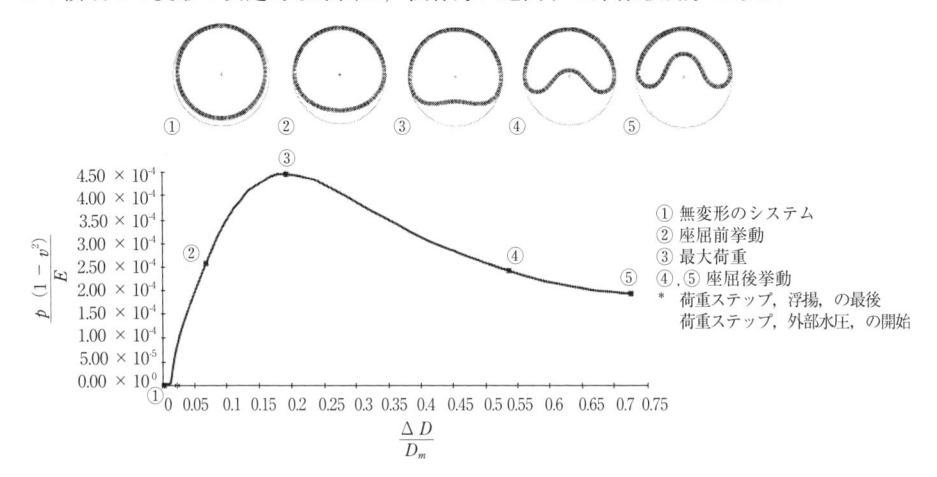

① 無変形のシステム
② 座屈前挙動
③ 最大荷重
④，⑤ 座屈後挙動
* 荷重ステップ，浮揚，の最後
荷重ステップ，外部水圧，の開始

図 5.3.2-156：隙間がある場合の非線形計算に関する変位カーブ（$w_s/D_m = 0.03$, $t/D_m = 0.04$）

注目すべき点は，隙間幅に応じ t/D_m 比が増大すると，曲線はもはや水平接線に達するまで偏平化することなく，システムはますます変形しつつ，さらなる荷重を吸収し得ることである[5.3.2-330]．かくて降伏問題から応力問題が生じることとなる．したがって，安定性問題は，およそ $t/D_m \leq 5\%$ の管厚に制限されなければならない．

b．卵形断面 これまでのところ，卵形断面については，一般的な解析計算規定は存在していない．文献[5.3.2-335]では，Glock の式(5-14)の転用は，3倍の迫持半径を考察することによって不経済な設計を生じることになることが指摘されている．以下にはFEMを利用した最大吸収可能外圧の計算が述べられるが，その際，隙間幅の影響も考慮される．

インライナの幾何学的形状は，文献[5.3.2-336]に依拠して記述することができる．その際，管は3つの半径—これらはすべて互いに定比にある—によって記述される．例えば，基礎半径 r は管頂部の半円の半径を，半径 $3r$ は2つの迫持円弧の半径を，半径 $r/2$ は底部の半径をそれぞれ記述している．各円は，それぞれ異なった中心点を有して

5. 補　修

いる(図 5.3.2-157). 旧既設管表面は, FEM 解析において剛性接触面によって表すことができる.

卵形断面のモデル化は, 円形断面の場合と同様にして行われる. 最初に浮上が造成され, それに続いて均等に分布した外部水圧が造成される.

隙間形成のある接触問題としての浮上と外部水圧下における卵形断面の幾何学的非線形計算が明らかにしたところによれば, インライナは, 一般に対称的に変形し, 2 波で迫持部において座屈する[5.3.2-330]. この卵形断面は理想的な円形ではなく, したがって外部水圧下でも常に曲げモーメントが生じ, 対称的な変形経過を促進する結果となる. 典型的な荷重変位曲線を図 5.3.2-158 に示した. 変位 v_h は, 最大振幅が予測される範囲の任意の節点で測定されたが, それは単に質的な推移を調べる必要があったからにすぎない. 円形断面の変形挙動とは異なり, 卵形断面は, 浮上と全方向外部水圧下において荷重-変位曲線の勾配にわずかな相違しかなく, 同じく大きな線形曲げモーメント成分となる挙動を示している. システム全体の剛化は, 特に隙間幅によって左右される. 接触開始後底部において各点に認められる.

図 5.3.2-157：卵形のジオメトリ[5.3.2-336]

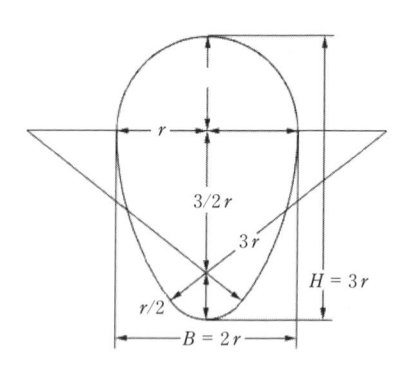

無変形の, 欠陥のない卵形断面につき弾性応力域における一面的変形像を原理的に

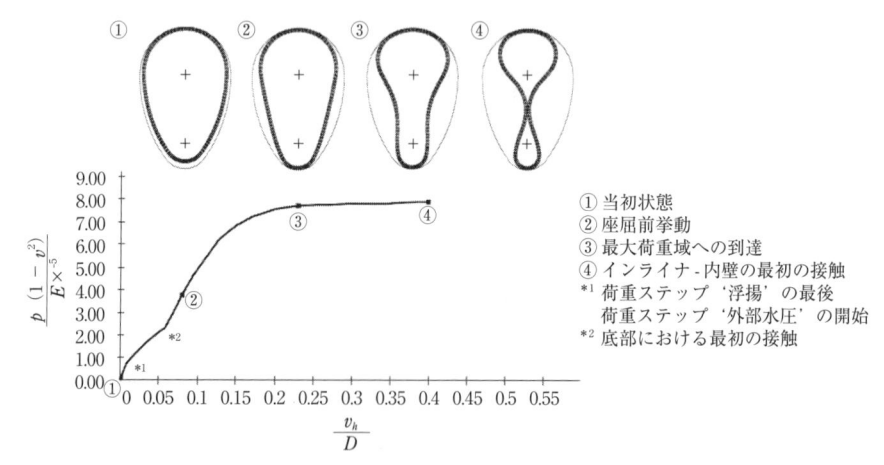

① 当初状態
② 座屈前挙動
③ 最大荷重域への到達
④ インライナ-内壁の最初の接触
*1 荷重ステップ'浮揚'の最後
　 荷重ステップ'外部水圧'の開始
*2 底部における最初の接触

図 5.3.2-158：対称的基礎モデル. 座屈障害の瞬間におけるジオメトリ[5.3.2-330]

想定することができるのは，片側において保持力が曲げ変形に対抗する場合のみである．図 5.3.2-159 は左側の迫持部に保持ばねを設定した FEM 解析で生ずる典型的な変形像を示したものである．計算中ばねは，常に引張り荷重下にある．したがって，この種の卵形断面は，変形が付加的に妨げられることがなければ，常に2波の変形像を生ずる傾向を有している．

破損状態において決定的な役割を果たすのは，実際には安定性障害ではなく許容応力の超過であることから，凹みを生じた非対称的な障害の形成も最初の亀裂側で観察された（図 5.3.2-160）．さらにまた非対称的な予変形による一面的な障害の促進も確認された[5.3.2-337]．特に隙間幅が大きい場合には，底部における接触の欠如のために対称的なケースにおけるよりも低い最大圧力が予測されなければならないことから，一般に一面的な変形像が判定に組み入れられなければならない．

予変形と欠陥のない場合の一面的座屈を FEM 解析で保障するため，水平方向変位を例えば一面的に作用する水平方向集中力によって全面的に抑えることができる．図 5.3.2-161 は典型的な荷重-変位曲

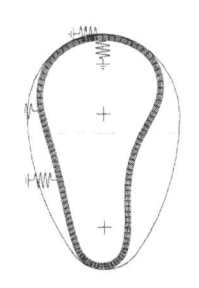

図 5.3.2-159：浮揚と外部水圧荷重下におけるばね付きシステム

図 5.3.2-160：亀裂形成後のインライナの片側障害

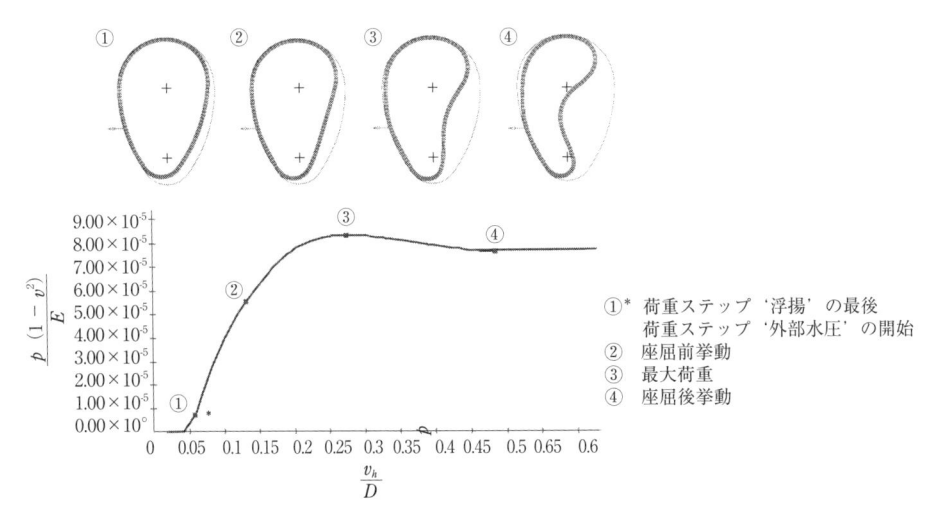

① * 荷重ステップ'浮揚'の最後
　　荷重ステップ'外部水圧'の開始
② 座屈前挙動
③ 最大荷重
④ 座屈後挙動

図 5.3.2-161：荷重-変位曲線と当該変形像

5. 補　修

線と当該変形像を表したものである．

最初に水平方向荷重の作用によって迫持部における観察された節点の当初変位が外圧上昇なしに認められる．その後，管は浮上下で点(1)まで変形し，曲線勾配がわずかに変化するとともに最終的に均等な外部圧力下で(3)の最大荷重まで変形する．

図 5.3.2-162 は対称的変形に関する卵形断面の計算に際して予測される結果の概要を表したものである．

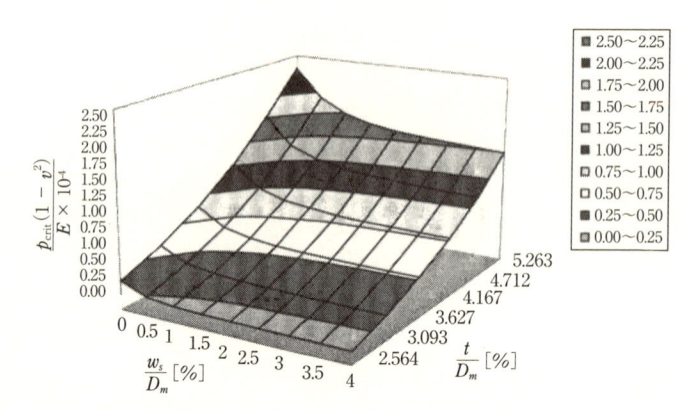

図 5.3.2-162：卵形断面の隙間幅および肉厚と相関した限界座屈圧力のグラフ表現

(4)　FEM と解析手法との比較

Glock と Timoshenko の理論は，円形断面の座屈障害の限界ケースを表している．これらから Timoshenko による自由管については，式(5-6)が得られ，Glock の管-内-管システムについては，式(5-14)が得られている．

Glock によって管-内-管システムについて計算された座屈荷重値を FEM 解析によって求められた最大荷重と比較すると，比 t/D_m が小さい場合に曲線は非常によく近似されることが確認される（図 5.3.2-163）．ただし，限界荷重は，FEM 解析にあって約 $t/D_m = 3\%$ から，Glock の理論から予測されるよりも激しく上昇するが，これは座屈前挙動の全体が全面的に把握されるからである．

図 5.3.2-164 は円形断面の限界座屈圧力を計算するための Glock の理論式を迫持部の最大彎曲半径を使用して卵形断面の障害ケースに転用した事例を表したものである．Glock の手法によって隙間のないシステムについて求められた値は，管厚が薄い場合には FEM 解析結果を 24％下回り，管厚が厚い場合には 41％下回っている．管の耐荷力は，過小評価され，その結果，管断面の過大寸法設計が決定されることとなる．したがって，常に非線型 FEM 解析が優先されなければならない．

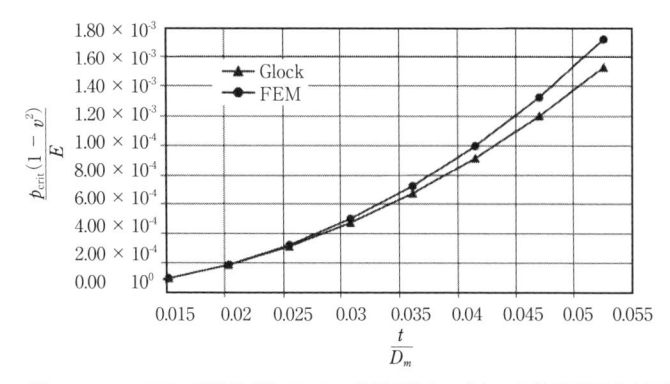

図5.3.2-163：FEM計算結果とGlockの解析手法(5-14)との比較(隙間なし円形)

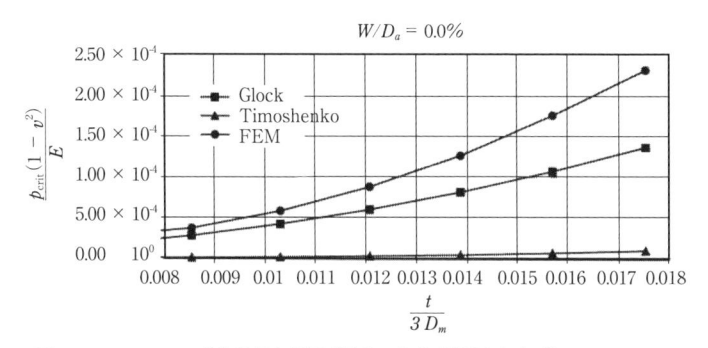

図5.3.2-164：FEM計算結果と解析手法との比較(隙間なし卵形)

a．結論 円形断面を具えた自立式インライナの耐荷挙動と障害挙動の記述には，多数の解析的経験的手法が存在しているが，これらは非常に相違した境界条件に関して求められたものであり，それゆえ理論的背景の知識がなければ，それらを実際に即した計算に直接転用することは困難である．これらの手法は，通常，均一な外部圧力荷重下における円形の自由管断面ないし防護管断面の安定性障害のみを把握するにすぎず，記載された境界条件下における最大吸収可能荷重の一次概算手法としてのみ使用することができる．その意味で$t/D_m < 3\%$の薄い管厚に関するGlockの座屈式は，隙間のない円形インライナの座屈障害を記述するための優れた近似式とみなすことができる．ただし，管厚が厚い場合，および隙間幅，予変形，欠陥が考慮される場合には，常にFEM解析が優先されなければならない．同解析によれば，材料特性と許容変形から生じる荷重容量の制限も考慮されることとなる．解析は，荷重—自重，浮上，外部水圧—を設定して実施される必要がある．

5. 補　修

卵形断面の障害挙動の記述は，FEM 解析によって妥当な費用で実現することができる．変形挙動は，隙間幅，管厚，材料特性，設定さるべき欠陥に応じ単波の非対称的変形像ならびに 2 波の対称的変形像によって特徴づけられる．とりわけ，隙間幅，予変形，管厚，材料特性，接触部の拡がり間の共通の相互作用は，解析手法によって把握することはできず，それぞれのケースに固有な FEM 解析で調査される必要がある．

5.3.2.6.2　管路方式で挿入されるライニングの構造力学計算

インライナの静的計算に関する以下の記述は，基本的に Hoechst AG 社によって刊行された"テクニカル・記録 Hostalen GM 5010 T2 製の管，および Hostalen PP 製の管"ないし当該刊行物［5.3.2-55，5.3.2-58］（［5.3.2-339］も参照）を基礎としている．外部静水圧によって曲げ撓み管に生じる応力については，5.3.2.6.1 を参照されたい．

(1)　引込み中の管の応力

a．最大引込み長さ：直管　　勾配または傾斜のある管渠を牽引するための力 F（図 5.3.2-165）は，以下の式で表される．

$$牽引力\ F = q_R l(\mu \cos\alpha \pm \sin\alpha)\ [\text{N}] \tag{5-27}$$

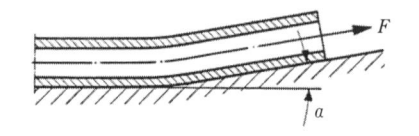

図 5.3.2-165：牽引力 F と傾斜角（Hoechst AG 社）[5.3.2-57, 5.3.2-58]

ここで，q_R：管重量/長さ単位［N/mm］，l：管の長さ［mm］，μ：摩擦係数（管に応じ 0.8 まで）[-]，α：傾斜角［°］．

牽引力 F，断面積 A を有した管には引っ張り応力 σ_Z がかかり，許容引張り応力 $\sigma_{Z,\text{perm}}$ 以下でなければならない．下記の引張り応力

$$\sigma_Z = F/A \leq \sigma_{Z,\text{perm}} \tag{5-28}$$

図 5.3.2-166：引張り応力（HoechstAG 社）[5.3.2-57, 5.3.2-58]

が成り立たなければならない（図 **5.3.2-166**）．最大許容引込み長さ l_{perm} は，以下の式から算定することができる．

$$l_{\text{perm}} = \frac{A\sigma_{Z,\text{perm}} f_s}{q_R(\mu\cos\alpha \pm \sin\alpha)}\ [\text{mm}] \tag{5-29}$$

$q_R = A\gamma_R$ とすることにより以下が得られる．

5.3 更　生

$$l_{\text{perm}} = \frac{\sigma_{Z,\text{perm}} f_s}{\gamma_R (\mu \cos \alpha \pm \sin \alpha)} [\text{mm}] \tag{5-30}$$

ここで，$\sigma_{Z,\text{perm}}$：許容引張り応力 $[\text{N/mm}^2]$，f_s：溶接係数 $(0.8 \sim 1.0)$，γ_R：比重 $(= 0.97 \times 10^{-5} \text{ N/mm}^3$，PE-HD；$0.93 \times 10^{-5} \text{ N/mm}^3$，PP）．

許容応力は，周囲温度，引込みプロセスの持続時間，管の許容伸び率に依存している．

止水されていない圧力管において，場合によりその後使用中に内圧に起因して発生する軸方向伸びまたは曲管の撓み伸びを考慮して引込み中の伸び率 ε_Z は，一定の値を超えてはならない．

$$\varepsilon_Z \leq 2.0\% \tag{5-31}$$

20 ℃時：$\sigma_{Z,\text{perm}} = 8 \text{ N/mm}^2$ [図 **5.3.2-167(a)**]
40 ℃時：$\sigma_{Z,\text{perm}} = 5 \text{ N/mm}^2$ [図 **5.3.2-167(b)**]
仮定：引込み持続時間（連続して）0.5 h

PP コポリマー製の管にも同じ値が適用される．この場合，破断安全係数は＞2である．

以上により勾配が 10°までの区間における PE-HD 管と PP 管の最大引込み長さにつき直径，管厚に関わりなく以下の結果が得られる．
20 ℃時：$l_{\text{perm}} \approx 680$ m

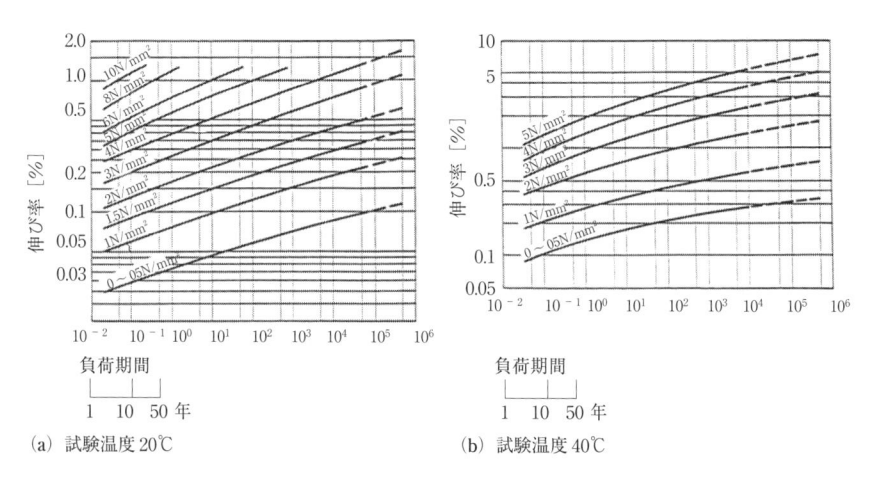

(a) 試験温度 20℃
(b) 試験温度 40℃

図 **5.3.2-167**：PE-HD (Hostalen GM 5010 T2) 製被検棒のクリープ曲線 (Hoechst AG 社) [5.3.2-57, 5.3.2-58]

5. 補　修

40℃時：$l_{\text{perm}} \approx 425$ m

　40℃の温度の場合，例えば夏季の晴天，その際には管の表面温度は65℃まで上昇するが，管壁の平均温度は，約40℃となり得るとみなされる．

b．最大引込み長さ：曲管　曲管の引込みに際しては，引張り，曲げに際し生じる個々の伸びの総和が　許容総伸び率3～4％を超えてはならない．

　引張りに際して2％の伸び率が許容されれば，彎曲部における曲げによる許容伸び率はなお約1～2％である．

$$\varepsilon_{\text{act}} = \varepsilon_z + \varepsilon_b \leq \varepsilon_{\text{perm}} \tag{5-32}$$

　許容曲げ半径を決定するための基準とみなされなければならないのは，管厚と直径との比が小さい場合（したがって低圧力段階）には座屈であり，比が大きい場合（したがって高圧力段階）には周辺繊維歪みである．曲げ半径の計算には近似的に以下の式が当てはまる．

　座屈に対する曲げ半径

$$R_k = \frac{r_m^2}{0.28\,s} = \frac{100}{\text{PN}} d_m\ [\text{mm}] \tag{5-33}$$

　ひずみに対する曲げ半径

$$R_\varepsilon = \frac{r_a}{\varepsilon}\ [\text{mm}] \tag{5-34}$$

ここで，r_m：平均管半径[mm]，d_m：平均管直径[mm]，r_a：管外径[mm]，s：管厚[mm]，PN：管の圧力等級，ε：周辺繊維ひずみ（= $\varepsilon_{\text{perm}} - \varepsilon_z = 1$ ～2％）．

　これら2つの基準の考慮下で**表5.3.2-24**にあげた許容曲げ半径が得られる．

表5.3.2-24：PE-HD管およびPPコポリマー管の許容曲げ半径（Hoechst AG 社）[5.3.2-57, 5.3.2-58]

圧力等級 PN	許容曲げ半径 R	周辺繊維ひずみ ε [％]
2.5	50 d_a	1.0
3.2	40 d_a	1.25
4.0	30 d_a	1.7
6.0	30 d_a	1.7
10.0	30 d_a	1.7

　温度が0℃近辺の場合には，前記の曲げ半径は2.5倍に引き上げられなければならない．0℃と20℃間のそれぞれの許容曲げ半径は，線形補間法によって求めることができる[5.3.2-340]．

　彎曲部では，ベンド前方の力 F は，$e^{\mu\beta}$ 倍だけ増加しベンド後方の牽引力 F_β になる．

5.3 更　生

$$F_\beta = F\,e^{\mu\beta} \tag{5-35}$$

ここで，β：管彎曲部の内角，μ：摩擦係数．

彎曲部における許容引込み長さは，以下のとおりとなる．

$$l_{\beta,\mathrm{perm}} = \frac{l_{\mathrm{perm}}}{e^{\mu\beta}}\ [\mathrm{mm}] \tag{5-36}$$

ここで，l_{perm}：直管の許容引込み長さ[mm]．

c．許容牽引力　　上で求められた牽引力は，表 5.3.2-25 にあげられた許容牽引力以下でなければならない．

表 5.3.2-25：DIN 8074 ないし DIN 8075 に基づく PE-HD 管および DIN 8077 ないし DIN 8078 Teil 2 に基づく PP コポリマー管の 20 ℃時の許容牽引力(40 ℃時にはそれぞれの値が 0.6 倍されなければならない)　(Hoechst AG 社)

管外径 d_a [mm]	PE-HD 製および PP コポリマー製の管に関する許容牽引力 [kN]				
	PN 2.5	PN 3.2	PN 4	PN 6	PN 10
63	—	—	—	—	8
75	—	—	—	—	12
90	—	—	—	11	17
110	—	—	—	16	25
125	—	—	—	21	33
140	—	—	18	26	41
160	—	19	24	34	53
180	—	25	30	43	67
200	—	30	37	54	83
225	30	38	47	68	105
250	38	47	59	84	130
280	47	60	73	105	163
315	59	75	93	134	206
355	76	95	118	169	—
400	96	121	149	215	332
450	121	153	189	272	421
500	150	189	233	335	519
560	188	237	292	421	—
630	238	300	370	533	—
710	303	380	470	676	—
800	384	485	595	859	—
900	485	614	755	—	—
1 000	598	755	930	—	—
1 200	861	1 087	1 340	—	—
1 600	—	1 936	—	—	—

5. 補 修

d．牽引ヘッド部の応力　許容牽引力は，管の応力によるだけでなく，牽引ヘッド部に生じる応力によっても制限される．牽引ヘッドの構造に応じて，力は溶接継手（溶接取付けされた牽引コーンヘッドの場合），プレ溶接鍔付きのフランジ継手，またはボルト継手を介して管に伝達される（図 5.3.2-168）．

DIN に準拠して製作されたプレ溶接鍔は，表 5.3.2-25 にあげられた力を吸収し得る構造となっている（DIN 16962［5.3.2-341］，DIN 16963［5.3.2-342］）．

図 5.3.2-168 に示したボルト継ぎの場合は，継手の面圧力（リベットホール）とせん断応力が計算されなければならない．したがって，面圧力

$$P = \frac{F}{A_1} = \frac{F}{D\,s\,z} \leq P_{lh,\text{perm}} = 10\ \text{N/mm}^2 \quad (5\text{-}37)$$

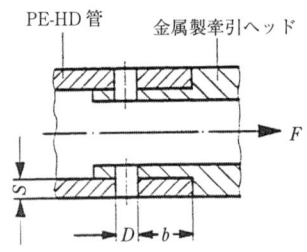

図 5.3.2-168：ボルト継手による牽引ヘッド（Hoechst AG 社）［5.3.2-57, 5.3.2-58］

せん断応力

$$\tau = \frac{F}{A_2} = \frac{F}{2\,b\,s\,z} \leq \tau_{lh,\text{perm}} = 4\ \text{N/mm}^2 \quad (5\text{-}38)$$

ここで，z：ボルトの本数．

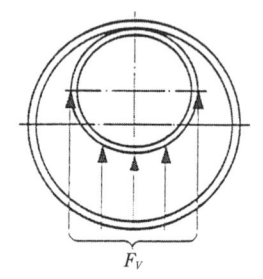

図 5.3.2-169：浮力 F_V（Hoechst AG 社）［5.3.2-57, 5.3.2-58］

許容引込み長さないし牽引力の計算に際して，穴の面積だけ減少する管断面を考慮しなければならない．

(2) 環状空隙充填中の管の応力

a．浮力による応力　比重 $\gamma_D > \gamma_R$（γ_R：管の比重）の注入材によって旧既設管と引き込まれた PE-HD 管との間の環状空隙が充填される際には，無充填の PE-HD 管は，以下の力がかかる（図 5.3.2-169）．

$$F_V = F_A - G_R = \frac{\pi\,d_a^2}{4}\gamma_D\,l_R - q_R\,l_R\ [\text{N}] \quad (5\text{-}39)$$

ここで，F_A：浮力［N］，G_R：管重量［N］，q_R：管重量/長さ［N/mm］，l_R：管長さ［mm］

水の満たされた水重量 G_W を擁した管については，次式が当てはまる．

$$F_V = \frac{\pi\,d_a^2}{4}\gamma_D\,l_R - (G_R + G_W) = \frac{\pi}{4}l_R\,(d_a^2\,\gamma_D - d_i^2\,\gamma_W) - q_R\,l_R\,[\text{N}] \tag{5-40}$$

これから，側方支持されていない旧既設管の管頂に接している管については，近似的に以下の垂直方向変形が生ずる．

$$\frac{\Delta d_m}{d_m} = \delta_V = 0.174\,\frac{F_V}{l_R}\frac{d_m^2}{E_R s^3} \tag{5-41}$$

注入材の固化時間と相関したプラスチック管のクリープ率 E_R は，図 5.3.2-170 に示したものとなる．

(a) PE-HD (Hostalen GM 5010 T2)．
 $s = 2\text{N/mm}^2$ の曲げクリープ率 E_R
 (Hoechst AG 社) [5.3.2-57, 5.3.2-58]

(b) PP (Hostalen PPH 2222)．
 $s = 2\text{N/mm}^2$ の曲げクリープ率 E_R
 (Hoechst AG 社) [5.3.2-57, 5.3.2-58]

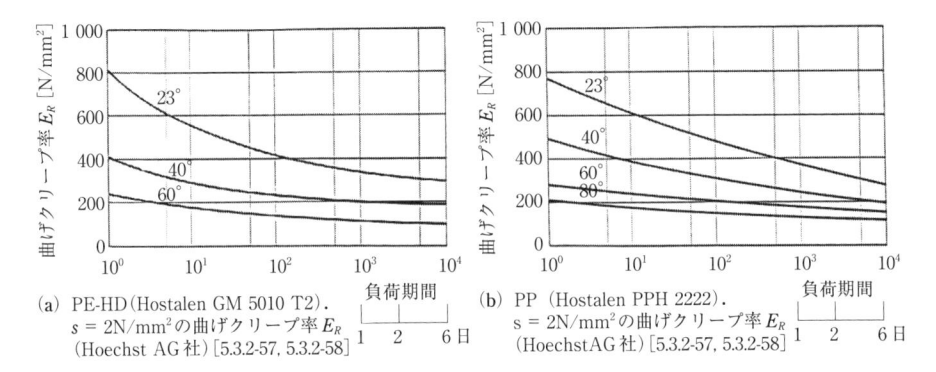

図 5.3.2-170：曲げクリープ率 E_R

水の満たされた管は，通常，内圧下にある．これに起因する幾何学的非線形復元力は，浮上から生じる変形に対して逆作用することから，垂直方向変形は，計算された変形 δ_v よりもはるかに小さい．

管の浮上がりを回避しようとする場合には，管はスペーサでセンタリングされなければならない．当該間隔は，許容撓みに応じて定まる（図 5.3.2-171）(5.3.2.2.1 参照)．

平均たわみ w の計算には，以下の関係式が当てはまる．

$$w = \frac{(3/384)\,q\,l_R^4}{E_R J_R}\,[\text{mm}]$$

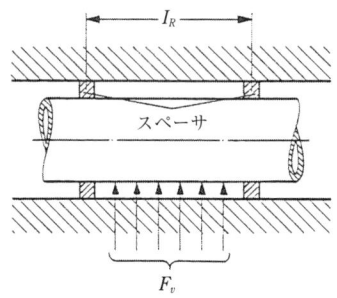

図 5.3.2-171：スペーサの間の管片の荷重
 (Hoechst AG 社) [5.3.2-57]

5. 補　修

$$q = \frac{F_V}{l} \tag{5-42}$$

ここで，l_R：自由長[mm]，J_R：DIN に基づく断面 2 次モーメント[mm^4]（DIN 8074 [5.3.2-61]，DIN 8077[5.3.2-343]）．

スペーサ間の最大間隔 l_R は，以下の式[5.3.2-340]によって算出される．

$$l_R = \sqrt{\frac{12\,\sigma_{b,\mathrm{perm}}W}{q}}\;[\mathrm{mm}] \tag{5-43}$$

ここで，W：抵抗モーメント[mm^3]，$\sigma_{b,\mathrm{perm}}$：許容曲げ応力[N/mm^2]（$= \varepsilon_{b,\mathrm{perm}}\,E_R$），$q$：荷重（例えば，管＋水）[N/mm]．

使用温度 20 ℃にて耐用年数 50 年の止水されていない PE-HD 管については，許容曲げ応力 $\sigma_{b,\mathrm{perm}} = 0.6$ N/mm^2 [5.3.2-77]が生じる．算出された間隔は，使用温度 40 ℃の場合には 0.7 を乗じて短縮されなければならない[5.3.2-340]．

b．静水圧による応力　　環状空隙の充填時には，管に静水圧 P_h が作用する（図 **5.3.2-172**）．損傷を回避するため，この圧力は，管の許容座屈圧力 $P_{k,\mathrm{perm}}$ より大きくてはならない（図 **5.3.2-173**）[5.3.2-104]．図 **5.3.2-174** から種々の管シリーズないし圧力等級に関する時間と相関した PE-HD 管，PP コポリマー管の 20 ℃時の座屈圧力 p_k を看取することができる．温度がそれより高い場合には，座屈圧力は，クリープ率の比に応じて減少されなければならない．

一般に注入材の固化時間に応じて 1 時間座屈圧力が基準となる．管が浮上によって変形される場合には，座屈圧力は，変形に依存した率 f_r だけ減少する（図 **5.3.2-175**）．許容座屈圧力とともに充填圧力には以下が当てはまる．

$$P_{k,\mathrm{perm}} = \frac{p_k\,f_r}{S} \geq P_h\;[\mathrm{bar}] \tag{5-44}$$

ここで，S：安全係数（＞2）．

管が吸収し得るよりも高い充填圧力が必要となる場

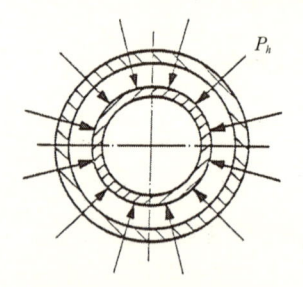

図 **5.3.2-172**：引き込まれた管に対する静水圧 P_h の作用（Hoechst AG 社）[5.3.2-57，5.3.2-58]

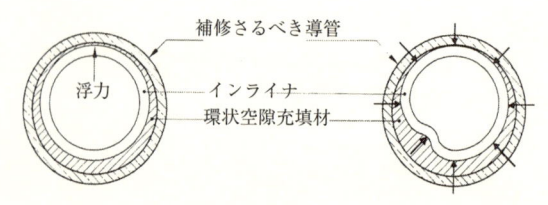

図 **5.3.2-173**：環状空隙充填時のインライナの座屈[5.3.2-104]

図 5.3.2-174：
外部水圧が存在する場合の20℃時における
PE-HD (HostalenGM 5010 T2) 製および
PP コポリマー (Hostalen PPH 2222) 製の管
の座屈圧力．記載された区間は，座屈始点
と座屈終点を表している (Hoechst AG 社)
[5.3.2-57, 5.3.2-58]

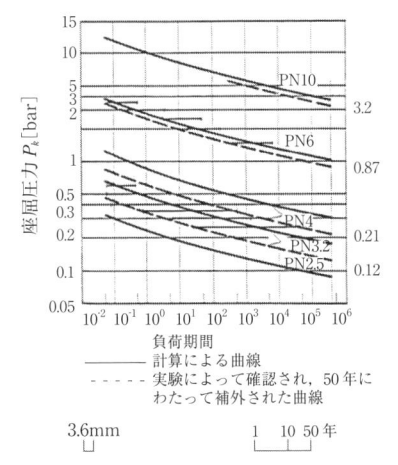

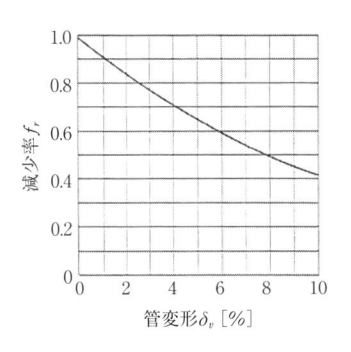

図 5.3.2-175：管変形と相関した減少率 (Hoechst AG 社)
[5.3.2-57, 5.3.2-58]

合には，インライナに水で内圧がかける．この内圧は，予測される注入材充填圧力よりわずかに高く選択される必要がある．過度に高い内圧は，管の拡張をもたらし，圧抜きを行う際にプラスチック管の戻り変形が注入材の固化時間よりも長くかかることがあり，その結果，インライナが注入材から剥がれることとなる．下水管内に注入された水は，止水を行った後，漏れ検査に使用することができる (**4.5.1** 参照)．

5.3.2.6.3　使用中の管の応力

5.3.2.6.1 で紹介した一般的な判定方法の他に，なおその他の応力が生ずることから，ライニングの計算中で考慮される別途の判定が行われなければならない．

(1)　曲げ撓み管の内圧

引き込まれた下水管が環状空隙充填なしで圧力管として利用される場合には，管は，継手と成形部材を含め所望の耐用年数—地方自治体分野では少なくとも 50 年—にわたって内圧を確実に吸収できるように仕様が決定されなければならない．

これは，環状空隙は充填されるが，旧既設管を含めて注入材が内圧を吸収し得ない場合にも当てはまる．引き込まれたプラスチック管は，この場合，深い溝があってはならない．DIN によれば，管厚が許容差内にある限りでわずかな平たい縦溝は許容される (**5.3.2.1** 参照) (DIN 8075 [5.3.2-62])．

5. 補　修

PE-HD 管の内圧（図 5.3.2-176），安全係数，外径が所与であれば，管厚の計算には以下が当てはまる．

$$S_{req} = \frac{d_a}{\dfrac{20 f_{CR\rho}\ \sigma_v}{S\ p_i} + 1} \qquad (5\text{-}45)$$

ここで，S_{req}：所要の管厚[mm]，d_a：管外径[mm]，$f_{CR\rho}$：応力と関係した抵抗係数，σ_v：クリープ線図から得られる有効応力[N/mm^2]，S：安全係数(少なくとも1，3)，p_i：内圧(最大使用圧力)[bar = 0.1 N/mm^2]．

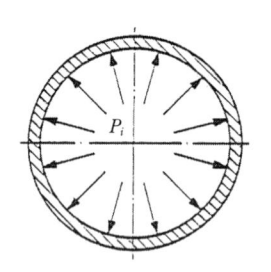

図 5.3.2-176：内圧 P_i による管の荷重
(Hoechst AG 社)
[5.3.2-57, 5.3.2-58]

計算の基礎に据えられる比較応力は，使用温度，耐用年数と相関してクリープ線図（図 5.3.2-177）から採用される．クリープ線図から求められた有効応力(最小値)には，それぞれの使用条件に応じて安全係数が付される．

例えば，下水中の特定の化学物質が存在し，同時に物理的応力が作用する場合，水に比較してクリープ限度を低下させることがある．この低下は，いわゆる抵抗係数(耐用年数が同一の場合には応力を基礎とした応力係数として，応力が同一の場合には負荷時間を基礎とした時間係数として)によって表される．PE-HD 管の管厚の計算に際しては，通常，応力係数が問題である．様々な化学物質に関する PE-HD 製圧力管の応力係数は，表 5.3.2-26 から得ることができる[5.3.2-344]．

表 5.3.2-26：PE-HD 管の応力と関連した抵抗率[5.3.2-57, 5.3.2-58]

媒体		濃度 [%]	温度 [℃]	応　力 [N/mm^2]	応力係数 $f_{CR\rho}$
パルプ工場排水	M[*1]	100	80	4～2	0.95
化学繊維工場排水	M[*1]	100	80	4～2	0.75
酪農排水	M[*1]	100	80	4～2	0.73
水(H_2O)	A[*2]	100	80	4～2	1.0
湿潤剤を含んだ水	M[*1]	2	80	4～2	0.6
種々の洗剤	M[*1]	—	80	4～3	0.6～1.0

[*1] M：無機物質と有機物質との混合物．
[*2] A：無機物質．

(2) 曲げ撓み管の静水圧

補修さるべき下水管が地下水水域内にある場合には，管が不良であるか，または透水性を有していれば，プラスチックインライナは，地下水位水圧によって荷重される（図 5.3.2-178）．

この場合に止水されていない，無圧で使用される側方支持作用のない PE-HD 管には，

5.3 更 生

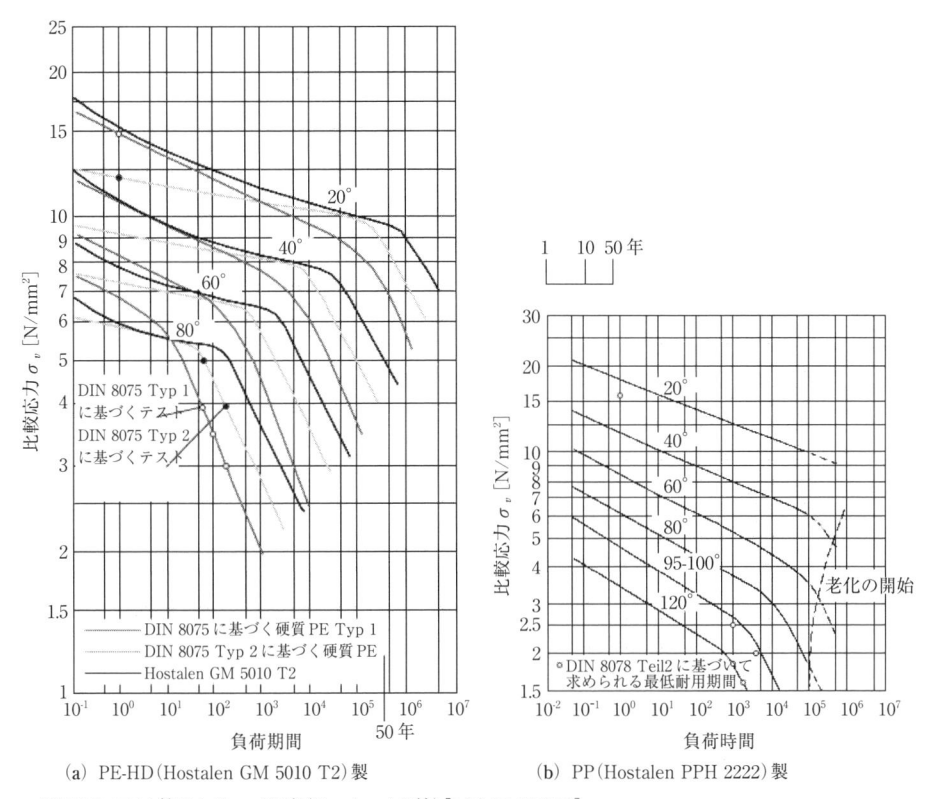

(a) PE-HD(Hostalen GM 5010 T2)製

(b) PP(Hostalen PPH 2222)製

図 5.3.2-177：管のクリープ限度(Hoechst AG 社)[5.3.2-57, 5.3.2-58]

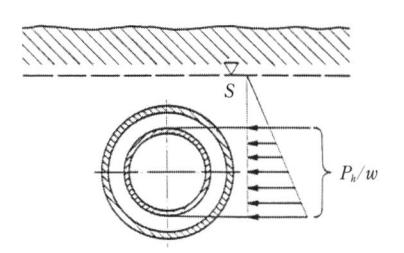

図 5.3.2-178：静水圧による荷重(Hoechst AG 社)[5.3.2-57, 5.3.2-58]

5. 補　修

実験によって求められた**図 5.3.2-174**に基づく座屈圧力 p_k が当てはまる．

その他の経験的・解析的計算手法は，5.3.2.6.1 に述べられている．

(3) 土圧，トラヒック負荷(ケースⅢ，曲げ撓み管)

補修さるべき管-土壌システムが単独では耐荷力を有していない場合には，プラスチック管につき構造力学計算が実施されなければならない．ドイツでは，下水管渠と排水管の構造力学計算は，ATV に基づいて行われ，その際，プラスチック管については 50 年に及ぶ耐用年数経過後の許容変形率 6％が基礎とされる (ATV-A 127 [5.3.2-311])．リライニング方式で布設された管については，周囲注入材ならびに旧既設管は複合システムとみなされ，変形率 E_B = 8 N/mm² の締め固められた砂に等置される．このための前提条件は，補修さるべき管渠の基礎が十分なものであることである．

(4) 熱膨張
a．線膨張係数　　PE-HD 管，PP 管の線膨張係数は，約 0.17 mm/m・K である．プラスチック管が 2 点の間に固定されていれば，温度上昇時には熱膨張が妨げられることから圧力が生じ，冷却時には引張り応力が生ずる．調査された温度範囲 − 40 〜 + 20 ℃において，PE-HD の冷却時には最大 9.3 N/mm² の引張り応力が測定され，温度上昇時には最大 5.8 N/mm² の圧縮応力が測定された．時間とともに緩和するこれらの応力は，それぞれの許容応力を大幅に下回っている．2 つの固定点は，次式で求められる引張り力ないし圧縮力から生じる応力を吸収できなければならない．

$$F = \sigma A \tag{5-46}$$

ここで，σ：応力 [N/mm²]，A：管断面積 [mm²]．

これらの力は，管に枝管が取り付けられていれば，それに許容不能なせん断応力を加えることから，枝管は，常にコンクリート固めされる必要がある (5.3.2.2.1 参照)．温度差がある場合には，2 つの支えの間に管が固定されていれば，熱膨張の妨害に起因する圧縮ひずみによって限界撓み長が超えられる場合に管が撓み，環状空隙が大きければ，管が側方に片寄ることがある．

限界撓み長には，次式が当てはまる．

$$l_R = 0.354 \pi \sqrt{\frac{d_a^2 + d_i^2}{\alpha \, \Delta \delta}} \tag{5-47}$$

ここで，d_a：管外径 [mm]，d_i：管内径 [mm]，α：平均線膨張係数 [K⁻¹] (1.7 × 10⁻⁴

PE-HD と PP につき)，$\Delta\delta$：温度差[K].

撓みを回避するには，管は $l < l_k$ の間隔で布設されなければならない．引き込まれた管は，環状空隙充填により管表面全体にわたって固定される．

(5) 剛性管

ケースI（図 **5.3.2-178**）において，内圧は，剛性管に通例重大な荷重状態を形成するが，その際，注入材ないし旧既設管の共同耐荷作用は設定されない．

内径 d_i と内圧 p_i が所与であれば，応力分布が一定であると仮定して，厚肉性を無視すれば，管厚の計算に次式が当てはまる．

$$s = \frac{p_i}{10} \frac{d_i}{2\sigma_{\text{perm}}} \text{[mm]} \tag{5-48}$$

ここで，p_i：内圧[bar = 0.1 N/mm^2]，d_i：管内径[mm]，σ_{perm}：許容円周引張り応力[N/mm^2].
許容円周引張り応力

$$\sigma_{\text{perm}} = \frac{K}{S} \tag{5-49}$$

は，材料特性値 K として決定される破断に対する障害限界応力（円周引張り強さ）を十分な安全率 S をもって下回っていなければならない．設定可能な最大円周引張り強さならびに最小所要安全率は，それぞれの DIN から採用されなければならない．

補修さるべき管-土壌システムが単独では耐荷力を有していない（荷重条件Ⅲ）には，剛性管につき ATV に準拠した構造力学計算が実施されなければならない（ATV-A 127 [5.3.2-311]）．この場合，注入材ならびに旧既設管は，合成物とみなされ，変形率 E_B = 8 N/mm^2 を有する高度圧縮された砂に等置される．

熱膨張は，プラスチック管（曲げ撓み管）に比較して熱膨張率が非常に小さい（$\alpha_{\text{bflexible}}/\alpha_{\text{brigid}} \approx 100 \sim 1\,000$）ことから無視することができる．したがって，アンカーの位置保全の間隔は構造的に選択されなければならない．

5.3.3　昇降マンホール，地域排水構造物の更生

昇降マンホール，地域排水構造物の更生は，管渠の場合と同様に，コーティング

(5.3.1 参照)によるか，またはプレハブ管，現場製作管，現場製作・硬化管のライニングによるか，あるいはまたプレハブ部材ないし現場製作ラミネートでのライニングによって実施することができる．短管リライニング以外のすべての方法によれば，断面形状を維持する必要があれば，非円形断面を有するマンホール，構造物のライニングも可能である．

マンホールの更生には，管渠の場合と同じ要件が当てはまる．これは，方式に依存した予備作業と取付け作業，ならびに最終作業と最終試験・検査についても同様である．最終作業は，基本的に取付管の復元，斜壁とインライナとの整合，ステップおよびインバートの復元―ただし，これらが技法上の理由または実状に関わる理由から予備作業の過程で除去された場合―，ならびに場合により足掛け金物または梯子の取付けを含んでいる．

外圧荷重のないライニングでは，外部水圧は生じないか，または構造的な対策によって緩和される．外圧荷重のあるライニングでは，ライニングは外部水圧全体を吸収しなければならず，相応した適切な寸法設計が行われなければならない．

以下で例をあげていくつかのライニング方式を紹介する．

5.3.3.1　プレハブ短管によるライニング

プレハブ管によるマンホールライニング(5.3.2.2.2 参照)には，一般にプラスチック製(1.7.4 参照)，ポリマーコンクリート製(1.7.8 参照)，ファイバセメント製(1.7.9 参照)，または腐食防止組込み式のコンクリート製と鉄筋コンクリート製(1.7.7.3 参照)のそれぞれの管が使用される．

これらの補修対策の工程は，以下のように構成される(**図 5.3.3-1**)[5.3.3-1]．

① マンホール蓋，斜壁，ならびに足掛け金物，場合により突き出た管を取り外す．
② マンホール底ないしステップとこれらの箇所の合流管にインライナ末端を適合させる．マンホール上部に合流管がある場合には，同

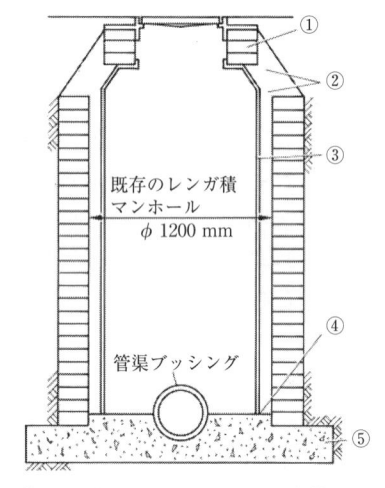

①レンガ積またはコンクリートの調整コンおよび支えリング
②セメント懸濁液による環状空隙充填
③GFK マンホールライニング ϕ 1 060 mm
④平坦化された底のモルタルベッドに沈められたインライナ
⑤コンクリート基礎

図 5.3.3-1：プレハブ GFK 管によるマンホールライニング[5.3.3-1]

5.3 更　生

じく当該口を前もってインライナに設けられる．
③　マンホール底の急結モルタル中にインライナを沈める．本来の環状空隙充填時の密な接合を保障するために，環状空隙は，さしあたり高さ約 15 cm まで同一のモルタルで充填される．マンホール部の合流下水管は，陶製，プラスチック製，またはその他の防食材料製の短管片でインライナまで延長され，接続部が止水される．
④　環状空隙を充填する(5.3.2.2.1 参照)．
⑤　斜壁，マンホール蓋を設置し，足掛け金物を取り付け，道路部分を復旧する．

必要に応じインライナを斜壁の形に合わせることも可能である．
インライナは，発生するあらゆる荷重に合わせて設計されなければならず，その際，不可欠な浮上防止のため特別な対策が講じられなければならない[5.3.3-2]．

量産プレハブ管の他に，補修さるべきマンホールの直径よりもわずかに小さい直径の，底板を組み込んだ特別な継目なし改良式ポリマーコンクリート製プレハブマンホールも使用することができる(図 5.3.3-2)[5.3.3-3，5.3.3-4]．この場合には，斜壁，ステップ，インバート，場合により底板の取外しが必要である(1.8 参照)．これらのプレハブマンホールは，常用の内径で長さ5 m までのものが防食カバープレート，防食支えリング，マンホール蓋とともに供給可能である．通常のフレキシブルな締結要素で管継ぎを行い，環状空隙ブリッジ結合用のアダプタを取り付けた後，同空隙は，多孔軽量コンクリートで充填される．

図 5.3.3-2：ポリマーコンクリート製のプレハブマンホール(Meyer Betonwerke GmbH 社)[5.3.3-3]

5.3.3.2　現場製作管によるライニング

この方式グループ―本適用ケースにあっては Flap-Loc 方式で代表される―は，5.3.2.3 で説明したコイル管方式を基礎としている[5.3.3-5，5.3.3-6]．

足掛け金物を取り外し，突き出た流入管に合わせて切断し，流入口を遮断エアバッグで封鎖し，マンホール全体を清掃した後，マンホールの周長全体を防護する幅 140 または 280 mm のひれ付きプロファイル(Flap-Loc プロファイル)が人力によってマンホール内側に巻き付けられ[図 5.3.3-3(a)]，特別な構造のロック―このロック中に次のプロファイルから垂れ下げられたシーリングエッジが振動ハンマを用いて打ち込ま

5. 補 修

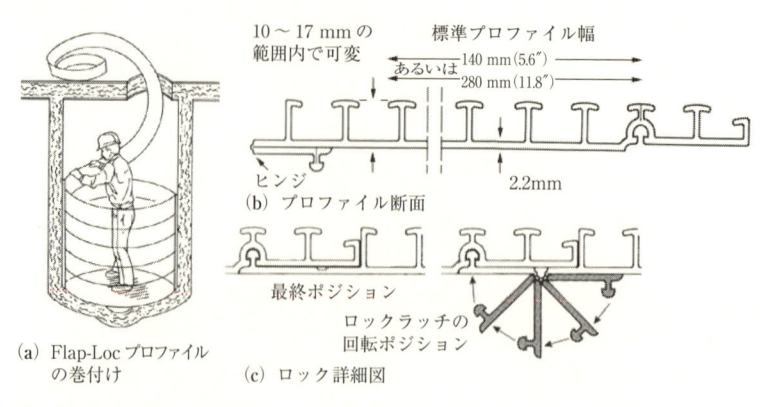

図5.3.3-3：現場製作管によるマンホールライニング．Flap-Loc方式[5.3.3-6]

れる[図5.3.3-3(b)]—によって互いに結合される（5.3.2.3.1参照）．この場合，既に最初の巻付けに際してプロファイルをマンホール壁に密接させ，発生する環状空隙をできるだけ小さくするように注意しなければならない．斜壁の継目に達した後，余分な傾斜したプロファイルは，部材継目に合わせて切断され，これによって水平な末端継目が形成される．プロファイルは，さらにあらかじめ位置・寸法測定された流入口部が切り取られ，流入口内に配されていた遮断エアバッグがプロファイルとマンホール壁間の切断端部にせり出してくることから，同エアバッグは，同時にその後の環状空隙充填（5.3.2.2.1参照）のための型枠の役割を果たすこととなる．プロファイルとステップとの間の接続部は，急結セメントで止水される．

5.3.3.3 現場製作・硬化管によるライニング

現場製作・硬化管によるライニングは，5.3.2.4.1で説明したホース方式を基礎としている．これに関連してマンホールライニング用に特別に開発された手法は，米国で開発された"Poly-Triplex Liner System"である（Pat.-No.5.265.981, 5.940.744）[5.3.3-7，5.3.3-8]．この方

図5.3.3-4：現場製作・硬化管によるライニング．Poly-Triplex Liner System[5.3.3-8]

式では，補修さるべきマンホールの寸法に合わせて製造された，エポキシ樹脂含浸され不透水膜の付された多層インライナホースがマンホールに挿入され［図 5.3.3-4(a)］，同所でキャリブレーションバッグにより空気圧で壁面に圧接され，約 120 ℃の温度で 1 ～ 2 時間で硬化させる．圧力を保ったままで放冷した後，キャリブレーションバッグが取り除かれる．図 5.3.3-4(b)はこうしてライニングされたマンホールを示したものである．

5.3.3.4 組付け個別要素によるライニング

管渠のフルライニングに適用される組付け方式(5.3.2.5 参照)は，昇降マンホール，地域排水構造物のライニングにも基本的に転用することが可能である［図 5.3.3-5 (a)，(b)］［5.3.3-9，5.3.3-10］．

a．アンカリングエレメントを組み込んだプラスチックライニング　　この方式グループに属するのは，例えば Permaform Manhole System［5.3.3-7，5.3.3-11，5.3.3-12］である．この非自立式ライニングのアンカリングは，厚さ 50 ～ 75 mm の現場打設コンクリート支持断面に埋め込まれた T 形ひれを介して行われる．昇降マンホール内には組立式鋼型枠が設けられ(図 5.3.3-6)，同型枠は，防食層と流込みコンクリートの支持を受ける．この特殊な型枠要素によって斜壁部でもそれを取り外すことなくライニングを行うことが可能である．

コンクリートが固化した後，鋼型枠は取り外され，ステップ，インバート，取付管が復元され，足掛け金物が

(a) 個別セグメントの組付け

(b) 完成したライニング

図5.3.3-5：GFK セグメントによるマンホールライニング［5.3.3-9］

(a) プラスチックライニングと充填コンクリートを支持するための組立式型枠の取付け

(b) 環状空隙充填

図5.3.3-6：アンカリングエレメントを組込んだライニング．Permaform Manhole System［5.3.3-11］

5. 補　修

取り付けられる．メーカーによれば，この方法で補修されたマンホールは，約1日後に使用再開が可能である．

もう一つの技法は，5.3.2.5.2で述べたBKUシステムの適用である．この方式の適用は，構造物の形状に依存しており，コンクリート面が処理が容易な幾何学的形状を有している場合にのみ経済的に適用することが可能である．PVCプロファイルは，平滑な面側でV4Aねじとプラスチックペグでコンクリート上に固定され，コーナーとボード突合せ部の継目は，前もってボードエッジがフライス切除された後にArulasticで止水される[5.3.3-13, 5.3.3-14]．

管ライニング時の組付けと同様に，PVC-Uひれ付き板をひれの埋め込みによってコンクリート壁に組み付けることも可能である．マンホール内に溢水の危険がある場合には，マンホールとライニングとの間の環状空隙は充填されなければならない．

b．GFKセグメントによるマンホールライニング　　このケースに使用されるGFKセグメントは，幅1.0～1.5mで長さは4.0mまで，厚さは5mmである．これは，切断可能であるが，経済的かつ問題のない作業を行うには，PVC-Uひれ付き板の場合と同じことが当てはまる．この場合に，できるだけ大きな規則的な面が存在している必要がある（図5.3.3-7）．

GFKセグメントライニングで水圧を考慮して設計する必要がないようにするには，まずマンホール壁に浸入地下水を吸収して無圧注入材でインバートに排出する排水用フリースが接着されなければならない[5.3.3-15]．このフリース上にGFKセグメントが布設され，組み込まれたV4Aねじとペグ注入材がマンホール壁に固定される．

図5.3.3-7：GF-UPボードによるマンホールのライニング[5.3.3-15]

ボードの間には幅約1cmの目地が残っている．目地に接着テープを貼った後，この目地は約6～8cmの幅で多層GFKハンドラミネート[例えば，グラスファイバマット3層，トップコート2層（5.3.3.5参照）]で止水される．また別途方法として，工場で製造されたフリース分離層，4層のグラスファイバ外装ポリエステル樹脂，2層のトップコートからなるプレハブGFKセグメントを使用し，これをプラスチックペグとV4A溝付目地板をホール壁に固定することができる[5.3.3-2]．このようにしてボードの均質な等材料結合が達成されると同時に，ハンドラミネートにより地下水の強制排水に利用される開いた目地が保持される．

上記の目地形成の一変法は，幅10cmのGFKストリップをねじ止めし，ボード間の

幅1cmの目地を防護することである．ボードに対するストリップの密接止水は，シリコンゴムで行われ，これによって排インバートとしての幅1cmのボード隙間が断たれることはない．ハンドラミネートによって目地が防護される場合には，腐食防止がより確実に保障される[5.3.3-13, 5.3.3-14]．

地下水圧力がわずかか，もしくは存在しないか，または止水があらかじめ実施されている場合には，排水用フリースの接着を行わず，清掃されたマンホール内壁に直接GFKセグメントを固定することができる．インバートとの接続部，管渠の接続部，ペグ接合面，その他のすべての切断端部は，ハンドラミネート法でライニングされる．

円形マンホールの場合には，ライニングエレメントは，エンドレス管（例えば，呼び径1000）としてプレハブされ，長さに応じて裁断され，さらに縦方向に分割される．これは，材料がフレキシブルであることから，一つに束ねてマンホール上部よりマンホールに挿入し，同所に固定することができる．

浸入水インバートとなるのを回避するために足掛け金物を撤去し，V4A鋼製またはアルミ製の梯子に交換することが可能である[5.3.3-16]．

5.3.3.5　現場製作ラミネートによるライニング

現場製作ラミネートとは，ATVに基づき繊維強化された樹脂材料によるライニングとして理解され，その際，広い面積に及ぶ現場製作ラミネートは特例とみなされる（ATV-M 143 Teil 4[5.3.3-9]）．これは，自立式に寸法設計され，固定エレメントで結合されなければならない．下地との接着結合は計算に入らない．管渠気相部，湿った下地は，完璧な施工を妨げるものとなる．

コンクリート昇降マンホールの現場製作ラミネートによるライニング作業の工程は，以下のとおりである[5.3.3-2, 5.3.3-13]．

・コンクリート面をトリミングし，スチールブラシで清掃し，油脂汚れを取り去る．
・10cm幅の分離層フリース（排インバート）を水蒸気透過性の合成樹脂分散系接着剤で接着する．フリースシート間には約1cmの間隔が残される．この間隔は，コーナーでも遵守されなければならない（現在ではGFKボードで代替．下記参照）．
　・場合によりコーナープロファイルを形成する．
　・排インバートをステップ面を経てインバートまで伸ばす．
　・1cm幅の目地は，接着テープで防護されなければならない．
　・排水用フリース．例えば，Pegutan分離層フリース等（耐食性）．
・粉末結合された耐食グラスファイバマット450 g/m（例えば，ECRガラス）とイソフ

5. 補　修

タル酸ベースの不飽和触媒ポリエステル樹脂からなる第1コーティング層を塗布する．
- 前記と同じ第2層ラミネートをウェット・ツー・ウェットで第1層上に塗布するか，または硬化を行った後に塗布する．
- 第2層が硬化した後に1 m^2 当り9本のプラスチックペグをセットする．
- 穴あけダストの清掃．第3, 4層を塗布する．最も重視されなければならないのは，4層すべてのラミネートに気泡がないことである（**5.3.2.4** 参照）．
- 段部，ランウェイには第5, 6層を塗布する．
- 同品質のチキソトロープ調節された不飽和ポリエステル樹脂からなる2層のトップコート（それぞれ400～500 g）を塗布する．後の上塗り塗料には5％のパラフィン溶液が加えられる．
- 塗立ての歩行部トップコートに金剛砂を吹き付ける．

塗布されたラミネート層の総厚さは，以下のとおりである．
- ステップ，歩行部では7 mm，
- 壁面では5 mm．

現場製作ラミネートの製作に際しては，現場条件下で作業サンプルが作成され，同サンプルは，外部検査に付される．品質チェックのためラミネートは，最後のトップコートが塗布されるまで無色のままとされる．品質保証に関わるその他の試験・検査，証明の一覧を**表 5.3.2-18** に示す．

　GFKラミネートによるライニング中ならびに同ライニングの硬化中には，それぞれ所定の周囲温度が遵守されなければならない．

　上部に施工されたGFKライニングのドレンがインバートに導かれるようにするため，組積ステップ部にマンホール壁に沿って深さ5 cmの周回隙間が設けられ，同隙間にライニングが接続される．この隙間からレンガ積インバートの裏側を通って約3 cm^2 の断面積を有したドレン管が1.5～2.0 mの間隔で布設され，同管は，断面で見てインバート底の上方15 cmの位置でインバートに開口していなければならない．

　前記の周回隙間は，ポリウレタンベースの適切なエラストマ隙間シール材で上部が止水されなければならない（**図 5.3.3-8**）．

　事後的に塗布されたGFKラミネートに関する経験によれば，浸透加圧地下水は，コーティングに荷重を生じることなく排出されることが判明した．

　以上に述べた方法は，近年に至って若干改良された．分離層フリースに代えて厚さ約2 mmの薄いプレハブGFKボードが現場で組み付けられ，続いてラミネートが実施される．これにより完成したライニングは，固定エレメントによって妨げられないシ

ームレスの内面ライニングとなる(図 5.3.3-7 参照).

　事後的に塗布される GFK ラミネートは，種々の構造物形状への良好な適応可能性と高い強度の点で優れている．好適な適用範囲は，インバート部が適切な梯子梁と角落しで施工され，場合によりインバートが組積施工されている現場打設コンクリートマンホールである(図 5.3.3-8).

　短所は，製作が相対的に割高で，時間を要する点である．ハンブルク市では，このシステムで全体として良好な経験が得られている[5.3.3-2，5.3.3-17].

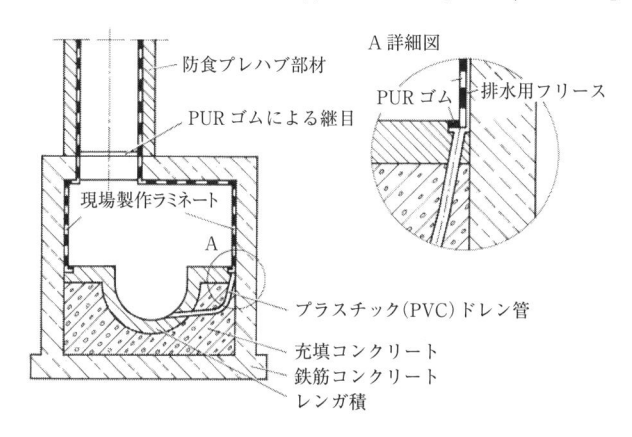

図 5.3.3-8：現場製作ラミネートと排水用フリースによるマンホールのライニング[5.3.3-17]

5.4　更　　新

　更新とは，DIN に基づき新規設備に元の下水管と下水管渠の機能を組み入れた，従来の布設ルートまたは別途の布設ルートによる新規の下水管と下水管渠の布設として理解される(DIN EN 752-5[5.4-1]).

　更新は，常に少なくともスパン単位で，以下の工法によって行われる．
・開削工法，
・半開削工法，
・非開削工法．

　以上の他に歩行可能なトンネル管路も管渠更新が可能である．この特別な手法については，5.4.4 で詳しく論ずる．

5. 補　修

　ATVによれば，更新は，損傷が繰り返し発生し，修理がもはや不可能な場合に更生に代わるものとして考慮されることとなる(ATV-M 143 Teil 1[5.4-2])．

　水理学的過負荷または断面積減少が更生対策によっては許容不能であるか，あるいは水理学的により大きな排水断面積が必要である場合には，補修対策として唯一残されているのは更新のみである(**5.6** も参照されたい)[5.4-2]．

　別途の布設ルートによる下水管渠の更新は，新規布設と同等であることから(**1.6** 参照)，以下ではこれに関連した開削工法，半開削工法，非開削工法の手法には触れないこととする．この点については，文献[5.4-3 ～ 5.4-12]等の広範な文献を参照されたい．この場合には，旧既設管は，工事中場合により排水路として利用することが可能である．新たな管が布設された後，すべての取付管は，新たな管に接続されなければならない．この場合には，総合的補修，つまり既存のすべての取付管を更新対策とともに組み入れることが適切であると考える．

　使用停止された旧既設管渠(使用停止：観察単位につき保全の趣旨で意図された無期限の機能中断[5.4-13])が工事の過程で撤去されない場合には，同管渠は，危険を孕んだ地盤中の空洞を表しており，これは，DIN に基づき支保されなければならないか，または ATV に基づき一般に充填されなければならない(DIN 1986 Teil 1[5.4-14]，ATV-A 139[5.4-15])．ただしその際には，その後における管渠施設の利用が考慮されなければならず，その後に発掘撤去が行われる場合に過大な費用を要さずに管渠の撤去が行えなければならない．目下の技術水準からして，以下の充填方式が使用される(**5.3.2.2.1** も参照されたい)．

- 特殊充填モルタル(例えば，$\beta_D = 0.2 \sim 0.5 \mathrm{N/mm^2}$ の注入材)または多孔軽量コンクリートによる充填[5.4-16]．
- 流込みコンクリートによる充填(特に比較的小さな呼び径に適する)．
- 砂または砂礫の流込み．
- 砂利の吹込み．

　充填は，できるだけ空洞が生じないようにして行われる必要があり，余った水が流出するように最も上位に位置するマンホールスパンから開始される．注入パイプ，排気パイプが十分に設けられなければならない．比較的大きな管渠断面は，流動性充填材が使用される場合には，2工程で充填されるのが合理的であり，その際には最初の工程で空洞の 80 ～ 90 ％ が充填される．

　使用停止されて撤去されなかった管渠は，ATV に基づき管渠台帳に残され，封鎖または充填の方法に関する記録が行われなければならない(ATV-A 139[5.4-15])．

5.4 更　新

5.4.1　開削工法による更新

　開削工法による従来の布設ルートにおける欠陥管渠の更新は，当該管渠新設と基本的に同等である．これは5.4で既に触れたように現行技術に属しており，ここでは公知のものとして前提されることから，以下では本適用ケースにおける若干の特殊点についてのみ立ち入ることとする．

　この工法の適用を可とする基本的前提条件は，取付管を含むあらゆる交差管もしくは平行管（DVGW GW 316[5.4-17]参照）の正確な位置が既知であることで，それは，溝，土留の方法，ならびに必要な保護対策（DVGW GW 315[5.4-18]参照）が影響されるからである．

　あらゆる取付管を含む更新さるべき管渠スパンは，作業開始前に使用停止されなければならない．下水の排水は，適切な排水路の確保によって保障されなければならない（5.5参照）．

　DINと労働安全性に関わる保護対策（8.参照）を遵守して旧既設管を撤去し，新たな管を布設した後，取付管は，補修されない限りは再びそのまま接続される（DIN EN 1610[5.4-19]）．これに続いてDINに基づき以下の検査が実施されなければならない（DIN EN 1610）．

・目視検査（方向，高さ，継手，損傷または歪み，接続，ライニング，コーティング）．
・水密性（4.5.1参照）．
・管外周部，埋戻しゾーン（締固め，管変形）．

　管頂から迫持部までの間に損傷のある歩行可能な管渠では，この部分に限定した部分更新も可能である．文献[5.4-20]には，いわゆるフード方式またはアーチ方式による関連した施工のレポートが行われている．

　フード方式では，管渠の上部が取り去られ，プレハブ式の鉄筋コンクリートフードが載置される（図5.4-1）．

　アーチ方式は，排水断面積の同時拡大を可能とする．この方式でも欠陥部分は取り去られ，新たなアーチが通常2つのプレハブ鉄筋コンクリート部材で形成される（図5.4-2）．

　類似の，特許出願済みの方

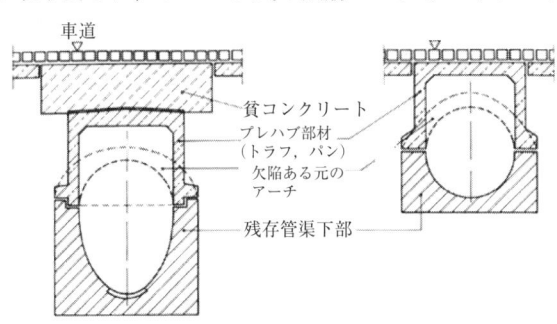

図5.4-1：フード方式による歩行可能下水管渠の部分更新[5.4-20]

5. 補　修

式は，ハンガリーで発祥したものである[5.4-21]．この方式による管渠の部分更新には，以下の作業工程が必要である（**図 5.4-3**）．
① 更新さるべき管渠の管頂部，場合により迫持部を土留による保護下で取り去る．
② 堆積層を除去する．
③ 旧既設管の底部に適切な寸法のGFK管インライナを布設する．
④ インライナと旧既設管底部との間の隙間をセメントモルタルまたはセメントコンクリートで充填する．
⑤ 載土を解体・撤去し，管頂部を約30 cmの厚さでコンクリート固めする．その際，インライナは盲型枠として働き，最終状態において部分更新管渠の防食ライニングを形成する．

開削工法による更新の長所は，以下のとおりである．
・損傷の種類，断面形状，寸法，材料，地質学的・地下水学的条件，深度，布設ルート，基礎によって左右されないこと．
・現在の要件を満たすことにより大きな断面を具えた新たな管渠を布設し得ること．

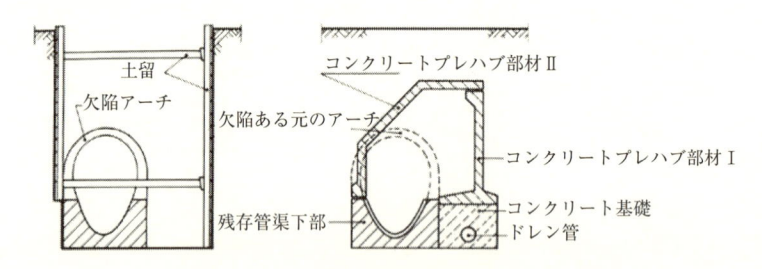

図 5.4-2：アーチ方式による歩行可能下水管渠の部分更新[5.4-20]

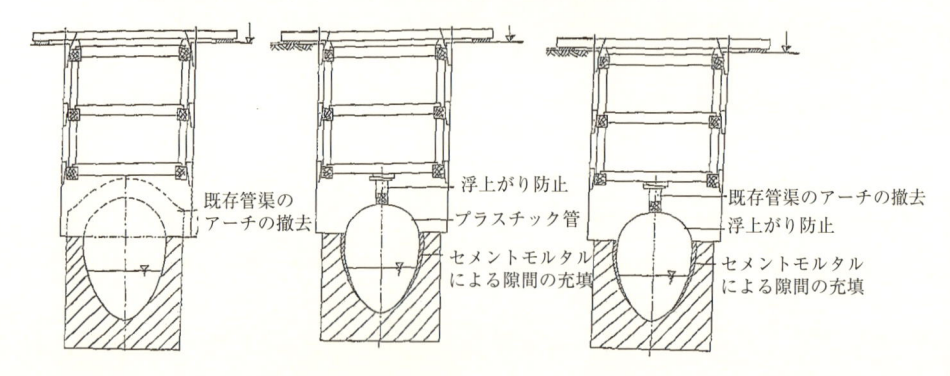

図 5.4-3：開削工法による管渠の部分更新[5.4-21]

・汚染された土壌を工事の過程で少なくとも部分的に除去し得ること(**7.**参照)．

　市街地における車道下の管渠更新に際し，この工法に対する政治的・環境的制約はますます大きくなるが，それは以下の事情がこの工法と頻繁に結び付いているからである(**5.7** 参照)．

・工事および交通迂回に起因する騒音，振動，その他の作用による迷惑．
・現場排水対策による近隣建造物およびその地域の被害．
・近隣住民に対する安全上の危険．
・交差管または隣接管を損傷する大きな危険．
・道路の使用価値および耐用年数の早期低下をもたらす材料の重大な侵害[5.4-22]．
・布設深度，取付管ならびに交差管の数の増大に伴う過大な費用上昇．
・資源消費の増大．
・廃棄物処分場所の増大．

　経験が示すように，こうした管渠更新の経費は，未建築の開発地区における同等な管渠新設に比較して倍以上となり得る．こうした超過費用の原因となるのは，特に以下の事情である[5.4-23，5.4-24](**5.7**参照)．

・空間的狭さにより掘削した土砂その他をすべて運び去る必要があること．
・交通維持の点から別途建設対策が必要になるとともにその他の重大な施工障害が生じること．
・道路舗装の掘り起こしとその復旧が必要になること．
・標識設置を含む交通整理対策が必要になること．
・車両，歩行者等のために掘削トレンチを跨ぐ臨時橋を取り付ける必要があること．
・旧既設管渠の排水能力および旧既設管渠に接続されていた宅地の保持が必要であること．

　旧既設管渠のトレンチを埋めていた土砂は，現在の要件から見てもはや再使用に適していないことが頻繁に確認されている．また例えば分流方式の2つの管渠の一方のみを更新する場合にも，二重管渠の旧トレンチを全幅にわたって掘り起こすのが得策であることが明らかとなっている(図 **5.4-4**)．新しいトレンチに組み入れられない旧トレンチ部分は，通常の土留で保持することはほとんどできない．かといって矢板の設置は，費用を無視しても，双方の管渠のうち，健全な一方の管

図 **5.4-4**：開削工法による管渠更新

5. 補　修

渠を破損する危険があることから不可能である[5.4-25]．

　埋戻しを伴うあらゆる道路下管渠更新には，当該締固め器具による埋戻し土の締固めに際し，管渠トレンチ脇の地盤が再圧縮される危険が存在している．これによって路面と歩道面に生ずる損害は，道路の全面的な改修を不可避とするほどの規模になることがある．

　この工法は，廃棄物発生の回避と建材資源の保護を求める環境面から要求に対応することができない．道路の舗装層と路盤層，ならびに発生土砂が廃棄物として大量に発生し，廃棄物処分場所が必要となる．これらは，貴重な新しい舗装層と路盤層，ないし締固め可能な埋戻し材によって交換されることとなり，建材資源の消費増大を生じることとなる．

　こうした点から見て開削工法による更新は，特に車道においてその他の土木工事と道路工事が同時に実施される場合に適しているといえよう．

5.4.2　半開削工法による更新

　半開削工法―半開削推進工法とも称される―は，新しい歩行可能な管が油圧推進工法(5.4.3.3参照)の場合と同様に，発進立て坑から到達立て坑まで圧進されることを特徴としている．土壌の掘削，使用停止された旧既設管渠の撤去は，管頂部の開いた先端シューの保護下で地表からグラブまたはパワーショベルを用いて行われる．このため，推進路に推進管まで延びた狭い土留されたトレンチが設けられる(図5.4-5)．先端シューの末端の隔壁が圧進管路への土壌の侵入，地下水の浸入を防止することから，地下水水位がおおよそ迫持の高さまでであれば，人為的な地下水水位低下は不要である．立て坑と先端シューのトレンチの幅は，グラブの大きさと立て坑の深さに依存しており，大体1.2〜1.5mである．

　特許化されたこの方式が開削工法に比較して有する長所は，道路舗装の掘起こしとその復旧，土工作業(掘削，埋戻し)，土留面積，現場排水対策費用，近隣建造物とその地域の被害等を減少・低下させることである．

　専門的に施工されれば，新たな管渠は理想的な基礎を得ることとなる．

　この方式は，200mまでのスパン長に適用することができる．彎曲部の圧進も基本的に可能である．取付管は，すべて開削工法で前もって切り離されなければならない(5.5参照)．この工法による管の新規布設に際しては，35〜95m/日の布設速度が達成された[5.4-26]．

5.4 更新

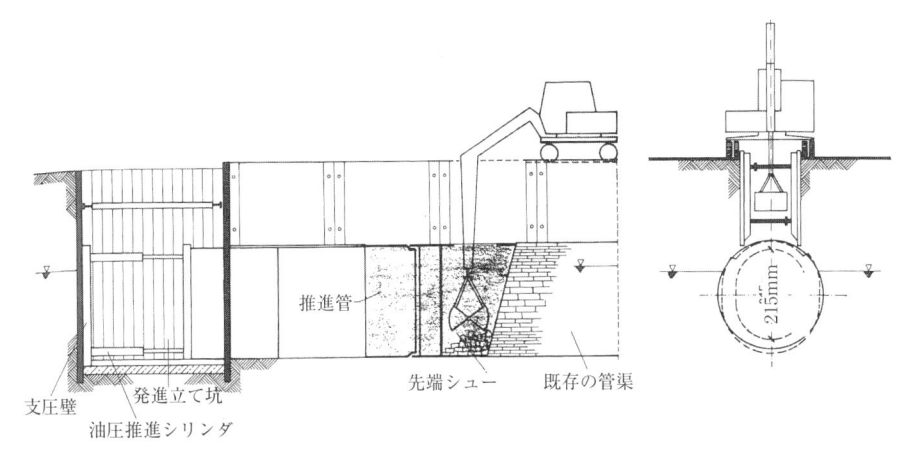

(a) 縦断面および横断面

支圧壁　発進立て坑　油圧推進シリンダ　推進管　先端シュー　既存の管渠

(b) 発進立て坑とクラブトレンチ

(c) 先端シュー部からのレンガ積材の掘出し

図 5.4-5：半開削工法によるレンガ積下水管渠の更新[5.4-27]

　図 5.4-5[5.4-27]は半開削工法による歩行可能なレンガ積下水管渠 1 720/2 150 の更新例を示したものである．このケースにおける標準推進距離は，装備時間と管渠解体撤去作業を考慮して 1 労働日当り 6〜7 m であった．最大距離は，10 時間交代作業当り 42 m であった．

　開削工法による一切の工事作業は，DIN と労働安全性に関わる保護対策(8.参照)を遵守して実施されなければならない(DIN EN 1610[5.4-19])．

　入札，構造力学計算，非開削工法による建設作業の実施と試験・検査には 5.4.3.3 の記述が当てはまる．

5. 補　修

5.4.3　非開削工法による更新

　非開削工法による同一布設路における更新にあっては，旧既設管の横断，交換は，地下で，すなわち開削を実施することなく行われる．
　この工法にあっては，基本的に以下の方法が利用される．
・鉱山坑道掘進方式．
・シールド掘進方式．
・推進工法，
　・有人式推進工法（歩行可能な推進管の推進），
　・無人式推進工法（歩行不能な推進管の推進）．
・バースト法．
・管引込み方式．
　いずれの場合にも作業を遂行するために発進立て坑と―方法に応じて―到達立て坑も必要である．発進立て坑と到達立て坑の配置，その後の利用については5.4.3.4を参照されたい．

5.4.3.1　鉱山坑道掘進方式

　鉱山坑道掘進方式は，十分な土被りを有する歩行不能な管渠の更新に際して好んで適用される．この場合，更新さるべき管渠は，一時的な支保工の保護下で露出，撤去され，新たな管渠と交換される．土壌の掘削と旧管渠の撤去は，補助具を用いて人力で行われる．一時的な支保工としては，坑道断面に嵌め込まれる丸鋼製または特別なスチール形材製のアーチ枠が使用される．枠間は，木製厚板（図 5.4-6），管渠支保板または鉄板（図 5.4-7，5.4-8），例えばKolner Bleche（ケルナーブレヒ＝ケルン鉄板）等の矢板によって支保される．
　矢板は，地盤質と材料に応じて，人力または機械によって（図 5.4-8）先進打込みないし圧入されるか，掘進程度または切羽での土壌掘削に応じ，

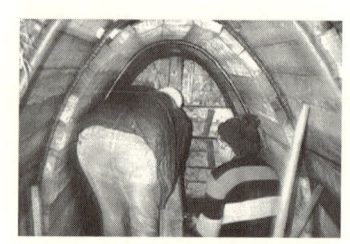

図 5.4-6：矢板設置による鉱山坑道掘進．切羽の掘削

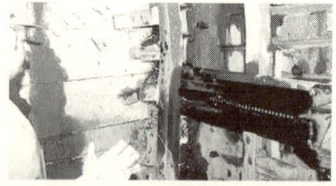

図 5.4-7：スチール支保板（Kolner Blech）の先進打込み（Maagh 社，ケルン）

間隔をおいて後付けされ，アーチ枠との間に硬質木製楔をかけ，しっかりと固定される．沈下を回避するため，残存している地盤の空洞ないし矢板の隙間は，土壌が流れ落ちないように例えば木毛または吹付けコンクリートによって塞がれなければならない．掘削された土壌，ずりは，坑道の大きさに応じ，手押し車，ベルトコンベア，軌条トロッコまたは手押しトロッコで搬出される．

図 5.4-8：管渠支保板による杭道掘進と吹付けコンクリートによる空洞の止水（Maagh社，ケルン）

更新さるべき管渠の布設ルートが彎曲している場合には，常に木製厚板による矢板が使用されるが，それは，この場合にアーチ枠の配置が布設ルートの方向どおりでなくても，厚板の長さと配置を相違させることによって問題なく適合化を実現することができるからである．これに対して鉄板または管渠支保板は，一般に布設ルートが真っ直ぐな場合にしか使用することができない．

図 5.4-9 に鉱山坑道掘進方式の作業工程を示す．支保鉄板または木製矢板を打ち込んだ後に切羽は徐々に掘削されて，直ちに支保される．

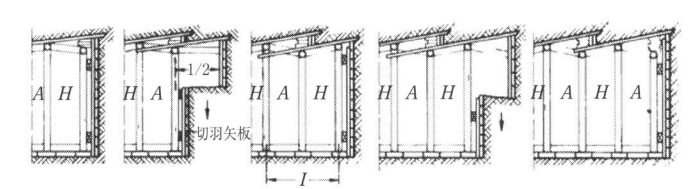

A ＝嵌込み支柱　　H ＝補助支保

図 5.4-9：杭道掘進の作業工程（更新さるべき管渠は図示されていない）

各掘進作業の最後に切羽は，そのつど全高にわたってアーチ枠に対して支保される．周辺部の切羽支えを取り去って新しいアーチ枠を嵌め込めるように中木が取り付けられる．そのつど，最後のアーチ枠の間に圧力支えを取り付けることにより垂直方向，水平方向におけるアーチ相互の正しい間隔が保障される．

鉱山坑道掘進方式では，下水管渠の布設ルート外に発進立て坑を設けることができ，これにより交通支障の問題を回避することが可能である．図 5.4-10 にその一例を示した．この場合，本来の作業坑道には横坑を経て達することができる．到達立て坑は不要である．

この工法の場合の長所は，取付管に直接達することができることである．ただし，

5. 補　修

矢板を打込む際に取付管を損傷しないように注意しなければならない．

　地下水が存在する場合には，その水位が低下されるか，または捕集・排水されなければならない．特別な場合には，帯水層の通過，沈下回避のために地盤シール方式，地盤固化方式，例えば土壌安定剤注入（5.2.2 参照）で行うことができる．

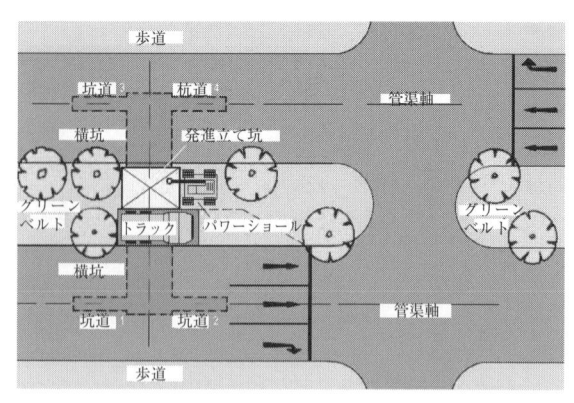

図 5.4-10：鉱山坑道掘進方式におけるグリーンベルトへの発進立て坑の配置［5.4-34］

・仮設の支保工の保護下で旧管渠を露出させた後（図 5.4-11），
・プレハブ管，
・現場打設コンクリート，

を使用して（図 5.4-12，5.4-13）更新が行われる．

　プレハブ管による更新には，2つの方法が用いられる．

① 方法Ⅰ：排水管の布設，旧管渠の撤去，新たな管渠の布設，取付管の取付け，排水管の撤去．
② 方法Ⅱ：旧管渠のすぐ脇に旧管渠と平行して新管渠を布設する．取付管の取付け，旧管渠の撤去．

　残存している環状空隙は，続いて例えばコンクリート（少なくとも B5）または最低圧縮強さ $1\,N/mm^2$ の水硬流動性充填材で充填される（5.3.2.2.1，5.4 参照）．その際，管の浮上が防止されなければならない．

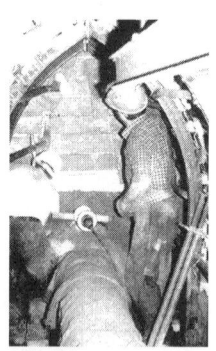

図 5.4-11：鉱山坑道掘進方式（更新さるべき下水管渠の露出）［5.4-28］

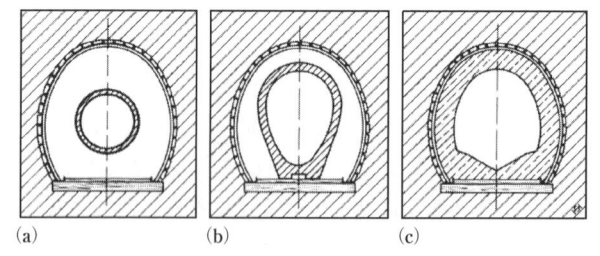

(a)　(b)　(c)

図 5.4-12：鉱山坑道掘進方式による各種竣工形態（デュッセルドルフ市管渠・水工局）

現場打設コンクリート工法による新管渠の建設［図 5.4-12(c)］には 5.3.1.4 の記述が当てはまる．

鉱山坑道掘進方式の長所は，以下のとおりである．
- 5.4.1 で開削工法による更新に関してあげたすべての長所が得られること．
- 地盤事情の変化に現場で柔軟に対応し得ること．
- 特に発進立て坑の配置を適切に選択すれば，交通支障をごくわずかに抑えられること．
- 騒音その他の公害排出は，立て坑掘削時の短期間にのみ限定されること．
- 新管渠の建設に際する排水路の確保と取付管の処理が相対的に容易であること(5.5 参照)．
- 旧管渠と汚染の恐れある土壌が取り除かれること．

この方式の短所としては，以下をあげることができる．
- 時間と労力を要すること．
- 歩行不能な管渠の布設にあたり有効断面積に比較して相対的に大量の発生土が生じること．この短所は，掘進された歩行可能な坑道断面に貯水管渠としても使用することのできる適切な大口径の管(DIN EN 752-5[5.4-1]に基づくと貯水管渠の機能を有する大口径の下水管渠)が布設されれば消失する．
- 地下水が存在する場合に地下水位低下が必要であること．
- 坑道支保工(アーチ枠，矢板)が地盤中に残り，腐朽(木製矢板)によって沈下が生じ得ること．
- 切羽の掘削と矢板の取付けが適正に行われない場合には，沈下の危険が高まること．
- 矢板ないし鉄板の打込みが適正に行われない場合には，先進矢板によって交差管を損傷する恐れがあること．

更新さるべき管渠について実施される試験・検査には，5.4.3.3 の記述が当てはまる．

図 5.4-13：
新管渠の坑道内固定と合流暫定排水管（デュッセルドルフ市管渠・水工局）

5.4.3.2　タビングによるシールド掘進工法

シールド工法については，160 年前にブルネルの特許出願が次のような定義を与えている．"鉄製外皮が不安定な地盤中にプレス機またはスピンドルによって押し込まれる．この外皮の保護下で前方の地山が掘り崩される．外皮の後方延長部—これはシールテールとも称される—が既に設置されたトンネル内張りを覆うことから，その保護

5. 補　修

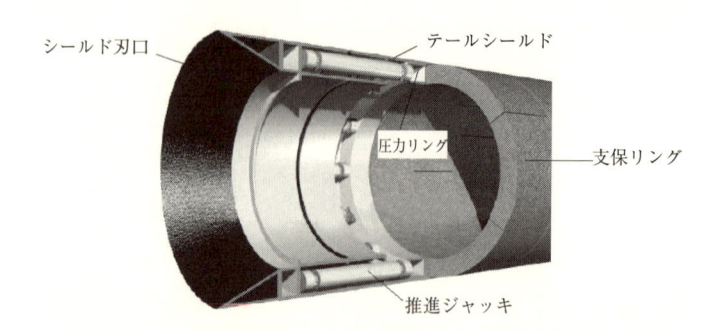

図5.4-14：従来のシールド工法における推進ジャッキの配置(手掘り式)[5.4-54]

下で掘進に応じて短い間隔でトンネル内張りを次々に築造してゆくことができる"（図5.4-14）．

本適用ケース—十分な土被りを有する歩行可能な管渠の更新—では，シールドは，まず半径方向において地山を支え，作業員を保護し，旧管渠の露出と撤去，ならびに新管渠の布設に必要な空洞ないし作業空間を作り出し，切羽における地山の崩壊を防止し，予定された布設ルートと勾配のもとで許容誤差を遵守して掘進方向を制御する役割を有する．

シールドは，切羽での掘削方法に応じて以下のように区分される（図5.4-15）．
・手掘り式シールド，
・部分断面機械掘り式シールド，
・全断面機械掘り式シールド．

本適用ケースでは，通常，手掘り式シールドまたは部分断面機械掘り式シールドが使用される．直径が1.20 m以上の手掘り式シールド[5.4-12]では，切羽における土壌

①作業棚付き
②切羽土留棚付き
③切羽土留棚，移動式掘削機付き
④移動式掘削機付き
⑤組込み式掘削機付き
⑥掘削盤式全面切削機，オプショナルな切羽支保付き
⑦カッタホイール式全面切削機付き
⑧ピールビットヘッドまたは回転ビットヘッド式全面切削機付き

(a) 手掘り式シールド
(a) 部分面機械掘り式シールド
(a) 全面機械掘り式シールド

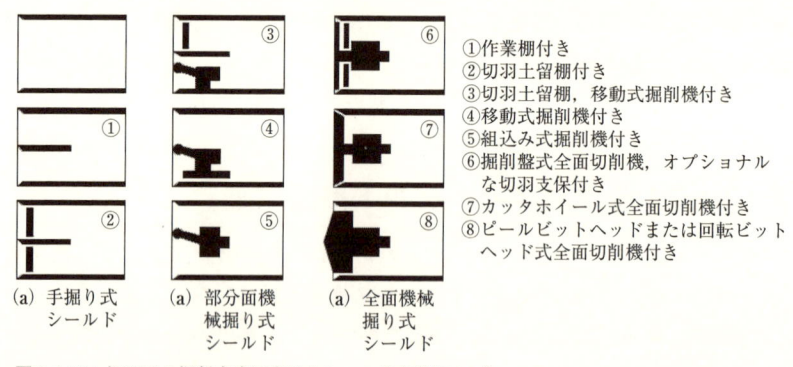

図5.4-15：切羽での掘削方式に応じたシールド分類[5.4-54]

の掘削と更新さるべき管渠の撤去は，補助具を用いて人力で行われ，部分断面機械掘り式シールドでは，部分切削機を用いて行われる．地表の沈下を回避するため，切羽を適切な対策，例えば切羽板によって支えることが必要になることがある．湧水がある場合には，水替え工（文献[5.4-41]参照）が実施されなければならない．

掘進空洞のライニングは，いわゆるセグメントで行われる．これはシールテールの保護下で環状に組み立てられるコンクリート製，鋳鉄製または鋼製のプレハブライニングエレメントである（図 5.4-16）．

プレハブ部材製造に関わるコンクリート技術の経験を踏まえて無筋プレハブ部材，棒鋼補強プレハブ部材またはファイバ強化プレハブ部材として作られるコンクリートセグメントが広く普及している[5.4-12]．

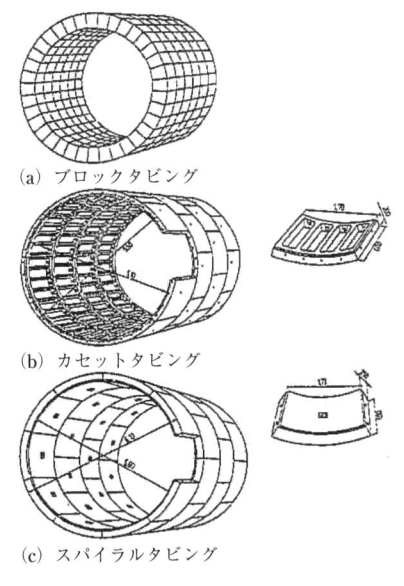

(a) ブロックタビング

(b) カセットタビング

(c) スパイラルタビング

図 5.4-16：鉄筋コンクリートタビングの概要図[5.4-55]

隣り合った環状セグメントは，一般に溝のある継手と組立てボルトによって互いに結合される．その際，セグメント継目は，地下水に対して止水されなければならない．シールテールが抜かれた後のセグメントと坑道内壁との間の隙間には，エレメントに設けられた特別な穴を経てセメント懸濁液が注入される．

この場合のセグメントライニングは，5.3.2.2.2 に述べた本来の工場製品下水管布設のための暫定的な支保として機能する．

この工事方式に関するその他の情報は，文献[5.4-7，5.4-12]に述べられている．

次にイギリスで開発されたミニトンネルシステム[5.4-29，5.4-30]を例としてセグメントライニングによるシールド掘進工法を説明する（図 5.4-17）．

シールドは，そのつど最後に取り付けられたコンクリートセグメントに鋼枠を介して支えられるそれぞれ約 120 kN の 6 台の油圧推進ジャッキによって前進させられる．

セグメントは，3 個の 120°プレハブ無筋コンクリートセグメントからなっている．これらの環片ピースを組み立てて，安定した正確な形状の環片が形成される．

地山とセグメントとの間の約 6 ～ 10 cm の隙間には，粒度 3 ～ 6 mm の砂利が詰められ，続いてセメントモルタルが圧入される．

5. 補　修

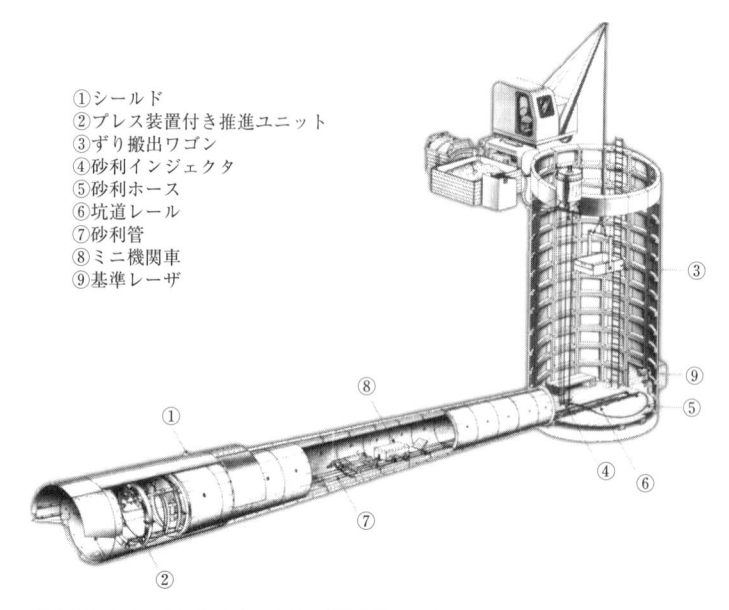

①シールド
②プレス装置付き推進ユニット
③ずり搬出ワゴン
④砂利インジェクタ
⑤砂利ホース
⑥坑道レール
⑦砂利管
⑧ミニ機関車
⑨基準レーザ

図 5.4-17：ミニトンネルシステムの概要図［5.4-29］

　発進立て坑は，鉱山坑道掘進の場合と同様に，管渠布設ルート外に配置することも可能である．立て坑の直径は，その深度と関わりなく 2.5～2.8 m である．

　ミニトンネルシステムは，直径 1.0 m（ドイツでは 1.2 m）から 2.0 m，最低土被り3.0 m に適用可能である［5.4-31］．

　シールドは，閉塞式の装置ユニットで，その使用には通常の工事用コンプレッサの圧縮空気が必要とされるだけである．この圧縮空気によって推進ジャッキにエネルギーを供給する空気・油圧ポンプが駆動される．シールドの後部には，セグメントを組み立てる特殊組立工が一人配置される．

　シールド掘進に引き続いて旧管渠の撤去が行われる．排水路は，地表の管によるか，場所的に十分な余裕がある場合には，掘進坑道内に設けられる管によって確保することができる(5.5 参照)．

　取付管は，すべて前もって開削工法によるか(5.5 参照)，またはシールド刃口前方で切り離され，正確に位置が特定され，その箇所に配置されるコンクリートセグメントに必要な穴が設けられなければならない．

　セグメントライニングによって支保された坑道が完成した後，新管渠の布設が行われる．

セグメントライニングと管渠との間に残存している環状空隙は充填される．

本方法の長所，短所については，鉱山坑道掘進工法のそれが基本的に当てはまるが，その他に本方法では，個々の作業行程の機械化の程度が鉱山坑道掘進工法に比較して高く，安全性リスクは前記方法に比較して少ない．

5.4.3.3 有人式推進工法

20世紀の初め目頃から鉱山坑道掘進方式とセグメントライニングによるシールド掘進工法に代わるものとして，油圧式推進工法が登場してきた（ATV-A 125 ないしDVGW-W 304[5.4-41]参照）[5.4-8, 5.4-32〜5.4-35]．この工法では，既設管の更新に際し，発進立て坑から推進管ないし推進エレメントが油圧推進ジャッキにより地山を貫いて到達立て坑まで推進され，その際，地山と旧既設管は，先端シューないしシールドの保護下で掘削・撤去され，推進管路を通じて地表に搬出される．この場合，推進管ないし推進エレメントは，同時に地山を支保する役割を引き受ける．この二重機能——一方で地山に対する掘進管路の支保，他方で完成した構造物の支保——の点で 5.4.3.1，5.4.3.2 に述べた方法と比較し，油圧式推進工法の重大な相違と特別な長所がある．油圧式推進工法の最も重要な機能装置は，以下のものである（**図 5.4-18**）．

・先端シューまたはシールド，
・推進エレメントないし推進管，
・中押しジャッキ，
・元押しジャッキ．

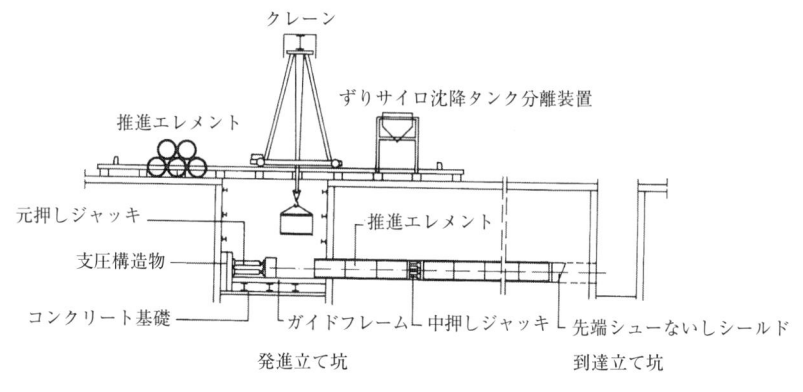

図 5.4-18：油圧式推進工法．主要機能要素の概要図（更新さるべき管渠は図示されていない）[5.4-8]

5. 補　修

　　この工法の技術的・経済的成否は，システム全体における前記装置の連動作用に高度に依存している．したがって，これらの装置は，それらの寸法，力，速度の点で互いに同調させられなければならない．推進工法に直接に資するこれらの機能装置は，ほとんどの場合に既設管の破壊，積載，運搬装置が一体化されたのシステムとなっている．

　　制御式推進工法の重要な構成要素は，先端シューないしシールドであり，これは布設さるべき各下水管の先端に装着されなければならない．これは，本工法において5.4.3.2に述べた役割の他に，なお以下の役割を果たさなければならない．

・できる限りわずかな表面摩擦抵抗で後続管を圧進できるように旧管渠を取り巻く土壌（地山とも称される）を先進掘削すること．
・後続注入管が最終的にすべての荷重と力を吸収するまで掘進管路を地山圧力に対して支保すること．

　　先端シューは，通常，トンネル建設時のシールド掘進工法のシールドと同様に形成される．シールド掘進は，元押しジャッキにより—場合によりさらに中押しジャッキを組み入れて—行われることから，本適用ケースでは，シールドに組み込まれている推進ジャッキは不要となる（5.4.3.2，図 5.4-14 参照）．

　　本適用ケースでは，セグメントライニングによるシールド掘進工法の場合と同様に，最小直径1.2 mの手掘り式シールドと部分断面機械掘り式シールド（図 5.4-15）を使用するのが通常である．場合により切羽の支保と地下水位低下が必要となることがある．

　　本適用ケースにおける歩行可能な推進管（1.7 も参照されたい）の推進には，以下の2種の方式のいずれかを選択することができる [5.4-6]．

① 方式1：一工程推進方式（図 5.4-19）．この方式では，工場製品管—つまり，この場合には下水管渠—が一工程で先端シューに直続して推進圧入される．
② 方式2：二工程推進方式．
　・第一工程；鞘管（ATV-A 161 ないし DVGW-GW 312 の趣旨の保護管に相当）の推進．
　・第二工程；地山に残されている保護管路への差込みまたは引込みによる工場製品下水管の取付け．工場製品下水管と鞘管との間の環状空隙は，充填されるのが通常である（図 5.4-20）．

　　②の適用は，水源保護区域内に布設されるか，または同区域と交差する下水管渠に特に有効である．これらの区域の一部では，既に現在，水密性鞘管内への下水管渠の布設（二重壁管渠システム）が求められており，その際，両者の間の環状空隙はそのまままとされる（6.参照）．

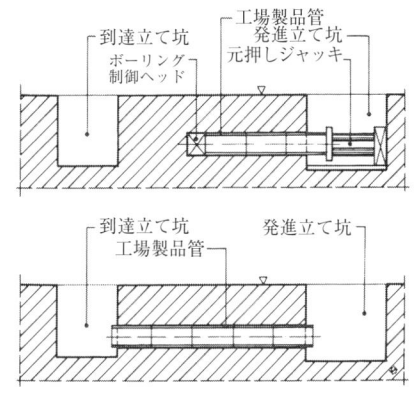

図 5.4-19：一工程推進方式による工場製品管の直接推進 [5.4-6]

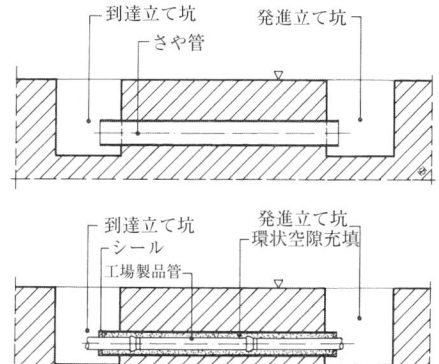

第一工程：保護管の推進
第二工程：工場製品導管の取付けおよび環状空隙の充填
図 5.4-20：二工程推進方式による工場製品管の設布 [5.4-6]

　下水管の挿入方法が特殊であることから，いずれの方式においても更新さるべき管渠以外の方法によって排水路を確保(5.5)することが不可欠である．

　取付管は，保護上の理由から，また排水路の確保のためにも(5.5 参照)，通常，推進工法の開始前に開削工法でスパンから切り離されなければならない．再接続は，推進工法の終了後，すなわち推進中に絶えずシールドに続いて前進していた下水管が最終的な位置に達した後に行われる．更新さるべき管渠は，推進に際し，場所的余裕と使用されるシールドタイプに応じ，直ちに破壊されて搬出されるか，または推進終了後に完全に撤去されることができる．

　推進工法は，その制御可能性[5.4-6, 5.4-36]からして基本的に曲線推進にも適しているとはいえ，本適用ケースにあっては，更新さるべき管渠の布設ルートは，できる限り直線的である必要がある．

　発進立て坑，到達立て坑は，方式上からして路線軸に配置されなければならないことから，それらが車道に位置している場合には，交通を妨げることは不可避である．

　有人式推進工法についても鉱山坑道掘進工法の長所と短所が当てはまる．

　機械化の程度は，既に説明を行った非開削工法のあらゆる方式に比較して最も高く，また安全性に関わるリスクは最も少ない．

　本方式では，ミニトンネルシステムのタビング支保とは異なり，継目は非常に少なくなっており，工場製品管を推進下水管として直接に使用する場合，長所は顕著である．

5. 補　修

短所とみなされなければならないのは，以下の点である．
・取付管の切離しと再接続．
・発進立て坑と到達立て坑を管渠路線内に配置することが必要であり，そのために交通阻害を結果し得ること．
・設置さるべき推進力設備用に発進立て坑を設計する必要があること．

　建設作業の入札は，標準作業書に準拠し，推進管の静的計算は，ATV ないし DVGW に準拠して行うことができる（標準作業書 LB 085［5.4-37，5.4-38］，ATV-A 161 ないし DVGW-W 312［5.4-39，5.4-40］）．推進工法作業は，ATV ないし DVGW，ならびに労働安全性に関わる保護対策（8.参照）を遵守して実施されなければならない（ATV-A 125 ないし DVGW-GW 304［5.4-41］）．開削工法で布設される取付管路用の管は，ATV に基づいて寸法設計され，DIN に基づいて取り付けられなければならない（ATV-A 127［5.4-42］，DIN EN 1610［5.4-19］）．

　推進作業の間，"元押しジャッキと中押しジャッキの推進力は，連続的に記録され，算定された値と比較されなければならない．管路の位置に関する記録が作成されなければならない．このため先端シューと最初の管の高度と側位が少なくとも 2 m ごと，もしくは少なくとも取り付けられた各管ごとにチェックされなければならない．結果は線図に表されなければならない．測量システムの補助的チェックが適切な間隔で定期的に実施されなければならない．

　滑剤が使用される場合には，その圧力が測定されなければならない．

　汚染が疑われる場合には，発注者に直ちにその旨が通知されなければならない．

　記録書類は，日付を含み，かつ現場の位置，土質，地下水事情に関する記載を含んでいなければならない"［5.4-41］．

　新しい管の布設後に取付管は，それが自主的に補修されない限り再びそのまま接続される．これに続いて ATV に基づき目視検査，水密性検査（4.5.1 参照）が実施されなければならない（ATV-A 125）．

　その他の情報は，文献［5.4-6，5.4-34，5.4-41］から看取することができよう．

5.4.3.4　無人式推進工法（轢き潰し）

　この更新方式—英語では pipe replacing または pipe eating と称される—では，欠陥ある歩行不能な管渠が無人式推進工法により呼び径 1 200 以下（**1.3** 参照）が轢き潰され，破壊されて搬出されると同時に，同一呼び径またはより大きな呼び径の新管渠が同一路線に布設される［5.4-43，5.4-44］．

5.4 更新

排水路の保持は，方式に応じ推進機自体を介してか，または管渠外の対策（**5.5 参照**）によって行われる．保持さるべき取付管は，いかなる場合にも轢き潰し前に切り離され，ポンプサンプ（ポンプ井）と水密接続されなければならない．残存している管渠側の接続ピースは密閉されなければならない．いずれの側の漏れも—またポンプサンプが十分高く引き上げられない場合にも—，流体輸送によるシールド推進機が使用される場合に推進機の作用範囲から下水循環系への土壌-水-混合物の侵入が生じることとなる．

実用化され，文献［5.4-6，5.4-10，5.4-41］に詳細に説明されている遠隔制御式無人推進工法のすべての方式は，本適用ケースに基本的に適している（**表 5.4-1**）．そのための前提条件は，ボーリングヘッドが更新さるべき管渠をフライス切除するための切削具（フライスボーリングヘッド）（**図 5.4-21**），管破片を粉砕してスクリュコンベア輸送または流体輸送に適したものとすることのできるクラッシャまたはボーリングハンマ（**図 5.4-23，5.4-24**）と組み合わされていることである．実用化されているこれに関連した推進機は呼び径 150 ～ 1 000 のコンクリート製，陶製，アスベストセメント製，GFK 製，鉄筋コンクリート製の管渠の更新に使用することができる［5.4-45 ～ 5.4-48］．

図 5.4-21：轢き潰し用に改良されたボーリングヘッド［5.4-45］

図 5.4-22(a)［5.4-49］にプレスボーリング推進方式（**表 5.4-1** 参照）を基礎とした特別な更新方式 Pipe Replacer を図示した．

コーン形に形成されたボーリングヘッドには，回転ビット，硬質金属補強円筒ビット，組込み式偏心クラッシャ［**図 5.4-22**(b)］が装備されている．

掘り崩された土壌と粉砕された旧既設管の搬出は，基本タイプ機では，ボーリングヘッドとは別個の駆動装置によるスクリュコンベアで行われる．別途方法として空気圧式吸引搬送も可能である．本方式は，スパン長 100 m までの呼び径 150 ～ 500 の管渠の更新に使用することができる．更新された管渠の呼び径は 400 ～ 600 とすることができる．段差，上下彎曲の補償が可能である．

AVP-Crush-Lining［5.4-46］では，若干異なった方法がとられている．これはプレスボーリング推進方式を基礎とした非制御式方式である（**図 5.4-23**）［5.4-6，5.4-10，5.4-41］．

推進機は，ボーリングヘッドによる掘削と旧管粉砕を支援する空気圧駆動ボーリングハンマを内蔵した特殊ボーリングヘッドを具えている．ずり輸送は，ボーリングヘッド部ではハンマ排気による空気圧で行われ，推進機の管内で発進立て坑への搬出用

5. 補　修

表5.4-1：マイクロトンネル建設用の制御式一覧[5.4-6, 4-41]

方式および作動原理	システム概略	適用範囲に関する経験値		
		管外径 D_a [mm]	推進延長 [m]	土壌種
パイロット管推進方式 土壌押分けまたは土壌掘削によるパイロット管路の制御式推進．同時にパイロット管を到達立て坑に押し出しもしくは引き出しつつ，場合により土壌押分け方式または土壌掘削方式による管路の拡張による鞘管または工場製品管の後続推進		≤ 200 [*1]	≤ 200	DIN 1 8300 [*2,5] に基づく BK 1〜6
プレスボーリング推進方式 ボーリングヘッドによる切羽での同時土壌掘削とスクリュコンベアによる連続的土壌搬出による鞘管または工場製品管の推進．ボーリングヘッドの駆動は，通常，発進立て坑からスクリュコンベアを経て行われる		$\leq 1 300$	≤ 100	DIN 1 8300 [*3,5] に基づく BK 1〜6
シールド推進方式 機械・液体支持された切羽でのボーリングヘッドによる同時全面土壌掘削と連続的な流体土壌輸送による鞘管または工場製品管の推進．ボーリングヘッドの駆動装置はシールド推進機内に配置されている		≤ 1850 200 [*4] 500 [*4] 600 [*4] 800 [*4] $1 200$ [*4,6] $1 600$ [*4,6] $3 000$ [*4,6]	≤ 250 120 [*4] 160 [*4] 160 [*4] 250 [*4] 400 [*4] 600 [*4] $2 600$ [*4]	岩屑層および固結岩層，地下水も可

[*1] 日本の設備では $D_a \leq 700$ mm．
[*2] 帯水土壌では地下水位と，土壌種に応じて補助対策，例えば地下水位低下が必要である．
[*3] 帯水土壌では補助対策，例えば圧縮空気の使用が必要である．
[*4] 到達可能な推進延長はメーカー記載の呼び径に応ず．
[*5] DIN 1 8300, 1996年6月版（推進工法作業に関わる特別な土壌分類，DIN 1 8319, 参照）．
[*6] 引戻し可能な推進機による遠隔制御改築推進方式．
制御式推進工法では $H < 1.0$ m ないし $< D_a$ の場合にいっそうの沈下が予測される．生じ得る被害を回避するため場合により厚い土被りが選択される必要があろう[5.4-41]．

図 5.4-22：Pipe-Replacer（NWL-Fordertechnik GmbH 社）[5.4-49]

(a) 作用原理　　(b) 偏心クラッシャ

5.4 更新

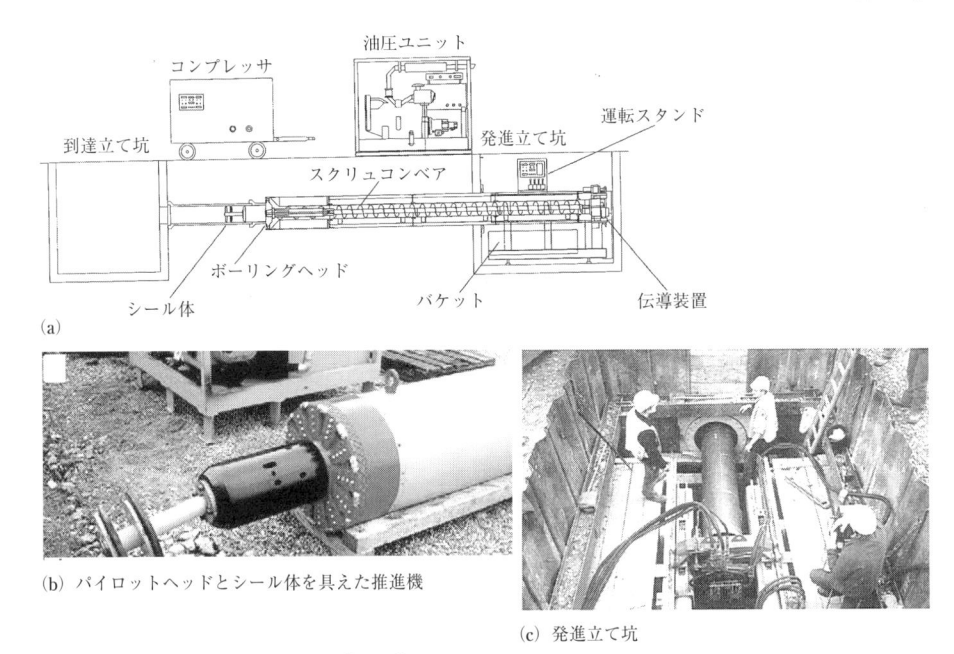

図 5.4-23：AVP-Crush-Lining の原理図[5.4-46]

(a) 図中ラベル：到達立て坑、コンプレッサ、油圧ユニット、発進立て坑、運転スタンド、スクリュコンベア、ボーリングヘッド、シール体、バケット、伝導装置

(b) パイロットヘッドとシール体を具えた推進機

(c) 発進立て坑

スクリュコンベアへのずりの引渡しが行われる[5.4-50].

推進機のガイドは，旧既設管内にセンタリングされて，推進中における旧管渠の不測の崩壊を防止する先導パイロットヘッドを経て行われる．ロッドを介してパイロットヘッドと接続されたシール体は，排気が旧既設管外に逃げ去るのを防止する．

この方式は，スパン長80mまでの呼び径400以下のコンクリート製，鉄筋コンクリート製，陶製の管渠の更新に使用することができる．新管の呼び径は400である[5.4-46]．制御が行われないことから，旧既設管の位置ずれ(例えば上下彎曲)を修正することはできない．

ハンブルク市でのパイロット試験施工[5.4-51]では，13m/hまでに達する最大推進速度が達成された．一切の準備・装備時間を考慮した平均速度は5m/hであった．

以上に説明した方式は，乾式輸送であることから地下水が存在する場合には補助対策なしに使用することはできない．例えば，地下水位低下が行えない場合には，切羽の水圧支保，更新さるべき管渠部の支持，ならびに土壌陥没，地表沈下と結び付いた旧管渠の不測の崩壊を回避するため以下の対策が考えられる．

・更新さるべき管渠の使用停止，掘削の容易な充填材による充填(**5.4 参照**)．

5. 補　修

・更新さるべき管渠のスパンごとまたは区間ごとの圧密シールと組み合わせたシールド推進機の使用（**表 5.4-1** 参照）．機械タイプに応じ，更新さるべき管渠内での部分排水能の保持（5.5 参照）が可能である．

後にあげた方法を"置換式推進工法"[5.4-47]を例として以下に説明する．液体支保方式で作動するシールド推進装置は，以下のユニットから構成されている（**図 5.4-24**）．

・シールド推進機，
・元押しジャッキ，
・監視・制御台，
・沈降タンクまたは分離設備を具えた流体輸送装置．

前述した問題は，ボーリングヘッドと接続され，2 シーリングスリーブを具えたシール体によって解決された（パッカ）（**図 5.4-24**）．

シール体は，以下の役割を有している．

① 輸送・支保液が既存管渠内に流出するのを防止すること．
② 更新さるべき管渠部の機械側に推進によって連続的に移動する圧力チャンバを作

(a) 全景

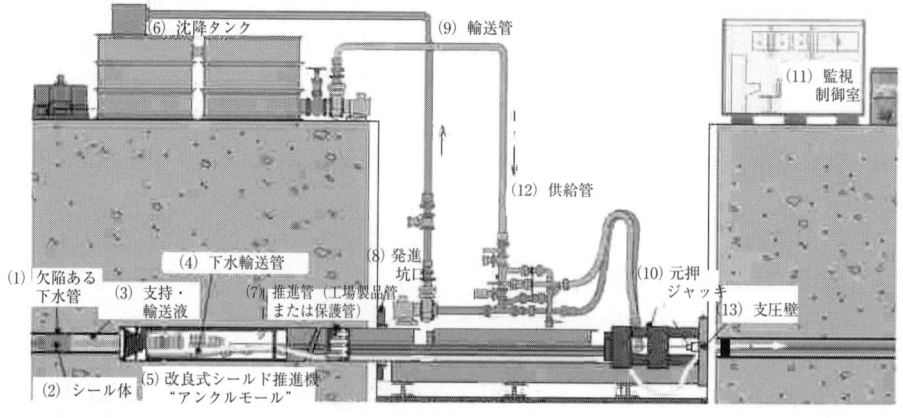

(b) 断面図

図 5.4-24：置換式推進工法（Iseki Polytech.Ltd.）[5.4-43]

り出すこと．このチャンバは，推進機の懸濁液チャンバと接続していることから，この部分でも切羽と同様に地下水または土圧の液体支保を行うことができる．

③ 管渠更新時に下水が推進機の直接の作用域内に流入するのを防止すること．

ボーリングヘッドとの接続は，鋼下水管を介して行われる．この下水管は，第一にシール体用のスペーサとして機能し，これによってシール体は，推進によって生ずる亀裂・管破壊域の外部に常に位置することとなる．さらに，管渠更新中にも部分使用が維持されなければならない場合には，この下水管をシール体前方で塞き止められた下水を排水するための吸込み管として利用することが可能である．この場合，下水は発進立て坑に設置された無段調節式ポンプによってシール体先端の穴から吸い込まれ，機械ヘッドを通り，特殊管を経て排水管渠にポンプ輸送される．

シール体の長さ，ないし 2 つのシーリングスリーブの間隔は，管損傷が比較的大きい場合にも懸濁液チャンバの支持液が前方の管渠部に逃げることがないような寸法とされている．呼び径 250 以上に取り付けられる推進管は 2 000 mm の管長を有している．

垂直方向，水平方向の掘進精度 ± 30 mm にてシールド直径と欠陥管渠外径の比に応じ，さらに 100 mm およびそれ以上の位置ずれの修正が可能である．

この更新方式は，約 450 m までの推進延長と 1.8 m から最大 30 m までの土被り用に設計されている．

上述したすべての無人式推進工法では，有人式推進工法（5.4.3.3 参照）と同様に工場製品下水管を一工程方式でも二工程方式でも布設することが可能である．

造成さるべき推進力は，同一外径の新規管渠の推進時のそれと同等である（[5.4-6]参照）．

文献[5.4-52]によれば，更新対策に際する掘進・搬送システムの摩耗は，管渠新規布設時のそれよりも高い．オペレータには，高度な資質と慎重さが求められなければならない．操作ミスによりボーリングヘッドが容易に旧管底に乗り上げることがあり，そうなった場合には高さ制御はもはや不可能である．

発進立て坑と到達立て坑の寸法は，呼び径 800 以下の管の推進時には機械タイプと推進管の管長に応じ 2.0 ～ 3.5 m である．既存の昇降マンホール部に立て坑を配置するのが好適である（図 5.4-25）．同マンホールは，立て坑の掘下げに際して取り除かれ，工事終了後に修復される．したがって，発進立て坑と到達立て坑をそれらの寸法が適切であれば，昇降マンホールとして事後利用することも可能である．費用上の理由により一つの発進立て坑からできるだけ 2 本のスパンを掘進するのが適当である．

無人式推進工法の入札条件，構造計算，施工，試験・検査，ならびに長所と短所は，5.4.3.3 の記述が当てはまる．

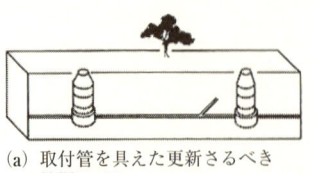

5. 補　修

(a) 取付管を具えた更新さるべき管渠スパン

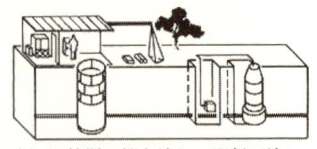

(c) 旧管渠の轢き潰し．開削工法による取付管渠の切離し

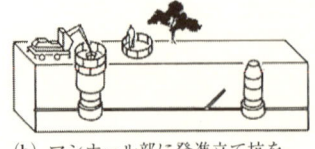

(b) マンホール部に発進立て坑を設置する

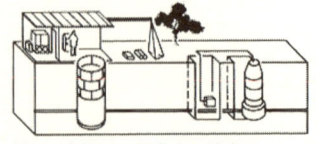

(d) 工事終了．発進立て坑をマンホールに改造

図 5.4-25：歩行不能管渠の轢き潰し作業工程 [5.4-52]

無人式推進工法による轢き潰し以外に，同じ目的に少なくとも 100 kN の牽引力を具えた水平方向ボーリング装置を使用することも可能である [5.4-6, 5.4-41, 5.4-53]．この場合，既存の旧管渠は，パイロット孔としてボーリングロッドの収容に利用される．旧管渠の轢き潰しは，後置された特別な拡張ヘッドを具えたボーリングロッドの引戻しによって実現される．同ヘッドは，旧管渠を削除して管路の形の新管を引き込むことができる．旧管渠の破片と掘削土砂は，ボーリングウォッシャ液とともに旧管渠を通って発進立て坑または到達立て坑に輸送される．この方法で既にスパン長 360 m 以上の管渠が一工程で更新された．

5.4.3.5　バースト方式

1980 年代初頭に開発されたバースト方式―英語では"Pipe-Bursting"と称される―の基本的な考え方は，管壁を破壊して地山を押し退けるバースト体を使用停止された欠陥管渠を貫いてワイヤウィンチまたは牽引ロッドで牽引することである．バースト体の直後には，同一呼び径またはより大きな呼び径の新管渠が取り付けられる．したがって，土砂搬出は不要である．この方法は，方式に応じマンホールまたは特別に設けられた発進立て坑から実施することができる [5.4-56]（**図 5.4-26**）．

マンホール底では，更新さるべきスパンにバースト体を挿入するために前もってインバートとステップが撤去されなければならない．

本方式を適用するための前提条件は，部分コンクリート防護ないし全面コンクリート防護 (**1.6.1**, **1.7** 参照) の行われていない円形断面であること，管材料が例えばねずみ

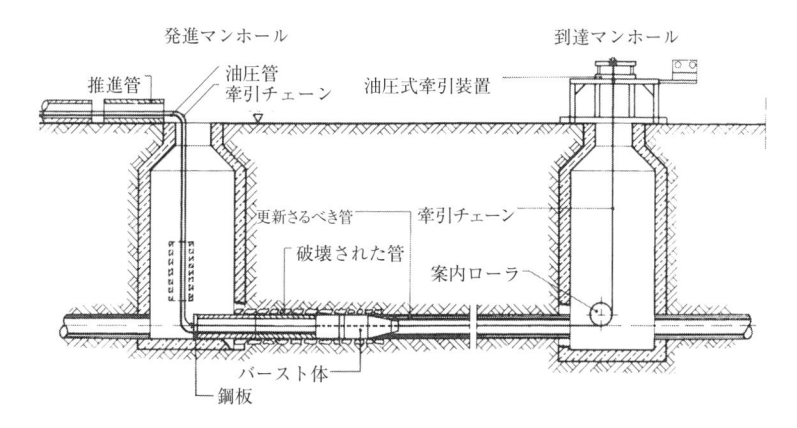

図 5.4-26：バースト方式の概要図（短管と組み合わされた静的バースト方式）

鋳鉄，陶，コンクリート等のできるだけ脆い材料であること，管外周部の土壌が圧縮性を有すること，相対的に大きな曲がり，食い違いのない直線スパンであること，である．

必要な予備作業，環状空隙充填の有無，最終作業（例えば，外部からの取付管の接続復元，マンホールの修復），試験・検査，自己監視については，**5.3.2.2.1**，**5.3.2.2.2** の記述が適宜当てはまる．

過去にバースト方式の適用に反対する法的議論が出示された[5.4-57]．その見解は，地中に残存する旧管の破片は，
・それに付着している有害物質により地下汚染の原因になる，
・廃棄物処分法の趣旨の不許可廃棄物である，
というものであった．

これらの論点は，少なくとも下水分野についてはこの間に否定されてきており[5.4-58，5.4-59]，地方自治体の下水管渠更新へのバースト方式の適用に対する水管理法，廃棄物処理法からする疑義は存在していない．したがって，特別な許可手続きは不要である．管渠は，前もって技術準則に従って清掃されなければならない．危険な成分を含む下水排水に使用された管について，はバースト方式採用の可否を決定するために管（管壁）の化学分析による個別的検査が実施されなければならない[5.4-59]．

バースト方式は，
・動的な力の作用，
・静的な力の作用，
を利用して行われる．

5. 補　修

(1) 動的バースト方式

　動的な力の作用を利用したこの管更新方式は、British Gas Corporation，イギリス[5.4-60]によりガス分野用に開発され（Euro. Patent No.0053480）（図 5.4-27），その後，下水分野に転用された．この開発を基礎として国際的に—ドイツにおいても—類似の方式・機械開発[5.4-61～5.4-65]が推進され，現在では各種のシステムが供されている．

図 5.4-27：P.I.M バースト方式の装備（ALH Systems Ltd.）[5.4-66]

　各システムに使用されているバースト体は，改良式土砂押退けハンマ（BVH）[5.4-6, 5.4-7, 5.4-67～5.4-75]か，または特殊な拡張コーンを載置したBVH[図 5.4-28(a)]である．BVHのケーシング内には，圧縮空気で駆動されるハンマピストンが配置され，その衝撃によりまず旧管渠の破壊と地山への管渠破片の押退けが行われる．

　方向安定性は，バースト体の長さと到達立て坑からワイヤウィンチまたはロッドを経てもたらされる牽引力によって補助される．ただし，それにも関わらず管外周部の不均質性によって，また更新さるべき管渠に比較的大きな曲がりがある場合には，ずれが生ずることがある．

　押退け体に引き続く新管の取付けには，以下の方式が適用される．
・DIN に基づく PE-HD 製管路（個々のケースに応じ PVC-U 製管路も可）の引込み（DIN 80 74/75，DIN 19537）．

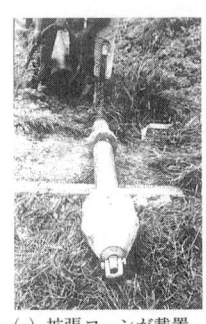

(a) 拡張コーンが載置された土砂押し退けハンマの形のバースト体[5.4-68]
(b) 繰出し式カッタを具えたバースト体 [5.4-63,5.4-66]
(c) プロファイルリブ付きバースト体．システム P.I.M（AHL Systems Ltd.）[5.4-66]
(d) 拡張コーンとプロファイルリブを具えた土砂押し退けハンマの形のバースト体[5.4-61, 5.4-76]

図 5.4-28：動的バースト体

5.4 更 新

・外周が平滑な短管の引込み．
・外周が平滑な短管の差込み．

　管路の引込み(図 5.4-29)には，管直径，更新さるべき管の管底深度，地表上の管路の高さ，外気温等に応じて必要となる曲げ半径からして相対的に大きな発進坑が必要である(5.3.2.2.1 参照)．いわゆる，"ウィンドウ方式"(ウィンドウイング方式)[5.4-63]により発進坑寸法を減少させ，もしくは昇降マンホール自体を利用することが可能である．この場合には，管路の引込みは，地表から発進坑にまで達する補助孔を経て行われる．この補助孔は，発進坑から土砂押退けハンマで作孔され，側方にずらして道路端に延ばすこともできる[5.4-77](図 5.4-30)．バースト作業の完了後，この補助孔は充填され，路面の穴("ウィンドウ")は再び閉鎖される．

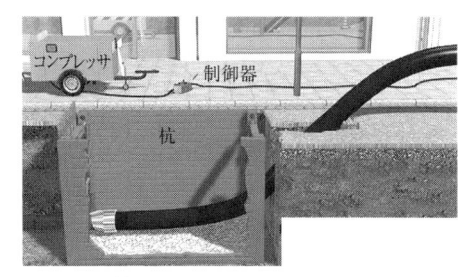

図 5.4-29：管路の引込みと組み合わされた動的バースト方式(Tracto-Technik 社)[5.4-63]

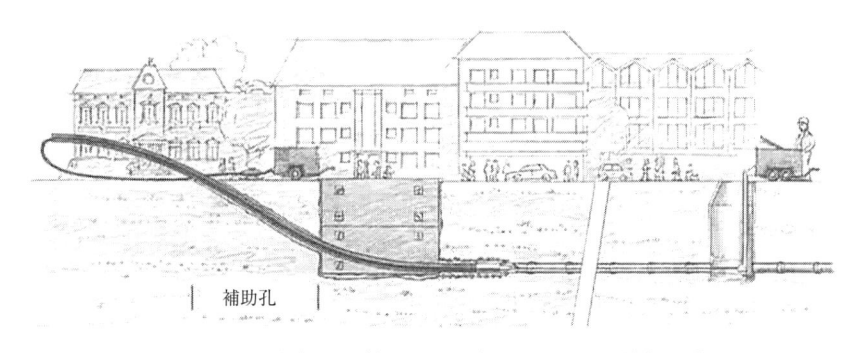

図 5.4-30：ウィンドウイング方式による管路の引込み(Tracto-Technik 社)[5.4-63]

　短管の引込みまたは差込みは，既存の昇降マンホールから実施されるのが通常である．

　ワイヤウィンチまたは牽引ロッドを利用して実現される引込み方式では，PP 短管または PE-HD 短管(5.3.2.2.2 も参照)は，引張りに耐えるようにしてバースト体ならびに相互に結合されなければならない．

　短管の差込み(図 5.4-31)は，発進マンホールに設置された油圧ジャッキを利用して行われる．これには，例えば陶製，GFK 製，PVC-U 製またはファイバコンクリート製(1.7 参照)の推進管も使用することができる．

　スパン間が長い場合には，摩擦抵抗を克服するために相対的に大きな推進力が必要

5. 補　修

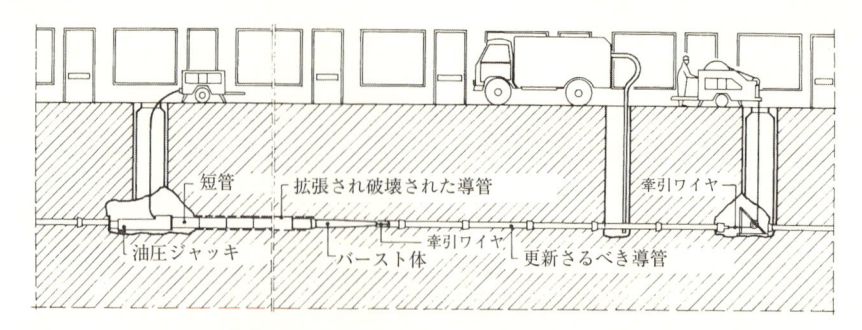

図 5.4-31：外周が平滑な短管の差込みと組み合わされた動的バースト方式［5.4-70］

である．このために短管が過度にばね化して軸方向から反れる危険があることから，中間立て坑を設ける必要が生ずることがある［5.4-78］．

脆い材料，例えば陶管が使用される場合には，バースト体と下水管との間の動的応力を減少させるための緩衝エレメントが取り付けられなければならないが，その効果は，短い鋼管（伸縮管）の接続によってさらに改善することができる［5.4-79］．

更新さるべき管渠スパン間に接続されているすべての取付管は，バーストによる不測の破壊を回避するため作業開始前に開削工法で切り離されなければならない（**図 5.4-32**）．これらは更新の完了後，工事対策の一環として自主的に更新されない限り再び接続されなければならない．

動的バースト方式の使用限界は，更新さるべき管渠の材料，直径，ならびにそれが周囲環境に及ぼす作用・効果によって決定される．

図 5.4-32：バースト方式に際する開削工法による取付管の露出

この方式で，呼び径 75［5.4-80］〜600［5.4-63］（1 200 までの呼び径さえも既に実現された），スパン長 150 m までの陶製，コンクリート製，ねずみ鋳鉄製，アスベストセメント製，プラスチック製の管渠を更新することが可能である．問題となるのは，旧管渠の相対的に大きな位置ずれ（段差，下方彎曲）であるが，それはこれらが修正不能であり，短管方式にあっては管継手部の損傷を結果し得るからである．この場合には，溶接された PE-HD 管からなる管路の方が短管よりも適していることが判明しているが，その場合，曲率半径は 100 m を下回ってはならない［5.4-77, 5.4-82］．

推進速度は 1 分当り 1〜2.5 m である［5.4-75］．地下水位以下での使用は，個々のケ

ースに応じて補助工法と組み合わせてのみ可能である．

　動的バースト方式の改良は，基本的に地山に残存する旧既設管破片が新管に及ぼす作用を減少させることに関わっている．これらの破片は，土圧から生ずる荷重に比較してかなりの程度の点的超過荷重をもたらすとともに溝形成の形の表面損傷を結果し得る．

　前記の問題点の改良は，以下に関係している．

a．管破片の大きさの減少　　円錐状に形成されたバースト体の傾きは，荷重の持込み，したがって更新さるべき管の破壊に有意的な影響を及ぼす[5.4-84]．傾斜角の選択は，発生する管破片をできるだけ小さくして，管周全体にわたって均等な荷重分布が実現されるようにするという観点から行われる必要がある．この効果は，バーストさるべき管に点荷重もしくは線荷重を持ち込む特別なプロファイルリブ[**図 5.4-28(c)**，(d)]またはカッタ[**図 5.4-28(b)**] [5.4-84]をバースト体に配することによってさらに高められる．

b．管厚増強管または外側保護層を具えた管　　破片による新管の損傷を防止する対策として，1～2 mm の管厚増強（代償層）を利用することができる．管厚増強の程度は，更新さるべき管の材料とともに破片の形状，例えば幾何学的形状，鋭利な辺縁形成，ならびに新管の材料に決定的に依存している．

　これに関連したもう一つの可能性は，新管に外側保護層（保護外皮）を設けることである．Rogers[5.4-83]のテストによれば，厚さ2～3 mm の硬質ポリウレタン，GFKからなる保護層が適していることが判明した．こうした管タイプを代表するものの一つは，例えば，押出し保護外皮を具えた PE-HD バーストライニング管 tracto/botec [5.4-63]である．

c．帯鋼による管路の防護　　引込みまたは差込みに際する工場製品下水管の損傷回避を目的としたこの方法を利用しているのは，Renoform 方式[5.4-65]である．この方式では，引き込まれる PE-HD 管路を全長にわたって防護して（**図 5.4-33**），破片との接触を防止する帯鋼が押退け体に固定される．

d．二重壁管システム　　工場製品下水管の損傷と集中荷重と線荷重による下水管負荷は，二工程式取付けによって確実に防止される．この場合には，バースト体によって最初に鞘管が引き込まれ，次

図 5.4-33：Renoform 方式．帯鋼を利用した管路の保護・全面被覆のための強制誘導 [5.4-65]

いで第二の工程で鞘管内に新しい工場製品下水管が布設される．

e．アルミナセメント懸濁液による管路の潤滑と破片の固定 この方式では，旧管渠破片は，バーストプロセス中にバースト体によって形成された新管と破片押退け空洞との間の環状空隙をアルミナセメント懸濁液によって充填することによって固定される［5.4-63，5.4-78，5.4-84，5.4-85］．この方式によりさらに以下の長所が達成される．

・新管の基礎条件の改善，
・空洞の充填，
・新下水管の引込みに際する表面摩擦抵抗の減少（図5.4-34）．

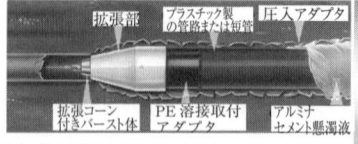

図 5.4-34：環状空隙充填と組み合わされたバースト方式（Tracto-Technik 社）［5.4-63］

バースト方式における管路の潤滑は，砂質土，呼び径 300 以上の管およびスパン間長 60 m 以上の場合に特に好ましい．

(2) 静的バースト方式

静的バースト方式—英語では"Hydraulic Pipe-Bursting"と称される—は，ドイツでは，例えば KM バーストライニング［5.4-81］（許可を得て実施される Intenational Pipe Drilling (IPD) 社の特許化された IPD 方式，欧州特許 No.83303401［5.4-86］）と Brochier Bau GmbH 社のバースト方式［5.4-64］の名称で適用されている．

図 5.4-26 に管渠の更新用に特別に開発された KM バーストライニング方式の概要を示した．バースト体と新下水管は，到達マンホール上方に配置された油圧駆動のワイヤウィンチにより欠陥管渠を貫いて不連続的に牽引される．

この方式の特徴を表しているのは，全体として 3 体からなるバースト体の油圧駆動される静作動拡張メカニズムである（図 5.4-35）．互いに，かつ第三の部分と関節結合されている前方の 2 つのコーン部分は，それぞれ半径方向に運動し得るエレメントからなる分割式外皮を有し，第一の部分の先端の直径は更新さるべき管渠の内径よりも数 cm 小さい．このコーン形成により更新さるべき管渠内に一定寸法だけバースト体を引き込むことが可能となる．第三の，ないし後方の機械部分は，延べ胴タイプの鋼製円筒で構成されており，その外径は，新たに引き込まれる管の外径と同じであり，

したがって欠陥管渠の内径よりも大きい．

更新さるべき管渠にバースト体をしっかり嵌まり込むまで引き込んだ後，拡張メカニズムが作動させられ，これによって分割式外皮の各エレメントは230 barまでの油圧力で半径方向外側に押し拡げられる[5.4-87]．その結果，旧管渠は破壊され，それと同時に管の破片は周辺地山に押し退けられる．続いて最初の工場製品管がバースト体と接続され，引張りチェーンならびに管直径に合わされたスチールディスク—これはチェーンに取り付けられている—によってしっかり固定される（図 5.4-36）．

バーストが行われた後，拡張メカニズムは縮小され，その結果，再び当初状態，すなわち前方の2機械部分の円錐形態が出現する．こうしてバースト体とそれに接続された管とともに15 kNまでの牽引力で1作業分だけ前進させることができ，新たな位置で前記の動作が再び繰り返される．1本の管が完全に引き込まれると，直ちに新しい管がマンホール内に搬入され，既設の管と接続される．

欠陥管渠スパン間の更新が行われた後，バースト体は，到達マンホールから引き揚げられる（図 5.4-37）．

既存の取付管は，この方式の場合にも，作業の開始前に開削工法で切り離され，作業完了後に再接続されなければならない（図 5.4-32）．

KMバーストライニング方式で，目下，脆性材料，例えば陶管またはコンクリート製の呼び径200〜400の管渠を断面減少なしに更新することが可能である．鋼製，鉄筋コンクリート製，アスベストセメント製，GFK製の管は，不適である[5.4-81]．

Brochier Bau GmbHの静的バースト方式についても事情は同様である．ただしこの方式は，KMバーストライニングとは異なり，200〜800の呼び径，好ましくは400以上に

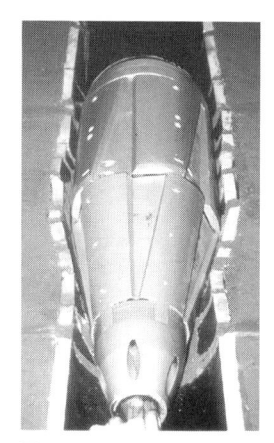

図 5.4-35：
KMバーストライニング方式の静作動バースト体作動方式のデモンストレーション
(Kanal-Müller-Gyuppe 社)
[5.4-81]

図 5.4-36：KMバーストライニング．つなぎチェーンとスチールディスクによるバースト体への工場製品管の耐引張り固定 [5.4-81]

図 5.4-37：
到達マンホールからのバースト体の引揚げ
[5.4-81]

5. 補 修

適用される[5.4-64]．拡張メカニズムが特別な構造を有していることにより土壌粒子の侵入とそれによるバースト体のブロックが防止される（図 **5.4-38**）．

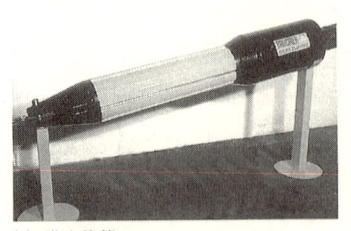

(a) 進入状態

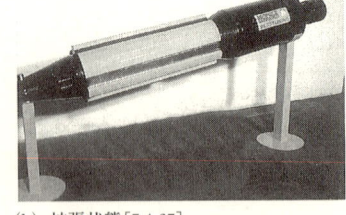

(b) 拡張状態[5.4-65]

図 **5.4-38**：静的バースト体

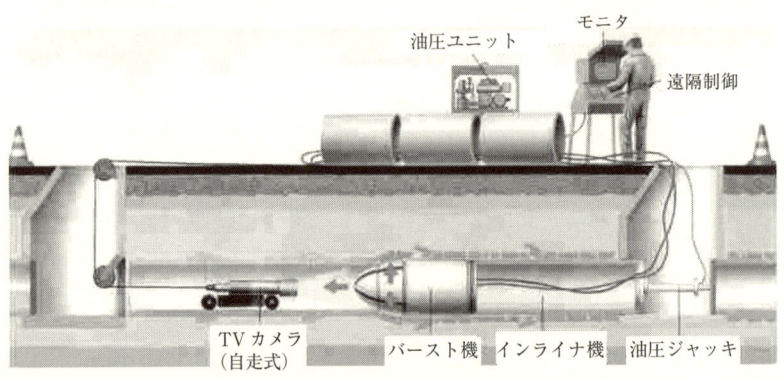

図 **5.4-39**：expPRESS バーストライニング方式の概要図[5.4-115]

スウェーデンで開発された expPRESS 方式（図 **5.4-39**）は，4 種の機械バージョンで 180〜900 の呼び径に使用することができ，かつ補助装備によってそれ以上の呼び径にも適合させることが可能である[5.4-88，5.4-89]．この方式は，バースト体と管路とがワイヤウィンチを利用せずに油圧ジャッキによって推進され，管渠内のすべての作業工程が管渠カメラで監視される点で前述した方式とは異なっている．この方式により，さらにプレハブ管によるライニング（**5.3.2.2.1 参照**）のための準備措置として局部的に限定された亀裂・欠陥を有する管を復元し，位置ずれを取り除くことが可能である．

二工程方式で行われる Magnaline 方式は，特別に開発された静的バースト方式である．この方式は，以下の作業工程を含んでいる（図 **5.4-40**）[5.4-90]．

① 工程 1：

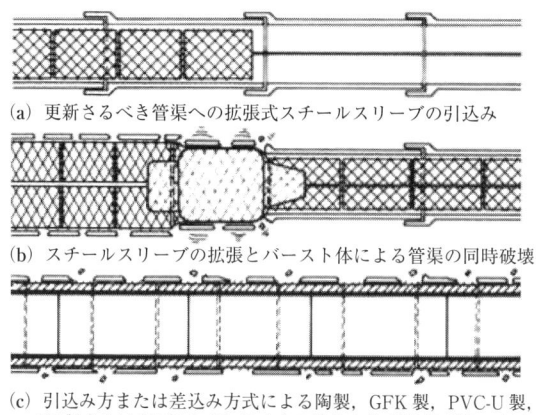

5.4 更　新

(a) 更新さるべき管渠への拡張式スチールスリーブの引込み

(b) スチールスリーブの拡張とバースト体による管渠の同時破壊

(c) 引込み方式または差込み方式による陶製，GFK 製，PVC-U 製，PE 製または PP 製のインライナの挿入および環状空隙の充填

図 5.4-40：Magnaline 方式の作業工程図解［5.4-90］

・互いに重ね突き合わされ，縦割りされた個々の薄肉スチールスリーブ(**5.2.3.3 参照**)からなる下水管の引込み．
・スチールスリーブの張り拡げとバースト体による管渠の同時破壊．

② 工程 2 ：
・引込み方式または差込み方式(**5.3.2.2.2 参照**)による工場製品管(インライナ)の挿入．
・スチールスリーブと工場製品管との間の環状空隙の充填(**5.3.2.2.1 参照**)．

地下水位以下でのこの静的バースト方式の利用は，補助工法なしには不可能である．

文献［5.4-82］によれば，この静的バースト方式は，動的バースト方式に比較して推進方向に活性化される粉砕エネルギーが低いことから，障害，位置ずれの克服は限定的にしか可能でない．

(3) バースト方式が周囲環境に及ぼす影響

静的バースト方式とは異なり，動的バースト方式にあっては，バースト体内部のハンマピストンの運動エネルギーが振動を発生し，これが周囲環境に伝達されて以下の問題を生じることがある．
・高レベルの騒音，
・更新さるべき管渠の不都合な早期破壊または崩壊，
・路面ないし隣接管の沈下と結び付いた管外周部土壌の不測の圧縮．

所要バースト力は，以下によって定まる．

5. 補 修

- 旧管渠の破壊強さ，
- 管外周部土壌の押退け能力，
- 拡張比．

更新さるべき管の破壊強さは，損傷の種類と規模，管断面への荷重持込みの方法，管材料の引張り強さないし圧縮強さから生じる．

土壌押退け能力は，基本的に土壌の圧縮性から生じる．主たる影響因子とみなし得るのは以下である．

- 土質，
- 積層密度ないしコンシステンシー，
- 土被り，
- 一次応力レベル，
- 応力・歪み履歴．

土壌押退けに必要なバースト圧力の最初の研究は，O'Rourke[5.4-91]によって実施された．同研究は，弾塑性粘土を例とした理論的考察を基礎としている（図 5.4-41）．これは，E/S_u で表される土壌剛性が高まるとともに所要バースト圧力が増加し，一次応力を数倍上回ることを明らかにしている．所要バースト圧力／一次応力比は，土被りが減少するとともに上昇する．

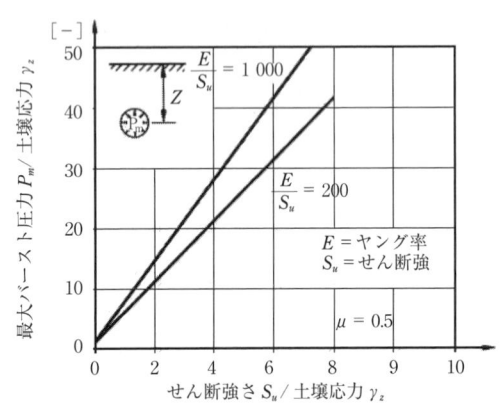

図 5.4-41：土壌応力と相関したせん断強さの関数としての所要バースト圧力[5.4-91]

周辺土壌へのバースト圧力伝達の結果として，半径方向に半径 R_p の塑性ゾーンが形成される（図 5.4-42）．このゾーンでは，一次状態に比較して高まった応力レベルが優勢であり，同レベルは，更新された管との距離が増大するとともに再び初期状態に近づく．この応力レベルの高まりは，塑性ゾーン内にある構造物，例えば隣接した公共サービス供給管と下水排水管に歪み，沈下，もしくは付加的な荷重を生じることがある．したがって，施工に際しては，これに関連した影響が考慮されなければならない．

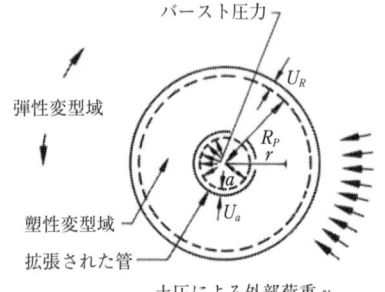

図 5.4-42：理想的な弾塑性粘土中での拡張に際する幾何学的状況[5.4-91]

動的バースト方式による土壌歪みの問題については，ボッフム-ルール大学において

現場条件下で均質な非粘結性土壌による大型テストスタンドを用いた研究が実施された[5.4-84, 5.4-92, 5.4-94]．

その際に開発された地盤力学的モデルは，連続した2相を想定している（図 **5.4-43**）．第1相，いわゆる二次状態Iでは更新さるべき管のバーストと破片および周囲土壌の半径方向押退けが行われる．これに基づき土壌は，断面差とそれに起因するバースト体と後続の鞘管，または工場製品管との間の環状空隙の形成によって弛緩することとなる．こうして生じたそれぞれの周辺条件に応じて，一時的に安定した空洞は崩壊する．内側に向かって土壌が変位し，新管に破片と土壌が押し被さる．この第2の相は，二次状態IIと称される．Baguelinのプレッショメータセオリー[5.4-95]を基礎として導出されたモデルにより動的空洞拡張に基づく管周辺の応力状態，すなわち動的バースト方式の二次状態Iの応力状態を求めることができる．これに続いて文献[5.4-84]に基づき楕円状の塑性土壌ゾーンが生じる（図 **5.4-44, 5.4-45**）が，これは，多かれ少なかれ激しい応力変動と土壌変位を特徴としている．同ゾーンの垂直方向拡がりは，垂直土圧と水平土圧との間の比が大きければ大きいほどますます水平方向拡がりを上回ることとなる．

塑性ゾーンの拡がり（図 **5.4-45**）は，プレッショメータセオリー[5.4-95]から導出することができる．均質な一次応力状態に関する計算プロセスは，文献[5.4-94]に述べられている．これは，半径方向，接線方向の平衡観察に関するラーメの解法とモールの破壊条件を基礎としている．不均質な一次応力状態 $\sigma_V \neq \sigma_h$ については，先の計算[5.4-94]

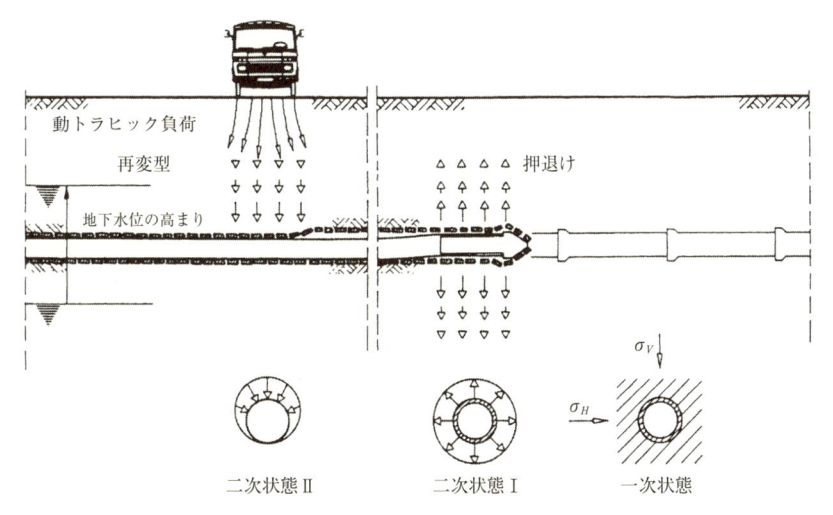

図 5.4-43：動的バースト方式の質的概要[5.4-84]

5. 補　修

図 5.4-44：弾塑性ゾーン内での拡張と関連した応力推移 [5.4-84]

図 5.4-45：動的バースト方式における塑性ゾーンの質的経過 [5.4-84]

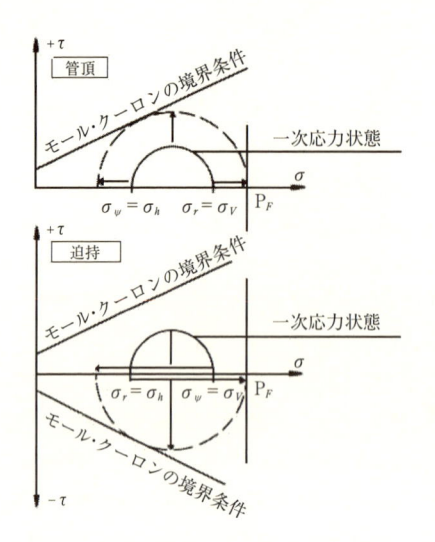

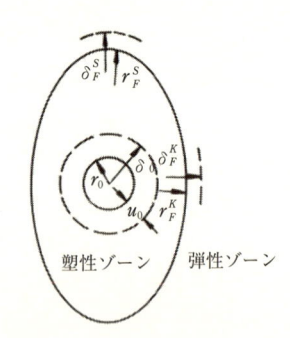

r_0 ：更新さるべき管の外側半径
r_F ：一次状態の座標で表示された二次状態Ⅰにおける塑性土壌ゾーンの半径
δ_0 ：二次状態Ⅰにおいて押し退けられた断面の平均外側半径
μ_0 ：空洞壁の半径方向土壌歪み

とは異なり，異なった塑性土壌ゾーンの拡がり δ_F^S，δ_F^K ならびに新管の管頂(S)と迫持(K)における半径応力と接線応力が生じる (**図 5.4-44**)．

圧縮性土壌については，以下が得られる．

$$\delta_F^S = \sqrt{\frac{a_0^2}{2\varepsilon_F^S}}$$

$$\delta_F^K = \sqrt{\frac{a_0^2}{2\varepsilon_F^K}}$$

$$a_0 = \frac{\sqrt{2}\,a}{\sqrt[4]{\dfrac{1}{\varepsilon_F^S \varepsilon_F^K}} \sqrt{1 - m_V\sqrt{(1-2\varepsilon_F^S)(1-2\varepsilon_F^K)}}}$$

ただし，

$$\varepsilon_F^S = \frac{P_F - \sigma_V}{2G}$$

$$\varepsilon_F^K = \frac{P_F - \sigma_h}{2G}$$

$$P_F = (1/2)(\sigma_V + \sigma_h)(1 + \sin\psi) + c\cos\psi$$

ここで，P_F：土壌の破壊応力，δ_F：管頂(S)，迫持(K)における二次状態Ⅰの塑性土壌ゾーンの半径，ε_F：管頂(S)，迫持(K)における弾塑性限界ひずみ，m_V：二次状態Ⅰにおいて歪んだ土壌エレメントの体積と当初体積との比，a：押し退けられた断面積と同一面積の円の半径，a_0：土壌収縮を差し引いた押し退けられた断面積と同一面積の円の半径，G：土壌のせん断弾性率，σ_V：一次状態における管軸の垂直方向土壌応力，σ_h：一次状態における管軸の水平方向土壌応力，c：土壌の凝集力，ψ：土壌の内部摩擦角．

この計算方式を適用するための前提条件は，更新さるべき管の十分な土被り—その所要最小値はFalk[5.4-84, 5.4-96]によって開発された破壊モデルで計算することができる—と管周囲の土壌収縮の推定である．この推定は，動的バースト方式使用時の現場観察ないし現場測定に基づくか，または表層土の圧縮性を基礎として行うことができる．これは，基本的に現存の地層と最も密な地層との比，非均一度，一次応力，土質ならびに機械パラメータ，例えば打撃エネルギーおよびバースト体の幾何学的形状に依存している．

地表の不当な隆起を回避するため更新さるべき管渠の土被りは，文献[5.4-78]によれば，空洞拡張と相関して更新さるべき管渠の呼び径の少なくとも3～6倍であることが必要である．

O'Rourkeにより実施された塑性ゾーンの拡がりに関する理論的研究[5.4-91]は，塑性ゾーンの半径と企図された空洞拡張寸法u_aならびに土壌剛性との相関性を示している（図5.4-46）．空洞拡張率u_a/aの増大は，比R_p/aの比例限度以上の上昇をもたらす．

発生する土壌変位の比較は，静的バースト方式と動的バースト方式につき類似の値を明らかにした．ただし前者が脆弱な土壌に使用される場合には，動的圧縮作用が欠如していることからより大きな土壌変位が見込まれなければならない[5.4-82]．

動的バースト方式による管の更新によって惹起される土壌歪みの一般的な

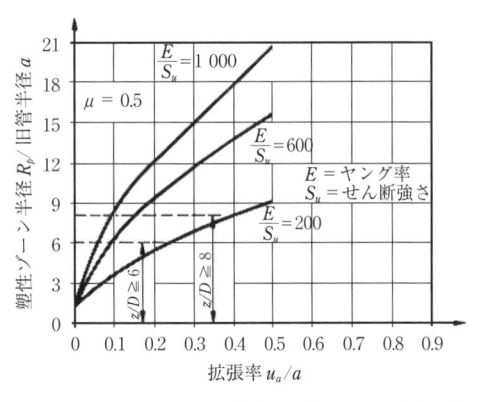

図5.4-46：企図された拡張率の関数としての塑性圧縮ゾーン半径[5.4-91]

計算方式は，1991年にRogersとO'Reilly[5.4-97]により開発された．この計算方式は，さらに改良されたChapmannとRogersによる方式[5.4-98]も同様であるが，Sagasetaのモデル[5.4-99]を基礎としている．このモデルの根底をなしているのは，流体としての土壌の記述と流体力学の法則に基づく土壌歪みの計算である．これは部分的に，特に土被りがわずかな場合に地表への作用・効果を過大評価する（図5.4-47，点C）とはいえ，動的バースト方式が周囲環境に及ぼす作用・効果を評価するのに適している．Chapmann[5.4-96]とRogers[5.4-100]のその他の研究も，理論的モデル計算と大規模実験の結果との間の良好な一致を示している．

隣接した管の被害を回避するため間隔を十分に大きくとり，これに関連したDIN 4150"土木・建築工事震動"[5.4-101]に定める要件が遵守される必要がある．

更新対策の過程で実施された測定から最大振動速度9 mm/sが判明したが，他方，DIN 4150[5.4-101]に定める許容値は，15 mm/sであった[5.4-102]．

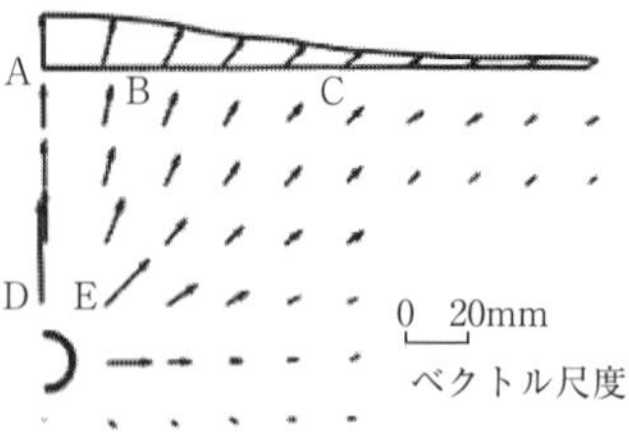

建物，隣接高圧ケーブルにもたらされる影響に関するその他の調査結果は，文献[5.4-82]にあげられている．振動速度に関して求められた値は，あらゆる場合に許容値をはるかに下回っていた．

点	現場測定	モデル
A	19.0	19.3
B	12.0	14.5
C	1.0	5.9
D	33.0	38.2
E	13.0	16.0

図5.4-47：動的バースト方式に関する計算された土壌歪みと現場測定された土壌歪み[5.4-96, 5.4-98]

(4) バースト方式によって布設された下水管の荷重

所要バースト力の決定，特に土壌押退けに要される力成分の決定，ならびに塑性ゾーンの形態と半径に関する判定は，管布設路にもたらされる作用・効果のチェックに重要であるだけでなく，新管の荷重条件の決定に大きく貢献するが，その際，バースト過程における破片形成の様相がともに考慮されなければならない．このことは，押退けプロセスにおいて最早やそれ以上小さく粉砕されず，したがって新管に集中荷重と線荷重をもたらすこととなる粗大な破片が発生する場合に特に当てはまる．この点に関する最初の理論的研究は，様々に形成された破片体につき同一の土壌応力の想定下で管に400％までに達する応力差が生ずることを明らかにした[5.4-103]．

動的バースト方式で布設された下水管の荷重に関する判定は，ボッフム-ルール大学で1993～95年にかけて行われた研究結果に基づいて行うことができる[5.4-84]．Falk

のモデル[5.4-84]によれば，二次状態Ⅱは，破壊域と称することのできる管上方の限定された土壌ゾーン内の垂直な下向きの土壌変位を特徴としている(**図5.4-48**)．これから土圧荷重が生じるが，これは解析計算方式で求めることができる．このモデルの基礎をなしているのは，上述したボッフム-ルール大学の大規模実験の結果と並んで，Fagerer[5.4-104]，Bolton[5.4-105]，Feder[5.4-106]，Vavrovsky[5.4-107]の実験的，理論的研究である．この場合，新管の荷重は，2つのステップを踏んで求められる．ステップ1では土圧応力が求められる．これは，一次応力を著しく下回っている．

$$p_v = \gamma H + p_0$$
$$p_h = K_0 \, p_v$$

ここで，p_v：土被りHの場合の土壌垂直応力，p_h：土被りHの場合の土壌水平応力，γ：土壌の比重，p_0：地表上の荷重，K_0：土圧係数．

H：管軸と地表との間隔，ここでは土被りで表示
r_B：バースト体の外側半径
r_a：新管の外側半径
r_{GI1}：二次アーチの内側半径
r_{GA1}：二次アーチの外側半径
h_s：二次状態Ⅱの破壊域の高さ
p_{ASK}：土壌アーチの内側支持圧
p_{ASV}：二次状態Ⅱの保護アーチの荷重
p_{AV}：二次状態Ⅱの垂直管荷重
σ_{VS}：二次アーチの外側垂直荷重

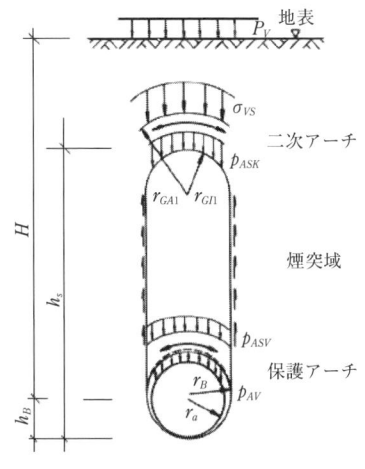

図5.4-48：動的バースト方式に起因する二状態Ⅱにおける土壌耐荷作用[5.4-84]

前記の原因は，破壊域上方におけるアーチ形成の形の地盤の共同耐荷作用である．前提条件は，以下である．

・バースト体と鞘管または工場製品管との間の隙間，

・圧縮性土壌，

・破壊状態における土壌のダイラタント挙動．

上記の保護対策が新管についてなんら講じられない場合には，第二の計算ステップで土圧荷重が破片作用に基づく集中荷重と線荷重に換算される．こうした荷重像の変更によって生じる—管壁の最大応力で測定した—超過応力を計算するためのアルゴリズムは，Falk[5.4-84]によって開発された．こうした応力の高まり—新管の管断面の最大応力で測定して—は，純土圧荷重に比較して約1.2～3.0倍(不適な場合にはそれ以上のこともある)の応力上昇を生じることがある．この倍率は，破片の大きさに決定的に依存しているとともにまた更新さるべき管の管厚，呼び径，材料にも依存している．

5. 補　修

(5) 判　　定
① バースト方式の長所：
- 短管取付け時に土工が不要である．
- 最大 1.4 倍の管渠拡張による断面拡大が可能である（例えば，呼び径 200 から 250 へ，または 300 から 350 へ）．
- 動的バースト方式では 600 までの呼び径で長さ 130 m までのスパン間を，静的バースト方式では 900 までの呼び径で長さ 80 m までのスパン間を 1 発進坑から更新することができる．
- 最大 5 cm までの上下彎曲の補正が可能である [5.4-78]．
- スピーディーな適用可能性，短い工期，投資費用，所要人員がわずかなこと．
② バースト方式の短所：
- 補助工法を実施しない限り地下水位以下の管渠には適用できないか，もしくは限定的にしか適用できないこと．
- 牽引力および場合により推進力の作用時に昇降マンホールを損傷する可能性があること．それゆえ昇降マンホールの支持力が十分でない場合には，立て坑が配置されなければならない．
- 管外周部の土壌は，圧縮性を有し，かつ障害物があってはならないこと．
- 保護対策なしに工場製品管を挿入する場合には損傷の危険があること．
- 安全間隔が不十分な場合には，交差管，接触管を損傷する危険があること．
- 更新さるべき管渠に十分な基礎が要されること．

5.4.3.6　管引込み方式

　管引込み方式を代表するものは，Hydros システム（油圧式管牽引・割裂方式）[5.4-108 〜 5.4-110] である．この方式は，ねずみ鋳鉄製，鋼製のガス管，給水管，下水圧力管の更新用に開発された．地盤の圧縮性，土被り，材料に応じ呼び径 400 までの管の更新が可能である [5.4-111 〜 5.4-113]．

　この方式グループの特徴をなすのは，更新さるべき管を同時に押し出しつつ，到達立て坑に設置された油圧式管牽引機で工場製品管を順次に地山中に引き込むことである［図 5.4-49(a)］．力の伝達は，更新さるべき管内に布設され，カップリングピースで互いに接続されるねじ山付き牽引ロッドと引き込まれるそれぞれの管の末端に配置された調節式押し板を経て行われる．旧管と新管との接続には，それぞれの呼び径に合わされた径違いピース（アダプタ）が用いられる［図 5.4-49(b)］．

5.4 更新

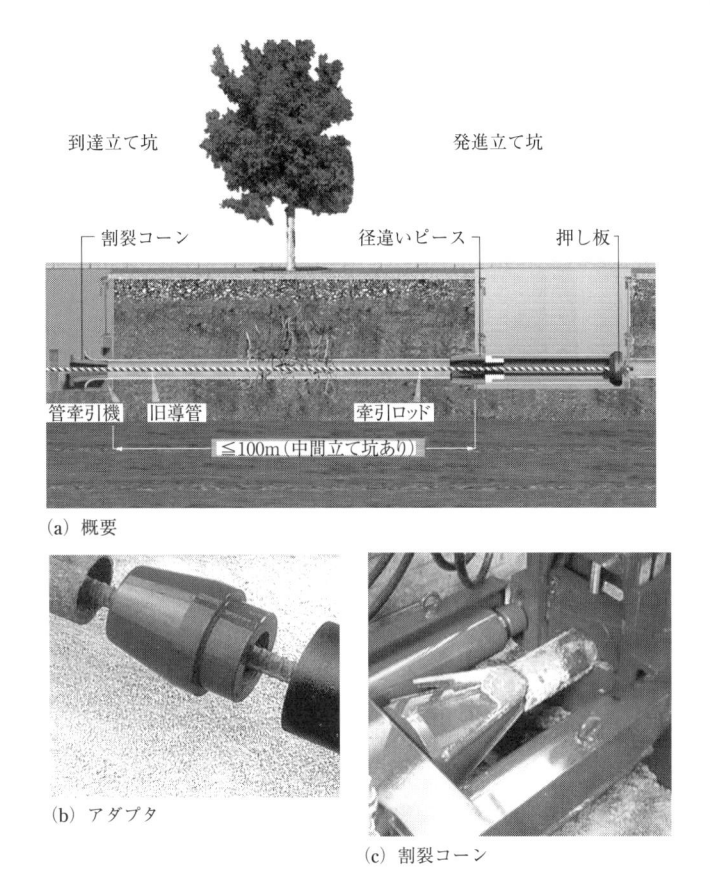

(a) 概要

(b) アダプタ

(c) 割裂コーン

図 5.4-49：鋳鉄導管更新用の管引込み方式（Hydors-System）[5.4-42]

牽引機に取り付けられ，放射状に配置された割りカッタを具えた割裂コーンは，更新さるべき管を戻り行程で縦方向に割り裂く[**図 5.4-49(c)**]．その際，支圧板に突っ張り支えられ，油圧によって表面をクランプしたジョーがこの工程に際して生じる管の押戻しを防止する．次の牽引プロセスの開始前にジョーは引き戻され，押し板は発進坑で再調整される．

鋼管の場合には，押し出された管片は，切断されなければならない．この方式は，通常の鞘管方式（5.3.2.2.1 参照）と同様に完全な管路の引込みにも使用することができる．この場合，所要牽引力は，PE-HD 管路と更新さるべき管との間のアダプタに直接伝達される．メーカーデータによれば，150％までの呼び径拡大が可能である．

牽引力を減少させるため，拡張ヘッドは，新管の外径に比較して拡張されている．

5. 補修

図 5.4-50 は拡張なしの場合にこの方式で発生する牽引力を牽引延長と相関させて概観したものである．

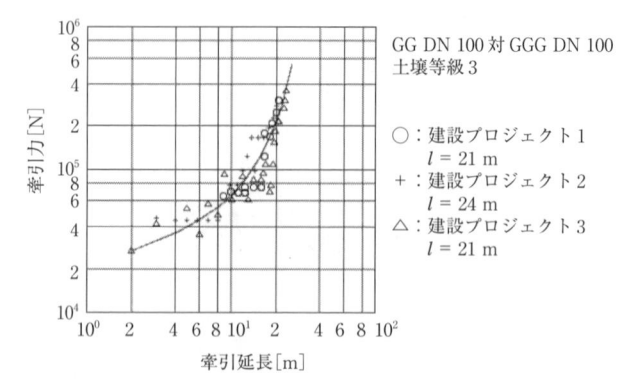

図 5.4-50：管引込み方式適用時の所要牽引力 [5.4-43]

下水分野へのこの方式の転用は，基本的に可能であり，特に呼び径 200 までの鋳鉄製または鋼製の圧力管に適用することができる．主たる適用範囲は，牽引距離 25 m までである．これ以上の牽引距離については，例えば取付管部に中間立て坑を配することにより牽引距離を技術的に実施可能な小区間に細分することができることから，総牽引距離を 100 〜 150 m に延長することが可能である [5.4-111 〜 5.4-113]．

既存の接続管またはゲートは，更新対策の開始前に開削工法で切り離され，引込みプロセスの完了後に再び取り付けられるか，または接続されなければならない．文献 [5.4-111] によれば，所要立て坑寸法は以下のとおりである．

- 発進立て坑：長さは，引込まれる新管の全長と少なくとも 1.0 m の作業用スペースから決まる．
- 到達立て坑ないし牽引立て坑：2.50 m × 1.20 m，深度は管下端以下 0.50 m．

発進立て坑の掘削改築に際しては，油圧牽引装置の支圧板を収容するために更新さるべき管側の坑壁を正確垂直に配置することが特に重要である．牽引が行われている間は，発進立て坑と到達立て坑に立ち入ってはならない．所要予備作業の完了後，60 〜 80 m の日進速度を達成することができる [5.4-112]．

拡張ヘッドによって押し退けられた地山を通して新管を牽引することにより管外周の溝形成の形で新管損傷が生ずる危険がある．文献 [5.4-114] によれば，当該実験により引き込まれたプラスチック管につき地山と新管の材料に応じて 0.1 〜 0.6 mm の深さの溝形成が生じた．Rose [5.4-114] は，新管として PE-HD 管路を使用する場合に管厚増強，外側防護または鞘管の使用を推奨している．

5.4.4 トンネル管路

　特に都心部における開削工法による下水管渠の更新は，公共サービス供給管の存在によって非常に困難となる（1.11，**図 1-154，1-155，1-159** も参照）．これらの供給管の存在は，費用に跳ね返るかなりの程度の施工障害となることが多い．狭い道路では，こうした施工障害が極度に達し，例えば管渠更新対策の過程で道路断面に存在するその他のすべての管が同じく強制的に新しく布設し直されなければならなくなることもある（**図 5.4-4，5.4-51**）．

　結果として，再び変わらず互いに別々に地下埋設され，したがって道路断面に従来どおりに布設された供給管と下水・排水管が再び存在することとなり，これは例えば以下のような数多くの問題を生じることとなる[5.4-116，5.4-117]．

・大半の地中管は網状システムを形成しており，すなわちそれらは一体となってのみ完全に機能する．

・1箇所での障害は，場合により全領域に影響を及ぼすことがある．

・各地下設備は，それぞれ独立に決定された計画原則と路線原則に即している．これらの地下設備は，平行したり交差したりして布設されることから，常に接触点が生ずる．さらにまた各設備は，互いに不適な影響を及ぼし合う（例えば，給電ケーブル-電気通信ケーブル-ガス管-地域暖房管）ことから，計画に際してこのことに特別な注意が向けられなければならない．各地下設備の所要スペースは，非常に様々である．非常に大きな構造物が収容されなければならない所では，その他の地下設備用の空間は非常に制限されることとなる．したがって，慎重な調整が必要である．

・すべての地下設備は，複雑な高度技術構造物である．事後的な変更，例えば修理，更新，補修，さらにまた保守・点検対策も多大な費用をかけなければ実施することはできない．いかなる変更も交通空間の支障をもたらすこととなる．

　こうした問題を認識し，かつ以下に詳しく論ずる歩行可能なトンネル管路の重大な長所を了知すれば，トンネル管路を基本的に管渠更新対策に際する方法の一つとして組み入れることが好ましいといえよう．これは，トンネル管路本体ならびに出入設備，

図 5.4-51：開削工法による管渠更新対策
（チューリッヒ）

5. 補 修

組付け設備，換気設備，分岐・合流設備からなる公共サービス供給管・下水排水管の接近容易な布設を目的とした閉鎖式の長く延びた歩行可能な建造物である（図 5.4-52）．

文献中には，これに関してきわめて多様な呼称，例えば，集合管渠（Sammelkanal），作業坑道（Werkstollen），コレクタ（Kollektor），管路（Rohrkanal），公共サービス供給・下水排水坑道（Ver-und Entsorgungsstollen），流送路（Leitungskanal），流送トンネル（Leitungstunnel）[5.4-118]，インフラストラクチャ路（Infrastrukturkanal）等が見出される．

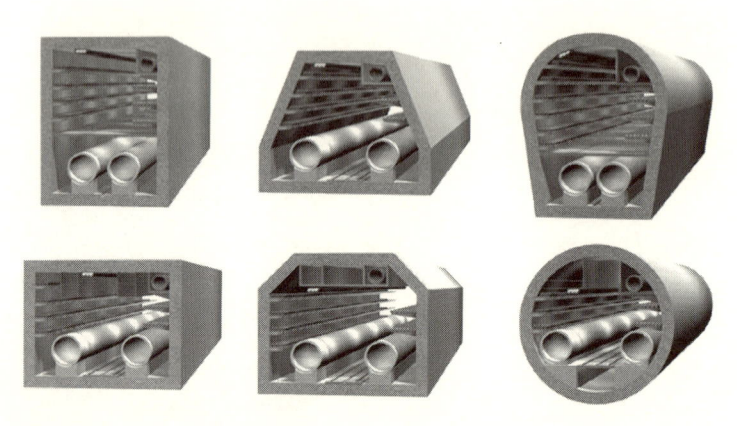

図 5.4-52：トンネル管路の断面形態

トンネル管路ないし一つの構造物内に複数の管を接近容易式に共同布設する構想は，新しいものではない．パリでは，下水管渠は，前世紀以来，給水管，圧縮空気管，ケーブル管を同時に収容するために利用されている[図 5.4-53(a)][5.4-119，5.4-120]．これらの管は，原則として歩行可能に形成された断面の上方の"降雨増水時にも没しない部分"[5.4-120]に収容されている．取付管は，いわゆる通路管渠に布設されたことから，それらの布設もしくは保全に際して掘削することは不要となった[図 5.4-53(b)]．

歩行可能な最初のトンネル管路は，既に前世紀にロンドン（1869年）とハンブルク[5.4-120，5.4-121]（図 5.4-54）で建設されていた．Fruhling は，1910 年にその理由を次のように述べている[5.4-119]．"イギリスの首都では，交通量が絶えず増大しているだけでなく，公共サービス供給網が様々な会社の所有に帰しており，それらの会社には―しかもいずれの会社も単独で―，当局の許可がなくとも道路舗装を自己の目的のために掘り返す権利が議会によって与えられているという特別な事情が存在している．それゆえ，これと結び付いた交通障害を取り除く設備は，他のどこよりもロンドンにふさわしいものである"．

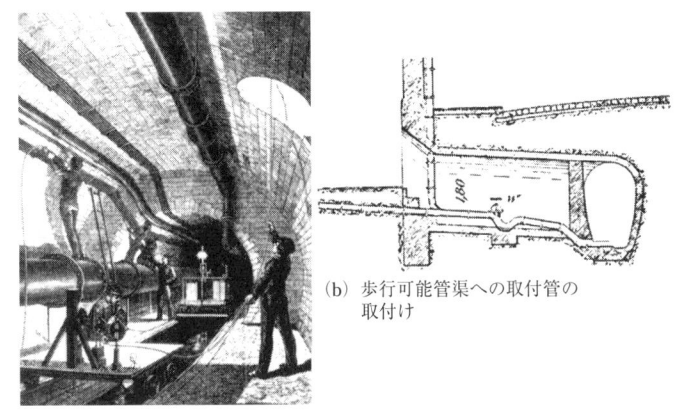

(a) 管渠上部への公共サービス供給管の収容

(b) 歩行可能管渠への取付管の取付け

図 5.4-53：パリにおける公共サービス供給管を収容した下水管渠（19 世紀）[5.4-119]

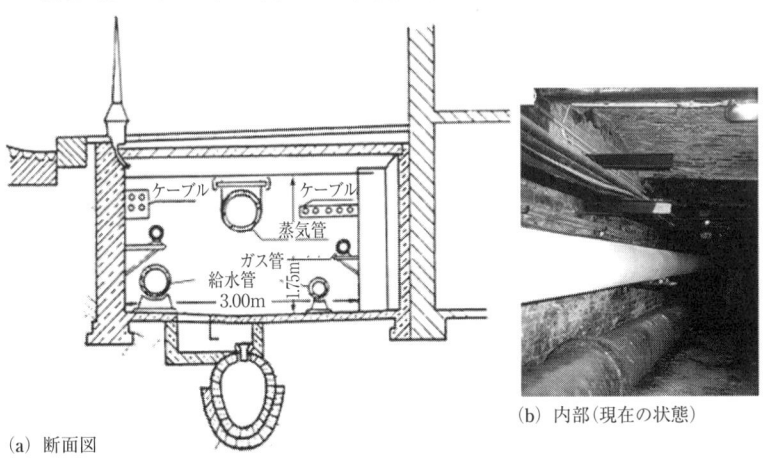

(a) 断面図

(b) 内部（現在の状態）

図 5.4-54：1893 年に布設されたハンブルク市の管路

　トンネル管路は，旧東ドイツとソ連で広範な普及を見たが，そこでは数百 km に及ぶトンネル管路が規格化された工法で建設された．ごく最近の例として，管と結び付いた全市区のインフラストラクチャをトンネル管路システムで更新する工事が開始された．特に台北とプラハにおける大規模プロジェクトをあげることができる．チューリッヒでは，1991 年にこの種の最新の設備の使用が開始された（**図 5.4-55**）．西ドイツでは，トンネル管路方式は，これまで特に非公共分野に適用されてきた．そうした例としては，特にボッフム大学，ドルトムント大学，ハイデルベルク大学付属病院，さ

5. 補　修

らにまた下水処理場，見本市敷地等をあげることができる．

　トンネル管路コンセプトの一貫した採用は，目下の状況と比較して特に以下の長所と関係している［5.4-122, 5.4-123］．

- 道路断面に布設されているすべての管，管渠が工事の過程で資源保護的，環境保護的に更新される．
- すべての管につき保全に適した布設要求が満たされる結果，個々のシステムの損傷もしくは障害を外部からも適時に認識することができ，将来的にかなりの額の国民経済的付随費用の節約が可能である．これは損傷除去費用に関係しているだけでなく，これまでは軽視されることが多かったが，今後はますます大きな意義を有することとなる．特に点検に関わる費用に関係している（**4.2**参照）．
- トンネル管路は，静応力に対して安全に設計されている．これによって例えば下水の流出等のような管渠損傷による環境リスクや地下水の浸入による隣接構造物，特に管渠自体の安定性リスクが排除されることとなる．
- 凍結，沈下，点荷重と線荷重，基礎侵食，外側腐食，隣接・交差管の工事等によって引き起こされる下水管損傷が回避される．

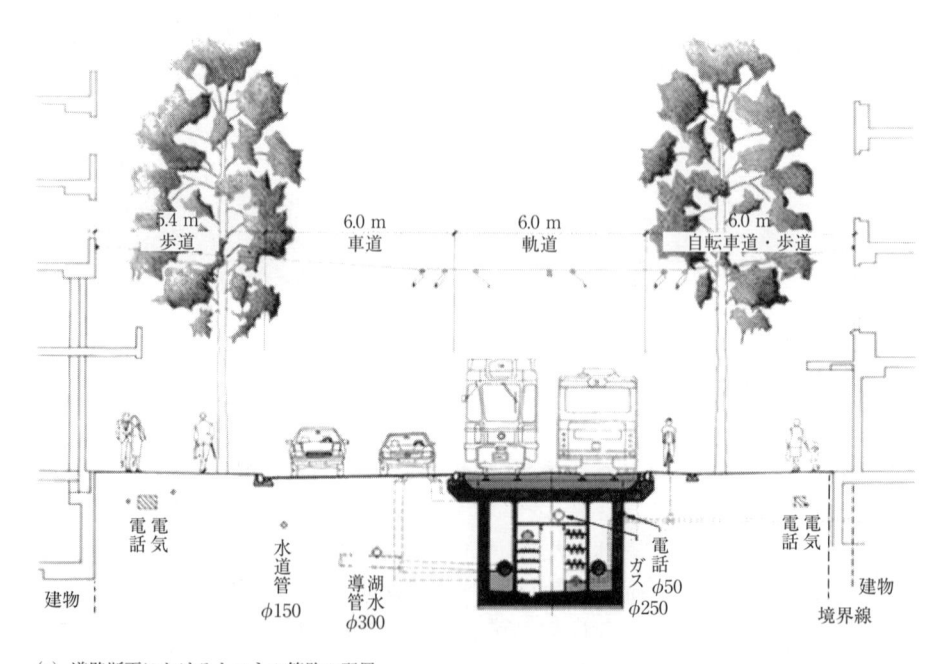

（a）道路断面におけるトンネル管路の配置

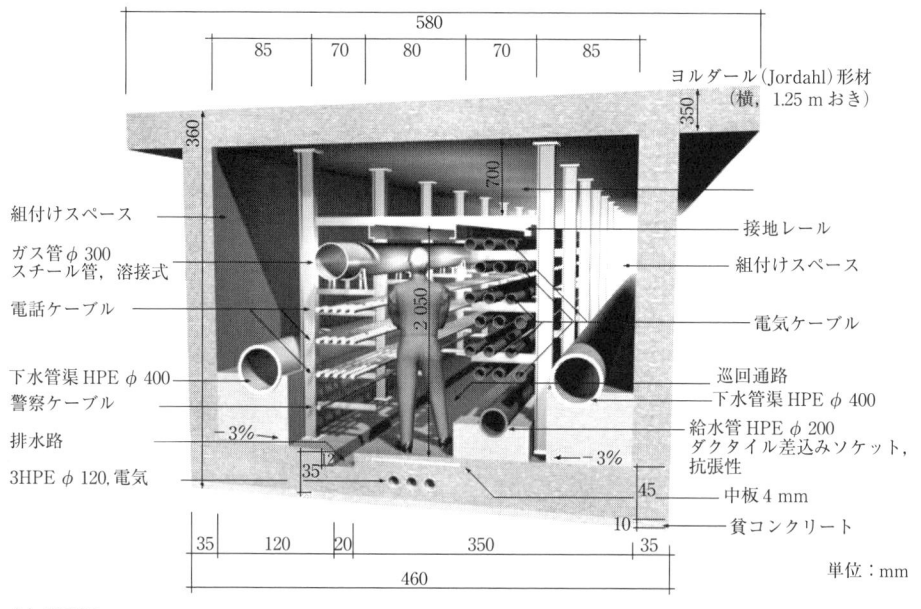

5.4 更 新

図中ラベル：
- 組付けスペース
- ガス管 φ300 スチール管，溶接式
- 電話ケーブル
- 下水管渠 HPE φ400
- 警察ケーブル
- 排水路
- 3HPE φ120，電気
- ヨルダール(Jordahl)形材 (横，1.25 m おき)
- 接地レール
- 組付けスペース
- 電気ケーブル
- 巡回通路
- 下水管渠 HPE φ400
- 給水管 HPE φ200 ダクタイル差込みソケット，抗張性
- 中板 4 mm
- 貧コンクリート

単位：mm

(b) 断面図

(c) 内部 [5.4-127]

図 5.4-55：チューリッヒ市レーヴェンシュトラーセのトンネル管路(チューリッヒ市土木局)[5.4-131]

・都心の街路樹，植被は，公共サービス供給管と下水・排水管を損傷したり，あるいはそれらの管の布設，使用，保全自体によって損傷を蒙ることなく，再び十分なスペースと場所を得る(**1.12** 参照)．これにより居住性と都市気候に好適な影響がもたらされる．
・耐用期間中のあらゆる工事・保全事業に関する媒体損失の防止と物質・エネルギー使用の減少によりトンネル管路は資源保護的な開発方策の一つである．
・既存の管の下方の第二層位における非開削工法によるトンネル管路の建設にあたり

843

5. 補　修

既存の管を新しいシステムが完成するまで使用しつづけることが可能である．これにより公共サービス供給と下水・排水の障害は最小限度に抑えられる．

- 作業場所の対人適合化(出入の至便性)，気象条件，植生生育期間からのシステム保守作業の独立性が実現される．
- 未来指向的な設計が行われれば，一部現在まだ知られていないさらなる公共サービス供給管と下水・排水管を問題なく収容し，あるいは需要家増，都市の環境を配慮した改造の過程で増大し，もしくは変化する需要に既存のネットワークを問題なくかつ土壌，地下水，植生，地域気候を損なうことなく用いることが可能である．

最後にあげた歩行可能なトンネル管路の長所は，今後大きな意義を獲得することになろう．というのも，既存の損傷あるもしくは老朽化した管や管システムの損傷除去ないし補修の他に，これからの都心のインフラストラクチャに新しいもっと重大な問題が近々に生ずると考えられるからである．こうした問題は，社会の不断の変化と発展から生じるものであり，それは都市の公共サービス供給網と下水・排水網に対する要求を変化させることとなる．これに関するごく最近ならびに近い将来のいくつかの例として以下をあげることができる[5.4-117, 5.4-124, 5.4-125]．

- 電気導体によるデータ伝送に取って代わる光導体によるグラスファイバ技術の発展．
- 他の会社にも電気通信サービスの提供を可能とする TELEKOM の独占的地位の廃止．
- 今後の遠隔データ伝送(インターネット，ディジタルテレビ等)の発展．これによって必要となるケーブル布設事業規模への影響はまだ予測することはできない．
- プラスチックへのガス管材料の変更による古い地下埋設鋳鉄ガス管の撤去．
- 地域公害排出と結び付いた暖房油燃焼と石炭燃焼による個別建物暖房からパイプラインエネルギーシステム，例えば天然ガス暖房ないし地域暖房への転換．
- 工業用地の住宅・公共サービス用地への広範な転換と，それに伴うパイプラインインフラストラクチャへの別途キャパシティ要求の発生．
- 雨水の浸透または利用．これに関する下水道の排水断面の利用は，水理学的に見てまだ不十分である．
- 飲料水と炊事への利用は，私的領域の水消費の約2％でしかなく，トイレ洗浄に30％以上が使用されていることに鑑みた飲料水と用水との分離した水循環系の創出[5.2-124]．
- 消費者の生活行動の変化，例えば電気エネルギーまたは飲料水の節約．
- 地上交通路の負担緩和を目的とした管路による貨物輸送．
- 都心交通路の有害大気の削減[5.4-126]．

5.4 更新

こうした発展ならびに現在まだ予測不能な今後の発展に対して，現在までの管布設のやり方で対処することは，短期間のうちに管に手を加えることが不可能であるとともに財政的にも負担を負いきれないことからして，きわめて困難であり，あるいは全く不可能である．

管網と消費構造の変化との間の様々な関連の知見からして，現在の要求を満たすことができると同時に，将来の世代の可能性を制限し繰返し新たな管網の建設を要することのない持続的なシステムが求められている．

こうしたシステムは，公共サービス供給事業者と下水・排水処理事業者に次のようなことを可能とするものでなければならない．
・管網を利用者の必要に応じスピーディかつ低費用で需要に適合させること．
・新しい技術開発成果に容易に対応し得ること．
・新しい管をシステム全体に統合することができること．

これらの要求のすべてを理想的に満たしうるトンネル管路コンセプトを都心部の管更新に適用する可能性は，これまで特に技術的，行政的，法的困難が懸念される点で否定されてきた．トンネル管路は，付加的な防護構造物の建設に必然的に伴う多大な財政的超過費用に決して"見合う"ものではないという見解も優勢である．

文献[5.4-117, 5.4-127 ～ 5.4-130]によれば，歩行可能なトンネル管路の建設，運用に関わる技術的問題は一掃されているとみなすことができる．多数の設備が以前から民間分野で運用されてきており，深刻な欠陥は生じていない．また重大な損傷事例も知られていない．

トンネル管路の広範な普及を阻害している本来の障害は，公共サービス供給と下水・排水処理の構造のうちに認めることができる．下水処理は，それぞれの地方自治体ないし各自治体の下水道部局の任務であり，他方，公共サービス供給は，一般に種々のサービス供給企業の手中にあり，認許契約によって規制されている．サービス供給事業者と処理事業者の財政的関心は，各事業者が扱うそれぞれの媒体に固定されており，その結果，事業者の共業を要するトンネル管路のようなシステムは，一般に視野のうちに入ってこない．これに加えて，長期的視野で眺めれば，トンネル管路の建設は，それに見合うだけのものがあることが経済的考察から明らかになっているにも関わらず，事前資金調達のための資金拠出が躊躇される．文献[5.4-127, 5.4-128]で研究されたノルトライン・ヴェストファーレン州，ヘルネ市のモデルプロジェクトもこのことを証している．モデルプロジェクト"メインストリート"では，既存の管が補修ないし更新されなければならない一方で，モデルプロジェクト"商工営業地区Hibernia"では，同じ地区が活性化の過程で環境保護的観点から新たに開発されること

5. 補　修

となっている．

　図 5.4-56，5.4-57 にセレクトした財政数学的バリエーションの累積プロジェクトコスト現在価格の推移を示した．この場合，管の地下布設と管の取付けを含むトンネル管路の建設との間のプロジェクト順位は，時間に応じて変化することが判明する．計算の基礎として，管とトンネル管路の一般的な保全サイクルを遵守して投資費用と経常費用の詳細な立地固有の計算が行われた．費用に影響するあらゆる要因の考慮，ならびに財政数学的加重条件の下でこれらの例は個々の管の補修サイクルの分野で可能な費用-効用-期間を示している．この場合，経済性比較をトンネル管路にとっていっそう有利なものとする間接費用ないし費用減少 [例えば，管損傷，交通障害の回避，その他の間接費用 (5.6 参照)] は考慮されなかった．この結果は，サービス供給事業者と処理事業者がもっぱら自己の費用だけに注目することから離れ，住民のためのサービス

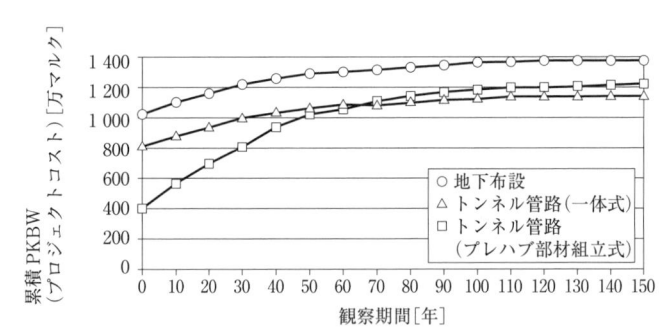

仮定条件 i_r：平均実質金利 3%/年
　　　　p_r：平均実質物価上昇率 0%/年

図 5.4-56：商工業地区 Hibemia に関するプロジェクトコストの比較 [5.4-127]

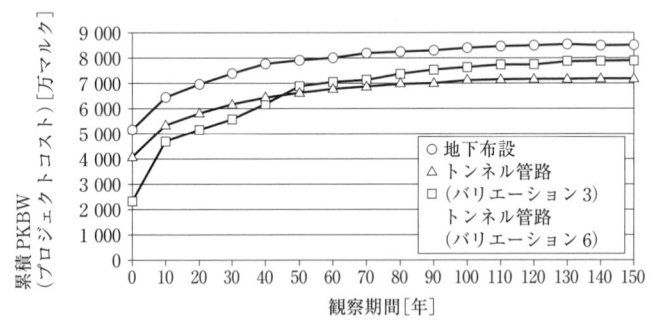

仮定条件 i_r：平均実質金利 3%/年
　　　　p_r：平均実質物価上昇率 0%/年

図 5.4-57：工期 5 －メインストリート (ヘルネ市) に関するプロジェクトコストの比較

5.4 更新

供給と処理事業を事業者の密接な協動を要する共同の任務とみなす契機となるであろう．

前記の事例研究は，トンネル管路はその多くの長所ができる限り総合的な効果を発揮する場では合理的な利用が実現されることを明らかにした．そうした適用ケースとは，今日の視点から見て以下のような場合である[5.4-122, 5.4-123]．

① 都心の再編，都心部(都心，密集建設地区)における個々の管，またはすべての地下布設管システムの更新：キャパシティ保持下での機能的信頼度の維持およびキャパシティの引上げ．深部管(特に下水管渠)の部分的更新ですら既に道路断面の深刻な侵害を発生することから，トンネル管路への布設替えによるすべての管の早期更新が至当となり得る．これは拡大，新規布設またはネットワーク再編の場合にも当てはまる．

既存管の下方での非開削工法によるトンネル管路の建設に際しては，新しいシステムが完成するまで既存管の利用を継続することができる．

② 商工産業地区の新規開発，再編：きわめて高度なサービス供給信頼度，高度なサービス供給至便性，ないし需要に起因する設備要求変化への適応を安い費用によって実現することが求められる．例えば空港，見本市敷地，物流センター，港湾敷地，大学，医療センター等の立地としての特別な利用．

③ 交通網の再編：道路の新設，都市近距離鉄道交通手段のルート変更，再編は，管網の更新を引き起こし得る事業である．この点で，交通量の激しい交通節点には交差管路を環状に収容し，その後の交通設備のための留保空間を創出するためにトンネル管路が設けられなければならない．トンネル管路は，交差構造物として交通量の激しい幹線道路の下に管路をまとめて通すことに利用することができる．交通ルートと管路の共通の障害，例えば橋，ガード下通路は，トンネル管路によって障害なく形成することができる．道路拡幅，軌道設備の再編に際しては，車道と管との分離にトンネル管路を合理的に利用することが可能であり，歩道幅，スペース幅が制限されている場合，あるいは交通設備建設事業が時間的に非常に限られている場合にもトンネル管路を合理的に適用することができる．地下交通設備の新設に際しては，管の転置が全般的に必要となれば，当該箇所に上側もしくは下側を横断するか，または迂回するトンネル管路区間を建設することが不可避となり得る．同じくトンネル管路を既存の，もしくは計画された地下構造物(例えば，地下ガレージ，地下鉄，道路トンネル)と一体化することも考えることができる．

④ 住宅地区の新設ないし再編：サービス供給ならびに下水・排水処理に適正な信頼度が求められる密集住宅建設に際しては，主要開発区間にトンネル管路を利用する

5. 補　修

ことができる．

5.5　工事中の下水排水路の確保

　排水路とは，DINでは，"自然流下またはポンプ等を用いて水や下水を排出する水路"（自然または人工的な排水路）と定義されている（DIN 4045[5.5-1]）．
　管渠の補修においては，それが修繕，更生または更新に関係なく，工事期間中の下水排水路の確保が技術面からも経済面からも非常に重要であり，特別な注意が必要である．したがって，それがどのような技術で実施可能であるか，また実施に当たっての要件について慎重に検討しなければならず，激しい降雨の影響をも考慮する必要がある[5.5-2]．
　排水路の確保には，補修の工法，その工事中の発生下水量，取付管の数，それぞれの管渠やマンホールの断面寸法に応じて以下の方法がある．

a．管渠の補修区間上流における塞止めによる下水の貯留　　この方法は，管渠の清掃，点検・調査に際して利用される．この手法は，短時間の利用しかできないため，補修にはあまり利用できない．どのような場合でも許容塞止めレベル以上の水位上昇を確実に防止しなければならない．利用できる塞止め手法は，4.5.1.2で述べたとおりである．塞止め方式の利用範囲は，吸引車の使用により拡大することができる．この車両で下水を吸い上げ下流のマンホールまで輸送し，流すことにより水位上昇を抑えることができる．

b．補修システムに組み込まれた水路による排水路の確保　　補修工法によっては，作業の実施が可能となる仮排水路が組み込まれているものがある．これに関する例は，以下のとおりである．

・塞き止めないで25〜50％の排水能力を確保する排水路が中央に配置された止水パッカの使用（5.2.2.4.1 参照）．
・歩行不能の管渠の改築推進機を貫通する管による下水の排水（5.4.3.4 参照）（**図 5.4-24**）．
・塞止め，樋や排水管またはホースを用いた下水の切回し．**図 5.5-1**に管渠底修理

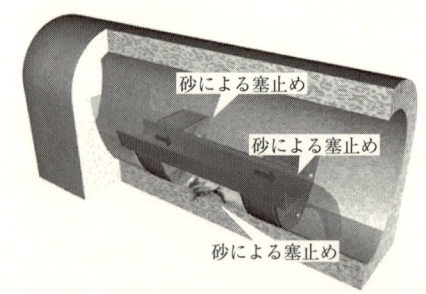

図5.5-1：管渠底修繕のために1921年に実施された管渠の遮断例[5.5-3]

のため1921年頃に行われた下水切回し方法を示した．その当時の塞止めは，2枚の板の間に砂を詰めるか，砂袋によって行われた[5.5-3]．下水は，木製樋により流された．現在では，このためにホース継手（ブッシング）とそれに接続されたホースを具えた遮断エアバッグが使用されている．

c．補修を行う管渠内部の配管等による排水路の確保 この場合には，下水は管渠内部（図5.5-2）または工事中のトンネル内部に配置された仮設配管によって集められ（図5.5-3），排水量がわずかな場合には，ポンプを設けずに勾配を利用して自然流下で排水される[5.5-5]．

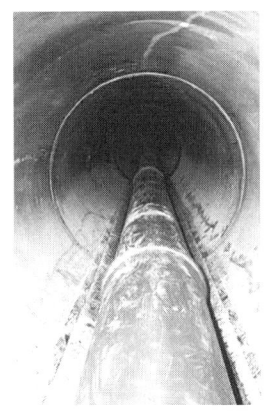

図5.5-2：下水管渠のパーシャルライニング．排水はプラスチック管で実施［5.5-4］

図5.5-3：掛矢板設置トンネル掘進時のプラスチック管による排水路の確保．トンネル下方の伏越し設置による取付管の仮接続（デュッセルドルフ市管渠・水工局）

図5.5-4にこの特別な方法を示した．排水に使用されるフレキシブルホースは，管渠の底に平らに布設され，補修工事の間，カバーシェルによって保護される[5.5-6]．取付管は，フレキシブル管を経てホースに接続される．

補修を行う管渠内の配管等によって排水路の確保を行うための前提条件は，以下のとおりである．

・歩行可能な管渠やトンネルの大きさ．
・仮配管布設ならびに補修工事の実施にとって十分なスペースの存在．
・排水量のできるだけ正確な推定，仮排水管の適切な寸法設計．
・予想外の激しい量の下水流下時に当該管渠スパンを短時間の準備で水没させることができること．これは，合流式管渠において著しい降雨時に排水管の排水能力ならびに利用可能な貯留量を超える場合に必要となることがある．

5. 補　修

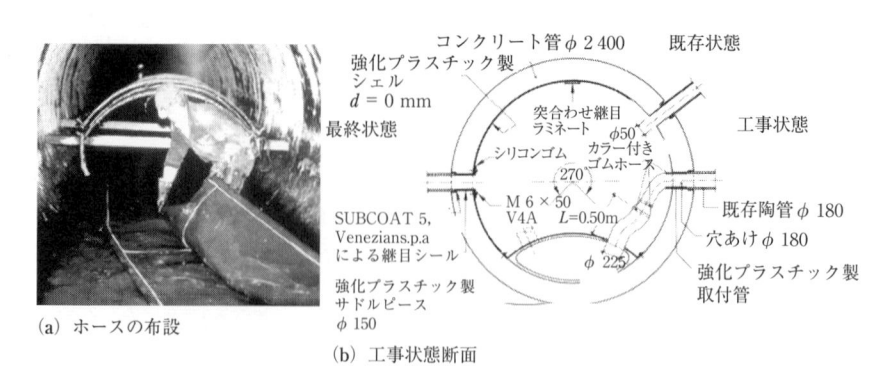

（a）ホースの布設

（b）工事状態断面

図 5.5-4：カバーシェル下のフレキシブルホースによる排水路の確保（Hans Frank GmbH & Co.）[5.5-6]

短尺管を用いた鞘管工法に適用することのできるこの排水工法は，"カテーテル法（Kathetermethode）"[5.5-7]（図 5.5-5）の名称で知られている．この場合，下水の仮排水のため配管に代えてフレキシブルホースが補修を行う管渠に引き込まれる．

ホースには，発進立坑ないし発進マンホールで支保具と止めコックが装備され，これによって短尺管の合理的な差込みが可能となる．この場合，ホースは，鞘管底に配置される．

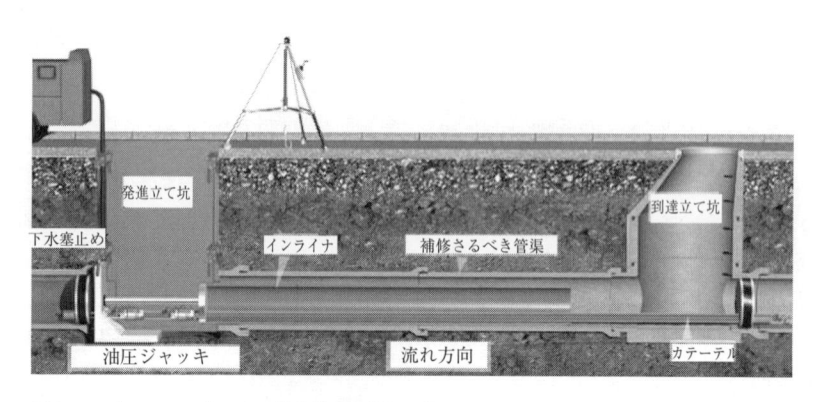

図 5.5-5：カテーテル法による排水路の確保[5.5-6]

d．補修を行う管渠の外部に配管することなどによる排水路の確保　この場合，補修を行うスパンは，完全に使用が停止され，切り回しされた排水がポンプまたはサイホンを用いて地上布設された配管によって排出される．

図 5.5-6 に左右から合流する取付け管用の別々の排水管を設けたポンプによる排水路の確保を示した．取付管の排水路の確保のため，この場合，以下の工事を含んでい

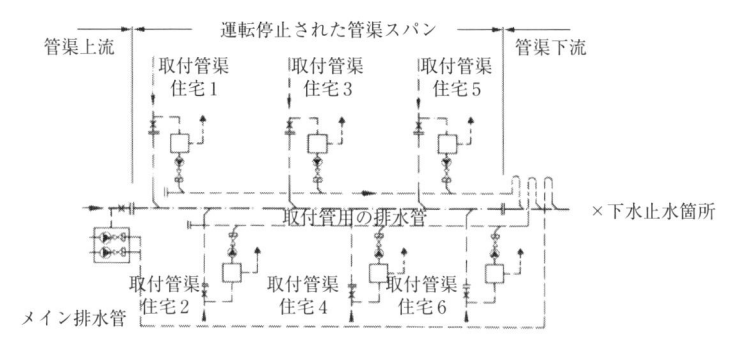

5.5 工事中の下水排水路の確保

図 5.5-6：取付管のある管渠スパンの補修における管とポンプの配置[5.5-8]

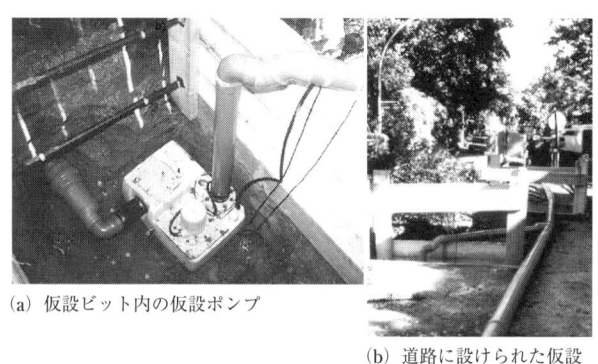

図 5.5-7：補修さるべき管渠外部の配管等による排水路の確保
(Brochier GmbH)[5.5-9]

(a) 仮設ピット内の仮設ポンプ

(b) 道路に設けられた仮設メイン排水管

る[5.5-8]．
・仮設ピットの設置と各取付管用の排水ポンプの配置．ピットの深度を適切なものとすることにより上方からの下水の自然流下が可能となる(図 **5.5-7**)[5.5-9]．
・メイン管渠用として通常2台のポンプの配置．
・適切な貯留タンクの設置．
・取付管と排水ポンプとの接続．
・排水ポンプと管渠下流とを接続するための(2本の)仮設圧力管の設置．

切回し排水中は，作業休止中に生ずる溢水の防止に特に注意しなければならない．短時間のポンプ停止には，貯留タンクへの流入によって対応することができる[5.5-8]．

設置費用を低下させるため，取付管を仮設メイン排水管に直接接続する変法も常に検討する必要がある．

5. 補　修

作業開始前に取付管の切離しが必要な補修方式（例えば，バースト方式，歩行不能管渠の改築推進工法，場合により更生工法）にあってはそれぞれの仮設ピットは排水ポンプの取付けに利用される．

高い電力費と十分な保守が必要な仮設のポンプ装置の代わりに，しばらく前からサイホンが効果的に活用されている[5.5-10]．

文献[5.5-11]によれば，サイホンとは次のように定義される．"大気に通じている開放容器から液体を取り出すための装置．吸上げサイホンまたはアングルサイホンとは，曲った管であり，この管で液体を当該液位よりも高い位置を経て，前記液位よりも低い位置に運ぶことができる．液体は，最初に吸い込まなければならないが，その後は容器中の液体表面がサイホンの流出口よりも高い位置にある限り，すなわち流入口（気圧と容器内液体の液位差による水圧）と流出口（気圧）との間に圧力差が存在する限り流出し続ける"．

図 5.5-8に中に入れるレンガ積下水管渠 1 720/2 150 の更新時におけるサイホンを利用した下水排水路の確保例を示した．このケースでは，更新される管渠区間の前後で管渠が遮断され，直径2mの2本の鋼管がこれらの管渠遮断部の脇に管渠底の下方まで掘り下げて配置された．これらの鋼管底をコンクリートで止水した後，下水がこれらの鋼管に排出されるように使用中の管渠とそれぞれ太い管で接続された．双方の鋼管は，サイホン管を経て接続され，サイホン管の末端は，それぞれ鋼管シール底より上方約 0.5 m に位置させた．サイホン管の稼動開始，すなわちエネルギー供給がなくても下水が自動的に排水されるように下水を最初に吸い込むことは真空装置を利用して行われた．

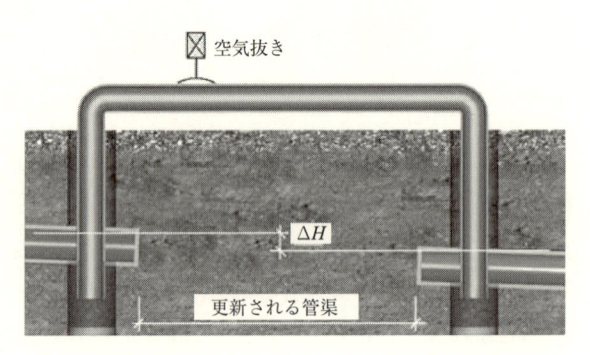

図 5.5-8：管渠更新時におけるサイホンを利用した排水路の確保 [5.5-10]

経験から明らかなようにサイホンを支障なく連続使用するためには，最高点に1基もしくは複数の空気抜きの設置が不可欠である．これは，ガスが溜まると，自動的に作動しなければならない．発生するガス量と下水組成に応じ，フロートスイッチまたは浸漬電極を介したオートマチックコントロールが適している（**図 5.5-9**）．

図 5.5-9：空気抜き付きサイホン管[5.5-10]

5.6 補修工法の選定と発注

5.6.1 工法の選定

損傷の実態，規模，原因とともに管渠の使用条件も非常に異なることから，それぞれのケースに最適の補修工法の選定はきわめて重要である[5.6-1, 5.6-2]．
表 5.6-1 はその際に使用される，これまでに詳細に記述してきた修繕，更生，更新の各種工法の一部を総合的に概観したものである．
前記のすべての工法には，それぞれ長所，短所ならびに適用限界がある．あらゆる条件下で技術的，経済的に使用できる万能な方法は存在しない．また，歩行不能の管渠の更生・更新対策にあたっての特別な問題として仮排水路の確保（5.5 参照）ならびに取付管の切離しとその再接続がある．
図 5.6-1 に修繕，更生，更新のどの手法が適切かの選択フローを単純化した形で示した．
決定的な規準は，特に損傷の程度—これには局所的な損傷，狭い範囲の繰返し損傷，広範囲な損傷が区別される—ならびに排水能力増大の必要性，技術的変更の可能性，そうした変更の経済性，そして最後に当該スパンないし当該管渠網の使用継続が必要であるか否かの判定である．
局所的な損傷は，経済的な理由から修繕により処置される．同じ箇所に繰り返して

5. 補 修

表 5.6-1(a)：損傷除去工法の概要(歩行不能管渠の修繕)

工法名		修繕工法．KA-TE ロボット(5.2.1.6 参照)
特　徴		フライス装置，ドリル装置，注入装置およびパテ処理装置を具えた遠隔制御式ロボットシステムによる損傷の修繕
概要図		
適用条件	損傷の種類	浸入水，漏れ，排水障害物，樹根侵入，亀裂，管の破損，突出したまたは取付けが不良な取付管
	管渠材料	陶，コンクリート，鉄筋コンクリート，ファイバセメント，鋼，鋳鉄
	呼び径	100 ～ 800
	断面形状	円形，卵形
	作業区間	局所的(監視・制御ユニットの設置箇所からの距離 ≦ 70 m)
	地下水	関係なし
	取付管	関係なし
予備作業	使用停止	必要
	清　掃	高圧洗浄
	点検・調査	目視内部点検
	土工作業	不要
最終作業	試験・検査	目視内部点検，DIN EN 1610 に基づく漏れ検査，材料特性値の判定
付　記		・管の歪みが激しい場合には適用不可 ・同等な方式 　　Sika ロボットシステム 　　kanatec EL 300/EL 600 　　KASRO 　　PEKA-Tech 　　ROBBY TECH 　　PRIMO ・その他の修繕工法 　　マンホールの修繕(5.2.1.1) 　　開削工法による個々の管の交換(5.2.1.2)

内側からの注入工法．Posatryn 方式 （5.2.2.4.1 参照）	修繕工法（インナースリーブ），パートライナ ［Partliner］工法（ショートホース方式）（5.2.3.3 参照）
パッカを利用したアクリル樹脂ベースの注入による水密性の不良な管継手の止水	合成樹脂を含浸させたクロススリーブによる止水と静的安定化．同スリーブは空気，水または蒸気で膨張させられるパッカによって損傷箇所まで運ばれ，管渠内壁に圧着され，現場硬化される
①テレビカメラ ②パッカ ③注入箇所	ライニング　既存の下水管 空気ホース　　　　　　膨張式パッカ 牽引ワイヤ　　　　　　牽引ワイヤ 支持管
水密性不良な管継手，局所的な浸入水，漏れおよび円周方向亀裂	水密性不良な管継手，局所的な浸入水，漏れ，円周方向亀裂，限定的な管軸方向亀裂，亀甲形成，樹根侵入
関係なし（例外：レンガ積および表面構造が非常に不整な管渠）	関係なし
150～450．卵形は 200/350 以上	150～600
円形，卵形	円形，卵形
局所的（監視・制御ユニットの設置箇所からの距離≦150 m）	≦4.0 m（やや長い区間は複数のスリーブの配置によって可）
関係なし（湿潤を要する）	関係なし（場合によりあらかじめ止水を要す）
関係なし	取付管接続箇所外（接続部用もできている）
必要（パッカが排水路を備えている場合には 50 %までの排水能力を保持することができる）	必要
高圧洗浄，固着物および排水障害物の除去	高圧洗浄，固着物および排水障害物の除去
目視内部点検	目視内部点検，内径測定
不要	不要
目視内部点検，DIN EN 1610 に基づく漏れ検査，注入記録	目視内部点検，DIN EN 1610 に基づく漏れ検査
・管ゾーンに空洞がある場合，比較的大きな位置ずれがある場合，温度が 0 ℃を下回っている場合の適用は限定的にのみ可 ・静的な管損傷，軸方向亀裂および管破損ある場合には適用不可 ・注入剤の環境適合性に注意すること ・同等な方式 　アクリル樹脂ベースの注入．Seal-i-Tryn 方式 　ポリウレタン樹脂ベースの注入．Cherne 方式，MUSA 方式	・当該管渠部の基礎が十分なものであることが前提である ・同等な方式（表 5.2-12 参照） 　取付管用ショートホース 　取付管接続用ショートホース 　結合剤としてのセメントをベースとしたショートホース ・その他の方式 　鋼製インナースリーブ 　PVC 製インナースリーブ 　部分面支持式エラストマースリーブ

5. 補 修

工法名	修繕工法．KA-TE ロボット(5.2.1.6 参照)
付 記	コンクリート製，鉄筋コンクリート製およびプレストレストコンクリート製の中に入れる管渠の修繕(5.2.1.3) レンガ積管渠の修繕(5.2.1.4) リング工法による中に入れる管渠の安定化(5.2.1.5)

表 5.6-1(b)：損傷除去方法の概要(更生)

工法名		コーティング工法(加圧グラウチング工法)．ZM 方式(5.3.1.6 参照)
特 徴		スペーサを具えた再利用可能なホース型枠(空気または水の充填により膨張)を用いた一定の環状空隙の形成と同空隙へのセメントモルタルの加圧注入
概要図		セメントモルタル混合装置／排気口／スペーサネットを具えたホース型枠／補修区間
適用条件	損傷の種類	漏れ，亀裂，管の破損，腐食
	管渠材料	関係なし
	呼び径	100 〜 300
	断面形状	円形
	作業区間	≦ 50 m
	地下水	地下水浸入箇所は前もって止水されなければならない
	取付管	前もって閉塞，開削工法による事後的な穿孔
予備作業	使用停止	必要
	清 掃	高圧洗浄または場合により特殊清掃(3.2 および 5.3.1.4 参照)，固着物および排水障害物の除去
	点検・調査	目視内部点検，内径測定
	土工作業	取付管部において
最終作業	試験・検査	目視内部点検，DIN EN 1610 に基づく漏れ検査，材料特性値の判定

5.6 補修工法の選定と発注

内側からの注入工法．Posatryn 方式 (5.2.2.4.1 参照)	修繕工法(インナースリーブ)．パートライナ [PARTLINER]工法(ショートホース方式)(5.2.3.3 参照)
エポキシ樹脂ベースの注入．Amkrete Resin Injektion Process 方式 ・その他の内側からの注入方式 　管体部分またはスパンの注入(5.2.2.4.2) 　取付管と取付管接続部の注入(5.2.2.4.3) 　塞止め方式(5.2.2.4.4)	

コーティング工法(吹付け工法)(5.3.1.8参照)	コーティング工法(遠心射出工法)．Centriline 方式(5.3.1.9参照)
耐高圧ホースまたは下水管内を施工箇所まで輸送されて管渠内壁に吹き付けられる特殊コンクリートまたは特殊モルタルの塗設および圧縮	拘束回転射出ヘッドによる管渠内壁へのセメントモルタルの遠心射出
漏れ，亀裂，管の破損，腐食	漏れ，亀裂，腐食
鋳鉄，鋼，コンクリート，レンガ	鋳鉄，鋼，コンクリート，ファイバセメント，陶器，レンガ
1 100 以上	80 以上
関係なし	円形
関係なし	呼び径に依存，約 120 〜 600 m
地下水浸入箇所は前もって止水されなければならない	地下水浸入箇所は前もって止水されなければならない
関係なし	前もって閉塞，事後の穿孔
必要	必要
高圧洗浄または場合により特殊清掃(3.2 および 5.3.1.4 参照)，固着物および排水障害物の除去	高圧洗浄または場合により特殊清掃(3.2 および 5.3.1.4 参照)，固着物および排水障害物の除去
目視内部点検	目視内部点検
不要	不要
目視内部点検，DIN EN 1610 に基づく漏れ検査，材料特性値の判定	目視内部点検(目視検査)，DIN EN 1610 に基づく漏れ検査，材料特性値の判定

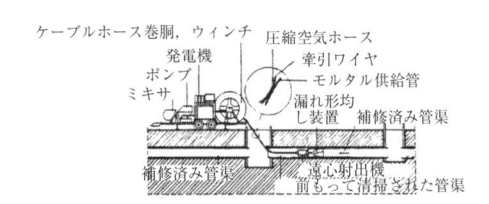

5. 補　修

工法名	コーティング工法（加圧グラウチング工法）．ZM 方式（5.3.1.6 参照）
付　記	・補修対象は少なくとも暫定的に安定していなければならない ・管渠の基礎が十分なものであることが前提である ・断面減少（層厚さ 10 mm まで） ・スペーサによって欠陥箇所が生じ得る ・管の曲がり，食違い，変形がある場合には使用が制限される ・セメントモルタルコーティングに腐食の危険が存在する ・ZM 方式は下水分野にはほとんど利用されていない ・養生を要する． ・同等な繁用工法 　　自走式の移動型枠または特殊な型枠車を利用した中に入れる管渠の加圧グラウチング方式（5.3.1.6 参照），層厚さ ≧ 20 mm

表 5.6-1(c)：セレクトされた損傷除去方法の略述（更生）

工法名		ライニング工法．環状空隙のある鞘管方式（5.3.2.2.1 参照）
特　徴		補修さるべきスパンへの円形断面を有したプラスチック管路の引込み．残存している環状空隙は充填されるのが通常である．
概要図		
適用条件	損傷の種類	漏れ，腐食，物理的摩耗，亀裂，管の破損（その他の種類のすべての損傷は前もって全面的もしくは部分的に除去されなければならない）
	管渠材料	関係なし
	呼び径	25 〜 1 200
	断面形状	関係なし，好ましくは円形
	作業区間	スパン単位（≦ 600 m）
	地下水	比較的激しい地下水浸入箇所は前もって止水されなければならない
	取付管	前もって閉塞または開削工法による切離し

5.6 補修工法の選定と発注

コーティング工法(吹付け工法)(5.3.1.8参照)	コーティング工法(遠心射出工法).Centriline 方式(5.3.1.9参照)
・補修対象は少なくとも暫定的に安定していなければならない ・管渠の基礎が十分なものであることが前提である ・断面減少(層厚さ $\geq$ 30 mm) ・セメントモルタルコーティングに腐食の危険が存在する ・養生を要する ・このグループに属する方式,例えば, 　繊維混入コーティングシステム 　Ruswroe システム 　Preload 方式 　SBS サラマンダ	・補修対象は少なくとも暫定的に安定していなければならない ・管渠の基礎が十分なものであることが前提である ・断面減少(層厚さ 40 mm まで) ・管に食い違いおよび曲がりがある場合には適用が制限される ・管壁部の欠損箇所,激しく腐食した箇所または剥削された箇所は事前処理されなければならない. ・セメントモルタルコーティングに腐食の危険が存在する ・養生を要する ・同等な工法,例えば, 　反応性樹脂モルタルの遠心射出 CSL ポリスプレーツインライン(Twin-Line)

ライニング工法.密着管ライニング方式 (5.3.2.2.1 参照)	ライニング工法.短管または長管による鞘管方式 (5.3.2.2.2 参照)
予備変形によって断面寸法を減少させたプラスチック管路を補修に引き込み,続いて管渠内壁に密着するまで同管路を拡張すること	補修スパンへの自立式個別管の挿入.残存している環状空隙は充填されるのが通常である
漏れ,腐食,限定的,軸方向の位置ずれ,亀裂	漏れ,腐食,物理的摩耗,亀裂,管の破損(その他の種類のあらゆる損傷は前もって全面的もしくは部分的に除去されなければならない)
関係なし	関係なし
方式に応じて 100 ~ 1 200	関係なし
円形	関係なし
スパン単位($\leq$ 500 m)	スパン単位
比較的激しい地下水浸入箇所は前もって止水されなければならない	比較的激しい地下水浸入箇所は前もって止水されなければならない
関係なし	方式に応じて一般に前もって閉塞または開削工法による切離し

5. 補　修

工法名		ライニング工法．環状空隙のある鞘管方式（5.3.2.2.1 参照）	
予備作業	使用停止	必要	
	清　掃	高圧洗浄，固着物および排水障害物の除去	
	点検・調査	目視内部点検，内径測定	
	土工作業	引込み用トレンチおよび取付管部の開削坑	
最終作業	試験・検査	目視内部点検，DIN EN 1610 に基づく漏れ検査，インライナの変形測定，充填モルタルの材料特性	
付　記		・補修対象は少なくとも暫定的に安定していなければならない ・管渠の基礎が十分なものであることが前提である ・断面減少 ・曲げ半径＜50×管直径の彎曲部ならびに屈曲＜5°〜7°が存在する場合の適用制限 ・静的座屈圧力ならびに環状空隙充填時の浮揚に対して注意を要する ・同等な工法，例えば， 　　サーモライン（Thermoline）方式 　　波形管方式 　　　いずれの方式も引込み用トレンチを必要としない	

表 5.6-1(d)：セレクトされた損傷除去方法の略述（更生）

工法名	ライニング工法．現場製作管によるライニング．RIB-LOC リライニングシステム（製管方式）（5.3.2.3 参照）
特　徴	補修さるべきスパンへのプラスチック製ひれ付きプロファイルで現場製作されたコイル管の挿入．残存している環状空隙は充填されるのが通常である
概要図	![概要図]

5.6 補修工法の選定と発注

ライニング工法．密着管ライニング方式 （5.3.2.2.1 参照）	ライニング工法．短管または長管による鞘管方式 （5.3.2.2.2 参照）
必要	必要
高圧洗浄，固着物および排水障害物の除去	高圧洗浄，固着物および排水障害物の除去
目視内部点検，内径測定	目視内部点検，内径測定
方式に応じ，場合により引込み用トレンチおよび取付管の開削坑	短管方式：場合により取付管の開削坑 長管方式：発進立て坑および場合により取付管の開削坑
目視内部点検，DIN EN 1610 に基づく漏れ検査，インライナの変形測定	目視内部点検，DIN EN 1610 に基づく漏れ検査，インライナの変形測定，充填モルタルの材料特性
・補修対象は少なくとも暫定的に安定していなければならない ・管渠の基礎が十分なものであることが前提である ・ごくわずかな断面減少 ・このグループに属する方式 　変形工法 　　U ライナ方式 　　コンパクトパイプ方式 　　サブライン方式 　　Nu パイプ方式 　　Uponor-Omega ライナ 　縮小工法 　　ロールダウン方式 　　スエージライニング方式	・補修対象は少なくとも暫定的に安定していなければならない ・管渠の基礎が十分なものであることが前提である ・断面減少 ・方式に応じ多数の管継手 ・位置ずれ，屈曲および変形が生じている場合の作業の困難化 ・静的座屈圧力ならびに環状空隙充填時の浮揚に対して注意を要する． ・このグループに属する工法 　引込み方式 　差込み方式 　進入方式 　特殊方式 　　Wiik & Hoglund 方式 　　インタライン方式 　　MCS インライナ方式 　　リンチューブ(Rintube)方式
ライニング工法．現場製作・硬化管によるライニング．現場成形方式（ホース方式）(5.3.2.4.1 参照)	ライニング工法．現場製作・硬化管によるライニング．Trolining（ネップホース方式）(5.3.2.4.2 参照)
膜コーティングされていて適切な支持体からなるホースが反応性樹脂含浸されてマンホールを経て管渠内に反転挿入されるか，またはウィンチで管渠内へ引き込まれ，内圧下で管渠壁に圧接される．硬化は常温または加熱下あるいは UV によって行われる	裏面にネップを備えた PE-HD ホースがウィンチを用いて管渠内に引き込まれ，内圧下で管渠壁面または前もって挿入済みのプレライナに圧接される．ネップによる環状空隙は水硬性注入モルタルで充填される

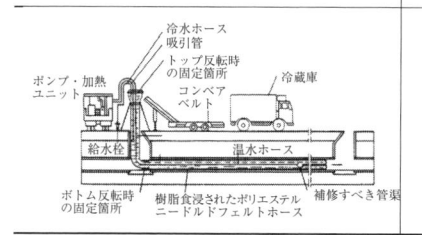

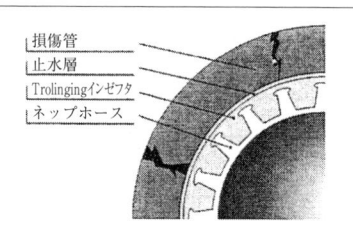

5. 補　修

工法名			ライニング工法．現場製作管によるライニング．RIB-LOC リライニングシステム（製管方式）(5.3.2.3 参照)
適用条件		損傷の種類	漏れ，腐食，物理的摩耗，亀裂，管の破損(その他の種類のすべての損傷は前もって全面的もしくは部分的に除去されるか，またはそれらの結果が甘受されなければならない)
		管渠材料	関係なし
		呼び径	方式に応ず，225〜2 600
		断面形状	関係なし，好ましくは円形
		作業区間	スパン単位
		地下水	比較的激しい地下水浸入箇所は前もって止水されなければならない
		取付管	前もって閉塞または開削工法による切離し
予備作業		使用停止	必要
		清　掃	高圧洗浄，固着物および排水障害物の除去
		点検・調査	目視内部点検，内径測定
最終作業		土工作業	不要(開削工法による取付管接続時には要)
		試験・検査	目視内部点検，DIN EN 1610 に基づく漏れ検査，インライナの変形測定，充填モルタルの材料特性
付　記			・補修対象は少なくとも暫定的に安定していなければならない ・管渠の基礎が十分なものであることが前提できる ・断面減少 ・限界座屈圧力ならびに環状空隙充填時の浮揚に対して注意を要する ・保管時の曲げ半径と温度に応じた相対的に高い材料予負荷 ・同様な工法 　　ERSAG-SR 方式 　　SPR 方式 　　RIB-LOC エキスパンダパイプ(環状空隙なし)

5.6 補修工法の選定と発注

ライニング工法．現場製作・硬化管によるライニング．現場成形方式（ホース方式）(5.3.2.4.1 参照)	ライニング工法．現場製作・硬化管によるライニング．Trolining（ネップホース方式）(5.3.2.4.2 参照)
漏れ，腐食，物理的摩耗，亀裂，管の破損(その他の種類のあらゆる損傷は前もって全面的もしくは部分的に除去されるか，またはそれらの結果が甘受されなければならない)	漏れ，腐食，物理的摩耗，亀裂，管の破損(その他の種類のあらゆる損傷は前もって全面的もしくは部分的に除去されるか，またはそれらの結果が甘受されなければならない)
関係なし	関係なし
方式に応ず，75 ～ 2 600	200 ～ 1 600
関係なし，好ましくは円形	関係なし
≦ 600 m	呼び径 200 ～ 900 については≦ 120 m DN 1000 ～ DN 1600 については≦ 70 m
プレライナが挿入されない場合には，地下水浸入箇所は前もって止水されなければならない	プレライナが挿入されない場合には，地下水浸入箇所は前もって止水されなければならない
関係なし	プレライナシステムの適用時には関係なし
必要	必要
高圧洗浄，固着物および排水障害物の除去	高圧洗浄，固着物および排水障害物の除去
目視内部点検，内径測定	目視内部点検，内径測定
不要(開削工法による取付管接続時には要)	不要(開削工法による取付管接続時には要)
目視内部点検，DIN EN 1610 に基づく漏れ検査，変形測定，肉厚検査，インライナから採取したサンプルの曲げ強さおよび弾性率	目視内部点検，DIN EN 1610 に基づく漏れ検査，変形測定，充填モルタルの材料特性
・補修対象は少なくとも暫定的に安定していなければならない ・管渠の基礎が十分なものであることが前提である ・壁面の欠損箇所(管の破損)または激しい腐食箇所は前もって補正されなければならない ・水理学的排水断面減少の極小化 ・湾曲時および屈曲時のしわ形成 ・円形は構造的に多少弱くなる ・このグループに属する方式 　　反転(折返し)による挿入 　　　パルテム PAL 方式 　　　フェニックス方式 　　　インパイプ方式 　　引込みによる挿入 　　　KM インライナ方式 　　　コーブフレックス方式 　　　ベロリナライナ 　　　パルテム S-Z 方式 　　　マルチライナ 　　取付管のライニング(5.3.2.4.1 参照)	・補修対象は少なくとも暫定的に安定していなければならない ・管渠の基礎が十分なものであることが前提である ・断面減少 ・円形でない場合は構造的に多少弱くなる ・方式バリエーション 　　Trolining 　　基本システム 　　プレライナシステム 　　コントロールシステム

5. 補　修

表 5.6-1(e)：従来の布設ルートによる更新方法の概要

工法名		非開削工法．山岳トンネル掘進方式（5.4.3.1 参照）	
特　徴		更新する管渠を一時的な支保工下で露出，撤去し，同一呼び径もしくはより大きな呼び径のプレハブ管を使用するか，または現場打コンクリートを使用して交換する．場合により残存している環状空隙は充填される	
概要図			
適用条件	損傷の種類	関係なし	
	管渠材料	関係なし	
	呼び径	関係なし	
	断面形状	関係なし	
	作業区間	関係なし	
	地下水	地下水排水を要する	
	取付管	直接に達することができることから関係なし	
予備作業	使用停止	必要	
	清　掃	高圧洗浄	
	点検・調査	目視内部点検	
	土工作業	発進立て坑および到達立て坑，オーバーカット	
最終作業	試験・検査	目視内部点検，DIN EN 1610 に基づく漏れ検査	
付　記		・十分な土被りを要する	

5.6 補修工法の選定と発注

非開削工法．推進工法(轢き潰し) (5.4.3.4 参照)	非開削工法．バースト方式(5.4.3.5 参照)
改築推進工法による更新する管渠の轢き潰し，破壊，搬出と同時に行われる同一呼び径もしくはより大きな呼び径の新管渠の布設	更新するスパンにバースト体を通し，静的な力または動的な力の作用下で管壁を破壊するとともに破片を地中中に押し退ける．バースト体直後における同一呼び径もしくはより大きな呼び径の新管（管または短管）の取付け
崩壊を除くあらゆる種類の損傷（機械タイプに応じ）	崩壊と比較的大きな位置ずれとを除くあらゆる種類の損傷
コンクリート，鉄筋コンクリート，陶，ファイバセメント，FRPM	陶，コンクリート（部分被覆もしくは全面被覆なし），ねずみ鋳鉄，ファイバセメント，プラスチック
機械タイプに応じ，150～1 000	75～600（1 200）
円形	円形
スパン単位	スパン単位，150m まで
機械タイプに応じ，関係なしまたは低下	管底以下への低下
前もって開削工法で切離し	前もって開削工法で切離し
機械タイプに応じ全面的または部分的に必要	必要
高圧洗浄，機械タイプに応じ障害物の除去	高圧洗浄（場合により障害物の除去を要する）
目視内部点検，内径測定	目視内部点検
発進立て坑および到達立て坑，取付管における開削	選択された工法に応じ発進立て坑の設置を要する(管路)取付管における開削
目視内部点検，DIN EN 1610 に基づく漏れ検査	目視内部点検，DIN EN 1610 に基づく漏れ検査
・管渠の基礎が完全であることが前提です ・一工程方式または二工程方式が可能である ・このグループに属する方式，例えば， 　Pipe-Replacer 　AVP-Crush-Lining 　Pirana Pipe-Replacer	・地山中に残存している旧管破片の作用に注意するか，もしくは阻止されなければならない ・交差管または平行管に対する安全間隔が遵守されなければならない ・このグループに属する静的バースト方式，例えば， 　KM バーストライニング 　Brochier 　expPRESS 　Magnaline

5. 補　修

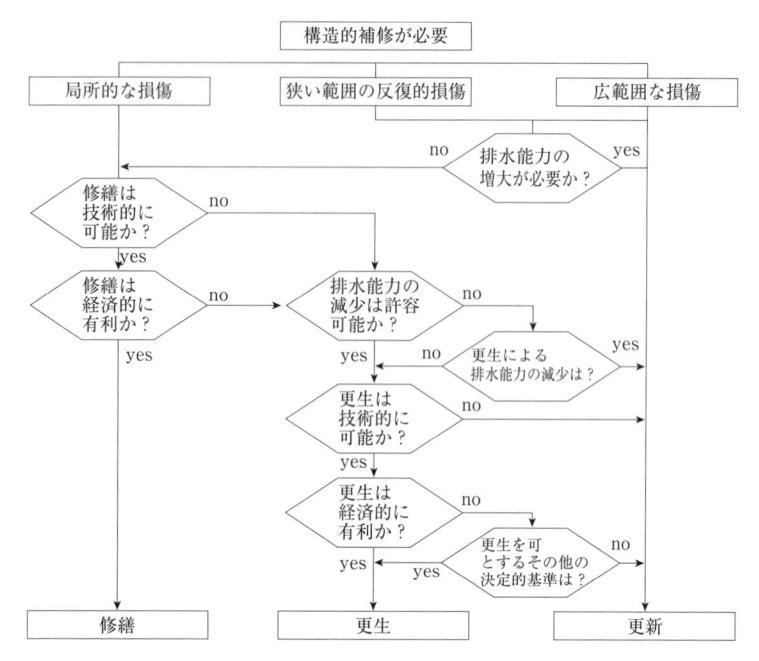

図5.6-1：修繕・更生・更新の選択フロー[5.6-3]

発生する損傷，広範囲な損傷は，修繕が不可能であれば，更生によっても更新によっても処置可能である．更生対策による流下能力の減少または断面減少が許されなければ，考えられるのは更新のみである．

現在，なお主として用いられている開削工法による更新の工事費用と比較して，更生が経済的に有利でないと考えられる場合でも，下記のその他の規準によって更生方式が選択されることもある[5.6-4]．

・立坑が不要かもしくはごく小規模．
・より短い工期．
・交通障害，その他の間接費用(**5.7 参照**)の減少．
・輻輳する公共サービス供給管や下水・排水管等の地下埋設物．
・保存が必要な街路樹・緑地等の植生．
・地下水位低下の回避．

5.6.2 工法選定のための指針

数多くの工法の中で，対象となる管渠の状況また建物の状況，街路樹等の植生，交通の状況等の注意すべきその他の因子を検討して，具体的なケースにとって技術的，生態的，経済的ならびに法規制のどれをとっても最善の補修工法の選定ができる指針を策定することは大きな意義がある．

そのための第一歩は，以下に詳しく論じるドイツ非開削技術協会(Deutsche Gesellschaft fur grabenloses Bauen und Instandhaltung von Leitungen)(GSTT)の"環境面および経済面からみた埋設管建設・保全工法選定指針"[5.6-5，5.6-6]ならびに文献[5.6-7]で紹介されたコンピュータ支援選定法によって実現された．後者にはこれまでのところなお経済性考察は含まれていない．

(1) GSTT 指針

GSTT 指針[5.6-5，5.6-6，5.6-8，5.6-9]は，チェックリストの役割も持つ統一様式の表を含んだ指針である．第一欄には評価項目があげられ，第二欄ではそれぞれの補修方法に関する技術内容が記述され，第三欄ではそれらが利用者によって評価される(図5.6-2)．

工法	ロボット工法	点	パートライナ工法	点	継手注入工法	点
呼び径	150〜800		150〜600		150以上	
旧管断面形状	円，限定的に卵形		円		呼び径800まで円，呼び径900以上任意	
損傷種別	障害物，はめ管，短い亀裂，水溶性不良なソケット		水溶性不良なソケット，亀裂，亀甲形成		水溶性不良なソケット	
管基礎部における空洞	使用不可		追加的対策により限定的に使用可		使用不可	
流下性能への影響 kb=1.5mm 時	なし		なし		なし	
静的耐荷力の回復	限定的		可		否	
旧管管材料	Stz, B, Fz, GFK, GG(G), PE-HD, PVC		Stz, B, Fz, GG(G),GFK, PVC		Stz, B, Fz	
旧管ジョイントシーリング	タール縄の使用時には場合により材料適合性検査		タール縄の使用時には場合により材料適合性検査		タール縄の使用時には場合により材料適合性検査	
評価ポイント	合計		合計		合計	

図 5.6-2：非開削工法による修繕工法に関する GSTT 指針の表の一部[5.6-5]

5. 補　　修

・個々のケースに関する補修工法の評価と選定には，基本的に以下の作業ステップが必要である．
・工事目的の明確化，対象管渠の各種状況の確認．
・工法グループの選択．
・それぞれの工法グループの中の小グループについて評価項目の評価．
・評価．

a．工事目的の明確化　　工事目的の明確化は，工法の評価と選定の基礎である．このために利用者は，表を利用し，特に以下に関する判定を行わなければならない．
・損傷の種類．
・損傷の原因．
・損傷の規模．
・管の種類，断面形状，直径，土被り．
・その他の管渠の環境条件，例えば管布設路線の土地利用形態，街路樹など．

b．工法グループの選択　　工事目的を明確にした後，第2ステップで個々のケースにとって考えられる一つもしくは複数の補修工法グループの選択が行われる．この場合，選択者である利用者には，**表 5.6-2** にあげた工法グループの中の小グループが選択肢として供される．

表 5.6-2：GSTT 指針における補修工法の一覧

工法グループ	工法小グループ
非開削工法による修繕	・ロボット
	・修繕管工法
	・継手注入工法
	・管壁注入工法
開削工法による修繕	・開削
	・鞘管工法
	・密着管ライニング（ドイツの形成工法の一部）（オメガ工法等）
	・製管工法
	・現場樹脂硬化管によるライニング（ドイツの形成工法の一部と反転工法）
	・セグメント管ライニング（ドイツの製管工法の一部）（パルテムフローリング工法等）
非開削工法による更新	・バースト
	・轢き潰し
開削工法による更新	・土留あり開削，土留なし開削

c．工法小グループの評価基準　　工法小グループを選択した後，下記の4領域に区分された評価項目（**図 5.6-2** の第一欄）に基づいてそれらの評価が行われる．
・技術内容．

- 環境適合性．
- 法規への適合性．
- 経済性．

これらの領域の評価は，以下の評点で行われる．

K.O.：不適(評価の即時終了)．
10：適性に非常に劣る．
17：適性に劣る．
20：適する．
23：適性に優れる．
30：適性に非常に優れる．

経済性の領域では，前記の評点は適用されない．この領域では，金額で表記される直接費用と間接費用で比較する(後述の経済性および 5.7 参照)．

d．技術内容 技術内容では図 **5.6-2** にあげた方法の適用範囲と特性が示され，評価される．これは特に以下を考慮して行われる．

- 管の状況や状態(例えば，呼び径，断面形状，状態，管渠清掃の影響)．
- 施工上の特徴(例えば，工期，仮排水路の確保，取付管，品質保証等)．

e．環境適合性 開削工法が環境を破壊，隣接建造物に損傷を与え，また一時的に交通を阻害することは稀ではない．環境適合性の領域では，これらの観点から補修方法が検討され，評価される．この場合，例えば，

- 土壌,
- 水,
- 気候，大気,
- 街路樹等,
- 景観,
- 資源消費,

への影響が考慮される．

f．法規への適合性 管の新設工事，補修によって市民，企業の基本的な権利が侵害されることがある．そこで，工事や補修にあたっては，最も被害の少ない工法が選択されなければならない[5.6-5]．

法規の観点では，工事に際して影響があり，かつ様々な補修工法の選定基準として考慮しなければならない重要な法令は，以下のとおりである．土壌保護法，水管理法(WHG)，水に関する州法，連邦自然保護法(BNatSchG)，州の自然保護法(LNatSchG)，連邦近隣被害保護法(BImSchG)，騒音防止技術指針(TA Lärm)，大気汚染防止技術指

5. 補　修

針(TA Luft)，所有権法．

g．経済性　　経済性の観点からは，直接費用ならびに間接費用を含めた補修工法の経済性比較の基礎材料を提供する(5.7 参照)．こうした比較は，表面的に(予算面から見て)意味があるだけでなく，総合経済的に種々の工事の外部効果まで考慮する場合に不可欠である．

h．直接費用　　直接費用に算入されるのは，工事発注者によって支払われる費用，および工事発注者による支払いに基づき第三者が引き受けるすべての費用である．これに属する項目には，例えば計画策定関係，入札契約事務，現場監督，本来の工事，緑地減少補償関係，技術管理関係，労働災害等に関する費用がある．これに算入されるのは，例えば以下の費用である．

・計画策定，鑑定，許認可．
・管理，広報活動．
・借地(第三者の土地の利用)．
・現場設備．
・土工等．

i．間接費用　　間接費用に属するのは，工事と関連して，また工事により生じるが，発注者ではなく第三者が負担することになる費用である．これは例えば，工事現場の騒音や排ガスによる被害補償が工事発注者からも請負者からも行われない場合に，被害を受けた沿道住民，その他の被害者が負担する費用である．

　これに属するのは，例えば以下の費用である．

・近隣公害対策．
・沿道商店の売上減少損失．
・交通障害(例えば，迂回，渋滞)に伴う損失．
・第三者の設備，建物の損害．

　指針の基準に基づいて算定された直接費用と間接費用(5.7 参照)が対比され，選択に際してどのような費用を考慮しなければならないかを概観することが可能となる．

j．評価　　以上により検討された工法の評価は，付与された評点の加算と経済の領域で算定された費用によって行われる．最高評点と最小費用となる工法がそれぞれのケースにとって最適な工法である．

　GSTT 指針では，既に述べたように合計で 15 の工法小グループを取り上げている．評価は，全体では技術内容，環境適合性，法規の 3 領域で 113 の基準で実施しなければならない．これを工法小グループ全体について行うと，総計 1 695 項目について行うこととなる．これには，直接費用と間接費用を考慮した経済的評価はまだ含んでい

5.6 補修工法の選定と発注

ない．

全体的に指針を用いた工法の判定と選択は，高い専門能力が前提である．

GSTT指針をより容易に利用できるように，以上に説明した手法をもとに工法選択情報システムが開発されている[5.6-6, 5.6-8]．工法選択情報システムとは，明確となった問題に対して専門家の診断を下すソフトウェアと理解できる．このソフトウェアは，専門分野の専門知識で，論理的推論によって問題(詳細問題)を解決するものである．

以上のように構成されたGSTT指針は，以下の構成要素から成り立ち，**図 5.6-3** にそれらの関係を図示した．

・データの入力(インプット)，出力(アウトプット)を行うための対話要素．
・専門知識のデータベース．
・入力データと専門知識を用いた診断プロセス．
・解析プロセス．

このシステムには，以下の要求を取り込んでいる．

・工法数を限定し，基準の予備評価と計算処理をできるだけ早期に行い，利用者の情報需要に対処すること．
・それに加え，このシステムを用いて行ういずれの評価にも利用者の関与を可能とし，これにより利用者から決定の可能性を奪うことなく，例えば利用者の経験を裏付けとした裁量の余地が残されるように構成すること．
・さらに処理結果をカタログ化し，再利用できるように構成すること．

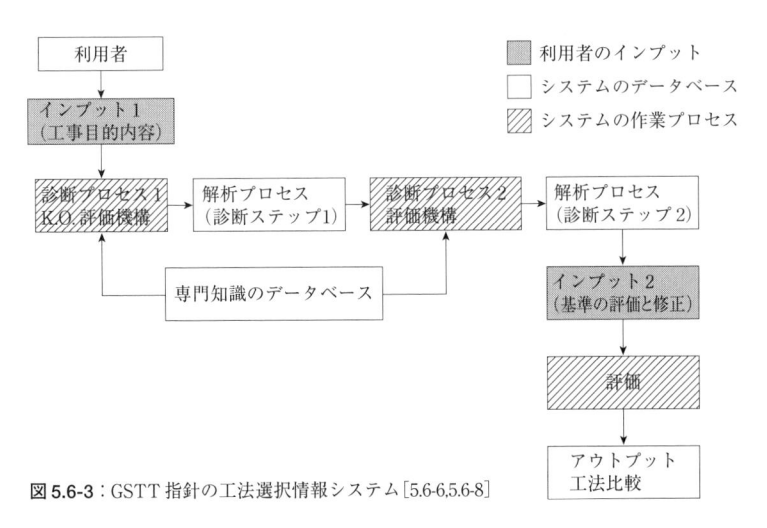

図 5.6-3：GSTT指針の工法選択情報システム[5.6-6,5.6-8]

871

5. 補　修

5.6.3　入札，発注に関わる注意事項

5.6.3.1　エンジニアリング役務

　エンジニアリング役務とは，個々のケースの課題に対する個別的解決手法を供する技術的・知的サービスである．これには，建設工事請負規定(VOB)[5.6-12]も業務委託規定(VOL)[5.6-10]も適用されない．役務は，一般的に以下の選択基準に基づいて随意契約が行われる．
・能力，
・経験，
・信頼度，
・技術的，経済的に最善の解決手法についての知識．
　発注者は，報酬だけでいずれと契約を行うかを決めてはならない．エンジニアリング役務には，能力競争は適用されるが，価格競争は適用されないのである．報酬は，建築家・エンジニア報酬規定(HOAI)[5.6-11]に基づいて決定される．
　一般的な役務リストを利用して対象の技術的・知的サービスの範囲が決定され，報酬の妥当性が評価される．
　決定されたサービス範囲—これに対して，エンジニアは，所定の分類に応じて部分報酬を提示しなければならない—とともに，当該業務の所期の目的を達成する方法がエンジニアによって説明されなければならない．人員投入（人数，資格），機器投入に関する記載，各部分役務当りの推定時間の見積りもその一部である．エンジニアには，さらに経験を裏付けとした業務の合理化と補完に関する提案が求められなければならない．
　応募記載事項，報酬要求額を適正に勘案し，また能力，経験から判断して技術的，経済的に最善の解決手法を保証するとみなされるエンジニアが選択され，契約が行われなければならない．

5.6.3.2　建設工事

　ドイツでは，建設工事の発注に際し，連邦行政当局，州行政当局，市町村行政当局，ならびに多数の民間発注者が建設工事請負約款(VOB[5.6-12])を用いている．
　VOBは，公共建設工事の発注手続きに関する規則を定め，発注者(AG)と請負者

(AN)との権利と義務とを調和させた一般的な契約条件を定めている．これは，DINのドイツ規格集に組み入れられたものであり，したがって成文法でも慣習法でもない[5.6-13]．

VOB[5.6-12]は，以下の3部に区分されている．
① Teil A：建設工事の契約に関する一般的な手続き規程 DIN 1960．
② Teil B：建設工事の施工に関する一般的な契約条件 DIN 1961．
③ Teil C：建設工事に関する一般的な技術的契約条件（ATV）DIN 18299〜18451．

連邦，州，市，郡，町村のすべての発注機関は，行政規則により，原則としてVOBを適用すること，すなわち手続きに関してTeil Aを遵守し，契約に関してTeil B，Cを取り込むこととされている．さらに，当該建設事業費に国の財源を使用するすべての発注者は，事業認可取得義務があり，適正な手続きをとらねばならない[5.6-13]．

欧州建設工事調整指令の変更を国内の規則に反映させる必要があったが，これはVOB Teil Aに"a"項を挿入することによって行われた[5.6-12]．

VOB/§2によれば，一般に建設工事は，"専門知識を有し，有能かつ信頼し得る業者に適切な価格で発注されなければならず，競争を原則とすることも必要である"．この場合に使用される手段は，入札である．VOBによれば，契約とは，入札参加者の募集から始まって入札を経て落札までに及ぶ建設工事契約の締結を目的とした手続き全体を称する名称である．

入札手続きは，3段階で行われる．
ⅰ 段階Ⅰ：文書による入札の募集．
ⅱ 段階Ⅱ：場合により応札者の立会いのもとでの正式な入札開始（入札）．
ⅲ 段階Ⅲ：入札の審査と評価，落札者の決定，または入札の中止．

一般競争入札と指名競争入札が区別されている．

一般競争入札は，日刊新聞，連邦・州・その他の公法上の団体の公報または専門誌によって公告される．

指名競争入札の場合には，入札資料は限定された範囲の指名業者に指名通知とともに送付される．正当な根拠ある例外的なケースにあっては，一般競争入札ないし指名競争入札を行わず，随意契約を行うこともできる[5.6-13]．

最後にあげた指名競争入札と随意契約の2つの契約形態は，以下に述べる理由から，ATVにおいて管更生工法について推奨されており，さらに同様な趣旨で工法独自の仕様書が定められるまでの他の補修工法についても推奨されている（ATV-M 143 Teil 5 [5.6-15]）．

"下水管渠工事における管更生工法は，限定された数の業者によってのみ適切な方法

で所望の品質を確保できる特殊な方法である．それゆえ管更生工事は，通常の一般競争入札とは異なり，指名競争入札によるか，または随意契約によって施工される必要のある工事である．

以下の事項も前記を良しとする理由となっている．
・一般競争入札に要す費用がそれによって得られるメリットに比して不相応に高くつく．
・施工には特許が適用されるか，または特別な経験もしくは能力を要する．
・当該工事を，それを含むより大きな工事から切り離せば必ずデメリットが生ずる．

このような工事が一般競争入札に付されない場合には，公募型指名競争入札という参加者公開コンペを行った後，3～8名の適切な業者を指名する方法もある．指名業者は，適性と能力の証明を行わなければならない．指名を受けるにあたっては，工事，材料，品質保証の点で指名業者に期待される事項を定めた発注者側の作成した要求を満たすことである．

技術的な点から本工事と異なる施工仕様となっている付帯的な入札には，本入札に参加していなくとも参加が認められる必要がある".

ATVでは，民間分野についても同様な方法で契約を行うことが推奨されている．契約にあたっては，基本的に以下の2つの方法がある(ATV-M 143 Teil 5[5.6-15])．
・詳細な仕様書の決められた通常の発注,
・詳細な仕様書の決められていない性能発注．

(1) 通常の発注における要件

通常の発注における施工仕様書をベースとした入札の重要な特徴は，計画された下水道工事等に関する技術的検討段階が通常既に完了していることである．発注者AGは，十分に練り上げられた設計図に基づいて工事内容を明確にくまなく説明し，すべての入札者が仕様を同一の趣旨に理解し，広範な作業なしで入札価格が算定できるようにしなければならない(VOB/A§9, No1)．このため工事内容は，例えば工事目的の一般的な記述(仕様書の前書き)，図面，報告書，技術的計算，作業別の仕様書によって説明されるべきである．仕様書は，施工計画で予定される作業，その手順を記述したものに相当する．このことは発注者AGに高度な専門知識を要求することになり，場合により外部の専門技術者の助けを借りなければならない．すべての入札者が同一の作業の見積りを行うことができるのは，発注者AGが工事に対する完璧な記述を行った場合だけである．

通常の発注による入札では，複数の入札書の直接の価格比較が可能となる．発注者

AGは，個々の作業に関する価格リストも作成し，これによりVOB/A§23に準拠して入札時の提出書を技術，経済性の観点からの審査に付することができる．

通常の発注による入札には，場合により入札者によって作成された経済的により有利な特別提案を受け入れることができる．ただし，こうした変更提案または補助提案は，別の添付書で入札に添付され，その旨の表記がなされなければならない(VOB/A§21，No.3)．入札資料自体に関する変更は認められない．

(2) 性能発注における要件

VOB/A§9，No.10～12では，工事案も競争に付することができる．この入札方式では，施工仕様も同じく入札者によって策定される．

発注者AGの発注図書には，事業の目的を記述するとともに工事目的の詳細な説明，実施された調査から得られた結果，評価，当局の実施命令等を含んでいる必要がある．入札者が提案書中で重大な事情と条件を正確に認識・考慮して，発注者AGにとって財政的に妥当なフレームを策定することができるのは，詳細な発注図書によってのみ保証される．

性能発注方式による入札では，入札者に特別な費用も要する広範な予備作業が求められることから，入札者の数はできるだけ限定する必要がある．このことは，発注者もしくは提案書を比較し評価しなければならない発注者側エンジニアの利益ともなる．発注者AGは，性能発注方式に基づく入札募集が適切な経験を持った専門能力を有する会社に対してのみ行われるように注意しなければならない．こうした会社は，技術的に高レベルなプロジェクトの照会に際し，例えばその旨を公にした公募によって確認することが可能である．

(3) 性能発注と通常の発注との選択

入札にあたって，どちらの発注方式が最終的に"より適したもの"として採用されるべきかは，多数の要因に依存している．計画も入札に付されなければならない割合が高くなればなるほど，ますます性能発注型による入札が行われるであろう．

管渠の補修に関する現在の入札慣行を眺めると，管渠新設に比較して平均以上の多くのケースにおいて，VOB/A§9(3)によって標準例とされた通常の発注からの逸脱が見出される．頻繁に目につくのは，VOB/A§9(10)に基づく性能発注型である[5.6-14]．その理由は，管理者に，性能・効率特徴の点でまだ最終的に検証されていない多数の多様な補修工法からそれぞれの適用ケースに適した方法を選択・決定する体制が欠けていることであり，また施工計画の作成が不十分なことである．

5. 補　　修

　経験が示しているように，この入札形態では管理者は，補修に関する解決手法のほぼ全範囲に及ぶ提案を得るのが通常であるが，比較がすべてにわたってできないことから技術的評価は不可能であるか，限定的にしか行うことができない．こうした理由ならびに目下の経済状況，投資需要に鑑み，費用縮減も企図して補修の計画を入札者に負わせるのではなく，入札方式は，工事仕様書をベースとした通常の発注入札方式に再び立ち戻ることがよいと思われる[5.6-14]．

(4)　発注設計マニュアル

　管渠の維持管理のための設計図書が適正，確実に作成されるとともに，設計図書が入札者にとって価格決定と施工に必要なあらゆる事項を含むようにするため，近年様々な機関によって以下のマニュアル類が策定された．
・ATV-M 143 Teil 5：管更生工法のための設計図書に求められる一般的な要件[5.6-15]，
・AGI：管渠の維持管理作業，管渠補修作業―発注設計に関する手引き[5.6-16]，
・共通仕様書[5.6-17]，仕様書 LB 309[5.6-18]，LB 310[5.6-19]．

a．ATV-M 143 Teil 5　　ATV-M 143 Teil 5[5.6-15]は，すべての入札者が ATV-M 143 Teil 3[5.6-20]に基づく管更生工法の施工仕様を一義的に理解し，価格を確実に算定し得るとともに不正な競争が回避されるようにすることが目標である．この仕様書は，各工法独自の新しい仕様書が定められるまで損傷除去のためのその他の補修工法にも準用することができる．

　管更生工法については，一般に認められた技術準則は，目下のところまだ規格，マニュアル等として定められていないことから，発注者は，例えば発注者側の以下の要求，仕様，入札者への照会を含んだ要求事項を作成すべきである．
・総論（参照情報，環境適合性，地下水位以下での実施可能性，廃棄物の処理・処分）．
・予備作業．
・既製品，既製品以外の材料．
・材料特性．
・構造力学的証明．
・取付け，加工．

　表 5.6-3 は文献[5.6-15]に基づき"入札にあたって，個々のプロジェクトに応じ明らかにしなければならない"最少項目を表したものである．個々のケースに応じ追加項目が必要となることもある．

　さらに通常の発注における設計図書では，品質保証の方法とその回数が定められな

5.6 補修工法の選定と発注

表 5.6-3：ATV-M 143 Teil 5[5.6-15]に基づく更生工法のための作業項目

項目	単位	長管方式による鞘管工法	短管方式による鞘管工法	反転形成工法	ホースリライニング*	製管工法
設置および撤去	一式	○	○	○	○	○
交通規制	一式	○	○	○	○	○
管渠清掃	一式[m]	○	○	○	○	○
管渠点検	一式[m]	○	○	○	○	○
障害物の除去	個[h]	○	○	○	○	○
内径測定	一式[m]	○	○	○	○	○
管渠の下水排水	一式[m]	○	○	○	○	○
取付管の下水排水	[本]	○	○	○	○	○
引込み坑	[本]	○	不要	不要	不要	不要
不具合のある取付管の補修	[本]	○	○	○	○	○
更生材の構造力学計算	一式	○	○	○	○	○
更生材の供給および取付け	[m]	○	○	○	○	○
取付管の接続，開削工法	[本]	○	○	○	○	○
取付管の接続，非開削工法	[本]	○	○	○	○	○
環状空隙シール	[個]	○	○	不要	不要	○
環状空隙充填	[m]	○	○	不要	不要	○
マンホールとの接合	[個]	○	○	○	○	○
マンホール水路との整合	[個]	○	○	○	○	○
漏れ検査	一式[m]	○	○	○	○	○
TV検査	[m]	○	○	○	○	○
更生管の変形測定	一式[m]	○	○	○	○	○
取付け後の更生材の材料試験	一式	不要	不要	不要	○	不要
コスト別作業	[h]	○	○	○	○	○

* 製管工法に類似した環状空隙のあるネップホース方式

ければならない．文献[5.6-15]によれば，特に以下が要求される．
・入札者は，示された要求を考慮して補修工法の適性を証明すること．
・入札者は，品質を自己の責任で自己監視，外部監視のもとで保証すること．
・更生材が現場取付け後，例えば硬化によって初めてその最終的な形態ないし最終状態に達する場合には，取付け済みの管から現場サンプルを採取すること．
・入札者は，保証した特性を公的試験機関によって証明しなければならないこと．

b．AGI：補修工事仕様書に関する手引き AGIの手引き[5.6-16]では，以下の区分別に記載が必要な重要な用語を定めている．
・工事に関する一般的な前書き（総論，技術的ならびに使用上の前提条件，計画資料，地盤および地下埋設物，施工，処理・処分，施工会社に求められる要件，保証，記録）．
・水替え工（技術的前文，仕様）．

5. 補　修

- 継手圧力試験，パッカによる継手注入．
- ロボットによる補修．
- 鞘管工法．
- 現場硬化型更生工法．
- バースト工法．
- Pipe-Eating.

　手引き作成時点には，補修工法の急速な進展を前にして統一的に適用し得る入札テキストの策定は，まだ不可能であると考えられていた．

c．標準仕様書　　建築・土木分野電子工学共同委員会（Der Gemeinsame Ausschus Elektronik im Bauwesen）(GAEB)は，情報処理技術活用による建築・土木分野の合理化の促進のために活動している．共同委員会には，連邦および州の各所管機関，地方自治体首長連合ならびに建築・土木関連経済・技術団体中央組織が参加している．共同委員会は，建設工事の契約，決済の電子手続きを可能とするために建設関係者が互いに協調しなければならないあらゆる分野に取り組んでいる．共同委員会の事務局は，連邦国土計画・住宅・都市建設省に置かれている[5.6-17, 5.6-21]．

　共同委員会の主要成果は，各作業部門(LB)別に区分された標準仕様書(StLB)である．この区分については，建設工事請負規定の"一般的な技術的契約条件"の区分が基本的に採用された．この区分は，例えば以下のとおりである．

　　LB 000：現場設備工
　　LB 002：土工
　　LB 006：ボーリング工，土留工，打撃・圧入工
　　LB 008：水替え工
　　LB 009：排水管渠工
　　LB 011：分離装置，小規模浄化施設
　　LB 080：道路，広場
　　LB 309：下水管渠の清掃，点検・調査
　　LB 310：下水管渠の補修

　共同委員会は，土木・建築標準仕様書の作成にあたって，標準文書は，業務委託規程(VOL)(建設工事を除く)，関連技術準則集と一致すべきことを最重要の原則とした．

　これにより標準仕様書の利用者は，標準仕様書 StLB に準じて作成した施工仕様書は，―正しい適用のために遵守すべき規則を守る限り―法的な問題は生じないことになる．

　標準仕様書 StLB の構成は，仕様書を個々の部分に分解し，これらの部分を選択・

5.6 補修工法の選定と発注

再構成して標準文章を作成することを基本原理としている．分解されたこれらの部分を技術的に完璧に，かつ専門的に正しく再構成して施工仕様書を完成することは，利用者の責任である．

下水道の維持管理分野については，これまでに2つの標準作業部門—LB 309，LB 310—が完成している．

d．標準仕様書：LB 309"下水管渠の清掃，点検・調査"　標準仕様書 StLB の作業部門 309[5.6-18]は，人が中に入れない下水管渠に限定され，以下の部門ないし作業に区分されている．

・清掃，
・点検，調査，
・排水障害物の除去，
・構造物，
・記録，
・その他の作業，
・処理・処分，
・反復，作業変更に関する記述．

図 5.6-4 に作業"高圧洗浄車 HD 方式による下水管渠の清掃"に関する抜粋を示した．

T1	T2	T3	T4	T5	単位	内容	略号No	略文
010	1					高圧噴射方式による下水管渠の清掃		管渠 高圧洗浄清掃
	0.1					洗浄廃棄物の吸上げ．洗浄廃棄物の運搬費用および処理・処分（費用は別途）		
		1				洗浄廃棄物の吸上げ．水の返送		
	2					水の回収		
	3					水の返送		
						固体の運搬費用および処理・処分費は別途に		
						最大堆積深さ[cm] 管は以下のとおり		
		1						
			0.1		m	断面積の_____% 管は以下のとおり 一清掃工程による清掃		
			02		m	管は以下のとおり		
			03		mm			
			04		m			

図 5.6-4：標準仕様書 LB 309[5.6-18]から抜粋した作業項目例

5. 補　修

標準作業ナンバー(StL-No.)は，StL-No.96 309/010 11 01 である．

f．標準仕様書：LB 310"下水管渠の補修"　　StLB[5.6-19]のこの標準仕様書も人が中に入れない下水管渠に限定されている．ここでは，もっぱら"修繕"，"更生"を内容としている．

LB 310では，発注者もしくは適切なエンジニアリング事務所によって既に工法選定が行われていることを前提としている．

現在のLB 310では，適切な実績を有し，十分に検証され，かつ実地に適用されている工法をもっぱら収録するとの方針のもとで，以下の補修工法が取り上げられている．
・注入工法，
・KJ工法，
・ロボット方式，
・修繕管工法，
・管更生工法：短管方式による鞘管工法，長管方式によるさや管工法，オメガ工法等の予備変形更生材による工法，製管工法，ネップホースライニング工法等の環状空隙を充填する工法，反転・形成工法．

その他にマンホールの補修，その他の作業(例えば，内径測定，裏込め，漏れ検査)が含まれている．

下水管渠の更新工法は，LB 009"排水管渠工"(開削工法)とLB 085"推進工法"(非開削工法)にある．現場設備工と道路作業における安全確保は，LB 000"現場設備工"の内

T1	T2	T3	T4	T5	単位	内容	略号No	略文
080						1.1.3　ロボット方式		
						縦方向亀裂または円周方向に伸びた亀裂の止水		
	2					浸入水が生じている場合には健全なしっかりした下地に達するまでエンドミルで切削し，清掃し，注入剤を圧入し，硬化後に平面研削する．注入剤については別途に報酬が支払われる．		
	1					最少切削寸法　幅/深さ　10/10 mm		
		02			m	20〜30 cmを超える個々の亀裂長さ．管渠は以下のとおり		

図5.6-5：標準仕様書LB310から抜粋した作業項目例[LB310 修繕・改築工事
　　　　(BiB；下水管渠／下水管の補修)
　　　　(標準作業ナンバー StL-No.310/080 2102)　[5.6-19]

容であり，現場で発生した廃棄物等の処理・処分は，LB 396"廃棄物処理・処分"の内容である．

図 5.6-5 に"管軸方向の縦方向亀裂または円周方向に伸びた亀裂の止水"の作業に関するLB 310からの抜粋を示した．標準作業ナンバーは，StL-No.310/08021 02 である．

5.7　費用と経済性

これまでの諸章では，維持管理上の業務―つまり，保守および清掃，管渠状態評価を含む点検・調査，構造物維持（管渠修繕）―を実施し，投資により管渠を更生，更新するための様々な技術について述べてきた．

経済性の要求は，工事費に対してだけでなく，維持管理費も同様である．だが経済性に対する検討は，費用の透明性が前提であり，施工費用と施工結果を記録し，それらを業務遂行の管理に利用する必要がある．これは個々の管渠清掃作業の費用と結果についても，技術的な目標状態を回復するための工事の費用と結果にもいえることである．管渠網の機能の持続的な保持には，すべての作業を定められた間隔で反復実施する必要がある．

維持管理上の業務とその費用の認識には，管渠網を独立した部分に編成する必要がある．本管，マンホール，取付管は，このために適切であるが，それはこれらが，通常，別々の維持管理作業の対象であると同時に，技術的な基幹データが記録され，また費用追跡の基礎となる管渠台帳の対象だからである．維持管理上の業務の管理ならびに補修投資の決定と事業化は，ともに維持管理上の業務の処理からフィードバックされる情報を基礎としている．一般に大量のデータには，最新の情報処理システムの利用が必要である．

・維持管理上の業務―清掃，点検調査―，
・修繕，更生，更新による構造物補修，
との間の専門的，経済的関連の認識は，維持管理実施フロー計画上の重要な基礎的な条件となる．採用する工法だけでなく，管理実施フローの計画も同じく管渠網供用上の経済性に大きな影響をもたらす．

下水管渠にかかる費用は，料金算定の上からも，維持管理費用と耐用期間，ならびに投資に関わる元利償還費用，例えば減価償却と利子に細分される．これらが下水道料金のうちに占める比率から，これらの相対的な意義が判明する．Pecherら[5.7-1]は，

5. 補 修

人件費と物件費（構造物維持を含む）からなる維持管理費が料金に占める比率は40〜45％で，他方，減価償却と利子からなる資本費が料金に占める比率は，60％までに達すると述べている．

すべての作業の費用をあげることはほぼ不可能であることから，以下では一定の観点から見た維持管理費の水準とその主要要素をあげることとする．さらに，維持管理における経済性向上と投資に際しての経済性チェックに関する現下の動向を指摘することとする．

5.7.1 管路の維持管理費

一般的な管渠の維持管理費をあげることはほとんど不可能である．維持管理費は，管路総延長，管渠網建設年度，排除方式，管渠網勾配によって非常に異なったものとなる．Pecher[5.7-2]は，管路総延長が約92 600 kmに達する352都市の維持管理費を分析し，下水道管渠維持管理費用は，30マルク/人・年以下から170マルク/人・年以上にまで及ぶと算出した．平均で約117マルク/人・年となり，維持管理費に人件費が占める比率は約40％である．調査された352都市の単位長さ当りの管渠維持管理費は，平均で17.14マルク/m・年であることが確認されたいくつのかの連邦州については，現行の管渠網維持管理費の信頼性チェックの必要性が指摘されている．図5.7-1は一例として示すものであるが，同図から下水道利用人口に応じて約85マルク/人・年から約50マルク/人・年までの維持管理費が現実的な水準である[5.7-3]．

ATV，状態把握に関して個々の連邦州で適用されている特別規定[5.7-5〜5.7-7]から，

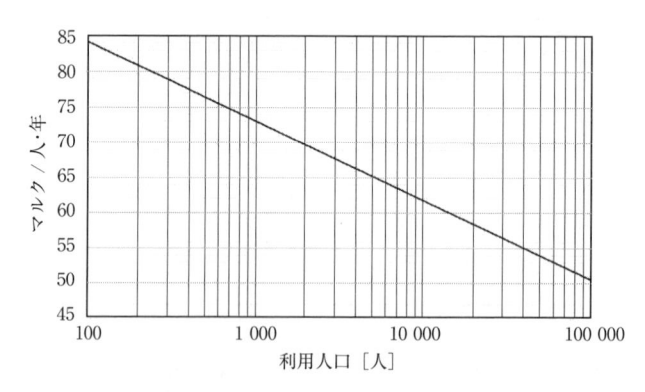

図5.7-1：利用人口と管渠維持管理費[5.7-3]

5.7 費用と経済性

　管渠清掃と管渠点検・調査は，定期的な維持管理業務である(ATV-A 147[5.7-4])．拘束力のある状態把握の間隔は(一部は点検・調査の形態に応じ)，州独自の規則にのみ定められている．ATV指針は，清掃と状態把握(4.参照)につき管渠網管理者にかなりの裁量の余地を残しており，責任を自覚しつつその間隔を十分検討し実施することにより維持管理の経済性に大きな影響を与える．

　管渠維持管理における物件費と人件費は，具体的な実施の間隔で決まり，その経済性に大きく影響する．この間隔は，現行規則の枠内で実際の必要性によるべきである．こうした必要性は，管渠清掃にあたって許容可能な堆積量から決まるが，その際，汚水管渠，合流式管渠，雨水管渠，それぞれの管渠網の位置が判断基準となる．状態把握の必要性に関しては，もっぱら管渠の位置(例えば，水源保護区域内)が判断基準とされ，それ以外では，ある一定の点検間隔から出発するのが通常であるが，さらに管渠の建設年度と状態に応じて点検間隔を定めることも考えることができる．HochstrateとSchonborn[5.7-8]は，計画的維持管理手法を決定する方法を論じており，その際，管渠現況データと点検データ，ならびに状態評価結果を踏まえて本管に予測される状態変化速度を算出している．特に新しい管渠については，竣工検査に瑕疵が認められなかった場合，その後の点検間隔を延長することの可否を検討することができる．同様に一定の建設年度グループにつき，または一定建設年度グループの平均的な本管状態と個々の本管の現状との比較から，点検間隔の短縮が必要なこともある．いずれの場合にあっても，管渠網の完全な初回点検が不可欠である(4.2参照)．

　管渠網点検が10年ごと，清掃が1年ごとに行われる場合には，毎年の清掃を点検・調査計画と関連させて行えば，その清掃と点検・調査との関連付けによって清掃費用の10％までを節減することができる．正確な作業実施計画の費用上の意義を示すのは，この例だけではない．Hemer[5.7-9]は，組織的な作業実施計画を管渠維持管理業務の必要に応じて定め，その実施を図るためのツールとして論じている．作業実施計画の組織単位は，内部からの要求(例えば，清掃，点検，修繕等に関する)を受け取り，それらから実施する作業の記録とそのデータ(作業時間，確認された堆積量，材料消費等)は，それぞれの対象に関する次の作業を最適化するために重要な意義を有している．この点で，利用可能な労働時間を完全に利用するために組織的な作業実施計画方式を利用する意味がある．不可欠なのは，作業実施計画と作業記録とを一つの管渠台帳に記載することである．分散した施設を電子情報処理ネットワークによって中央の作業実施計画と結び付けるのが有効である．

5. 補　修

5.7.1.1　投　　資

管渠の補修費用が高くなるであろうこと(5.7.2 参照)は，一時的な現象ではなく，管路施設に内在する永遠の問題であるとの認識から，
・長期的な補修計画，
・事業化における経済性チェック，
を明確に策定し実施する必要がある．いわば長期補修計画—これは中期財政計画の基礎ともなる—下で個々のプロジェクトの経済的最適化が行われることとなる．

5.7.1.2　補修計画

90 年代初めには，補修計画は，不具合除去に関して遵守さるべき期間(例えば，10 年)以内に実施するとして定められることが多かった[5.7-11]．だが，これによって設定された補修における最終的な実施可能性は，現実に対応していなかった．

Grunwald[5.7-12]は，ブレーメンの管渠網の建設年度分布を基礎として一つの手がかりを述べており，その際，補修すべき年間の管渠網延長距離の規模は，技術的耐用期間を基礎として推定されている．ドイツの都市に典型的な，1945 年以後になって初めて管渠網の大規模な建設が始まったという条件下で，その後に建設された管渠の耐用期間との関連で，現在の状況に比較してより急速な管渠網劣化が始まる期間を推定することが可能である．これから最終的に，財政計画と年間実施可能量の検討に利用することのできる十分な根拠を有する持続的な補修速度が判明する．

比較的最近の試みは，建設年度分布の他に，本管に関して予測されるその後の劣化の推定を可能とする管渠網固有の状態推移関数を算出するために管渠状態把握，その管渠状態評価の結果も利用している[5.7-13]．

図 5.7-2 に状態等級 2 から状態等級 1 への状態推移関数を示した．それぞれの経過年数に対して，状態等級 2，それより良好な状態のスパンの比率が表されている．絶対偏差を極小にすることにより年

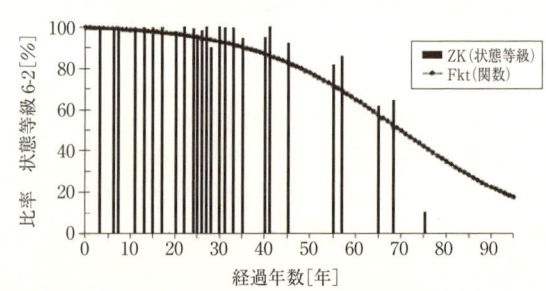

図 5.7-2：等級 2 から等級 1 への状態推移関数[5.7-13]

度の値に対する状態推移関数が見出される．図 5.7-3 にこのようにして確認し得るすべての状態推移関数の定性的な一例を示した．それぞれのスパンにつき建設年度と実際の状態等級とを基礎として統計的に期待されるその後の状態推移を予測することが可能であり，その後の状態等級推移の年数が算出される．すべての本管の当該距離の加算により，図 5.7-4 のように，予測されるその後の管渠網劣化が判明する．許容可能な状態等級を定めた後，いかなる補修速度によって目標に達し得るかを算定することが可能である．工法ごとの補修費用を考慮することにより同じく投資予測を作成することも可能である．このようにして算出される補修計画を安定した信頼できるものとするためには，完璧にして，かつ信頼し得る状態把握と状態評価である．状態推移関数を検証するために定期的な点検調査が実施されなければならない（4.2 も参照）．

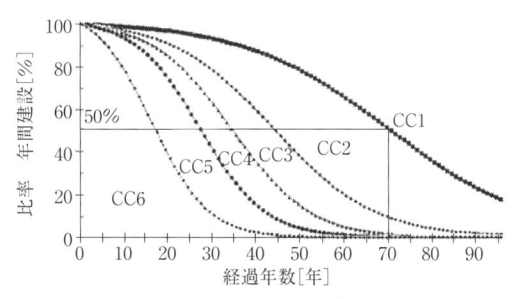

図 5.7-3：すべての状態推移関数 [5.7-13]

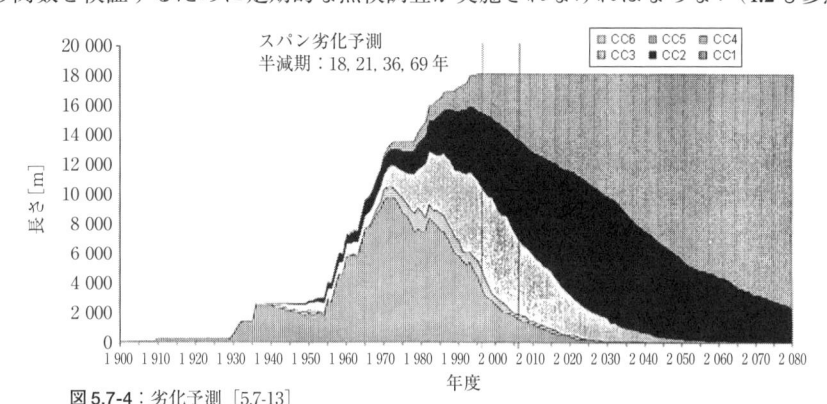

図 5.7-4：劣化予測 [5.7-13]

5.7.1.3 補修プロジェクトの経済性チェック

建設における具体的なプロジェクトの経済性チェックは，維持管理における管渠網の試験・調査に相当するものである．いずれも，設備・施設の管理者は，決定しなければならない義務を負っており，これは，最終的に他者に委譲することのできないものである．それゆえ有益な経済性チェック手法を利用することは，ますます重要であ

5. 補　修

る．費用が特にプロジェクトの初期段階において，したがって例えば工事方法の決定等にあたって大きく左右されることを図 5.7-5 は示している[5.7-14]．

　種々の技術的選択肢の経済性のチェックには，まず当該プロジェクト費用を算定し，それらを比較する必要がある．

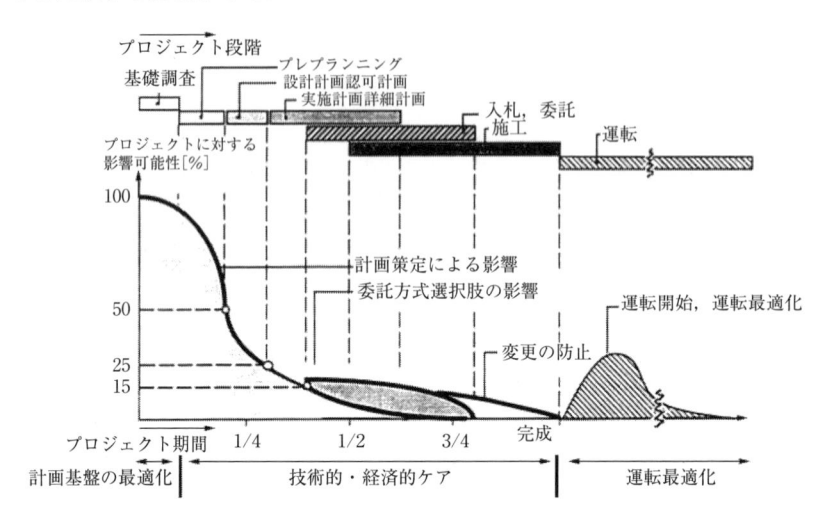

図 5.7-5：プロジェクト経過中のコスト影響要因[5.7-14]

5.7.1.4　選択肢比較のための費用算定

　開削工法による管渠工事は，最も多く選択される工事方法であり，必然的に最も多くの費用データが得られている．Pecher と Kellner[5.7-15]は，ノルトライン・ヴェストファーレン州管渠網を分析し，利用人口1人当りの管渠延長とサービス規模との相関性を見出し，図 5.7-6 に示した．Pecher[5.7-16]は，図 5.7-7 に示したように管渠工事費がサービス規模とともに増大することを指摘している．この場合の分析対象は，主として新規布設である．こうした費用増大の原因として，Pecher は，大口径管が総延長に占める割合の増加と市街地において工事費が割高

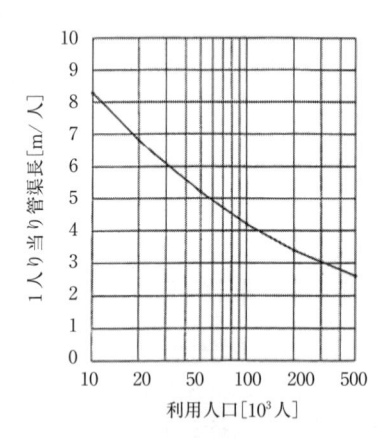

図 5.7-6：サービス規模住民1人当りの管渠延長[5.7-16]

5.7 費用と経済性

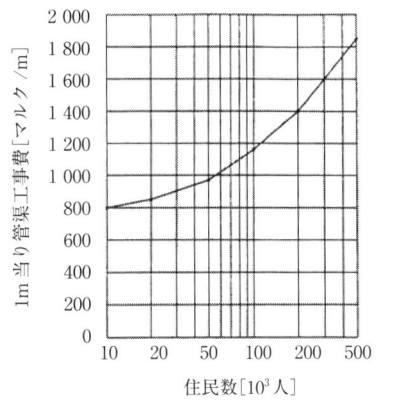

図 5.7-7：サービス規模 1m 当り管渠工事費
（価格水準 1991 年現在）[5.7-16]

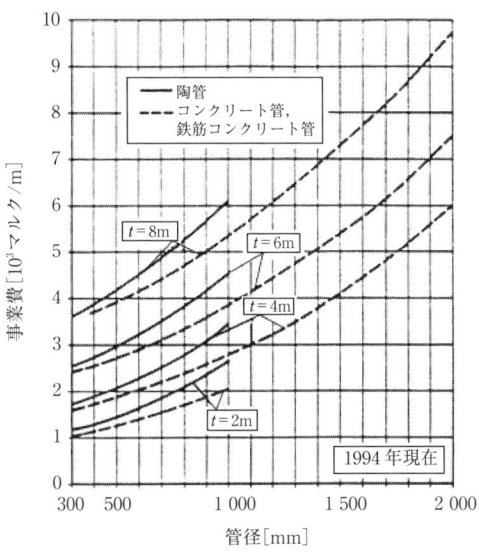

図 5.7-8：平均的な条件下（開削工法）における平均掘削深と下水管渠の 1m 当り事業費 [5.7-18]

になる（5.4.1 も参照）ことをあげている．図 5.7-8 に開削工法における布設深度と単位長さ当りの工事費を示した．更新の場合には，既存の道路構造と供用上の各種条件により新規布設に比べてより高いことが多い（1.6, 5.4.1 参照）．

管渠工事費は，施工場所ならびに施工年次に大きく影響される．その限りで前記の数値はすべて参考情報であり，個々の場合の実際の工事費は，これとは大きく相違することがある．したがって，最も経済的な選択肢の選定にあたっては，具体的な状況を基礎とした費用算定と費用評価が必要である．変動は，個々の工事方法の単位長さ当りの費用にも，工事方法間の費用比にも関わっている．

エンジニア・建築家報酬規定 [5.7-17] では，工事方法選択肢の決定とそれらの比較評価をプレプランニング段階に割り当てている．管渠補修の選択肢選定の基礎事項は以下である．

- 損傷原因の確認を含めた本管と取付管に関する管渠点検評価，現在の安定性の判定．
- 流下能力ならびに供用上の要求条件の明確化．
- 地盤，地下水に関する状況の確認．
- マンホール間距離・取付管管底高の測定・測量による確認．
- 既存の道路構造，道路復旧構造の確認，ならびに道路上作業区域の調整．
- その他の地下埋設物，既設管の確認，ならびにそれらの再布設に際する費用負担確

5. 補　修

認．
・現場対策に関する交通規制官庁と自然保護官庁等との間の事前調整．

　プレプランニングの枠内で実施される費用見積りは，実施計画で行われる費用計算に匹敵する精度を有していないのは避けられないが，それでも予測されるプロジェクト費用を重要な工種(部分作業)を基礎として算定しなければならない．種々相違した工事方法に認められる代表的な工種，例えば，

・現場設備工，
・道路復旧工，
・土工，土留工，
・管布設工，
・発進・到達立坑設置工，
・管の推進または引込み工，
・更生材の挿入工，

等と同じく以下の工事方法固有の副次作業，例えば，

・施工の一環としての清掃，点検，
・内径測定，
・本管，取付管に関する仮排水路の確保，
・その他の既設管の再布設，
・地下水位低下，
・引き込まれた更生材の切断，取付管との接続部への特殊プロファイル材の取付け，
・漏れ検査，
・工事管理関係図書の整理，
・その他の既設構造物損傷の補償，
・街路樹等への損害賠償，

を考慮する必要がある．さらにその他にエンジニアリング役務，現場工事監督，プロジェクト管理の各費用が考慮されなければならない．

　補修の各種工法の違いにより代表的な施工における部分作業の費用比率の相違が必然的に生ずる．開削工法による管渠工事について，Milojevic[5.7-18]は，表5.7-1に示した工種費用比率をあげてい

表5.7-1：開削工法における呼び径300〜500 工種別工事費比率[5.7-18]

工　種	掘削深別工種別工事費比率[%]		
	2.0	3.5	7.0
掘削および土留	33	49	70
管の供給，布設および埋戻し	15	11	6
マンホール	12	11	9
道路の取壊しおよび道路復旧	27	20	10
水替え工	13	9	5

5.7 費用と経済性

る．Stein ら[5.7-19]は，管渠推進工法につき図 5.7-9 に示した工種ごとの費用比率をあげ，他方，Grunwald[5.7-20]は，ホースライニング工法につき図 5.7-10 に示した工種ごとの費用比率をあげている．開削工法による管渠工事にあっては，道路取壊し・復旧工と土工，土留工が大きな比率を占めることが明らかであるが，他方，特に管更生工法にあっては，管渠自体の費用比率が圧倒的に大きくなっている．

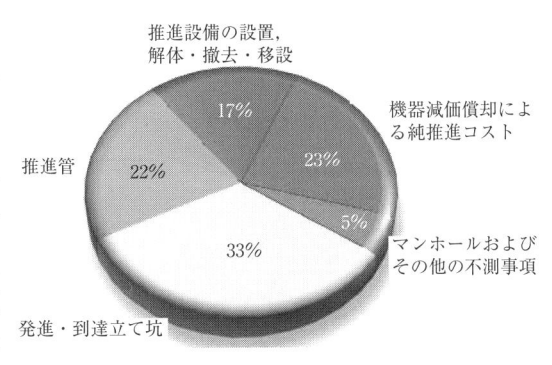

図 5.7-9：非開削工法による管渠新設または別途の布設ルートによる管渠更新の場合工種別工事費比率[5.7-19]

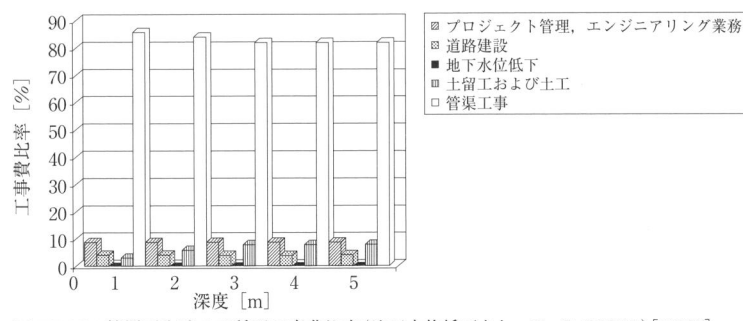

図 5.7-10：管渠更生時の工種別工事費比率（地下水位低下なし，Profit DN250）[5.7-20]

工事費は，必然的に地域のプロジェクト事情と市場の影響によって大幅に左右される．その限りで，工事方法に固有な費用もしくは特定の工事工法の有利性に関する信頼し得る一般則を述べることは不可能である．だが，そうであるとはいえ，文献から個別的な指摘を得ることは可能である．図 5.7-11 にベルリン市で実施された数多くの工事を裏付けとした管渠新規布設ないし別途の布設ルートに

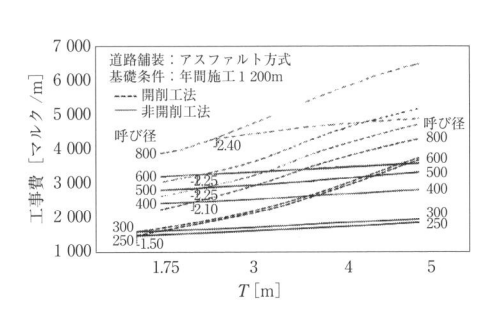

図 5.7-11：開削工法と非開削工法による管渠工事の工事費比較[5.7-21]

5. 補　修

よる管渠更新の開削工法と非開削工法との比較を示した．それによれば，既に深度3ｍから非開削工法の費用の方が基本的に有利であるとすることができる．Mohringは，その一つの大きな理由を継続した工事需要としており，これが施工の標準化と一体となって非開削技法の落札者が低費用の見積りを行い得る前提条件を作り出している[5.7-21]．

LimとBalasubramaniam[5.7-22]は，シンガポールを例として非開削工法の採用を拡大することにより費用低下を達成する可能性を述べている．図5.7-12からわかるように，非開削工法の費用水準は，1983年から1987年までの間に著しく低下しており，その後1989年までその水準にとどまっていた．

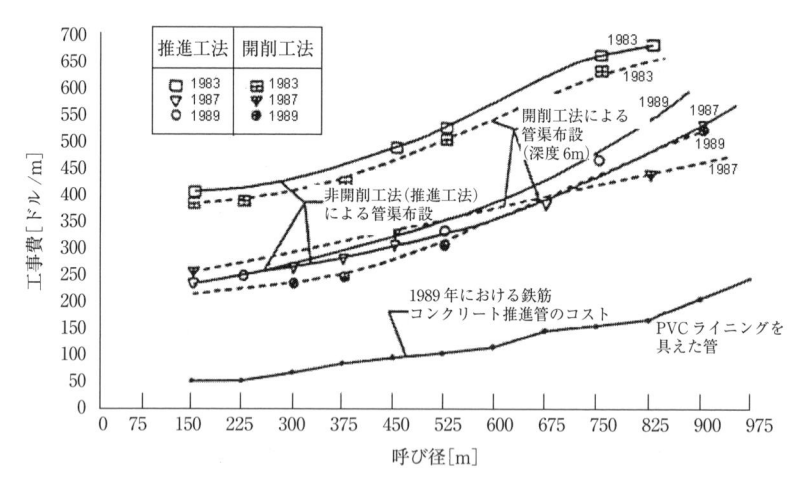

図5.7-12：シンガポールにおける開削工法と非開削工法の工事費動向[5.7-22]

図5.7-13に開削工法による更新，バースト方式での非開削工法による更新，ならびにライニングによる管更生の比較を示した[5.7-23]．この場合，ライニングはいずれの深度についても一貫して最も低費用である．Mohringが示した図5.7-11と同様に，この場合にもおおよそ3ｍの深度から非開削による更新の方が費用的に有利である．さらに，交通量が開削工法による管渠更新費用に及ぼす影響を示している．交通量が多い場合には，非開削工法は，より深度が浅い場合でも経済的に優れている．

Grunwald[5.7-20]は，典型的なモデル計算により各種工事方法の費用計算を行い，非開削工法にとって好適な条件下で，図5.7-14に示したように通常の開削工法による管渠更新を比較基準として，改築推進工法による更新と管更生による更新との費用比較をした．特に取付管の本数がきわめて少なく，道路復旧にかなりの費用が必要で，

5.7 費用と経済性

図 5.7-13：開削工法および非開削工法による管渠更新ならびにリライニングによる更生のコスト比較[5.7-23]

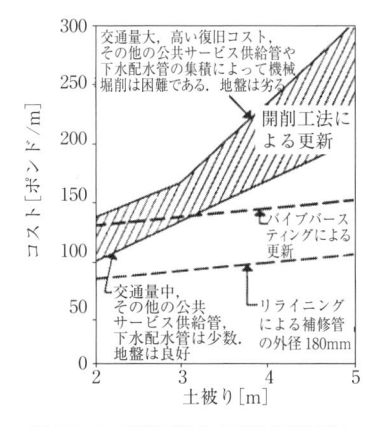

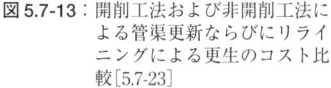

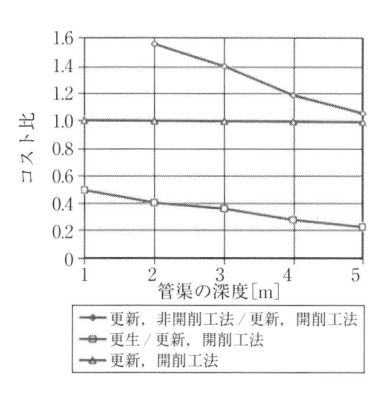

図 5.7-14：開削工法による更新と比較した非開削工法による呼び径250管渠の更新および更生のコスト比（取付管渠なし）[5.7-20]

地下水位低下が必要な場合には，非開削工法が有利であることが判明した．この場合にも，更生は一貫して最も低費用の選択肢となるが，他方，非開削工法は，通常の深度にあっては開削工法による更新よりも高費用であることが明白であり，好適な前提条件が存在する場合に深度5mから初めて開削工法による更新との経済的な同等性を期待することが可能となる．

総じて，当該損傷に応じたライニングによる更生の場合に最も経済的に有利であることが非常に多い一方で，開削工法による管渠更新と非開削工法による管渠更新との間の選択は，地域的な市場条件によって大きく左右されることを確認することができる．

取付管の補修の場合も，開削工法による更新がこれまでのところなお通常の工法である．この場合，一般にその他の管の下側を通さなければならず，これには多くの場合，費用高となる人力掘削と土留工が必要である．これに対して非開削工法による更新は，現場の条件にあまり影響されない．HelmsとMiegel[5.7-24]は，種々の取付管補修状況に関する見積り計算を行った．

土被り3mで長さ10mの取付管標準例につき発進・到達立て坑の設置を含めた単位長さ当りの費用は，約1 900マルク/mと算定されるが，これは，長さ，深さ，土質・地下水位，障害物，取付管本数の相違に応じて480〜4 200マルク/mの範囲で変化する．したがって，少なくとも好適な条件下(取付管長さが相対的に長く，取付管本数が相対的に多い場合)であれば，取付管の非開削更新は，経済的であることが判明すると

891

5. 補　修

ともに，この方法は，"ベルリン工法"(**1.9** 参照)が実現されるまで本管の非開削工法による建設の有益な補完方法であった．その際，特に中間マンホールの存在が重要である．

　小規模立て坑からの取付管の更生と，本管から取付管への更生材の挿入による取付管の更生は，単位長さ当りの費用の点で取付管の数と長さに大きく依存している．損傷が更生可能であるとの前提のもとで開削工法に比較した費用メリットは，軌道，緑地帯等の下を通す場合は，常に期待することができる．Helms と Miegel[5.7-24]も，Grunwald[5.7-20]も，ともに取付管の長い方が単位長さ当りの非開削工法の費用が低下することを示している．この点から，公用地と私有地との取付管を同時に補修する方が有利であるとの結論を出すことができる．ここで，点検・調査は，本管により多く集中しているため，取付管の補修は，なお長い目で見て引き続き本管の補修の付帯対策にとどまるであろうことも考慮する必要がある．したがって，本管の補修のみが行われる場合には，取付管は，なお長い間損傷したままとされ，最悪の場合には，その損傷は，その後本管の補修が行われるまで除去されない恐れが存在している．

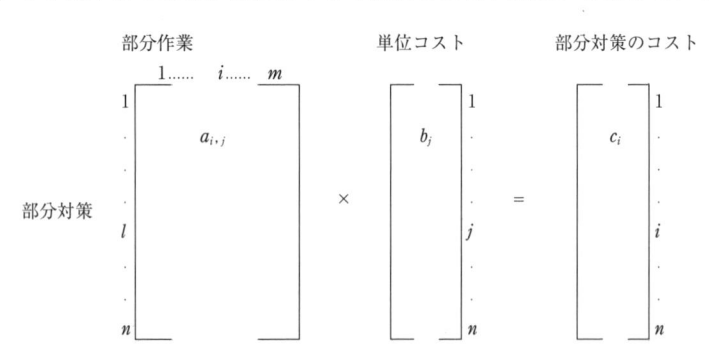

$$[a_{i,j}]_{l \times m} \times [b_j]_{m \times 1} = [c_i]_{n \times 1}$$

部分作業　　　単位コスト　　　部分対策のコスト

部分対策

各記号の意味は以下のとおりである．
　i：部分対策の経過変数
　j：部分作業ないし単位コストの経過変数
　n：部分対策の数(スパン，取付管，異なる工法，異なるコスト負担者)
　m：部分作業ないし単位コストの数(道路建設，土工，土留工，管布設，管更生，フライス作業等)
　$a_{i,j}$：部分対策 i の部分作業 j
　b_j：部分作業の単位コスト j
　c_i：部分対策のコスト
部分対策 i の直接費用総額 $K_i = c_i (1 + q_c + r_i + s_i + t_i)$
式中記号の意味は以下のとおりである．
　q：現場設備工のコスト比率
　r：エンジニアリング役務のコスト比率
　s：現場工事監督のコスト比率
　t：投資準備およびプロジェクト管理のコスト比率

図 5.7-15：管渠補修の直接費用算定フロー[5.7-20]

補修すべき本管と取付管とは異なる減価償却条件下にあるとともに，工事方法によって異なる減価償却期間が新たに設定されることから，本管・取付管別の経済性チェックを行うために独立した対策を定めることが必要である．このことは，しばしば複数の費用負担者(例えば，管渠網管理者と道路管理者)の管渠が関係していることがある点からしても裏付けられるといえよう．

本管と取付管との同時補修整備を実施するにあたっては，部分対策に対する部分作業費用の関連付けに注意しなければならない．例えば，更生材の切断と取付管への特殊プロファイル材の取付けとの関連付けによって，管渠更生の経済性は，著しい影響を受けることがある．図 5.7-15 に原理を示した費用見積りは，部分対策別の経済性チェックのための最初のデータとなる部分対策費用を提供するものであり，これは，耐用期間の相違あるいは施工の間接効果にも対応することができる．

5.7.1.5 投資決定における経済性チェック

機能的な下水排除を確保するとともに管渠網の維持，補修を行うことは，社会生活の継続性のための公的な課題である．管渠の維持管理を民間企業に委託する場合にあっても，市民に対する責務は，最終的に地方自治体に帰属している．ほとんどの場合に下水排除費用は，地方自治体の経費として，その財源は下水道使用料によっている．その他の組織形態，例えば地方自治体公営企業の場合にあっては，料金は，独自の経営計画により企業管理者の手に直接委ねられる．投資の実施に際しては，連邦または州の財政法の規定が拘束力を持つ[5.7-25]．これは，財政的に重大なプロジェクトの実施前に費用対効果のチェックを行うことを求めている．こうした要求の意図するところは，限られた公共投資資金の枠内で最終的に実現するプロジェクトが個人の最大限の効用増大をもたらすことを保証することである．個人の効用の総和—これは，国民経済を形成する個人の物的ニーズの充足として需要財供給量の増大，または需要財価格条件の改善による消費可能性の向上の形をとって現れる—は，最終的に社会的福祉の向上として表すことができる．Hanusch[5.7-26]は，国民経済的関連から生ずる費用対効果チェックの可能性を論じ，費用対効果チェックが実施さるべき以下の代表的な場合をあげている．

・個々のプロジェクトを実施すべきか否かを決定しなければならない場合．
・限られた予算の中で多数から，あるプロジェクトを選択しなければならない場合．
・互いに排他的なプロジェクトのいずれを実現するかを決定しなければならない場合．
　国民経済的な投資判定は，理論的には，決定によって影響される一切のプロジェク

5. 補　修

ト効果を含んでいる．こうしたプロジェクト効果は，文献[5.7-26]によれば，以下のように区分することができる．

- 直接(内部)プロジェクト効果：これは，プロジェクト目標と直接に関連している効果である．これは，管渠補修に際して，漏洩下水量の減少としてか，または不明水の減少による処理施設流入量の減少として現れる．
- 間接(外部)プロジェクト効果：これは，意図された効果ではなく，例えば騒音発生，有害物質発生等であり，またプロジェクト当事者以外の者の経済的負担もそうである．
- 有形効果：これは，(通常)金額に換算し得る効果である．これは，直接効果であることも間接効果であることもある．
- 無形効果：これは，金額に換算し得ない効果である．一例をあげれば，例えば都市景観または自然・景観の侵害による美感侵害である．同じく主観的な気分の変化(それとともに能率または気力の減退)も無形効果に数えることができる．

様々なプロジェクト効果を考慮した投資決定の具体化には，一連の方法を利用することができる．すべての効果が金額的に把握可能であれば，効用・費用の時価，したがって，決定時点を基礎としたそれらの金銭価値を投資判定に利用することができる．そのため，資本還元価値または年賦金として表された効用・費用差，効用・費用率，または計画期間内に効用が費用を上回る利率を基準として定めることができる．一連のプロジェクト選択肢の中で個々の基準に関して一貫して他とは異なったプロジェクトが最も有意的な解決策であることが判明する．

プロジェクトが複数の目標，または多様な効果を有している場合には，前記の決定方法の他に，非金額単位でも有効な方法が開発された．ただし，これらの方法(効用価値分析，費用・効用価値分析，オープン評価方式)について—管渠補修にあっては，プロジェクト目標の相対的に良好な具体化が可能であり，効果の多様性が限定されているとともに金額で表された決定が通常であることから—は，ここでは詳しく述べないこととする(これらの方法については文献[5.7-27, 5.7-28]を参照)．

だが，管渠補修プロジェクトを前述した典型的な決定モデルのもとに一括してしまうことには，問題があると考えなければならない．公的な管渠網管理者であれ，私的な管渠網管理者であれ，管渠不具合が実際に確認された場合は，プロジェクトを実施しない旨の最終決定を下すことはできないからである．課題は，むしろ，既に損傷している管渠について限られた予算で多くのプロジェクトを実現することにあり，こうした場合に工事方法の選択が経済性に影響するのである．経済性とは，実現すべき一つのプロジェクトに関する選択肢間の選定から生ずるものであり，プロジェクトを実

現すべきか否かの問題の可否決定から生ずるものではない．不具合のない管渠については，維持管理費用（構造物維持を含む）と，それに影響する投資費用は，最少限度とされなければならない．

　管渠補修は，通常，国民経済を形成する個々の主体の効用水準の引上げを実現するものではなく，せいぜい環境リスクや物損リスクの低下を実現するものとして解することができるにすぎない．それゆえ，管渠補修プロジェクトに関連した決定にあたっては，国民経済的な考慮ではなく，できるだけわずかな資金投下で安定した供用を保証する管渠網状態を維持することを狙いとした経営経済的な考慮を出発点としなければならない．対策主体は，投資によってその生産性にプラスの影響を得ることはほとんどなく―せいぜいその活動費用を低下させることができるにすぎない．その限りで前述した決定方法のうちで考慮に値するのは，効用・費用差の考察のみであり，これは効用の大きさがゼロ貨幣単位であっても解決をもたらすこととなる．以下では，この方法を詳しく説明する．

　ただし他方で，"下水排水"という業務の公共的性格からして，直接効果と費用を考えるだけでは必ずしもすべての決定ケースにとって十分ではないことも見逃してはならない．間接効果に大きな相違を予測させるプロジェクト実現方法が競合している場合には，少なくとも費用換算した間接効果が工事方法間の（直接）費用の差を大幅に上回る限り，同効果を考慮することは有益である．それゆえ，金額で見た間接効果差を同じく選定プロセスに組み入れることは適切であるのみならず，必要でさえあるといえよう．またさらに，決定主体は，開始される工事対策の間接効果との関連で，ますます特定の工事方法を選択するよう動機づけられるということも確認することができる．したがって，選定を行うにあたって，間接効果を考慮し得るということはいくつかの理由からして有用であるといえよう（**5.6.2** も参照）．

5.7.1.6　現在価値計算と年賦金計算の方法論

　管渠補修プロジェクトの工法選択肢は，投資費用が異なっていて耐用期間が相違していることが多い．異なった支払時点の評価を可能にする動態的投資計算を利用し，すべての支払いを一つの基準時点を基準として割り引いて考え，これによって支払い時点の異なる投資を評価することができる．選択肢の効用同一性から出発すれば，現在価値または年賦金を基礎とした費用比較に考察を帰着させることができる．直接効果に関して費用換算可能な効用差が存在する場合には，それは，費用換算可能な間接効果の効用差と同様に費用比較によって考慮することが可能である．

5. 補　修

州共同研究委員会≫水≪(LAWA)は，"費用比較計算指針"[5.7-27]によって動態的投資計算法としての現在価値計算や年賦金計算を実地に即して解説した．この方法を適用し得る前提条件は，考察される選択肢の効用同一性である．管渠補修に関していえば，これは，まず選択肢が同じ期間にわたって下水排水機能を有すると同時に，同等な機能的特性(排水能力，貯留等)を有することを意味している．典型的な比較，例えば管更生材を用いたライニングによる管渠補修の比較にあたっては，一般に機能的な効用同一性から出発することが可能である．貯留に関する有意的な相違は，この機能を別途方法—例えば，雨水調整池の設置—によって設ける場合の費用を基礎として比較に組み入れることができる．各補修方法施工後の年間供用費用に関する調査・研究は，これまでのところ行われていない．しかしながら実際の供用にあたって，管渠清掃に関しては，ほとんどの場合に補修方法との有意的な関連を示さず，むしろその地域における排水事情との関連を示している．管渠点検間隔も同じく一般に補修工法に依存していないといえるであろう．予測される構造物維持費用の相違は，耐用期間の決定にあたって考慮される必要があろう．最も経済的な選択肢は，多くの場合，年間供用費用(清掃，点検，構造物維持)を考慮しなくとも選定することが可能である．

支払い時点の考慮は，—より後の時点に行われる同額の支払いは，必要な貸付金借入れに際する利子等の金融費用が低減するか，または現存資本が拘束されないかする点でより低く評価される—旨の考え方に基づいて行われる．この経営経済的に通常の投資決定方式[5.7-44]は，料金影響費用を最少化し，支払時点を評価しない静態的投資決定方式に比較して，固定された投資予算で相対的に耐用期間の短いより多くのプロジェクトを実現する傾向を有している．これは，特に限定された予算で数多くの管渠損傷の補修を実現するのに有益である．選択肢の評価には，それぞれの現在価値が以下の一般式に従って算出される．

$$B_W = DK$$

ここで，B_W：現在価値[マルク]，D：割引率(利率，物価上昇率，支払期間)，K：費用．

費用は，1回払いとしても，年賦払い(使用費用)としても生じ得る．現在価値に基づく評価と同様に年賦金(年間費用)を使用することも可能であり，これも同じ結果をもたらす．

$$A = DK$$

ここで，A：年賦金[マルク/年]．

5.7 費用と経済性

年賦金計算は，プロジェクト選択肢の相対比較に利用され，投資から計算した料金とは数値的に一致しないことを指摘しておかなければならない．当該割引率は，**表 5.7-2**[5.7-27]に式としてあげられている．その式から，利率，支払い時点または選択肢の耐用期間のそれぞれの意義が判明する．高い利率によって基本的に有利となるのは，低い投資で相対的に短い耐用期間が期待され，かつ一定程度まで相対的に高い供用費用を要する選択肢である．

動態的投資計算の方法パラメータの決定は，ほとんどの場合に工事実施主体に委ねられている．利率の選択については，異なった勧告が見出される．例えば，LAWA[5.7-27]は，国民経済的視点から約3％の実質利子率を推奨しているが，他方，Orthと Knollmann[5.7-29]は，見かけ利子率の値も考慮しており，これはおよそ6％である

表5.7-2：年賦金計算の割引率 [5.7-27]

所与：K 時間軸 0 年 0 求値：$X = K \times$ 率	財政数学的換算率	
	率	名称
（K一括，Xで）	$AFAKE(i;n) = (1+i)^n$ 利率 i（絶対）， 例えば，3％ = 0.03 の場合	1回払い費用の累積率
（X一括，Kで）	$DFAKE(i;n) = \dfrac{1}{(1+i)^n}$	1回払い費用の累積率
（K一括，X均等年払い）	$KFAKR(i;n) = \dfrac{i(1+i)^n}{(1+i)^n - 1}$	資本回収率
（K均等年払い，X一括）	$AFAKR(i;n) = \dfrac{(1+i)^n - 1}{i}$	均等年払いの累積率
（K均等年払い，X一括）	$DFAKR(i;n) = \dfrac{(1+i)^n - 1}{i(1+i)^n}$	年次逓増払いの割引率
（K逓増払い，X一括）	$DFAKRP(r,i;n) =$ $(1+r) \dfrac{(1+i)^n - (1+r)^n}{(1+i)^n (1+r)}$ 年次逓増 r（絶対）， 例えば，2％ = 0.02 の場合	年次逓増払いの割引率

5. 補　修

といえよう．

　LAWA ならびに ATV-A 133[5.7-30]は，下水道設備・施設の耐用期間ないし減価償却期間の指摘を行っている．ただし，新規布設管渠については，50～80(100)年という非常に長い期間があげられている(2.1 も参照)．管渠補修については，GSTT[ドイツ非開削技術協会(Deutsche Gesellschaft fur grabenloses Bauen und Instandhalten von Leitungen e.V.)]が文献[5.7-31]に管更生工法に関して 50 年までに達する耐用期間をあげている．大きな裁量の余地と材料，工法の不確実性とに鑑み，工法選択肢に関してその絶対的期間と同様に現実的な耐用期間を決定することが有益である．

　それぞれの耐用期間がたび重なる再投資の後に初めて一つの共通な計画期間となるような場合には，選択肢の効用同一性を方法的に保証することは困難であり，これは，例えば耐用期間 35 年の更生と耐用期間 65 年の更新の場合に当てはまるであろう．LAWA は，観察期間を個々の耐用期間の最小公倍数とすることを推奨している(図 5.7-16)が，他方，Orth[5.7-32]は，耐用期間の相違から生ずる残存価値を動態的投資計算の視点から考慮する割引率を定式化している．耐用期間 N の投資につき，計画期間 L，利率 i に対する現在価値 B_W は，以下のとおりである．

$$B_W = DFRW(i\,;\,N\,;\,L)K$$

割引率は，以下によって決定される

$$DFRW(i\,;\,N\,;\,L) = \frac{[1-(1+i)^{-N}]}{[1-(1+i)^{-L}]}$$

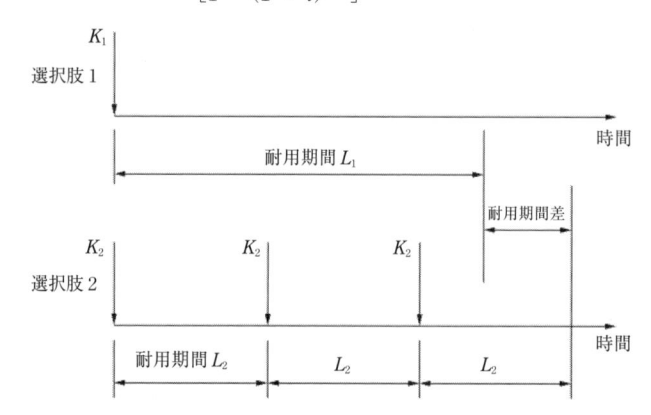

選択 1 の現在価値：$B_{W1}=K_1(1+\cdots)$
選択 2 の現在価値：$B_{W2}=K_2[1+D(i\,;L_2)+D(i\,;2\times L_2)+\cdots]$

図 5.7-16：多重投資による残存耐用期間の考慮

ここで，$DFRW$：割引率，i：利率，N：計画期間，L：耐用期間．

物価上昇率が考慮さるべき場合につき，Orth は，以下の割引率をあげている．

$$DRFW(i\ ;\ r\ ;\ N\ ;\ L) = \frac{1 - \frac{1+r}{(1+i)^{-N}}}{1 - \frac{1+r}{(1+i)^{-L}}}$$

ここで，r：物価上昇率．

年賦金は，Orth の割引率を用いて，

$$A = \frac{i\ (1+i)^n}{(1+i)^n - 1} B_W$$

によって算出されるが，この場合，**表 5.7-2** の趣旨の変数が使用されなければならない．

5.7.1.7　パラメータ変化が経済性チェックの結果に及ぼす影響

前段で述べたように，動態的投資計算の方法におけるパラメータの決定には，かなりの裁量余地が存在している．**図 5.7-17** に利率と耐用期間が相違している場合の Orth[5.7-32]の式を基礎とした 50 年の計画期間に関する割引率を示した．Grunwald [5.7-20]は，選択された計画期間と結果とが無関係であると判定している．

現在価値 B_{W_E} の更新は，以下の条件下で現在価値 B_{W_E} の更生に比較して経済的である

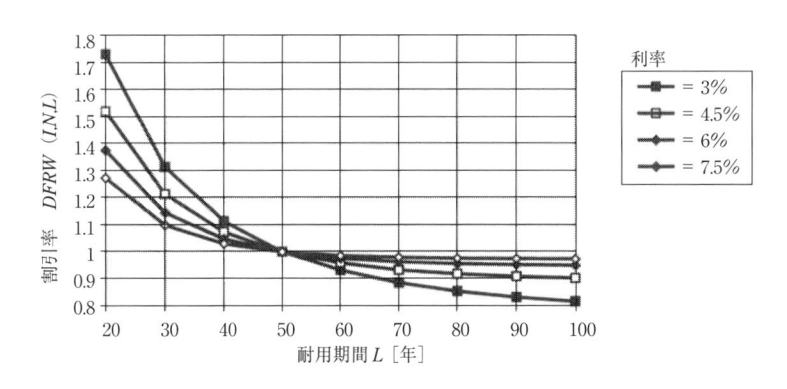

図 5.7-17：耐用期間と利率および割引率の関係[5.7-20]

ことは明らかである．

$$B_{W_E} < B_{W_R}$$

ここで，B_{W_E}：$DFRW_E\ K_E$，B_{W_R}：$DFRW_R\ K_R$とすれば，更新の経済性の前提条件は，以下のとおりである．

$$K_E < \frac{DFRW_R}{DFRW_E} K_R$$

したがって，耐用期間80年の更新の投資費用は，"投資100 000マルク／耐用期間40年"の更生選択肢に比較して利率が3％であれば，約130 000マルクに達することができようが，他方，利率が7.5％であれば，約105 000マルクしか許容されないであろう．

5.7.2 管渠の補修における間接費用

公共の下水道管渠は，必然的にほぼ公用地内に布設されている（1.11参照）．これらの公用地—これらはほとんどの場合，公共交通に供されている道路である—は，きわめて多様に利用されている．管渠の補修の工事現場は，工事方法に応じ多かれ少なかれそうした利用と抵触する．排気公害，騒音公害，さらに用地不足と結び付いて現在に至るまで絶えず増加しつつある市街地交通，様々な企業の交通依存性および管渠建設事業は，多くの場合に互いに競合するものとして対立している．こうした事情から工事方法の選定基準に間接効果を組み入れることがしばしば求められることとなる．

費用負担者に経済的負担を課し，予算もしくは計画によってまかなわれる補修事業は，直接的な工事費用の他，これとともに状況に応じて，例えば小売り営業や道路交通への影響，騒音・有害物質の放出，道路舗装残存耐用期間への影響，直接には規制されなかった街路樹被害等，建設工事主体の経済的負担とはならず，むしろ補修事業の間接費用，もしくは外部費用と称することのできる一連の不利益をもたらす影響面をも予測しなければならない．

主観的な迷惑感に関する統計的調査，または個々の影響面に関する具体的な調査データは，ドイツについてはこれまでのところ得られていないが，パリでは，管渠布設公共工事を行っている6箇所の工事現場に関するアンケート［5.7-33］を行った結果，回答者の40％以上が極端に，もしくは非常に迷惑を感じているということが明らかとなった．その際，最も迷惑な側面としてあげられたのは，振動と結び付いた騒音，ゴミ，

粉塵，交通障害であった．代表調査ではないが，ある調査結果によれば，回答者の70％以上が工事による被害を低下させることができれば，公共供給サービスや下水・排水処理サービスの料金引上げを受け入れる用意があると考えていることが判明した．

1985年にイギリスで政府の委託を受けて実施され公表された調査[5.7-34]の結果は，路面で実施された約300万箇所の工事現場につき交通関係者の間接費用を3500万英ポンドとしている．特にこの調査が引き金となって1991年に"New Roads and Street Work Act"が議会で可決されたが，同法は，交通圏内における工事現場の調整を規制するものであり，同時に道路空間の使用料金に関する議論を巻き起こす元となった[5.7-35]．これに続いて，イギリスでは，管渠建設事業の間接効果を論じたいくつかの論文が現れた[5.7-36～5.7-40]．これらに共通している主張は，総合経済的な視点からプロジェクト決定を行うべしというものであり，これらの主張の基軸をなす視点は，道路交通に対する影響に向けられている．

Thomson[5.7-37]は，管渠の補修事業の様々な側面を総合的に記述している．彼は，直接費用，間接費用，社会費用の区別を行い，直接費用には計画費用，建設費用，ならびに供用費用を含め，間接費用には沿道事業所の売上高減少による損害，その他の設備・施設に関する損害，ならびに道路舗装耐用期間の低下または道路維持費の増加による損害を含めている．社会費用は，交通障害，事故件数の増加，一般的な福祉の低調化，ならびに環境負荷の高まり（騒音，振動，大気汚染）から生じる．とりわけVickridge[5.7-38]，Boyce & Bried[5.7-39]は，いくつかの側面に関する一般的な費用換算式をあげている．

ドイツの様々な刊行物も同じく目下の議論を反映している．Krier[5.7-41]は，効用価値分析のうちで，以下の側面，すなわち工期，施工面，保護財，騒音，振動，交通迂回，現在価値，流下能力，取付管の接続，維持費用を論じている．Hausmann[5.7-42]は，近隣公害（騒音，粉塵，排気），交通障害，ならびに樹木・緑地帯の保護等の側面をあげている．Stein[5.7-43]は，"新たな建設事業による環境被害ならびに国民経済における総費用の最少化"を共同溝の長所としてあげ，それによって個々の管渠建設事業の目的が等しく実現されることを論じている．

Grunwald[5.7-20]は，企業の損失，交通関係者の損失，騒音，有害物質放出，道路舗装の残存耐用期間，街路樹の損傷の各側面につき費用換算式を提案しているが，これについて以下に簡単に触れておく．

間接効果の費用換算には，時間的に変動するデータ（例えば，自動車の有害物質排出量，小売商の売上データ）に依存した多数の仮定が必要であり，直接費用に影響を及ぼす建設工事価格が費用計算のために不断に適正化されなければならないのと同様に，

5. 補　修

間接費用を算定するための入力データも絶えずリニューアルされることが必要である．

5.7.2.1　小売業に対する影響

　管渠建設事業によって最も大きな被害を受ける経済部門は，小売業であるといえよう．国民経済的に見れば，実際に個々の商店の売上げ減少による不利益は，競合する他の店舗によって需要が充足されることを考えると，無視し得るといえるとしても，建設事業によって存続の危機を招くことは，実際の目的ではあり得ない．これは，少なくとも経済的に是認し得る価格の別途工法によって間接効果の低下を期待できる場合に当てはまるであろう．

　したがって，国民生産に対する寄与を表す個々の商店の純付加価値生産が影響を判定する尺度として提案されている．純付加価値生産は，売上高から材料費，生産要素の減耗分，外部の役務に関わる費用，ならびに当該租税を差し引いて得られる．これには，企業利益も従業員の賃金・給与もともに包括されている[5.7-44]．

　個別的な調査が実施できない場合には，事業所面積や作業員数を基礎とした売上高を調査した州統計庁のデータを補助的に利用することが可能である[5.7-45]．純付加価値生産は，これから純付加価値生産率 w_q を乗じて明らかとなる．売上高減少が個別的に予測されることから，固定費用分を基礎とした純付加価値生産減少は，不釣合いに大きなものとなる．

　総純付加価値生産減少は，年間300営業日，週6営業日，週5就業日として工事進度によって以下のとおりとなる．

$$\Delta W_S = \sum_i \frac{d_j\, G_{F_i}\, w_q\, \delta_u\, (1-\varepsilon_{FK})^{-1}\, 0.004\, L}{v_{\text{con}}}$$

$$\Delta W_S = \sum_i \frac{e_j\, M_{A_i}\, w_q\, \delta_u\, (1-\varepsilon_{FK})^{-1}\, 0.004\, L}{v_{\text{con}}}$$

ここで，ΔW_S：純付加価値生産減少額[マルク]，d_j：部門jの事業所面積を基礎とした売上高[マルク/m²・年]，e_j：部門jの就業者数を基礎とした売上高[マルク/就業者数・年]，G_{F_i}：事業所iの事業所面積，M_{A_i}：事業所iの従業員数，w_q：純付加価値生産率，δ_u：施工によって予測される売上高変化，ε_{FK}：売上高に占める固定費用分，L：補修区間距離[m]，v_{con}：工事進度[m/日]，i：小売り商の変数．

5.7.2.2 交通関係者の損失

交通障害による間接費用は，交通関係者の負担となる．これについては，交通計画のために開発された数式により算定するのが有益である．"道路建設に関する指針-RAS"[5.7-46]，ならびに連邦交通計画に関する刊行物"交通投資の総合経済的評価"[5.7-47]で費用項目とそれら費用の数量化に関する詳細を述べている．そこでは，種類別道路に関する速度関数，基準車両グループ，代表的なデータ，費用算定数式が扱われ，以下の車両グループ，費用項目が計上されている．
・車両グループ：個人乗用車，営業用乗用車，バス，トラック，トレーラトラック．
・費用項目：車両維持費用(減価償却，利払い，駐車保管，一般費用)，運行費用(時間依存人件費，基礎使用費，速度依存燃料消費費用)．

費用算定式は，以下のとおりである．

$$K_v = \sum_a \sum_b (K_{FV,\text{inter},a,b} - K_{FV,\text{act},a,b}) + (K_{BF,\text{inter},a,b} - K_{BF,\text{act},a,b})$$

ここで，K_v：交通関係者の損失費用，$K_{FV,\text{inter}}$：交通障害状態における車両維持費用，$K_{FV,\text{act}}$：交通障害が発生しない状態における車両維持費用，$K_{BF,\text{inter}}$：交通障害状態における運行費用，$K_{BF,\text{act}}$：交通障害が発生しない状態における運行費用，a：考慮さるべき部分区間の変数，b：車両グループの変数．

それぞれの費用は，車両交通量，走行時間，走行距離，工事期間に依存している．

5.7.2.3 騒音による間接費用

工事に起因する騒音は，交通条件の変化，ならびに工事に使用する機器の騒音が原因である．その費用算定にあたっては，多くの都市で家賃水準として調査されている賃料を利用することができる．交通騒音下の種々の住宅に関する賃料を調査することも可能である．

交通騒音は，測定が行われていないか，もしくはそれが不可能であれば，交通計画から既知の算式を用い，道路タイプ，建物の状況と相関させて推定することができる[5.7-46, 5.7-47]．建物列が沿道から奥に向かって順次配列されている場合には，通常，最前列の建物を考察すれば十分である．

工事機器騒音を数量化することは，工法選択肢の選定を前にして最終的に使用される機器がまだ定まっていないこと，さらに，使用機器が定まっていたとしても，使用中の機器騒音レベルならびに機器使用時間に関して不確定要素が多いことから困難で

5. 補　修

ある．管渠更新の非開削工法と開削工法とが比較される場合にも，工法の相違に関わらず騒音発生機器の音響出力レベルと工事期間を基礎とした当該機器の見込み使用時間率とが想定されなければならない．

工事機器の近隣騒音レベルは，一定の建物前面を基準にして，以下のように概算される．

$$L_{P\text{Bg},i,m} = L_{WA} - 20 \log \frac{r_2}{r_1}$$

ここで，$L_{P\text{Bg},i,m}$：工事機器 i による建物 m の近隣騒音レベル，L_{WA}：工事機器の音響出力レベル，表面積 1 m² 半球(半径約 0.4 m に相当)を基礎として計算された音圧，r_1：音響出力レベルの基礎とされた球表面積の半径(0.4 m)，r_2：当該建物前面と工事機器使用箇所との間隔．

道路交通ならびに工事機器からの近隣騒音レベルは，文献[5.7-48]に準拠して以下のように算定される．

$$L_{P(\text{veh}+Bg,i),m} = 10 \log(10^{0.1 \cdot L_{P,\text{veh},m}} + 10^{0.1 \cdot L_{P\text{Bg},i,m}})$$

ここで，$L_{P(\text{veh}+Bg,i),m}$：自動車騒音と工事機器騒音 i との重複から生ずる建物 m の近隣騒音レベル，$L_{P\text{veh},m}$：下記自動車交通から生ずる建物 m の近隣騒音レベル = 10 log (0.06DTV) + b_m，DTV：平均日交通量，b_m：建物状況に応じた騒音定数，文献[5.7-46]に準拠，$L_{P\text{Bg},i,m}$：工事機器 B_{gi} から生ずる建物 m の近隣騒音レベル．

技術指針の騒音(TA 騒音)[5.7-49]に準拠して，工事期間にわたる判定レベルは，以下のように推定される．

$$L_{P(\text{veh}+Bg,i),m} = L_{P\text{ref}} + 10 \log[(1/T) \sum (k_i t_{L_{P,i}})]$$

ここで，$L_{P(\text{veh}+Bg,i),m}$：建物 m につき全工事期間にわたる自動車交通と工事機器による判定レベル，$L_{P\text{ref}}$：計算基準レベル，例えば 60 dB(A)，k_i：レベル差の評価係数．実際の騒音レベルの ΔL_{Pi} は，選択された基準レベルに関する $L_{P(\text{veh}+Bg,i),m}$ または $L_{P\text{veh},m}$，期間 $t_{LP,i}$ 中の $L_{P\text{ref}}$．評価係数 k_i は，$k_i = 10^{0.1 \Delta L_{Pi}}$ によって計算することができる．$t_{LP,i}$：騒音レベル $L_{P(\text{veh}+Bg,i),m,n}$ または $L_{P\text{veh},m,n}$ の持続時間，T：影響総持続時間．

前記の方法で交通障害が発生した状況に関する判定レベルを計算し，交通障害が発生していない状態の道路交通に起因する騒音レベルと比較することができる．さらに，その他に工事期間が決定されなければならない．家賃と交通騒音との相関性に関する地域データが得られていない場合には，おおよそ騒音増加 1 dB(A)ごとに 1.3 ％の賃

5.7 費用と経済性

料低下を見込むことができる[5.7-50].
　一般的な費用算定式は，以下のとおりである．

$$K_{\text{noise}} = \Sigma_{\text{road}} \Sigma_m (K_{\text{noise, Bg+veh}} + K_{\text{noise, veh, dist}} - K_{\text{noise, veh, act}})$$

ここで，K_{noise}：管渠工事の騒音による損失費用，$K_{\text{noise, Bg+veh}}$：工事期間中の自動車交通と工事機器の騒音による家賃低下損失費用，$K_{\text{noise, veh, dist}}$：工事期間中の自動車交通の騒音による家賃低下損失費用，工事機器の影響がない道路においてのみ，$K_{\text{noise, veh, act}}$：工事未実施時の自動車交通の騒音による家賃低下損失費用，m：沿道建物の変数．

5.7.2.4　有害物質排出による間接費用

　有害物質排出は，交通関係者の損失との関連で算定される燃料消費に応じて発生する．下記算定式における被害の対象は，人，植生，建物である．内燃機関による排出は，一酸化炭素当量(COE)に換算され，健康，建物の被害については，12.00マルク/トン-COEの評価額で，市街地の植生の被害については，3.50マルク/トン-COEの評価額で評価される[5.7-47]．これらから以下の算定式が導かれる．

$$K_{\text{Poll},b} = \sum_b (0.16\, K_{VB\text{ car},b} + 0.32\, K_{VB\text{ bus},b} + 0.25\, K_{VB\text{ Lor},b} + 0.32\, K_{VB\text{ Z},b})$$

ここで，$K_{\text{Poll},b}$：有害物質排出の間接費用[マルク]，$K_{VB\text{ car},b}$：車両グループPKW[乗用車]の燃料消費[L]，$K_{VB\text{ bus},b}$：車両グループ[バス]の燃料消費[L]，$K_{VB\text{ Lor},b}$：車両グループ[トラック]の燃料消費[L]，$K_{VB\text{ Z},b}$：車両グループ[トレーラトラック]の燃料消費[L]，b：区分区間の変数．

5.7.2.5　道路舗装残存耐用期間に対する影響

　管渠補修事業は，必然的にほとんどの場合既存の道路で実施されることから，開削工法による更新が行われる場合には，道路舗装に影響することになる．文献中には様々な指摘が見出されるが，それによれば60％までに達する舗装残存耐用期間減少が指摘されている[5.7-33, 5.7-37]．開削工法に起因するこの間接費用を工法選定に組入れる必要がある場合には，まず道路舗装の構造と建設年度が調べられ，続いて残存耐用期間の予測を行われなければならない．費用算定は，動態的投資計算法に基づき以下の式により行うことができる．

5. 補　修

$$K_{FB} = K_{FB,\,new}\left[D_F\left(I,N_1\right) - D_F\left(I,N_2\right)\right]$$

ここで，K_{FB}：道路舗装耐用期間減少による間接費用，$K_{FB,\,new}$：更新費用，$D_F(I,N_1):=(1+I)-N_1$，早期に実施された車道更新時点に対する割引率，$D_F(I,N_2):=(1+I)-N_2$，本来必要な車道更新時点に対する割引率，i：利率，N_1，N_2：支払い時点．

管渠も道路舗装もともに補修が必要な場合には，補修を同時に実施することにより開削工法の効用が生じ得る．

5.7.2.6　街路樹の被害に対する間接費用

特に開削工法による管渠更新で街路樹の近傍を堀削する場合には，根や枝の切断，または地下水位低下，あるいは土壌圧縮による街路樹被害がたびたび認められる（1.12参照）．被害が建設事業主体によって直接補償されない限り，街路樹の植替え時期を前倒ししなければならないか，街路樹の機能が十分でなくなるためにしばしば間接費用が発生する．

Koch[5.7-51，5.7-52]の実質価値方式は，樹木損害に関して多くの訴件において裁判所で認められた費用算定方式である．その出発点は，民法典（BGB）であり，同法典は，§94で樹木を土地の本質的構成部分として定義しており，これにより樹木被害にも損害賠償義務が生じることとなる．費用算定は，樹木が当該被害を受けた機能を引き受けることができるまでの樹木育成費用と考えている．この育成価額は，代替樹木（これは被害を蒙った樹木よりも若く，かつ小さくてもよい）の取得費用，その運搬，植付け，根づきリスクに関わる費用，ならびに最終的な機能を達するまでの育成期間全体にわたるリスクを含めた年間手入れ費用を包括する．全損でない場合には，被害度，被害直後，ならびにその後の期間に必要な対策費の見積りが行われなければならない．すべての費用は，支払い時点に応じて利率変動に付されなければならない．

費用算定には，場合により特別な専門的鑑定が行われる必要があろう．

5.7.2.7　予測される間接費用

管渠建設事業による間接費用は，地域的事情とその他の入力データによって大幅に左右される．その算定は，以上に述べた各算式を使用しても直接費の計算の精度を期待することは不可能である．

5.7 費用と経済性

Grunwald[5.7-20]は，先にあげたそれぞれの費用算定式を用い，特定の状況を仮定して，補修 1 m 当りの間接費用の推定を行った．これにより各種工事方法の直接費用の差との比較も可能となる．沿道小売業の純付加価値生産減少ならびに交通渋滞と迂回による損失が最も重大な影響を受けることが判明する．**図 5.7-18** に予測される間接費用レベル―これはどのような場合でも同じであるわけでない―と開削工法や非開削工法による更新の費用差を比較対照的に示した．

直接費用の差を示した上側の線は，非開削工法にとって不適な条件の場合であり，他方，下側の線は，非開削工法にとって好適な条件の場合である．工事の間接費用を考慮する場合には，非開削工法にとって不利な前提条件下にあっても，非開削工法の選定に有利な影響がもたらされることが明らかである．ただし，Grunwald は，間接費用を回避するための工事費用の追加が下水道使用料金を低下する効果については疑問としている．

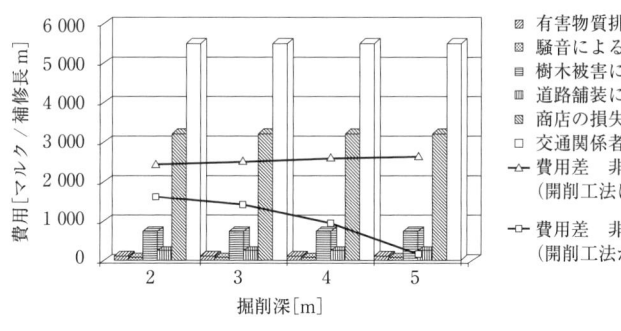

図 5.7-18：一定の仮定条件のもとでの直接費用と間接費用の比較[5.7-20]

6. 水源保護区域の管渠：保全に求められる特別な要件

6.1 総　論

　水源保護区域の管渠については，環境保護のためにその機能的信頼性ならびに当該設備・施設の計画，施工および保全に関して高度な要件が求められる．その第一歩はATV-A 142"水源保護区域内の排水管渠"[6-1]によって踏み出された．その他にドイツ連邦共和国の各州により独自の規則ないし要件が策定された．一例をあげれば，以下のものである．
・水源保護区域の下水管渠に関する要件：保護区（地区Ⅱ）バーデン・ヴュルテンベルク州[6-2]．
・水源保護区域の下水道設備・施設の施工および検査に関する規則：ノルトライン・ヴェストファーレン州[6-3]．

　以下では，これらの命令および準則を基礎として水源保護区域における下水道の新規布設と保全について述べる．

　ここでは，下水道の新規布設を論ずるが，それはこれが更新による損傷除去のひとつでもあるからである（5.4参照）．

6.2 水源保護区域の定義

　DINに水源保護区域は，以下のように定義されている（DIN 4046[6-4]）．
　"取水施設のある流域または流域の一部であって，水質保護のために利用を制限している区域"．
　DVGW指針 W 101[6-5]では，水源保護区域が通常3つの保護区に細分される．

6. 水源保護区域の管渠：保全に求められる特別な要件

・保護地区Ⅰ：水源区域，
・保護地区Ⅱ：狭域保護区，
・保護地区Ⅲ：広域保護区．

　一定の利用方法に関する制限と水質保護対策は，保護地区Ⅲ—保護地区Ⅱ—保護地区Ⅰの順序で高度化する．保護区Ⅲの内部で要件を分けることが適当な場合には，この地区を保護地区Ⅲ B, 保護地区Ⅲ Aに細分することが可能であり，この場合には，Aは内域，Bは外域と称される．

　保護地区Ⅰの範囲は，一般に井戸から四方に向かって10 m, 泉から地下水流下方向に向かって少なくとも20 m, カルスト（石灰岩層）湧泉から少なくとも30 mにする必要があろう（**図 6-1**）．

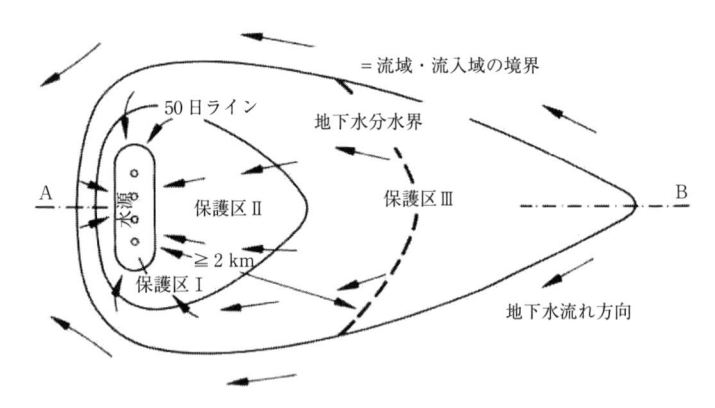

図 6-1：水源保護区域の平面図 [6-10]

　保護地区Ⅱは，保護地区Ⅰの境界から50日ライン—地下水がそこから飲料水取水施設に達するまで約50日を要する線—までに及ぶ．ただし，比較的深い閉鎖系の地下水層が利用されるか，または50日ラインから水源まで不透水層で覆われている地下水層が利用される場合には，保護地区Ⅱを不要とすることができる．

　保護地区Ⅲは，流域境界から保護地区Ⅱの外側境界まで及ぶ．流域が2 km以上に及ぶ場合には，水源から約2 kmまでの保護地区Ⅲ Aと，そこから流域境界までの範囲内の保護地区Ⅲ Bに区分するのが適切であろう．

6.3　水源保護区Ⅰ：水源区域

　水源保護区Ⅰでは，下水管渠を通すことが原則として禁止されている．公共の利益のために水源保護区Ⅰ内に下水管渠を設置する場合には，取水を中止しなければならない．上水供給は，他の適切な方法で維持しなければならない．

6.4　水源保護区Ⅱ：狭域保護区

6.4.1　下水道布設に関する要件

　下水管渠の布設と下水の浸透，ないし漏れについてDVGW指針 W 101[6-5]は，以下を定めている．
　水源保護地区Ⅱにおいては，特に以下は危険であり，通常は許可されない．
・保護地区ⅢAおよび保護地区ⅢBに関してあげられた設備，行為および事象(6.5.1参照)．
・下水管渠の布設．
・下水または水質汚染物質を流す溝や地表面上の水路．
　水源保護区Ⅱに下水管渠を布設することは許可されないが，緊急を要する地域的もしくは技術的事情が存在する場合には，所管官庁は，例外的に許可を与えることができる．この場合には，地下水の水質悪化させないような検査可能な保護対策を講じなければならない[6-1]．

6.4.2　新規布設，保全に関する技術的要件

　6.4.1で触れる地下水の水質悪化させない"検査可能な保護対策"の履行は，文献[6.1, 6-2]に準拠し，以下のタイプの管渠布設によって実現される．
①　水密鞘管で防護した管渠布設(二重管)．

6. 水源保護区域の管渠：保全に求められる特別な要件

② 特別な対策を施した単壁の管渠の布設．

誤解を避けるため，以下では前記ならびに文献[6-1, 6-2]で使用されている"二重管"なる用語に替えて"二重壁管"なる用語を使用する．

6.4.2.1 計画策定

文献[6-1]に基づき計画策定にあたっては，供用上の安全性に関する特別な要件の他に，以下の点が遵守されなければならない．
- 管布設路は，難しい地形・地盤条件を避けて選定しなければならない．
- 管渠と水源区域（水源保護区Ⅰ）との間には，できるだけ大きな間隔が保たれなければならない．
- 土壌の侵害は，最低限に抑止されなければならない．
- 管渠供用開始後にも漏れ検査が可能でなければならない．そのための適切なマンホールが設けられなければならない．
- 二重壁管渠については，管渠部分の交換が可能なように考慮されなければならない．
- 歩行不能な管渠については，取付管の合流は，マンホールでのみ許容される．
- 耐圧式マンホールが使用されない限り，管は二重壁の空隙を埋めてマンホールを貫通させなければならない．生物硫酸腐食（BSK）が生じないように十分な通気が配慮されなければならない．検査と保守用に閉鎖可能な穴を設けなければならない（文献[6-2]では一般に管渠を閉じてマンホールを貫通させることが求められている）．

ATV-A 142[6-1]に基づき水源保護区Ⅱの汚水管渠と合流式管渠には，それらの漏れ発生を防止するか，もしくは漏れ発生に際して機能する特別な安全システムを設けなければならない．

構造物の信頼性を高める方式の一つは，冗長性である．これは，定められた課題の遂行に必要とされるより以上の機能保障手段が存在することとして理解される．したがって，冗長性とは，その個々の技術手段の故障時にもなお機能し得るという特性を意味している[6-6]．冗長性を具えた管渠システムとしては，次のものがある．

a．二重壁下水管渠　二重壁下水管渠にあっては，工場製品管が同管の外径よりも大きな内径で水密性のある鞘管内に収容されている．二重壁管の間隙（環状隙間または環状空隙）は，歩行可能とすることも歩行不能とすることもできる[6-7]（**図 6-2**）．

二重壁管の水密性には，単壁管と同一の要件が求められる．ただしその際，工場製品管と鞘管に別々の漏れ検査が要求される．工場製品管と鞘管との間の環状隙間は，
- 浸透水（漏水）を支障なく排水する．

- 管渠テレビカメラによる間隙の事後的検査が行えるように十分な広さを具えていなければならない[6-1]．このために工場製品管を鞘管内に偏心的に収容することも認められる，
- 取付管は，マンホールにおいてのみ接続させなければならない．

(a) GFK製（Typ Hobas）[6-8]

水源保護区域の二重壁管渠の問題は，文献[6-10，6-11，6-12，6-13]がそれぞれ論じている．経験によれば，二重壁管渠は，漏れに関する最適な安全性と保全に関する非常に優れた条件を供することが明らかである．損傷が生じた場合には，例えば，工場製品管を交換することが可能である．

b．単壁下水管渠 単壁下水管渠には，文献[6-2]に基づき以下の要件が適用される．

(b) 陶管[6-9]

図6-2：二重壁下水管渠

- DIN 4033[6-14]に定める材料の管—下水管渠が自然流下渠として使用される場合にも—には，圧力管の仕様でなければならない．管は，公称圧力1.6 barに対応した2.4 barの検査圧力に耐えなければならない．これは，管継手についても同様である．
- 安定性判定にあたっては，下水管渠の耐荷力障害に対する高い安全係数が用いられなければならない．下水管渠の構造力学的計算にあっては，ATV-A 127[6-15]のA欄の安全係数は20％引き上げなければならない．

さらに漏れに際して，地下水汚染を防除するための即時対策が可能でなければならない．下水管渠の布設後，いつでも水密性の再検査を行うことができなければならない．このことは，供用中においても水密性を検査できる設備が管渠に設けられていなければならないことを意味している．水源保護区域の単壁管の問題は，文献[6-11，6-16〜6-18]にそれぞれ論じられている．

c．鉱材カプセル化された管渠 この場合，冗長性は，もともと塵芥集積場の漏洩防止のために開発された[6-19]混合鉱材によって実現される．同材は，管外周部に流し込まれ，同所においてその構造上単壁管渠の基礎としての機能を果たす一方で，さらに止水機能，有害物質収着機能を実現する（**図6-3，6-4**）．

この混合鉱材は，以下の特性で優れている[6-20]．
- 特別な粒子構造（砂利と砂からなる混合粒子土壌）とベントナイトの使用によって高度な止水機能を有すること．

6. 水源保護区域の管渠：保全に求められる特別な要件

・孔隙量の最少化によって高度な有害物質拡散抵抗を有すること．
・使用されたベントナイトの吸着特性によって有害物質の補助的捕集機能を有すること．
・乾式混合・流込みが行われるので，砂と同様な加工性を有すること（流込みはATV-A 139[6-21]に準拠）．
・乾燥材料が土壌水分を吸収して膨潤することにより密なカプセル化が実現されること[6-22]．
・高い荷重容量を具えていると同時に，沈下に対する感度が低いこと．

図 6-3：鉱材カプセル化された管渠およびマンホール[6-7]

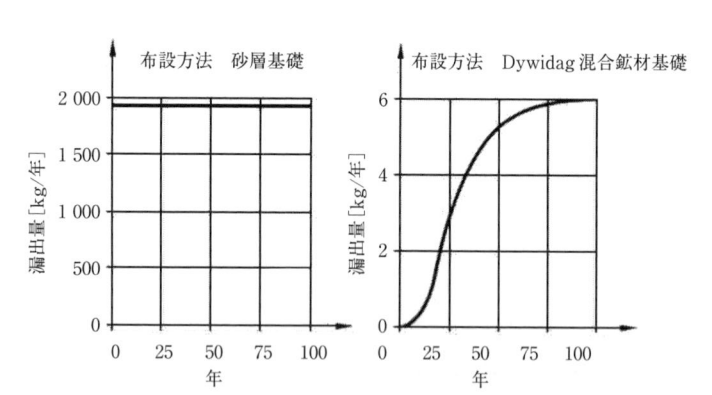

図 6-4：鉱材カプセル化の行われていない下水管渠と同カプセル化の施された下水管渠の管漏れに起因する有害物質漏出(Dyckerhoff & Widmann)[6-20]

土壌汚染と地下水汚染の防止に関するこの混合鉱材の効果は，**図 6-4** に示した通常の砂基礎層と混合鉱材基礎層において管渠に想定された漏れに起因する有害物質放出グラフから具体的に見ることができる．グラフは，以下を仮定して計算された[6-20]．
・呼び径 500 管渠，
・平均充填度 10 cm，
・幅 0.5 mm の横方向亀裂，
・平均有害物濃度 $C = 40 \text{ g/L}$．

鉱材カプセル化は，それぞれマンホールと取付管を含めたスパン全体について行われる．管は，管外周部において少なくとも $d = 25 \text{ cm}$ の厚さで防護される[6-7]．呼び径が約 600 までについては全面カプセル化が好ましい．断面がそれ以上に大きい場合

6.4 水源保護区Ⅱ：狭域保護区

には，文献[6-22]によれば迫持部までの防護で十分である．

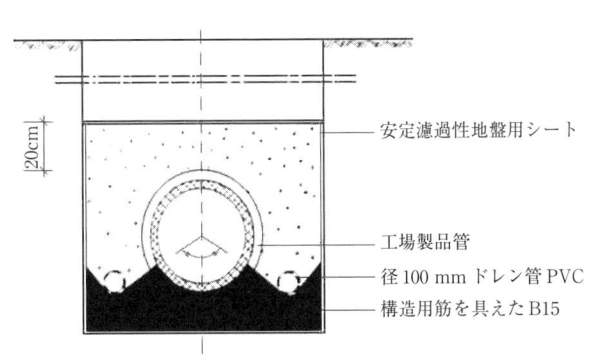

d．ドレン管付き単壁管渠　汚水管渠は，コンクリート基礎上に据えられ，排水用砂利で埋設され，これにより所要の基礎条件が達成されると同時に一つの濾体が形成される．これと並行して，ドレン管がその形状をしたコンクリート基礎上に布設される．砂利層全体を含む濾体は，安定濾過性地盤用シートで包まれる（**図6-5**）．汚水管渠とドレン管は，止水してマンホールを貫通させる．ドレン管は，サンプリングのために検査マンホールにのみ合流する．

図6-5：ドレン管付き単壁管渠の断面[6-7]

流出する汚水は，空のドレン管を経て自由勾配で検査マンホールに達し，ここで検査される．ドレン管が地下水で満たされている場合には，同排水が連続的に分析され，汚水の有無が検査される．常に地下水水位以下にある汚水管渠には，このシステムは不適である．

e．マンホール　マンホールの構築には，DIN 19549[6-23]ならびにATV指針A 139[6-21]とA 241[6-24]が適用される（1.8も参照）．継手を含むマンホール部材は，0〜0.5 barの内外の水圧に耐えられなければならない．負荷がそれよりさらに高い場合には，適切な要件を取り決めなければならない[6-1]．

マンホールには，供用中の漏れ検査を可能とする設備を設けなければならない．さらに，布設済みの管を検査するための十分な場所を備えなければならない[6-7]（**図6-6**）．

接合部の数は，最少限に抑えられ，沈下ができる限り生じないように構成されている必要があろう．万一，沈下が生ずる場合にも，漏れが生じてはならない．

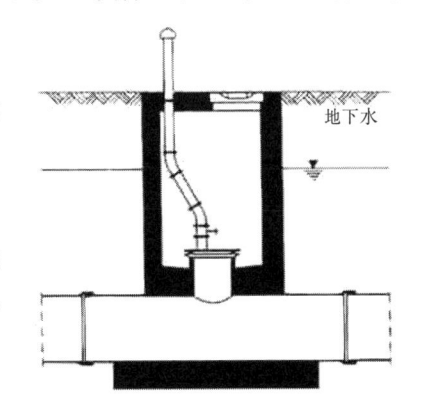

図6-6：ATV-M 146[6-7]に基づく単壁下水管渠用マンホール構成

6.4.2.2 施　工

　管およびその他のプレハブ部材の布設には，DIN 4033[6-14]，ATV-A 139[6-21]が適用され，1997年以降は，DIN EN 1610[6-30]も適用されている．
　その他に，文献[6-1]に基づき以下の事項が遵守されなければならない．
・建設工事は速やかに遂行されなければならない．
・燃料漏れおよび油漏れを起こした車両および建設・土木機械は，水源保護区域から遅滞なく撤去されなければならない．
・内燃機関駆動よりも電気駆動の建設・土木機械が優先使用されなければならない．
・現場で発生する排水は無害処理されなければならず，浸透は許容されない．
　特別な保護の必要性により水源保護区Ⅱでは，文献[6-24]に基づき以下の事項は許容されない．
・建設・土木機械，機器および車両の保守作業と修理作業を実施すること．
・修理・整備作業場，宿舎および倉庫を設置すること．
・トイレを設置すること．水源保護区Ⅱ外に設けられているトイレまでの距離が不当に遠い場合には，漏れを生じない屎尿溜めを具えた簡易トイレが設置されなければならない．屎尿は定期的に運び出され，水源保護区域外で無害処理されなければならない．
・燃料，油および潤滑剤を貯蔵・保管すること．
・管渠および管の浮上防止対策を行うこと．
　建設工事完了後の実地検査にあたって，必要とされる技術費用に関わりなくDIN 4033[6-14]に定める水密性検査（**4.2.3**も参照）が行われなければならない．開削工法に際しては，さらに開削トレンチの埋戻し前に施工の過程で水密性検査が実施されなければならない．
　DIN 4033とは異なり，あらゆる場合にスパンの最高点において0.5 barの検査圧力が遵守されなければならない[6-2]．これは，ATV-A 142[6-1]の要件とも一致している．
　予測される管頂上方の外部水圧が0.5 bar以上であれば，検査圧力は，相応して引き上げられなければならない．
　マンホールの水密性検査は，DIN 19549[6-23]に準拠して行われる（**6.4.2.1参照**）が，その際には，管と同一の検査基準が適用される．

6.4.2.3　点　　検

水源保護区域の管渠の点検には，特別な注意を向けなければならない．現行技術では，目視点検ならびに定量的，定性的漏れ検査である．

水源保護区Ⅱでは，ATV-A 142[6-1]に基づき持続的な点検を行わなければならない．これは，二重壁管の場合には定期検査により，単壁管の場合には特別な報知システムによって行うことができる．またこれとは別に，文献[6-1]に基づき水源保護区Ⅱの下水管渠ならびに取付管は，少なくとも年に1回目視によって点検を行わなければならない．漏れ検査は，文献[6-1]に準拠して少なくとも5年ごとに反復実施しなければならない．管渠の場所と荷重に応じて，この間隔を短縮することが必要となることもある．

検査方法は，下水管の種別に応じて定まる．二重壁管渠の場合には，工場製品管（下水管）とさや管を別々に水圧試験することができるが，双方の管の間の間隙に圧力をかけ，これによって双方の管を同時に検査することも可能である．

水圧による検査は，管をやや長時間にわたって―検査中ないし検査装置の取付けのため―空にすることができる場合に実施することが可能である．単壁管の場合には，下水管渠内に真空を造成して検査することも可能である．この場合，漏れ箇所は，目視方式もしくは音響方式によって探知することができる[6-7]．

持続的な定性的漏れ検査は，鞘管が環状空隙が止水されずに開放状態でマンホールに合流する二重壁管渠（**図 6-7**）にあっては，マンホール内の溜りの観察によって可能

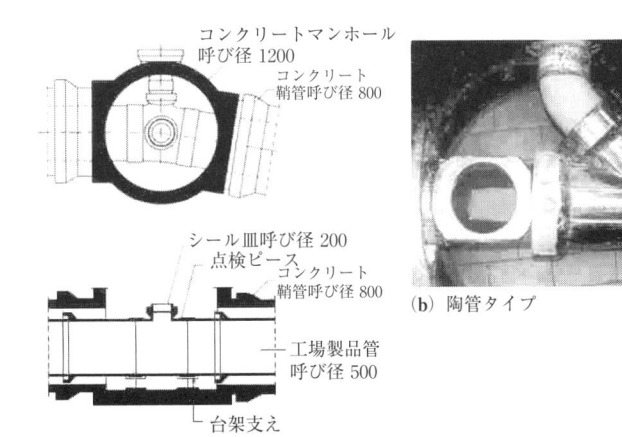

(a) ATV-A 142[6-1]に基づく原理図

図 6-7：マンホールに開放状態で合流する鞘管を具えた二重壁管渠システム

6. 水源保護区域の管渠：保全に求められる特別な要件

である[6-25]．ただし，マンホール蓋が不良であれば，発生する凝縮水または表面水によって点検結果の に判断ミスが生じ得るということも考慮しなければならない．

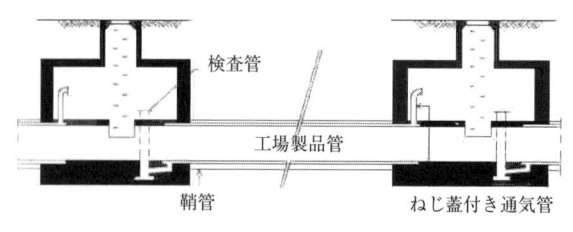

図6-8：鞘管と工場製品管（媒体管）との間の環状空隙がマンホール部で止水されている二重壁管渠システム（ATV-A 142）[6-1]

　鞘管と工場製品管との間の環状空隙がマンホール部で止水される場合（図6-8）には，同空隙に水を満たすことができる．検査は，接近容易なスタンド管を介して行われる．ただし，この方法では，漏れがある場合にも工場製品管と鞘管のいずれに漏れがあるのかを確認することはできない．

6.5　水源保護区Ⅲ：広域保護区

6.5.1　下水道布設に関する要件

　水源保護区Ⅲでは，管渠の布設と供用は，水域保護に必要な対策を遵守すれば原則として許容される．これは，マンホール，中継ポンプ施設，雨水吐，貯留池等の構造物の建設と供用についても同様である[6-1]．

　下水道布設と下水の浸透ないし漏洩についてDVGW指針W 101[6-5]は，以下を定めている．

　地区Ⅲ Bにおいては，特に以下は危険であり，通常は許可されない．
・道路および交通路面からの排水を含む下水の浸透，放射性物質の浸透または漏洩．
・水質汚染物質を輸送する管路設備・施設．
・雨水吐，雨水沈殿池を含む下水管渠網ならびに下水処理場であって，損傷の有無に関する点検チェックが適切な間隔で実施されないもの（ATV-A 142，ATV-M 146）．

　地区Ⅲ Aにおいては，特に以下は危険であり，通常は許可されない．
・地区Ⅲ Bに関してあげられた行為および事象．
・下水土壌処理，下水の雨水による希釈，道路およびその他の交通路面からの排水を

含む下水の浸透，下水灌漑，砂床濾過溝．
- 下水管渠網システム（ただし，漏れおよび適切な間隔での漏れの点検に関する特別な要件が適用される場合を除く）(ATV-A 142, ATV-M 146)．
- 水域が続いて地区Ⅱを貫流している場合の，当該地表水域への下水（処理済みの雨水を除く）の排水．

6.5.2 新規布設，保全に関する技術的要件

6.5.2.1 計画策定，施工

　水源保護区Ⅲにおける管渠の計画策定と施工に関するATV-A 142[6-1]に基づく要件は，水源保護区域外の管渠に関するそれとほとんど異なっておらず，ただ6.4.2.2に引用した施工要件が遵守されなければならないだけである．ただし，これとは別に，州水・廃棄物経済庁(Staatliches Amt fur Wasser-und Abfallwirtschaft)(StAWA)デュッセルドルフにより以下の詳細な要件が定められている[6-3]．
- 原則として管継手の数は，最少限としなければならず（長管），呼び径からしてそれが可能であれば，突合せ継手は，溶接PE管の場合を除き内部から耐久弾性止水されなければならない．ただし，地盤沈下地区では生じ得る土壌運動に下水管渠を整合させるため管長の短い管と大きな可撓性を許容する管継手を使用するのが適切な場合もある．
- 管渠の合流（取付管もこれに含まれる）は，水源保護区Ⅱと同様にマンホールにおいてのみ許される．マンホール合流部は，フレキシブルに形成されなければならない．
- 例外的なケースでは，取付管がを許容されるが，この場合には，必要とされる枝口管が直ちに設けられなければならない．管の孔あけは認められない．
- DIN 1986[6-26]に定める点検マンホールを含むマンホールは，一体式もしくは多体式プレハブマンホール，またはDIN 1045[6-27]に定める水密コンクリート製の現場打設コンクリートマンホールとして施工され，多体式プレハブマンホールには，適切なシーリングが施されなければならない．管渠は，マンホールを貫通させなければならない（図6-8）．一体築造されるマンホール下部は，通常，管頂から上方に少なくとも1.2 mの高さを具えていなければならない．マンホール下部から上方のプレハブ部材の壁面厚さは，15 cm以上でなければならない．

6.5.2.2 点　　検

ATV-A 142[6-1]によれば，保護区Ⅲの公共管渠については，5年周期の目視点検が推奨され，私設管渠については5年ごとのそれが指定されている．設備・施設の状態および負荷に応じて前記間隔の短縮が必要となることもある．

点検時に管または管継手の損傷が確認される場合には，下水の流入は，遅滞なく中止しなければならない(迂回，貯留，塞止め)．必要な場合には，損傷箇所と損傷規模を調査するため追加的な検査，例えば水密性検査が実施されなければならない．損傷除去が行われた後，管の水密性が改めて点検されなければならない．

ATV-A 142[6-1]とは異なり，文献[6-3]は，最長で5年間隔の目視点検を定めている．

水源保護区Ⅲにおける漏れ検査は，公共管渠についても私設管渠についてもATV-A 142[6-1]では"必要に応じ"―通常は10年ごとに―実施することが定められている．実施については，6.4.2.3の記述が当てはまる．StAWAデュッセルドルフ[6-3]も，公共管渠および私設管渠について少なくとも10年ごとに水密性検査を実施することを求めている．

検査基準については，6.4.2.2の記述が当てはまる．検査区間の最高点と局所的に定められた塞止め面の測地点との間に約5.00 m以上の間隔がある場合には，検査圧力は，DIN 4033[6-14]に従って引き上げられなければならない．

ATV-A 142[6-1]とは異なり，最大水付加量は，0.1 L/水潤内面m^2を超えてはならない．

歩行可能な大口径管渠では，ソケット検査器による水密性検査が可能であり，検査圧力は，少なくとも0.5 barでなければならない．ソケット検査の実施ならびに検査時間は，管材料および継目形成に応じ州水・廃棄物経済庁デュッセルドルフ(StAWA)との話合いによって決定されなければならない．

マンホールには，DIN 4033[6-14]を準用して水密性検査を実施しなければならない．この場合にも，最大0.1 L/水潤内面m^2の水付加量が遵守されなければならない[6-3]．

これに関してスイス規格SIA 190[6-28]は，以下を定めている．

"アスベストセメント管，コンクリート管，陶管等の下水管渠は，漏れ検査前に少なくとも24時間にわたって水が満たされていなければならない．プラスチック管は，水を満たしてから1時間後に検査することができる．

検査圧力は，管の最深点を基準として，地下水保護区およびその周辺区域については0.05 N/mm^2 (0.5 kg/cm^2)である．水付加量は，1時間値が測定され，同値は，これ

らの地区では 0.05 L/水潤内面㎡を超えてはならない.

マンホールに接続された下水管は，密閉，止水されなければならない．

漏れ検査の前にマンホールは，少なくとも 24 時間にわたって水が満たされる．水面は，マンホール斜壁の下端の高さに達していなければならない．

漏れ検査については，測定可能な結果を得るために，少なくとも 8 時間にわたって水位低下が測定される．

測定された水付加量は，$0.15\,\mathrm{L}/(\mathrm{h}\cdot$水潤内面 $\mathrm{m}^2)$ を超えてはならない".

6.6　水源保護区Ⅱ，Ⅲの管渠の修繕

管渠の建設・供用に関する前述した要件は，修繕事業にも適用されなければならない．つまり運用中の管渠に損傷が見出された場合には，それは水源保護区域に関する現行要件[6-1～6-3]に従って修繕されなければならない．このことは，場合により既存のシステムが解体されるか，または換言すれば取付管は，下水管渠に替えて直接マンホールに接続しなければならない(1.9 参照)ことを意味している．特に使用される材料，部材および工法の選定は，環境適合性，耐久性，水密性，耐荷力，機能的信頼性および保全に関する厳しい要件を満足しなければならない．

技術的に可能であれば，開削工法よりも非開削工法による修繕が優先される必要があろう[6-29]．

こうした工事の予備段階において土壌調査と地下水調査を実施し，汚染地域を知って除染対策を開始し得るようにする必要があろう(7.参照)．

7. 下水による土壌，地下水の汚染とその除染方法

7.1 総　　論

　Kontamination という概念は，"contaminare ；汚す"というラテン語に由来しており，汚染と同義である．文献[7-1]によれば，汚染とは，人間の活動によって大気，水，土壌中に有害物質が持ち込まれることである．汚染は，媒質としての水，土壌，¥に自然に存在しているそれぞれの物質の濃度を超えて，有害物質の濃度が上昇もしくは増加することをもたらす．土壌の場合には，空間的な視点から，
・広域汚染(例えば，工場からの排出による)，
・狭域汚染，つまり空間的に限定された汚染(例えば，残留汚染による)，
・局部汚染(例えば，局地的なオイル事故による)，
に区別することができる[7-1]．

　文献[7-1]によれば，土壌とは，狭義には，下方が固結岩石層ないし砂礫層で構成され，上方が植被ないし気圏によって構成された地殻最表層の生命圏として理解される．

　広義の土壌には，さらに地下および資源鉱床—したがって，地盤および地下水貯水層としての土壌—ならびに高度に人為の加えられた土壌も含まれる．同様な概念規定は，例えば国際標準化機構の報告書および提案文書(ISO/TC 190"土壌性状"，特にISO/TC 190/SCI/WG1"用語"および WG2"サンプリング")に認められる[7-1]．

　土壌保護法の法案[7-2]では，土壌とは，"液体要素(土壌水分)と気体要素(土壌空気)とを含む土壌機能の担い手である地殻最表層であって，地下水を除くもの"として解される．

　土壌は，
・人，動物，植物，土壌生物にとっての生存基盤および生活圏，特に水・栄養塩類循環に関わる自然の循環の一部，その濾過・緩衝および物質変換特性を基礎とした，物質作用に関わる分解・均衡・構成媒質としての自然的機能，

7. 下水による土壌，地下水の汚染とその除染方法

・資源鉱床，農林業利用地，居住地，保養地，経済的利用，交通，公共サービス供給および排水処理・処分のための立地，
・自然誌と文化史のアーカイブ，

としての効用機能との能力が維持され，または回復されなければならない．

これに対してザクセン州土壌保護法[7-3]は，地下水を含めている．同法では，土壌は，"人間活動によって影響される限りの流動水域と静止水域との底部を含む大陸地殻の最表層であって，上部構造物の形成されたもしくは形成されていない層"として解される．

以下では，"土壌"概念は，管渠の深度との関連で地盤を表す広義の意味で使用される．

例えば，事故および故障ならびに水質汚染物質の取扱いに際する不適正な処理，汚染された土地，肥料・農薬および化学薬品の広域的使用，大気を介して広範囲にばらまかれる有害物質，上部構造物面の排水等に起因する多くの深刻な汚染に直面して，環境保護はますますその重要性を増している．地下水は，地下の濾過効果ならびに地下水上方に位置する防護層によって最も安全に保護された水源であり，飲料水供給に直接使用することができるという従来の見解は，こうした一般的な見解ではもはや維持不可能である．"化学物質"は，地下水中にも見出され，しかも局所的汚染としてだけでなく，ますます広域的な問題として見出されている[7-4～7-7]．

地下水汚染は，長期的被害である．地下水がいったん汚染されると，その汚染除去(7.5 参照)は，不可能であるか，もしくはきわめて長い期間を要する．この点に地表水域との一つの本質的な相違がある．このことは，持続的汚染，生物蓄積性汚染に特に当てはまる[7-4～7-7]．

こうした事実に鑑み，州水共同研究委員会(LAWA)の見解によれば，今後は"ゼロエミッション"が目標とされなければならず，地下水へのこれ以上のいかなる有害物質の移動も防止されなければならない．LAWA は，これに関連した問題のうちに下水道の欠陥による地下水汚染も含めている[7-6～7-8]．

"環境問題専門家会議"もその特別鑑定意見書[7-9]の中で運用中の不良な下水道システムに潜在的な危険性が存在することを指摘している[7-10]．

以下では，下水による土壌汚染と除染諸方法を概観する．

7.2 下水の発生源，特徴

　下水に含有されている成分で定量的に把握されているのは，比較的わずかにすぎない．こうした事態が生じている理由は，未確定の成分が多数存在すること，原水の性状が頻繁に変動することにより分析に問題が生ずること，分析方法が確立されておらず，膨大な費用を要する場合は，分析の頻度が制限されることにある．

　いかなる化学物質もしくは生成物も，最終的に水循環系に入り込む．様々な物質が資源回収，生産，貯蔵・保管，荷役作業，輸送に際して，使用および消費，故障および事故，公共供給，廃棄物処理を通じ環境中に達し，大気，土壌，水を介して分散させられる．

　それゆえ，いかなる物質も潜在的に水質汚染を惹起する物質—ただし，リスクの程度は異なる物質—である[7-4]．

　DIN EN 752-1[7-11]によれば，下水は，次のように定義される．

　"下水管または下水管渠に排出された汚水および雨水"．

　汚水とは，"使用によって変化し，管渠に排出された水"と解され，雨水とは，"土壌に浸透せず，地表または建物表面から管渠に流入した水"である．

　下水の性質をさらに詳しく規定しようとすれば，以下の種類を区別することができる．

・家庭汚水，
・事業所排水，
・道路表面排水による下水，
・故障と事故による汚水[7-4]．

7.2.1 家庭汚水

　家庭下水中の有害物質成分の主因としては，人の排泄物と洗濯・洗浄水—最近の調査によれば重金属の主たる部分がこれに由来している—があげられる[7-4]．

　表7-1に家庭汚水中の重金属濃度の一覧を示した．

　家庭からの重金属排出が公共処理施設の総負荷に寄与する程度は，過小評価さるべきものではない．家庭汚水には，住宅地区に所在する小規模営業所(例えば，ガソリン

7. 下水による土壌，地下水の汚染とその除染方法

表 7-1：家庭分野の重金属濃度平均値[7-18]

重金属	上水中 [μg/L]	家庭汚水中 [μg/L]	人の排泄物中 [μg/L]	洗浄水中 [μg/L]
Cd	0.2	3	0.3	2.5
Cr	0.2	30	0.3	29.5
Cu	20	150	15	115
Hg	0.01	1	0.15	0.8
Ni	5	40	2	33
Pb	2	100	2	9
Zn	80	500	60	360

スタンド，医院，卸・小売店，町工場，クリーニング店)からの下水も組み入れられる．

家庭からの下水の有害物質成分は，多数の個別的な源に由来している．そうした源とは，例えば家庭用器具の腐食および家庭用化学薬品—これらは摩耗，損傷等により間接的に有害物質をもたらし—ならびに多様な活動(例えば，修理・修繕作業，洗車作業)である[7-12]．

家庭汚水中の有害物質のさらに別の源は，省エネ燃焼設備の使用であり，その際，煙および排ガスの成分を含み，酸性の凝縮液が形成される．これは，さらに溶解した炭化水素，タール，煤，金属化合物を含んでいる[7-4]．

家庭汚水の問題に関するさらに詳細な記述は，文献[7-13, 7-14]にある．

7.2.2 事業所排水

事業所排水は，工場および商工業事業所からの様々な下水を含んでいる．その組成は，都市の経済活動に依存している[7-4]．

ATV-A 115[7-15]の付表Ⅰは，公共下水道施設への排出に際し，規制すべき物質の性状に関する一般的な基準値をあげている．さらにATV-A 115の付表Ⅱは，工場および商工業事業所の下水の性状と成分に関する一覧を示している．

ATV-A 115には，下水道の機能を侵害し，毒性，悪臭もしくは爆発性を有する蒸気とガスを形成し，また建築・建設材料を激しく損傷し，したがって公共下水道施設に排出してはならない物質があげられている．

無機成分を含んだ排水[7-16]は，水が溶解性もしくは非溶解性の無機原料物質，無機中間物質，無機製品物質と接触するか，製品の製造に使用される無機プロセス液と接触するか，あるいは三態の凝集状態のいずれかの廃棄物と接触するに至る工場で発

生する[7-4].

工場排水中に見出される重要な無機物質は，以下である[7-17].
・重金属：ニッケル，銅，
・メタロイド：ヒ素，セレン，
・非金属：硫酸塩，硝酸塩．

ATV-A 115 によれば，公共下水道施設に排出される重金属含有商工業排水については，**表 7-2** にあげた重金属濃度が通常問題ないものとみなされるが，この場合，総下水量に商工業排水が占める割合は 10 % であることが前提とされている．

表 7-2: 公共下水道施設への重金属（溶解状態および非溶解状態）排出に関する一般的な基準値[7-15]

重金属	許容濃度 [mg/L]
Cd	0.5
Cr	1
Cu	1
Hg	0.1
Ni	1
Pb	1
Zn	5

重金属含有排水の発生源と考えられる事業所は，文献[7-18]にあげられている．

高い濃度の有機成分[7-19]は，とりわけ以下の工業分野の排水に見出される．
・食品工業，大量動物飼育および動物廃棄物加工場，製紙・パルプ工業，製薬工業と石油化学工業を含む化学工業[7-4]．

発生頻度の高い有機物質は，以下の化合物である[7-17].
・有機ハロゲン化合物：クロロホルム，四塩化炭素，ポリ塩素化ビフェニル(PCB)，吸着性有機ハロゲン化合物(AOX)，ペンタクロロフェノール，トリクロロ酢酸，クロロリグニンスルホン酸．
・炭化水素：ベンゾール，多環式芳香族炭化水素(PAK)．
・有機リン化合物：リン酸トリブチル．
・有機窒素化合物：ニトロフェノール，ジメチルアニリン，ベンジジン．
・その他の化合物：耐久水溶性色素，錯体生成剤，消毒・殺菌および保存剤[7-4]．

7.2.3　道路表面排水

家庭汚水および事業所排水とともに道路表面排水による汚染にも注意を向けなければならない．

降水により舗装面から排水されるの主要汚染源は，以下である．
・露出金属表面，金属含有建築材料等の腐食および摩耗，
・降下粉塵，
・交通．

7. 下水による土壌，地下水の汚染とその除染方法

　この場合，交通によって生ずる表面汚染原因が最も重大である．これは，以下のように特徴付けられる．
・車両タイヤの摩耗，
・車両固有液体の滴下損失，
・燃料燃焼によって生ずる排気排出，
・金属製車両部品(例えばブレーキ部品)の摩耗，
・道路摩耗，
・撒布剤(凍結防止塩および中和剤)．

　道路表面排水の有害物質汚染は，基本的に以下の要因によって影響される[7-12]．
・降雨に先行する晴天日数の長さ，
・道路清掃の頻度，
・交通荷重．

　表7-3 にドイツにおける降水中ならびに降水排水中の重金属濃度に関する様々な文献データからの平均値をまとめた[7-20]．

表7-3：降水中および降水排水中の重金属濃度．ドイツのデータの算術平均値[7-20]

重金属	降水中 [μg/L]	降水排水中 [μg/L]
Cd	0.5	3
Cr	1	30
Cu	80	100
Hg	0.5	5
Ni	3	30
Pd	30	120
Zn	200	360

　降水排水中と降水中との値の差から自然の濃度を上回る負荷は，前記の発生源から生じていることが明らかである．

　Macke[7-21]も，ブラウンシュヴァイクで実施した調査から，特に人口密集地(市街中心区域)では，降雨が多量の場合には，雨水中に晴天時排水中の値を大きく上回る汚染物質濃度が発生することを確認している．汚染ポテンシャルは，表面汚染とそれに起因する管渠汚染(堆積物，下水管被膜)から生ずる．図7-1 に雨水中の平均 COD_{cr} 濃

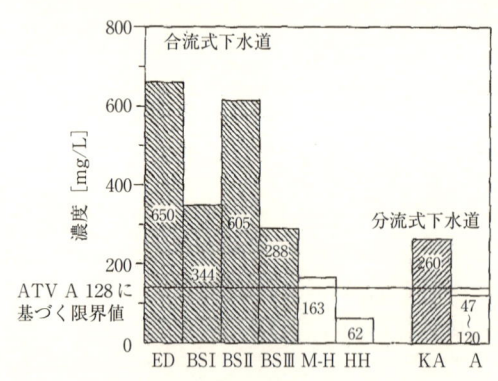

ED ：エデミッセン
BS I ：ブラウンシュヴァイク，東環状地区
BS II ：ブラウンシュヴァイク，都心部
BS III ：ブラウンシュヴァイク，全合流水網
M-H ：ミュンヘン-ハルラヒング[7-93]
HH ：ハンブルク[7-93]
KA ：カールスルーエ[7-94]
A ：その他の測定値

図7-1：雨水中の平均 COD 濃度．合流式下水道および分流式下水道における調査結果の比較 [7-21, 7-93, 7-94]

度を合流式システムと分流式システムとを対比させて示した．合流式であれ分流式であれ，汚水中に確認された値よりも高い濃度が時として発生している[7-21]．

7.2.4　故障，事故

関連規定ならびに検査規定が定められていても，現実には再三にわたり有害物質を含む排水が故障もしくは事故時に公共下水道に達して，場合により数 km にわたって深刻な被害を引き起こし，あるいは管渠の漏洩によって地下水および土壌中に流出することが起こっている[7-4]（**7.3** 参照）．

7.2.5　下水の特徴付け

下水は，前述したように様々な分野から発生しており，異なった組成を有している．地下水・土壌汚染の問題に的確に対処するには，下水の特性を測定することが必要である[7-4]．

下水の特徴付けは，各種の指標，例えば分解性，毒性，性状，ならびに浄化の必要性等に基づいた多様な方法で行うことができる．

すべての個別物質を測定することは，技術的にも経済的にも不可能なことから，類似の化学的・物理的挙動および類似の環境的作用を備えた化合物が加算パラメータの形で測定されて下水の特徴付けが行われる．

例えば，生物化学的酸素要求量(BOD)は，下水中の有機物の生物分解に要される溶存酸素量を表す尺度である．

化学的酸素要求量(COD_{cr})は，水中に含まれている有機物の完全な酸化に要される溶存酸素量である．家庭汚水の場合には，COD_{cr} は，同一の水試料の BOD の約 2 倍である．COD_{cr}/BOD 比が高いことは，下水中に分解されにくい有機物が存在していることの証左である．

下水成分を特徴付ける別の分類法によれば，以下の区別が行われる．
・易分解性有機物，
・難分解性有機物，
・植物栄養素，
・重金属類，

7. 下水による土壌，地下水の汚染とその除染方法

・塩類，
・物理量としての廃熱．
　ただし，下水の成分は，それらの物理的状態によっても以下のように区分することができる．
・溶存物質，
・懸濁物質(混濁物質と浮遊物質)，
・乳濁物質(水に不溶の液体)．
　水に不溶の液体は，それが水よりも軽いか(例えば，ガソリン)，あるいは重いか(大半の塩素化炭化水素)に応じて区分することができる．各物質は，その溶解性に応じ一定濃度まで下水に溶解し，それ以上の分は不溶相として存在する．
　土壌中での分解性を基準にすれば，物質は以下のグループに区分される．
・永続性物質：化学分解も生物分解もされず，さらに沈降，沈殿によっても地下水から取り除かれない物質(例えば，塩化物)．
・保続性物質：分解されないが，物理化学現象によって土壌粒子骨格に蓄積される物質(例えば，重金属類)．
・分解性物質：化学的または生物的作用で変換，分解される物質．分解に際して上記の2グループのいずれかに属する代謝生成物が生ずることがある．
　上述した様々なグループへの物質の分類以外に，環境にとって特に危険とみなされる物質のリストを作成することが国際的に取り組まれている．その結果，それぞれの目的のために作成された物質リストが存在している．そうしたリストの使用にあたっては，評価ミスを生じないように特別な慎重さが必要である．リストについては，基本的に2種類を区別することができる．
・物質を潜在的危険度に応じて等級分類したリスト(タイプⅠ)，
・個々の物質に関する特定の保護目標のための基準値，限界値を含んだリスト(タイプⅡ)．
　以下にいくつかの代表例をあげておくこととする．

a．タイプⅠのリスト
・EC圏については，EC水域保護指令[7-22, 7-23]のリストⅠとリストⅡに地表水域および地下水中に排出してはならない，もしくは排出が制限されている物質と物質グループがあげられている．
・米国では，米国環境保護庁(USEPA)が物質を毒性に応じて分類した物質リストを作成した[7-24]．
・ドイツでは，水管理法(WHG)§19gに基づき"水質汚染物質リスト"[7-25]が存在し，

同リストは不断に増補されている．評価は，急性経口哺乳類毒性，急性菌類毒性，急性魚類毒性，生物分解特性を基準として4つの水質汚染等級(SGK)への区分によって行われる．

このリストは，水質汚染物質の取扱いに求められる技術的要件を決定するために作成された．

b．タイプⅡのリスト　これらのリストでは当該有害物質に限界値，基準値が与えられる．これらは排出条件を定め，同条件の遵守を監視し，被害が生じた場合に被害を鑑定し，かつその除去を実施可能とするために，例えば地表水の水質要件に関するEC指令[7-22]に水域性状に関する要件が定められている．

その他に媒質としての"土壌"について以下のリストが存在している．
・土壌汚染除去便覧，オランダ[7-26]．
・汚染土壌に対するガイドライン，イギリス[7-27]．
・耕作地における元素の許容総含有量に関する指針データ[7-27]．

以上に示したように各種設定目標は多様である．"不良な管渠"の問題には，不良な管渠から漏洩する物質の潜在的危険度を推定するための補助手段および情報源としてこれらのリストを利用することができよう[7-4]．

7.3　有害物質の移動挙動

7.3.1　下水の流出

専門家の間では長い間，漏洩(漏れ)は，固体下水成分によって自然に塞がれてしまうことにより下水の漏出は生じないという理論が主張されてきた[7-6]．別の理論は，不良な管渠からの下水の流出は，望ましい，かつ環境保護的な下水処理の一要素であるとしており，その根拠として，かつては公共下水の一部は意図的に漏出されるのが通常であったこと，土壌の浄化能力と吸水能力は，ほぼ無限であることが指摘されている．こうした主張にあっては，過去何十年かの間に生じた下水の性質の変化は，相変わらず考慮されていない[7-29]．

こうした理解は，不良な管渠とそれから生ずる汚染の問題に相対的にわずかな注意しか注がれてこなかったことが最大の原因の一つであるとともに，下水道に関わるほ

7. 下水による土壌，地下水の汚染とその除染方法

ぼすべての領域の水準が遅れていることにも一端の責任を負っている．

図 7-2 に発生源から排水路に至る下水のルートを推定し，流出・浸入率ならびに新旧連邦州における欠陥管渠率とともに示した．

調査が行われていないため，漏出下水量に関する一般的に当てはまる量的記述は行われていない．

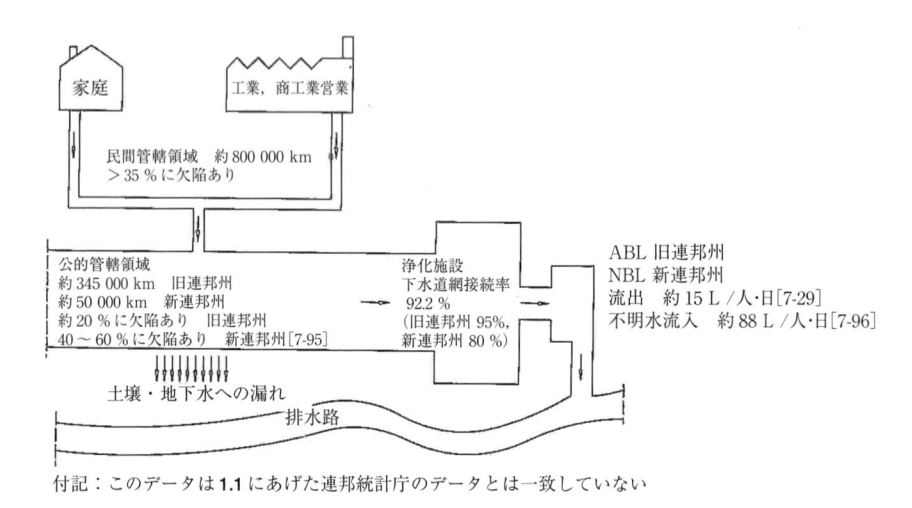

```
家庭            工業，商工業営業
  ↓                 ↓
  民間管轄領域   約 800 000 km
  > 35 % に欠陥あり

公的管轄領域          浄化施設         ABL 旧連邦州
約 345 000 km  旧連邦州   下水道網接続率    NBL 新連邦州
約 50 000 km  新連邦州    92.2 %         流出  約 15 L／人・日 [7-29]
約 20 % に欠陥あり 旧連邦州  (旧連邦州 95%,   不明水流入 約 88 L／人・日 [7-96]
40～60 % に欠陥あり 新連邦州 [7-95] 新連邦州 80 %)

    土壌・地下水への漏れ
           排水路
```

付記：このデータは **1.1** にあげた連邦統計庁のデータとは一致していない

図 7-2：発生源から排水路に至るまでの下水ルートと推定流出値，浸入値ならびに新旧連邦州における欠陥管渠の割合 [7-95]

既に 2.2 で述べたように，漏れが生じた場合に，そもそも下水流出に至るかそれとも管渠への地下水の浸入に至るかは，まず地下水水位を基準とした管渠の位置と使用圧力に依存している (**図 2-8**)．

目下のところ，地下水水位の位置する管渠の割合に関する一般的な調査は行われていない．流出下水量と不良管渠の潜在的危険度の程度を明らかにするには，こうした調査の実施が一つの前提条件となろう．

宅内排水施設は，土被りがわずかで，公共管渠に比較して地下水位以下に位置していることはほとんどないため，下水流出の可能性が高くなる．さらに，宅内排水分野には，平均以上に高い損傷ポテンシャルが見出される [7-30]．バーゼル市で実施された調査によれば，1930 年以前に設置された構造物下の宅内排水管の 2/3 以上が不良であることが判明している [7-31]．

"水充填テスト (圧力試験ではない) に際し多くの場合，水はホースを用いて 1 分当り 30 L の水を補充するよりももっと急速に管漏れ箇所から土壌中に漏出し，結局，構造

物下の宅内排水管に水を充填することはできなかった[7-32]"．個別的には約 1 500 L/h の水損失が測定されたケースもあった．これは，スイスにおいて許容されている値を 430 倍も上回っていた．

文献[7-33]では，1984 年の発生下水量 45 億 5 000 万 m^3 のうち，年間下水損失は 6～10 %，少なくとも 3 億 m^3 と推定されている．

Dohmann が文献[7-29]で算定した数値も同様である．年間流出量を 3 億 3 000 万 m^3 と算定しており，これは 15 L/(人・日)の下水損失に相当している[7-29]．

地下水レベル上方に位置する下水道から漏出する下水量は，特に損傷種別，損傷規模，充填率，使用圧力，地質事情，水文地質事情に依存している[7-6]．土壌・地下水汚染の規模は，さらに下水の成分によっても異なる．

Mull は，ハノーバー市の地下鉄建設工事中の不良管渠からの漏出下水量の推定を行い，以下の結論に達している[7-34]．

"ハノーバー市の下水管渠は，通常，地下水水位以下に位置している．地下鉄建設工事の過程で地下水水位が低下したため，下水管渠が地下水の上方に位置するようになったことから，これまで通常の地下水浸入に代わって下水流出が生ずるに至った．流下下水量および考えられ得る新規下水発生率を基礎として，Mull は，年間 150 万 m^3 が自然浸透以外の方法で漏洩したと結論付けている．これは，地下水低下が生じた面積に換算すれば，100 mm/年強の浸透に相当している"．

文献[7-35]では，所定の損傷で流出する下水量はどの程度か，それは地盤事情に応じてどの程度の環境関連濃度変化をもたらすかという問いに対する解答があげられている．

供用中の欠陥管渠に関する流出測定[7-36]に基づき代表的な管渠損傷時の流出体積流量を定量し，流出の長時間挙動に関する解明を行うことが可能である．典型的な損傷によって生じる流出の範囲は，一部非常に大きい．流出に決定的に関与し，ほぼ同じ頻度で見出される損傷である亀裂・亀甲形成ならびにソケット漏れの流出率は，下水の水位が管頂まで達している場合には，約 10～130 L/(h・m)(亀裂・亀甲形成)ないし約 30～100 L/h(ソケット漏れ)である(**図 7-3**)．

損傷箇所域の水・物質輸送は，欠陥管渠条件が同一のままであっても一定ではないことが明らかとなった．下水流出にとって非常に重要なのは，下水−損傷−土壌系が平衡状態に到達することであり，これは数時間後から数日後に至って初めて生ずることとなる．その際には，土壌水分，水頭および土壌内流下路ないし空隙の広範な安定化が生じ，条件が不変であればこれによって流出は徐々に減少する．この平衡が排水事情の激しい変動，降雨または欠陥管渠に対する機械的影響(例えば，高圧洗浄または漏

7. 下水による土壌，地下水の汚染とその除染方法

れ検査）によって乱されると，新たな平衡状態が達成されるまで流出は激しく高まることとなる[7-37，7-38]（図 7-4）．

したがって，管渠損傷，例えば不良な管継手，亀裂および亀甲形成，取付けが不適切な接続孔，管の破損等は，常に下水流出を生ずることが出発点とされなければならない．ただし，下水流出は，バイオマスの増加，損傷断面とそれに直接接する土壌中への下水成分の沈積によって少なくとも一時的に減少し，あるいは全面的に阻止されることもある[7-36]．それにも関わらず，不規則な周期で流出路が再び口を開ける可能性は絶えず存在している．損傷が比較的激しく，土壌が一定の透水性を具えている場合には，多かれ少なかれ持続的な流出現象が予測されなければならない [7-39]．

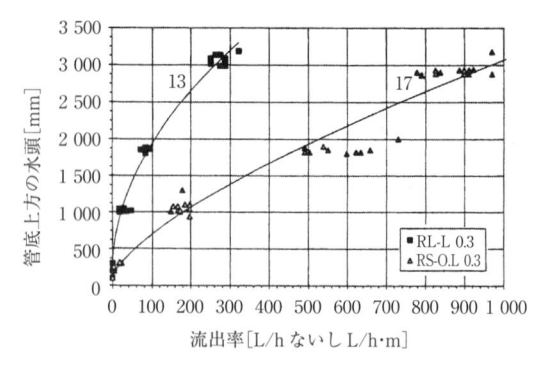

図 7-3：非粘結性土壌中に布設された亀裂・亀甲形成を生じた陶管製合流式管渠の流出率[7-36]

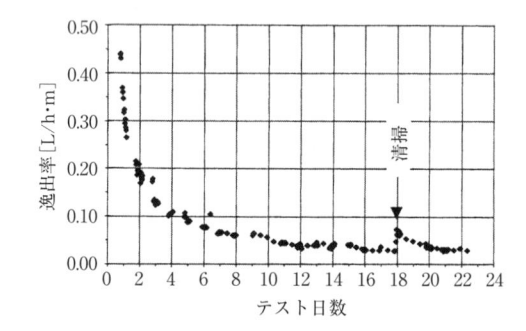

図 7-4：砂基礎中の呼び径 300 コンクリート管，水深75 mm，亀裂幅 4 mm 時の下水流出時間カーブ[7-36]

実験により，床層ないし周辺土壌の粘結性が流出に大きく影響することも明らかとなった．下水の自己止水効果によって汚泥化した非粘結性土壌は，粘結性土壌よりも高い流出率をもたらす[7-37]．

土壌に対する流出の環境関連性は，土壌が未処理下水と直接に接触することによって生じるが，地下水汚染の可能性は複数のバックグラウンド条件，例えば，漏洩ルートの長さ，土壌中のバクテリアの存在およびそれと結び付いた下水成分の除去，土壌の濾過作用等に依存している[7-36]．

旧連邦州領域に布設されている下水道（合流式下水道および分流式システムの汚水管渠）からの総流出量の推定によれば，汚染のバックグラウンド条件を小さめに仮定した場合の流出量は，約 3 300 万 m³/年（最少量推定），大き目の影響パラメータを選択して

計算した場合の流出量は，約4億4000万 m³/年（最大量推定）であった[7-36]．文献[7-40]では，地下に流出する下水量の変動推定が行われている．

下水流出量を評価するため，損傷種別および損傷等級の異なった，主として家庭下水についての7件の事例に関する総合的な調査が実施された．地盤の事情は，透水性の劣る土壌から透水性の良好な土壌までに及び，管底下方の地下水水位も異なっていた．

基準パラメータ(**表7-4**)に基づき重大な損傷の直接の近傍の下水成分が検出された．これらは厚さわずか数 cm の浸潤層に限定されている．有機物の比率の高い生物活性土壌層(10 cmまで)は，物質固定，物質除去の重要な機能がある．ただし，それ以上の深度への個々の，特に移動性物質の移動も行われないわけではない[7-40]．

表7-4：下水流失を判定する基準パラメータ[7-40]

溶離物	導電率	LF
	総有機炭素	TOC/DOC
	アニオン	NH₄
	アルカリ土類金属	K
		Mg
固体	重金属	Pb
		Cu
		Zn

地下水中への下水成分の混入は，管底に厚さ1m以上の粘土質から微粒砂質までの層が接している場合には予測されない．

地下水中への物質移動は，管底の損傷が重大であれば，地盤が粗粒砂または砂利で形成され(透水性が高く)，地下水表面が管底下方1m以内に位置している場合に予測される．これからどの程度の地下水水質悪化が生ずるかは，流出下水量，不飽和ゾーンの除去能，地下水流動状態，帯水層の厚さ，試料採取の可能性に依存している[7-40]．

以上に述べたことは，個別的な損傷と局所的な汚染に基づいたものである．排水網全体もしくは適切な規模の部分排水網とそれらの流域を組み入れた広域的な流出量評価は，まだ実現されていない．

ハノーバー市に関する流出率を理論的方法で決定したHarig[7-41]の調査は，この点に関する最初の手がかりを示している．

240 km² を擁するハノーバー市域の総延長1320 kmに達する下水道の下水流出率が以下の手法で決定された[7-41]．
・下水管渠に発生する部分流の収支評価，
・測定された地下水水位を考慮した地下水モデルによる水交換の把握，
・地下水脈中で濃度が調査される標識物質(例えば，硫酸塩，ホウ素)からの単位距離当り流出下水量の逆算．

単位時間および管渠区間 km 当りの漏出下水体積を表す流出率の値は，0.2〜0.3 L/(s·km)と算出された．これにより年間500〜800万 m³/年の下水量が地下水中に達す

7. 下水による土壌，地下水の汚染とその除染方法

ることとなる．これはハノーバー市の年間発生汚水量の 13～24％である．調査された地域では同時に 1 400～2 000 万 m^3/年の地下水が不良な下水道に流入する．これら 2 つの要因によって地下水水位は，2 m まで変動する[7-41]．

7.3.2 移動挙動

物質の潜在的危険性を特徴づけるためには，"水質汚染物質リスト"で行われているような物質の毒物学的評価の他に，飽和土壌と不飽和土壌中における物質の移動挙動も評価されなければならない[7-4]．移動挙動とは，文献[7-42, 7-43]によれば，土壌運動と地下水流動とが不可分に結び付いた土壌中の運搬・貯蔵・交換プロセスと解される．

地表と地下水面との間の領域は，不飽和土壌ゾーンと称される．飽和土壌ゾーンは，地下水面と地下水脈底との間に位置している（図 7-5）．

不飽和土壌ゾーンにおける個々の物質の移動挙動については，特に浸透挙動と蒸発挙動が重要であり，飽和土壌ゾーンにおいては，拡散挙動が重要である．

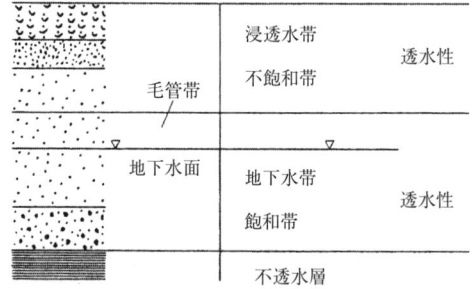

図 7-5：地下の水文学的区分[7-97]

図 7-6 に考えられる損傷ケースによる地下の汚染を示した．

この点で有害物質にとっては，以下の特性が重要である[7-44]．

・密度，

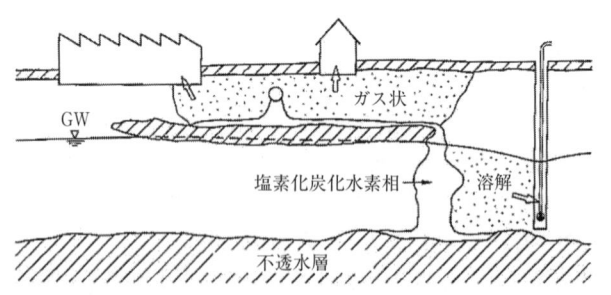

図 7-6：不良な管渠による塩素化炭化水素（CKW）被害ケースの図解[7-44]

・粘性，
・水溶性．

　移動挙動は，まず土壌種別に依存している．管渠が透過係数の小さな微粒質土壌中にあれば，下水は—トレンチ埋戻し層は，通常相対的に粗粒で形成され，したがって天然の微粒質土壌よりも透水性が高いことから—管渠に沿って水平方向に拡がるであろう．

　地盤状態がこのような場合には，地盤が均質な砂質もしくは砂利質土壌である場合に比較して潜在的な危険度は著しく低い[7-44]．

　下水が有害物質とともにこうした不飽和土壌ゾーンに入り込むと，それはまず土壌の間隙を満たす．下水が土壌空気よりも軽いガス状有害物質を分離すると，それは上方へ上昇し地表で遊離される．有害物質が土壌空気よりも重い場合には，それは地下水表面に沈下し，そこで飽和度に達するまで溶解する．不飽和土壌ゾーンに残留している有害物質は，浸透する降水によって溶解され，浸透水によって地下水にまで達する．図7-7 に移動分類のためのフローチャートを示した．

　有害物質が飽和土壌ゾーンに達し，かつそれが地下水よりも重ければ，有害物質は，地下水脈底まで真っ直ぐに沈下し，そこで水平方向に拡がる．有害物質が水よりも軽ければ，地下水表面に層が形成されてそれが水平方向に拡がる．水溶性有害物質は，地下水に拡散して流下することとなろう．図7-8 に塩素化炭化水素の拡がりを例示的に図示した．

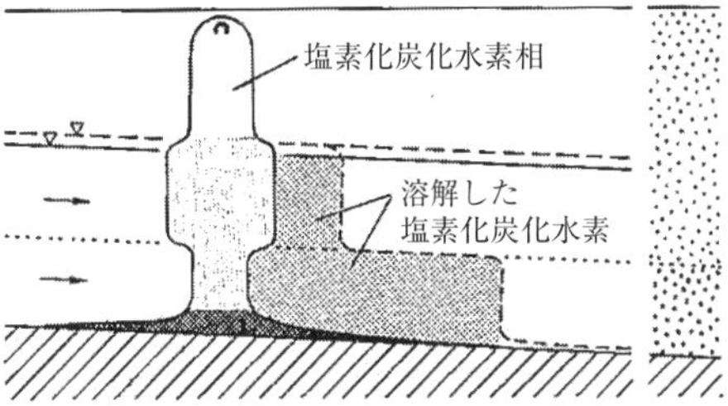

　水と混合可能な物質の飽和ゾーンにおける有害物質運動は，単相流の法則によっている．重要な運搬メカニズムは，次のとおりである．

・拡散，
・対流，
・分散，
・吸着，
・分解．

図7-8：塩素化炭化水素拡散の図解[7-99]

　拡散は，有害物質の分子運動に基づいている．濃度勾配がある場合には，有害物質は，勾配方向に運動する[7-43]．分散により有害物質は，溶媒の水を排除して多孔性媒質中に分散する．有害物質の拡がりは，特に分散と対流運搬（水と一緒の粒子運動[7-41]）との重なり合いを表している．さらにその他に吸着挙動（固体表面，一般に界

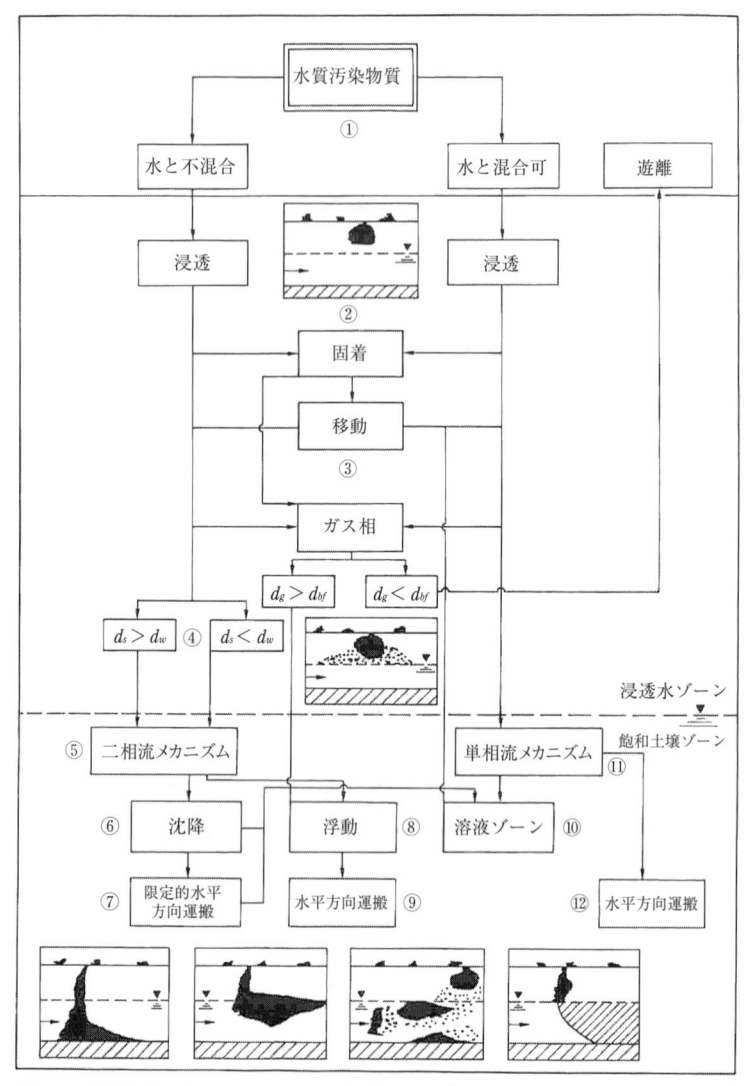

7. 下水による土壌，地下水の汚染とその除染方法

図7-7：移行分類のためのフローチャート　[7-44, 7-98]

面への被溶解粒子の物理的もしくは化学的結合[7-41])も，水平方向拡がりに一定の役割を果たす．吸着挙動は，汚染の拡がりの抑制をもたらす(遅延化)．**図7-9**に地下水脈中における塩素化炭化水素(CKW)の広がりの形跡を表した．

　化学物質の分解は，化学的にも生物学的にも行われる．生分解は，物質評価の点か

7.3 有害物質の移動挙動

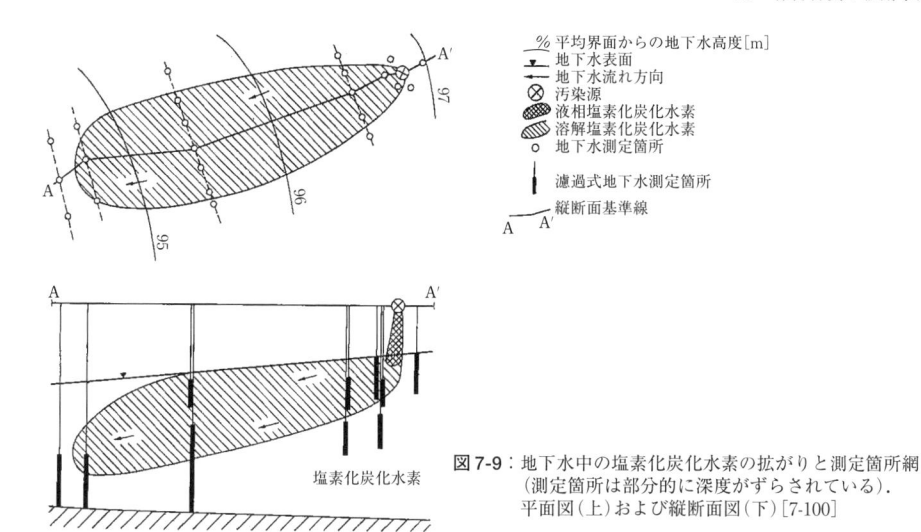

凡例:
‰ 平均界面からの地下水高度[m]
地下水表面
地下水流れ方向
⊗ 汚染源
液相塩素化炭化水素
溶解塩素化炭化水素
○ 地下水測定箇所
濾過式地下水測定箇所
縦断面基準線

図7-9：地下水中の塩素化炭化水素の拡がりと測定箇所網（測定箇所は部分的に深度がずらされている）．平面図（上）および縦断面図（下）[7-100]

ら見て必ずしも無条件で好適なものとみなすことはできない．還元ゾーンの形成により化学物質の特性次第では，化学物質自体よりも重大な地下水水質汚染がもたらされることもある[7-4，7-5]．

移動プロセスに関する詳細な情報は，文献[7-43]に論じられている．

7.3.3 土壌中の関連重要物質の挙動

本例において物質の挙動を取り上げる理由は多様である．そうした理由とは，例えば毒性，下水道施設に対する損傷性であり，また地下への容易な浸透可能性である．

以下にいくつかの物質ないし物質グループをそれらに固有な問題とともに論ずることとするが，これはただし完全を期するものではない[7-4]．

a．生分解性物質 生分解性物質は，家庭汚水の主たる部分を占めている．ただし，これらの物質は，商工業事業所（例えば，食品製造部門）からも大量に下水道に排出される．下水道に漏れがある場合に漏出した物質は，土壌通過中に好気性環境下ならびに嫌気性環境下で微生物分解によって無機成分に分解される．

陰イオンもしくは非イオン界面活性剤が少なくとも80％まで生分解可能でなければならない旨定められている洗剤・洗浄剤には重大な問題がある．所定の検証テストによれば，分解性に関する要件が満たされているかどうかは判明するが，この方法で

は，分子の表面活性の損失が測定されるだけにすぎない．この検証テストに関する追跡調査によれば，80％の生分解は5～10％の無機化に相当するにすぎないことが判明した．分解がさらに緩慢に進行すると，当初の物質よりも毒性の高い代謝産物が生ずることがある．したがって，生分解性といわれる物質も，環境にとっての一つの危険を表している[7-4, 7-24]．図7-10に微生物による環境有害物質の分解性を示した．

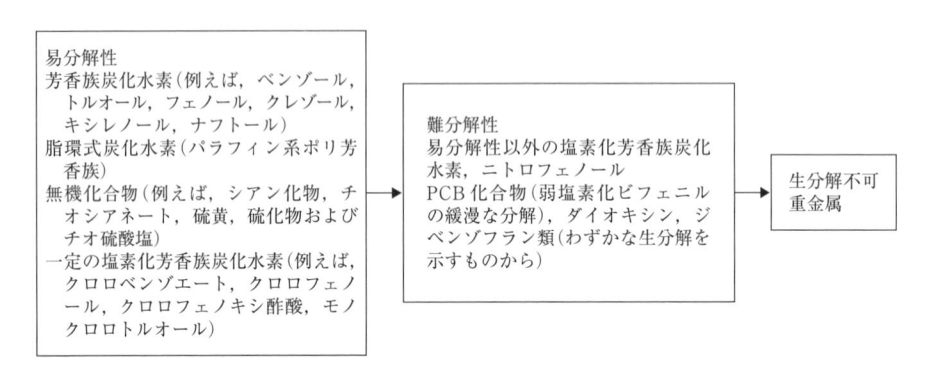

```
易分解性
 芳香族炭化水素（例えば，ベンゾール，
  トルオール，フェノール，クレゾール，
  キシレノール，ナフトール）
 脂環式炭化水素（パラフィン系ポリ芳
  香族）
 無機化合物（例えば，シアン化物，チ
  オシアネート，硫黄，硫化物および
  チオ硫酸塩）
 一定の塩素化芳香族炭化水素（例えば，
  クロロベンゾエート，クロロフェノー
  ル，クロロフェノキシ酢酸，モノ
  クロロトルオール）

難分解性
 易分解性以外の塩素化芳香族炭化
  水素，ニトロフェノール
 PCB化合物（弱塩素化ビフェニル
  の緩慢な分解），ダイオキシン，ジ
  ベンゾフラン類（わずかな生分解を
  示すものから）

生分解不可
 重金属
```

図7-10：微生物による環境有害物質の分解 [7-101]

b．硝酸塩　平均濃度が相対的に低い下水中の硝酸塩は，いくつかの工場からの排出によって大幅に増加する．これに加えて，さらにアンモニウム化合物が酸化によって硝酸塩が形成される．硝酸塩が好気性環境中に残存していると，それは分解されず，地下水に負荷をもたらすこととなる[7-4]．

c．塩化物　下水の塩化物濃度は，人の使用によって約200 mg/L増加する．塩化物は，錯生成剤として先に除去されていた重金属の大きな再移動効果をもたらす．これは，土壌中で分解されず，大きな移動性を有している[7-4]．

d．重金属　重金属は，生物にとってきわめて重要な微量元素である．環境中におけるその濃度は，事業所発生源によって急激に増加させられる．これらは分解されず，それが生態系に及ぼす多様な影響によって重大な汚染物質となる．これらは，mg/Lレベルの濃度で自然の浄化機構に深刻な害を与え，他の物質の分解プロセスの重要な部分を阻害する影響を有している．重金属は，"通常"のpHで集積するが，ただしpHの変化，ならびに生物と人為に由来する錯生成剤によって再移動が引き起こされる危険が存在している[例えば，洗剤添加物のNTA(ニトリロ三酢酸)，EDTA(エチレンジアミン四酢酸)]．まだ解明されていない相乗効果と生物原性変換プロセス，例えばメチル化によって若干の金属は，その毒性作用を増大する[7-4]．

e．鉱油　鉱油は，水にほとんど，もしくは全く不溶である．これは水よりも軽い

ことから浮揚し，一般に軽量物質分離器で捕集される．鉱油が万一下水道網に達した場合には，それは水面に膜を形成する．漏洩箇所に接触することはわずかであり，流出率もわずかであると予測することができる．さらに鉱油による汚染発生事故は，比較的早期に発見されるのが通常であることから，長期にわたって気付かれずに排出されることはほとんどないと考えられる．地中では緩慢な生分解が生ずる[7-4]．

f．芳香族化合物 芳香族炭化水素は，その発癌作用によって危険物質に区分されなければならない．例えば，ベンゾール，エチルベンゾール，キシロール，トルオール(BETX)である．これらは水よりも軽く，通常，不溶である．特に注意しなければならない物質は，キシロールとトルオールであり，これらは，管継手のシーリングやアスベストセメント管とプラスチック管を破壊する．

水に820 mg/Lまで溶解していることのあるベンゾール—たとえ水より軽くとも—は，下水成分として地下に浸透することがある．

不溶性の多環式芳香族炭化水素ならびに中度の水溶性を有するフェノールは，水より重い．これらは，管渠底を移動し，漏れを通じて地下に浸透することがある．これらは，地中で吸着と生分解を受ける．フェノールの一部は，例えば重金属と反応し，望ましくない錯体を形成することがある[7-4]．

g．塩素化炭化水素(CKW) 塩素化炭化水素は，工業分野に非常に広く用いられ，かつ取引きされてきた不燃性の割安な溶剤である．ドイツでは，1982年度に200 000トン以上が特に金属加工分野の溶剤と洗浄剤として使用されるとともに，染料・塗料の製造に使用されていた[7-46]．現在では，CKWの使用は，きわめて制限されるに至っている[7-47]．**表7-5**に塩素化炭化水素の使用分野を示した．

水中におけるCKWの溶解性は，あまり大きくはない．しかし，CKWは，水より重いことから管渠底相を形成して流動し，同所でシーリングを痛め，ごくわずかな漏れ箇所から地中に流出する．

CKWは，動粘性が低いことから水のほぼ倍の速さで土壌中に浸透し，さらに，その比重からして地下水脈を貫いて浸透し，地下水脈の底部に向かって移動する．**図7-11**に地下水脈中における塩素化炭化水素の運搬メカニズムを示した．

CKWは，土壌中もしくは地下水中で理想的な保存条件を得る．これらの箇所は冷たくかつ暗いので，熱または日光による分解は生じない．ただし最近，部分的な生分解もしくはCO_2とCH_4への完全な分解が検証された(**表7-6**)[7-48]．

CKWグループは，前述した特性と保健上の疑義からして不良な管渠からの漏洩に関して依然として特に問題ある有害物質である[7-4]．

7. 下水による土壌，地下水の汚染とその除染方法

表 7-5 : CKW の使用分野 [7-98]

使用量	使用者	使用領域
多量	金属工業	溶剤をベースとした金属表面の脱脂，洗浄，乾燥および防腐処理
	航空機・装甲洗浄装置	
	化学洗浄施設	繊維洗浄
	繊維工業	洗浄，乾燥精製(仕上げ加工)および繊維の染色
	化学工業および石油精製業	溶剤，合成物の出発材料
少量	獣皮加工施設	脂肪抽出
	食品工業	(例えば，ホップ，香料等からの)香味物質の抽出
相対的にわずか	印刷	洗浄(例えば，印刷ローラ)
	自動車整備工場	常温洗浄(例えば，エンジン)
	製革工場	洗浄
	化学ラボラトリ	溶剤
	ガラス器具・光学工業	洗浄
	看板・塗装業	ラッカー，酸洗い剤
	電気工学	洗浄(例えば，回路板)
	製靴工業およびゴム工業	接着物質の溶剤

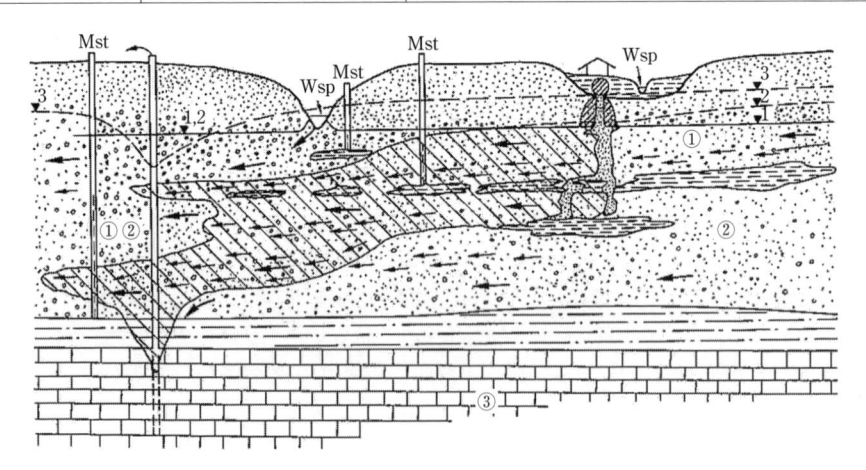

凡例：
- 液状塩素化炭化水素
- ガス状塩素化炭化水素
- 溶解した塩素化炭化水素

①～③ 地下水媒質地層　　▼1 自由地下水表面　　▼2,3 地下水圧力面

← 地下水流れ方向　　⇄ 優勢な地下水流動　　Mst. 測定箇所　　Wsp. 水面

図 7-11 : 地下水脈中における特別な水理学的条件と相関した塩素化炭化水素運搬メカニズム[7-100]

表7-6：分解が検証された塩素化炭化水素[7-48]

物質名称		略号	モル質量 [g/mol]
クロロエテン (C=C)	テトラ(ペル)クロロエテン	PCE	166
	トリクロロエテン	TCE	131
	シス-1,2-ジクロロエテン	CIS	97
	トランス-1,2-ジクロロエテン	TRANS	97
	塩化ビニリデン	VDC	97
	塩化ビニル	VC	63
クロロエタン (C-C)	1,1,1-トリクロロエタン	1,1,1-TCA	133
	1,1-ジクロロエタン	1,1-DCA	99
	1,2-ジクロロエタン	1,2-DCA	99
	モノクロロエタン	CA	65
クロロメタン (C)	テトラクロロカーボン	TC	154
	クロロホルム	CF	119
	ジクロロメタン	DCM	85
	モノクロロメタン	CM	51

7.4　汚染発生例

　管渠もしくは地域排水構造物の漏れに起因する汚染に関して，例えば損傷種別と損傷規模，地質条件，水文地質条件，下水性状，作用時間等の多様なバックグラウンド条件と相関して，潜在的危険性の推定を可能とするデータもしくは刊行物は今のところない．

　しかし，汚染が見込まれなければならないということは，例えばヘッセン州国土開発・環境・農林省の委託を受けてヘッセン州水管理庁によって作成された調査がそのことを示している．同調査は，1987年までにヘッセン州で判明した塩素化炭化水素（CKW）による30件の汚染事故のうち8件について下水管渠からの漏れが二次原因として確定されているか，もしくはそうした原因として除外することができないことを明らかにした[7-49]．

　以下に地下水汚染と土壌汚染が明らかに下水道からの漏れに起因していたいくつかの例をあげることとする．

a．アーヘン[7-50]　不良な管渠からの下水の流出とそれに起因する地下水汚染に関する最近の例（1993年）は，アーヘン地区の飲料水が数週間にわたって大腸菌に汚染されたことである．ケルン県庁は，取水に利用されているダムに不良な下水道を通

7. 下水による土壌，地下水の汚染とその除染方法

じて屎尿が直接達していたという結論を下している．

b．フランクフルト・アム・マイン[7-4]　ランゲンの上水に高い CKW 濃度が認められた時，ヒンケルシュタイン上水道の取水井に $856\,\mu g/L$ のテトラクロロエテンと $112\,\mu g/L$ のトリクロロエテンによる汚染が生じていた．徹底的な調査の結果，ある航空会社の下水管渠に複数箇所の漏れがあることが確認された．地下水には $81\,500\,\mu g/L$ に達するトリおよびテトラクロロエテンが検出された．現地の地質ならびに水文地質条件からして，CKW が止水相の"窓"からその下層の地下水媒質層に浸入する危険が存在していた．

c．ホルプ・アム・ネッカル[7-4]　ホルプでは，1980 年にネッカル川右岸で，CKW(最大 $170\,000\,mg/m^3$)を含有する下水を排水するために布設されていた下水管渠に漏れが生じたことから，汚染された水が流出した．有害物質の拡がりは，ネッカル川左岸の井戸でも $72\,mg/m^3$ のテトラクロロエテンが検出されるほどに達していた (**図 7-12**)．

d．ハンブルク　比較的広い面積が汚染事故に関係し得るということは，1983 年に

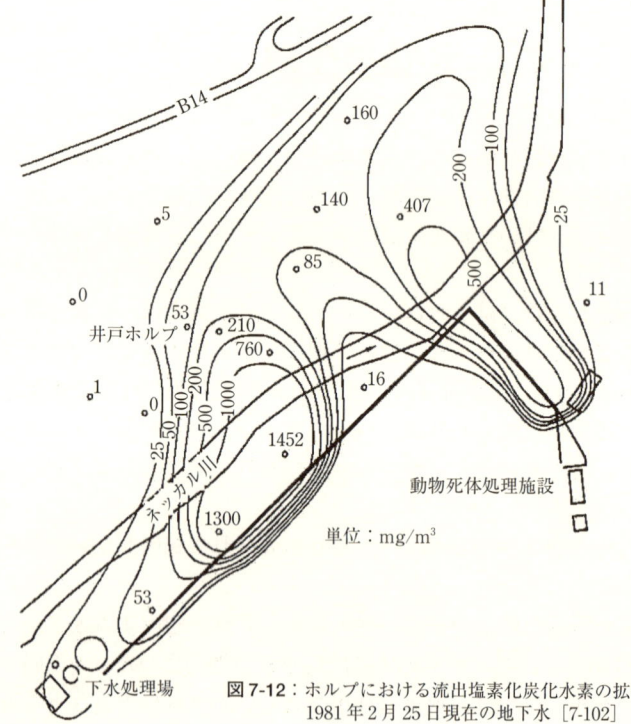

図 7-12：ホルプにおける流出塩素化炭化水素の拡がり(総合有濃度)．1981 年 2 月 25 日現在の地下水 [7-102]

ある航空機会社の機体整備工場敷地で発生した地下水汚染例がそれを証明している．2件の重複した事故—貯蔵タンクの漏れと管渠の漏れ—によって総面積約25 ha，深度25 mまでの範囲において複数の井戸に芳香族炭化水素(12 mg/Lまで)と塩素化炭化水素(26 mg/L)による汚染が確認された[7-51 ～ 7-53]．

e．リュッセルスハイム[7-54]　　南ヘッセン地区でも管渠の漏れに起因するハロゲン化炭化水素による数多くの地下水汚染が知られている[7-54]．

　リュッセルスハイムでは，1981年初頭ある自動車工場敷地で掘削作業が行われている際に有機溶剤が土壌に流出した．調査の結果，中央洗浄施設の管渠と集水マンホールの漏れにより分離器によって捕集されなかった溶解もしくは乳濁相化した揮発性のハロゲン化炭化水素が地下に流出し，地下水中に流入したことが判明した[7-54]．汚水の拡がりは幅200～300 m，長さ2 kmに達した(**図7-13**)．最大LHK濃度(主としてテトラクロロエテン)は汚染源で数百mg/Lに達した．

f．バーゼル[7-32]　　バーゼル市では，下水道からの漏洩指標として地下水中の硝酸塩濃度が利用されている．**表7-7**にこれに関する例を示した．最初の2箇所では，地下水面は，下水道より下方に位置している．最初の箇所では，さらに取付管に漏れがあることが明白となっている．第三の箇所では，地下水面は常に下水道より上方に位置していることから，地下水のNO_3汚染は実際には問題とならない．

　バーゼル州におけるこれに関連したその他の調査結果については，Grafが文献[7-32]で報告している．

　それによれば，塩化物と硫酸塩を指標として地下水に対する人為的影響が検証

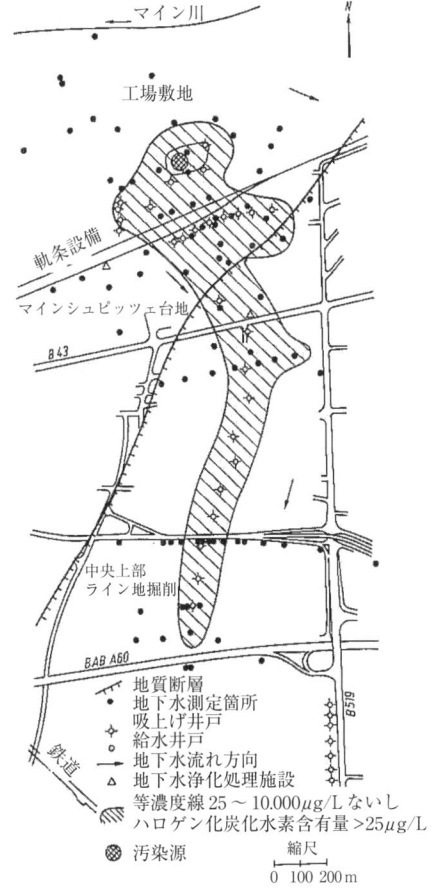

図7-13：リュッセルスハイム地区(グロス・ゲラウ郡)におけるハロゲン化炭化水素(LHKW)による地下水汚染．1987年8月の測定値に基づく拡がり(Σ LHKW 25μg/L)[7-54]

7. 下水による土壌，地下水の汚染とその除染方法

表 7-7：バーゼル市の地下水分析結果[7-31]

	下記年度における NO_3 濃度[mg/L]		
試料採取年度	1977	1981	1983
Sevogel 通り (No.1088)	36.6	48.5	47.5
Müllhauser 通り (No.706)	38.5	54.0	62.2
Hochberger 広場 (No.1032)	5.7	7.1	9.2

された．バーゼル市の天然の地下水中ではわずかな濃度でしか見出されないこれらの2種の物質は，流下方向に沿って以下のように濃度が高まった．

周辺地域	Cl^- [mg/L]	SO_4^{2-} [mg/L]
居住人口なし	6〜14	10〜30
市区外	30〜40	—
市区内	40〜70	25〜100
工業地区	100 以上	150 以上

周辺地域	CKW [μg/L]
居住人口なし	1〜1.7
市区外	5

塩素化炭化水素について実施された分析も同じ傾向を示していた．

Graf[7-32]が達した結論は，次のとおりである．居住地区下方の地下水汚染濃度の高まりの原因は多様であり，決して単一の原因のみに帰せられてはならない．残留汚染，水質汚物物質事故も管渠漏れと同様に注目されなければならない．後者は，下水中で測定された前記指標の下記平均値によって裏付けられる．

Cl^- ： 60mg/L

SO_4^{2-} ： 450mg/L

CKW ： 30〜150 μg/L

g．ランゲン[7-55, 7-56]　5箇月間にわたって行われた開削工法によるコンクリート製と陶製の呼び径250の管渠の更新中，管渠の漏れが土壌汚染と地下水汚染にどの程度寄与したかを明らかにすることを意図した調査が実施された．以前には溶剤を含有した下水も管渠に排水されていたが，現在では家庭下水しか排水されていない．図7-14に管渠施設の地質条件，水文地質条件を表した．

下水，土壌，浸透水，地下水の各試料が採取され，土壌と地下水に下水が作用した場合の評価尺度を得るために様々な指標に関する調査が行われた．試料は，特に管渠点検と漏れ検査によって確認された不良な管継手，管頂の横方向亀裂と縦方向亀裂等の管渠損傷部から採取された．

基礎層の色と構造は，一部著しく変化していた．流出下水の流下方向に沿った何mにも及ぶ筋状の管渠漏れにより，当初は赤味がかっていた基礎層は，青味がかった黒

に変色し，腐敗汚泥が形成されるまでに至っていた[7-55]．漏れのないスパン下側の土壌に比較して，汚染土壌中には特にリンとカリウムの含有量の高まりと，著しく高い生物活性が検出された[7-57]．図 7-15，7-16 に様々な試料中の TOC，カリウム，ホウ素の各含有量を示した．TOC 測定結果は，マンホール 6 からマンホール 9 に向かって流下する下水中で 10～170 mg/L の範囲内を変動していた．浸透水中で確認された濃度も同じレベルを示しているが，不良スパンの 2 と 5 に高い測定結果が分布している[7-56]．家庭下水に典型的な物質であるホウ素とカリウムもこうした挙動を示している．下水中のカリウム値は，5～30 µg/L の範囲に分布している．不良なスパン 2 と 5 においてのみ浸透水中に 25 µg/L の濃度が生じているが，この傾向は，下水中および浸透水中のホウ素含有量にも反映されている[7-56]．

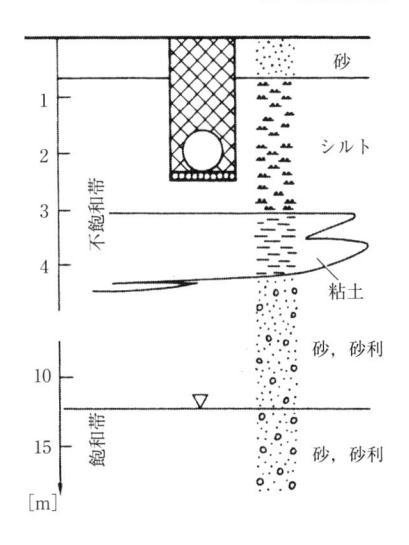

図 7-14：汚染事故（ランゲン）．管渠布設路の地質条件および水文地質条件 [7-55]

図 7-15，7-16 から管渠漏れを通じた下水流出を直接検証することができる．

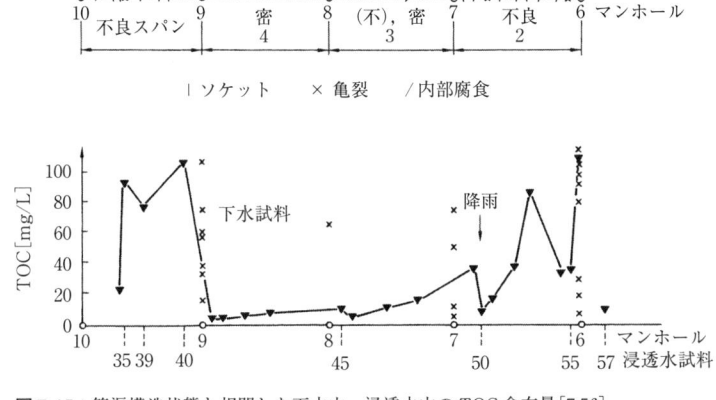

図 7-15：管渠構造状態と相関した下水中，浸透水中の TOC 含有量[7-56]

7. 下水による土壌，地下水の汚染とその除染方法

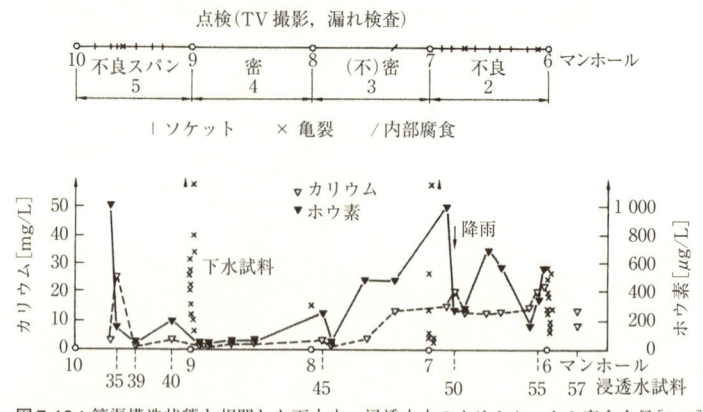

図7-16：管渠構造状態と相関した下水中，浸透水中のカリウム，ホウ素含有量[7-56]

7.5　土壌除染方法

　除染（Dekontamination）とは，文献[7-1]に基づき土壌中の有害物質ならびにその他の物質の含有量を減少させ受忍可能な残存含有量レベルを実現するか，もしくは残存含有量を同レベル以下とすることとして解される．

　健全化（Sanierung）（**5.**で定義した損傷除去対策の概念と混同しないこと）とは，"現在もしくは計画された利用と関連して人またはその他の保護財の生命・健康にとっての危険が汚染から生じないように保障する技術対策の実施"には，安全処理方法および除染方法が適用される．安全処理方法には，以下の方法がある[7-1]．

・受動的な水理対策，空気圧対策（**7.5.3**参照）．
・封込め方式（汚染源と保護財との間の作用径路を分断するための技術的バリアの設置）．
・固定化（有害物質の移動性ならびに移動可能性の阻止による有害物質遊離の減少）．

　技術対策は，汚染された土壌中と水中，例えば残留汚染域に存在する有害物質が伝播媒質や作用径路を介して保護財に拡がることを阻止もしくは減少させ，あるいは汚染された媒質との直接の接触を排除することを目的とする．安全処理の場合には，有害物質残留量は保持される．安全処理対策は，危険防止ないし危険予防のために実施することができる．これは管渠の漏れとの関連ではほとんど重要性を有していない．

7.5 土壌除染方法

除染方法，すなわち環境媒質である土壌，水および大気中に存在する環境汚染物質を除去，変換もしくは減少させるための技術的手法は，
・手法的特徴(例えば，燃焼，微生物，抽出)，
・それらの実施場所，
・インサイチュー方式，
・オンサイト方式，
・オフサイト方式，
に基づいて区分することができる[7-1]．

上記は，むしろ学術的な分類であり，実際に実現された大半の健全化技法においては，上記分類方式の複数，あるいは場合によってはすべてが同時に併用されている[7-58]．

図 7-17 に方法の一覧を示した．

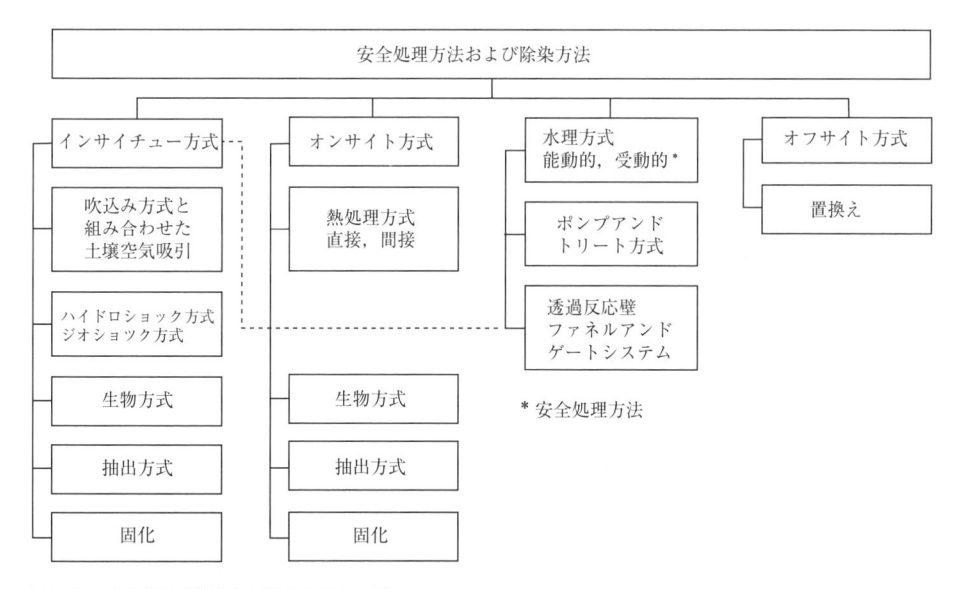

```
                        安全処理方法および除染方法
   ┌────────────────┬────────────────┬────────────────┬────────────────┐
   インサイチュー方式    オンサイト方式      水理方式            オフサイト方式
                                       能動的，受動的*
   吹込み方式と         熱処理方式         ポンプアンド         置換え
   組み合わせた         直接，間接         トリート方式
   土壌空気吸引
   ハイドロショック方式                    透過反応壁
   ジオショック方式                        ファネルアンド
                                       ゲートシステム
   生物方式            生物方式           *安全処理方法
   抽出方式            抽出方式
   固化               固化
```

図 7-17：安全処理方法および除染方法の一覧

いかなる汚染事故にも特別に策定された解決方法が必要である．その際，前もって明確に定められた健全化目標，すなわち個々のケースに合わせて保護目標から導出された健全化調査を基礎として最終的に定められた──健全化対策の技術的結果に関する──目標基準[7-1]が不可欠である[7-2]．

この健全化目標がどのようなものであるかは，Kloke が文献[7-59, 7-60]において論

7. 下水による土壌，地下水の汚染とその除染方法

じている．この目標が満たすべき事柄は，第一に"地下水の完全な有用性の保持および回復"[7-60] である．

地下水（または土壌）に完全な有用性が存在する場合とは，自然とは異質の物質が保護財の"正常な"平均余命ないし有用期間の短縮をもたらさず，かつ生活・能力の質を侵害しない場合である[7-59, 7-60]．

この目標の数値化は，様々な研究機関および委員会で取り組まれている．様々な保護財，すなわち人，動物，植物，大気，土地，地下水と水および資材に関わる許容範囲，毒性範囲が種々相違していることから，維持，許容および健全化に三分される"三域システム"が生じた．

・A：例えば，重金属含有量が定められた基準値を下回っている良質土壌が維持される．
・B：前記含有量がAの値を上回っている土壌は，有用性または平均余命が侵害されない限りで許容される．
・C：有害物質濃度が限界値を超え，保護財，例えば地下水が危険に曝されている場合には，土壌は健全化されなければならない．

個々の特別なケースにとって除染方法の適性判定は，様々な判定基準のチェックに基づいて行われる必要があろう．こうした場合の重要な基準は，以下のとおりである[7-1]．

・技術的な実施可能性，
・暫定的な健全化目標の達成可能性（実効性），
・環境に対する作用・効果，
・法的要件，
・費用見積りと費用効果．

適用されている除染方法のほとんどは，残留汚染問題への対処を基本としており，管渠分野に関する経験はわずかしか得られていないことから，各方法は，不良な管渠に起因する汚染の特別な事情を考慮して吟味，テストされ，あるいは新たな方法の開発が行われなければならない．その意味で，例えば都心地区汚染の除染方法とその適用には，特別な要求が突きつけられることが確実である[7-4]．

方法の適用に関する重要な基準の一つは，労働安全性である．作業従事者の保護を保障する十分な安全対策が講じられなければならない．とりわけ以下にあげる諸規程ならびに法的基礎が重要であるが，すべてを記載したものではない．

・危険物に関する命令（危険物令— GefStoffV），1986 年 8 月 26 日付け（BGBl.ls p.1470）
・廃棄物の削減および処理・処分に関する法律（廃棄物法— AbfG），1986 年 8 月 27 日

付け
- 化学物質からの保護に関する法律(化学物質法— ChemG)
- 大気汚染,騒音,振動および類似の事象による有害な環境影響作用からの保護に関する法律(連邦公害[インミシオン]防止法— BImSchG)
- 循環経済・廃棄物法.循環経済を促進し,廃棄物の環境適合的処分を保障するための法律(KrW-/AbfG)
- 人の伝染性疾病の予防・撲滅に関する法律(連邦伝染病予防法— BSeuchenG)
- 遺伝子工学の規制に関する法律(遺伝子工学法— GentG)
- TRGS 100(危険物に関する技術準則)　　危険物の発生閾値.
- TRGS 101　　概念規程定
- TRGS 102　　危険物に関する技術的基準濃度
- TRGS 150　　危険物との直接の皮膚接触
- TRGS 400　　職場空気中危険物測定を実施するための測定箇所に関する要件
- TRGS 402　　作業区域空気中危険物濃度の調査および判定
- TRGS 403　　職場空気中混合物質の評価
- TRGS 415　　呼吸保護器具および熱交換なし耐熱作業衣の装着時間制限
- TRGS 519　　アスベストの撤去,修繕および保全作業
- TRGS 555　　GefStoffV §20に基づく業務規程および教習
- TRGS 900　　職場空気中の限界値— MAK値およびTRK値"MAK値；ドイツ研究協会-健康被害作業物質検査委員会の最高職場濃度"
- TRGS 903　　生物学的職場許容値— BAT値
- VGB 1 UVV　　通則
- VGB 37 UVV　　建設作業
- VGB 50 UVV　　ガス管作業
- VGB 61 UVV　　ガス
- VBG 62 UVV　　酸素
- VGB 100 UVV　　労働医学的予防措置
- VGB 109 UVV　　応急処置
- VGB 113 UVV　　発癌性作業物質取扱い時の保護対策
- VGB 119 UVV　　健康被害無機粉塵に対する保護
- VBG 121 UVV　　騒音
- VGB 122 UVV　　労働安全技師およびその他の労働安全専門家
- VGB 123 UVV　　事業所専属医師

7. 下水による土壌，地下水の汚染とその除染方法

- VBG 125 UVV　職場の安全標識
- VGB 126 UVV　塵芥処理・処分
- 呼吸の保護-注意書 ZH 1/134
- 眼の保護-注意書 ZH 1/192
- 危険化学物質作用時の応急処置に関する注意書，ZH 1/175
- 土木工事機械および特殊地下工事機械の呼吸気供給設備を具えた作業室に関する注意書，ZH 1/184
- 酸素の取扱いに関する注意書，ZH 1/307
- 注意書シリーズ B004-B009，"安全バイオテクノロジー"，ZH 1/344-349
- 審査合格呼吸保護器具リスト，ZH 1/606
- 保護衣着用規則，ZH 1/700
- 呼吸保護器具着用規則，ZH 1/701
- 足保護器具着用規則，ZH 1/702
- 眼・顔面保護具着用規則，ZH 1/703
- 保護帽着用規則，ZH 1/704
- 保護手袋着用規則，ZH 1/706
- 作業部署への消火器の備付けに関する規則，ZH 1/201
- 職場の空気清浄保全設備に関する安全規則，ZH 1/140
- 下水道設備・施設の密閉された空間内における作業に関する安全規則，ZH 1/177
- 塵芥廃棄場に関する安全規則，ZH 1/178
- 引上げ式人員収容具に関する安全規則，ZH 1/461
- 地下工事作業に関する安全規則，ZH 1/486
- 穿孔作業に関する安全規則，ZH 1/492
- 防爆基準(EX-RL) ZH 1/10
- 被雇用者作業時安全性・健康保護向上対策の実施に関する理事会指令(89/391 EWG)
- 被雇用者作業時のバイオ作業物質による危険の防止・保護に関する理事会指令(90/679/EWG)
- 時限的もしくは移動的な工事現場に適用される安全性・健康保護に関わる最低規程に関する理事会指令(92/57/EWG)
- 危険物に関する命令(危険物令— GefStoffV)
- 作業部署に関する命令(作業部署令— ArbstattV)
- 別冊"汚染された立地内での作業—作業従事者の保護対策"(請求 No.780.1，TBG)
- 別冊"残留汚染—除去"(請求 No.780.2，TBG)

- 別冊"土木工事機械および特殊地下工事機械のフィルタ設備を具えた作業室"および"土壌健全化のための土木工事機械作業室用フィルタ"(請求 No.784, TBG)
- 危険物を含んだ設備・施設の取壊し・撤去(化学工業同業組合注意書 T 021)

以下に，不良な管渠に起因する汚染を除去し，もしくは汚染の拡大を阻止するのに適切と考えられる方法を述べることとするが，ここでも完璧を期するものではない旨指摘しておく．市場に供されている技術の概観は，文献[7-61]で行われている．以下の記述は，基本的に以下の論文ならびに各社技報[7-62～7-70]を基礎としている．

7.5.1 インサイチュー方式

インサイチュー方式とは，文献[7-1]に依拠し，地中に存在する環境汚染物質を土壌本体を動かすことなく物理学的，化学的，生物学的方法で処理し，当該汚染物質を
- 土壌から除去するか，
- 無害な物質に変換するか，
- 拡がりを阻止するか，

するための方法として解される．
　残留汚染除去の方法として考えられるのは，以下のとおりである．
- 土壌空気吸引(土壌ガス抽出)，
- ガス捕集(塵芥廃棄場ガス)，
- 生物学的処理，
- 土壌洗浄処理(インサイチュー抽出)，
- 化学的処理，
- 固化，

　ガス捕集方式および化学的処理方式の説明は行わない．
　インサイチュー方式については，これまでのところわずかな経験しか得られていない．この方式の長所の一つは，地下に対する物理的影響がわずかにしかすぎないことである．ただし例えば，地下の不均質性は，マイナスに作用し，有害物質の完全な捕獲と浄化を困難とする．また処理結果のチェックにも問題が存在している[7-2]．

7.5.1.1 土壌空気吸引（土壌ガス抽出）

土壌空気吸引方式では，不飽和土壌の土壌粒子および間隙中に集積した揮発性塩素化炭化水素，BTX 芳香族炭化水素，個々の軽油物質が真空井戸を利用して吸い出される．有害物質の存在位置の探知は，軽量探知器具によって問題なく行うことができる．

吸引を行うため吸出しファンが接続された多孔管が汚染土壌中の地下水面上方に挿入される．吸い出される空気量は，基本的に吸出しファンの性能，土壌の透過性，地表面の種類に依存している．例えば，既存の建物による土壌の防護状態により浄化半径は 50〜100 m に達し得る．気相に移行する有害物質は，吸引の後，定められた許容限界値を上回っていない限り濾過されずに環境中に放出される．濃度がそれより高い場合には，通常，排気用に活性炭フィルタまたはバイオフィルタが後置される．この方式は，技術コストがわずかな点で非常に経済的である．ただし短所として，比較的長い除染期間を要する．除染開始時には大量の有害物質が吸い出されるが，この吸出し量は，時間とともに指数関数的に減少し，次第に一定の値に落ち着くこととなる．図 7-18 にそうした減衰曲線を表した．

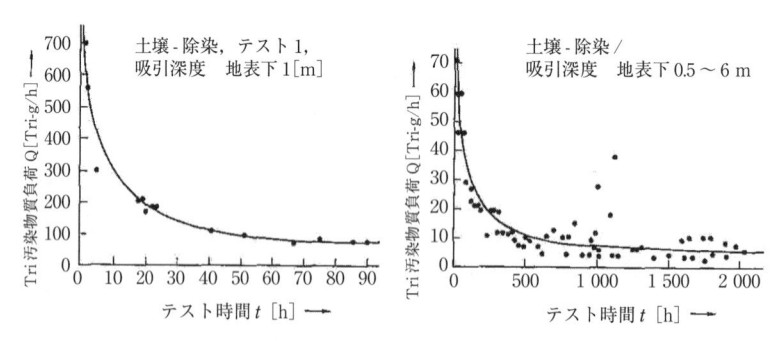

図 7-18：土壌空気吸引による除染．初期測定期と総測定期の減衰カーブ[7-103]

管渠近傍の土壌の除染にこの方法を適用する場合には，管渠は，あらかじめ止水され，管渠からの空気吸引が防止されなければならない．

土壌空気吸引方式を補完する対策として吹込み方式が用いられる．飽和土壌ゾーンの地下水脈にランスを介して圧縮空気が圧入される結果，有害物質は，飽和域から不飽和域の間隙中に追い出され，土壌空気吸引によって捕集排気される（[7-71]も参照）．吹き込まれた空気は，さらに土壌中に存在する微生物の活性を高め，代謝産物（分解中間産物）が生ずることが確認された．ただしこの方式は，まったく問題がないわけでは

ない．土壌の岩石化（石灰と鉄の沈殿）により間隙が塞がれ，有害物質の追出しが阻害される恐れがある．

局部汚染は，圧力が過大にすぎれば広域に分散され，これによって除染が妨げられることがある[7-63]．**表 7-8** に長所と短所をまとめて表した．**図 7-19，7-20** に前記の

表 7-8：土壌空気吸引方式，空気吹込み方式の長所と短所

長所	・低コスト，土壌の入替えが不要 ・その他の方法では除染できないか，もしくは除染に多大な費用を要することとなる既建設地区にも適している ・揮発性炭化水素の分解 ・周囲環境を侵害しない ・土壌は自然状態に保たれる ・保守の手間とコストがわずか ・非常に大量の土壌処理が可能 ・方法コストがわずか ・技術水準
短所	・汚染土壌が完全に処理されたか否かのチェックが不可 ・排気は場合により活性炭浄化を要する ・地下水をさらに汚染しないようにするため，圧縮空気は油分を含んでいてはならない ・重金属の除去が不可 ・相対的にかなりの長期間を要する ・岩石化によって地中間隙が塞がれる恐れがある
利用制限	・重金属が含まれている場合にはそれはそのまま土壌中に残留することから，作物植物の栽培は不可

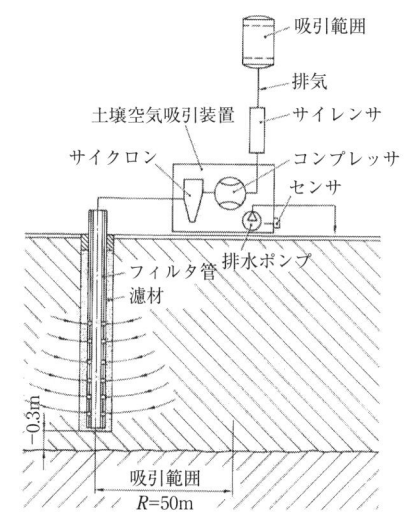

図 7-19：土壌空気吸引設備[7-62] 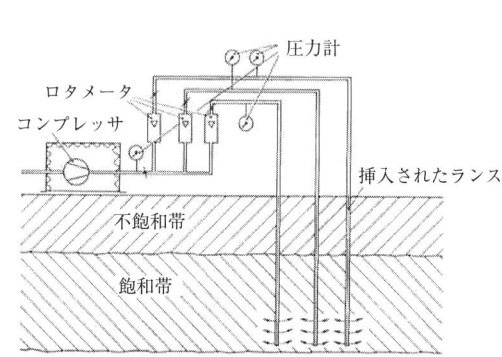　　**図 7-20**：空気吹込み設備 [7-62]

7. 下水による土壌，地下水の汚染とその除染方法

2つの方式の概要を示した．

損害(例えば，圧縮空気の過大供給による)を回避するためには，生物学者，化学者，地質技術者，汚染除去技術者の学際的協力が必要である．

土壌空気吸引方式の発展・改良の成果は，例えばオゾンを利用した多環式芳香族炭化水素の分解である．土壌空気吸引により主として揮発性の有害物質が除去される一方で，土壌空気を経て持ち込まれたオゾンを利用して揮発しにくい有機有害物質が除去される．オゾンの製造には，高いエネルギーコストを要することから，効率的に使用される必要があろう．土壌空気吸引は，常にオゾン処理に先行させる必要があろう．また，土壌中のオゾンは，一定の濃度以上から土壌中に存在する微生物相に回復不能な損害を与える結果，土壌の再活性化が必要となることがある[7-72]．

その他の詳細な情報は，文献[7-43, 7-62, 7-63, 7-66, 7-68, 7-72～7-74]から得ることができる．

7.5.1.2　ハイドロショック方式とジオショック方式

飽和ゾーンのCKWを移動させる別の対策は，ハイドロショック方式とジオショック方式である．両者ともに特許出願が行われた．**図7-21**に各方法の作用原理を示す．

ハイドロショック方式は，飽和土壌ゾーンに設けられたボーリング孔を経て実施される．地下水中で発生させた振動は圧力波を作り出し，この圧力波は，間隙中に集積

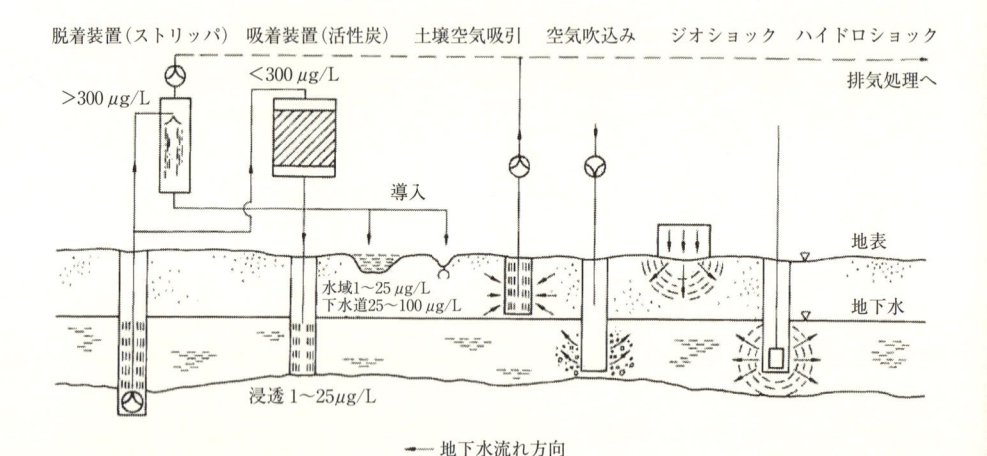

図7-21：脱着-吸着-土壌空気吸引-空気吹込み-ジオショック-ハイドロショックによる塩素化炭化水素含有地下水・土壌処理方法[7-44]

していたCKWを急速に解離する．こうしてCKW濃度がさらに高まった地下水は，水理方式によってポンプで汲み出しされ，**7.5.3**に説明する装置で浄化される．地下水中の濃度調査からCKW濃度は，10倍に達することが判明した．

もう一つの方法は，ジオショック方式である．この場合には，不飽和土壌ゾーンの土壌空気中で圧力波を発生させる．これら双方の方式は，なおテスト中である．

ここで，振動によって地盤沈下現象が生じ，その結果，建物被害が生じ得ることから，これら双方の技法の適用には，地質学者との非常に緊密な協力が必要である旨強調しておかなければならない[7-62]．

7.5.1.3　生物学的方式

土壌および地下水の浄化方式では，有害物質濃度が変化するにすぎず，換言すれば，有害物質は，排気または汚泥中に集積されて濃縮されるが，生物学的方式は，有害物質を分解して自らの栄養源として利用する微生物の能力によって問題を解決する．この方式は，インサイチューでもオンサイトでも（7.5.2.2）適用することができる．実験室において**表 7-9**にあげた化学物質と物質グループの分解性が検証された．

炭化水素は，常に水溶相において微生物によって分解される．溶解度の非常に低い物質（例えば，3環以上を有する芳香族炭化水素）は，自然界の作用では非常に低い分解速度しか生じないことから，溶剤（界面活性剤）を使用しない限りほとんど微生物分解されることがない[7-75]．ただし，溶解を助ける表

表 7-9：分解性が検証された化学物質および物質グループ [7-104]

アセトニトリル	ジクロロビフェニル
アクリルアミド	ジクロロエタン
アクリロニトリル	ジクロロメタン
脂肪族炭化水素	ジクロロフェノール
アルカン	ジニトロフェノール
アルケン	エチレングリコール
アニリン	フルオランテン
アントラセン	ホルムアルデヒド
芳香族炭化水素	HKW
ベンズアルデヒド	メタノール
ベンゾ(a)ピレン	ナフタレン
ベンゾ(b, k)フルオランテン	ニトロフェノール
シアン化ベンジル	オクタノール
ブロモフェノール	PAK
ブタンジオール	PCB
ブタノール	PCP
カテコール	ペンタクロロフェノール
クロロベンゼン	ペル
クロロアニリン	フェナントレン
クロロホルム	フェノール
CKW	ピレン
クレゾール	テトラクロロエチレン
DDT	テトラクロロカーボン
デカン	テトラクロロフェノール
洗剤	トリクロロエタン
ジベンゾ(a, h)アントラセン	トリクロロエチレン
ジクロロベンゼン	塩化ビニル

7. 下水による土壌，地下水の汚染とその除染方法

面活性物質を分泌する若干のバクテリアも存在する．

分解は，主として好気性条件下—稀に嫌気性条件下—で行われる．CKWの場合，脱ハロゲン化が嫌気性条件下で検証されている [7-61]．分解の重要な要因は，酸素と栄養素の供給，阻害物質（例えば重金属）の不存在，土壌の温度，性状，水分，pH値である．pHは，中性範囲(pH7)にある必要があろう．これは，石灰の添加によって達成することが可能である．実験室においては，pH4～5の弱酸性土壌中で白腐れ病菌を利用した微生物による有害物質分解に成功した[7-76]．

表7-10に土壌および地下水中での微生物触媒反応によって生ずる物質代謝と環境変化を示した．

汚染された土壌を微生物によって健全化する前にEbner u.a.[7-77]によれば，まず以下が解明されなければならない．

表7-10：土壌中／地下水中の微生物による物質代謝および環境変化[7-80]

直接的物質代謝	環境変化
炭素化合物	pH値
無機化	酸化還元電位
物質変換	移動化，非移動化
窒素化合物	金属の沈殿
脱窒	金属の溶解
硝化	バイオ界面活性物質生成
アンモ硝化	腐蝕質生成
硫黄化合物	
還元	
酸化	

・土壌は汚染された状態で微生物の存在が見られるか，または微生物の生息が可能か．
・土壌中に存在している微生物の量はどの程度か．
・土壌中に存在している微生物の性質はどのようなものか．
・分解可能なのはどのような有害物質グループか．
・分解可能なのはどのような個別汚染物質か．
・除去さるべき物質は存在している微生物により混合状態でも分解可能か．
・物質の分解可能限界濃度はどの程度か．
・難分解性の物質または物質グループの除去に実験室株が付加的に使用されなければならないか．
・技術的に実現可能なもしくは実現されたいかなる生物方式が健全化に適しているか．
・バイオテクノロジーによる健全化にはどの程度の時間が見込まれなければならないか．

個々の健全化ケースにとって最も安価かつ最も効果的な生物方式を選定するための検査は，Ebner[7-77]によると，図7-22に示した流れに従って行われる必要があろう．作業の重点をなすのは，以下の事項である．

・リスク評定から得られたデータを評価した後，巡検によって現場固有の特性が解明される．
・委託発注者との話合いに基づき現場の危険汚染箇所と微生物に好適な箇所とを考慮

して試料採取が行われる.
- 実験室において，微生物キラーと有害物質分解微生物数との確認による重要な生物パラメータを検認した後，バイオテクノロジー処理に対する汚染土壌の適性が検討される.
- 続いて浸漬反応器で所定の有害物質成分の分解が検討される.
- 結果が否定的であった場合には，その他の適切な物質代謝系の採用を検討するか，または補完的な物理学的ないし化学的な健全化処理が考慮されなければならない.
- 結果が肯定的であった場合には，パーコレータテストと回転反応器テストが実施される.
- 以上の手続きから得られたすべてのデータの分析評価により当局の指針を考慮して健全化案が得られる.

上記の適性査定引表に用いられる反応器は，生物除染方式の小規模シミュレーションを行うことができる密閉された監視可能な容器である.

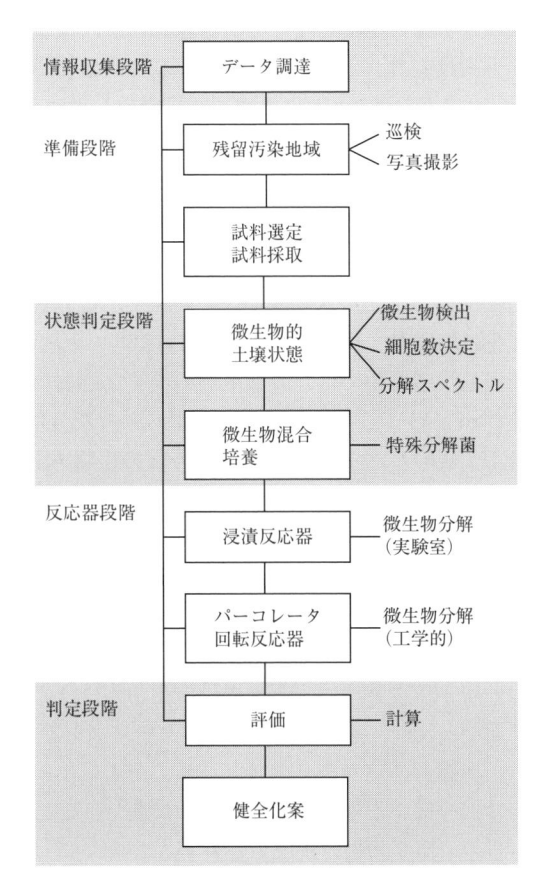

図 7-22：生物による残留汚染土壌除染方式の適性査定方法 [7-77]

パーコレータでは，土壌が静止した充填相として存在する方法で検査される．この方法には，インサイチュー方式とオンサイト畝・山積み(Beet-und Mietentechhik)方式がある．インサイチュー検査では乱されていないコアサンプルが，オンサイト検査では付加物(わら，樹皮)を含むか，もしくは含まない土壌混合物がそれぞれパーコレータに収納され，栄養液が散水される．この場合，通気は，能動的にも受動的にも行うことができる．さらに通気レベルの可変調節を行い，その後に要される実地条件を確認することもできる.

土壌構造，汚染種別，微生物増殖，分解率，水文地質学的条件等の点から見て，イ

7. 下水による土壌，地下水の汚染とその除染方法

ンサイチュー土壌処理が実施可能と考えられる結果が実験室検査によって判明すれば，同方式は，コスト的にきわめて有利な方法であるといえよう．ただし処理期間が1～3年に達する場合もあることを十分考慮しておかなければならない．

しかしながら，この種のインサイチュー方式にとって好適な条件が存在することはきわめて稀であることから，生物インサイチュー健全化方式は例外的なものである．

汚染土壌の効果的な浄化を実現するには，土壌が絶えず混合される動的方式が大きな長所を有する．この方法を実験室でシミュレートするには，混合装置を具えた水平回転反応器が使用される．この回転反応器方式ないし土壌混合方式により粒子構造が非常に均質で，かつ微小粒子の割合が高い土壌の微生物浄化が可能である．

回転反応器中では，コスト高の浸漬反応器中よりも微生物にとってはるかに不適な条件が支配しているにも関わらず，十分な分解能が回転反応器中で実現可能である．目下，混合システムに基づくこの種の生物方式がいくつかの企業によって開発され，パイロット試験がなされている．

最もコストを要する汚染土壌生物健全化方式は，浸漬方式である．ただし，これによれば最速かつ最善の有害物質分解が実現される．この方式では，主としてシルト・粘土層の処理が行われる[7-77]．

経験によれば，汚染土壌中には有害物質グループとそれらの組合せ，また個別物質も分解することのできる固有の微生物がほぼ常に高濃度で存在している．汚染がごく初期であれば，適切な混合培養バクテリアを添加するのが効果的な場合がある．

土壌固有のバクテリアは，通常，市場に出回っている特別に培養されたバクテリアよりも分解率が優れている．その理由は，この種の培養バクテリアが土壌中に存在する自生の微生物に対抗して定着することが困難なことである．

インサイチュー浄化法では，主として有機化合物が分解可能であるが，例えば窒素化合物，硫黄化合物等の無機化合物も生化学プロセスによって変換することができる．

検査プログラムからすべてのバックグラウンド条件ならびに前提条件（図7-23）を考慮して，微生物によるインサイチュー浄化が可能なことが判明した場合には，健全化案が提起される．

化学
・定性および定量分析化学（土壌および水）

微生物学
・微生物の存在
・有害物質の毒性影響作用がないこと
・有害物質の分解可能性および変換可能性
・微生物の活性化可能性

水文地質学，化学工学
・有害物質の分布およびアクセシビリティ

図7-23：微生物インサイチュー除染に関する前提条件 [7-80]

インサイチュー浄化は，砂利質と砂質の土壌であって，同時に透水性の優れた土壌でしか実現されない．

汚染された地下水は，吸上げ井戸を経てバイオリアクタへ輸送され，栄養塩類と酸素が添加されて微生物分解が促進される．浄化され，溶存酸素で飽和された水は吸込み井戸を経て再び土壌に浸透させられる．土壌中で溶存酸素飽和水は，土壌内定着バクテリアによる分解を促進する．栄養塩類としては硫酸アンモニウム，尿素およびリン酸塩が考えられる．酸素含有量は，オゾン，過酸化水素または硝酸塩を添加することによって増加させることができる．分解が不完全な硝酸塩は，地下水を汚染するので，使用しない方がよい．図 7-24 にこうしたインサイチュー除染の概要を図解した．この方法は，投資費用と維持管理費用が安価な点で魅力的である．

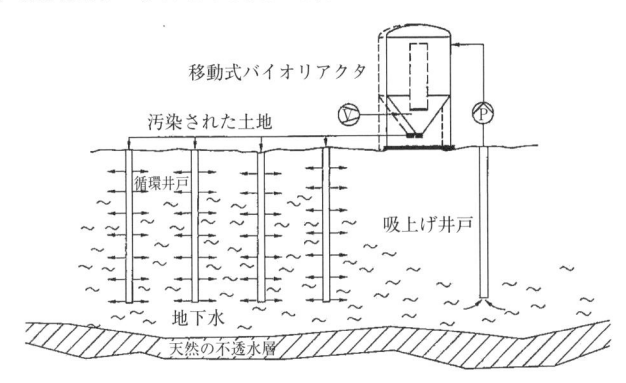

図 7-24：インサイチュー除染の原理[7-104]

図 7-25 に鉱油炭化水素汚染された土壌を土壌空気吸引と組み合わせてインサイチュー浄化するためのもう一つの方法を示した．

この方法においは，水分、無機栄養塩類および酸素の供給によって微生物を活性化させ，鉱油炭化水素を二酸化炭素(CO_2)と水(H_2O)に分解させる．このため，汚染地域内の定められた箇所でスリット付き管を通して土壌空気が吸引される．この低圧形成によって土壌中に外気が流れ込む結果，土壌中に既に存在する微生物に酸素が供給される．続いて同管を経て栄養塩類水溶液，およびそれぞれの土壌汚染に適応した濃縮バイオマスサスペンションが汚染土壌に供給される．揮発性の汚染成分が土壌空気とともに吸引される場合には，活性炭フィルタによる濾過が行われる[7-78]．

生物インサイチュー方式は，一つの特徴を有している．酸素，栄養塩類および助剤の溶媒としての水が汚染土壌ゾーンに注入され，好気性微生物分解を促進する．土壌を貫通した水は，汚染層の下部から再び取り出され，地上で浄化され，酸素と栄養塩

7. 下水による土壌，地下水の汚染とその除染方法

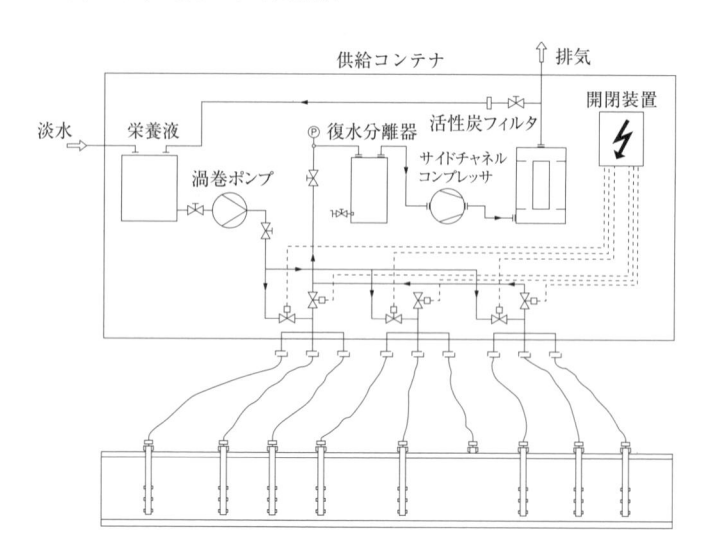

図 7-25：生物インサイチュー土壌健全化法 [7-78]

類が添加され，最後に再び土壌に浸透させられる [7-79]．こうした方法は，土壌が十分な透水性を具えている場合にしか経済的ではない．

透水性が低い場合には，ニューマチックフラクチャリング法を用いて改善することができる．このために末端に小さな多数の流出口が放射状に配置されたフラクチャリング土壌プローブを経て土壌中に圧縮空気が急激に圧入され，細かく枝分かれした根状の亀裂が形成されて土壌が裂開され，こうして透水性が改善される（**図 7-26**）．その際，地層が著しく乱されることはない [7-79]．

これによって浸透水は，これまでよりも急速に汚染ゾーンに滲み通り，新しく作られた亀裂ルートを経て拡がることができる．土壌には根状亀裂を介して通気も行われ，これが不飽和ゾーンの生物活性に好適な効果をもたらす [7-79]．作用半径は土壌性状に応じ約 1.5〜2.5 m である．

表 7-11 に生物インサイチュー方式の長所と短所を示した．

ここでも，実験室における有害物質の分解可能性と地中での大規模な工学的手法によって実現される生分解との間に大きな不一致があることを明確に付記しておかなければならない．この方法の実施にはこうした限界がある．したがって，開発・見積りの誤差を小さくするため，地質学者，化学者，微生物学者，エンジニアの間の学際的協力と上位に位置する成果に対する監査組織が必要である [7-80]．

7.5 土壌除染方法

空気または酸素，20 bar まで
循環水回収
循環水浸透
KW 汚染
空気または酸素によるフラクチャリング衝撃による土壌亀裂

図 7-26：フラクチャリング法の図解[7-79]

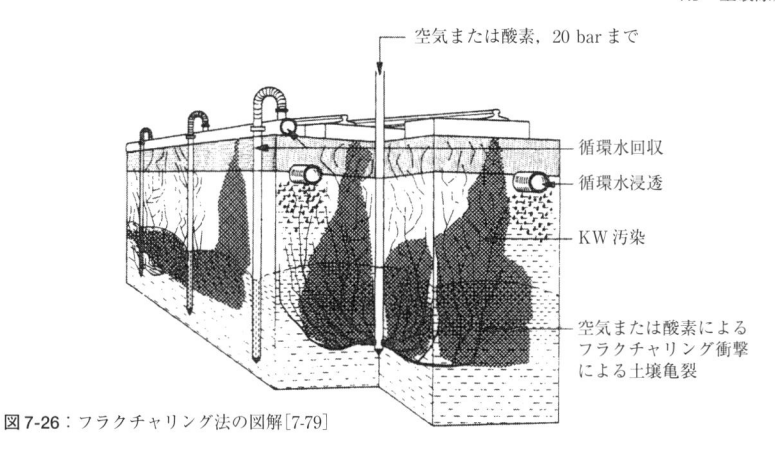

表 7-11：生物インサイチュー方式の長所および短所[7-4]

長所	・オンサイト方式よりもコスト面で有利 ・その他の方法では除染がまったく不可能か，もしくは莫大な費用を要することとなる建物既設地域に適している ・以下の物質の分解が可能 　　シアン化物 　　単純な芳香族炭化水素およびアルカン 　　単純なクロロパラフィン 　　塩素化程度の低い C1 および C2 化合物 ・地域公害の放出なし ・周囲環境の侵害なし ・微生物の活動により重金属の固定化が実現されるとともに水に溶解しにくい亜硫酸錯体，硫酸錯体が形成される ・住民の受入れ度が高い
短所	・分解プロセスに限定的にしか影響を与えることができないことから，長期の分解時間を要する ・土壌性状が不均質な場合には微生物が汚染周辺全体に十全に行き渡ることが困難となる ・土壌解離は不可 ・分解が劣る ・分解が不十分な硝酸塩または過度の硝酸塩投与によって地下水が害される恐れがある ・処理結果の検査可能性が劣る ・塩素化程度の高い炭化水素は長期間を経てしか分解されない ・重金属の除去は不可 ・物質代謝過程から毒性のある中間体が生じ得る ・有害物質とその組成に関する十分な知見が不可欠である ・適切な微生物が存在していなければならない ・微生物にとって有毒なレベルの有害物質濃度が存在していてはならない ・処理後の微生物の行方は不明 ・急速な世代交代と突然変異形成により望ましくない環境が形成され得る ・事前調査と付随的監視が不可欠である ・汚染の残留があり得る
利用制限	・重金属が存在する場合にはそれが土壌中に残存していることから，作物植物の栽培は不可 ・その他の場合には有害物質濃度と滞留時間に応ず

7.5.1.4 インサイチュー抽出方式

インサイチュー抽出方式とは，文献[7-1]に基づき"汚染土壌の特定予備処理を行った後(7.5.2.3)，抽出剤と場合によっては添加物を利用し，かつ機械的エネルギーの供給下で浄化される除染方法"として理解される．

有害物質に特異な抽出剤により溶解もしくは分散させられ，土壌から液相に転移される(分離)．揮発性有害物質は，広範に気相に転移され，排気とともに最新技術により処理される．

洗浄過程で有害物質に加えられた抽出剤は，浄化され，再生される．その際に発生する汚染残留物質は，土壌の微粒子分(シルト，粘土)と結合して，かなり安定した懸濁液を形成する場合がある．

抽出剤としては，界面活性剤を添加もしくは添加しない水，ならびに酸，アルカリ液または有機溶剤を使用することができる．抽出方式の場合には，通常，有害物質の種類による適用制限が生ずることはない[7-1]．

土壌粒子からの有害物質の分離は，pH値を変化させること，したがって溶解度を変化させることによっても達成することができる[7-81]．

インサイチュー抽出方式(土壌洗浄方式)では，汚染土壌域全体に抽出剤が散水される(図7-27)．抽出剤は，土壌の浸透通過中に有害物質を捕捉し，地下水まで運搬する．有害物質を高濃度に含む地下水は，井戸を経て吸上げられ，回収・処理槽で浄化される．

表7-12にインサイチュー抽出方式の長所および短所，適用限界を示す．

もう一つのインサイチュー土壌洗浄方式は，Soilcreteノズル噴射方式である．この

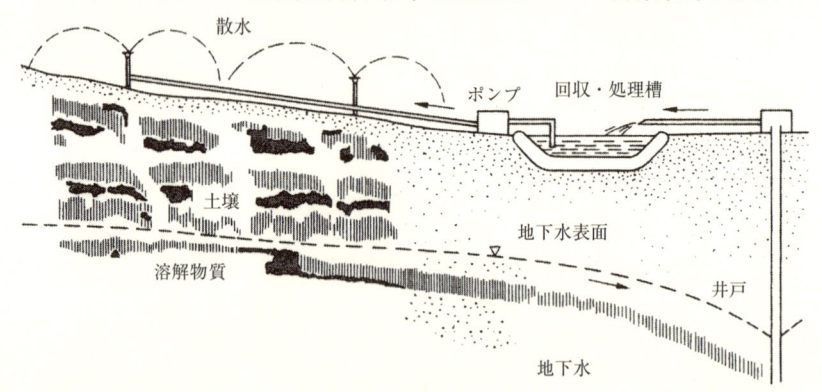

図7-27：土壌洗浄システム(USEPA，1984)の概要図[7-70]

7.5 土壌除染方法

表 7-12：インサイチュー抽出方式の長所および短所[7-4]

長所	・以下の物質の部分除去が可 　　　重金属 　　　錯結合シアン化物 　　　炭化水素 　　　ハロゲン化炭化水素 ・低コスト，土壌の入替えなし ・最新技術に対応した方法 ・腐蝕質の損失なし ・廃棄処分さるべき汚泥量がわずか
短所	・天然塩類の洗い流し ・処理結果の検査可能性が非常に劣る ・浄化されない部分が形成される ・場合により長期にわたって土壌微生物が侵害される ・地下水の侵害 　　　除染対策中地下水が侵害される 　　　抽出剤の除去が困難なことから，除染対策後も地下水が侵害される
利用制限	・飲料水保護区域では不可 ・残留汚染が高い箇所が一部に生ずることから，利用可能性が限定される ・作物植物の栽培不可 ・ハードカバー被覆およびそれに応じた利用のみが可 ・道路舗装等により都心部では適用不可

方法は，建物の下部でも，また野外でも適用することができる．野外適用に際しては，存在するガスの飛散を回避するため，除染さるべき土壌をカバーするのが効果的である．

　まず汚染された土壌の地下を水で浸漬し，閉鎖システムで懸濁液として地表に運搬する．浸漬中および浸漬後も支柱壁の安定性は，支柱内に懸濁液の圧力が存在することによって保障されている．土壌にあらかじめ囲い（例えば，矢板函）を施して作業を行う場合には，その囲いによって安定性が保障される[7-82]．続いてボーリング孔の脇に設置された移動式浄化装置でガス，水および土壌がそれぞれ別々に処理される．その後，浄化された土壌で，場合により添加剤および結合剤を加えて埋戻しが行われ，固化される[7-83]．

7.5.1.5　固　　化

　固化の場合には，有害物質が土壌から除去されることも破壊されることもなく，一定の結合剤を添加することにより有害物質の特性を変化させ，土壌の安定性と有害物質の移動阻止が行われる．

5.2.2.5に述べたSoilcrete方式は，有害物質分布，有害物質の量および性質，土壌性状から見て固化が可能な場合には，土壌中の有害物質の固定化にも適している．文献[7-70]に基づき，存在する有害物質を無害な方途で地下に固定するのに適している固化方式は，安全処理方法に属している．

汚染された土壌は，高圧水噴射によって崩され，固化材料—これは懸濁液として別個に添加することができる—と混合される．材料の硬化後，有害物質を封じ込めた固結した土壌が生ずる．この方式は，接近が困難で地下水が存在し，土壌の掘削除去が行えない場所に特に適している．固化材料は，有害物質に適合した化学的，物理学的特性を具え，さらに耐久性，密度，強度，有害物質結合，浸食安定性の各要件を満たしていなければならない[7-82]．

7.5.2　オンサイト方式

汚染された土壌をその汚染土壌の生じている場所に設置された設備で処理する方式は，文献[7-1]に基づきオンサイト方式(**図7-17**)といわれる．この方式は，ある使用箇所から別の使用箇所に輸送することのできる移動式もしくは半移動式装置を用いて行われる．

この方式は，基本的に土壌を対象として考えられており，地下水は，対象として想定されていない．汚染された土壌の掘削除去が問題となる場合がいくつかあるが，それは，その際にしばしば地下水位の低下をもたらし，これが汚染の拡がりを生ずることがあるからである．オンサイト方式の長所は，例えば浄化効果の検査が可能なことである．

7.5.2.1　熱的土壌処理

土壌の熱的浄化装置は，非常に複雑な有機有害物質も排除しもしくは燃焼することを可能とする．実際どんな土壌も，土壌構造，水分含有量，粒度分布，土壌粒子特性に関わりなく熱的に浄化することが可能である．制限となるのは，重金属濃度とエネルギーの環境適合的使用の問題である．熱的に土壌から除去できるのは，若干の重金属含有物質のみである．

すべての熱的土壌処理プラントは，以下を含んでいる．
・土壌予備処理系，

・熱的処理系,
・その環境保護技術系.

　土壌は各方法に応じて異なった予備処理を受ける．通常，汚染負荷の少ない 250 mm 以上の粗粒成分は，ふるい選別され，金属等の異物が除去される．続いて汚染土壌は，できるだけ均質にすると同時に，最適な有害物質除去を実現するために粉砕される[7-81]．

　文献[7-81]によれば，熱的土壌処理法は以下の方法に大別される.
・土壌自体が燃焼されて不活性化される直接熱処理方式(高温処理方式).
・土壌が単に加熱されて有害物質が気相にもたらされるだけの間接熱処理方式(低温処理方式)．再燃焼チャンバでは有害物質がさらに高い温度で燃焼される.

7.5.2.1.1　直接熱処理方式

　直接熱処理方式では，有機有害物質(CKW，PAK，BTX，鉱油)が高温(1 200 〜 1 600 ℃)によるガス化または燃焼によって二酸化炭素，水，酸化硫黄または酸化窒素に分解される．また，窒素，フッ素，リンおよび硫黄の各化合物等の無機有害物質も熱作用によって除去される.

　汚染された土壌は，粉砕と乾燥ドラムでの乾燥が行われた後，ガスバーナまたはオイルバーナで加熱が行われる燃焼炉に供給される．これらの燃焼炉は，ほとんどの場合にロータリキルンとされているが，流動炉として設計することも可能である．汚染された土壌は，回転炉の胴内で胴軸回りの回転運動によって攪拌される.

　流動炉は，基本的に垂直に配置され内張りされた円筒形の燃焼チャンバからなり，チャンバ下部においてノズル床上方に配置された砂層が空気によって流動化される．流動燃焼は，熱伝達が特に優れ，粒度が相違していても均一な燃焼が保障される点で卓越している．燃焼残渣は乾燥して取り出すことができる．この残渣は，適したものであれば流動床の流動媒体として再使用することができる[7-84]．

　装置への汚染土壌の導入は，補助バーナによって最低温度が達成されれば可能である．装置の移動にあたっては，燃焼室内に土壌が完全になくなるまで補助バーナを稼動して最低温度が維持されなければならない(1986 年 2 月 29 日付け合同公報 A，p.957，連邦内務省発行).

　排気は，原料流れ方向とは逆方向に排出され，機械的，物理化学的，熱的処理を行う各要素で構成された多段式浄化システムで処理される[7-64]．排気については，TA-Luft[大気汚染防止技術指針]の規制値(公害防止法に基づいて装置管理者に求められる

7. 下水による土壌, 地下水の汚染とその除染方法

要件)が遵守されなければならない．温度が1300℃までに達すると，バーナによって塩素化炭化水素，PCB含有油，高沸点石炭タールも安全に処理することが可能である．重金属は，沸点が低いために気体状態に移行する水銀とカドミウムを別として，除去不能である．浄化した土壌を埋戻し後に栽培土壌として利用しようとする場合には，有機物のなくなった土壌は，再び有機材料を加えて活性化されなければならない．ただし，下水道の欠陥に起因する汚染は，道路下に生ずることが多いことから，土壌の再活性化が必要となることは稀であろう．

　直接熱処理方式は，非常に高い浄化度(99％まで)を達成するが，エネルギー消費が多く，かつ建設・維持管理費用が最も高い汚染土壌浄化方法の一つである．図7-28に熱的浄化が行われる際の予備処理系，燃焼炉系および排気浄化系の配置を図示した．
表7-13―完全なリストではない―にこの方式を概観した．

表7-13：直接熱処理方式提供者[7-4]

	装置	装入量	乾燥	炉	温度	冷却
Broekhuis BV Nijkerk	定置式装置	30 t/h		ロータリキルン	100～400℃	
ATM-Moerdijk	定置式装置	ベルトコンベア 15～40 t/h	乾燥ドラム	耐火内張り式ロータリキルン	300～800℃	水冷式回転ドラム
Ruhrkohle Umwelt-Technik GmbH/Ecotechnik	定置式装置，ただし移動可	粉砕 篩分け 35～50 t/h	ロータリキルン中での間接加熱	ロータリキルン	500～600℃	混合チャンバ 原料給湿
Deutag/von Roll	移動式装置	場合により粉砕 2000 t/日		ロータリキルン	650～1200℃	
Z_blin AG Duisburg	半移動式装置 5 t/h 定置式装置 10 t/h	粉砕 篩分け 5～10 t/h それ以上も可	乾燥ドラム 200～400℃	ロータリキルン	800～1200℃	熱回収のための冷却ドラム
Still Otto GmbH Thyssen	移動式装置 10 t/h 定置式装置 20～30 t/h	分別 スクリューコンベア	ロータリキルン 800℃まで	ロータリキルン	1000℃まで	2段式冷却システム
Nickel & Eggeling Orenstein & Koppel	半移動式 小型装置 5 t/h 中型装置 10～25 t/h 定置式装置 50 t/h	粉砕 <3 mm 5～50 t/h 装置規模に応ず	500℃	加熱炉および除染炉	1100℃まで	可

7.5 土壌除染方法

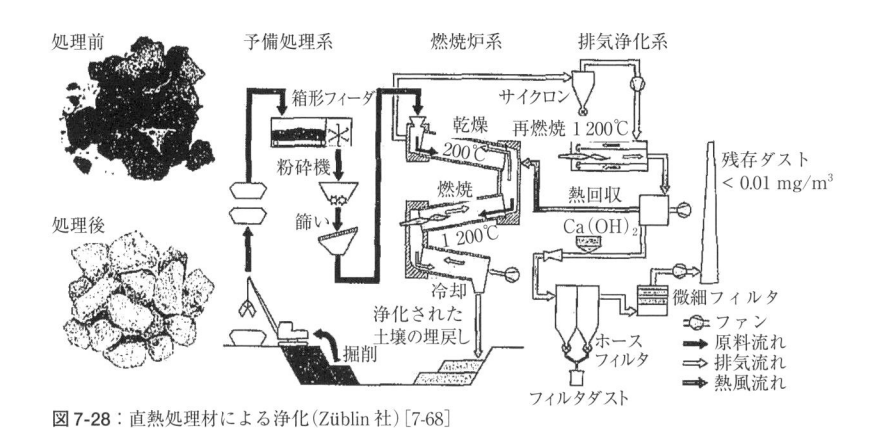

図7-28：直熱処理材による浄化（Züblin 社）[7-68]

排気浄化	最終生成物	コスト	評価
・サイクロン ・再燃焼 800 ～ 1 200 ℃	・処理済土壌 ・サイクロン残渣 ・排水浄化から生じた汚泥	約 65 マルク/t	低温のために適用が限定される
・煙道ガススクラバおよび排水処理 850 ℃にてクロスフィルタを用いる	・処理済土壌 ・挿入量の 5 ～ 10 % のフィルタ残渣は土壌とともに搬出される		低温のためにすべての土壌が処理可能なわけではない．フィルタ残渣のために再埋戻しは行われない
・サイクロンによるダスト分離 ・再燃焼 800 ～ 1 200 ℃ まで ・噴霧乾燥機と 3 段式リアクタによる湿式収着	・処理済土壌 ・フィルタ残渣	130 ～ 200 マルク/t	あらゆる有害物質汚染土壌が処理可能なわけではない．排気限界値が遵守される
・再燃焼 1 300 ℃ ・フィルタリング ・乾式収着	・処理済土壌 ・フィルタ残渣	200 ～ 250 マルク/t	有機有害物質の完全な破壊．排気限界値が遵守される
・サイクロンによるダスト分離 ・再燃焼 1 200 ℃ まで ・乾式収着 ・極微粒フィルタリング	・一部焼結した土壌，排気浄化から生じた残渣 ・サイクロン残渣は原料挿入系に戻される ・再燃焼から生じた分離残渣	150 ～ 250 マルク/t	浄化度 99 %．限界値をかなり下回ることが可
・再燃焼 1 200 ℃ ・脱硫装置，脱窒装置 ・重金属スクラビング	・処理済土壌 ・REA 石膏 ・濃縮汚泥		規定および法律が遵守される．土壌は天然の土壌値に相当する重金属酸化物または重金属塩類を含む
・ガス状有害物質の燃焼 1 300 ℃ まで ・サイクロン ・クロスフィルタ ・乾式収着または湿式収着	・処理済土壌 ・フィルタダスト ・排気浄化から生じた塩類，汚泥	5 t まで 　約 200 マルク/t 50 t まで 　約 100 マルク/t	ガス状有害物質の燃焼．閉鎖低圧システム．処理熱の利用による省エネルギー方式

7.5.2.1.2 間接熱処理方式

間接熱処理方式—熱分解方式とも称される—は，間接加熱された 400 〜 800 ℃の温度の炉で行われる．

汚染土壌は，空気の遮断下で脱気され，可燃性ガス，水性もしくは油性の凝縮液および熱分解コークスが発生する．

以下にこの方式を代表するものとして Deutsche Babcock Anlagen AG クレフェルト社のコンセプト(図 7-29)を説明する．

処理すべき原料は，大まかに分別された後，間接還元燃焼加熱されたロータリキル

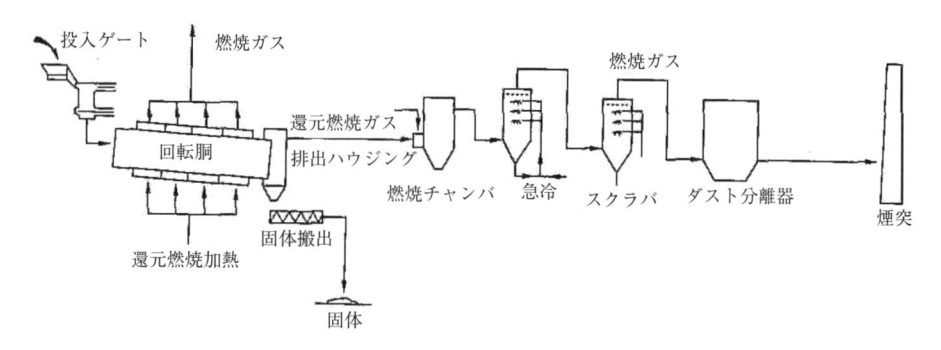

図 7-29：間接熱処理方式図解(Deutsche Babcock Anlagen AG 社) [7-70]

ンに供給され，炉中で 800 ℃までの温度で脱気される．処理済みの土壌は炭素成分とともに冷却スクリュコンベアで搬出される．

熱分解で発生するガスと凝縮液は，燃焼チャンバに送られ，チャンバ内で 1 300 ℃までの温度にて完全燃焼される．排気は，乾式吸着とクロス除塵による煙道ガス浄化が行われた後，煙突を経て大気中に排出される．排気浄化から生じた残滓は，安全処分されなければならない．

熱分解方式は，直接熱処理方式に比較して故障が生じやすく，技術的に費用が高い．これは 450 ℃以下の低温沸点を有する有害物質，例えば芳香族炭化水素，脂肪族炭化水素，シアン化物—これは 450 ℃で青酸に変化する—および鉱油に適している．長所は，天然の土壌成分が大部分保持されることである．

表 7-14 に本方式の一般的な長所と短所を示した．

7.5 土壌除染方法

表 7-14：熱処理方式の長所および短所[7-4]

長所	・1 200 ℃までの加熱により土壌から有機有害物質を残渣を生ずることなく処分可 ・装置の移動が可能であることにより現場土壌浄化が可 ・装置は最新の技術水準に対応 ・定置式装置は家庭ゴミの焼却にも利用可 ・土壌は処理後に埋戻しが可 ・主として土工による時間的に限定された作業場所の創出 ・どんな土壌も土壌構造，水分含有量，粒度分布に関わりなく浄化可
短所	・土壌の微生物は死に，再活性化が行われなければならない ・土壌はなお一切の重金属化合物を含んでいる ・高いエネルギーコストおよび運転コスト ・高い投資コスト ・場合により手間のかかる認可手続きを要する ・フィルタ残渣の安全処分を要する ・高度な労働安全衛生保護を要する ・騒音公害 ・場合により長い処理時間を要する ・健全化対策としての利用不可 ・大規模な設備設置を要する ・装置の所要スペースが大きい
利用制限	・重金属が以下の基準値を超えない限り利用制限は生じない： 　Hg 2 mg/L 　Cd 3 mg/L 　Pb 100 mg/L 　As 20 mg/L ・前記基準値が超えられる場合には，以下のとおり 　a) pH ＜ 8：除染対策を要する，作物植物栽培不可，高感度の利用不可 　b) pH ＞ 8：利用制限なし，ただし pH 値の持続的監視を要する

7.5.2.2　生物学的方式

7.5.1.3 に述べた微生物の作用と検査法は，オンサイト生物方式にも当てはまる．

汚染された土壌は，主として山積みもしくは畝積みされて浄化される．汚染土壌は，必要に応じ媒体物質に配合された微生物と混合され，高さ 2.5 m まで積み上げられて山が形成される．媒体物質としては，有機物，例えば松類の樹皮，木屑，わらまたは泥炭土が使用される．これらは，土壌の毛管間隙を拡大し，酸素分布を改善すると同時に，粘土質，シルト質の土壌によって生ずる詰まりや滞水を防止する．粗大な土壌粒子は，浄化効果を高めるために粉砕され，バクテリアが有害物質に達することができるようにしなければならない．積み山の下側は，滲出水が土壌に浸透するのを防止するため防水されていなければならない．さらに滞水を防止するために排水設備が必

7. 下水による土壌，地下水の汚染とその除染方法

要である．有害物質に汚染された空気が拡散するのを防止するため，積み山または畝をシートで覆うかテントで覆うか，あるいは空気から遮断して活性炭またはバイオフィルタで処理するのが適切である．これにより周囲温度に左右されない分解も実現される．畝・積み山技法は，基本的に砂質または砂利質の土壌に適用することができる．粘結質土壌の場合には，適切な骨材を添加して処理することができる．

図 7-30 に湿式山積みと水処理が行われるオンサイト除染を図解した．

再生時間は，3 植生生育期間までに達する[7-64, 7-65]．植生生育期間とは，1 年のうちで植物の一般的な成長が起こる期間のことである．それゆえ春に土壌再生を開始するのが最適である．

しばしば見出されるシルト質土壌の処理を目的として，多環式芳香族炭化水素とフェノールも分解することのできる水平式生物・土壌混合器が開発された．土壌は，水を加えられてリアクタ内で連続的に攪拌・混合され，これによって有害物質と栄養塩類の均一な分布ならびに酸素供給と二酸化炭素のガス抜きが実現され，微生物相の最適な活動が保障される[7-85]．

リアクタの密閉性によって好ましくない拡散効果は防止される．汚泥，固体，処理水およびガス相を分析することにより総合的な浄化効果の検査ができる[7-85]．

表 7-15 にオンサイト生物方式の長所と短所を示した．

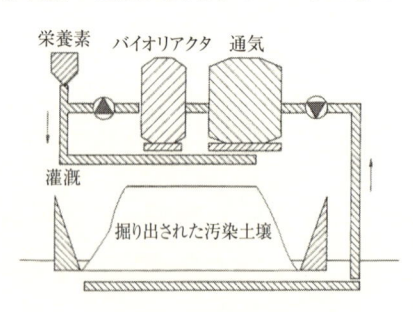

図 7-30：湿式山積みと水処理によるオンサイト生物除染方式の概要図[7-80]

7.5.2.3　抽出方式（土壌洗浄方式）

土壌洗浄設備については，移動式設備と定置式設備を区別することができるが，これらの設備には，同一の許認可法が適用されることからいずれの形態にあっても環境適合性が保たれる．

オンサイト抽出方式（定義については 7.5.1.4 参照）では，有害物質に汚染された土壌は，洗浄・抽出によって浄化される．有害物質の分離は，高圧，洗浄ドラム，振動スクリュまたは遠心分離機を用いて行われる．有害物質は，主に抽出剤中に蓄積される（7.5.1.4）が，抽出方式に応じ微粒汚泥中，排気中にも蓄積される[7-66]．発生した有害物質濃縮物は，特殊廃棄物処分場に安全投棄処分されなければならない（7.5.4）．

最も採用されている方法は，高圧土壌洗浄法，湿式抽出法，向流式抽出法，懸濁

7.5 土壌除染方法

表7-15：オンサイト生物方式の長所および短所[7-4]

長所	・分解可能物質 ・シアン化物 　　単純な芳香族炭化水素 　　単純なクロロパラフィン 　　塩素化程度の低いC1化合物およびC2化合物 ・好気性分解 ・掘出しと埋戻しにも関わらずコスト的に有利 ・効果の検査可能性と分解プロセスへの影響に優れる ・地域公害の放出なし ・周囲環境の侵害なし ・微生物の活動により重金属が固定化され，水に溶けにくい亜硫酸塩錯体，硫酸塩錯体が形成される ・効果の検査可能性が劣る場合には支保された坑内でも分解可 ・予備処理による優れた土壌解離 ・住民の受入れ度が高い
短所	・塩素化程度の高い炭化水素は長期間を経てしか分解されない ・重金属の除去は不可 ・物質代謝過程から毒性のある中間体が生じ得る ・汚染原料の種類と量ならびに装置の規模に応じて長い分解時間を要する ・リン酸塩と窒素源の不断の配給を要する ・有害物質とその組成に関する十分な知見が不可欠である ・適切な微生物が存在していなければならない ・微生物にとって有毒なレベルの有害物質濃度が存在していてはならない ・処理後の微生物の行方は不明 ・急速な世代交代と突然変異形成により望ましくない環境が形成され得る ・埋め戻された場所は監視されなければならない ・山積みの実施に際して広い土地が要される
利用制限	・(重金属が存在する場合)重金属は土壌中に残存することから，作物植物の栽培は不可 ・その他の場合には有害物質濃度とリアクタ内滞留時間に応じ ・埋め戻した後にも分解プロセスは限定的であれ引き続き進行することから，汚染がゼロに向かうことを見込むことができる．したがって，ある程度の時間が経過した後には重金属濃度に応じ実際的な利用も考慮することができる． ・暫定利用を考慮することができる ・土壌圧縮を要する利用は不可

液・ストリッピング法である．

Klockner Umwelttechnik社の高圧土壌洗浄方式(図7-31)では，個々の土壌粒子間もしくはそれらの表面に付着している有害物質が高圧水噴射によって土壌から分離される．

土壌の粒子サイズは，25 μm〜5 cmの範囲にする．粗大な粒子画分は，まず5 cm以下に粉砕する．この方式では以下の有害物質を土壌から除去することができる[7-67]．

7. 下水による土壌，地下水の汚染とその除染方法

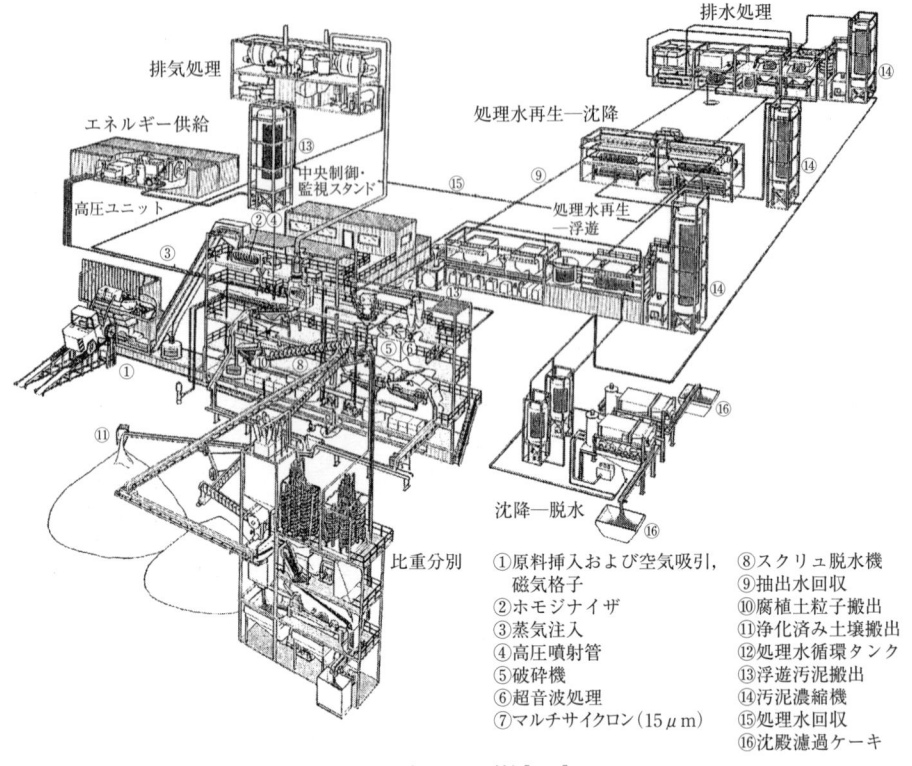

図 7-31：OECOTEC 高圧土壌洗浄プラント 2000（Klöckner 社）[7-67]

① 原料挿入および空気吸引，磁気格子
② ホモジナイザ
③ 蒸気注入
④ 高圧噴射管
⑤ 破砕機
⑥ 超音波処理
⑦ マルチサイクロン（15μm）
⑧ スクリュ脱水機
⑨ 抽出水回収
⑩ 腐植土粒子搬出
⑪ 浄化済み土壌搬出
⑫ 処理水循環タンク
⑬ 浮遊汚泥搬出
⑭ 汚泥濃縮機
⑮ 処理水回収
⑯ 沈殿濾過ケーキ

・塩素化炭化水素，
・芳香族炭化水素，
・多環式炭化水素，
・脂肪族炭化水素，
・重金属類，
・シアン化物．

　土壌からの有害物質の分離は，高圧噴射管内で行われる．噴射管内では，環状に配置されたノズルから 350 bar までに達する圧力で噴射された水が円錐状の噴霧膜を形成し，汚染土壌は，この噴霧膜を通過させられる．土壌から分離された有害物質は，媒質の空気・水中に移行する．

　処理水の循環水量は，土壌 1 トン当り 1 m^3 である．この処理水は，洗浄処理に何度も再利用できるように再生される．その結果，必要補給水量は，土壌 1 トン当りわず

か 0.3 m³ に削減される．これと同量の水が処理水循環から分岐され，物理化学的処理を行う排水処理装置に送られ浄化され，規制値を満たして下水道に排水される．

分離された有害物質は，洗浄処理後再濃縮され，油性浮遊汚泥および固結したフィルタケーキとして存在する[7-67]．

この方式の弱点は，以下のとおりである．

・高圧噴射管内の機械的荷重分布が不均等なことにより，土壌粒子の一部は，有害物質と十分に分離されず，その他の土壌粒子は，激しい荷重を受けて破壊され，微粒子分が高まる．

・高圧ポンプの機能によりかなりの空気が土壌-水-懸濁液中に持ち込まれる結果，それが処理後に再び分離され，別個に浄化されなければならない[7-84]．

Harbauer社ベルリン&ミュンヘンの湿式抽出方式(**図 7-32**)は，有害物質としての油，燃料，溶剤に適している．土壌が破砕され，木屑と金属が取り除かれた後，原料は，ふるい分けによって砂利，砂，微粒子成分に分別される．砂利は，複式洗浄槽で浄化される．砂の浄化は，流動層カスケードまたは軸方向に振動させられる洗浄スクリュによって行われる．土壌微粒子成分の浄化には，ハイドロリックサイクロンが使用される．エネルギーならびに洗浄化学薬品の所要量は，汚染の程度に応じて変えることができる．排気と洗浄液の浄化は，浮遊，吹出しまたは吸着によって達成される．

このシステムにおける土壌へのエネルギー伝達は，均等に行われる．この場合，土壌粒子の破壊は，生ぜず，同じく不十分な有害物質分離や望ましくない空気持込みも生じない．この方式は，抽出剤の溶解能と，抽出液からの土壌の分離によって制約される[7-84]．

Kresken-Weßling方式(**図 7-33**)は，2つの循環系—1回だけ通過させられる土壌循環系および任意の回数だけ通過させることのできる溶剤循環系—で構成される向流抽出方式である．汚染された土壌は，投入スクリュにより低圧ゲートを通過して向流抽出チャンバに運ばれる．チャンバの作動は，回転スクリュコンベア方式で行われる．土壌は回転によって下方から上方へ運搬され，他方，溶剤は上方から下方に向かって流下し，有害物質を捕捉する．溶剤は，ドラムの下端で吸い込まれ，蒸発器に供給される．蒸留によって溶剤(ペンタン，石油エーテル)は浄化され，冷却ユニットで液化される．溶剤は，再び溶剤タンクに達し，向流チャンバに供給される．なお，溶剤を含んでいる土壌は，低圧ゲートを通過して循環系を離れる前に乾燥・脱気工程で溶剤と分離される．脱気工程で遊離した溶剤は，同じく冷却ユニットならびに溶剤循環系に供給される．この方式は，脂肪族炭化水素，芳香族炭化水素またはハロゲン化炭化水素(例えば，鉱油，PAK，PCB)で汚染された土壌の浄化に特に適している[7-70]．

7. 下水による土壌，地下水の汚染とその除染方法

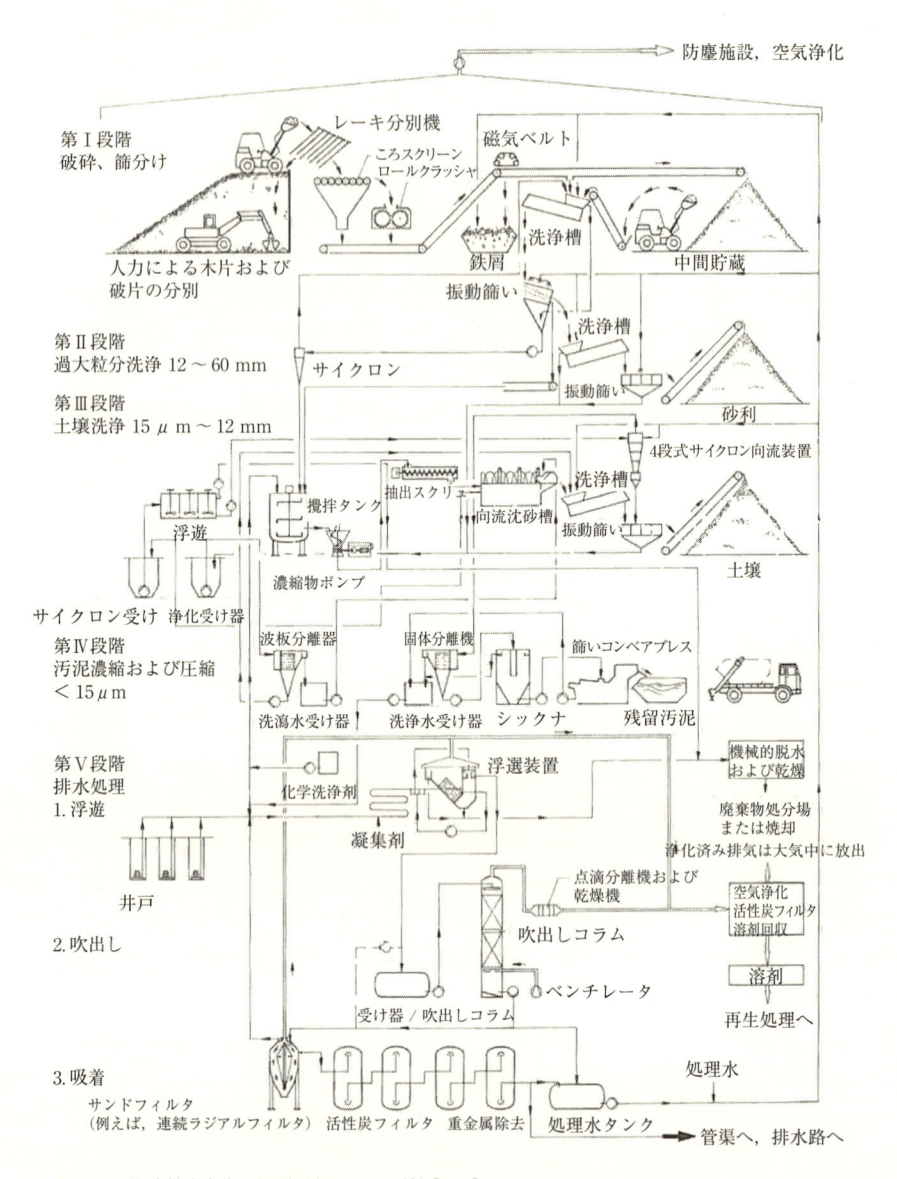

図 7-32：湿式抽出方式の概要図（Harbauer 社）［7-70］

Bilfinger + Berger 社の縣濁液・ストリッピング方式［7-81］（**図 7-34**）では，処理される土壌は，水に完全に懸濁されるこれにより，浄化される土壌粒子の表面が露出さ

7.5 土壌除染方法

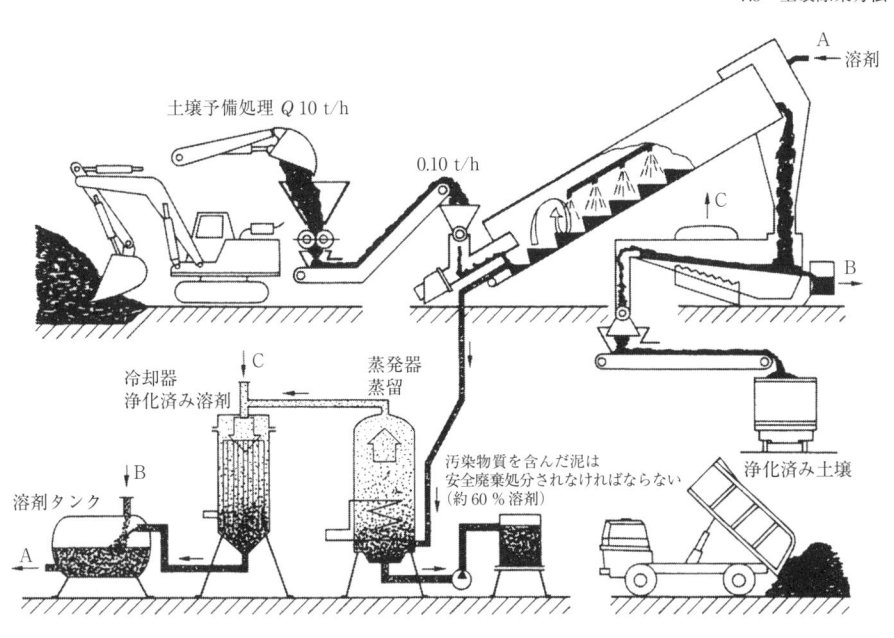

図7-33：向流抽出方式の概要図（Kresken-Weßling社）[7-70]

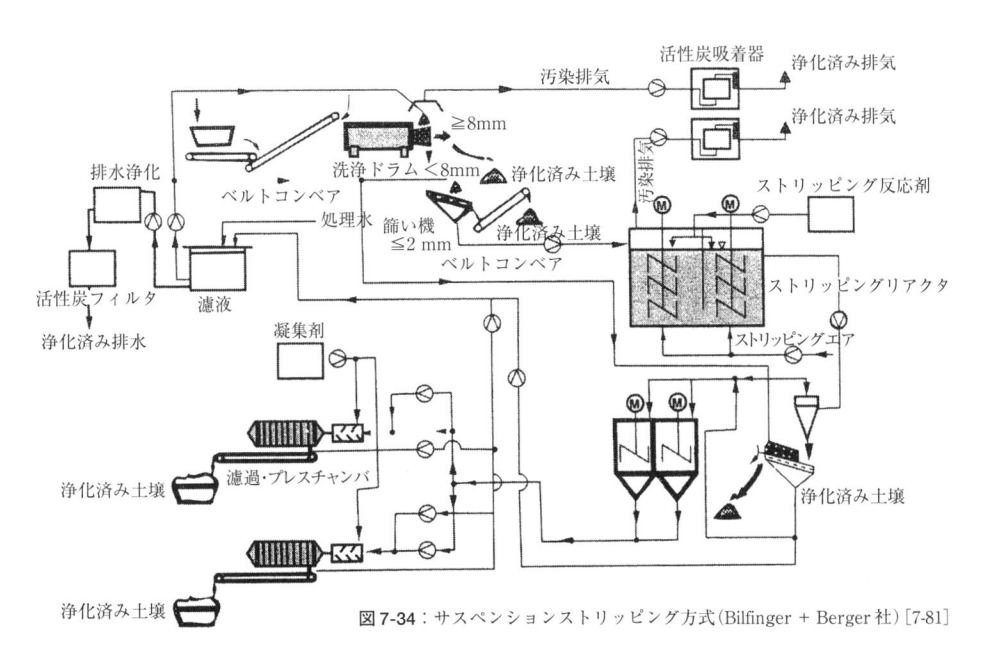

図7-34：サスペンションストリッピング方式（Bilfinger + Berger社）[7-81]

7. 下水による土壌,地下水の汚染とその除染方法

せられる結果,粒子表面から水相への有害物質の脱着が行われる.溶解した有害物質は,懸濁液中に吹き込まれる空気によってストリッピングされ,ガス流から活性炭に吸着される.

掘削された土壌—粘土とシルト含有量には上限はない—は,まずチャージングボックスに送り込まれ,そこから定量(20 トン/h)で分散ユニットに供給される.土壌は,同ユニットで水に懸濁される.機械的粉砕によって純粋な粘土塊も懸濁される結果,同ユニットに数分間滞留した後,土壌は完全にほぐされる.

分散過程を通じて特に空気が懸濁液に通される結果,既に分散ドラム中で土壌中の塩素化炭化水素の一部が空気によって運び出される.CKW を含有したプロセス空気は,分散ドラムから吸引され,活性炭フィルタ装置に供給されて吸着によって浄化される.

分散ドラムから流出する均質な土壌-水-懸濁液は,複数の段階を経て分級される.まず土壌の粗粒分が懸濁液からふるい選別されて脱水される.粗粒分は,分散ドラム内でのストリッピング効果によって大幅に浄化される結果,通常,オランダリスト [Holland-List] の A 値を下回る残留有害物質濃度で浄化プロセスから搬出されることとなり,再び埋め戻すことが可能である.

粘土とシルトを含んだ土壌汚泥分は,ストリッピング装置で処理される.ストリッピングユニットで縣濁液に微泡空気が吹き込まれ,これにより水相中の CKW が気相中に追い出される.ストリッピング装置中に数分間滞留することにより粘土からの CKW の広範な脱着も実現される.ストリッピングエアも同じく活性炭吸着される.

浄化された懸濁液は,複数の段階を経て水と固体に分離される.水は,懸濁用水としてプロセスの始点に返送される.脱水された固体は,再び埋め戻すか,または瓦礫処分場に廃棄することができる.

脱水された残留物の有害物質残留濃度は,経験上 1 mg/kg を著しく下回っている.浄化済み土壌の再利用または瓦礫としての廃棄処分は,ほとんどの場合に制限なく可能である.

実際に達成可能な残留有害物質濃度は,浄化さるべき土壌の粒子組成と鉱物質組成に基本的に依存しており,個々のケースに応じ予備実験によって調査・確認されなければならない.

浄化済み微粒子分の残留物質濃度は,一定の粘土鉱物への CKW の強度な吸着結合から生ずる.それゆえ粘土鉱物のモンモリロナイトを CKW の吸着媒として使用することができる.土壌から除去されなかった CKW 分は,土壌中の粘土分と非常に強く吸着結合しており,溶出テストによってもわずかな量を除去し得るにすぎない.

本方式によれば,ほぼ無制限の微粒子分を含んだ脆い土壌,また特に粘結性土壌か

らも揮発しやすい汚染物質を除去・浄化することができる．CKW 以外に芳香族炭化水素および低沸点鉱油分も土壌から除去することが可能である．

浄化済み土壌は，残留有害物質含有量が低いことから，再利用することもあるいは瓦礫処分場に投棄処分することもできる．浄化処理の残存物質として空気浄化ならびに浄水処理から汚染活性炭が生ずるが，これは再生利用される[81]．

上述した4つの方法では，有害物質の移転ないし集積のみが行われ，有害物質の分解は生じない．さらに粘結性成分の洗流しによって物理的特性も変化し得る．**表 7-16** に抽出方式の長所と短所を示した．

表 7-16：オンサイト抽出方式の長所および短所[7-4]

長所	・以下の部分除去が可 　　重金属 　　錯結合シアン化物 　　炭化水素 　　ハロゲン化炭化水素 ・洗浄処理の強度に応じ公知の毒性濃度を下回る値を達成することが可能である ・最新技術に対応した方法 ・抽出剤を再生することができる ・土壌を埋め戻すことが可能である
短所	・技術的な実現可能性の欠如により残留汚染濃度はそのままである ・大量の有機腐食質化合物を含んだ粘土含有土壌には不適 ・土壌タイプに応じ一部高毒性の汚泥が大量に発生する ・土壌は大量の腐食質成分を失い，土壌の生物機能が大幅に侵害される ・抽出剤は場合により毒性を有することから，可能な限り完全に除去されなければならない ・対策実施中の利用不可 ・場合により抽出剤が残留することにより地下水の侵害が生ずる ・給電・給水インフラ設備が不可欠である
利用制限	・方法技術的に達成される汚染除去度に応ず ・作物植物栽培は土壌の十分な処理と重金属濃度を考慮してのみ可 ・残留有害物質濃度がごく低く，かつ抽出剤濃度がごく低い場合にのみ飲料水保護区域に適用可

7.5.2.4　固　　化

オンサイト固化(7.5.1.5 も参照)では，汚染された土壌が掘削され，反応剤(例えば，生石灰，水ガラス，フライアッシュ，ベントナイト，ポゾランまたは有機ポリマー)と混合される．化学反応により有害物質は，反応剤に結合されて固定される．こうした安定化が行われた後の土壌の特性は，変化している．改善されるのは，基本的に以下の点である．

・溶離性の低下，

7. 下水による土壌，地下水の汚染とその除染方法

・ダスト形成の減少,
・透水性の減少,
・耐圧性および耐荷性の向上,
・流動性物質を沈積性物質に転換すること[7-70].

このオンサイト法には，GFS方式，Heide/Werner方式，DCR方式がある.

GFS方式(Heitkamp社，Herne)(図7-35)では，50 mm以下に粉砕された原材料が正確に秤量され，ミキサ中で2～4分にわたってフライアッシュおよび水と混合され，軟泥モルタル状の混合物が生ずる.

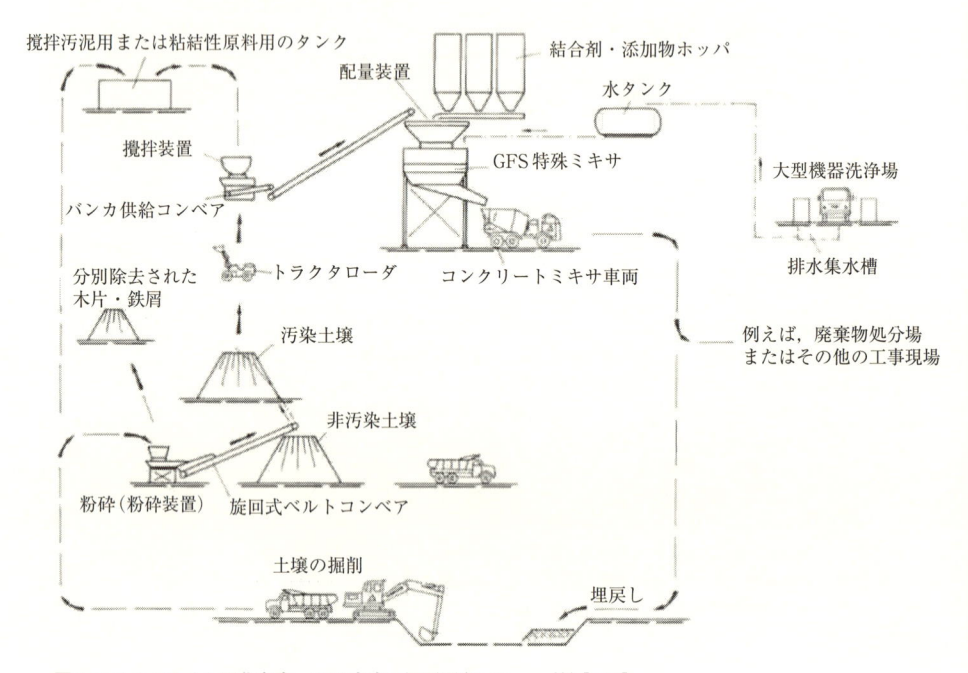

図7-35：オンサイト固化方式．GFS方式の概要図(Heitkamp社)[7-70]

Heide/Werner方式(Bekker社，Bottrop)(図7-36)では，フライアッシュの代わりに褐炭火力発電所から得られた褐炭灰と添加材が使用される.

DCR方式—化学反応による分散—(Buchen + LECO社，Bremen)では，疎水性生石灰が使用され，反応によって水酸化カルシウムとなる．透水性の低い非常に圧縮性の優れた材料が生ずる.

以上にあげた固化方式は，主として炭化水素に汚染された土壌に適しているが，重

金属の固定も可能である[7-86].

純粋な微粒子質ないしシルト質の土壌の処理は困難である．表面積が大きいことから固化に要するエネルギーコストは非常に高く，かつ強い乱流によるエネルギー伝達以外には実現不能である．粉砕された土壌および粒度が十分に分別され分級された土壌は，ほとんど問題ないとみなすことができる[7-81].

埋戻し後の固化土壌の収縮・膨張挙動については，まだ十分に解明されていないことから，この問題が解明されるまで処理済み土壌を廃棄物処分場に投棄するのが合理的である[7-70].

廃棄物処分場用地が不足していることから，固化以外の方法が優先される必要があろう．

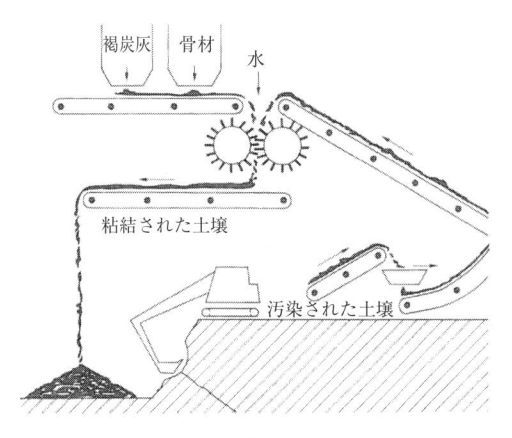

図 7-36：オンサイト固化方式．Heide/Werner 方式の概要図[7-70]

7.5.3 水理方式

水理方式は，主として透水性の良い土壌の地下水汚染に適用され，有害物質の拡がりを防止するかまたは処理のために地下水を採水する方式である．

以下の方法がある．
・受動的水理対策(安全処理方法),
・能動的水理対策.

受動的水理対策は，地下水の水理学的条件を変化させるもので，汚染された水を処理するのではなく，有害物質の拡がりを防止，制限もしくは迂回させることを目的としている．これは安全処理方法に属している．図 7-37 に図示した止め井戸，注入ないし浸透井戸および採水井戸はそうした受動的対策の例である．これらは汚染地域外で使用される．

受動的水理対策は，例えば即時対策を要する際の暫定的な解決策として，さらに最終的な健全化を実施し得るようになるまでの間だけに適用されるべきであろう[7-70].

能動的水理対策(図 7-38)は，汚染源あるいはその近傍で適用される．これは，有害

7. 下水による土壌，地下水の汚染とその除染方法

図7-37：受動的水理対策．安全処理方法[7-70]

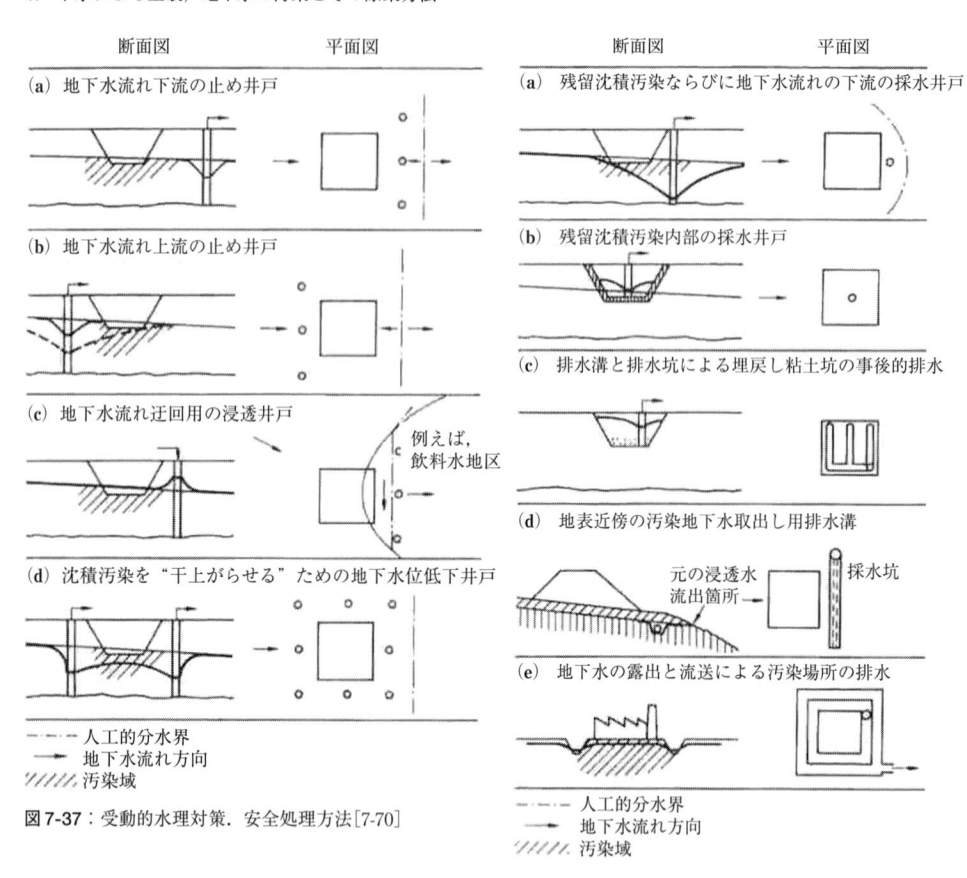

図7-38：能動的水理対策[7-70]

物質で汚染された地下水をその後の処理のために採水することを意図している．地下水の採水には，採水井戸，採水坑，または自然流下渠を利用することができる．

　水理方式は，土壌交換も土壌洗浄も実現不能な場合の広域かつ大量の汚染の健全化に特に適している．この方式は，通常，効果が得られるまで非常に長期間(5 〜 10年)にわたって実施されなければならない点を特徴としている[7-81]．

　能動的水理方式は，汚染された地下水の健全化にあたって非常に広い適用可能性を有している．この方式適用の前提は，採水された汚染水の無害処理であり，したがって非常にコストのかかる安全処理を行うことである(地下水処理)[7-70]．

7.5.3.1 地下水処理方法

地下水の処理は，汚染成分に適合したものでなければならず，かつほとんどの場合に汚染場所に設置された設備で実施される．ただし，汚染された水を都市下水網で下水処理場に流入させ，浄化に付することも考えられる．地下水処理には，例えば以下の方法がしばしば組み合わされて適用される.

・脱着，
・吸着，
・中和，
・浮選，
・沈殿，
・沈降，
・濾過，
・酸化．

これらの方法の目的は，有害物質を毒性的に問題のない化合物に転換すること，ならびに溶解物質を固体分離し得る状態に転換し，それらを水から分離することである[7-75，7-77，7-88]．地下水健全化方法の概観は，文献[7-89]に述べられている.

a．脱着装置(ストリッパ) 脱着とは，例えば塩化水素を空気の吹込みによって水から脱離(塩酸ガス)させることとして理解される[7-47]．これは，脱着装置において，浄化さるべき水を充填体コラムの塔頂から下方に向けて流し込み，かつ空気を下方から上方に向けて吹き込み，汚染物質を分離することによって行われる．排気は，浄化されなければならない．これには，活性炭による吸着装置もしくは吸収油による吸着を利用することが考えられる.

b．吸着方式 Neumüller の'Römpps Chemielexikon'[7-47]によれば，吸着とは，"ある物質の濃度がその相内において支配的な濃度に比較して，同物質が広範に不溶な他の物質との界面において変化すること"であり，"ガス，蒸気，または液中に溶解している物質が固体との接触に際し，固体によってもっぱら付着(すなわち，化学結合によるのではなく，もっぱら表面力によって)捕捉される場合に吸着が生ずる"．この現象は，活性炭を利用して吸着装置内で実現される．そのため活性炭が防食加工されたタンクの多孔底に層状に敷き詰められ，汚染された水が同タンクを貫流させられる．このようにして活性炭は，特に塩素化炭化水素を捕捉し，それを水から分離する．活性炭が吸着限度に達した場合には，それは特殊炉で再生もしくは安全処理されなければならない.

c．中和　中和の場合には，酸性またはアルカリ性の水が化学物質(例えば，CO_2)の添加によって処理される結果，水は酸性反応もアルカリ性反応も示さず，したがって中性のpH値を有することとなる．

d．浮選　浮選とは，文献[7-47]によれば，鉱石，石炭，塩類または排水を処理するための分離法である．浮選は，液体(ほとんどの場合に水)および気体(ほとんどの場合に空気)と比較した固体の界面張力の相違—すなわち，水中に懸濁，乳濁された粒子の湿潤性の差—を利用する．浮選は，湿潤した粒子は沈降し，湿潤しない粒子(粒度<1 mmの場合)は懸濁液に吹き込まれる気泡に付着集積して水面に移動し，泡とともに取り除かれることを原理としている．

e．沈殿　沈殿では，水中の有害物質は添加剤の作用により不溶性のフロックまたは沈殿結晶として取り除かれる．

f．沈降　沈降は，水と有害物質との密度の差を利用する．重力または遠心力によって重い粒子は沈降し，水から分離される．

g．濾過　すべての固体粒子が沈降によって水から分離できるとは限らない．そうした場合には，水は，砂利フィルタまたは多層フィルタを上方から下方に向かって貫流させられる．その際に固体粒子は，濾床中で分離される[7-81]．

h．酸化　鉄，マンガン，クロム，亜鉛等の金属イオンは，酸化によって水から除去される．この方式は，酸素放出化学物質を利用して金属イオンを金属化合物に転換する方法であり，こうして生じた金属化合物は，溶解度を超えると不溶性の生成物として沈殿し，その後の処理に付することができる．以下の酸化剤が広く使用される．

・空気中酸素，
・純酸素，
・紫外線の作用下における過酸化水素(H_2O_2)，
・オゾン，
・次亜塩素酸ナトリウム[7-81]．

表7-17にいくつかの有害物質に関する種々の処理方法の適用範囲を示した．

7.5.3.2 事　例

汚染された地下水の浄化処理例として，7.4で触れた汚染発生例"ハンブルク"の浄化処理コンセプトをあげることとするが，この汚染は，下水道の漏れにも起因していた[7-4, 7-49]．

CKWと芳香族炭化水素で汚染された地下水飽和ゾーンを除染する方法として，地下

表7-17：有害物質の種類に応じた汚染地下水浄化方法の適用範囲[7-4]

	生分解	活性炭	化学沈殿	塩素処理	オゾン酸化	化学還元	イオン交換	逆浸透	ストリッピング	湿式酸化
アルコール	ooo	V		×	ooo	×		V		
脂肪族炭化水素	V	V		×	−	×		V		
アミン	V	V		×	×	×				
芳香族炭化水素	V	V	o	×	−	×		V		
エーテル	oo	V		×						
塩素化炭化水素	V	oo		×	o	×			V	
金属	−	V	ooo	×			oo	ooo	ooo	×
アンモニウム	ooo	×	×	×		×	oo		oo	
シアン化物	oo	×	×	×	oo	×	ooo		×	
溶解塩	×	×	×	oo	×	×	ooo	ooo	×	×
PCB	×	ooo		×	×	×				
化学殺虫剤	×	ooo		×	ooo	×		ooo		
フェノール	oo	ooo		×	ooo	×		V		
フタル酸塩	oo	ooo	oo	×		×				
多環式化合物	×	V		×	oo	×				

o：中，oo：良，ooo：非常に良，−：低，V：多様，×：適用不可

水の採水と浄化が適当と考えられた．その際，地下水中に含有されている成分物質，例えば鉄化合物およびマンガン化合物は，処理技術的に見て困難な物質であることから，汚染された地下水の浄化処理に適した方法を見出すのに問題があることが判明した．1983年に設置され，他の場所でその適性が実証されていた2段式のコンパクト装置では，ジクロロメタンを水から十分に除去することはできなかった[7-4]．

このケースのために複数のユニットからなる特別な装置が開発され，1年にわたってテストに付された．**図7-39**に適用された方法を概観した．この場合，3種の異なった水質を出発点とし得ることが明らかとなった．
・A：低汚染地下水（≦ 0.2 ppm CKW），
・B：高汚染地下水（20 ppm 芳香族炭化水素およびCKW），
・C：有機相．

水質Aは，濃度10 ppb[mg/m^3]CKWまで浄化され，これによって再び地下に戻すことができた．

水質Bは，合流式下水道への排水条件が満たされる程度まで浄化し得ることが判明した．

水質Cは，濃縮され，外部で安全処分された[7-4]．

浄化処理は，工場敷地内の地下水が飲料水に関する規制値ないし基準値に相当する水質条件を回復するまで継続される．この期間は全体として10年と見込まれる[7-4]．

7. 下水による土壌，地下水の汚染とその除染方法

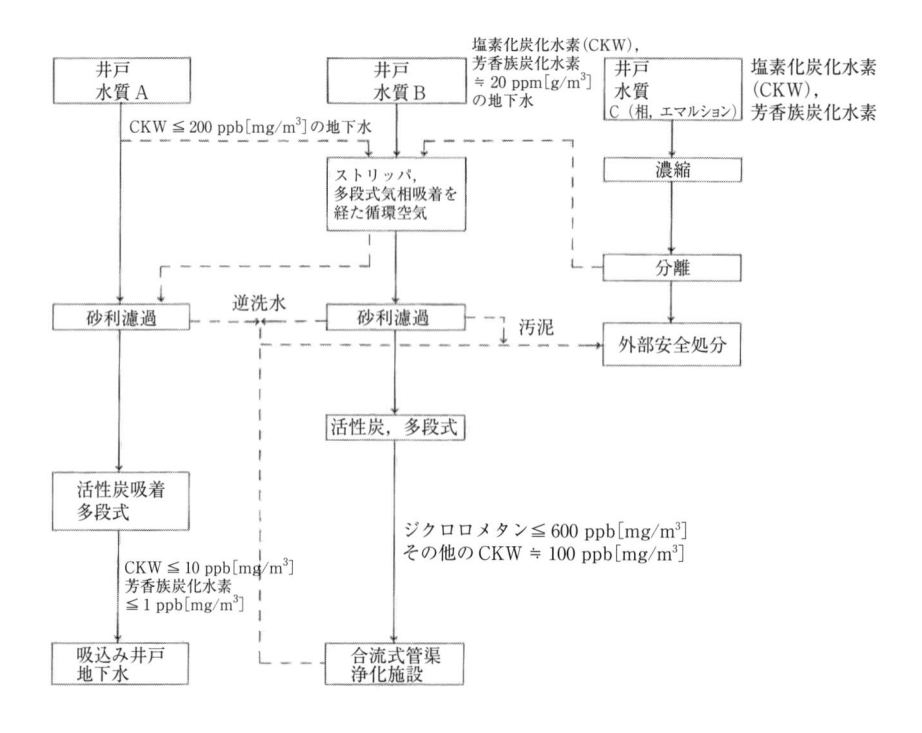

図 7-39：汚染発生例．ハンブルクの汚染地下水浄化処理に適用された方法 [7-2, 7-51]

7.5.3.3 透過反応壁，ファネル・アンド・ゲートシステム

近年，従来の水理的健全化対策（汲上げ処理法）以外に新しい方法が確立されたが，これは文献中で"受動的健全化法"と称されている．この方法は，地下水中に存在する有害物質が適切な対策により現場帯水層中で分解されることを特徴とし，健全化の実施中にエネルギー需要をごくわずかしか要しないか，全く要しないことを特徴としている [7-90]．この方法は，地下水を採水せずに，それをインサイチューで処理（除染）するのであるから，能動的インサイチュー方式に分類することができよう．

これまでのところ，以下の有害物質の処理に成果が得られた．
・ハロゲン化有機溶剤（LHKW），
・クロム酸塩，
・硝酸塩，

・多環式芳香族炭化水素(PAK),
・ポリ塩素化ビフェニル,
・環状芳香族炭化水素(BTEX),
・各種の毒性金属[7-90].

a．透過反応壁　この方式では，活性炭が充填された透水壁(透過反応壁)を地下水流下方向に対して垂直に，地下水脈中の汚染域の幅と深度の全体に設ける(**図 7-40**)[7-90]．この壁体の透水率は，地下水がこの壁体を迂回して流下しないようにするため，少なくとも帯水層の透水率と同程度でなければならない．さらに汚染された水の十分な反応壁体内滞留時間が保証されていなければならない．これは，壁体が適切な厚さに設計されていなければならないということである．壁体の深度は，以下に依存する．
・汚染巣の深度,
・地下水流下方向,
・帯水層の透水率と性状[7-90].

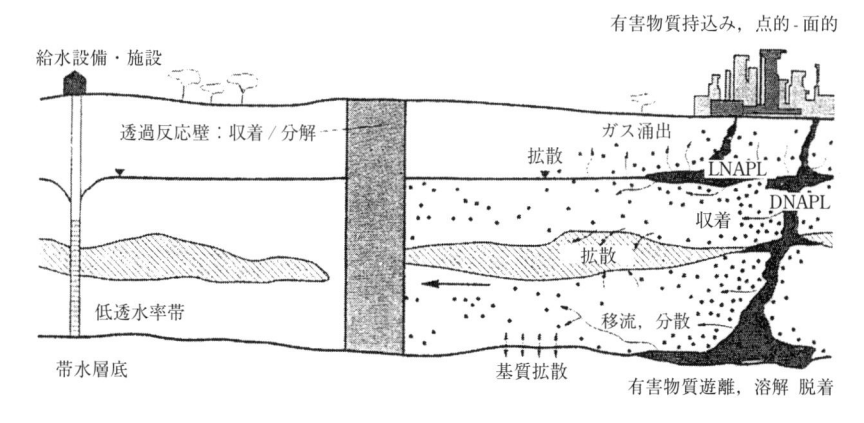

図 7-40：透過反応壁の原理[7-105]

壁体が大きいことから，このリアクタの充填材を更新することは不可能である．

b．ファネル・アンド・ゲートシステム　このシステムは，相互的水理特性を具えた2つのシステムコンポーネントから構成される．このシステムは，透水性の低い漏斗(ファネル)で構成され，漏斗は，リアクタとして形成された透水性の高い部分(ゲート)を通して汚染地下水を流送する[7-90]．この場合，様々な有害物質を処理し得るように複数のリアクタを直列に配置することが可能である(**図 7-41**)．"ゲート"の透水性は，効果的な流入が実現されるように，天然の帯水層透水性よりも10乗倍大きく選択されなければならない．この場合にも，十分に長いリアクタ内滞留時間が保障されて

7. 下水による土壌，地下水の汚染とその除染方法

いなければならない．

このシステムの長所は，その規模が小さいことからリアクタを容易に交換できる点にある．ただし，自然の流動条件の変化が招来されることが短所であり，これによってファネルの上流に顕著な塞止めが生ずることがある[7-91, 7-90]．

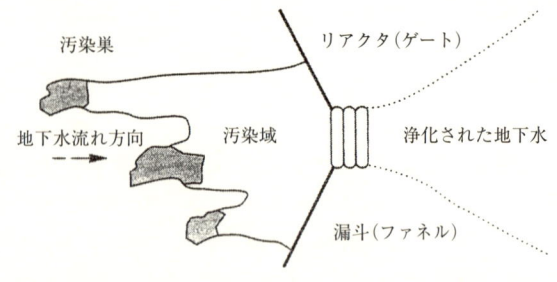

図7-41：ファネル・アンド・ゲートシステムの原理[7-105]

以上にあげた2つのシステムのいずれも実証済みの特殊土木工事で設置することができる．例えば，ボーリング杭，管渠，水平ボーリングによる反応ゾーンを設けたその他の新規開発も進行中である．

7.5.4　オフサイト方式：置換え処分

オフサイト方式とは，文献[7-1]によれば，"汚染された土壌をその発生場所以外に設けられた装置(一般に定置式装置)で処理する方法"である．これは，不良な管渠に起因する汚染との関連でいえば，以下に述べる置換え処分を別として，二次的な役割しか有していない．

置換え処分とは，文献[7-70]によれば，有害物質含有土壌の撤去と事前処理なしでの正規廃棄処分として理解される．置換え処分は，特に事後利用の過程，例えば建設事業にあたって，有害物質に汚染された土砂が発生する場合に適用される．置換え処分は，特に高度な安全性要件が求められる場合，例えば飲料水取水施設の流域に残留汚染が存在し，汚染土壌の残存と現場での健全化が飲料水水質にとって過大な残留リスクと結び付いている場合に適用される．

原則として，以下を区別することができる．
・既存の許可された廃棄物処分場への置換え処分，
・処分される土砂用に特別に設けられた廃棄物処分場への置換え処分．

既存の，もしくは新たに設置される廃棄物処分場に求められる要件は，置換え処分にあたって発生する土砂成分の種類および量に応じて定まる．このため置換え処分の実施前に現場ならびに実験室における所要の検査が実施されなければならない[7-70]．

ただし，特殊廃棄物処分場への汚染土砂の廃棄処分は，同処分場が既に満杯で，新

しい設置場所も存在しないことから，活性炭濾過装置または煙道ガス浄化装置等から生ずる濾過残滓用に留保しておく必要があろう．こうした事情から廃棄処分コストも高まることとなる．こうした廃棄処分では，有害物質の分解も行われず，単に問題が移し替えられるだけにすぎない．

資源保護の点からしても廃棄処分を回避するのが賢明であり，除染した土壌の再埋戻しを可能とする方法が模索される必要がある．

7.6 対策に要する費用，期間

健全化費用は，一般に有害物質の種類と分解挙動ならびに有害物質の濃度と多様性に応じて定まる．費用は，さらに検査媒体，現場固有の所与条件，井戸およびボーリング孔，または土壌サンプルの種類と数，ならびに化学分析の規模と精度によって大きく異なる[7-4]．

文献[7-92]により各種の健全化法の適用に関し，処理費用と処理時間に関わる経験値が得られている．費用については，通常，現場設備工，土壌の掘削および運搬，廃棄物処分に関する費用は考慮されていない[7-92]．**表 7-18** に各種健全化法の処理費用と処理時間を比較した．

表7-18：健全化方式，健全化対策の適用・処理コスト，適用・処理時間．文献[7-92]に準拠

	方式/対策	コスト	時間/処理量
インサイチュー方式	土壌空気吸引	20～60 ブル/汚染土壌 t	健全化処理時間：数箇月～数年
	生物方式	150～360 ブル/汚染土壌 t	健全化処理時間：数箇月～若干年
	抽出方式	200～600 ブル/汚染土壌 t	処理量：3～40 t/h
	固化	100～300 ブル/汚染土壌 t	処理量：若干 t/h
オンサイト方式	熱的土壌処理	2,000 ブル未満/汚染土壌 t	処理量：3～20 t/h
	生物方式	150～300 ブル/汚染土壌 t	健全化処理時間：数週間～数ヶ月
	抽出方式	200～600 ブル/汚染土壌 t	処理量：3～40 t/h
	固化	100～300 ブル/汚染土壌 t	処理量：若干 t/h
水理方式		20～100 ブル/汚染土壌 t	健全化処理時間：若干年～数年

8. 労働安全性，健康保護

8.1 総論

　管渠およびマンホール内，特に歩行可能な管渠(1.3参照)の保守，点検，修繕の作業は危険性が高く，そのためVBG 1 § 36(1) [8-1]に基づいて"危険作業"に分類される．
　作業員を危険から保護するために，ドイツでは，多数の労働保護規程が定められている．
　労働者保護の大綱を定める国の規程の他に，土木工事分野については，商工業組合総連合ならびに市町村災害保険連合の災害防止規程(UVV)，基準，安全規則，注意書/注意報がある．UVVは，自治法として下水道分野の全就業者—以下では被保険者とも称する—にとって法律的性格を有するが，部外者に対してはそうではない．UVVの無視は，立法者によって処罰される．
　下水道設備・施設の閉鎖された空間内における作業に関する安全規則[8-2]によって規定された危険とは，
・火災または爆発の原因となるガスまたは蒸気，
・窒息の原因となる酸素不足，
・接触，皮膚・経口による吸収または吸入の危険のある高毒性，毒性または低毒性(健康を害する)物質，
・激しい降雨に起因する急激な下水の発生，
・感染の原因となり得るバクテリアまたは微生物およびそれらの代謝生成物ならびに汚染[8-2]，
・開いたマンホールまたは足掛け金物の欠如による転落の危険，
などである．
　さらに作業員は，下水管渠の修繕にあたり使用する資材を手作業で処理することが多いため，皮膚，とりわけ眼との接触の危険に曝されており，これは適切な補助手段と個人用保護装備によって防止されなければならない．資材の一部は，刺激性，有害

性を有することから，あらゆる作業段階において保護対策が厳格に遵守され，良好な労働衛生条件が満たされる場合にのみ危険を防止することができる．使用される資材の吸入も不適な条件下(狭い作業場所，悪い換気条件等)にあっては完全に排除することはできない．吸入の判定ならびに必要となる対策(例えば，換気，呼吸保護等)の立案には，補助的情報(TRGS 420[8-3]に定める方法または物質の基準)が入手されなければならない[8-4](5.1 も参照されたい)．

被曝可能性に関する算出方法の判定とそれから生ずる労働衛生上の影響の基礎を形成するのは，安全データであるが，これらは，非常に不完全なものにすぎないか，もしくは最新の法律水準に対応していない．EG 指令 91/155/EWG[8-5]の現行規程に基づく安全データがメーカーの手元に保持されていないことがある．そのため必要な保護対策の決定を不十分にしか行えない場合が多い[8-4]．

8.2 責任，刑法上の効果

職場の安全を保障する義務は，常に事業者に帰せられる．事業者の責任は，常に事業者の責務である監督義務を例外として，請負人に委任することができる．この場合に責任を持って行為する請負人には，労働保護規程を現実に実施することを可能とする適切な指図権限が事業者によって与えられなければならない．

特定の人物への責任の正式な委任は，いかなる場合にも絶対に必要であるわけではない．管理者および上司には自動的に責任が帰属する．

作業員は，労働者保護規程，災害防止規程を遵守すると同時に，自己の安全ならびに同僚の安全に関わる業務上の指令を遵守する義務を有する．

労働災害にあたって，現行の労働者保護規程と災害防止規程に対する違反が確認される場合には，例えば過失致死または過失傷害を理由とする刑法上の責務または民法上の責務，すなわち責任者に対する損害賠償請求が生ずることがある．

8.3 保護対策

個人に関わる要件，研修と組織，作業時の保護対策，および救助・応急処置対策が

実施される．

8.3.1 個人の適性，研修，組織に関する原則

これに属するのは，文献[8-2]に基づき以下の事項である．
・就業制限，
・監督者の指名，
・作業員に対する研修，
・衛生対策，
・個人用保護装備．

下水道設備・施設の閉鎖された空間内における作業には，就業規則が適用される．作業員は，通常，16才以上でなければならない．"作業員は，身体性状および健康状態から判断してこれらの作業に適し，かつ知識または研修を通じ生じ得る危険を認識し，回避することが可能とされていなければならない"．溺死の危険のある場所での作業に際して，作業員は，泳力を具えていなければならない[8-2]．

"作業の開始前に，危険と保護対策に通じた信頼できる作業員が監督者として事業者によって指定もしくは指名されていなければならない"[8-2]．

作業員は，就業の開始前および開始後に少なくとも年に1回事業者から，生じ得る一切の危険ならびに保護対策および労働災害発生時の行動に関する研修を受けなければならない．

感染を回避するため衛生対策が遵守されなければならない．汚れた作業衣と保護衣は，路上着衣とは別個に保管され，事業者によってクリーニングされなければならない．作業員には，温冷水道水によるシャワー，洗剤，殺菌剤，および保護ケア剤が供されていなければならない．"手および顔の洗浄ならびにケアのため作業場所の近傍または自動車（例えば高圧洗浄車両）または機器車両の内部またはその脇で水道温水による適切な洗浄が可能とされ，衛生上必要とされる洗剤，殺菌剤および保護ケア剤が備えられ利用可能とされていなければならない"[8-2]．

技術的対策にも関わらず，作業員が転落または物質による危険に曝されることを排除し得ない場合には，事業者は，個人用保護装備を提供しなければならない．作業員は，それぞれの作業に対応した個人用保護装備を利用し，かつそれらを事前に点検する義務を有する．点検は，視認可能な損傷・欠陥に関する目視検査によって行われる．さらに個人用保護装備は，少なくとも年に1回専門家によって装備の安全状態に関す

8. 労働安全性，健康保護

る検査が行われなければならない．改変と修繕の後にも専門家による検査が必要となることがある．

作業に応じ以下の個人用保護装備が必要である．

- "保護帽—注意書"(ZH 1/242)に応じた頭部保護，
- "保護靴—注意書"(ZH 1/187)に応じた足の保護，
- "眼の保護—注意書"(ZH 1/192)に応じた眼または顔面の保護，
- "保護手袋—注意書"(ZH 1/570)に応じた手の保護，
- "保護衣—注意書"(ZH 1/105)に応じた身体保護，
- 判定レベル 85 dB(A)を超える騒音が作業員に作用する作業時の聴覚保護(聴覚保護詰め綿，耳栓または耳覆い)：以下参照のこと，UVV"騒音"(VBG 121)，"聴覚保護具—注意書"(ZH 1/565.3)，
- "安全・救助具に関する基準"(ZH 1/55)に応じた安全・救助具，
- 同業組合"内水航行，水路，港"専門家委員会の"首掛け型ライフジャケット/チョッキ型ライフジャケットの工学的安全性判定に関する原則"に応じた気絶状態でも安全な浮揚救助手段，
- "呼吸保護—注意書"(ZH 1/134)に応じた呼吸保護．

安全・救助具は，救命帯，例えば DIN 7478[8-6]に基づく捕捉帯，形式 A，または接続手段，例えば DIN 7471[8-7]に基づく安全ロープを具えた検査済みのズボン型救命衣および緩衝式接続手段(落下緩衝具，高度安全具)で構成される．これらは，通常，ロープ吊上げ救助装置または吊掛け装置付きウィンチとともに使用される．

健康を害するガスまたは蒸気の存在や発生または酸素欠乏が技術的対策(**8.3.2.4** も参照)によって確実に防止することができない場合には，周囲気相中とは独立に機能する以下の呼吸保護器具が適当である．

- 場所に応じた呼吸保護器具(ホース式器具)，
- 場所に応じた持ち運び自由な呼吸保護器具．

例えば，以下のとおりである．

- DIN 58645 Teil 1"呼吸器具：全面的な呼吸保護器具，要件，試験，圧縮空気タンク器具の表示"に基づく圧縮空気呼吸器．これは，通常，1 ボンベ式器具かつ DIN 58646 Teil 1"呼吸器具；呼吸保護器具の部品，要件，試験，全面マスクの表示"に基づく全面マスク付きのいわゆる入坑器具としてのみ使用される必要があろう．
- 圧縮酸素再生器具．
- 化学合成酸素発生器具(化学酸素器具)．

作業所内では，同一型式の呼吸保護器具のみが使用される必要がある"[8-2]．

健康を害するガス，蒸気が存在する場合には，酸素欠乏による窒息が常に見込まれることから，濾過器(ガスフィルタ，粒子フィルタ，コンビネーションフィルタ)は，不適である．

8.3.2 作業時の保護対策

作業員の生命および健康を保護するため，下水道設備・施設内での作業の開始前ならびに作業中には特別な対策が講じられなければならない．これらの対策は，以下のとおりである．
・予備措置，
・危険および物質の調査・確認，
・設備の調査・確認，
・転落および物質による危険に対する保護対策，
・電流による危険に対する保護対策，
・装置による危険に対する保護対策，
・下水道設備・施設の閉鎖された空間への出入りおよび同空間内での作業に際する保護対策，
・救助装備．

8.3.2.1 予備措置

予備措置の内容は，作業指針の作成，保護対策の決定，公共道路交通路面内作業箇所の安全確保，マンホール蓋の開放である．
"事業者は，作業の開始前に安全な作業を保障する対策を作業指針中で定めなければならない．事業者は，個々の特別なケースにつき書面による許可証を交付しなければならない"[8-2]．作業指針は，許可証とは異なり，多くの場合，比較的長い期間に対して与えられる．
監督者は，作業の開始前にいかなる保護対策が適用されるべきか，あるいは特別な許可が必要であるかを決定しなければならない．作業は，必要な保護対策が講じられた後に開始することができる．監督者は，作業中に必要な個人用保護装備が着用され，定められた保護対策が遵守されるように注意しなければならない．避難路ないし救助路は，常に障害物を取り除いて確保されていなければならない．関係者以外は，作業

場所への立入りが禁じられなければならない．

作業箇所が公共道路交通路面内にある場合には，道路交通法(StVO)[8-8]に基づく標識および交通設備によって十分に表示され，安全が確保されなければならない．その他の詳細事項は，道路作業箇所の安全確保に関する基準(RSA)[8-9]中に定められている．高圧(HD)洗浄車両が交通圏内で使用される場合には，車周表示灯が点灯されていなければならない．作業員は，車両の交通路面とは反対側の保護域内で作業すべきこととする．また，作業員は，事故防止用警戒色彩作業衣を着用しなければならない"[8-2]．

マンホール蓋の開放，閉鎖のため，事業者により，例えば蓋開け梃子等の適切な工具が供されなければならない．作業員は，これらの工具を使用しなければならない．"マンホール蓋の凍結は，裸火によって溶かしてはならない．開放されたマンホール蓋は，勝手に閉じることがないように安全確保されなければならない"[8-2]．

8.3.2.2　危険，物質の調査・確認

"作業の開始前に，立入りの行われる作業箇所に物質による危険が存在するか否かが監督者によって確認されなければならない．必要に応じ，作業中に発生し得る危険の防止対策が講じられなければならない．調査・確認に際する測定は，安全な場所から行われなければならない．測定装置は，適切で，かつ公認試験機関によって認可されたものでなければならない．存在するか，または作業中に発生し得る物質による危険の種類と程度に関する情報は，適切な測定方法と分析方法によって得ることができる．現在市販されているガス・蒸気用の測定器と分析器により一定の物質グループないし個々の物質を種々の精度で選択的に調査・確認することが可能である"[8-2]（**図 8-1**）．

図 8-1：ガス測定器

"危険な物質の有無の検査に万能的な測定方法は存在しない"[8-2]．**図 8-2** に下水道設備・施設の閉鎖された空間(8.3.2.4)に立ち入る前の段階的な手続きを示した．"健康を害する濃度の病原菌の有無を現場で調査・確認することは，目下のところ不可能である"．

危険な物質の調査・確認にいかなる測定方法を適用するかは，立入りの行われる作業箇所の事情に関してできるだけ正確な知識を有することがきわめて重要である．表

8-1に危険のある場所とそこに存在するガスまたは蒸気を例示した．測定は，コンビネーション測定器が使用されない限り段階的に行われるべきである．

測定は，立入り前に原則として地上の安全な場所から，例えば延長管を用いて実施されなければならない．これが不可能で，測定のために下水道設備・施設の閉鎖された空間内に立ち入らなければならない場合には，転落および物質による危険に対する保護対策が講じられなければならない．

公認試験機関とは，例えば連邦材料試験研究所(BAM)，連邦物理技術研究所(PTB)，ヴェストファーレン鉱業金庫-坑道通気試験所(PfG)である．

物質による危険が確認される場合には，測定結果が文書によって証明されなければならない．

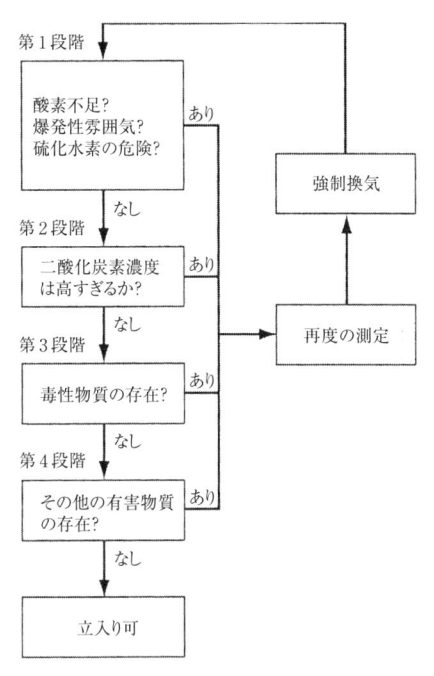

```
第1段階
  ↓
[酸素不足?
 爆発性雰囲気?  ──あり──→ 強制換気
 硫化水素の危険?]                ↑
  ↓なし                          │
第2段階                          │
  ↓                              │
[二酸化炭素濃度 ──あり──→ 再度の測定
 は高すぎるか?]
  ↓なし
第3段階
  ↓
[毒性物質の存在?] ──あり──→
  ↓なし
第4段階
  ↓
[その他の有害物質
 の存在?] ──あり──→
  ↓なし
[立入り可]
```

図 8-2：下水道施設の包囲された空間への立入りに際する測定フロー

表 8-1：特別な危険のある場所の例[8-2]

構造物	物質例
下水管渠およびこれと接続されていることの多い当該構造物	酸素不足，ガソリン
ポンプサンプならびに下水溜め（例えば，地下の貯水槽）	酸素不足，二酸化炭素，ガソリン，メタン，硫化水素
ゴミ廃棄処分場内のマンホール	酸素不足，メタン，二酸化炭素，硫化水素

供用上または測定技術上の理由から物質による危険の調査・確認が実施不能な場合には，保護対策の決定にあたり，物質による危険が存在する，もしくは生じ得る旨が事前に提示されなければならない．

適切な測定技術設備の欠如は，"供用上の理由から実施不能"とはみなされず，測定技術設備の操作に関する専門家の不足も同様である"[8-2]．

8.3.2.3　設備の調査・確認

"下水道設備・施設の閉鎖された空間内での作業の開始前に，監督者により空間内にいかなる設備が存在しているか，または作業中に空間内にいかなる設備が搬入されるかが確認されなければならない．設備とは，UVV § 1 第 1 項 "総則" (VBG 1) [8-1] に基づき，作業に使用されるすべての物的手段である．これには，例えば計算装置，傾倒装置，高圧洗浄機，電気器具等である" [8-2]．

8.3.2.4　転落，物質による危険に対する保護対策

　物質による危険とは，急激な増水による危険および有毒なガスによる危険のことである．

a．転落防止保護対策　　"作業が行われない出入口も含め，開放されているすべての出入口は，人が転落しないように安全が確保されていなければならない．

　転落を防止する適切な保護対策とは，例えばずれ防止された格子覆い，または赤-白塗装されて位置ずれ防止された立入り禁止柵である．

　垂直な出入口（例えば足掛け金物出入路）については，構造的な保護対策が設けられていない場合には，深度が 5 m 以上であれば適切な転落防止具が使用されなければならない．

　適切な転落防止具とは，例えば安全ロープ，落下緩衝具および吊掛け固定点を具えた安全・救助具である（8.3.2.7 も参照）" [8-2]．

b．急激な増水時の危険に対する保護対策　　"下水道設備・施設の閉鎖された空間内での作業の開始前に，増水による危険を回避する以下による保護対策が講じられなければならない．

・下水流入の止水または迂回．
・作業が内部もしくは近傍で実施されている区間を排水者に通報すること．
・気象状況に対する注意．
・当該区間に危険量の水を排水するポンプの使用停止ならびに不当なポンプ再起動の防止または相互の話合いの後に初めてポンプ再起動が行われるように連携すること" [8-2]．

　止水手段が使用される場合には，高度な保護対策が必要である（例えば，複数の止水手段が直列接続される場合の点検可能性，止水手段の相互ずれの確実な防止）．

　"排水を大量に排水するか，または危険が生ずる恐れのある物質を排出する排水者と

の間で，作業の開始と終了が文書によって合意されなければならない．

降雨が予測される場合には，遠隔地域の気象状況にも，流入下水—雨水と合流式下水の排水—が当該地域から供給される区間で作業が実施されている限り注意が払われなければならない．

急激な増水が突然発生するか，または雷雨が発生する場合には，下水道設備・施設の閉鎖された空間内での作業は中止され，直ちに立退きが行われなければならない．

溺死の危険のある下水が満たされた構造物，空間または槽での作業に際しては，適切な保護対策が講じられなければならない．これは，例えば浮揚救助手段の着用によって実現される．水深が1.30 m以下であれば，ライフジャケットの着用は行わなくてもよい．

流速が速い場合には，押し流されないようにする対策が講じられなければならない"[8-2]．

c．有毒なガスに対する保護対策　"作業の開始前および作業の実施中，下水道設備・施設の閉鎖された空間内の作業個所に危険な爆発性ガス，酸素欠乏，健康を害する濃度のガスもしくは蒸気が発生しないように換気によって安全が確認されていなければならない．

換気は，自然換気または人工換気によって行うことができる．

十分な自然換気は，個々のケースに応じ場所的条件(例えば，マンホールの位置，マンホール蓋の性状，管渠区間の勾配)次第で実現可能である．

マンホールの前後区間のマンホール蓋を一定期間にわたって開放することは，通常，十分な換気とみなすことはできず，特にマンホール内ガス温度が周囲ガス温度よりも低い温暖な季節にはとりわけそうである．

換気が十分であるか否かを確認するために，種々の箇所で音響信号と光学信号の送出による反復個別測定，もしくは連続測定を実施することが必要となることがある．

十分な換気が認められるのは，周囲空気中に存在するガスまたは蒸気が希釈され，
・酸素含有量が19Vol.%以上に達し，
・可燃性のガスまたは蒸気の濃度が爆発下限(UEG)を10％下回り，
・健康を害する濃度の有毒なガスまたは蒸気が回避される(**図 8-2** も参照)，
の場合である．

健康被害性に対する規制は，"最大職場濃度値"(MAK)と"技術的基準濃度値"(TRK)によって行われる(以下を参照のこと．危険物に関する技術準則 TRGS 402"作業域内空気中の危険な物質濃度の調査および判定"，TRGS 900"MAK 値一覧表"，危険な作業物質に関する技術準則 TRgA 403"職場空気中の物質混合ガスの評価")．

8. 労働安全性，健康保護

　人工換気とは，十分な性能の換気装置によって作業箇所に新鮮空気を供給することである[8-2]．これは，圧送または吸込みによって行われる．
　人工換気については，以下の方法が行われる(**図 8-3**)[8-12]．
・電気作動ベンチレータによる風管を介した吸込み[**図 8-3(a)**]：この場合，"実効容積は，長さ 10 m で早くも 50 %までに減少する．吸込みによって生ずる低圧は，常に最寄りの穴から流れ込む空気によって補充される．したがって有効範囲はわずかで，換気は不均等である．風管によって出入りが困難となり，そのため救助路が塞

(a) 電気作動ベンチレータによる風管を介した吸込み

(b) マンホール穴上に設置された電気作動ベンチレータによる吸込み

(c) 電気作動ベンチレータによる風管を介した換気

(d) 高性能ファンと導風フードによる高圧換気

図 8-3：人工換気の諸方法 [8-12]

がれることにもなる．ファンは特別に保護された駆動モータを要する"[8-12]．

- マンホール穴上に設置された電気作動ベンチレータによる吸込み[図 8-3(b)]：この種の換気にあっては，マンホール穴を完全に覆うことが不可欠である．そうしない場合には，ベンチレータとマンホール穴との間から空気が圧力均衡させようとして最短路を通って内部に流れ込むからである．低圧の発生によって最寄りの穴から空気が流れ込む．最寄りの穴との間隔が大きければ大きいほど，あるいは換気さるべき空間が大きいほど，効率は低下する．流れ込む空気は，もはや断面全体に均等に分散せず，空気よりも重いガスは底部に残ったままとなる．出入口，したがって救助路は塞がれている．有効範囲がわずかであることからベンチレータの頻繁な移動が必要である[8-12]．
- 電気作動ベンチレータによる風管を介した換気[図 8-3(c)]：この方法にあっても実効容積は約 50％減少する．空気は，最も抵抗の少ない所を通ることから，この場合，部分区間のみが出入り穴方向に向かって逆流換気される．したがって少なくとも作業箇所については十分な換気が行われるが，昇降マンホールと作業箇所との間のスパン区間内の有害物質含有量は，必ずしも限界値以下に保たれるわけではない（8.3.2.2 参照）．
- 高性能ファンと導風フードによる高圧換気[図 8-3(d)]：高圧換気にあっては，外部空気が高性能ファンにより導風フードを経て換気さるべき空間に供給される（図 8-4）．これにより空間全体に均等に拡がる高圧が発生する．こうして作り出された最寄りの穴に向かう空気の運動によりガス濃度が希釈される．この換気法によれば，換気中にも資材の供給ならびに出入りが可能である．

図 8-4：高性能ファン導風フード[8-12]

吸込み換気の場合には，健康を害するもしくは爆発性のあるガスと蒸気が作業箇所方向にいっそう強く誘引される危険が存在することから，圧送換気の方が常に吸込み換気よりも優先されなければならない．

"人工換気は，例えば，
- 管渠では，少なくとも 600 m³/(h・管渠断面積m²) の空気流が存在し，
- ポンプ室，ゲート構造物等のその他の構造物では，1 時間当り約 6〜8 倍の空気交換が行われていれば，

十分であるとみなすことができる"[8-2]．

火災の危険が大幅に高まることから純酸素または酸素濃度の高い空気を換気に使用

8. 労働安全性，健康保護

することは認められない．

"維持管理上の理由から十分な換気を行うことができない場合には，下水道設備・施設の閉鎖された空間内での作業は，周囲ガスとは独立に機能する呼吸保護器具の着用下で防爆に留意して実施されなければならない．

下水道設備・施設の閉鎖された空間内に存在する危険量の爆発性ガスを確実に排除することができない限り，
・発火の危険がある作業は実施してはならず，
・発火の危険が生ずる作業手段が持ちこまれてはならない．
発火の危険が発生するのは，とりわけ以下の場合である．
・摩擦，打撃および研削の各作業(例えば，ハンドポリッシャ，火花を生ずる工具の使用)，
・火気作業(溶接)，
・静電放電"[8-2]．

電気器具は，例えばゾーン1(危険な爆発性ガスが時として発生することが見込まれる場所)またはゾーン0(危険な爆発性ガスが常にもしくは長期的に存在している場所)での使用向けに許可されたものでなければならない．呼吸保護器具は，最高表面温度T3(160℃)を超えてはならない("爆発性ガスによる危険の回避に関する基準-事例集—防爆基準—(EX-RL)"[8-13](ZH 1/10)参照)．

8.3.2.5　電流による危険に対する保護対策

下水道設備・施設の閉鎖された空間内で移動可能な電気器具，例えば切断トーチが使用される場合には，電流による危険の高まりに対する保護対策が講じられなければならない[8-2]．

電気溶接器具の使用には，災害防止規定"溶接，切断および類似の作業方法"(VBG 15)[8-14]が適用される．

8.3.2.6　装置による危険に対する保護対策

装置は，定置式装置と移動式装置がある．文献[8-2]には，定置式装置につき，以下のように述べられている．

"下水道設備・施設の閉鎖された空間内での作業は，
・作業の遂行に使用されない可動部品または取付設備による危険な運動が停止され，

8.3 保護対策

その再始動が防止され，
・不当な，誤った，または不測の始動，
・蓄積されたエネルギーによる危険な運動の再開が確実に回避されている場合，
に初めて開始することができる．

　定置式の可動部品または取付設備とは，ボリュートポンプ装置の羽根車，動力操作式の制流ゲートまたは制流フラップ，汚泥タンクおよび浮選タンクの攪拌機である．

　危険な運動の，誤った，または不測の始動が回避されている場合とは，電気駆動装置につき，
・給電が止められ，
・止錠可能な断路スイッチが断路されてロックされ，
・差込み装置が外され，プラグが安全確保されているか，
・ヒューズが取り外され，他のものに代えられている，
場合である．

　さらにDIN VDE 0105 Teil 1"強電装置の使用:通則"に定める禁止標識の表示が必要であることに注意しなければならない．

　蓄積されたエネルギーによる危険な運動の再開が回避されている場合とは，
・蓄圧器または同等な蓄圧機能を具えたシステム(例えば，油圧駆動装置および空気圧駆動装置)においてエネルギー供給管が圧抜きされ，
・可動部分が支柱，横木または類似の停止具で固定され，
・位置エネルギーまたは運動エネルギーを保持するシステムが降下されるかまたは停止位置にされてブレーキが掛けられている，
場合である．

　個々のケースに応じ同時に複数の対策を講ずることが必要となることがある"[8-2]．

　移動式装置に属するのは，例えば以下のものである．
・高圧洗浄機のノズル，
・案内ローラ，
・吸込み管，
・洗浄スライダ，
・管渠点検機器，
・樹根カッタ，
・自走式プランジャポンプ．

　これらの機器の運搬に際しては，持ち上げられた荷重物の下に人がとどまっていてはならない．人が転落物による危険に曝されるのを回避できない場合には，例えば保

護格子または安全な遮蔽箇所等の保護対策が講じられなければならない．高圧洗浄機が使用される場合には，ノズルは管渠内での反転ができないようにして使用されなければならない．マンホール穴部におけるエアロゾル形成が防止されなければならない．

"下水道設備・施設の閉鎖された空間内への圧力容器—粉末消火器または呼吸保護器具用の圧縮ガスボンベを除く—の持込みは許されない．ただし，ガス供給管の延長が100mを超えることによって危険が高まる場合には，前記禁止を免ずることができる．

8.3.2.7 下水道設備・施設の閉鎖された空間への出入り，作業に際する保護対策

これらの対策には，歩行可能な呼び径(1.3)の遵守，交通安全の確保(8.3.2.1)，物質による危険の調査・確認および危険なガスに対する対策(8.3.2.2，8.3.2.4)の他に以下の事項も含まれる．
・視界確認の遵守，
・ロープによる安全確保，
・ロープ吊上げ救助装置，
・自己救助対策．

a．視界確認　　"下水道設備・施設の閉鎖された空間内での作業に際しては，安全確保のために少なくとも1名の第二の人物が地上に待機していなければならない．両人は，常に相互の視界内にあるか，または少なくとも呼びかけによって相互に意思を疎通させることができることが必要である．

管渠内での作業に際しては，管渠内にいる人物は，マンホール底にいるもう1名の人物を介して地上の人物と常に視界確認されていることが必要である．視界確認を保つために要される人物の数は構造物の種類に応じて定まる．

視界確認のために技術的補助手段が使用される場合には，補助的な相互通話確認が必要である．第一の人物に続いて入坑する者は，いずれも坑底に達した人物から適切な合図が送られた後に初めて入坑することができる"[8-2]．

b．ロープによる安全確保　　"入坑者は，すべて捕捉帯またはズボン型救命衣を着用しなければならない．最初に入坑する者は，いつでも迅速かつ確実な救助が行われるように安全ロープで安全確保されなければならない．ロープは，マンホールを退去した後に初めて取り外すことができる．下水道設備・施設の閉鎖された空間の深度が2m以下であれば，ロープによる安全確保は行われなくてよい"[8-2]．地上の人物との間のロープ接続は，別途の方法で安全が保障されている場合に初めて外すことができ

8.3 保護対策

る．

c．ロープ吊上げ救助装置　"ロープ吊上げ救助装置は，出入り箇所の真っ直ぐ上方の吊掛け点に固定されなければならない．吊掛け点は，垂直に作用する 7 500N の衝撃力に耐えられなければならない．

吊掛け点とは，以下のものである．
・支柱がずれ・すべり防止された二股クレーン，
・自動車の固定点に旋回式に取り付けられ，変位を防止するために固定することのできるクレーンジブ（自動車の動きは確実に回避されていなければならない），
・マンホール穴に使用することのできる支持具．

ズボン型救命衣，捕捉帯，ロープ吊上げ救助装置の接続手段および吊掛け装置は，結合が外れないように確実に固定されていなければならない．

不測の外れを防止するものは，例えば DIN 5290 "軽金属製ばねフック" [8-15] に基づくばねフック A である"．

ロープ吊上げ救助装置は，地上の出入り口際に待機している第二の人物によって操作されなければならない．吊上げ中は被救助者に注意が向けられなければならない．

中間に踊り場のない深度 10 m 以上のマンホールへの入坑は，入坑装置を利用してのみ行うことが認められる（UVV "ウィンチ，リフト装置/牽引装置（VBG 8）[8-16]，"引上げ式人員収容具に関する安全規則"（ZH 1/461））" [8-2]（参照）．

d．自己救助対策　"深度 5 m 以上の下水道設備・施設の閉鎖された空間内における作業時に安全ロープを外さなければならない場合には，すべての入坑者は，周囲ガスとは独立に機能する自由着脱可能な自己救助用呼吸保護器具を携行しなければならない．これは，マンホール底までの深度が 5 m 未満であっても大きく拡がっているか，または避難が困難な閉鎖された空間に長時間にわたって滞在する場合にも同様である．周囲ガスとは，独立に機能する器具グループ 2 "（器具重量 5 kg 以下）または 3（器具重量 5 kg 超）"の呼吸保護器具が携行される場合には，圧縮空気携帯装置は携帯しなくてよい" [8-2]．

8.3.2.8　救助装備

"作業員には，少なくとも以下の救助装備が供されなければならない．
・周囲ガスとは独立に機能する自由着脱可能な呼吸保護器具，
・安全ロープおよび捕捉帯を具えたロープ吊上げ救助装置，
・即時使用可能な防爆式ハンドランプ，

8. 労働安全性，健康保護

- DIN 13157"応急処置材料;救急箱 C"に定める救急箱，
- 消火装置(例えば，携帯用消火器).
  下水道設備・施設の閉鎖された空間が，
- 深度 2 m 未満であるか，
- 深度 5 m 未満で，特別な危険が見込まれないか，
- 入坑者が少なくとも 2 名の者によってロープで安全確保されている，

場合には，ロープ吊上げ救助装置の準備・供与は行われなくてよい．

　救助装備は，全体として汚れが防止され，確実に使用し得る状態に保持されていなければならない．

　"レスキューボックス"に収納されているのが望ましい．

　救助装備は，常に出入り箇所の直近(例えば，機器車両内)に用意されていなければならない"[8-2].

8.3.2.9　救助対策，応急処置

　緊急時には，作業員が自ら必要な救助対策を開始し，もしくは応急処置を施すことができるように保障されていなければならない．このために最高で 20 名の作業員グループごとに 1 名の応急処置者が配されていることが必要である．作業員数が 20 名を超える場合には，少なくとも 10％の応急処置者が配されていなければならない．応急処置者は，少なくとも 3 年ごとに再教育・定期教習に参加しなければならない．

　救助対策は，すべての作業員によって少なくとも年に 2 回実地訓練が行われなければならない．これらの救助訓練は，できるだけ呼吸保護訓練と組み合わされていることが必要である．

　機器車両内またはその他の適切な箇所には最寄りの救助隊，病院または消防署の非常通報番号がはっきりと取付表示されていなければならない．

8.4　労働保護，健康保護に関わる法律，命令，災害防止規定，安全規則等

　下水管渠の修繕に際して労働保護と健康保護に関わる現行の法律，命令，災害防止規程，指令・基準，安全規則・注意書ならびに規格およびその他の規程に関する以下

8.4 労働保護，健康保護に関わる法律，命令，災害防止規定，安全規則等

の一覧表は，ATV-'下水管渠の修繕および更新' ワーキンググループ 1.5.4 によって作成された．この一覧表も完全なものではない[8-17]．

以下に使用される略号の意味は，次のとおりである．

- ZH ：同業組合・安全/健康センター(旧 ZefU) リスト
- VBG ：同業組合規程リスト
- GUV ：町村災害保険連合規程リスト
- DIN ：ドイツ工業規格協会
- EN ：欧州規格
- VDE ：ドイツ電気技師連盟
- ATV ：下水道技術協会
- TRGS ：危険物に関する技術準則
- TRbF ：可燃性液体に関する技術準則

a．法律および命令 危険な物質からの保護に関する法律(化学物質法)．

- ZH 1/220　　危険な物質からの保護に関する命令(危険物令)と危険物に関する当該技術準則(TRGS)

特に，

- TRGS 100　　危険な物質の発生閾値
- TRGS 102　　危険な物質に関する技術的基準濃度(TRK)
- TRGS 150　　危険物との直接の皮膚接触
- TRGS 220　　危険な物質および調製品に関する安全データ書
- TRGS 300　　工学的安全性
- TRGS 402　　作業域内空気中の危険な物質の濃度の調査および判定
- TRGS 403　　職場空気中の物質混合ガスの評価
- TRGS 503　　噴射材
- TRGS 519　　アスベスト(撤去、修繕ないし保全作業)
- T 905　　　発癌物質，変異原性物質または生殖能力障害物質のリスト
- TRGS 953　　スチレンの取扱いに関する例外許可の授与に関する勧告
- ZH 1/309　　爆発の危険ある空間内における電気装置に関する命令
- ZH 1/525　　作業部署令
- ZH 1/75.1　　可燃性液体の地上における貯蔵・保管、容器詰めおよび輸送に関する命令(可燃性液体に関する命令—VbF)と可燃性液体に関する当該技術準則(TRbF)特に TRbF 100 一般的な安全要件

- ドイツ連邦共和国の各州の建築法規

1007

8. 労働安全性，健康保護

b．災害防止規定
- VBG 1　　　　　総則
- VBG 4　　　　　電気装置および電気器具
- VBG 8　　　　　ウィンチ，リフト・牽引装置
- VBG 9　　　　　クレーン
- VBG 9a　　　　 吊上げ・巻上げ装置の荷重収容装置
- VBG 15　　　　 溶接，切断および類似の方法
- VBG 23　　　　 塗料の処理・加工
- VBG 37　　　　 建設・工事作業
- VBG 40　　　　 パワーショベル，ローダ，地ならし機器，掘削機器および土木工事用特殊機械(土工機械)
- VBG 48　　　　 吹付け作業
- VBG 50　　　　 ガス管作業
- GUV 7.4 ないし VBG 54　　　下水道設備・施設
- VBG 74　　　　 梯子および足場
- VBG 81　　　　 接着剤の処理・加工
- VBG 87　　　　 液体吹付け作業
- VBG 100　　　　労働医学的予防措置
- VBG 109　　　　応急処置
- VBG 112　　　　ホッパおよびバンカ
- VBG 113　　　　発癌性危険物
- VBG 119　　　　健康障害無機粉塵
- VBG 121　　　　騒音
- VBG 125　　　　職場の安全表示

c．指令・基準
- 89/392/EWG　　機械指令
- 92/57/EWG　　 時限的もしくは移動的な工事現場に適用される安全性/健康保護に関わる最低規程に関する指令．この指令はなお国内法に転換されなければならない
- ZH 1/10　　　　爆発性ガスによる危険の回避に関する基準-事例集(防爆基準)
- ZH 1/55　　　　安全・救助具に関する基準
- ZH 1/77　　　　タンク内および狭い空間内における作業に関する基準
- ZH 1/183　　　 汚染地域内での作業に関する基準

8.4 労働保護，健康保護に関わる法律，命令，災害防止規定，安全規則等

- ZH 1/200　　静電放電による発火危険の回避に関する基準（基準:'静電気'）
- ZH 1/406　　液体噴射機に関する基準（吹付け機）
- ZH 1/455　　液化ガスの使用に関する基準

d．安全規則（規則）

- ZH 1/8　　　爆発防止のための定置式ガス警報装置の特性要件に関する安全規則
- ZH 1/140　　職場の空気清浄保全設備に関する安全規則
- ZH 1/177　　下水道設備・施設の閉鎖された空間内における作業に関する安全規則
- GUV 17.6　 下水道設備・施設の閉鎖された空間内における作業に関する安全規則―維持管理
- ZH 1/190　　職場の人工照明に関する安全規則
- ZH 1/228　　電気に起因する危険が高い場合の電気器具の使用に関する安全規則
- ZH 1/486　　坑内建設作業に関する安全規則
- ZH 1/537　　堀削土留め器具に関する安全規則
- ZH 1/542　　足掛け金物および足掛け金物通路に関する安全規則
- ZH 1/559　　配管工事作業に関する安全規則
- ZH 1/700　　保護衣着用規則
- ZH 1/701　　呼吸保護器具着用規則
- ZH 1/702　　足保護器具着用規則
- ZH 1/703　　眼・顔面保護具着用規則
- ZH 1/705　　聴覚保護具着用規則
- ZH 1/706　　保護手袋着用規則
- ZH 1/708　　皮膚保護具着用規則
- ZH 1/709　　個人用転落防止装備着用規則
- ZH 1/710　　個人用保持・救助装備着用規則

e．注意書

- ZH 1/8.3　　注意書：爆発防止のための定置式ガス警報装置の使用
- ZH 1/81　　 危険な化学物質に関する注意書
- ZH 1/118　　健康障害物質の取扱い
- ZH 1/121　　注意書：硫化水素
- ZH 1/132　　注意書：皮膚保護

8. 労働安全性，健康保護

- ZH 1/175　　　危険な化学物質の影響作用に際する応急処置に関する注意書
- ZH 1/226a　　注意書：ニトローゼガスによる危険
- ZH 1/229　　　注意書：刺激性および攻撃性物質
- ZH 1/235　　　建設・工事作業時の吊掛け手段としてのワイヤロープおよびチェーンに関する注意書
- ZH 1/285　　　注意書：硫化水素警報機
- ZH 1/289　　　注意書：スチレン
- ZH 1/298　　　注意書：ホスゲン
- ZH 1/301　　　注意書：ポリエステル樹脂およびエポキシ樹脂
- ZH 1/314　　　注意書：フェノール，クレゾールおよびキシレノール
- ZH 1/324　　　合成繊維製吊上げベルト（化学繊維吊上げベルト）の使用に関する注意書
- ZH 1/325　　　玉掛けワイヤロープの使用に関する注意書
- ZH 1/326　　　玉掛け繊維ロープの使用に関する注意書
- ZH 1/383　　　注意書:酸素による危険
- ZH 1/450　　　建設工事業におけるエポキシ樹脂に関する対策指針
- ZH 1/510　　　注意書：塩化ビニル
- ZH 1/512　　　注意書：アスベストセメント製品の加工・処理
- GUB 25.1　　　注意書：事故防止用警戒色彩衣
- ATV 注意書 M 143 Teil 1～5　　下水管渠/下水管の点検，修繕，および更新
- ワイル病に関する注意書（自由ハンザ都市ハンブルク発行）

f．DIN 規格

- DIN 4124　　　工事用ピットおよびトレンチ
- DIN EN 132～149　　呼吸保護器具
- DIN EN 166　　溶接工のための眼保護フィルタ
- DIN EN 340　　保護衣:一般的な要件
- DIN EN 342　　防寒保護衣
- DIN EN 343　　悪天候用保護衣
- DIN EN 345　　安全靴
- DIN EN 368　　液体化学物質に対する保護衣
- DIN EN 374　　化学的危険に対する保護手袋
- DIN EN 388　　機械的危険に対する保護手袋
- DIN EN 397　　保護帽

8.4 労働保護，健康保護に関わる法律，命令，災害防止規定，安全規則等

- DIN EN 50014 　爆発の危険が存在する場所用の電気器具；通則
- DIN 30711 　　 事故防止用警戒色彩衣
- DIN 58211 　　 溶接工のための保護眼鏡

g．VDE 規則

- DIN VDE 0100 　公称電圧 1 000 V までの強電設備の設置に関する規則
- DIN VDE 0165 　爆発の危険が存在する場所への電気設備の設置

1. 下水道の構造，背景条件
文　　　献

[1-1] DIN 4045: Abwassertechnik; Begriffe (12.85).
[1-2] Statistisches Bundesamt, Wiesbaden, Februar 1995.
[1-3] Keding, M., Stein, D., Witte, H.: Ergebnisse einer Umfrage zur Erfassung des Istzustandes der Kanalisation in der Bundesrepublik Deutschland. KA 34 (1987), H. 2, S. 118–122.
[1-4] DIN 1986: Entwässerungsanlagen für Gebäude und Grundstücke. Beiblatt 1: Stichwortverzeichnis (05.90); Teil 1: Technische Bestimmungen für den Bau (06.88); Teil 2: Bestimmungen für die Ermittlung der lichten Weite und Nennweiten für Rohrleitungen (03.95); Teil 3: Regeln für Betrieb und Wartung (07.82); Teil 4: Verwendungsbereiche von Abwasserrohren und -formstücken verschiedener Werkstoffe (11.94); Teil 30: Instandhaltung (01.95); Teil 31: Abwasserhebeanlagen; Inbetriebnahme, Inspektion und Wartung (06.86); Teil 32: Rückstauverschlüsse für fäkalienfreies Abwasser; Inspektion und Wartung (06.86); Teil 33: Rückstauverschlüsse für fäkalienhaltiges Abwasser; Inspektion und Wartung (10.87).
[1-5] DIN EN 752: Entwässerungssysteme außerhalb von Gebäuden. Teil 1: Allgemeines und Definitionen (01.96); Teil 2: Anforderungen (09.96); Teil 3: Planung (09.96); Teil 4: Hydraulische Berechnung und Umweltschutzaspekte (Entwurf 08.95); Teil 5: Sanierung (10.95).
[1-6] ATV-M 143: Inspektion, Instandsetzung, Sanierung und Erneuerung von Entwässerungskanälen und -leitungen, Teil 1: Grundlagen (12.89).
[1-7] Busch, F., Hummel A. G.: Wasserversorgung – Abwasserwirtschaft. Ingenieur-Taschenbuch, Bd. III, Leipzig: Boden – Wasser – Verkehr, Teubner Verlagsgesellschaft 1965.
[1-8] Stein, D., Niederehe, W.: Herstellung von Hausanschlüssen für die Entsorgung von Gebäuden und Grundstücken. In: Kiefer u.a.: Grundstücksentwässerung. Kontakt & Studium, Band 157, Sindelfingen: Expert Verlag, 1985.
[1-9] Stein, D., Niederehe, W.: Unterirdische Herstellung von Hausanschlüssen. In: Taschenbuch für den Tunnelbau 1985, Essen: Verlag Glückauf, 1984, S. 385–413.
[1-10] Girnau, G.: Unterirdischer Städtebau, Berlin, München/Düsseldorf: Verlag von Wilhelm Ernst & Sohn 1970.
[1-11] Lehr- und Handbuch der Abwassertechnik. Band I: Wassergütewirtschaftliche Grundlagen, Bemessung und Planung von Abwasserableitungen. 3. überarbeitete Aufl. 1982; Band II: Entwurf und Bau von Kanalisationen und Abwasserpumpwerken. St. Augustin, Hrsg.: Abwassertechnische Vereinigung e.V. (ATV), Berlin/München: Verlag von Wilhelm Ernst & Sohn, 3. überarbeitete Aufl. 1982.
[1-12] Rothe, K.: Die Werkstoffauswahl für das Rohr – ein wesentliches Element der Planung am Beispiel der Ortskanalisation. Steinzeug-Information (1983/84) S. 35–38.
[1-13] DIN 4263: Kanäle und Leitungen im Wasserbau; Formen, Abmessungen und geometrische Werte geschlossener Querschnitte (04.91).
[1-14] Frühling, A.: Handbuch der Ingenieurwissenschaften in fünf Teilen. Teil 3: Der Wasserbau, 4. Bd.: Die Entwässerung der Städte. Leipzig: Verlag von Wilhelm Engelmann 1910.
[1-15] Braunstorfinger, M.: Die Renaissance des Eiprofils. TIS (1993), H. 9, S. 633–634.
[1-16] Sartor, J.: Die Wiedereinführung des Eiprofils in der Kanalisationstechnik. Dokumentation 2. Internationaler Leitungsbaukongreß, Hamburg (1989), S. 239–254.
[1-17] DIN 19540: Abwasserkanäle; Querschnittsformen und -abmessungen (12.52).
[1-18] Braubach, A.: Wasserversorgung und Entwässerung der Städte. Lehrbuch des Tiefbaus, II. Band, Hrsg.: Esselborn, Leipzig: Verlag von Wilhelm Engelmann, 6.–8. Aufl. 1925.
[1-19] Büsing, F. W., Schumann, C.: Der Portland-Zement und seine Anwendung im Bauwesen. Berlin: Verlag der „Deutschen Bauzeitung" GmbH, 4. Aufl. 1912.
[1-20] Vorschriften für die Ausführung von Sielanlagen in Hamburg (Sielbauvorschriften), Ausgabe 1979. Freie und Hansestadt Hamburg, Baubehörde, Amt für Ingenieurwesen III, Stadtentwässerung.
[1-21] ATV-Handbuch: Planung der Kanalisation. Hrsg.: Abwassertechnische Vereinigung e.V. Hennef (ATV), Berlin: Verlag Ernst & Sohn, 4. Aufl. 1995.

1. 下水道の構造，背景条件　文献

[1-22]　ATV-A 118: Richtlinien für die hydraulische Berechnung von Schmutz-, Regen- und Mischwasserkanälen (07.77).

[1-23]　Bundesverband der Unfallversicherungsträger der öffentlichen Hand – (BAGUV): Sicherheitsregeln für Arbeiten in umschlossenen Räumen von abwassertechnischen Anlagen – Betrieb (GUV 17.6). Ausgabe Januar 1989.

[1-24]　Unfallverhütungsvorschriften Bauarbeiten, Kapitel VII, Zusätzliche Bestimmungen für Bauarbeiten unter Tage (04.93). Tiefbau Berufsgenossenschaft, Hauptverband der gewerblichen Berufsgenossenschaften e.V., Bonn.

[1-25]　ATV-A 125: Rohrvortrieb (09.96).

[1-26]　Hobrecht, J.: Die Canalisation von Berlin. Berlin: Verlag von Ernst und Korn, 1884.

[1-27]　DIN EN 1610: Verlegung und Prüfung von Abwasserleitungen und -kanälen (10.97).

[1-28]　Zäschke, W.: Ermittlung optimaler Tragfähigkeitsreihen vorgefertigter Rohre für Abwasserkanäle. Dissertation, Berichte aus Wassergütewirtschaft und Gesundheitsingenieurwesen, Nr. 56. Technische Universität München 1986.

[1-29]　Führböter, A., Macke, E.: Mindestfließgeschwindigkeiten für den ablagerungsfreien Betrieb von Kanalisationsleitungen. TIS 25 (1983) H. 8, S. 485–489.

[1-30]　Macke, E.: Ablagerungs- und Ausspülverhalten in Kanalisationen. Vortrag ATV-Fortbildungskurs Fulda (10.87).

[1-31]　ATV-A 110: Richtlinien für die hydraulische Berechnung von Abwasserkanälen (08.88).

[1-32]　Schleicher, F.: Taschenbuch für Bauingenieure, Band 2, Berlin/Göttingen/Heidelberg: Springer-Verlag, 2. Aufl. 1955.

[1-33]　DIN 4033: Entwässerungskanäle und -leitungen; Richtlinien für die Ausführung (11.79). DIN 4033: Betonrohre nach DIN 4032, Leitsätze für die Ausführung von Betonrohrleitungen (05.41) und Ausgabe (04.40).

[1-34]　ATV-A 139: Richtlinien für die Herstellung von Entwässerungskanälen und -leitungen (10.88).

[1-35]　Firmeninformation der Emunds + Staudinger GmbH, Hückelhoven.

[1-36]　Stein, D., Möllers, K.: Grabenverbau – Einflußfaktor auf das Ingenieurbauwerk Rohrleitung. Tiefbau 03.88, Berlin/Bielefeld/München: Erich Schmidt Verlag GmbH & Co., 1988.

[1-37]　ATV-A 127: Richtlinie für die statische Berechnung von Entwässerungskanälen und -leitungen (12.88).

[1-38]　Konig, F.: Anlage und Ausführung von Städte-Kanalisationen. Leipzig: Verlag von Otto Wigand, 1902.

[1-39]　DIN 4124: Baugruben und Gräben; Böschungen, Arbeitsraumbreiten, Verbau (08.81).

[1-40]　Steinzeug Handbuch; Steinzeug GmbH. 8. Aufl., Köln 1996.

[1-41]　Steinzeug Handbuch; Steinzeug GmbH. 3. Aufl., Köln 1984.

[1-42]　ZTVE-StB 94: Zusätzliche Technische Vertragsbedingungen und Richtlinien für Erdarbeiten im Straßenbau. Bearbeitet von der Forschungsgesellschaft für Straßen- und Verkehrswesen e.V. (1994).

[1-43]　Merkblatt für das Zufüllen von Leitungsgräben. Forschungsgesellschaft für das Straßenwesen – Arbeitsgruppe Untergrund, Köln 1970.

[1-44]　Howard, A. K.: Auswahl und Prüfung von Böden für erdverlegte Rohrleitungssysteme. Internationale Tagung von Kanalbaufachleuten – feugres, 21.–24.09.1986, Baden-Baden.

[1-45]　Stein, D., Bielecki, R.: Horizontale Vortriebsverfahren im Tiefbau unter besonderer Berücksichtigung des Abwasserleitungsbaus. In: Taschenbuch für den Tunnelbau 1981, Essen: Verlag Glückauf, 1980, S. 227–274.

[1-46]　Stein, D.: Bauverfahrenstechnische Aspekte beim unterirdischen Auffahren und Herstellen von Ver- und Entsorgungsleitungen mit nichtbegehbarem Querschnitt. TIS 24 (1982), H. 3, S. 129–134, H. 4, S. 253–258.

[1-47]　Maidl, B.: Handbuch des Tunnel- und Stollenbaus.Essen: Verlag Glückauf, 1984.

[1-48]　ATV-Handbuch: Bau und Betrieb der Kanalisation. Hrsg.: Abwassertechnische Vereinigung, St. Augustin. Berlin/München: Verlag Ernst & Sohn, 4. Aufl., 1995.

[1-49]　Stein, D., Möllers, K., Bielecki, R.: Leitungstunnelbau. Neuverlegung und Erneuerung nichtbegehbarer Ver- und Entsorgungsleitungen in geschlossener Bauweise. Berlin: Verlag Ernst & Sohn, 1988.

[1-50]　Stein, D., Niederehe, W.: Rohrverlegung mit ferngesteuerten Vortriebsmaschinen. Baumarkt 83 (1984), H. 13–14, S. 614–615.

[1-51]　DEMO-Objekte Hamburger Sielbau – Unterirdisches Auffahren kleiner Tunnelquerschnitte. Forschungsbericht. Forschungsvorhaben (FKZ-Nr. Bau 10056) gefördert durch den BMFT, Projektleitung: FH Hamburg. Hrsg.: Amt für Wasserwirtschaft und Stadtentwässerung, Hauptabteilung Stadtentwässerung WSE 31. Hamburg 1985.

[1-52]　Stein, D., Bielecki, R.: Die Entwicklung zum Hanse-Mole, einer Tunnelbohrmaschine nicht nur für Norddeutschland. Wasser und

Boden 35 (1983), H. 10, S. 445–451.
[1-53] Stein, D., Bielecki, R.: Unterirdische Herstellung nichtbegehbarer Leitungsquerschnitte – Kostenanalyse und Wirtschaftlichkeitsbetrachtungen. Tunnel (1984), H. 3, S. 125–135.
[1-54] Stein, D., Maaß, H. U., Brune, P.: Meß- und Steuertechnik beim unterirdischen Rohrvortrieb. TIS 28 (1986), H. 2, S. 67–77.
[1-55] GSTT Informationen: In Deutschland hergestellte bzw. vertriebene Geräte und Maschinen für den grabenlosen Neubau von Leitungen. (1996), H. 4.
[1-56] Stein, D., Falk, C.: Stand der Technik und Zukunftschancen des Microtunnelbaus. Felsbau (1996), H. 6. S. 296–303.
[1-57] Stein, D., Conrad, E.: Hydraulischer Rohrvortrieb – Schwerpunktthemen aus Forschung und Praxis. Taschenbuch für den Tunnelbau 1985, S. 325–330. Verlag Glückauf GmbH, Essen 1984.
[1-58] Stein, D.: Hindernisortung und -beseitigung beim hydraulischen Rohrvortrieb. Taschenbuch für den Tunnelbau 1985. S. 330–355. Verlag Glückauf GmbH, Essen 1984.
[1-59] Stein, D.: Hydraulischer Rohrvortrieb. DVGW-Schriftenreihe Wasser Nr. 202, Eschborn 1985.
[1-60] Meyers großes Taschenlexikon. Meyers Lexikonverlag (1981).
[1-61] Schorn, H.: Skriptum zur Materialtechnologie, Ruhr-Universität Bochum.
[1-62] DIN 4030: Beurteilung betonangreifender Wässer, Böden und Gase. Teil 1: Grundlagen und Grenzwerte (06.91); Teil 2: Entnahme und Analyse von Wasser- und Bodenproben (06.91).
[1-63] Keding, M., Riesen, S. van, Esch, B.: Der Zustand der öffentlichen Kanalisation in der Bundesrepublik Deutschland. KA 37 (1990), H. 10, S. 1148–1153.
[1-64] Studie über Verfahren zur Sanierung bzw. Erneuerung von Abwasserkanälen unter Beachtung rechtlicher, umweltrelevanter und ökonomischer Gesichtspunkte – Sanierungsstudie. Hrsg.: Freie und Hansestadt Hamburg, Baubehörde (02.85).
[1-65] DIN 19543: Allgemeine Anforderungen an Rohrverbindungen für Abwasserkanäle und -leitungen (08.82).
[1-66] DIN 7724: Polymere Werkstoffe; Gruppierung polymerer Werkstoffe aufgrund ihres mechanischen Verhalten (04.93).
[1-67] Read, G. F.: Sewer dereliction and renovation – an industrial city's view. „Restoration of Sewerage Systems". Proceedings of an International Conference organized by the Institution of Civil Engineers, held in London on 22.–24. Juni 1981. Paper 27, S. 267–282.
[1-68] Hahn, H., Langbein, F. (Hrsg.): Fünfzig Jahre Berliner Stadtentwässerung 1878–1928, Berlin: Verlag von Alfred Metzner, 1928.
[1-69] DIN 4051: Kanalklinker; Anforderungen, Prüfung, Überwachung (08.76); Beiblatt: Kanalklinker, Anwendungsbeispiele (07.65).
[1-70] DIN 1053 Teil 1: Mauerwerk; Berechnung und Ausführung (02.90).
[1-71] Kanalisation mit Steinzeug. Fachverband Steinzeugindustrie e.V., Köln 1978.
[1-72] Schliski, H., Funken, H.: Die deutsche Steinzeugindustrie. Steinzeuggesellschaft mbH, Köln 1984.
[1-73] DIN EN 295: Steinzeugrohre und Formstücke sowie Rohrverbindungen für Abwasserleitungen und Kanäle (11.91).
[1-74] DIN 1230: Steinzeug für die Kanalisation; Teil 1 (02.92); Teil 2 (01.86); Teil 3 (01.80); Teil 6 (02.92); Teil 7 (08.83).
[1-75] Kiefer, W.: 60 Jahre DIN-Normen für Steinzeugrohre. KA 33 (1986), H. 1, S. 6–10.
[1-76] Howe, H. O.: Europäische Harmonisierung von technischen Regeln für die Berechnung und Verlegung von Abwasserkanälen und -leitungen, Dokumentation NO-DIG, Hamburg 1991.
[1-77] Schellin, W.-U.: Das deutsche Steinzeugrohr – technisch hoch entwickelt, wirtschaftlich ein Spitzenreiter. Steinzeug Kurier, 1985.
[1-78] Deutsche Steinzeugwaarenfabrik für Canalisation und chemische Industrie. Hauptkatalog der Kanalisations-Abteilung, Friedrichsfeld in Baden 1913.
[1-79] Firmeninformation Steinzeug GmbH, Köln.
[1-80] Mücher, H.: Muffendichtungen und Muffenverguß bei Kanalisationen. Hrsg.: Firma Hermann Mücher, 2. Aufl. 1965.
[1-81] Schulte, J.: Muffenlose Steinzeugrohre System Hep-Sleve. Berichte der Abwassertechnischen Vereinigung e.V. Nr. 34 (1982) S. 303–304.
[1-82] Firmeninformation EuroCeramic GmbH, Viersen.
[1-83] Steinzeug Handbuch. Steinzeug GmbH. 4. Aufl., Köln 1990.
[1-84] Stein, D., Kipp, B., Bielecki, R.: Vortriebsrohre < DN 1000 für den Abwasserleitungsbau. In: Taschenbuch für den Tunnelbau 1986. Essen: Verlag Glückauf, 1985, S. 403–433.
[1-85] Kunststoffrohr-Handbuch, Rohrleitungssysteme für die Ver- und Entsorgung sowie weitere Anwendungsgebiete. Hrsg.: Kunststoff-

1. 下水道の構造, 背景条件　文献

rohrverband e.V. Bonn. Essen: Vulkan-Verlag, 3. Aufl. 1997.

[1-86] DIN 19534: Rohre und Formstücke aus weichmacherfreiem Polyvinylchlorid (PVC hart) mit Steckmuffe für Abwasserkanäle und -leitungen. Teile 1 und 2 (11.92).

[1-87] DIN 19537: Rohre und Formstücke aus Polyethylen hoher Dichte (HDPE) für Abwasserkanäle und -leitungen. Teil 1 (10.83); Teil 2 (01.88).

[1-88] Firmeninformation der Uponor Anger GmbH, Marl.

[1-89] DIN 16961: Rohre aus thermoplastischen Kunststoffen mit profilierter Wandung und glatter Rohrinnenfläche. Teile 1 und 2 (02.89).

[1-90] Firmeninformation der Troisdorfer Bau- und Kunststoff GmbH, Wiehl.

[1-91] Kanalrohr-Handbuch, Hostalen GM 5010. Hoechst AG, Frankfurt am Main 1975.

[1-92] Buttchereit, W.: Stahlrohre-Werkstoff und Einsatzbedingungen. DVGW Schriftenreihe NR. 202, Teil 1 (1985), S. 8-1 bis 8-13.

[1-93] Stein, D., Niederehe, W.: Rohrwerkstoffe im Abwasserleitungsbau. Teil 1: Taschenbuch für den Tunnelbau 1981, S. 474–489; Teil 2: Taschenbuch für den Tunnelbau 1982, S. 385–406, Essen: Verlag Glückauf, 1980 und 1981.

[1-94] Rincke, G., Wolters, N., Ilic, P., Loll, U.: Untersuchungen über den Einsatz von Stahl in der Wasserver- und -entsorgung. Forschungsbericht durchgeführt am Institut für Wasserversorgung, Abwasserbeseitigung und Raumplanung an der TH Darmstadt. Hrsg.: Studiengesellschaft für Anwendungstechnik von Eisen und Stahl e.V., Düsseldorf 1979.

[1-95] DIN 19530: Rohre und Formstücke aus Stahl mit Steckmuffe für Abwasserleitungen; Teile 1 und 2 (02.83).

[1-96] DIN 55928 Teil 5: Korrosionsschutz von Stahlbauten durch Beschichtung und Überzüge, Beschichtungsstoffe und Schutzsysteme (05.91).

[1-97] Sommer, K.: Erkenntnisse über Rißbildung und Ablöseerscheinungen der inneren Bitumenschicht von Stahlrohrleitungen. WWT (1977), H. 12, S. 402–403.

[1-98] Bierer, S.: Gußrohre – Werkstoff- und Einsatzbedingungen. DVWG Schriftenreihe 202, Teil 1 (1985), S. 7-1 bis 7-40.

[1-99] DVS-Merkblatt 1148: Prüfung von Schweißern; Lichtbogenhandschweißen an Rohren aus duktilem Gußeisen für Rohrleitungen der öffentlichen Gas- und Wasserversorgung (07.82).

[1-100] DVS-Merkblatt 1502: Lichtbogenhandschweißen an Rohren aus duktilem Gußeisen für Rohrleitungen der öffentlichen Gas- und Wasserversorgung. Teile 1 und 2 (07.82).

[1-101] DIN 30674: Umhüllungen von Rohren aus duktilem Gußeisen. Teil 1 (09.82); Teil 2 (10.92); Teil 3 (09.82); Teil 4 (05.83); Teil 5 (03.85).

[1-102] DIN 2614: Zementmörtelauskleidungen für Gußrohre, Stahlrohre und Formstücke; Verfahren, Anforderungen, Prüfungen (02.90).

[1-103] DIN 1164: Portland-, Eisenportland-, Hochofen- und Traßzement; Teil 1 (10.94), Teil 8 (11.78).

[1-104] DIN EN 545: Rohre, Formstücke, Zubehörteile aus duktilem Gußeisen und ihre Verbindungen für Wasserleitungen; Anforderungen und Prüfverfahren (01.95).

[1-105] DIN EN 598: Rohre, Formstücke, Zubehörteile aus duktilem Gußeisen und ihre Verbindungen für die Abwasserentsorgung (11.94).

[1-106] ATV-A 115: Hinweise für das Einleiten von Abwasser in öffentliche Abwasseranlagen (10.94).

[1-107] Handbuch Gußrohr-Technik. Hrsg.: Fachgemeinschaft Gußeiserne Rohre, 3. Aufl., Köln 1983.

[1-108] Handbuch Gußrohr-Technik: Hrsg.: Fachgemeinschaft Gußeiserne Rohre, 4. Aufl., Köln 1996.

[1-109] Kanalrohrsystem aus duktilem Guß. Hrsg.: Thyssen Guss AG Schalker Verein, Gelsenkirchen 1996.

[1-110] DIN 28603: Rohre und Formstücke aus duktilem Gußeisen, Steckmuffenverbindungen, Anschlußmaße und Massen (11.82).

[1-111] FGR-Norm 60: Besondere Hinweise und Verlegebedingungen für Entwässerungskanäle und -leitungen aus duktilem Gußeisen. Fachgemeinschaft Gußeiserne Rohre, Ausgabe Oktober 1982.

[1-112] Firmeninformation Halberg-Luitpoldhütte, Saarbrücken-Brebach.

[1-113] Firmeninformation der Thyssen Guss AG (1988), Duktile Gussrohre für die Abwasserentsorgung.

[1-114] Schorn, H.: Zusammenwirken von Reaktionsharzen mit Zement als Bindemittel in Mörteln und Betonen. Vortrag an der Technischen Akademie Esslingen, November 1983.

[1-115] Handbuch für Rohre aus Beton, Stahlbeton, Spannbeton. Hrsg.: Bundesverband Deutsche Beton- und Fertigteilindustrie e.V. Bonn. Berlin: Bauverlag Wiesbaden, 1. Aufl.

[1-116] Probst, E.: Handbuch der Betonsteinindustrie, Halle/Saale: Carl Marlhohl Verlagsbuchhandlung, 6. überarbeitete Aufl. 1951.
[1-117] DIN 2410: Teil 3: Rohre; Übersicht der Normen für Rohre aus Beton, Stahlbeton und Spannbeton (03.78); Teil 4: Rohre, Übersicht der Normen für Rohre aus Faserzement (11.94) und Fassung: Rohre, Übersicht der Normen für Rohre aus Asbestzement (02.78).
[1-118] DIN 4032: Betonrohre und Formstücke; Maße, Technische Lieferbedingungen (01.81) und Ausgabe (04.59).
[1-119] Firmeninformation Dyckerhoff & Widmann AG, München.
[1-120] DIN 4035: Stahlbetonrohre, Stahlbetondruckrohre und zugehörige Formstücke aus Stahlbeton, Maße, Technische Lieferbedingungen (08.95).
[1-121] DIN 4034 Teil 1: Schächte aus Beton- und Stahlbetonfertigteilen; Schächte für erdverlegte Abwasserkanäle und -leitungen; Maße, Technische Lieferbedingungen (03.93).
[1-122] FBS-Qualitätsrichtlinie: Betonrohre, Stahlbetonrohre, Vortriebsrohre und Schachtbauteile mit FBS-Qualität für erdverlegte Abwasserkanäle und -leitungen. Ausführungen, Anforderungen und Prüfungen. Hrsg.: Fachvereinigung Betonrohre und Stahlbetonrohre e.V. im Bundesverband Deutsche Fertigteilindustrie e.V. Bonn, November 1994.
[1-123] DIN 1045: Beton und Stahlbeton; Bemessung und Ausführung (07.88).
[1-124] DIN 2402: Rohrleitungen; Nennweiten; Begriff, Stufung (02.76).
[1-125] DIN pr EN 1916: Rohre und Formstücke aus Beton, Stahlfaserbeton und Stahlbeton (08.95).
[1-126] ATV-A 161: Statische Berechnung von Vortriebsrohren (01.90).
[1-127] DIN EN 639: Allgemeine Anforderungen für Druckrohre aus Beton, einschließlich Rohrverbindungen und Formstücke (12.94).
[1-128] DIN EN 640: Stahlbetondruckrohre und Betondruckrohre mit verteilter Bewehrung (ohne Blechmantel), einschließlich Rohrverbindungen und Formstücke (12.94).
[1-129] DIN EN 641: Stahlbetonrohre mit Blechmantel einschließlich Rohrverbindungen und Formstücke (12.94).
[1-130] DIN EN 642: Spannbetondruckrohre mit und ohne Blechmantel, einschließlich Rohrverbindungen, Formstücke und besondere Anforderungen an Spannstahl für Rohre (12.94).
[1-131] DIN 4227: Spannbeton; Teil 1: Bauteile aus Normalbeton mit beschränkter oder voller Vorspannung (07.88); Teil 2: Bauteile mit teilweiser Vorspannung (Vornorm 05.84).
[1-132] DIN 4060: Dichtringe aus Elastomeren für Rohrverbindungen in Entwässerungskanälen und -leitungen; Anforderungen und Prüfungen (12.88).
[1-133] DIN EN 681: Elastomer-Dichtungen, Werkstoff-Anforderungen für Rohrleitungsdichtungen, Anwendungen in der Wasserversorgung und Entwässerung (05.96), Teil 1: Vulkanisierter Gummi (06.96).
[1-134] Kittel, D.: Rohrverbindung und Dichtung. Beton- und Fertigteiljahrbuch, 1975, S. 32–56.
[1-135] Firmeninformation der Forsheda-Stefa GmbH, Maintal.
[1-136] Epiton: Beton- und Rohrtechnik, Stahlbetonrohre und unterirdischer Rohrvortrieb.
[1-137] British Standard 5911: Part 120: Precast concrete pipes, fittings and ancillary products. Specification for reinforced jacking pipes with flexible joints (1989).
[1-138] Firmeninformation der Westrohr Betonwerke GmbH, Datteln.
[1-139] Patent Nr. 4217583: Prüfbare und sanierungsfähige Rohrverbindung, 1992.
[1-140] Maidl, B., Niederehe, W., Stein, D., Bielekki, R.: Sanierungsverfahren für unterirdische Rohrleitungen mit nichtbegehbarem Querschnitt. In: Taschenbuch für den Tunnelbau 1982, Verlag Glückauf GmbH, Essen 1981, S. 267–307.
[1-141] Stein, D., Möllers, K.: Werkseitige Korrosionsschutzmaßnahmen für Abwasserrohre aus Beton oder Stahlbeton. KA 34 (1987), H. 10, S. 1016–1026.
[1-142] Bellinghausen, G., Deisenroth, W., Römer, A.: Das Rohr für besondere Fälle. bi (1996/97), H. 4, S. 8–11.
[1-143] Stein, D., Körkemeyer, K.: Ausbildung von Abwasserkanälen mit großformatigen Steinzeug-Plattenelementen (Keraline-System). awt (1996), H. 2, S. 69–72.
[1-144] Firmeninformation der KIA GmbH, Dülmen.
[1-145] Zulassungsgrundsätze für die Auswahl und Anwendung von Innenauskleidungen aus Kunststoff für erdverlegte Abwasserleitungen und -schächte. Institut für Bautechnik, Berlin, Oktober 1996.
[1-146] Firmeninformation Friatec Aktiengesellschaft, Mannheim.
[1-147] Firmeninformation Initiative Fabekun, Sendenhorst.

1. 下水道の構造，背景条件　文献

[1-148]　DIN 16946: Reaktionsharzformstoffe, Gießharzformstoffe, Typen (03.89).

[1-149]　Firmeninformation der Firma Meyer-Pipes, Lüneburg.

[1-150]　DIN 54815 (Entwurf): Rohre aus gefüllten Reaktionsharzformstoffen (PRC). Teil 1: Maße, Werkstoff, Kennzeichnung (02.96); Teil 2: Allgemeine Güteanforderungen, Prüfungen (02.96).

[1-151]　Handbuch für Asbestzementrohre, Berlin/Heidelberg/New York: Springer-Verlag, 2. Aufl. 1977.

[1-152]　DIN 19850: Asbestzementrohre und Formstücke für Abwasserkanäle. Teil 1 (02.91); Teil 2 (02.91).

[1-153]　DIN 19831: Asbestzement-Abflußrohre und Formstücke mit Muffe. Teile 1 bis 9 (03.61).

[1-154]　Stein, D., Kipp B.: Vortriebsrohre < DN 800 für den Abwasserleitungsbau. TIS 27 (1985), H. 7, S. 394–401, H. 8, S. 459–463.

[1-155]　DIN 19800: Asbestzementrohre und -formstücke für Druckrohrleitungen. Teile 1 und 2 (01.73); Teil 3 (03.79).

[1-156]　DIN 19840: Faserzementrohre und Formstücke für Abwasserleitungen. Teil 1: Maße (05.89); Teil 2: Technische Lieferbedingungen (05.89).

[1-157]　Firmeninformation Eternit Aktiengesellschaft, Berlin.

[1-158]　Bloomfield, TH. D.: Abwasserrohre aus glasfaserverstärktem Kunststoff. krv-Nachrichten Abwasser (1984), H. 1, S. 7–8.

[1-159]　Bloomfield, TH. D.: Ein neues Produkt stellt sich vor – GFK-Kanalrohre. krv-Nachrichten Abwasser (1986), H. 1, S. 10–12.

[1-160]　Jacobs, R.: Anwendungsbeispiele für Kanalrohrsysteme mit glasfaserverstärkten Kunststoffen. Fachtagung „Kanalrohre und Systeme aus Kunststoffen im kommunalen und industriellen Abwassersektor", 18.02.1982, Bauzentrum Hamburg. Hrsg.: Süddeutsches Kunststoff-Zentrum (SKZ), Würzburg, S. 50–62.

[1-161]　Firmeninformation Hobas Durotec GmbH, Oberhausen.

[1-162]　Grünewald, R.: Gestalten und Konstruieren mit glasfaserverstärktem Leguval. Bayer AG, Leverkusen. Ausgabe 2.72.

[1-163]　DIN 16869: Rohre aus glasfaserverstärktem Polyesterharz (UP-GF) geschleudert, gefüllt. Teil 1: Maße (12.95); Teil 2: Allgemeine Güteanforderungen, Prüfungen (12.95).

[1-164]　Himmler, K.: Kunststoffe im Bauwesen. Düsseldorf: Werner-Verlag, 1. Aufl. 1981.

[1-165]　DIN 19565: Rohre und Formstücke aus glasfaserverstärktem Polyesterharz (UP-GF) für erdverlegte Abwasserkanäle und -leitungen: geschleudert, gefüllt. Teil 1: Maße, Technische Lieferbedingungen (03.89).

[1-166]　Schlehöfer, B.: GFK- und UP-Harzbetonrohre. Rohre aus Kunststoffen im Kanalbau. Hrsg.: VDI Gesellschaft für Kunststofftechnik. VDI-Verlag, Düsseldorf 1973, S. 27–36.

[1-167]　Firmeninformation Vetroresina S. p. A., Udine, Italien.

[1-168]　Richtlinie R 7.8.1/8: Rohre und Formstücke aus glasfaserverstärkten Kunststoffen (GFK) für Abwasserkanäle und -leitungen mit dem Gütezeichen der Gütegemeinschaft Kunststoffrohre e.V. Bonn (03.85).

[1-169]　Richtlinie R 7.8.24: Gewickelte Rohre und Formstücke aus glasfaserverstärktem Polyesterharz (UP-GF) für erdverlegte Abwasserkanäle und -leitungen mit dem Gütezeichen der Gütegemeinschaft Kunststoffrohre e.V. Bonn (02.96).

[1-170]　DIN 16868 Teil 1: Rohre aus glasfaserverstärktem Polyesterharz (UP-GF) (11.94).

[1-171]　DIN 16870 Teil 1: Rohre aus glasfaserverstärktem Epoxidharz (EP-GF), gewickelt; Maße (01.87).

[1-172]　DIN 16871: Rohre aus glasfaserverstärktem Epoxidharz (EP-GF), geschleudert; Maße (01.87).

[1-173]　DIN 16964: Rohre aus glasfaserverstärkten Polyesterharzen (UP-GF), gewickelt; Allgemeine Güteanforderungen, Prüfung (11.88).

[1-174]　DIN 16965: Rohre aus glasfaserverstärkten Polyesterharzen (UP-GF), gewickelt; Teile 1 bis 5 (07.82).

[1-175]　ATV-A 241: Bauwerke der Ortsentwässerung; Empfehlungen und Hinweise (02.95) und Ausgabe 1978.

[1-176]　DIN 19549: Schächte für erdverlegte Abwasserkanäle und -leitungen; Allgemeine Anforderungen und Prüfungen (02.89).

[1-177]　DIN pr EN 1917: Einsteig- und Kontrollschächte aus Beton, Stahlfaserbeton und Stahlbeton (08.95).

[1-178]　CEN N 393: Concrete manholes and inspection chambers (03.93).

[1-179]　DIN 105: Mauerziegel. Teil 1: Vollziegel und Hochlochziegel (08.89); Teil 2: Leichthochlochziegel (08.89); Teil 3: Hochfeste Ziegel und hochfeste Klinker (05.84); Teil 4: Keramikklinker (05.84); Teil 5: Leichtlanglochziegel und Leichtlangloch-Ziegelplatten (05.84).

[1-180]　Firmeninformation Hupfeld Beton GmbH & Co, Buxtehude-Ovelgönne.

[1-181]　Steinzeug-Schacht-Programm (CeraCop): Firmeninformation der Steinzeug GmbH, Köln.

[1-182]　Firmeninformation Kunststoffwerk Henze

[1-183] Lautrich, R.: Der Abwasserkanal. Hamburg: Verlag Wasser und Boden, Axel Lindow & Co., 3. verbesserte und erw. Aufl. 1972.
[1-184] DIN EN 124: Aufsätze und Abdeckungen für Verkehrsflächen; Baugrundsätze, Typprüfungen, Kennzeichnung (08.94).
[1-185] DIN 19550: Allgemeine Anforderungen an Rohre und Formstücke für erdverlegte Abwasserkanäle und -leitungen (10.87).
[1-186] DIN 4062: Dichtstoffe für Bauteile aus Beton (09.78).
[1-187] Röhl, O.: Schächte aus Beton- und Stahlbetonfertigteilen. Beton- und Fertigteiljahrbuch (1977), Wiesbaden/Berlin: Bauverlag, S. 81–107.
[1-188] Firmeninformation Georg Prinzing GmbH & Co. KG, Blaubeuren-Weiler.
[1-189] Firmeninformation der allbeton Röser GmbH & Co. KG, Mutlangen.
[1-190] Firmeninformation Betonwerke Bellinghausen, St. Augustin-Buisdorf.
[1-191] Stein, D.: Gutachten zu einer durchgeführten Inspektion von Grundstücksentwässerungen des Betriebslagers Luxemburgerstraße in Köln. Im Auftrag der Stadt Köln (unveröffentlicht), Februar 1990.
[1-192] Musterbauordnung MBO. Fassung 11.12.1981.
[1-193] Stein, D., Niederehe, W.: Instandhaltung von Kanalisationen. Berlin: Ernst & Sohn Verlag. 2. überarbeitete und erw. Aufl. 1992.
[1-194] Stein, D., Dohmann, M.: Instandhaltungsgerechte Planung von Kanalisationen. Dokumentation 2, Internationaler Kongreß Leitungsbau 1987, S. 27–46.
[1-195] Stein, D.: Schadensbehebung als Chance zur Durchsetzung neuer Kanalisationskonzeptionen. KA 36 (1989), H. 8, S. 842–850.
[1-196] Kraut, K.: Die weitergehende Abwasserbehandlung – Forderungen und Lösungsansätze. KA 38 (1991), H. 2, S. 140–143.
[1-197] Schaaf, O.: Stand der Eigenkontrollverordnung in den Ländern der Bundesrepublik Deutschland aus der Sicht der Kommunen. In: 4. Internationaler Kongreß Leitungsbau – Dokumentation, Hamburg 1994.
[1-198] Schweizer Norm SN 592000: Planung und Erstellung von Anlagen für die Liegenschaftsentwässerung. Verband Schweizerischer Abwasserfachleute (vsa), Zürich 1990.
[1-199] Benzel, W.: Der städtische Tiefbau, III. Teil, Stadtentwässerung. Leipzig/Berlin: Verlag von B. G. Teubner, 4. Aufl. 1921.
[1-200] Stein, D.: Instandhaltung von Kanalisationen – Probleme und Lösungsmöglichkeiten. Handbuch Wasserversorgungs- und Abwassertechnik, 3. Ausgabe, Essen: Vulkan-Verlag, 1989, S. 207–242.
[1-201] Stein, D., Körkemeyer, K.: Neuverlegung und Instandhaltung von Kanalisationen – Erfahrungen und Konsequenzen. Abwassertechnik 44 (1993), H. 4, S. 3–5.
[1-202] Stein, D.: Bau von Abwasserleitungen kleiner Durchmesser im geschlossenen Bauverfahren. Vortrag Haus der Technik, Essen 1980.
[1-203] Ullmann, F.: Umweltorientierte Bewertung der Abwasserexfiltrationen bei undichten Kanälen, dargestellt am Beispiel einer Bundeswehrkaserne. Dissertation, Aachen 1994.
[1-204] Möhring, K.: Möglichkeiten der Heranführung von Anschlußkanälen an Einsteigschächte. KA 34 (1987), H. 5, S. 449–458.
[1-205] Firmeninformation der Thyssen Guss AG, Gelsenkirchen.
[1-206] Schaaf, O.: Abwasserkonzept 2000 der Stadt Köln; Anlaß, Maßnahmen, Ergebnisse. Vortrag anläßlich des Weiterbildenden Studiums „Moderne Methoden des Bauens und der Instandhaltung von Kanalisationen" an der Ruhr-Universität Bochum (02.96).
[1-207] Boegly, W. J., Griffith, W. L.: Utility tunnels enhance urban renewal areas. The American City (1969), H. 2.
[1-208] Handbuch der Architektur. Teil 4: Entwerfen, Anlage und Einrichtung der Gebäude. 9. Halb-Band: Der Städtebau. Hrsg.: Dürm, J., Ende, H., Schmitt, E., Wagner, H., Darmstadt: Verlag von Arnold Bergstrasser, 1890.
[1-209] DIN 1998: Unterbringung von Leitungen und Anlagen in öffentlichen Flächen, Richtlinien für die Planung (05.78).
[1-210] Bächle, A., Rischmüller, R.: Technische und kostenmäßige Optimierung der Verlegung von Verteil- und Hausanschlußleitungen für Gas und Wasser. 3R international 35 (1996), H. 10, S. 587–595.
[1-211] DIN 18300: VOB Verdingungsordnung für Bauleistungen. Teil C: Allgemeine technische Vertragsbedingungen für Bauleistungen (ATV), Erdarbeiten (12.92).
[1-212] Eggert, W.: Erkundigungs- und Auskunftspflicht. In: Arbeiten an in Betrieb befindlichen Gasleitungen, Essen: Vulkan-Verlag, 2. Aufl. 1994.
[1-213] Beyer, K.: Bepflanzung von Leitungstrassen. Dokumentation I. Internationaler Kongreß Leitungsbau. Hamburg (1987), S. 163–173.
[1-214] Richtlinien für die Anlage von Straßen (RAS), Teil: Landschaftsgestaltung (RAS-LG), Abschnitt 4: Schutz von Bäumen und

1019

1. 下水道の構造，背景条件　文献

[1-215] Stute, G.: Begrünung von Stadtstraßen und sichere Versorgung – Erfahrungen mit Baumpflanzungen im Bereich von Versorgungsleitungen. Schriftenreihe aus dem Institut für Rohrleitungsbau an der Fachhochschule Oldenburg. Band 4, Essen: Vulkan-Verlag, 1993, S. 35–51.

Sträuchern im Bereich von Baustellen RAS-LG 4. Ausgabe 1986.

[1-216] Merkblatt über Baumstandorte und unterirdische Ver- und Entsorgungsanlagen. Hrsg.: Forschungsgesellschaft für Straßen- und Verkehrswesen, Ausgabe 1989.

[1-217] DIN 18920: Vegetationstechnik im Landschaftsbau; Schutz von Bäumen, Pflanzenbeständen und Vegetationsflächen bei Baumaßnahmen (09.90).

[1-218] DVGW-GW 125: Baumpflanzungen im Bereich unterirdischer Versorgungsanlagen (03.89).

[1-219] ATV-H 162: Baumstandorte und unterirdische Ver- und Entsorgungsanlagen (12.89).

[1-220] Becker, K.: Bad Godesberger Gehölzseminar, „Wenn nicht umfahren, dann unterfahren. Bodenrakete-Durchpressen-Unterschachten? Anforderungen, Möglichkeiten und Grenzen zur Schonung der Bäume", Teil 1 (März 1993).

[1-221] Matthes, W.: Eigenschaften des Wurzelsystems der Bäume. Tagungsband FBS-Rohre aus Beton und Stahlbeton „Rohre für alle Fälle", Stuttgart, 26.02.1997.

[1-222] Kiermeier, T.: Planungshilfen – Eigenschaften und Verwendungsmöglichkeiten unserer Gehölze, Empfehlungen, Fachbegriffe, Hinweise, Pflanzanleitungen, Tabellen und Pflanzlisten von A–Z. Hrsg.: Lorenz von Ehren.

2. 損傷，その原因と結果
文　　献

[2-1] ATV-M 143: Inspektion, Sanierung und Erneuerung von Entwässerungskanälen und -leitungen. Teil 1: Grundlagen (12.89); Teil 2: Optische Inspektion (06.91).

[2-2] DIN 31051: Instandhaltung – Begriffe und Maßnahmen (01.85).

[2-3] Renkes, D., Schwenk, W., Fischer, W.: Korrosionschutz und Instandhaltung. Werkstoffe und Korrosion 35 (1984), S. 55–60.

[2-4] ATV-A 133: Erfassung, Bewertung und Fortschreibung des Vermögens kommunaler Entwässerungseinrichtungen (08.81).

[2-5] Steenbock, R.: Abschreibungssätze der Abwasserbeseitigung. Steinzeug Kurier 3 (1984).

[2-6] Länderarbeitsgemeinschaft Wasser (LAWA): Leitlinien zur Durchführung von Kostenvergleichsrechnungen. Ausgearbeitet vom LAWA-Arbeitskreis Nutzen-Kosten-Untersuchungen in der Wasserwirtschaft, 1993.

[2-7] Bärthel, H.: Zur Wertung der tiefbaulichen Substanz bei Aufgaben der städtebaulichen Umgestaltung. Bauzeitung 29 (1975), H. 11, S. 610–613.

[2-8] Brennan, G., Young, O. C.: Some case histories of recent failures of buried pipelines. Conference on Design & Construction of underground Services, London 1976.

[2-9] Ehnert, M.: Anforderungen an eine Kanalisation aus der Sicht eines Anwenders. Tiefbau Ingenieurbau Straßenbau (TIS) 22 (1980), H. 7, S. 596–600.

[2-10] Gale, J.: Sewer Renovation. Technical Report TR 87A. Water Research Centre (WRC), Swindon, November 1981.

[2-11] Haubitz, G.: Schäden an Betonrohrleitungen und Instandsetzungsmöglichkeiten. Tiefbau Ingenieurbau Straßenbau (TIS) 13 (1971), H. 4, S. 365–367.

[2-12] Jones, G. M. A.: The Structural Deterioration of Sewers. International Conference on the Planning, Construction, Maintenance & Operation of Sewerage Systems. Reading (England), 12.–14. Sept. 1984. Paper C1, S. 93–108.

[2-13] Lester, J., Farrar, D. M.: An examination of the defects observed in six kilometres of sewer. TRRL Supplementary Report 531. Transport and Road Research Laboratory, Crowthorne, Berkshire 1979.

[2-14] Li, E. C. C.: Sewer Rehabilitation Cuts Infiltration. Water Pollution Control Federation. Water and Sewage Works 124 (1977), No. 11, S. 86–87.

[2-15] Operation and Maintenance of Wastewater Collection Systems. Manual of Practice No. 7. Water Pollution Control Federation, Washington 1985.

[2-16] Schoppig, W.: Kanalsanierung wegen baulicher Mängel. Berichte der Abwassertechnischen Vereinigung e.V. Nr. 33, ATV-Landesgruppen-Tagungen 1981, S. 245–260.

[2-17] Sewerage Rehabilition Manual. Water Research Centre, Swindon, 1990.

[2-18] Speed, H. D. M., Rouse, M. J.: Renovation of Water Mains and Sewers. Journal of the Institution of Water Engineers and Scientists 34 (1980), Nr. 5, S. 401–424.

[2-19] Strobel, L.: Einführung in die Probleme der Kanalsanierung. Berichte der Abwassertechnischen Vereinigung e.V. Nr. 33, ATV-Landesgruppen-Tagungen 1981, S. 225–243.

[2-20] Teuber, H.-D.: Bauliche Sanierungsmaßnahmen für Abwasserleitungen. Wasserwirtschaft-Wassertechnik (WWT) 27 (1977), H. 12, S. 395–398.

[2-21] Haendel, H.: Werkstoffe für Rohre für die Abwasserableitung – Anforderungen und zu beachtende spezifische Merkmale. abwassertechnik (1988), H. 6, S. 28–33.

[2-22] Rammelsberg, J.: Äußere und innere Korrosion an eisernen Rohrleitungen. Dokumentation 1. Internationaler Kongreß Leitungsbau, Hamburg 1987, Band I, S. I/379–I/395.

[2-23] Stein, D., Kaufmann O.: Schadensanalyse an Abwasserkanälen aus Beton- und Steinzeugrohren der Bundesrepublik Deutschland-West. Korrespondenz Abwasser (KA) 40 (1993), H. 2, S. 168–179.

[2-24] Stein, D., Kentgens, S., Bornmann, A.: Feststellung und Bewertung von Schäden an Abwasserkanälen und -leitungen unter besonderer Berücksichtigung der Standsicherheit und Funktionsfähigkeit. Documentation 4. Internationaler Kongress Leitungsbau, Hamburg, Oktober 1994.

[2-25] Stein, D., Kentgens, S., Bornmann, A.: Feststellung und Bewertung von Schäden an Abwasserkanälen und -leitungen unter besonderer Berücksichtigung der Standsicherheit und Funktionsfähigkeit. Schlußbericht zum Forschungsvorhaben 02WA9037 des BMBF, Bochum 1995.

2. 損傷，その原因と結果　文献

[2-26] Lidström, V.: Change in Structural Condition in Sewer Pipes. Proceedings NO DIG 94, Copenhagen, 31. May-2 June, S. C2/1-C2/9.

[2-27] Lidström, V.: Investigation of sewer condition. Urban underground water and wastewater infrastructure: Identifying needs and problems. Cost Action C3 Workshop, 18-19 June 1996, Bruxelles.

[2-28] Firmeninformation Kanal-Müller-Gruppe, Schieder-Schwalenberg.

[2-29] Firmeninformation J. T. electronic GmbH, Lindau.

[2-30] DIN 1986: Entwässerungsanlagen für Gebäude und Grundstücke; Teil 1: Technische Bestimmungen für den Bau (09.78), Teil 3: Regeln für Betrieb und Wartung (07.82).

[2-31] DIN 4033: Entwässerungskanäle und -leitungen; Richtlinien für die Ausführung (11.79).

[2-32] DIN 19550: Allgemeine Anforderungen an Rohre und Formstücke für erdverlegte Abwasserkanäle und -leitungen (10.87).

[2-33] ATV-A 139: Richtlinien für die Herstellung von Entwässerungskanälen und -leitungen (10.88).

[2-34] Stein, D.: Gutachten über die Entwässerungskanäle in der weiteren Schutzzone des Wasserwerkes Erlensteg. Im Auftrag der Stadt Nürnberg, April 1989 (unveröffentlicht).

[2-35] Biodeterioration of rubber sealing rings in water and sewage pipelines. Notes on Water Research No. 18. Water Research Centre, November 1978.

[2-36] DIN 50035: Begriffe auf dem Gebiet der Alterung von Materialien; Teil 1 und 2 (03.72).

[2-37] Frühling, A.: Handbuch der Ingenieurwissenschaften in fünf Teilen, III. Teil: Der Wasserbau, 4. Bd.: Die Entwässerung der Städte. Verlag von Wilhelm Engelmann, Leipzig 1910.

[2-38] Hobrecht, J.: Die Canalisation von Berlin. Verlag von Ernst und Korn, Berlin 1884.

[2-39] DIN 19543: Allgemeine Anforderungen an Rohrverbindungen für Abwasserkanäle und -leitungen (08.82).

[2-40] ATV-A 125: Rohrvortrieb, 09/96.

[2-41] ATV-M 151: Allgemeine Grundsätze für Rohrverbindungen von Entwässerungskanälen und -leitungen beim Rohrvortrieb (06.85).

[2-42] Schremmer, H.: Probleme bei der Dichtung von Rohrverbindungen beim Rohrvortrieb. Vortrag im Haus der Technik, Essen, 14.03.1984.

[2-43] Hornef, H.: Undichte Abwasserkanäle - Probleme und Aufgaben. Korrespondenz Abwasser (KA) 32 (1985), H. 10, S. 816-818.

[2-44] Young, O. C., Trott, J. J.: Buried rigid Pipes - Structural Design of Pipelines. Elsevier Applied Science Publishers, London and New York 1984.

[2-45] Stein, D.: Instandhaltung von Kanalisationen - Probleme und Lösungsmöglichkeiten - In: Handbuch Wasserversorgungs- und Abwassertechnik, 3. Auflage, S. 207-242. Vulkan Verlag, Essen 1989.

[2-46] Stein, D.: Sind undichte Kanalisationen eine bedeutende Schadstoffquelle für Boden und Grundwasser? Kongreßvorträge Wasser Berlin 89, S. 330-340. Erich Schmidt Verlag, Berlin 1990.

[2-47] Stein, D.: Dichte Abwasserkanäle - Ursachen von Undichtigkeiten und Möglichkeiten ihrer Behebung. Berichte der Abwassertechnischen Vereinigung e.V. Nr. 37 (1986), S. 25-47.

[2-48] Dohmann, M., Decker, J., Menzenbach, B.: BMFT-Verbundprojekt „Wassergefährung durch undichte Kanäle - Erfassung und Bewertung", Teil 1: Untersuchungen zur quantitativen und qualitativen Belastung von Untergrund, Grund- und Oberflächenwasser durch undichte Kanäle, FK 02WA 9035, 1994. Vortrag auf dem BMFT Statusseminar anläßlich des 4. Internationalen Leitungsbaukongresses, Oktober 1994 in Hamburg

[2-49] Lehr- und Handbuch der Abwassertechnik; Band I: Wassergütewirtschaftliche Grundlagen, Bemessung und Planung von Abwasserableitungen (dritte, überarbeitete Auflage 1982); Band II: Entwurf und Bau von Kanalisationen und Abwasserpumpwerken (dritte, überarbeitete Auflage 1982); Herausgeber: Abwassertechnische Vereinigung e.V. (ATV), St. Augustin; Verlag von Wilhelm Ernst & Sohn, Berlin/München.

[2-50] Graf, M.: Anstrengungen zur Abtrennung von Fremdwasser im Kanalnetz der Stadt Basel. Verband Schweizerischer Abwasserfachleute (VSA). Verbandsbericht Nr. 255. 154. Mitgliederversammlung vom 27. Januar 1984 in Zürich.

[2-51] Klass, M.: Fremdwasser auf Kläranlagen, Abwasser im Untergrund. Korrespondenz Abwasser (KA) 32 (1985), H. 10, S. 840-843.

[2-52] Liersch, K.-M.: Fremdwasser überlastet viele Schmutzwasserkanalisationen. Korrespondenz Abwasser (KA) 32 (1985), H. 10, S. 820-824.

[2-53] DIN 4045: Abwassertechnik; Begriffe (12.85).

[2-54] DIN EN 752 Teil 1: Entwässerungssysteme außerhalb von Gebäuden, Teil 1: Allgemeines und Definitionen, 01/1995, Teil 5: Sanierung, 05/1994.

[2-55] Kocks, F. H.: Elektronische Berechnung des

innerstädtischen Mischwassersielnetzes. Durchgeführt im Auftrag der Freien und Hansestadt Hamburg; Baubehörde. Schlußbericht Juni 1979.

[2-56] Studie über Verfahren zur Sanierung bzw. Erneuerung von Abwasserkanälen unter Beachtung rechtlicher, umweltrelevanter und ökonomischer Gesichtspunkte – Sanierungsstudie. Herausgeber: Freie und Hansestadt Hamburg; Baubehörde Februar 1985.

[2-57] IKT: Fremdwasser durch Dränageanschlüsse. Forschungsbericht im Auftrag des Ministeriums für Umwelt, Raumordnung und Landwirtschaft NRW, Gelsenkirchen 1996

[2-58] ATV-A 118: Richtlinien für die hydraulische Berechnung von Schmutz-, Regen- und Mischwasserkanälen (07/77).

[2-59] Pecher, R.: Berechnungsgrundlagen für den Abfluß in Kanälen. Vortrag im Rahmen des ATV-Fortbildungskurses für Wassergütewirtschaft, Abwasser- und Abfalltechnik Teil E1 – Abwasserableitung. KFAA-Fortbildungszentrum, Essen 13. bis 15.03.1985.

[2-60] Dohmann, M., Haussmann, R., Weyand, M.: Aspekte der Abwasserableitung: Abwasserteilstrom – Umwelteinflüsse durch undichte Kanäle – Kanalnetzbewirtschaftung. In: Handbuch Wasserversorgungs- und Abwassertechnik, 3. Auflage, S. 191–205. Vulkan Verlag, Essen 1989.

[2-61] Stein, D.: Undichte Kanalisationen – ein Problembereich der Zukunft aus der Sicht des Gewässerschutzes. Zeitschrift für angewandte Umweltforschung (ZAU) 1 (1988), H. 1, S. 65–76.

[2-62] Pecher, R.: Entwässerungskonzepte der Zukunft. Dokumentation 2. Internationaler Kongreß Leitungsbau, Hamburg 1989, S. 9–24.

[2-63] Damiecki, R., Hibbeln, K.: Leistungsfähigkeit und Prozeßstabilität von ein und zweistufigen Kläranlagen. Gewässerschutz-Wasser-Abwasser, Band 62, Aachen 1985.

[2-64] Inspection stems Seattle's sewer slump. Underground (1986), H. 1, S. 26–27.

[2-65] Quick, N. J., Mouchel, L. G.: Infiltration and Pipeline Failures. Paper presented at a Symposium organized by the South Western District Centre and held at Exeter on 26th January 1979.

[2-66] ATV-A 115: Hinweise für das Einleiten von Abwasser in eine öffentliche Abwasseranlage (01.83).

[2-67] DIN 4046: Wasserversorgung; Begriffe, Technische Regeln des DVGW (09.83).

[2-68] Billmeier, E.: Ursachen der Beanspruchung von Rohrleitungen in Abwasseranlagen. Wasserwirtschaft-Wassertechnik (WWT) 74 (1984), H. 2, S. 54–58.

[2-69] Schütz, M.: Vermeidung von Ablagerungen in Kanalisationsleitungen. gwf – wasser/abwasser 124 (1983), H. 8, S. 393–398.

[2-70] Biogene Schwefelsäure-Korrosion in teilgefüllten Abwasserkanälen aus zementgebundenen Baustoffen – Katalog der Einflußmöglichkeiten. Korrespondenz Abwasser (KA) 30 (1983), H. 8, S. 537–544.

[2-71] Schäfer, U.: Bau und Unterhalt. In: Sonderbauwerke der Kanalisationstechnik, II. Referate der SIA/VAW/VSA-Studientagungen 1982. SIA-Dokumentation 53, Schweizerischer Ingenieur- und Architekten-Verein, Zürich 1982, S. 45–66.

[2-72] Sullivan, R.-H., Lohn, M. M., Clark, T. J., Thompson, W., Zaffle, J.: Sewer System Evaluation, Rehabilitation and New Construction – A Manual of Practice. American Public Environmental Research Lab., Cincinnati, Ohio, Report No. EP/2-77-017d, December 1977. U.S. Department of commerce. National Technical Information Service PB-279248.

[2-73] Hofmann, H.: Anordnung von Leitungen und Leitungsteilen in bebauten Gebieten. DVGW-Schriftenreihe Nr. 202, Teil 2 (1985), S. 28-1 bis 28-27.

[2-74] Schmidt, M.: Biologische-septische Entwurzelung von Kanalrohren. Tiefbau Ingenieurbau Straßenbau (TIS) 23 (1981), H. 6, S. 423–424.

[2-75] DVGW-GW 125: Baumpflanzungen im Bereich unterirdischer Versorgungsanlagen (03.89).

[2-76] Rüttgers, E.: Entwicklung neuer Reinigungsverfahren als Vorleistung für die Sanierung von Kanalnetzen. Dokumentation 1. Internationaler Kongreß Leitungsbau, Hamburg 1987, Band I, S. I/245–I/255.

[2-77] Hollmann, F.: Rohrleitungen im Senkungstrog. Ein Beitrag zur Anpassung linienförmiger Bauwerke an bergbauliche Bodenbewegungen. Fachgemeinschaft Grußeiserne Rohre, Köln. FGR-Gußrohrtechnik (1985), H. 20, S. 49–53.

[2-78] Meißner, H.: Zum Spannungsverhalten eingeerdeter Rohrleitungen in Bergsenkungsgebieten. Dissertation, Dezember 1976.

[2-79] Schiltz, W., Ullenboom, W.: Zusatzbeanspruchung von Fernleitungen im Einflußbereich des Untertagebaus. 3R international 20 (1981), H. 12, S. 666–669.

[2-80] DIN 50320: Verschleiß. Begriffe. Systema-

2. 損傷，その原因と結果　文献

[2-81] lyse von Verschleißvorgängen. Gliederung des Verschleißgebietes (12/79).
DIN 50323-2: Tribologie. Verschleiß. Teil 2: Begriffe. (08/95)

[2-82] Einfluß von Stahlfasern auf das Verschleißverhalten von Betonrohren unter extremen Betriebsbedingungen in Bunkern von Abfallbehandlungsanlagen. Deutscher Ausschuß für Stahlbeton (1996), H. 468.

[2-83] Järvenkylä, J. J., Haavisto, K. T.: The abrasion resistance of sewers. Part 1, Pipes & Pipelines International (1993) 9/10. Part 2, Pipes & Pipelines International (1993) 11/12.

[2-84] Alexander, M. G.: Towards standard test for abrasion resistance of concrete – Report on a limited number of tests studied, with a critical evaluation (Prepared for submission to RILEM CPC-14 Conrete Permanent Committee, June 1984). Materiaux et Constructions 18 (1985), H. 106 (7/8), S. 279–307.

[2-85] Bellinghausen, G.: Betonrohre nach der neuen DIN 4032, Teil 1. Betonwerk + Fertigteil-Technik 40 (1974), H. 9, S. 591–594.

[2-86] Bujard, W.: Widerstand von Rohren aus Beton, Stahlbeton und Spannbeton gegenüber mechanischen Angriffen. gwf – wasser/abwasser 110 (1969), H. 28, S. 760–762.

[2-87] Bujard, W.: Rohre aus Stahlbeton und Beton – Fließgeschwindigkeiten und Lebensdauer. Tiefbau Ingenieurbau Straßenbau (TIS) 14 (1972), H. 1.

[2-88] Gruner, H.: Das Abriebverhalten von PVC-Rohren. Wasserwirtschaft Wassertechnik (WWT) 24 (1974), H. 2, S. 66.

[2-89] Handbuch für Rohre aus Beton, Stahlbeton, Spannbeton. Herausgegeben vom Bundesverband Deutsche Beton- und Fertigteilindustrie e. V., Bonn. 1. Auflage, Bauverlag Wiesbaden und Berlin (1978).

[2-90] Wengler, D.: Besondere Eigenschaften von Rohren aus Beton und Stahlbeton. Beton- und Fertigteiljahrbuch (1978), S. 13–37. Bauverlag Wiesbaden und Berlin.

[2-91] Horstmann, K., Jahnke, H., Turczynski, K.: Das Kavitationsprüfgerät des Hubert-Engels Laboratorium der TU Dresden. Wasserwirtschaft-Wassertechnik (WWT) 28 (1978), H. 6, S. 207–209.

[2-92] Jahnke, H., Mlejnek, E.: Kavitationserosionsuntersuchungen an epoxidharzbeschichteten Betonproben. Wasserwirtschaft-Wassertechnik (WWT) 29 (1979), H. 5, S. 166–169.

[2-93] Naudascher, E.: Kavitationsprobleme in Grundablässen. Wasserwirtschaft 72 (1982), H. 3, S. 104–110.

[2-94] Walz, K., Wischers, G.: Über den Widerstand von Beton gegen die mechanische Einwirkung von Wasser hoher Geschwindigkeit. beton 19 (1969), H. 9, S. 403–406, H. 10, S. 457–460.

[2-95] Matern, R.: Beton- und Stahlbetonrohre im Kanalbau. Tiefbau Ingenieurbau Straßenbau (TIS) 24 (1982), H. 1, S. 7–15.

[2-96] Sommerfeldt, P.: Schaden an einer Hochdruckeinspritzwasserleitung infolge Kavitation. 3R international 35 (1996), H. 12.

[2-97] Dammann, P.: Erfahrungen mit verschiedenen Korrosionsschutzsystemen in Abwasserkanälen. Vortrag an der Technischen Akademie Esslingen. 25. 05. 1988.

[2-98] Dallwig, H.-J.: Neuere Untersuchungen über Abriebfestigkeit von Rohren. Wasser und Boden (1978), H. 10, S. 258–260.

[2-99] Stein, D., Niederehe, W.: Rohrwerkstoffe im Abwasserleitungsbau. Teil 1: Taschenbuch für den Tunnelbau 1981, S. 474–489. Teil 2: Taschenbuch für den Tunnelbau 1982, S. 385–406. Verlag Glückauf, Essen.

[2-100] DIN 50900: Korrosion der Metalle – Begriffe; Teil 1 (04.82); Teil 2 (01.84).

[2-101] ATV-M 168 (Entwurf): Korrosion von Abwasseranlagen. Abwassertechnische Vereinigung e. V., Stand Oktober 1996, (unveröffentlicht).

[2-102] DIN 8061: Rohre aus weichmacherfreiem Polyvinylchlorid: Allgemeine Güteanforderungen; Prüfungen (08.94).

[2-103] DIN 8075: Rohre aus Polyethylen hoher Dichte (HDPE); Allgemeine Güteanforderungen; Prüfungen (5.87).

[2-104] Pezina, E.: Umgang mit leichtflüchtigen chlorierten und aromatischen Kohlenwasserstoffen. Vorträge im Kolloquium am 14. März 1985 an der Universität Stuttgart zum Heft 15 der Wasserwirtschaftsverwaltung Baden-Württemberg. „Leitfaden über den Umgang mit leichtflüchtigen chlorierten und aromatischen Kohlenwasserstoffen‛, S. 116–135. Ministerium für Ernährung, Landwirtschaft, Umwelt und Forsten Baden-Württemberg, Stuttgart Oktober 1985.

[2-105] Burgbacher, G., Nied, W., Teuscher, G.: Chlorierte Kohlenwasserstoffe (CKW). In: Umgang mit leichtflüchtigen chlorierten und aromatischen Kohlenwasserstoffen – Leitfaden. Heft 15, Anhang D, S. D59–D109. Herausgeber: Ministerium für Ernährung, Landwirtschaft, Umwelt und Forsten Baden-Württemberg, Stand Dezember 1984, Nachdruck 1986.

[2-106] DIN 19530: Rohre und Formstücke aus

[2-107] Stahl mit Steckmuffe für Abwasserleitungen; Teil 1 und 2 (02.83).

[2-107] DIN 19690: Technische Lieferbedingungen für Rohre und Formstücke aus duktilem Gußeisen für Entwässerungskanäle und -leitungen (07.78).

[2-108] DVGW-GW 9: Beurteilung von Böden hinsichtlich ihres Korrosionsverhaltens auf erdverlegte Rohrleitungen und Behälter aus unlegierten und niedriglegierten Eisenwerkstoffen (03.86).

[2-109] Adrian, H., Kruse, C.-L.: Der Begriff Korrosionsschaden in technisch wissenschaftlichen Regelwerken. gwf-wasser/abwasser 124 (1983), H. 9, S. 453–457.

[2-110] v. Baeckmann. W. G.: Korrosive Einflüsse auf erdverlegte Rohrleitungen und Behälter. Maschinenmarkt, Würzburg 89 (1983), H. 41, S. 870–873.

[2-111] v. Baeckmann, W. G.: Korrosion und Korrosionsschutz. gwf-wasser/abwasser 125 (1984), H. 6, S. 232–239.

[2-112] Funk, D.: Aggressivität des Erdbodens. 3R international 23 (1984), H. 7/8, S. 335–339.

[2-113] Gockel, B., Sattler, R.: Erforderlicher Korrosionsschutz duktiler Gußrohre. gwf-wasser/abwasser 125 (1985), H. 4, S. 180–181.

[2-114] Haendel, H.: Rohrwerkstoffe zur Abwasserableitung. Korrespondenz Abwasser (KA), Teil 1: 31 (1984), H. 7, S. 592–598, Teil 2: 31 (1984), H. 8, S. 701–707.

[2-115] Handbuch Gußrohr-Technik. 3. Auflage Fachgemeinschaft Gußeiserne Rohre, Köln 1983.

[2-116] Heim, G.: Korrosionsschäden an erdverlegten Stahl- und Gußrohrleitungen. 3R international 18 (1979), H. 8/9, S. 535–540.

[2-117] Heim, G., Gras, W.-P.: Beeinflussung von Rohrleitungen aus duktilem Gußeisen durch Gleich- und Wechselströme aus fremden Stromanlagen. Fachgemeinschaft Gußeiserne Rohre, Köln. FGR-Gußrohrtechnik (1983), H. 18, S. 17–31.

[2-118] Irle, H. J.: Zusammenhänge von Wasserverlusten, Bodenaggressivität und Schadenshäufigkeit in Rohrnetzen erdverlegter Rohrleitungen aus Stahl. gwf-wasser/abwasser 125 (1984), H. 4, S. 163–169.

[2-119] Pickelmann, P., Hildebrand, H.: Zur Unterrostung von Rohrumhüllungen – Ergebnisse von Feldversuchen. gwf gas/erdgas 122 (1981), H. 2, S. 54–57.

[2-120] Rincke, G., Wolters, N., Ilic, P., Ioll, U.: Untersuchung über den Einsatz von Stahl in der Wasserver- und -entsorgung. Forschungsbericht durchgeführt am Institut für Wasserversorgung, Abwasserbeseitigung und Raumplanung an der TH Darmstadt. Herausgegeben von der Studiengesellschaft für Anwendungstechnik von Eisen und Stahl e.V., Düsseldorf 1979.

[2-121] Schwenk, W: Einflußgrößen der Unterwanderung von Beschichtungen für den Korrosionsschutz von Rohrleitungen und ihre technische Bedeutung. gwf gas/erdgas 118 (1977), H. 1, S. 7–11.

[2-122] Schwenk, W.: Arten der Korrosion und Korrosionsschutzmaßnahmen bei erdverlegten Rohrleitungen aus Stahl. Erörterungen zur Überarbeitung DVGW-Arbeitsblatt, GWS DIN 00 30 675 Teil 1, gwf gas/erdgas 123 (1982), H. 4, S. 158–168.

[2-123] Übersicht der Normen, technischen Regeln und Richtlinien auf dem Gebiet Korrosion, Korrosionsprüfung und Korrosionsschutz. Mitteilung aus dem Fachbericht der Arbeitsgemeinschaft Korrosion e.V. Werkstoffe und Korrosion 35 (1984), S. 337–351.

[2-124] Wolf, W.: Korrosionsverhalten und Korrosionsschutz duktiler Gußrohre. Fachgemeinschaft Gußeiserne Rohre, Köln. FGR-Gußrohrtechnik (1978), H. 13, S. 21–28.

[2-125] DIN 4060: Dichtmittel aus Elastomeren für Rohrverbindungen von Abwasserkanälen und -leitungen; Anforderungen und Prüfungen (12.88).

[2-126] DIN 4030: Beurteilung betonangreifender Wässer, Böden und Gase. Teil 1: Grundlagen und Grenzwerte (06.91). Teil 2: Entnahme und Analyse von Wasser- und Bodenproben (06.91).

[2-127] Blum, W.: Zur Beurteilung des Angriffsvermögens von Böden gegenüber Rohren aus zementgebundenem Material. Zement und Beton 27 (1982), H. 2, S. 49–52.

[2-128] Wierig, H.-J., Nelskamp, H.: Betontechnologische Untersuchungen in Abwasseranlagen. Internationales Status-Seminar Korrosion in Abwasseranlagen der EWPCA in Hamburg, 28. und 29. Januar 1982. Documentation S. 41–59.

[2-129] Wesche, K.: Baustoffe für tragende Bauteile. Band 2: Beton Bauverlag, Wiesbaden 1981.

[2-130] Bayer, E., Deichsel, T., Kampen, R., Klose, N., Moritz, H.: Betonbauwerke in Abwasseranlagen. Herausgeber: Bundesverband der Deutschen Zementindustrie, Köln. Beton-Verlag, Düsseldorf 1995.

[2-131] Bieczok, I.: Betonkorrosion, Betonschutz. Bauverlag, Wiesbaden und Berlin 1968.

[2-132] Bonzel, J; Locher, F. W.: Über das Angriffsvermögen von Wässern, Böden und Gasen

2. 損傷，その原因と結果　文献

auf Beton. Anmerkungen zu den Normentwürfen DIN 4030 und DIN 1045. Beton 18 (1968), H. 10, S. 401–404, H. 11, S. 443–445.

[2-133] Bujard, W.: Widerstandsfähigkeit von Rohren aus Stahlbeton und Beton gegenüber chemischen Angriffen in der Abwasserkanalisation und bei der Ableitung gewerblicher und industrieller Abwässer. abwassertechnik 23 (1972), H. 2.

[2-134] Haegermann, H.: Verhalten von Rohren aus Beton in aggressiven Wässern. Tiefbau Ingenieurbau Straßenbau (TIS) 16 (1974), H. 5, S. 377–384.

[2-135] Klose, N.: Dauerhafte Abwasserbauteile aus Beton. gwf-wasser/abwasser 124 (1983), H. 7, S. 347–353.

[2-136] Probst, M.: Betonkorrosion, Betonsanierung. deutsche bauzeitung (db) 117 (1983), H. 10), S. 75–87.

[2-137] Regourd, M.: 32 – RCA. Résistance chimique du béton. Matériaux et constructions 14 (1981), H. 80, S. 130–137.

[2-138] Ruffert, G.: Angriff von innen und außen. Ursachen von Schäden an Abwasserkanälen aus Beton. Consulting 12 (1980), H. 6, S. 24–26.

[2-139] Wierig, H. J.: Untersuchungen von Betonen aus Abwasserbauwerken. Beton (1980), H. 11, S. 420–423.

[2-140] DIN 1045: Beton und Stahlbeton; Bemessung und Ausführung (07.88).

[2-141] Bonzel, J.: Beton-Kalender 1987, Teil 1, S. 1–96. Verlag Ernst & Sohn Berlin 1987.

[2-142] LAWA-Richtlinie: Leitlinien zur Durchführung von Kostenvergleichsrechnungen, Länderarbeitsgemeinschaft Wasser (LAWA), 1993.

[2-143] Lohse, M.: Das neue ATV-Merkblatt: Korrosion von Abwasseranlagen. Tagungsunterlagen zum Kolloquium „Bau, Zustandserfassung und Sanierung von Abwasserkanälen – Neue Erkenntnisse", Fachhochschule Münster, INFA Institut für Abfall- und Abwasserwirtschaft e.V., April 1995.

[2-144] Grube, H; Rechenberg, W.: Betonabtrag durch chemisch angreifende Wässer. beton 37 (1987), H. 11, S. 446–451 und H. 12, S. 495–498.

[2-145] Bellinghausen, G.: Beton- und Stahlbetonrohre – Korrosionsprobleme und deren Vermeidung. Abwassertechnik (awt) (1992), H. 6, S. 26–29.

[2-146] Stein, D., Möllers, K.: Werkseitige Korrosionsschutzmaßnahmen für Abwasserrohre aus Beton oder Stahlbeton. Korrespondenz Abwasser (KA) 34 (1987), H. 10, S. 1016–1026.

[2-147] Bielecki, R., Schremmer, H.: Biogene Schwefelsäure-Korrosion in teilgefüllten Abwasserkanälen. Sonderdruck aus Heft 94 (1987) der Mitteilungen des Leichtweiß Institutes für Wasserbau der Technischen Universität Braunschweig.

[2-148] IWL, Institut für gewerbliche Wasserwirtschaft und Luftreinhaltung e.V.: Kondenswasser aus Erdgas-Brennwert-Wärmeerzeugern. Unveröffentlichter Untersuchungsbericht, Mai 1994.

[2-149] Grube, H., Kern, E., Quintmann, H.-D.: Instandhaltung von Betonbauwerken. Beton-Kalender 1990, Teil II, S. 681–805. Verlag Ernst & Sohn, Berlin 1990.

[2-150] Bock, E.: Biologische Korrosion. Tiefbau Ingenieurbau Straßenbau (TIS) 26 (1984), H. 5, S. 240–250.

[2-151] Bielecki, R.: Ergebnisse der Forschung in Hamburg über Biogene Schwefelsäure-Korrosion. Dokumentation 1. Internationaler Kongreß Leitungsbau, Hamburg 1987, Band 1, S. 1/877–1/881.

[2-152] Führböter, A.: Korrosion in Abwasseranlagen. Internationales Status-Seminar ‚Korrosion in Abwasseranlagen' der EWPCA in Hamburg, 28. und 29. Januar 1982. Documentation S. 61–79.

[2-153] Gebhardt, K.: Korrosion in Abwassersystemen. Tiefbau Ingenieurbau Straßenbau (TIS) 23 (1981), H. 8, S. 562–570.

[2-154] Kienow, K. K.: Concrete inceptor sewer corrosion protection – A state of the art report. Proceedings of the 3rd international conference on the internal and external protection of pipes. London 05.–07.09.79, Paper E1, S. 139–156.

[2-155] Klose, N.: Sulfide in Abwasseranlagen, Ursachen und Auswirkungen, Gegenmaßnahmen. Beton 30 (1980), H. 1, S. 13–17; H. 2, S. 61–64.

[2-156] Neumann, H.: Probleme beim Betrieb von Gruppenklärwerken und -kanalisationen dargestellt aus der Sicht des Naturwissenschaftlers und unter besonderer Berücksichtigung der Themenkreise Geruch und Korrosion. Berichte der ATV Nr. 30 (1977), S. 331–347.

[2-157] Pomeroy, R. D.: The Problem of Hydrogen Sulphide in Sewers. Clay Pipe Development Ass. Ltd. 1974.

[2-158] Pomeroy, R. D.: Das Problem von Schwefelwasserstoff in Abwasserkanälen. feugres 6 (1980), H. 6, S. 28–29.

[2-159] Richardson, L. W.: Corrosion Effects and

Use of Resistant Materials in Sewerage Systems. Proceedings of Symposium on Septic Sewage: Problems and Solutions. Bournemouth, 02.–03.05.1979. Paper No. 2, S. 18–36.

[2-160] Rüffer, H.: Korrosion von Abwasserleitungen durch Schwefelwasserstoff/Schwefelsäure und deren Verhinderung. Vom Wasser 51 (1978), S. 139–160.

[2-161] Schremmer, H.: Die Schwefelwasserstoff-Korrosion in Abwasseranlagen. Tiefbau Ingenieurbau Straßenbau (TIS) 22 (1980), H. 9, S. 786–796.

[2-162] Schremmer, H.: Biogene Materialzerstörung in Abwasseranlagen. Forum Städte Hygiene 36 (1985) Nov./Dez., S. 283–288.

[2-163] Seyfried, C. F., Lohse, M.: Das Milieu in korrosionsgefährdeten Abwasseranlagen aus der Sicht des Siedlungswasserwirtschaftlers. Internationales Status-Seminar ‚Korrosion in Abwasseranlagen' der EWPCA in Hamburg, 28. und 29. Januar 1982, Documentation S. 101–126.

[2-164] Thistlethwayte, D. K. B.: The Control of Sulphides in Sewerage Systems. Deutsche Ausgabe (Sulfide in Abwasseranlagen): Beton Verlag GmbH, Düsseldorf 1979.

[2-165] Viehl, K.: Über die Ursache der Schwefelwasserstoffbildung im Abwasser. Gesundheits-Ingenieur 68 (1947), H. 2, S. 41–44.

[2-166] Wagner, R.: Messung der Schwefelwasserstoff-Bildung durch Bakterienschlämme. Vom Abwasser 53 (1979), S. 107–119.

[2-167] Bielecki, R.: Erkenntnisse und Zielvorstellungen der Korrosionsforschung an Abwasserkanälen. Tiefbau Ingenieurbau Straßenbau (TIS) 25 (1983), H. 8, S. 474–475.

[2-168] Schremmer, H.: Abschätzung der biogenen Schwefelsäure-Korrosion in Abwasserkanälen. Korrespondenz Abwasser (KA) 37 (1990), H. 11, S. 1332–1338.

[2-169] Pomeroy, R. D., Parkhurst, J. D.: The Forcasting of Sulphide build-up Rates in Sewers. Prog. Wat. Techn., Vol. 9 (1977), S. 624–628.

[2-170] Grube, H., Neck, U.: Beton widerstandsfähig gegen chemische Angriffe. Betonwerk + Fertigteil-Technik (1996), H. 1, S. 122–130.

[2-171] Grube, H., Rechenberg, W.: Betonabtrag durch chemisch angreifende Wässer. Beton 37 (1987), H. 11, S. 446–451 und H. 12, S. 495–498.

[2-172] Kentgens, S.: Beitrag zur Zustandsklassifizierung korrodierter Abwasserkanäle aus Beton. Dissertationsentwurf 1997 (Unveröffentlicht).

[2-173] Franke, L., Fricke, R., Schumann, I., Grabau, J.: Schädigung von Kanalklinkern in Abwassersielen durch biogene Schwefelsäurebildung. Tiefbau Ingenieurbau Straßenbau (TIS) (1992), H. 6, S. 428–435.

[2-174] Hahn, H., Langbein, F.: Fünfzig Jahre Berliner Stadtentwässerung 1878–1928. Verlag von Alfred Metzner, Berlin 1928.

[2-175] DIN EN 1295: Statische Berechnung von erdverlegten Rohrleitungen unter verschiedenen Belastungsbedingungen (04.94).

[2-176] ATV-A 127: Richtlinie für die statische Berechnung von Entwässerungskanälen und -leitungen (12.88).

[2-177] DIN EN 1610: Verlegung und Prüfung von Abwasserleitungen und -kanälen, (10.97).

[2-178] Hornung, K., Kittel, D.: Statik erdüberdeckter Rohre. Bauverlag GmbH, Wiesbaden und Berlin 1989.

[2-179] Gaube, E., Müller, W.: Messung der Langzeitverformung von erdverlegten HDPE-Rohren. Kunststoffe (1982), H. 7.

[2-180] Gehrels, J. F., Elzink, W. J.: More than 15 years of distortion measurement results with uPVC pipes. Europipe Conference 1982.

[2-181] Janson, L.-J.: Plastic Pipes for Water Supply and Sewerage Disposal. Uponor 1989.

[2-182] Larjomaa, I.: Ergebnisse der Überprüfung erdverlegter Kanalisationsrohre. Straßen- und Tiefbau (S+T) (1980), H. 8.

[2-183] ATV-A 149: Zustandserfassung und Zustandsbewertung von Abwasserkanälen und -leitungen (Entwurf 11.94).

[2-184] Rogers, C. D. F.: The response of buried uPVC pipes to surface loading. Thesis (Ph.D.), University of Nottingham 1985.

[2-185] Rogers, C. D. F.: Some observations on flexible pipe response to load. Transportation Research Record 1191, TRB 1988.

[2-186] Bosseler, B. H.: Beitrag zur Darstellung, Analyse und Interpretation von Verformungsmeßdaten aus der Inneninspektion biegeweicher Abwasserleitungen. Dissertation. Ruhr-Universität Bochum 1997.

[2-187] Seide, P., Weingarten, V. I.: On the Buckling of Circular Cylindrical Shells under Pure Bending. J. Appl. Mech. 28 (1961), S. 112–116.

[2-188] Axelrad, E. L.: Flexible Shells. Preprints 15th Intern. Congr. on Theoret. and Applied Mechanics, (eds. F. Rimrott and B. Tabarrok), Toronto 1980.

[2-189] Axelrad, E. L.: Schalentheorie. B. G. Teubner Verlag, Stuttgart 1983.

[2-190] Spence, J., Toh, S. L.: Collapse of Thin Orthotropic Elliptical Cylindrical Shells Under

2. 損傷，その原因と結果　文献

[2-191] Brazier, L. G.: On the flexure of thin cylindrical shells and other „thin" sections. Proc. Royal Society, London 1927.
[2-192] Reissner, E.: On finite bending of pressurized tubes. J. Appl. Mech., ASME (1959), H. 9.
[2-193] Wood, J. D.: The Flexure of a Uniformly Pressurized, Circular, Cylindrical Shell. J. Appl. Mech. (1958), H. 12, S. 453-458.
[2-194] AWWA Manual M23: PVC Pipe – Design and Installation (1980).
[2-195] Axelrad, E. L., Emmerling, F. A.: Große Verformungen und Traglasten elastischer Rohre unter Biegung und Außendruck. Ingenieur-Archiv 53 (1983), S. 41-52.
[2-196] Stein, D., Bosseler, B. H.: Beurteilung von Verformungsmessungen an Abwasserkanälen aus biegeweichen Rohren. Korrespondenz Abwasser (KA) 45 (1998), H. 7, S. 1266-1276.
[2-197] ATV-A 161: Statische Berechnung von Vortriebsrohren (01.90).
[2-198] Jeyapalan, J. K., Kienow, K. K., Saleiva, W. E.: Deflections and Strains in HDPE Pipes under Traffic Loads. Dokumentation 1. Internationaler Kongreß Leitungsbau, Hamburg 1987, Band II, S. II/517-II/526.
[2-199] ATV-A 241: Bauwerke in Entwässerungsanlagen (03.94).
[2-200] Ingenieurbüro Prof. Dr.-Ing. Stein und Partner GmbH: Beurteilung von Verformungsmessungen an PE-HD-Rohren, Gutachtliche Stellungnahme 1995.
[2-201] Ruffert, G.: Das Verpressen von Rissen im Beton. Tiefbau Ingenieurbau Straßenbau (TIS) 23 (1981), H. 9, S 672-679
[2-202] DIN 4032: Betonrohre und Formstücke; Maße, Technische Lieferbedingungen (01.81).
[2-203] DIN 4035: Stahlbetonrohre und zugehörige Formstücke; Maße, Technische Lieferbedingungen (08.95).
[2-204] DIN 2614: Zementmörtelauskleidungen für Gußrohre, Stahlrohre und Formstücke. Verfahren, Anforderungen und Prüfungen. (02.90).
[2-205] Deutscher Beton-Verein: Merkblatt „Wasserundurchlässige Baukörper aus Beton" (Fassung August 89). Wiesbaden, 1991 – in: Merkblattsammlung Merkblätter, Sachstandsberichte, Richtlinien, S. 163-187.
[2-206] Deutscher Verein des Gas- und Wasserfaches e.V.: Planung und Bau von Wasserbehältern, Grundlagen und Ausführungsbei-

spiele. Frankfurt, Wirtschafts- und Verlagsgesellschaft Gas und Wasser mbH (02.88), Nr. W 311.
[2-207] Matern, R.: Beton- und Stahlbetonrohre im Kanalbau. Tiefbau Ingenieurbau Straßenbau (TIS) 24 (1982), H. 1, S. 7-15.
[2-208] Möller, H. J., van Kampen, Lamminger: Ein beachtenswerter Fall: Selbstdichtung von Stahlbetondruckrohren, Betonstein-Zeitung 17 (1967), H. 3.
[2-209] Schäper, M.: Risse in Massivbauwerken. beton 36 (1986), H. 2, S. 66-67.
[2-210] ZM-Stahlrohre-Stahlleitungsrohre mit Zementmörtelauskleidung. Informationsschrift der Mannesmannröhren-Werke AG, Düsseldorf, März 1977
[2-211] Stein, D., Körkemeyer, K.: Aktueller Wissensstand zum Selbstheilungsprozeß von Beton- und Stahlbetonrohren. Gutachtliche Stellungnahme im Auftrag der FBS, unveröffentlicht, Juli 1995.
[2-212] Trost, H., Cordes, H., Ripphausen, B.: Zur Wasserdurchlässigkeit von Stahlbetonbauteilen mit Trennrissen. Beton- und Stahlbetonbau 84 (1989), H. 3, S. 60-63.
[2-213] Meichsner, H.: Über die Selbstdichtung von Trennrissen in Beton. Beton- und Stahlbetonbau 87 (1992), H. 4, S. 95-99
[2-214] Clear, C. A.: Leakage of cracks in concrete (Summary of work to date). Construction Research Department and Concrete Association, internal publication, 1/1982.
[2-215] Firmeninformation H. Schaefer, Geldern
[2-216] Stein, D., Körkemeyer, K.: Beurteilung der an Betonrohren aufgetretenen Muffenschäden. Gutachtliche Stellungnahme, unveröffentlicht, August 1995.
[2-217] Flatten, H.: Risse in Abwasserstollen aus Beton und Stahlbeton.Tiefbau Ingenieurbau Straßenbau (TIS) 25 (1983), H. 3, S. 122 ff.
[2-218] Trott, J. J.; Stevens, J. B.: The load-carrying capacity of cracked rigid pipes – a preliminary study. Transport and Road Research Laboratory, Supplementary Report 534, Crowthorne, Berkshire, 1980.
[2-219] Keding, M., Stein, D., Witte, H.: Ergebnisse einer Umfrage zur Erfassung des Istzustandes der Kanalisation in der Bundesrepublik Deutschland. Korrespondenz Abwasser KA 34 (1987), H. 2, S. 118-122.
[2-220] Keding, M., Riesen, S. van, Esch, B.: Der Zustand der öffentlichen Kanalisation in der Bundesrepublik Deutschland; Ergebnisse der ATV-Umfrage 1990. Korrespondenz Abwasser KA 37 (1990), H. 10, S. 1148 ff.
[2-221] Länderarbeitsgemeinschaft Wasser (LAWA): Undichte Kanäle – Statusbericht des LAWA-Arbeitskreises Abwasser (1993).

Combined Bending and Pressure Loads. J. Appl. Mech. (1979), H. 6, S. 363-371.

[2-222] Rieger, K.-H.: Zustandserfassung der Abwasserkanäle eines Teilgebietes in Köln. Korrespondenz Abwasser KA 42 (1995), H. 6, S. 946–956.

[2-223] Matthes, W.: Schadenshäufigkeitsverteilung bei TV-untersuchten Abwasserkanälen. Korrespondenz Abwasser KA 39 (1992), H. 3, S. 363 ff.

[2-224] Thymian, C.-F., Möhring, K., Friede, H.: Die wirtschaftliche Bedeutung des Güteschutzes beim Bau von Abwässerkanälen. Korrespondenz Abwasser KA 43 (1996), H. 11, S. 1918–1927.

3. 保守，清掃
文　献

[3-1] ATV-M 143: Inspektion, Instandsetzung, Sanierung und Erneuerung von Entwässerungskanälen und -leitungen; Teil 1: Grundlagen (12.89).

[3-2] DIN pr EN 752-7: Entwässerungssysteme außerhalb von Gebäuden; Teil 7: Betrieb und Unterhalt (Entwurf 05.96).

[3-3] ATV-A 140: Regeln für den Kanalbetrieb; Teil I: Kanalnetz (03.90).

[3-4] DIN 31051: Instandhaltung; Begriffe und Maßnahmen (01.85).

[3-5] Inspector Handbook for Sewer Collection System Rehabilitation. The National Association of Sewer Services Companies (NASSCO). Fifth Edition. Altamonte (USA) 1989.

[3-6] SIA 190: Kanalisationen. Schweizerischer Ingenieur- und Architekten-Verein, Zürich, Ausgabe 1977.

[3-7] Sullivan, R. H., Lohn, M. M., Clark, T. J., Thomson, W., Zaffle, J.: Sewer System Evaluation, Rehabilitation and New Construction – A Manual of Practice. American Public Environmental Research Lab., Report No. EPA-600 2-77-017d, Cincinnati, Ohio, U.S. Department of Commerce. National Technical Information Service PB-279248, December 1977.

[3-8] Dritte Allgemeine Verwaltungsvorschrift zum Abfallgesetz. Technische Anleitung zur Verwertung, Behandlung und sonstigen Entsorgung von Siedlungsabfällen, vom 14.05.1993 (Beil. BAnz. Nr. 99).

[3-9] Gesetz zur Förderung der Kreislaufwirtschaft und Sicherung der umweltverträglichen Beseitigung von Abfällen (Kreislaufwirtschafts- und Abfallgesetz – KrW-/AbfG), vom 27.09.1994.

[3-10] Schüßler, H.: Rechengut und Sandfangrückstände – Abfall oder Wirtschaftsgut. Korrespondenz Abwasser 42 (1995), H. 2, S. 218–225.

[3-11] Müller, W.: Reinigung von Kanalisationen – Methoden und Praxiserfahrungen. Vortrag im Rahmen des Weiterbildenden Studiums 1995 an der Ruhr-Universität Bochum.

[3-12] Verordnung zur Bestimmung von überwachungsbedürftigen Abfällen zur Verwertung – Bestimmungsverordnung überwachungsbedürftiger Abfälle zur Verwertung – (BestüVAbV) vom 10.09.1996, BGBl. I S. 1377 ff.

[3-13] Verordnung über Verwertungs- und Beseitigungsnachweise – NachwV – vom 10.09.1996, BGBl. I S. 1382 ff.

[3-14] ATV-A 147: Betriebsaufwand für die Kanalisation, Teil 1: Betriebsaufgaben und Intervalle (05.93).

[3-15] Arbeitsbericht der ATV-Arbeitsgruppe 1.7.3 „Regeln für den Kanalbetrieb" (TC 165/WG 22) im ATV-Fachausschuß 1.7 „Betrieb und Unterhalt": Kanalreinigung mit dem Hochdruckspülverfahren. Korrepondenz Abwasser (KA) 44 (1997), H. 4, S. 727–730.

[3-16] Standardleistungsbuch für das Bauwesen (StLB) Bauen im Bestand (BiB). Leistungsbereich 309 – Reinigung und Inspektion von Abwasserkanälen und -leitungen (11.96).

[3-17] Führböter, A., Macke, E.: Entwicklung von Siel- und Sammlerreinigungsverfahren. Schlußbericht Phase 1 des Forschungsvorhabens Demonstrationsobjekt Hamburger Sammlerbau der FH-Hamburg, Baubehörde – Hauptabteilung Stadtentwässerung. Leichtweiss-Institut für Wasserbau der TU Braunschweig. Lehrstuhl für Hydromechanik und Küstenwasserbau. Bericht Nr. 476, April 1980.

[3-18] Frühling, A.: Handbuch der Ingenieurwissenschaften in fünf Teilen, III. Teil: Der Wasserbau, 4. Bd.: Die Entwässerung der Städte. Leipzig: Verlag von Wilhelm Engelmann 1910.

[3-19] Gürschner, Benzel: Der Städtische Tiefbau. III. Teil Stadtentwässerung, 4. Auflage, Leipzig/Berlin: Verlag von B. G. Teubner 1921.

[3-20] Lehr- und Handbuch der Abwassertechnik, Band I: Planung der Kanalisation, (4. überarbeitete Auflage 1994), Band II: Bau und Betrieb der Kanalisation (4. überarbeitete Auflage 1995), Herausgeber: Abwassertechnische Vereinigung e.V./ATV), Hennef. Berlin/München: Ernst & Sohn.

[3-21] Tchobanoglous, G.: Wastewater Engineering: Collection and pumping of wastewater. New York: Metcalf & Eddy, Inc. McGraw-Hill Book Company 1989.

[3-22] Wünscher, H.-J., Schinke, U., Jähnel, H.: Probleme bei der Reinigung der Kanalisation im VEB Leuna-Werke ‚Walter Ulbricht'. Wasserwirtschaft Wassertechnik (WWT) 32 (1982), H. 2, S. 55–59.

[3-23] Blumberg, D., Bauer, W.: Beseitigung von Ablagerungen in Abwasserkanälen großer

Durchmesser. Korrespondenz Abwasser (KA) 31 (1984), H. 12, S. 1063-1072 und Tiefbau - BG 97 (1985), H. 5, S. 392-396.

[3-24] Rüttgers, E.: Entwicklung neuer Reinigungsverfahren als Vorleistung für die Sanierung von Kanalnetzen, Band I, Dokumentation 1. Internationaler Kongreß Leitungsbau, Hamburg 1987, S. I/245-I/255.

[3-25] Dinkelacker, A.: Verhinderung von Ablagerungsbildungen in Schmutzwasserkanälen durch Wulstkugeln, Band I, Dokumentation 1. Internationaler Kongreß Leitungsbau, Hamburg 1987, S. I/851-I/860.

[3-26] Lenz, J., Wielenberg, M., Grüß, D.: Reinigung von Abwasserkanälen durch Hochdruckspülung. Essen: Vulkan-Verlag 1996.

[3-27] DIN 30 702 Teil 5: Kommunalfahrzeuge; Begriffe für Saugfahrzeuge und Hochdruck-Spülfahrzeuge (10.87).

[3-28] DIN 30 705: Teil 1: Saugfahrzeuge und Hochdruck-Spülfahrzeuge; Kanal- und Senkkasten Reinigungsfahrzeuge, Gruben-Reinigungsfahrzeuge (09.87); Teil 4: Saugfahrzeuge und Hochdruck-Spülfahrzeuge; Hochdruck-Spülfahrzeuge (06.91).

[3-29] Veltrup, E. M.: Wirtschaftliches Reinigen von Rohren mit der Hochdruckwassertechnik. Maschinenmarkt 89 (1983), H. 70, S. 1593-1595.

[3-30] Frassur GmbH: 800 Liter machen mächtig Druck. Entsorga-Magazin Entsorgungswirtschaft (1985), H. 5, S. 59-61.

[3-31] Kanalreinigung mit dem Kanal-Atümat. WOMA-Apparatebau, Duisburg.

[3-32] Müller GmbH + Co. KG: Abwasserkanalunterhaltung – ein Beitrag zum Umweltschutz unserer Zeit. Tiefbau-BG (1984), H. 8, S. 523-525.

[3-33] DIN 30701: Kommunalfahrzeuge; Allgemeine Anforderungen (07.86).

[3-34] DIN 1988 Teil 1: Technische Regeln des DVGW (12.88).

[3-35] Alsdorf, R.: Kanalreinigung und Wasserrückgewinnung: Schluß mit der Vergeudung. Entsorga-Magazin Entsorgungswirtschaft (1986), H. 4, S. 22-23.

[3-36] Firmeninformation Wiedemann & Reichhardt, Altenmünster.

[3-37] Firmeninformation Trautwein, Ludwigsburg.

[3-38] Firmeninformation Woma, Duisburg.

[3-39] Firmeninformation KEG mbH, Burgstädt/Herrenhaide.

[3-40] McCartney, D. B.: Curved Sewers: Yes or No? Civil Engineering (ASCE) Febr. 1984, S. 56-59.

[3-41] Operation and Maintenance of Wastewater Collection Systems. Manual of Practice No. 7. Washington: Water Pollution Control Federation 1985.

[3-42] Firmeninformation Leistikow, Niederdorfelden.

[3-43] Störner, S., Larsson, B.: Einfluß von Kanalreinigungsmundstücken auf das Reinigungsergebnis mit Hochdruckspülern. Korrepondenz Abwasser (KA) 37 (1990), H. 11, S. 1340-1344.

[3-44] Bundesarbeitsgemeinschaft der Unfallversicherungsträger der öffentlichen Hand (BA-GUV): Sicherheitsregeln für Arbeiten in umschlossenen Räumen von Abwassertechnischen Anlagen - Betrieb - (GUV 17.6), München 1989.

[3-45] Bundesarbeitsgemeinschaft der Unfallversicherungsträger der öffentlichen Hand (BA-GUV): Fahrzeuge (GUV 5.1).

[3-46] Bundesarbeitsgemeinschaft der Unfallversicherungsträger der öffentlichen Hand (BA-GUV): Richtlinien für Flüssigkeitsstrahler (GUV 12.9).

[3-47] ZH 1/406: Richtlinien für Flüssigkeitsstrahler.

[3-48] Unfallverhütungsvorschrift Abwassertechnische Anlagen (GUV 7.4), 1994.

[3-49] Sicherheitsregeln für Arbeiten in umschlossenen Räumen von abwassertechnischen Anlagen (GUV 17.6), 1996.

[3-50] Unfallverhütungsvorschrift Arbeiten mit Flüssigkeitsstrahlern (GUV 3.9), 1993.

[3-51] Merkblatt Warnkleidung (GUV 25.1), 1989.

[3-52] Störner, S.: Hochdruckreinigung – Probleme durch fehlende Richtlinien. In Tagungsband: Entwicklung in der Kanalisationstechnik. Ministerium für Umwelt, Raumordnung und Landwirtschaft des Landes Nordrhein-Westfalen. Congress Center Düsseldorf 5. und 6. November 1996.

[3-53] Störner, S.: Richtlinien für die Kanalreinigung. Korrespondenz Abwasser (KA) (1996), H. 1, S. 44-48.

[3-54] Steiner, H. R.: Verhalten von Abwasserkanälen bei der Reinigung mit Hochdruckspülung. Korrespondenz Abwasser (KA) (1992), H. 2, S. 211-216.

[3-55] Brune, P.: Verhalten von Tonerdezementmörtelauskleidungen in Rohren aus duktilem Gußeisen bei der Beanspruchung mit Hochdruckreinigungsgeräten. Fachgemeinschaft Gußeiserne Rohre. FGR-Gußrohrtechnik (1990), H. 23, S. 29-34.

[3-56] Prof. Dr.-Ing. Stein & Partner GmbH: Durchführung von HD-Spülversuchen an profilierten PVC-Rohren. Gutachtliche Stel-

3. 保守，清掃　文献

lungnahme im Auftrag der UPONOR Ltd., England, Bochum 1995 (unveröffentlicht).

[3-57] Prof. Dr.-Ing. Stein & Partner GmbH: Beurteilung von Anschlußeinbindungssystemen. Gutachtliche Stellungnahme im Auftrag FBS, Bochum 1996 (unveröffentlicht).

[3-58] Firmeninformation KaRo, Hückeswagen.

[3-59] Firmeninformation Dieter Spezial-Isolierungen GmbH & Co., Nehren.

[3-60] Lehmann, W. M.: Naßbaggern unter Tage – Hamburg fördert ein Pilotprojekt zur umweltfreundlichen Kanalreinigung. VDI-Nachrichten 01.06.1984.

[3-61] Lehmann, W. M.: Der Sielwolf beißt sich durch (Neues Kanalreinigungssystem in Hamburg). Entsorga-Magazin Entsorgungswirtschaft (1985), H. 3, S. 40–44.

[3-62] Arscott, A. W.: Cleaning Water Mains with Foam Swaks. Part 2, A Case Study of Swabbing Trunk Mains in Rural Areas. WRC/SWAA-Seminar ‚Water Distribution Systems – Problems of Water Quality and Pipeline Maintenance'. 8.–9. March 1979, Paper 1, Day 2.

[3-63] Jenkins, C. A.: Foam swabs for watermain cleaning. Journal of AWWA 60 (1968) August, S. 899–908.

[3-64] Jordan, A. C.: Cleaning Water Mains with Foam and Swabs, Part 1, Practical Considerations.

[3-65] Kanalsanierung – von Anfang bis Ende. Abfall Report (Information der Weber GmbH, Salach) (1985) Nr. 12 (Mai), S. 12–13.

[3-66] Walski, Th. M.: Selecting an economical Water Main Rehab. Civil Engineering/ASCE 54 (1984), H. 9, S. 68–70.

[3-67] Fischer, H.: Korrosionen in Abwasserleitungen – insbesondere in Weinbaugemeinden – Möglichkeiten der Sanierung. Technische Akademie Südwest-Seminar 05.11.1982.

[3-68] Schoppig, W.: Kanalsanierung wegen baulicher Mängel. Berichte der Abwassertechnischen Vereinigung e.V. Nr. 33, ATV-Landesgruppen-Tagungen 1981, S. 245–260.

[3-69] Roboter macht Rohre frei. Produktion (1985), Nr. 10, 7. März, S. 25.

[3-70] Firmeninformation Drain and Sewer Surveys Ltd., Aldershot, Hampshire, England.

[3-71] Fairhurst, R. M., Saunders, D. M.: Water jetting techniques – existing and potential uses for underground services. First International Conference and Exhibition on Trenchless Construction for Utilities. NO-DIG 85. London 16.–18. April 1985. Paper 6.1, S. 6.1.1–6.1.13.

[3-72] Gale, J.: Sewer Renovation. Technical Report TR 87 A. Water Research Centre (WRC). Swindow, November 1981.

[3-73] Gale, J. C.: The renovation of sewerage systems. Journal of the Institution of Public Health Engineers (1981), H. 9, S. 24–29/41.

[3-74] Sewerage Rehabilitation Manual. Water Research Centre, Swindon, 1983.

[3-75] Chandler, R. W., Lewis, W. R.: Control of sewer overflows by polymer injection. EPA – 600/2–77–189, September 1977.

[3-76] Durst, F., Kleine, R.: Einfluß von Hochpolymer auf Strömungen unter besonderer Berücksichtigung der Nutzanwendung in Industrie und Umwelt. Institut für Hydromechanik. Bericht Nr. 568. Universität Karlsruhe 1979.

[3-77] Sellin, R. H. J.: Drag reduction in sewers; first results from a permanent installation. Journal of hydraulic research 16 (1978).

[3-78] Sieber, H.-U.: Die Inkrustation und Sedimentation in Staumauer – Entwässerungsleitungen und Verfahren zur Regenerierung der Entwässerungssysteme. Wasserwirtschaft und Wassertechnik (WWT) 31 (1981), H. 6. S. 211–214.

[3-79] Schmidt, M.: Biologisch-septische Entwurzelung von Kanalrohren. Tiefbau Ingenieurbau Straßenbau (TIS) 23 (1981), H. 6, S. 423–424.

[3-80] Ahrens, J. F., Leonhard, O. A., Townley, N. R.: Chemical Control of Tree Roots in Sewer Lines. Journal Water Pollution Control Federation (1970) September, S. 1643.

[3-81] Townley, N. R.: Chemical Control of Roots. Research Report, Sacramento County Department of Public Works, Water Quality Division. September 1973.

[3-82] Schrock, J.: Pipeline Rehabilitation Techniques. International Conference on the Planning, Construction, Maintenance & Operation of Sewerage Systems, Reading, England 12.–14. September 1984, Paper B4, S. 485–499.

[3-83] Baig, N., Grenning, E. M.: The Use of Bacteria to reduce Clogging of Sewer Lines by Grease in Municipal sewage. Biological control of Water Pollution, Union of Pennsylvania Press 1976.

[3-84] Jensen, R. A.: Control of Nuisance Odors from Ponds by the Use of Bacteria Cultures. 83rd National Meeting of the American Institute of Chemical Engineers. Houston (Texas), March 1977.

[3-85] Firmeninformation Aladin, Fachbetrieb für biotechnische Anwendungen, Castrop-Rauxel.

[3-86] Grubbs, R. B.: Bacterial supplementation – what it can and cannot do. 9th Engineering foundation conference of environmental engineering in the food processing industrie. Pacific Grove (California) 27. February 1979.

[3-87] Information der Stadt Hamburg, Baubehörde – Hauptabteilung Stadtentwässerung.

[3-88] Renkes, D., Schwenk, W., Fischer, W.: Korrosionsschutz und Instandhaltung. Werkstoffe und Korrosion 35 (1984), S. 55–60.

[3-89] GSTT-Information: Abflußsteuerung von Abwasserkanälen und -leitungen durch Drehbogentechnik. Tiefbau-Ingenieurbau-Straßenbau (1995), H. 11, S. 37.

[3-90] Firmeninformation Müller Umwelttechnik GmbH & Co. KG, Schieder-Schwalenberg.

[3-91] Bielecki, R.: Neue Methoden und Entwicklungstendenzen für das Bauen und Betreiben von Abwasserleitungen großer und kleiner Durchmesser. Wasser und Boden 31 (1979), H. 8, S. 223–242.

[3-92] Klose, N.: Sulfide in Abwasseranlagen, Ursachen und Auswirkungen, Gegenmaßnahmen. Beton 30 (1980), H. 1, S. 13–17; H. 2, S. 61–64.

[3-93] Firmeninformation Brendle, Oberboihingen.

[3-94] Prüfattest Nr. 1705 des Tiefbauamtes der Stadt Zürich 1987 (unveröffentlicht).

[3-95] Firmeninformation Heitkamp GmbH, Herne.

[3-96] Kupczik, G.: Sielwolf-Verfahren zur Reinigung großvolumiger Abwasserkanäle. Dokumentation 1. Internationaler Kongreß Leitungsbau 1987 Hamburg, Teil I, S. I/861–I/866.

[3-97] In Situ Cement Mortar Lining – Operational Guidelines. Water Research Centre, Swindon, 1984.

[3-98] Firmeninformation RRS GmbH & Co. KG, Essen.

[3-99] Firmeninformation ROWO, Kelkheim.

[3-100] Firmeninformation Kasapro AG, Gossau, Schweiz.

[3-101] Firmeninformation Paikert, Wetter-Wengern.

[3-102] Firmeninformation Oberdorfer, Nürnberg.

[3-103] Firmeninformation Roditec, Heikendorf.

[3-104] Firmeninformation von Arx AG, Sissach, Schweiz.

[3-105] Firmeninformation KMG Deutschland GmbH & Co. KG, Schieder-Schwalenberg.

4. 点 検
文 献

[4-1] ATV-M 143: Inspektion, Instandsetzung, Sanierung und Erneuerung von Entwässerungskanälen und -leitungen, Teil 1: Grundlagen (12.89).

[4-2] ATV-M 143: Inspektion, Instandsetzung, Sanierung und Erneuerung von Entwässerungskanälen und -leitungen, Teil 2: Optische Inspektion (06.91).

[4-3] Gesetz zur Ordnung des Wasserhaushalts vom 23.09.1986, geändert durch Artikel 5 des Gesetzes vom 12.09.1996 (BGB 1.I. S. 1354) und durch das Sechste Gesetz zur Änderung des Wasserhaushaltsgesetzes vom 11.11.1996 (BGB 1.I. S. 1690).

[4-4] DIN 31051: Instandhaltung; Begriffe und Maßnahmen (01.85).

[4-5] DIN EN 752-5: Entwässerungssysteme außerhalb von Gebäuden – Teil 5: Sanierung (11.97).

[4-6] ATV-M 149 (Entwurf): Zustandsklassifizierung und -bewertung von Entwässerungssystemen außerhalb von Gebäuden (01.98).

[4-7] Überprüfung von Abwasseranlagen. Der Landkreis (1980), H. 10, S. 656–657.

[4-8] ATV-A 140: Regeln für den Kanalbetrieb, Teil 1: Kanalnetz (03.90).

[4-9] ATV-A 147: Betriebsaufwand für die Kanalisation. Teil 1: Betriebsaufgaben und Intervalle (05.93).

[4-10] Stein, D.: Probleme der Zustandserfassung und Zustandsbewertung von Kanalisationen. Tagungsband des Sommerseminars am 4. und 5. Mai 1987. Rahmenthema „Planung Erneuerung städtischer Infrastruktur". Institut für Städtebau und Landesplanung, Universität Fridericiana zu Karlsruhe.

[4-11] Schaaf, O.: Stand der Eigenkontrollverordnungen in den Ländern der Bundesrepublik Deutschland aus der Sicht der Kommunen. 4. Internationaler Kongress Leitungsbau, Dokumentation, Hamburg 1994.

[4-12] DIN 1986: Entwässerungsanlagen für Gebäude und Grundstücke; Teil 30: Instandhaltung (01.95).

[4-13] DIN 1986: Entwässerungsanlagen für Gebäude und Grundstücke; Teil 3: Regeln für Betrieb und Wartung (07.82).

[4-14] Müller, S.: Umweltgefährdung durch undichte Abwasserkanäle. Diplomarbeit Fachbereich Raumplanung der Universität Dortmund (1989). Auszugsweise Veröffentlichung in: Müller, S.: Inspektionsprioritäten – ein Ansatz zur Bestimmung von Dringlichkeiten für die Untersuchung von Abwasserkanälen unter Umweltschutzgesichtspunkten. Sonderheft Zeitschrift für angewandte Umweltforschung (ZAU) Kurztitel: Kanal 3. Analytica Verlag, Berlin 1990.

[4-15] Haertle, T., Josopait, V.: Methodik und Arbeitsweise zur Anfertigung von Karten über die natürlichen Grundwasserschutzbedingungen. In: Institut für Stadtbauwesen TU Braunschweig: Anthropogene Einflüsse auf die Grundwasserbeschaffenheit in Niedersachsen. Fallstudien 1982. Veröffentlichungen des Institutes für Stadtbauwesen, Braunschweig (1982), H. 34.

[4-16] Hochstrate, K.: Werterhaltung und Finanzierung des Kanalnetzes – Planungsgrundlagen für die vorausschauende Steuerung der Sanierung. Manuskript zum Vortrag im Tiefbauamt Esslingen (1997).

[4-17] Winkler, U.: Selbstüberwachung von Abwasser-Kanalisationsnetzen in Deutschland. Referat anläßlich der Veranstaltung „Entwicklungen in der Kanalisationstechnik" im November 1996. Veranstalter: Ministerium für Umwelt, Raumordnung und Landwirtschaft des Landes Nordrhein-Westfalen, Düsseldorf, Institut für Kanalisationstechnik (IKT) an der Ruhr-Universität Bochum, Gelsenkirchen, Institut für Siedlungswasserwirtschaft der RWTH Aachen.

[4-18] Existing Sewer Evaluation & Rehabilitation. ASCE-Manuals on Engineering Practise No. 62 WPCF-Manual of Practise FD-6. ASCE. New York and WPCF, Washington 1983.

[4-19] Brühl, E., Stötzner, U.: Geophysik und die geologisch-technische Vorerkundung von Felsbauten. Felsbau 13 (1955), Nr. 5, S. 256–261.

[4-20] Daniels, J. J., Roberts, R. L.: Ground Penetrating Radar for Geotechnical Application. Aus: Woods, R. D.: Geophysical Characterization of sites. Volume prepared by ISSMFE, Technical Commitee '10. Balkema, Rotterdam 1994.

[4-21] Woods, R. S.: Borehole Methods in Shallow Seismic Exploration. Aus: Woods, R. D.: Geophysical Characterization of sites. Volume prepared by ISSMFE, Technical Commitee '10. Balkema, Rotterdam 1994.

[4-22] Büttgenbach, T.: Geophysikalische Erkundung von Altablagerungen. Aus: Altlasten und kontaminierte Böden '93. Forum Umweltschutz, Kompa/Fehlau/Schreiber, Verlag TÜV Rheinland, 1993.

[4-23] Miegel, W.: Geophysikalische Möglichkeiten der Baugrunderkundung in der Zukunft. Dokumentation 12. Internationaler Kongress für grabenlose Bauweisen im Leitungs- und Kanalbau. Documentaion No-DIG '95, Dresden 1995.

[4-24] Schepers, R.: Kartierung von Klüften mit Hilfe von Bohrlochmessungen. Tagungsband des 8. Mintrop-Seminars, Kassel, 1988.

[4-25] Schepers, R., Vos, H. C. L., Vogel, J. A.: An ultrasonic circular array transducer for pipeline and borehole inspection. Proceedings of IEEE Ultrasonics Symposium, Chicago, 1988.

[4-26] Toumani, A., Schepers, R., Schmitz, D.: Automatic determination of lithology from well logs using Fuzzy classification. Proceedings of the 56th EAEG Meeting, Vienna 1994.

[4-27] Lehmann, B., Gelbke, C., Räkers, E.: Detektion von Hohlräumen mit kombinierten geophysikalischen Verfahren an Beispielen aus Berlin, Colditz, Oppenheim und Wuppertal. Hohlraum 95, Waldenburg, 1995.

[4-28] Schepers, R., Rafat, G., Gelbke, C., Lehmann, B.: Application of Borehole Logging, Core Imaging and Tomography to Geotechnical Exploration. Presented on ISRM Symposium, International workshop „Application of Geophysics to Rock Engineering", Columbia University, New York, 1997.

[4-29] Gelbke, C., Räkers, E., Lehmann, B., Orlowsky, D.: Hochauflösende Baugrunderkundung im Zentrum von Berlin. Geowissenschaften (1995), H. 3-4, S. 108-112.

[4-30] Lehmann, B., Gelbke, C., Reimers, L. E., Blümling, P.: Reflexionsseismische Untersuchungen des Vor- und Umfeldes eines Tunnels im Felslabor Grimsel (Schweiz). 50. Jahrestagung der DGG, Leoben, S. 54, 1990.

[4-31] Stein, D., Möllers, K., Bielecki, R.: Leitungstunnelbau. Verlag Ernst & Sohn, Berlin 1988.

[4-32] Gaertner, H., Bauer, M., Seitz R.: Reflexionsseismische Erkundung des Nahbereiches für Verkehrsbauten. Felsbau 13 (1995), Nr. 5, S. 266-271.

[4-33] Owen, T. E., Rüter, H.: Journal of Applied Geophysics. Volume 33, NOS. 4, Elsevier, April 1995.

[4-34] Watzlaw, W., Schulz, G., Fischer, R., Trogisch, V.: Einsatz der Geophysik bei der Erkundung von Tunneltrassen. Felsbau 13 (1995), Nr. 5, S. 291-295.

[4-35] Frei, W.: Zeitgemäße Refraktionsseismik. Felsbau 13 (1995), Nr. 5, S. 262-265.

[4-36] Schott, W., Mc Gee, T., Boeck, H. J., Neudert, A.: High-Resolution Acoustic Investigation of a Mine Tailings Pond. Firmeninformation der DMT (Essen), Thalassic Data Limited (Canada), C&E Wismut GmbH.

[4-37] Firmeninformation, Firma DMT – Institut für Lagerstätten, Vermessung und Angewandte Geophysik, Essen, 1997/98.

[4-38] Lenz, J.: Der Gläserne Untergrund – Leitfaden zur Ortung bei Planung, Bau und Betrieb von Leitungen. Vulkan Verlag, Essen 1997.

[4-39] Firmeninformation Trotec, Heinsberg.

[4-40] DIN 4021: Baugrund, Aufschluß durch Schürfe und Bohrungen sowie Entnahme von Proben (10.90).

[4-41] DIN 4124: Baugruben und Gräben; Böschungen, Arbeitsraumbreiten, Verbau (08.81)

[4-42] Kanalinstandhaltungs-, -sanierungsarbeiten, Dichtheitsnachweis im Abwasserkanalsystemen. Technische Informationen aus der Baupraxis, Arbeitsgemeinschaft Industriebau (AGI), Januar 1994.

[4-43] DIN 4094: Baugrund; Erkundung durch Sondierung (12.90).

[4-44] Grundbau – Taschenbuch, Teil 1, Herausgeber: Ulrich Smoltczyk, Verlag Ernst & Sohn, Berlin (fünfte Auflage 1996).

[4-45] Firmeninformation Prof. Stein & Partner GmbH, Bochum.

[4-46] Sewerage Rehabilitation Manual Water Research Centre, Swindon 1990.

[4-47] Achermann, U., Bucher, O., Fauster, H., Sprenger, R.: Allgemeine Bedingungen und Leistungsverzeichnis für Kanalfernsehuntersuchungen. Verband schweizerischer Abwasserfachleute (vsa), Verbandsbericht Nr. 308, 1986.

[4-48] SIA Richtlinien für Kanalfernsehuntersuchungen. 1. Entwurf August 1985. Schweizerischer Ingenieur- und Architekten-Verein, Zürich.

[4-49] Bundesarbeitsgemeinschaft der Unfallversicherungsträger der öffentlichen Hand (BAGUV): Unfallverhütungsvorschrift Ortsentwässerung (Kanalisationsanlagen) (GUV 7.4), München 1988.

[4-50] Bundesverband der Unfallversicherungsträger der öffentlichen Hand – (BAGUV): Sicherheitsregeln für Arbeiten in umschlossenen Räumen von abwassertechnischen Anlagen – Betrieb (GUV 17.6). Ausgabe Januar 1989.

[4-51] Lehr- und Handbuch der Abwassertechnik;

4. 点検　文献

Band I: Wassergütewirtschaftliche Grundlagen, Bemessung und Planung von Abwasserableitungen (dritte, überarbeitete Auflage 1982); Band II: Entwurf und Bau von Kanalisationen und Abwasserpumpwerken (dritte, überarbeitete Auflage 1982); Herausgeber: Abwassertechnische Vereinigung e.V. (ATV), St. Augustin; Verlag von Wilhelm Ernst & Sohn, Berlin/München.

[4-52] Operation and Maintenance of Wastewater Collection Systems. Manual of Practise No. 7. Water Pollution Control Federation, Washington 1985.

[4-53] Schurr, E., Gekeler, A.: Arbeitssicherheit im Kanalnetz einer Großstadt, Korrespondenz Abwasser (KA) 27 (1980), H. 5, S. 297–302.

[4-54] Tietz, St., Kirchner, J.-U.: Die Arbeit in kommunalen Entwässerungsbetrieben. Bundesanstalt für Arbeitsschutz und Unfallforschung Dortmund. Forschungsbericht Nr. 260 (1981).

[4-55] Güte- und Prüfbestimmungen, Güteschutz Kanalbau e.V., Bad Honnef (02.95)

[4-56] Firmeninformation der Firma Gullyver, Bremen.

[4-57] Firmeninformation Olympus Optical Co. (Europa) GmbH, Hamburg.

[4-58] Firmeninformation Karl Storz GmbH & Co, Tuttlingen.

[4-59] Gürschner, Benzel: Der städtische Tiefbau, III. Teil Stadtentwässerung, 4. Auflage, Verlag von B. G. Teubner in Leipzig und Berlin (1921).

[4-60] Bornhöft, J.: Das Fernsehen in der Wasserwirtschaft. Wasserwirtschaft 64 (1974), H. 3, S. 88–89.

[4-61] Hunger, H.: Fortschritte in der Fernsehuntersuchung und Abdichtung von Abwasserkanälen. Neue DELIWA-Zeitschrift (ndz) 28 (1977), H. 2.

[4-62] Firmeninformation Pearpoint Inc., Fuldatal.

[4-63] Tiny TV's in sewers. European Water Sewage (1985), H. 4.

[4-64] Hunger, H.: Rohrinspektion per TV. Instandhaltung (1980), H. 2, S. 20–22.

[4-65] Führer, C.: Erkennung von Kanalschäden durch Kanalfernsehtechnik sowie die Beseitigung von hydraulischen Hindernissen. Vortrag an der Technischen Akademie Wuppertal, 27.02.1986.

[4-66] Firmeninformation JT electronic gmbh, Lindau.

[4-67] Firmeninformation Rausch GmbH & Co., Siegmarzell.

[4-68] Firmeninformation Optimess GmbH, Gera.

[4-69] Firmeninformation IBAK, Kiel.

[4-70] Inspector Handbook for Sewer Collection System Rehabilitation. The National Association of sewer Services Companies (NASSCO), Winter Park, Florida, USA 1985.

[4-71] Ministerium für Umwelt, Raumordnung und Landwirtschaft des Landes NRW: Entwurf eines Leistungsverzeichnisses für die optische Inspektion zum Pilotprojekt „Erfassung des Kanalzustandes und Sanierung", Düsseldorf 1990.

[4-72] Firmeninformation KIPP Umwelttechnik GmbH, Bielefeld.

[4-73] Ergänzungen zum ATV-M 143 Teil 2: Inspektion, Instandhaltung, Sanierung und Erneuerung von Abwasserkanälen und -leitungen, Teil 2: Optische Inspektion. Korrespondenz Abwasser (KA) 41 (1994), H. 6, S. 983.

[4-74] Firmeninformation KMG Deutschland GmbH & Co. KG., Schieder-Schwalenberg.

[4-75] Rüschen, W.: Untersuchungen von Entwässerunggkanälen mit der elektronisch gesteuerten Fernsehkamera. Tiefbau Ingenieurbau Straßenbau (TIS) 28 (1986), H. 2, S. 63–66.

[4-76] DIN 25435 Teil 4: Wiederkehrende Prüfung der Komponenten des Primärkreises von Leichtwasserreaktoren – Sichtprüfung (11.87)

[4-77] DIN/VDE 0165: Errichtung elektrischer Anlagen in explosionsgefährdeten Bereichen (02.91).

[4-78] DIN EN 50014: Elektrische Betriebsmittel für explosionsgefährdete Bereiche; Allgemeine Bestimmungen (03.94).

[4-79] Bundesverband der Unfallversicherungsträger der öffentlichen Hand e.V.: Richtlinien für die Vermeidung der Gefahren durch explosionsfähige Atmosphäre mit Beispielsammlung-Explosionsschutz-Richtlinien (EX-RL) (GUV 19.8).

[4-80] Verordnung über elektrische Anlagen in explosionsgefährdeten Räumen (ELEX V), Carl Heymanns Verlag KG, Köln.

[4-81] Firmeninformation KARO Rohrreinigungs-Technologie, Huckeswagen.

[4-82] Stein, D., Maaß, H. U., Brune, P.: Meß- und Steuertechnik beim unterirdischen Rohrvortrieb. Tiefbau Ingenieurbau Straßenbau (TIS) 28 (1986), H. 2, S. 67–77.

[4-83] Collins, H. J.: Einige Ergebnisse der Vermessung von Längsschnitten verlegter Dränrohre. Wasser und Boden 35 (1983), H. 8, S. 358–361.

[4-84] Swedish Level Sets New Standards. Underground (April 1986), S. 12–13.

[4-85] Firmeninformation Iseki Poly-Tech Inc., Glendale (USA), 1990.

[4-86] DEMO-Objekte Hamburger Sielbau – Unter-

irdisches Auffahren kleiner Tunnelquerschnitte. Forschungsbericht. Forschungsvorhaben (FKZ-Nr. Bau 10 056) gefördert durch den BMFT, Projektleitung: FH Hamburg. Herausgeber: Amt für Wasserwirtschaft und Stadtentwässerung, Hauptabteilung Stadtentwässerung WSE 31, Hamburg 1985.

[4-87] Devery, R., Gilmartin, Th.: Temperature effects on Lasers. Civil engineering/ASCE, November 1985, S. 51.

[4-88] Firmeninformation Ingenieurbüro Dr. Buchmann und Prof. Dr. Scherer, Bochum.

[4-89] Larjomaa, I.: Ergebnisse der Überprüfung erdverlegter Kanalisationsrohre. Straßen- und Tiefbau (s+t) 34 (1980), H. 8, S. 25–30.

[4-90] Meß- und Prüfverfahren zur quantitativen Zustandserfasssung von Kanalisationen. Tiefbau Ingenieurbau Straßenbau (TIS) (1995), H. 9, S. 37–38.

[4-91] Campball, G., Rogers, K., Gilbert, J.: PIRAT – a system for quantitative sewer assessment. Documentation, International NO DIG '95, Dresden 1995.

[4-92] Natutoshi Nata, Jun-ichi Masuda, Toshio Takatsuka: Deep Ground-Penetrating Radar Technology for Surveying Buried Objects. International NO DIG '97, Proceedings, Taipei, Taiwan 1997.

[4-93] Yoshinori Mori, Tsukada Yukihiro, Yasumitsh Ichimura: Applicability for Radar System to Detect Hollow Spaces around Underground Structures. International NO DIG '97, Proceedings, Taipei, Taiwan 1997.

[4-94] Maronne, G., Thepot, O.: Présentation d'un outil d'auscultation in-situ des conduits visitables enterrés – procédé MAC. Tunnels et ouvrages souterrains (1996), H. 135.

[4-95] WTA-Empfehlungen zur Durchführung einer Schadensdiagnose an Betonbauwerken. Bautenschutz Bausanierung (1986), H. 9, S. 67–72.

[4-96] Guide for Making a Condition Survey of Concrete in Service. American Concrete Institute, ACI 201. IR-68 (Reaffirmed 1979).

[4-97] August, L., Jonetzki, H., Stremmel, W.: Empfehlungen für die Durchführung zerstörungsfreier und zerstörungsarmer Prüfverfahren im Rahmen der Bauwerksprüfungen nach DIN 1076. Straße und Autobahn (1984), H. 3, S. 102–110.

[4-98] Kuhne, V., Dellen, R., Dohrmann, B.: Die Bauwerksprüfung als Grundlage der Bauwerkserhaltung bei Stahlbetonkonstruktionen. Bauwirtschaft (1985), H. 45, S. 1659–1662.

[4-99] Rybicki, R.: Bauschäden an Tragwerken, Teil 2 – Beton und Stahlbetonbauten. Werner-Verlag, Düsseldorf, 1979.

[4-100] AGI K10: Schutz von Beton-Oberflächenbehandlung; Imprägnierung, Versiegelung, Beschichtung. Arbeitsblatt der Arbeitsgemeinschaft Industriebau e.V. (AGI), Köln (08.83).

[4-101] Grube, H., Kern, G., Quintmann, H.-D.: Instandhaltung von Betonbauwerken. Beton-Kalender 1990, Teil II, S. 681–805. Verlag Ernst & Sohn, Berlin 1990.

[4-102] Pohl, E.: Zerstörungsfreie Prüf- und Meßmethoden für Beton. Verlag für Bauwesen, Berlin 1969.

[4-103] Bisle, H.: Betonsanierungssysteme – praxiserprobt. Bauverlag, Wiesbaden und Berlin 1988.

[4-104] Prüfung von Beton, Empfehlungen und Hinweise als Ergänzung zu DIN 1048. Deutscher Ausschuss für Stahlbeton, Heft 422, Beuth Verlag, Berlin 1991.

[4-105] DIN ISO 8047 (Entwurf): Festbeton; Bestimmung der Ultraschallgeschwindigkeit (05.89).

[4-106] Kuntze, H.-B., Schmidt, D., Haffner, H., Loh, M.: KARO – ein flexibel einsetzbarer Roboter zur intelligenten sensorbasierten Kanalinspektion. International NO DIG 95, Conference Documentation, Dresden 1995.

[4-107] Firmeninformation TOA Grout Corp. & TGS Comp., Japan.

[4-108] Klingmüller, O., Schmitt, R.: Entwicklung akustischer Meßverfahren zur Detektion des Kanalzustandes. Documentation, 4. Internationaler Kongress Leitungsbau, Hamburg, 16. bis 20. Oktober 1994.

[4-109] Klingmüller, O.: Entwicklung der Schallreflexionsanalyse als ferngesteuerte zerstörungsfreie Klopfprüfung nichtbegehbarer Abwasserkanäle. International NO DIG 95, Conference Documentation, Dresden 19.–22.9.1995.

[4-110] Klingmüller, O., Schmitt, R.: Entwicklung akustischer Meßverfahren zur Detektion des Kanalzustandes. Documentation, 5. Internationaler Kongress Leitungsbau, Hamburg, 19. bis 23. Oktober 1997.

[4-111] Der Sonomolch – Ultraschalltechnik zur Detektion und Lokalisation von Schäden in Abwasserkanälen. Firmeninformation IBMT Frauenhofer-Institut, St. Ingbert.

[4-112] Ganzheitliche Sanierung eines durch Fremdwasser beeinträchtigten Kanalisationsnetzes: Hydraulische und hydrogeologische Untersuchungen. – Abschlußbericht zu einem von der Bezirksregierung Köln und dem Ministerium für Umwelt, Raumordnung und Landwirtschaft NRW beauftragten Forschungsvorhaben, Institut für Kanalisationstechnik, Gelsenkirchen 1998.

4. 点検　文献

[4-113] DIN 19559: Durchflußmessung von Abwasser in offenen Gerinnen und Freispiegelleitungen Teil 1: Allgemeine Angaben (07.83).

[4-114] ATV - Arbeitsberichte der AG 1.2.5.: Quantitative und qualitative Abflußmessung. Korrespondenz Abwasser (KA) 34 (1987), H. 11, S. 1205-1214.

[4-115] Bonfig, K. W.: Technische Durchflußmessung unter besonderer Berücksichtigung neuartiger Durchflußmeßverfahren. 2. Auflage, S. 231, Vulkan-Verlag, Essen 1987.

[4-116] Durchflußmessungen in Abwasseranlagen. Tagungsband zum ATV-Seminar für die Abwasserpraxis. Abwassertechnische Vereinigung e.V. (ATV), Hennef 1994.

[4-117] Hager, W. H.: Abwasserhydraulik, Theorie und Praxis. Springer-Verlag, Berlin 1995.

[4-118] Valentin, F.: Stand der Entwicklung der Durchflußmessung bei der Indirekteinleiterkontrolle. - In: Instrumentationen zur Indirekteinleiterüberwachung - Probenahmesysteme - kontinuierliche Messungen - Durchflußmessungen. - Gewässerschutz - Wasser - Abwasser, 111. - Institut für Siedlungswasserwirtschaft der RWTH Aachen, Aachen 1989.

[4-119] Hassinger, R.: Durchflußmessungen an Regenentlastungsbecken. - In: Durchflußmessungen in Abwasseranlagen. - Tagungsband zum ATV-Seminar für die Abwasserpraxis, Gesellschaft zur Förderung der Abwassertechnik e.V., Abwassertechnische Vereinigung (ATV), Hennef 1994.

[4-120] Valentin, F: Hydraulische Grundlagen und Methodik. In: Durchflußmessungen in Abwasseranlagen. - Tagungsband zum ATV-Seminar für die Abwasserpraxis, Gesellschaft zur Förderung der Abwassertechnik e.V., Abwassertechnische Vereinigung (ATV), Hennef 1994.

[4-121] Kölling, C., Valentin F.: SIMK-Durchflußmessungen. Wasserwirtschaft 85 (1995), S. 494-499.

[4-122] Kölling, C.: Persönliche Mitteilung.

[4-123] VDI/VDE 2640: Netzmessung in Strömungsquerschnitten
Blatt 1: Allgemeine Richtlinien und mathematische Grundlagen (06.93).
Blatt 2: Bestimmung des Wasserstromes in geschlossenen, ganz gefüllten Leitungen mit Kreis-oder Rechteckquerschnitt (11.81). VDI-Verlag Düsseldorf.

[4-124] Koppe, P., Stozek A.: Kommunales Abwasser. 3. Auflage, S. 530, Vulkan-Verlag, Essen 1993.

[4-125] Flow measurements in sanitary sewers by dye dilution. Informationsschrift, Sunnyvale (CA, USA), Turner Designs 1994.

[4-126] Krier, H., Sitzmann, D.: Erfahrungen der Stadt Frankfurt am Main mit Abflußmessungen in der Kanalisation. In: Institut für Kanalisationstechnik, Gelsenkirchen, Institut für Siedlungswasserwirtschaft, RWTH Aachen: Tagungsband zu der Veranstaltung Entwicklungen in der Kanalisationstechnik am 5./6.11.1996 in Düsseldorf, Gelsenkirchen/Aachen 1996.

[4-127] Fluorometry in the water pollution control plant. Informationsschrift, Sunnyvale (CA, USA), Turner Designs 1995.

[4-128] Erweiterung der Pilotstudie zur Überprüfung von Durchflußmeßeinrichtungen auf Kläranlagen in Nordrhein-Westfalen. Abschlußbericht zu einem vom Ministerium für Umwelt, Raumordnung und Landwirtschaft NRW beauftragten Forschungsvorhaben, Institut für Kanalisationstechnik, Gelsenkirchen 1998.

[4-129] Preissler, G., Bollrich, G.: Technische Hydromechanik, Band 1. Verlag für Bauwesen, Berlin 1992.

[4-130] ISO 1438-1: Water flow measurement in open channels using weirs and Venturi flumes, Part 1: Thin-plate weirs, (04.80).

[4-131] Firmeninformation Züllig, Rheineck, Schweiz.

[4-132] DIN 19559: Durchflußmessung von Abwasser in offenen Gerinnen und Freispiegelleitungen. Teil 2: Venturi-Kanäle. Beuth Verlag, Berlin 1983

[4-133] Hassinger, R.: Induktive Durchflußmessung in Abwasseranlagen - Meßprinzip und Schlußfolgerungen für den Einbau. In: Fachgebiet für Siedlungswasserwirtschaft der Universität-GH Kassel [Hrsg]: Magnetischinduktive Durchflußmessung auf Kläranlagen - Grundlagen und Anwendung. F. Hirthammer Verlag, München 1993.

[4-134] VDI/VDE 2641: Magnetisch-induktive Durchflußmessung (07.85). VDI-Verlag, Düsseldorf.

[4-135] Schön, H.: Abflußmeßgerät top-flux MS-2 für den nachträglichen Einbau in offene Gerinne und teilgefüllte Rohrleitungen. Sonderdruck aus: Kommunalwirtschaft (1994), H. 9.

[4-136] Firmeninformation Ott, Kempten.

[4-137] ATV-A 139: Richtlinien für die Herstellung von Entwässerungskanälen und -leitungen (10.88).

[4-138] DIN EN 752: Entwässerungssysteme außerhalb von Gebäuden.

[4-139] Ullmann, F.: Umweltorientierte Bewertung der Abwasserexfiltration bei undichten Kanä-

len dargestellt am Beispiel einer Bundeswehrkaserne. Dissertation, Aachen, 1994.

[4-140] Salzwedel, J.: Haftungsrechtliche Fragen undichter Kanäle. Zeitschrift für angewandte Umweltforschung (ZAU) 1 (1988), Sonderheft 1, S. 23–30.

[4-141] Verordnung des Umweltministeriums über die Eigenkontrolle von Abwasseranlagen (Eigenkontroll VO) für Baden-Württemberg, 08.8.89.

[4-142] Hessen, Abwassereigenkontrollverordnung vom 22.2.1993, (GVBl. I S. 69).

[4-143] Mecklenburg-Vorpommern, Selbstüberwachungsverordnung 9.7.1993.

[4-144] Bayern, Eigenüberwachungsverordnung 20.9.1995 (GVBl. Nr. 25 S. 769).

[4-145] Bauordnung für das Land Nordrhein-Westfalen – Landesbauordnung (BauO NW). Gesetz- und Verordnungsblatt für das Land Nordrhein-Westfalen, Nr. 29, 13.04.1995

[4-146] ATV-M 143: Inspektion, Instandsetzung, Sanierung und Erneuerung von Entwässerungskanälen und -leitungen, Teil 6: Dichtheitsprüfung bestehender, erdüberschütteter Abwasserleitungen und -kanäle und Schächte mit Wasser, Luftüber- und Unterdruck (1998).

[4-147] DIN EN 1610: Verlegung und Prüfung von Abwasserleitungen und -kanälen (11.97) (ersetzt DIN 4033: Entwässerungskanäle und -leitungen; Richtlinien für die Ausführung (11.79).

[4-148] Stein, D., Kaufmann, O.: Entwicklung und Erprobung von Verfahren zur Dichtheitsprüfung – Dichtheitsprüfungen an bestehenden Abwasserkanälen nach dem ATV-Merkblatt M 143 Teil 6 (Entwurf). Documentation 5. Internationaler Kongreß Leitungsbau, Hamburg 19.–23.10.1997, S. 297-318.

[4-149] Kaufmann, O.: Zur Dichtheitsprüfung von Rohren mit Hilfe von Luftüber- und Unterdruck. Dissertation, Bochum 1997, Technisch-Wissenschaftliche Berichte des IKT und der Ruhr-Universität Bochum, Bericht 97/6, Oktober 1997.

[4-150] Stein, D., Kaufmann, O.: Dichtheitsprüfungen an bestehenden Kanälen – Stand der Forschung. Korrespondenz Abwasser (KA) 42 (1995), H. 4, S. 526–534.

[4-151] UVV „Allgemeine Vorschriften" (VBG 1).

[4-152] UVV „Bauarbeiten" (VBG 37).

[4-153] Sicherheitsregeln für Rohrleitungsbauarbeiten (ZH 1/559).

[4-154] Sicherheitsregeln für Arbeiten in umschlossenen Räumen von abwassertechnischen Anlagen (ZH 1/177).

[4-155] Firmeninformation Städtler u. Beck oHG, Speyer.

[4-156] DIN 4279: Innendruckprüfung von Druckrohrleitungen für Wasser; Teil 1, 2, 4–9 (11.75), Teil 3 (06.90), Teil 10 (11.77).

[4-157] ATV-A 142: Abwasserkanäle und -leitungen in Wassergewinnungsgebieten (10.92).

[4-158] ATV-Handbuch: Planung der Kanalisation. Abwassertechnische Vereinigung e.V. (ATV), Hennef, Verlag von Wilhelm Ernst & Sohn, Berlin (4. Auflage 1994).

[4-159] Bayerisches Landesamt für Wasserwirtschaft: Prüfung alter und neuer Abwasserkanäle, November 1992.

[4-160] Stein, D., Kaufmann, O.: Dichtheitsprüfungen an bestehenden Abwasserkanälen nach dem Merkblatt ATV-M 143 Teil 6 (Entwurf). Korrespondenz Abwasser (KA) 44 (1997), H. 9, S. 1534–1545.

[4-161] Stein, D., Kaufmann, O.: Entwicklung und Erprobung von Verfahren zur Dichtheitsprüfung bei im Rahmen des Förderschwerpunktes entwickelten Kanalsanierungstechniken. Schlußbericht zum Forschungsvorhaben 02-WK9174/7 des Bundesministeriums für Bildung und Forschung, November 1996.

[4-162] Ö-Norm B 2503: Ortskanalanlagen, Richtlinien für die Ausführung. Österreich 1992.

[4-163] SIA 190: Kanalisationen. Schweizerischer Ingenieur- und Architektenverein, Zürich 1977.

[4-164] SFS 3113 E: Plastic Pipes. Watertightness Test for Underground Sewage and Drainage Pipelines and Manholes. Finlands Standardiseringsförbund, 1976.

[4-165] SFS 3114 E: Plastic Pipes. Air Leakage Test for Underground Sewage and Drainage Pipelines and Manholes. Finlands Standardiseringsförbund, 1976.

[4-166] ASTM C 1091-90: Standard Test Method for Hydrostatic Infiltration and Exfiltration Testing of Vitrified Clay Pipelines, USA 1990.

[4-167] ASTM C 828-90: Low-Pressure Air Test of Vitrified Clay Pipelines. American Society for Testing and Materials, USA 1980.

[4-168] Firmeninformation Cherne Industries Inc., Minneapolis, USA.

[4-169] ASTM C 924-85: Standard Test Method for Low-Pressure Air Test of Concrete Pipe Sewers, USA 1991.

[4-170] The National Association of Sewer Service Companies (NASSCO). Recommended Specifications for Sewer Collection System Rehabilitation. 5th edition, USA (1989).

[4-171] John Taylor and Sons, Consulting Engineers: The Government of Abu Dhabi Sewerage Projects Committee Abu Dhabi Sewerage

4. 点検　文献

Scheme, Conditions and Specifications (06.78).

[4-172] VAV P50: Anvisningar för prövning ifält av avloppsledningar för självfall. Svenska vatten – och avloppsverksföreningen – VAV (06.87).

[4-173] Firmeninformation Hydronic GmbH, Bitburg.

[4-174] Doutlik, K. G., Trummert, O.: Luft als Prüfmedium für Rohrstränge. AC Underground Tiefbau Canalisation (1983), H. 16, S. 16–18.

[4-175] Hein, M., Schwarz, A., Wagner, W.: Dichtheitsprüfung von Abwasserkanälen mit Unterdruck (Vakuum). Fachgemeinschaft Gußeiserner Rohre, Köln. FGR-Gußrohrtechnik (1989), H. 23, S .9–15.

[4-176] Firmeninformation Halberg-Luitpoldhütte, Saarbrücken-Brebach.

[4-177] Brune, P., Rammelsberg, J.: Kanäle aus duktilen Gußrohren; Anforderungen und Dichtheitsprüfung mittels Unterdruck. Fachgemeinschaft Gußeiserner Rohre, Köln. FGR-Gußrohrtechnik (1994), H. 29.

[4-178] Firmeninformation Vetter GmbH, Zülpich.

[4-179] G. Keller: Ein neues Verfahren zur Inspektion von Entwässerungskanälen und -leitungen mittels opto-hydraulischer Zustandserfassung. Korrespondenz Abwasser (KA) 38 (1991), H. 11, S. 1476–1483.

[4-180] Firmeninformation Brochier GmbH, Nürnberg.

[4-181] TGL 24892/10: Abwasserableitung: Grundsätze für Planung, Projektierung, Bau und Betrieb – Prüfung erdverlegter Rohrleitungen.

[4-182] ASTM C 1103-89: Standard Test Method for Joint Acceptance of Installed Precast Concrete Pipe Sewers, USA 1989.

[4-183] CEN N 69 E: Section 2 – User Performance Requirements (E 01.91).

[4-184] Firmeninformation Dipl.-Ing. Gilbert Göhner GmbH, Wolfsburg

[4-185] Firmeninformation Sewerin GmbH, Gütersloh.

[4-186] Frommhold, W., Fuchs, H. V., Schmidt-Schykowski, K.: Möglichkeiten und Grenzen der akustischen Leckortung auf Rohrleitungen. Dokumentation 1. Internationaler Kongreß Leitungsbau, Hamburg 1987. Teil I, S. I/833–I/842.

[4-187] Riehle, R., Karle, H. P.: Praktische Erfahrungen mit der Kohärenz-/Korrelationsmethode bei der Leckortung auf Rohrleitungen. Dokumentation 1. Internationaler Kongreß Leitungsbau, Hamburg 1987, Teil I, S. I/201–I/208.

[4-188] Kreutzer, M.: Entwicklung eines Verfahrens zur Festlegung von Ort und Ausmaß von ex- und infiltrierenden Leckstellen in Abwasserkanälen unter Verwendung von direkt an das Erdreich oder Abwasser angekoppelten elektrischen Strömen. 4. Internationaler Kongreß Leitungsbau, Hamburg (1994).

[4-189] KMGeosonde. Firmeninformation KMG Deutschland GmbH, Schieder-Schwalenberg.

[4-190] Elektronische Dichtheitsprüfung von Abwasser-Kanalisationsnetzen mit der KMGeosonde. bauwirtschaftliche informationen (bi) (1994), H. 12.

[4-191] Firmeninformation seba dynatronic GmbH, Baunach.

[4-192] Stein, D.: Leckortung in Kanalisationen. Schriftenreihe des Fachgebietes Siedlungswasserwirtschaft der Universität-Gesamthochschule Kassel, H. 5, Kassel 1989, S. 217–229.

[4-193] Johnson, P. F.: Aerial Leek Surveys: Use of Magnetic Spectrum Analysis. Proceedings No-Dig 88, Washington 1988.

[4-194] Weil, G. J.: Remote Infrared Thermal Sensing of Sewer Voids, Four Year Update. Proceedings No-Dig 88, Washington 1988.

[4-195] Untersuchungstechniken im Tief- und Ingenierbau. Bundesamt für Konjunkturfragen, Bern, 1991.

[4-196] Firmeninformation Ingenieurbüro für Kanalinstandhaltung (IfK), Bochum.

[4-197] Pecher, R.: Anwendungsmöglichkeiten von Datenbanken im Kanalkataster. GIS-Sonderheft 4 (1991), S. 2–8.

[4-198] Schütte, M.: Das Kanalkataster – Vergleiche verschiedener Systeme.

[4-199] Sawatzki, J.: Geografische Informationssysteme – Mehr Effizienz in Bearbeitung und Anwendung am Beispiel Abwasser. Umwelt Technologie Aktuell 5 (1994), H. 5, S. 225–230.

[4-200] Stein, D., Niederehe, W.: Instandhaltung von Kanalisationen. 2., überarbeitete und erweiterte Auflage, Verlag Ernst & Sohn, Berlin 1992.

[4-201] ATV-A 145: Aufbau und Anwendung einer Kanaldatenbank (10.94).

[4-202] Firmeninformation DW-Informationssysteme GmbH, Schwerte.

[4-203] Kuhn, H.: Aufbau von Netzinformationssystemen mit Hilfe der Hybriden Grafischen Datenverarbeitung. 3R international 31 (1992), H. 8, S. 502–505.

[4-204] Frasch, Strässle, P.: Datenorganisation in einem Landinformationssystem. Lehrveranstaltung der Uni Essen, Fachbereich Vermessungswesen, 1989.

[4-205] ATV-A 118: Richtlinien für die hydraulische

Berechnung von Schmutz-, Regen- und Mischwasserkanälen (07.77).

[4-206] ATV-A 119: Grundsätze für die Berechnung von Bewässerungsnetzen mit elektronischen Datenverarbeitungsanlagen (10.84)

[4-207] ATV-A 133: Erfassung, Bewertung und Fortschreibung des Vermögens kommunaler Entwässerungseinrichtungen (09.96).

[4-208] Gekeler, A.: Unterstützung der Kanalzustandsüberwachung durch eine Kanaldatenbank. Wasser-Abwasser-Praxis (WAP) (1996), H. 3, S. 22-24.

[4-209] Ballhausen, M.: Vorgangsorientierte Datenverwaltung und Datennutzung in einem Kanalinformationssystem. Korrespondenz Abwasser (KA) 42 (1995), H. 10, S. 1734-1740.

[4-210] Bericht der ad-hoc-Arbeitsgruppe „Zustandsklassifizierung und -bewertung von Entwässerungssystemen außerhalb von Gebäuden: Beschreibung des überarbeiteten Kürzelsystem nach ATV-M 143 Teil 2 für die Feststellung und Beurteilung des Istzustandes von Abwasserkanälen und -leitungen außerhalb von Gebäuden." Korrespondenz Abwasser (KA) 45 (1998), H. 2.

[4-211] Lohaus, J: Unveröffentlichte Hinweise zum 3. Entwurf „Visual Inspection Coding System" (11.97).

[4-212] Dyk, C.: Unveröffentlicher Entwurf eines Umsteigekatalogs vom ATV-M 143 Teil 2 zur DIN EN 752 (11.97).

[4-213] Stein, D., Kentgens, S., Bornmann, A.: Feststellung und Bewertung von Schäden an Abwasserkanälen und -leitungen unter besonderer Berücksichtigung der Standsicherheit und Funktionsfähigkeit. Documentation 4. Internationaler Kongress Leitungsbau, Hamburg 1994.

[4-214] Stein, D., Kentgens, S., Bornmann, A.: Feststellung und Bewertung von Schäden an Abwasserkanälen und -leitungen unter besonderer Berücksichtigung der Standsicherheit und Funktionsfähigkeit. Schlußbericht zum Forschungsvorhaben 02>WA9037 des BMBF, Bochum 1995.

[4-215] Zustandsklassifizierung und Zustandsbewertung von Abwasserkanälen und -leitungen. ATV-Seminar (09.95).

[4-216] Möllers, K.: Sanierungs-Prioritäten setzen mit KAPRI. IfK Report, Ingenieurbüro für Kanalinstandhaltung, Bochum.

[4-217] Möllers, K., Kipp, B.: Zustandsbewertung von Abwasserkanälen und -leitungen. Korrespondenz Abwasser (KA) 38 (1991), H. 5, S. 596-613.

[4-218] Möllers, K.: Entwicklung eines Grundmodells zur Zustandsbewertung. IfK – Ingenieurbüro für Kanalinstandhaltung, Bochum.

[4-219] Kruse, Ch.: Erarbeitung und Anwendung eines Schadensklassifizierungsmodells für die bei der Inneninspektion dokumentierten Schäden. Diplomarbeit am Institut für konstruktiven Ingenieurbau der Ruhr-Universität Bochum, 1993.

[4-220] Sawatzki, J.: Verfahrensmodell zur Klassifizierung von Entwässerungskanälen. Korrespondenz Abwasser (KA) 38 (1991), H. 12, S. 1632-1639.

[4-221] Möhring, K., Pawlowski, L.: Zustandserfassung von Kanalisationen und ihre Einbindung in ein „Grafisch Technisches Informationssystem" – GTIS – Kanal. Korrespondenz Abwasser (KA) 37 (1990), H. 11, S. 1324-1331.

[4-222] ISYBAU Zustandsklassifizierung und -bewertung (01.96).

[4-223] Müller-Winterstein, R., Hotz, R.: Was sollen, was können Modelle zur Zustandserfassung und -bewertung von Kanalnetzen leisten? Korrespondenz Abwasser (KA) 43 (1996), H. 1, S. 24-40.

[4-224] NEN 3399: Abflußsysteme außerhalb von Gebäuden – Niederländisches Klassifizierungssystem für die Sichtprüfung von Kanalisationsanlagen (09.94).

[4-225] Worst, W. J. P.: Classification and Interpretation of Sewer Damages. Conference Papers No-Dig 90, Rotterdam 1990.

[4-226] Snaterse, C.: Feststellung, Klassifizierung und Behebung von Schäden an Kanälen in den Niederlanden. Dokumentation 2. Internationaler Kongreß Leitungsbau, Hamburg 1989, S. 425-439.

[4-227] NPR 3398: Drainage and Sewerage Systems – Inspection and Assessment of Condition. (Niederländischer Normentwurf 05.90).

[4-228] Hochstrate, K., Jansen, K.: Werterhaltung und Finanzierung von Abwasserkanalnetzen durch vorbeugende Instandhaltung. Korrespondenz Abwasser (KA) 43 (1996), H. 2, S. 284-291.

[4-229] Stein, D.: Verhinderung des Wasseraustausches zwischen undichten Kanalisationssystemen und dem Aquifer durch Sanierung der Kanäle – Auswirkungen auf Hydrogeologie, Wasserwirtschaft, Bebauung und Bewtchs. Unveröff. Forschungsbericht 1996.

5. 補修文献

[5.1-1] DIN EN 752-1: Entwässerungssysteme außerhalb von Gebäuden, Teil 1: Allgemeines und Definitionen (01.1996).

[5.1-2] DIN 31051: Instandhaltung; Begriffe und Maßnahmen (01.1985).

[5.1-3] DIN EN 752-5: Entwässerungssysteme außerhalb von Gebäuden; Teil 5: Sanierung (11.1997).

[5.1-4] ATV-M 143: Inspektion, Instandsetzung, Sanierung und Erneuerung von Abwasserkanälen und -leitungen. Teil 1: Grundlagen (12.1989).

[5.1-5] Rothe, K.: Die Werkstoffauswahl für das Rohr – ein wesentliches Element der Planung am Beispiel der Ortskanalisation. Steinzeug-Information (1983/84), S. 35–38.

[5.1-6] DIN EN 752-2: Entwässerungssysteme außerhalb von Gebäuden, Teil 2: Anforderungen (09.1996).

[5.1-7] DIN EN 752-3: Entwässerungssysteme außerhalb von Gebäuden, Teil 3: Planung (09.1996).

[5.1-8] DIN EN 752-4: Entwässerungssysteme außerhalb von Gebäuden, Teil 4: Hydraulische Berechnung und Umweltschutzaspekte (11.1997).

[5.1-9] DOC CEN TC 165 WG1 N 361 E Rev2: General requirements for components used for repair of drain and sewer systems outside buildings; (Draft 10.1996).

[5.1-10] DIN EN 1610: Verlegen und Prüfung von Abwasserleitungen und -kanälen (10.1997).

[5.1-11] DIN 1986-1/A1: Entwässerungsanlagen für Gebäude und Grundstücke; Teil 1: Technische Bestimmungen für den Bau; Änderung A1 (Normentwurf 06.1995).

[5.1-12] DIN EN 476: Allgemeine Anforderungen an Bauteile für Abwasserkanäle und -leitungen für Schwerkraftentwässerungssysteme (08.1997).

[5.1-13] ATV-A 125: Rohrvortrieb (09.1996).

[5.1-14] ATV-A 139: Richtlinien für die Herstellung von Entwässerungskanälen und -leitungen (10.1988).

[5.1-15] Friede, H.: Güteüberwachung bei Bau, Sanierung, Inspektion und Reinigung von Entwässerungskanälen und -leitungen. Dokumentation. Grabenloses Bauen und Instandhalten von Leitungen in Deutschland, Bertelsmann Fachzeitschriften (1997), S. 161–173.

[5.1-16] DIN 1960: VOB Verdingungsordnung für Bauleistungen; Teil A: Allgemeine Bestimmungen für die Vergabe von Bauleistungen (12.1992).

[5.1-17] Gütegemeinschaft Herstellung und Instandhaltung von Entwässerungskanälen und -leitungen e.V.: Argumente und Informationen – Güteschutz Kanalbau (01.1997).

[5.1-18] Gütegemeinschaft Herstellung und Instandhaltung von Entwässerungskanälen und -leitungen e.V.: Auftragsvergabe an güteüberwachte Firmen – Güteschutz Kanalbau (01.1997).

[5.1-19] Haendel, H.: Rohrwerkstoffe zur Abwasserableitung. Korrespondenz Abwasser (KA) 31 (1984), H. 7, S. 592–598, 31 (1984), H. 8, S. 701–707.

[5.1-20] Lühr, H.-P., Grunder, H. Th., Stein, D., Körkemeyer, K., Borchardt, B.: Produkte und Verfahren zur Sanierung von Abwasserkanälen. Schriftenreihe der Bundesanstalt für Arbeitsschutz und Arbeitsmedizin, Fb 779, Dortmund/Berlin 1997.

[5.1-21] Stein, D., Körkemeyer, K., Lechtenberg-Auffarth, E.: Acrylamidhaltige Mörtel müssen nicht sein. bi bauwirtschaftliche informationen (1997), H. 4, S. 45–46.

[5.2-1] DIN EN 752: Entwässerungssysteme außerhalb von Gebäuden. Teil 5: Sanierung. Stand (11.97).

[5.2-2] DIN EN 124: Aufsätze und Abdeckungen für Verkehrsflächen – Baugrundsätze, Prüfungen, Kennzeichnungen, Güteüberwachung, (08.94).

[5.2-3] DIN 19549: Schächte für erdverlegte Abwasserkanäle und -leitungen – Allgemeine Anforderungen und Prüfungen (02.89).

[5.2-4] Stein, D., Falk, C., Liebscher, M.: Abschlußbericht Forschungsvorhaben Sanierung schadhafter Schachtabdeckungen. Institut für Kanalisationstechnik (IKT), Nov. '95, unveröffentlicht.

[5.2-5] Existing Sewer Evaluation & Rehabilitation. ASCE-Manuals on Engineering Practice No./WPCF-Manual of Practice FD-6. ASCE, New York and WPCF, Washington, 1983.

[5.2-6] Inspector Handbook for Sewer Collection System Rehabilitation. The National Association of sewer Services Companies (NASSCO), Winter Park, Florida USA,

[5.2-7] Operation and Maintenance of Wastewater Collection Systems. Manual of Practice No. 7. Water Pollution Control Federation, Washington. 1985.

[5.2-8] ATV-A 241: Bauwerke der Ortsentwässerung; Empfehlungen und Hinweise (12.95).

[5.2-9] Firmeninformation der Ergelit Trockenmörtel und Feuerfest GmbH, Schwerte.

[5.2-10] Firmeninformation der Hermann Mücher GmbH & Co. KG, Schwelm.

[5.2-11] Firmeninformation der Sirius Spezialbaustoffe GmbH & Co., Duisburg.

[5.2-12] Firmeninformation Glombik GmbH, Stephanskirchen.

[5.2-13] Firmeninformation ACO Severin Ahlmann GmbH & Co. KG., Rendsburg.

[5.2-14] Firmeninformation W. Loos, Röthenbach.

[5.2-15] Firmeninformation SHARK Maschinenvertriebs GmbH, Herford.

[5.2-16] Stein, D., Falk, C.: Abschlußbericht Forschungsvorhaben Einsteigschächte für Abwasserkanäle – Entwicklung eines neuen Bau- und Sanierungsverfahrens für die Verbindung des Rahmens der Schachtabdekkung zum Schachthals. Institut für Kanalisationstechnik (IKT), Jan. '98, unveröffentlicht.

[5.2-17] Firmeninformation der Buderus-Guss GmbH, Wetzlar.

[5.2-18] Europäisches Patent Nr. 91850206.3: Paßstück für Straßenablauf und Einsteigschacht.

[5.2-19] DIN 4034: Schachtringe, Brunnenringe, Schachthälse, Übergangsringe, Auflageringe aus Beton; Maße, Technische Lieferbedingungen (10.73); Teil 1: Schächte aus Beton- und Stahlbetonfertigteilen – Schächte für erdverlegte Abwasserkanäle und -leitungen; Maße, Technische Lieferbedingungen (09.90).

[5.2-20] Firmeninformation der Schacht + Trumme W. Schwarz GmbH, Ahrensburg.

[5.2-21] Firmeninformation der Fa. Frühwald, Leipniz, Österreich.

[5.2-22] Firmeninformation der GAV GmbH, Boppard.

[5.2-23] DIN 1211: Steigeisen für zweiläufige Steigeisengänge; Teil 1: Steigeisen zum Einmauern oder Einbetonieren (10.86), Teil 2: Steigeisen zum Einbauen in Betonfertigteile (10.86), Teil 3: Steigeisen zum An- und Durchschrauben (E 3.93).

[5.2-24] DIN 1212: Steigeisen für zweiläufige Steigeisengänge; Teil 1: Steigeisen mit Aufkantung zum Einmauern oder Einbetonieren (10.86), Teil 2: Steigeisen mit Aufkantung zum Einbauen in Betonfertigteile (10.86), Teil 3: Steigeisen mit Aufkantung zum An- und Durchschrauben (E 3.93).

[5.2-25] DIN 1264 Teil 1: Steigeisen für zweiläufige Steigeisengänge; Anforderungen, Prüfung, Überwachung (04.93).

[5.2-26] DIN 19555: Steigeisen für einläufige Steigeisengänge; Steigeisen zum Einbau in Beton (V 08.94).

[5.2-27] ATV-A 137: Die Verwendung von Steighilfen in Bauwerken der Ortsentwässerung (12.85).

[5.2-28] Anwendung von Reaktionsharzen im Betonbau. Teil 3.1: Füllen von Rissen in Beton, Stahlbeton und Spannbeton mit Reaktionsharzen (08.81). Arbeitskreis „Beschichten von Beton" des Deutschen Beton-Vereins e.V., Beton- und Stahlbetonbau 76 (1981), H. 11, S. 282–283.

[5.2-29] Anwendung von Reaktionsharzen im Betonbau. Teil 3.2: Verarbeiten von Reaktionsharz auf Beton (06.84). Arbeitskreis „Beschichten von Beton" des Deutschen Beton-Vereins e.V., Beton 34 (1984), H. 8, S. 321–325.

[5.2-30] Firmeninformation Naylor Bros. (Clayware) Ltd., Cawthorne, England.

[5.2-31] Steinzeug Handbuch. Steinzeug-Gesellschaft mbH, 5. Auflage, Köln 1993.

[5.2-32] DIN EN 1610: Verlegung und Prüfung von Abwasserleitungen und -kanälen (10.97).

[5.2-33] Grube, H.: Entwurf für die Erläuterungen zu [5.2-34].

[5.2-34] Richtlinie für Schutz und Instandsetzung von Betonbauteilen, Teil 1: Allgemeine Regelungen und Planungsgrundsätze (08.90), Teil 2: Bauplanung und Bauausführung (08.90), Teil 3: Qualitätssicherung der Bauausführung (02.91), Teil 4: Qualitätssicherung der Bauprodukte (11.92). Deutscher Ausschuß für Stahlbeton, Beuth Verlag, Berlin.

[5.2-35] Bundesverband der Deutschen Zementindustrie (Hrsg.): Instandsetzen von Stahlbetonoberflächen. Beton-Verlag, Düsseldorf 1989.

[5.2-36] Grube, H., Kern, E., Quitmann, H.-D.: Instandhaltung von Betonbauwerken. Beton-Kalender 1990, Teil II, S. 681-805, Verlag Ernst & Sohn, Berlin 1990.

[5.2-37] Zusätzliche Technische Vertragsbedingungen und Richtlinien für Schutz und Instandsetzung von Betonbauteilen (ZTV-SIB 90), Ausgabe 1990. Der Bundesminister für Verkehr. Verkehrsblatt-Verlag Dortmund.

5. 補修　文献

[5.2-38] Firmeninformationen PCI Augsburg GmbH, Augsburg, Ausgabe 02.97.

[5.2-39] Groche, F.: Materialeigenschaften und Langzeitverhalten von Reaktionsharzbeton. In: Becker/Baum: Kunststoff-Handbuch, Bd. 10, Duroplaste, Hanser-Verlag, München/Wien 1988, S. 797.

[5.2-40] Stein, D., Bielecki, R.: Fugendichtungsmassen für den Abwassersammler- und Tunnelbau. Taschenbuch für den Tunnelbau 1982, S. 409–422, Verlag Glückauf, Essen 1981.

[5.2-41] Kwasny, R.: Reparaturmörtel und Konstruktionsbeton. Institut für Bauforschung der RWTH-Aachen, IBAC-Mitteilungen 1985, S. 203–208.

[5.2-42] Firmeninformation ISPO GmbH, Kriftel.

[5.2-43] Firmeninformation Reuß GmbH & C. KG, Wuppertal.

[5.2-44] Firmeninformation Woellner Werke GmbH & Co, Ludwigshafen.

[5.2-45] ATV-A 140: Regeln für den Kanalbetrieb; Teil 1: Kanalnetz (03.90).

[5.2-46] Richtlinie: Erhaltung und Instandsetzung von Bauten aus Beton und Stahlbeton. Österreichischer Betonverein, Wien, April 1994.

[5.2-47] Technische Lieferbedingungen für Betonersatzsysteme aus Zementmörtel/Beton mit Kunststoffzusatz (PCC), Ausgabe 1990, (TP BE-PCC). Der Bundesminister für Verkehr. Verkehrsblatt-Verlag Dortmund.

[5.2-48] Technische Prüfvorschriften für Betonersatzsysteme aus Zementmörtel/Beton mit Kunststoffzusatz (PCC), Ausgabe 1990, (TP BE-PCC). Der Bundesminister für Verkehr. Verkehrsblatt-Verlag Dortmund.

[5.2-49] Technische Lieferbedingungen für Betonersatzsysteme aus Reaktionsharzmörtel/Reaktionsharzbeton (PC), Ausgabe 1990, (TL BE-PC). Der Bundesminister für Verkehr. Verkehrsblatt-Verlag Dortmund.

[5.2-50] Technische Prüfvorschriften für Betonersatzsysteme aus Reaktionsharzmörtel/Reaktionsharzbeton (PC), Ausgabe 1990, (TP BE-PC). Der Bundesminister für Verkehr. Verkehrsblatt-Verlag Dortmund.

[5.2-51] Prüf- und Überwachungsbestimmungen für werkgemische Stoffe und Systeme bei Betonerhaltungsmaßnahmen. Bundesgütegemeinschaft Betonerhaltung e.V. (BGBE).

[5.2-52] Ruffert, G.: Schutz und Instandsetzung von Abwasseranlagen aus Beton. Straßen- und Tiefbau (s + t) 40 (1986), H. 5, S. 10–14.

[5.2-53] Instandsetzung eines Abwasserkanals. Unser Betrieb (Firmenzeitschrift der Deilmann-Haniel-Gruppe) Nr. 29, August (1981), S. 31.

[5.2-54] Ruffert, G.: Maßnahmen zur Verbesserung der Dauerhaftigkeit von Brückenbauwerken aus Beton. Tiefbau Ingenieurbau Straßenbau (TIS) 32 (1990), H. 8, S. 544–551.

[5.2-55] DIN 1045: Beton und Stahlbeton; Bemessung und Ausführung (07.88).

[5.2-56] Zusätzliche Technische Vorschriften und Richtlinien für das Füllen von Rissen in Betonbauteilen (ZTV-RISS 93), Ausgabe 1993; Technische Lieferbedingungen für Füllgut aus Epoxidharz und zugehöriges Injektionsverfahren (TP FG-EP), Ausgabe 1993. Technische Prüfvorschriften für Füllgut aus Epoxidharz und zugehöriges Injektionsverfahren (TP FG-EP), Ausgabe 1993. Der Bundesminister für Verkehr. Verkehrsblatt-Verlag Dortmund.

[5.2-57] Mimms, S. W.: Renovation of Sewers and Water Mains. Institution of Public Health Engineers Year Book, 1983.

[5.2-58] Underwood, B. D., Rees, C. W.: Brick Sewer Renovation. The Public Health Engineer Journal Vol. 13 (1985), H. 1.

[5.2-59] Gale, J.: Sewer Renovation. Technical Report TR 87A. Water Research Centre (WRC), Swindon, November 1981.

[5.2-60] Water Authorities Association: Sewerage Rehabiliation Manual. Water Research Center, Swindon 1990.

[5.2-61] Van Gemert, D., Herroelen, B., Van Mechelen, D., Heinrich, F.: Wissenschaftliche und wirtschaftliche Betrachtung der Sanierung gemauerter Entwässerungskanäle. Dokumentation 5. Internationaler Kongreß Leitungsbau, Hamburg 1997, S. 513–531.

[5.2-62] Wirtschaftlich Spritz-Verfugen. Baumaschine und Bautechnik (BMT) 31 (1984), H. 2, S. 89.

[5.2-63] Firmeninformation Putzmeister, Aichtal.

[5.2-64] ATV-A 139: Richtlinien für die Erstellung von Entwässerungskanälen und -leitungen (10.88).

[5.2-65] DIN 1053 Teil 1: Mauerwerk; Berechnung und Ausführung (02.90).

[5.2-66] Firmeninformation Hochtief AG, Essen.

[5.2-67] Wanner, C., Schließmann, A.: Entwicklung von Robotern und Manipulatoren in der Bauindustrie. Dokumentation 2. Internationaler Kongreß Leitungsbau, Hamburg 1989, S. 599–607.

[5.2-68] Schenk, H.: Systemstruktur eines Manipulators zum Sanieren von Fugen in gemauerten Abwasserkanälen. bauwirtschaftliche informationen (bi) (1988), H. 10, S. 34.

[5.2-69] Firmeninformation Kanaltechnik Kunz GmbH, Essen.
[5.2-70] Firmeninformation Kunststoff-Technik AG.
[5.2-71] Firmeninformation Sika, Grüningen, Schweiz.
[5.2-72] Firmeninformation KU Kanalsanierungs-GmbH, Kempten.
[5.2-73] Firmeninformation KASRO, DTI Dr. Trippe Ingenieurgesellschaft mbH, Karlsruhe.
[5.2-74] Firmeninformation PEKA-TECH Robot-System, KRT-Kanalsanierungs-Technik AG, Luzern (Schweiz).
[5.2-75] Firmeninformation Kuhn Robbytech AG, Wohlen (Schweiz).
[5.2-76] Firmeninformation PMO Engenieering AG, Dübendorf (Schweiz).
[5.2-77] Chandellier, J., Orditz, D.: Technische Bewertung von Reparaturrobotern für nichtbegehbare Abwasserkanalsysteme. Dokumentation NODIG '95, Dresden, S. 463–486.
[5.2-78] Kolz, R.: Roboter sanieren Abwasserkanäle. Dokumentation 2. Internationaler Kongreß Leitungsbau, Hamburg 1989, S. 637–643.
[5.2-79] Kanaltechnik Kunz GmbH: Verfahren für die systematische Reparatur von Einzelschäden in Kanalnetzen. Konzept für Vortrag NO-DIG '95 Dresden.
[5.2-80] Hille, A.: Wirtschaftliche Kanalsanierung durch gezielte Schadensbehebung. UTA (1995), H. 1, S. 64.
[5.2-81] Sanierungsverfahren für Abwasserkanäle im Spiegel der Qualitätsanfoderungen. Güteschutz Kanalbau, Bad Honnef, 1995.
[5.2-82] DIN 4093: Einpressen in den Untergrund; Planung, Ausführung, Prüfung (09.87).
[5.2-83] Stein, D.: Tunnelvortrieb bei partiell schwierigem Gebirgsverhalten, Injektionsverfahren als Vorausmaßnahme. Technisch-wissenschaftliche Mitteilung des Instituts für Konstruktiven Ingenieurbau an der Ruhr-Universität Bochum, Nr. 87-2, S. 57–77, Bochum 1987.
[5.2-84] Grunder, H. T.: Anforderungen an Dichtungsmaterialien aus der Sicht des Boden- und Grundwasserschutzes. Boden-/Grundwasser Forum Berlin 1987, IWS-Schriftenreihe Bd. 5, Berlin 1988, S. 243–258.
[5.2-85] Zulassungsgrundsätze für die Sanierung von erdverlegten Abwasserleitungen der Grundstücksentwässerung. Deutsches Institut für Bautechnik (DIBt), Entwurf November 1994.
[5.2-86] Stein, D., Lühr, H.-P.: Entwicklung und Erprobung umweltfreundlicher Injektionsmittel und -verfahren zur Behebung örtlich begrenzter Schäden und Undichtigkeiten in Kanalisationen unter Berücksichtigung des Gewässerschutzes. Forschungsbericht 92-10204504 des Umweltbundesamtes, Mai 1992.
[5.2-87] von Gersum, F.: Prognose von Kohlenstoffmigration aus Injektionsmitteln in Grundwasser bei der Abdichtung von Rohrverbindungen. Dissertation, Ruhr-Universität Bochum, 1993.
[5.2-88] Stein, D., Lühr, H.-P., von Gersum, F., Grunder, H. Th.: Umweltverträglichkeit von Injektionsmitteln zur Abdichtung von Rohrverbindungen in Kanalisationen. NO-DIG '91 Hamburg, Dokumentation 3. Int. Kongress Leitungsbau, 27.–31. Oktober 1991.
[5.2-89] Gesundheitliche Beurteilung von Kunststoffen und anderen nichtmetallischen Werkstoffen im Rahmen des Lebensmittel- und Bedarfsgegenständegesetzes für den Trinkwasserbereich. Bundesgesundheitsblatt Bd. 20, 1977.
[5.2-90] Weinmann, U.: Abdichtungsinjektionen gegen drückendes Wasser. Tiefbau-BG 92 (1980), H. 11, S. 969–970.
[5.2-91] Depke, F. M.: Nicht kraftschlüssige Rißabdichtung gegen Feuchtigkeit. Bauen mit Kunststoffen (BMK) (1986), H. 1, S. 9–12.
[5.2-92] Lühr, H.-P., Grunder, H., Stein, D., Körkemeyer, K., Borchardt, B.: Produkte und Verfahren zur Sanierung von Abwasserkanälen unter besonderer Berücksichtigung acrylamidhaltiger Abdichtungsmörtel. Schriftenreihe der Bundesanstalt für Arbeitsschutz und Arbeitsmedizin, Fb 779, Dortmund/Berlin 1997.
[5.2-93] Stein, D.: Betonzusatzmittel. In: Taschenbuch für den Tunnelbau 1981, Verlag Glückauf, Essen 1980, S. 417–473.
[5.2-94] Jessberger, H.-L.: Die Einpreßmittel für den Baugrund und ihr Verhalten bei Einpressungen. VDI-Zeitschrift 112 (1970), H. 3.
[5.2-95] Firmeninformation Heidelberger Zement AG, Heidelberg.
[5.2-96] Kühling, G.: Feinstzement – mikrofeine hydraulische Bindemittel. Tiefbau Ingenieurbau Straßenbau (TIS) 32 (1990), H. 11, S. 782–784.
[5.2-97] Benz, G.: Einpreß-Mörtel. 3. Auflage. Chemische Fabrik Grunau GmbH, Illertissen 1984.
[5.2-98] Littlejohn, G. S.: Design of Cement Based Grounds. Proceedings of the Conference on Grouting in Geotechnical Engineering. Sponsored by the Geotechnical Engineering Division of the ASCE in cooperation with

5. 補修　文献

[5.2-99] Bonzel, J., Dahms, J.: Über den Einfluß des Zements und der Eigenschaften der Zementsuspensionen auf die Injizierbarkeit in Lockergesteinsböden. Beton 22 (1972), H. 3, S. 103–110; H. 4, S. 156–166.

[5.2-100] Donel, M.: Beeinflussung der Wassergüte durch Umströmung von Injektionskörpern. Tiefbau Ingenieurbau Straßenbau (TIS) 23 (1981), H. 5, S. 318–328.

[5.2-101] Hirhager, R., Martak, L.: Injektionen im Untergrund. Der Aufbau (1985), H. 10, S. 635–640.

[5.2-102] Jessberger, H. L.: Bodenverfestigung durch Einpressung und Vereisung. In: Smoltczyk. U.: Grundbau-Taschenbuch, Teil 2, Verlag Ernst & Sohn, Berlin 1982, S. 175–210.

[5.2-103] Karol, R. H.: Chemical Grouts and their Properties. Proceedings of the Conference on Grouting in Geotechnical Engineering. Sponsored by the Geotechnical Engineering Division of the ASCE/AIME Underground Technology Research Council. New Orleans 10.–12. February 1982, S. 359–377.

[5.2-104] Dodd, M.: Modern Grouts and their Uses. Tunnels & Tunnelling 14 (1982), H. 10, S. 20–21.

[5.2-105] Inspector Handbook for Sewer Collection System Rehabilitation. The National Association of Sewer Services Companies (NASSCO), Winter Park, Florida, USA, 1985.

[5.2-106] Schrock, J.: Pipeline Rehabilitation Techniques. International Conference on the Planning, Construction, Maintenance & Operation of Sewerage Systems, Reading, England 12.–14. September 1984, paper B 4, S. 485–499.

[5.2-107] Quelette, H., Schrock, B. J.: Rehabilitation of Sanitary Sewer Pipelines. Transportation Engineering Journal of ASCE 107 (1981), No. TE 4 (July), S. 497–513.

[5.2-108] Asendorf, K.: Beurteilung von Injektionsharzen für Abdichtungsinjektionen. Beton 35 (1985), H. 2, S. 59–60.

[5.2-109] Berry, R. M.: Injectite-80 Polyacrylamide Grout. In: Proceedings of the Conference on Grouting in Geotechnical Engineering. Sponsored by the Geotechnical Engineering Division of the ASCE in cooperation with ASCE/AIME Underground Technology Research Council. New Orleans 10.–12. February 1982, S. 394–402.

[5.2-110] Clarke, W. J.: Performance Characteristics of Acrylate Polymer Grout. Proceedings of the Conference on Grouting in Geotechnical Engineering Division of the ASCE in cooperation with ASCE/AIME Underground Technology Research Council. New Orleans 10.–12. Februarv 1982. S. 418–432.

[5.2-111] Donel, M.: Abschätzung der Einflüsse des Injektionsmittels Rocagil BT/BT 2 (Hydrogel) auf das Grundwasser bei Anwendung im Boden. Gutachten Donel Consult, Essen 07.11.1984.

[5.2-112] Firmeninformation Röhm GmbH, Darmstadt.

[5.2-113] Rietzel, C., Schroth, T., Hammen, W.: Innovation – toxikologisch unbedenkliches Injektionsgel für die Kanalsanierung und Bodenverfestigung. Berichte der Abwassertechnischen Vereinigung e.V. Nr. 39, St. Augustin 1989, S. 305–310.

[5.2-114] Batzer, H., Lohse, F.: Epoxidverbindungen. In: Ullmanns Enzyklopädie der technischen Chemie, Bd. 10, 4. Aufl., Verlag Chemie, Weinheim 1981, S. 563–580.

[5.2-115] Boue, A.: Untersuchungen zum Erhärten von Epoxidharzen für die kraftschlüssige Rißverpressung von Betonbauwerken. Institut für Bauforschung der RWTH Aachen, IBAC-Mitteilungen (1985), S. 192–196.

[5.2-116] Becker, Braun: Kunststoff-Handbuch, Bd. 7: Polyurethane. Hanser-Verlag, München, Wien 1983.

[5.2-117] Kubicki, K.: Bauverfahrenstechnische Anwendungskriterien für die Verfestigung und/oder Abdichtung von Lockergestein mit Polyurethan. Diss. an der Ruhr-Universität Bochum, Lehrstuhl für Bauverfahrenstechnik und Baubetrieb. Technisch-wissenschaftliche Mitteilungen Nr. 85-2, Ruhr-Universität Bochum, April 1985.

[5.2-118] Maidl, B., Stein, D., Kubicki, K.: Verfestigung und Abdichtung von Lockergestein mit Injektionsmitteln auf der Basis von Polyurethan. In: Taschenbuch für den Tunnelbau 1987, Verlag Glückauf, Essen 1986, S. 195–09.

[5.2-119] Stein, D., Maidl, B., Gerdes, K.: Verfestigung und/oder Abdichtung von Lockergestein mit Injektionsmitteln auf der Basis von Polyurethan. Vortrag anläßlich der 14. Tagung Grundbau, Brno 17.–20.11.1986, CSSR.

[5.2-120] Gerdes, K.: Untersuchungen zur Reduzierung der Einflüsse von Lockergesteinsinjektionen mit Polyurethan auf das Grundwasser (Dissertation). Technisch-wissenschaftliche Mitteilungen, Mitteilungen Nr. 88-5,

Ruhr-Universität Bochum, September 1988.
[5.2-121] DIN 18136: Baugrund, Versuche und Versuchsgeräte; Bestimmung der einaxialen Druckfestigkeit; Einaxialversuch (03.87).
[5.2-122] Firmeninformation Webac GmbH, Hamburg.
[5.2-123] Will, M., Diederichs, R.: Sanierung von Ulmendränagen am Beispiel des Helleberg-Tunnels. Tunnel (1991), H. 3, S. 128-134.
[5.2-124] Maidl, B., Stein, D., Kubicki, K.: Verfahren und Geräte zur Herstellung von Injektionen im Lockergestein. In: Taschenbuch für den Tunnelbau 1983, Verlag Glückuf, Essen 1982, S. 361-415.
[5.2-125] Underwood, B. D., Rees, C. W.: Brick Sewer Renovation. The Public Health Engineer Journal Vol. 13 (1985), H. 1.
[5.2-126] Haubitz, G.: Schäden an Betonrohrleitungen und Instandsetzungsmöglichkeiten. Tiefbau Ingenieurbau Straßenbau (TIS) 13 (1971), H. 4, S. 365-367.
[5.2-127] Werthmann, E.: Anwendungsmöglichkeiten der Zementinjektion. Zement und Boden 30 (1985), H. 1, S. 20-23.
[5.2-128] Grimm, D., Parish, W. C. P.: Foam Grout saves tunnel. Civil Engineering/ASCE 55 (1985), H. 9, S. 64-66.
[5.2-129] Firmeninformation Sewer Services Ltd., Langport, England.
[5.2-130] Anwendung von Reaktionsharzen im Betonbau. Teil 3.1: Füllen von Rissen in Beton, Stahlbeton und Spannbeton mit Reaktionsharzen (08.81), Beton- und Stahlbetonbau 76 (1981), H. 11, S. 282-283.
[5.2-131] Grunau, E.: Betonsanierung durch Verpressen – Risse im Stahlbeton. Tiefbau Ingenieurbau Straßenbau (TIS) 26 (1984), H. 3, S. 144-146.
[5.2-132] Kern, E.: Dichten von Rissen und Fehlstellen im Beton durch Injektion von Kunststoffen. VDI-Berichte Nr. 384 (1980), S. 121-131.
[5.2-133] Plecnik, M., Gaul, R. W., Pham, M., Cousius, Th., Howard, J.: Expoxy Penetration. Concrete International 8 (1986), H. 2, S. 46-50.
[5.2-134] Ruffert, G.: Kunststoffharze zur Betonsanierung. Kunststoffe im Bau (KIB) 19 (1984), H. 3, S. 117-120.
[5.2-135] Werse, H.-P.: Injizieren von Rissen mit Epoxidharzen. Becker/Braun: Kunststoffhandbuch, Bd. 10: Duroplaste. Hanser-Verlag, München, Wien 1988, S. 864-866.
[5.2-136] Empfehlungen für den Tunnelausbau in Ortbeton bei geschlossener Bauweise im Lockergestein (1986). Hrsg.: Arbeitskreis 10 der Deutschen Gesellschaft für Erd- und Grundbau e.V., Essen. Bautechnik 63 (1986), H. 10, S. 331-338.
[5.2-137] Ruffert, G.: Das Verpressen von Rissen im Beton. Tiefbau Ingenieurbau Straßenbau (TIS) 23 (1981), H. 9, S. 672-679.
[5.2-138] Asendorf, K.: Injektionsharze im Riß-, Strömungs- und Ausbreitverhalten. Beton 38 (1988), H. 1, S. 11-13.
[5.2-139] Strickland, L.: Sewer Renovation. Technical Report TR 87. Water Research Centre (WCR), Medmenham (England), September 1978.
[5.2-140] Firmeninformation MC-Bauchemie Müller GmbH & Co, Bottrop.
[5.2-141] Stein, D., von Gersum, F.: Abdichtung von Rohrverbindungen in Kanalisationen durch Injektionen. Korrespondenz Abwasser (KA) 39 (1992), H. 3, S. 377-382.
[5.2-142] Carnaham, J. C.: Repair – Don't replace cracked sewer pipe. Civil Engineering/ACSE 54 (1984), H. 5, S. 56-58.
[5.2-143] Maidl, B., Stein, D., Kubicki, K.: Mittel zur Herstellung von Injektionen im Lockergestein. In: Taschenbuch für den Tunnelbau 1984, Glückauf-Verlag, Essen 1983, S. 383-407.
[5.2-144] Müller-Kirchenbauer, H., Borchert, K.-M., Friedrich, W.: Veränderungen der Grundwasserbeschaffenheit durch Silikatgelinjektion. Die Bautechnik 62 (1985), H. 4, S. 130-142.
[5.2-145] Reuter, F., Lange, W., Kockert, W., Markgraf, H.: Untergrundvergütung, ein bewährtes und modernes Verfahren im Bauwesen und im Bergbau. Neue Bergbautechnik 1 (1971), H. 12, S. 883-892.
[5.2-146] Rhodes, D. E.: Rehabilitation of Sanitary Sewer Lines. Journal Water Pollution Control Federation (WPCF) 38 (1966), H. 2, S. 215-219.
[5.2-147] Schoppig, W.: Kanalsanierung wegen baulicher Mängel. Berichte der Abwassertechnischen Vereinigung e.V. Nr. 33, St. Augustin 1981, S. 245-260.
[5.2-148] Water Authorities Association: Sewerage Rehabilitation Manual. Water Research Center, Swindon 1990.
[5.2-149] Lenaham, T.; Herndon, J.: Effective Use of TV Sewer Inspection and Sealing. Public Works Magazine (1972), H. 7.
[5.2-150] Firmeninformation IBAK GmbH & Co. KG, Kiel.
[5.2-151] Firmeninformation Hans Brochier GmbH & Co., Nürnberg.
[5.2-152] Clapham, T. W.: The Modern Way To

5. 補修　文献

- Inspect An Repair Sewers. Public Works Magazine (1965), H. 12.
- [5.2-153] Sullivan, R. H., Lohn, M. M., Clark, T. J., Thompson, W., Zaffle, J.: Sewer System Evaluation, Rehabilitation and New Construction – A Manual of Practice. American Public Environmental Research Lab., Cincinnati, Ohio, Report No. EPA-600/2-77-017d, December 1977. U.S. Department of Commerce. National Technical Information Service PB-279 248.
- [5.2-154] Firmeninformation Cherne-Verfahren, Scheiff GmbH, Euskirchen.
- [5.2-155] Firmeninformation maagh leitungsbau GmbH, Bonn.
- [5.2-156] Maagh, P.: Muffensanierung durch vorgespannte Injektiondichtung. Dokumentation 5. Internationaler Kongress Leitungsbau, Hamburg 1997, S. 533–546.
- [5.2-157] Firmeninformation AMK-Pipe-Technologie Ltd., Norwich, England.
- [5.2-158] In-Situ repair system wins approval. World Construction 39 (1986), H. 3, S. 18.
- [5.2-159] Firmeninformation Franz Janßen GmbH, Kalkar.
- [5.2-160] Firmeninformation Kanal-Müller, Schieder-Schwalenberg.
- [5.2-161] Grabenlose Kanalsanierung für punktuelle Schäden. 3R international 36 (1997), H. 7, S. 380.
- [5.2-162] Well Healed. Underground 5 (1990), H. 2, S. 28.
- [5.2-163] Steketee, C. H.: Demonstration of house lateral testing and rehabilitation techniques. EPA Report December 1984. Contract Nr. CS-811117. Westech Engineering, Inc., Salem, Oregon, U.S.A.; Municipal Environmental Research Laboratory, Office of Research and Development, U.S. Environmental Protection Agency (EPA), Cincinnati, Ohio, USA.
- [5.2-164] Neues Hausanschluß-, Fernseh-, Untersuchungs- und Sanierungs-System. Tiefbau Ingenieurbau Straßenbau (TIS) 28 (1986), H. 2, S. 50.
- [5.2-165] Hannan, P. M., Farrar, R. R., Guthrie, K. R.: Remote chemical sealing of the sewer house lateral. Conference Papers NO-DIG 90, Paper 8B, Osaka 1990.
- [5.2-166] Firmeninformation Umwelttechnik Strobel GmbH, Krauchenwies.
- [5.2-167] Firmeninformation kanaltec, Hächler Umwelttechnik, Wettinghausen, Schweiz.
- [5.2-168] Firmeninformation Rathosan, Thorn Abwassertechnik GmbH, Garching.
- [5.2-169] Szekely, T.: Das Sanipor Verfahren. Dokumentation 2. Internationaler Kongreß Leitungsbau, Hamburg 1989, S. 561–570.
- [5.2-170] Firmeninformation Sanipor, Anton Feldhaus GmbH & Co. KG, Schmallenberg.
- [5.2-171] Firmeninformation Silfast, DEFRA GmbH, Niederkrüchten-Elmpt.
- [5.2-172] Csanda, F.: Csatornak javitasa SUPER-AQUA eljarassal. EGSZI Gyorsjelentes, Melyepites fejlesztese 32 Celprogram tajekoztato. 84/20 XVIII. EVFOLYAMJulius, S. 8–18.
- [5.2-173] Stehno, V.: Superaqua – Kanalsanierungsverfahren – Beurteilung und Untersuchung der Umweltverträglichkeit. Wien 03.12.1985.
- [5.2-174] Österreichisches Bauinstitut (ÖBI): Beurteilung der Grundwasserverträglichkeit – Kanalsanierungsverfahren Superaqua C. Gutachten 1017/II vom 07.03.1989.
- [5.2-175] Maidl, B., Niederehe, W., Stein, D., Bielecki, R.: Sanierungsverfahren für unterirdische Rohrleitungen mit nichtbegehbarem Querschnitt. In: Taschenbuch für den Tunnelbau 1982, Glückauf-Verlag, Essen 1983, S. 267–307.
- [5.2-176] Stein, D.: Tunnelvortrieb bei partiell schwierigem Gebirgsverhalten, Injektionsverfahren als Voraussmaßnahme. Technisch-wissenschaftliche Mitteilung des Instituts für Konstruktiven Ingenieurbau an der Ruhr-Universität Bochum, Nr. 87-2, S. 57–77, Bochum 1987.
- [5.2-177] Blindow, A., Pistauer, W.: Das Hochdruckinjektionsverfahren und seine Anwendung am Oswaldiber-Tunnel. Tiefbau Ingenieurbau Straßenbau (TIS) 28 (1986), H. 12, S. 634–638.
- [5.2-178] Firmeninformation Scopy Method Association, Tokio, Japan.
- [5.2-179] Kato, H.: Method to correct band-pipe lines without excavation (by SCOPE Method). NO-DIG 90, Poster Session, Osaka 1990, S. 16–21.
- [5.2-180] DIN 18195: Bauwerksabdichtungen Teil 1: Allgemeines; Begriffe (08.83); Teil 2: Stoffe (08.83); Teil 3: Verarbeitung der Stoffe (08.83); Teil 4: Abdichtungen gegen Bodenfeuchtigkeit; Bemessung und Ausführung (08.83); Teil 5: Abdichtungen gegen nichtdrückendes Wasser; Bemessung und Ausführung (02.84); Teil 6: Abdichtungen gegen von außen drückendes Wasser; Bemessung und Ausführung (08.83); Teil 7: Abdichtungen gegen von innen drückendes Wasser; Bemessung und Ausführung (06.89); Teil 8: Abdichtungen über Bewegungsfugen

(08.83); Teil 9: Durchdringungen, Übergänge, Abschlüsse (12.86); Teil 10: Schutzschichten und Schutzmaßnahmen (08.83).

[5.2-181] Emig, K.-F., Arndt, A.: Abdichtung mit Bitumen – Ausführung unter der Geländeoberfläche. Arbit-Schriftenreihe „Bitumen" Heft 49. Herausgeber: Arbeitsgemeinschaft der Bitumen-Industrie e.V., Hamburg 1986.

[5.2-182] DIN 30672 Teil 1: Umhüllungen aus Korrosionsschutzbinden und wärmeschrumpfendem Material für Rohrleitungen für Dauerbetriebstemperaturen bis 50 °C (09.91).

[5.2-183] Opitz, D., Schluchtmann, R.: Einsatzmöglichkeiten wärmeschrumpfender Umhüllungsmaterialien in Rohrnetzen aus duktilen Gußrohren und Formstücken. Fachgemeinschaft Gußeiserne Rohre, Köln. FGR-Gußrohrtechnik (1985), H. 20, S. 54–57.

[5.2-184] Firmeninformation Raychem, Recklinghausen.

[5.2-185] Firmeninformation Städtler & Beck, Speyer.

[5.2-186] AGI Arbeitsblatt K 10: Schutz von Beton – Oberflächenbehandlung; Imprägnierung, Versiegelung, Beschichtung (08.83).

[5.2-187] Firmeninformation ISPO GmbH, Kriftel.

[5.2-188] Firmeninformation Remmers Chemie, Löningen.

[5.2-189] Firmeninformation KMG-Deutschland, Schieder-Schwalenberg.

[5.2-190] Firmeninformation Xypex Chemical Corporation Richmond B.C., Kanada.

[5.2-191] Firmeninformation Woellner Werke GmbH & Co, Ludwigshafen.

[5.2-192] Engelmann, H.: Neubau oder Instandsetzung von Kanalisationen. Tiefbau Ingenieurbau Straßenbau (TIS) 32 (1990) H. 10, S. 639–695.

[5.2-193] Industrieverband Bauchemie und Holzschutzmittel e.V.; ibh (Hrsg.); Merkblatt über zementgebundene starre und flexible Dichtungsschlämme, Frankfurt am Main 1988.

[5.2-194] DIN 19543: Allgemeine Anforderungen an Rohrverbindungen für Abwasserkanäle und -leitungen (08.82).

[5.2-195] DIN EN 476: Allgemeine Anforderungen an Bauteile für Abwasserkanäle und -leitungen für Schwerkraftentwässerung (08.97).

[5.2-196] Bartels, W.: Fugenabdichtungen im Bau. VDI-Berichte Nr. 384 (1980), S. 97–102.

[5.2-197] Werse, H.-P.: Fugen im Beton- und Stahlbetonbau. VDI-Berichte Nr. 384 (1980) S. 91–95.

[5.2-198] ATV-A 115: Einleiten von nicht häuslichem Abwasser in eine öffentliche Abwasseranlage (10.94).

[5.2-199] DIN 4060: Rohrverbindungen von Abwasserkanälen und -leitungen mit Elastomerdichtungen – Anforderungen und Prüfungen an Rohrverbindungen, die Elastomerdichtungen enthalten (02.98).

[5.2-200] DIN EN 681-1: Elastomer-Dichtungen – Werkstoff-Anforderungen für Rohrleitungs-Dichtungen für Anwendungen in der Wasserversorgung und Entwässerung – Teil 1: Vulkanisierter Gummi (06.96).

[5.2-201] Bau- und Prüfgrundsätze für Rohrverbindungen mit fest eingebauten Dichtmitteln aus Elastomeren für Betonrohre und Stahlbetonrohre der Grundstücksentwässerung, Institut für Bautechnik, Berlin, Fassung November 1984.

[5.2-202] Stein, D., Bielecki, R.: Fugendichtungsmassen für den Abwassersammler- und Tunnelbau. Taschenbuch für den Tunnelbau 1982. Glückauf-Verlag, Essen 1981, S. 409–422.

[5.2-203] Friedmann, M.: Kunst der Fuge – Abdichtung und Sanierung mit elastischen Bändern. bausubstanz (1986) H. 3, S. 56–60.

[5.2-204] DIN 18540: Abdichten von Außenwandfugen im Hochbau mit Fugendichtstoffen (02.96).

[5.2-205] Firmeninformation Denso Chemie, Leverkusen.

[5.2-206] Firmeninformation Strobel, Ulm.

[5.2-207] Guina, K.: Moderne Fugenabdichtungen – je mehr Wasser desto dichter. Tunnel (1988), H. 4, S. 193–202.

[5.2-208] Firmeninformation Technische Produkte Handelsgesellschaft mbH, Hamburg.

[5.2-209] DIN 4062: Kalt verarbeitbare plastische Dichtstoffe für Abwasserkanäle und -leitungen; Dichtstoffe für Bauteile aus Beton, Anforderungen, Prüfungen und Verarbeitung (09.78).

[5.2-210] Bau und Prüfgrundsätze für Zweikomponenten-Dichtstoffe für Abwasseranlagen. Fassung Februar 1981, Institut für Bautechnik, Berlin.

[5.2-211] Girnau, G., Klawa, N., Adham Sabi El-Eish: Untersuchung zur Frage der Anwendung von Dichtungsprofilen und Fugendichtungsmassen bei der Fugenabdichtung von Tunnelbauwerken aus Stahlbetonfertigteilen. STUVA-Forschungsbericht (7/1978), Köln 1978.

[5.2-212] Holzapfel: Fugendichtungsmassen. Bauen mit Kunststoffen 17 (1974), H. 6.

[5.2-213] DIN 52455: Teil 1: Prüfung von Dichtstoffen für das Bauwesen; Haft- und Dehnversuch; Beanspruchung durch Normalklima, Wasser oder höhere Temperaturen (04.87);

5. 補修　文献

[5.2-214] Teil 4: Prüfung von Dichtstoffen für das Bauwesen; Haft- und Dehnversuch; Dehn-Stauch-Zyklus bei Temperaturbeanspruchung (04.87).

[5.2-214] DIN 52460: Fugen- und Glasabdichtungen – Begriffe, Entwurf (02.98).

[5.2-215] Kolonko, K.: Fugen im Unterwasserbereich. Tiefbau Ingenieurbau Straßenbau (TIS) 32 (1990), H. 12, S. 853–854.

[5.2-216] Kolonko, K.: Sanierung von Fugen in Kanälen. IBK-Bau-Fachtagung 110, 04.90.

[5.2-217] Engelmann, H.: Zwei-Komponenten-Dichtstoff für Abwasseranlagen. Beton + Fertigteil-Technik (1989), H. 9, S. 71–73.

[5.2-218] Merkblatt für Schutzüberzüge auf Beton bei sehr starken Angriffen nach DIN 4030. Beton 23 (1973), H. 10.

[5.2-219] Grabenlose Verfahren zur Schadensbehebung in nicht begehbaren Abwasserleitungen. GSTT-Informationen Nr. 1, 2. Ausgabe, Dezember 1996.

[5.2-220] Winkler, U.: Kanalsanierung: Konsequent umweltverträgliche Verfahren und Werkstoffe. EP (1993), H. 1–2, S. 56–57.

[5.2-221] Firmeninformation 3P-Liner, JT-elektronik Gmbh, Lindau.

[5.2-222] Firmeninformation Klee GmbH & Co. KG, Ilvesheim.

[5.2-223] Firmeninformation KRT Kanalsanierungs-Technik AG, Luzern, Schweiz.

[5.2-224] Firmeninformation Bodenbender, Biedenkopf-Breidenstein

[5.2-225] Hille, A.: Wirtschaftliche Kanalsanierung durch gezielte Schadensbehebung. UTA (1995), H. 1, S. 64.

[5.2-226] Firmeninformation Subterra Limited Wimborne, England.

[5.2-227] Firmeninformation Spotliner, Hans Brochier GmbH & Co., Nürnberg.

[5.2-228] Firmeninformation KTV Kanaltechnik GmbH & Co. Vertriebs KG, Bochum.

[5.2-229] Firmeninformation KU Kanalsanierungs-GmbH, Kempten.

[5.2-230] Firmeninformation AiT Beratung Verkauf Ausführung GmbH, Wuppertal.

[5.2-231] Firmeninformation Cosmic 2000, Ing. Johann Kübel, Kasten, Österreich.

[5.2-232] Firmeninformation ERGELIT Kurz-Liner, Rainer Hermes GmbH & Co KG, Schwerte.

[5.2-233] Firmeninformation Quick-Lock-V4A-Liner, rausch GmbH & Co, Lindau.

[5.2-234] Takashi Kawafuji: Renovation of sewer pipes by snap-lock. Poster session No-Dig 90, Osaka.

[5.2-235] Firmeninformation Iseki Poly-Tech Inc., Tokio, Japan.

[5.2-236] Firmeninformation RICO EAB, Kempten.

[5.2-237] Firmeninformation Link-Pipe, Inc., Richmond Hill, Canada.

[5.2-238] Firmeninformation Iseki Utility Products Ltd., Norwich, England.

[5.2-239] Eisenhauer: Instandsetzung einer begehbaren Guß-Muffenleitung für Gas. Neue DELIWA-Zeitschrift (ndz) 22 (1971), H. 7.

[5.2-240] Firmeninformation Weco-Seal, Wegner & Co., Berlin.

[5.2-241] Firmeninformation Amex GmbH, Berlin.

[5.2-242] Firmeninformation Gesuido Center Company LTD, Tokyo, Japan.

[5.3-1] DIN EN 752-5: Entwässerungssysteme außerhalb von Gebäuden; Teil 5: Sanierung (10.95).

[5.3-2] Zusätzliche technische Vertragsbedingungen und Richtlinien für Schutz und Instandsetzung von Betonbauteilen (ZTV-SIB 90). Ausgabe 1990. Der Bundesminister für Verkehr. Verkehrsblatt-Verlag, Dortmund.

[5.3-3] Kunststoffbeschichtungen auf ständig durchfeuchtetem Beton. Deutscher Ausschuß für Stahlbeton (1990), H. 410.

[5.3-4] DIN 28052: Oberflächenschutz mit nichtmetallischen Werkstoffen für Bauteile aus Beton in verfahrenstechnischen Anlagen; Teil 1: Begriffe, Auswahlkriterien (02.92); Teil 2: Anforderungen an den Untergrund (08.93); Teil 3: Beschichtungen mit organischen Bindemitteln (12.94).

[5.3-5] DIN 28054: Beschichtungen mit organischen Werkstoffen für Bauteile aus metallischem Werkstoff; Teil 1: Anforderungen und Prüfung (04.90); Teil 2: Laminatbeschichtungen (01.92); Teil 3: Spachtelbeschichtungen (06.94); Teil 4: Spritzbeschichtungen (10.95).

[5.3-6] ANSI/AWWA C210 - 92: Liquid epoxy coating systems for the interior and exterior of steel water pipelines (April 1, 1993).

[5.3-7] Richtlinie für Schutz und Instandsetzung von Betonbauteilen, Teil 1: Allgemeine Regelungen und Planungsgrundsätze (08.90), Teil 2: Bauplanung und Bauausführung (08.90), Teil 3: Qualitätssicherung der Bauausführung (02.91). Deutscher Ausschuß für Stahlbeton (DAfStb), Beuth Verlag, Berlin.

[5.3-8] Sasse, H.: Schutz und Instandsetzung von Betonbauteilen unter Verwendung von Kunststoffen – Sachstandsbericht. Deutscher Ausschuß für Stahlbeton (1994), H. 443.

[5.3-9] Hillemeier, B.: Ein korrosionssicheres In-

[5.3-10] Bielecki, R., Schremmer, H.: Biogene Schwefelsäure-Korrosion in teilgefüllten Abwasserkanälen. Sonderdruck aus H. 94 (1987) der Mitteilungen des Leichtweiß-Instituts für Wasserbau der TU Braunschweig.

[5.3-11] Dammann, P.: Erfahrungen mit verschiedenen Korrosionsschutzsystemen in Abwasserkanälen. Vortrag an der Technischen Akademie Esslingen, 25.05.88.

[5.3-12] Dammann, P.: Sanierung korrodierter Abwasserrohre. Ausgeführte Beispiele aus Hamburg. Vortrag im Haus der Technik, Essen (28.10.1985).

[5.3-13] Benkendorf, J.: Erfahrungen bei der Anwendung der Bitumen-Latex-Zweikomponenten-Spritzverfahren am Sammelkanal. Bauplanung – Bautechnik 29 (1975), H. 9, S. 440–443.

[5.3-14] Müller, W., Greschuchna, R.: Verbesserung des Zustandes kommunaler und industrieller Abwassernetze durch aktiven und passiven Korrosionsschutz. Wasserwirtschaft Wassertechnik (WWT) (1980), H. 10, S. 345–348.

[5.3-15] Fiebrich, M.: Innenbeschichtungen eingeerdeter Betonbauwerke. Vierter internationaler Kongreß Polymere und Beton „IPIC" 84. 19.-21.09.1984, S. 339–343. Herausgeber: Prof. Dr.-Ing. H. Schulz, Institut für spanende Technologie und Werkzeugmaschinen, TH Darmstadt.

[5.3-16] Bielecki, R.: Saubere Gewässer erfordern Milliarden. Sonderdruck aus der Festschrift „125 Jahre Wasserwirtschaft und Kulturtechnik in Suderburg", Mai 1979 der Karl-Hillmer-Gesellschaft e.V. Suderburg.

[5.3-17] Hensel, W.: Blasenbildung bei organischen Beschichtungen auf zementgebundenen Baustoffen. Betonwerk + Fertigteil-Technik (1995), H. 2.

[5.3-18] Ruffert, G.: Schutz und Instandsetzung von Abwasseranlagen aus Beton. Straßen- und Tiefbau (s+t) 40 (1986), H. 5, S. 10–14.

[5.3-19] Stenner, R.: Beschichtungsstoffe für Beton. VDI-Berichte Nr. 384 (1980), S. 65–74.

[5.3-20] Latz; Jenisch, Klopfer, Freymuth, Krampf: Lehrbuch der Bauphysik. Teubner Verlag, Stuttgart (1989).

[5.3-21] Lohmeyer, G. G.: Praktische Bauphysik: Eine Einführung mit Berechnungsbeispielen. Teubner Verlag, Stuttgart (1985).

[5.3-22] Gösele, K., Schüle, W.: Schall, Wärme, Feuchte: Grundlagen, Erfahrungen und praktische Hinweise für den Hochbau. 7. Auflage, Bauverlag, Berlin (1983).

[5.3-23] DIN 52615: Wärmeschutztechnische Prüfungen, Bestimmung der Wasserdampfdurchlässigkeit von Bau- und Dämmstoffen (11.87).

[5.3-24] Rieche, G.: Betonschutz mit Kunststoffen. VDI-Berichte Nr. 384 (1980), S. 53–63.

[5.3-25] DIN 18195: Bauwerksabdichtungen mit bahnenförmigen Werkstoffen; Teil 1: Definitionen, Allgemeines (Entwurf 12.96); Teil 2: Stoffe (Entwurf 12.96); Teil 3: Verarbeitung der Stoffe (Entwurf 12.96); Teil 4: Abdichtungen gegen Bodenfeuchtigkeit, Bemessung und Ausführung (Entwurf 12.96); Teil 5: Abdichtungen gegen nichtdrückendes Wasser, Bemessung und Ausführung (Entwurf 12.96); Teil 6: Abdichtung gegen von außen drückendes Wasser, Bemessung und Ausführung (Entwurf 12.96).

[5.3-26] Bikermann, J. J.: The Science of Adhesive Joints. 2nd Edition, Academic Press, New York, London 1968.

[5.3-27] Bischof, C., Possart, W.: Adhäsion. Akademie-Verlag, Berlin 1982.

[5.3-28] Schäfer, H. G., Block, K., Drell, R.: Oberflächenrauheit und Haftverbund. Deutscher Ausschuß für Stahlbeton (1996), H. 456.

[5.3-29] Seidler, P.: in Schuhmann, Hans u.a.: Handbuch Betonschutz durch Beschichtungen; Praxis und Anwendungen, Normen und Empfehlungen; Band 367, Kontakt u. Studium, Baupraxis; Expert-Verlag, 1992.

[5.3-30] Ruffert, G.: Verbundfestigkeit von Spritzbeton – Einfluß der Untergrundbeschaffenheit. Beton (1993), H. 3.

[5.3-31] Young, T.: Cohesion of Fluids. Philosophical Transaction of the Royal Soc., London, 95 (1805), S. 65–72.

[5.3-32] Zisman, W., A.: Adhesion. In: Industrial and Engineering Chemistry 55 (1963), Nr. 1, S. 19–38.

[5.3-33] de Bruyne, N. A.: Adhesion and Polarities. Flight 28 (1939), H. 12.

[5.3-34] Vojuckij, S.: Autohesion and Adhesion of High Polymers. New York. Interscience Publication (1963).

[5.3-35] DVGW-Arbeitsblatt W 342: Werkseitig hergestellte Zementmörtelauskleidungen für Guß- und Stahlrohre – Anforderungen und Prüfungen, Einsatzbereiche (12.78).

[5.3-36] DVGW-Arbeitsblatt W 343: Zementmörtelauskleidung von erdverlegten Guß- und Stahlrohrleitungen – Einsatzbereiche, Anforderungen und Prüfungen (12.81).

5. 補修 文献

[5.3-37] DIN 2614: Zementmörtelauskleidungen für Gußrohre, Stahlrohre und Formstücke. Verfahren, Anforderungen, Prüfungen (02.90).

[5.3-38] DIN 2880: Anwendung von Zementmörtel-Auskleidung für Gußrohre, Stahlrohre und Formstücke, Entwurf (07.97).

[5.3-39] AS/NZS 1516:1994: The cement mortar lining of pipelines in situ (08.94).

[5.3-40] ANSI/AWWA C602-95: Cement-Mortar Lining of Water Pipelines in Place – 4 In. (100 mm) and Larger.

[5.3-41] ANSI/AWWA C104/A21.4-95: Cement-Mortar Lining for Ductile – Iron Pipe and Fittings for Water.

[5.3-42] ANSI/AWWA C205-95: Cement-Mortar Protectiv Lining and Coating for Steel Water Pipe - 4 In. (100 mm) and Larger – Shop Applied.

[5.3-43] Boue, A. P.: Emulgierbare Epoxidharzzusätze in Zementmörteln. IBAC-Mitteilungen, Institut für Bauforschung der RWTH-Aachen (1985), S. 197–202.

[5.3-44] DIN 1045: Beton und Stahlbeton; Bemessung und Ausführung (07.88).

[5.3-45] DIN 1164: Zement; Teil 1: Zusammensetzung, Anforderungen (10.94); Teil 2: Übereinstimmungsnachweis (11.96).

[5.3-46] Firmeninformation Heidelberger Zement, unveröffentlicht.

[5.3-47] Densit a/s, Aalborg, Dänemark; Ruhr-Universität Bochum, Arbeitsgruppe Leitungsbau und Leitungsinstandhaltung; et al.: Final Technical Report „Low Cost Durable Cement based Repair and Rehabilitation Systems – DUREP". Brite Euram II Forschungsvorhaben im Auftrag der EU, 1997.

[5.3-48] Aardt, J. H. P. van: Säureangriff auf Beton bei kalkhaltigen Zuschlagstoffen. Zement-Kalk-Gips 14 (1961), S. 440–445.

[5.3-49] Schremmer, H.: Über die baustoffzerstörenden Auswirkungen des Schwefelwasserstoffs bei Abwasseranlagen. Steinzeug Information (1965), H. 2.

[5.3-50] Stein, D.: Unbewehrte Betonrohre für drucklose Entwässerungskanäle unter besonderer Berücksichtigung von gebrochenem Basaltgestein als Zuschlag. Unveröffentlichter Untersuchungsbericht. Technologie Consult, Bochum 1989.

[5.3-51] Untersuchungen zur Beurteilung der Eignung von Beton mit Tonerdeschmelzzement als Bindemittel für die Serienfertigung von Rohren zur Abwasserableitung. Studie im Auftrag der FBS, Prof. Stein & Partner GmbH, 1997, unveröffentlicht.

[5.3-52] Bernsted, J.: High Alumina Cement – Present. State of Knowledge. Zement-Kalk-Gips (1993), H. 9.

[5.3-53] Europäische Vornorm pr ENV 197: Zement (Zusammensetzung, Anforderungen und Konformitätskriterien); Teil 10: Tonerdezement (1996).

[5.3-54] Schmidt, M., Hormann, K., Hofmann, F. J., Wagner, E.: Beton mit erhöhtem Widerstand gegen Säure und Biogener Schwefelsäure-Korrosion. Beton + Fertigteil-Technik (1997), H. 4, S. 64–70.

[5.3-55] Bock, E., Sand, W., Kirstein, K., Rammelsberg, J.: Untersuchungen zur Beständigkeit von Zementmörtelauskleidungen duktiler Gußrohre gegenüber biogener Schwefelsäure-Korrosion. Gußrohr-Technik FGR 25 (1990), H. 3.

[5.3-56] Sand, W., Dumas, T., Marcdargent, S., Cabiron, J. L.: Test for biogenic sulfuric acid corrosion in a simulation chamber confirms the on site performance of calcium aluminate based concretes in sewage applications. ASCE Material Engineering Conference, 14.–16.11.1994, San Diego, USA.

[5.3-57] Firmeninformation Lafarge Calcium Aluminates, Virginia, USA.

[5.3-58] British Standard BS 915: Part 2: Specification for High Aluminia Cement, Metric Units. British Standard Institution, 1972.

[5.3-59] Hacheney, W.: Die kolloidale Zement-Technologie. Ingenieurbüro für Geohygienische Technik, Februar 1979.

[5.3-60] Firmeninformation Voss GmbH & Co. KG, Cuxhaven.

[5.3-61] Sanierung: Eine Alternative. Entsorga – Magazin Entsorgungswirtschaft (1984), H. 3, S. 21–25.

[5.3-62] DIN 4030: Beurteilung betonangreifender Wässer, Böden und Gase. Teil 1: Grundlagen und Grenzwerte (06.91).

[5.3-63] Firmeninformation MC-Bauchemie Müller GmbH & Co., Essen und Bottrop.

[5.3-64] Technische Information Nr. 113 der Woellner Ombran GmbH, Ludwigshafen.

[5.3-65] Fiebrich, M., Kwasny, R., Boue, A.: Beeinflussung von Betoneigenschaften durch Zusatz von Reaktions-Kunststoffen. Kunststoffe am Bau 20 (1985), H. 2, S. 96–99.

[5.3-66] Schorn, H.: Theoretische Vergleiche zwischen Reaktionsharzbeton, harzmodifiziertem und harzgetränktem Beton. Vierter internationaler Kongreß „Polymere und Beton" IPIC '84. Herausgeber: Prof. Dr.-Ing. H. Schulz, Institut für spanende Technologie und Werkzeugmaschinen TH Darmstadt (19.–21.09.1984), S. 3–10.

[5.3-67] Schorn, H.: Epoxidharzmodifizierter Spritzbeton. Technisch-Wissenschaftliche Mitteilungen des Institutes für Konstruktiven Ingenieurbau der Ruhr-Universität Bochum, Nr. 85-6, (1985).

[5.3-68] Schorn, H., Lohaus, L., Drees, G.: Konsistenzuntersuchungen an reaktionsharzmodifizierten Zementmörteln. Betonwerk + Fertigteil-Technik 49 (1983), S. 515–522.

[5.3-69] Schorn, H.: Betone mit Kunststoffen und andere Instandsetzungsbaustoffe: Ein baustoffliches Lehrbuch mit Kommentaren zum Technischen Regelwerk. Verlag Ernst & Sohn, Berlin (1990).

[5.3-70] Firmeninformation Jonasson GmbH, Wetter.

[5.3-71] Firmeninformation Roditec, Heikendorf.

[5.3-72] Technische Information Nr. 403 der Woellner Ombran GmbH, Ludwigshafen.

[5.3-73] Nierenz, E.: Erfolgreiche Sanierung. Bauwirtschaftliche Informationen (1997), H. 4, S 56.

[5.3-74] Knott, G. E., Mc Laughlin, J. C.: The Use of Polyester Resin Concrete for Sewer Renovation. External Report No. 66 E. Swindon, July 1982.

[5.3-75] Spindler, W.: Problematik und Grundlagen, Werkstoffe, Einsatzgebiete und Ausführungsarten von Beschichtungen. Bauen mit Kunststoffen 19 (1976), H. 6, S. 5–9.

[5.3-76] Haefelin, H. M., Lamminger, M.: Polybeton Verbundauskleidung – Bewährter Korrosionsschutz für Stahlbetonrohre. Beton + Fertigteil-Technik (1983), H. 4, H. 5, H. 6.

[5.3-77] Ettel, W.-P., Munse, M.: Die Rolle der Feuchtigkeit bei der Wechselwirkung zwischen Plastbeschichtung und Betonuntergrund. Wissenschaftliche Zeitung der Hochschule für Bauwesen, Leipzig (1976), H. 1, S. 27–29.

[5.3-78] Schuhmann, H. u. a.: Handbuch Betonschutz durch Beschichtungen. Praxis und Anwendungen, Normen und Empfehlungen. Expert Verlag, Ehningen bei Böblingen (1992).

[5.3-79] Lasken, R., Felsch, C.: Werkstoffkunde für Ingenieure. Verlag Friedr. Vieweg & Sohn, Braunschweig/Wiesbaden (1981).

[5.3-80] Rieche, G., Ross, H.: Beton-Anstriche. Anstriche und Beschichtungen auf Beton. Deutsche Bauzeitung – db 120 (1986), H. 4, S. 70–78.

[5.3-81] VDI 2536: Oberflächenschutz mit organischen härtbaren Beschichtungswerkstoffen. Verein Deutscher Ingenieure (07.72) (zurückgezogenes Dokument).

[5.3-82] Ullrich, R.: Industriefußböden aus Kunstharzen. Bauen mit Kunststoffen 26 (1983), H. 4, S. 6–15.

[5.3-83] Schmidt, A.: Berechnung von zweischaligen Tunnelauskleidungen unter Berücksichtigung des Verbundes zwischen Spritz- und Pumpbeton. Bauingenieur 61 (1986), S. 63–72.

[5.3-84] Miodynski, Z. A.: Untergrundvorbereitung. In: Handbuch Industriefußböden. Planung, Ausführung, Instandhaltung, Sanierung. Hrsg.: Peter Seidler. 3. Auflage. Expert Verlag, Renningen-Malmsheim (1994).

[5.3-85] Stenner, R.: Beschichtungsstoffe für Beton. VDI-Berichte Nr. 384 (1980), S. 65–74.

[5.3-86] Semet, W.: Die Oberflächenvorbereitung des Betonuntergrundes. In: Schuhmann, H. u. a.: Handbuch Betonschutz durch Beschichtungen. Praxis und Anwendungen, Normen und Empfehlungen. Expert Verlag. Ehningen bei Böblingen (1992).

[5.3-87] Kauw, V., Dornbusch, J.: Optimierung der Verwendung von Hochdruck-Wasserstrahl-Systemen (HDWS) bei der Betonuntergrund-Vorbereitung. Beton- und Stahlbetonbau 92 (1997), H. 6, S. 149–155.

[5.3-88] Momber, A.: Brückeninstandhaltung mit HDW. Lösung für komlexe Bauaufgaben mit Hochdruckwasserstrahltechnik. Beton (1993), H. 8, S. 416.

[5.3-89] Unfallverhütungsvorschrift Arbeiten mit Flüssigkeitsstrahlen (VBG 87). Tiefbau-Berufsgenossenschaft, München 1993.

[5.3-90] Anwendung von Reaktionsharzen im Betonbau. Teil 3.2: Verarbeiten von Reaktionsharz auf Beton (06.84). Beton (1984), H. 8. (zurückgezogenes Dokument).

[5.3-91] Zusätzliche Technische Vorschriften und Richtlinien für das Füllen von Rissen in Betonbauteilen (ZTV-RISS 93); Ausgabe 1993; Technische Lieferbedingungen für Füllgut aus Epoxidharz und zugehöriges Injektionsverfahren (TL FG-EP), Ausgabe 1993; Der Bundesminister für Verkehr, Verkehrsblatt-Verlag, Dortmund.

[5.3-92] DIN 18555: Prüfung von Mörteln mit mineralischen Bindemitteln; Teil 1: Allgemeines, Probenahme, Prüfmörtel (09.82); Teil 2: Frischmörtel mit dichten Zuschlägen, Bestimmung der Konsistenz, der Rohdichte und des Luftgehalts (09.82); Teil 3: Festmörtel, Bestimmung der Biegezugfestigkeit, Druckfestigkeit und Rohdichte (09.82); Teil 4: Festmörtel, Bestimmung der Längs- und Querdehnung sowie von Verformungskenngrößen von Mauermörteln im stati-

5. 補修　文献

schen Druckversuch (03.86); Teil 5: Festmörtel, Bestimmung der Haftscherfestigkeit von Mauermörteln (03.86); Teil 6: Festmörtel, Bestimmung der Haftzugfestigkeit (11.87); Teil 7: Frischmörtel, Bestimmung des Wasserrückhaltevermögens nach dem Filterplattenverfahren (11.87); Teil 8: Frischmörtel, Bestimmung der Verarbeitbarkeitszeit und der Korrigierbarkeitszeit von Dünnbettmörteln für Mauerwerk (11.87); Entwurf-Teil 9: Festmörtel; Bestimmung der Fugendruckfestigkeit (02.98).

[5.3-93] DIN EN 196: Prüfverfahren für Zement; Teil 1: Bestimmung der Festigkeit (03.90).

[5.3-94] Stein, D., Homann, D.: Low Cost Durable Cement based Repair and Rehabilitation Systems (DUREP); Final Technical Report Task 3.8: Assessment of chemical resistance. Brite Euram II Forschungsvorhaben im Auftrag der EU, 1997.

[5.3-95] Efes, Y., Wesche, K.: Beurteilung des lösenden Angriffs auf Mörtel und Beton. Beton (1981), H. 7.

[5.3-96] Sand, W., Dumas, T., Marcdargent, S.: Accelerated Biogenic Sulfuric-Acid Corrosion Test for Evaluating the Performance of Calcium-Aluminate Based Concrete in Sewage Applications. ASTM STP 1232, Microbiologically Influenced Corrosion Testing, Philadelphia, 1994.

[5.3-97] Firmeninformation Heidelberger Zement, unveröffentlicht.

[5.3-98] Bielecki, R., Schremmer, H.: Biogene Schwefelsäure-Korrosion in teilgefüllten Abwasserkanälen. Sonderdruck auf Heft 94/(1987) der Mitteilungen des Leichtweiß-Instituts für Wasserbau der TU Braunschweig.

[5.3-99] Schmidt, M., Hormann, K., Hofmann, F. J., Wagner, E.: Beton mit erhöhtem Widerstand gegen Säure und Biogener Schwefelsäure-Korrosion. Beton + Fertigteil-Technik (1997), H. 4, S. 64–70.

[5.3-100] Franke, L., Oly, M., Pinsler, F.: Prüfrichtlinien für Mörtel im Sielbau. Tiefbau Ingenieurbau Straßenbau (1997), H. 4, S. 19–23.

[5.3-101] DIN 19565: Rohre und Formstücke aus glasfaserverstärktem Polyesterharz (UP-GF) für erdverlegte Abwasserkanäle und -leitungen; geschleudert, gefüllt (03.89).

[5.3-102] DIN 1048 Teil 2: Prüfverfahren für Beton, Festbeton in Bauwerken und Bauteilen, Prüfung der Oberflächenzugfestigkeit (06.91).

[5.3-103] Empfehlungen für den Tunnelausbau in Ortbeton bei geschlossener Bauweise im Lockergestein (1986). Herausgegeben vom Arbeitskreis 10 der Deutschen Gesellschaft für Erd- und Grundbau e.V., Essen. Bautechnik 63 (1986), H. 10, S. 331–338.

[5.3-104] Maak, H., Maidl, B., Maidl, R., Springenschmid, R.: Bewehrte und nichtbewehrte Innenschalen im Felstunnelbau. In: Taschenbuch für den Tunnelbau (1986), Verlag Glückauf, Essen (1985), S. 373–402.

[5.3-105] Maidl, B.: Handbuch des Tunnel- und Stollenbaus. Verlag Glückauf, Essen (1984).

[5.3-106] Firmeninformation Domesle Stahlverschalungs-GmbH, Maxhütte-Haidhof.

[5.3-107] Haak, A.: Abdichtungen im Untertagebau. In: Taschenbuch für den Tunnelbau (1981), S. 275–323, (1982), S. 147–179, (1983), S. 193–267, Verlag Glückauf, Essen.

[5.3-108] Sägesser, R., Hock, M.: Kanalsanierung mit Innenring. Verband Schweizerischer Abwasserfachleute (VSA). Verbandsbericht Nr. 229. Mitgliederversammlung vom 26.11.1982 in Bern, S. 1–10.

[5.3-109] Flattn, H., Fischer, F., Reinke, Ch.-F.: Risse im Abwasserstollen aus Beton und Stahlbeton. Tiefbau Ingenieurbau Straßenbau (TIS) 25 (1983), H. 3, S. 123–128.

[5.3-110] Wesche, K.: Baustoffe für tragende Bauteile. Band 2: Beton. Bauverlag, Berlin (1981).

[5.3-111] Schreder, W.: Unterirdische Kanalerneuerung mit Innenschalenbeton, System PORR. Zement & Beton (1991), H. 4, S. 7–12.

[5.3-112] Firmeninformation WIBEBA, Wien, Österreich.

[5.3-113] Takatsuka, T., Okada, T., Matsuura, T., Nakanishi, S.: Quick setting resin mortar for small diameter tunnel lining. Vierter internationaler Kongreß „Polymere und Beton" ICPIC '84. Herausgeber: Prof. Dr.-Ing. H. Schulz, Institut für spanende Technologie und Werkzeugmaschinen TH Darmstadt. (19.–21.09.1984), S. 195–200.

[5.3-114] Atkinson, A.: The Re-Lining of Water Mains in situ. Journal of the Institution of Water Engineers, London (1950), H. 4, S. 293–234.

[5.3-115] Böhm, A., Findeisen, M., Lamm, G.: Die wissenschaftlich-technische Vervollkommnung des Sanierungsverfahrens „Auspressen mit Zementmörtel" (ZMA-Verfahren) zur Qualitätsverbesserung von sanierten Wasserversorgungsleitungen. Wasserwirtschaft – Wassertechnik (WWT) 28 (1978), H. 6, S. 185–188.

[5.3-116] Feldtmann, G.: Zementauskleidung in Rohren kleiner Durchmesser zur Vermeidung von Schmutz und Korrosion. Vortrag im Rahmen der Konferenz vom 10.-12. Juni 1974, Techniken der Trinkwasserverteilung, Leuwenhorst. Kongreßzentrum, Niederlande.

[5.3-117] Findeisen, M., Göhlert, J., Lamm, G., Teuber, H.-D.: Zementmörtelauspreßverfahren (ZMA-Verfahren) für die Sanierung von Stahl- und Gußrohrleitungen der Wasserversorgung der DDR. gwf-wasser/abwasser 126 (1985), H. 3, S. 115-118.

[5.3-118] Prokopowicz, J.: Verlegung von Ver- und Entsorgungsleitungen. Tiefbau Ingenieurbau Straßenbau (TIS) (1984), H. 12, S. 703-707.

[5.3-119] Rattay, W., Rischka, A., Stüber, A.: Rekonstruktion von Rohrnetzen der Trink- und Brauchwasserversorgung durch Zementmörtelauskleidung. Bauplanung Bautechnik 25 (1971), H. 11, S. 557-561.

[5.3-120] TGL 34011 (DDR): Wasserversorgung - Rekonstruktion von Rohrleitungen - Sanierungsverfahren. Ministerium für Umweltschutz und Wasserwirtschaft, Berlin (1977), verbindlich ab 01.01.1978.

[5.3-121] Maidl, B., Niederehe, W., Stein, D., Bielekki, R.: Sanierungsverfahren für unterirdische Rohrleitungen mit nichtbegehbarem Querschnitt. In: Taschenbuch für den Tunnelbau (1982), Glückauf-Verlag, Essen (1981), S. 267-307.

[5.3-122] Holtschulte, H.: Zementmörtelauskleidung von erdverlegten Wasserleitungen mit kleinen Nennweiten. Neue DELIWA-Zeitschrift (ndz) 23 (1972), H. 10, S. 449-454.

[5.3-123] Holtschulte, H.: Sanierung von Wasserrohrnetzen. Vortrag auf dem 5. Wassertechnischen Seminar in München (30.10.1980).

[5.3-124] Kurumatam, H.: PIPS-Rehabilitation of Water Pipelines by a Resin Lining Process Using a Pig. Conference Papers NO-DIG 89, Paper 5.2, London (1989).

[5.3-125] Rattay, W., Rischka, A., Stüber, A.: Sanierung unterirdischer Rohrnetze. Bauplanung Bautechnik 25 (1971), H. 6, S. 284-287.

[5.3-126] DIN 18551: Spritzbeton; Herstellung und Güteüberwachung (03.92).

[5.3-127] Grube, H., Kern, E., Quitmann, H.-D.: Instandhaltung von Betonbauwerken. Beton-Kalender (1990), Teil II, S. 681-805, Verlag Ernst & Sohn, Berlin (1990).

[5.3-128] Merkblatt Technologie des Stahlfaserbetons und Stahlfaserspritzbetons. Deutscher Beton-Verein, Wiesbaden. (08.92).

[5.3-129] Brux, G., Linder, R., Ruffert, G.: Spritzbeton, Spritzmörtel, Spritzputz. Verlagsgesellschaft Rudolf Müller, Köln-Braunsfeld (1981).

[5.3-130] Schnütgen, B.: Materialeigenschaften von Stahlfaserbeton. Stahlfaser- und Stahlfaserspritzbeton, Herstellung, Eigenschaften und Anwendung, H. 31, S. 5-42, Vulkan-Verlag, Essen 1978.

[5.3-131] Stiller, W.: Zur Erprobung von Stahlfaserbeton als Spritzbeton. Stahlfaser- und Stahlfaserspritzbeton, Herstellung, Eigenschaften und Anwendung, Essen (1978), H. 31, S. 52-81, Vulkan-Verlag.

[5.3-132] Rosa, W.: Spritzbetonsanierung an Hoch- und Brückenbauwerken. Bericht zur Fachtagung „Spritzbeton-Technologie". Innsbruck-Igls (1987).

[5.3-133] Merkblatt. Stahlfaserspritzbeton. Beton- und Stahlbetonbau 79 (1984), H. 5, S. 134-136.

[5.3-134] DIN 18314: VOB Verdingungsordnung für Bauleistungen; Teil C: Allgemeine Technische Vertragsbedingungen für Bauleistungen (ATV); Spritzbetonarbeiten (06.96).

[5.3-135] Richtlinie „Spritzbeton" Teil 1 - Anwendung. Österreichischer Betonverein, Wien (1989).

[5.3-136] Feistkorn, E.: Stand der Spritztechnik. Glückauf 121 (1985), H. 2, S. 126-133.

[5.3-137] Wandschneider, R.: Materialtechnologische Baustellenerfahrung. Technisch-Wissenschaftliche Mitteilungen des Institutes für Konstruktiven Ingenieurbau der Ruhr-Universität Bochum, Nr. 85-6, (1985).

[5.3-138] Rapp, R.: Spritzbeton im Tunnel- und Stollenbau. In: Taschenbuch für den Tunnel- und Stollenbau (1978). Verlag Glückauf, Essen (1977), S. 185-225.

[5.3-139] Maidl, B.: Handbuch für Spritzbeton. Verlag Ernst & Sohn, Berlin 1992.

[5.3-140] Ruffert, G.: Instandhaltung von Bauwerken. Tiefbau Ingenieurbau Straßenbau (TIS) 28 (1986), H. 10, S. 549-553.

[5.3-141] v. Diecken, U.: Möglichkeiten zur Reduzierung des Rückpralls von Spritzbeton aus verfahrenstechnischer und betontechnologischer Sicht. Dissertation, Ruhr-Universität Bochum (1989).

[5.3-142] Guthoff, K.: Untersuchung baustofflicher und verfahrenstechnischer Düsenführungseinflüsse bei der Spritzbetonherstellung auf der Grundlage der automatischen Düsenführung. Dissertation, Ruhr-Universität Bochum (1990).

[5.3-143] Hahlhege, R.: Zur Sicherstellung der Qualität von Spritzbeton im Trockenspritzverfahren. Dissertation, Ruhr-Universität Bochum

5. 補修　文献

[5.3-143] (1986).
[5.3-144] DIN 1164: Zement. Teil 1: Zusammensetzung, Anforderungen (10.94).
[5.3-145] Herfurth, E.: Microsilica-Stäube als Betonzusatzstoff. Beton- u. Stahlbetonbau 83 (1988), H. 6, S. 172–173.
[5.3-146] Müller, L.: Einfluß der Ausgangsstoffe und Zusatzmittel auf die Eigenschaften von Spritzbeton. Technisch-Wissenschaftliche Mitteilungen des Institutes für Konstruktiven Ingenieurbau der Ruhr-Universität Bochum, Mitteilung Nr. 85-6, (1985).
[5.3-147] Richtlinie zur Nachbehandlung von Beton. Deutscher Ausschuß für Stahlbeton, (02.84).
[5.3-148] Weigler, H., Karl, S.: Beton – Arten, Herstellung, Eigenschaften. Ernst & Sohn Verlag, Berlin, 1989.
[5.3-149] Koehne, H. D.: Anwendung von Kunstharzspritzbeton zur Bauwerkssanierung. Sonderdruck zum 4. Statusseminar „Bauforschung und -technik – Dauerhaftigkeit und Substanzerhaltung von Bauwerken" des Bundesministers für Forschung und Technologie, 14. und 15. April 1983 in Bonn. Tiefbau Ingenieurbau Straßenbau (TIS), Bertelsmann Fachzeitschriften GmbH, Gütersloh (November 1983).
[5.3-150] Koehne, D., Hillemeier, B.: Festigkeit und Dauerhaftigkeit von kunstharzmodifiziertem Spritzbeton. Information November 1984 des Ministers für Landes- und Stadtentwicklung des Landes NRW. Fachtagungen in Bad Godesberg (September 1983) und Nordkirchen (Oktober 1983).
[5.3-151] Sakamoto, O.: A new continious spraying system for resin mortar. Vierter internationaler Kongreß „Polymere und Beton" ICPIC '84. 19.–21.09.1984, S. 293–298. Herausgeber: Prof. Dr.-Ing. H. Schulz, Institut für spanende Technologie und Werkzeugmaschinen, TH Darmstadt.
[5.3-152] Schorn, H.: Epoxiharzmodifizierter Spritzbeton. Technisch-Wissenschaftliche Mitteilungen des Institutes für Konstruktiven Ingenieurbau der Ruhr-Universität Bochum, Nr. 85-6, (1985).
[5.3-153] Gönner, H.: Unfallverhütung und Arbeitssicherheit bei Spritzbetonarbeiten. Technisch-wissenschaftliche Mitteilungen des Institutes für Konstruktiven Ingenieurbau der Ruhr-Universität Bochum, Nr. 85-6, (1985).
[5.3-154] Handke, D.: Kriterien zur Beurteilung und Verminderung der Staubentwicklung für Spritzbetonarbeiten im Tunnelbau. Dissertation, Ruhr-Universität Bochum (1987).
[5.3-155] Tunnelbau. Sicher arbeiten. Leitfaden für Tunnelbauer. Tiefbau-Berufsgenossenschaft, München. 2. Auflage, 1990.
[5.3-156] Unfallverhütungsvorschrift Bauarbeiten (VBG 37). Tiefbau-Berufsgenossenschaft, München. Fassung 1993.
[5.3-157] Unfallverhütungsvorschrift Allgemeine Vorschriften (VBG 1). Tiefbau-Berufsgenossenschaft, München. Fassung 1991.
[5.3-158] Unfallverhütungsvorschrift Gesundheitsgefährlicher mineralischer Staub (VBG 119). Tiefbau-Berufsgenossenschaft, München.
[5.3-159] Sicherheitsregeln für Bauarbeiten unter Tage (ZH1/486). Tiefbau-Berufsgenossenschaft, München (1986).
[5.3-160] Brux, G.: Einschaliger Tunnelausbau mit Spritzbeton. Taschenbuch für den Tunnelbau 1998, Verlag Glückauf, Essen (1997), S. 172–224.
[5.3-161] Werthmann, E.: Die zwei Wege zur Abbindebeschleunigung von Spritzbeton. Tunnel (1995), H. 3, S. 34–41.
[5.3-162] Huber, H.: Neue Entwicklungen in der Spritzbetontechnik. 10. Christian Veder Kolloquium Graz (1996), S. 104–109.
[5.3-163] Firmeninformation Alphacrete Construction Linings (U.K.) Ltd., London, England.
[5.3-164] Martin, D.: Sprayed concrete Technology – Shotcreting: wet or dry, this machine does both! Tunnels & Tunnelling 16 (1984), H. 5, S. 45.
[5.3-165] Großkemper, H.-J., Büssing, R.: Bohrlochauskleidung mit kolloidalem Zement. Glückauf 121 (1985), H. 2, S. 149–152.
[5.3-166] Guniting mechanized. NO-DIG International 1 (1990), H. 1. S. 21.
[5.3-167] Firmeninformation Schürenberg Beton-Spritzmaschinen (SBS) GmbH, Essen.
[5.3-168] Egger, R.: Weiterentwicklung des Spritzbetonverfahrens – Arbeitsschutz – Sicherheit – Wirtschaftlichkeit. In: Unterirdisches Bauen – Technik und Wirtschaftlichkeit. Vorträge der STUVA-Tagung '83 in Nürnberg. 29 Forschung + Praxis: Herausgeber STUVA, Köln (1984).
[5.3-169] Handke, D.: Stand der Entwicklung von Spritzmanipulatoren. Technisch-Wissenschaftliche Mitteilungen des Institutes für Konstruktiven Ingenieurbau der Ruhr-Universität Bochum, Nr. 85-6, (1985).
[5.3-170] Guthoff, K.: Untersuchungen über den Einfluß der Düsenführung bei der Spritzbetonherstellung. Baumaschinen und Bautechnik (BMT) 37 (1990), H. 1, S. 7–13.
[5.3-171] Maidl, B., Guthoff, K.: Industrieroboterein-

satz in der Spritzbetonforschung. Baumaschinen und Bautechnik BG (BMT) 36 (1989), H. 1, S. 5-8.

[5.3-172] Firmeninformation Jonasson GmbH, Wetter.

[5.3-173] In Situ Cement Mortar Lining – Operational Guidelines. Water Research Centre, Swindon (1984).

[5.3-174] Firmeninformation Tate Ltd., Denton, England.

[5.3-175] Firmeninformation Heitkamp Rohrbau, Bochum.

[5.3-176] Beck, D., Heins, D., Jürgenlohmann, P.: Sanierung von Rohrnetzen für Wasser, Gas und Abwasser. Straßen- und Tiefbau (s+t) 39 (1985), H. 2, S. 6-12.

[5.3-177] Bopp, A.: Neue Erkenntnisse aus Scheiteldruck- und Einerdungsversuchen an Stahlrohren NW 1600 ohne und mit tragfähiger Zementmörtel-Auskleidung. Rohre – Rohrleitungsbau – Rohrleitungstransport (3R international) (1970), H. 1, S. 13-26, 1. Teil. (1970), H. 2, S. 73-79, 2. Teil.

[5.3-178] Chappel, E. L.: Chemical Characteristics of Cement Pipe Lining. Industrial and Engineering Chemistry 22 (1930), H. 11, S. 1203-1206.

[5.3-179] Fertner, F.: Zementmörtelauskleidung von Stahlrohren. Der Bauingenieur 39 (1964), H. 4, S. 138-148.

[5.3-180] Gale, J.: Sewer Renovation. Technical Report TR 87 A. Water Research Centre (WRC). Swindow (November 1981).

[5.3-181] Goulding, H.: Concrete lined pipes. First International Conference on the internal and external protection of pipes. University of Durham, England. (9.-11. September 1975), Paper C3, S. C3-23 bis C-36.

[5.3-182] Heinrich, H., Röder, W.: Zementmörteleigenschaften zur Ausschleuderung erdverlegter Rohrleitungen. Wissenschaftliche Zeitschrift der Hochschule für Bauwesen Leipzig 21 (1975), H. 3, S. 101-103.

[5.3-183] Heinrich, B., Schulze, M., Schwenk, W.: Der Korrosionsschutz von Stahlrohrleitungen mit Zementmörtelauskleidungen. 3R international 23 (1984), H. 7/8, S. 320-324.

[5.3-184] Holtschulte, H.: Erfahrungen mit der Innendruckprüfung von Wasserrohrleitungen gem. DIN 4279, Teil 3, Nov. 1975. GFR-Informationen der Fachgemeinschaft Gußeiserne Rohre, Köln (1979), H. 14, S. 5-12.

[5.3-185] Holtschulte, H.: Sanierung von Wasserrohrnetzen. DVGW Schriftenreihe Nr. 202, Teil 2 (1985), S. 45-1-34-14.

[5.3-186] Holtschulte, H., Heinrich, B., Schwenk, W., Wagner, I.: Feldversuche zum Korrosionsschutz von Wasserleitungen durch Zementmörtel- und Zementauskleidungen. gwf-wasser/abwasser 125 (1984), H. 12, S. 595-598.

[5.3-187] Ide, C. T.: Cement Lining the Pressure Tunnel. Sydney water board journal (1964), S. 1-10.

[5.3-188] Kottmann, A., Kraut, E.: Großrohre als Verbundkonstruktion aus metallischem Mantel und Zementmörtelausschleuderung. gwf-wasser/abwasser 111 (1979), H. 4, S. 232-237.

[5.3-189] Krämer, R.: Sicherheitstechnische Überlegungen bei Rohrsanierungsarbeiten. Technischer Jahresbericht der Tiefbau-Berufsgenossenschaft, München (1978).

[5.3-190] Kumpera, F.: Der Innenschutz von Rohrleitungen unter besonderer Berücksichtigung der Zementmörtel-Auskleidung. gas/wasser/wärme 38 (1984), H. 2, S. 41-44.

[5.3-191] Masson, C.: Zementmörtelinnenauskleidung von Trinkwasserrohrleitungen. Tiefbau-BG (Berufsgenossenschaft) 91 (1979), H. 1, S. 6-9.

[5.3-192] Naber, G.: Über die Zementmörtel-Auskleidung großer Stahlrohre. Beton 25 (1971), H. 11, S. 441-444.

[5.3-193] Näf, A.: Sanierung erdverlegter Wasserleitungen. 3R international 23 (1984), H. 1/2, S. 32-36.

[5.3-194] Nagel, G.: Korrosionsschutz in Rohren durch Betonauskleidungen. Werkstoffe und Korrosion 29 (1978), S. 403-408.

[5.3-195] Quelette, H., Schrock, B. J.: Rehabilitation of Sanitary Sewer Pipelines. Transportation Engineering Journal of ASCE 107. No. TE 4 (July 1981), S. 497-513.

[5.3-196] Röder, W., Bosold, H.: Möglichkeiten der Stahlsubstitution durch Zementmörtelauskleidung. Bauplanung Bautechnik 38 (1984), H. 5, S. 217-220.

[5.3-197] Röder, W., Heinrich, H.: Die Haftfestigkeit von Zementmörtelauskleidungen in Stahl- und Gußrohren. Wissenschaftliche Zeitschrift der Technischen Hochschule Leipzig 2 (1978), H. 5, S. 287-292.

[5.3-198] Röder, W., Heinrich, H.: Rekonstruktion erdverlegter Stahl- und Gußrohrleitungen durch Zementmörtelausschleuderung. Bauplanung Bautechnik 33 (1979), H. 9, S. 391-393.

[5.3-199] Rudolph, W.: Das Schweißen von Stahlrohren mit Zementmörtelauskleidung. Rohre – Rohrleitungsbau – Rohrleitungs-

[5.3-200] Santeler, J.; Sprenger, R.: Kanalsanierung durch Auskleidung und Relining. Verband Schweizerischer Abwasserfachleute, Verbandsbericht Nr. 228, (26.11.1982), S. 1–8.

transport (3R international) 15 (1976), H. 2/3, S. 73–76.

[5.3-201] Schrock, J.: Pipeline Rehabilitation Techniques. International Conference on the Planning, Construction, Maintenance & Operation of Sewerage Systems, Reading, England (12.-14. Sept. 1984), Paper B 4, S. 485–499.

[5.3-202] Such, W.: Sanierung von Rohwasserentnahmeleitungen für eine Trinkwassertalsperre. Brunnenbau Bau von Wasserwerken Rohrleitungsbau (bbr) 25 (1974), H. 11, S. 359–363.

[5.3-203] What ist the Centriline Process? Informationsschrift der Raymond Int. Builders, Inc., Centriline Department, Houston, Texas, U.S.A.

[5.3-204] ZM – Stahlrohre – Stahlleitungsrohre mit Zementmörtelauskleidung. Informationsschrift der Mannesmannröhren-Werke AG, Düsseldorf (März 1977).

[5.3-205] Firmeninformation Kanal-Müller-Gruppe, Schieder-Schwalenberg.

[5.3-206] Squeezed Cement to give uniform lining. Microtunneling 2 (1986), H. 3, S. 8.

[5.3-207] Firmeninformation Kasapro AG, Gossau, Schweiz.

[5.3-208] Richtlinie zur Nachbehandlung von Beton. Deutscher Ausschuß für Stahlbeton (1984).

[5.3-209] Firmeninformation Ameron, Long Beach, U.S.A.

[5.3-210] Firmeninformation Costain-Steeter-Lining Ltd., Maidenhead, England.

[5.3-211] BS 2782: Methods of Testing Plastics. Part 3: Mechanical Properties (Methods 320–370). British Standards Institution. London (1979–1990).

[5.3-212] Firmeninformation BASF Coatings and Inks Ltd., Slinfold, England.

[5.3-213] Firmeninformation Subterra Ltd. and Epoxy Lining Consortium, England.

[5.3-214] Firmeninformation STRABAG Kommunaltechnik GmbH, Köln.

[5.3.2-1] ATV-M 143: Inspektion, Instandsetzung, Sanierung und Erneuerung von Abwasserkanälen und -leitungen; Teil 1: Grundlagen (12.89).

[5.3.2-2] Zulassungsgrundsätze für die Auswahl und Anwendung von Innenauskleidungen aus Kunststoff für erdverlegte Abwasserleitungen und Schächte. Deutsches Institut für Bautechnik, Berlin, Fassung (10.96).

[5.3.2-3] Richtlinie für die Auswahl und Anwendung von Innenauskleidungen mit Kunststoffbauteilen für Misch- und Schmutzwasserkanäle: Anforderungen und Prüfungen. Institut für Bautechnik, Berlin, Fassung (07.82).

[5.3.2-4] ATV-M 143: Inspektion, Instandsetzung, Sanierung und Erneuerung von Abwasserkanälen und -leitungen; Teil 5: Allgemeine Anforderungen an Leistungsverzeichnisse für Reliningverfahren (Entwurf 09.97).

[5.3.2-5] Standardleistungsbuch für das Bauwesen – Leistungsbereich LB 310: Sanierung von Abwasserkanälen und -leitungen. Deutsches Institut für Normung e.V., Beuth Verlag, Berlin (Ausgabe 1998).

[5.3.2-6] Verband Schweizer Abwasser- und Gewässerschutzfachleute (VSA): Anhang 5 zur Richtlinie „Unterhalt von Kanalisationen" – Instandsetzungs- und Sanierungsarbeiten bei nichtbegehbaren Kanalisationen, Bedingungen und Leistungsverzeichnis für Roboter-, Injektions- und Schlauchreliningverfahren. Zürich (1998).

[5.3.2-7] ATV-M 143: Inspektion, Instandsetzung, Sanierung und Erneuerung von Abwasserkanälen und -leitungen; Teil 3: Relining (04.93).

[5.3.2-8] ISO TC 138 WG 12: Plastic Pipes and their constituents (all relevant materials) for renovation of underground non-pressure Drainage and Sewerage networks (draft No. 5, 11.91).

[5.3.2-9] DIN EN 752-5: Entwässerungssysteme außerhalb von Gebäuden; Teil 5: Sanierung (11.97).

[5.3.2-10] DOC CEN TC 165 WG1 N361 E Rev2: General requirements for components used for repair of drain and sewer systems outside buildings (draft 10.96).

[5.3.2-11] Zulassungsgrundsätze für die Sanierung von erdverlegten Leitungen der Grundstücksentwässerung. Deutsches Institut für Bautechnik, Berlin (11.94).

[5.3.2-12] Trinkler, D.: Allgemeine Anforderungen an Auskleidungen. Dokumentation, I. Internationaler Kongreß Leitungsbau, Band II, Hamburg 1987, S. II/355–II/380.

[5.3.2-13] ATV-M 143: Inspektion, Instandsetzung, Sanierung und Erneuerung von Abwasserkanälen und -leitungen; Teil 4: Montageverfahren (Entwurf 07.97).

[5.3.2-14] DIN 1048: Prüfverfahren für Beton. Teil 1: Frischbeton (06.91); Teil 2: Festbeton in Bauwerken und Bauteilen (06.91).

[5.3.2-15] DIN 53292: Prüfung von Kernverbunden; Zugversuch senkrecht zur Deckschichtebene (02.82).

[5.3.2-16] DVS Merkblatt 2206: Prüfung von Bauteilen und Konstruktionen aus thermoplastischen Kunststoffen (11.75).

[5.3.2-17] DIN EN ISO 527: Kunststoffe – Bestimmung der Zugeigenschaften (04.96).

[5.3.2-18] DIN 4060: Rohrverbindungen von Abwasserkanälen und -leitungen mit Elastomerdichtungen – Anforderungen und Prüfungen an Rohrverbindungen, die Elastomerdichtungen enthalten (02.98).

[5.3.2-19] DIN 19537: Rohre und Formstücke aus Polyethylen hoher Dichte (PE-HD) für Abwasserkanäle und -leitungen; Teil 1: Maße (10.83); Teil 2: Technische Lieferbedingungen (01.88); Teil 3: Fertigschächte, Maße, Technische Lieferbedingungen (11.90).

[5.3.2-20] DIN 8078: Rohre aus Polypropylen (PP) – PP-H (Typ 1), PP-B (Typ 2), PP-R (Typ 3) – Allgemeine Güteanforderungen, Prüfung (04.96). Beiblatt 1: Rohre aus Polypropylen (PP); Chemische Widerstandsfähigkeit von Rohren und Rohrleitungsteilen (02.82).

[5.3.2-21] DIN 19565: Rohre und Formstücke aus glasfaserverstärktem Polyesterharz (PU-GF) für erdverlegte Abwasserkanäle und -leitungen; Teil 1: Geschleudert, gefüllt – Maße, technische Lieferbedingungen (03.89); Teil 5: Fertigschächte – Maße, technische Lieferbedingungen (11.90).

[5.3.2-22] DIN V 19534: Rohre und Formstücke aus weichmacherfreiem Polyvinylchlorid (PVC-U) mit Steckmuffe für Abwasserkanäle und -leitungen; Teil 1: Maße (11.92); Teil 2: Technische Lieferbedingungen (11.92).

[5.3.2-23] DIN 19840: Faserzement-Rohre und -Formstücke für Abwasserleitungen; Teil 1: Maße (05.89); Teil 2: Technische Lieferbedingungen (05.89).

[5.3.2-24] DIN 19850: Faserzement-Rohre, -Formstücke und Schächte für erdverlegte Abwasserkanäle und -leitungen; Teil 1: Maße von Rohren, Abzweigen und Bögen (11.96); Teil 2: Maße von Rohrverbindungen (11.96); Teil 3: Schächte – Maße, Technische Lieferbedingungen (11.90).

[5.3.2-25] DIN EN 295: Steinzeugrohre und Formstücke sowie Rohrverbindungen für Abwasserleitungen und -kanäle; Teil 1: Anforderungen (11.96); Teil 2: Güteüberwachung und Probenahme (11.91); Teil 3: Prüfverfahren (11.91); Teil 4: Anforderungen an Sonderformstücke, Übergangsbauteile und Zubehörteile (05.95); Teil 5: Anforderungen an gelochte Rohre und Formstücke (08.94); Teil 6: Anforderungen für Steinzeugschächte (12.95); Teil 7: Anforderungen für Steinzeugrohre und Verbindungen beim Rohrvortrieb (12.95).

[5.3.2-26] Bremner, R. M.: In Place lining of Small Sewers. Journal Water Pollution Control Federation (Washington) 43 (1971), H. 7, S. 1444–1456.

[5.3.2-27] Bremner, R. M.: A method of sewer rehabilitation – the Toronto experience. „Restoration of sewerage systems". Proceeding of an International Conference organised by the Institutions of Civil Engineers, held in London on 22–24. June 1981. Paper 5, S. 37–44.

[5.3.2-28] Instandsetzung undichter Kanäle unter Verwendung von Dyna-Dur-Kanalstegrohren. Relining Trocal Information Nr. 13, Juli 1975. Dynamit Nobel AG, Troisdorf.

[5.3.2-29] Gale, J.: Sewer Renovation. Technical Report TR 87 A. Water Research Centre (WRC), Swindon (11.81).

[5.3.2-30] Quelette, H., Schrock, B. J.: Rehabilitation of Sanitary Sewer Pipelines. Transportation Engineering Journal of ASCE 107 (1981), No. TE4 (July), S. 497–513.

[5.3.2-31] Cox, G. C.: Underground Heritage: New Techniques for Renovation. The Public Health Engineer 9 (1981), H. 3, S. 145–157.

[5.3.2-32] Existing Sewer Evaluation & Rehabilitation. ASCE-Manuels on Engineering Practice No. 62/WPCF Manual of Practice FD-6.ASCE, New York and WPCF, Washington (1983).

[5.3.2-33] Glennie, E. B., Whipp, S. H.: The Renovation of Sewers by sliplining with Polyethylene. Report No. ER53E, Water Research Centre (WRC), Swindon (01.82).

[5.3.2-34] Inspector Handbook for sewer Collection system Rehabilitation. The National Association of Sewer Service Companies (NASSCO), Winter Park, Florida, USA (1985).

[5.3.2-35] Operation and Maintenance of Wastewater Collection Systems. Manual of Practice No. 7. Water Pollution Federation, Wa-

5. 補修　文献

[5.3.2-36] Recommended Specifications For Sewer Collection Systems Rehabilitation. The National Association of Sewer Service Companies (NASSCO), Winter Park, Florida, USA (01.85).

[5.3.2-37] Schrock, B. J.: Solutions in the pipeline. Civil Engineering/ASCE 55 (1985), H. 9, S. 46–49.

[5.3.2-38] Sewer Renovation: Lining Specification and Measurement – A Discussion Document. External Report No. 157 E, Water Research Centre (WRC), Swindon (08.1984).

[5.3.2-39] Stein, D.: Instandhaltung von Kanalisationen – Probleme und Lösungsmöglichkeiten. Handbuch Wasserversorgung und Abwassertechnik, 3. Ausgabe, S. 207–242, Vulkanverlag, Essen 1989.

[5.3.2-40] Ewert, G.-D., Stein, D.: Perspektiven für die Schadensbehebung bei undichten Kanalisationen – Handlungsbedarf, künftige Technologien, Kostenaufwand. Dokumentation 23. Essener Tagung, S. 337–362, Aachen 1991.

[5.3.2-41] Stein, D., Bielecki, R.: Offene Probleme bei der Instandhaltung von Abwasserkanälen und -leitungen. Straßen- und Tiefbau 40 (1986), H. 5, S. 5–10.

[5.3.2-42] Stein, D.: Überblick über die Verfahren zur Schadensbehebung in Kanalisationen. Korrespondenz Abwasser 34 (1987), H. 4, S. 313–314.

[5.3.2-43] Stein, D., Niederehe, W.: Wenn der Kanal undicht ist. Verfahren zur Schadensbehebung. Entsorgungs Praxis (1987), H. 6, S. 315–318.

[5.3.2-44] Stein, D.: Instandsetzung, Sanierung und Erneuerung schadhafter Entwässerungskanäle und -leitungen. Festschrift B. Maidl, Technisch-wissenschaftliche Mitteilungen der Ruhr-Uni-Bochum, Mitteilung Nr. 88-3, August 1988.

[5.3.2-45] Stein, D.: Wie sollten die zukünftigen Kanalisationssysteme aussehen? IWS-Schriftenreihe Band 5, Berlin 1988, S. 303–324.

[5.3.2-46] Stein, D., Körkemeyer, K.: Neue Technologie zur Sanierung von Kanalisationen. Abwassertechnik (1991), H. 5.

[5.3.2-47] ANSI/ASTM F 585-94: Insertion of Flexible Polyethylen Pipe into existing Sewers.

[5.3.2-48] Firmeninformation Europlast GmbH, Oberhausen.

[5.3.2-49] Firmeninformation ALH System Ltd, Westbury, Großbritannien.

[5.3.2-50] Brömstrup, H., Mühlenberg, E.: Relining mit Rohren aus HDPE – ein Verfahren zur Sanierung schadhafter Rohrleitungen. Brunnenbau – Bau von Wasserwerken – Rohrleitungsbau (bbr) 36 (1985), H. 2, S. 3–8.

[5.3.2-51] GSTT Informationen Nr. 1: Grabenlose Verfahren zur Schadensbehebung in nichtbegehbaren Abwasserleitungen. Arbeitskreis Nr. 3 Grabenloses Bauen, Leitungsinstandhaltung (12.96).

[5.3.2-52] Jürgenlohmann, P.: Sanierung von Rohrleitungen durch Relining mit Kunststoffrohren. Neue DELIWA Zeitschrift (ndz), Teil 1: 36 (1985), H. 6, S. 240–242, Teil 2: 36 (1985), H. 7, S. 317–320.

[5.3.2-53] Jürgenlohmann, P.: Sanierung von Rohrleitungen durch Relining mit Rohren aus PE-hart. In: Meldt, R. u. a.: Das Kunststoffrohr im Trinkwasser- und Kanalsektor sowie in der Gasversorgung. Band 23, Kontakt und Studium, Lexika Verlag, Grafenau 1978.

[5.3.2-54] Meldt, R.: Beanspruchung von Kunststoffrohren aus HDPE und PP bei der Sanierung von Rohrleitungsnetzen durch Relining. 3 R international 21 (1982), H. 5, S. 214–220.

[5.3.2-55] Meldt, R.: Sanierung von Rohrleitungsnetzen durch Relining mit Hostalen- und Hostalen-PP-Rohren. Straßen- und Tiefbau (s+t) 33 (1979), H. 10, S. 24–28.

[5.3.2-56] Zimmermann, H.: Beanspruchung eines Relining-Rohrstranges beim Einziehvorgang. 3 R international (1991), H. 9/10.

[5.3.2-57] Firmeninformation Hoechst AG, Frankfurt.

[5.3.2-58] Koch, R.: Beanspruchung von Kunststoffrohren aus HDPE bei der Sanierung von Rohrleitungen durch Relining. Vortrag an der Technischen Akademie Esslingen (06.05.85).

[5.3.2-59] GSTT Informationen Nr. 2: Qualitätssicherung bei der Sanierung von Abwasserkanälen und -leitungen. Arbeitskreis Nr. 3 Grabenloses Bauen, Leitungsinstandhaltung (10.95).

[5.3.2-60] Brömstrup H.: Kanalrohre aus PE-HD für Abwasserleitungen. Das Kunststoffrohr im Trinkwasser- und Kanalsektor sowie im Gassektor, 3. Auflage, Expert Verlag (1995), S. 78–85.

[5.3.2-61] DIN 8074: Rohre aus Polyethylen (PE) PE 63, PE 80, PE 100, PE-HD – Maße (Entwurf 08.97).

[5.3.2-62] DIN 8075 Rohre aus Polyethylen (PE)

5. 補修 文献

[5.3.2-63] DIN 16961: Rohre und Formstücke aus thermoplastischen Kunststoffen mit profilierter Wandung und glatter Rohrinnenfläche; Teil 1: Maße (02.89); Teil 2: Technische Lieferbedingungen (02.89). PE 63, PE 80, PE 100, PE-HD – Allgemeine Güteanforderungen, Prüfungen (Entwurf 08.97).

[5.3.2-64] Gastring, H.: Praktische Bauerfahrung beim Relining. Eine wirtschaftliche Methode der Leitungssanierung und des Innenkorrosionsschutzes. Neue DELIWA-Zeitschrift (ndz) 33 (1982), H. 1, S. 25–27.

[5.3.2-65] Mühlenberg, E.: Relining Polyethylenhart-Rohre – HDPE-Rohre. krv-nachrichten (1980), H. 3, S. 5–8.

[5.3.2-66] DVS-Merkblatt 2207: Teil 1: Schweißen von thermoplastischen Kunststoffen, Heizelementeschweißen von Rohren, Rohrleitungsteilen und Tafeln aus PE-HD (08.95).

[5.3.2-67] DVS-Merkblatt 2208: Schweißen von thermoplastischen Kunststoffen; Maschinen und Geräte für das Heizelementestumpfschweißen von Rohren, Rohrleitungsteilen und Tafeln (08.95).

[5.3.2-68] Jürgenlohmann, P.: Sanierung einer Entwässerungsleitung an der Bundesautobahn im Langrohr-Relining-Verfahren. Tiefbau Ingeniurbau Straßenbau (TIS) (1991), H. 6, S. 413–416.

[5.3.2-69] Miegel, W., Hoppe, F.: Erfahrungen in Hamburg mit modernen Sanierungsverfahren (Inliner). Dokumentation 2. Internationaler Kongreß Leitungsbau, Hamburg 1989, S. 487–500.

[5.3.2-70] Firmeninformation Greenbank Gorseline, Hatfield, Großbritannien.

[5.3.2-71] DVS-Merkblatt 2203: Prüfen von Halbzeug und Schweißverbindungen aus thermoplastischen Kunststoffen (08.78). Ergänzungen: T. 2; T. 3; T. 5 (05.84).

[5.3.2-72] Vogt, H., Zinkler, E.: Verstärkung und Sanierung von zwei Abwasserleitungen mit Hilfe des Relining-Verfahrens. Korrespondenz Abwasser (KA) 37 (1990), H. 11, S. 1345–1349.

[5.3.2-73] Stein, D., Niederehe, W., Zäschke, W.: Verfahren zum nachträglichen Einbringen von Produktrohren in unterirdische nichtbegehbare Hohlräume. In: Taschenbuch für den Tunnelbau 1984, Verlag Glückauf, Essen 1983, S. 249–296.

[5.3.2-74] Firmeninformation DSI-Dieter GmbH & Co., Nehren.

[5.3.2-75] Firmeninformation Plitec Pipeline & Armaturen GmbH, Wenden.

[5.3.2-76] Linhardt, F.: Relaxation von Wärmespannungen in Ziegler-Polyäthylen. Kunststoffe 51 (1961), H. 6, S. 310–312.

[5.3.2-77] Menges, G., Roberg, P.: Verhalten einbetonierter PE-hart- und PVC-hart-Rohre bei Temperaturwechsel. Kunststoffberater (1969), S. 458–460 und S. 716–720.

[5.3.2-78] DVGW Arbeitsblatt GW 307: Verfüllung des Ringraumes (Entwurf 04.96).

[5.3.2-79] Holstad, M., Speicher, B.: Learning about Lining. Water/Engineering & Management, April 1984, S. 25–27.

[5.3.2-80] Firmeninformation Avanti International, Webster, USA.

[5.3.2-81] Wallis, S.: Good pumpability aids long distance grouting. Tunnels & Tunnelling 16 (1984), H. 6, S. 81–82.

[5.3.2-82] Ward, D. E., Levitt, M.: Cementious Grouts for Sewer Renovation. Water Research Centre, External Report No. 65 E, June 1982.

[5.3.2-83] DIN EN 206: Beton, Eigenschaften, Herstellung und Konformität (08.97).

[5.3.2-84] DIN 1045: Tragwerke aus Beton, Stahlbeton und Spannbeton; Teil 1: Bemessung und Konstruktion (Entwurf 02.97).

[5.3.2-85] Firmeninformation Anneliese Baustoffe für Umwelt und Tiefbau GmbH & Co. KG, Ennigerloh.

[5.3.2-86] Benz, G.: Einpreß-Mörtel. 3. Auflage. Chemische Fabrik Grunau GmbH, Illertissen 1984.

[5.3.2-87] Firmeninformation John Kennedy Ltd., Salford, Großbritannien.

[5.3.2-88] Irle, H. J.: Zusammenhänge von Wasserverlusten, Bodenaggressivität und Schadenshäufigkeit in Rohrnetzen erdverlegter Rohrleitungen aus Stahl. gwf – wasser abwasser 125 (1984), H. 4, S. 163–169.

[5.3.2-89] Gill, S. M.: Developments in Grouting Technology for Sewer Renovation. International Conference on the Planning, Construction, Maintenance & Operation of Sewerage Systems. Reading, Großbritannien: 12–14.09.84. Paper D4, S. 163–174.

[5.3.2-90] Whipp, S. M.: Sewer renovation Grouting trials-tingewick. External Report No. 54 E, Water Research Center, Swindon 1990.

[5.3.2-91] DIN 4093: Einpressung (Injektion) in Untergrund und Bauwerke (09.87).

[5.3.2-92] DIN EN 446: Einpreßmörtel für Spannglieder – Einpreßverfahren (07.96).

[5.3.2-93] DIN V ENV 1992-1-1: Eurocode 2 – Planung von Stahl- und Spannbetontragwerken; Teil 1: Grundlagen und Anwen-

1061

5. 補修 文献

dungsregeln für den Hochbau (06.92)
[5.3.2-94] Brux, G.: Sonderverfahren im Wasserbau. Beispiel Colcrete- und Prepakt-Beton (1976), H. 4, S. 123-127.
[5.3.2-95] Gale, J.: Drain Connections in Small Diameter Sewer renovation. External report No. 54 E., Water Research Centre, Swindon, February 1982.
[5.3.2-96] Firmeninformation Kanal-Müller-Gruppe (KMG Deutschland) GmbH & Co. KG, Schieder-Schwalenberg.
[5.3.2-97] Dilg, R.: Sanierung von Hausanschlußleitungen. gwf Abwasser Special II 137 (1996), Nr. 15, S. 7-11.
[5.3.2-98] Kanalrohr-Handbuch, Hostalen GMK 5010. Hoechst AG, Frankfurt 1979.
[5.3.2-99] Ettel, W.-P., Munse, M.: Die Rolle der Feuchtigkeit bei der Wechselwirkung zwischen Plastbeschichtung und Betonuntergrund. Wissenschaftliche Zeitschrift der Hochschule für Bauwesen Leipzig (1976), H. 1, S. 27-29.
[5.3.2-100] Firmeninformation Haxey Ltd., Haxey, Großbritannien.
[5.3.2-101] Gasrohr-Handbuch, Hostalen GM 5010 T2. Hoechst AG, Frankfurt 1979.
[5.3.2-102] W.O. 96/28685: Hutförmige Anschlußmanschette für Hausanschlüsse in Kanalrohren. Patent der Trolining GmbH, September 1996.
[5.3.2-103] Firmeninformation Stehmeyer + Bischoff GmbH & Co. KG, Bremen.
[5.3.2-104] Sewerage Rehabilitation Manual. Water Research Centre, Swindon 1990.
[5.3.2-105] Lenz, J. (Hrgb.): Qualitätssicherung und aktuelle Tendenzen im Rohrleitungsbau. Band 2, Vulkan Verlag Essen, 1990.
[5.3.2-106] Sanierungsverfahren für Abwasserkanäle im Spiegel der Qualitätsanforderungen. Gütegemeinschaft Herstellung und Instandhaltung von Entwässerungskanälen und -leitungen e.V. (12.96), Bad Honnef.
[5.3.2-107] DIN EN 1610: Verlegung und Prüfung von Abwasserleitungen und -kanälen (10.97).
[5.3.2-108] DIN V 4279-7: Innenprüfung von Druckrohrleitungen für Wasser-Druckrohre aus Polyethylen geringer Dichte PE-LD, Druckrohre aus Polyethylen hoher Dichte PE-HD (PE 80 und PE 100), Druckrohre aus vernetztem Polyethylen PE-X, Druckrohre aus weichmacherfreiem Polyvinylchlorid PVC-U (Vornorm 12.94).
[5.3.2-109] Kleiser, K., Bayer, H.-J.: Relining. In: Der grabenlose Leitungsbau. Vulkan-Verlag Essen (1996), S. 51-54.
[5.3.2-110] Firmeninformation Tracto-Technik, Lennestadt.
[5.3.2-111] Kuttig, T.: Neues Rohr im alten Kanal. baumaschinendienst (bd) (1990), H. 10, S. 736-738.
[5.3.2-112] Firmeninformation Sewerin GmbH, Gütersloh.
[5.3.2-113] Stein, D.: Gutachtliche Stellungnahme zum Thermoline-Verfahren (unveröffentlicht), 1991.
[5.3.2-114] Firmeninformation Uponor Anger GmbH, Marl.
[5.3.2-115] Firmeninformation Phoenix AG, Hamburg.
[5.3.2-116] Firmeninformation Rehau AG + Co, Erlangen.
[5.3.2-117] Stein, D.: Neue Technologien zur Sanierung von Kanalisationen. In: Schriftenreihe WAR 64; Institut für Wasserversorgung, Abwasserbeseitigung und Raumplanung der Technischen Hochschule Darmstadt und Fakultät für Bauingenieurwesen der Hochschule für Architektur und Bauwesen Weimar. 2. gemeinsames Seminar Abwassertechnik: Abwasserkanäle – Bemessung, Ausführung, Sanierung (1992); S. 281-298.
[5.3.2-118] Firmeninformation Preussag Rohrsanierung GmbH, Berlin.
[5.3.2-119] Firmeninformation Hans Brochier GmbH & Co, Nürnberg.
[5.3.2-120] Firmeninformation Wavin GmbH Kunststoff-Rohrsysteme, Twist/Niedersachsen.
[5.3.2-121] Firmeninformation Subterra Ltd., Dorset, Großbritannien.
[5.3.2-122] Guidelines for Trenchless Technologies. International Society for Trenchless Technologie (ISTT), London 1998 (Entwurf).
[5.3.2-123] Firmeninformation NU-Pipe Inc., Memphis, USA.
[5.3.2-124] Steketee, C. H.: NU-Pipe, a new Method of rebuilding Underground Pipes. Conference papers NO-DIG '88, Washington 1988.
[5.3.2-125] Wood, P.: NU-Pipe NO-DIG Pipe Reconstruction Technologie. Conference Papers NO-DIG '90, Osaka 1990.
[5.3.2-126] Osborn, L. E.: Advances in Trenchless Sewer System Reconstruction. In: Kienow, K. K.: Pipeline Design and Installation, Las Vegas 1990, S. 194-198.
[5.3.2-127] Firmeninformation Insituform Rohrsanierungstechniken GmbH, Röthenbach.
[5.3.2-128] Firmeninformation Insituform Rohrsa-

[5.3.2-129] Kamide, A.: Construction Method of rehabilitating Pipe with Hard-Plastic (EX Construction Method). Poster Session NO-DIG '90, Osaka 1990, S. 76–80.

[5.3.2-130] John, H.-J.: Close-fit-Verfahren – Neue Inlinersanierung für Druck- und Abwasserleitungen. Vortrag im Haus der Technik e.V., Essen 1991.

[5.3.2-131] Firmeninformation Klug – Kanal-, Leitungs- und Umweltsanierung GmbH & Co, Hamburg.

[5.3.2-132] Köstring, V.: Roll-Down-Reliningtechnik. krv-nachrichten (1988), H. 1, S. 9–10.

[5.3.2-133] Das Rolldown-Verfahren. bauwirtschaftliche informationen (bi) (1989), H. 10, S. 68–70.

[5.3.2-134] Butenschön, F.: RIB-LOC und Rolldown-Verfahren zur Sanierung und Erneuerung von Kanälen und Druck-Rohrleitungen. Berichte der ATV, Nr. 39, St. Augustin 1988.

[5.3.2-135] Roller rigs squeeze in tight fit pipers. Underground (1987), H. 2, S. 18–19.

[5.3.2-136] Firmeninformation British Gas plc., London, Großbritannien.

[5.3.2-137] Firmeninformation Wegner & Co., Berlin.

[5.3.2-138] Miegel, W.: Sanierung von Abwasserkanälen. bauwirtschaftliche informationen (bi) (1989), H. 10, S. 36–41.

[5.3.2-139] Firmeninformation Teerbau Rohrtechnik GmbH, Hannover.

[5.3.2-140] Hayward, D.: Plastic Liner takes to Water. New Civil Engineer Nr. 22 (1987), H. 10, S. 54–56.

[5.3.2-141] Rohrsanierungswinden mit Vorspannautomatik Bargila-Spillwinden von 2-20t Zugkraft. Tiefbau Ingenieurbau Straßenbau (TIS) 31 (1989), H. 10, S. 599.

[5.3.2-142] Firmeninformation DIGA Rohrtechnik GmbH, Essen.

[5.3.2-143] Ambient swage in Operation. NO-DIG International 2 (1991), H. 1, S. 22.

[5.3.2-144] El Khafif, M.: Thermische Anformung von Abzweigen in PE-HD-Reliningrohren zur dichten Wiederanbindung von Hausanschlüssen und seitlichen Zuläufen. Dokumentation 4. Internationaler Kongreß Leitungsbau Hamburg (1994), S. 631–638.

[5.3.2-145] Firmeninformation Lafrentz Bau Hannover GmbH & Co, Hemmingen.

[5.3.2-146] Jürgenlohmann, P.: Kanalsanierung ohne Tiefbau mit Wiik & Höglund – Kurzrohr-Relining. Vortrag an der Technischen Akademie Wuppertal 1987.

[5.3.2-147] Dammann, P.: Sanierung korrodierter Abwasserrohre. Ausgeführte Beispiele aus Hamburg. Vortrag im Haus der Technik, Essen 28.10.85.

[5.3.2-148] Schrock, J.: Pipeline Rehabilitation Techniques. International Conference on the Planning, Construction, Maintenance Operation of Sewerage Systems, Reading, Großbritannien 12.–14. September 1984; Paper B4, S. 485–499.

[5.3.2-149] Cunningham, S.: Fibre Glass Reinforces Plastic Corrosion Protection of the Bibra Lake Sewer Tunnel, Perth, Western Australia. Civil Engineering Transactions (The Institution of Engineers, Australia) (1984), S. 95–103.

[5.3.2-150] Vitrified Clay Debut for Sliplining. Underground (1986), H. 3, S. 6.

[5.3.2-151] Gale, J. C.: The renovation of sewerage systems. Journal of the Institution of Public Health Engineers (1981), H. 9, S. 24–29/41.

[5.3.2-152] Firmeninformation Meyer-Pipes GmbH & Co. KG, Lüneburg.

[5.3.2-153] Schwartz, B.: Polymerbeton – Rohre als umweltfreundliche Problemlösung für die Kanal-Sanierung selbst bei Eiprofil-Rohren. Korrespondenz Abwasser (KA) 38 (1991), H. 2, S. 307–309.

[5.3.2-154] Kurzrohrrelining mit Polymerbetonrohren. Tiefbau Ingenieurbau Straßenbau (TIS) (1996), H. 6, S. 31–32.

[5.3.2-155] Firmeninformation Feldmann Chemie, Inning.

[5.3.2-156] Firmeninformation Friedrichsfeld GmbH, Mannheim.

[5.3.2-157] Firmeninformation Demco Ltd., Nuneaton, Großbritannien.

[5.3.2-158] Williams, R. G.: Polyethylene for Sewer Renovation – an ongoing developement. Pipes & Pipelines International 28 (1983), H. 5, S. 16–18.

[5.3.2-159] Stein, D., Kipp, B., Bielecki, R.: Vortriebsrohre < DN 1000 für den Abwasserleitungsbau. In: Taschenbuch für den Tunnelbau 1986. Verlag Glückauf, Essen 1985, S. 403–433.

[5.3.2-160] Baumgärtel, H. C.: Routine, A New Rehau Pipe System for Sewer Replacement. Conference Papers NO-DIG '89, London.

[5.3.2-161] Bloomfield, D.: Sanierung und Erneue-

5. 補修　文献

[5.3.2-162] rung schadhafter Abwasserkanäle und -leitungen mit geschleuderten GFK-Rohren. Korrespondenz Abwasser (KA) 35 (1988), H. 6, S. 627–632.
[5.3.2-162] Firmeninformation ENVICON GmbH, Gütersloh: Moderne Methoden des Bauens und der Instandhaltung von Kanalisationen (12.96).
[5.3.2-163] Firmeninformation Huckenberg GmbH, Ennepetal.
[5.3.2-164] Firmeninformation Avent P.R.S., Calne, Großbritannien.
[5.3.2-165] Firmeninformation Windhoff AG, Rheine.
[5.3.2-166] Firmeninformation Gressbach GmbH, Obernburg.
[5.3.2-167] Lenz, D., Hornung, K.: Entwässerungskanäle und -leitungen nach der neuen DIN 4033, Ausgabe November 1979. Betonwerk + Fertigteil-Technik 46 (1980), H. 5, S. 286–295.
[5.3.2-168] Firmeninformation Biggs Wall & Co. Ltd., Arleesey, Großbritannien.
[5.3.2-169] Firmeninformation Eternit AG, Berlin.
[5.3.2-170] Firmeninformation Hupfeld Beton GmbH & Co, Buxtehude.
[5.3.2-171] Möhring, K.: Hauptsammelkanäle für Berlin-Heiligensee. Steinzeuginformation (1981).
[5.3.2-172] Kuntze, G.: Kranbahn zur Verlegung von Steinzeugrohren. Steinzeuginformation (1974), H. 1, S. 20–21.
[5.3.2-173] Steinzeug-Handbuch. Steinzeug GmbH, 8. Auflage, Köln 1996.
[5.3.2-174] Rothe, K.: Sanierung nichtbegehbarer Kanäle bei laufendem Betrieb. Dokumentation 2. Internationaler Kongreß Leitungsbau, Hamburg 1989, S. 453–467.
[5.3.2-175] Müller, M.: Schmutzwasserkanalisation Köln-Marsdorf. Tiefbau Ingenieurbau Straßenbau (TIS) 22 (1980), H. 7, S. 595–596.
[5.3.2-176] Firmeninformation Drain and Sewer Surveys Ltd., Aldershot, Großbritannien.
[5.3.2-177] Firmeninformation Wiik & Höglund GmbH, Lübeck.
[5.3.2-178] Firmeninformation ARGE RST, Schenefeld, Hamburg.
[5.3.2-179] Miegel, W.: Verfahren zur Erneuerung und Sanierung von Abwasserkanälen im nichtbegehbaren Nennweitenbereich. EntsorgungsPraxis-Spezial (EP-Spezial) 3 (1990), H. 5, S. 16–21.
[5.3.2-180] Firmeninformation Puhlmann & Hemscheidt GmbH & Co., Marne.

[5.3.2-181] Firmeninformation Rice Hayward Ltd., Epworth, Großbritannien.
[5.3.2-182] N.N.: Repair method seperates waterproofing and structure. Underground 3 (1988), H. 2, S. 26–27.
[5.3.2-183] Firmeninformation Mayreder Consult, Linz (Österreich).
[5.3.2-184] Firmeninformation Angerlehner Hoch und Tiefbau GmbH, Pucking (Österreich).
[5.3.2-185] Firmeninformation Rintub AB, Lunea, Schweden.
[5.3.2-186] Firmeninformation RIB-LOC-SYSTEMS GmbH, Rietberg-Varensell.
[5.3.2-187] DIN 8061: Rohre aus weichmacherfreiem Polyvinylchlorid; Allgemeine Güteanforderungen; Prüfungen (08.94). Beiblatt 1: Chemische Widerstandsfähigkeit von Rohren und Rohrleitungsteilen aus PVC-U (02.84).
[5.3.2-188] Rüdiger, F.: Gerätesystem für Spezialleistungen bei der Sanierung nichtbegehbarer Rohrleitungen. 3R international 33 (1994), H. 9, S. 486–491.
[5.3.2-189] Gerdes, K.: Erfahrungen mit dem Rohrleitungssanierungsverfahren Expanda-Pipe. Sonderdruck aus Forschung, Planung, Betrieb.
[5.3.2-190] Firmeninformation ERSAG Eternit-Rohrsanierungs AG, Meilen, Schweiz.
[5.3.2-191] Keldany, R.: ERSAG-Spiralrohr-Verfahren – Neuwert-Sanierung. Berichte der ATV, Nr. 39, St. Augustin, 1988.
[5.3.2-192] Shaw, K. J., Caluon, A.: Development of SR Spiral Winding Pipeline Renovation System. Conference Papers NO-DIG '89, London 1989.
[5.3.2-193] Firmeninformation Technical Consultant by NIPPON KOEI Co., Ltd., Tokyo, Japan.
[5.3.2-194] John, H. J.: Neuartige Systeme zur unterirdischen Sanierung defekter Abwasserleitungen. Dokumentation 1. Internationaler Kongreß Leitungsbau, Band II, Hamburg 1987, S. II/217–II/218.
[5.3.2-195] Gerdes, K., Schikora, S.: Abdichten mit Hutprofilen. bauwirtschaftliche informationen umweltschutz (bi) (1995), H. 3, S. 72–73.
[5.3.2-196] John, H.-J., Butenschön, F.: RIB-LOC-EXPANDA Pipe: Innovatives Verfahren zur unterirdischen Erneuerung von Abwasserkanälen. Dokumentation 2. Internationaler Kongreß Leitungsbau, Hamburg 1989, S. 477–486.
[5.3.2-197] Kitahashi, N.: Renovation of Leaking

[5.3.2-197 cont.] Sewage Pipeline by Expanda Pipe System. Poster Session NO-DIG '90, Osaka 1990.

[5.3.2-198] DIN 18820: Laminate aus textilfaserverstärkten ungesättigten Polyester- und Phenacrylatharzen für tragende Bauteile (GF-UP, GF-PHA); Teil 1: Aufbau, Herstellung, Eigenschaften (03.91); Teil 2: Physikalische Kennwerte der Regellaminate (03.91); Teil 3: Schutzmaßnahme für das tragende Laminat (03.91); Teil 4: Prüfung und Güteüberwachung (03.91).

[5.3.2-199] Lühr, H.-P., Grunder, H. Th., Stein, D., Körkemeyer, K., Borchardt, B.: Produkte und Verfahren zur Sanierung von Abwasserkanälen. Schriftenreihe der Bundesanstalt für Arbeitsschutz und Arbeitsmedizin, Fb 779, Dortmund/Berlin 1997.

[5.3.2-200] Stein, D., Körkemeyer, K., Lechtenberg-Auffarth, E.: Acrylamidhaltige Mörtel müssen nicht sein. bauwirtschaftliche informationen (bi) (1997), H. 4, S. 45–46.

[5.3.2-201] Maidl, B., Niederehe, W., Stein, D., Bielecki, R.: Sanierungsverfahren für unterirdische Rohrleitungen mit nichtbegehbarem Querschnitt. In: Taschenbuch für den Tunnelbau 1982, Glückauf-Verlag, Essen 1981, S. 267–307.

[5.3.2-202] Morrison, A.: Sewers – Repairing beats replacing. Civil Engineering/ASCE 53 (1983), H. 9, S. 60–64.

[5.3.2-203] Strickland, L.: Sewer Renovation. Technical Report TR 87. Water Research Centre (WRC). Medmenham, Großbritannien, (09.87).

[5.3.2-204] Wagner, V., Knothe, R., Dilg, R.: Schlauchrelining, anwendbar nur für kleine Profile. Tiefbau Ingenieurbau Straßenbau (TIS) 33 (1991), H. 3, S. 197–201.

[5.3.2-205] Downey, D., Fukami, T., Greene, C.: Cured in Place Pipe Experience in Japan. Conference Paper NO-DIG '96, New Orleans, USA, S. 107–123.

[5.3.2-206] Schlauchrelining für Freispiegelleitungen. Empfehlung des Rohrsanierungsverbandes e.V. (RSV).

[5.3.2-207] Erhaltung nichtbegehbarer Kanäle. Bundesamt für Konjunkturfragen, Schweiz (1993).

[5.3.2-208] Dilg, R.: Insituform Schlauchrelining-Verfahren, Anwendungsbereiche, Entwicklungen. Dokumentation Wolfsburger Bautage, 2. Ausstellungskongreß „Abwasserbehandlung", Wolfsburg 1991.

[5.3.2-209] AL-Sukhui, R., Dunlop, W. M.: Insitulining by Inversion – The Idea in Practice. Conference Papers NO-DIG '89, London 1989.

[5.3.2-210] DIN 16945: Reaktionsharze, Reaktionsmittel und Reaktionsharzmassen; Prüfverfahren (03.89).

[5.3.2-211] DIN 16946: Reaktionsharzformstoffe, Gießharzformstoffe; Teil 1: Prüfverfahren (03.89); Teil 2: Typen (03.89).

[5.3.2-212] Wagner, V.: Korrosionsschutzarbeiten für ein Vorflutsiel in Hamburg. Tiefbau Ingenieurbau Straßenbau (TIS) 26 (1984), H. 2, S. 85–88.

[5.3.2-213] Firmeninformation Rausch GmbH & Co., Siegmarzell.

[5.3.2-214] Firmeninformation Iseki Polytech Inc., Tokio, Japan.

[5.3.2-215] Dilg, R.: Instandhaltung von Anschlußkanälen und Grundleitungen – Technische Möglichkeiten und Grenzen von Verfahren. 3R international 37 (1998), H. 1, S. 40–47.

[5.3.2-216] Uegaki, K.: Development of New PAL-Liner using Glass Fibers. Conference Papers NO-DIG '90. Osaka 1990.

[5.3.2-217] Lippiat, R., Yagi, I.: Paltem – UK Experience 1987–88. Conference Papers NO-DIG '89, London 1989.

[5.3.2-218] Firmeninformation Ashimori Industry Co. Ltd., Osaka, Japan.

[5.3.2-219] Donath, R.: Relining mit gewebten, kunstharzbeschichteten Schläuchen. Tiefbau Ingenieurbau Straßenbau (TIS) 32 (1990), H. 2, S. 89–91.

[5.3.2-220] Firmeninformation Phoenix Pipe Renovation Systems Ltd., Olney, Großbritannien.

[5.3.2-221] Paulsen, H.: Das Phoenix-Verfahren, Sanierung von Gas-, Wasser- und Abwasserleitungen. Berichte der Abwassertechnischen Vereinigung, Nr. 39, St. Augustin 1988, S. 311–314.

[5.3.2-222] Firmeninformation Inpipe Sweden AB, Skelleftea, Schweden.

[5.3.2-223] New Variety of Soft Lining. Underground (1986), H. 3, S. 31.

[5.3.2-224] Hoppe, F., Brüchmann, D.: Sanierung von gemauerten Klasse-Sielen; Schlauchrelining für Ei-Profile. bauwirtschaftliche Informationen (bi) (1993), H. 5.

[5.3.2-225] Firmeninformation KRT Kanalsanierungs-Technik AG, Biel, Schweiz.

[5.3.2-226] French line up Insituform challenge. Underground (1986), H. 3, S. 4.

[5.3.2-227] Secrétariat de la comission des avis techniques CSTB, Fachgruppe Nr. 17: Netze,

5. 補修　文献

[5.3.2-228] Technisches Gutachten Nr. 17/91-38 „Copeflex" (04.92).
[5.3.2-228] Firmeninformation Copetanche, Melun Cedex, Frankreich.
[5.3.2-229] Firmeninformation SADE-CGTH, Frankreich.
[5.3.2-230] Moll, R.: Entwicklung eines Schlauchrelining-Verfahrens mit Hausanschlußherstellung. Dokumentation 5. Internationaler Leitungsbau Kongreß Hamburg 1996, S. 249–258.
[5.3.2-231] Firmeninformation Berolina Polyester GmbH & Co. KG, Berlin.
[5.3.2-232] Firmeninformation Ashimoro Europe Ltd., Großbritannien.
[5.3.2-233] Firmeninformation Rocas GmbH, Esslingen.
[5.3.2-234] Schlauchrelining in Kanälen kleiner Nennweite. Tiefbau Ingenieurbau Straßenbau (TIS) (1997), H. 6, S. 35–36.
[5.3.2-235] Firmeninformation Karl Otto Braun KG, Wolfstein.
[5.3.2-236] Firmeninformation MC Bauchemie Müller GmbH & Co, Bottrop.
[5.3.2-237] Gerdes, K.: In der Praxis bewährt – Sanierung von Hausanschlußleitungen mit dem Pull-Liner Verfahren. bauwirtschaftliche informationen umweltschutz (bi) (1996), H. 4, S. 57–59.
[5.3.2-238] Firmeninformation TROLINING GmbH, Troisdorf.
[5.3.2-239] Schmager, K.-D.: Das TroLining-System. Tiefbau Ingenieurbau Straßenbau (TIS) (1991), H. 5, S. 356–363.
[5.3.2-240] DVS 2225-2: Fügen von Dichtungsbahnen aus polymeren Werkstoffen im Erd- und Wasserbau; Teil 2: Prüfungen (08.92).
[5.3.2-241] Firmeninformation Frank GmbH, Mörfelden-Walldorf.
[5.3.2-242] Kölker, W.: Sanierung des Abwassernetzes des Steinkohlekraftwerkes Mehrum. Tiefbau Ingenieurbau Straßenbau (TIS) (1996), H. 6, S. 5–9.
[5.3.2-243] Voigt, T.: Schweißbare Hausanschlußmanschette für mit PE sanierte Abwasserrohre. Tiefbau Ingenieurbau Straßenbau (TIS) (1995), H. 12, S. 8–9.
[5.3.2-244] DIN 16776: Kunststoff-Formmassen; Polyethylen (PE)-Formmassen; Einteilung und Bezeichnung (12.84).
[5.3.2-245] DIN 16774: Kunststoff-Formmassen; Polypropylen (PP)-Formmassen; Einteilung und Bezeichnung (12.84).
[5.3.2-246] DIN 7748: Kunststoff-Formmassen; Weichmacherfreie Polyvinylchlorid (PVC-U)-Formmassen; Teil 1: Einteilung und Bezeichnung (09.85); Teil 2: Herstellung von Probekörpern und Bestimmung von Eigenschaften (03.89).
[5.3.2-247] Führbötter, A., Dette, H. H., Macke, E., Manzenrieder, H.: Über Druckschlagwirkung durch Wellen im Firstbereich von Großrohren. Bericht Nr. 494 des Leichtweiss-Institutes für Wasserbau der Technischen Universität Braunschweig (05.81), unveröffentlicht.
[5.3.2-248] Knott, G. E., McLaughlin, J. C.: The Use of Polyester Resin Concrete for Sewer Renovation. External Report No. 66 E, Swindon, July 1982.
[5.3.2-249] Moss, G. F., Lottus, J. P.: The Use of Glass Reinforced Cement in Sewer Renovation. External Report No. 67 E, Water Research Centre, Swindon, June 1982.
[5.3.2-250] Whipp, S. H., Mc Laughlin, J. C.: The Use of Glass Reinforced plastics and the Insituform Process for Sewer Renovation. External Report No. 75 E, Water Research Centre, Swindon, Aug. 1982.
[5.3.2-251] König, F.: Städte-Kanalisationen. Verlag von Otto Wigand, Leipzig (1902).
[5.3.2-252] Deutsche Steinzeugwarenfabrik für Canalisationen und chemische Industrie, Friedrichsfeld in Baden. Hauptkatalog der Kanalisations-Abteilung, 1913.
[5.3.2-253] DIN 1053: Mauerwerk; Teil 1: Berechnung und Ausführung (11.96); Teil 2: Mauerwerksfestigkeitsklassen aufgrund von Eignungsprüfungen (11.96); Teil 3: Bewehrtes Mauerwerk; Berechnung und Ausführung (02.90); Teil 4: Bauten aus Ziegelfertigbauteilen (09.78).
[5.3.2-254] DIN 18157: Ausführung keramischer Bekleidungen im Dünnbettverfahren; Teil 1: Hydraulisch erhärtende Dünnbettmörtel (07.79); Teil 2: Dispersionsklebstoffe (10.82); Teil 3: Epoxidharzklebstoffe (04.86).
[5.3.2-255] Firmeninformation Kunststoff-Technik AG, Zürich, Schweiz.
[5.3.2-256] Müller-Dominik, H.: Sanierung eines gemauerten Siels der Freien und Hansestadt Hamburg. Steinzeug-Kurier (1984), H. 7.
[5.3.2-257] Brezen, F.: Korrosionsschutz mit Steinzeug-Schalen und -platten. Tiefbau Ingenieurbau Straßenbau (TIS) 30 (1988), H. 3, S. 115–118.
[5.3.2-258] Firmeninformation PC/Polychemie, Augsburg.
[5.3.2-259] Firmeninformation Woellner Werke

GmbH & Co., Ludwigshafen.
[5.3.2-260] DIN 18156: Stoffe für keramische Bekleidungen im Dünnbettverfahren. Teil 1: Begriffe und Grundlagen (04.77); Teil 2: Dichtschichten, Hydraulisch erhärtende Dünnbettmörtel (03.78); Teil 3: Dispersionsklebestoffe (07.80); Teil 4: Epoxidharzklebestoffe (12.84).
[5.3.2-261] Arbeitsgemeinschaft Industriebau e. V. (AGI): Arbeitsblatt S 10: Schutz von Baukonstruktion und Plattenlagen gegen chemische Angriffe (Säureschutzbau); Teil 1: Anforderungen an den Untergrund (11.91); Teil 2: Dichtschichten (11.95); Teil 3: Plattenlagen (11.95); Teil 4: Ausführungsdetails (11.91).
[5.3.2-262] Engelmann, H.: Neubau oder Instandsetzung von Kanalisationen. Tiefbau Ingenieurbau Straßenbau (TIS) 32 (1990), H. 10, S. 689–696.
[5.3.2-263] Firmeninformation Ergelit Trockenmörtel und Feuerfest GmbH, Alsfeld.
[5.3.2-264] Rosentreter, U., Döpper, U.: Verwendung von Steinzeugplatten zur Herstellung einer Spülrinne. Tiefbau Ingenieurbau Straßenbau (TIS) 29 (1987), H. 11, S. 666–669.
[5.3.2-265] DIN EN 121: Stranggepreßte keramische Fliesen und Platten mit niedriger Wasseraufnahme (E 3 %); Gruppe A1 (12.91).
[5.3.2-266] DIN EN 476: Allgemeine Anforderungen an Bauteile für Abwasserkanäle und -leitungen für Schwerkraftentwässerungssysteme (08.97).
[5.3.2-267] Firmeninformation KIA-Keramik in der Abwassertechnik GmbH, Dülmen.
[5.3.2-268] Stein, D., Körkemeyer, K.: Auskleidung von Abwasserkanälen mit großformatigen Steinzeug-Plattenelementen (Kera-Line-System). Abwassertechnik (awt) (1996), H. 2, S. 69–72.
[5.3.2-269] Stein, D., Gokhale, S.: Stoneware Lining System for Rehabilitation of Sewers and Manholes. NO-DIG Engineering (1997), H. 3, S. 17–20.
[5.3.2-270] Sanierung eines Großprofilkanales mit Klinkerplatten. Tiefbau Ingenieurbau Straßenbau (TIS) (1996), H. 6, S. 36–37.
[5.3.2-271] Zusätzliche technische Vertragsbedingungen und Richtlinien für Schutz und Instandsetzung von Betonbauteilen (ZTV-SIB 90). Verkehrsblatt Verlag, Dortmund 1990.
[5.3.2-272] Müller, H.: Glasfaserbeton-Fertigteile unter und über der Erde. Element + Fertigbau 19 (1982), H. 2, S. 15–18.

[5.3.2-273] Firmeninformation Staudenmayer GmbH, Salach.
[5.3.2-274] Firmeninformation Bauku – Troisdorfer Bau- und Kunststoff GmbH, Wiehl.
[5.3.2-275] Neuwald, J.: Kontrollierbare CKW-Abdichtungssysteme für Auffangräume und Kanalrohre. Entsorgungspraxis (1991), H. 3, S. 107–110.
[5.3.2-276] Rohrsanierungswinden mit Vorspannautomatik Bargila-Spillwinden von 2–20 t Zugkraft. Tiefbau Ingenieurbau Straßenbau (TIS) 31 (1989), H. 10, S. 599.
[5.3.2-277] Firmeninformation GFA-Gesellschaft für Flächen-Abdichtung mbH, Hamburg.
[5.3.2-278] Jahresbericht Stadtentwässerung 01.01.78 bis 31.12.79. Herausgeber: Baubehörde Hamburg, Amt für Ingenieurwesen 3, Hauptabteilung Stadtentwässerung.
[5.3.2-279] Bielecki, R.: Neue Methoden und Entwicklungstendenzen für das Bauen und Betreiben von Abwasserleitungen großer und kleiner Durchmesser. Wasser und Boden 31 (1991), H. 8, S. 223–242.
[5.3.2-280] Gebhardt, K.: Korrosionsschutz im Abwassersammlerbau. Taschenbuch für den Tunnelbau 1982, Verlag Glückauf, Essen (1981), S. 371–382.
[5.3.2-281] Siebert, R.: Einsatz von verstärkten Kunststoffen für die Sanierung von Abwasserkanälen und Sonderbauwerken. Vortrag an der Technischen Akademie Esslingen, 25.05.88.
[5.3.2-282] Firmeninformation Ameron, Long Beach, USA.
[5.3.2-283] Firmeninformation Hüls Troisdorf AG, Troisdorf.
[5.3.2-284] Bielecki, R., Schremmer, H.: Biogene Schwefelsäure-Korrosion in teilgefüllten Abwasserkanälen. Mitteilungen des Leichtweiß-Institutes für Wasserbau der TU-Braunschweig, H. 94/87.
[5.3.2-285] Dammann, P.: Erfahrungen mit verschiedenen Korrosionsschutzsystemen in Abwasserkanälen. Vortrag an der Technischen Akademie Esslingen, 25.05.88.
[5.3.2-286] Knipschild, F. W.: Großflächen-Dichtungselemente. Kunststoffe im Bau (KiB) 12 (1977), H. 4.
[5.3.2-287] Firmeninformation SLT Lining Technology GmbH, Hamburg.
[5.3.2-288] Firmeninformation Dunlop Ltd., Birmingham, Großbritannien.
[5.3.2-289] Maidl, B., Stein, D.: Bauverfahrenstechnische Aspekte zur Herstellung korrosionssicherer Abwasserleitungen. EWPCA

5. 補修 文献

[5.3.2-290] '82, Statusseminar: Korrosion in Abwasserleitungen, Hamburg, Dokumentation, S. 81–100.
[5.3.2-290] Firmeninformation Steuler-Industriewerke GmbH, Höhr-Grenzhausen.
[5.3.2-291] Kunststoff-Kanalrohre. Die chemische Produktion 20 (1991), H. 9, S. 28.
[5.3.2-292] Ohage, W., Baumgarten, J., Rauh, J., Wisiolek, K.: Das Transportsiel Altona. Fachliche Berichte der Hamburger Stadtentwässerung (1997), H. 2.
[5.3.2-293] Firmeninformation Rees Seergun Ltd., London, Großbritannien.
[5.3.2-294] Rohrsanierung ohne Hacke und Spaten. Instandhaltung (1980), H. 4.
[5.3.2-295] Schoppig, W.: Kanalsanierung wegen baulicher Mängel. Berichte der Abwassertechnischen Vereinigung e.V. Nr. 33, St. Augustin 1981, S. 215–219.
[5.3.2-296] Riddel, K. J., Marriott, M. J.: The Improvement of Smith Street Sewer London. International Conference on the Planning, Construction, Maintenance & Operation of Sewerage Systems, Reading, Großbritannien, 12.–14.09.84, Paper K4, S. 469–483.
[5.3.2-297] Pauser, A. Hrsg.: Unterirdische Kanalsanierung. Springer-Verlag, Wien 1988.
[5.3.2-298] Firmeninformation Celtite (Selfix) Ltd., Alfreton, Großbritannien.
[5.3.2-299] Renoveren met schaaldelen. Aus: Handbock Riool- en Leidingrenovatie. Herausgeber: Zegwaard Delft.
[5.3.2-300] Firmeninformation BV De Ringvaard, Hillegom, Niederlande.
[5.3.2-301] Stein, D., Kipp, B., Niederehe, W.: Partielle Sanierung von Abwasserleitungen unter Verwendung der Injektions- und Frästechnik. Korrespondenz Abwasser (KA) 33 (1986), H. 2, S. 113–118.
[5.3.2-302] Firmeninformation Quiligotti & Company Ltd., Hazel Grove, Großbritannien.
[5.3.2-303] Firmeninformation Aco Severin Ahlmann GmbH & Co. KG, Rendsburg.
[5.3.2-304] Firmeninformation Wiener Betriebs- und Baugesellschaft (WiBeBa) mbH, Wien, Österreich.
[5.3.2-305] Hoppe, F.: Channeline – ein neues Montageverfahren zur Sanierung von Großprofilen. Tiefbau Ingenieurbau Straßenbau (TIS) (1994), H. 12.
[5.3.2-306] Dilg, R.: Sammler mit Channeline-Montageverfahren saniert. bauwirtschaftliche informationen (bi) Umweltschutz (1995), H. 1.
[5.3.2-307] Firmeninformation Johnston Construction Ltd., Salford, Großbritannien.
[5.3.2-308] Wörner, J. D.: Kanalsanierung mit Glas. Erfassung und Sanierung schadhafter Abwasserkanäle. Schriftenreihe WAR Nr. 60 des Institutes für Wasserversorgung, Abwasserbeseitigung und Raumplanung an der technischen Hochschule Darmstadt (1992), S. 125–130.
[5.3.2-309] Winkler, U.: Das gläserne Kanalrohr. Umwelt (1991), H. 1/2, S. 28–30.
[5.3.2-310] Firmeninformation Flachglas Consult GmbH, Gelsenkirchen.
[5.3.2-311] ATV-A 127: Richtlinie für die statische Berechnung von Entwässerungskanälen und -leitungen (Entwurf 05.97).
[5.3.2-312] Falter, B.: Praktische Vorgehensweise beim Standsicherheitsnachweis für Linersysteme in Abwasserkanälen. Tiefbau Ingenieurbau Straßenbau (TIS), (09.94).
[5.3.2-313] Glock, D.: Überkritisches Verhalten eines starr ummantelten Kreisrohres bei Wasserdruck von außen und Temperaturdehnung. Der Stahlbau (07.77).
[5.3.2-314] Gaube, E.: Bemessen von Kanalrohren aus PE hart und PVC hart. Kunststoffe (1977), H. 6.
[5.3.2-315] ASTM F 1216-93: Rehabilitation of existing pipelines and conduits by the inversion and curing of a resin-impregnated tube (1993).
[5.3.2-316] Wagner, V.: Beulnachweis bei der Sanierung von nichtbegehbaren, undichten Abwasserkanälen mit dem Schlauchverfahren. Dissertation, Technische Universität Berlin (1992).
[5.3.2-317] Lo, K. H., Zhang, J. Q.: Collapse Resistance Modeling of Encased Pipes. Buried Plastic Pipe 2nd, 1994.
[5.3.2-318] Weith, C.: Vergleichende Untersuchung zur Bemessung von mittels Relining-Verfahren sanierten Abwasserleitungen. Diplomarbeit, Arbeitsgruppe Leitungsbau und Leitungsinstandhaltung, Ruhr-Universität Bochum (1997).
[5.3.2-319] Hibbitt, Karlsson, Sörensen: User and Theory Manual. ABAQUS Version 5.5, 1995.
[5.3.2-320] Krätzig, W. B.: Arbeits-Unterlagen zur Lehrveranstaltung „Statik der Tragwerke". 5. Computermethoden zur nichtlinearen Tragwerksanalyse. Ruhr-Universität Bochum (1994).
[5.3.2-321] Mehlhorn, G.: Der Ingenieurbau. Grundwissen rechnerorientierte Baumechanik. Verlag Ernst & Sohn (1995).
[5.3.2-322] Steup, H.: Stabilitätsprobleme im Bauwe-

[5.3.2-323] Guice, L. K., Li, J. Y.: Buckling Models and Influencing Factors for Pipe Rehabilitation Design. NASST NoDig '94.

[5.3.2-324] Timoshenko, S. P., Gere, J. M.: Theory of elastic stability. 2nd ed., Mc Graw Hill, 1961.

[5.3.2-325] Gaube, E., Müller, W., Falcke, F.: Statische Berechnung von Abwasserrohren aus Polyäthylen hart. Kunststoffe (1974), H. 4.

[5.3.2-326] Cheney, J. A.: Pressure Buckling of Ring Encased in Cavity. Journal of the Engineering Mechanics Division. Proceedings of the American Society of Civil Engineers (08.71).

[5.3.2-327] Chicurel, R.: Shrink buckling of thin circular rings. Journal of Applied Mechanics, ASME 35, 1968.

[5.3.2-328] Dokumentation über Kunststoff-Rohre aus Hostalen für die Sanierung von Rohrleitungsnetzen durch Relining. Hoechst Prospekt (08.83).

[5.3.2-329] Guice, L. K., Straughan, T., Norris, C. R., Bennet, R. D.: Long-Term Structural Behavior of Pipeline Rehabilitation Systems. Trenchless Technologie Center, Lousiana Tech University. TTC Preliminary Draft, (03.94).

[5.3.2-330] Mielke, M.: Numerische Untersuchung zur Stabilitätsanalyse von Inlinern mit Kreis- und Eiprofil. Diplomarbeit. Arbeitsgruppe Leitungsbau und Leitungsinstandhaltung, Ruhr-Universität Bochum (1997).

[5.3.2-331] Guice, L. K., Straughan, T., Norris, C. R., Bennet, R. D.: Trenchless Technologie Center, Lousiana Tech University, Long-Term Structural Behavior of Pipeline Rehabilitation Systems. TTC Technical Report # 302, (08.94).

[5.3.2-332] Schweiger, H. F.: Ein Beitrag zur Anwendung der Finite-Elemente-Methode in der Geotechnik. Habilitationsschrift, Institut für Bodenmechanik und Grundbau, Technische Universität Graz 1994.

[5.3.2-333] Gallagher, R. H.: Finite-Element-Analysis, Grundlagen. Springer-Verlag 1976.

[5.3.2-334] Zienkiewicz, O. C.: Methode der finiten Elemente. Carl Hanser Verlag, München 1975.

[5.3.2-335] Falter, B.: Standsicherheit von Linern. In: Sanierung von Abwasserkanälen durch Relining (Hrsg. Lenz. J.). Vulkan-Verlag Essen, 1994.

[5.3.2-336] DIN 4032: Betonrohre und Formstücke – Maße, Technische Lieferbedingungen, (01.1981).

[5.3.2-337] Falter, B.: Statische Berechnung von Linern für die Kanalrenovierung. 5. Int. Kongreß Leitungsbau, Hamburg 1997.

[5.3.2-338] Guice, L. K.: Buckling models and influencing Factors for pipe rehabilitation design. Design Theory Workshop, 1994.

[5.3.2-339] Britton, R. J.: Renovation Design: Theory and Practise.. Paper presented at Symposium ‚Sewerage Value for money', Organized by Institute of Water Pollution control in association with Instiution of Public Health Engineers (14–15.05.86), Paper No 5.

[5.3.2-340] Brömstrup, H.: Relining mit Kurzrohren aus HDPE. Dokumentation 1. Internationaler Kongreß Leitungsbau, Hamburg 1987, S. II/187–II/202.

[5.3.2-341] DIN 16962: Rohrverbindungen und Rohrleitungsteile für Druckrohrleitungen aus Polypropylen (PP) (Entwurf 05.94).

[5.3.2-342] DIN 16963: Rohrverbindungen und Rohrleitungsteile für Druckrohrleitungen aus Polyethylen hoher Dichte (HDPE) (Entwurf 05.94).

[5.3.2-343] DIN 8077: Rohre aus Polypropylen (PP), PP-H 100, PP-B 80, PP-R 80 – Maße (12.97).

[5.3.2-344] Brömstrup, H.: Relining mit Rohren aus PE-HD: Ein wirtschaftliches Verfahren zur Wiederherstellung von Abwasserkanälen und -leitungen, (1991).

[5.3.3-1] Inspector Handbook for Sewer Collection System Rehabilitation. The National Association of Sewer Services Companies (NASSCO), Winter Park, USA, 1985.

[5.3.3-2] Bielecki, R., Schremmer, H.: Biogene Schwefelsäure-Korrosion in teilgefüllten Abwasserkanälen. Mitteilungen des Leichtweiß-Institutes für Wasserbau der TU Braunschweig (1987), H. 94.

[5.3.3-3] Firmeninformation Meyer-Pipes GmbH & Co. KG, Lüneburg.

[5.3.3-4] Firmeninformation Aco Severin Ahlmann GmbH & Co. KG, Rendsburg.

[5.3.3-5] Firmeninformation Preussag Rohrsanierung GmbH, Berlin.

[5.3.3-6] Firmeninformation RIB-LOC Group Ltd, Australien.

[5.3.3-7] Hayward, P.: Manhole Lining and Sealing Systems. NO-DIG INTERNATIONAL (1996), H. 11, S. 15–17.

[5.3.3-8] Firmeninformation SunCoast Environmental International Inc., USA.

5. 補修　文献

[5.3.3-9] ATV-M 143: Inspektion, Instandsetzung, Sanierung und Erneuerung von Entwässerungskanälen und -leitungen; Teil 4: Montageverfahren (Entwurf 07.97).

[5.3.3-10] Renoveren met schaaldelen. Aus: Handboek Riool- en Leidingrenovatie. Herausgeber: Zegwaard Delft.

[5.3.3-11] Firmeninformation INSITUFORM GmbH, Berlin.

[5.3.3-12] Wade, M. G.: New Methods of manhole Rehabilitation. Evaluation of Underground Infrastructure Rehabilitation Seminar, Dallas, USA, (17./18.10.91), Proceedings F-1 bis F-20.

[5.3.3-13] Dammann, P.: Erfahrungen mit verschiedenen Korrosionsschutzsystemen in Abwasserkanälen. Vortrag an der Technischen Akademie Esslingen, 25.8.88.

[5.3.3-14] Dammann, P.: Sanierung korrodierter Abwasserrohre. Ausgeführte Beispiele aus Hamburg. Vortrag im Haus der Technik, Essen 28.10.85.

[5.3.3-15] Siebert, R.: Korrosionsschutz für Abwasserschächte und -sammler mit GF-UP. Kunstharz-Nachrichten 20 (09.83). Herausgegeben von der Hoechst AG, Frankfurt.

[5.3.3-16] Dilg, R.: Insituform Schlauchrelining-Verfahren -- Anwendungsbereiche, Entwicklungen. Dokumentation Wolfsburger Bautage, 2. Ausstellungskongreß „Abwasserbehandlung", Wolfsburg 1991.

[5.3.3-17] Abschlußbericht des Korrosionsausschusses der Stadtentwässerung Hamburg, Juli 1985 (unveröffentlicht).

[5.4-1] DIN EN 752: Entwässerungssysteme außerhalb von Gebäuden. Teil 5: Sanierung (11.97).

[5.4-2] ATV-M 143: Inspektion, Instandsetzung, Sanierung und Erneuerung von Entwässerungskanälen und -leitungen. Teil 1: Grundlagen (12.89).

[5.4-3] Stein, D., Boksteen, R.: Verfahren des Leitungsbaus. Skriptum Leitungsbau und Leitungsinstandhaltung, Prof. Dr.-Ing. D. Stein, Ruhr-Universität Bochum, WS 1997/98.

[5.4-4] ATV-Handbuch: Bau und Betrieb der Kanalisation. 4. Aufl., Ernst & Sohn Verlag, Berlin 1995.

[5.4-5] Köhler, R.: Tiefbauarbeiten für Rohrleitungen. 3. Auflage, Verlagsgesellschaft Rudolf Müller Köln-Braunsfeld 1991.

[5.4-6] Stein, D., Möllers, K., Bielecki, R.: Leitungstunnelbau – Neuerlegung und Erneuerung nichtbegehbarer Ver- und Entsorgungsleitungen in geschlossener Bauweise. Verlag Ernst & Sohn, Berlin 1988.

[5.4-7] Stein, D.: Herstellung in geschlossener Bauweise. In: ATV-Handbuch. Bau und Betrieb der Kanalisation. ATV-Handbuch. 4. Aufl., S. 301–367, Ernst & Sohn Verlag, Berlin 1995.

[5.4-8] Stein, D., Conrad, E.U.: Hydraulischer Rohrvortrieb – Schwerpunktthemen aus Forschung und Praxis. In: Taschenbuch für den Tunnelbau 1985, Verlag Glückauf, Essen 1984, S. 325–382.

[5.4-9] Stein, D., Bielecki, R.: Hindernisortung und -beseitigung beim Leitungstunnelbau. Bauwirtschaftliche Informationen (bi) (1984), H. 7.

[5.4-10] Stein, D., Falk, C.: Stand der Technik und Zukunftschancen des Mikrotunnelbaus. Felsbau 14 (1996), H. 6, S. 296–303.

[5.4-11] Maidl, B.: Handbuch des Tunnel- und Stollenbaus. Glückauf-Verlag, Essen, 1984/1988.

[5.4-12] Maidl, B., Herrenknecht, M., Anheuser, L.: Maschineller Tunnelbau im Schildvortrieb. Ernst & Sohn Verlag, Berlin 1995.

[5.4-13] DIN 31051: Instandhaltung; Begriffe und Maßnahmen (01.85).

[5.4-14] DIN 1986: Entwässerungsanlagen für Gebäude und Grundstücke. Teil 1: Technische Bestimmungen für den Bau (06.88).

[5.4-15] ATV-A 139: Richtlinien für die Herstellung von Entwässerungskanälen und -leitungen (10.88).

[5.4-16] Hoffmann, G.: Extrem fließfähige Verfüllungen. Beton 36 (1986), H. 7, S. 268–269.

[5.4-17] DVGW-GW 316: Orten von erdverlegten Rohrleitungen und Straßenkappen (08.82).

[5.4-18] DVGW-GW 315: Hinweise für Maßnahmen zum Schutz von Versorgungsanlagen bei Bauarbeiten (05.79).

[5.4-19] DIN EN 1610: Verlegung und Prüfung von Abwasserleitungen und -kanälen (10.97).

[5.4-20] Kuczynski, J., Taszycki, H., Böhm, A.: Rekonstruktion begehbarer Rohrleitungen. Wasserwirtschaft Wassertechnik (WWT) 30 (1980), H. 4, S. 128–129.

[5.4-21] Vörös, F.: Kanalsanierung unter Verwendung von Eiprofilrohren aus Kunststoff. Dokumentation 2. Internationaler Kongreß Leitungsbau, Hamburg 1989, S. 255–264.

[5.4-22] Damm K.-W.: Aufgrabungen und Wiederherstellung von Fahrbahnbefestigungen. In: Aktuelle Aufgaben des kommunalen Straßenbaus. Kolloquium in Seeheim 1982, S. 41–47. Forschungsgesellschaft für Stra-

[5.4-23] ßen- und Verkehrswesen.
[5.4-23] Müller, H.: Erfahrungen mit der Kanalsanierung am Beispiel Saarbrücken. Berichte der Abwassertechnischen Vereinigung e.V. Nr. 33, St. Augustin 1982, S. 281–294.
[5.4-24] Stein, D.: Erneuerung innerstädtischer Ver- und Entsorgungsleitungen – Möglichkeiten und Probleme. Vortrag Osaka 1989 (unveröffentlicht).
[5.4-25] Stein, D., Ewert, G.-D.: Perspektiven für die Schadensbehebung bei undichten Kanalisationen – Handlungsbedarf, künftige Technologie, Kostenaufwand. Dokumentation 23. Essener Tagung 1990 – Wasser-Abwasser-Abfall. Perspektiven für das Jahr 2000, S. 337–362.
[5.4-26] Uffmann, H.-P.: Moderne Verfahren der offenen Bauweise. Dokumentation I, Internationaler Kongress Leitungsbau 87, Hamburg, S. I/739–I/751.
[5.4-27] Karnath, U.: Erneuerung eines Abwasserkanals in halboffener Bauweise. abwassertechnik (awt) (1994), H. 5, S. 15–16.
[5.4-28] Scherle, M., Breitling, J., Röhling, W.: Kanalerneuerung in Hauptverkehrsstraßen. Tiefbau Ingenieurbau Straßenbau (TIS) 20 (1978), H. 8, S. 743–747.
[5.4-29] Firmeninformation Mini-Tunnel, International Ltd., Old Wolting, England.
[5.4-30] Gale, J.: Sewer Renovation. Technical Report TR 87 A. Water Research Centre (WRC), Swindon, November 1981.
[5.4-31] Stein, D., Bielecki, H.: Horizontale Vortriebsverfahren im Tiefbau unter besonderer Berücksichtigung des Abwasserleitungsbaues. In: Taschenbuch für den Tunnelbau 1981, Glückauf-Verlag, Essen 1980, S. 227–274.
[5.4-32] Conrad, E.U.: Rohrvortrieb – ein wirtschaftliches Bauverfahren mit Perspektiven – Tendenzen in Entwicklung und Anwendung –. In: Haus der Technik, Vortragsveröffentlichungen 476, Hydraulischer Rohrvortrieb, Stand der Technik, Tendenzen in Entwicklung und Anwendung, Tagung vom 24.02.1983 im HdT, Essen. Vulkan-Verlag, Essen 1984, S. 4–10.
[5.4-33] Hornung, K., Kittel, D.: Statik erdüberdeckter Rohre. Bauverlag GmbH, Wiesbaden und Berlin, 1989.
[5.4-34] Scherle, M.: Rohrvortrieb. Band 1: Technik, Maschinen, Geräte, 1977. Band 2: Statik, Planung, Ausführung, 1977. Band 3: Berechnungsbeispiele, 1984. Band 4: Standardleistungsverzeichnis zum Standardleistungsbuch, 1982, Bauverlag GmbH, Wiesbaden und Berlin.
[5.4-35] Stein, D.: Hydraulischer Rohrvortrieb. DVGW-Schriftenreihe Wasser Nr. 202, Eschborn 1985, S. 33-1 – 33-19.
[5.4-36] Stein, D., Maaß, H.U., Brune, P.: Meß- und Steuertechnik beim unterirdischen Rohrvortrieb. Tiefbau Ingenieurbau Straßenbau (TIS) 28 (1986), H. 2, S. 67–77.
[5.4-37] Standardleistungsbuch LB 085: Rohrvortrieb (03.97).
[5.4-38] Schaaf, O.: Das neue Standardleistungsbuch „Rohrvortrieb". Schriftliche Fassung der Vorträge zur 2. Tagung des MURL, IKT, ISA „Entwicklungen in der Kanalisationstechnik" am 28./29. Januar 1998, Köln.
[5.4-39] ATV-A 161 bzw. DVGW-W 312: Statische Berechnung von Vortriebsrohren (01.90).
[5.4-40] Körkemeyer, K.: Beitrag zur Bemessung des Lasteinleitungsbereiches von Vortriebsrohren aus Beton und Stahlbeton. Schriftliche Fassung der Vorträge zur 2. Tagung des MURL, IKT, ISA „Entwicklungen in der Kanalisationstechnik" am 28./29. Januar 1998, Köln.
[5.4-41] ATV-A 125 bzw. DVGW-GW 304: Rohrvortrieb (09.96).
[5.4-42] ATV-A 127: Richtlinie für die statische Berechnung von Entwässerungskanälen und -leitungen (12.88).
[5.4-43] Stein, D., Geisler, P.: Neuer Kanal auf alter Trasse. Baumaschinendienst (1988), H. 3, S. 162–168.
[5.4-44] Möhring, K.: Das Überfahren schadhafter Abwasserkanäle (pipe-eating). Tiefbau (1988), H. 4.
[5.4-45] Firmeninformation Dr.-Ing. Soltau GmbH, Lüneburg.
[5.4-46] Firmeninformation Herrenknecht GmbH, Schwanau-Allmannsweier.
[5.4-47] Firmeninformation Iseki Polytech. Inc., Tokio, Japan.
[5.4-48] Nishino, T.: Pipline Renewal by Pipe Jacking. Conference Papers No-Dig 90 Osaka. Sixth Int. Conference on Trenchless Construction of Utilities. Osaka, Oktober 1990.
[5.4-49] Firmeninformation NLW – Fördertechnik GmbH, Xanten.
[5.4-50] Zapel, K: Unterirdisches Auswechseln vorhandener nichtbegehbarer Abwasserkanäle in gleicher Trasse. Konferenz Papers NO-DIG '98 Lausanne. 16. International Conference and Exhibition on Trenchless Construction for Utilities. Lausanne, Juni '98.
[5.4-51] Zapel, K.: Unterirdisches Auswechseln nicht begehbarer Abwasserkanäle mit dem

5. 補修　文献

[5.4-51] „Crush-Lining-System". gwf Abwasser Spezial II 137 (1996), H. 15, S. 17–19.
[5.4-52] Hölthoff, J.: Pipe-eating – das Überfahren schadhafter Kanäle in Berlin. Vortrag im Haus der Technik e.V., Essen, Februar 1991.
[5.4-53] Kleiser, K., Bayer, H.-J.: Der grabenlose Leitungsbau. Vulkan-Verlag, Essen 1996.
[5.4-54] Firmeninformation Gewerkschaft Eisenhütte Westfalia GmbH, Lünen.
[5.4-55] Taschenbuch für den Tunnelbau 1977. Deutsche Gesellschaft für Erd- und Grundbau e.V. Verlag Glückauf GmbH, Essen.
[5.4-56] Stein, D., Niederehe, W., Möllers, K.: Erneuerung von Abwasserkanälen und -leitungen unter besonderer Berücksichtigung des Berstverfahrens. In: Taschenbuch für den Tunnelbau 1987, Verlag Glückauf, Essen 1988, S. 141–153.
[5.4-57] Wagner, K.: Die rechtliche Zulässigkeit der Rohrleitungssanierung im Berstlining-Verfahren. Tiefbau Ingenieurbau Straßenbau (TIS) (1990), H. 12.
[5.4-58] Bartlsperger, R.: Unterirdische Erneuerungen von Rohrleitungen der öffentlichen Versorgung und Entsorgung. Wasserrecht und Wasserwirtschaft (30). Erich Schmidt-Verlag GmbH und Co., Berlin 1994.
[5.4-59] Reinhard, W.: Statische und dynamische Berstlining-Verfahren. Korrespondenz Abwasser (KA) 41 (1994), H. 2, S. 218–222.
[5.4-60] Firmeninformation British Gas Corporation, Cramlington, England.
[5.4-61] Firmeninformation Ryan & Sons Ltd., Longridge, England.
[5.4-62] Firmeninformation diga GmbH, Essen.
[5.4-63] Firmeninformation Tracto-Technik GmbH, Lennestadt.
[5.4-64] Firmeninformation Terra AG, Essen.
[5.4-65] Firmeninformation Hans Brochier GmbH & Co., Schwaig.
[5.4-66] Firmeninformation ALH Systems Ltd., Westbury, England.
[5.4-67] Emery, J. A.: New Techniques in non-man entry Sewer Renovation. International Conference on the Planning, Construction, Maintenance & Operation of Sewerage Systems. Reading, England, 12.–14. September 1984, Paper D1, S. 123–134.
[5.4-68] Jones, M. A.: Small Diameter Pipe Maintenance and Renovation. International Conference on the Planning, Construction, Maintenance & Operation of Sewerage Systems. Reading, England, 12.–14. September 1984, Paper D2, S. 135–147.
[5.4-69] Jones, M. B., Walchaw, R.: Record takes some bursting. Microtunneling 2 (1986), H. 3, S. 18–21.
[5.4-70] O'Rourke, T. D., Flaxman, E. W., Cooper, I.: Pipe laying comes out of the trenches. Civil Engineering / ASCE 55 (1985), H. 2, S. 48–51.
[5.4-71] Poole, A. D., Rosbrook, R. B., Reynolds, J. H.: Replacement of small diameter pipes by pipe bursting. First International Conference and Exhibition on Trenchless Construction for Utilities 'NO-DIG 85, 16.–18.04.1985, London, Conference Paper 4.1.
[5.4-72] Sewerage Rehabilitation Manual. Water Research Centre, Swindon 1990.
[5.4-73] Stein, D.: Bauverfahrenstechnische Aspekte beim unterirdischen Auffahren und Herstellen von Ver- und Entsorgungsleitungen mit nichtbegehbarem Querschnitt. Tiefbau Ingenieurbau Straßenbau (TIS) 24 (1982), H. 3, S. 129–134, H. 4, S. 253–258.
[5.4-74] Winney, M.: Sewer mole cracks into steady routine. Underground (1986), H. 2, S. 18–21.
[5.4-75] Stein, D., Niederehe, W., Möllers, K.: Erneuerung von Abwasserkanälen und -leitungen unter besonderer Berücksichtigung des Berstverfahrens. In: Taschenbuch für den Tunnelbau 1987, Verlag Glückauf, Essen 1988, S. 141–153.
[5.4-76] Firmeninformation Nuttal Permaline Diction, Ossett, West Yorks, England.
[5.4-77] Muffenlose Rohrverlegung mit neuer „Fenstertechnik" von der Oberfläche aus (Windowing-Verfahren). TRACTUELL 21/22. Sept. 1996, Tracto-Technik, Lennestadt.
[5.4-78] Miegel, W.: Statische und dynamische Berstlining-Verfahren – Erfahrungen der Stadtentwässerung Hamburg. Korrespondenz Abwasser (KA) 37 (1990), H. 12, S. 1466–1472.
[5.4-79] Steinzeug-Handbuch. Steinzeug-Gesellschaft mbH, 4. Aufl., Köln 1990.
[5.4-80] Enga, T.: Grabenlose Rohrleitungsauswechselung bei Vergrößerung oder Beibehaltung des Rohrdurchmessers. 3R international 35 (1996), H. 9, S. 527.
[5.4-81] Firmeninformation Kanal Müller-Gruppe, Schieder-Schwalenberg.
[5.4-82] Zimmermann, H.: Berstlining-Verfahren zur unterirdischen Erneuerung von Rohrleitungen. Vortrag Technische Akademie Esslingen, Januar 1988.
[5.4-83] Rogers, C. D. F., Scott, A. M.: Design and development of ductile Iron Pipes for Pipe

5. 補修 文献

Bursting. Proceedings of Pipeline Management Conference, London 1990, S. 4.1-4.13.

[5.4-84] Falk, C.: Modellierung des dynamischen Berstverfahrens zur Erneuerung erdverlegter Leitungen. Diss. Ruhr-Universität-Bochum 1995. Technisch-wissenschaftliche Berichte des IKT u. der RUB, Mitteilung 95/2 (1995).

[5.4-85] Miegel, W.: Erneuerung von Rohrsystemen im Berstlining-Verfahren. Leitungstunnelbau, Schriftenreihe der Fachhochschule Hildesheim/Holzminden (1991), H. 3.

[5.4-86] Firmeninformation International Pipe Drilling (IPD) Ltd., Haslemere, Surrey England.

[5.4-87] Tucker, R., Yarnell, I., Bowyer, R., Rees, O.: Hydraulic pipe bursting offers a new dimension. Second Int. Conference and Exhibition on Trenchless Construction of Utilities, No.-Dig '87, London, April 1987.

[5.4-88] Firmeninformation Entreprenard AB, Malmö, Schweden.

[5.4-89] Jürgenlohmann, P.: Unterirdische Erneuerung von Rohrleitungen mit dem expPress-Berstlining-Verfahren. Der Rohrsanierer (1990), H. 2, S. 28-31.

[5.4-90] Firmeninformation Rice Hayward, Epworth, Doncaster England.

[5.4-91] O'Rourke, T. D.: Ground Movements caused by trenchless construction. Conference Papers, NO-DIG '85'. First Int. Conference of Utilities. London, April 1985

[5.4-92] Falk, C., Stein, D.: Vorstellung eines bodenmechanischen Modells des dynamischen Berstverfahrens. Tiefbau Ingenieurbau Straßenbau (TIS) (1995), H. 6, S. 14-19.

[5.4-93] Falk, C., Stein, D.: Presentation of a soil mechanical model of the dynamic pipe bursting system. Proceedings of the NO-DIG Conference 1994, Kopenhagen, 31. Mai-2. Juni 1994.

[5.4-94] Falk, C., Stein, D.: Basis analysis for modelling dynamic pipe bursting system. Proceedings of the NO-DIG Conference 1992, Paris, 12.-14 1992.

[5.4-95] Baguelin, F., Jézéquel, J. F., Shields, D. H.: The Pressuremeter and Foundation Engineering. Series on Rock and Soil Mechanics, Trans. Tech. Publication, Clausthal 1987.

[5.4-96] Chapmann, D. N., Rogers, C. D. F., Falk, C., Stein, D.: Experimental and analytical modelling of pipebursting ground displacements. Trenchless Technologie Research 11 (1996), H. 1, S. 53-68.

[5.4-97] Rogers, C. D. F., O'Reilly, M. P.: Ground Movements associated with Pipe Installation and Tunnelling. Proceedings of tenth European Conference on Soil Mechanics and Foundation Engineering, Florenz 05.91.

[5.4-98] Chapmann, D. N., Rogers, C. D. F.: Ground Movements associated with Trenchless Pipelaying Operations. Proceedings of tenth European Conference on Ground and Movements, Cardiff 07.91.

[5.4-99] Sagaseta, C.: Analysis of Undrained Soil Deformation due to Ground loss. Géotechnique 37 (1987), No. 3, S. 301-320.

[5.4-100] Rogers, C. D. F.: Comparison of Ground Disturbance for Trenching and Pipe Bursting Operations, Part II. No-DIG Engineering 3 (1996), H. 1, S. 16-20.

[5.4-101] DIN 4150: Erschütterungen im Bauwesen. Teil 1: Grundsätze, Vorermittlungen und Messung von Schwingungsgrößen (Vornorm 09.75); Teil 2: Einwirkungen auf Menschen in Gebäuden (E. 10.90); Teil 3: Einwirkungen auf bauliche Anlagen (05.86).

5.4-102] Keune H., Chwastek, P.: Sanierung nicht begehbarer Entwässerungskanäle mit dem Renoform-Berstverfahren. Korrespondenz Abwasser (KA) 36 (1989), H. 6, S. 664-668.

[5.4-103] Nanegrungsunk, B.: Belastung der im Berstverfahren verlegten Rohre. Diss. Ruhr-Universität Bochum 1988.

[5.4-104] Fagerer, H.: Beitrag zur Mechanik und zur analytischen Erfassung des Firsteinbruches im Untertagebau. Diss. Montanuniversität Leoben 1980.

[5.4-105] Bolton, M.: A Guide to Soil Mechanics. The Mc Millan Press Ltd., London and Basingstoke 1979.

[5.4-106] Feder, G.: Firstniederbrüche im Tunnelbau. Forschung und Praxis 27 (1982), S. 52-63.

[5.4-107] Vavrovsky, G.-M.: Entspannung, Belastungsentwicklung und Versagensmechanismen bei Tunnelvortrieben mit Überlagerung. Diss. Montanuniversität Leoben 1987.

[5.4-108] Firmeninformation Klug GmbH & Co., Hamburg.

[5.4-109] Beyer, K., Gabelin, W.: Einsatz des Rohrziehverfahrens ‚System Berlin' zur trassengleichen grabenlosen Auswechselung von Versorgungsleitungen. Fachgemeinschaft gußeiserne Rohre, FGR-Informationen 25 (1990), S. 18-22.

[5.4-110] Rose, A.: Hydraulisches Rohrzug- und Spaltverfahren. Tiefbau Ingenieurbau Straßenbau (TIS) (1997), H. 12, S. 32-33.

[5.4-111] Miegel, W.: Erneuern von Leitungen durch unterirdisches Auswechseln. Dokumentation Deutsche Leitungsbau-Tage, Leipzig,

5. 補修 文献

1993.

[5.4-112] Suchomel, P.: Erneuerung von Wasserleitungen mittels Hydros-Verfahren – Aus der Sicht des Auftraggebers. GWF Wasser Spezial 136 (1995), H. 14, S. 178–182.

[5.4-113] Rose, A.: Neue grabenlose Technologien zum Auswechseln und Neuverlegen von Rohrleitungen. 3R International 35 (1996), H. 2, S. 78–86.

[5.4-114] Gaebelein, W., Rose, A.: Auswechslung und Neulegung von Hausanschlußleitungen mittels hydraulischer Verfahren. GWF Wasser Spezial 136 (1995), H. 14, S. 155–159.

[5.4-115] Firmeninformation Teerbau Niedung, Hannover.

[5.4-116] Girnau, G.: Unterirdischer Städtebau. Verlag Wilhelm Ernst & Sohn, Düsseldorf 1970.

[5.4-117] Stein, D., Drewniok, P.: Innerstädtische Infrastrukturprobleme und ihre technische Lösung durch begehbare Leitungsgänge. Dokumentation 5. Internationaler Kongress Leitungsbau, Hamburg 1997.

[5.4-118] SIA 205: Verlegung von unterirdischen Leitungen. Schweizerischer Ingenieur- und Architektenverein (1984).

[5.4-119] Frühling, A.: Handbuch der Ingenieurwissenschaft in fünf Teilen. III. Teil: Der Wasserbau. 4. Bd.: Die Entwässerung der Städte. Verlag von Wilhelm Engelmann, Leipzig 1910.

[5.4-120] Hobrecht, J.: Die modernen Aufgaben des großstädtischen Straßenbaus mit Rücksicht auf die Unterbringung der Versorgungsnetze. Deutsche Bauzeitung 24 (1890), S. 445–446.

[5.4-121] Roeper: Der Bau der Kaiser-Wilhelm-Straße in Hamburg. Deutsche Bauzeitung 27 (1893), S. 9-11, 17-18, 23–26.

[5.4-122] Stein, D.: Erneuerung innerstädtischer Ver- und Entsorgungsleitungen durch Leitungsgänge. In: Der begehbare Leitungsgang, Beiträge zur Kanalisationstechnik, Bd. I, Hrsg.: D. Stein, Berlin: Analytika-Verlag, 1990, S. 9–24.

[5.4-123] Stein, D., Drewniok, P.: Der begehbare Leitungsgang. Umwelt Technologie Aktuell (UTA) (1994), H. 4, S. 267–279.

[5.4-124] Wissenschaftlicher Beirat der Bundesregierung – Globale Umweltveränderungen: Welt im Wandel: Wege zu einem nachhaltigen Umgang mit Süßwasser. Jahresgutachten 1997. Springer-Verlag Berlin, Heidelberg, New York.

[5.4-125] Stein, D.: Moderne Leitungsnetze als Beitrag zur Lösung von Wasserproblemen in Städten. Gutachten im Auftrag des Alfred-Wegener-Institutes für Polar- und Meeresforschung Bremerhaven (WBGU XIII/1996), Bochum, März 1997.

[5.4-126] Stein, D.: Absaugung und Ableitung schadstoffbelasteter Luft von innerstädtischen Verkehrswegen. Umwelt Technologie Aktuell (UTA) (1997), H. 8.

[5.4-127] Stein, D., Drewniok, P., Klemmer, P., Tettinger, P. J.: Studie zur ökologischen Erneuerung innerstädtischer Ver- und Entsorgungsleitungen sowie zur Erschließung kontaminierter Industriebrachen mit Hilfe begehbarer Leitungsgänge unter besonderer Berücksichtigung des bergmännischen Stollenvortriebs. Unveröffentlichter Forschungsbericht der Ruhr-Universität Bochum (1997).

[5.4-128] Klemmer, P., Köhler, T.: Wirtschaftliche Fragen des begehbaren Leitungsgangs. Dokumentation 5. Internationaler Kongress Leitungsbau, Hamburg 1997.

[5.4-129] Girnau, G.: Begehbare Sammelkanäle für Versorgungsleitungen. Herausgeber: Stadt Frankfurt/Main und STUVA, Düsseldorf. Aldis Verlag GmbH, Düsseldorf 1968.

[5.4-130] Bau und Betrieb begehbarer Leitungsgänge – Statusbericht. GSTT Informationen, Nr. 6, September 1997.

[5.4-131] Heierli, R.: Planungen mit Ver- und Entsorgungsstollen. ATV-Workshop – Undichte Kanäle – 25. Mai 1990 in München, S. 73–91.

[5.5-1] DIN 4045: Abwassertechnik; Begriffe (12.85).

[5.5-2] ATV-M 143: Inspektion, Instandsetzung, Sanierung und Erneuerung von Entwässerungskanälen und -leitungen. Teil 1: Grundlagen (12.89).

[5.5-3] Gürschner, Benzel: Der städtische Tiefbau, III. Teil: Stadtentwässerung, 4. Auflage, Verlag B. G. Teubner, Leipzig/Berlin 1921.

[5.5-4] Siebert, R.: Korrosionsschutz für Abwasserschächte und -sammler mit GF-UP. Kunstharz-Nachrichten (1983), H. 20. Herausgeben von der Hoechst AG, Frankfurt.

[5.5-5] Dammann, P.: Sanierung korrodierter Abwasserrohre. Ausgeführte Beispiele aus Hamburg. Vortrag im Haus der Technik, Essen 28. 10. 1985.

[5.5-6] Firmeninformation Hans Franck GmbH & Co., Hamburg.

[5.5-7] Rothe, K.: Sanierung nichtbegehbarer Kanäle bei laufendem Betrieb. Dokumentation 2. Int. Kongreß Leitungsbau, Hamburg 1989, S. 453–467.

[5.5-8] Pauser, A.: Praxis der Erhaltung von Bau-

ten – Unterirdische Kanalsanierung. Springer-Verlag, Wien/New York, 1988.
[5.5-9] Firmeninformation Hans Brochier GmbH & Co., Schwaig.
[5.5-10] Karnath, U.: Erneuerung eines Abwasserkanals in „halboffener" Bauweise. abwassertechnik (awt) (1994), H. 5, S. 15–16.
[5.5-11] Meyers Lexikon der Technik und der exakten Naturwissenschaften. Bibliographisches Institut, Mannheim/Wien/Zürich, 1970.
[5.6-1] Stein, D.: Instandhaltung von Kanalisationen – Probleme und Lösungsmöglichkeiten. Handbuch Wasserversorgungs- und Abwassertechnik. 3. Ausgabe, Vulkan Verlag, Essen 1989, S. 207–242.
[5.6-2] Stein, D.: Sanierung. Beitrag im ATV-Handbuch: Bau und Betrieb der Kanalisation. 4. Auflage, Ernst & Sohn Verlag, Berlin 1995, S. 402–456.
[5.6-3] DIN EN 752-5: Entwässerungssysteme außerhalb von Gebäuden – Teil 5: Sanierung (11.97).
[5.6-4] ATV-M 143: Inspektion, Instandsetzung, Sanierung und Erneuerung von Abwasserkanälen- und -leitungen, Teil 1: Grundlagen (12.89).
[5.6-5] Deutsche Gesellschaft für grabenloses Bauen und Instandhalten von Leitungen (GSTT): „Leitfaden zur Auswahl von Bauverfahren für den Bau und die Instandhaltung erdverlegter Leitungen unter umweltrelevanten und ökonomischen Gesichtspunkten", Hamburg 1996.
[5.6-6] Stein, R.: Der GSTT-Leitfaden als multimediales, wissensbasiertes Informationssystem. Dokumentation 5. Internationaler Kongress Leitungsbau, Hamburg, 19. bis 23. Oktober 1997, S. 815–827.
[5.6-7] Alldritt, M., Russell, A. D., Udaipurwala, A.: Methods Selection System of Construction of Underground Utilities. International NO DIG '97, Proceedings, Taipei, Taiwan 1997.
[5.6-8] Bielecki, R., Stein, R.: Multimedia Decision Support System for the Selection of Techniques for Construction, Maintenance and Rehabilitation of Buried Pipes. International NO DIG '97, Proceedings, Taipei, Taiwan 1997.
[5.6-9] Schreyer, J: Statusbericht zur GSTT-Forschung – Leitungsbauweisen und deren Bewertung. Documentation International NO DIG '95, Dresden, S. 39–42.
[5.6-10] Verdingungsordnung für Leistungen (VOL). Bundesanzeiger, Köln 1997.
[5.6-11] Honorarordnung für Architekten und Ingenieure (HOAI). Bauverlag GmbH, Berlin 03.91.
[5.6-12] Verdingungsordnung für Bauleistungen (VOB). Beuth Verlag GmbH, Berlin 1992.
[5.6-13] Schaaf, O., Gückel, M.: Ausschreibung zum Bau einer Kanalisationsanlage. ATV-Handbuch: Bau und Betrieb der Kanalisation (4. Auflage). Ernst & Sohn Verlag, Berlin 1995.
[5.6-14] Möllers, K.: Planung und Ausschreibung von Kanalsanierungsmaßnahmen. Dokumentation Grabenloses Bauen, Bertelsmann Fachzeitschriften GmbH, Gütersloh (1997), S. 177–181.
[5.6-15] ATV-M 143: Inspektion, Instandsetzung, Sanierung und Erneuerung von Abwasserkanälen und -leitungen, Teil 5: Allgemeine Anforderungen an Leistungsverzeichnisse für Reliningverfahren (Entwurf 09.97).
[5.6-16] Arbeitsgemeinschaft Industriebau e.V. (AGI): Kanalinstandhaltungs-, -sanierungsarbeiten – Leitfaden für Leistungsverzeichnisse. Vincentz Verlag, Hannover 1994.
[5.6-17] Standardleistungsverzeichnis für das Bauwesen – Grundgedanke, Aufbau, Anwendung – GAEB. Beuth Verlag GmbH, Berlin.
[5.6-18] Standardleistungsbuch für das Bauwesen – Leistungsbereich LB 309: Reinigung und Inspektion von Abwasserkanälen und -leitungen. Deutsches Institut für Normung e.V., Beuth Verlag, Berlin (Ausgabe 1996).
[5.6-19] Standardleistungsbuch für das Bauwesen – Leistungsbereich LB 310: Sanierung von Abwasserkanälen und -leitungen. Deutsches Institut für Normung e.V., Beuth Verlag, Berlin (Ausgabe 1998).
[5.6-20] ATV-M 143: Inspektion, Instandsetzung, Sanierung und Erneuerung von Abwasserkanälen und -leitungen; Teil 3: Relining (04.93).
[5.6-21] Falk, C., Fischer, B.: Standardleistungsbücher 309 und 310. Vortrag 10. Lindauer Seminar (1997).
[5.7-1] Pecher, R., Dudey, J., Lohaus, J., Esch, B.: Ergebnisse der ATV-Umfrage „Abwassergebühren". Korrespondenz Abwasser (KA) 42 (1995), H. 1.
[5.7-2] Pecher, R.: Bau- und Betriebskosten bestehender Anlagen zur Abwasserentsorgung in der Bundesrepublik Deutschland. Korrespondenz Abwasser (KA) 41 (1994), H. 12.
[5.7-3] Ministerium für Umwelt, Naturschutz und Raumordnung des Landes Brandenburg: Abwasserentsorgung in Brandenburg – Orientierungswerte für den Kostenaufwand bei der Abwasserableitung und -behandlung

5. 補修　文献

- [5.7-4] ATV-A 147: Betriebsaufwand für die Kanalisation; Teil 1: Betriebsaufgaben und Intervalle (05.93).
- [5.7-5] Abwassereigenkontrollverordnung (EKVO): Gesetz- und Verordnungsblatt für das Land Hessen (1993), Teil 1; Nr. 5.
- [5.7-6] Eigenkontrollverordnung: Gesetzblatt für Baden-Württemberg (1989), Nr. 16; S. 391.
- [5.7-7] Sebstüberwachungsverordnung Kanal-SüwV Kan: Gesetz- und Verordnungsblatt des Landes Nordrhein-Westfalen (16.01.95), S. 64.
- [5.7-8] Hochstrate, K., Schönborn, F.: Finanzierung und Werterhaltung von Kanälen – Selektive Kanalinspektionsstrategien. UTA (1996), H. 3.
- [5.7-9] Herner, U.: Leistungs- und kostenmäßige Auswirkungen von Betriebsstrategien. Tagungsband: Entwicklungen in der Kanalisationstechnik, Düsseldorf (5./6.11.96).
- [5.7-10] Pecher, R.: Sanierung von Kanalnetzen; Kommunale Abwasserpolitik als vorbeugender Gewässerschutz. Band 9: Aufgaben der Kommunalpolitik, Deutscher Gemeindeverlag (1992).
- [5.7-11] Niedersächsisches Umweltministerium: Das Kanalisationsprogramm – Zielvorstellungen und Arbeitsprogramm für Bau, Betrieb und Instandhaltung von Abwasserkanälen (1993).
- [5.7-12] Grunwald, G.: Konzeptionelle Ansatzpunkte einer Großstadt. Tagung Institute for International Research, Frankfurt (12./13.6.96).
- [5.7-13] Hochstrate, K., Jansen, K.: Werterhaltung und Finanzierung von Abwasserkanalnetzen durch vorbeugende Instandhaltung. Korrespondenz Abwasser (KA) 43 (1996), H. 2.
- [5.7-14] Bohn et al.: Projektcontrolling im Umweltbereich. Expert-Verlag Renningen, 1996.
- [5.7-15] Pecher, R., Kellner, G.: Abwassertechnische Strukturdaten, abgeleitet aus der amtlichen Statistik für Nordrhein-Westfalen. Korrespondenz Abwasser (KA) (1991), H. 1.
- [5.7-16] Pecher, R.: Abwassergebühr – Quo vadis? Korrespondenz Abwasser (KA) (1992), H. 5.
- [5.7-17] Ausschuß der Ingenieurverbände und Ingenieurkammern für die Honorarordnung e.V.: Honorarordnung für Architekten und Ingenieure HOAI. Bundesanzeiger 1996.
- [5.7-18] Milojevic, N.: Aufwand für den Bau und Betrieb der Kanalisation. ATV-Handbuch – Bau und Betrieb der Kanalisation, 4. Auflage, Verlag Ernst & Sohn, Berlin 1996.
- [5.7-19] Stein, D., Möllers, K., Bielecki, R.: Leitungstunnelbau – Neuverlegung und Erneuerung nichtbegehbarer Ver- und Entsorgungsleitungen in geschlossener Bauweise, Verlag Ernst & Sohn, Berlin 1988.
- [5.7-20] Grunwald, G.: Wirtschaftlichkeitsuntersuchungen bei Kanalsanierungen: Dissertation Ruhr-Universität Bochum 1996. Veröffentlicht in der Schriftenreihe des Instituts für Kanalisationstechnik an der Ruhr-Universität Bochum; Bericht 97/3 (1997).
- [5.7-21] Möhring, K.: Die Entwicklung des Microtunnellings in Berlin. Tiefbau Ingenieurbau Straßenbau (TIS) (1993), H. 9 u. 10.
- [5.7-22] Lim, M. C., Balasubramaniam, K.: Singapore's Experience in Trenchless Sewer Construction. No-Dig '90, Osaka.
- [5.7-23] Poole, A. D., Rosbrook, R. B., Reynolds, J. H.: Replacement of small diameter pipes by pipe bursting. No-Dig '85, Conference Paper 4.1, London 1985.
- [5.7-24] Helms, B., Miegel, W.: Grabenlose Baumethoden für den Anschluß von Grundstücken an Abwasserkanäle. Schriftenreihe aus dem Institut für Rohrleitungsbau an der Fachhochschule Oldenburg, Band 7, Vulkan-Verlag, Essen 1995.
- [5.7-25] Bundeshaushaltsordnung (BHO) vom 19.8.1969. BGBl. I 1969, S. 1284, § 7.
- [5.7-26] Hanusch, H.: Nutzen-Kosten-Analyse. Wi-So-Kurzlehrbücher, Reihe Volkswirtschaft, Verlag Vahlen, 2. Auflage (1994).
- [5.7-27] Länderarbeitsgemeinschaft Wasser (LAWA): Leitlinien zur Durchführung von Kostenvergleichsrechnungen (1993).
- [5.7-28] LAWA-Arbeitsgruppe: Nutzen-Kosten-Untersuchungen in der Wasserwirtschaft – Grundzüge der Nutzen-Kosten-Untersuchungen. Herausgeber Länderarbeitsgemeinschaft Wasser, Bremen 1981.
- [5.7-29] Orth, H., Knollmann, J.: Wirtschaftlichkeit in der Abwasserreinigung unter Berücksichtigung der zeitlichen Komponente. 9. Karlsruher Flockungstage der Universität Karlsruhe (1995).
- [5.7-30] ATV-A 133: Erfassung, Bewertung und Fortschreibung des Vermögens kommunaler Entwässerungseinrichtungen (1996).
- [5.7-31] Deutsche Gesellschaft für grabenloses Bauen und Instandhalten von Leitungen e.V. (GSTT): Grabenlose Verfahren der Schadensbehebung in nicht begehbaren Abwasserleitungen. GSTT-Information Nr. 1, Hamburg 1995.
- [5.7-32] Orth, H.: Zur Berücksichtigung von Restwerten in Kostenvergleichsrechnungen. Korrespondenz Abwasser (KA) (1998), H. 2.

[5.7-33] Berosch, M.: Social Cost and Pipelaying: A View of the Situation in France. No-Dig '92, Washington 1992.

[5.7-34] Horne, M.: Roads and the Utilities. Department of transport, London 1985.

[5.7-35] Ling, D., Read, G., Vickridge, I.: Gebührenerhebung für die Benutzung von Straßenraum. Tiefbau Ingenieurbau Straßenbau (TIS) (1993), H. 12.

[5.7-36] Daley, D. J.: A Life Cycle Cost Benefit Analysis Program for evaluating Sewer Construction Advantages. No-Dig '92, Washington 1992.

[5.7-37] Thomson, J. C.: Pipejacking and Microtunneling. Kapitel 14, Verlag Blackie Academic & Professional, Glasgow 1995.

[5.7-38] Vickridge, I. G.: Evaluating the social costs & setting the charges for road space occupation. No-Dig '92, Washington 1992.

[5.7-39] Boyce, G. M., Bried, E. M.: Estimating the Social Costs Savings of Trenchless Techniques. NO-DIG-Information (1994), H. 12.

[5.7-40] Thomson, J., Sangster, T., New, B.: The Potential for the Reduction of Social Costs using Trenchless Technology. 11. Int. No-Dig-Conference, Kopenhagen 1994.

[5.7-41] Krier, H.: Sanierungsverfahren und ihre Bewertung. Berichte der Abwassertechnischen Vereinigung e.V., Nr. 44, Hennef 1994.

[5.7-42] Haußmann, R.: Verfahren der Kanalschadensbehebung. ATV-Dokumentation und Schriftenreihe aus Wissenschaft und Praxis. Band 35: Kanalschadensbehebung, 1995.

[5.7-43] Stein, D.: Zukünftige Entwässerungssysteme. ATV-Dokumentation und Schriftenreihe aus Wissenschaft und Praxis. Band 35: Kanalschadensbehebung, 1995.

[5.7-44] Schierenbeck, H.: Grundzüge der Betriebswirtschaftslehre. Oldenbourg Verlag, München (1981).

[5.7-45] Statistisches Landesamt Bremen: Statistische Mitteilungen. Der Einzelhandel im Lande Bremen, Heft 72 (08.88).

[5.7-46] Forschungsgruppe für Straßen- und Verkehrswesen, Arbeitsgruppe Verkehrsplanung: Richtlinien für die Anlage von Straßen (RAS); Wirtschaftlichkeitsuntersuchungen (1986).

[5.7-47] Schriftenreihe des Bundesministers für Verkehr: Gesamtwirtschaftliche Bewertung von Verkehrswegeinvestitionen, Heft 72 (1988).

[5.7-48] Bundesminister für Verkehr: Richtlinie für den Lärmschutz an Straßen. RLS-81 (1981).

[5.7-49] Technische Anleitung zum Schutz gegen Lärm (TA Lärm), 16.07.68. (Bundesanzeiger Nr. 137), 5. Aktualisierung Juli 1984.

[5.7-50] Schulz, W., Wicke, L.: Die Kosten des Lärms. Umwelt und Energie (1987), H. 1.

[5.7-51] Koch, W.: Aktualisierte Gehölzwerttabellen: Bäume und Sträucher als Grundstücksbestandteile an Straßen, in Parks und Gärten sowie in der freien Landschaft. Einschließlich Obstgehölze. Verlag Versicherungswirtschaft e.V., Karlsruhe 1987.

[5.7-52] Fachgutachten zum Wert eines Baumes als Grundstücksbestandteil. Verlag des Sachverständigen-Kuratoriums; 10. verbesserte Auflage, Erndtebrück 1996.

6. 水源保護区域の管渠：保全に求められる特別な要件
文　　献

[6-1] ATV-A 142: Entwässerungskanäle und -leitungen in Wasserschutzgebieten (10.92).

[6-2] Ministerium für Ernährung, Landwirtschaft, Umweltschutz und Forsten, Baden-Württemberg, Stuttgart: Anforderungen an Abwasserkanäle in Wasserschutzgebieten – Engere Schutzzone (Zone II) (Stand: Januar 1984).

[6-3] Staatliches Amt für Wasser und Abfallwirtschaft, Düsseldorf: Regeln für die Ausführung und die Kontrolle von Abwasseranlagen in Wasserschutzgebieten. Hier: Schutzzone III – Neubau von Abwasseranlagen (Stand: August 1990).

[6-4] DIN 4046: Wasserversorgung; Begriffe, Technische Regeln des DVGW (09.83).

[6-5] DVGW-W 101: Richtlinien für Trinkwasserschutzgebiete, 1. Teil: Schutzgebiete für Grundwasser (02.95).

[6-6] Deixler, A.: Zuverlässigkeitsplanung. In: Masing, W.: Handbuch der Qualitätssicherung, 2. Auflage, Carl Hanser Verlag, München 1988, S. 361–382.

[6-7] ATV-M 146: Ausführungsbeispiele zum Arbeitsblatt A 142 – Abwasserkanäle und leitungen in Wassergewinnungsgebieten (04.95).

[6-8] Firmeninformation Hobas Durotec, Oberhausen.

[6-9] Firmeninformation Steinzeug-Gesellschaft, Köln.

[6-10] Schilp, H. P.: Doppelrohrführung: Das sicherste System für Kanäle in Wasserschutzgebieten. Tiefbau Ingenieurbau Straßenbau (TIS) 28 (1986), H. 4, S. 221–225.

[6-11] Penka, F.: Der Einsatz von duktilen Gußrohren DN 200 für eine Abwasserdruckleitung im Wasserschutzgebiet der engeren Schutzzone (Zone II). Fachgemeinschaft Gußeiserne Rohre, Köln. FGR-Gußrohrtechnik (1990), H. 25, S. 15–17.

[6-12] Braunstorfinger, M.: Doppelwandige Abwasserkanäle in Trinkwasserschutzgebieten. Tiefbau Ingenieurbau Straßenbau (TIS) 27 (1985), H. 1, S. 3–7.

[6-13] Oechsner, P. A.: Doppelrohrsystem zur Abwasserableitung in Trinkwasserschutzgebieten. Handbuch Wasserversorgungs- und Abwassertechnik, 2. Ausgabe. Vulkan-Verlag, Essen (1987), S. 408–417.

[6-14] DIN 4033: Entwässerungskanäle und -leitungen; Richtlinien für die Ausführung (11.79).

[6-15] ATV-A 127: Richtlinie für die statische Berechnung von Entwässerungskanälen und -leitungen (12.88).

[6-16] Stein, D., Brune, P., Bockermann, K.: Das duktile Gußrohrsystem für den Abwassertransport in der Trinkwasserschutzzone II. Fachgemeinschaft Gußeiserne Rohre, Köln. FGR-Gußrohrtechnik (1990), H. 25, S. 5–9.

[6-17] Wolf, A., Jung, M.: Abwasserleitungen aus duktilen Gußrohren in Trinkwasserschutzgebieten. Fachgemeinschaft Gußeiserne Rohre, Köln. FGR-Gußrohrtechnik (1985), H. 20, S. 29–35.

[6-18] Hartung, B.: Sicherheitsaspekte beim Abwassertransport durch Wassergewinnungsgebiete – Betrachtung des duktilen Gußrohr-Systems. Fachgemeinschaft Gußeiserne Rohre, Köln. FGR-Gußrohrtechnik (1988), H. 23, S. 4–8.

[6-19] Finsterwalder, K.: Vorsorge für die Schadstoffemissionen von Deponien und Altlasten in geologischen Zeiträumen. Firmeninformationen DYWIDAG Umweltschutztechnik, München 1990.

[6-20] Firmeninformation DYWIDAG, München.

[6-21] ATV-A 139: Richtlinien für die Herstellung von Entwässerungskanälen und -leitungen (10.88).

[6-22] Abwassersammler in Trinkwasserschutzgebiet. Tiefbau Ingenieurbau Straßenbau (TIS) 37 (1995), H. 10, S. 67.

[6-23] DIN 19549: Schächte für erdverlegte Abwasserkanäle und -leitungen, Allgemeine Anforderungen und Prüfungen (02.89).

[6-24] ATV-A 241: Bauwerke der Ortsentwässerung; Empfehlungen und Hinweise (09.94).

[6-25] Mennemann, H., Hartung, B.: Abwassertransport durch Trinkwasserschutzgebiete – Der Anschluß der Stadt Wetter an die Kläranlage Hagen. Fachgemeinschaft Gußeiserne Rohre, Köln. FGR-Gußrohrtechnik (1990), H. 25, S. 10–14.

[6-26] DIN 1986: Entwässerungsanlagen für Gebäude und Grundstücke; Teil 1: Technische Bestimmungen für den Bau (06.88).

[6-27] DIN 1045: Beton und Stahlbeton; Bemessung und Ausführung (07.88).

[6-28] SIA 190: Kanalisationen – Leitungen, Normal- und Sonderbauwerke. Schweizerischer

6. 水源保護区域の管渠：保全に求められる特別な要件　　文献

[6-29] Reinhardt, W.: Abwasserkanäle in Trinkwassergewinnungsgebieten. Wasser Abwasser Praxis (WAP) (1994), H. 6, S. 26–30.

Ingenieur- und Architekten-Verein, Zürich 1977.

[6-30] DIN EN 1610: Verlegung und Prüfung von Abwasserleitungen und -kanälen (10.97).

7. 下水による土壌，地下水の汚染とその除染方法
文　献

[7-1] Altlasten ABC. Ministerium für Umwelt, Raumordnung und Landwirtschaft des Landes Nordrhein-Westfalen, Düsseldorf 1991.

[7-2] Gesetz zum Schutz des Bodens; Referentenentwurf vom 22.09.1993.

[7-3] Abfallwirtschafts- und Bodenschutzgesetz Sachsen. Gesetz vom 4. Juli 1994 (GVBI S. 1261).

[7-4] Stein, D., Lühr, H.-P., Niederehe, W., Willert, R., Petrich, W.: Undichte Kanäle als Ursache von Grundwasserverunreinigungen, Studie über die Erfassung des Istzustandes unter besonderer Berücksichtigung des Betriebes und der Instandhaltung von Kanalisationen. Umweltforschungsplan des Bundesministers für Umwelt, Naturschutz und Reaktorsicherheit, Forschungsbericht 10202609 (Juni 1987).

[7-5] Lühr, H.-P.: Die Bewertung von Boden- und Grundwasserbelastungen. Institut für wassergefährdende Stoffe an der Technischen Universität Berlin, IWS-Schriftenreihe Boden-/ Grundwasser Forum Berlin (1988), Sanierung undichter Kanalisationen. Bd. 5, S. 179–192.

[7-6] Stein, D.: Undichte Kanalisationen – ein Problembereich der Zukunft aus der Sicht des Gewässerschutzes. Zeitschrift für angewandte Umweltforschung (ZAU) 1 (1988), H. 7. S. 65–76.

[7-7] Stein, D.: Undichte Kanalisationen – was kommt auf die Kommunen zu? IWS-Schriftenreihe. Band 3, 1. Boden-/Grundwasser-Forum Berlin, (Oktober 1987). Erich Schmidt Verlag, S. 351–364.

[7-8] LAWA fordert Nullemissionen. gwf-aktuell (1987), H. 7, S. XIV.

[7-9] Der Rat von Sachverständigen für Umweltfragen: Altlasten. Sondergutachten (12.89). Altlasten II (02.95). Metzler-Poeschel, Stuttgart.

[7-10] Jürk, W.: Abwasserkanäle und Altlasten. wwt (1996), H. 3, S. 18–22.

[7-11] DIN EN 752-1: Entwässerungssysteme außerhalb von Gebäuden, Teil 1: Allgemeines und Definitionen (01.96).

[7-12] Battelle-Institut e.V.: Abwasserüberwachung von Indirekteinleitern und Schadstoffermittlung bei diffusen Quellen zur Verbesserung der Gewässergüte und der Klärschlammverwertung. UBA Texte (4/85).

[7-13] ATV-M 251: Einleitung von Kondensaten aus gas- und ölbetriebenen Feuerungsanlagen in öffentliche Abwasseranlagen und Kleinkläranlagen (05.88).

[7-14] DIN 1986 Teil 3: Grundstücksentwässerungsanlagen – Regeln für den Betrieb (07.82).

[7-15] ATV-A 115: Hinweise für das Einleiten von Abwasser in eine öffentliche Abwasseranlage (01.83).

[7-16] Hartinger, L.: Abwasserbehandlung bei Abwässern mit anorganischen Inhaltsstoffen. Berichte der ATV, Stuttgart (1986), Nr. 37, S. 205–214.

[7-17] Koppe, P.: Vorbehandlung und Verminderung von gewerblichen und industriellen Abwässern. Schriftenreihe der ATV aus Wissenschaft und Praxis (1986), Nr. 13.

[7-18] Schwermetalle im kommunalen Abwasser. ATV-Informationsschrift, St. Augustin (1983).

[7-19] Rüffer, H.: Behandlung bzw. Vorbehandlung von Industrie-Abwässern mit organischen Inhaltsstoffen. Berichte der ATV, Stuttgart (1986), Nr. 37, S. 215–234.

[7-20] Schwermetalle im häuslichen Abwasser und Klärschlamm. Arbeitsbericht des ATV-Fachausschusses 2.3. Korrespondenz Abwasser 29 (KA) (1982), H. 12.

[7-21] Macke, E.: Neue Erkenntnisse zur Mischwasser- und Regenwasserverschmutzung – Folgerung für die Praxis – Wolfsburger Bautage, 2. Ausstellungskongreß „Abwasserbehandlung", Wolfsburg (1991).

[7-22] Richtlinie des Rates vom 16.06.1975 über die Qualitätsanforderungen an Oberflächenwasser für die Trinkwassergewinnung in den Mitgliedsstaaten. Amtsblatt der EG, Nr. L 194 (vom 25.07.1975).

[7-23] Richtlinie des Rates vom 17. Dezember 1979 über den Schutz des Grundwassers gegen Verschmutzung durch bestimmte gefährliche Stoffe. Amtsblatt der EG, Nr. L 20/43-48 (vom 26. Januar 1980).

[7-24] Sax, N. I.: Dangerous Properties of Industrial Materials. New York 4th ed., (1975).

[7-25] Katalog wassergefährdender Stoffe. Gemeinsames Ministerialblatt Ausgabe A, Bonn (April 1985).

[7-26] Ministerium für Wohnungswesen, Raumordnung und Umwelt: „Leitfaden Bodensanierung" Niederlande (1983).

[7-27] Kelly, R. T.: Site Investigation and Materials

Problems, London (1980).
[7-28] Kloke, A.: Problematik von Orientierungs-, Richt- und Grenzwerten für Schwermetalle in biologischen Substanzen. Loccumer Protokolle (2/1984).
[7-29] Dohmann, M.: Undichte Abwasserleitungen und -kanäle – eine Bedrohung für die Umwelt? 3R international 28 (1989), H. 2, S. 78–80.
[7-30] Hessischer Minister für Landesentwicklung, Umwelt, Landwirtschaft und Forsten: Richtlinien für die Gewährung von Finanzhilfen zum Bau von Trinkwasser- und Abwasseranlagen. Erlaß vom 17.04.1984; VA4–79 m 12.01.–131/1984 – Gult.-Verz. 85 –, Staatsanzeiger für das Land Hessen 20 (1984), S. 999–1001.
[7-31] Graf, M.: Anstrengungen zur Abtrennung von Fremdwasser im Kanalnetz der Stadt Basel. vsa-Verbandsbericht Nr. 225 (1984).
[7-32] Graf, M.: Dichtigkeitskontrolle und Sanierung bestehender Anschluß- und Grundleitungen. Dokumentation 1. Internationaler Kongreß Leitungsbau, Hamburg (1987), S. I/153–I/162.
[7-33] Müller, W. M., Schmidt-Bleek, F.: Kanal undicht: Gefahr fürs Grundwasser? Entsorgungs-Praxis (1988), H. 5, S. 198–205.
[7-34] Mull, R., in: Heidtmann, F.: Undichte Abwasserkanäle, Gefahren, Schadenssanierung, Rechtliche Bewertung. Unveröffentlichte Prüfungsarbeit (1985).
[7-35] Dohmann, M., Hagendorf, U., Lühr, H.-P., Rott, U., Stein, D.: Wassergefährdung durch undichte Kanäle – Erfassung und Bewertung. Schlußbericht zum BMFT-Verbundprojekt (1995), 02 WA 9035–9039.
[7-36] Dohmann, M., Decker, J., Menzenbach, B.: Untersuchungen zur quantitativen und qualitativen Belastung von Untergrund, Grund- und Oberflächenwasser durch undichte Kanäle. Schlußbericht zum BMFT-Verbundprojekt (1995), 02 WA 9035.
[7-37] Dohmann, M., Haußmann, R.: Belastung von Boden und Grundwasser durch undichte Kanäle. gfw Abwasser Special II 137 (1996), Nr. 15, S. S2–S6.
[7-38] Decker, J.: Jede Infiltration ist Belastung. ENTSORGA-Magazin EntsorgungsWirtschaft (1995), H. 11, S. 27–34.
[7-39] Hartmann, A., Macke, E., Schulz, O.: Auswirkungen von Kanalschäden auf das Grundwasser. ATV-Schriftenreihe, Kanalbau und -sanierung im Zeichen Europas. ATV-Workshop (am 9./10. Mai 1996), anläßlich der IFAT 96.

[7-40] Hagendorf, U., Krafft, H., Clodius, C.-D., Ikels, J.: Untersuchungen zur Erfassung und Bewertung undichter Kanäle im Hinblick auf die Gefährdung des Untergrundes. Schlußbericht zum BMFT-Verbundprojekt (1995), 02 WA 9036.
[7-41] Härig, F.: Auswirkungen des Wasseraustauschs zwischen undichten Kanalisationssystemen und dem Aquifer auf das Grundwasser. Dissertation. Fakultät Bauingenieur- und Vermessungswesen der Universität Hannover (1991).
[7-42] Luckner, L., Schestakow, W. M.: Simulation der Geofiltration. 1. Auflage, VEB Deutscher Verlag für Grundstoffindustrie, Leipzig (1975).
[7-43] Luckner, L., Schestakow, W. M.: Migrationsprozesse im Boden- und Grundwasserbereich. 1. Auflage, VEB Deutscher Verlag für Grundstoffindustrie, Leipzig (1986).
[7-44] Beine, R. A.: Mögliche Maßnahmen zur Boden- und Grundwassersanierung bei undichten Kanalisationen. IWS-Schriftenreihe Bd. 5, Boden-/Grundwasserforum Berlin 88, S. 227–241.
[7-45] Darimont, T., Lühr, H. P.: Klassifikation des Migrationsverhaltens wassergefährdender Stoffe. Wasser + Boden 12 (1985), H. 5, S. 603–605.
[7-46] Haendel, H.: Diffusionsverhalten von chlorierten Kohlenwasserstoffen gegenüber Kanalrohrwandungen. Korrespondenz Abwasser (KA) 34 (1987), H. 10, S. 1040–1046.
[7-47] Neumüller, O.-A.: Römpps Chemie-Lexikon. 8. Auflage Bd. 16, Franck'sche Verlagshandlung, Stuttgart 1979.
[7-48] Materialien zur Altlastenbearbeitung. LFU Baden-Württemberg. Bd. 7 (1991), zu S. 684.
[7-49] Hessischer Landtag Drucksache 11/3053.
[7-50] Eifelort muß Kanäle sanieren. Korrespondenz Abwasser (KA) 40 (1993), H. 12, S. 1858.
[7-51] Wehner, I.: Untersuchung und Sanierung des Schadstoffes im Bereich der Lufthansawerft in Hamburg-Fuhlsbüttel. Sanierung kontaminierter Standorte. Dokumentation einer Fachtagung, BMFT (1985).
[7-52] Bürgerschaft der Freien und Hansestadt Hamburg: Bericht über Untergrundverunreinigungen im Bereich der Lufthansa-Werft. Bürgerschaftliches Ersuchen – Drucksache 11/1404 (vom 18./19. Januar 1984), Drucksache 11/2291.
[7-53] Stein, D.: Sind undichte Kanalisationen eine bedeutende Schadstoffquelle für Boden und Grundwasser? Wasser Berlin, Kongreßvor-

7. 下水による土壌，地下水の汚染とその除染方法　文献

träge (1989), S. 330-340.
[7-54] Toussaint, B.: Die Kanalisation als Ursache von Grundwasser-Kontaminationen durch leichtflüchtige Halogenkohlenwasserstoffe - Beispiele aus Hessen. gwf-wasser/abwasser 130 (1989), H. 6, S. 299-311.
[7-55] Hagendorf, U.: Studie zum Nachweis von undichten Kanälen und ihre Auswirkungen auf den Untergrund. Institut für Wasser-, Boden- und Lufthygiene des Bundesgesundheitsamtes, Außenstelle Langen (unveröffentlicht).
[7-56] Hagendorf, U.: Erkennung und Beurteilung von Untergrundkontaminationen durch undichte Kanäle. Schriftenreihe WAR 39, 17. Wassertechnisches Seminar: Sicherstellung der Trinkwasserversorgung, Darmstadt (1989), S. 209-227.
[7-57] Dizer, H., Hagendorf, U.: Untersuchungen zum Nachweis von undichten Kanälen durch Mikroverunreinigungen (Manuskript).
[7-58] Sterger, O.: Überblick über die Technologien zur Grundwassersanierung. Aus: Grundwassersanierung IWS-Schriftenreihe, Bd. 11 (1991).
[7-59] Kloke, A.: Sanierungsziele bei Boden- und Grundwasserverunreinigungen. IWS Schriftenreihe, Boden-/Grundwasser Forum Berlin (1988), Bd. 5, S. 193-204.
[7-60] Kloke, A.: Sanierungsziele bei Boden- und Grundwasserverunreinigungen. 2. Internationaler Kongreß Leitungsbau, Hamburg (1989), S. 305-321.
[7-61] Neumaier, H.: Verfahren zur Reinigung kontaminierter Böden. Korrespondenz Abwasser (KA) 39 (1992), H. 10, S. 1511-1517.
[7-62] Fabricius, B. E. W.: Sanierungsverfahren für mit leichtflüchtigen HKW's und AKW's verunreinigten Böden. Tagungsband Seminar über Altlasten und kontaminierte Standorte, RUB Lehrstuhl für Grundbau und Bodenmechanik, Prof. Dr.-Ing. H. L. Jessberger, Bochum (1987).
[7-63] Wichert, H. W.: Bodenluftabsaugung und biologische Verfahren - Chancen und Grenzen bei der Altlastensanierung. 21. Essener Tagung. Gewässergüte und Grundwasserschutz Erkennen-Bewerten-Verbessern, Essen (1988).
[7-64] Karstedt, J., Dilling, J.: Verfahren zur Sanierung kontaminierter Standorte. Tiefbau Ingenieurbau Straßenbau (TIS) 28 (1986), H. 10, S. 514-522.
[7-65] Gebhardt, K.-H., Matt, K.: Altlastensanierung in on-site Regenerationsmieten. Abwassertechnik (1989), H. 3, S. 38-39.

[7-66] Thomé-Kozmiensky, K., Schneider, M.: Techniken zur Sanierung von Altlasten. Zeitschrift für angewandte Umweltforschung 2 (1989), H. 1, S. 25-34.
[7-67] Firmeninformation Klöckner Umwelttechnik, Duisburg.
[7-68] Firmeninformation Züblin, Stuttgart.
[7-69] Gläser, E.: Thermische Behandlung von kontaminierten Böden. Seminar über Altlasten und kontaminierte Standorte. RUB Lehrstuhl für Grundbau und Bodenmechanik, Prof. Dr.-Ing. H. L. Jessberger, Bochum (1987), S. 201-205.
[7-70] Hinweise zur Ermittlung und Sanierung von Altlasten. 2. Auflage 1. Teillieferung. Der Minister für Umwelt, Raumordnung und Landwirtschaft des Landes Nordrhein-Westfalen, Düsseldorf (1987).
[7-71] Böhler, U., Brauns, J., Hötzel, H.: Bodenluftabsaugung und Drucklufteinblasung zur Sanierung von CKW-Schadensfällen. Geotechnik 13 (1990), S. 141-151.
[7-72] Weßling, E.: Der Abbau organischer Schadstoffe mit Ozon/Untersuchung der Abbauprodukte polyzyklischer aromatischer Kohlenwasserstoffe. 6. Seminar Erkundung und Sanierung von Altlasten, RUB Lehrstuhl für Grundbau und Bodenmechanik, Prof. Dr.-Ing. H. L. Jessberger, Bochum (1990).
[7-73] Firmeninformation Hochtief AG, Essen.
[7-74] Bruckner, F., Harreß, H. M., Hiller, D.: Die Absaugung der Bodenluft - ein Verfahren zur Sanierung von Bodenkontaminationen mit leichtflüchtigen chlorierten Kohlenwasserstoffen. Brunnenbau/Bau von Wasserwerken/Rohrleitungsbau 37 (1986), H. 5.
[7-75] Fränzle, O.: Mikrobielle Sanierung kontaminierter Böden und Lockergesteine. Geograpische Rundschau 43 (1991), H. 2, S. 84-89.
[7-76] Hüttermann, A., Loske, D., Majcherczyk, A., Zadrazil, F., Waldinger, P., Lorson, H.: Dekontaminierung von PAK-belasteten Böden durch Einsatz von Pilz-Stroh-Gemisch. Altlasten 3, Hrsg.: K. J. Thomé-Kozmiensky, TU Berlin (1989), S. 479-488.
[7-77] Ebner, H. G., Sprenger, B.: Mikrobiologische Sanierungstechniken auf dem Prüfstand. 5. Seminar Erkundung und Sanierung von Altlasten, RUB Lehrstuhl für Grundbau und Bodenmechanik, Prof. Dr.-Ing. H. L. Jessberger, Bochum (1990).
[7-78] Firmeninformation HP biotechnologie, Witten.
[7-79] Neemann, W., Burkant, F.: In situ Sanierung in einem Boden mit geringer Durchlässigkeit.

altlasten-spektrum (1994), H. 2, S. 83-90.
[7-80] Dott, W.: Mikrobiologische Verfahren zur Altlastensanierung – Grenzen und Möglichkeiten. Altlasten 3, Hrsg.: K. J. Thomé-Kozmiensky, TU Berlin (1989), S. 403-422.
[7-81] Fischer/Köchling: Praxisratgeber Altlastensanierung. Bd. 1-3, Augsburg. WEKA Fachverlag für technische Führungskräfte GmbH, (Mai 1995).
[7-82] Sondermann, W.: In-situ/on-site-Sanierungsverfahren zur Reinigung kontaminierter Böden. Entsorgungs-Praxis (1991), H. 3, S. 76-83.
[7-83] Bauwerksfreundliche Untergrundsanierung – Problemlose Reinigung kontaminierter Böden auch unter Gebäuden. Wasserwirtschaft 80 (1990), H. 9, S. 472-473.
[7-84] Werner, W., Sonnen, H. D., Schade, H.: Bodensanierung – Bericht zum Stand der technischen Forschung. Firmeninformation Miljovern Umwelt-Technik GmbH (MUT), Hattingen.
[7-85] Parthen, J., Claas, W., Sprenger, B., Ebner, H. G., Schügerl, K.: Experience with Microbial Cleaning of Finest-Grain Soils in Horizontal Bioreactors/The HBBM Process (Erfahrungen mit einem horizontalen Bio-Bodenmischer zur mikrobiologischen Behandlung feinstkörniger Böden/Das HBBM-Verfahren). F. Arendt, M. Hinsenveld and W. J. van den Brink (eds.), Contaminated Soil '90, Kluwer Academic Publishers (1990), S. 999-1000.
[7-86] Beckefeld, P.: Sanierung großflächig organisch/anorganisch kontaminierter Altlasten durch qualitätskontrollierte Verfestigungsbehandlung. In: Umweltinstitut Offenbach (Hrsg.), Tagungsband Umweltforum Offenbach (16.-18.02.1992).
[7-87] Keller, R.: Untersuchungen zur insitu-Sanierung von Schwermetall-Kontaminationen im Boden und Grundwasser. Dissertation Math.-Nat. Fakultät der Universität Kiel (1990).
[7-88] Mattheß, G.: Die Beschaffenheit des Grundwassers. Lehrbuch der Hydrogeologie. Verlag Bornträger, Berlin (1990).
[7-89] Kongreß Grundwassersanierung, Sanierungs- und Reinigungsziele – Technische Lösungen. IWS-Schriftenreihe Bd. 11, 6.-7. Feb. 1991, Berlin, Erich-Schmidt-Verlag.
[7-90] Bradl, H.: Passive Technologien zur Boden und Grundwassersanierung. Bautechnik 73 (1996), H. 12, S. 832-838.
[7-91] Schad, H.: Prinzip und Vorteile von passiven Systemen zur Grundwassersanierung. Workshop Passive Systeme zur in-situ-Sanierung von Boden und Grundwasser Dresden, (Mai 1996).
[7-92] Laßl, M., Egenolf, B., Grieseler, G., Krakau, U., Overmann, Beine, A.: Leitfaden zur Auswahl von Sanierungsverfahren für Altlasten. In: Selke/Hoffmann: Wiedernutzung von Industriebrachen. Economica Verlag GmbH, Bonn (1995).
[7-93] Durchschlag: Bemessung von Mischwasserspeichern im Nachweisverfahren. Schriftenreihe für Stadtentwässerung und Gewässerschutz, Heft 3, Hannover 1989.
[7-94] Xanthopoulos, C.: Niederschlagsbedingter Schmutzeintrag in Kanälsystemen. 1. Präsentation des Verbundprojektes „Niederschlagsbedingte Schmutzbelastung der Gewässer aus befestigten, städtischen Flächen" Karlsruhe 1990.
[7-95] ATV-Informationen: Zahlen zur Abwasser- und Abfallwirtschaft, Hennef, August 1996.
[7-96] Kocks, F. H.: Elektronische Berechnung des innerstädtischen Mischwassersielnetzes. Durchgeführt im Auftrag der Freien und Hansestadt Hamburrg. Baubehörde, Schlußbericht Juni 1979.
[7-97] Leo, R. (Hrsg.): Ölwehrhandbuch – Bekämpfung von Ölunfällen im Inland und auf der See. Storck Verlag Hamburg, 1983.
[7-98] Darimont, T., Lühr, H. P.: Klassifikation des Migrationsverhaltens wassergefährdender Stoffe. Wasser + Boden 12 (1985), H. 5, S. 603-605.
[7-99] Schwille, F.: Die Ausbreitung von Chlorkohlenwasserstoffen im Untergrund, erläutert anhand von Modellversuchen. DVGW-Schriftenreihe Wasser Nr. 31, S. 203-232, Eschborn 1982.
[7-100] Toussaint, B.: Möglichkeiten und Grenzen von Boden-, Bodenluft- und Grundwasserproben im Zusammenhang mit CKW-Schadensfällen. Gewässerkundliche Mitteilung 33 (1989), H. 5/6, S. 150-160.
[7-101] Bewley, R. J. F., Hilker, J. K.: Mikrobiologische on-site-Sanierung eines ehemaligen Gaswerkgeländes, dargestellt am Beispiel Blackburn/England. Firmeninformation Klöckner Umwelttechnik.
[7-102] Werner, J.: Erfahrungen bei Schadensfällen mit Chlorkohlenwasserstoffen. Mitteilung zur Ingenieurgeologie und Hydrologie 13 (1982), H. 10, S. 131-151.
[7-103] Bruckner, C., Kugele, H.: Sanierung von mit leichtflüchtigen chlorierten Kohlenwasserstoffen (CKW) kontaminierten Böden mittels Absaugung der Bodenluft. Korrespondenz Ab-

7. 下水による土壌，地下水の汚染とその除染方法　文献

wasser (KA) 32 (1985), H. 10, S. 863–866.

[7-104] Caro, T.: Biologische Verfahren zur Sanierung kontaminierter Böden – Der Weg von der Laboruntersuchung zur Durchführung – Altlasten 3, Hrsg.: K. J. Thomé-Kozmiensky, TU Berlin (1989), S. 431–445.

[7-105] Teutsch, G., Grathwohl, P., Schad, H., Werner, P.: In-situ-Reaktionswände – ein neuer Ansatz zur passiven Sanierung von Boden- und Grundwasserverunreinigungen. Grundwasser (1996), H. 1, S. 12–20.

8. 労働安全性，健康保護
文　　　献

[8-1] Vorschrift der gewerblichen Berufsgenossenschaften, Unfallverhütungsvorschrift, Allgemeine Vorschriften, VBG 1 (10.91).

[8-2] Gemeindeunfallversicherungsverbände (GUVV): Sicherheitsregeln für Arbeiten in umschlossenen Räumen von abwassertechnischen Anlagen (04.88; Fassung 1995).

[8-3] TRGS 420: Technische Regeln für Gefahrstoffe. Neufassung vom September 1993, Bundesarbeitsblatt 9/1993, S. 63–65, 1993.

[8-4] Lühr, H.-P., Grunder, H. Th., Stein, D., Körkemeyer, K., Borchardt, B.: „Produkte und Verfahren bei der Sanierung von Abwasserkanälen und vergleichbaren Anwendungen – unter besonderer Berücksichtigung acrylamidhaltiger Abdichtungsmörtel". Schriftenreihe der Bundesanstalt für Arbeitsschutz und Arbeitsmedizin, Fb 779, Dortmund/Berlin 1997.

[8-5] Sicherheitsdatenblätter: 91/155/EWG Richtlinie der Kommission vom 5. März 1991 zur Festlegung der Einzelheiten eines besonderen Informationssystems für gefährliche Zubereitungen gemäß Artikel 10 der Richtlinie 88/379/EWG. Amtsblatt der Europäischen Gemeinschaften L 79 vom 22.3.91, S. 35–41, 1991.

[8-6] DIN 7478: Sicherheitsgeschirre, Sicherheitsgurt für den Bergbau (04.93).

[8-7] DIN 7471: Sicherheitsgeschirre; Verbindungsmittel; Sicherheitstechnische Anforderungen, Prüfung.

[8-8] Straßen-Verkehrsordnung vom November 1970, letzte Änderung im Dezember 1992.

[8-9] Richtlinien für die Sicherung von Arbeitsstellen an Straßen (RSA) des Bundesministers für Verkehr.

[8-10] Firmeninformation Hermann Sewerin GmbH, Gütersloh.

[8-11] Schlesinger, W.: Sicherheitstechnik in der Kanalinspektion. Schulungsunterlagen aus dem Kanalinspektionskurs (ATV-K.) im Oktober 1995.

[8-12] Firmeninformation B. S. Belüftungs GmbH, Bachhagel.

[8-13] Richtlinien für die Vermeidung der Gefahren durch explosionsfähige Atmosphäre mit Beispielsammlung – Explosionsschutz-Richtlinien – (EX-RL) (ZH 1/10).

[8-14] Verband der gewerblichen Berufsgenossenschaften, Unfallverhütungsvorschrift. VBG 15: Schweißen, Schneiden und verwandte Verfahren (01.97).

[8-15] DIN 5290: Karabinerhaken aus Leichtmetall; Maße, Anforderungen, Prüfung. Teil 1: mit Überwurfmutter (04.83); Teil 2: ohne Überwurfmutter (10.77).

[8-16] Verband der gewerblichen Berufsgenossenschaften, Unfallverhütungsvorschrift, VBG 8: Winden, Hub- und Zuggeräte (01.97).

[8-17] Gesetze, Verordnungen, Unfallverhütungsvorschriften, Richtlinien, Sicherheitsregeln und Merkblätter sowie Normen und sonstige Bestimmungen für den Arbeitsschutz bei der Sanierung erdverlegter Abwasserkanäle und -leitungen. Arbeitsberichte der ATV-Arbeitsgruppe 1.5.4 „Sanierung und Erneuerung von Abwasserkanälen und -leitungen (TC 165/WG 22)" im ATV-Fachausschuß 1.5 „Ausführungen von Entwässerungsanlagen". Korrespondenz Abwasser (KA) 44 (1997), H. 6, S. 1109–1111.

September 1998

**Europäische Normen in den Bereichen
Abwassertechnik CEN/TC 165 und Sanitärausstattungsgegenstände CEN/TC 163 sowie angrenzender
Bereiche wie Kunststoff-Rohrleitungssysteme CEN/TC 155, Gußeiserne Rohre und Formstücke CEN/TC
203, Dichtmittel aus Elastomeren für Rohrleitungen CEN/TC 208, Wasseranalytik CEN/TC 230 und
Charakterisierung von Schlämmen CEN/TC 308**

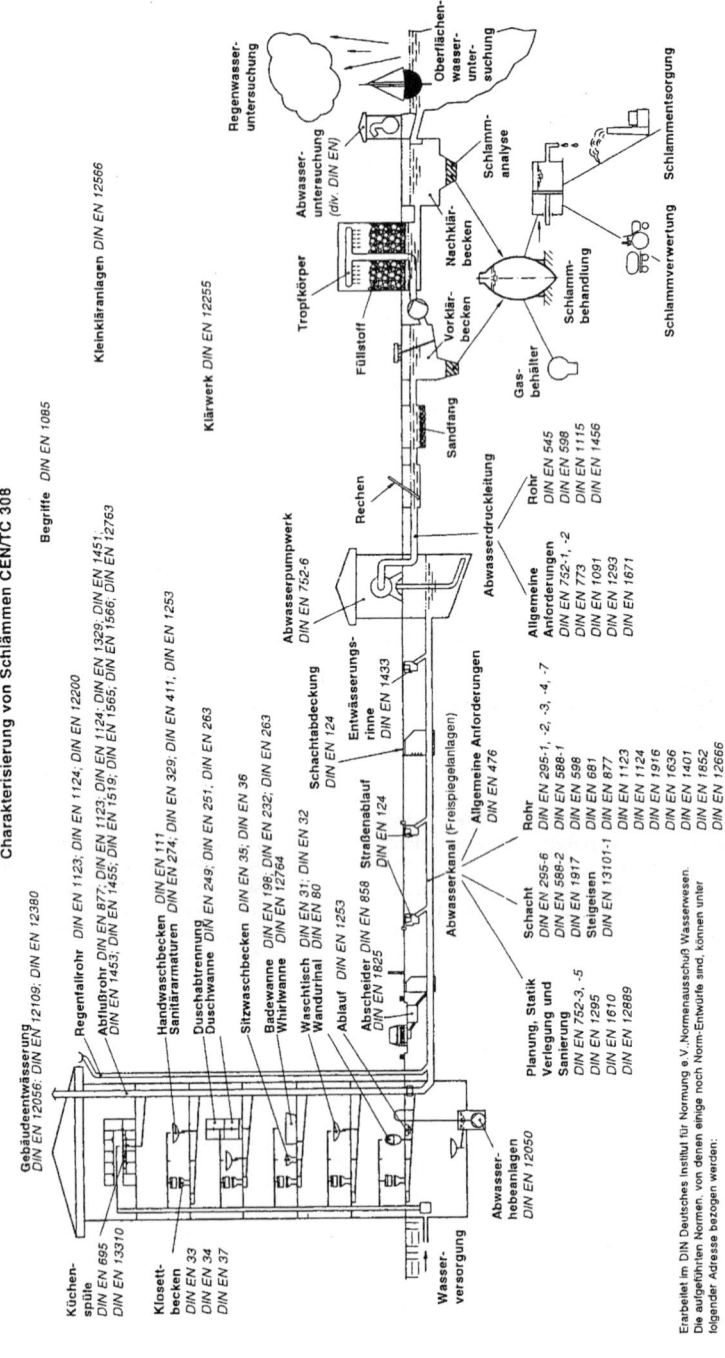

Begriffe *DIN EN 1085*

Kleinkläranlagen *DIN EN 12566*

Klärwerk *DIN EN 12255*

Regenwasseruntersuchung

Oberflächenwasseruntersuchung

Abwasseruntersuchung (div. *DIN EN*)

Schlammanalyse

Schlammentsorgung

Tropfkörper

Nachklärbecken

Schlammbehandlung

Schlammverwertung

Vorklärbecken

Füllstoff

Gasbehälter

Sandfang

Rechen

Abwasserpumpwerk *DIN EN 752-6*

Abwasserdruckleitung

Rohr
DIN EN 545
DIN EN 598
DIN EN 1115
DIN EN 1456

Allgemeine Anforderungen
DIN EN 752-1, -2
DIN EN 773
DIN EN 1091
DIN EN 1293
DIN EN 1671

Entwässerungsrinne *DIN EN 1433*

Schachtabdeckung *DIN EN 124*

Straßenablauf *DIN EN 124*

Abwasserkanal (Freispiegelanlagen)

Allgemeine Anforderungen *DIN EN 476*

Rohr
DIN EN 295-1, -2, -3, -4, -7
DIN EN 588-1
DIN EN 598
DIN EN 681
DIN EN 877
DIN EN 1123
DIN EN 1124
DIN EN 1916
DIN EN 1401
DIN EN 1852
DIN EN 12666

Schacht
DIN EN 295-6
DIN EN 588-2
DIN EN 1917
Steigeisen *DIN EN 13101-1*

Planung, Statik Verlegung und Sanierung
DIN EN 752-3, -5
DIN EN 1295
DIN EN 1610
DIN EN 12889

Abscheider *DIN EN 1825*

Ablauf *DIN EN 1253*

Waschtisch *DIN EN 31; DIN EN 32*
Wandurinal *DIN EN 80*

Sitzwaschbecken *DIN EN 35; DIN EN 36*

Badewanne *DIN EN 198, DIN EN 232; DIN EN 263*
Whirlwanne *DIN EN 12764*

Duschabtrennung *DIN EN 274; DIN EN 329; DIN EN 411, DIN EN 1253*
Duschwanne *DIN EN 249, DIN EN 251; DIN EN 263*

Handwaschbecken *DIN EN 111*
Sanitärarmaturen

Abflufrohr *DIN EN 877; DIN EN 1123; DIN EN 1124; DIN EN 1329; DIN EN 1451;*
DIN EN 1453; DIN EN 1455; DIN EN 1519; DIN EN 1565; DIN EN 1566; DIN EN 12763

Regenfallrohr *DIN EN 1123, DIN EN 1124, DIN EN 12200*

Gebäudeentwässerung
DIN EN 12056; DIN EN 12380

Küchenspüle
DIN EN 695
DIN EN 13310

Klosettbecken
DIN EN 33
DIN EN 34
DIN EN 37

Abwasserhebeanlagen
DIN EN 12050

Wasserversorgung

Erarbeitet im DIN Deutsches Institut für Normung e.V. Normenausschuß Wasserwesen.
Die aufgeführten Normen, von denen einige noch Norm-Entwürfe sind, können unter folgender Adresse bezogen werden:

Beuth Verlag GmbH., 10772 Berlin
Tel. (030) 2601-2260
Fax (030) 2601-1260
http://www.din.de/beuth

1086

DIN EN 31
Waschtische; Anschlußmaße; Deutsche Fassung EN 31:1977 (Stand 1987)

DIN EN 32
Waschtische, wandhängend; Anschlußmaße für Steinschraubenbefestigung; Deutsche Fassung EN 32: 1977 (Stand 1987)

DIN EN 33
Klosettbecken, bodenstehend, mit aufgesetztem Spülkasten – Anschlußmaße; Deutsche Fassung prEN 33: 1995

DIN EN 34
Klosettbecken, wandhängend, mit aufgesetztem Spülkasten; Anschlußmaße; Deutsche Fassung EN 34: 1992

DIN EN 35
Sitzwaschbecken, bodenstehend, mit Zulauf von oben; Anschlußmaße; Deutsche Fassung EN 35:1977 (Stand 1987)

DIN EN 36
Sitzwaschbecken, wandhängend, mit Zulauf von oben; Anschlußmaße; Deutsche Fassung EN 36:1977 (Stand 1987)

DIN EN 37
Klosettbecken, bodenstehend, mit freiem Zulauf – Anschlußmaße; Deutsche Fassung prEN 37:1995

DIN EN 80
Wandurinale ohne eingebauten Geruchverschluß; Anschlußmaße

DIN EN 111
Handwaschbecken, wandhängend; Anschlußmaße; Deutsche Fassung EN 111:1982 (Stand 1987)

DIN EN 124
Aufsätze und Abdeckungen für Verkehrsflächen – Baugrundsätze, Prüfungen, Kennzeichnung, Güteüberwachung; Deutsche Fassung EN 124:1994

DIN EN 198
Spezifizierung von Badewannen für den Hausgebrauch hergestellt aus Acrylmaterial; Deutsche Fassung EN 198:1987

DIN EN 232
Badewannen; Anschlußmaße; Deutsche Fassung EN 232:1990.

DIN EN 249
Anforderungen für Duschwannen aus Acrylmaterial; Deutsche Fassung prEN 249:1995

DIN EN 251
Duschwannen; Anschlußmaße; Deutsche Fassung EN 251:1990

DIN EN 263
Spezifizierung von gegossenen Acrylplatten für Badewannen und Duschwannen für den Hausgebrauch; Deutsche Fassung EN 263:1987

DIN EN 274
Sanitärarmaturen; Ablaufgarnituren für Waschtische, Sitzwaschbecken und Badewannen; Allgemeine technische Anforderungen; Deutsche Fassung EN 274: 1992

DIN EN 295-1
Steinzeugrohre und Formstücke sowie Rohrverbindungen für Abwasserleitungen und -kanäle – Teil 1: Anforderungen (enthält Änderung A1:1996 und Änderung A2:1996); Deutsche Fassung EN 295-1:1991 + A1:1996 + A2:1996.

DIN EN 295-2
Steinzeugrohre und Formstücke sowie Rohrverbindungen für Abwasserleitungen und -kanäle – Teil 2: Güteüberwachung und Probenahme; Deutsche Fassung EN 295-2:1991

DIN EN 295-3
Steinzeugrohre und Formstücke sowie Rohrverbindungen für Abwasserleitungen und -kanäle – Teil 3: Prüfverfahren; Deutsche Fassung EN 295-3:1991

DIN EN 295-4
Steinzeugrohre und Formstücke sowie Rohrverbindungen für Abwasserleitungen und -kanäle – Teil 4: Anforderungen an Sonderformstücke, Übergangsbauteile und Zubehörteile; Deutsche Fassung EN 295-4: 1995

DIN EN 295-6
Steinzeugrohre und Formstücke sowie Rohrverbindungen für Abwasserleitungen und -kanäle – Teil 6: Anforderungen für Steinzeugschächte; Deutsche Fassung EN 295-6:1995

DIN EN 295-7
Steinzeugrohre und Formstücke sowie Rohrverbindungen für Abwasserleitungen und -kanäle – Teil 7: Anforderungen an Steinzeugrohre und Verbindungen beim Rohrvortrieb; Deutsche Fassung EN 295-7:1995

DIN EN 329
Sanitärarmaturen; Ablaufgarnituren für Duschwannen; Allgemeine technische Anforderungen; Deutsche Fassung EN 329:1993

DIN EN 411
Sanitärarmaturen – Ablaufgarnituren für Spülen – Allgemeine technische Anforderungen; Deutsche Fassung EN 411:1995

DIN EN 476
Allgemeine Anforderungen an Bauteile für Abwasserkanäle und -leitungen für Schwerkraftentwässerungssysteme; Deutsche Fassung EN 476:1997

DIN EN 545
Rohre, Formstücke, Zubehörteile aus duktilem Gußeisen und ihre Verbindungen für Wasserleitungen - Anforderungen und Prüfverfahren; Deutsche Fassung EN 545:1994

DIN EN 588-1
Faserzementrohre für Abwasserleitungen und -kanäle - Teil 1: Rohre, Rohrverbindungen und Formstücke für Freispiegelleitungen; Deutsche Fassung EN 588-1:1996

DIN EN 588-2
Faserzementrohre für Abwasserkanäle und Abwasserleitungen - Teil 2: Einsteig- und Inspektionsschächte; Deutsche Fassung prEN 588-2:1995

DIN EN 598
Rohre, Formstücke, Zubehörteile aus duktilem Gußeisen und ihre Verbindungen für die Abwasser-Entsorgung - Anforderungen und Prüfverfahren; Deutsche Fassung EN 598:1994

DIN EN 681-1
Elastomer-Dichtungen - Werkstoff-Anforderungen für Rohrleitungs-Dichtungen; Anwendungen in der Wasserversorgung und Entwässerung - Teil 1: Vulkanisierter Gummi; Deutsche Fassung EN 681-1:1996

DIN EN 695
Küchenspülen - Anschlußmaße; Deutsche Fassung EN 695:1997

DIN EN 752-1
Entwässerungssysteme außerhalb von Gebäuden - Teil 1: Allgemeines und Definitionen; Deutsche Fassung EN 752-1:1995

DIN EN 752-2
Entwässerungssysteme außerhalb von Gebäuden - Teil 2: Anforderungen; Deutsche Fassung EN 752-2:1996

DIN EN 752-3
Entwässerungssysteme außerhalb von Gebäuden - Teil 3: Planung; Deutsche Fassung EN 752-3:1996

DIN EN 752-4
Entwässerungssysteme außerhalb von Gebäuden - Teil 4: Hydraulische Berechnung und Umweltschutzaspekte; Deutsche Fassung EN 752-4:1997

DIN EN 752-5
Entwässerungssysteme außerhalb von Gebäuden - Teil 5: Sanierung; Deutsche Fassung EN 752-5:1997

DIN EN 752-6
Entwässerungssysteme außerhalb von Gebäuden - Teil 6: Pumpanlagen; Deutsche Fassung EN 752-6:1998

DIN EN 752-7
Entwässerungssysteme außerhalb von Gebäuden - Teil 7: Betrieb und Unterhalt; Deutsche Fassung EN 752-7:1998

DIN EN 773
Allgemeine Anforderungen an Bauteile für hydraulisch betriebene Abwasserdruckleitungen; Deutsche Fassung prEN 773:1992

DIN EN 858-1
Abscheideranlagen für Leichtflüssigkeiten (z. B. Öl und Benzin), Teil 1: Bau-, Funktions- und Prüfgrundsätze, Kennzeichnung und Güteüberwachung; Deutsche Fassung prEN 858-1:1992

DIN EN 877
Rohre und Formstücke aus Gußeisen, deren Verbindungen und Zubehör zur Entwässerung von Gebäuden

DIN EN 1085
Abwasserbehandlung - Wörterbuch; Dreisprachige Fassung EN 1085:1997

DIN EN 1091
Unterdruckentwässerungssysteme außerhalb von Gebäuden; Deutsche Fassung EN 1091:1996

DIN EN 1115
Kunststoff-Rohrleitungssysteme für erdverlegte Druckentwässerung und Druckabwasserleitungen - Glasfaserverstärkte duroplastische Kunststoffe (GFK) auf der Basis von ungesättigtem Polyesterharz (UP)

DIN EN 1123-1
Rohre und Formstücke aus längsnahtgeschweißtem Stahlrohr, feuerverzinkt, mit Steckmuffe für Abwasserleitungen; Teil 1: Technische Lieferbedingungen; Deutsche Fassung prEN 1123-1:1993

DIN EN 1124-1
Rohre und Formstücke aus längsnahtgeschweißtem, nichtrostendem Stahlrohr, mit Steckmuffe für Abwasserleitungen; Teil 1: Technische Lieferbedingungen; Deutsche Fassung prEN 1124-1:1993

DIN EN 1253-1
Abläufe für Gebäude; Teil 1: Anforderungen; Deutsche Fassung prEN 1253-1:1993

DIN EN 1253-2
Abläufe für Gebäude; Teil 2: Prüfverfahren; Deutsche Fassung prEN 1253-2:1993

DIN EN 1293
Allgemeine Anforderungen an Bauteile von mit Druckluft betriebenen Abwasserdruckleitungen; Deutsche Fassung prEN 1293:1994

DIN EN 1295-1
Statische Berechnung von erdverlegten Rohrleitungen unter verschiedenen Belastungsbedingungen - Teil 1: Allgemeine Anforderungen; Deutsche Fassung EN 1295-1:1997

DIN EN 1329-1
Kunststoff-Rohrleitungssysteme für Abwasserleitungen (niederer und hoher Temperatur) innerhalb der Gebäudestruktur; Weichmacherfreies Polyvinylchlorid (PVC-U); Teil 1: Allgemeines; Deutsche Fassung prEN 1329-1:1994

DIN EN 1401-1
Kunststoff-Rohrleitungssysteme für erdverlegte drucklose Abwasserkanäle und -leitungen; Weichmacherfreies Polyvinylchlorid (PVC-U); Teil 1: Allgemeines; Deutsche Fassung prEN 1401-1:1994

DIN EN 1433
Entwässerungsrinnen für Verkehrsflächen; Klassifizierung, Bau- und Prüfgrundsätze, Kennzeichnung und Güteüberwachung; Deutsche Fassung prEN 1433:1994

DIN EN 1451-1
Kunststoff-Rohrleitungssysteme für Abwasserleitungen (niederer und hoher Temperatur) innerhalb der Gebäudestruktur – Polypropylen (PP) Teil 1: Allgemeines; Deutsche Fassung prEN 1451-1:1994

DIN EN 1453-1
Kunststoff-Rohrleitungssysteme mit Rohren mit profilierter Wandung für Abwasserleitungen (niederer und hoher Temperatur) innerhalb der Gebäudestruktur – Weichmacherfreies Polyvinylchlorid (PVC-U) – Teil 1: Allgemeines; Deutsche Fassung prEN 1453-1:1994

DIN EN 1455-1
Kunststoff-Rohrleitungssysteme für Abwasserleitungen (niederer und hoher Temperatur) innerhalb der Gebäudestruktur – Acrylnitril-Butadien-Styrol (ABS) – Teil 1: Allgemeines; Deutsche Fassung prEN 1455-1:1994

DIN EN 1456-1
Kunststoff-Rohrleitungssysteme für erdverlegte Druckentwässerung und Abwasserdruckleitungen – Weichmacherfreies Polyvinylchlorid (PVC-U) – Teil 1: Allgemeines; Deutsche Fassung prEN 1456-1:1994

DIN EN 1519-1
Kunststoff-Rohrleitungssysteme für Abwasserleitungen (niederer und hoher Temperatur) innerhalb der Gebäudestruktur – Polyethylen (PE) – Teil 1: Allgemeines; Deutsche Fassung prEN 1519-1:1994

DIN EN 1565-1
Kunststoff-Rohrleitungssysteme für Abwasserleitungen (niederer und hoher Temperatur) innerhalb der Gebäudestruktur – Styrol-Copolymer-Blends (SAN + PVC) – Teil 1: Allgemeines; Deutsche Fassung prEN 1565-1:1994

DIN EN 1566-1
Kunststoff-Rohrleitungssysteme für Abwasserleitungen (niederer und hoher Temperatur) innerhalb der Gebäudestruktur – Chloriertes Polyvinylchlorid (PVC-C) – Teil 1: Allgemeines; Deutsche Fassung prEN 1566-1:1994

DIN EN 1610
Verlegung und Prüfung von Abwasserleitungen und -kanälen; Deutsche Fassung EN 1610:1997

DIN EN 1636
Kunststoff-Rohrleitungssysteme für drucklose Entwässerungs- und Abwasserleitungen – Glasfaserverstärkte duroplastische Kunststoffe (GFK) auf der Basis von Polyesterharz (UP)

DIN EN 1671
Druckentwässerungssysteme außerhalb von Gebäuden; Deutsche Fassung EN 1671:1997

DIN EN 1825-1
Abscheideranlagen für Fette – Teil 1: Bau-, Funktions- und Prüfgrundsätze, Kennzeichnung und Güteüberwachung; Deutsche Fassung prEN 1825-1:1995

DIN EN 1852-1
Kunststoff-Rohrleitungssysteme für erdverlegte Abwasserkanäle und -leitungen – Polypropylen (PP) – Teil 1: Anforderungen an Rohre, Formstücke und das Rohrleitungssystem; Deutsche Fassung EN 1852-1:1997

DIN EN 1916
Rohre und Formstücke aus Beton, Stahlfaserbeton und Stahlbeton; Deutsche Fassung prEN 1916:1995

DIN EN 1917
Einsteig- und Kontrollschächte aus Beton, Stahlfaserbeton und Stahlbeton; Deutsche Fassung prEN 1917:1995

DIN EN 12050-1
Abwasserhebeanlagen für die Grundstücksentwässerung – Bau- und Prüfgrundsätze – Teil 1: Fäkalienhebeanlagen; Deutsche Fassung prEN 12050-1:1995

DIN EN 12050-2
Abwasserhebeanlagen für die Grundstücksentwässerung – Bau- und Prüfgrundsätze – Teil 2: Abwasserhebeanlagen für fäkalienfreies Abwasser; Deutsche Fassung prEN 12050-2:1995

DIN EN 12050-3
Abwasserhebeanlagen für die Grundstücksentwässerung – Bau- und Prüfgrundsätze – Teil 3: Fäkalienhebeanlagen zur begrenzten Verwendung; Deutsche Fassung prEN 12050-3:1995

DIN EN 12056
Schwerkraftentwässerungsanlagen innerhalb von Gebäuden

DIN EN 12109
Unterdruckentwässerungssysteme innerhalb von Gebäuden; Deutsche Fassung prEN 12109:1995

DIN EN 12200-1
Kunststoff-Regenwasser-Rohrleitungssysteme für oberirdischen Einsatz im Freien – Weichmacherfreies Polyvinylchlorid (PVC-U) – Teil 1: Komponenten und funktionelle Anforderungen; Deutsche Fassung prEN 12200-1:1995

DIN EN 12255
Abwasserbehandlungsanlagen

DIN EN 12380
Lüftungsrohrleitungen – Belüftungsventilsysteme (AVS)

DIN EN 12566
Kleinkläranlagen für 50 EW

DIN EN 12666-1
Kunststoff-Rohrleitungssysteme für erdverlegte Abwasserkanäle und -leitungen – Polyethylen (PE) – Teil 1: Anforderungen an Rohre, Formstücke und das Rohrleitungssystem; Deutsche Fassung prEN 12666-1:1996

DIN EN 12763
Faserzementrohre und -formstücke für Hausentwässerungssysteme – Maße und technische Lieferbedingungen; Deutsche Fassung prEN 12763:1997

DIN EN 12764
Sanitärausstattungsgegenstände – Anforderungen an Whirlwannen; Deutsche Fassung prEN 12764:1997

DIN EN 12889
Grabenlose Verlegung und Prüfung von Abwasserleitungen und -kanälen; Deutsche Fassung prEN 12889:1997

DIN EN 13101-1
Steigeisengänge – Teil 1: Anforderungen und Kennzeichnung; Deutsche Fassung prEN 13101-1:1998

DIN EN 13244-1
Kunststoff-Rohrleitungssysteme für erd- und oberirdisch verlegte Druckrohrleitungen für Brauchwasser, Entwässerung und Abwasser – Polyethylen (PE) – Teil 1: Allgemeines; Deutsche Fassung prEN 13244-1:1998

DIN EN 13244-2
Kunststoff-Rohrleitungssysteme für erd- und oberirdisch verlegte Druckrohrleitungen für Brauchwasser, Entwässerung und Abwasser – Polyethylen (PE) – Teil 2: Rohre

DIN EN 13244-3
Kunststoff-Rohrleitungssysteme für erd- und oberirdisch verlegte Druckrohrleitungen für Brauchwasser, Entwässerung und Abwasser – Polyethylen (PE) – Teil 3: Formstücke

DIN EN 13244-4
Kunststoff-Rohrleitungssysteme für erd- und oberirdisch verlegte Druckrohrleitungen für Brauchwasser, Entwässerung und Abwasser – Polyethylen (PE) – Teil 4: Armaturen

DIN EN 13244-5
Kunststoff-Rohrleitungssysteme für erd- und oberirdisch verlegte Druckrohrleitungen für Brauchwasser, Entwässerung und Abwasser – Polyethylen (PE) – Teil 5: Gebrauchstauglichkeit des Systems

DIN EN 13244-7
Kunststoff-Rohrleitungssysteme für erd- und oberirdisch verlegte Druckrohrleitungen für Brauchwasser, Entwässerung und Abwasser – Polyethylen (PE) – Teil 7: Empfehlungen und Beurteilung der Konformität

DIN EN 13310
Küchenspülen – Funktionsanforderungen und Prüfverfahren

索　引

【あ】

ISYBAU 状態評価・分類　393
アウタースリーブ　506
アクティブシーリング　73
アクリル樹脂ベースの注入　484
アクリル樹脂ベースの注入材　461
足掛け金物　96
　——の交換　427
アスベストセメント(圧力)管　80
アスベストセメント推進管　81
アスベストフリーファイバセメント管　83
アーチ方式　799
圧送管　6
圧力測定式ホース水準器　282
アトラス管　58
網目測定による排水量測定　303
Amex-10 システム　529
アメリカ材料試験協会　766
洗流し摩耗　150
蟻落とし　728
アルカリケイ酸塩　554
アルカリケイ酸塩モルタル　554
アルミナセメント　552
安全処理方法，土壌除染の　948
安定性障害　759

【い】

EX 工法　654
硫黄細菌　164
EC 水域保護指令　930
位置ずれ　146, 281
一体管システム　49
一点から発する亀裂　187, 192
EP 樹脂　562
入れ子マンホール　426
インクリノメータ　281
インサイチュー抽出方式　964
インサイチュー方式　953, 959
インスペクタパイプ　689
インタライン方式　677

インナースリーブ　517
Inpipe 方式　702
インプレグネーション　518, 534
インライナ　611, 620
　——の安定性判定　758
　——の応力判定　758
　——の荷重条件　757
　——の製造　693
　——の取付け　648, 693
　——の変形判定　758
プレライナホースの製造　713
プレライナホースの設置　713
いんろう管　37
いんろう継手　65

【う】

ウインドウイング方式　625, 823
Weco-Seal 方式　529
雨水　7, 925
内側からの止入　504, 506, 855
内側からの注入　470, 483
埋戻し材　28

【え】

永続性物質　930
AMK 方式　492
液状ケイ化剤　507
液状接着剤　543
液状水ガラス　460
エキスパンダパイプ　689
液体浸食　152
液滴衝撃侵食　150
SIMK 手法　302
SSET システム　294
SPR 工法　686
HS セメント　551
HD 洗浄方式　216
FEM による計算　770
AVP-Crush-Lining　816
エポキシ樹脂　562

索引

エポキシ樹脂改質モルタル　555
エポキシ樹脂コーティングベース　536
エポキシ樹脂ベースの注入　492
エポキシ樹脂ベースの注入材　462
エポキシセメントコンクリート　555
MID　310
MID 流速センサ　311, 313
MCS インライナ方式　678
エラストマシール材　510
エラストマスリーブ，部分面支持式　529
LSS システム　494
ERSAG スパイラル管システム　685
遠隔制御式取付管補修　707
塩化物　940
円形管渠　8
エンジニアリング役務　872
遠心射出方式　597, 857
　——の短所　605
　——の長所　605
塩素化炭化水素　941
　——の拡散　937
鉛直地震探査法　258

【お】

応力亀裂腐食　155
置換え処分，土壌除染の　988
汚水　7, 925
汚染　923
オフサイト方式　988
オランダの構造的損傷評価　400
オールライナ　703
音響的損傷探知　294
音響的漏れ位置探知システム　347
オンサイト畝・山積み方式　959
オンサイト固化方式　979
オンサイト生物方式　971
オンサイト抽出方式　972
オンサイト方式　966
音波探査法，地盤調査の　258

【か】

加圧グラウティング方式　577, 856
加圧充填　634
外圧　615, 618

開削工法　20, 31
　——による管の交換　428
　——による更新　799
　——による取付管の接続復元　637, 649, 696, 719
外部水圧　615
外部点検　254, 263
外部腐食　156
改変作業　14
改良ウォッシュボーリング方式　645
改良式合流流システム　6
改良式スリップライニング　649
化学的樹根除去　237
化学的清掃方法　237
化学的接着結合　547
化学的注入材　455
拡散　937
拡散膜　538
拡散理論　547
かしめ継手　37
荷重試験　290
可塑性シール材　38
家庭汚水　7, 925
家庭下水　162
カテーテル法　850
可撓性継手　37
乾いた状態　570
管外周部　22, 29
　——の空洞　31
換気，下水道の　104
管渠
　——，円形　8
　——，切り石製　38
　——，石材製　38
　——，標準卵形　8
　——，レンガ積　38
　——の応力　778, 780, 782, 785
　——の乾燥　560
　——の交換，開削工法による　428
　——のコーティング　534, 536
　——の使用安全性　117
　——の清掃の腐食への影響　161
　——の断面形状　8
　——の配置　4

索　引

——の流量　295
環境関連解決手法，補修の　412
環境関連検査　315
環境適合性証明　451
管渠台帳　253, 354
管渠断面　8
管渠データバンク　353
　　——とアプリケーション　359, 362
　　——に求められる要件　355
　　——の構成　356
　　——の分析評価　361
管渠テレビカメラ　271
管渠保全　359
管渠網　359
　　——のグラフィックデータ処理　360
　　——の計算　359
　　——の財産評価　360
管剛性　173
観察・制御装置　276
乾式吹付け方式　586
環状空隙のある現場製作管によるライニング　689
環状空隙のある鞘管方式　621, 858
環状空隙の充填　629, 634, 671, 715
環状空隙の充填のないライニング方式　722
環状空隙のない現場製作管によるライニング　688
環状空隙のない鞘管方式　649
環状空隙の封止　629, 632, 671, 715
間接熱処理方式，土壌除染の　970
間接目視(内部)点検　268, 270
管体部分の注入　492
管頂亀裂　189, 471
管継手　37, 44, 65, 133
　　——の原理的構造　71
　　——の止水　508
　　——のシーリング　65, 73
　　——の縦方向亀裂　190
　　——の注入　479, 483
　　——の漏れ検査　336, 340, 344
管底亀裂　189, 471
管底勾配　18
管・土壌システム　173
管引込み方式　836
管埋設溝　22
管ライニング　619

管路　128
　　——の点検　268

【き】

機械化フライス作業　439
機械式清掃器具　227
機械式吹付け方式　596
機械式流速計　311
機械的清掃　226
機械的接着　543
希釈手法による排水量測定　304
気相部のライニング　736
基礎の構成　25
亀甲形成　187, 192
起点スパン　6
キャビテーション侵食　151
吸着，地下水汚染処理　983
吸着挙動　937
狭域汚染　923
凝縮水形成　561
鏡面溶接法　626
局所損傷域の検査　339
局所の修繕　432
局所流速の測定　311
局部汚染　923
曲管の応力　780
許容牽引力　781
切り石製管渠　38
　　——の流下速度　4, 17
亀裂　187, 1943
　　——，動きのある　571
　　——の位置　455
　　——の動き　454
　　——の充填　473
　　——の性状　455
亀裂含浸　473
亀裂注入　473
亀裂幅　453
　　——の影響　454

【く】

空洞　139, 447
空洞注入　471
グスアスファルト　427

1093

索　引

屈折法地震探査，地盤調査の　257
組付け個別要素によるライニング　720, 793
組付け方式　610, 720
グラスファイバ強化プラスチックエレメント　754
グラスファイバ強化プラスチック管　49, 84
　——の機械的特性　85
　——の接続　86
　——の壁面構造　85
グラスファイバコンクリート底シェル　730
グラスファイバコンクリートプレハブ部材　732, 745
クロススリーブ　518
クロスの含浸　518
クロースフィット方式　649, 688
クロスホールトモグラフィ　258

【け】

計画的維持管理方式　252
計画的管理手法　243
ケイ化剤　507
KAIN　388
KARO システム　292
KA-TE システム　442, 854
KAPRI　385
KRT フレックスホースリライニング　705
KM-Inliner 方式　703
KM ハウスライナ方式　708
KM バーストライニング方式　826
下水　7, 925, 929
　——の流出　931
下水管　128
　——, 歩行可能な　14
　——のショートホース　519
下水道
　——の維持管理　415
　——の換気　104
　——の清掃　209
　——の通気　104
　——の保守　207
　——の保全　3
　——の漏れ　135
下水流出　135
欠損率, 腐食の　165
煙検査　345

Keraline システム　729
牽引ヘッド部の応力　781
限界座屈応力の計算式　768
検査媒体損失量の大きさ　319
検査レポート　351
建設材料　35
健全化　948
懸濁液　459
現場打ちコンクリート管　76
現場成形 KAS 方式　706
現場成形 FAS 方式　707
現場製作管によるライニング　680, 791, 860
　——, 環状空隙のある　680
　——, 環状空隙のない　688
現場製作・硬化管によるライニング　689, 792, 861
現場製作ラミネートによるライニング　795

【こ】

鋼　51
高圧空気検査, ソケット検査における　338
高圧空気検査, 漏れ検査における　320, 330
高圧水洗浄　568
高圧洗浄器具のノズル　221
高圧洗浄方式　216
　——による損傷　223
高圧土壌洗浄方法　973
広域汚染　923
公共サービス供給管，交差する　106
公共道路空間の相互利用　110
鉱材カプセル化管渠　913
鉱山坑道掘進方式　804
孔食　155
更新　797, 864
　——, 開削工法による　799
　——, 半開削工法による　802
　——, 非開削工法による　804
　——の制約　801
　——の選択フロー　866
更生　532, 856, 858, 860
　——の選択フロー　866
鋼製インナースリーブ　525, 527
剛性管　173, 789
合成樹脂ベースのショートホース　518

索引

合成樹脂ベースの溶液　460
剛性継手　37
構造的解決手法，補修の　412
構造的損傷評価，オランダの　400
構造的補修手法　412
　　──の適用　416
光電式スパン計測器　287
勾配　18
工法選定　853
　　──の指針　867
厚膜コーティング　535
高密度ポリエチレン　48
鉱油　940
合流式システム　6
固化，土壌除染における　965, 979
固形物沈澱　17
Cosmic 方式　524
骨材混合物　557
固定化，土壌除染の　948
コーティング　534
　　──，セメントベースの　541
　　──のコンクリート下地　566
　　──の試験　572
　　──の表面準備　565
　　──のプランニング　541
コーティング表面の均し　602
コーティング方式　533, 856
コーティングモルタル　543
Konudur ホームライナ方式　710
Copeflex 方式　704
ゴム製シールリング　68
コロイドモルタル　553
コンクリート　55
コンクリート管　55, 57, 65
　　──の管長　60
　　──の亀裂　188
　　──の検査　290
　　──の修繕対策　429
　　──の耐荷力　60
コンクリート修繕システム　430
コンクリート-プラスチック管　75
コンクリート保護板　733
コンクリート面の止水　506
コンクリートラミネート底シェル　730

混合材　588
コントロールシステム　712
コンパクトパイプ方式　651
コンベンショナルスリップライニング　620

【さ】

最終スパン　6
最小土被り　16
最大土被り　16
最大流速の測定　312
Sideliner 方式　523
サウンディング探査　265
差込み継手　37
差込み方式　668
サドルピース　638
サブライン方式　652
サーモライン方式　620, 646
砂面法　544
鞘管の製造　626
鞘管の取付け　626
鞘管方式　620
　　──，環状空隙のある　621, 858
　　──，環状空隙のない　649
　　──，通常の　620
酸化，地下水汚染処理　984

【し】

CSL ポリスプレー方式　606
GSTT 指針　867
ジェットグラウチング方式　500
GFK 管　49, 84
　　──の機械的特性　85
　　──の接続　86
　　──の壁面構造　85
GFK ハーフシェル　732
ジオショック方式　956
視覚による状態把握　266
SikaRobot システム　445
磁気探査法，地盤調査の　259
事業所排水　162, 926
試掘坑　263
事後対応管理手法　243
地震学的手法，地盤調査の　256
地震波トモグラフィ，地盤調査の　257

索　引

止水　504
　　──，内側からの　504, 506
　　──，管継手の　508
　　──，コンクリート面の　506
　　──，外側からの　504
　　──，継目の　508
止水材（シール材）　37, 44, 508, 509
止水方式　504
システム剛性　173
私設下水道　245
自然流下管　6
湿式吹付け方式　585
湿潤　545
Situment 方式　584
自動化フライス作業　439
地盤因子の影響　20
地盤調査，物理探査による　255, 289
締付け継手　37
湿った状態　571
遮断プラグ　326
ジャンセン下水管渠補修システム　493
自由管の座屈　759
重金属　940
集水管，構造物下の　98
修繕　419, 854
　　──，マンホールの　420, 427
　　──，レンガ積管渠の　438
　　──の選択フロー　866
修繕手法　420
充填材　473, 511, 629
充填方法　473, 798
充填量　635
修復作業　14
修理　419
修理手法　419
修理モルタル　430, 431
　　──の塗布　437
縮小方式　655
樹根域における排水設備　115
樹根侵入　144
樹木と排水設備との相互影響　114
ジュラトンシステム　641
Duroton 複合方式　751
巡視　254

昇降マンホール　6
　　──の更生　789
硝酸塩　940
床層　23, 25
状態記述　367
状態把握，視覚による　266
状態評価　363, 366, 377
状態評価システム KAPRI　385
状態評価モデル　363, 376
状態分類　363, 365, 376
状態分類モデル　363, 376
初期損傷　129
植樹間隔　118
ショートホース　517, 855
　　──，下水管渠の　519
　　──，合成樹脂ベースの　518
　　──，セメントベースの　524
　　──，取付管用　521
　　──，取付管接続部用　523
ショートライナ方式　517
シリカサスペンション　591
シリケートゲル　554
シリケートモルタル　554
自立式インライナ　757
　　──の安定性判定　758
　　──の応力判定　758
　　──の変形判定　758
自立式ライニング　618, 756
　　──の構造力学計算　557
Seal-i-Tryn 方式　488
シール材　37, 44, 508, 509
　　──の膨張効果　511
シールド工法　33, 807
伸縮リングによる安定化　441
侵食，土壌の　30
侵食腐食　155
侵食摩耗　150
浸透現象　537
浸透作用物質　538
浸透作用泡形成現象　537
浸入水の影響　138
進入方式　669
浸入量検査　344
人力清掃　226

索引

【す】
水圧検査，ソケット検査における　337
水圧検査，漏れ検査における　319, 327
水位測定　309
水源保護区域　909
　　——の管渠の修繕　921
　　——の計画策定　912, 919
　　——の施工　916, 919
　　——の点検　917, 920
水酸化アルカリ　538
水蒸気透過率　540
推進工法　33, 865
水深測定　309
水深測定手法による排水量測定　305
水乳化エポキシ樹脂　594
水平基礎剛性　173
水密性　316
水密性基準の比較　342
水理学的解決手法，補修の　412
水理方式，地下水汚染の　981
スエージライニング方式　656
スケーリング因子の評価　301
Scope 方式　501
Snap-Lock システム　525
スパイラル管方式　647
スパイラル bauku システム　732
スパン　6
　　——，変形した　183
スパン間の部分的漏れ検査　334
スパン間の漏れ検査　324
スパン部分の注入　492
スパンライニング　747
　　——，静的耐荷力のある　756
　　——，静的耐荷力のない　756
スプリット板エレメント　730
滑りリングシーリング　68, 70
Spotliner 方式　522

【せ】
静水圧　540
　　——による応力　784
清掃　209
　　——，機械的　226
　　——，人力　226

　　——の特殊器具　230
　　——の特殊方式　236
清掃間隔　211
清掃機器　212
清掃ノズル　218
清掃方法　212
静的バースト方式　826
生物インサイチュー方式　961
生物学的清掃方法　238
生物学的土壌除染方式　957
生物酸腐食　163
生物硫酸腐食　163
　　——の評価　165
生分解性物質　939
石材製管渠　38
塞止め方式　497, 848
接触式水深測定　309
接触侵食　30, 155
接続部　134
接着　542
接着継手　37
接着強さ　543, 548, 575
接着特性の改善　547
接着パッカ　476
接着ブリッジ　436
接着ベッド方式　727
Z インデックスの評価　166
ZMA 方式　581
ZM 方式　581, 856
セメントペースト　456
セメントベースコーティング　541
セメントベースのショートホース　524
セメントベースの注入材　450
セメントモルタル　456, 550
セメントモルタルシーリング　93
セルフレベルマンホール蓋枠　426
全域順次点検　251
繊維投錨コーティングシステム　593
穿孔測定手法　289
洗浄方式　212
全体点検調査　251
選択的初回点検　251
選択的反復点検　252
Centriline 方式　598

1097

索　引

【そ】

ソイルフラクチャリング方式　500, 503
側面間詰め　23
ソケット(管)　37, 44, 67
ソケット検査　335
ソケット注入　483
疎水化　534
塑性シール材　93, 511
外側からの止水　504
外側からの注入　467
Softlining 方式　705
損傷　129, 196, 253
　――，高圧洗浄方式による　223
　――，布設に起因する　206
損傷カタログ，オランダの　400
損傷除去方法　854
損傷探知，音響的手法による　294

【た】

堆積物　142, 210, 280
対流運搬　937
ダクタイル鋳鉄管　52
宅内集水管，構造物下の　98
宅内取付管，構造物下の　98
宅内排水管，構造物下の　98
多層システム　49
脱着，地下水汚染処理　983
縦方向亀裂　187, 189
縦方向曲げ挙動　185
WH システム　735
ダム式洗浄　214
短管方式　661
単管方式　661
探査坑　263
炭酸アルカリ　538
短時間測定，排水量測定の　299
弾性シール材　38, 93, 509
単壁下水管渠　913
　――，ドレン管付き　915
断面壁システム　50
断面形状，管渠の　8
断面測定　285
Dunlop-Planks 方式　745

【ち】

地域排水構造物の更生　789
Cherne 方式　490
地下管渠の使用安全性　117
地下建設空間の区分　110
地下水汚染　924
　――，水理方式　981
地下水処理方法　983
地下水浸入　136
地下水リスク　250
置換式推進工法　818
縮みスリーブ　505
縮みホース　505
Channeline 方式　754
チューインガム効果　512
中空差込みプロファイル　745
鋳鉄管　52
注入　447
　――，アクリル樹脂ベースの　484
　――，エポキシ樹脂ベースの　492
　――，内側からの　470, 483
　――，管体部分の　492
　――，管継手の　479, 483
　――，スパン部分の　492
　――，外側からの　467
　――，取付管の　494
　――，取付管接続部の　494
　――，ポリウレタン樹脂ベースの　490
注入材　447, 448
　――，アクリル樹脂ベースの　461
　――，エポキシ樹脂ベースの　462
　――，オルガノミネラル樹脂ベースの　466
　――，化学的　455
　――，シリケート樹脂ベースの　466
　――，セメントベースの　450
　――，ポリウレタン樹脂ベースの　463
　――，溶液ベースの　450
　――の選択　453
注入パッカ　476
注入ペースト　456
注入モルタル　456
中和，地下水汚染処理　984
チュトン継手　53
超音波測深器　309

索　引

超音波ドップラー方式　312
超音波ドップラー流速センサ　313
長管方式　661
調査　241
長時間測定，排水量測定の　299
超微粒セメント　458
直接熱処理方式，土壌除染の　967
直接目視(内部)点検　268
直管の応力　778
沈降，地下水汚染処理　984

【つ】

ツインライン方式　608
通気，下水道の　104
突合せ継目　516
継目シール材　511, 514
継目の止水　508
土被り　16
2ベッド方式　727

【て】

低圧管　6
低圧空気検査，漏れ検査における　323, 334
ディスプレーサ方式　583
定性的状態把握　266
Tate方式　584
底部ライニング　724
定量的状態把握　279
鉄筋コンクリート(圧力)管　55, 62
　　——の亀裂　188
　　——の検査　290
　　——の修繕対策　429
鉄筋コンクリート-セラミック管　74
鉄筋コンクリートタビング　809
鉄筋コンクリート-プラスチック管　75
テーパシーリング　45
Du-Pontシステム　642
テレグラウトシステム　489
添加剤　456
添加物質　456
電気化学的腐食　155
電気探査法，地盤調査の　260
電気的漏れ位置探知　348
点検　207, 241

点検孔　6, 88, 96
点検作業　14
点検対策に関する優先順位　247
電磁気探査法，地盤調査の　259
電磁誘導流速センサ　310

【と】

透過反応壁，地下水汚染処理　986
陶管　40
　　——の標準断面　41
陶シェル　724
動的バースト方式　822
陶ハーフシェル　725
陶板　724
陶板エレメント　728
道路表面排水　927
土管　40
特殊ガラスエレメント　755
特殊鋼製板　747
特殊方式　677
土壌　923
土壌ガス抽出　954
土壌空気吸引　954
土壌除染方法　948
　　——，生物学的方式　957, 971
土壌洗浄方法　964, 972
土壌注入　471
土壌流入　136
トラフ状腐食　155
Transplusガラスライニングシステム　755
取付管　98, 494
　　——の接続復元，開削工法による　637, 649, 696, 719
　　——の接続復元，非開削工法による　639, 649, 696, 719
　　——の漏れ検査　334
　　——の注入　494
　　——のライニング　706
取付管用ショートホース　521
取付管接続部の注入　494
取付管接続部用ショートホース　523
取付管補修　706
トリプルパッカ　479
ドリルパッカ　476

1099

索　引

トレーサ手法による排水量測定　304
ドレン管付き単壁下水管渠　915
トレンチ断面　21
Trolining システム　711, 861
トロントシステム　641
トンネル管路　839
　——の適用　347
トンネル工法　31, 864

【な】

内径計測器　286
内部点検　266
内部腐食　160, 203, 285
ナトリウム水ガラス　460
軟化剤無添加ポリ塩化ビニル　48

【に】

二重壁下水管渠　912
Nu パイプ方式　653

【ね】

ねじ継手　37
ねずみ鋳鉄管　52
熱的土壌処理　966
熱分解方式，土壌除染の　970
ネップ板　733
ネップホース方式　711, 861
熱膨張係数　788

【は】

排水管，構造物下の　98
排水障害　141, 202, 280
排水水域　6
排水設備と樹木との相互影響　114
排水量測定　295
　——，網目測定による　303
　——，希釈手法による　304
　——，水深測定手法による　305
　——，トレーサ手法による　304
　——，平均流速公式の計算による　300
　——，強制的満管の測定による　308
　——，容積測定法による　301
　——，流速・流積法による　301
　——の計画　296

　——の結果　296
　——の目的　296, 297
排水量測定箇所　297
排水量測定時間　299
排水量測定時点　298
排水量測定手法　298
　——，断面を絞らない　300
　——，断面を絞る　305
排水路　848
　——の確保　848
ハイドロショック方式　956
Hydros システム　836
パイプインサーション法　620
パイプリバース工法　620
吐出し洗浄　213
迫持亀裂　189
薄膜コーティング　535
波形管方式　647
バースト体　822
バースト方式　820, 865
　——による下水管の荷重　834
　——の影響　829
破損　193
バタリング-フローティング方式　727
パッキン継手　37
パッキンモルタル　432
撥水作用　546
発熱体突合せ溶接法　626
馬蹄形管渠　12
パテ処理法　432
パートライナ方式　519, 855
バルジボール　215
PaltemS-Z 方式　706
Paltem-PAL 方式　699
半開削工法による更新　804
反射法地震探査，地盤調査の　257
半透膜　538
反応性樹脂コーティング　540
　——の水泡・気泡形成　541
反応性樹脂コンクリート　557
反応性樹脂コンクリートエレメント　751
反応性樹脂モルタル　431, 557
　——の遠心射出　606
反応性樹脂モルタルコーティング　575

索　引

半レックスKRTシステム　705

【ひ】
PIRATシステム　292
PEインライナによる変形方式　651
PE-HD　48
PE-HD製底シェル　732
PE-HD板　744
PE-HDひれ付き板　741
BSK　163
PMMA樹脂　564
PORR　579
非開削工法　31, 864
　——による更新　804
　——による取付管の接続復元　639, 649, 696, 719
引込み方式　664
轢き潰し　814, 865
BK管　74
非自立式ライニング　614, 756
歪み　285
非線形曲がり　184
被着体　543
ヒドロゲル　554
PVCインライナによる変形方式　653
PVC製インナースリーブ　527
PVCひれ付きシート　738
PVC-U　48
PVC-Uひれ付き板　740
PVC-Uひれ付き板製底シェル　732
PUR樹脂　563
評価システムKAIN　388
標準卵形管渠　8
疲労割れ腐食　155
品質保証マーク　418
貧充填剤反応性樹脂コーティング　559

【ふ】
ファイバコンクリートエレメント　751
ファイバセメント　82
ファネル・アンド・ゲートシステム　986
封込め方式，土壌除染の　948
Phoenix方式　700
Ferro-Monkシステム　749

吹付け層の厚さ　590
吹付けコンクリート　585
吹付けコンクリートエレメント　749
吹付けノズル操作者　589
吹付けPCC　585
　——のコーティング　589
吹付け方式　585, 857
吹付けモルタル　585
復元率　512
伏越し　7
腐食　152
　——の欠損率　165
腐食速度　165
腐食率　165
布設作業　14
布設に起因する損傷　206
浮選，地下水汚染処理　984
物理探査による地盤調査　255, 289
物理探査法の評価　262
フード方式　799
プフォルツハイマーモデル　395
部分点検調査　251
部分面支持式エラストマスリーブ　529
不飽和ポリエステル樹脂　561
不明水　7
　——の浸入　517
　——の増加　138
　——の総量　137
　——の測定　298
　——の比率　137
プラスチック，放射線照射された　505
プラスチック改質セメントモルタル　431, 555
プラスチック改質吹付けコンクリート　593
プラスチック管　48
プラスチック製底シェル　732
プラスチック製の板　736, 738
プラスチックベース　461
　——の溶液　460
FLAP-LOC方式　686
Brawoライナ方式　710
フランジ管　37
フランジ継手　38
浮力による応力　782
フルライニング　611, 747

1101

索　引

フレキソ方式　647
フレクソライニング方式　521
プレストレストコンクリート(圧力)管　55, 62
　――の修繕対策　429
プレスライニング方式　493
プレハブ(短)管によるライニング　619, 790
ブレムナー方式　620
プレライナシステム　712
プロービング抵抗　265
プローブ　265
分解性物質　930
分極理論　546
分散　937
分流方式　6
分流式システム　6

【へ】

平均流速公式の計算による排水量測定　300
平均流速の直接測定　310
pH値の低下　164
Berolinaライナ　706
変形　175, 285
変形経過　182
変形式ライニング　649
変形したスパン　183
変形図形　177
変形方式　650

【ほ】

崩壊　193
芳香族化合物　941
帽子形(接続)スリーブ　639, 649
放射線照射されたプラスチック　505
膨潤シールモルタル　432
膨張効果，シール材の　511
膨張腐食　158
補強筋のさび落とし　435
補強筋の腐食防止　435
補強コンクリート管　55
歩行可能な下水管　14
保護層　23
Posatryn方式　484, 855
保守　207
補修　207, 411

　――の考慮点　414
補修計画　413
補修対策の手順　411
保守計画　208
保守作業　14, 209
ホースの取付け　715
ホース方式　690, 861
保続性物質　930
ポリウレタン樹脂　563
ポリウレタン樹脂ベースの注入　490
ポリウレタン樹脂ベースの注入材　463
ポリウレタン-タールベースの2成分系継目シール材　515
ポリウレタンベースの2成分系継目シール材　515
ポリグリップシステム　744
ポリマー改質セメントモルタル　555
ポリマーコンクリート　557
ポリマーコンクリート管　78
ポリマーコンクリート推進管　79
ポリマーセメントコンクリート　555
ポリメチルメタクリル酸　564
ボーリング　263

【ま】

マイクロシリカ　591
Magnaline方式　828
曲げ撓み管　173
　――の内圧　785
　――の静水圧　786
　――の変形挙動　174
　――の変形の経験的状態判定　186
摩耗　148, 285
　――の種類　149
摩耗屑　148
摩耗測定値　148
摩耗負荷　149
摩耗率　148
摩耗量　148
マルチライナ　706
満管測定による排水量測定　308
マンホール　6, 88, 915
　――の修繕　420, 427
　――の取付け　94
マンホール下部の修理　428

索　引

マンホール検査　340
マンホール二次製品部材の継手　93
マンホール蓋　92, 420
　　――の高さ調節　421, 423

【み】
水ガラス　460
水ガラスベースの溶液　460
ミッドライナ方式　521
ミニトンネルシステム　810

【む】
無機質モルタル　549
MUSA方式　491
無人式推進工法　814
無接触式水深測定　309

【め】
目地仕上げ　438
目止め　535
面腐食　155

【も】
毛管効果　558
目視点検の時間的間隔　244
目視内部点検　267
　　――の結果の記録　350
モルタルコーティング　535
　　――の耐久性　548
モルタルコーティング材　547
モルタル作業用油圧駆動マニピュレータ　439
モルタルの化学的抵抗力　553
漏れ　130, 196
　　――の位置特定　347
　　――の影響　135
漏れ位置探知システム　347
　　――, 音響的　347
　　――, 電気的　347
漏れ検査　319
　　――, スパン間の　324
　　――, スパン間の部分的な　334
　　――, 取付管の　334
　　――の記録　341
　　――の対象　318

【ゆ】
油圧駆動マニピュレータ, モルタル作業用の　439
油圧式管牽引・割裂方式　836
油圧式推進工法　811
有害物質の移動挙動　931, 936
有害物質の運搬メカニズム　937
有機質コーティングの泡形成　539
有限要素法による計算　770
有人式推進工法　811
優先性リスト　364, 366
油脂沈着　567
輸送・ガイド装置　273
UP-GF　48
UP樹脂　561
Uライナ方式　651

【よ】
溶液ベースの注入材　450
溶解腐食　158
容積測定法による排水量測定　301
溶接継ぎ　722
溶接継手　38
横方向亀裂　187, 191

【ら】
ライニング　611
　　――, 環状空隙のある現場製作管による　681
　　――, 環状空隙のない現場製作管による　688
　　――, 気相部の　736
　　――, 組付け個別要素による　720, 793
　　――, 現場製作管による　680, 791
　　――, 現場製作・硬化管による　689, 792, 861
　　――, 現場製作ラミネートによる　795
　　――, 自立式　618, 756
　　――, 静的耐荷力のある　756
　　――, 静的耐荷力のない　756
　　――, 取付管の　706
　　――, 非自立式　618, 756
　　――, プレハブ(短)管による　619, 790
　　――の構造　614
　　――の構造力学計算　756, 778
　　――の施工　614
ライニング材料　612

1103

索　引

ライニング方式　610, 858
　——，環状空隙充填のない　722
　——の適用　612
ライニング要素の結合　618
Ruswroe システム　595
ラム・ランス　468
卵形管渠　8

【り】
流下速度，下水の　17
　——の限界値　17
　——の引上げ，清掃のための　236
硫化物腐食　163
硫酸塩腐食　158
流速測定　310
流速・流積法による排水量測定　301
リップシールリング　71
Renoform 方式　825
RIB-LOC エキスパンダパイプ方式　688
RIB-LOC リライニングシステム　681, 860
RIM 方式　492

流量測定　295, 305
流量測定器　310
リライニング方式　610
Link-Pipe 方式　527
リンチューブシステム　678

【れ】
冷却排水　7
レーザ　282
レーザ計測器　287
レーダ探査法，地盤調査の　260
レンガ積管渠　38
　——の修繕　438
連続測定，排水量測定の　299

【ろ】
濾過，地下水汚染処理　984
ロータノズル　570
ロボットによる修繕　441
ロールダウン方式　655
ロールリングシーリング　70

1104

資料編　目次

社団法人　日本下水道管路管理業協会　北海道支部 …… *1107*
　　　　　　　　　　　　　　　　　　東北支部 …… *1108*
　　　　　　　　　　　　　　　　　　関東支部 …… *1109*
　　　　　　　　　　　　　　　　　　中部支部 …… *1110*
　　　　　　　　　　　　　　　　　　関西支部 …… *1111*
　　　　　　　　　　　　　　　中国・四国支部 …… *1112*
　　　　　　　　　　　　　　　　　　九州支部 …… *1113*
株式会社カンツール ……………………………………… *1114*
株式会社日水コン ………………………………………… *1115*
株式会社環境開発 ………………………………………… *1116*
株式会社ケンセイ ………………………………………… *1117*
管清工業株式会社 ………………………………………… *1118*
日之出水道機器株式会社 ………………………………… *1119*
株式会社中央設計技術研究所 …………………………… *1120*
日本ジッコウ株式会社 …………………………………… *1121*
オールライナー協会 ……………………………………… *1122*
A.S.S.工法協会 …………………………………………… *1123*
EPR 工法協会 ……………………………………………… *1124*
SD ライナー工法協会 …………………………………… *1125*
FFT 工法協会 ……………………………………………… *1126*
MLR 協会 …………………………………………………… *1127*
EX 管路協会 ……………………………………………… *1128*

正会員

- 協業組合公清企業
- (株)管研
- (株)北海道グリーンメンテナンス
- 道興加茂(株)
- 協業組合カンセイ
- (株)ティーエムエス東日本
- 協業組合旭川浄化
- (株)釧路厚生社
- (株)室蘭クリーンサービス
- (株)クリーンアップ
- (株)東部清掃

豊富な経験と信頼で結ばれた
下水道管路の維持管理集団

- 函館環境衛生(株)
- 山本浄化興業(株)
- (株)メンテック
- 北海道道路保全(株)
- 東洋ロードメンテナンス(株)
- (株)北海道エコシス
- (株)ホクカイ
- (有)リンク

社団法人 日本下水道管路管理業協会 北海道支部

〒060-0031 北海道札幌市中央区北1条東15丁目140(協業組合公清企業ビル内)
TEL.011-221-6685 FAX.011-221-7077

東北の下水道管路は、私たちにおまかせ下さい。

豊富な経験と信頼で結ばれた下水道の維持管理集団

【青森県】
青森県南清掃株式会社
株式会社伊藤鉱業
環境技術株式会社
株式会社清掃センター
大管工業株式会社
株式会社西田組
有限会社東日本環境保全工業
株式会社弘前浄化槽センター
豊産管理株式会社

【秋田県】
株式会社羽州建設
有限会社エピック開発
株式会社コステー鹿角
協業組合タイセイ
株式会社ムラギ工業
山岡工業株式会社
豊興産株式会社

【岩手県】
株式会社伊藤組
岩手基礎工業株式会社
株式会社北日本環境保全
株式会社テラ
株式会社東北ターボ工業
文化企業株式会社

【山形県】
環清工業株式会社
株式会社菊地組
株式会社後藤組
株式会社三和
庄内環境衛生事業協同組合
株式会社丹野
株式会社中央特殊興業
東北環境開発株式会社
株式会社丸吉
株式会社みなと
株式会社理水

【宮城県】
株式会社アームズ東日本　協業組合アクアテック栗原
株式会社明日香工業仙台営業所　株式会社イシケン
株式会社泉興業　いずみ清掃株式会社
管清工業株式会社東北営業所
株式会社北日本ウェスターン商事
協業組合クリーンセンター宮城　協業組合ケンナン
高杉商事株式会社東北支店
株式会社高松衛生工業
東亜グラウト工業株式会社仙台支店
東北環境整備株式会社
日本ハイウェイサービス株式会社仙台支店
日本ヘルス工業株式会社東北中央事務所
株式会社宮城日化サービス

【福島県】
株式会社協和エムザー
小林土木株式会社
株式会社佐藤総業
株式会社セイビ
株式会社大平メンテナンス
田中建設株式会社
東北特殊建設株式会社
日進工業株式会社
日東環境整備株式会社
株式会社半澤工務店
東日本ユニットサービス株式会社
株式会社ひまわり
藤田建設工業株式会社
松浦商事株式会社
有限会社吉田総業

賛助会員
㈱カンツール　東京営業所
エスジーシー下水道センター㈱
㈱住吉製作所　管路機器事業部

社団法人　日本下水道管路管理業協会東北支部
事務局／〒983-0038　宮城県仙台市宮城野区新田四丁目32番地28号　TEL 022-231-4041 / FAX 022-231-5344
ホームページ　http://www.tohoku.jascoma.com/
E-mail　jimkyoku@tohoku.jascoma.com

豊富な経験と信頼で結ばれた
下水道管路の維持管理集団

正会員

㈱相川管理
青木清掃㈱
㈱吾妻水質管理センター
浅間保全工業㈱
芦森エンジニアリング㈱
㈱明日香工業
姉崎工業㈱
石山興業㈱
茨水建設㈱
岩澤建設㈱
宇都宮文化センター㈱
宇陽環境整備工業㈱
㈱エスケイトレーディング
㈱大岩建設
㈱大曾根建設
小川工業㈱
㈱小田原衛生工業
㈱加藤組
㈱加藤商事
金杉建設㈱
㈱金子組
川上建設㈱
環境管理開発㈱
環境技研㈱
管水工業㈱
管清工業㈱
㈲管清社
㈲関東実行センター
㈱関東特殊防水
㈱菊地組
㈱岸土木
㈱協同清美
クリーンヘルス㈱
㈱クリーンライフ
㈱群馬県浄化槽管理センター

京浜メンテナンス㈱
㈱京葉整管
㈱小出測量設計事務所
㈱斉藤建設
㈱サルカン
三栄管理興業㈱
㈱三栄興業
三喜技研工業㈱
㈱サンケン
㈱シイナクリーン
島田建設工業㈱
㈱島村工業
㈲城南興業
㈱昇和産業
新千葉産業㈱
世進工業㈱
㈱神中運輸
㈱センエー
総合開発工事㈱
高杉商事㈱
㈱高長建築
大五興業㈱
㈱ダイトー
㈱伊達建設
千葉ロードサービス㈱
㈱中央工業
㈱鶴丸環境建設
東亜グラウト工業㈱
動栄工業㈱
㈱東京サービス
東日工業㈱
東毛清掃㈱
㈱東洋エンタープライズ
都市管理サービス㈱
㈱とだか建設
中川ヒューム管工業㈱

㈱中城
中原建設㈱
㈱日栄興業
㈱日工
日工建設㈱
㈱日水コン
㈲韮崎環境メンテナンスサービス
日本下水道管理㈱
日本コンテック㈱
日本施工管理㈱
日本ヒューム㈱
日本ヘルス工業㈱
日本理水設計㈱
㈱端工務店
㈱光商社
平石環境システム㈱
㈱ビーエムシー
㈱古川技建
古郡建設㈱
㈱フジピットサービス
富士邑工業㈱
真下建設㈱
増田工業㈱
㈱丸脇
㈱三郷興業
瑞穂建設㈱
八千代建設㈱
㈱ヤマソウ
㈱山梨施設管理
㈱山二総合開発
㈱ユーディケー
渡辺建設㈱

賛助会員

エスジーシー下水道センター㈱
㈱カンツール/東京営業所
㈱住吉製作所

社団法人 **日本下水道管路管理業協会** 〒101-0032 東京都千代田区岩本町2-5-11 T.Iビル4F/本部内
関東支部 TEL.03-3865-3464 FAX.03-3865-3463

豊富な経験と信頼で結ばれた
下水道管路の維持管理集団

㈱アースクリーン21	金剛建設㈱	豊橋管清㈱
㈱アースワーク	㈱犀川組	㈱中村組
アイビス技建㈱	㈱斎藤組	中村建設㈱
青木環境事業㈱	三起クリーン㈱	新潟スーパー産業㈱
㈱青山組	㈲サンケイ開発	新潟特殊企業㈱
浅川建設工業㈱	サン・シールド㈱	西村建設㈱
㈱朝日管清興業	サンデック㈱	日総興業㈱
㈱東産業	㈱鈴木組	日本環境クリーン㈱
アムズ㈱	鈴与建設㈱	日本ヘルス工業㈱東海事務所
㈱アメニティ	須山建設㈱	㈱ハシモト
㈱石井組	成和環境㈱	㈱万隆工業
石福建設㈱	㈱ダイエイディスポウズ	日立メンテナンス㈱
市川土木㈱	大興建設㈱	㈱ヒューテック
㈱井出組	大幸住宅㈱	平井工業㈱
㈱植木組	㈱ダイトウア	ヒルムタ興業㈱
㈱エイコウサービス	㈱高岡市衛生公社	富士ロードサービス㈱
オオブユニティ㈱	高島衛生工業㈲	富士和建設㈱
㈱尾張クリーンパイプ	㈱田中商会	㈱芙蓉施設センター
㈱金沢環境サービス公社	千曲建設工業㈱	ホーメックス㈱
金沢市清掃㈱	地建興業㈱	ホクシン工業㈱
㈲カナン	中央清掃㈱	丸善建設㈱
㈱川瀬工務店	㈱中央設計技術研究所	㈱マルモト
㈱河田建設	中南勢清掃㈲	㈱メイセイ
環境整備㈱	中日コプロ㈱	守屋建設㈱
㈱環境日本海サービス公社	東亜グラウト工業㈱名古屋営業所	㈱ヤマコー
管清工業㈱/名古屋支店	東海管清興業㈱	㈱山越
㈱キープクリーン	㈱東海下水道サービス	㈱山田組
㈱クオンテック	東海下水道整備㈱	㈱陽光興産
㈱興和	㈱東利	吉田興業㈱
㈱光和建設	道路技術サービス㈱	㈱吉光組
㈱古賀クリーナー	トーエイ㈱	緑水工業㈱
五光建設㈱	㈱都市環境緑化	㈱レックス
小森建設㈱	㈱トスマク・アイ	和田産業㈱
小柳産業㈱	㈱富山環境整備	

社団法人 日本下水道管路管理業協会 中部支部　〒921-8021 石川県金沢市御影町23-10　TEL.076-241-4440 FAX.076-241-4442

豊富な経験と信頼で結ばれた

下水道管路の維持管理集団

正会員

㈱アークス
アーバンテック㈱
芦森エンジニアリング㈱/大阪事業所
新井建設㈱
㈲井上工業
㈱梅井建設
㈱エコ・テクノ
エスク三ツ川㈱
エフアールピーサポートサービス㈱
㈱近江美研
㈱大阪環境
㈱大阪防水建設社
太田土建㈱
㈱金澤メルビック
㈱環境衛生水処理センター
㈱環境開発/大阪営業所
㈱環境清美
㈱関西工業所
管清工業㈱/大阪支店
北大阪環境㈱

㈱車谷
㈱ケンセイ
神戸クリーナー興業㈱
㈲幸和道路管理
㈱コギタ
㈱サンダ
芝田土質㈱
㈱シュアリサーチサービス
城南衛生
㈱城南開発興業
㈱末廣興業
大工園設備工業㈱
大興建設㈱
大幸道路管理㈱
大清道路管理㈱
武田興業㈱
東亜グラウト工業㈱大阪支店
㈱東洋工業所
東和クリーナー㈲
㈱トキト
都市クリエイト㈱

㈱豊浦浚渫
日本ジッコウ㈱
日本ヘルス工業㈱
㈱橋本設備工業所
八光興業㈱
㈱ハマダ
阪神環境事業㈱
東山管理センター㈱
藤澤産業㈱
藤野興業㈱
ペンタフ㈱
㈱ホック
柾木工業㈱
的場商事㈱
㈱丸岡
㈱村井組

賛助会員

エスジーシー下水道センター㈱
㈱カンツール/大阪営業所
㈱住吉製作所/管路機器事業部

社団法人 **日本下水道管路管理業協会** 〒533-0033 大阪府大阪市東淀川区東中島1-18-31
関西支部　TEL.06-6322-7740 FAX.06-6320-7749

豊富な経験と信頼で結ばれた
下水道管路の維持管理集団

正 会 員

【鳥取県】
株式会社クラエー
みつわ環境開発株式会社

【島根県】
クリーン株式会社

【岡山県】
株式会社アクア美保
栄光テクノ株式会社
妹尾産業有限会社
八晃産業株式会社
有限会社フレヴァン
株式会社モール工業

【広島県】
朝日環境衛生有限会社
株式会社営善
株式会社環境開発 広島営業所
株式会社環境開発公社
株式会社カンサイ
管清工業株式会社 中国営業所
東亜グラウト工業株式会社 広島支店
株式会社友鉄ランド
丸伸企業株式会社
有限会社ミヤガワ産業

【山口県】
石山建設株式会社
熊谷興業株式会社
株式会社コプロス
周南設備工業株式会社
中国特殊株式会社
東和産業株式会社
株式会社徳山ビルサービス
日立建設株式会社
有限会社ひらお
藤本工業株式会社
防府環境設備株式会社

【香川県】
有限会社中村興業
株式会社フレイン

【愛媛県】
株式会社カンセイ
菊池建設工業株式会社
広成建設株式会社
株式会社西条設計コンサルタント
四国環境整備興業株式会社
堀田建設株式会社
森本建設株式会社 松山本社

【高知県】
朝日産業株式会社
有限会社四国パイプクリーナー

賛 助 会 員
株式会社カンツール 大阪営業所
エスジーシー下水道センター株式会社

日本下水道管路管理業協会 〒714-0041 岡山県笠岡市入江382-1
中国・四国支部　TEL.0865-67-2314 FAX.0865-67-5468

豊富な経験と信頼で結ばれた
下水道管路の維持管理集団

正会員

㈲庵地衛生センター
㈱飯塚環境サービス
飯盛土木㈱
㈱イワナガ
㈲岩藤清掃
エコアス㈱
㈱エフ・テクノ
㈲大分環境クリーナー
㈱カブード
㈱環境開発
環境開発工業㈱
㈱環境施設
㈱環境未来恒産
管清工業㈱/九州営業所
環整工業㈲
菊池西部衛生㈲
㈲基山公栄社
九州海運㈱
㈱九州事業センター
旭洋建設

黒木建設㈱
㈱研進産業
西州建設㈱
㈱佐々木建設
㈱サニタリー
佐和屋産業㈱
三興建設㈱
㈱志多組
㈱昭和工業
伸栄建設㈱
西部管工土木㈱
㈱創建
㈲中央環境サービス公社
千代田工業㈱
筑紫コーポレーション㈱
㈱テクノユース
東亜グラウト工業㈱/福岡支店
㈲長崎住宅設備
㈱中野管理
㈱西鉄ロードサービス
㈱西日本洗管サービス

㈱二丈環境整備センター
㈱日豊清掃センター
日本ヘルス工業㈱/福岡事務所
ニューテクノファースト㈱
野方菱光㈱
㈱林田産業
林宗土木㈱
福岡興業㈱
豊和産業㈱
㈲松岡清掃公社
三笠エンジニアビルグ㈱
三笠特殊工業㈱
㈱宮本組
森永建設㈱
㈱やまかわ興産
祐徳建設興業㈱

賛助会員

エスジーシー下水道センター㈱
九州カンツール㈱

社団法人 **日本下水道管路管理業協会** 〒812-0041 福岡県福岡市博多区吉塚6-6-36
九州支部　TEL.092-611-5231 FAX.092-611-5238

下水道管路メンテナンス機器といえば

株式会社 カンツール

www.kantool.co.jp　　info@kantool.co.jp

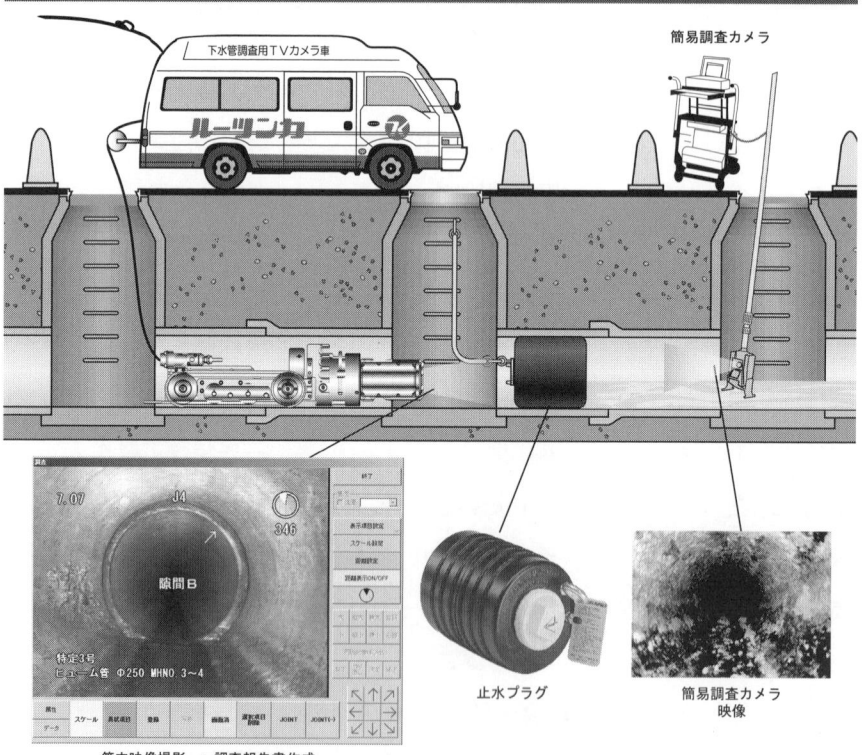

管内映像撮影 → 調査報告書作成

止水プラグ

簡易調査カメラ映像

株式会社 カンツール

北海道営業所　〒061-1123　北海道北広島市朝日町6-1-7シャイニングウェルズ2-2　TEL:011-373-8881　FAX:011-373-8886
東京営業所　〒101-0037　東京都千代田区神田西福田町4-3　善幸ビル5F　TEL:03-3254-4121　FAX:03-3258-4686
名古屋営業所　〒452-0803　愛知県名古屋市西区大野木5-125　TEL:052-504-2321　FAX:052-504-3614
大阪営業所　〒534-0024　大阪府大阪市都島区東野田町4-7-26　TEL:06-6352-4824　FAX:06-6352-4229
松戸技術センター　〒271-0065　千葉県松戸市南花島向町315-5　TEL:047-308-2271　FAX:047-369-1161
本　　社　〒100-0006　東京都千代田区有楽町1-12-1　TEL:03-3252-0265　FAX:03-3252-0267

いきいきとした水環境を創造する
http://www.nissuicon.co.jp

ISO 9001
14001

社団法人　日本下水道管路管理業協会会員

nSc 株式会社 日 水 コ ン

代表取締役社長　清水　慧

〒163-1122 東京都新宿区西新宿6-22-1新宿スクエアタワー
TEL 03(5323)6200　FAX 03(5323)6480

より快適な都市環境の創造を目指して

株式会社 環境開発

本　　社	〒812-0041 福岡市博多区吉塚6丁目6番36号 TEL（092）611-5231　　FAX（092）611-5238 E-mail：somu@kankyo-k.co.jp http://www.kankyo-k.co.jp
北九州支店	〒803-0804 北九州市小倉北区中井浜4番32号 TEL（093）571-3235　　FAX（093）582-8841
佐賀支店	〒840-0041 佐賀県佐賀市城内2丁目9番28号 TEL・FAX（0952）22-3478
リサイクルプラント	〒819-0384 福岡市西区太郎丸801-1 TEL（092）805-3434　　FAX（092）805-3435
営　業　所	大阪・岡山・広島・大分・沖縄

理想の都市環境空間をめざして

専門性の追求と
総合性の追求を。

株式会社ケンセイ

〒533-0033　大阪市東淀川東中島1丁目18番31号
TEL　（06）6323-6781（代）
FAX　（06）6320-3594
URL　http://www.kk-kensei.co.jp

北大阪支店	（06）6846-0850	南大阪支店	（072）228-3237
東部大阪支店	（072）871-3721	神戸支店	（078）846-4427
箕面営業所	（072）728-9594	奈良営業所	（0745）79-5449
東京営業所	（03）5753-8862		

下水管路管理・・・・・・・計画立案・調査・点検・診断・分析・
　　　　　　　　　　　　　最適工法提案・補修・更生工事
管路更生工事・・・・・・・CPS システム工法・EX 工法
　　　　　　　　　　　　　オールライナー工法・ダンビー工法
管路内面修繕工事・・・・・EPR 工法・ｸﾘｽﾀﾙﾗｲﾆﾝｸﾞ 工法その他
補償コンサルタント・・・・事業損失・物件調査

SEWER SYSTEM

下水道を守ることだって地球への思いやりです。

50年、100年後の快適な生活を見つめています。
「下水道管路総合維持管理」

KANSEI 管清工業株式会社

本社	東京都世田谷区上用賀1-7-3　〒158-0096 TEL:03-3709-5151　FAX:03-3709-4338
技術センター	横浜市旭区川井本町66　〒241-0803 TEL:045-955-1445　FAX:045-953-2900
東京本部	東京都世田谷区上用賀1-7-3　〒158-0098 TEL:03-3709-4691　FAX:03-3709-4920
名古屋支店	名古屋市西区花原町46-2　〒452-0809 TEL:052-502-6852　FAX:052-503-0160
大阪支店	大阪市城東区成育1-6-26　〒536-0007 TEL:06-6934-2361　FAX:06-6934-2369
技術センター	大阪市生野区巽東3-14-22　〒544-0014 TEL:06-6755-5281　FAX:06-6755-5285
九州営業所	福岡市博多区東那珂2-17-28　〒816-0092 TEL:092-451-3991　FAX:092-451-7480

ISO14001 認証取得
TÜV CERT
ISO 14001:1996
Cert. No. 09 104 9303

安全・安心で快適な
生活環境の実現をめざして

当社では「より安全・安心で快適な生活環境の実現」をめざして、グラウンドマンホールに求められる高度な安全性を、製品本体だけでなく、さまざまな視点から捉えた研究開発に取り組んでいます。

日之出水道機器株式会社

本　　社／福岡市博多区堅粕5丁目8番18号(ヒノデビルディング)　TEL(092)476-0777
東京本社／東京港区赤坂3丁目10番6号(ヒノデビル)　TEL(03)3585-0418

アセットマネジメントの観点から
下水道管路施設の合理的な維持管理をご提案します。

管路施設の重要度、影響度、投資額等に応じた
投資効果の高い、「維持管理事業計画」を立案するとともに、
地域特性に応じた合理的な実施手法をとりまとめた
「維持管理ガイドライン」を策定します。

また、適正な維持管理を実現するために、
下水道台帳システムの管理情報を有効活用し、
P・D・C・Aサイクルに基づいた
「管路施設維持管理システム」を構築します。

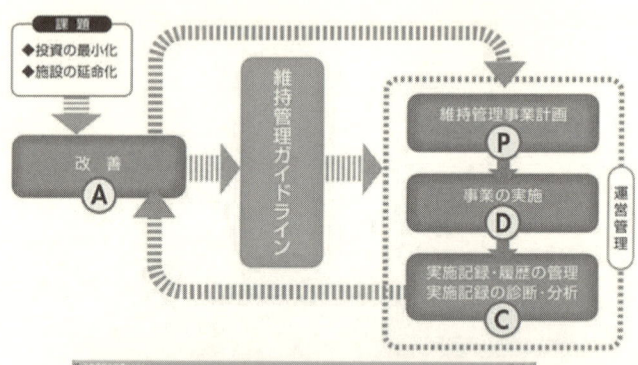

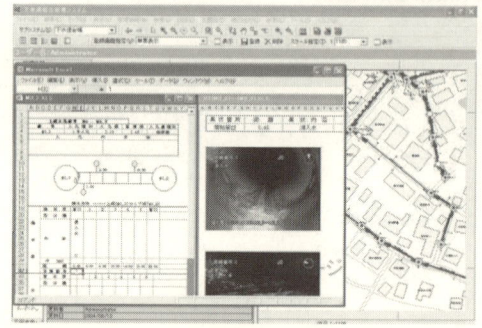

株式会社 中央設計技術研究所
人にも自然にも優しい

本社 石川県金沢市広岡2丁目13番37号 ST金沢ビル5階
Tel 076(263)6464
Fax 076(262)9451

◆事務所：新潟／上越／富山／高岡／砺波／黒部／小矢部／
福井／敦賀／京都／関西／岐阜／高山／三重／名古屋／
東京／松江／福岡

ホームページもご覧ください。
www.cser.co.jp

信頼の技術から生まれた
適材適所のコンクリート防食システム

- 腐食環境や供用条件に適応した、適材適所のコンクリート防食被覆工法を提案いたします。
- 各種防食被覆工法は、日本下水道事業団の「下水道コンクリート構造物の腐食抑制技術及び防食技術指針・同マニュアル」の品質規格に適合します。

適材適所のコンクリート防食システム

① ジックレジン JE 工法
　エポキシ樹脂ライニング工法
　（民間開発技術審査証明第 408 号）
② カーボンセラミック工法
　カーボン繊維入りセラミックライニング工法
③ ジックウレアスプレー工法
　ポリウレア樹脂吹き付け工法
④ ジックバリア NS 工法
　ビニルエステル樹脂 FRP 工法
　（ノンスチレンタイプ）
⑤ ジックボード工法
　成型品被覆工法（シートライニング工法）
　建設技術審査証明（下水道技術）第 0313 号
⑥ Z モルタル AR、BR
　耐硫酸性モルタル

エンジニアリング業務

劣化コンクリートの調査・診断・補修改修設計・補修改修施工

対　象　施　設

下水道・農業集落排水処理・し尿処理・各施設の新設・補修

日本ジッコウ株式会社

本　　社　〒651-2116　神戸市西区南別府 1-14-6　TEL (078)974-1141
URL：http://www.jikkou.co.jp　　E-mail：info@jikkou.co.jp

東京支店	TEL(03)5608-3811		四国営業所	TEL(089)941-3699
東北営業所	TEL(022)248-2611		九州営業所	TEL(092)512-2248
中部営業所	TEL(052)973-2591		技術研究所	TEL(078)920-1115
中国営業所	TEL(082)850-3131			

7つの工法が管きょを甦らせる
世界の最先端技術による管渠更生・補修システム

オールライナー工法（全面更生）
オールライナーZ工法（高強度全面更生）

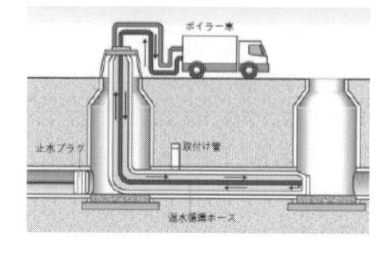

オールライナーｉ工法（ロングスパン全面更生）

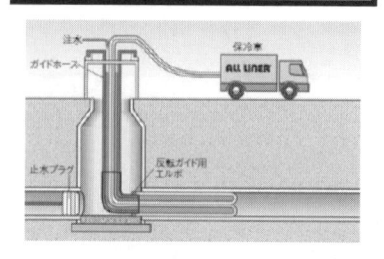

パートライナー工法（部分補修）

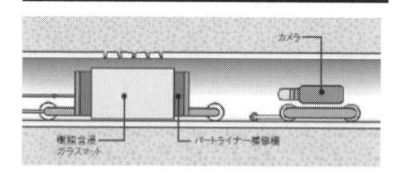

パートライナーS工法（本管・取付け管一体補修）

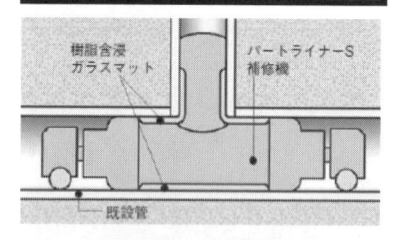

サイドライナー工法（取付け管更生）

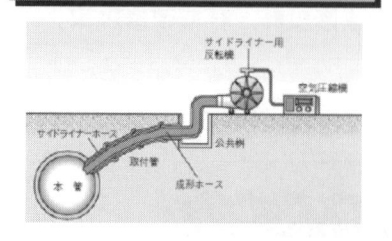

ハウスライナー工法（取付け管接合更生）

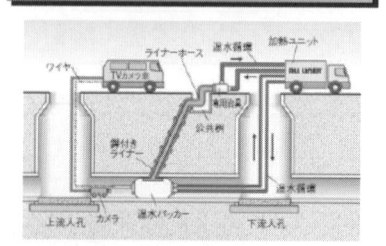

オールライナー協会
ALL LINER ASSOCIATION

〒105-0013 東京都港区浜松町1-29-6（浜松町セントラルビル7F旭テック㈱内）
TEL.03(5408)3621　FAX.03(5408)3622
http://www.inh.co.jp/~allliner　E-mail:honbu@all-liner.jp

管路内面補修工法

【熱硬化工法　可視光線硬化工法】

『工法の特長』
- 強度及び耐久性が大きく向上
- 止水性能に優れている
- 通水機能を阻害しない
- 不要取付管及び取付管部の補修
- クラックの対応
- 木の根の再侵入の防止
- 継手部の補強

◀北海道支部▶

㈱釧路厚生社	㈱クリーンアップ	空知興産	㈱東海建設	東洋ロードメンテナンス㈱
道南清掃	㈱北海道グリーンメンテナンス			

◀東北支部▶

㈱五輪	㈱協和エムザー	小林土木㈱	㈱セイビ	㈱大洋メンテナンス
田中建設	㈱東北ターボ工業	東陽建設㈱	㈱ひまわり	弘前浄化槽センター
藤建建設工業㈱	㈱ムラキ工業	山岡工業㈱	㈱理水	

◀関東・東海支部▶

㈱相川管理	アイビス技建設㈱	青木環境事業㈱	㈱明日香工業	㈱石関組
㈱茨城総合環境	岩澤建設㈱	魚沼クリーンサービス	㈱エスケイトレーディング	㈱大岩建設
大藤建設㈱	川上建設㈱	㈲関東実行センター	クリーンサービス㈱	㈱クリーン総業
㈱クリーンライフ	京浜メンテナンス㈱	㈲県南管理興業	興正社	㈱興和
㈱小柳産業	㈱小柳産業	㈲寒川公衆衛生社	三和総合工業㈱	㈲シー・エス・エスサービス
㈱シイナクリーン	㈱信濃クリーナー	新栄工業㈱	㈱しげの	世進工業㈱
㈱ダイトウア	中遠環境保全㈱	㈱中央工業	㈱千葉プランテーション	㈱鶴丸環境建設
㈱都市環境	㈱中村建興	新潟特殊企業㈱	日本サービス㈱	㈱ハシモト
㈱光商社	船橋興産㈱	古川技建	㈱藤博建設	富士邑工業㈱
松本土建㈱	㈱丸協	丸協環境サービス㈱	八恵砂工業㈱	㈱山喜建設
㈱山梨施設管理	㈱ヤマソウ	ライト工業㈲	㈱六協	渡辺建設㈱

◀中日本支部▶

㈲アークス	㈲アイケン	㈱青山組	㈱アクア	㈲アクス
㈱アグメント	㈱井上工業	浦上建設㈱	㈱エコトラスト	㈱大阪環境
㈱岡崎工業	㈱小矢部浄化槽管理センター	金沢環境サービス㈱	㈱カナヤ	㈱環境衛生水処理センター
㈱関西工業所	畔柳組	㈱コスモ	㈱コテラ	古賀クリーナー
㈱サンダ	志摩環境事業協業組合	白濱建設㈱	芝本産業㈱	城南開発興業㈱
成光工業㈱	㈱成和建設	高島衛生工業㈱	高山清掃事業㈱	武田興業㈱
㈲田中商会	丹南開発㈱	大工園設備工業㈱	㈱大光クリーン	大幸住宅㈱
大幸道路管理㈱	大五産業㈱	㈲鶴築組	㈱トーエイ	㈱東海維持管理興業
東洋工業所	㈱東利	東和クリーナー㈱	都市クリエイト㈱	㈱豊田衛生
㈱ドウカンミツワ	㈱中西組	中日本工業㈱	㈱中村正建設	中村土木建設㈱
名張環境事業協業組合	西村建設㈱	日本環境クリーン㈱	橋本クリーン産業㈱	橋本設備工業所㈱
㈱林総業	㈲兵庫つまり抜きセンター	ヒルムタ興業㈱	福井環境事業㈱	ホクシン工業㈱
㈱守山環整	㈱マルジョウ	㈱ミエコロジー	三河舗装建設㈱	三和興業㈱
	八日市清掃㈱	㈱陽光興産	栗東総合産業㈱	

◀中国・四国支部▶

㈲オカムラ環境技研	㈱クラエー	㈱クリーン	㈱県北衛生センター	㈱児島技研
㈱コプロス	㈱三栄工業	㈲妹尾産業	㈱創備	㈱ヒューム
防府環境設備㈱	㈱三井開発			

◀九州支部▶

㈲岩藤清掃	㈱エコシス	エスエム環境開発㈱	環境システム㈱	㈱環境施設
㈲環境整備センター	協業組合筑紫野市浄化槽センター	㈱中央環境サービス公社	日豊清掃センター㈱	㈱富士建設
富士建設㈱	㈱前田興業	㈱松岡清掃公社	㈱流管工業	

賛助会員　㈱住吉製作所　昭和高分子㈱　森川商店㈱　(順不同)

A.S.S.工法協会

本部：事務局　〒525-0043　滋賀県草津市馬場町1200-7　㈱住吉製作所本社内　TEL 077-564-1319　FAX 077-564-2402

EPR 水中で硬化、ぴたりと止水。

小口径φ100から大口径φ900以上。
部分補修(0.3m)から長スパン補修(3m)、支管部補修まで。
あらゆる下水道管渠を供用のまま短時間で非開削更生。

- 小口径管更生 **EPS**
- 支管部更生 **EPF**
- 長スパン更生 **EPL**
- 大口径管更生 **EPX**
- 大口径管・ボックスカルバート更生 **エアーモールド**
- 任意断面カルバート更生 **フリーモールド**

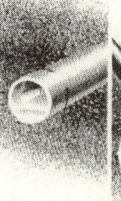

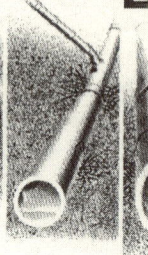

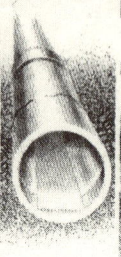

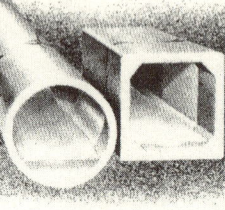

■EPR工法の区分

呼称	対象管径(mm)	更生長さ(m)	更生内容	対象管
EPS	φ100 φ150 φ200 φ250 φ300 φ350 φ400 φ450 φ500 φ600	0.3～0.5		本管
EPF	φ150 φ200 φ250 φ300 φ350 φ400 φ450 φ500 φ600	0.4(本管) 0.1～0.13(取付管部)	クラック 管ずれ 破損 浸入水 補強	本管と取付管の接合部
EPL	φ150 φ200 φ250 φ300 φ350 φ400 φ450	1.0～3.0		本管及び取付管
	φ500 φ600	1.0～2.0		
EPX	φ700 φ800	0.5～0.6		本管
エアーモールド	φ900以上	0.6～0.7		本管及びマンホール、ボックスカルバート、馬蹄渠
フリーモールド	自由断面	0.4～0.7		現場打ちカルバート、既製カルバート、アーチカルバートなど

■EPR工法の特長

1 非開削で管更生
あらゆる管路を非開削で内面から補修、更生。施工がシンプルでスピーディです。

2 水中自然硬化
水中でも短時間で自然硬化。止水工に適用できるとともに、管路供用中の施工が可能です。

3 高耐久性・高耐薬品性
偏平強度および内面の耐摩耗性は抜群です。下水中の酸、アルカリにも侵されません。

4 水密性を保持
水中硬化性樹脂により抜群の高水密性を保持。不明水の浸入をぴたりと抑えます。

5 流下能力を向上
EPR樹脂の粗度係数は塩ビ管とほぼ同程度のため、流下能力を損うことはありません。

6 あらゆる管種に対応
小口径から大口径、部分補修からロングスパン、取付管にいたるまで全ての管種に対応します。

7 工期短縮・経済的
施工現場の占有面積が小さく、作業もスピーディ。工期の短縮、施工コストの低減にも役立ちます。

EPR EPR工法協会 〒130-0003 東京都墨田区横川3-11-15
TEL：03-3626-7298　FAX：03-3623-7377

下水道管渠の取付管を含む全体更生工法

SDライナー工法

SDライナー工法は平成15年、財団法人下水道新技術推進機構の審査証明を更新しました。

一体型施工

取付管材を本管内部より反転硬化させ、次に本管材を反転硬化させることにより、取付管更生材と本管更生材が完全一体型となり水密性を有する継ぎ目のない管渠となる。

一体型管渠略図

取付管ライニング材
本管更生材
取付管更生材ツバ
既設管

取付管加熱硬化

一定のエアー圧力を保ち、更生材内に温水を満たした状態を設定時間保ち、熱硬化性樹脂の硬化反応終了を待つ。

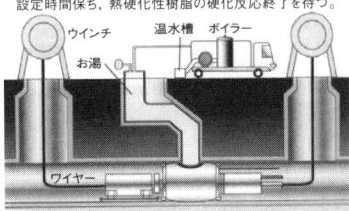

ウインチ　温水槽　ボイラー
お湯
ワイヤー

予め工場で樹脂を含浸させた熱硬化性更生材を、取付管施工は空気圧で、本管施工は水圧で反転し、温水の循環にて硬化させ、取付管と本管を一体化更生する技術です。

SDライナー工法協会
〒370-0015 群馬県高崎市島野町890-8
TEL 027-352-7867　FAX 027-353-5320
ホームページ http://www12.wind.ne.jp/sd-liner/
e-mail sd-liner@dan.wind.ne.jp

四十山土建㈱　☎027-322-3958
㈱吾妻水質管理センター　☎0279-75-0446
㈱アクア美保　☎0865-67-3555
㈱市原組　☎043-271-5191
㈱伊藤建設　☎0258-27-4771
井上工業㈱　☎027-322-5841
岩井土建㈱　☎027-323-4301
上原建設㈱　☎027-346-2240
㈱大野組　☎027-327-2588
㈱岡田工務店　☎027-371-2364

㈱川崎工務店　☎027-322-3076
㈱川瀬工務店　☎0262-82-3594
カワナベ工業㈱　☎027-352-9190
管水工業㈱　☎027-350-7070
㈱岸土木　☎027-325-6732
㈱群馬県浄化槽管理センター　☎027-322-1984
群馬土建工業㈱　☎027-361-3031
京浜メンテナンス㈱　☎044-976-0994
㈱現代建設　☎043-238-1170
興亜土木㈱　☎03-3313-9211

小平工業㈱　☎0258-52-2039
三信興業㈱　☎0258-52-3536
㈱サンワドーロ　☎03-3425-0233
㈱十王電設　☎0278-23-4634
㈱杉木建設　☎0278-62-6339
ダイエープロビス㈱　☎0258-24-1110
㈱高長組　☎027-346-2243
㈱中央工業　☎027-363-4828
㈱鶴丸環境建設　☎03-3857-2810
㈱東京サービス　☎042-531-7567
東京モール工業㈱　☎03-3494-8831
東日工業㈱　☎027-253-5337
㈱富樫建設　☎027-343-1013
㈱都市整備　☎052-551-6466

㈲韮崎環境メンテナンスサービス　☎0551-22-1805
㈱浜信工業　☎027-347-5019
日枝建設㈱　☎043-238-1171
㈱平野商店　☎0278-23-0311
㈱フジビットサービス　☎027-266-1001
富士邑工業㈱　☎03-3425-0456
㈱前田設備　☎0278-72-3334
三井興業㈱　☎048-295-6784
㈱美幸工務店　☎03-5998-5155
宮崎工業㈱　☎027-363-1328
㈱ユーアーエンジニアリング　☎027-350-5035
四建エンジニアリング㈱　☎043-433-8810
萬屋建設㈱　☎0278-23-4648
流域計画㈱　☎0266-52-8280

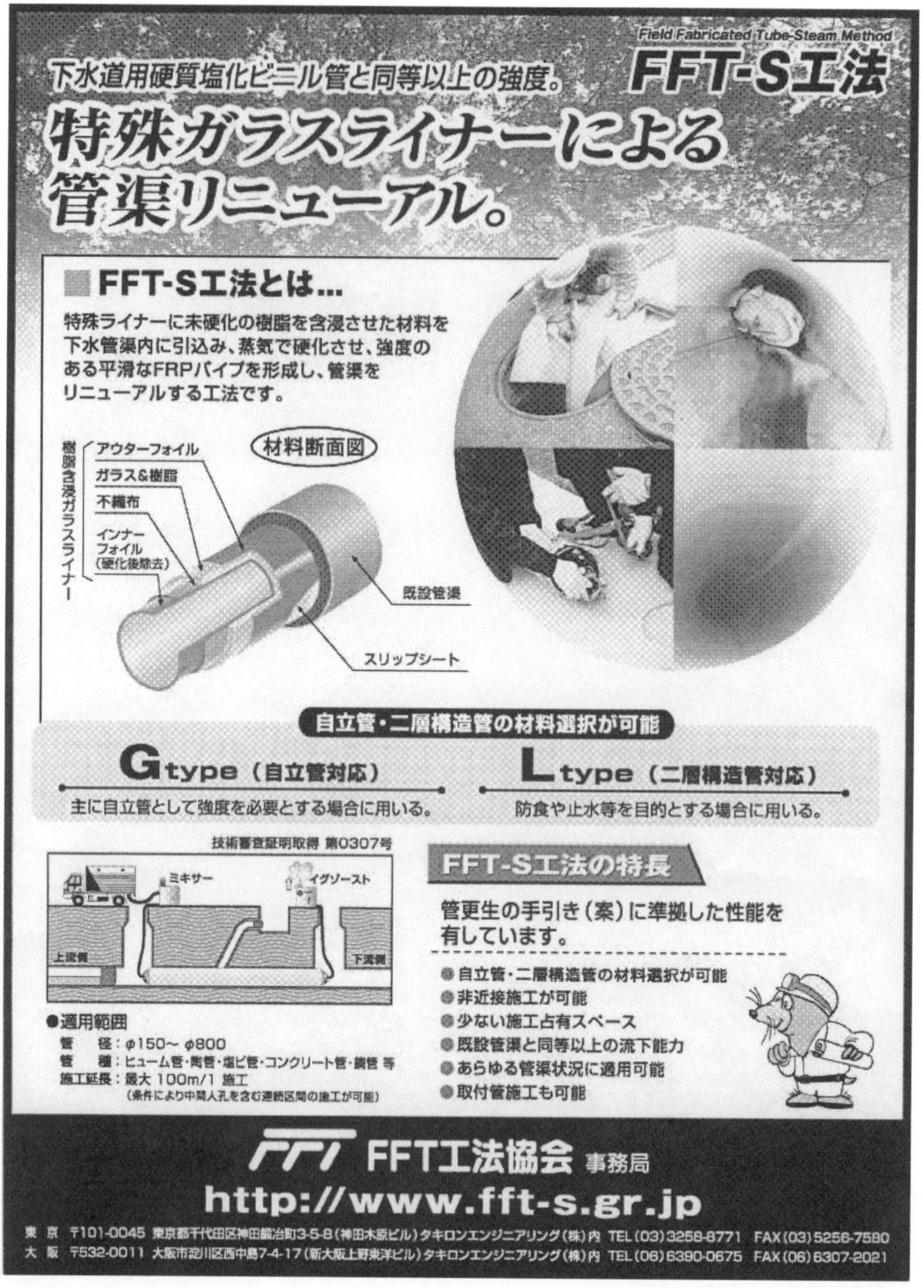
Field Fabricated Tube-Steam Method
FFT-S工法
下水道用硬質塩化ビニル管と同等以上の強度。
特殊ガラスライナーによる
管渠リニューアル。
FFT-S工法とは...
特殊ライナーに未硬化の樹脂を含浸させた材料を下水管渠内に引込み、蒸気で硬化させ、強度のある平滑なFRPパイプを形成し、管渠をリニューアルする工法です。
材料断面図
樹脂含浸ガラスライナー
アウターフォイル
ガラス&樹脂
不織布
インナーフォイル（硬化後除去）
既設管渠
スリップシート
自立管・二層構造管の材料選択が可能
Gtype（自立管対応）
主に自立管として強度を必要とする場合に用いる。
Ltype（二層構造管対応）
防食や止水等を目的とする場合に用いる。
技術審査証明取得 第0307号
ミキサー
イグゾースト
上流側
下流側
●適用範囲
管　径：φ150～φ800
管　種：ヒューム管・陶管・塩ビ管・コンクリート管・鋼管 等
施工延長：最大 100m/1 施工
（条件により中間人孔を含む連続区間の施工が可能）
FFT-S工法の特長
管更生の手引き（案）に準拠した性能を有しています。
●自立管・二層構造管の材料選択が可能
●非近接施工が可能
●少ない施工占有スペース
●既設管渠と同等以上の流下能力
●あらゆる管渠状況に適用可能
●取付管施工も可能
FFT工法協会 事務局
http://www.fft-s.gr.jp
東　京　〒101-0045 東京都千代田区神田鍛冶町3-5-8（神田木原ビル）タキロンエンジニアリング（株）内 TEL（03）3258-8771 FAX（03）5256-7580
大　阪　〒532-0011 大阪市淀川区西中島7-4-17（新大阪上野東洋ビル）タキロンエンジニアリング（株）内 TEL（06）6390-0675 FAX（06）6307-2021

MLR工法は、あらゆる人孔に適応する非開削人孔更生工法です。

MLR工法とは？

MLR（Manhole Lining Renewal）工法は、硫化水素等に起因する腐食により、耐用年数及び強度が低下したマンホールに、防食性と強度を付与し、耐用年数を向上させる非開削マンホール更生技術です。

施 工 断 面 図

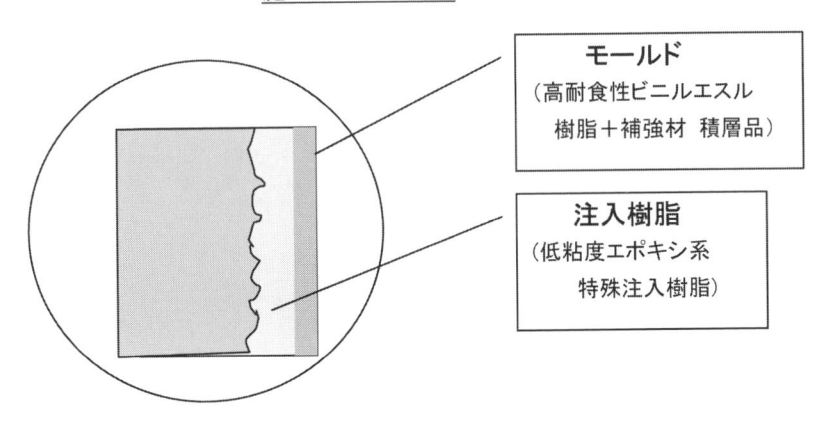

モールド
（高耐食性ビニルエスル
樹脂＋補強材 積層品）

注入樹脂
（低粘度エポキシ系
特殊注入樹脂）

≪お問い合わせ先≫
MLR協会
　事務局
　〒103-8422　東京都中央区日本橋本町 3－3－6
　　　　　　　ワカ末ビル3階
　　　　　　　（日曹商事株式会社内）
　　　　TEL:(03) 3270－5570
　　　　FAX:(03) 3272－9494

支部連絡先（日曹商事株式会社内）
大阪支部　　TEL:(06) 6202－6956
名古屋支部　TEL:(052) 971－3939
仙台支部　　TEL:(022) 265－1161
広島支部　　TEL:(082) 221－4024
福岡支部　　TEL:(092) 713－7231

EX method®

高品質の管路を創る EX工法

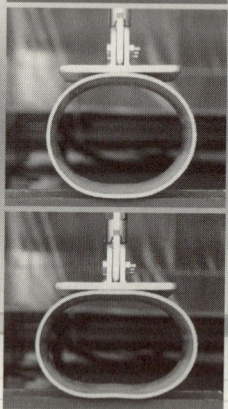

より強く、
より早く、
より経済性をめざした
新時代の
パイプリフレッシュ工法です。

更生管路全体に強靱な耐久性・耐食性・耐震性を実現。

EXパイプは非常に優れた強度とともに適度な柔軟性と伸びも持ちあわせており、
地盤の変動や地震などにも充分に追随。
外管にクラックなどが走ってもEXパイプはほとんど影響を受けません。

適応口径：内径φ100〜600mm

EX管路協会

事務局：〒543-0016 大阪市天王寺区餌差町7番6号　TEL(06)6765-5550　FAX(06)6765-3959
http://www.ex-method.com/　E-mail:ex@ex-method.com

下水道管路の維持・管理と保全		定価はケースに表示してあります	
2006年4月10日　1版1刷発行		ISBN 4-7655-1703-9　C 3051	

訳　者　　下水道管路研究会
監訳者　　田　中　　和　博
発行者　　長　　　滋　　　彦
発行所　　技報堂出版株式会社

〒102-0075　東京都千代田区三番町8-7
　　　　　　　　　　　　（第25興和ビル）

日本書籍出版協会会員
自然科学書協会会員
工学書協会会員
土木・建築書協会会員

電　話　営　業　(03)(5215)3165
　　　　編　集　(03)(5215)3161
FAX　　　　　　(03)(5215)3233
振替口座　0140-4-1
http://www.gihodoshuppan.co.jp/

Printed in Japan

Ⓒ Kazuhiro Tanaka, 2006

装幀　ストリーム　　印刷・製本　技報堂

落丁・乱丁はお取替えいたします。
本書の無断複写は、著作権法上での例外を除き、禁じられています。

図書案内

下水道管渠内反応──生物・化学的処理施設として

SEWER PROCESSES─Microbial and Chemical Process Engineering of sewer Networks
Thorkild Hvitved-Jacobsen著　越智孝敏・田中修司・田中直也・三品文雄・森田弘昭　訳
A5判・総240頁　ISBN4-7655-3194-5　　　定価＝本体3,800円＋税（2006/4/1 現在）

　下水道管渠は，下水に対する化学的および微生物的な反応装置であり，そのことが下水道管渠内だけにとどまらず，下水道システム全体に影響を与える．管渠内で生じる反応の基礎を理解できるよう編集し，下水道管渠網の中にこの反応過程を工学的にどう組み込むかについて提示している．

目次── 1. 管渠施設と水質変化／2. 下水管渠内における化学および物理化学反応／3. 下水管渠内の下水－基質と微生物／4. 気液の平衡と物質移動－下水管渠における臭気問題と再曝気／5. 好気・無酸素反応－反応の概念とモデル／6. 嫌気反応－硫化物生成と好気・嫌気統合モデル／7. 下水管渠内生物化学反応の研究とモデルのキャリブレーション／8. モデルの適用例－管渠内反応を考慮した管渠の統合的設計と運用

地盤液状化の物理と評価・対策技術

吉見吉昭・福武毅芳 著
A5判・総342頁　ISBN4-7655-1693-8　　　定価＝本体4,000円＋税（2006/4/1 現在）

　地震・地盤・構造物の組合せは非常に多種多様であり，液状化に関するすべての状況を想定して機械的に誰でも使える設計マニュアルを準備しておくことはできない．
　「要素試験による動的物性の評価」，「解析による地盤～構造物系全体の挙動の解明」，「模型実験による現象の把握と解析結果の検証」の三位一体のアプローチが重要である．

目次── 1. 序論／2. 地震動の種類と液状化のメカニズム／3. 土の非線形特性と地盤応答／4. 繰返しせん断による液状化発生の要因／5. 土の動的非線形特性のモデル化：土の構成式（復元力特性）／6. 地盤の動的解析方法と解析事例／7. 地震時の水平成層地盤の液状化／8. 液状化地盤における構造物の挙動／9. 水際線・不整形地盤の液状化と地盤変形（側方流動）／10. 液状化対策と液状化地盤おける耐震設計／付録

技報堂出版　TEL 編集03(5215)3161　営業03(5215)3165　FAX03(5215)3233　http://www.gihodoshuppan.co.jp/